HANDBOOK OF THERMAL ANALYSIS AND CALORIMETRY

热分析与量热技术

第2卷　在无机和其他材料中的应用

VOLUME 2　APPLICATIONS TO INORGANIC
AND MISCELLANEOUS MATERIALS

Michael E. Brown　Patrick K. Gallagher　著

丁延伟　白玉霞　刘吕丹　华　诚　译

中国科学技术大学出版社

内 容 简 介

本书为《热分析与量热技术》丛书的第 2 卷,介绍了热分析与量热技术在无机和其他材料中的应用。

图书在版编目(CIP)数据

热分析与量热技术. 第 2 卷,在无机和其他材料中的应用/(南非)迈克尔·E. 布朗 (Michael E. Brown),(美)帕特里克·K. 加拉格尔(Patrick K. Gallagher)著;丁延伟 等译. —合肥:中国科学技术大学出版社,2024.1
ISBN 978-7-312-05870-7

Ⅰ.热… Ⅱ.①迈… ②帕… ③丁… Ⅲ.①热分析 ②温度测量方法 Ⅳ.①O657.99 ②TK311

中国国家版本馆 CIP 数据核字(2024)第 013427 号

热分析与量热技术 第 2 卷 在无机和其他材料中的应用
RE FENXI YU LIANGRE JISHU DI 2 JUAN ZAI WUJI HE QITA CAILIAO ZHONG DE YINGYONG

出版 中国科学技术大学出版社
安徽省合肥市金寨路 96 号,230026
http://press.ustc.edu.cn
https://zgkxjsdxcbs.tmall.com
印刷 合肥华苑印刷包装有限公司
发行 中国科学技术大学出版社
开本 787 mm×1092 mm 1/16
印张 41.25
字数 949 千
版次 2024 年 1 月第 1 版
印次 2024 年 1 月第 1 次印刷
定价 280.00 元

安徽省版权局著作权合同登记号：第 12222114 号

译 者 的 话

  热分析和量热技术在材料科学相关研究领域中的应用日益广泛,尤其在催化、安全性评估等许多领域中得到了广泛的应用。使用热分析和量热技术可以快速、方便地测量重要物理性质并且具有较高的准确性。对于开始接触这些技术的工作者来说,需要对热分析和量热技术有一个全面系统的了解。

  由国际上在热分析和量热技术领域具有较大影响力的专家编写的《热分析与量热技术》可以帮助相关人员解决与热分析和量热相关的很多问题。迄今为止,该套书已出版 6 卷。

  第 1 卷共 14 章,主要介绍了热分析与量热方法的原理和基础,内容主要侧重于热力学和动力学原理以及与热分析和量热技术相关的仪器和方法。该卷主要对这些基本原理和通用性问题展开了讨论,并最大限度地减少与这些原理和方法的应用相关的后续卷中的重复介绍。

  第 2 卷共 15 章,主要涉及热分析和量热技术在无机材料例如化学品、陶瓷、金属等研究中的应用,内容主要涵盖了这些材料的合成、表征和反应性质。

  第 3 卷共 16 章,主要介绍了高分子和塑料材料的热力学和热行为的原理。热行为主要包括聚合物固体和液体的热容、弛豫过程、分子动力学、结晶、熔融和降解等过程,涉及的聚合物种类主要包括液晶聚合物、共聚物和聚合物共混物、聚合物薄膜、纤维、热固性材料、弹性体、复合材料等。书中介绍了各种各样的热分析与量热学方法在以上提及的聚合物的热性质研究中的广泛应用,其中特别介绍了激发电流法和调制差示扫描量热法的应用。

  第 4 卷共 17 章,主要介绍了热分析和量热技术在生命科学中多个领域的应用。

  第 5 卷共 19 章,作为对之前 4 卷的补充,主要介绍了热分析和量热技术及其应用的最新进展。

  第 6 卷共 19 章,作为对之前 5 卷的补充,主要介绍了近十年来热分析和量热技术及其应用的最新进展。

  译者是在 2004 年开始接触《热分析与量热技术》这套书的,当时这套书出版了前 4 卷,执笔者均为国际上热分析和量热技术领域具有较大影响力的专家,其视野和思路对于热分析和量热技术从业者均有较大的参考作用。当时花了一年多的时间对这 4 卷进行研读。大约从 2006 年开始,译者对与实际工作密切相关的热重法、差热分析、差示扫描量热法、热机械分析法、热分析联用法以及微量量热法等章节的内容进行翻译,当时并没有把这些大部头全部翻译成中文的想法。自 2009 年开始,译者在中国科学技术大学给材料相关专业的研究生讲授"热分析方法及其应用"课程,而课程受到了较为广泛的关注。在选择参考书时,译者在众多的中文和英文版本的参考书中选择了这套书作为重要参考书,课程内容的设计也主要参考了前 4 卷所涉及的内容。2008 年,该套书第 5 卷出版,主要介绍前 4 卷所涉及方法的最新进展。2018年,该套书第 6 卷出版,主要内容为过去十年内热分析与量热领域相关技术的进展。在教学中,基于热分析和量热技术的复杂性和多样性的特点,译者深深体会到这些大部头参考书的重要性,但其对于许多初接触热分析和量热的初学者来说无异于天书,于是产生了将这套书完整地译为中文的想法。由于有了前些年的积累,前 5 卷的翻译工作并没有遇到太大的困难,第 6 卷出版后,译者花了近一年的时间完成了书稿的翻译工作。自 2015 年开始,为了使选课的研究生能够有动力阅读本丛书,并使其深入了解热分析和量热技术的原理及相关应用,译者尝试将该套书的相关内容作为课程作业,取得了不错的效果。

在本书的出版过程中,译者得到了中国科学技术大学出版社的大力支持,国际知名热分析仪器生产厂商美国珀金埃尔默(Perkin Elmer)公司为本书提供了出版经费,在此一并表示感谢。

由于译者专业知识和英文能力的限制,在翻译过程中肯定存在不少错误和不当之处,敬请读者批评指正。

译　者

2023 年 6 月

总　序

　　在 20 世纪后半叶,国际上对热分析与量热法的应用和关注大大增加。人们对这些方法的关注受到了一些影响因素的推动。当然,计算机和自动化带来的仪器革命是一个关键因素。另外,许多科研人员已经认识到这些技术的很大的多样性。长期以来,这些技术手段被用于各种各样的材料的表征、分解和转变。我们现在意识到这些技术已经极大地拓展到了催化研究、安全风险评估等许多过程,这些技术可以快速、方便地测量重要物理性质,并且与过去相比准确性得到了显著的提高。

　　因此,随着热分析与量热法地位的日益提高,更多的科学家和工程师成为这些技术的全职或者兼职的从业者。对于这些刚接触该领域的新人而言,他们非常希望获得具有描述这些技术的基本原理和进展状态等内容的信息源。目前,这些方法的应用实例对于未来应用领域的开拓有着较好的促进作用。这些方法的应用是高度跨学科的,对其任何充分的描述都必须涵盖一系列主题,远远超出任何单一领域的研究者的兴趣和能力。为此,我们组织编写了本套较为实用的图书,每卷均由国际上该领域公认的专家撰写一个专题方面的内容。

　　第 1 卷描述了与热分析和量热主题相关的较为共性的基本背景信息,主要讨论了热力学和动力学原理以及与热分析和量热技术相关的仪器和方法。目的是对这些技术的一般性原理开展讨论,并尽量减少在后续卷中对这些原理和方法的应用进行介绍时的重复性的描述。当然,在后面的各卷中分别介绍了与特定过程或材料应用相关的更多独特的方法。

　　随后的 3 卷主要描述应用方法,并根据一般的材料类别进行划分。其中,第 2 卷主要涉及各种无机材料,例如化学品、陶瓷、金属等,内容主要涵盖了这些材料的合成、表征和反应性质。类似的,第 3 卷主要涉及聚合物,并以适当的方式描述了热分析与量热法在这些材料中的应用。最后,第 4 卷则描述了许多重要的生物学应用。

　　每一卷都有一位主编,他们分别在各自领域工作多年,并且是该卷所涵盖领域的公认专家。每个编辑团队均精心挑选了作者,努力为这个广泛的主题制作出一本可读的信息手册。这些章节并非旨在对特定主题进行全面的研究,其目的是使读者能够了解每个主题的本质,并为进一步阅读或实际参与该主题奠定基础。我们的目标是激发读者的想象力,使其认识到这些方法在其具体的研究目标和工作中的潜在应用。此外,我们希望预测并回答读者在工作中所遇到的问题,指导其选择适当的技术,并帮助其以适当和有意义的方式来圆满解决这些问题。

主　编

帕特里克·K. 加拉格尔(Patrick K. Gallagher)

前　　言

　　本卷共包含15章,主要介绍热分析和量热法在无机和相关材料中的应用研究进展。每章的作者结合其擅长的领域介绍热分析和量热技术在各个特定领域的应用和最新进展,由于研究工作的独立性所限,各章节之间出现一些内容重叠在所难免,但不同研究者对相似科学问题理解角度的差异确实可以增加读者的兴趣。由于没有更好的方法来安排章节,因此这些章节之间按照领域英文首字母的顺序进行排列。本卷所涉及的材料包括从吸附剂到超导体等各种领域的材料,充分表明热分析和量热技术已经成功地应用于这些材料。

　　由于各种原因,本书的出版进度一直比较缓慢,但我们深信最终的结果将无愧如此漫长的等待。在部分最初确定参加编写的作者因各种原因退出后,一些作者在项目的后期加入编写工作。对于那些完全按照时间表完成编写任务,然后不得不等待很长时间才能看到作品出版的模范作者,我们表示真诚的歉意。

第2卷主编

迈克尔・E. 布朗(Michael E. Brown)

帕特里克・K. 加拉格尔(Patrick K. Gallagher)

目　录

第 1 章

热分析和量热法在吸附和表面化学中的应用

Philip L. Llewellyn

法国科学研究中心暨法国马赛普罗旺斯大学，MADIREL 实验室（MADIREL Laboratory，CNRS-Université de Provence，Marseille，France）

1.1 引言

几种热分析和量热方法可用于表征吸附过程的表面性质和吸附现象。固体的表面结构，即比表面积和孔径分布的程度，可通过控制速率热脱附法、热孔计法和浸润式量热法进行表征。量热方法相对标准方法的优势在于其可以用于表征微孔固体中更真实的比表面积。也可以通过控制速率热脱附法、浸润式量热法以及吸附量热法来对表面化学性质进行研究。

本章中将简要描述这些方法，并将着重介绍已获得的几个研究结果。

1.2 浸润式量热法

1.2.1 引言

浸润式量热法是一种能够获得固体比表面积和表面化学信息的简单方法，可以通过将固体浸润在非多孔液体中或采用改良哈金斯-汝拉（Karkins-Jura）法获得固体的比表面积[1-2]。在该方法中，在浸润液体前先用同种液体膜预先覆盖固体。

可以通过浸润不同分子尺寸的液体获得测定微孔孔径分布。而且，将固体浸润到不同极性的液体中，还能得到固体的表面化学性质信息。

实验过程通常比较简单。样品池用玻璃吹制而成，在样品池底部的玻璃泡上加了一个脆点，顶部是开口的结构。试样放入样品池后，在真空条件下以一种标准的方式进行脱气或者通过使用速率控制热分析（SCTA）方法进行处理。关闭脱气样品池的顶部，并与浸泡管内部的玻璃棒相连。浸泡液被添加到棒底部的管里。整个系统置于量热计中。达到热平衡后，压下玻璃棒，使样品池上的脆点断裂。浸润液体随即浸润样品，并测量到相应的热效应。

如图 1.1 所示，在明显的放热峰之前存在最初相应的吸热峰。较弱的吸热峰对应样品进入浸泡液的初始汽化过程。放热峰对应于样品的润湿，以及脆性断裂和池内外浸液

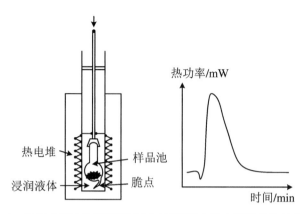

图 1.1   浸润式量热装置示意图(左)及浸润实验中测量的热效应(右)

的压缩所造成的影响。可以用下式[2]概括这些影响因素:

$$Q_{exp} = \underset{\text{浸润能}}{\Delta_{imm} U} + \underset{\substack{\text{打破脆点}\\\text{做的功}}}{W_h} + \underset{\text{玻璃泡内气体压缩}}{\int_0^{V-v} p dv} + \underset{\substack{\text{玻璃泡外液体汽化}(V)\text{和}\\\text{玻璃泡内液体液化}(v)}}{\frac{\Delta_{inq} h}{RT}[(p - p^0) V + p^0 v]}$$

通过对不同尺寸的样品池进行一系列的空白实验,可以得到除了浸润能以外的各项参数。测得的热效应对样品池体积作图,得到的直线的斜率与浸泡液的汽化热成正比。

浸润热的测量取决于以下几个因素:

· 固体的比表面积。对于具有相同表面化学性质的固体,浸润能与比表面积成正比。如果表面化学性质不同,可以使用改良哈金斯-汝拉法,后面会对其进行介绍。

· 表面化学性质。对于一种给定的液体,浸润能量取决于表面的化学性质。例如,如果液体是极性的,则浸润能随表面化学官能团的极性增加而增加。关于这类研究的一个应用是特别处理(热处理,接枝……)对表面官能团的性质和密度的影响。

· 液体的化学性质。对于一个给定的多孔表面,浸润焓取决于浸液的化学性质。此时,可以通过增加液体极性来测量固体表面位置的平均偶极矩,从而对表面的亲水性或疏水性进行分析。

· 孔隙率。如果固体是微孔结构,液体的分子可能由于太大而无法渗透到所有的孔中。在这种情况下,对不同大小但化学性质相似的分子进行一系列浸润实验可以得到有意义的结果。此时,可以获得微孔尺寸分布。在某些情况下,这些过程可能遵循润湿或孔隙填充动力学。

1.2.2   浸润式量热法测定固体的比表面积:改良哈金斯-汝拉法

如上所述,固体的比表面积与浸润过程中释放的浸润能量成比例。在许多情况下,实验时首先把固体浸润到非极性的液体,如正己烷中,然后将测量的热效应与参考固体所得的热效应进行比较。

然而,在某些情况下固体的表面化学性质仍然会影响热效应的测量。此时通常采用一种克服这一问题的方法,即改良哈金斯-汝拉法[2],如图 1.2 所示。

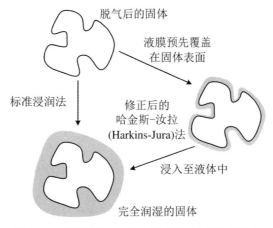

图 1.2　标准浸润法与改良哈金斯-汝拉法的比较

在这种方法中,样品在脱气后将会在一个给定的相对压力的浸液中达到平衡。在浸润实验之前,表面被预先覆盖了一层液膜。因此,测量的热效应仅仅与液-气界面的消失有关,并可由表达式[3]给出:

$$\Delta_{imm} H = A \left(\gamma_{lv} - T \left\{ \frac{\partial \gamma_{lv}}{\partial T} \right\}_A \right)$$

式中,$\Delta_{imm} H$ 为浸润焓,A 为固体面积,γ_{lv} 为液-气界面的表面张力,T 为温度。

随着被使用的预覆盖膜的厚度的增加将会出现一些问题。如果膜太厚,则有孔隙被填充的危险,并且薄膜表面无法代表被覆盖的固体表面。Partyka 等[2]研究了二氧化硅样品浸润水中的情况。在浸水实验之前,试样在不同的相对压力下预先覆盖一定量的水。他们的研究中,对所得结果与水吸附等温线进行了比较(图 1.3)。

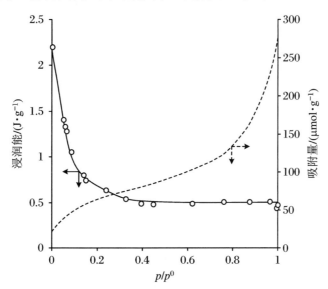

图 1.3　不同相对压力下二氧化硅样品预涂水的水浸润能及相应的水吸附等温线[2]

图 1.3 给出了在低相对压力下预浸样品的浸润能降低的趋势。然而,在 0.4 左右的

相对压力下,浸润能保持不变。这个相对压力对应于在二氧化硅表面形成了两层水。因此,如果两个吸附层形成之前发生孔隙填充,通过哈金斯-汝拉法不能给出正确的结果。这是典型的微孔样品的情况。

表1.1中将由哈金斯-汝拉法得到的结果与通过吸附实验使用BET法得到的结果进行了比较,可以看到在许多情况下这两种方法之间具有较好的一致性。

表1.1　由吸附实验(a_{BET})和浸润量热($a_{Harkins-Jura}$)得到的比表面积的对比[2]

样品	$a_{BET}/(m^2 \cdot g^{-1})$	$a_{Harkins-Jura}/(m^2 \cdot g^{-1})$
石英	4.2	4.2
二氧化硅	129	140
氧化铝	81	100
二氧化钛	57	63
水铝矿	24	27
高岭土	19.3	19.4
氧化锌	2.9	3.1
氢氧化镓	21	21.3

与BET法相比,哈金斯-汝拉法的优点是不需要假设浸润分子的大小,该实验要求所涉及的固体应完全浸润。然而,正如上文所述,该方法仅限于基本无孔的样品。需要特别指出,哈金斯-汝拉法实验的工作量比较大。

1.2.3　由浸润量热法评价表面化学性质

通过与含有少量表面化学位点的样品比较,可以对样品的表面化学性质进行评价。在图1.4中,将二氧化钛(TiO_2)与石墨化炭黑的浸润能随浸润液体偶极矩的变化关系进行了比较[4]。

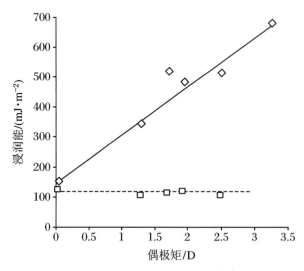

图1.4　二氧化钛的浸润能(菱形)与石墨化炭黑样品(方形)的浸润能与浸润液体的偶极矩的关系曲线[4]

对于不具有表面化学位点的样品,如石墨化炭黑样品,浸润液体的极性变化对浸润能影响不大。另外,可以发现随着浸润液体的偶极矩的增加,将会导致二氧化钛的浸润能线性增加,这种现象是由于固体表面的化学性质作用引起的。

通过浸润量热法可以研究各种热处理的作用对表面化学性质的影响。图 1.5 给出了二氧化硅样品的浸润能随热预处理温度的变化趋势[5]。由图可见,低于 500 ℃时,浸润能变化不大。然而当二氧化硅样品的热预处理温度高于 500 ℃时,由于逐步脱羟基而导致浸润能降低。

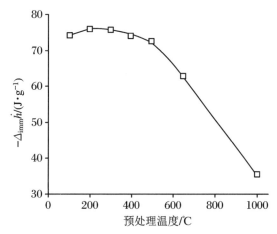

图 1.5　二氧化硅沉淀物的浸润能随预处理温度的变化[5]

1.2.4　通过浸润量热对微孔的研究

通过使用不同尺寸、化学性质相似的不同浸润液,可以估算出非均相样品如碳原子的微孔尺寸分布。这在一些研究中(例如文献[6-8])得到证明。

图 1.6 中给出了一系列炭样品的比表面积与孔径大小的关系[6]。这些孔径大小是

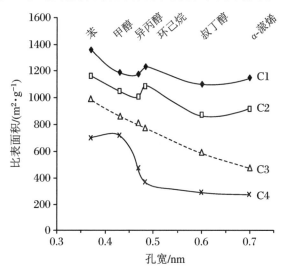

图 1.6　一系列木炭样品的比表面积与从不同浸液的分子尺寸计算的孔径之间的关系[6]

根据所使用的各种浸液的分子尺寸计算的。可以看出,C4 样品在 0.5 nm 处观察到一个明显的临界点,这表明该样品的孔径分布很窄。然而,C3 似乎在微孔范围内显示出相当大的孔径分布,而另外两个样品似乎是由较大尺寸的孔组成的。

使用量热法估算微孔比表面积的一个优点在于浸润过程中释放的能量与相互作用的比表面积成比例[9],这是一个与 BET 法相比的优势。BET 法考虑了分子截面积,如图 1.7 所示。图中显示了 BET 法用形成一个统计单层分子数量乘以分子的横截面积,可能会导致超微孔和极微孔比表面积分别被低估或高估。由浸润式热量计得到的结果并非如此,浸润能与表面相互作用面积成比例。因此,在一个圆柱形微孔结构中,分子的浸润能比一个开放表面的数值大 3.6 倍。

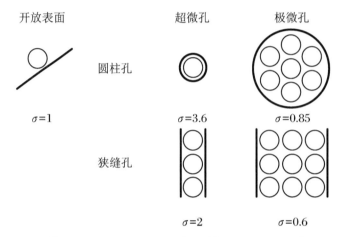

图 1.7　考虑分子截面积 σ 遇到的过低或过高估计超微孔和极微孔表面积问题示意图
图中所示为圆柱形和狭缝状孔隙

当液体需要进入微孔时,应该使用相对较小的分子,这就限制了对在室温下使用大多数烷烃的研究。在这种情况下,使用液态氩浸液比较合理[10-12]。这可以用后面的低温量热计描述,该技术使用非极性液体如氩。在该类研究中,微孔炭样品和二氧化硅样品的比表面积的测定可以进一步确定微孔的内部比表面积。对于炭样品,液态氮和液态氩提供了非常相似的浸润焓。例如,在氮气和氩气中,如果在 77 K 时用 BET 法测定参比物质的比表面积,单位面积的浸润焓分别为 165 mJ·m^{-2} 和 160 mJ·m^{-2}[12]。二氧化硅样品在液氮中的浸润焓高于液态氩,只要参比样品选择正确。这样的结果排除了一个简化的假设,不影响"浸润表面积"的推导。最初该方法由 Chessick 等和 Taylor 提出,认为浸润焓与吸附剂的化学性质无关,这意味着需要用无孔样品对每种类型的表面进行校准,这样处理影响不大,因为一个完整的量热实验的持续时间(样品经初步称量和通气后)约为 2 h。

1.2.5　非浸润流体的浸润

在非润湿的情况下,流体侵入孔隙时需要压力。这种情况通常采用压汞法。在高度疏水的体系中,在压力下注水浸润引起越来越多研究者的兴趣。这种体系用于减震材料或储能研究中。水注入疏水体系中已经有相关研究，如纯硅沸石和接枝的介孔二氧化硅[13-15]。

在这种体系中，随着压力的增加，水浸润孔隙，体系的体积减小。此时，孔径通过 Washburn 方程计算：

$$p = \frac{2\gamma_{lg}}{r}\cos\theta$$

式中，p 为压力，γ_{lg} 为表面张力，r 为曲率半径，θ 为接触角。接触角需要进行估算。这样一个与同时量热读数相结合的测量体系的优势在于接触角可以通过上面的 Washburn 方程和下面的表达式计算得出[16]：

$$dU = \left(T\frac{\partial(\gamma_{lv}\cos\theta)}{\partial T} - \gamma_{lv}\cos\theta \right)dA$$

式中，U 为内能，T 为温度，A 为表面积。

图 1.8 中给出了一个水浸入多孔二氧化硅的例子。从上面的曲线及应用相关公式可以得到图 1.8 中下面曲线的孔径分布。在这个实验中，用于计算的接触角是 $126° \pm 5°$。

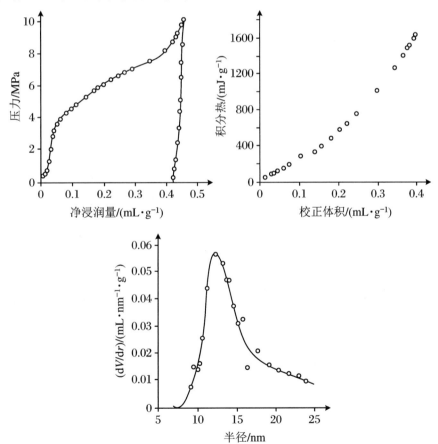

图 1.8　水浸入二氧化硅接枝聚合物的结果[16]

压力/容积曲线（左上），热/体积曲线（右上），由上面曲线计算的微分孔径分布（下）

1.3　热孔计法

热孔计法是得到介孔固体的孔径分布的简单方法,是基于液体在受限介质中凝固点降低的现象来进行的。

实验表明,可以用 DSC 测定相变。一条典型的实验曲线如图 1.9 所示。将固体浸润在稍微过量的液体中,然后放入 DSC 仪器中。在温度程序开始阶段,冷却至低温(水通常为 $-80\ ^{\circ}\mathrm{C}$),然后逐渐加热(加热速率为 $0.5\sim1\ ^{\circ}\mathrm{C}\cdot\mathrm{min}^{-1}$)至刚好低于样品本体熔融温度。在这个过程中,流体最初被冻结在孔径内外。在加热到刚好低于样品本体熔融温度的情况下,只有孔隙内的流体发生了熔化,处于孔隙之外的水还是固体。然后以与加热速率相同的速率再次降低温度,使孔隙内的流体重新发生凝固。这样的过程避免了较为明显地偏离平衡态,避免了液体的过冷现象。在某些情况下,熔化和凝固的温度不同。这是由于孔的形状以及在加热和冷却机制上的差异引起的。

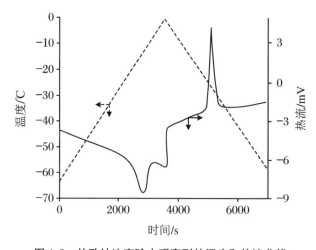

图 1.9　热孔计法实验中观察到的温度和热流曲线

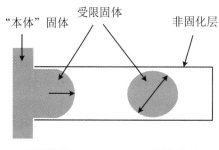

图 1.10　孔隙内凝固机理的图解

左:孔隙外的固体物质在固体界面进入内部;

右:孔隙内固体成核

从微观角度来看,仍然存在着关于孔隙内部凝固机制的讨论。界面推移的机制和原位成核的示意图如图 1.10 所示。Everett 首次以塑性冰模型描述界面推进机制[17]。由图还可以看出,一层流体留在孔隙壁上,在冷却时不会发生凝固。人们普遍认为这种不凝固膜由两分子层组成。

凝固点下降的现象可以用 Kubelka 提出的方程定量描述[18]:

$$\Delta T = T - T_0 = \frac{2\gamma_{\mathrm{sl}} M T_0}{R\rho_1 \Delta H_{\mathrm{s}}}$$

式中，T 和 T_0 分别表示孔隙内、外的凝固温度，γ_{sl} 为表面张力，M 为摩尔质量，R 为曲率半径，ρ_l 为液体密度，ΔH_s 指凝固焓。在这些参数中，γ_{sl}、ρ_l 和 ΔH_s 都随温度变化。

凝固过程中的热量可由下式给出[19]：

$$Q = T_e \left\{ \Delta S_{so} + \int_{T_o}^{T_i} \frac{C_{P_l} - C_{P_s}}{T} dT + 2 \frac{v_l}{R_p - t} \frac{d\gamma_{ls}}{dT} + \left(\frac{\partial v_f}{\partial T} \right) \cdot (P_l - P_0) \right.$$
$$\left. + \left(\frac{\partial v_s}{\partial T} \right)_P \cdot (P_0 - P_s) \right\}$$

式中，T_c 为平衡温度，S_{so} 为凝固熵，C_{P_l} 和 C_{P_s} 分别为液体和固体在恒定压力下的比热容，v_l 和 v_s 分别对应于液体和固体的体积，t 为非凝固层的厚度，P_0、P_l 和 P_s 分别为初始压力、液相压力和固相压力。这个表达式可以用来计算孔隙的体积。

计算孔径大小更简单。然而，在计算时，需要确定上面的参数随温度的变化以及非凝固层的厚度信息。为定量描述这种关系，Quinson 和 Brun 建立了简单的公式模型[19]，可用于模拟不同温度变化下凝固膜厚度。对于水，由下列表达式得出孔半径 R_p：

$$R_p = \frac{-64.67}{\Delta T} + 0.57$$

而对于苯，可采用以下形式的表达式：

$$R_p = \frac{-131.6}{\Delta T} + 0.54$$

对于两种 MCM-41 样品，图 1.11 中分别给出了通过热孔计法得到的结果，这些结果与通过其他方法获得的结果类似。

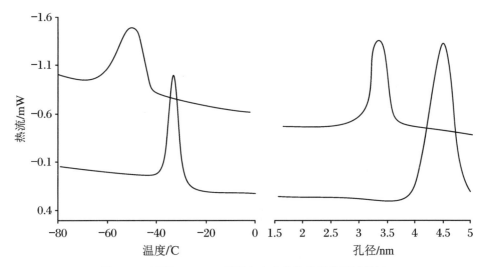

图 1.11　两种 MCM-41 样品在水中的热孔计法测量结果
实验冷却曲线（左）；孔径计算（右）

在吸附-解吸实验过程中使用热孔计法的优点主要表现在以下几个方面：首先，与完全吸附-脱附等温线相比，实验相对用时较少。其次，这种方法还可用于分析相对脆弱的样品，如在脱气或液氮温度下可能发生降解的聚合物。最后，如果在液相中使用这种方法,可以在相应的应用介质中分析样品。

1.4 样品控制热分析(SCTA)法

可以用样品控制的方法得到吸附剂的特性。在实际应用中,同样可以通过化学吸附的脱附方式表征催化剂的表面化学性质,也可以通过物理吸附的分子的热脱附表征吸附剂。在这种情况下,可以得到有关比表面积和孔径的信息。

采用样品控制热分析或称 SCTA 的方法对吸附剂的表征包括两种主要的方法。一方面,液体饱和吸附剂和其饱和蒸气处于平衡状态。因此,在加热时得到一条与液体表面和孔隙内的液体的饱和蒸气压相关的液体量减少的曲线[21]。Pauliks 采用的差热分析法已经被若干使用样品控制热分析法的研究者采用,目前被称为准等温热脱附法。当可以直接得到质量损失时,实际水蒸气压力的测定比较困难。另一种方法是基于控制速率的原理连续测量逸出气体的压力,并使其不随时间发生变化(直接关系到脱附速率)。当压力保持恒定时,饱和蒸气压随温度而变化[22]。在每一种情况下,通过 Kelvin 方程解释热脱附曲线并给出孔径大小分布。在下面的内容中将对这两种方法和选定结果做进一步的说明。

准等温加热方式是由 Paulik 兄弟提出的,这里被应用于液体的热脱附,是提高传统 TPD 实验分辨的一种解决方式[23]。在本节中提出的所有准等温研究均使用差热分析仪。这里提及的准等温加热方式是以一种线性升温开始的(例如 $3 \, \mathrm{K} \cdot \mathrm{min}^{-1}$)。微量质量损失差是根据时间计算的,当这个增量超过某个预先设定的值时(例如 $0.5 \, \mathrm{mg} \cdot \mathrm{min}^{-1}$),保持恒温。当质量损失差随时间下降到低于设定值时,再进行线性升温。因此,质量损失被记录为温度的函数形式。

在热脱附实验中,了解样品上方的压力十分重要。使用差热分析仪时,样品上方水蒸气分压不能直接测量。在这种情况下,开发了一个特殊的"迷宫"式样品池放在测量池中,可以加入样品和多余的液体,池子上有一个翻盖。这样的池结构可以确保在实验过程中在样品上方保持自产生的气氛气体的压力并使之等于大气压力[33]。在温度升高的过程中,实验导致多余液体的蒸发/沸腾,排出多余的空气。翻盖和"迷宫"样品池可以有效保证蒸气在样品中经历相对长的扩散路径,避免了空气的逆扩散。

因此,在实验过程中,希望水蒸气压力 p 在大气压力保持恒定,饱和蒸气压 p^0 随着温度 T 变化,可以得到图 1.12 所示的曲线。曲线的第一个部分是由于过量的液体流失引起的,与样品无关,可以用来校准仪器的温度。曲线的后面部分是由于各种孔隙的排空引起的。随着温度的升高逐渐排空孔径不断减小的孔。

将这种方法测量得到的结果和通过物理吸附测量得到的结果进行类比可以得到如图 1.13 所示的曲线,调整两个图的坐标,使曲线的形状相似。

基于以上分析,可以较好地理解计算孔体积甚至孔径分布的方法。因此,每一步所观察到的质量损失都与孔体积有关,通过开尔文方程可以看出发生质量损失的温度范围与孔径有关。在完全润湿条件下,方程的形式如下:

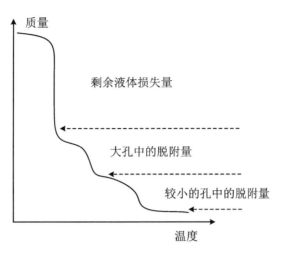

图 1.12 由具有双峰孔径分布固体的准等温重量实验得到的曲线示意图

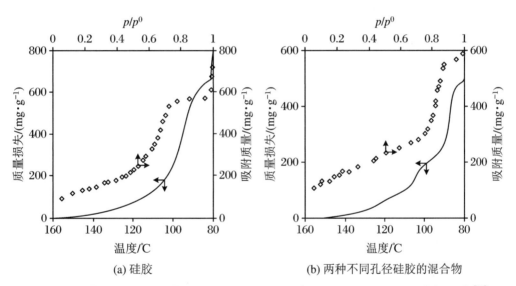

(a) 硅胶　　　　　　　　　　　　　　(b) 两种不同孔径硅胶的混合物

图 1.13 准等温热重法测定苯的脱附曲线(实线)和氮气物理吸附法测定结果(点线)比较[24]

$$r = \frac{2\gamma V_{M}}{RT\ln(p/p^{0})}$$

除了上面提及的 p、p^{0} 和 T,必须考虑到液体的表面张力 γ 和摩尔体积 V_{M} 随温度的变化。通过以上公式得到的半径 r 是一个中心半径,还应考虑到不被解吸的表面层。

这一层主要依赖于表面的类型、孔径大小,还应考虑到使用的各类预吸附分子。事实上,与吸附一样,表面层的厚度随孔径大小的增加而增加。在一些情况下,基于吸附实验提出的关系式可用于热脱附过程,例如水-硅体系[25]。在其他情况下,需要对比与氮气相比的孔径分布差异[26]。

许多研究的表面性质会导致吸附层厚度的差异。当研究接枝固体时,也可以观察到这种情况。预吸附物种似乎能够在有机接枝链之间发生迁移,从而导致差异。在 C18 链接枝二氧化硅对苯的吸附曲线中可以看到这种现象[26]。然而还有很多例子表明,由准等温重量法和氮气物理吸附法测量到的孔体积和孔径分布结果之间具有良好的一致性。

如何选择用于热解吸表征的液体很重要。所用的液体必须充分润湿固体,必须避免与表面的特殊相互作用。在表 1.1 中可以看到许多可用的浸润液体。大多数的研究给出了令人满意的结果,在实验中保持了良好的润湿性。但是,对于二氧化硅体系,水由于会形成一层稳定的表面薄膜而不适用[27]。然而,在其他研究中发现水是合适的浸润液体[21,28]。

通过准等温重量法获得的 SCTA 曲线,对于非均相的表面可以经过处理得到脱附能曲线。参考文献[21]对此做了详细论述。

利用饱和体系进行热脱附的一个好处是可以将样品放在实际应用时所使用的液体中对湿态样品进行表征。第二个优点是可用于表征如有机薄膜[29]和多孔聚合物[30]易碎固体,在低温下真空收缩和易碎使氮气物理吸附实验无意义。通过准等温重量法得到的结果可与使用热孔计法得到的结果相比。

准等温法是表征大多数多孔固体特性的令人比较满意的方法,但相对于其他方法,如氮气物理吸附或压汞法,也观察到一些差异。如上所述,这种差异有可能是由吸附剂膨胀或在有机链之间迁移的现象引起的。然而,这种方法似乎难以检测少量的孔隙[31],这可能仅仅是由选择的实验条件导致的,也可能是由润湿液的过快脱附和周围大气中的蒸气压太低导致的。此外,微孔体积的表征比较困难[32]。这可以通过观察孔排空过程来进行分析,在排空末期,排空比较困难,这可能是由样品上方的压力与假定的饱和蒸气压的差异造成的。实验结束时样品上方蒸气压力的这种变化可能是由于样品池的特殊形式以及样品上方蒸气压力的实际测量困难引起的。

虽然在实验中可以使用特殊的"迷宫"样品池,但分压不可测量,更重要的是其不可控制。最后,实验中总是需要使用过量的液体。这种操作导致可计算孔隙体积和孔径分布,但不可能测定比表面积。

上述分析表明,可以针对准等温热重测量做一些改进。一种可能是使用逸出气体分析替代热重分析,这可以用 Rouquerol 的仪器进行操作[33]。在实验时,样品首先在真空下通过 SCTA 法脱气清洗表面和孔隙的杂质,然后将池固定到一个预吸附的仪器上。将样品和纯液体置于不同温度下,以产生样品上方所需的相对压力。因此,为了计算比表面积,需要使用与单层覆盖相对应的相对压力。为了获取总孔体积和孔径分布的信息,需要相对压力达到约 0.95。

经过预吸附后,样品池被分离并转移到适用于气体分析的 SCTA 仪器[33]。在 10^{-3} ～5 mbar 的范围内不断降低压力下进行实验,这个过程与在常压下进行的准等温热重实验相反。实验时,压力 p 再次保持恒定,饱和蒸气压 p^0 仍随温度 T 变化。如前所述,Kelvin 方程可以用来计算孔径分布。因此,脱附温度与孔径大小的关系通过 Kelvin 方程得到,而孔径大小与脱附压力的关系通常通过等温的 Barrett,Joyner 和 Halenda 方法得到。

通过对其他实验条件进行调整使质量损失率维持恒定,大概范围 0.14～0.5 mg·h^{-1},这个过程比准等温热重测量(30 mg·min^{-1})慢得多,这个质量损失率是在一个单独的实验中计算出的。这种低得多的速率可以提高分辨率,可以观察到少量孔隙。这种分辨率可以用于研究金属合金表面腐蚀过程中产生的少量小孔隙[35]。比较有意义的一点在于,用于表征这种孔隙的流体与老化过程中所涉及的流体相同。

除了用于各种表面的研究[37-38]之外,这样的实验也被用于研究各种沸石的水热脱附现象[36]。实验时,样品上方的残余压力在 10^{-2} mbar 数量级,可以用来估算微孔容积和研究阳离子位点的影响[36]。即使实验开始时温度约为 $-30\ ℃$,也不足以保持介孔中的物理吸附水。通常采用两种解决方案:一是大幅增加在样品上方的剩余压力;二是降低实验开始时的初始温度。

第一种解决方案可以很好地利用准等温法,而第二种解决方案对实验进行减压处理。放在液氮杜瓦瓶上的炉子如图 1.14 所示[22]。在杜瓦瓶内,电阻加热可以使液氮保持在恒定的沸点。产生的蒸气通过炉子中的一个盘管,保证恒定降温到最低温度 163 K。炉电阻和一个 PID 调节器连接,而样品温度通过 100 Ω 铂探针测量。这个装置允许的温度范围为 163～473 K。实验时间取决于杜瓦瓶中液氮的量。通常一个 50 L 的杜瓦瓶可以进行 48 h 的实验。

介孔样品 MCM-41 的水脱附曲线如图 1.15 所示。在残余压力(10^{-3} mbar)条件下,$-80\ ℃$ 的初始温度足够低,可以有效避免在加热初期蒸气的损失。可以按照参考文献[22]中所述的方式,以与上述准等温测量类似的方式对该曲线进行处理,得到图 1.15 中(实心圆)的孔径分布曲线,这一曲线与 25 ℃ 物理吸附等温线(空心圆)脱

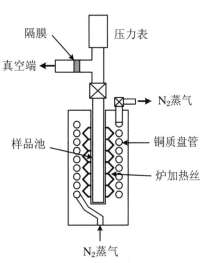

图 1.14 从低温开始的热解吸研究对应的炉子示意图

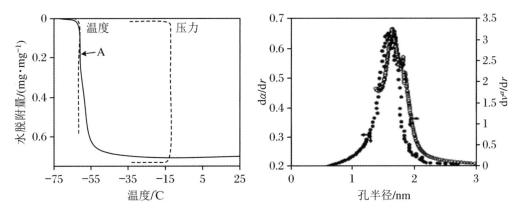

图 1.15　MCM-41 水热脱附
恒定速率产生的逸出气体检测(CR-EGD)曲线(左);SCTA 法测得的 MCM-41 孔径分布(实心圆)和 25 ℃ 水脱附测得的 MCM-41 孔径分布(空心圆)(右)

附分支的 BJH 处理得到的孔径分布信息相一致。

磷酸铝 AlPO$_4$-5 的水热脱附实验中得到的 SCTA 曲线如图 1.16 所示。理论上,从这种微孔样品(孔直径 0.73 nm)脱附水的温度要比 MCM-41 高。然而,实际上这种脱附在远低于室温时发生,表明了使用图 1.14 所示装置的优势。

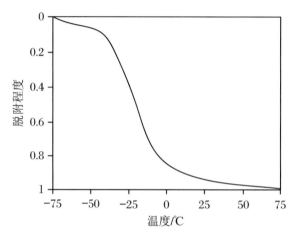

图 1.16　从 AlPO$_4$-5 水热脱附实验获得的恒定速率产生的气体检测(CR-EGD)曲线

在 SCTA 条件下脱附之前,也可以在吸附单分子层的分压下预吸附,以计算脱附量和比表面积。当研究的比表面积较低或可以用于研究的样品量有限时,这种实验更有意义。例如,可以用于研究在金属腐蚀过程中形成的薄的多孔氧化物层,分辨率可达到 2 cm^2[22,35]。

非水液体的热脱附可用于研究沸石类体系,以表征其表面活性位点的化学性质。通常建议使用异丙胺,这种化合物似乎在两种情况下从 HY 和 NaY 沸石上脱附[39],速率跳跃法被用来表征这两种情况。第一种情况对应于物理吸附过程,而第二种情况对应于在 Brønsted 酸性位点的化学吸附过程。有趣的是,由 CRTA 和线性加热实验得到的表观活化能有 20% 的差异,原因是由于后者在测量过程中有扩散效应的发生。

减压条件下的控制速率热脱附法已应用于活性炭的表征[40],通常用苯酚作脱附液。与传统的线性加热 TPD 实验对比[41-42],SCTA 实验表明,没有发生苯酚裂解。对于所研究的炭,借助于高分辨率氩气物理吸附实验可以确定三个结构域并对其进行表征。

最后,通过使用界面扩散理论,可以对由非均相固体所得到的 SCTA 热脱附曲线进行进一步分析[38]。在参考文献[38]中详细介绍了其理论基础,并给出了两种不同的 SCTA 实验方法。通过任一种方法都可以得到不同分布的凝聚能,据此可以计算假设平衡或混合平衡/非平衡条件。研究中以羟基磷灰石的水脱附过程为例,强调了物理吸附和化学吸附过程的不同。

1.5　等温吸附微量量热法

1.5.1　引言

有几种不同的量热方法用于研究吸附现象。其中绝热量热法更适合于比热容的测定,但同时也采用了等温量热法和扫描量热法对吸附现象进行跟踪。等温量热法是第一种用于吸附研究的方法,样品温度与环境温度之间没有特别的关联。这类实验装置和实验本身都很复杂,并且与通过标准等温测量法获得的结果相比,等温测量比较困难。扫描量热法最适合用于跟踪气体吸附现象,其样品温度随周围环境变化而变化。吸附测压的等温条件是可以重复的,从而可以测量吸附过程中的热量变化。下面给出一些在扫描或准等温条件下的例子。

对于吸附剂的表征,通常采用 77 K 范围内的低温测量。然而,通常在 25~100 ℃ 的温度范围内获得的数据更有意义,例如可以用于与气体储存和气体分离有关的研究中。每个温度范围都需要特定的仪器。

图 1.17 给出了用于低温吸附研究的扫描量热计[43]的一个例子。该装置主要由三个部分组成,即投气装置、样品池和量热仪。量热仪是一种 Tian-Calvet 差示扫描量热仪,其中对称安装了两个热电堆。量热仪的结构像倒置在低温液体中的潜水钟。每个热电堆大约有 1000 对热电偶,可以达到大约 5 mJ 的灵敏度。加热电阻位于参比热电堆中,通过焦耳效应进行校准。量热仪放在装有约 1000 L 低温液氮(或氩)的低温恒温器中,通过热电堆维持在恒定的温度,并通入一定流量的氦气。这种氦气流在等温条件下使量热仪正常工作,并使样品和热电堆之间有良好的热接触。

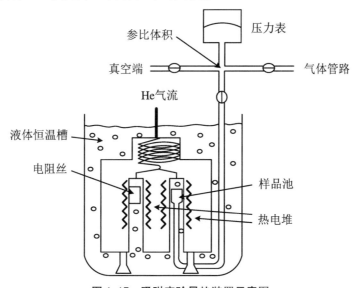

图 1.17　吸附实验量热装置示意图

实验过程中有两种不同的注入吸附剂方法。第一种是最常见的方法,向样品中不连续地注入吸附质,每一次注入吸附质时,样品都伴随着放热效应,直到达到平衡为止。通过对得到的热流对时间曲线中的峰进行积分,可以得到每一次注入过程的积分(或微分)形式的摩尔吸附焓。

量热单元(包括相关的吸附剂和气相)可看作一个开放体系。在这个过程以及在引入气体的准静态过程(下一节中进行介绍)中,重要的前提是气体的引入过程是可逆的。

然而,为了计算不连续过程中的微分吸附焓,需引入足够小的量 dn,使给定的压力增加 dp。

在这些条件下,可以通过以下表达式来测定微分吸附焓 $\Delta_{ads}\dot{h}$:

$$\Delta_{ads}\dot{h} = \left(\frac{dQ_{rev}}{dn^a}\right)_T + V_c\left(\frac{dp}{dn^a}\right)_T$$

式中,dQ_{rev} 是在温度 T 下与周围环境可逆交换的热量,可以由量热计测量;δn^a 是投气后引入的吸附量;dp 是增加的压力;V_c 是量热计(热电堆)内样品池的死体积。

为了观察微弱的吸附现象,例如吸附相变化,需提高等温线和微分焓曲线的分辨率。此时可以通过引入很小剂量的气体来增加所取的点数。这既耗时又可能导致误差的累积。但是气体的连续引入会使两条曲线具有较好的分辨率。

图 1.18 中较好地显示了令人感兴趣的分辨率。实线中的峰 A 表示吸附相变,而这种变化在不连续的气体注入过程中被忽略。

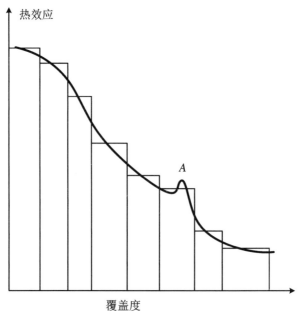

图 1.18   采用不连续(柱状)和连续(实线)的气体注入法得到的结果比较

峰 A 对应不连续的吸附剂注入过程中被忽略的吸附相变

在"连续流入"的过程中,吸附质被引入到体系中,其速率固定且足够慢,所以可认为吸附质-吸附剂系统一直处于平衡状态[44-45]。为了验证这种平衡,实验中可以使吸附剂停止流动,并使量热信号停止(图 1.19)。

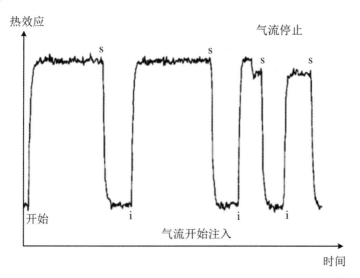

图 1.19　氩在硅烷-1 上的吸附
气体向样品的流动周期性地停止以验证吸附质-吸附剂平衡

在这个"准平衡"状态下,在吸附计算中,进入体系的吸附量 Δn 可以用气体流速 $\mathrm{d}n/\mathrm{d}t$ 来表示。在这些条件下由量热计测量热流 ϕ。

使用特殊设计的喷嘴可以使气体流向样品,使 $f = \mathrm{d}n/\mathrm{d}t$ 保持恒定。因此,可以用以下表达式计算出吸附速率 f^{a}:

$$f^{\mathrm{a}} = \frac{\mathrm{d}n^{\mathrm{a}}}{\mathrm{d}t} = f - \frac{1}{R}\left(\frac{V_{\mathrm{d}}}{T_{\mathrm{d}}} - \frac{V_{\mathrm{c}}}{T_{\mathrm{c}}}\right)\frac{\mathrm{d}p}{\mathrm{d}t}$$

式中,V_{d} 和 V_{c} 为计量体系的体积,在温度 T_{d} 和 T_{c} 下可以用量热计测量。相应的热流量 ϕ 可用下式表达:

$$\phi = \frac{\mathrm{d}Q_{\mathrm{rev}}}{\mathrm{d}t} = \frac{\mathrm{d}Q_{\mathrm{rev}}}{\mathrm{d}n^{\mathrm{a}}} \cdot \frac{\mathrm{d}n^{\mathrm{a}}}{\mathrm{d}t} = f^{\mathrm{a}}\left(\frac{\mathrm{d}Q_{\mathrm{rev}}}{\mathrm{d}n^{\mathrm{a}}}\right)_{T}$$

结合上面两个表达式可得到

$$\Delta_{\mathrm{ads}}\dot{h} = \left(\frac{\mathrm{d}Q_{\mathrm{rev}}}{\mathrm{d}n^{\mathrm{a}}}\right) + V_{\mathrm{c}}\left(\frac{\mathrm{d}p}{\mathrm{d}n^{\mathrm{a}}}\right) = \frac{\phi}{f^{\sigma}} + V_{\mathrm{c}}\frac{\mathrm{d}p}{\mathrm{d}t}\frac{\mathrm{d}t}{\mathrm{d}n^{\mathrm{a}}}$$

$$\Delta_{\mathrm{ads}}\dot{h} = \frac{1}{f^{\mathrm{a}}}\left(\phi + V_{\mathrm{c}}\frac{\mathrm{d}p}{\mathrm{d}t}\right)$$

可用空白实验确定 $V_{\mathrm{c}}(\mathrm{d}p/\mathrm{d}t)$。这一项在等温线的水平部分起很大的作用。因此,微分焓的估算误差变得很大。然而,在这些多层吸附的范围,对焓的估算影响不大,可以通过等量法方便地获得。

对于微孔填充或毛细管冷凝过程,$V_{\mathrm{c}}(\mathrm{d}p/\mathrm{d}t)$ 最小。实际上,在这种现象中,随着时间的推移,压力的增加很小。此外,几乎所有流动的气体都被样品吸附,使得 $f \approx f^{\mathrm{a}}$。这时,方程最后可以简化为

$$\Delta_{ads}\dot{h} \approx \frac{\phi}{s}$$

因此,如果气体流量 f 保持恒定,则吸附量可用直接测量值 $\Delta_{ads}\dot{h}$ 表示。

在图 1.20 中给出了使用吸附测压-量热法联用得到的结果。由图可见,在一个有序的石墨样品氮气吸附过程中,可以实时得到压力和热流随时间变化的信息[45-46]。

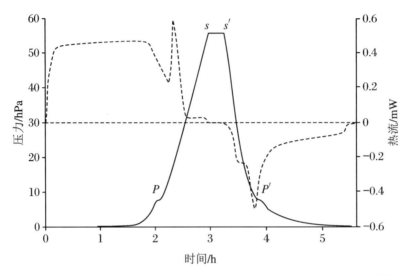

图 1.20 77.4 K 时,在石墨上吸附氮气过程中产生的热流和压力信号[45]

图 1.20 可以有效反映出关于气体连续引入过程中的微分吸附焓信息。可以看出气体的初始引入长达 1.5 h,该过程仅导致压力信号略微增加。这对应于热流曲线上一个相对较强的信号,这是在高度有序的均匀表面上的单层吸附的结果。点 P 对应于压力信号中的微小变化和热流信号中的一个大峰值。这个相变对应于在高度有序的基底上单层外延的完成[45-46]。在 s 点停止气体的流动以实现平衡。可以看出,在量热计的响应时间内,压力信号不变,热流信号降低到基线。这两种现象说明体系处于准平衡态。在 s 点,打开真空管放出氮气,并验证体系的可逆性。注意,这是上述计算的要求之一。可以看出,在 P' 点,与吸附产生的效应相似。这一现象和两个峰面积相等的事实,表明了体系的可逆性。

如上所述,通过这种吸附量热实验得到的微分焓曲线是在吸附质-吸附剂以及吸附质-吸附质相互作用的整体效应下得到的,可以很好地用于研究各种吸附剂填充机制和相变以及吸附剂的任何结构变化。

总体而言,由量热曲线可以得到三种不同类型的行为,如图 1.21 所示。在每个体系中,样品气体吸附量的增加会导致被吸附分子间相互作用的增加。对于吸附质-吸附剂的相互作用,发生在能量均匀的表面上吸附分子之间的相互作用会产生一个恒定的信号。

最后,在大多数情况下,由于孔径分布和不同的表面化学性质(缺陷、阳离子等)的差异,吸附能量不均匀分布。最初的研究认为吸附分子和表面之间存在着较强的相互作用。当这些特定位置被占用时,这些相互作用会减弱。因此,对于能量不均匀的吸附剂,可以观察到量热信号逐渐降低。然而,实验得到的每条微分焓曲线都是变化的,并且是各种相互作用的不同百分比的组合。

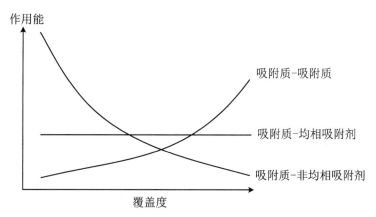

图 1.21 在低温下吸附气体过程中各种相互作用的量热曲线示意图

Kiselev[47]和 Sing[48]都提出了微分焓曲线的分类方法。图 1.22 中给出了理想微分吸附焓曲线,对应于吸附等温线的 IUPAC 分类[49]方法。

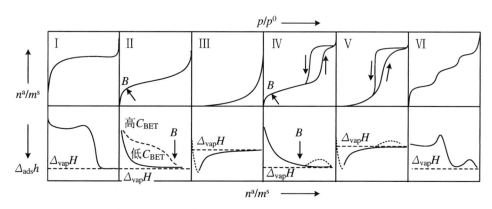

图 1.22 6 种 IUPAC 分类等温线(上排)和相应的理想微分吸附焓曲线(下排)

对于 Ⅱ 型等温线的无孔和大孔($d_p > 50$ nm)的固体,微分焓曲线迅速地下降到气体的蒸发焓($\Delta_{vap}H$)。在某些情况下,由于材料中有许多特定的位点,曲线的下降变得不明显。这些差异似乎对应于来自 BET 方程的不同 C 值。

介孔材料(2 nm $< d_p <$ 50 nm)通常会形成 Ⅳ 型等温线,微分焓曲线也会下降到所研究气体的汽化焓($\Delta_{vap}H$)。对于孔径分布非常窄的固体(例如 MCM-41 型材料),可以在毛细冷凝过程中观察到量热信号略微增加约 $0.5 \sim 1$ kJ·mol^{-1}[50]。

得到 Ⅲ 型或 Ⅳ 型等温线的体系说明吸附质-吸附剂相互作用非常弱。对于这些体系,微分吸附焓最初低于气体汽化焓。在这种情况下,可能发生了熵效应驱动吸附过程。

非常均匀的二维固体如石墨具有典型的 Ⅵ 型等温线特征,每一步都对应于不同吸附层的建立。初始阶段单层覆盖层的微分焓曲线相对稳定。该单层吸附的完成使微分焓曲线上形成了一个明显的峰,对应于一个吸附质的外延层的形成(图 1.20)。值得注意的是,在用中子衍射方法表征之前,由微量热法[46]首先观察到这种二维无序-有序的转变。

最后,微孔($d_p < 2$ nm)填充具有Ⅰ型等温线的特征。初始吸附的特点是压力增加非常小,并且是相互作用增强的结果。这种情况对于量热研究是理想的,因为该类技术是最灵敏的。在孔填充过程中吸附曲线的微分焓通常升高。

1.5.2　吸附量热法对非均相吸附剂的表征

无论是从结构的角度(孔径分布……)还是从表面化学的角度来看,大多数的吸附剂都可认为是能量非均质的。

一个典型的例子是多孔硅胶。该类材料的孔径分布较大,表面含有不同能量的羟基。图 1.23 中分别给出了微孔硅胶上吸附氩和氮的等温线和微分焓曲线。由图可见,用氩气和氮气获得的微分焓曲线均随相对覆盖率的降低而不断减小。这是表面电荷高度均匀性的特征,是由于表面化学性质和孔径分布引起的。

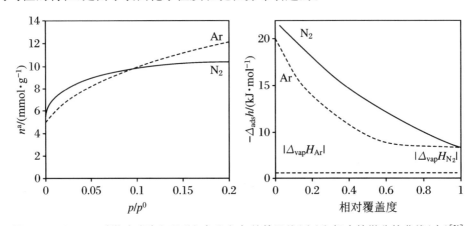

图 1.23　77.4 K 时微孔硅胶上吸附氩气和氮气的等温线(左)和相应的微分焓曲线(右)[51]

通过对氩和氮吸附实验获得的结果进行比较,可以看出由孔径分布和表面化学性质造成的不均匀性的相对重要性。事实上,氩是一种球形非极性分子,与表面化学物质如羟基的相互作用非常弱,由此观察到的行为本质上是由于结构特性(孔隙几何形状、孔径分布等)引起的。然而,氮具有一个能与任何特定表面基团相互作用的永久性四极矩,由此观察到的行为对应于任何与表面的特定相互作用以及由于样品的结构性质而产生的任何相互作用。

氩和氮的微分焓的差异可以用来评价所研究的吸附剂表面化学性质与气体分子的相互作用。

由图 1.24 可以看出氩和氮的吸附能的差异。图中是一系列在不同预处理温度下得到的二氧化硅样品在零覆盖度下 N_2 和 Ar 的吸附焓,由图可以得到所研究的二氧化硅表面上的羟基含量。可以看出,对于沉淀二氧化硅,表面羟基从约 300 ℃ 开始转变成硅氧烷桥形式,而这些基团似乎在热解硅石和 Stöber 二氧化硅上变得更稳定[52]。

多孔炭通常具有较大的孔径分布,因此微分吸附焓曲线也表现出能量的不均匀性特征。但是,这些曲线通常具有比二氧化硅更多的特征。小分子气体吸附到微孔活性炭上通常会导致在微孔填充时包含三个不同范围的量热曲线。图 1.25 中给出了一个例子,在 77.4 K 下氮和氩吸附到活性炭上。图中清楚地显示了三个区域:第一个区域 AB 明显下降,第二个区域 BC 较平缓,第三个区域 CD 再次明显下降直到接近气体的液化焓。

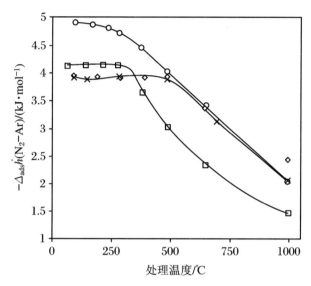

图 1.24 不同二氧化硅样品在氩和氮零覆盖度时吸附焓差与热处理温度的关系[5,52]

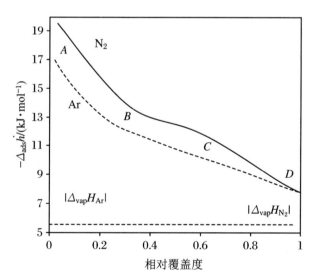

图 1.25 77.4 K 时吸附在活性炭上的氮气和氩气的微分焓

许多研究者注意到并讨论了这种现象,给出了不同的解释[34,53]。通常可以得出以下结论:

区域 AB 显示了吸附质与一种强非均相吸附剂之间相互作用的特征(图 1.25)。如果认为二维石墨表面的能量是均匀的,就必须解释所观察到的不均匀性。这种不均匀性可能由缺陷或杂质以及微孔孔径分布引起。尽管在某些情况下可以消除前两种可能性,但是这种材料的制备和活化方法使得一定的孔径分布无法避免。因此,可以假定在该初始区域 AB 中最小的微孔(或超微孔)被填满。

然而,BC 区域对应更均匀的现象,并且对应的吸附焓和完美的二维表面($\approx 14\ \text{kJ} \cdot \text{mol}^{-1}$)上的吸附焓相差不大。此外,理论研究[53]表明,对于直径大于 0.7 nm 的较大微孔(或超微孔)中氮的吸附,可能发生了两步过程。第一步对应于孔壁的覆盖,而第二步是填充空隙。因此,BC 区域可能对应于孔壁的覆盖程度。与二维石墨表面上的吸附相比,该过程缓慢下降可能是由微孔内的曲率效应引起的。

考虑到上述假设,似乎区域 CD 对应于较大微孔填充。一般情况下,黏土样品也可认为是相对不均匀的。然而,通常微分能量曲线表明了非均匀区域和相对均匀的区域同时存在。一个典型的例子是高岭石,它具有 $1:1$ 的片层结构,层间距为 0.72 nm,这大约是薄片本身的厚度,这意味着没有足够的空间容纳插入像水这样的夹层分子。这种材料的吸附等温线是典型的Ⅱ型等温线,是典型的无孔或大孔材料。

氩和氮的微分焓曲线(图 1.26)[54]显示了两个主要区域。第一个区域 AB 对应于缺陷部位的吸附和材料侧面的吸附。这些高能量范围增强了与氮四极矩的相互作用。第二个区域 CD 对应于能量更加均匀的基面上的吸附过程(译者注:原书图中未标注 A、B、C、D)。因此,这种量热测量是评价这种材料的侧面和底面比例以及研磨效果的一种简单方法。

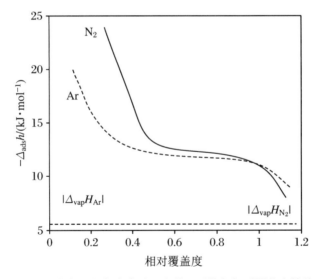

图 1.26 77.4 K 时氮气和氩气在高岭石上的吸附焓与相对覆盖度的关系曲线[54]

坡缕石是纤维状黏土矿物。凹凸棒石和海泡石是该族的两种矿物,都具有微孔结构。它们由一层层排列的滑石状层构成,形成了平行于晶体纵轴的具有矩形截面的微孔通道[55]。凹凸棒石的孔隙截面为 0.37 nm×0.64 nm,海泡石的截面为 0.67 nm×1.34 nm。孔内含有 $\text{Mg(OH}_2)_2$ 基团,位于微孔结构的壁中。

图 1.27 给出了在 77.4 K 下海泡石和绿坡缕石上氮吸附的微分焓曲线[55-56],由每条曲线都可以观察到两个独立的区域。第一个区域 AB 是准水平的,这是高度均匀区域的

吸附特征,这与含有 $Mg(OH_2)_2$ 基团的内纤维微孔隙的吸附相对应。第二个区域对应于吸附等温线上任何微孔填充的完成,这个区域的微分焓曲线 CD 对应于液化焓的降低,这是更高能量的异质性区域的特征(译者注:原书图中未标注 A、B、C、D)。由于这些区域是在纤维之间发现的,因此这与这些纤维间微孔的吸附过程相对应。

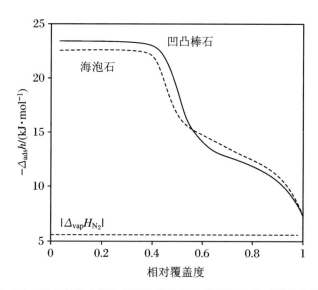

图 1.27 77.4 K 时氮气在凹凸棒石和海泡石上关于不同相对覆盖度的吸附焓

1.5.3　吸附量热法对均相吸附剂的表征

对于如上所述的凹凸棒石和海泡石黏土体系,吸附材料中存在高能均匀区域通常会导致微分吸附能-覆盖度曲线中出现一个近水平的区域。石墨是一种典型的均匀无孔固体,石墨的六边形有序碳结构可认为是一个模型表面。对于石墨上氮的吸附,表面覆盖度和微分吸附能都略微增加(图 1.20),这种能量将导致均匀的气-固相互作用和气-气相互作用的增强。

富勒烯纳米管可认为是一种均匀的多孔碳材料。图 1.28 给出了一个吸附测量的例子[57],由图可以看出两个主要区域。众所周知,这种纳米管的每一端都是封闭的,阻塞了任何固有的微孔。而且,这些纳米管自身排列成纤维状结构,孔隙约为 0.3 nm。因此,这种孔隙也是气体分子无法进入的。

图 1.28 中的第一步对应于一小部分未封闭的纳米管的填充过程(区域 AB)。根据制备方式不同,未封闭的气孔数量约有 20%。因此,第二个区域 BC 对应于在这些纳米管的外表面上形成单层吸附的过程。

从应用角度来看,沸石和相关材料(铝磷酸盐、磷酸盐等)是有研究意义的材料。可以通过调整这些材料的合成以得到不同的晶体结构和复杂多样的化学成分,可以针对特定应用来制备相应的样品。常规孔隙体系可以通过 X 射线衍射进行结构分析,并且可以使用例如 Riedvield 方法来阐明其精细结构。因此,沸石族材料是理解吸附现象的理想体系。对于通过这些研究获得的信息,使用热力学方法(测压法、量热法等)辅以结构方法(中子衍射、X 射线散射等),可以解释更混乱的体系中的吸附现象。模拟研究对于充分理解这些过程至关重要。然而,通道体系的规律性可能导致由于在这种均匀体系中的限制而产生不同的吸附现象。

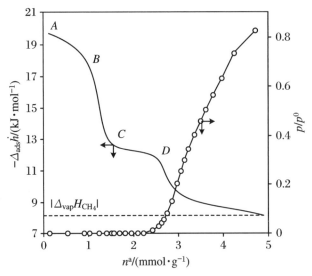

图 1.28   77.4 K 下碳纳米管上甲烷的吸附焓和相对压力与吸附量的关系[57]

图 1.29 给出了在能量均匀固体中吸附的一个例子,77.4 K 时硅沸石上吸附甲烷的行为可看作是一个较好的实验模型。与整个微孔填充区相对应的准水平量热信号似乎仅是吸附剂-吸附质相互作用的结果。对于吸附质-吸附质相互作用,研究中通常期望其有一定的贡献,然而实际上这种可能性很小,原因在这种准一维孔隙体系中发生这种相互作用的可能性较低。

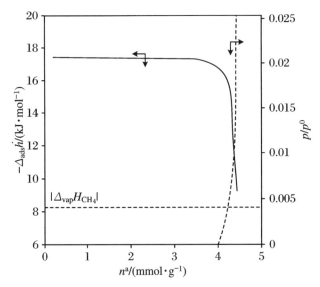

图 1.29   77.4 K 时硅沸石-I 上甲烷吸附焓和相对压力关于吸附量的函数[58]

也可以通过吸附量热法来探测这种体系的化学性质,并且可以比较零覆盖度下的吸附焓,如图 1.30 所示。

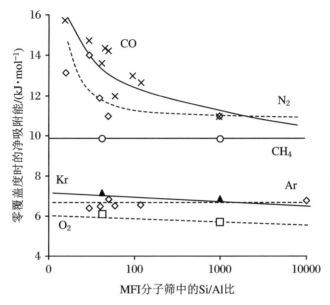

图 1.30   不同探针分子的吸附能对各种氢交换 ZSM-5 沸石的 Si/Al 比值的函数曲线

在实际应用中,研究了一系列不同的 Si/Al 比值的氢交换 ZSM-5 分子筛对各种简单气体的吸附,图 1.30 为零覆盖度下,将焓绘制成关于 Si/Al 比值的函数的曲线。可以看出,对于非特定气体,如甲烷、氩气和氪气,吸附能几乎没有变化。对于具有永久极矩的氮(四极)和一氧化碳(偶极),相互作用能出现了明显的变化。事实上,Si/Al 比值的增加导致补偿阳离子(H$^+$)的含量降低。结构中的阳离子可认为是特定的吸附位点。

1.5.4   吸附量热法检测吸附相变

被吸附的气体分子有时会受到接触表面均匀性的高度影响,例如在石墨上的氮吸附(图 1.20)过程中,氮在完成表面单层时形成外延膜。在某些沸石和铝磷酸盐,例如硅沸石和 AlPO$_4$-5 体系的吸附过程中也会出现更意外的现象。

图 1.31 中给出了 77 K 时硅沸石上的氮吸附相当有趣的吸附行为。吸附等温线表现出 α 和 β 两个子过程。然而,初始孔隙填充的结果对应于一个不完全水平的微分曲线。最初的吸附焓降低似乎表明与缺陷点相互作用的增强。曲线显示吸附焓随吸附量再次增加,这是吸附质-吸附质相互作用增加的特征。

等温线中的子过程对应微分焓曲线上的显著差异。虽然第二个子过程 β 是在微量热测量之前的等温线上观察到的[59-60],但是第一个子过程 α 最初是在量热曲线上观察到的[61]。同时进行了中子衍射的辅助研究[61]。可以认为第一个子过程 α 是由于吸附质从流体相到网络流体的排列引起的。第二个子过程 β 对应于一个吸附质相转变,类似于之前观察到的氪吸附过程[58],其特征是网络流体变成"固体状"吸附相。

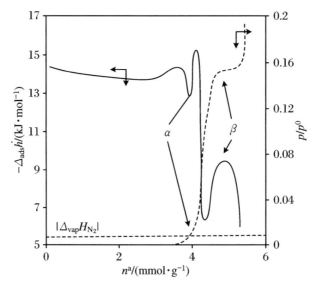

图 1.31 77.4 K 时硅沸石上氮吸附的微分吸附焓和相对压力关于吸附量的函数[61]

除了二氧化硅和氧化铝体系外,还有其他大量的合成骨架型沸石类材料的研究。这项研究的第一组材料是铝磷酸盐分子筛。AlPO$_4$-55[62]具有单向孔隙结构,由直径为 0.73 nm 的平行圆形通道组成。AlPO$_4$-5 具有类似于硅沸石-I 的骨架,虽然其孔隙开口稍微大于 MFI 型沸石的孔隙,但理论上其整体呈现电中性。这些特性使得 AlPO$_4$-5 成为吸附基础研究的理想结构。

对于 AlPO$_4$-5,相对覆盖度低于 0.2 时氩和氮的吸附等温线无法区分(图 1.32)。甲烷吸附量明显较少,表明存在不同的孔隙填充机制。

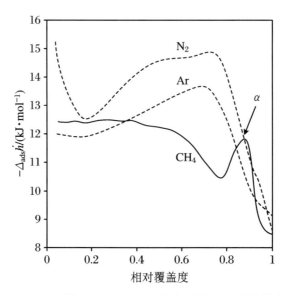

图 1.32 77.4 K 时在 AlPO$_4$-5 上吸附氮气、氩气和甲烷的微分焓[63]

对于甲烷的吸附,在微分焓曲线中可观察到一个放热峰(图 1.32 中标注的 α),这可能对应于一个能量项 $\approx RT$,表明了迁移率的变化和吸附甲烷相的变化。一个中子衍射的补充研究[64]表明,甲烷吸附阶段的行为异常,甲烷似乎经历了两个类固态相变的过程。第一个"类固态"相对应于每单元吸附 4 个分子,而第二个相则对应于每单元的吸附量增加到 6 个分子。

从空间角度来看,这可能是由于甲烷分子和 AlPO$_4$-5 微孔之间具有良好的尺寸相容性,允许出现两个相对密集的相,这个假设得到了理论研究的验证[65]。

1.5.5 吸附量热法研究微孔填充的不同阶段

对于不同体系,例如大孔沸石,都可以用吸附量热法来跟踪不同阶段的微孔填充,可以观察到一个两步的填充过程。

5A 沸石由直径为 1.14 nm 的规则间隔排列的球形笼组成,这些笼状结构通过直径约 0.42 nm 的六个圆形窗口彼此连接,带负电的硅铝酸盐框架需要阳离子补偿。对于5A 沸石,这些可交换阳离子通常是钙和钠的混合物。

13X 沸石或八面沸石与 5A 沸石具有非常相似的主要结构单元。然而,对于 13X 沸石,球形笼的直径为 1.4 nm,且其通过直径约 0.74 nm 的四个圆形窗口彼此连接,可交换的阳离子通常是钠(NaX)。

使用准平衡、等温、吸附微量热法研究氮在 77 K 下在 5A 和 13X 沸石分子筛上的吸附,微孔填充结束时,微分焓曲线出现了一个台阶(图 1.33)。在最初的研究,这种现象被解释为特定的吸附质-吸附质相互作用的结果。然而,最近的研究结果,在微量热的研究中,这个信号的变化被解释为在腔体中发生了相变,后者的研究在其他的探测分子包括氮、甲烷和 CO 中发现了同样的现象。第二种解释可以被形象地理解为笼子被两步填满:靠近壁的结构最先被填充。

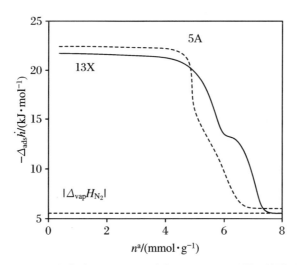

图 1.33 77.4 K 下氮气在 5A 和 13X 型沸石上不同吸附量下的微分吸附焓

对于在 AlPO$_4$-11 上的吸附过程,可以使用吸附量热法观察到不寻常的孔隙填充机理。$AlPO_4$-11 具有与 $AlPO_4$-5 类似的线性孔结构。然而,孔的横截面为椭圆形(0.39 nm×0.63 nm)结构。许多探针分子的吸附过程发生在如图 1.34 所示的两个不同步骤中[67-68]。从微分焓曲线的形状可以看出,每个步骤似乎对应于相对均匀的填充过程。辅助的中子衍射实验表明,第一步的扩散系数约为第二步的 $1/10$[67-68]。这与扩散系数随着吸附质载量的增加而降低的预期行为相反。

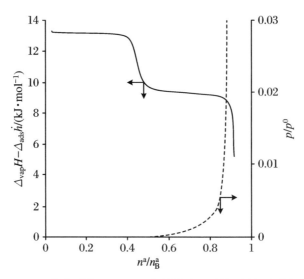

图 1.34   77 K 下一氧化碳在 $AlPO_4$-11 上的微分吸附焓(实线)和等温线(虚线)

然而,在该应用实例中,吸附质最初位于椭圆孔的最弯曲部分。曲率起着非常强的吸附作用,但约 50% 的孔隙仍然没有被填满。在第二个吸附步骤中,必须移除初始吸附质分子以使微孔完全充满。

1.5.6   毛细管冷凝过程的吸附量热研究

综上所述,吸附量热技术可以很好地用于检测与表面的特定相互作用及微孔样品。一般来说,介孔样品的毛细管冷凝与吸附质液化焓有关。对于非常有序介孔样品,比如 MCM-41,在毛细管冷凝过程中,相对于液化过程吸附焓略有增加[69-70]。

在图 1.35 中给出了甲烷在孔径为 4 nm 的 MCM-41 样品上的吸附,初始吸附的焓曲线与二氧化硅类似(与图 1.23 相比)。介孔中的毛细管冷凝引起微分吸附焓轻微增加了 $0.5 \sim 1$ kJ·mol^{-1}。

在 77 K 下,MCM-41 上的氪吸附表现出和甲烷类似的行为。然而,介孔填充过程伴随着一个非常强的热效应[69-70]。辅助实验表明氪以类似固体的状态被吸附在孔内。事实上,对于这种孔径的样品,介孔中的氪在 83 K 左右经历了一个液-固转变[71]。

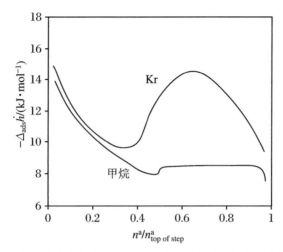

图 1.35 77 K 下甲烷和氪气在 MCM-41 上的微分吸附焓与覆盖度的函数关系

参考文献

[1] W. D. Harkins, G. Jura, J. Am. Chem. Soc., 66 (1944) 1362.

[2] S. Partyka, F. Rouquerol and J. Rouquerol, J. Coll. Interf. Sci., 68 (1979) 21.

[3] W. D. Harkins, The Physical Chemistry of Surface Films, Reinhold, New York, 1952, p275.

[4] J. J. Chessick and A. C. Zettlemoyer, Adv. Catal., 11 (1959) 263.

[5] Y. Grillet and P. L. Llewellyn, The surface chemistry of silica (Ed. A. P. Legrand), Wiley, Chichester, 1998, Ch. 2, p23.

[6] R. Denoyel, J. Fernandez-Collinas, Y. Grillet and J. Rouquerol, Langmuir, 9 (1993) 515.

[7] H. F. Stoeckli, P. Rubstein and L. Ballerini, Carbon, 28 (1990) 907.

[8] C. G. de Salazar, A. Sepùlveda-Escribano and F. Rodriguez-Reinoso, Stud. Surf. Sci., Catal., 128 (2000) 303.

[9] D. H. Everett and J. C. Powl, J. Chem. Soc. Fareday Trans. 1, 72 (3) (1976) 619.

[10] J. J. Chessick, G. J. Young and A. C. Zettlemoyer, Trans. Faraday Soc., 50 (1954) 587.

[11] J. A. G. Taylor, Chem. Ind., (1965) 2003.

[12] J. Rouquerol, P. Llewellyn, R. Navarrete, F. Rouquerol and R. Denoyel, Stud. Surf. Sci. Catal., 144 (2002) 171.

[13] A. Y. Fadeev and V. Eroshenko, J. Coll. Interf. Sci., 187 (1997) 275.

[14] V. Eroshenko, R. C. Regis, M. Soulard and J. Patarin, J. Am. Chem. Soc., 123 (2001) 8129.

[15] V. Eroshenko, R. C. Regis, M. Soulard and J. Patarin, Comptes Rendus Physique, 3 (2002) 111.

[16] F. Gomez, R. Denoyel and J. Rouquerol, Langmuir, 16 (2000) 4374.

[17] D. H. Everett, Trans, Faraday Soc., 57 (1961) 1541.

[18] P. Kubelka, Z. Elekt. Ang. Phys. Chem., 38 (1932) 611.

[19] M. Brun, A. Lallemand, J. F. Quinson and C. Eyraud, Thermochim. Acta, 21 (1977) 59.

[20] J. Rouquerol, Thermochim. Acta, 144 (1989) 209.

[21] V. I. Bogillo and P. Staszczuk, J. Thermal Anal. Cal., 55 (1999) 493.

[22] V. Chevrot, P. L. Llewellyn, F. Rouquerol, J. Godlewski and J. Rouquerol, Thermochim. Acta, 360 (2000) 77.

[23] J. Goworek, W. Stefaniak and A. Dabrowski, Thermochim. Acta, 259 (1995) 87.

[24] J. Goworek and W. Stefaniak, Colloids Surfaces A, 134 (1998) 343.

[25] H. Naono and M. Hakuman, J. Coll. Interf. Sci., 145 (1991) 405.

[26] J. Goworek and W. Stefaniak, Colloids Surfaces A, 80 (1993) 251.

[27] J. Goworek, W. Stefaniak and M. Prudaczuk, Thermochim. Acta, 379 (2001) 117.

[28] P. Staszczuk, J. Thermal Anal., 53 (1998) 597.

[29] J. Goworek and W. Stefaniak, Colloids Surfaces A, 82 (1994) 71.

[30] Z. Hubicki, J. Goworek and W. Stefaniak, Bull. Pol. Acad. Sci. Chem., 42 (1997) 169.

[31] J. Goworek and W. Stefaniak, Thermochim. Acta, 286 (1996) 199.

[32] J. Goworek and W. Stefaniak, Ads. Sci. Technol., 14 (1) (1996) 39.

[33] J. Rouquerol, S. Bordere and F. Rouquerol, Thermal Analysis in the Geosciences (Eds W. Smykatz-Kloss and S. St. J. Warne), Springer-Verlag, Berlin, 1991, p134.

[34] F. Rouquerol, J. Rouquerol and K. S. W. Sing, Adsorption by powders and porous solids: principles, methodology and applications, Academic Press, London, New York (1999).

[35] J. Godlewski, A. Giordano, V. Chevrot, P. Llewellyn, F. Rouquerol and J. Rouquerol, CEA Technical Note N^0 DEC/SECA/LCG/98. 003, June 1998.

[36] M. J. Torralvo, Y. Grillet, F. Rouquerol and J. Rouquerol, J. Thermal Anal., 41 (1994) 1529.

[37] P. A. Barnes, G. M. B. Parkes, D. R. Brown and E. L. Charsley, Thermochim. Acta, 269/270 (1995) 665.

[38] F. Villieras, L. J. Michot, G. Gerard, J. M. Cases and W. Rudzinski, J. Thermal Anal. Cal., 55 (1999) 511.

[39] E. A. Fesenko, P. A. Barnes, G. M. B. Parkes, D. R. Brown and M. Naderi, J. Phys, Chem. B, 105 (2001) 6178.

[40] L. J. Michot, F. Didier, F. Villieras and J. M. Cases, Pol. J. Chem., (1997) 665.

[41] J. Rivera-Utrilla, M. A. Ferro-Garcia, C. Moreno-Castilla, I. Baautista-Toledo and J. P. Joly, J. Chem. Soc. Farad. Trans., 91 (1995) 3213.

[42] M. A. Ferro-Garcia, J. P. Joly, J. Rivera-Utrilla and C. Moreno-Castilla, Langmuir, 11 (1995) 2648.

[43] J. Rouquerol, Thermochimie, Colloques Internationaux du CNRS, No. 201, CNRS Ed., Paris 1972, p537.

[44] C. Letoquart, F. Rouquerol and J. Rouquerol, J. Chim. Phys., 70(1973) 559.

[45] Y. Grillet, F. Rouquerol and J. Rouquerol, J. Chim. Phys., 7-8 (1977) 778.

[46] J. Rouquerol, S. Partyka and F. Rouquerol, J. Chem. Soc. Faraday Trans. 1, 73 (1977) 306.

[47] A. V. Kiselev, Doklady Nauk USSR, 233 (1977) 1122.

[48] K. S. W. Sing, Thermochimie, Colloques Internationaux du CNRS, No. 201, CNRS Ed., Paris 1972, p537.

[49] K. S. W. Sing, D. H. Everett, R. A. W. Haul, L. Moscou, R. A. Pierotti, J. Rouquerol and T. Siemieniewska, Pure Appl. Chem., 57(1985)603.

[50] P. L. Llewellyn, Y. Grillet, J. Rouquerol, C. Martin and J-P. Coulomb, Surf. Sci., 352-354 (1996)468.

[51] D. Atkinson, P. J. M. Carrott, Y. Grillet, J. Rouquerol and K. S. W. Sing, Proc. 2nd Int. Conf. on Fundamentalsof Adsorption(Ed. A. I. Liapis), Eng. Foundation, New York, 1987, p89.

[52] A. P. Legrand, H. Hommel, A. Tuel, A. Vidal, H. Balard, E. Papirer, P. Levitz, M. Czerichowski, R. Erre, H. VanDamme, J. P. Gallas, J. F. Hemidy, J. C. Lavalley, O. Barres, A. Burneau and Y. Grillet, Adv. Coll. Interf. Sci., 33(1990)91.

[53] M. Salameh, Ph. D. Thesis, Université d'Aix-Marseille I, 1978.

[54] P. Brauer, H. R. Poosch, M. V. Szombathely, M. Heuchel and M. Jarioniec, Proc. 4th Int. Conf. On Fundamentalsof Adsorption (Ed. M. Suzuki), Kodansha, Tokyo, 1993, p67.

[55] J. M. Cases, P. Cunin, Y. Grillet, C. Poinsignon and J. Yvon, Clay Minerals, 21(1986)55.

[56] Y. Grillet, J. M. Cases, M. Francois, J. Rouquerol and J. E. Poirier, Claysand Clay Minerals, 36(1988)233.

[57] J. M. Cases, Y. Grillet, M. Frangois, L. Michot, F. Villieras and J. Yvon, Clays and Clay Minerals, 39(1991)191.

[58] M. Muris, N. Dufau, M. Bienfait, N. Dupont-Pavlovsky, Y. Grillet and J. P. Palmary, Langmuir, 16 (2000)7019.

[59] P. L. Llewellyn, J. P. Coulomb, Y. Grillet, J. Patarin, H. Lamer, H. Reichert and J. Rouquerol, Langmuir, 9(1993)1846.

[60] P. J. M. Carrott and K. S. W. Sing, Chem. Ind., (1986)786.

[61] U. Müller and K. K. Unger, Fortschr. Mineral., 64(1986)128.

[62] P. L. Llewellyn, J. P. Coulomb, Y. Grillet, J. Patarin, G. André and J. Rouquerol, Langmuir, 9(1993)1852.

[63] S. T. Wilson, B. M. Lok, C. A. Messina, T. R. Cannan and E. M. Flanigen, J. Am. Chem. Soc., 104(1982)1146.

[64] Y. Grillet, P. L. Llewellyn, N. Tosi-Pellenq and J. Rouquerolin, Proc. 4th Int. Conf. On Fundamentals of Adsorption, (Ed. M. Suzuki), Kodansha, Tokyo, 1993, p235.

[65] C. Martin, N. Tosi-Pellenq, J. Patarin, J. P. Coulomb, Langmuir, 14 (1998) 1774.

[66] V. Lachet, A. Boutin, R. J. M. Pellenq, D. Nicholson and A. H. Fuchs, J. Phys. Chem., 100 (1996) 9006.

[67] F. Rouquérol, S. Partyka and J. Rouqudrolin, Thermochimie, CNRS Ed., Paris(1972), p547.

[68] N. Dufau, P. L. Llewellyn, C. Martin, J. P. Coulomb and Y. Grillet, Proceedings of Fundamentals of Adsorption VI (Ed. F. Meunier), Elsevier, Paris, 1999, p63.

[69] N. Dufau, N. Floquet, J. P. Coulomb, P. Llewellyn and J. Rouquerol, Stud. Surf. Sci. Catal., 135(2001) 2824.

[70] P. L. Llewellyn, C. Sauerl, C. Martin, Y. Grillet, J. P. Coulomb, F. Rouquerol and J.

Rouquerol，Proceedings of Characterisation of Porous Solids IV，Royal Society of Chemistry，Cambridge，1997，p111.

[71]　P. L. Llewellyn，Y. Grillet，J. Rouquerol，C. Martin and J. P. Coulomb，Surf. Sci.，352-354(1996) 468.

[72]　J. P. Coulomb，Y. Grillet，P. L. Llewellyn，C. Martin and G. André，Proceedings of Fundamentals of Adsorption VI，(Ed. F. Meunier)，Elsevier，Paris，1999，p147.

第 2 章

热分析技术在艺术与考古研究中的应用

Marianne Odlyha
伯克贝克学院，伦敦大学戈登楼，戈登广场 29 号，伦敦 WC 1H 0PP（Birkbeck College，University of London，Gordon House，29，Gordon Square，London WC 1H 0PP）

2.1　引言

本章主要讨论欧盟委员会下的环境和气候计划支持的"对文化遗产的保护和强化"研究领域的工作，介绍热分析技术对艺术作品和考古文物保护的贡献。部分工作最近发表在 *Thermochimica Acta* 的文化遗产保护专刊[1]。如研究领域的名称所示，这项工作关注的是博物馆和画廊里艺术品的保存。为确保其妥善保存，需要对周围环境条件进行监测，并试图评估光照条件、相对湿度和温度的波动以及污染气体给文物可能带来的总体损害。同时，这项工作也考虑到了研究对象自身的特点。为了研究正在发生的降解过程，必须描述对象的组成材料和任何蚀变产物，这些工作是被称为"保护科学"的研究领域的一部分。

在对这项工作进行描述之前，有必要介绍一下保护科学的演变过程。过去对所关注的物体进行的处理是以改善其外观为目的的。在对 19 世纪绘画作品的保护中，公众对出现在巴伐利亚 Schloss Schleissheim 城堡的收藏品的关注给了科学家和管理人员之间互动的机会。Pettenkofer 教授提出了一个针对画上出现的开裂和掉色现象的解决方案，即把画放进充满酒精蒸气的容器中进行翻新。这种处理方法虽然改善了绘画作品的外观，但是最近这种方法对绘画层结构的长期影响引起了人们的担心[2]。19 世纪末，致力于保护艺术品和考古文物的柏林 Rathgen 实验室成立。作者与这些机构的保护部门有一些合作项目，在这一章中简要介绍了大英博物馆和 Tate 保护科学的发展情况。1919 年，大英博物馆开始聘请科学家调查其藏品的损坏和保存情况；1922 年，在博物馆内建立了一个研究实验室[3]，这个实验室所从事的工作范围不断扩大，最终发表了第一批有关保护的综述[4]。这些文本中有这样的阐述：为了了解变质过程，必须知道对象的组成和蚀变产物的性质。管理人员必须合理处理已经损坏的文物，以及经过保护处理的物品，如胶黏剂或固结剂已经开始不起作用的物品。

20 世纪 70 年代，研发的相应新材料经管理人员使用后引起了极大的关注，大英博物馆文物保护部门的保护科学家也开发了一些方案以系统评价加速老化的保护材料。自然老化的样品与人工老化的样品的比较为研究硝酸纤维素黏合剂的稳定性提供了有用的信息[5]。通过引入这种方法，可以确保在文物上所用材料的持久性并且不会损坏文物。同时也研究了预防性养护策略,其目的是优化局部区域,即周围环境的状况,以减缓损坏的程度,从而延长保护对象的寿命。大英博物馆开发了一个标准程序[6],用于筛选和监测陈列柜中的藏品[7]。

　　相比之下,在泰特美术馆,保护科学是其最近工作的拓展部分[8]。泰特美术馆的藏品大部分是 19 世纪和 20 世纪的绘画和雕塑。研究人员对在油画中使用的帆布架进行了研究[9],其中包括加速老化试验,也研究了画布的力学性能对环境条件的响应行为[10]。已经开展了 19 世纪的艺术家所用材料性质的研究[11],还对后来的 20 世纪的材料进行了研究[12],奠定了这两个重要项目的基础。泰特文物保护署的研究的特色为防止对新近创作和获得的作品造成损害。除了研究和分析外,搬运、包装、运输、上釉和煅烧以及展示也是保护科学领域研究的一部分[8]。

　　伦敦的考陶德艺术学院等机构也有关于文物保护员的培训[13]。学院在 20 世纪 30 年代建立,经过三年学习后,学生会获得架上绘画保护的研究生文凭。在导师的指导下,学生对绘画历史和科学进行研究,这对他们后来对文物的保护处理有很大影响。对文物管理员进行培训的另一个地方位于哥本哈根的保护学校,该校成立于 1973 年,当时丹麦议会决定国家文化遗产的保护一定要在科学的基础上进行[14]。该校提供了一系列保护方面的培训,包括历史常规资料的保存。作者曾与以上提及的两家机构进行过合作,另外,作者仍在承担由欧洲委员会支持的先进羊皮纸损伤研究(IDAP)项目。

　　那么,什么是保护科学或者保护-修复科学? 其可以被定义为文化遗产客体损坏的防治艺术与科学,这里所说的"艺术"是一种实用的技巧[14]。物体保护领域的复杂性是由费勒定义的[15]。物体的材料组成具有复杂性,这是保护-修复科学的基础。在展出或存储领域,物体会出现一个复杂的物理和化学综合变质过程,其损坏的路径和类型由构成对象的材料和环境作用确定。人们已经充分认识到,保护和修复方法以及材料的开发应以科学地认识这些因素为基础。此外,应根据分析结果做出适当的诊断,以确定损坏的性质和程度,并为此选择和研究适当的保护和修复方法以及材料。

　　总的来说,保护科学的目标是改进保护修复的方法,并在此基础上来改善现有的文化遗产及其承载信息的方法。

　　那么,热分析技术在这个复杂研究领域能起到什么作用呢? 天然和合成的聚合物构成了用于文物及其保护材料的很大一部分,很明显热分析技术可有助于这一领域的工作。下面从几个方面展示了热分析与高分子科学的相关性:热性能的测定包括聚合物以及聚合物复合材料的抗热氧化稳定性,热分析可用于这种性质的表征,也可对老化和环境变化进行评估[16]。测量玻璃化转变温度(T_g),可以预测出材料损坏与自然老化和环境因素的关系。对于后者的研究,有效揭示了玻璃化转变温度在保护科学中的重要性,以及其对聚合物材质保护材料的许多物理性质的深远影响[17]。后来的研究还表明,利用热机械分析和介电技术可以测量保护处理和相对湿度的变化对 T_g 产生的影响[18]。最近,微区热分析的引入开启了无创研究和表征的路径:a) 在清洗过程中检测物体表面的变化,这可以包括物体的激光清洗,这种技术被广泛地应用在包括羊皮纸在内的一系列物体上;b) 将探测器安装在样品截面的各层,探测各个层的软化温度。本章最后一节中将做一些研究的初步介绍。虽然人们把重点放在热分析和高分子科学上,并将其应用到保护科学中,但需要注意的是金属和陶瓷物体不能被排除在外,本章将就此讨论一些例子。本章试图通过对研究案例的分析,将热分析与保护科学研究结合起来。

开创了热分析技术在文化遗产中的应用的研究者为 Hans G. Wiedemann 教授。Wiedemann 的研究结果已经证明,这些技术可以提供一个范围广泛的文物信息以及古代的生产技术[21,22]。在他的一篇论文中[23],他描述了使用热重(TG)技术分析色素埃及蓝 $CaCu(Si_4O_{10})$ 的合成过程——用的原料为孔雀石、方解石、石英和硼砂。然后对比合成材料,证明了破碎的纳芙蒂的半身像的蓝色颜料的确是结晶化合物 $CaCu(Si_4O_{10})$,打破了之前研究中推断的蓝色玻璃熔块的结论。埃及蓝是公元前 1000 年的古埃及发明和使用的早期合成色素之一。这样,Wiedemann 证明了 TG 技术可以用来重现古代技术和辅助定性历史颜料。另外,他还利用差示扫描量热法(DSC)和热机械分析法(TMA)来表征各种古老的纸莎草纸和埃及的青铜样品(晚期,公元前 700 年),所观察到的转变与所用材料的年代和性质有关。他的研究还表明,DSC 可以用于区分已发现的 2000 多年前的墓葬(公元前 475~221)中的古代丝绸织物,曲线之间的差异被认为是由于环境的影响而改变了丝织物的组成所造成的。

2.2　用热分析法表征艺术品和考古文物

2.2.1　概述

热分析技术是一种便捷的表征材料的方法,可用于监测材料对温度、应力和环境因素的响应,本章中的例子将展示其在历史材料领域的应用。有限的样品尺寸是处理历史材料时的主要问题之一。对保护历史已知的文物取样时应避免从含有先前对文物进行保护处理的材料的地方下手。

由于样本量有限,通常不可能对样品进行多次测量。出于这个原因,在测量历史样品之前通常使用现成的有相似组成未老化的样品,来优化仪器和样品的反应条件。同时,加热速率、样品尺寸和气氛对产生的热曲线都有重要影响。以前一些经保护处理的档案材料已用于研究目的。在对帆布架绘画的研究中,以前的保护处理过程中除掉的 19 世纪松衬里被提供给作者的实验室,测量过程中使用了动态机械热分析(DMTA)技术,这在 2.3.4.1 节中会进行讨论。

此外,了解材料对相对湿度变化的响应是很重要的。把测试的样品暴露到设定的相对湿度环境中一定时间,然后用 DMTA 进行测试[24]。样品转移过程应尽可能迅速,尽量减小水分的损失,样品通常封闭在保护油膜中以保持水分,在最近的研究中,DMTA 仪可以将物体直接浸泡在选定的环境中测量[25]。最近,DMTA 仪器已经进一步改进,可以配置温湿度控制系统[26]。这一系统目前被用来评估自然老化的羊皮纸的响应(EC 项目"IDAP"先进羊皮纸损伤评估)以及来自古代挂毯的羊毛、蚕丝纤维的响应(对历史挂毯损伤检测 EC 项目)。一些数据将在 2.3.5.3 节中讨论。

此外,作为对档案材料的补充研究,对按文物相似组成配制的未老化样品进行了补充分析,这样可以加深对降解过程机理的了解。这种技术具有一个优点,即样品的尺寸不受限制,样品可以通过包括增强的光、污染物水平以及不同的相对湿度和温度等条件来加速老化。这种方法已成为预防性养护研究的一部分,尤其是在欧洲委员会最近支持的项目中。其中一个项目(MIMIC,Microclimate Indoor Monitoringin Cultural Heritage Preservation,http://iaq.dk/mimic)的目的是开发用于微气候的损伤剂量计。这个项目的基本原理是基于更早的一个项目"艺术保护的环境研究"(ERA)的结果,根据已知的历史配方研制以颜料为基础的剂量计,然后根据这些剂量计测量的物理化学变化来评估博物馆和美术馆的室内环境质量[27]。

2.2.2 热分析技术

用于分析历史文物的热分析技术包括以下几种:

2.2.2.1 热显微术

热显微术使用光学显微镜,通过控制样品的加热,在选定的放大倍数下观察样品的变化[28]。对于历史文物,热显微术被泰特保护部(2.3.1.1 节)用来表征从绘画样品中提取的微观样品的装订介质,哥本哈根保护学校则将其用于皮革物品和羊皮纸样品的热变性温度的测定。

2.2.2.2 差热分析(DTA)

DTA 是在一定程序控温和一定气氛条件下,检测样品和参比之间的温度差随时间或温度的变化的一种技术。首次将 DTA(梅特勒-2000)用于实际画作样品研究的是慕尼黑德尔纳学院的 Preusser[29],对鲁本的作品"*Meleager e Atalante*",研究需要确定画的一部分是否是后来加上去的[30]。研究的总体结论是 DTA 可以用于确定不超过 100 年的油画年代,其中 300 ℃和 400 ℃的放热峰峰高的比值被用于确定老化指数。进一步的研究揭示了添加剂对放热效应的影响,表明 DTA 可以用来表征绘画的装订介质。

2.2.2.3 差示扫描量热法(DSC)

DSC 是在一定程序控温和一定气氛中,检测样品与参比之间热流(功率)差随时间或温度的变化的一种技术。在古代莎草纸的研究中,Wiedemann 发现 DSC 曲线的形状取决于纸莎草纸的年代和处理方法的不同[23]。在来自绘画的样品中,用 DTA 可以观察到与年代有关的效应[32],DSC 则可用于表征介质[33-34]。在所制备的铅白色和油性油漆样品中,也可以检测到所使用的干燥油性质的差异[35]。

2.2.2.4 热重法(TG)

TG 可用于测量样品在加热过程中或者样品在选定的温度下分解过程中的质量损失。在保护科学中,TG 的应用之一是艺术品所处地壳层的碳酸钙的检测[36-37],这将在2.3.3.3 节有所描述。关于楔形文字片的研究[38]在 2.3.2.6 节和 2.3.3.1 节中有描述,得到的信息也可以用来提供古代所使用技术的信息。显然,从埃及伯尔尼收集的木乃伊棺材(公元前 2575～前 395)的保护层中含有碳酸钙[22]。TG 也被用来表征古老的羊皮纸的降解特性[25],这在 2.3.3.5 节中进行讨论。在羊皮纸的保护和处理方面,TG 技术已被用来量化水含量损失和监测火烧受损和脱水羊皮纸的补水过程[39]。TG 技术也被用来探究绘画画布的降解[40]、旧绘画中的莱姆木支架的降解[41],监测在选定温度下旧丝绸样品的吸湿性[21],还可以用来确定漆膜中的吸湿特性[42]。

2.2.2.5 热机械分析(TMA)

TMA 是在静态或振荡载荷下测量物质的形变与温度的函数或在设定的温度下进行测量的一种技术。TMA 用来确定秦朝的赤陶土雕塑[21]和楔形文字的热特性[38]。在绘画保护中,TMA 被用在压缩模式中来测量用水和非水清洗剂处理前后漆膜的玻璃化转变温度[43],以此来模拟绘画的清洗以及加湿对绘画样品的影响[44]。在等温条件下,TMA 用于测定莎草纸润湿引起的膨胀量[23]。

2.2.2.6 动态机械热分析(DMTA 或 DMA)

在 DMTA 实验中,在选择应变下,一个特定频率的正弦力施加在样品上,由此可得到复合的机械模量(E^*)。E^* 可以分解为两个分量,即储能模量 E',对应于储存在材料中发生变形的能量,源于样品的弹性或刚性;损耗模量 E'',对应于变形过程中耗散的能量,源于样品中黏性或橡胶的特性。

这些模量的比值,表示为 E''/E',即 $\tan\delta$,可以被用来测量材料的玻璃化转变温度 T_g。该技术可以用于保护科学研究中,目的是测量制备的漆膜的玻璃化转变温度,也可评估清洗剂对漆膜的玻璃化转变温度的影响[45]。该技术也被用于表征用于文物保存和修复的水分散型聚合物[46]和年代久远的羊皮纸(2.3.5.2 节)[25]。

2.2.2.7 微区热分析(μ-TA)

μ-TA 结合了原子力显微镜(AFM)和热分析技术,可以为玻璃化转变温度或软化温度等参数提供空间分辨信息[19-20]。在传统的最简单的形式 AFM 中,一个探针位于悬臂的末端,在表面近场扫描,产生高分辨率的图像。通过压电晶体阵列实现扫描(扫描仪)。AFM 探针通常由硅或氮化硅(Si_3N_4)制成,通常具有一个 10 nm 的尖端半径和 100～500 μm 长的悬臂。当针尖在表面扫描时,样品形貌的变化引起悬臂中的挠度(弯曲)。通常,光学检测系统用于放大和测量这些变化,激光束反射到悬臂的背面,并且其位置的任何变化都被光电探测器记录下来,针尖和样品之间的作用力能够被监测。用于 μ-TA 最常见的热探计为探头-渥拉斯顿电阻,可作为温度传感器和加热器,可以引起局部的热导率(以及表面)的变化,这样在横向空间成像的分辨率,可以实现纳米规模(扫描热显微镜-SThM)和局部热分析(L-TA)测量,通常应用于几 μm^3 规格的材料。通过监测功率随温度的变化信息,可以得到一种类似于 DSC 的信号(即 L-DSC 或 μ-DSC)。同时,通过监测悬臂高度,可以得到类似于 TMA(即 μ-TMA 或 L-TMA)的信号。这种技术可以应用于一些早期的年代久远的羊皮纸、挂毯和绘画艺术的研究,将在 2.3.6.1 节至 2.3.6.3 节介绍。

2.3　案例研究

2.3.1　热显微镜

2.3.1.1　绘画材质的研究

热显微术被泰特保护部的 J. H. Townsend 用来研究 18 世纪后期和 19 世纪艺术家绘画材质的热行为,样品来自 Sir Joshua Reynolds(1723—1792)、J. A. M. Whistler(1834—1903)和 J. M. W. Turner(1775—1851)的绘画作品[47]。在 J. M. W Tumer 的作品《瓦尔哈拉神殿开放日,1842》中,检测到低熔点成分,后来被直接温度分辨质谱(DT-MS)确定为鲸蜡[48]。在对艺术家的调色板和当时可用的材料知识有所了解的基础上,推断其可能为最初使用的原材料[47]。Tumer 使用油和树脂的混合物(简称为调色油)创作。但是,单独使用热显微镜不能把带有铅催干剂的油漆或加入一些树脂的油区分开来,即使这些基团能从未改性的油介质中分辨出来也无法奏效。富含树脂的醋酸铅梅格尔胶已由 DTMS 在作品《瓦尔哈拉神殿开放日,1842》的黄釉中发现[48]。这些样品变暗呈棕褐色,90 ℃和 120 ℃之间经历一到两个软化或者融化阶段;当加热到 130~140 ℃时,样品变黑[46]。来自 Whistler 和 Reynolds 的作品的样品中也含有低熔点组分,但这些都被鉴定为具有低熔点的改性产物。在没有明显熔融迹象的情况下,用材料炭化的起始温度来表征绘画材料。Townsend 对绘画和现有的艺术家调色板做了广泛的研究[49]。

油漆在温度达 90 ℃时,可能发生熔化过程(如石蜡添加剂),对油漆热行为的研究可以揭示其对温度的敏感性,有助于管理员在保护这些绘画作品过程中了解其能够安全使用的温度范围[50]。

2.3.1.2　基于胶原蛋白的历史材料的研究

R. Larsen 工作于哥本哈根的保护学校,用热显微镜法测量植物鞣制皮革和羊皮纸的水热稳定性[51]。该方法表明数据与 DSC 研究有很好的相关性[52]。哥本哈根的保护学校引进了这种方法,现在这种技术通常被用来评估保护前皮革和羊皮纸的状况。来自真皮(肉面)羊皮纸的样品(纤维 0.3 mg)放在带有空腔的显微镜载玻片上,用软化水浸 10 min。如果存在油、脂肪或蜡,则需在丙酮中洗涤纤维样品以除去这些油脂。实验时纤维完全被蒸馏水覆盖,然后在热台(Meftier FP82)上以 2 ℃·min^{-1}的速率加热。收缩过程可以划分为三个温度区间:不同纤维明显收缩,之后一个或多个纤维出现收缩,然后至少两个纤维同时连续收缩并显示出收缩特征,其中主要收缩间隔的起始温度即为收缩温度。

收缩温度测量的基本原理是研究羊皮纸中胶原状态及其糊化程度。对死海古卷羊皮纸的研究表明[53],样品已经转化成明胶,这不同于植物鞣制皮革中纤维发生的粉化行为。事实上,最初的自发性收缩和糊化现象可能是由潮湿储存或水清洗引起的。此外,在保护处理研究中,热显微镜的使用作为一个早期预警显得尤为重要,可以防止对文物的不可逆致命伤害。

2.3.2 差示扫描量热法(DSC)

2.3.2.1 绘画作品

如同 2.2.2.2 节中所述,慕尼黑 Doemer 研究所的 Preusser 研究了上世纪 70 年代油画作品中样品的热行为,这种研究经历使作者最初与 Burmester(Doemer 所)合作,使用 DTA 开展进一步的工作[31]。研究结果表明,在超过一百年的油画样本中,其 DTA 曲线与年代有关。混合介质的存在影响了曲线的形状,与某些颜料的曲线相似。蛋彩画的热分析曲线的形状也与油性画作有相当程度的不同[33],这些与奥裴斐皮埃特佛罗伦萨、考陶德艺术学院和英国泰特美术馆的合作研究工作还在继续。

在保护处理 13 世纪科博·迪·马科瓦尔多的 *Madonna del Popolo*(佛罗伦萨,圣母圣衣教堂,布兰卡契礼拜堂)过程中,蛋彩中铅白色颜料(碱式碳酸铅)被鉴别出来[33]。在后来的 16 世纪的佛朗契斯科·迪·乔吉奥的绘画作品中,蛋彩画颜料和干油在画上两个不同的位置被鉴别出来[33]。图 2.1 中显示了这些样品和人物绘画使用的油基介质之间 DSC 曲线的差异,油基主放热峰位于 400 ℃附近;作为在背景图中使用的蛋彩材料,其主放热峰在 280 ℃区域。

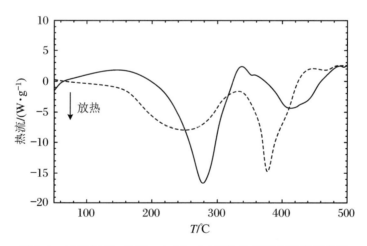

图 2.1　16 世纪 F. di Giorgio Martini 画作的 DSC 氧化降解曲线
—:蛋彩画基;－－:油基

在对圣玛丽亚菲奥里大教堂的圆顶的修复过程中获得了 16 世纪艺术家 Federico Zuccari 和 Giorgio Vasari 的壁画样品。由此得到的 DSC 曲线(图 2.2)很复杂,有机和无机成分存在重叠特征很难解释,需要其他技术进一步表征[54]。图中下面的两条曲线来自艺术家 Vasari,上面的两条曲线来自艺术家 Zuccari,结果表明这两位艺术家所用的材料存在差异。

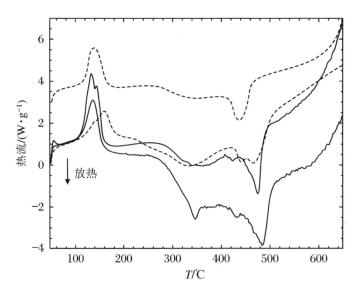

图 2.2   壁画(佛罗伦萨,圣玛丽亚菲奥里大教堂,布鲁内莱斯基圆顶)样品的 DSC 氧化降解曲线
下面的两条曲线对应于 Vasari(—),上面的两条曲线对应于 Zuccari(− −)

Vasari 样品的最后一个放热峰出现在更高的温度(图 2.2),表明为热稳定性更高的材料,这与观察到的现象一致,即在修复时 Vasari 画的区域与 Zuccari 画的一些区域相比,保存状态更好。

在图 2.2 中,几乎所有曲线的第一个峰(吸热)都由重叠峰组成,表明石膏中含有一水合草酸钙。Dei 对来自佛罗伦萨圣玛丽亚教堂绿色回廊的西班牙教堂东墙上的壁画(Andrea da Firenze,14 世纪)样品进行了 DTA 研究[55],在论文中介绍了在草酸盐存在下石膏的定量分析方法。

与考陶德艺术学院科技部合作,我们得到了来自保护处理过程中各种历史时期的艺术作品样品,在作者的实验室建立起一个 DSC 曲线库,样品主要包括画布和油画板。对 Giovanni Bellini 的作品《圣彼得殉道者的暗杀》(16 世纪的绘画作品油画板,Lee bequest,考陶德艺术馆)[33]进行了 DSC 研究,图 2.3 中给出了来自不同位置的白色颜料区域的 DSC 曲线。

在图 2.3 中,底部的 DSC 曲线的峰值强度较小,高度相似;顶部的曲线在 400 ℃ 区域有一个非常强的放热峰,这表明 DSC 是一种有用的技术,对油漆介质的差异很敏感。

同时对英国汉普郡桑达姆纪念教堂在展的 Stanley Spencer 的一些画作也进行了研究,这是属于英国、北爱尔兰和威尔士的国民信托基金的财产。研究目的是对 Stanley Spencer 所使用的材料进行探究,这些信息将有助于理解这些绘画中反复出现的表面退化和外观发白现象的原因[56]。

关于在展的 Turner 的《瓦尔哈拉神殿开放日,1842》以及英国泰特美术馆的 Clore 画廊里 Turner 的其他作品的研究,也会在 2.3.4.2 节中讨论。在对 90 年代的作品进行保护处理的过程中,进行了 9 个不同位置的研究[57]。很多人对 Turner 的画作中使用的材料感兴趣,因为他的作品遭受了起皱、开裂和釉料变色等现象的困扰。有人对样品进行了 DSC 和质谱测定[48]。DSC 曲线中显示出与先前观察到的绘画介质中油的主要成分不一致的形状。图 2.4 为从靠近画作底部边缘的黄色釉料获得的 DSC 曲线,画作如图 2.5 所示。泰特保护部将一部分油与制备的样品放在一起,含醋酸铅干燥剂(调色油)处理的松节油(1∶2)双树脂胶泥得到的 DSC 曲线形状相近,反映了化学成分的相似性。对这类绘画颜料的进一步研究将在 2.3.4.2 节和 2.3.6.3 节进行介绍。

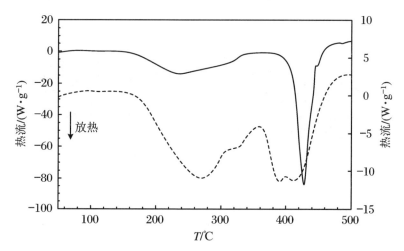

图 2.3 G. Bellini 的《圣彼得殉道者的暗杀》样品的 DSC 氧化降解曲线(威尼斯 c1430-1516)
Lee bequest,伦敦考陶德艺术馆

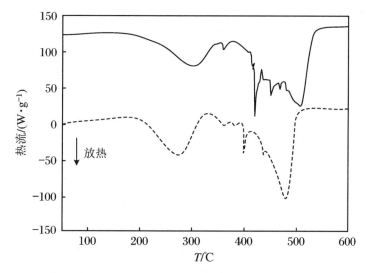

图 2.4 Turner 的《瓦尔哈拉神殿开放日,1842》的黄色釉料(- -)和制备的调色油样品
(1∶2 树脂乳香油中含醋酸铅干燥剂的松节油)(—)的氧化降解曲线

结合其他的曲线拟合结果和一些曲线中峰的分辨信息,以及已知的可能添加剂如蜡、树脂和蛋白质的热稳定性,可以判断使用物质主要是蜂蜡、树脂和蛋白质的干燥油,颜料体积浓度也不同于预期的干燥油和铅白。DTMS 实验结果证实了添加剂的存在并

确定了其具体性质,添加剂为鲸蜡[48]。热显微镜也证实存在低熔点成分,这已在2.3.1.1节提到。

图2.5　Turner的《瓦尔哈拉神殿开放日,1842》
经伦敦泰特博物馆允许

　　DSC测量使用的是珀金埃尔默DSC7分析仪。样品质量在0.1~0.5 mg之间,而壁画样品最多可达1.5 mg。加热速率为40 ℃ · min^{-1},实验气氛为氧气(60 cm^3 · min^{-1})。实验结束后记录质量损失和颜色变化。使用的坩埚是定制的铂坩埚(5 mm直径)。样品为在保护处理过程中取自绘画的油漆表面,如果存在损坏区域,则从现有损坏区域取样。上层的清漆被物理去除,因此对DSC曲线没有影响。作者进行的大多数研究都是在铅白色(碱式碳酸铅)颜料样品上进行的,这样做是因为上个世纪它已经与其他颜料结合使用。颜料类型和体积浓度对产生的曲线有重要影响[58]。铅盐的形成过程比较有意义,最近利用成像FTIR和辅助方法对涂料横截面进行了研究,可以确定突起由铅皂组成[59]。铅盐的存在与油漆表面的干扰引起的油漆脱落有关。

2.3.2.2　画布支撑

　　DSC研究已经被应用于绘画使用的画布,其主要组分为纤维素,为一种线性聚合物,其单体为脱水葡萄糖,以β-1,4-糖苷键连接。该分子基本上是刚性直链结构,由于在脱水葡萄糖链上的羟基间形成氢键,该结构具有较好的稳定性。为确定老化的影响,将样品放在敞口铝坩埚中进行加热,温度范围为室温到500 ℃,加热速率为10 ℃ · min^{-1}(Shimadzu DSC-50)。首先由室温加热到150 ℃,然后降至室温,再由室温加热到500 ℃。结果表明,新亚麻布的降解和人工老化的亚麻布的降解过程相似,老化样品表现出较低的T_g以及更低的分解温度,表明自然老化会引起断链[40]。

2.3.2.3　油画损坏的模拟评估

　　通过模拟可以有效检测画作的早期预警系统和风险评估工具的可行性,所采用的系统是用蛋彩画进行一个小的测试,其主要目的是评估该测试作品暴露在各种各样环境下所损伤的程度[27]。实验时,制备漆膜样品并进行加速老化操作。制备的漆膜首先暴露在不同的环境中，然后将自然老化的影响与加速老化的影响进行比较。加速老化实验在泰特保护部光老化箱中的强光下暴露一定的时间（18000 lux，2～64 天）。在由铅白和大青蛋彩画（氧化钴）色素漆膜所得到的 DSC 曲线上进行部分面积测量。对于不同老化程度的样品，可以计算出其在选定温度下的反应量，并通过系统增加曝光程度测得其化学成分的变化[60]。通过确定的标准曲线可以得到光照老化当量，用于表述自然老化的程度。画作暴露在荷兰国家美术博物馆、西班牙塞戈维亚的阿尔卡萨以及桑达姆纪念教堂的选定地点 9 个月之后，发现自然老化的影响超过了光照加速老化的影响，尽管由 64 天的暴露时间计算当量相当于在推荐级别的博物馆 200 lux 光照下暴露 12 年。因此推断出，除了光照因素外，还应包含其他的因素影响老化程度。例如，相对湿度的波动、温度以及污染气体都对老化进程有影响。在目前的一个"文化遗产保护小气候室内检测"（MO-MOC，http：//iap.dk/mimic）项目中，考虑了暴露在污染气体中的影响。研究了铅白蛋彩画样品降解的动力学，并进行动力学参数计算。使用固态动力学分析计算方法（AK-TS-TA 软件）[61]，在不同的实验温度条件下计算固态反应进程。

DSC 的局限性在于其不能提供分子水平的具体信息。对于绘画研究而言，还需使用辅助的光谱技术和质谱技术。尽管如此，DSC 仍然是微量样品（0.1 mg）的测量技术，可以提供所使用的不同介质种类的信息（例如油或者蛋）、黏合剂/颜料比例（少量或中等）以及在一些条件下获得颜料类型的信息（如铅白）。

2.3.2.4　古代羊皮纸和皮革

DSC 已经被用于羊皮纸和皮革降解的研究[61]以及有效修复火灾损伤的羊皮纸的研究[39]。其中，降解研究包括变性温度（T_d）以及相应的焓变（ΔH）的测量，这项工作在别处有描述[61]，在此处简单表述使用过程、结果和结论。变性温度是胶原蛋白从三重螺旋转变为无序卷曲的形式的温度，此过程发生在结构完整的状态。实验时，将样品事先浸入水中数小时，然后密封在铝坩埚中对其进行测量。可以看出，对于皮革样品而言，T_d 值比 ΔH 值更加重要。而对于羊皮纸而言，在材料状态评估中这两个参数都要仔细检查。如果单独考虑 T_d 值未变，则会导致一个错误的结论。因为在某些情况下，伴随着 ΔH 的减少，表明分子结构发生了重排，这和机械强度的损耗有关，交联可能是导致这种现象的原因。对于某些羊皮纸的水热行为，高的 T_d 值相应于低 ΔH 值。在其他作者对羊皮纸老化的研究中[39]，其吸收的主要热量用于不太紧密的交联三重螺旋的变性过程。而大多数交联胶原三重螺旋的变性出现在更高温度下，DSC 曲线出现肩峰。为更好地理解老化过程，对该过程开展了一些利用小角 X 射线散射（SAXS）和 DMTA 的研究。我们发现变性温度和结晶度之间存在相关性[62]，这会在动态热机械分析部分进行讨论（2.3.5.2 节）。

2.3.2.5　古代挂毯

先前对于天然纤维的热分析研究[16]为古代挂毯的羊毛和丝纤维的自然老化研究提供了有利的信息。从布鲁塞尔、布鲁日和杜尔奈各地的博物馆以及马德里皇宫收集的挂毯中提取样品，并对这些样品进行分析，是"检测历史挂毯的损伤程度"（MODHT）项目的部分内容。其目的是评估老化过程中羊毛和丝质的理化性质的改变和损坏的程度，并确定对其他挂毯损伤程度的评估标准。在之前的研究中,使用 DSC,以及广角 X 射线衍射技术对纤维进行研究。在 230 ℃观察到的吸热峰,对应于加热过程中 α-羊毛角蛋白的消失过程[64]。在 N_2 中未老化和光老化(150000 fux,64 h)的羊毛样品的 DSC 热降解数据如图 2.6 所示。随着光老化的进行,230 ℃的峰强度降低。利用 μ-TA 对一种羊毛样品的测量数据在 2.3.6.2 节介绍。

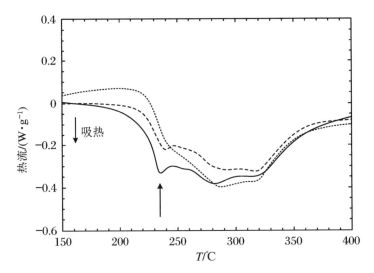

图 2.6 未老化(—)和光老化 4 h(– –)以及 64 h(⋯)的羊毛样品
的热分解吸热(N_2 氛围)曲线(光照老化使 230 ℃处峰强度降低)

对于丝纤维,其 DSC 峰强度随着老化降低。图 2.7 表明,从对照样品到光老化样品,再到马德里皇宫收藏品"木星和提蒂斯"(1545)的历史黄色丝质的样品,其主要峰的强度

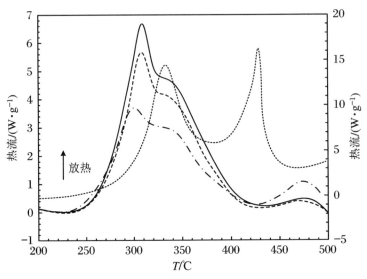

图 2.7 对照丝质(—)、光老化 64 h 丝质(– –)、马德里皇宫收藏的"木星与提蒂斯"
(布鲁塞尔,1545)16 世纪丝质纤维(–·–)以及人造纤维(⋯)的 DSC 曲线

降低。结果表明,以上材料与在蚕丝和毛毯中的其他已经在先前修复中被证实为人造的纤维之间存在着明显的不同。

2.3.2.6 楔形文字片

与英国博物馆合作的课题包括了对楔形文字片的研究。英国博物馆收藏有超过120000 个楔形文字片,这些文字片来自于 22 个主要地区[38],为研究古代美索不达米亚文明的学者提供了丰富的资源。楔形文字先是被写在软泥块上,然后再在太阳下晒干,因此绝大多数的楔形文字片都不像烧制好的陶瓷体那样坚固。此外,美索不达米亚(现在的伊拉克、叙利亚东北部以及土耳其东南部)的土壤中含有着较高浓度的可溶性盐,存在于大量的文字片中,导致文字片更加脆弱。学者需要处理这些文字片,以解读一些文本。但是如果没有保护措施,这些文字片的脆弱性导致无法进行研究。图 2.8 是文体被清晰切开的一个楔形文字的收藏品样品,图 2.9 展示了在解密低温烧结过的楔形文字片过程中的难题(样品来源于伊拉克(南部)新巴比伦美索不达米亚)。

图 2.8　楔形文字片　　　　图 2.9　伊拉克(南部)美索不达米亚的新巴比伦人
英国博物馆授权　　　　　　使用的楔形文字片中低温煅烧过的片段
英国博物馆授权

英国博物馆采用下面的烧结程序进行保护处理:从室温以 19 ℃·h⁻¹ 速率加热到 150 ℃,150 ℃保持恒温 48 h,再从 150 ℃以 50 ℃·h⁻¹加热到 740 ℃,740 ℃恒温 2 h,关窑,使温度从 740 ℃冷却到 30 ℃,此过程共花费 26 h。可以在除盐之后进行煅烧。当前研究的目的是重新验证煅烧过程,模拟烧结处理(2.3.3.1 节)。DSC 用于确定来自不同地区的黏土类型是否有差异。通过在破碎的表面上钻孔对多套样品进行采样并分析,来自锡帕尔和乌尔这两个地区的众多文字片也被用来分析,以确定这两个地区的差别。各种成分已知的黏土也被用于研究,如坡缕石、闪石。第一组样品(锡帕尔)在 370 ℃处(强)有特征放热峰,在 450 ℃处(弱)和 520 ℃处(强)有特征吸热峰。第二组为乌尔文字片,DSC 曲线中有一个较弱的放热过程,样品中氧化铁含量较低,在 450 ℃(弱)和 520 ℃

(强)处有吸热峰。第三组为卡内什和尼尼微文字片,与第一组相似,但是在370℃处有一个较弱放热峰,在450℃处有一个强吸热峰。最后一组为拉尔萨和库塔的文字片,在520℃以下没有任何特征峰,这表明这些文字片先前经过了煅烧加热处理。图2.10是一些文字片在被博物馆收藏之前,在其发掘地拍摄的用来煅烧楔形文字片的煅烧窑。

图2.10　实际发掘地用来煅烧楔形文字片所使用的窑
英国博物馆授权

研究数据表明,文字片由含坡缕石的淤泥制成,这些淤泥中包含方解石、石英以及闪石等杂质。由于第一组和第三组非常相似,根据文字片的热效应曲线可以分为两个主要组别,一组经过加热煅烧,其一部分来自北部地区,一部分来自南部;另一组未经过煅烧。这表明第一组和第三组之间所检测到的差异在我们所关注的保护措施里并不是很重要,只需要用一个简单、设计好的煅烧程序就可以进行修复。

2.3.3　热重法

2.3.3.1　楔形文字片

英国博物馆的西亚古物研究部提供了一些没有文本的文字片碎片,这些碎片没有文学价值,可以进行初步试验。在N_2中楔形文字片的经典TG曲线在150℃之前存在着两个不同的质量损失台阶,随后是质量逐渐减小的损失过程,一直持续到650℃。在此温度下,碳酸钙发生分解[65]。但是,来自卡内什的文字片的TG曲线出现了异常变化,它不含有任何方解石。卡内什遗址是亚述贸易商在公元前2000年后不久在安纳托利亚建立的贸易站,是唯一不在美索不达米亚调查的地点。使用一个独立的TG实验来模拟窑洞中的烧结过程。烧结程序包括一个740℃最高温。在烧结的后期,产生的大量二氧化碳肯定会在文字片上引起压力,因而导致在一些烧结过程中观察到表面受损。煅烧试验表明,将煅烧温度降低到 630 ℃会导致煅烧过后的文字片的物理性质有一个小的但是可以接受的降低过程。当煅烧温度降低时,文字片的强度以及表面硬度大约会减少 10%。根据修改的煅烧计划进行文字片煅烧,会降低损伤程度。自 2000 年开始,新的煅烧研究计划已经在英国博物馆被成功使用了[66]。

Wiedemann 用 TG 表征并分析了一系列历史文物:古代树木断根、古埃及颜料、纳巴达陶器[23]、埃及木乃伊棺材以及含碳酸钙材料[21]。英国博物馆的保护部门先前在对鲁比亚半身像进行修复和清洁时,也使用了热重对其进行研究[65]。分析表明,进行清理的几个半身像是用高岭石和伊利石塑造的。黏土的煅烧温度十分重要,主要是由于未煅烧的黏土对水基清洗的方法有不良反应。结果表明其使用的是低温煅烧的方法,因此使用了非水清洁的方法。

2.3.3.2 埃及铜合金

最近 TG 被应用于表征一种新型的浅蓝色腐蚀产物,这种产物对埃及铜合金雕塑和工具均有影响[67]。在对收集的 2840 件埃及铜合金物品的保护调查中,我们发现 184 件文物上均有浅蓝色腐蚀产品。图 2.11 中展示了一件青铜制品的上部构件,其顶端是一只猫坐在一个带孔的底座上,其轴截面是矩形,来源于埃及孟菲斯或者萨卡拉。收藏品包含了大量的人造物品,包括雕像、花瓶、工具以及武器,主要由铜、含砷铜、锡青铜以及含铅锡青铜制成。收藏品被储存在具有良好缓冲的木橱柜中,其相对湿度为 5%~45%,使用保乐仪湿度计测定橱柜和架子的水分含量,在四年检测过程中发现其是稳定的。橱柜的环境中包含着大量醋酸,其含量在 1071~2880 $\mu g/m^3$ 之间,还存在一些非常低浓度

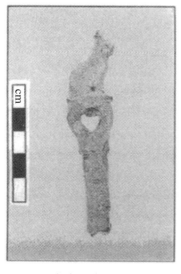
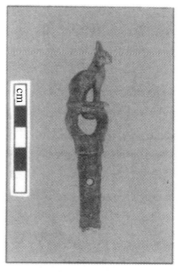

(a) 实施保护措施之前　　　　　　　　(b) 实施保护措施之后

图 2.11　埃及铜合金作品青铜雕塑上部构件图

顶端一只猫坐在有孔的底座上,其轴截面为矩形,它来自于埃及孟菲斯或萨卡拉

的羰基污染物。在四年检测期间,发现这些浓度在任何给定的橱柜中是相对稳定的。

　　TG 还可以用于辅助表征先前未报道的化合物,如腐蚀产物中的乙酸碳酸铜钠。其目的是确定这种新型腐蚀产物中存在的碳酸盐,并表征乙酸盐-碳酸盐的比例。图 2.12 中给出了腐蚀产物的分解以及一种特定化学计量的标准混合物的分解曲线。从 357 ℃ 开始,可以观察到 TG 曲线中出现质量增加,对应于化合物在二氧化碳氛围中发生了重新碳化过程。实验在二氧化碳气氛中进行,有效地延缓了碳酸盐分解,使碳酸盐在更高的温度分解,以区分出乙酸盐和碳酸盐的分解过程。标准混合物是将孔雀石、醋酸铜、醋酸钠和碳酸钠混在一起研磨得到。腐蚀产物的分析结果与制备的标准物均不相符,因此可以证明它是一个新的腐蚀产物,并且不是已知材料的物理混合物。利用 TG 可以测定乙酸盐-碳酸盐比例,并确定腐蚀产物的化学计量比。

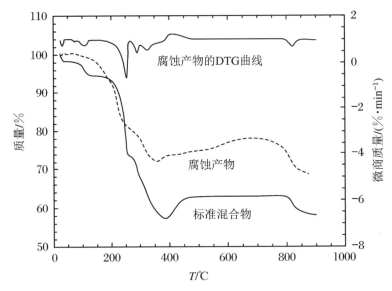

**图 2.12　埃及铜合金的腐蚀产物(－ －)和特定化学计量的标准
混合物的 TG 曲线(—)以及腐蚀产物的 DTG 曲线(—)**

　　对苏科兰格拉斯哥伯瑞尔博物馆储存在木柜中的埃及石灰岩浮雕的实验结果表明,存在一个特殊晶体风化过程[68]。将这种风化盐样品放入热重分析仪中加热,并通过热重分析仪与红外分光光度计的联用,确定了该物质在分解过程中产生的易挥发化合物的结构。收集每个分解台阶后的样品残余物,用蒸馏水提取,用离子色谱法分析水提取物。盐的成分主要包括钙离子、醋酸根离子、氯离子和硝酸根离子。这是一种新型结晶盐,只在博物馆收藏品中以风化化合物的形式存在。组分分析结果表明,这种反应可能发生在包含碳酸钙的样品中,来自于木制储物柜,不仅包含氯化物、硝酸盐污染物,而且可能存在醋酸污染物。这些产物是风化物形成的先决条件,当然这种反应的发生还取决于样品的结构和组成。作者建议将这种风化产物称作 cotrichite,翻译过来的意思就是“一种来自储物柜的针状矿物”[68]。

2.3.3.3　绘画底板

可以使用 TG 对绘画底板进行研究。早期欧洲版画所使用的经典底板由石膏(二水合硫酸钙)或者与兔皮胶水以半水合物的形式混合附着到木制支撑物上。对于取自于 Meliare 作品 *Madanna Col Bambino* 的一个样品,通过 DSC 可以确定其中存在水合石膏;在 Tintoretto 的绘画作品 *Assumption of the Uigin in Banberg* 中,利用 X 射线衍射技术,确定其中含有半水合物形式[69]。在北欧 16 世纪画作中,有使用碳酸钙底板的记录,使用 TG 可以很方便地表征这种类型的底板。最近发表的一篇论文[37]中对底板进行了研究,这些底板被用在 15~18 世纪的巴利阿里群岛的雕塑和祭坛。研究对象还包括一些市售的方解石和石膏基底的底板,还有两个样品来自 15 和 17 世纪马略卡岛的雕塑和哥特式绘画。

绘画所用的传统帆布支撑件通常由拉伸的亚麻织物构成,在亚麻织物上刷一层兔皮胶水,然后用绘画所用的底层油基(或更常用的丙烯酸树脂)或者通常称作底板的东西,将底漆层附着在确定大小的帆布上。底板和额外的漆膜的存在构成了帆布的保护。修复过程中,从 Landseer 爵士的《雄狮》(图 2.13)的反面取出 19 世纪宽松衬里的底层用于研究[18]。降解的第一个台阶涉及碱式碳酸铅、干性油(亚麻籽)和胶水,最后一个台阶则是碳酸钙的分解导致。这个画布支撑上的样品后来被用于热机械研究(2.3.4.1 节),以及介电分析[70]。

图 2.13　Landseer 爵士的《雄狮》
英国伦敦泰特美术馆授权

2.3.3.4　壁画

TG-DTA 联用技术是鉴定盐、四水合硝酸钙最可靠和实用的技术,既可以分析纯化合物,也可以分析壁画上其他混合材料。这些技术可以用于该类研究的主要优势在于四水合硝酸钙在 43 ℃ 发生熔融吸热。硝酸钙是一种常见于壁画中的潮解性盐,通常用于研究易潮解盐在壁画损坏过程中起的作用。研究发现,在壁画通常所处的环境条件下硝酸钙易水解并发生重结晶[55]。可溶性盐是壁画损坏的主要原因,因此对它们的表征非常重要。

目前对来自佛罗伦萨圣玛利亚菲奥雷大教堂布鲁内莱斯基穹顶的样品(2.3.2.1节),也利用热重进行了研究[71]。为便于解释结果,根据壁画所用的传统配方准备样品,并记录下 TG 曲线。研究还发现,取自大教堂圆顶八层的由乔治瓦萨里画的蓝天绘画区域的蓝色样品与取自二层的祖卡里绘制的作品区域蓝色样品不同。瓦萨里使用的蓝色颜料(包含氧化钴,由 X 射线荧光分析确定)与蓝色颜料和酪蛋白的标准样品的降解有可比性,而祖卡里使用的蓝色则与铝蓝颜料和动物胶或动物胶与鸡蛋或酪蛋白的混合物的标准样品相似。这与我们观察到的祖卡里绘制的区域对湿度敏感,并且这些区域存在吸潮受损痕迹的现象一致,而瓦萨里绘制的区域则保存得很好。我们对这些样品进行了气相色谱和质谱分析[54]。

2.3.3.5　古代的挂毯

如 2.3.2.5 节所述,利用 DSC 对古代的挂毯样品进行了分析,并评估其中纤维(羊毛和丝质)的降解程度。在样品量允许的情况下,也可使用热重法进行分析。未老化、光老化以及历史上未染色的羊毛线(布鲁塞尔拉斐尔和托比亚斯,1550)的一阶微商热重(DTG)曲线如图 2.14 所示。DTG 曲线向低温的偏移,尤其是历史羊毛样品分解的最后一个台阶的偏移更加明显。古代样品在每个台阶上发生降解的速率比未老化和光老化样品低。可以通过扫描电子显微镜看到老化羊毛纤维样品的差别,结果表明,未老化样品中存在的表面结构,在古代样品中不再明显(图 2.15)。

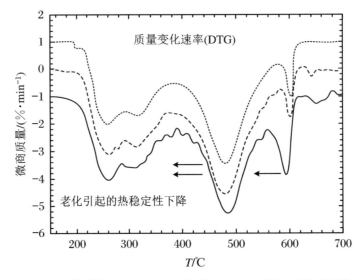

图 2.14　对照样品(…)、64 h 光老化样品(－－)以及古代的羊毛线
(布鲁塞尔拉斐尔和托比亚斯,1550,马德里皇宫)(—)的 DTG 曲线

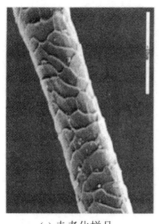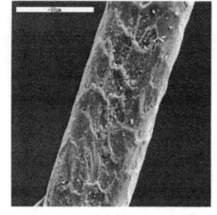

(a) 未老化样品　　　　　　　(b) 古代样品

图 2.15　通过扫描显微镜(×1000 倍)看到的羊毛纤维老化的不同结构

2.3.3.6　羊皮纸和皮革

羊皮纸的微观分析作为一个和哥本哈根保护学院合作的主要项目,涉及的历史羊皮纸的研究,主要包括来自装订图书的古代羊皮纸[25]。来自德格罗特(荷兰鹿特丹)的羊皮纸(牛皮)被用作对照样品。主要包括 12 张古代羊皮纸,17 世纪一些注有日期、大部分没有注明日期的羊皮纸,包括来自丹麦皇家图书馆的装订书和手稿的部分样品。进行热氧化分解研究的温度范围为从室温到 750 ℃。通过手术刀刮擦或使用小块碎片(4 mm)制备 TG 用羊皮纸样品,随着水分的汽化,逐渐出现两个主要的降解过程。在一些例子中,还观察到第 3 个降解过程。后者对应于碳酸钙的分解。当羊皮纸被用作书写材料时,颗粒层通常被除去,用浮石磨光并用粉笔抹平。图 2.16 中给出了古代羊皮纸的一个样品

图 2.16　古代羊皮纸样品

哥本哈根保护学院提供

（哥本哈根保护学院）。通过这种准备方法，碳酸钙经常以不同的含量形式出现。图 2.17 给出的 DTG 曲线表明古代样品的第二个分解台阶向低温方向偏移。为获得整个温度范围内结构的完整变化，我们进行了主要成分分析。这表明古代羊皮纸很容易与对照样本区分开，并且古代羊皮纸之间存在差异[25]。得到的信息与由 HPLC 氨基酸分析方法所得数据一致，此方法将碱基与氨基酸的比例作为老化程度的判据。

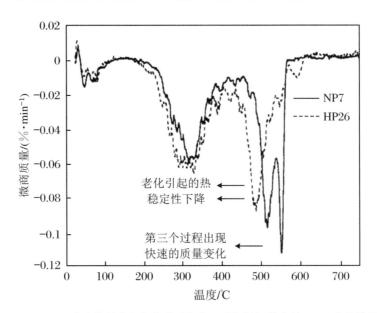

图 2.17　MAP 项目中古代羊皮纸与新羊皮纸（NP7）向低温转变的 DTG 曲线的比较[25]

　　TG 研究也被用于作为文化和古代文物支撑的皮革上。这些样品包括来自书皮封面（17～19 世纪）的皮革、弗朗茨约瑟夫时期澳大利亚腰带的皮革以及科尔多瓦皮革（17 世纪）。结果表明，老化皮革的热行为与羊皮纸或胶原这些未鞣制材料相似。用 Q-15000D 综合热分析仪（匈牙利 MOM 公司）进行研究[72]。综合热分析仪也被用来研究皮革和聚六亚甲基胍朋胶的作用，这种胶被建议用作鞋革的传统铬鞣和染色工艺的代替品[73]。在热分析结果的基础上，明胶被认为是研究皮革性能的合适模型。

2.3.3.7　纸张

　　热分析技术用于研究纸张成分以及类似纸张材料的成分，这种研究已经持续了数十年，包括以保护为目的的纸张加速老化研究[74-75]、对 17 世纪档案文件的保护措施影响[76]以及原创和伪造版画的区分研究[77]。

　　维德曼使用梅特勒 TA8000 热系统（TG850）对版画进行研究。基于纸张的成分差异尤其是半纤维素和纤维素的差异[78]，可以有效区分开日本三井纸（1952）和来自日本艺术家昆尼萨达的纸张（1846）。他还对毕加索和夏加尔的黑白版画进行了测试，并证明这些来自相近年代有着相同质量的纸张具有相似的 TG 曲线。

　　对保护措施的研究还包括对来自 17 世纪档案中的信件在涉及碳酸镁和碳酸钙的脱酸处理前后热稳定性的测定[76]。来自档案中不重要边缘区域的样品被用于测试。经过保护处理之后,可以观察到除了对应于纤维降解的主要特征峰外,在较高温度范围,即 $500\sim550$ ℃和 $750\sim800$ ℃附近存在较小的峰,这分别对应于脱酸过程中形成的碳酸镁和碳酸钙的分解过程。这种材料对纸张的性能有利,主要原因是可以为它们提供一个碱性缓冲环境。碳酸根的存在得到了 X 射线光电子能谱研究的进一步证实。

2.3.4　热机械分析

2.3.4.1　绘画保存

与伦敦保护与技术部门考陶德艺术学院合作的几个项目的研究中,涉及热机械分析技术,这是第一次将该技术应用于与绘画保护相关的研究中。主要包括两个领域,即绘画的清理和加湿过程结构处理的影响。让准备好的漆膜经受各种清洗剂(无水和水性的)的洗涤,并测定漆膜的软化温度,还可以将漆膜放入不同湿度环境下进行测试。在清洗研究中,主要目的是确认溶剂对漆膜的作用。在湿度研究中,对漆膜多久会软化较为感兴趣。操纵高度易碎薄片将绘画复原比较困难,如果漆膜变得柔软且可压缩,则这项工作会变得简单些。在对绘画的结构处理中,在确定画作的各项基本物理数据之前,通过加热、湿度、水溶胶和最小压力来使绘画在帆布上舒展、再生和整合[43],因此需要量化这些过程。考陶德艺术学院首次进行了湿度与油画之间的相互关系的研究,还研究了基于湿度处理对油画的影响[43]。TMA 和 DMTA(2.3.5.1 节)均用于这项研究。

TMA 的工作包括对含中等偏碱性碳酸铅颜料油膜和中等富含赭石(氧化铁)颜料油画漆膜的测定。结果表明,前者在 90 ℃范围有一个很高的软化温度,或有玻璃化转变温度,而后者的初始软化温度则低于室温,在略高温度 60 ℃范围存在另一个转变温度。这种转变可能是受到了清洗剂例如丙酮的影响,而进一步的分析则反映出长链脂肪酸的流失,其作为内部增塑剂存在于绘画中[43]。但是,我们的数据是在 12 年前制备的漆膜上获得的。最近使用 GC/MS 对档案样本进行的工作则表明,在老化样品中这种情况不会发生[79]。

加湿研究在一块 19 世纪的底漆帆布上进行,这块帆布就是先前取自 Landseer 爵士《雄狮》画作(1862)背面的那块[18](2.3.3.3 节,图 2.13)。泰特保护部提供了这个底漆帆布样品,这种帆布是 19 世纪艺术家的供应商用双倍拉伸工艺制成的,这种做法使得画布具有一样的底漆。在保护的过程中,一些背面的底漆支撑被除下并保留了下来。底漆帆布样品都是紧密编织的亚麻布,并且用了低含量的铅白和碳酸钙混合物上底漆。对横截面的研究表明,至少有两层,即底层和尺寸层[43]。样品被放在敞口玻璃管中,其中含有标准溶液,以提供 54%至 97%RH 的环境,放置至少一周的时间。总体来说,其软化温度随湿度的增加而降低,从 54%、40 ℃降至 85%、20 ℃[69]。湿度梯度的初步实验表明,当从底部开始加湿时,会发生更大的软化,这就增加了尺寸层的重要性。并且事实上,湿度有可能帮助塑化相邻的底层[44]。样品置于 97%RH 的湿度环境下时,我们可以在 TMA 曲线中看到一个不规则形状,该形状在 -10 ℃至 0 ℃区域内是可重复的,这是由于尺寸层嵌入帆布时发生了崩塌引起的[44]。

2.3.4.2 19 世纪绘画媒介调色油

就像在 2.3.1.1 节所讨论的那样,18 和 19 世纪的英国画家使用一种称作 megile 的油和树脂混合物进行创作。在 1850 年之前,干性油和清漆的比例通常是 2∶1,有时比例为 1∶1。1850 年之后,比例一直被报道为 1∶1[80]。除非油经过了铅化合物处理并且使用乳胶树脂代替其他自然树脂,否则 megile 就不会发生凝胶化。在 Turner 的画作《瓦尔哈拉神殿开放日》中,确认了 megile 的存在(图 2.5)。在 20 世纪 90 年代早期,泰特保护部开展了一项研究。在此研究中,他们准备并制作了可获得的油树脂膜,对未染色和染色的膜均进行了实验,然后使用 TMA 进行研究。在富油 megile 中,在 −10 ℃ 和 60 ℃ 处可以分别观察到两个可以区分的软化台阶。当树脂含量增加到 1∶1 时,只在约 20 ℃ 处看到一个转变。随着树脂含量的增加,转变温度也随之增加。当树脂含量为 1∶3 时,这种转变温度值在 40 ℃ 附近。在 1∶1 组分中从两个转变变成一个,证实了在红外光谱中观察到的差异。1∶1 含量对应于阈值浓度,超出这个值可以较好地混容或形成新的聚合物相[81]。这就解释了艺术家们偏爱 1∶1 组分的原因。对于绘画介质研究的进一步示例将在 2.4.1.3 节中给出。

2.3.4.3 死海古卷的加湿处理

盖蒂保护研究所研究了湿度改变对死海古卷羊皮纸样品的影响,使用 TMA 对样品进行原位加湿研究[82]。这项研究的结果表明,湿度步阶升温热机械分析可以提供一些关于现代和古代羊皮纸对相对湿度改变做出的尺寸响应的有用信息。与现代羊皮纸相比,在同样的条件下,死海古卷碎片对湿度波动的响应更慢,而且尺寸变化更小。膨胀系数表明羊皮纸碎片(死海古卷)的行为与老化的现代羊皮纸和明胶更加相似,与未老化的现代羊皮纸差别较大。研究表明,由于绝对响应时间相对快速,实验时应注意不要使老化易脆的羊皮纸快速除湿,尤其是已经固定的羊皮纸。

2.3.5 动态机械热分析(DMTA 或 DMA)

2.3.5.1 绘画保护——油底漆油画

在考陶德艺术学院的一个项目中,DMTA(Polymer Labs Mark 2)被第一次应用于绘画保护中(2.3.4.1 节),目的是测量经历各种情况的漆膜的软化温度,用来模拟油漆的使用过程。由于测试需要可以加固的自由漆膜,因此测试具有其局限性。由于这些样品大多不可获得,因此使用底漆帆布支撑(2.3.3.3 节),以适合在 DMTA(Polymer Labs Mark 2)上实验,采用弯曲模式测定。Landseer 爵士的底漆油画样品的模量和 tan δ 曲线在图 2.18 中给出。从 −160 ℃ 开始加热,其模量随温度升高而降低。在 70 ℃ 处,其值迅速降低,直至 150 ℃ 保持不变。tan δ 的最大值出现在 90~100 ℃ 的范围。将此数据与未老化和人工老化的底漆油画对比[18]。在泰特保护部进行加速老化(70 ℃ 下)并在 18000 lux 光照下光老化 17 天和 34 天。对于未老化的样品,在 −30 ℃ 至 100 ℃ 温度范围内,有一个宽 tan δ 峰,其最大值出现在 −10 ℃,在 50 ℃ 有一肩峰。在老化过程中,主峰的强度略有降低,峰值温度也移到了 70 ℃ 。这表明 DMTA 可以监测加速老化过程,以确定老化是否会诱导只有自然老化可观测到的变化。

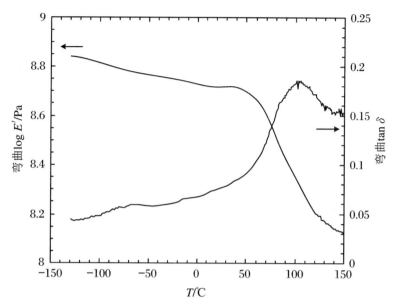

图 2.18　**Landseer 爵士底涂油画《雄狮》**[18] 的 E' 和 $\tan\delta$ 曲线

　　在与泰特合作的过程中,使用 DMTA 进行了一系列的测试,以确定脱酸处理对油画的影响[18]。涂过底漆和没有涂过底漆的油画均被经过处理并进行测试。未涂过的油画放入 DMTA 分析仪中,以拉伸模式进行测试。在脱酸处理前后,油画对湿度变化的响应值有差别。就样品的位移量测定而言,该处理使样品对湿度的响应率低。这是一个有意义的结果,这表明帆布支撑发生了更小的移动,可以将样品中形成小裂纹的可能性降到最低。

2.3.5.2　羊皮纸

　　羊皮纸基于胶原蛋白,其一级结构被定义为其多肽链中氨基酸残基的序列。可以看作含亚氨基酸(脯氨酸和羟脯氨酸)和甘氨酸的嵌段共聚物,即—(Gly-A-B)—(Gly-Pro-HyPro)—。亚氨酸残基的存在和大小会对机械性能产生一定的影响,这些残基会限制旋转并导致嵌段具有一定的刚性。因此,可以根据软嵌段和硬嵌段来研究结构,具体取决于甘氨酸或脯氨酸是否出现在第三位置[83]。图 2.19 中给出了未老化羊皮纸的 DMTA 曲线。在老化羊皮纸中,转变发生在 90~150 ℃ 的较高温度下,与明胶相似(图 2.17)。实验中还测量了这些羊皮纸的收缩温度,这将在 2.3.5.3 节[84] 中进行描述。

　　最近对档案样品进行了 DMTA 与 X 射线衍射研究,证明了测量的羊皮纸的 $\tan\delta$ 值(或黏弹性响应程度)与通过 XRD 测量的结晶度相关。在低结晶度的样品中,$\tan\delta$ 的峰更强,而高结晶度样品的 $\tan\delta$ 值几乎无法测出。在材料足够测量的历史装订材料上进行了测量。在涉及羊皮纸和手稿的历史书籍领域,有必要使用 Micro-TA(2.4.1.1 节)。

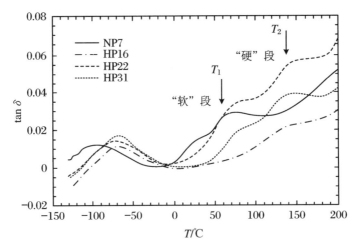

图 2.19　未老化羊皮纸(NP7)和古代羊皮纸(HP16,HP22,HP31)(MAP 项目)[25]
(转变在 90~150 ℃)的 DMTA 曲线

2.3.5.3　倒置 DMTA

研究测量样品浸入水中的影响以及不同相对湿度的影响时,通常使用倒置形式的 DMTA 仪器。Rheometric Mark 3 分析仪被翻转并放置在一个特殊的支架上,用于支撑样品的夹具延长处理时间。然后将样品浸入装有恒温控水浴的烧杯中,或者用玻璃容器保护取样范围,并手动控制气流的相对湿度(Dreschel 瓶用蒸馏水产生 100% 的相对湿度)。现在可以用计算机控制的加湿系统来代替[26]。目前正在测量古代羊皮纸,样品分别为已经轻度老化的挂毯以及来自古代挂毯的单根丝和羊毛纤维。图 2.20 中给出了样

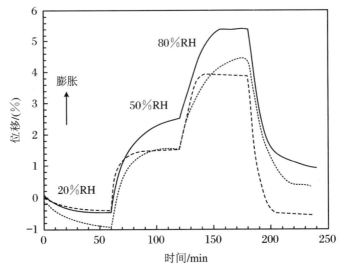

图 2.20　样品经历不同的相对湿度时,未老化(—)、64 h 光老化(－－)和
古代羊皮纸(…)的位移(%)对时间(分钟)的曲线

品的湿度值在 20% 和 80% 之间变化时未老化、轻度老化和古代羊皮纸在加湿时发生的尺寸变化。

最初使用帆布进行浸泡测试,以确定在不同载荷下润湿然后干燥的效果,实验在未老化的样品和档案亚麻样品上进行[18]。图 2.21 表明,随着载荷的增加,帆布需要更长的时间才能晾干。这种现象对于管理员来说很重要,由于帆布在支撑框架上被拉伸并施加载荷,帆布需要经受潮湿处理。实验首先将羊皮纸样品浸入水中,然后加热。这是另一种确定羊皮纸的变性温度的方法,可以量化发生的收缩量[84]。

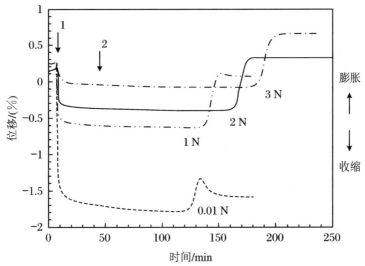

图 2.21 不同载荷作用下帆布在浸入水后的干燥曲线
随着负载的增加(底部最低载荷为 0.01 N,依次往上分别为 1 N、2 N 和 3 N),
画布需要更长时间才能晾干[18]

2.3.6 微区热分析(micro-TA)

上述内容中给出的例子说明了热分析技术的优点和局限性。主要的限制是古代样本量有限和复合材料复杂的降解过程。最先进的微区热分析技术对未来的研究十分有利,这已在 2.2.2.7 节中描述。下面给出最近的一些关于档案材料测量的例子,以说明该技术的潜力。在每个例子中,用 Wollaston 探针以 5 ℃ • s⁻¹ 和 25 ℃ • s⁻¹ 的速率加热样品。随着探头的加热,材料会发生膨胀,并且会在没有导致材料软化的任何转变的情况下,使探头向上偏转。但是,如果材料发生了软化,例如玻璃化转变或熔融,尖端将通过弯曲悬臂的类似弹簧的作用被推入样品表面。

2.3.6.1 羊皮纸

已使用 DMTA(2.3.5.2 节)研究了古代羊皮纸(17 世纪)和未老化的羊皮纸的转变,从这些测量中可以对不同条件下的样品加以区分。DMTA 的结论得到了来自热显微镜和 DSC、氨基酸分析(HPLC)以及固态 NMR 的变性温度值的印证。通过微区热分析验证这种方式研究的合理性。对含有胶原蛋白的兔皮胶制备薄膜进行初步观察,选择这种方式是因为这些薄膜具有光滑的表面,并且比羊皮纸表面更易于使用这种技术。由这些样品获得的图像如图 2.22 所示,图中清晰地显示出具有高热导率(较亮区域)的"基质"和具有较低热导率(较暗区域)的区域。因为局部形貌的影响主导着传导率图像,因此不能说明具有不同热导率的区域是否是不同的相。在两个具有较低热导率的位置和两个具有较高热导率的位置进行局部热分析。微区 TMA 信号显示出一些明显的特征。测量相对热膨胀,在对应于未老化胶原蛋白变性的温度范围(50~70 ℃)膨胀小幅增加。在较低热导率位置处的相对热膨胀也低于较高热导率的位置,这表明在似乎均匀透明的未老化的胶原膜中的差别也能检测到。为了比较,还测量了明胶膜,这些膜在 120 ℃ 和 180 ℃ 的较高温度下显示出明显的相对热膨胀变化。高温转变的存在已被用作古代胶原样品中存在明胶的证明。胶原蛋白在失去三螺旋结构时会转变为明胶(2.3.1.2 节和 2.3.2.4 节)。

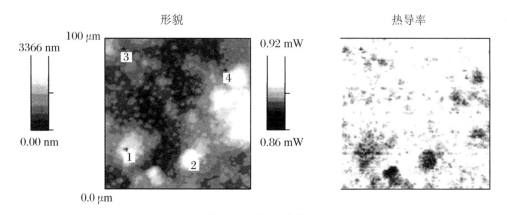

图 2.22 兔皮胶膜

右图是高热导率(颜色较浅区域)的"基质"和热导率较低的区域(颜色较深区域)。
局部形貌的影响(左图)主导热导率图像。微区 TMA 信号显示出一些明显的特征;
在较低热导率位置处的相对热膨胀比在较高热导率位置处低

还原状态下的羊皮纸样品也在其较光滑的"新鲜"侧进行测试,而不是反面或"粒状"面。对于未老化羊皮纸的转变,以热膨胀变化发生时的温度为特征,在 30~60 ℃ 范围观察到转变;而在古代样品中,转变发生在 90~150 ℃。由于用的是光滑表面,图像没有记录下来。样品制备包括取出小样品,并将其放入聚酯树脂中把样品切成薄片。从古代样本(HP28,MAP 项目)中获取的图像如图 2.23 所示,左侧的图显示了曲面形貌,右侧的图是热导率图(较亮的区域比较暗的区域传导性更好)。图 2.24 提供了样品区域选定位置的微区 TMA 测量结果。在位置 1 处,低热导率区域中在约 60 ℃ 和 90 ℃ 检测到两个转变。

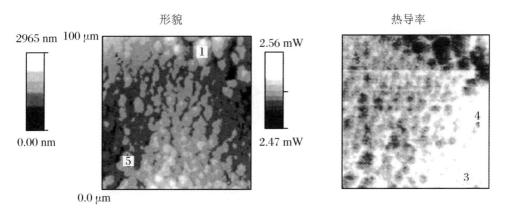

图 2.23 古代羊皮纸样本(HP28)[85]

左侧是形貌图像;右侧是热导率图像。较亮的区域比较暗的区域更具指导性。

位置 1 和 5(形貌)、3 和 4(热导率)是指微区 TMA 的位置(参见图 2.24)

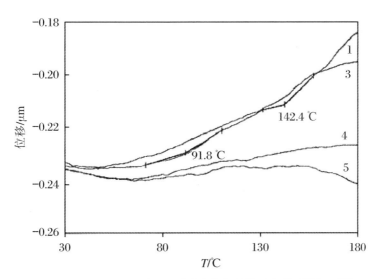

图 2.24 图 2.23 所示样品区域选定位置的微观力学测量结果[85]

在位置 1 处,在低热导率区域内检测到 90°和 140°左右的两个转变

2.3.6.2 古代挂毯

对来自古代挂毯的样品也进行了初步测量。从挂毯(Dedalo e Icaro,Brussels,1545, Royal Palace Madrid)取下绿色羊毛纤维的样品,制成用于微区 TA 测试的薄片。成像结果仍然揭示了样品制备技术的不完善之处。然而,微区 TMA 测量提供了关于样品表面上不同位置的热行为的信息。初始软化出现在 70 ℃,这是所研究的共同位置。可能是由于样品被安装在碳基胶带上,在此温度下没有转变。其中一条曲线显示在接近 200 ℃的较高温度下膨胀,然后快速软化(图 2.25)。这种现象特别令人感兴趣,因为在羊毛纤维中,这种温度对应于羊毛角蛋白的 α 型消失(2.3.2.5 节)。

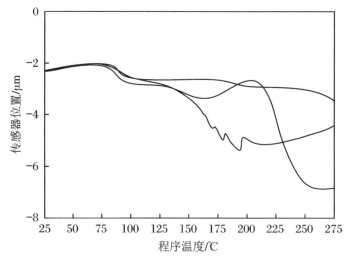

图 2.25   古代羊毛纤维薄片空间分辨的微区 TMA
其中一条曲线在接近 200 ℃的较高温度下发生膨胀,然后快速软化

挂毯往往编织有金属线(银或金)。从位于布鲁塞尔其中一个博物馆的文物《彼拉多前基督》(c1520,布鲁塞尔)的挂毯取样,并检测金属线信息。图 2.26 中给出了来自挂毯的银线和其内的丝芯的显微照片。

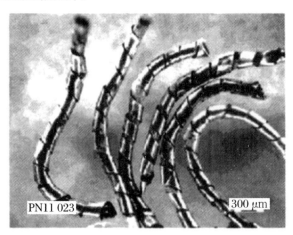

图 2.26   来自挂毯的银线和其内的丝芯的显微照片
由 MODHT 项目的 A. Haacke 提供

来自该挂毯的样品之一的微区 TMA 曲线显示,测试的 3 个位置(图 2.27,曲线 2、3、4)是相似的,而曲线 1 是完全不同的,在约 225 ℃出现了软化。常见的低温转变现象可能是由于样品被定位在黏性碳带上。曲线 2、3、4 表明在实验过程中没有发生转变,符合对于金属银的预期。曲线 1 表示银线出现了劣化,可能具有软化温度。另一个来自挂毯不同区域的样品发生如图 2.28 中曲线 2 和 4 所示的膨胀。文物管理员怀疑这是最近修复的一个区域,热行为的差异支持了这一判断。未腐蚀的金属在加热时表现出强烈的膨胀,这种现象与前面的例子不同。

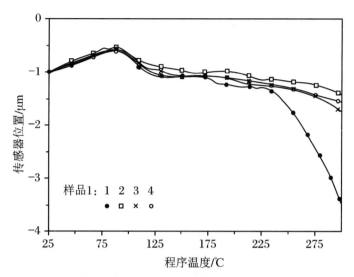

图 2.27　来自古代挂毯的其中一根银线上的微区 TMA 曲线

测试的 3 个位置类似，软化温度约为 225 ℃

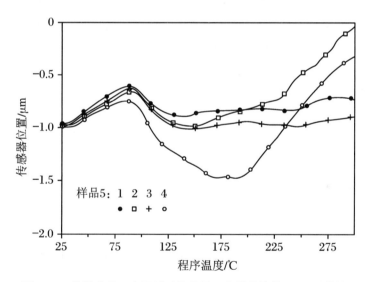

图 2.28　从挂毯另一个区域采集的另一个样品的微区 TMA 曲线

曲线 2 和 4 显示发生膨胀，管理员怀疑这是最近修复的区域，而热行为的差异支持了这一判断

2.3.6.3　涂料介质

图 2.29 中给出了根据 19 世纪油/树脂混合物配方制备的涂料介质样品的测量结果，并且在横截面上设置为单层。所观察到的软化温度差异归因于不同的老化条件和使用了不同的铅干燥剂(图中代号 amlcs1 是指含有醋酸铅干燥剂的铅白油树脂漆(1∶1)的自然老化，lmlcs2 是指含有氧化铝干燥剂的铅白油树脂漆(1∶1)的人工光老化)。下一阶段的研究中将包括多层涂料横截面的信息。

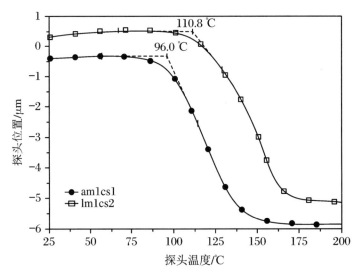

图 2.29　涂料介质(油/树脂混合物)样品的横截面为单层的微区 TMA 曲线

软化温度的差异是由于采用了不同的铅干燥剂老化(amlcs1:含醋酸铅干燥剂的铅白油树脂漆(1:1);
lmlcs2:含有氧化铅干燥剂的人工光老化铅白油树脂漆(1:1),一氧化铅干燥剂)

　　实验的初步结果令人鼓舞,可以获得有关羊皮纸中胶原蛋白的状况、古代羊毛纤维中角蛋白状态以及银线差异的信息。进一步的工作正在进行中,特别是关于优化样品制备方面。对于无法取出的样品,正在考虑直接在物体上进行原位测量的可能性。另外,已经测试了横截面上的油漆样品,并测量了软化温度。

2.4　总结

　　本章中给出的许多例子清楚地表明热分析技术(DTA、DSC、TG、DTG、TMA 和 DMA)广泛适用于艺术和文物的表征。研究重点侧重于室内环境中的物品,无论是在展览馆还是在博物馆和美术馆的储藏室中,甚至是处在保护处理期间的样品,都可用于分析。正如 Wiedemann 所述,热分析与辅助的光谱和质谱技术一起提供了对早期技术的理解。这些技术在绘画和壁画上应用的例子进一步证实了这一点,特别是 Turner 在作品 *The Wall of La* 中使用的油漆介质,以及 Zuccari 和 Vasari 画作的材料和技术的差异,这两个问题都是基于艺术家使用的材料和环境因素的协同效应而产生的保护问题进行讨论的。

　　除了材料和艺术品的表征之外,研究者还将注意力集中于热分析技术在评估保护处理对文物的影响方面的应用,尤其是画布上的画。画表面的清洁涉及使用水溶液和非水基系统,结构处理涉及加湿。这是热机械技术已被证明可以发挥作用的地方(2.3.4.1节),其中包括最近研发的倒置的 DMA 的自动化相对湿度控制,可以测试材料对湿度变化的响应,湿度对羊皮纸也至关重要(2.3.5.3节)。如本章所述,宏观状态下,干态的羊毛状胶原蛋白从纤维状态变为明胶状态的过程是不可检测的。通过在显微镜下观察水中的羊皮纸纤维来检测这种转变(2.3.1.2 节)。如果保护处理或存储涉及潮湿条件,除非测量,否则可能会导致古代羊皮纸手稿和物体的不可逆转的损坏。

在根据传统配方(2.3.2.3 节)制备样品过程中,开发了油漆剂量计,用于评估由室内环境因素、光照、相对湿度和室内污染气体的协同效应所造成的损害,其中包括来自户外的 NO_2 和 NO_x 以及室内产生的如羰基污染物等。本章中列举的实例涉及腐蚀产物的研究(2.3.3.2 节)。也有许多研究者将热分析应用于户外文化遗产的例子,包括建筑物和纪念碑,本章中未涉及,因为这是一个独立的部分。

本章中提到的例子也展示了未来使用所描述的技术对文物材料进行基础研究的机会。通过迄今为止的测量,表明可以监测保护处理的重要参数,例如软化或玻璃化转变温度。通过这种方式,本章展示了聚合物科学以及未来最先进的热分析技术(如微区热分析)如何能够成功地应用于评估处理效果。通过这种方式,为未来将材料科学研究方法应用于保护科学研究奠定了基础。

2.5　致谢

作者感谢欧盟委员会的支持,科学、研究与发展总司 X11 研究项目"环境保护中的科学与技术"、"欧洲文化遗产的保护"的资助。同任何工作一样,本章也受益于许多方面的支持。作者特别感谢前大英博物馆保护科学家 David Thickett(目前在英格兰遗产委员会工作)、英国泰特美术馆保护科学家 Dr. Joyce Townsend 博士以及哥本哈根保护学校校长 Dr. René Larsen 的贡献。我还要感谢 Dr. D. Grandy 对微区热分析的测量,毕业于考陶德艺术学院的文物管理员 Nancy Wade 对手稿的批判性阅读以及 Wang Quanyu 博士和 Dorte V. Poulsen 博士在一些图片上的帮助。作者特别要感谢 M. Brown 教授的帮助和鼓励。

参考文献

[1]　M. Odlyha,Preface,Special Issue "Preservation of Cultural Heritage. The Application of Thermal Analysis and other Advanced Techniques to Cultural Objects",Thermochim. Acta,365(2000)ix-x.

[2]　S. Schmidt,IIC Preprints,Cleaning,Retouching and Coatings,Brussels,(1990)81.

[3]　S. Bradley,British Museum Occasional Papers,Occasional Paper No. 116(1997)1-8.

[4]　H. J. Plenderleith,The Conservation of Antiquities and Works of Art,Oxford University Press,London,1956.

[5]　Y. Shashoua,S. M. Bradley and V. D. Daniels,Studies in Conservation,37(1992)113.

[6]　W. A. Oddy,Museum Journal,56(1957)265.

[7]　S. Bradley,ICOM International Council for Museums Committee for Conservation,Preprints,11th Triennial Meeting,Edinburgh,September Vol. 1(1996).

[8] S. Hackney, British Museum Occasional Papers, Occasional Paper No. 116 (1997).

[9] G. Hedley and S. Hackney, Measured Opinions (Ed. C. Villers), United Kingdom Institute for Conservation, London, 1993, p70. ISBN 1 871656 21.

[10] G. Hedley, Measured Opinions (Ed. C. Villers), United Kingdom Institute for Conservation, London, 1993, p86. ISBN 1 871656 21.

[11] J. H. Townsend, Tumer's Painting Technique, 2nd ed. , Tate Publications, London, 1995.

[12] T. Learner, Resins Ancient and Modern (Eds M. W. Wright and J. H. Townsend), SSCR, (1995) 76.

[13] A. Burnstock, British Museum Occasional Papers, Occasional Paper No. 116 (1997) 47.

[14] R. Larsen, The School of Conservation the Jubilee Symposium Preprints, Copenhagen, 1998. p77. ISBN: 87-89730-25-9.

[15] R. Feller, Training in Conservation, Institute of Fine Arts, New York University, 1983, p 17. ISBN 0-9623175-0-0.

[16] E. A. Turi, Thermal Characterisation of Polymeric Materials, Academic Press, New York, 1997.

[17] M. Schilling, Studies in Conservation, 34 (1989) 110.

[18] M. Odlyha, Characterisation of Cultural Materials by Measurement of their Physicochemical Properties, Ph. D thesis, University of London, 1988.

[19] H. M. Pollock and A. Hammiche, J. Phys. D: Appl. Phys. , 34 (2001) R23.

[20] D. M. Price, M. Reading, A. Hammiche, H. M. Pollock and M. G. Branch, Thermochim. Acta, 332 (1999) 143.

[21] H. G. Wiedemann, Thermochim. Acta, 200 (1992) 215.

[22] H. G. Wiedemann, J. Therm. Anal. , 52 (1998) 93.

[23] H. G. Wiedemann, Thermochim. Acta, 100 (1986)283.

[24] M. Odlyha, T. Y. A. Chan and O. Pages, Thermochim. Acta, 263 (1995) 7.

[25] M. Odlyha, N. S. Cohen, G. M. Foster and R. Calnpana, Microanalysis of Parchment (Ed. R. Larsen), Archetype London Publications, 2002, p73.

[26] G. M. Foster, S. Ritchie and C. Lowe, J. Therm. Anal. Calorim. , 71 (2003) 1.

[27] M. Odlyha, N. S. Cohen, R. Campana and G. M. Foster, J. Therm. Anal. Calorim. , 56 (1999) 1219.

[28] H. G. Wiedemann and S. Felder-Casagrande, Handbook of Thermal Analysis and Calorimetry (Ed. M. E. Brown), Vol. 1, Elsevier, Amsterdam, 1998, Ch. 10.

[29] F. Preusser, Maltechnik Restauro, 85 (1979) 54.

[30] H. Von Sonnenburg and F. Preusser, Maltechnik Restauro, 85 (1979) 101.

[31] M. Odlyha and A. Burmester, J. Therm. Anal. , 33 (1988) 1041.

[32] M. Odlyha, C. D. Flint and C. F. Simpson, Anal. Proc. , 26 (1989) 52.

[33] M. Odlyha, J. Therm. Anal. , 37 (1991) 1431.

[34] A. Burmester, Studies in Conservation, 37 (1992) 73.

[35] M. Odlyha, Thermochim. Acta, 134 (1988) 85.

[36] M. Odlyha, D. Q. M. Craig and R. M. Hill, J. Therm. Anal. , 39 (1993)1181.

[37] C. Genestar and J. Cifre, Thermochim. Acta, 385 (2002) 117.

[38] D. Thickett and M. Odlyha, Reprints of the 12th Triennial Meeting of ICOM-CC, Lyon,

James and James，London，1999，p809.

[39] D. Fessas，A. Schiraldi，R. Tenni，L. Vitellaro Zuccarello，A. Bairati and A. Facchini，Thermochim. Acta，348（2000）129.

[40] D. J. Carr，M. Odlyha，N. S. Cohen，A. Phenix and R. D. Hibberd，J. Therm. Anal. Calorim.，in press.

[41] A. Sandu，M. Brebu，C. Luca，I. Sandu and C. Vasile，Polym. Degrad. Stab.，80（2003）83.

[42] T. Y. A. Chart and M. Odlyha，Thermochim. Acta，269/270（1995）755.

[43] G. Hedley and M. Odlyha，Measured Opinions（Ed. C. Villers），United Kingdom Institute for Conservation，London，1993，p99. ISBN 1 871656 214.

[44] R. MacBeth，M. Odlyha，A. Burnstock，C. Villers and R. Bruce-Gardner，ICOM Committee for Conservation，10th Triennial meeting Preprints，1（1993）150.

[45] G. Hedley，M. Odlyha，A. Burstock，J. Tillinghast and C. Husband，Cleaning，Retouching and Coatings，Preprints of the IIC Congress，Brussels（1990）.

[46] L. D'Orazio，G. Gentile，C. Mancarella，E. Martuscelli and V. Massa，Polymer Testing，20（2001）227.

[47] J. H. Townsend，Thermochim. Acta，365（2000）79.

[48] J. J. Boon，J. Pureveen，D. Rainford and J. H. Townsend，Turner's Painting Techniques in Context，United Kingdom Institute for Conservation，London，1995，p35. ISBN 1 871656 23 0.

[49] J. H. Townsend，The Materials and Techniques of J. M. W. Turner，RA 1775-1851，Ph. D Thesis，University of London.

[50] R. Larsen，M. Vest and K. Nielsen，J. Soc. Leather Technol. Chem.，77（1993）151.

[51] R. Larsen，D. V. Poulsen and M. Vest，Microanalysis of Parchment（Ed. R. Larsen），Archetype Publications，London，2002，p55.

[52] R. Larsen，The Determination of Hydrothermal Stability（shrinkage temperature），STEP Leather project，European Commission DG X11 Research Report No. 6，The Royal Danish Academy of Fine Arts，School of Conservation，Copenhagen，1994，p145. ISBN 87 89730 07 0.

[53] S. Z. Weiner，Z. Kustanovich，E. Gil-Av and W. Raub，Nature（London），287（1980）820.

[54] P. M. Colombini，F. Modugno and A. Giacomelli，J. Chromatogr. A，846（1999）101.

[55] L. Dei，M. Mauro and G. Bitossi，Thermochim. Acta，317（1998）133.

[56] A. Burnstock，M. Caldwell and M. Odlyha，ICOM Committee for Conservation，10th Triennial meeting Preprints，1（1993）231.

[57] M. Odlyha，Thermochim. Acta，269/270（1995）705.

[58] S. Felder-Casagrande and M. Odlyha，J. Therm. Anal.，49（1997）1585.

[59] J. Van der Weerd，J. J. Boon，M. Geldof，R. M. A. Heeren and P. Noble，Zeitschrift～r Kunsttechnologie and Konservierung，16（2002）35.

[60] M. Odlyha，Modem Analytical Methods in Art & Archaeology（Ed. E. Ciliberto and G. Spoto），J. Wiley & Sons，Inc，New York，2000，Ch. 11.

[61] B. Roduit，Thermochim. Acta，388（2002）377.

[62] C. Chahine，Thermochim. Acta，365（2000）101.

[63] C. Kennedy，J. Hiller，M. Odlyha，K. Nielsen，M. Drakopoulos and T. J. Wess，Papier

Restaurierung, 3 (2002) 23.

[64] A. Konda, M. Tsukada and S. Yamakawa, J. Polym. Sci., Polym. Lett., 11 (1973) 247.

[65] D. Thickett and M. Odlyha, Thermochim. Acta, 365 (2000) 167.

[66] D. Thickett, M. Odlyha and D. Ling, Studies in Conservation, 47 (2002) 1.

[67] D. Thickett and M. Odlyha, Studies in Conservation, 45 (2000) 63.

[68] L. T. Gibson, B. G. Cooksey, D. Littlejohn and N. H. Tennent, Anal. Chim. Acta, 337 (1997) 151.

[69] A. Burmester, The Bamberg Assumption of the Virgin by J. Tintoretto, 42 Bayerische Landesamt fur Denkmalpflege, 1988, p113. ISBN 3-87490-911-5.

[70] M. Odlyha, D. Q. M. Craig and R. M. Hill, J. Therm. Anal., 39 (1991) 1181.

[71] M. Odlyha, Internal Report Opificio Pietre Dure, Florence, 1995.

[72] P. Budrugeac, L. Miu, V. Bocu and C. Popescu, J. Therm. Anal. Calorim., in press.

[73] V. Logvinenko, O. Kosheleva and E. Popova, J. Therm. Anal. Calorim., 66 (2001) 567.

[74] R. D. Cardwell and P. Luner, Preservation of Paper and textiles of historic and Artistic Value, ed, J. C. Williams Advances in Chemistry Series 164, American Chemical Society (1977), Ch. 22 & 24.

[75] E. Franceschi, D. Palazzi and E. Pedemonte, J. Therm. Anal. Calorim., 66 (2001) 349.

[76] M. Odlyha, Preprints of the IIC Contributions to the Madrid Congress, September, 1992, p104-111.

[77] C. Marcolli and H. G. Wiedemann, J. Therm. Anal. Calorim., 64 (2001) 987.

[78] H. G. Wiedemann, Chemie in Unserer Zeit, 35 (2001) 368.

[79] R. White and A. Roy, Studies in Conservation, 43 (1998) 159.

[80] J. H. Townsend, L. Carlyle, A. Burnstck, M. Odlyha and J. J. Boon, Painting Techniques, History, Materials and Studio Practice, IIC Preprints, Dublin, 1998, p205.

[81] O. Pages, B. Legendre, M. Odlyha and D. Craig, Thermochim. Acta, 287 (1996) 53.

[82] M. J. Schilling and W. S. Ginell, ICOM Committee for Conservation, 10th Triennial meeting Preprints, 1 (1993) 50.

[83] A. N. Fraga and R. J. J. Williams, Polymer, 26 (1985) 113.

[84] N. S. Cohen, M. Odlyha and G. M. Foster, Thermochim. Acta, 365 (2000) 111.

[85] M. Odlyha, N. S. Cohen, G. M. Foster, A. Aliev, E. Verdonck and D. Grandy, J. Therm. Anal., 71(2003) 939.

第 3 章

热分析在碳材料研究中的应用

Pauline Phang，David Dollimore

美国俄亥俄州托莱多市托莱多大学(University of Toledo，Toledo，Ohio，USA)

3.1 引言

已知碳元素以各种形式存在,其中一些形式自史前时代就已经出现,而其他形式则是近代开始出现。所有这些形式的共同特征是可以在空气或氧气中燃烧生成一氧化碳和二氧化碳:

$$2C(s) + O_2(g) \longrightarrow 2CO(g) \quad 或 \quad C(s) + O_2(g) \longrightarrow CO_2(g)$$

实际上,完全燃烧为二氧化碳的情况很少发生,并且 CO 和 CO_2 的比例根据燃烧发生的环境而改变。

以游离形式在地壳中存在的碳元素的含量为 0.027%。它以四种同素异形体形式出现,即(ⅰ)金刚石、(ⅱ)石墨、(ⅲ)富勒烯和(ⅳ)无定形碳。最后一种是所谓的非晶形式的碳,能够以许多形态存在。各种形式的碳会在本章各节中进行更全面的描述,并通过热分析揭示其化学反应活性。涉及工作主要包括炭黑、活性炭、脱色碳、煤炭、灯黑等。煤炭也在相关部分中进行介绍,但是有许多杂原子与基本碳骨架有关。另外,在本卷第 9 章中将介绍热分析在煤和其他化石燃料研究中的应用。碳的各种形式中,准石墨形式的碳最为常见,其中石墨层的微晶尺寸很小,并且层的排列具有不同程度的随机性。由这种结构得到的一些材料是无孔材料,而其他一些材料是多孔的。一些无定形碳的例子将包括:

(1)动物炭——通过炭化骨头、肉、血等获得。

(2)炭黑——各种可用的形式,例如炉黑、槽法炭黑等(由天然气不完全燃烧而成)。

(3)灯黑——通过燃烧各种脂肪、油、树脂等获得。

(4)木炭和活性炭——从木材和其他植物物质获得的碳素、石蜡、皂荚、超碳、药用碳和 Norit-基的前驱物制得。

在这些异质石墨结构中,存在充足的可用于连接杂原子和基团的位点。因此,由于与其杂原子相关的致癌性质,食品和药物管理局(FDA)已经禁止将槽黑用于食品、药品和化妆品中。

3.2　金刚石

金刚石是碳的一种结晶形式,是天然存在的,也可以在高温和高压下由木质素合成。具有面心立方晶格结构。

Dallek 等人[1]研究了天然金刚石的氧化速率。[111]面会以非常小的燃烧转化为[100]面。[100]面的氧化(图3.1)在缺陷位置开始,反应沿着表面横向进行而不是进入内部。研究人员使用 Flynn 和 Wall 动力学分析方法研究[100]面的氧化过程。在[111]面和[110]面,氧化活化能为96～184 kJ·mol⁻¹,而[100]面约为230 kJ·mol⁻¹。另一方面,人造金刚石粉末的氧化机理是多阶段的过程,主要取决于反应介质组成和杂质含量[2]。因此金刚石膜的氧化特性取决于暴露在膜中的金刚石面的取向。通过化学气相沉积工艺来实现这种膜的制备。

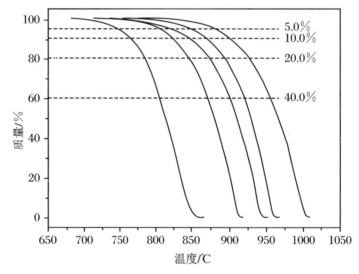

图 3.1　在 0.18 K·min⁻¹、0.45 K·min⁻¹、0.89 K·min⁻¹、1.81 K·min⁻¹和 3.64 K·min⁻¹的加热速率下,在纯氧中用抛光的[100]面天然金刚石样品氧化的 TG 曲线[1]

3.3　石墨

石墨是碳的另一种结晶形式。在理想的情况下,石墨以六边形的结构形式联接在一起,层与层间距335 pm,靠弱的范德华力结合。如果在这些层之间发生吸附,层之间的距离可以大于335 pm。

理论上预测石墨的热氧化遵循零级动力学,氧化优先发生在石墨结构的边缘原子或基面处。然而,大多数研究似乎都认为是一级动力学。原子堆中使用的 A 级石墨已被广泛研究。Knibbs 和 Morris 认为由热重分析确定的氧化速率高于预期[3]，他们将这归因于石墨块的多孔性，研究对动力学的解释基于零级机制。Hawtin 和 Gibson[4] 得到了更高的活化能。Sampath 等人发现 U_3O_8、CeO_2、ThO_2 和 Al_2O_3 等氧化物使石墨的分解温度和氧化活化能显著下降[5]。Dollimore 和 Jones 在相同条件下浸渍的球体上也观察到类似的现象[6]。下面的内容中将会进一步讨论氧化物对活性炭和炭黑氧化的影响。

McKee、Spino 和 Lamby 发现，经有机磷化合物浸渍石墨在高温下发生空气氧化的阻力会增加[7]。他们认为这些磷化合物在 200～600 ℃ 的热分解产生了亲水性残余物，这些残余物强烈地吸附在通常发生氧化的石墨表面层的活性点处。

3.4　富勒烯和相关的碳分子

这种碳的结晶形式呈现出类似球的结构形状，这些"球"中的每一个基本结构单元都具有 C_{60} 结构。C_{60} 结构被称为"巴克敏斯特富勒烯"（Buckminsterfullerene），通常简称为"巴基球"，它只是众多被称为富勒烯的笼形碳结构之一。关于制备 Buckminsterfullerene 的各种方法的一个全面的综述已经发表[8]，其中最容易重复的是 Kratschmer 等人的合成工艺。他们通过在氩气或氦气气氛中蒸发石墨电极来得到含有 C_{60} 和更高富勒烯的烟灰[9-10]。C_{60} 和 C_{70} 分子的分离很容易通过使用溶剂如苯、甲苯或二氯甲烷进行简单的索格利特萃取来实现[11-14]。可以通过柱色谱法进一步纯化，使用各种材料作为固定相来实现[15-17]。富勒烯的制备也称为 buckytubes 或纳米管的管状碳结构的合成[18-21]。

通过典型的制备路线可以合成克级的 C_{60} 和 C_{70} 富勒烯，但其中往往含有毫克级的杂质。热分析对于在制备的材料中检测这些少量的杂质是有用的，其中 DSC 已被用于测量 C_{60} 单晶的比热容。通过这种方法，Yang 等人发现了在 250 K 左右的 δ 转变和 310 K 左右的 λ 转变[22]。图 3.2 为 δ 和 λ 转变的数据。图中下面的比热容对温度的曲线，是考

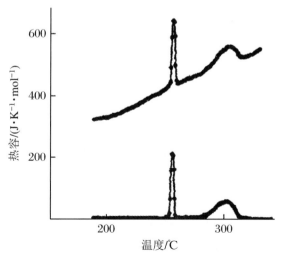

图 3.2　C_{60} 单晶的 δ 和 λ 转变[22]

虑了分子内作用之后比热容的变化。

Wiedemann 和 Bayer[23]证实了在 200~270 K 范围内存在急剧的吸热相变,他们还通过 Knudsen 方法测量了材料的蒸气压。Saxby 等人[24]的研究结果表明氧气的化学吸附非常小,并且由于产生一氧化碳和二氧化碳而导致了质量损失,Gallagher 和 Zhong[25]的研究也证实了质量的微小变化。

由于二氧化碳和 C₆₀ 之间存在着非常强烈的相互作用,250 K 的相变受二氧化碳吸附的强烈影响。

DSC 也用于确定 C_{60} 富勒烯在甲苯和其他溶剂中的热行为差异,可归因于固熔体的形成[27]。虽然 C_{60} 受到了最多的关注,但还存在其他形式的富勒烯。

3.5　炭黑

炭黑通过在没有空气的情况下热处理天然气来制备,在轮胎的制造中被广泛使用。

Azizi 等人[28]研究了炭黑在空气中的氧化,研究了炭黑的表面和结构特性与空气中热诱导的气化过程之间的关系。温度跃升法用于跟踪空气中的气化过程并建立相关的 Arrhenius 参数,得到的质量损失与时间的典型关系曲线如图 3.3 所示。仔细观察这一曲线,可以看到它由一系列直线组成。可以认为速率是零级,因此可以通过给定时间段内的质量损失百分比来计算反应速率。为了使这个计算更容易,构建了质量损失与温度的关系图,典型的曲线如图 3.4 所示。

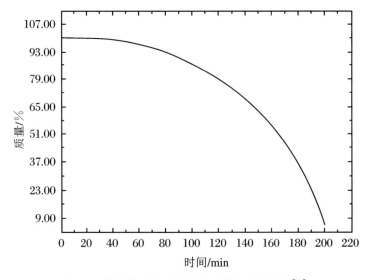

图 3.3　炭黑在空气中氧化的质量与时间曲线[28]

所研究的每种炭黑的所有数据都遵循良好的 Arrhenius 关系。总体而言,以这种方式得到的数据显示了典型的补偿曲线(图 3.5)。活化能范围为 125~195 kJ·mol⁻¹,这些数值与之前从煤中提取的 α 和 β 树脂的研究结果一致[29]。这些作者的结论是,碳与氧反应产生表面氧复合物,分解形成气态产物。由此可见,碳表面至少有两种组分。其中一种组分称为活性表面,与氧化和气化过程相关,而另一种组分的活性则相对较差。

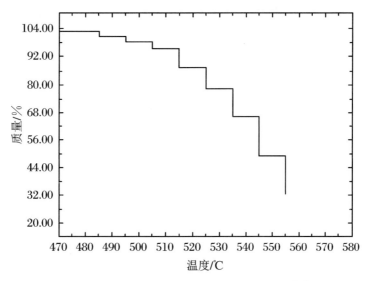

图 3.4　炭黑在空气中氧化的质量与温度曲线[28]

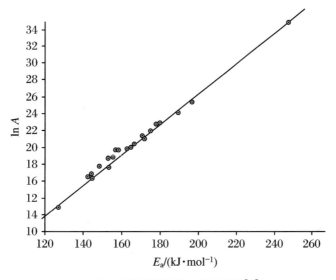

图 3.5　炭黑在空气中氧化补偿图[28]

　　通过比较在三种不同的温度下炭黑的氧化速率[28],发现将比反应速率转化为单位面积上的比反应速率可以提供更多信息,并且为了便于比较,将该单位面积的速率称为 N774 的氧化速率(选用该炭黑的原因主要是由于其比表面积低)。图 3.6 中给出了在 773 K 下炭黑氧化的单位面积的比反应速率与总表面积关系。在 793 K 和 819 K 获得了类似的数据。活性位点(用于通过氧气氧化)和非活性位点分别对应于表面上的边缘碳原子和基础碳原子。根据 Grisdale[30]、Smith 和 Polley[31] 的研究结果,碳晶体的氧化速率在平行于基面的方向上(沿着它们的边缘原子)比垂直方向上快 17 倍。低比表面积炭黑的表面单位面积速率比较高比表面积的更快(见图3.6)。换句话说,较低比表面积的炭黑比较高比表面积的对氧反应活性更高。从这些结果得出的结论是,较低比表面积的炭黑具有较大比例的由边缘碳原子组成的表面,而较高比表面积炭黑的表面大部分暴露的则是相对无活性的基面碳原子。

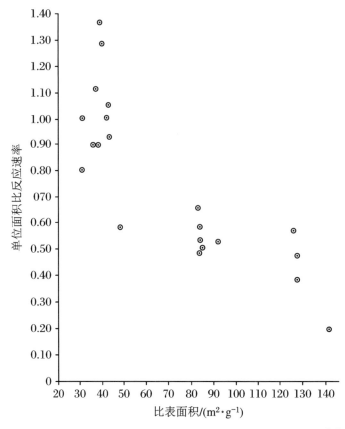

图 3.6　773 K 炭黑氧化单位面积比反应速率与比表面积关系图[28]

3.6　木炭

　　木炭是通过在没有空气的情况下加热诸如木材等材料来制备的,在实验室可以通过在氮气中加热纤维素和其他聚合物材料来模拟这个过程。实际上,木炭的生产可以追溯到史前时代,木炭最初被用作燃料。在商业中,有两种不同形式的产品,一种是从液态降解的炭,通常称为焦炭,而"Charcoal"这个词通常用于表示从固态降解的炭[33]。许多合成聚合物在氮气中也可以降解成炭(图3.7),涉及的是链裂解的机理,以留下残碳。木材在氮气中的热降解是一个多阶段的过程,最终形成炭[34]。Wiedemann 和 Lamprecht 将在本丛书第 4 卷第 14 章中详细讨论这些过程的复杂性。

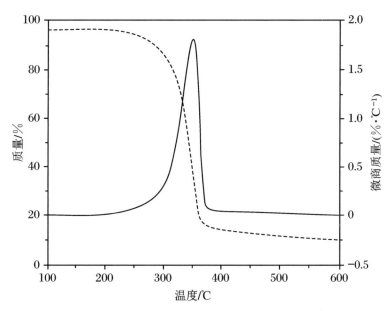

图 3.7　在氮气气氛下药物级微晶纤维素降解成炭的 TG 曲线[32]

3.7　活性炭

上一节中描述的木炭可以通过在空气中燃烧被活化成大比表面积,具有较好的吸附能力,称这个过程为活化。尽管常通过化学活化来提高吸附能力。

活性炭的基本结构是小的无定形石墨层,层的边缘具有与层结构表面不同的电子密度。这些边缘作为有机官能团的位置,可能是酸性,也可能是碱性。这些不同基团出现在反应中或 FTIR 研究中,被确定为可能是羧基、酚、醌或内酯结构。石墨片的无序结构可以形成多孔结构。碳可以通过酸洗或碱洗活化,例如,它们的比表面积可能增加。为了证明反应性得到增强使用了对比的方法,有效避免了测量阿伦尼乌期参数的复杂性。这个对比方法用选定的碳的氧化作为参考,记录了处理和未处理的碳在空气中氧化的 TG 曲线[6]。通过溶剂萃取活化碳,可以采用类似煤的溶剂萃取,然后在氧气中进行热处理来证明。吸附研究可以确定大孔(直径 50～200 nm)、介孔(直径 10～50 nm)和微孔(直径 0.8～10 nm)信息。许多活性炭具有不明显的微孔,但其具有非常强的吸附能力,这种差异可能是由估计孔径分布的技术造成的。可以根据孔径入口分析吸附等温线,而入口后面是一个非常大的体积。

炭可以通过酸洗和碱洗进行活化(如增加炭的比表面积)。为了避免使用复杂的 Arrhenius 参数测量的方法,选用 TG 方法来证明反应活性增强。在空气气氛下,对处理前后的炭材料进行热重测试,并选用指定的炭样品氧化作为标准[6]。

在煤和沥青的溶剂萃取中,其结果量级和重复性很大程度上取决于所采用的实验技术——特别是溶剂浓度、温度和萃取时间。因此,对于所用的具体溶剂所得结果不是绝对的。Dollimore 和 Turner[29] 选择了喹啉、甲苯和石油醚作为溶剂（80～100 馏分），采用的程序与 Morgan、Schlag 和 Wilt[35] 相似。100 g 样品被粉碎并研磨过 60 目筛后立即使用。在搅拌下缓慢加入到 250 mL 温热的喹啉中，并在沸点恒温两小时。过滤混合物，用另外温热的喹啉洗涤收集到的不溶物。喹啉不溶物（α-树脂）在 100～110 ℃ 的真空烘箱中干燥两个小时。通过甲苯逐渐增加溶剂的极性，得到棕色沉淀。图 3.8 中给出了这些树脂的典型等温氧化速率。碳产物的活化可以根据树脂被气化所形成的表面积来判断。Dollimore 和 Campion 从合成聚合物制备碳，然后由 TG 天平跟踪氧化特性[36]。将碳样品在氮气气氛中加热至 700 ℃，并在 2000 ℃ 和 2700 ℃ 下进行石墨化。这些样品的进一步处理包括在空气和氧气中的氧化处理方法，如表 3.1 所示。基于一级表达式计算比反应速率：

$$k = \frac{\mathrm{d}\alpha}{\mathrm{d}t}(1 - \alpha)^{-1}$$

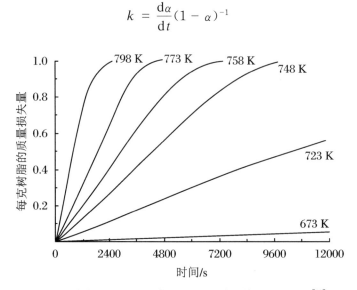

图 3.8　在各种温度下沥青 α-树脂的典型等温氧化速率[29]

　　在反应界面单位面积氧化速率是常数的基础上，可用表面积的增加来解释相应的动力学过程。结果在表 3.2 中给出。在氧气和空气中碳的氧化可以很容易地用 TG 实验来测量。众所周知，大多数金属氧化物是碳表面被空气或氧气氧化有效的催化剂[37-41]。有关杂质影响的定量数据往往难以解释，主要是由于它们很大程度上取决于在碳基上的位置和相互作用的程度。Long 和 Sykes[42] 认为，杂质与碳基面的 π 电子相互作用，并改变了表面碳原子的键顺序，导致其难以去除。另一种为氧化-还原循环机理，碳被金属氧化物氧化，金属氧化物本身被还原成低价态氧化物或游离金属[43-46]，受空气气流影响，再重新氧化到高价态氧化物。用锰氧化物（Mn_2O_3）和氧化铀（U_4O_9）浸渍的球体在不同的负载下，应用 Arrhenius 方程可以得到一个有两个不同温度范围的两阶段曲线[6]。温度较高范围被认为扩散控制是速控步骤，而低温区则由样品的化学反应性决定。

　　可用各种模型来描述碳氧化的动力学机理。根据 Wicke[47] 和 Walker 等[48] 的研究结果，碳氧反应可以分为三个区域。

　　区域 1（低温）：整个样品中的氧浓度是均匀的，氧化速率由样品的化学反应性决定。

区域 2(中间温度):样品内部的氧气浓度下降到零,速率由氧气向样品(多孔碳)内部的扩散控制。

区域 3(高温):只有很少的氧气能渗透到样品中,速率由穿过相对停滞的气体层的扩散过程来控制。

表 3.1　空气和氧气中氧化速率比较[36]

比反应速率值:$d\alpha / [(1-\alpha)dt]$

热处理温度	空气				氧气	
	2000 ℃		2700 ℃		2000 ℃	2700 ℃
氧化温度	500 ℃	550 ℃	550 ℃	600 ℃	2000 ℃	550 ℃
$\alpha = 0.1$						
反应性降低速率	Lactose 23.0×10^3	Lactose 83.2×10^{-3}	PVA 22.0×10^{-3}		Lactose 177×10^{-3}	PPF 12.2×10^{-3}
	PVA 20.0×10^{-3}	PVA 70.0×10^{-3}	PPF 12.0×10^{-3}	PPF 60.0×10^{-3}	PVA 22×10^{-3}	Lactose 12.1×10^{-3}
	PPF 5.3×10^{-3}	PPF 20.0×10^{-3}	Lactose 12.0×10^{-3}	Lactose 55.0×10^{-3}	PPF 5.5×10^{-3}	PFA 10.0×10^{-3}
	PFA 2.0×10^{-3}	PFA 10.0×10^{-3}	PFA 10.0×10^{-3}	PFA 27×10^{-3}	PVC 5.0×10^{-3}	PVC 5.6×10^{-3}
	PVC 1.7×10^{-3}	PVC 9.0×10^{-3}	PVC 6×10^{-3}	PVC 23×10^{-3}	PFA 4.0×10^{-3}	

注:PVC—聚氯乙烯;PVA—聚乙烯醇;PFA—聚糠醇碳;PPF—多酚-甲醛;Lactose—乳糖。

表 3.2　实验测得的碳的氧化速率($d\alpha/dt$)[36]

试样	氧化温度			
	每平方厘米和每秒条件下气化的碳原子数(样品在 2000 ℃制备)		每厘米和每秒条件下气化的碳原子数(样品在 27 ℃制备)	
	500 ℃	550 ℃	550 ℃	600 ℃
PVC 碳化物	1.9×10^{12}	7.3×10^{12}	2.1×10^{12}	1.1×10^{13}
PFA 碳化物	2.5×10^{12}	1.0×10^{13}	6.2×10^{12}	2.1×10^{13}
Lactose 碳化物	2.5×10^{13}	1.1×10^{14}	4.9×10^{12}	3.1×10^{13}
PPF 碳化物	1.0×10^{13}	2.5×10^{13}	1.0×10^{13}	4.4×10^{13}
PVA 碳化物	1.8×10^{13}	8.0×10^{13}	2.3×10^{14}	
根据 Polanyi Wigner 方程预测的速率	1.2×10^{17}	5.6×10^{17}	1.2×10^{17}	5.6×10^{17}

在低温区,氧化气体的流量和样品量的变化对氧化速率的影响可以忽略不计,表明反应气传质不是一个速率控制因素。在高温区,当样品量减少或流速增加时,氧化速率增加,表明这是扩散控制反应。在低温区,活化能与其他工作人员在 1 区条件下进行石

墨反应所获得的结果相比具有优势[49-51]。同样,高温度区域中低的活化能表明是扩散控制反应[49]。

在决定速控步骤是碳层表面和氧之间的实际反应的研究中,Arrhenius 方程已被用于 Polanyi-Wigner 表达式中[52],其中每平方厘米每秒分解的分子数量为

$$-\frac{\mathrm{d}z}{\mathrm{d}t} = N_0 v \exp\left(-\frac{E}{RT}\right)$$

式中,N_0 为每平方厘米分子数目 = $(r\rho N_A)/M$,v 为活化频率 = 在固体晶格原子的震动频率(10^{13} s^{-1}),r 为碳原子之间的距离,M 为原子量,ρ 为碳的密度,N_A 为阿伏加德罗常数,E 为活化能,T 为开尔文温度,R 为气体常数。

把合适的值代入到这些表达式中,得到

$$\log_{10}\left(-\frac{\mathrm{d}z}{\mathrm{d}t}\right) = -\left(\frac{E}{2.303RT}\right) + \log_{10}\left[(2)(3)(10^{28})\right]$$

Campion 和 Dollimore[36]发现,对于他们研究的样品,氧化活化能在 170 kJ·mol^{-1} 这个数量级,但变化范围很宽。乘以这些 $10^4 \sim 10^5$ 因子后,理论速率会变得过高。理论速率所获得的数值上升的原因是由于 Polanyi-Wigner 表达式并没有将一些因素考虑进来,例如由以前的热处理引起的反应性变化、孔隙几何形状、石墨层的堆叠或石墨层的非取向等因素。

3.8　碳纤维

碳纤维由聚合物纤维制备。这些纤维可能会在应力下碳化,例如在拉伸时碳化或在没有加应力的情况下碳化。在有应力的情况下,结构具有明显的取向。

为了得到此结构,并且为了赋予纤维强度,它们可能要经历石墨化处理。没有应力情况下碳化制备的纤维具有大的比表面积。HCN 典型的前驱体是聚丙烯腈(PAN)、纱纶和沥青。在将 PAN 纤维降解为碳纤维时,HCN 是副产物[53]。在这种条件下得到的碳纤维可能是氧化态纤维或未氧化的纤维[54]。PAN 纤维的预氧化是指在碳化之前或碳化过程中对 PAN 纤维的氧化处理,确保碳高达 1000 ℃过程的稳定性,石墨化温度一般在2000 ℃左右。

在氧气、空气和氩气中加热 PAN 纤维获得的 DSC 曲线[55]如图 3.9 所示。在 400 ℃以下至少可以看到两个放热峰,对应发生氧化稳定并伴随着收缩过程。氧化稳定被认为是由于分子间交联引起的。接近 450 ℃放热的行为是由于碳渣的氧化气化引起的,导致600 ℃的质量损失,在温度低于 400 ℃时出现一个宽的峰表明氧气扩散到纤维芯中[55]。作者针对涉及的过程提出了如图 3.10 所示的方案。

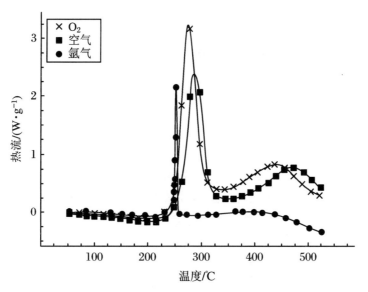

图 3.9　在氧气、空气和氩气中以 1 ℃·min⁻¹ 加热 PAN 纤维的 DSC 曲线[55]

两相
无定形态(A)和结晶态(C)

A：分子内环化反应开始温度在175℃
C：直到215℃，基本上稳定

A：≈230℃大部分已经反应
C：直到215℃开始分解
　　在200～230℃之间有一定的取向损耗
　　充当交联剂使结构保持稳定
　　在215℃开始分子内环化反应

A：反应完成
C：在≈267℃物理结构破坏具有相当大的随机性
　　在≈290℃时反应接近完成

A：在300℃开始分子间交联反应
C：分子间交联反应在大约300℃，在314℃晶体结构完全消失

≈380℃完成所有的氧化稳定反应
氧化降解反应温度≈380℃

图 3.10　PAN 纤维氧化过程示意图[55]

3.9　将碳掺入聚合物中及类似的研究

通常在氮气气氛下进行 TG 实验，掺入弹性体体系中的炭黑（如在商业轮胎中）的 TG 实验结果显示先是增塑剂和其他有机挥发物的蒸发，接下来是弹性体气化，剩余物为炭黑。如果气氛变成空气，则炭黑被氧化成 CO 和 CO_2，残留物为有机灰分残留[56]，可以确定增塑剂、弹性体、炭黑和无机物的含量。

对碳和弹性体已知混合物的研究表明这种评估碳含量的传统方法可能会产生误差，这是由于碳氧化之前在氮气中降解时碳和聚合物之间的相互作用引起的[57]。表 3.3 中给出了有关的典型数据，可见炭黑的反应性没有改变（见前面部分）。TG 数据表明，由 TG 实验确定的碳的百分含量大于实际碳含量，而且对于具有最高比表面积的碳含量的差异值也最大，这表明弹性体降解成碳是局部的并局限于碳和聚合物之间的界面过程。

在 3.5 节中提到的关于炭黑相对氧化速率的实验结果有助于研究将炭黑掺入弹性体体系时的增强作用。比表面积较小的炭黑主要作为炭黑-弹性体体系中的填料，而在具有高外表面的炭黑-弹性体体系中可以看到明显的强化，这表明弹性体和基体碳原子之间的相互作用赋予了碳-弹性体复合材料增强作用的性质。因此，建议这样的氧化研究应选择合适的碳填料，合适的碳材料在碳-弹性体复合材料中具有增强作用。进一步的研究结果表明，从弹性体复合材料混合物中回收的炭黑保持了原有的反应性。与基础原子吸附的较低速率相比，高氧化速率与存在边缘碳原子有关。

表 3.3　碳样品对氧的反应性[56]

含碳样品	掺入聚合物体系之前的活化能/(kJ·mol^{-1})	掺入聚合物体系之后的活化能/(kJ·mol^{-1})
N110	190.5	183.0
N234	128.8	115.5
N326	140.4	67.2
N330	125.4	102.6
N550	188.9	83.2
N650	152.5	113.9
N660	158.9	72.7
N774	182.2	92.8

众所周知，高比表面积碳样品暴露了大部分的基底平面碳原子。尽管氧化反应的实际反应级数被改变，从弹性体中分离出来的碳与加入聚合物复合物之前的碳具有相同的反应性。众所周知，具有较小比表面积的炭黑主要作为弹性体配方中的填料，而实际上更高比表面积的炭黑有强化作用[58]。因此，可以合理推测炭黑和弹性体之间的键合作用与炭黑石墨结构的基面原子而不是边缘原子有关。

3.10 其他研究

碳有时以焦炭和前驱体聚合物混合物的形式存在,在工业上用于偶联反应。如果我们考虑一般的氧化物分解反应:

$$MO(s) \longrightarrow M(s) + 1/2O_2(g)$$

那么在高温下,ΔG 是负值,反应可能进行。在较低的温度下,将进行逆反应:

$$M(s) + 1/2O_2 \longrightarrow MO(s)$$

在这个温度范围,ΔG 对所发生的反应是负的。也就是说,金属氧化物 MO 在这些较低的温度下不会解离。

反应

$$C(s) + 1/2O_2(g) \longrightarrow CO(g)$$

随着温度升高,ΔG 变得更负。如果这两个反应是耦合的,与单独的氧化物相比,它与碳混合后可以在低得多温度下分解:

$$MO(s) + C(s) \longrightarrow M(s) + CO(g)$$

换句话说,与单独的氧化物分解相比,偶联反应的 ΔG 在较低温处变为负值。这是很多金属提取工艺的基础,并可能在热分析实验中进行验证。所涉及的反应并非总是这样简单,还应考虑其他碳反应。例如:

$$C(s) + 1/2O_2(g) \longrightarrow CO(g)$$

和

$$CO(g) + 1/2O_2(g) \longrightarrow CO_2(g)$$

尽管如此,碳在金属提取过程中的这些应用已经可以用热分析特别是热重分析研究。涉及气体解吸、已经吸附的物质的解吸和再生等的研究可以用其他热分析方法研究。

参考文献

[1] S. Dallek, L. Kabacoff and M. Norr, Thermochim. Acta, 192 (1991) 321.

[2] J. E. Butler and H. Windeschmann, MRS Bulletin, 23 (1998) 22.

[3] R. H. Knibbs and J. B. Morris, Third Conference on Industrial Carbonsand Graphite, Editor: J. G. Gregory, Soc. Chem. Ind., (1971) 297.

[4] P. Hawtin and J. A. Gibson, Third Conference on Industrial Carbonsand Graphite, Editor: J. G. Gregory, Soc. Chem. Ind., (1971) 309.

[5] S. Sampath, N. K. Kulkami and D. M. Chackraburtty, Thermochim. Acta, 86 (1985) 7.

[6] D. Dollimore and W. Jones, J. Thermal Anal., 46 (1996) 15.

[7] D. W. McKee, C. L. Spino and E. J. Lamby, Carbon, 22 (1984) 285.

[8] G. S. Hammond and V. J. Kuck, ACS Symposium Series, 481 (1992) 1.

［9］ W. Kratschmer, K. Fostiropoulos and D. R. Huffman, Chem. Phys. Lett., 170 (1990) 167.

［10］ W. Kratschmer, L. Lamb, F. Fostiropoulos and D. R. Huffman, Nature (London), 347 (1990) 354.

［11］ A. Koch, K. C. Khemani and F. Wudl, J. Org. Chem., 56 (1991) 4543.

［12］ K. C. Khemani, M. Prato and F. Wudl, J. Org. Chem., 57 (1992) 3254.

［13］ P. M. Allemand, Science, 253 (1991) 301.

［14］ T. Suzuki, Science, 254 (1991) 1186.

［15］ F. Diederich and R. L. Whetten, Acc. Chem. Res., 25 (1992) 119.

［16］ F. Diederich, Science, 252 (1991) 548.

［17］ W. A. Scrivens, P. V. Bedworth and J. M. Tour, J. Am. Chem. Soc., 114 (1992) 7917.

［18］ S. Iijima, Nature (London), 354 (1991) 56.

［19］ S. Iijima, T. Ichihashi and Y. Ando, Nature (London), 356 (1992) 776.

［20］ T. W. Ebbesen and P. M. Ajayan, Nature (London), 358 (1992) 220.

［21］ P. M. Ajayan and S. Iijima, Nature (London), 361 (1993) 333.

［22］ H. Yang, P. Zheng, Z. Chen, P. He, Y. Xu. C. Yu and W. Li, Solid State Commun., 89 (1994) 735.

［23］ H. G. Wiedemann and G. Bayer, Thermochim. Acta, 214 (1993) 214.

［24］ J. D. Saxby, S. P. Chatfield, A. J. Palmisano, A. M. Vassallo, M. A. Wilson and L. S. K. Pang, J. Phys. Chem., 96 (1992) 17.

［25］ P. K. Gallagher and Z. Zhong, J. Thermal Anal., 28 (1992) 2247.

［26］ Y. Nagano, T. Kiyobayashi and T. Nitta, Chem. Phys. Lett., 217 (1994) 186.

［27］ N. V. Avramenko, A. L. Mirakyan and M. V. Korobov, Thermochim. Acta, 299 (1997) 141.

［28］ J. A. Azizi, D. Dollimore, P. J. Dollimore, G. R. Heal, P. Manley, W. A. Kneller, W. J. Yang, J. Thermal Anal., 40 (1983) 831.

［29］ D. Dollimore and A. Turner, Trans. Farad. Soc., 66 (1970) 2655.

［30］ R. O. Grisdale, J. Appl. Phys., 24 (1953) 1288.

［31］ W. R. Smith and M. H. Polley, J. Phys. Chem., 60 (1956) 689.

［32］ S. Lerdkanchanapom and D. Dollimore, Thermochim. Acta, 324 (1998) 25.

［33］ D. Dollimore and G. R. Heal, Carbon, 5 (1967) 65.

［34］ Y. Wu and D. Dollimore, Thermochim. Acta, 324 (1998) 49.

［35］ M. S. Morgan, W. H. Schlag and M. H. Wilt, J. Chem. Eng., 5(1960) 91.

［36］ P. Campion and D. Dollimore, Thermal Analysis, Proc. 7th ICTA, 2 (1982) 1111.

［37］ E. A. Heintz and W. E. Parker, Carbon, 4 (1966) 473.

［38］ J. F. Rakszawski and W. E. Parker, Carbon, 2 (1964) 53.

［39］ H. Sato and H. Akamatu, Fuel, 33 (1954) 195.

［40］ J. E. Day, Ind. Eng. Chem., 28 (1936) 234.

［41］ G. J. Nebel and P. L. Cramer, Ind. Eng. Chem., 47 (1955) 2393.

［42］ F. J. Long and K. W. Sykes, J. Chim. Phys., 47 (1950) 361.

［43］ P. L. Walker Jr., M. Shelef and R. A. Anderson, Chemistry and Physics of Carbon, Marcel Dekker, New York, 1968.

［44］ F. J. Vastola and P. L. Walker, Jr. J. Chim. Phys., 58 (1961) 20.

[45] H. Amariglio and X. Duval, Carbon, 4 (1966) 323.

[46] D. W. McKee, Carbon, 8 (1970) 131.

[47] E. Wicke, Fifth Symposium on Combustion, Reinhold, New York, 1955.

[48] P. L. Walker Jr., F. Rusinko Jr. and L. G. Austin, Advances in Catalysis, Academic Press, New York, 1959.

[49] E. A. Gulbrausen, K. F. Andrew and F. A. Brassart, J. Electrochem. Soc., 110 (1963) 476.

[50] S. J. Gregg and R. F. S. Tyson, Carbon, 3 (1965) 39.

[51] G. Blyholder and H. Eyring, J. Phys. Chem., 61 (1957) 682.

[52] M. Polanyi and E. Wigner, Z. Phys. Chem. Abt. A, 139 (1928) 439.

[53] W. Watt, Third Conf. on Industrial Carbon and Graphite, Soc. Chem. Ind., Editor: J. G. Gregory, 1971, 431.

[54] J. W. Johnson, P. G. Rose and G. Scott, Third Conf. on Industrial Carbon and Graphite, Soc. Chem. Ind., Editor: J. G. Gregory, 1971, 443.

[55] A. Gupta and I. R. Harrison, Carbon, 34 (1996) 1427.

[56] N. V. Schwartz and D. W. Brazier, Thermochim. Acta, 26 (1978) 349.

[57] D. Dollimore, G. R. Heal and P. E. Manley, Proc. Nineteenth North American Thermal Analysis Society Conference, Editor: I. R. Harrison, 1990, 438.

[58] M. Morton, Rubber Technology, Van Nostrand Reinhold Co., 1987.

第 4 章

热分析在催化剂的制备与催化反应中的应用

B. Pawelec, J. L. G. Fierro

Catfilisis Petroleoquimica 研究所，UAM 校区，28049 西班牙马德里 Cantoblanco（Instituto de Catfilisis Petroleoquimica，CSIC，Campus UAM，Cantoblanco，28049 Madrid，Spain）

4.1　引言

催化是为数不多的对现代化学技术具有重大影响的科学领域之一。一般来说，所有的商业催化剂都不是由均匀的表面组成的，也不具有化学上严格意义的极高的纯度或晶体学意义上的几何结构。由于催化过程必然涉及最上面一层分子的吸附，为了实现设计新催化剂所需的预测能力，对表面区域的表征必不可少[1-2]。近年来，催化和化学工程在阐明催化反应的基本步骤方面取得了很大的进步[3]。众所周知，在固体表面上的催化反应包含以下基本步骤：(1) 将反应物输送到所需的表面位置；(2) 反应物在表面位置发生吸附；(3) 直接或间接通过一些中间体形成所需产物的反应；(4) 产物的解吸；(5) 从表面将产物传递到气流中。给定催化剂的最佳性能取决于对以上五个单独步骤中的每一个的准确了解。现代微热重技术的灵敏度为 $10^{-6} \sim 10^{-7}$ g，能够对每一步的热力学、动力学平衡和机理进行评估。

本章主要涉及使用最古老的测量工具之一[4-5]——电子微量天平及其改进技术研究和评估多相催化剂发生在表面的化学过程，举例说明催化材料制备过程中所涉及的化学过程。固体催化剂通常以刚性排列的形式放置在化学反应器中，催化剂在反应混合物中可以大量存在，并不被产物带走。实际应用中，将催化剂制成基体材料或丸粒、条形、蜂窝状、壁支撑状、膜或其他几何形状分散在基材上，取决于各种反应器工程参数和具体过程涉及的温度、气体进料的流速、压力等。由于成分、制备方法以及预处理的变化，热分析通常被用于研究这些几何形状的表面积和体积反应性变化。Murray 和 White[6] 以及 Sewell[7] 最早通过热分析数据确定多相反应的活化能。使用热分析方法研究多相反应动力学的综述已由 Sestak 等人发表[8]，另一个是 Lemaitre 完成的均相催化中程序升温方法的综述[9]。

为了简单起见，本章分为四个主要部分：(1) 热重分析（TG），包括研究前驱体转换、脱水/脱羟基化、吸附水和正乙烷催化剂的多孔结构以及选定气体（CO、CO_2、O_2、H_2）；(2) 在反应环境中的热重分析，包括程序升温还原（TPR）、还原/氧化循环、氧化物化学计量的测定、还原动力学、活性区域和相分散以及焦化反应；(3) 通过程序升温脱附（TPD）

吸附探针分子或逸出气体分析(EGA)鉴定表面位点;(4) 通过使用其他热分析技术来验证 TG 测量结果,这些技术主要包括差热分析(DTA)和差示扫描量热法(DSC)。

4.2 热重法

4.2.1 引言

关于热重法(TG)(也称为热重分析(TGA))的基本原理、使用的设备和可能的各种技术,在本丛书第 1 卷第 3 章中进行过详细介绍。在本章中,将重点放在前驱体转化以及脱水/脱羟基化研究,通过吸附测量来测定催化剂的多孔结构以及对多相催化过程常用气体的吸脱附性能进行研究。

4.2.2 催化剂前驱体的转化

4.2.2.1 二氧化硅负载的氧化钒催化剂

在二氧化硅载体上形成的钒氧化物可以很容易地通过相应的钒前驱体 TG 来监测[10]。图 4.1(b)中给出了乙酸氧钒二氧化硅浸渍的前驱体的 TG 曲线。为了比较,图 4.1(a)给出了大量 $H_2[VO(C_2O_4)_2] \cdot H_2O$ 复合物的 TG 曲线。对于该前驱体,在室温和 403 K 之间发生的最初的 3.54% 质量损失是由于存在于该配合物中结晶水的汽化引起的。草酸氧钒分解发生在 523 K 和 623 K 之间。在这个温度范围,DTG 曲线在 563 K 和 593 K 出现了两个主峰。第一阶段的质量损失为 47.2%,对应于以下反应:

$$H_2[VO(C_2O_4)_2] \longrightarrow [VO(CO_3)] + H_2O + 2CO + CO_2$$

以上反应的理论质量损失为 48.18%。第二阶段的结果是形成 V_2O_4(V^{4+} 的高锰酸钾滴定结果表明,V^{4+} 的浓度为总钒含量的 98.7%)。Weala[11] 的研究表明二草酸二氧钒铵的分解分为两个步骤:第一步在 487 K 伴随着吸热效应,生成草酸氧钒(Ⅳ)铵;第二步在 585 K(另一个在 623 K)出现放热效应,生成 V_2O_4。

加热到 873 K 后,大量的复合物表现出深色,产物在 453 K 下用无水氧再氧化时变黄。这个过程中质量的轻微增加可能是由于 V_2O_4 和一些低氧化物如 V_6O_{13} 和 V_5O_{11} 再次氧化引起的(生成 V_2O_5)。温度高于 493 K 时 V_2O_5(在 453 K 氧化产生)的质量损失验证了这个假设。类似的行为也被 Roozeboom 等人观察到[12],他们发现在温度高于 583 K 时,ZrO_2 上的钒完全氧化,质量损失很小。催化剂前驱体(V 质量百分比为 10%)表现出与 $H_2[VO(C_2O_4)_2] \cdot H_2O$ 相似的行为。

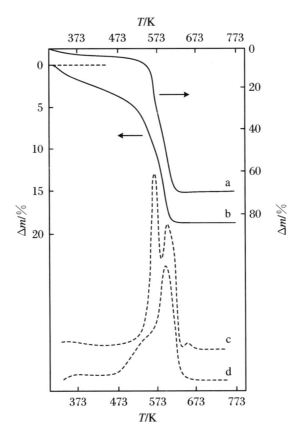

图 4.1　(a) 在干燥的 N_2 中 $H_2[VO(C_2O_4)_2] \cdot H_2O$ 的 TG 曲线；
(b) 在相同的实验条件下前驱体的 TG 曲线；(c) TG 曲线(a) 的 DTG 曲线；
(d) TG 曲线(b) 的 DTG 曲线

4.2.2.2　复合氧化物催化剂

尽管这类体系的质量损失百分比明显较低，对于负载氧钒配合物的催化剂，在略高于 473 K 温度下出现了非常大的 DTG 峰，这可以用复合物载体的多相机理来解释，复合物在载体表面上高度分散。

TG 和 DTG 分析已被用于揭示涉及 Mo-Pr-Bi-O 催化剂的化学品成因[13]。这些混合氧化物主要为 pH 为 2 的硝酸水溶液(NH_4)$_6$$MoO_4 \cdot 4H_2O$、$Pr(NO_3)_3 \cdot 5H_2O$ 和 $Bi(NO_3)_2 \cdot 5H_2O$ 盐，在 333 K 下连续搅拌至干燥蒸发。固体前驱体在 383 K 的烘箱中加热 12 h，然后进行 TG 分析。Mo-Pr-Bi-O 样品前驱体的 TG 和 DTG 曲线在图 4.2 中给出，样品中 Bi∶Mo = 0.125。三个分解步骤分别发生在 400～500 K、500～530 K 和 530 K 以上，分别对应于三种化合物中前驱体的分解。尽管也对钼酸铵和硝酸镨进行了单独的 TG 分析，但无法通过曲线直接确定材料的每个分解步骤。在所有的实验中，在 823 K 观察到质量不变。因此，制备样品时，前驱体在空气中进行热处理的程序为：在 823 K 下流动 16 h，升温速率为 15 K·min^{-1}。选择合适的试剂浓度以得到恒定的 Pr∶Mo 原子比

(0.125)和可变的 Bi∶Mo 原子比的产物,比例最终在 0 到 0.125 之间。这些产物可以表示为 $Mo_4Pr_{0.5}Bi_xO_y$。

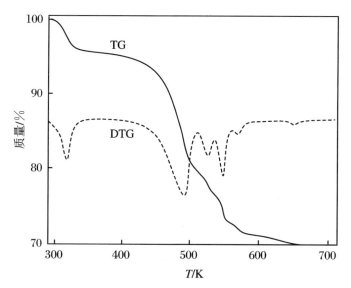

图 4.2 原子比 Bi∶Mo = 0.125 Mo-Pr-Bi-O 样品前驱体的 TG(实线)和 DTG(虚线)曲线
加热速率 1 K · min⁻¹

4.2.2.3 钾掺杂的 CaO 催化剂

氧化钙对周围气氛非常敏感,微量重量分析实验已证明,其表面的成分强烈地依赖于样品的处理历史[14]。在氧气气氛下以恒定的 4 K · min⁻¹ 升温速率加热时,催化剂的质量损失曲线如图 4.3A 所示。这些 TG 曲线中显示了两个明确的质量损失步骤:一个在 593 K 和 673 K 之间,另一个在 723 K 和 973 K 之间,分别对应于 $Ca(OH)_2$ 和 $CaCO_3$ 的热分解。基于总的质量损失信息,定量计算表明:除了氢氧化钙和碳酸钙外,还有一小部分钙元素最初是以 CaO 形式存在的。相应的,这种现象会掩盖与碱金属相关的质量损失过程。

对于给定组成的催化剂,这两个步骤失重的比例强烈依赖于催化剂样品的处理历史(特别是暴露于环境的时间)。图 4.3A 中对比了经过不同预处理的 1.8% K/CaO 催化剂的 TG 曲线。图中曲线 a 是将干燥的催化剂前驱体放入微天平中,在不含 CO_2 的氧气中烧结而得,加热过程中隔绝空气。可以看出,催化剂样品在制备和干燥过程中甚至也会出现部分羟基化和碳酸化。煅烧样品在空气中长时间保存时,高温质量损失明显增加,而第一步则略有下降(曲线 b 和 c)。由图中还可观察到,载气的变化不改变两个步骤的程度,尽管氧化性气氛倾向于将它们向高温方向移动。

图 4.3B 中比较了不同 K 含量的 K/CaO 催化剂受到相似方法预处理后的 TG 曲线。对于所有的样品,总质量损失过程相似,与 K 含量无关。更明显的差异在于第二步的质量损失过程,即高温质量损失拐点的斜率随着 K 含量的增加而减小。此外,16.6% 含量的 K/CaO 催化剂样品的质量损失速率慢得多。

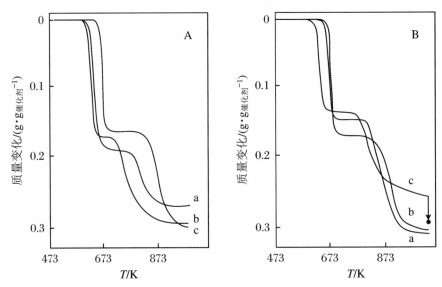

图 4.3　（A）不同预处理 8% K/CaO 样品的 TG 曲线（a：在 1023 K 原位预烧结；
b：He 气气氛下的新鲜样品；c：在 O_2 气中的新鲜样品）；
（B）相同实验条件下不同 K 含量的 xK/CaO 的 TG 曲线（a：CaO；
b：1.8% K/CaO；c：16.6% K/CaO）

　　这些结果表明，在室温下制备催化剂前驱体的过程中，部分表面被大气中的二氧化碳酸化。尽管如此，无 CO_2 气流中的 TG 实验表明，催化开始阶段运行标准程序也会使催化剂表面再生，从而避免了样品的处理历史可能对催化性能产生的影响。反应初始阶段催化剂化学性质的改变似乎与催化剂表面碳酸化有关，主要涉及 CaO 的催化表面。值得注意的是，碱金属碳酸盐比钙更稳定。此外，样品中碱含量不一定对应于在微重量分析中观察到的质量变化值。因此，人们往往期望相同的现象发生在每个样品催化运行的初始阶段，不管其碱含量如何。

　　因此，在实际过程中，催化剂的初始碳酸化应该发生在任何情况下，尽管往往在高碱含量的样品中才可以观察到这种现象。实际上，当碱含量增加时，需要较长的时间才能完成该过程，以便于从反应产物的分析中观察该过程。

4.2.2.4　镁-镍氧化物催化剂

　　镁-镍氧化物混合催化剂可以有效催化甲烷氧化偶联，对应的方程式为 $CH_4 + O_2 \rightarrow$ $C_2H_6 + C_2H_4 + H_2O$。碳酸盐前驱体 $[Mg_5(CO_3)_4(OH)_2 \cdot 4H_2O]$ 热分解后制得催化剂 $Ni_{0.1}Mg_{0.90}$，制备方法是从室温加热到 107 K，加热速率为 4 K·min^{-1}[15]。热重法监测到前驱体热解对应于不同的步骤（图 4.4）。温度高达 423 K 时，会发生大量吸附，配位水和晶格水发生解吸。大部分水在 423～493 K 之间失去，导致结构坍塌，生成无定形碳酸盐。在 423～523 K 之间，样品总质量损失为 25%。最后，从 623 K 到 1023 K 碳酸盐结构分解，得到 Mg-Ni 氧化物。从 TG 曲线以及 XRD 和 FTIR 实验得出的结论是，所制备的前驱体是镁和镍的碳酸盐氢氧化物，两种金属具有合理的分散性。

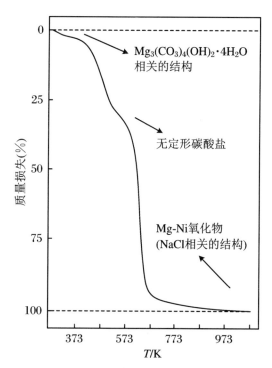

图 4.4   在形成 Mg-Ni 氧化物催化剂时,加热速率为 4 K·min⁻¹时碳酸盐前驱体
[Mg₅(CO₃)₄(OH)₂·4H₂O]分解的 TG 曲线
纵坐标表示总质量损失

4.2.3   脱水/脱羟基

4.2.3.1   水的作用

本体和负载型金属氧化物催化剂中通常含有一定量的水,在可控气氛下通过 TG 方法对此进行定量测定,催化剂的几种表面特性在很大程度上取决于氧化物中所含水分子和羟基的量。关于这个主题的文献非常多,这里只选择几个典型的体系来强调 TG 方法在揭示固体表面除水过程中发生的化学过程中的应用。

4.2.3.2   氧化铈

通过在恒定和非常低的水蒸气压力下进行缓慢热分解可以获得具有大比表面积的 CeO_2[16],氧化铈前驱体的热重曲线及其对时间的一阶导数曲线如图 4.5 所示。在图中可以观察到两个明显的过程,在 350 K 和 800 K 下具有最大质量损失速率。第一个质量损失为 3.65%,归因于前驱体表面的水的损失,包括分子水和剩余的羟基缩合生成的分子水。第一阶段延伸至约 700 K,可归因于消除了表面上不均匀分布的 OH 基团。通过这种质量损失信息,可以确定前驱体的组成为 $CeO_2·0.6H_2O$。第二个 0.77% 质量损失发生在 720 K 和 900 K 之间,这归因于在制备和处理过程中由于基础表面位点与 CO_2 分子的相互作用而在表面上形成的碳酸盐结构的分解过程。Rosynek 和 Magnuson[17]、La₂O₃ 和 Fierro 等人[18]对 Sc₂O₃ 的研究也发现了类似的行为,都倾向于将这种高温质量损失归因于羟基氧化物中间体的多步分解过程。

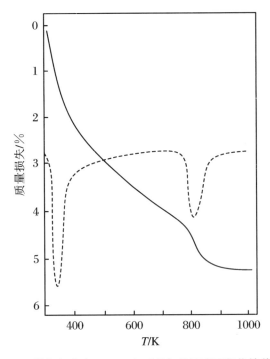

**图 4.5 干燥氮气中在 4 K · min⁻¹ 的加热速率下氧化铈前驱体
分解的 TG(实线)和 DTG(虚线)曲线**

4.2.3.3 镧系元素氧化物

镧系元素氧化物显示出丰富多样的行为和固态特性,这使得它们成为催化研究的有趣主题[19]。高纯度镧系元素氧化物可以用于这样的目的,然而由于纯化所需的高热处理,起始材料具有非常小的比表面积。出于这个原因,制备时通常将起始氧化物转化成化合物,其可以分解产生多孔形式的相同氧化物。尽管已经使用碳酸盐、草酸盐、硝酸盐和氢氧化物作为前驱体,但由于分解发生的温度相对较低,因此后者的前驱体脱水过程更加受到青睐。

利用 TG 和 DTA 技术研究了镧系元素六水合物前驱体(Ln₂O₃)的热脱水行为,热分析结果表明,在大多数情况下,脱羟基化反应是通过中间体羟基氧化物 LnO(OH) 发生的,该中间体在 670 K 左右分解为相应的氧化物。Yb(OH)₃ 的 TG 曲线在升温速率 10 K · min⁻¹ 和空气气氛中得到[20],由于结晶水和物理吸附在氢氧化物上的水脱除,从而在 300~473 K 出现初始质量损失。Yb(OH)₃ 的真正分解阶段发生在 483~633 K 温度范围,并形成明确的 YbO(OH) 中间体(吸热峰)。随后在 633~703 K 发生氢氧化物脱水,生成 Yb₂O₃(对应于另一个吸热峰)。由于三羟基碱性前驱体与大气中 CO₂ 在其制备和处理过程中相互作用,因此难以除去存在于氧化物表面上的强结合碳酸盐。有必要将脱气温度升高至 970 K 以实现碳酸盐分解。在 770 K 左右的温度下，这些氧化物的结晶状态良好，比表面积适中（$10\sim40$ m^2·g^{-1}）。

对 Sc(OH)$_3$ 干凝胶的研究也存在类似的行为[18]。图 4.6 中给出了在氮气气氛中以 5 K·min^{-1} 的加热速率得到的该干凝胶的典型 TG 曲线。在室温和 433 K 之间发生的 7.4%初始质量损失[21-22]为分子水的损失或 H 键断裂引起的结晶水的损失。Sc(OH)$_3$ 真正的分解发生在 $423\sim573$ K[22-23]并导致在曲线上出现拐点（点 3），形成 ScO(OH)中间体。羟基氧化物脱水后生成 Sc$_2$O$_3$，发生在 $573\sim703$ K[23-24]。曲线中出现的一个高达 1023 K 的缓慢失重过程[24-25]是由于表面上形成的碳酸盐结构的分解，这是强碱性 Sc$_2$O$_3$ 前驱体与 CO$_2$ 相互作用的结果。

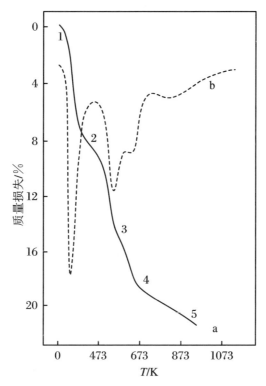

图 4.6 （a）干燥氮气中在 5 K·min^{-1} 的加热速率下 Sc(OH)$_3$ 干凝胶分解的 TG 曲线；
（b）TG 曲线的质量变化对温度的一阶导数曲线

4.2.4　测定催化剂的多孔结构

4.2.4.1　技术手段

为了评估在反应环境下进行热处理时负载型催化剂的多孔结构的变化，Fierro 等人进行了极性（水）和非极性（碳氢化合物）吸附质的吸附平衡实验[26-28]。水的极性特征涉及水分子和亲水性中心之间的特定相互作用，通常所指的亲水性中心是硅烷醇基团或补偿性阳离子。实验通过连接到真空管线和气体处理系统的 Cahn 2000 微量天平进行微重量分析,这个系统既能提供高真空,也能控制工作气氛。下面的内容中将介绍几个微重量吸附的应用示例。

4.2.4.2　水和正己烷在 MoNaY 分子筛上的吸附

通过钼酸盐浸渍样品的热分解制备含 Mo 的 Y 型分子筛(10%质量),实验时采用了非常规的实验程序,在非常低的水蒸气压力(0.10 托)下使用恒速分解[26]。对于 Mo/Y 和参考 NaY 分子筛,首先在 623 K 下脱气,测量正己烷(非极性)和水(极性)在 297 K 的吸附体积。在 793 K 等温线中,Mo 样品在整个相对压力范围内分解,并且母体 NaY 分子筛样品在所有压力下对正己烷的吸附容量都低于水。正己烷是 Ⅰ 型等温线行为,而水是 Ⅰ 型和 Ⅱ 型等温线的组合,并且 $p/p^0 \approx 0.8$ 时的吸附量明显增加。与这些测量相对应,获得了 77 K 下的 N_2 吸附等温线,并由表观单层吸附量计算表面积。这些等温线不能拟合到通常的双参数 BET 方程中,而显示类型 Ⅰ 的行为。根据吸附体积测量可以得出结论,当浸渍材料在低于 623 K 的温度下活化时,分子筛结构大部分被保留。在该温度以上,母体 NaY 分子筛两种吸附质的相对吸附容量(在 $p/p_0 = 0.4$ 时)随着煅烧温度的升高而降低[26],表明结晶度以及孔结构被部分破坏。

4.2.4.3　水在 NiHY 分子筛上的吸附

Pawelec 等人[27]得到的吸附等温线揭示了镍掺入 HY 分子筛带来的孔隙度变化。在 298 K,在相对压力 p/p^0 在 0 和 1 之间时测定了各种煅烧的 xNi($x = 1.4\%$、5.0% 和 9.0% 质量)样品的水吸附等温线。对于所有催化剂,水吸附等温线表现出在 p/p^0 小于 0.2 时水吸附的快速增加,其缓慢增加到 p/p^0 接近 0.8。比较在 $p/p^0 = 0.4$ 时的水吸附量(表 4.1),表明无镍沸石有最大吸附能力。对于 1.4Ni 和 5.0Ni 分子筛,观察到吸附容量呈现出非常小的下降。对于 9.0Ni 同系物,吸附容量略微增大。这种现象符合预期,因为沸石的微孔体积随着 Ni 百分比的增加而降低。用 Dubinin-Raduschkevitch(DR) 公式[29-31]计算出可接触到水的最大体积(W_0)。DR 等温线线性形式是

$$\log W = f[T\log(p^0/p)] \tag{1}$$

该曲线初始处的纵坐标定义为 W_0。等温线的 DR 方程的线性形式如图 4.7 所示,在表 4.1 中将 W_0 值与 $p/p^0 = 0.2$ 时的 N_2 等温线结果进行比较。对于 USY 分子筛,观察到 W_0 和 N_2 吸附容量最大,但是对于 xNi 样品,该值则降低。在最高的 Ni 含量下观察到吸附量下降最多。因此,N_2 吸附容量和分子筛可接触到的水的最大微孔容积都提供了关于 Ni 在分子筛孔内分布的信息。

如对 HY 分子筛的低离子交换能力所预期的那样,该分子筛中的 Ni 交换程度相当小,但足以交换 1.4Ni 分子筛中几乎全部的 Ni。然而,通过离子交换和浸渍程序(样品 5.0Ni 和 9.0Ni)掺入更大量的 Ni 会导致分散不良的 NiO 相。随着 Ni 含量在 5.0Ni 和 9.0Ni 分子筛中增加,可以认为交换的镍的比例没有发生实质性的改变,但沉积在分子筛晶体内表面或外表面上的镍的比例出现增加。正如所有表征数据所证实的那样,两种不同的制备方法和严格的煅烧条件导致沸石的大孔和中孔中的 Ni 分布不同,并由此导致在外表面上形成一些 NiO。三种 xNi 分子筛的水和 N_2 吸附体积变化很小,此信息表明

分子筛的多孔结构未被 NiO 前体阻塞。这一发现表明，对于具有较高 Ni 含量的 xNi 沸石（5.0Ni 和 9.0Ni），对反应起作用的部分位于分子筛晶体的外表面上。

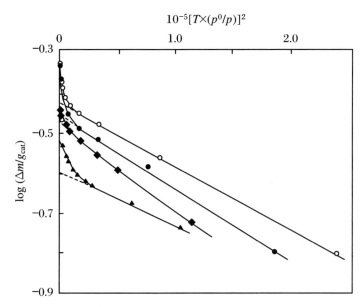

图 4.7 在未硫化的 xNi/USY 沸石上 295 K 时水的吸附等温线
Dubinin-Raduschkevitch(DR)[29-31]线性关系式
○:HY；●:1.4Ni；■:5.0Ni；▲:9.0Ni

表 4.1 xNi/HY 分子筛 298 K 时水的吸附量（$p/p^0 = 0.4$）和 78 K 时的 N_2 吸附量（$p/p^0 = 0.2$）

分子筛	Ni(wt. %)	W_0（$cm^3/g_{分子筛}$）[a]	V_{N_2}（$cm^3/g_{分子筛}$）
1.4Ni[b]	1.4	0.35	176
5.0Ni[c]	5.0	0.34	165
9.0Ni[c]	9.0	0.28	164
USY	—	0.37	185

注：[a] W_0 是分子筛可接触到的水的最大体积。

[b] 通过离子交换制备的催化剂。

[c] 通过离子交换然后浸渍制备的催化剂。

4.2.5 热重分析在催化剂吸附/解吸研究中的应用

4.2.5.1 引言

在本节中，对单分子在金属氧化物或混合氧化物表面上的吸附性质进行了综述。由这些研究得出的重要参数，如吸附动力学、单层覆盖率、活化能和吸附热的均衡等，为描述在催化剂表面发生的化学过程提供了有用的信息。在研究中需要关注 CO、O_2 和 CO_2 分子，因为这些都涉及 CO 氧化。

4.2.5.2　CO 在混合氧化物上的吸附

Fierro 和 Tejuca[32] 使用真空微量天平研究了在不同压力（3～120 托）、恒定温度（523 K）、变化温度（273～724 K）和恒定压力（50 托）下钙钛矿型氧化物 LaCrO$_3$ 上 CO 吸附的动力学。在 500 K 时等压吸附线表现出明显的最大值，实验数据符合积分 Elovich 方程。通过分析 t 对 $Z(t)$（吸附速率的倒数）曲线可以得到吸附过程本身之前的前驱体存在状态，等压线的上升阶段（室温至 500 K）对应于 CO 分子的活化吸附。从 r_m（零时间的最大吸附速率）与 $1/T$ 的 Arrhenius 曲线可以计算出活化能为 9.7 kJ·mol^{-1}。从 r_m 对 P 的曲线可以得到 (0.69±0.03) Torr^{-1} 的比速率常数。

温度的影响：恒定压力（50 托）下，273～724 K 范围内的积分动力学数据 q-t 曲线如图 4.8 所示。在每个温度下，平衡（$t=\infty$）时的吸附量（q）可以确定。CO 等压线在 273～500 K 之间呈现出上升趋势，在 520 K 以上呈下降趋势。O$_2$ 在 LaCrO$_3$ 体系中的吸附行为有些不同：在 273～370 ℃ 范围内，吸附量略有下降，然后在 370～670 K 之间有一个重要的增加（在 670 K 时，q_{O_2} 比 370 K 时增加了 6 倍），最后在 670 K 以上观察到 q_{O_2} 的急剧下降。q_∞（在 520 K）和 q_{O_2}（在 670 K）的最大值分别为 60.0 μg·m^2 和 44.5 μg·m^2，即 q_{O_2}(max) 为 q_∞(max) 的 74%。然而，在 400 K 时，在 LaCrO$_3$ 上催化反应 CO + 1/2O$_2$→CO$_2$ 开始时，q_{O_2} 仅占 q_∞ 的 18%。

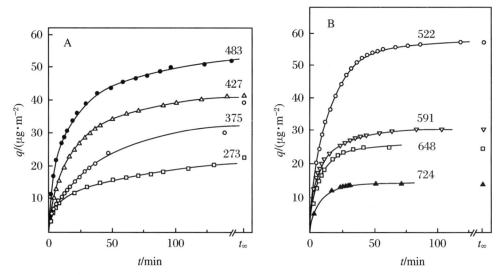

图 4.8　在恒压（50 托）和不同吸附温度（K）下 LaCrO$_3$ 上 CO 吸附的积分动力学数据
q 是在时间 t 吸附的量

压力的影响：图 4.9 中给出了在 523 K 和 3～120 托范围的压力下 LaCrO$_3$ 上吸附 CO 的积分动力学数据（q-t 曲线）。在较短的吸附时间（小于 3 min）内，等温曲线重叠，但在较大的时间内出现明显的分离。在实验结果分析中，采用微分数据还是积分数据存在争议[33]，我们在此只考虑了积分数据。因为积分数据的不确定性较小，特别是在气体进入微量天平瓶的最初阶段时。由对流和反应器几何结构引起的干扰（峰-峰信号 10

μg)使得难以确定最大吸附速率(在 $t = 0$ 时,即在进气时)。

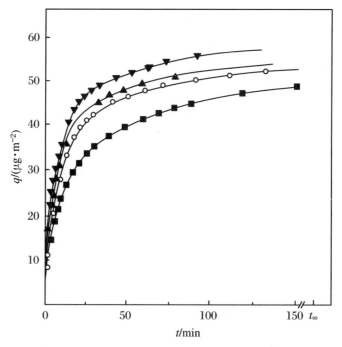

图 4.9 在 523 K 和不同压力下 LaCrO₃ 上 CO 吸附的积分动力学数据

■:3.6;○:8.5;▲:20;▼:117 Torr。q 是在时间 t 吸附的量

在研究中,这些问题可以通过对多项式函数进行微分分析而得以消除,多项式函数形式对实验结果拟合最佳。按照该分析方法可以计算 $t = 0$ 时的最大吸附率(r_m)。这些在 523 K 的速率值作为吸附质压力的函数绘制在图 4.10 中。由图可见,r_m 对 P 具有近似线性相关性,并且几乎呈直线(其不通过原点),外推到零压力时得到的吸附速率为 7.3 μg·m⁻²·min⁻¹,因为质量转移[34]和热分子效应[35-36]可能会影响吸附过程,这个(瞬时)速率不依赖于压力,直接测量变得比较困难,仅具有小的斜率。

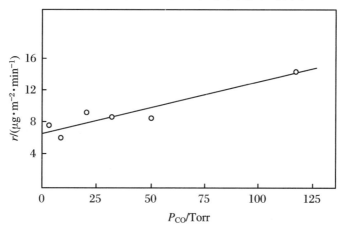

图 4.10 在 523 K 下压力对 LaCrO₃ 上 CO 吸附的初始吸附速率 r_m 的影响

前驱体吸附状态：在吸附质与吸附剂表面接触后的第 1 秒内，吸附过程很快。在此之后，吸附以相当低的速率发生。Gundry 和 Tompkins[37] 基于吸附发生的前驱体状态的基础上进行的假设给出了对这种现象的解释。这种前驱体状态的存在可以通过用简单变换修正的 Elovich 方程分析实验结果来证明。

Elovich 方程的积分形式为

$$q = (1/b)\ln(ab) + (1/b)\ln(t + t_0) \tag{2}$$

式中，a、b 和 t_0 是取决于实验条件的常数，q 是在时间 t 的吸附量。如果假定从吸附过程开始时遵循方程式(2)，那么在 $t = 0$ 时 $q = 0$，因此

$$t_0 = 1/(ab) \tag{3}$$

Aharoni 和 Ungarish[38] 设计了一种通过评估实验结果来评估 t_0 的非常简单的方法，这种方法没有引入之前 Elovichian 的假设。等式(3)可以表示为

$$t + t_0 = Z(t)/b \tag{4}$$

其中 $Z(t)$ 是吸附速率的倒数，为时间的函数。t 对 $Z(t)$ 的曲线在 Elovichian 范围内是线性的，并且可以通过在 $Z(t) = 0$ 处的外推直接给出 t_0。

按照这个方法，根据等式(4)绘制了在 45 Torr 恒定压力和 273～724 K 的温度下的积分动力学曲线。对应于 CO 等压线的上升(a)和下降(b)分支的 t 对 $Z(t)$ 的曲线为 S 形，特别是 273～500 K 区间内的曲线，其中 t 的值通过图像可以获得(将线性部分外推到 $Z(t) = 0$，数值列于表 4.2 中)。对于 CO/LaCrO$_3$ 体系，在吸附过程的第 1 分钟内，图中 t 和 $Z(t)$ 的 S 形曲线以及等压线上升分支中的温度清楚地表明在吸附 CO 之前存在(活化)前驱体状态。

表 4.2　通过 CO/LaCrO$_3$ 体系的等压实验数据由方程(2)得到的动力学参数

T/K	a	b	ab/min	t_0^a/min	$r_m/(\text{g} \cdot \text{m}^{-2} \cdot \text{min}^{-1})$
273	16.7	0.216	3.6	3.6	2.29
375	45.4	0.098	4.5	4.2	2.42
427	28.9	0.086	2.5	2.8	3.13
482	37.1	0.068	2.5	2.7	7.46
522	56.3	0.053	2.9	2.9	8.50
591	5.9	0.170	1.0	1.1	14.73
648	6.5	0.156	1.0	1.4	7.38
724	11.2	0.216	2.4	1.8	5.75

注：a 由 $t + t_0 = Z(t)/b$ 计算得出。

假设等压线的上升和下降分支的瞬时过程的 q_0 值存在小的差异，这两个范围的任何差异将来源于曲线的 b 区域。众所周知，吸附等压线的上升分支与活化过程相关，而吸附速率受 CO 分子克服能量势垒的速率控制。在这种情况下，吸附速率随着温度升高而增加，直到 520 K(等压线的最大值)。在较高的温度下，在下降支(较高的 kT)中，解吸速率变得重要。在此过程中，与吸附剂表面弱结合的物质的浓度降低，从而净吸附速率变低，这是在温度高于等压线最大值时观察到 b 值剧烈变化(表 4.2)的原因。

活化能的影响:在很多情况下固体吸附动力学的解释是在假定吸附剂具有均匀表面的理想化模型下进行的。在此基础上,已经提出了一个可以用来较好地描述在宽温度和压力范围内的积分数据的单一动力学方程,这个方程假设吸附能是覆盖率的函数。

对于 CO/LaCrO₃ 体系,由积分方程(2)动力学数据拟合,微分方程也可以用于计算吸附动力学常数。对于 45 托的 CO 压力和 273~740 K 的温度,获得 Elovich 图(q 对 $\ln(t + t_0)$),表 4.2 列出了几种温度下的 a、b 和 $1/ab$ 参数。可以观察到,a 和 b 值在整个研究温度区间内并不遵循单调的趋势。重新用这种方法来验证已发表的实验结果,Low[40] 发现 Elovich 方程的指数参数 b 与温度之间的关系非常简单:$b = \alpha - \beta/T$(α 和 β 为常数)。但是,这些关系只在吸附等压线的特定时间间隔内(上升或下降分支)才符合要求。这也许是多年来对科技文献中出现的动力学和平衡数据进行比较时最重要的障碍。

Shereshefsky 和 Russell[41] 以及 Leibowitz 等人[42] 计算了由 r_m 给出的活化能,由等式 $r_a = 1/(bt)$ 可以确定,其中 b 是 Elovich 方程的指数参数,r_m 是在时间 t 的吸附速率。确定零时间最大吸附率(r_m)是计算 E_a 的最佳方法(注意由吸附等压线表现为上升的温度区域的数据计算 E_0)。在所研究的体系中,以 273~520 K 范围内的 r_m 对 $1/T$ 作图是一条直线,从它的斜率计算出在 LaCrO₃ 上 CO 吸附的活化能的值为 $9.7\ kJ \cdot mol^{-1}$。

4.2.5.3 异丙苯在硅-铝氧化物表面上的相互作用

Corma 等人[43] 通过微量重量分析技术研究了异丙苯烯与硅-铝氧化物的 OH 基团的化学相互作用,发现硅-铝氧化物的表面对于异丙苯的吸附是非均相的,并且 Freundlich 模型相当好地符合实验结果。

在正式开始记录等温线之前,催化剂样品在 10^{-6} Torr 压力下脱气。在获得等温线并且蒸汽解吸后,在催化剂表面上残留有极少量的焦炭,因此每次重新运行实验之前均使用新鲜样品。当样品质量变化小于 $5\ \mu g \cdot h^{-1}$ 时,该体系被认为达到了吸附-解吸平衡。在 424~497 K 的温度下,在 0.4~10 Torr 的压力范围内进行吸附量测量。与吸附量相比,微量天平室中烃的蒸气压较大。特定吸附率(根据参考文献[44]计算)与样品质量无关,表明粉末内的传质过程不是速率控制步骤。例如,在恒定的烃压力(0.4 托)和 435 K 下,43 μm 和 15 μm 颗粒尺寸样品上获得的实验速率分别是 5.69 ± 0.17 mg 异丙苯 $\cdot\ g^{-1} \cdot min^{-1}$ 和 5.81 ± 0.17 mg 异丙苯 $\cdot\ g^{-1} \cdot min^{-1}$。

在 453 K、473 K 和 493 K 下测量异丙苯吸附等温线,异丙苯分压在 0~5 托的范围内,结果在图 4.11A 中给出,等温线表现出 Brunauer I 型行为[45],单层的表面覆盖度为每克样品 1.65 mmol 异丙苯。通过将 Clausius-Clapeyron 方程应用于等温线,计算出吸附热和它们对异丙苯覆盖率的依赖性。该方程为

$$[d(\ln P)/d(1/T)] = -Q_{iso}/R \tag{5}$$

其中 P 是温度 T 下的平衡压力,Q_{iso} 是等量吸附热,R 是气体常数。图 4.11B 中给出了不同覆盖率下的吸附热。这些结果非常符合吸附模型,其中给定吸附热的位点数量随着吸附热的增加呈指数下降。在较低的覆盖范围内,异丙苯分子主要吸附在较强的酸性位点上,而在较高覆盖度下,它们也吸附在中等和低酸性位点上。很显然,如果考虑较宽的

覆盖范围,这些吸附数据不能通过 Langmuir 吸附模型拟合。然而,在大多数异丙苯裂解动力学研究中,假定符合 Langmuir 型吸附理论[46-47],并且与总体动力学模型拟合良好。为了将这些结果应用于异丙苯吸附表面的非均相过程,可以假设尽管异丙苯可以在很宽的酸强度范围内被吸附在酸性位点上,但并不是所有的吸附物质都能够形成碳鎓离子。因此,只有吸附在短程强度酸性位点上的异丙苯分子才会发生反应。现在出现的问题是,哪种酸度可以产生"活性"吸附物质。对于这里研究的覆盖范围,由 Freundlich 方程确定:

$$q_A = c \cdot P^{1/n} \tag{6}$$

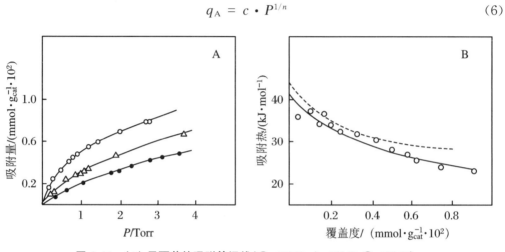

图 4.11　**(A)** 异丙苯的吸附等温线($\bigcirc$:453 K,$\triangle$:473 K,$\bullet$:493 K);
(B) 吸附热($\bigcirc$:实验结果,－－:根据方程 $Q_{iso}(\theta) = -6.05\ln\theta$ 计算的结果)

已经发现 Freundlich 方程可以用于拟合实验结果,从每个温度的 $\ln q_A$-$\ln P$ 的曲线可以得到相应的参数。低表面覆盖范围内可以得到相关系数高于 0.99 的直线。在表 4.3 中列出了通过外推到 1.0 托的平衡压力和从这些直线的斜率计算的 $n(-H_m)$ 和 c 的值。

表 4.3　Freundlich 方程的参数

$1/n$	T/K	nT/K	$nRT/(\text{J} \cdot \text{mol}^{-1})$	$c/(\text{mmol} \cdot \text{g}^{-1})^a$
0.5577	453	812.3	6790	4.7×10^{-2}
0.6734	473	702.4	5872	3.1×10^{-2}
0.7527	493	655.0	5476	2.0×10^{-2}
			$H_{max} = 6046$	

注:[a]在平衡压力等于 1.0 Torr 下计算。

在 200 托的平衡压力下,将一组等温线外推到交点可以给出一个单层所需的异丙基苯量,为 0.68 mmol · g^{-1}。该值低于在物理吸附中得到的值(1.65 mmol · g^{-1}),后一种方法中假设了异丙苯分子处于紧密堆积状态。

4.2.5.4　H_2 和 CO 在氧化钪上的吸附

作为一种典型的绝缘体氧化物,具有相对稳定且容易再生的表面,氧化钪通常被用于模型催化剂。这个性质已被用来验证描述提出的单分子吸附的动力学和平衡的模型。遵循这一理念,Pajares 等人研究了 Sc_2O_3 上 CO_2[48-49] 和 H_2[44] 的动力学和平衡吸附过程。氢在氧化钪上的积分化学吸附动力学对积分 Elovich 方程(方程(2))的拟合效果很好,但 CO_2 化学吸附并不符合该动力学定律。对于 H_2 化学吸附,从 $Z(t)$ 曲线(Aharoni 和 Ungarish 方法)得到的 t_0 值与由 q 对 $\ln(t + t_0)$ 曲线得到的值一致。当应用于 CO_2 化学吸附时,数据符合积分动力学定律:

$$\ln\left[q_e/(q_e - q)\right] = kPt \tag{7}$$

基于 Langmuir 方程,q_e 是平衡等温线上的吸附量,并且干净表面的分数由 $(q_e - q_0)$ 给出,通过实验可测量这个量。在积分方程的 $\ln\left[q_e/(q_e - q)\right]$-$t$ 图中,截距给出关于 q_0 的信息,即在"零时间"化学吸附非常快的量,q_0 的值与气体压力和表面脱羟基化状态有关。

表 4.4 中给出了在 30 Torr 的恒定压力下 Sc_2O_3 上 H_2 和 CO_2 的吸附平衡量作为 OH 基覆盖率的函数。平衡吸附量对 OH 基覆盖率的曲线几乎是具有负斜率的直线,在 OH 基和 H_2(或 CO_2)之间存在可用表面位置的竞争过程。由此可见,表面状态对化学吸附的 H_2 或 CO_2 的量以及吸附速率有很大影响,随着表面羟基数量的减少,吸附速率随之增加。

表 4.4　在不同脱气温度下得到的吸附在 Sc_2O_3 上的 H_2 和 CO_2 的量

T/K	$n/(OH/nm^2)$	$q_{H_2}/(\mu g \cdot g^{-1})$	$q_{CO_2}/(\mu g \cdot g^{-1})$
373	6.2	47	460
423	4.3	78	805
473	2.7	105	1040
573	2.0	120	1150
673	1.4	125	1200
773	0.9	128	1250

两个体系中都显示出类似的行为,当脱气温度低于 429 K 时,其中 OH 基覆盖率大于 $2OH/nm^2$,H_2 吸附显著降低,这表明 H_2 和 CO_2 与表面上的 OH 基团存在竞争吸附[44,48-49]。

CO_2 压力对最高吸附速率 r_{max} 的影响的研究局限在 1～20 Torr 范围,在这个范围内气体动力学的问题被降至最小。高于 1.5 Torr 时,吸附速率与 CO_2 压力成线性关系。外推至零压可得到初始吸附速率,直线不在零点处穿过纵坐标轴。在低于 1.5 Torr 的压力下,d_q/d_t 对 P 曲线向原点弯曲。由于必须考虑热分子效应的干预以及气-固界面质量传输的限制,数学分析很复杂。

研究发现样品的行为强烈依赖于脱气温度。当样品充分羟基化时,在低温下脱气后,对方程式(7)的拟合不好,吸附常数很低,$(q_e - q_0)$ 值很小。如果 Sc_2O_3 样品经历了更强的脱气处理,则发现动力学拟合很好,具有大的$(q_e - q_0)$值,其反映了表面脱羟基化的程度。对于在 623 K 和 798 K 下脱气后的样品,计算得到的 q_0 值相等。

等式(7)的前提是引入了驱动力因子$(q_e - q)$作为与干净表面部分相关的因素。因子$(q_e - q)$显然与吸附中心的可用部分成比例,并且可以通过实验测量,该方法消除了计算这种因素时的不确定变量。例如,由 BET 方程得到的单层吸附量和由 Freundlich 等温线交点推导出的数值不能达到相同的值;或者许多具有近似 Langmuir 行为的体系,其中等温线在每个温度下符合 Langmuir 方程,但单层吸附量的值在温度升高时逐渐降低。总之,$(q - q_0)$值非常重要,其与表 4.5 的最后一栏给出的表面脱羟基化程度明显相关。

表 4.5　Sc_2O_3 表面羟基化状态的影响:拟合方程 $\ln[q_e/(q_e - q)] = kPt^a$ 得到的参数

T_{des}/K	$k \cdot 10^2$ /$(Torr^{-1} \cdot sec^{-1})$	$q_e - q_0$ $(\mu g\ CO_2 \cdot g^{-1})$	q_0 $(\mu g\ CO_2 \cdot g^{-1})$	OH/100 $Å^2$
252	0.61	164	531	Total
458	0.57	220	583	12
623	1.41	643	232	4
798	1.37	936	204	1.5

注:[a] $T = 298$ K,$P = 4.6$ Torr。

4.3　反应性气氛中热重实验方法的应用

4.3.1　程序升温还原(TPR)

4.3.1.1　氧化物还原

热重-程序升温还原(TG-TPR)联用技术广泛应用于表征可还原催化剂。使用微量天平对固体材料如金属氧化物、硫化物和卤化物的还原反应进行研究,可确定温度、压力、气体成分等对还原程度及反应速率的影响。通常通过物质的重量损失及其他补充数据可确定还原反应机理,已经研究了许多过渡金属氧化物与氢气或一氧化碳的反应。通过比表面积测量(用以研究金属相的烧结)、X 射线衍射、产物的红外光谱以及磁化率等分析技术对重量分析数据进行了验证,也研究了样品尺寸、杂质含量、载体基底以及混合气体的状态对反应的影响,在这一部分将重点介绍重量变化随还原温度变化的一些例子。

$PrCoO_3$ 催化剂:沉积在镧系元素氧化物表面的颗粒钴构成了一系列重要的催化剂,可用于催化一氧化碳加氢反应、甲烷重整反应和选择性加氢反应等。这些金属催化剂通常在 H_2 气氛及控温温度下,通过还原氧化钴前驱体而获得。本节选取的第一个实例是混合氧化物 $PrCoO_3$,为立方钙钛矿结构[50],其中 Pr 和 Co 的氧化态均为 $+3$。$PrCoO_3$

的 TPR 图如图 4.12 所示,其横坐标为温度,纵坐标为每摩尔 $PrCoO_3$ 的电子转移数（$1e^-$ 每摩尔分子对应于 Co^{3+} 还原为 Co^{2+}）。

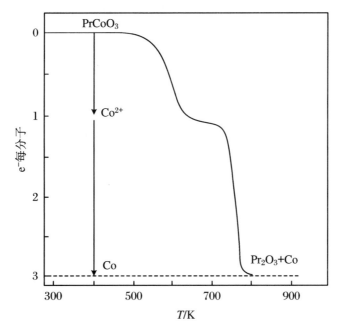

图 4.12 流速为 90 cm^3 · min^{-1}、加热速率为 4 K · min^{-1} 时,
H_2 气氛中 $PrCoO_3$ 的微量重量分析-程序升温还原图

观察到两个还原步骤:第一步,在 475～635 K 之间每摩尔分子 $1e^-$;第二步,在 725～800 K 之间每摩尔分子 $3e^-$。在 $LaCoO_3$[51] 和 $LaNiO_3$[52] 的还原反应中发现了类似的还原步骤。然而,Crespin 等人[53] 和 Levitz 等人[54] 在还原后的 $LaCoO_3$ 中检测到二价（Ni^{2+}）和一价（Ni^+）镍相的存在。通过检测不同还原温度下 H_2 的消耗量,Futai 等人[55] 同样观察到 $PrCoO_3$ 的两个还原步骤,但反应的温度（重量损失速率最大值在 650 K 和 860 K）较高。测得温度的差异可能是由于 Futai 等人的实验条件（加热速率为 9 K · min^{-1},组成为 $10\%H_2$ 和 $90\%N_2$ 混合气,流量为 25 cm^3 · min^{-1}）不同而造成的。对 $PrCoO_3$,每分子 $1e^-$ 和 $3e^-$ 所对应的还原温度均低于发生于 $LaCoO_3$ 中相应的还原温度（分别为 720 K 和 890 K）。这表明在 H_2 气氛下,镧钙钛矿比镨钙钛矿更为稳定。

Mo/Al_2O_3 催化剂:在许多化学反应中 Mo 催化剂扮演着重要角色。块体 MoO_3 和一些钼酸盐可用于选择性氧化;而应用广泛的 Al_2O_3-和 SiO_2-负载 MoO_3 催化剂则可用于催化加氢脱硫反应、加氢反应和烯烃复分解反应等。对 Mo 催化剂还原性的研究可用于表征氧化物结构和模拟增添加氢、烯烃复分解反应活性位点时的活化过程。MoO_3 的还原性用等温还原进行了大量的研究,但 TPR 技术仍有其自身的优势。

已通过微量重量分析测定未提纯和提纯（溶解钼盐,氨水处理溶液 0.5 h 得到提纯 Mo）的 Mo/Al_2O_3 催化剂的 TPR 曲线图[56]。不同 Mo 含量初始还原温度及 TPR 峰值处的对应温度如表 4.6 所示。从表 4.6 中数据可看出,Mo/Al_2O_3 催化剂的还原性与 Mo 含量有关。其初始还原温度随 Mo 负载量的增加而降低,且这种趋势在未经提纯的 Mo/

Al_2O_3 中变得更为明显。例如，Mo/Al_2O_3 催化剂在 Mo 含量为 8.9% 时的初始还原温度为 589 K，而从母相提纯后 Mo 含量 5.5% 的催化剂初始还原温度则为 668 K。值得一提的是，当 Mo 含量相近时，未提纯和提纯的 Mo/Al_2O_3 催化剂的初始还原温度随 Mo 含量的变化趋势相同。这表明当 Mo 负载量比较低时，Mo 与基底之间的相互作用越强；且随着 Mo 含量增加，其团聚越明显，即 Mo 的分散性越差。更高的还原温度表明 Mo 与 Al_2O_3 表面有着更强的相互作用。

表 4.6　Mo/Al_2O_3 催化剂的 TPR 参数

	Mo/%	T_{st}/K	T_1/K	T_2/K
浸渍处理后	1.8	653	863	1043
	8.9	589	839	1025
	25.6	575	788	1013
纯化处理后	1.1	693	870	1073
	5.5	668	843	1047
	9.7	653	836	1033

注：T_1 和 T_2 为重量损失速率的最大值所对应温度。

从 TPR 曲线图的重量损失速率最大值所对应的温度（即 T_1 和 T_2）可以获得更多信息。T_1 和 T_2 是由于不同还原性质的 Mo 在不同温度下发生还原引起的，但更合理的推测则是 Mo 离子在还原过程中存在两个独立的步骤。众所周知，在 H_2 气氛下，Mo^{6+} 在约 773 K 时优先还原成 Mo^{4+}；在 923 K 以上时 Mo^{4+} 可以被进一步还原成 Mo 单质。因而，T_1 峰来自第一步还原，而 T_2 峰则可归因于 Mo 离子进一步被还原为 Mo 单质。此外，由于 TPR 的两个还原峰均为宽峰，可以推断出催化剂表面的不均匀性是很重要的原因。

Li-Mn/MgO 催化剂：鉴于掺杂 Li 的 Mn/MgO 催化剂与产生 C_2 烃的甲烷氧化偶联之间有着密切关联，该类催化剂已得到了详尽的研究[58]。含锰催化剂的重量变化与还原温度的函数关系如图 4.13A 所示。两种不含锂的催化剂 Mg_6MnO_8（Mn 原子百分数 14.5%）和 Mn-MgO（Mn 原子百分数 5.53%）均显示出两个明显的还原步骤，且均表现为温度越高，失重越明显。对比两种含锂催化剂，相关特征数据有着显著变化：$1Li$-Mn-MgO（原子个数比 [Li]/[Mn] = 0.66）仅显示出单个还原步骤，而母体催化剂 $2Li$-Mn-MgO（原子个数比 [Li]/[Mn] = 2.21）则可观察到两个不甚明显的还原步骤。为了更准确地定义重量损失速率最大值处的对应温度，将催化剂的重量变化量对温度进行微分。所得微分曲线如图 4.13B 所示。

由图可以明显观察到 Mg_6MnO_8 和 Mn-MgO 的三个峰：在 668 K 有一个明显的低温区的峰，另外两个峰在 770 K 的位置发生重叠。低温峰的峰强比高温区低。将 Li 掺杂入 Mn-MgO 基催化剂后，TPR 曲线发生了显著变化。对于 $1Li$-Mn-MgO 催化剂，观察到位于 741 K 的不对称峰，该峰向低温一侧延伸；而在约 723 K 和 823 K 处可观察到 $2Li$-Mn-MgO 的两个宽峰，相关结果与 Bradshaw 等人[59] 的 TPR 数据和 Baronetti 等人[60] 对 K 掺杂 MgO_2 基催化剂的研究结果相一致。TPR 图谱显示 MnO_2 在 673～773 K 温区存在双峰，当将 KCl 掺杂入 MnO_2 催化剂后，双峰向更高温区（973～1073 K）漂移且峰强均有所减弱。另外实验测得的重量损失值略高于假设 Mn^{4+} 全部还原为 Mn^{2+} 的理论计算值。

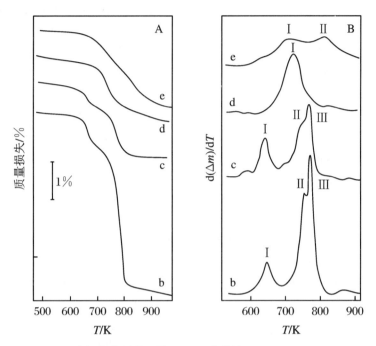

图 4.13 （A）含锰催化剂的重量-还原温度曲线（b：Mg_6MnO_8；c：Mn-MgO；d：1Li-Mn-MgO；e：2Li-Mn-MgO）；（B）TPR 曲线的微分曲线

4.3.1.2　还原-氧化循环

考虑到分散金属在非均相催化剂中的重要性，催化剂在受控条件下的还原-氧化循环性能在制备高活性催化剂的过程中起着关键作用。此外，如前所述，重新氧化负载金属催化剂中的还原相是重新分散金属相简单而有效的方法。

当反应温度不足以使其中物质发生烧结时，前述过程中的催化剂有可能经历可逆的还原-氧化循环。例如，在 673 K 时，每分子的 $LaCoO_3$ 失去 $3e^-$ 而发生再氧化，最终得到钙钛矿结构的晶体。然而，重新氧化过程如果发生在 1073 K 的 He 气氛中，失去相同电子数的 $LaCoO_3$ 不再形成钙钛矿结构，而是形成 Co_3O_4 新相[51]。氧化还原循环中的这种不可逆性主要是由烧结过程中金属晶粒尺寸的急剧增大所致。通过采用惰性气体或者空气等稀释的氧源作为氧化剂，以较慢的速率进行再氧化可以避免生成简单氧化物。可逆的还原-氧化过程已有报道，如 $LaRhO_3$[61] 和 $PrCoO_3$[51] 体系。相关研究结果显示，经历还原-氧化过程得到的钙钛矿型物质的颗粒尺寸均有所减小。关于钙钛矿型氧化物的可逆还原-氧化过程的部分实例将在后文予以介绍。因发生电子转移而引起的重量变化可以作为钙钛矿型物质还原程度的量度（例如，每分子 Ni^{3+} 获得 $1e^-$ 将还原得到 Ni^{2+}，每分子 Mn^{3+} 和 Fe^{3+} 获得 $3e^-$ 将分别被还原为 Mn^0 和 Fe^0）[52,62-63]。

氧化铜/硅藻土催化剂：铜基催化剂已应用于许多领域的催化反应，如低温合成甲烷、水煤气转移反应和烃的氧化等。在本部分内容中介绍另一有趣的应用,即低温液相环境中丙烯腈水合成丙烯酰胺的反应。应用微重法研究硅藻土负载的氧化铜催化剂还原-氧化循环[64],有助于确定失效催化剂的活化方案与再生途径。对氧化铜而言,可在高真空的微量天平中测量其还原反应动力学。测量过程使用 H_2(300 托)还原氧化铜,并在样品旁设置液氮冷阱以去除水蒸气。由于烧结会导致样品活性急剧下降,还原反应和再次氧化反应均在 $1\%O_2/N_2$ 气体环境中进行,该过程需避免金属铜颗粒发生烧结。铜的熔点较低,这有利于铜在低至 550～600 K 的温度下的迁移率。在 573 K 的 H_2 气氛中还原新鲜制备的氧化铜/硅藻土样品,随后在同样温度下进行氧化,再进行第二次还原。实验结果表明:(1) 脱气样品中的水含量接近 2.6%;(2) 催化剂的再氧化速率显著高于 CuO 还原为 Cu 单质的还原速率;(3) 每个还原-氧化循环中,基于干燥样品计算的 CuO 或 Cu 含量与化学分析所得结果吻合度较高(1%以内)。

在温度 450～484 K 之间的典型还原动力学曲线如图 4.14A 所示,还原反应的重量数据列于坐标图中,其中横坐标为时间,纵坐标为催化剂在还原过程($CuO{\rightarrow}Cu^0$)中的重量损失。所有的曲线均呈 S 形,这表明还原过程存在诱导期。随着还原温度的升高,诱导期持续时间及 CuO 发生完全还原所需时间均会变短。显然,在初始脱气时,CuO 晶体表面有少量的 Cu_2O 结晶析出,可认为还原反应已正式开始[65]。根据曲线中近直线的斜率和达到特定还原度所需的时间,可以计算出该还原反应的表观活化能(E_a)。

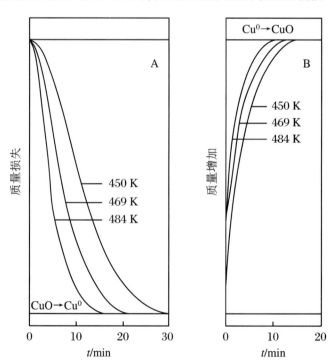

图 4.14　氧化铜/硅藻土在 300 托 H_2 气压下的还原反应动力学曲线(A)及 $1\%O_2/N_2$ 混合气中的再氧化曲线(B)

计算得到 $E_a = (82.1\pm4.2)$ kJ・mol^{-1},与 Puchot 等人[66]及研究粉末化 CuO 还原

反应的 Schoepp 与 Hajal[67] 的研究结果相一致。然而,将该值与 CuO 晶体表面不存在 Cu_2O 时所计算的 E_a 值[68] 相比却出现了差异。被定量还原为金属 Cu 催化剂的再氧化过程的动力学曲线如图 4.14B 所示。再氧化过程比还原过程进行得快,且再氧化过程中没有观察到 S 形曲线。值得一提的是,完全氧化(Cu→CuO)的时间仅为充分还原所需时间的一半。

$LaMO_3$(M = Ni,Mn,Fe)氧化物:$LaNiO_3$、$LaMnO_3$ 和 $LaFeO_3$ 混合氧化物的 TPR 曲线分别如图 4.15(a)~(c)所示。由图 4.15(a)可见,$LaNiO_3$ 的还原过程经历了两个步骤[52]。第一步(A)对应于每分子 $LaNiO_3$ 在 425~675 K 温区获得 $1e^-$;第二步(B)则为每分子 $LaNiO_3$ 在 675~900 K 温区继续得到 $3e^-$。本研究所得 $LaNiO_3$ 的两个还原步

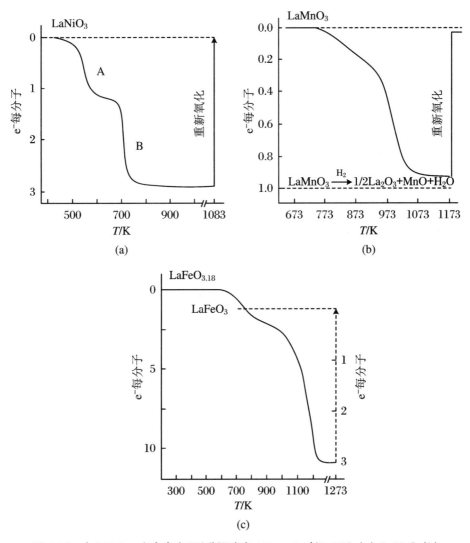

图 4.15　在 300 Torr 氢气气氛下(升温速率 $4\,\text{K}\cdot\text{min}^{-1}$)$LaNiO_3$(a)、$LaMnO_3$(b)和 $LaFeO_3$(c)的 TPR 曲线

骤对应的温度值均介于 Wachowski 等人[69]与 Crespin 等人[70]研究所得的相应温度值之间。此外,Crespin 等人[70]还观察到每分子 $LaNiO_3$ 获得 $2e^-$ 的过程中存在着稳定中间态。

在还原步骤 A 过程中,利用 X 射线衍射(XRD)可确定存在扭曲的 $LaNiO_3$(因存在阴离子空位),XRD 数据未在文中给出。在 He 气氛下 $LaNiO_3$ 经 1073 K 烧结后,原钙钛矿结构遭到破坏,且有 La_2NiO_4 和 NiO 新相生成。对于还原步骤 B,烧结后得到新相 La_2O_3 和 Ni,且烧结温度为 1173 K 时 La_2O_3 和 Ni 的晶化更完全。事实上,在步骤 B 中 $LaNiO_3$ 并未被完全还原(每分子 $LaNiO_3$ 得到 $3e^-$),这表明该过程引入了阴离子空位,因而得到不满足原化学计量比的还原产物 $LaNiO_{3-\alpha}$。因此,还原步骤 A 可应用球体收缩模型进行研究,而步骤 B 则由还原产物的成核与生长所控制。本研究中,对于未烧结样品(详见 4.3.4 节),其还原步骤 A 和 B 均是可逆的,即在还原产物经历 973 K 再氧化后会重新形成钙钛矿结构[70]。Crespin 等人[53]的研究证实,$LaNiO_3$ 的还原产物(包括不同还原程度的还原产物 $La_2Ni_2O_5$ 和 $LaNiO_2$)在 453 K 的 O_2 气氛中可以被再次完全氧化。Vidyasagar 等人[71]报道了 $La_2Ni_2O_5$ 的再氧化温度为 598 K,该值略高于前述结果。在 453 K,对 $LaNiO_3$ 充分还原的产物进行再次氧化,该过程伴随强烈的放热,且最终生成 La_2NiO_4 和 NiO[53]。

$LaMO_3$ 钙钛矿(加热速率为 $4\ K \cdot min^{-1}$)在 295~1173 K 温区的 TPR 测试结果如图 4.15(b)[62]所示。由图可知,在 755 K 时 $LaMO_3$ 开始发生还原。在 755~950 K 温区,由于成核速率和生长速率较为缓慢,$LaMO_3$ 的还原速率较低。当产生了还原产物的晶核后,还原速率则急剧上升(950~1050 K)。当温度达到 1050 K 以上时,还原曲线渐趋平稳,对应于每分子 $LaMO_3$ 获得 $1e^-$ 的稳定还原过程。在 873 K 条件下将还原产物在纯空气氛围中氧化 1 h,样品质量又恢复到初值。

图 4.15(c)[63]中给出了程序升温还原 $LaFeO_3$ 的质量损失-温度(左侧纵坐标)或还原程度-温度(右侧纵坐标)曲线,曲线给出了两个还原过程对应的温度范围分别为 600~850 K 和 850~1250 K,观察到的质量损失(7.67 mg)高于预期的将 Fe^{3+} 全部还原为 Fe 的质量损失(70.1 mg 样品应失重 6.93 mg)。这表明镧-铁氧化物是以非化学计量比存在的,与 Voorhoeve 等人[72]和 Wachowski 等人[69]在 $LaTeO_3$ 钙钛矿中观察到的结果一致。由于其化学式应为 $LaFeO_{3.18}$(以 Fe^{4+} 平衡过量的氧[72]),因此还原反应的最后一个过程对应于生成 La_2O_3 和 Fe 单质的过程。曲线中的第一个平台,对应于样品失重约 2%,可能是将初始样品还原为接近 $LaFeO_3$ 化学计量比的过程。由于随后在 1073 K 空气中发生了氧化反应,在 1273 K 发生的还原反应均未使样品质量恢复到初值,因此第一个平台只能对应于将 Fe 氧化为 Fe^{3+} 的反应,即形成了化学计量比的 $LaFeO_3$ 和未反应的 α-Fe_2O_3 和 La_2O_3。$LaFeO_{3+\delta}$ 中过量的氧空位随着煅烧温度的升高而减少[72](请注意,样品制备过程中的煅烧温度为 923 K)。另一方面,氧化还原过程之后所制备的镧铁氧化物中的缺陷可能不会在钙钛矿结构中形成。在 $LaMnO_3$[62]和 $LaNiO_3$[52]中没有观察到这一现象,当 $LaMnO_3$ 和 $LaNiO_3$ 相应的还原产物氧化后,样品质量均恢复到初始值。将新鲜样品在 1273 K 温度下于 300 Torr 氢气气氛下进行还原处理,随后在 1073 K 温度下于 300 Torr 氧气气氛中氧化,以此作为第二次程序升温还原过程,均未观察到样

品出现 5% 以下的质量损失。总损失质量(6.38 mg)表明第二次还原并不完全,可能是因为在该情况下样品实际上为钙钛矿结构和普通氧化物的混合物所致。而且,这些氧化物的一些烧结可能在先前还原或氧化处理过程中已经出现,如 XRD 测量推断的那样(此处未列出相应表征结果)。上述结果表明,LaFeO$_3$ 的还原性在 LaCoO$_3$[51] 和 LaNiO$_3$[52] 之间,也在 LaCoO$_3$[51] 和 LaCrO$_3$[73] 之间,这与 Nakamura 等人[74] 所得的关于 LaMO$_3$ 还原的稳定性的结论相一致。

4.3.2 测定氧化物的化学计量比

对于许多用于催化氧化反应和燃烧反应的氧化物,其组成都与化学计量比存在偏差。对于非化学计量比的氧化物(用于氧化反应或是还原反应),其常常被设计为用于特殊反应的催化剂。偏离化学计量比的程度取决于制备参数的差异,尤其与制备环境的氧分压及最终的烧结温度相关,更高的氧分压及更低的烧结温度均有利于提升 LaMnO$_{3+\lambda}$ 中的 λ 值。对于偏离化学计量比的金属氧化物,其成分往往通过热重予以确定。Patil 等人[75] 通过 TG 实验发现,取代型氧化物 Ba$_x$Ln$_{1-x}$CoO$_3$(Ln = La,Nd)易失去晶格氧而得到缺氧化物。且其在空气氛围中的失氧较氧气氛中严重,x 值越大、加热温度越高,失氧将会加剧。对于不同 x 值的 Ba$_x$Ln$_{1-x}$CoO$_3$(Ln = La,Nd),图 4.16 给出了重量损失百分数与加热温度之间的关系曲线。由图可见,Ba$_x$Ln$_{1-x}$CoO$_3$ 偏离化学计量比的程度与制备环境的氧分压、Ba 含量及温度有关。Yamazoe 等人[76] 在 Sr$_x$La$_{1-x}$CoO$_{3-\lambda}$ 样品中得到了类似的结论。Jonker 和 van Santen[77] 的研究表明,当 $x < 0.4$ 时,材料中会存在 Co^{4+} 且没有氧空位,而当 $x > 0.4$ 时,氧空位会存在于 Co^{4+} 周围。这是由于 Co^{4+} 不稳定,在被还原的同时释放氧。随着 x 值的增加而增加的还原非化学计量对这些氧化物的还原性及其对 CO 和烃氧化的催化活性有显著的影响。

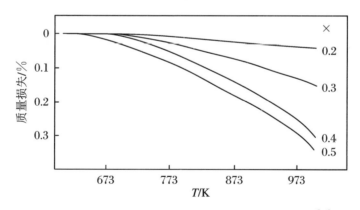

图 4.16 Ba$_x$La$_{1-x}$CoO$_3$ 的质量损失百分数与温度的关系[76]

取代型混合氧化物 LaTi$_{1-x}$Cu$_x$O$_3$[78] 表现出与化学计量比的偏差。图 4.17 中给出了 LaTi$_{1-x}$Cu$_x$O$_3$ 钙钛矿的 TPR 曲线及参照物 CuO 的 TPR 曲线。测试时,首先在 He 气流中将 20 mg 样品以 4 K·min^{-1} 速率加热至 673 K,再于 He 气流中降温至 373 K,接着在 H$_2$ 气流中以 4 K·min^{-1} 速率加热至 1023 K。LaTi$_{1-x}$Cu$_x$O$_3$ 在 TPR 测试中的还原反应可表示为

$$2\,LaTi_{1-x}Cu_xO_3 + (4x-1)H_2 \longrightarrow La_2O_3 + 2xCu + 2(1-x)TiO_2 + (4x-1)H_2O$$

未掺杂的 $LaTiO_3$ 在 850 K 以上还原时会有约 0.4% 的质量损失。而对于掺杂 $0.2<x<0.8$ 的样品,TPR 结果显示出两个不同的还原步骤。第一步发生在 $440\sim570$ K 温区,该范围还原速率极快,对应于 CuO 还原为 Cu 单质(图 4.17 中虚线)的反应,第二步则以较慢的还原速率在更高温区进行。随着 x 值的增加,两个步骤的还原程度均有提升。相较于 H_2 还原 CuO,H_2 还原钙钛矿中的铜离子的过程需要在更高温度下进行,这表明钙钛矿结构中 Cu^{2+} 的稳定性更强。

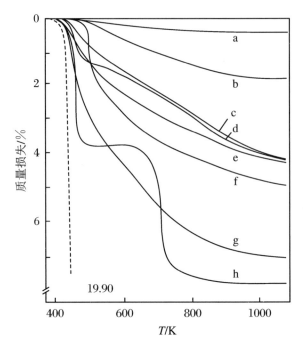

图 4.17　$4\,K \cdot min^{-1}$ 升温速率下,不同 x 值的 $LaTi_{1-x}Cu_xO_3$ TPR 曲线
a:0.0;b:0.2;c:0.3;d:0.4;e:0.5;f:0.6;g:0.8;h:1.0。
虚线为参比物 CuO 的 TPR 曲线

然而完全掺杂($x=1.0$)的样品则显示出两个区分明显的步骤:低于 500 K 的第一步反应和高于 600 K 的第二步反应。较低温度的 TPR 峰对应于 CuO 的还原,较高温度的 TPR 峰则对应于更稳定的氧化物 La_2CuO_4 的还原反应。该过程不仅可以通过 XRD(未在此处列出)予以佐证,在高温 TPR 及低温 TPR 中相近的质量损失值也对应于同样的结果。这表明铜元素分布于两个相中,即 CuO 和 La_2CuO_4。因此,对于完全掺杂样品($x=1.0$),其还原过程可表示为

$$CuO + La_2CuO_4 + 2H_2 \longrightarrow 2Cu + La_2O_3 + 2H_2O$$

与文献结论相比,这个结果有些意外。例如,Gallagher 等人[79] 在制备富含 Cu 的 $LaMn_{1-x}Cu_xO_3$ 化合物($0.7\leqslant x\leqslant1.0$)时检测到了 $LaCuO_3$、La_2CuO_4 和 CuO 相。鉴于上述结果,可以推断在实验条件下制备的名义上满足化学计量比的 $LaCuO_{2.5}$(或是 $LaCu_2O_5$)并不稳定。

通过 H_2 还原 $LaTi_{1-x}Cu_xO_3$ 钙钛矿(假设将 Cu^{2+} 还原为 Cu,将 Ti^{3+} 氧化为 Ti^{4+})得到了一系列氧化物 $TiO_{2-\lambda}$ 的非化学计量因子(λ)的值,如表 4.7 所示。由表 4.7 可见,仅当 $0.3 \leqslant x \leqslant 0.6$ 时,才会在 $LaTi_{1-x}Cu_xO_3$ 钙钛矿中产生微小的化学计量偏差。然而,这些结果与 XRD 测得 $TiO_{1.90}$ 为主相的结果相矛盾。值得注意的是,水分子(氢气的氧化产物)能够与 La_2O_3 反应生成稳定的 LaO(OH),长时间暴露在潮湿空气中甚至可以转化为 $La(OH)_3$(表 4.7)。$LaTi_{1-x}Cu_xO_3$ 钙钛矿的还原过程中伴有微小的增重,这是由 Ti^{3+} 的氧化以及 LaO(OH) 的生成这两个并发过程所引起的。因此,基于上述解释,TPR 测试所得结果只能用于估算氧化钛偏离其化学计量比的程度。

表 4.7　$LaTi_{1-x}Cu_xO_3$ 混合氧化物的还原产物的表征结果

替换比	晶相	$TiO_{2-\lambda}$[a]
$x = 0.0$	La_2O_3、$La_2O_3 \cdot 3TiO_{1.9}$	——
0.2	La_2O_3、$La_2O_3 \cdot 3TiO_{1.9}$	——
0.3	La_2O_3、$La_2O_3 \cdot 3TiO_{1.9}$、Cu	$TiO_{1.98}$
0.4	$La_2O_3 \cdot 3TiO_{1.9}$、Cu	$TiO_{1.96}$
0.5	La_2O_3、$La_2O_3 \cdot 3TiO_{1.9}$、Cu	$TiO_{1.98}$
0.6	$La_2O_3 \cdot 3TiO_{1.9}$、Cu	$TiO_{1.97}$
0.8	$La(OH)_3$、Cu	$TiO_{2.00}$
1.0	La_2O_3、$La(OH)_3$、Cu	$TiO_{2.00}$
1.0	La_2O_3、$La(OH)_3$、Cu	——

注:[a] λ 为非化学计量比的程度。

4.3.3　关于催化剂还原的动力学研究

4.3.3.1　简介

在 4.3.1 节中讨论了不同的 TPR 步骤对应的还原机理,相关还原机理可通过等温条件下的动力学实验予以研究[80]。作为实例,下文将就一些催化剂的还原反应动力学进行讨论。

4.3.3.2　Pr_6O_{11} 和 Mo-Pr-O 催化剂

通过测量还原动力学中质量变化信息,可以对 Pr_6O_{11}[81] 和 Mo-Pr-O[82] 在还原过程中的结构转变进行研究。图 4.18 为 518~681 K 温区下的 Pr_6O_{11} 等温还原曲线($\Delta W - t$)。对于 Mo-Pr-O 催化剂,将其质量变化值作为还原程度 α 的量度,其中 α 定义为将 MoO_3 还原为 MoO_2 和将 Pr_6O_{11} 还原为 Pr_2O_3 的质量变化的实验值与理论值之比[82]。对测得的积分数据进行数学拟合,由外推到时间零点的数值的微分分析结果可计算物质的初始还原速率(图 4.19)。

从 Pr_6O_{11} 的 TPR 结果可以看出,还原程度及初始还原速率均与还原温度有关(图 4.18)。随着还原温度升高,这两个参数值都会增大,有利于还原过程的进行。另一个有意义的结果是,这些动力学曲线在测试温度范围内均达到了相同的还原程度,还原温度越高达到恒定值的速率越快。518 K 和 565 K 对应的曲线表明还原反应没有达到平衡。

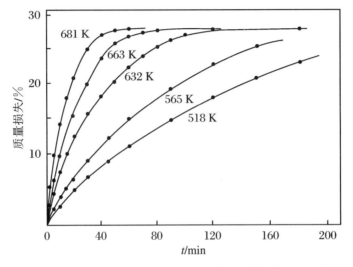

图 4.18　Pr_6O_{11} 在 8.5 vol.% H_2-Ar 气流 (7.2 dm³·h⁻¹) 中的还原反应动力学曲线

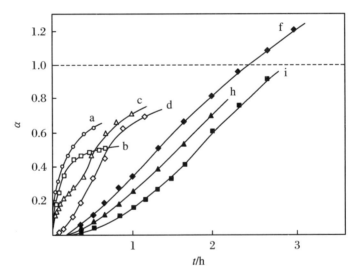

图 4.19　773 K 时,Mo-Pr-O 催化剂在 H_2 流速为 50 cm³·min⁻¹ 条件下的还原反应动力学曲线
Mo/(Mo + Pr) = 0.0(a);0.09(b);0.27(c);0.43(d);0.80(e);0.88(f);0.91(g);0.95(h);1.0(i)
(译者注:原书图中无 e、g 曲线)

　　另一方面,图 4.19 中的曲线形状取决于原子比 Mo/(Mo + Pr)。对于 Pr 含量高的 Mo-Pr-O 催化剂(图 4.19 中 a、b),其还原速率随时间增加而下降;而含 Mo 更多的催化剂(图 4.19 中 d、f、h、i)的还原曲线则呈 S 形。这表明还原过程存在两种机制。根据球收缩模型[80],富含 Pr 的催化剂(Mo/(Mo + Pr)<0.27)被还原时,还原产物的成核速率较快,致使催化剂晶粒(Pr_6O_{11})的表面覆盖了一层还原相(Pr_2O_3)。随着反应中反应物 Pr_6O_{11} 不断被消耗,导致 Pr_2O_3-Pr_6O_{11} 界面的反应速率持续降低。对于富含 Mo 的催化

剂（Mo/(Mo + Pr)≥0.43），其还原过程符合成核模型：首先，随着还原相的新核不断生成，还原反应速率在不断上升。在拐点处，还原相的晶核开始交叠，此时的反应位点由 Pr_6O_{11} 相表面向体相转移。在此阶段后，Pr_6O_{11}-Pr_2O_3 相界面面积不断减小，还原反应速率持续下降。

由球收缩模型（Pr_6O_{11} 还原）和成核模型（MoO_3 还原）可以得到 Mo/(Mo + Pr) = 0.27（图 4.19 中 c）的催化剂还原反应动力学曲线。这些还原过程可以分别用体收缩方程 $1 - (1 - \alpha)^{1/n} = kt$ 和 Avrami-Erofeev 方程（式(8)）进行描述[80]。

$$1 - \alpha = \exp(-kt^n) \tag{8}$$

其中 α 是 t 时刻下催化剂的还原程度，k 和 n 均为温度而不是时间的函数。式(8)可以很好地用于定量描述金属氧化物的还原过程[62]，该方程描述了包括界面处的还原相成核以及后续还原反应向体相（多晶粉末氧化物）方向进行的过程，例如 Pr_6O_{11} 体系。

对式(8)取对数，可得

$$\ln[-\ln(1 - \alpha)] = \ln k + n\ln t \tag{9}$$

根据式(9)可得到一系列符合 $\ln[-\ln(1 - \alpha)] - \ln t$ 关系的直线。将图 4.18 中的 Pr_6O_{11} 还原反应动力学曲线做对数变换，得到的曲线如图 4.20 所示。由图可见，这组数据曲线对式(9)拟合很好。根据直线的斜率和截距可以算出 k 和 n 的值，结果如表 4.8 所示。在研究的温度范围内，k 值在一个数量级范围内波动，n 的波动较小，这与活化后还原反应的预期相符合。

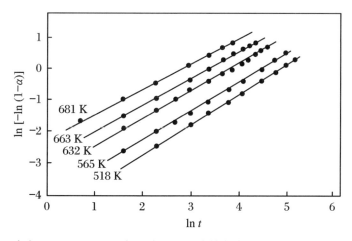

图 4.20 根据 Avrami-Erofeev 方程对图 4.18 中的曲线进行对数变换后得到的曲线

表 4.8 Pr_6O_{11} 还原反应的动力学参数

T/K	$r_0/(mg \cdot g^{-1} \cdot min^{-1})$	n	$\ln k$	k
518	0.283	0.97	-4.73	8.83×10^{-3}
565	0.602	0.94	-4.02	1.79×10^{-2}
632	1.751	0.90	-3.22	4.01×10^{-2}
663	2.420	0.89	-2.87	5.69×10^{-2}
681	2.823	0.84	-2.64	7.11×10^{-2}

催化剂 Pr_6O_{11} 还原过程的表观活化能 E_a 可由使用动力学还原曲线的分析模型计算得到，确定动力学参数 k 或初始还原速率 r_0。$\ln k$ 对 $1/T$ 和 $\ln r_0$ 对 $1/T$ 作图得到的曲线如图 4.21 所示。由直线斜率得到的 E_a 值分别为 36.5 kJ·mol^{-1} 和 43.4 kJ·mol^{-1}。和所预估的一致，由 r_0 算得的 E_a 值略高。这是由于在 $t=0$ 时，发生的各种表面现象如表面氢分子的活化和还原成核都没有考虑进来。在相当长的还原时间中存在的这些现象在 k 值中也被考虑在内，需对每个动力学曲线的所有区间取平均。

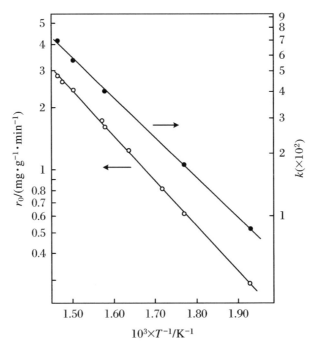

图 4.21　由图 4.18 中的曲线数据，根据 Avrami-Erofeev 方程 $-\ln(1-\alpha) = kt^n$ 得到的初始还原速率 r_0（○）和 k 值（●）对 $1/T$ 作图得到的曲线

4.3.3.3　催化剂 $LaNiO_3$ 和 $LaMnO_3$

Tejuca 等人[52,62]研究了 $LaNiO_3$ 和 $LaMnO_3$ 钙钛矿在 H_2 中还原的动力学行为。就 $LaNiO_3$ 对 H_2 中 510～570 K 和 670～730 K 这两个温区还原的动力学进行了研究，这两个温区分别对应于两个还原步骤（每分子钙钛矿分别得到 1e$^-$ 和 3e$^-$，参见 4.3.1.2 节和图 4.15(a)）。图 4.22(a)、(b) 分别对应于每单位钙钛矿得到 1e$^-$ 和 2.68e$^-$ 的还原反应动力学曲线。

从图 4.22(b) 所示的动力学曲线可以看出，反应开始时的还原速率极快（不可测），随着反应的进行，还原速率降低。快速反应过程对应于每单位钙钛矿得到 1e$^-$，表明还原反应开始进行。随着反应温度升高，初始反应速率加快，这表明还原反应的两个步骤都随温度上升而活化。在还原反应的第一个步骤（每单位钙钛矿得到 1e$^-$），反应速率随反应的进行而减慢（图 4.22(a)），在还原反应的第二个步骤（每单位钙钛矿得到 3e$^-$），则得到了 S 形曲线（图 4.22(b)），这表明在还原过程中存在两种还原机理。

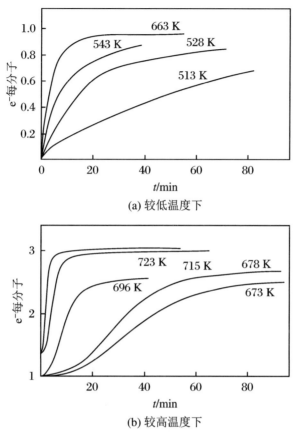

(a) 较低温度下

(b) 较高温度下

图 4.22 300 Torr H_2 条件下,$LaNiO_3$ 的还原反应动力学曲线

一方面,根据球收缩模型可以解释低温温区(510~570 K 范围,每单位钙钛矿得到 1e^-)还原的过程。模型分析表明,在 $LaNiO_3$ 还原的初期,还原产物成核速率较快,致使最终体相的 $LaNiO_3$ 晶粒表面被一层还原相包覆[80]。由于还原反应是以 $LaNiO_3$ 为反应物的,因此在包覆一层还原相后,$LaNiO_3$ 还原相界面的还原速率持续降低。另一方面,高温还原(670~730 K 范围,每分子 3e^-)受还原核(金属镍)的形成和缓慢生成控制。还原核在低温下的还原相(La_2NiO_4 和 NiO)表面形成。最初,由于已经形成的核的生长和新核的出现,还原速率增加。图 4.22(b)中的拐点表明成核的还原相开始发生重叠,从这一点开始,氧化和还原相的界面以及还原速率都开始降低。在未负载的 NiO、V_2O_5 和 Co_3O_4 中均观察到了 S 形还原曲线,而 MnO_2 和负载 NiO 则表现出收缩球模型的特征曲线[80,84]。由于球收缩模型是以非常快的成核过程开始的,且成核过程的结束过程也可以通过球收缩模型描述,致使目前对两种还原机制的区分尚未有定论方法(请注意,拐点前、后的两段还原曲线,其曲线形状是类似的)。

对于在 873~1013 K 和 300 Torr 氢气下 $LaMnO_3$ 钙钛矿的还原反应动力学等温线,每分子电子对时间作图呈现典型的 S 形还原曲线的特征。还原过程受表面还原核的形成和生长控制,随后受体相中还原控制[62]。图 4.23 中的拐点表明还原反应由表面反应向体相反应的转移控制。从图中还可看出,每分子 $LaMnO_3$ 钙钛矿在还原过程中均得到约 0.93e$^-$,且随着还原温度的升高,达到该还原程度所需的时间迅速减少。另一方面,随着还原温度的升高,初始还原速率会加快,这表明还原反应的发生是一个活化的过程。

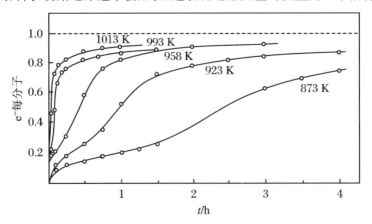

图 4.23　300 Torr H_2 气氛下,$LaMnO_3$ 等温还原的动力学曲线

与 Pr_6O_{11} 的过程分析相类似,可以使用 Avrami-Frofeev 方程(式(9))对图 4.22(b)和图 4.23 中的还原反应动力学数据进行处理分析。对于 $LaNiO_3$,可根据 $\ln r_{0.red} - 1/T$ 曲线($r_{0.red}$ 是将动力学数据拟合为多项式函数,并在 $t = 0$ 时求导确定的初始还原速率)计算得到在低温下发生部分还原的表观活化能(E_{red})。E_{red} 是根据 $\ln k - 1/T$ 曲线(k 为 Avrami-Frofeev 方程中的常数)得到的。每分子 $LaNiO_3$ 得到 1e$^-$ 的表观活化能均值为 108 kJ $\cdot$ mol^{-1},每分子 $LaNiO_3$ 得到 3e$^-$ 的表观活化能均值为 221 kJ $\cdot$ mol^{-1}。$LaNiO_3$ 发生还原反应的活化能均低于每分子 $LaMnO_3$ 得到 1e$^-$ 的活化能(247 kJ $\cdot$ mol^{-1}),这表明 $LaMnO_3$ 比 $LaNiO_3$ 更难还原。

4.3.3.4　二氧化铈

Fierro 等人[85-86]研究了 CeO_2 在 195~773 K 下与 H_2 接触后的质量变化行为,样品预先在 773 K 下进行了脱气处理。微重分析结果表明,H_2 与 CeO_2 相互作用过程遵循两个不同的机理:首先,H_2 在低温(195~500 K)下与 CeO_2 结合,在 500 K 时得到 $CeO_2H_{0.17}$(图 4.24);其次,由于氧化铈的还原引起缓慢的质量损失,随着温度的升高,质量损失现象变得更加显著。可以观察到,在 773 K($Ce_{1.89}$)达到的平均还原度比对应于化学计量的本体氧化铈($CeO_{1.50}$)的平均还原度要小。通过假设的 Ce^{4+} 的合理的表面密度 3.8×10^{14} cm^{-2},可以得到理论表面还原量对应于 $CeO_{1.97}$,这是在 773 K 处发现的实验值的约三分之一,因此 CeO_2 的还原过程不是仅局限于二氧化铈表面,而是延伸到了内层,这些现象可以通过以下反应来解释:

$$化学吸附:CeO_2 + x/2H_2 \longrightarrow CeO_2H_x$$
$$还原:CeO_2H_x \longrightarrow CeO_{2-x/2} + x/2H_2O \quad 或$$
$$CeO_2H_x + x/2H_2 \longrightarrow CeO_{2-x} + x\ H_2O$$

化学吸附过程描述了在 H_2 气氛下处理之后二氧化铈样品的质量增加持续到 500 K,而还原反应则表明质量损失是 $T_R > 500$ K 时晶格氧被去除所引起的。

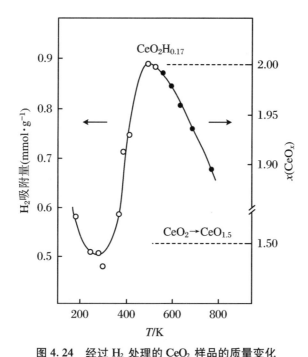

图 4.24 经过 H_2 处理的 CeO_2 样品的质量变化

○:在恒定 H_2 压力(70 托)下 H_2 的吸附量;●:由 O/Ce 比(CeO_2)给出的平均还原程度

4.3.3.5 V_2O_5/SiO_2 和 MoO_3/SiO_2 催化剂

研究结果表明,由动力学还原等温线计算的 V_2O_5/SiO_2 催化剂还原性对还原温度非常敏感[87-88],较高的温度导致更快和更大量的还原。对于所有的负载量,在 643 K 下的还原是缓慢的并且非化学计量。即使是最低负载(0.3 V nm^{-2})的样品,其还原程度也仅接近每个钒原子去除约 0.6 个氧原子。相反,823 K 下的还原引起对于 0.3 V nm^{-2} 和 0.7 V nm^{-2} 原子的载荷,几乎从 V^{5+} 化学计量地还原到 V^{3+}。0.3 V nm^{-2} 负载下,每个钒原子大约去除 0.89 个氧原子。对于 0.7 V nm^{-2} 负载催化剂,每个钒原子大约去除 0.95 个氧原子。以上这些过程在 2 h 的相对较短的时间内完成。另外,块体 V_2O_5 样品显示出比表面分散的钒氧化物样品更低的还原性。

低负载 MoO_3/SiO_2 催化剂(0.3~0.9 Mo nm^{-2})显示出与 V_2O_5/SiO_2 催化剂相同的质量损失模式[87]。较高负载的(1.3~3.5 Mo nm^{-2})MoO_3/SiO_2 催化剂表现出两个不同的还原阶段:在开始的几分钟内(与低负载样品相当)呈现出初始快速质量损失,然后出现缓慢的质量损失过程,在 823 K 下约 3.5 h 后达到平衡。出现的第二个还原步骤与 SiO_2 表面的 Mo 氧化物的分散度降低有关。在纯 H_2 中两阶段的还原与动力学受限有关。在稀释的 H_2 中,分散的氧化钼和团聚的氧化钼没有观察到差别。

相对于最低负载的样品,在以分散的表面氧化钼物质为特征的负载范围内,观察到负载较高的二氧化硅负载的氧化钼催化剂的还原性增加(图 4.25(a))。氧化钼的团聚导致二氧化硅负载的氧化钼的总体还原程度显著增加,这意味着分散的表面氧化钼物质的还原性不如本体氧化物。因为稳定需要小的颗粒尺寸,高度分散的颗粒不能完全被还原。此外,据报道硅烷醇基可氧化分离的金属颗粒[89]。

对于这两个系列的催化剂体系,金属负载量的增加导致初始还原率 r_0 增加(图 4.25(b))。对于 MoO_3/SiO_2 系列的催化剂体系,低钼负载区的初始还原速率(r_0)的急剧增加对应于钼氧化物初始表面存在聚合过程。随着尺寸的进一步增加,出现结晶斜方晶系 MoO_3 相并发生显著的 r_0 减小现象。对于 V_2O_5/SiO_2 负载量高于 $1\ V\ nm^{-2}$ 的情况,与低负载催化剂相比,观察到负载增加时 r_0 的增加并不明显。在较高的钒载量($3.0\ V\ nm^{-2}$)下,初始还原率显著下降。另一方面,对于负载型氧化钒催化剂,负载量在 $0.8\ V$ 和 $1.8\ V$ 之间,观察到的斜率改变对应于形成钒氧化物微晶,而负载量高于 $2\ V\ nm^{-2}$ 时 r_0 急剧下降的现象则说明开始形成较大的氧化钒晶体。

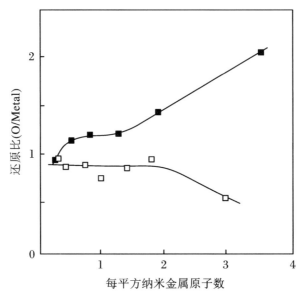

图 4.25　二氧化硅负载的金属氧化物催化剂还原性(a)(■),xMo 和(□),xV;
(b) xMo(■)和 xV(□)系列催化剂的初始还原速率(r_0)
(译者注:原书此图有误)

根据晶格参数 $c^{[91]}$,氧化钼的还原已显示高度依赖于其分散程度[90],并且 V_2O_5 晶体的初始还原速率对晶体厚度敏感。还原等温线表明,对于 xMo 系列催化剂,当其浓度高于 r_0 最大值对应的浓度时,有两个还原阶段,这种还原行为是大块结晶氧化物的特征[92]。在 $1.3\ Mo\ nm^{-2}$ 处,形成钼酸盐物质,而在更高的负载下,则形成结晶的正交 α-MoO_3。对于 xV 系列催化剂,r_0 的初始偏差与开始形成微晶 V_2O_5 相关,并且 r_0 的急剧下降与晶态氧化钒的开始形成相对应。

4.3.4　测定比表面积/活性相分散度

4.3.4.1　低温氧化学吸附(LTOC)研究

一般来说,通过氧气的化学吸附测量载体催化剂中过渡金属氧化物(TMO)的表观表面积的信息已被证明对几个体系有效[93]。如最初使用的研究方法那样,基于氧化学吸附的方法涉及高温下氢的初步还原以及在适当的低温下进行氧化学吸附过程。被称为"LTOC"(低温氧化学吸附)的这一方法已经与氧化铬催化剂一起使用约 40 年,与钼氧化物催化剂一起使用约 15 年。例如,氧化铝负载的还原钼催化剂在低温下的氧化学吸附过程被证明是测定特定钼元素面积和 Mo 分散的有用方法[94]。目前有一篇综述总结了直到 1983 年的氧化铬和氧化钼的 LTOC[93]。

LTOC 方法论的基本原理如下:

(1) 由于较高价态的 TMO 不以化学计量方式化学吸附氧,因此在对感兴趣的体系的氢预还原进行了初步的还原程度定量研究之后,可以确定允许还原的标准化的条件(温度、时间)。本步骤中,可能会发生本体还原以及过渡金属氧化物的表面离子还原。

(2) 虽然可能发生了本体还原,但氧化学吸附的目的仅在于测量表面上的过渡金属离子。对于标准化的 LTOC 测试程序,选用推荐的化学吸附的温度应尽量低,以防止体相材料发生再氧化。由于标准化测试条件的任意性较强,因此合理的要求是测得的化学吸附值不受吸附温度的微小变化影响。

在我们的实验室中,氧化学吸附成功地用于测定二氧化硅负载钒催化剂[10]和一系列 MoO_3(4.8~13.0 质量百分比)$/SiO_2$[95-96]、Mo/α-Al_2O_3[94,96] 和 CoMo/α-Al_2O_3[94]、NiMo/α-Al_2O_3[94,97]催化剂的比金属面积。将样品定量还原成 MoO_2 并进行重量分析实验。使用具有高比表面积(50~80 $m^2 \cdot g^{-1}$)的 MoO_2 样品来确定将氧化学吸附与等价的钼面积相关联的因子[95]。将 LTOC 方法应用于通过"湿法"浸渍方法制备的一系列负载于氧化铝上的催化剂(6.9~14.3 质量百分比 MoO_3)的结果表明,在所研究的 MoO_3 载量范围内,Mo 在 Al_2O_3 表面高度分散[94]。研究者发现了高至 15% 质量百分比 MoO_3 的钼负载量和等价的钼面积之间呈现的线性关系。大部分 Mo 以单层形式存在,很小一部分可能以多层或块状微晶存在。相反,二氧化硅负载的钼样品中等价的钼面积对应于二氧化硅表面的较低覆盖度。对于还原的 MoO_3(13.0%)$/SiO_2$,由氧化学吸附推断的粒子尺寸为 6.9 nm,比 MoO_3(15%)$/SiO_2$ 的尺寸要大,还原的 MoO_3(15%)$/SiO_2$ 的粒子尺寸为 2.5 nm,这与二氧化硅的较弱相互作用一致。在 77~195 K 范围内,温度对无载体和二氧化硅负载这两种钼催化剂的氧化学吸附量没有影响[95]。另一方面,部分还原的氧化钼-二氧化硅催化剂在低温下的 O_2 化学吸附的程度表明,在这些催化剂中主要是 Mo^{5+} 在所用的实验条件下对 O_2 化学吸附起作用[98]。

总之,对 5%~15% 质量百分比的 MoO_3/SiO_2 和 MoO_3/Al_2O_3 这两个系列催化剂,在 77 K、141 K 和 195 K 下重量分析实验测定的氧化学吸附结果表明,随着活性相负载量的增加,氧化钼的分散度增加[96]。所用方法的实验细节已在其他地方发表[94,95-98],下面对结果进行简短讨论。

4.3.4.2　未负载的 MoO_3 催化剂

在微量天平中分两个阶段对高表面积 MoO_3-MoO_2-Mo 混合物的 MoO_2 进行还原:(a) 在 165 Torr 和 150 K 下在氢气中处理 2 h;(b) 在非氢气气氛中进行第二次处理,并在 60 托的压力下用 H_2 在 300 K 下处理 6 h[95]。

在不同温度下测定连续氧气吸附等温线，其中 MoO_2 样品量为 150～500 mg。在测量得到 77 K 的第一个等温线（对应于物理吸附加上化学吸附的氧）之后，物理吸附的气体在 195 K 下真空脱附 1 h，然后测定 77 K 的第二个等温线。当在 142 K 或 195 K 下进行吸附时，在工作温度下吸附 1 h。在每个吸附温度下用第一次和第二次等温线之间的差值计算 O_2 化学吸附值 Δm（mg $O_2 \cdot g^{-1}$）。

在表 4.9 中，记录了单个 MoO_2 样品（443 mg）在各温度下进行吸附实验得到的 Δm 值。在不同温度下的实验中，采用了标准的还原处理，即 300 K 下在 60 托 H_2 中还原 16 h。表 4.9 中还给出了在各温度下的第二等温线之后测得的 BET 面积以及计算"因子"（$m^2 \cdot mg^{-1}$ O_2），随后与 MoO_2/SiO_2 一起用于将 O_2 吸附转化为等同的氧化钼面积。在三个温度下测定的这个（重量）因子的平均值是 8.80 $m^2 \cdot mg^{-1}$ O_2，这个数值相当于 12.6 $m^2 \cdot mL^{-1}$（STP）O_2 吸附的（体积）因子，与 Parekh 和 Weller[99] 推导的因子 13.6 $m^2 \cdot mL^{-1}$（STP）O_2 相当接近。Parekh 和 Weller 采用完全不同的方法（从钼酸铵溶液沉淀并用 H_2 还原）制备还原型钼的样品。因为 Parekh 和 Weller 研究的无负载的氧化钼样品的表面积比这里使用的样品要低得多，因此，目前的平均值被认为更准确。273 K 下的化学吸附导致质量缓慢增加，表明在该温度下已经发生本体氧化。我们试图用高表面积 MoO_2 材料再氧化制备 MoO_3，但没有成功，再氧化伴随着比表面积的严重减小。

表 4.9　未负载 MoO_2 的氧化学吸附

T/K		Δm^a	S_{BET}	因子
吸附	脉冲量	/(mg $O_2 \cdot g^{-1}$)	/($m^2 \cdot g^{-1}$)	/($m^2 \cdot mg^{-1}$ O_2)
142	142	6.6	56.7	8.59
195	195	5.8	54.9	9.47
77	195	6.1	50.8	8.33
			平均值：	8.80

注：[a] 每克 MoO_2 的 O_2 吸附质量。

4.3.4.3　MoO_2/SiO_2 催化剂

对于每种 MoO_2/SiO_2 样品（4.8%、9.1% 和 13.0% MoO_3），在每个吸附温度（77 K、142 K 和 195 K）下得到两个氧吸附等温线，并在两个吸附中间进行抽气操作[95]。当在 77 K 或 195 K 吸附时，在工作温度下抽气 1 h。通常在给定温度下测量第二个等温线后测定 BET 比表面积。表 4.10 中总结了这三种 MoO_3/SiO_2 样品的氧化学吸附（Δm）和 BET 比表面积（S_{BET}）的结果。通过将 Δm 乘以因子 8.80 $m^2 \cdot mg^{-1}$ O_2（参见表 4.9）来计算表 4.10 中的"等价的氧化钼面积"（EMA）。根据 $\theta(\%) = EMA/S_{BET} \times 100$ 来计算表 4.10 中的氧化硅表面（还原）氧化钼的表观覆盖率。同样，根据 $D = $ 氧原子化学吸附数/样品中 Mo 原子数来计算表 4.10 中的表观分散度 D。

表 4.10 O_2 在 MoO_3/SiO_2 上的化学吸附结果

催化剂	T/K	$\Delta m^a/$ $(\text{mg } O_2 \cdot g^{-1})$	EMA/ $(m^2 \cdot g^{-1})$	$S_{BET}/$ $(m^2 \cdot g^{-1})$	$\theta^b/\%$	D
MoO_3/SiO_2 4.8%	77	0.83	7.3	105	6.9	0.16
	142	0.74	6.5	—	6.2	0.14
	195	0.80	7.0	101	7.0	0.15
MoO_3/SiO_2 0.1%	77	1.20	10.6	105	10.1	0.12
	142	1.19	10.5	—	10.1	0.12
	195	1.12	9.9	103	9.6	0.11
MoO_3/SiO_2 13.0%	77	1.70	15.0	107	14.0	0.12
	142	1.85	16.3	—	15.2	0.13
	195	1.67	14.7	107	13.7	0.12

注：[a] 还原前每克样品的 O_2 化学吸附质量。

　　[b] 还原前催化剂中 MoO_3 的质量百分比。

MoO_3/SiO_2 催化剂的比表面积基本不变（105～107 $m^2 \cdot g^{-1}$ 催化剂），比 SiO_2 载体的比表面积（131 $m^2 \cdot g^{-1}$ SiO_2）低，即使在仅 SiO_2 的基础上，含 13.0% MoO_3 样品比表面积计算结果也只有 107/0.870 = 123 $m^2 \cdot g^{-1}$ SiO_2。在所有情况下，总表面积都小于样品中存在的 SiO_2 载体量的贡献面积。对于 SiO_2 载体，孔体积发生了减少，表现在 SiO_2 载体的孔体积是 1.34 $cm \cdot g^{-1}$，而 MoO_3 含量分别为 4.8%、8.1% 和 13.0% 的催化剂的孔体积分别是 1.03 $cm \cdot g^{-1}$、0.86 $cm \cdot g^{-1}$ 和 0.75 $cm \cdot g^{-1}$。这些结果表明，氧化钼主要堵塞了 SiO_2 中的孔隙，表 4.10 中显示的覆盖率 θ 非常低。EMA 的平均值对钼负载（还原前样品中 MoO_3 的百分比）作图（图在文中未显示）是经过原点的近似直线，这表明通过还原 MoO_3/SiO_2 获得的 MoO_2 晶粒样品在 MoO_3 负载 4.8% 至 13.0% 质量范围内具有大致相同的平均尺寸。

4.3.5　O_2 吸附动力学与平衡

Tejuca 等人对钙钛矿型催化剂（$LaNiO_3$、$LaMnO_3$、$LaFeO_3$、$LaCrO_3$ 和 $LaCoO_3$）进行了大量的氧的吸附动力学和平衡研究[52,62,63,73,100]。下面详细讨论 $LaMnO_3$ 的实验程序。

在 $LaMnO_3$ 钙钛矿上进行了两个系列的 O_2 吸附动力学实验（加热速率为 4 $K \cdot min^{-1}$）[62]。在第一个系列中，研究了温度对零时刻初始吸附率 r_0 和 O_2 吸附程度（等压实验）的影响，记录了 2 h 质量变化以及 $O_2/LaMnO_3$ 体系达到平衡之后的质量变化。在第二个系列中，研究了压力对初始吸附速率的影响（等温实验），记录 20 min 动力学曲线。由此，可以通过对数据进行多项式函数拟合并微分 $t = 0$ 处来计算初始吸附速率 r_0。以 25 托和 303～685 K 温度下的积分动力学数据 q 对 t 作图，如图 4.26(a) 所示，图中还给出了平衡状态下（t_∞）的吸附量 q_e。图中 r_0 和 q_e 都随着温度的增加而增加，证明存在活化过程。

图 4.27 中给出了平衡状态（25 托）下的吸附数据与温度的函数关系，在该图中还给出了 195 K 时的吸附数据。在 195～350 K 的温度范围内，q_e 随着温度的升高而降低，表

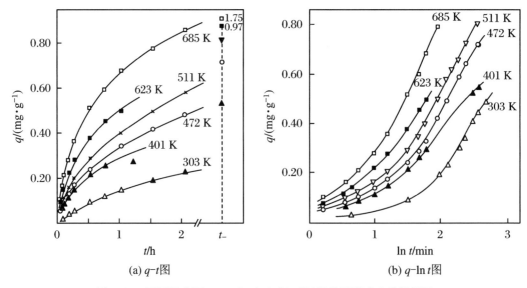

(a) q-t图   (b) q-$\ln t$图

图 4.26 不同温度下 LaMnO$_3$ 上 O$_2$(25 托)积分吸附动力学数据图

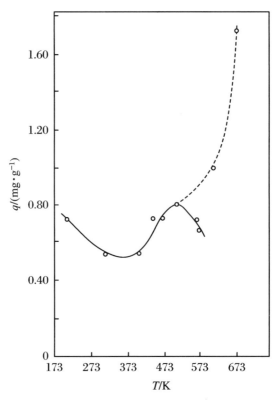

图 4.27 25 托下 LaMnO$_3$ 的等压 O$_2$ 吸附曲线

明在没有活化能的情况下发生了吸附。在 350～525 K 的范围（第一个上升分支），发生了活化吸附。在 573 K 时，吸附比 525 K 低，这在一个重复实验中得到证实。在 600 K 以上，q_e 随着温度升高急剧上升（第二个上升分支）。这些结果表明，在较高温度下的活化能高于在 350～525 K 发生的过程。

图 4.26(b) 中以 q 对 $\ln t$ 作图，给出的 303～685 K 范围（图 4.26(a)）O_2 吸附的动力学曲线具有 S 形形状，这是典型的活化吸附动力学过程。在最大斜率区域（拐点附近）的曲线通常是线性的，遵循 Elovichian 吸附动力学。这个区域之前有一个凹面部分，之后为凸起部分，分别对应于前 Elovichian 区和后 Elovichian 区。

Aharoni 和 Ungarish[38] 从 $t\text{-}(\mathrm{d}q/\mathrm{d}t)^{-1}$ 曲线的 S 形推导出这些区域的存在。当动力学数据以 $\mathrm{d}q/\mathrm{d}\ln t$ 对 t 作图时，可以清楚地显示出这些区域。例如，472 K 和 511 K 处的动力学数据（图中未给出）显示了火山形的上升和下降分支，这分别对应于前 Elovichian 部分和后 Elovichian 部分。曲线中观察到的相当尖锐的极大值表明，在这种情况下 Elovichian 不占优势[62]。

用吸附模型定量描述非均匀表面上的动力学数据[101]，该模型假定吸附剂表面由大量均匀小区域构成，其特征在于给定的吸附能量值 H 对于给定的小区域而言是恒定的，并且随着小区域的变化而变化。考虑到小区域中的吸附，活化能 E_a 由下式给出：

$$E_a - \alpha H = RT\ln(\beta\theta + \gamma) \tag{10}$$

其中 θ 为覆盖度，α、β 和 γ 是常数。假定脱附可以忽略不计，则可以推导出以下形式的积分方程式：

$$-\ln(1 - \theta) - \theta = (t/\tau)\exp(-\alpha H) \tag{11}$$

其中 τ 为常数，与吸附常数成反比。

使用来自图 4.26 中的等压实验数据并根据方程 (10) 得到动力学数据，绘于图 4.28 中，所有线性变换都通过原点。温度从 303 K 到 511 K，实验结果可以很好地符合方程

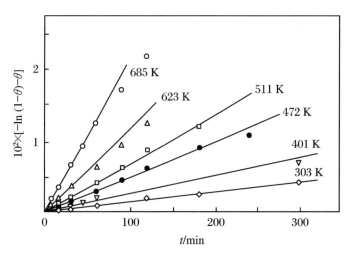

图 4.28 根据方程 (11) 和图 4.26 中的积分动力学数据得到的曲线图，
显示了在不同温度下 $LaMnO_3$ 上 O_2(25 托) 的吸附行为

(11)(在较高的温度和较长的时间下,实验点开始偏离拟合得到的直线)。这种现象与先前的结果一致,表明 $LaMnO_3$ 钙钛矿型氧化物的表面是高度异质的[102]。从 $\ln \theta$ 与 $1/T$ 的关系曲线可以看出,吸附的活化能为 16 kJ・mol^{-1},等于 $O_2/LaCrO_3$[73] 体系的计算值。

在 300～700 K 温度范围内,$LaCoO_3$[100]、$LaCrO_3$[73] 和 $LaMnO_3$[62] 在 25 托下的氧气覆盖率列于表 4.11。从这些数据可以观察到从 $LaCoO_3$ 到 $LaCrO_3$ 的氧气覆盖率依次下降。另一方面,这些氧化物的 O_2 吸附及其还原性遵循与 CO 氧化相同的催化活性顺序:$LaCoO_3 > LaMnO_3 > LaCrO_3$,这些吸附和催化性能的差异与过渡金属阳离子有关($La^{3+}$ 是 O_2 的低吸附剂)。吸附实验前样品的脱气处理(773 K 下 15 h)会在吸附剂表面产生较高浓度的氧空位,因此导致 O_2 在大多数可还原的氧化物上吸附更高。

在等压线的第一个上升分支中,$LaMnO_3$ 上的吸附氧覆盖率(取 0.141 nm^2 作为 O_2 分子的横截面积)[103] 从 0.12(300 K)增加到 0.20(600 K)(见表 4.11)。但是,在 685 K 时吸附氧覆盖率为 0.38。

表 4.11　$LaMnO_3$ 氧化物的 O_2 覆盖率[a]

	T/K				
	300	400	500	600	700
$LaCoO_3$	0.10	0.36	0.34	0.23	0.24
$LaMnO_3$	0.12	0.12	0.17	0.20	—
$LaCrO_3$	0.01	0.03	0.11	0.17	0.13

注:[a] O_2 分子的横截面积为 0.141 nm^2。

结合等压线(图 4.27 中两个上升的分支被一个拐点分开)可以有力地说明,在 350～700 K 的温度范围内发生了两种非常不同的化学过程。在 400 K 时,考虑到 $LaMnO_3$ 对于 CO 氧化具有催化活性,O_2 分子在 350～525 K 时所进行的活化应该与 O_2 到 O^- 的氧化学吸附相关,与在 $O_2/LaCoO_3$ 体系中观察到的一样[100]。在 600 K 以上获得的高覆盖率与氧掺入氧化物晶格中有关。尽管不如在 $O_2/LaMnO_3$ 体系中发现的那么明显,$LaCoO_3$(一种易还原的氧化物)上的氧气吸附在 600 K 以上,其等压线也有第二个上升分支。相反,在 $LaCrO_3$(一种难以还原的氧化物)的氧吸附中没有观察到这种行为[100]。

总之,观察到的 $LaMnO_3$ 系列氧化物中氧吸附的趋势是:$LaCoO_3 \approx LaMnO_3 > LaNiO_3 \gg LaCrO_3 > LaFeO_3$。因此,在 $LaMnO_3$ 系列中,发现与不易还原的氧化物($LaCrO_3$)相比较容易还原的氧化物($LaNiO_3$、$LaCoO_3$、$LaMnO_3$),是更好的氧吸附剂。

4.3.6　预还原催化剂上形成积炭

应用微重量法监测化学反应的一个例子是研究在 CO 预还原的氧化铝负载氧化铬催化剂上丙烷脱氢反应并形成积炭的过程[104],还可以研究不同氧化铬的负载量的影响。在这些实验中,将样品置于微量天平中,并在 He 气流中以 4 K・min^{-1} 速率加热至还原温度。还原在 CO/He 混合气中进行,总流速是 36 cm³ · min⁻¹,最终达到恒定的质量。在催化剂被还原之后,对体系进行吹扫以除去 CO,然后通入总流速为 44 cm³(STP) · min⁻¹的烃(丙烷或丙烯)/氦混合气进行研究。

在研究氧化铬含量对 CO 还原催化剂的影响时发现,氧化铬含量最低(1.5% Cr₂O₃)的催化剂的最大还原程度最高。随着氧化铬含量的增加,最大还原程度降低。

在丙烷和丙烯体系的氧化铬−氧化铝催化剂上焦形成的动力学曲线分别显示在图 4.29(a)和图 4.29(b)中,从 0 时刻的曲线斜率计算初始焦形成速率,焦形成的程度取自很长时间测量的“平衡”值。以上两个参数均记录在表 4.12 中。由表可见,焦形成的初始速率以及丙烷和丙烯的沉积焦总量随催化剂中氧化铬含量而变化。

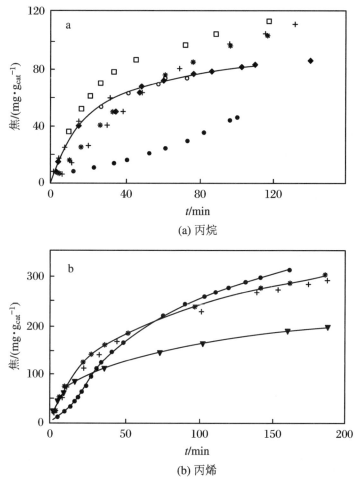

(a) 丙烷

(b) 丙烯

图 4.29　用 CO 预还原的 Cr₂O₃ 催化剂上丙烷和丙烯沉积的焦

Cr₂O₃ 含量——●:0.0%;+:1.5%;★:3.0;□:6.0;◇:12.0;▼:15.0%

表 4.12　在 873 K 铬-铝催化剂上焦的形成

%Cr₂O₃	r_1(10^4 g·g_{cat}^{-1}·min^{-1})		最大焦负载量(10^3 g·m^{-2}催化剂)	
	丙烷	丙烯	丙烷	丙烯
0	2.0	12.3	—	2.13(309)
1.5	11.0	48.5	0.80(110)	2.12(290)
3.0	14.0	63	0.75(104)	2.12(293)
6.0	32.1	76	0.73(102)	2.01(281)
9.0	32.9	99	0.83(105)	2.13(268)
12.0	41.3	105	0.78(85)	2.25(245)
15.0	48.0	120	0.84(81)	2.05(197)

注:括号内的数值单位为毫克/(催化剂的克数)。

　　通常,随着氧化铬含量增加,焦形成的初始速率增加,但相反,每单位质量催化剂沉积的焦量下降。然而,当最终的焦负载量与催化剂的比表面积有关时,为近乎恒定的值,与催化剂中氧化铬的含量无关。表 4.12 还表明,丙烯的初始焦形成速率远高于丙烷,可以认为烯烃或来源于其表面的物质为焦炭的前驱体,König 和 Tétényi[105] 对无负载 Cr₂O₃ 上乙烷脱氢的研究也得到这种结论。还应注意,丙烯在裸露的载体表面(0% Cr₂O₃)上的初始焦化速率比丙烷高一个数量级,对于较低氧化铬含量的催化剂样品(1.5%Cr₂O₃ 和 3.0 %Cr₂O₃),两者数量级仍相同。虽然初始速率应该由丙烷转化为丙烯的转化程度决定,但氧化铬含量也起一定作用,表现为当进料中丙烯浓度保持恒定时也能观察到变化,尤其是在具有较低 Cr₂O₃ 含量的样品中。

　　氧化铝载体(0%Cr₂O₃)参与焦化速度和结焦程度并不令人意外,这是由于其表面上的酸性位点导致丙烯比丙烷更快地脱氢。为了避免这种副反应,常见的做法是用另一种低酸性载体如氧化锆代替氧化铝载体[106,107]。

　　焦沉积对催化剂结构影响的研究证实,焦形成会影响比表面积和孔隙分布。即使在非常低的负载下,焦沉积对比表面积也有显著影响。对于具有最高初始比表面积的低氧化铬含量的样品,这种影响更明显。此外,研究发现焦沉积的主要作用是降低了具有较低半径的孔的孔体积。此外,还研究了铬的氧化态对焦形成的影响。

　　在未还原的 15.0%Cr₂O₃ 催化剂及其经 CO 还原的同系物上焦沉积的微重量法研究表明,丙烯与还原的样品接触时立即生成焦,但在未还原的样品上直到一定时间之后才观察到焦形成。在这段时间内,与由 CO 还原实验中观察到的结果相当,观察到明显的焦形成抑制。在这个初始阶段之后,焦形成的速率与预还原样品类似。

　　研究中发现用 CO 预还原的样品的催化行为取决于氧化铬的含量。研究者观察到转化率随着氧化铬含量增加而增加,一直持续到氧化铬含量增至 6%。在预还原催化剂上形成焦是瞬时的,并且与烯烃产物转化的程度以及稳定性有关。

4.4 通过 TPD 方法鉴定吸附位点的性质

4.4.1 逸出气体分析(EGA)

为了研究吸附剂上发生的解吸过程,除了上面描述的重量法之外,推荐使用逸出气体分析(EGA)技术,通常使用气相色谱法(EGA-GC)或质谱法(EGA-MS)或傅里叶变换红外光谱法(EGA‒FTIR)进行检测[108-110]。本丛书第 1 卷第 12 章中对逸出气体分析进行了详细介绍,在下面的内容中将介绍在催化中这种方法的一些应用实例。

4.4.2 EGA-MS

Viswanathan 和 Wilson[111]采用了这种技术,目的是研究氧化铈作为载体时稳定各种化学态和分子态氧化铬的作用。在我们实验室,已联合使用 TGA、DTA、EGA-FTIR 和EGA-MS 方法有效地用于研究含水滑石的 Cu-Zn-Al 前驱体的热分解过程[112]。实验时,将样品置于与四极杆质谱仪连接的石英流式微型反应器中。使用 21 vol% O_2/Ar 混合气,流速为 50 mL·min^{-1},升温速率为 10 K·min^{-1},同时持续监测逸出气体的组成。通过在 $m/z = 18$ 和 44 处检测的碎片信息来监测逸出 H_2O 和 CO_2。实验中,TG 分析与 MS 检测到的峰之间获得了良好的一致性。在空气气氛中加热时,前驱体经历了四个质量损失过程:第一个质量损失是由于去除了存在于 Cu-Zn 类水滑石结构中的结晶水;第二个质量损失(570 K 处的宽峰)是由于在分解水滑石和斜方岩相期间逸出了 H_2O 和 CO_2,其中 H_2O 的生成是由于消除了两相中的结构性羟基,而生成的 CO_2 只是由于斜方沸石的分解;最后,发生在 700～900 K 范围内的两个质量损失过程是由于水滑石碳酸盐 CO_3^{2-} 基团的分解引起的。这些 TG 峰的归属需借助参比物 Cu-Zn 类水滑石样化合物的 TGA/EGA-MS 研究结果,研究结果表明在 440 K(脱水)和 550 K(脱羟基化)下生成 H_2O,随后在 750～900 K 下加热时由碳酸盐分解产生 CO_2。

4.4.3 EGA-FTIR

Melian-Cabrera 等人[112]在研究 Cu-Zn 水滑石相的脱水中采用了这种方法,用于研究脱羟基和脱碳反应。在这项研究中,对在空气中处理的样品用漫反射红外(DRIFTS)光谱仪进行分析(5 K·min^{-1} 从室温加热到 673 K)。在 393 K 时观察到加热 Cu-Zn 水滑石相后的红外光谱的第一个变化。3535 cm^{-1} 处的光谱峰的强度略微下降,1651 cm^{-1} 处光谱峰的消失归因于表面物理吸附水的损失。在 373～423 K 加热后,观察到碳酸盐的 ν_3 振动在 1528 cm^{-1} 和 1370 cm^{-1} 处分裂成两个明显的谱带。这与碳酸盐基团的重排和层间水的损失有关。前一个谱带被归属于与八面体类水镁石层的羟基相互作用的 CO 振动,而第二个谱带则可以归属于 C═O 振动。在 423～533 K 的加热过程中观察到脱去部分结构羟基的现象,温度从 533 K 进一步增加至 573～623 K 时 Cu-Zn 水滑石相完全脱羟基化。

4.4.4   NH₃ 的程序升温脱附

为了评估程序升温脱附(TPD)曲线,有必要了解可能通过解吸或扩散来控制的基本过程。虽然微重量分析技术经常被用于定量分析非均相催化剂中酸性(或碱性)位点的数量,在本部分内容中仍选择 Mo-Pr-Bi 混合氧化物作为例子来说明该技术的能力。

对用丙烯选择性氧化的 Mo-Pr-Bi 混合氧化物在 NH_3 吸附后进行分析,Mo-Pr-Bi-O 催化剂在 298 K 下用 NH_3 吸附后,通过 TPD 实验测量总解吸[13],在动态条件下使用微重量法进行氨解吸实验。首先,在 413 K 下通入流量为 50 cm^3 · min^{-1} 的 N_2 1 h。吸附过程在 298 K 下进行,以 50 cm^3 · min^{-1} 的氮气流和 10 cm^3 · min^{-1} 的氨气流通过样品,在足够的时间内(2 h)使其达到饱和。然后,用氮气(50 cm^3 · min^{-1})吹扫吸附管线 1 h (在 298 K 下),并以 5 K · min^{-1} 的加热速率将炉温升高到 823 K。

图 4.30 中给出了不同样品 NH_3 的脱附总量。由图可见,NH_3 分两步脱附,分别在 370～420 K 和 420～580 K,其中第一步解吸 NH_3 的量明显大于第二步。该曲线显示原子比 Bi:Mo 为 0.075 时 NH_3 的脱附量最大。相同 Bi:Mo 原子比的化合物也显示出了催化剂表面酸度最大值特征,并且其对丙烯氧化的催化活性也最大。Ai 和 Ikawa[113]报道了向 Mo-Bi-P-O 体系中添加碱性成分如 Bi_2O_3 后引起酸度增加的结果,发现原子比 Bi:Mo≈0.1 的催化剂酸度值最大。

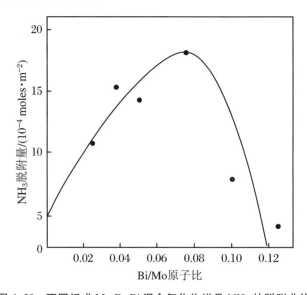

图 4.30   不同组成 Mo-Pr-Bi 混合氧化物样品 NH₃ 的脱附曲线

4.5   差热分析和差示扫描量热法

在催化中除了使用热重法之外,往往还采用其他的一些定量热分析方法,例如差热分析(DTA)和差示扫描量热法(DSC)。另外,通过逸出气体(EGA)同步分析挥发性产物获得的信息非常有用。需要注意,热分析数据的最终评估和解释还需要独立方法获得的信息进行支持,如 X 射线衍射以及光电子显微镜[114]。DTA 和 DSC 技术已经在本丛书的第 1 卷第 5 章中进行了详细的介绍。

非等温或等温的 DTA/DSC 方法通常应用于以下的多相催化领域:(1) 催化剂的制备;(2) 快速筛选模拟反应中潜在的催化剂;(3) 催化剂的组成、温度和气体流速对反应速率的影响;(4) 评估各种预处理的效果;(5) 催化剂的失活和中毒;(6) 不同反应催化剂的振荡行为;(7) 研究在给定系统下发生的动力学过程。在 DTA/DSC 应用过程中,已经有了对催化剂的热力学特征、动力学因子以及催化剂剂量比的综述性工作,例如 Dollimore[115] 和 Wendlandt[116] 完成的综述。

简单来说,多相催化反应的机理假定两个或两个以上的反应物吸附在催化剂相邻位置的表面形成吸附活化络合物,随后经历化学转化,然后以不同的物种形式被解吸。因此,催化剂可通过增加反应速率和降低活化能,来改变化学反应的动力学过程。由于反应所有步骤产生的热量总和等于反应的焓变,因此通过 DTA 和 DSC 的数据能够评估活化能和反应动力学的其他特征,例如速率常数(k)、指前因子(A)以及反应的级数(n)。在定性分析中,曲线中峰的位置、形状以及峰的数目都应予以考虑。然而在半定量分析中,化学反应过程的热化学和动力学过程与观察到的放热峰或吸热峰的面积、形状有关[116],峰的形状、峰值处对应的温度(ΔT_{max})和峰谷处对应的温度(ΔT_{min})由反应动力学控制,峰的面积由焓变决定。

DTA/DSC 的应用很广,在本部分内容中仅从文献中选取一些在催化方面 DTA/DSC 的应用来介绍。

Sharma 和 Kaushik[117] 采用 DSC 分析法优化了草酸钛镉/草酸钛锌前驱体制备产物的研究。随后 Armendariz 等人[118] 用 TG-DSC 技术研究了合成参数和活化过程对一步溶胶凝胶法合成硫酸化氧化锆催化剂的影响。研究得出的结论是溶胶-凝胶合成介质中的 H_2O/Zr^{4+} 摩尔比影响四方相的结晶温度,这个过程在 DSC 曲线中给出了第一个放热峰,同时在 TG 曲线中观察到的 680~700 K 附近有水逸出。当水和金属的摩尔比增加,结晶会延迟,这个参数同样会影响盐的稳定性以及它们的分解速率。在 800 K 下,当硫酸盐的四方晶体转变到单斜晶体时,硫酸盐发生吸热分解,进而阻碍了晶体的烧结。对硫酸锂一水合物($Li_2SO_4 \cdot H_2O$)热分解的动力学分析,主要采用了非等温和非常规等温 TG/DSC 方法,这是另一个 DSC 应用于催化剂制备的例子[119]。Kim 和 Ahn[120] 通过 DTA 技术研究了不同铝和铁含量的钠和氢型改性五元环高硅沸石的热稳定性和结构变化。Na-ZSM-5 沸石的 DTA 曲线在 623~823 K 温度范围内的放热峰对应于催化剂制备过程中 TPA 的分解过程。除此之外,DTA 曲线上的放热峰向高温移动,对应于晶体结构的破坏,这表明高硅含量的五元环沸石导致热稳定性提高。Milburn 等人[121] 利用 DTA 研究了各种促进剂在制备氧化铁费-托催化剂中的影响,研究中考虑了热过程中的质量损失和释放热量的程度。研究结果表明,添加的促进剂对发生放热过程(结晶)的温度的影响取决于促进剂的离子半径。放热温度随着离子半径的增加而降低。然而,在这个放热过程中释放的热量似乎并不与离子大小有关。这些变化应该在催化剂煅烧或活化过程中发生,并且由于促进剂影响催化剂性能,因此这些变化对于商业催化剂量化生产比较重要。

　　Sohn 等人[122] 应用 DTA 研究了用 H_2SO_4 改性的用于乙烯二聚 NiO-ZrO$_2$ 催化剂的前驱体的热性能。从图 4.31 中可以看出,对于纯 ZrO$_2$,DTA 曲线在 303～453 K 出现了一个吸热峰,对应于水的去除过程;在 703～743 K 出现的一个尖锐的放热峰对应于 ZrO$_2$ 结晶。对于这个体系,硫酸根离子影响 ZrO$_2$ 从非晶态到四方相的转变过程(需要注意的是,对于纯 ZrO$_2$,这个相变的放热峰出现在约 723 K,而对于 H_2SO_4 改性的样品相变向高温方向移动,移至约 913 K)。氧化镍的掺入也会影响 ZrO$_2$ 的相变。对于 25% 的 NiO-ZrO$_2$ 样品,由于相变引起的放热峰移到了 823 K,并且随着 NiO 含量的增加,峰向高温方向移动,峰的形状变宽。对于 NiO-ZrO$_2$ 样品,由于 $Ni(OH)_2$ 的分解,使得在 503～603 K 处观察到额外的吸热。最后,用 H_2SO_4 改性的样品在 1073～1113 K 表现出吸热,这是由与催化剂表面结合的硫酸根离子分解产生的 SO_3 的放出引起的。因此,氧化镍(或硫酸根离子)与氧化锆之间的强相互作用推迟了 ZrO$_2$ 从无定形向四方相转变的温度。

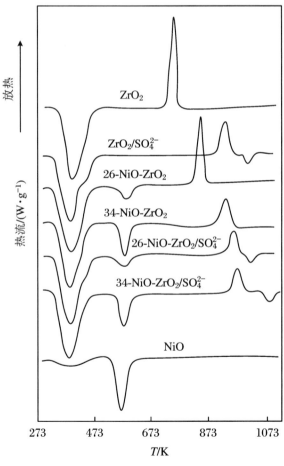

图 4.31　NiO-ZrO$_2$ 催化剂前驱体的 DTA 曲线[122]

DTA 实验条件:空气气氛,加热速率 10 K·min^{-1},样品质量 10～15 mg

Dooley 等人[123]通过使用 DSC 法提出了镓还原在制备烷烃芳构化活性 Ga/ZSM-5 催化剂中的作用。已证实,还原的催化剂在 823 K 下经历快速的再氧化。然而,这种再氧化不再生成 β-Ga_2O_3 相,而是形成更高能量的分散的 Ga^{3+},其似乎是从乙烷生产芳烃的最佳选择。这种形式的 Ga^{3+} 在典型的乙烷脱氢反应条件下是稳定的,但是可以通过氢气还原。

可以用 DTA 监测氢处理的 Mn_3O_4 的再氧化过程[124]。由于再氧化步骤与 Mn_3O_4 的选择性还原活性密切相关,氢处理(在 473 K)的样品显示出与未处理样品相似的 DTA 曲线。然而,在 573 K 以上的温度下氢处理的样品显示出与未处理样品完全不同的 DTA 曲线。因此,可以用 DTA 来判断是否发生了由氢处理引起的 Mn_3O_4 的结构破坏的过程。

Kovacheva 等人[125]用 DTA 研究了在与锂和铯离子交换之后 X^- 沸石可能的变化。DTA 曲线显示在 333~473 K 之间有吸热峰,对应于水的损失过程。对于 CsX 样品,观察到的较低质量损失现象表明吸附容量较低,因此具有较低的比表面积。与 CsX 样品不同,在 LiX 沸石的 DTA 曲线上观察到 983~1178 K 范围内有三个明显的放热峰。前两个放热峰归属于锂参与的相变,同时伴随着 LiX 沸石的结构变化,而最后一个放热峰对应于沸石重结晶过程。相反,CsX 沸石不存在放热反应,与结构稳定有关。与 LiX 沸石相比,CsX 沸石在甲烷氧化转化过程中具有较高的 C_2 选择性,用其较低的比表面积(TG 结果具有较小的质量损失)和沸石结构的稳定性(无放热)来解释。

DTA 技术被 Gallagher 等人[126]用于催化剂的快速筛选。这些作者提出了 DTA 结果与更多常规反应器研究密切相关的证据。例如,可以对未负载的 $La_{1-x}M_x MnO_3$ 催化剂进行 DTA 筛选,其中 M 是在钙钛矿晶格中部分取代镧的二价离子,这类催化剂可用于氧化己烷和一氧化碳。DTA 结果显示,即使在粗糙的 DTA 实验中,温度差信号也是确定反应开始阶段的灵敏技术。在整个温度范围内,实验结果与转化率高达 40% 的反应过程非常接近,在较低温度下的相关性更好,这表明 DTA 非常适合具有高放热反应的催化剂的筛选。由于其简单和快速的优势,DTA 也被用来研究 SO_2 对一些多晶 $La_{1-x}M_x MnO_3$(M = Sr,Pb)钙钛矿的催化活性的可能影响。图 4.32 总结了一系列掺杂铂的 $La_{0.5} Pb_{0.5} MnO_3$ 氧化催化剂的 DTA 结果[127]。图中实线对应于平衡加热曲线,虚线表示气流中具有 SO_2 的稳态曲线。在不存在 SO_2 的情况下,Pt 掺杂 $La_{0.5} Pb_{0.5} MnO_3$ 催化剂的活性并没有随着 Pt 负载的增加而显著增加。尽管存在 SO_2 中毒现象,这些钙钛矿的催化活性大大降低,但是用 Pt 掺杂(0~1000 ppm Pt)的实验表明通过掺杂低至 200 ppm 的铂就可以抑制 SO_2 中毒。

在应用中,还可以通过热分析方法研究表现出振荡行为的非均相催化反应。通常当这些反应发生振荡时,由催化剂表面的温度也会观察到振荡。Gallagher 和 Johnson[128]使用 DTA 观察到某些振荡现象,其涉及含有大量的 Pt(>2400 ppm)$La_{0.7} Pb_{0.3} MnO_3$ 催化剂的 CO 氧化速率的快速变化。通过加入 2%CO、2%O_2、96%N_2、含或不含 150 ppm SO_2 的混合气,可以直接观察到由于 Pt 引起的催化活性变化,特别是在 SO_2 存在的情况下[129-130]。Danchot 和 Cakenberghe[131]认为这些振荡满足 Langmuir-Hinselwood 机制,其中反应发生于吸附在 Pt 表面上的 CO 和 O_2 分子之间。反应放热明显提高了催化剂的温度,导致 CO_2 产物被解吸。然而,在较高的温度下,O_2 优先被吸附,因此样品必须冷却以在再次反应之前吸附足够的 CO。振荡周期和振幅取决于热传输和气相浓度等因素。

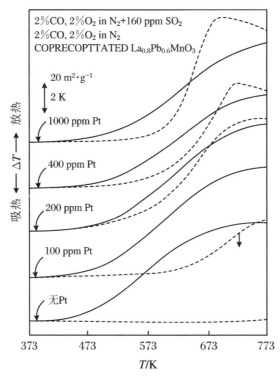

图 4.32　系列多晶 Pt 掺杂的 $La_{0.5}Pb_{0.5}MnO_3$ 氧化催化剂 DTA 曲线[122]
DTA 实验条件:空气气氛,加热速率 $10\ K \cdot min^{-1}$,样品质量 $10\sim15\ mg$

TG 已经被 Ozkan 等人[132]用来研究二氧化钛负载的钯催化剂在 O_2 存在下 NO + CH_4 反应的振荡行为。这些作者观察到,当催化剂的温度达到 1150 K 左右时,存在突然的质量损失。质量损失对应于催化剂中与氧化钯相关的氧的理论量。在温度程序的等温期间,催化剂的质量产生如图 4.33 所示的振荡现象。这些振荡的幅度相当于将 1.5% 的 Pd 重新氧化成 PdO。当研究催化剂的温度变化时,观察到接近 40 K 振幅的振荡现象。温度振荡中的最大值对应于质量振荡中的最小值。在冷却阶段,当达到 1100 K 的温度时,催化剂质量开始增加。在实验结束时,当催化剂冷却到室温,已经恢复了在加热期间失去的质量的 53%,产生了滞后效应。这些在 NO + CH_4 + O_2 和 CH_4 + O_2 体系中都可重现的结果表明,振荡是由钯在金属相和氧化物相之间的循环相转变造成的。这些循环相反过来又是温度变化的结果,这些温度变化是由两个主要反应的不同程度的放热引起的,即分别有利于金属位点的 NO 还原和有利于氧化位点的 CH_4 燃烧过程。

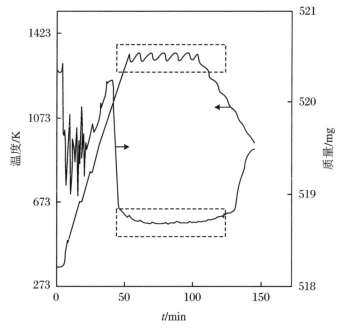

图 4.33 Pd/TiO₂ 的 TG 和 DTA 曲线中的温度和质量振荡[132]

4.6 结论

催化剂和催化过程的微重量法研究需要详细了解发生微小质量变化的各个方面。催化剂研究的挑战是广泛和多方面的,需要对表面化学和物理学的每一个阶段都有相当详细的了解。催化过程将特定的表面反应作为其扩散过程的关键步骤。需要详细了解热力学、机理和动力学,以优化催化剂的活性和选择性。本章的大部分内容仅涉及微量天平系统的应用研究,但同步和附加表征信息的好处是显而易见的,由此可以获得更多的信息,对所涉及反应的复杂性就能理解得更多。因此,微量天平系统是弥补超洁净完美晶体表面与多晶催化剂之间差距的绝佳装置。

本章考虑的应用是基于真空微量天平实验中遇到的最常见的问题。目前微重量法在催化方面的应用主要涉及气体在动力学和平衡两方面的物理和化学吸附、反应环境中催化剂的化学转化以及表面性质如活性成分的比表面积、通过合适的探针的化学吸附确定表面位置数量等方面。也许气-固相互作用最大的未知领域之一是确定固体表面吸附分子的性质,因此,可以通过同时采用微量天平、表面分析技术和逸出气体分析来进行吸附-表面反应-解吸的组合研究。类似的,在固态科学研究领域,同时测量固体催化剂的质量变化和物理性质将提供化学计量偏差和载体浓度以及其对性能的影响的相关性。因此,为了设计非均相催化剂,单独使用微重量法或结合其他表面分析技术同时研究是获得相关结构和化学信息的相对简单且有价值的工具。

参考文献

［1］　J. L. G. Fierro (ed.), Spectroscopic Characterization of Heterogeneous Catalysts. Part B. Methods of Surface Analysis. Studies of Surface Science and Catalysis, Vol. 57A, Elsevier Science, Amsterdam, 1990, p1.

［2］　B. Gates, Catalytic Chemistry, John Wiley & Sons, New York, 1992.

［3］　J. M. Thomas and W. J. Thomas, Principles of Heterogeneous Catalysis, Academic Press, New York, 1997.

［4］　G. D. Patterson, Jr., in I. M. Koltoff, P. J. Elving and E. B. Sandell (eds), General Concepts of Instrumentation for Chemical Analyses. Treatise on Analytical Chemistry, Vol. 10, Wiley Interscience, 1972.

［5］　E. L. Fuller, Jr., H. F. Holmes, R. B. Gammage and C. H. Secoy, in Th. Gast and E. Robens (eds), Progress in Vacuum Microbalance Techniques, Vol. 1, Heyden, London, 1972.

［6］　P. Murray and J. White, Trans. Br. Ceram. Soc., 54 (1955) 204.

［7］　E. C. Sewell, Clay Miner. Bull., 2 (1955) 233.

［8］　J. Sestak, V. Satava and W. W. Wendlandt, Thermochim. Acta, 7 (1973) 333.

［9］　J. L. Lemaitre, in F. Delannay (ed.), Characterization of Heterogeneous Catalysts, Marcel Dekker, New York, 1984, p29.

［10］　J. L. G. Fierro, L. A. Gambaro, T. A. Cooper and G. Kremenic, Appl. Catal., 6 (1983) 363.

［11］　E. Wenda, J. Therln. Anal., 20 (1981) 153.

［12］　F. Roozeboom, A. J. van Dillen, J. W. Geus and P. Gellings, Ind. Eng. Chem. Prod. Res. Dev., 20 (1981) 304.

［13］　G. Kremenic, J. M. López Nieto, J. L. G. Fierro and L. G. Tejuca, J. Less-Common Metals, 135 (1987) 95.

［14］　G. T. Baronetti, C. Padró, O. A. Scelza, A. A., V. Cortés Corberán and J. L. G. Fierro, Appl. Catal. A: General, 101 (1993) 167.

［15］　F. Gómez-Garcia, L. P. Gómez, L. M. Jiménez-Mateos, S. Vic, J. L. G. Fierro, M. A. Pefia and P. Terreros, Solid State Ionics, 63-65 (1993) 325.

［16］　J. L. G. Fierro, S. Mendioroz and A. M. Olivan, J. Colloid Interface Sci., 107 (1985) 60.

［17］　M. P. Rosynek and D. T. Magnuson, J. Catal., 46 (1977) 402.

［18］　J. L. G. Fierro, S. Mendioroz and J. Sanz, J. Colloid Interface Sci., 93 (1983) 487.

［19］　L. Gonzfilez Tejuca, J. L. G. Fierro and J. M. D. Tascon, Adv. Catal., 36 (1989) 237.

［20］　J. L. G. Fierro, S. Mendioroz and A. M. Olivan, J. Colloid Interface Sci., 100 (1984) 303.

［21］　R. C. Vickery, The Chemistry of Yttrium and Scandium, Pergamon, Oxford, 1960.

［22］　G. V. Samsonov, The Oxide Handbook, Plenum, New York, 1973.

［23］　C. T. Horovitz, K. A. Gschneidner Jr., G. A. Meison, D. H. Youngblood and H. H. Schock, Scandium, Academic Press, New York/London, 1975.

［24］　K. W. Browall and R. H. Doremus, J. Amer. Chem. Soc., 60 (1973) 262.

[25] E. Cremer, Z. Phys. Chem. A, 144 (1929) 231.

[26] J. L. G. Fierro, J. C. Conesa and A. Lopez Agudo, J. Catal., 108 (1987) 334.

[27] B. Pawelec, J. L. G. Fierro, J. F. Cambra, P.L. Arias, J. A. Legarreta, G. Vorbeck, J. W. de Haan, V. H. J. de Beer and R. A. van Santen, Zeolites, 18 (1997) 250.

[28] J. A. Anderson, B. Pawelec and J. L. G. Fierro, Appl. Catal., A: General, 99 (1993) 37.

[29] M. H. Simonot-Grange, A. Elm'Chaouri, G. Weber, P. Dufresne, F. Raatz and J. F. Joly, Zeolites, 12 (1992) 155.

[30] C. Y. Li and L. V. C. Rees, Zeolites, 6 (1986) 217.

[31] K. E. Wisniewski and R. Wojsz, Zeolites, 12 (1992) 37.

[32] J. L. G. Fierro and L. Gonzfilez Tejuca, J. Colloid and Interface Sci., 96(1) (1983) 107.

[33] I. S. McLintock, Nature, (London), 216 (1967) 1204.

[34] C. N. Satterfield, Mass Transfer in Heterogeneous Catalysts, MIT Press, Cambridge, Mass., 1970.

[35] J. L. G. Fierro and A. M. Alvarez, Vacuum, 31 (1981) 79.

[36] S. K. Loyalka, J. Chem. Phys., 66 (1977) 4935.

[37] P. M. Gundry and F. C. Tompkins, Trans. Faraday Soc., 52 (1956) 1609.

[38] C. Aharoni and M. Ungarish, J. Chem. Soc., Faraday Trans. I, 72 (1976) 400; 73 (1977) 456, 1943.

[39] C. Aharoni and F.C. Tompkins, Adv. Catal., 31 (1970) 1.

[40] M. J. D. Low, Chem. Rev., 60 (1960) 267.

[41] J. L. Shereshefsky and E. R. Russell, J. Phys. Chem., 60 (1956) 1164.

[42] L. Leibowitz, M. J. D. Low and H. A. Taylor, J. Phys. Chem., 62 (1958) 471.

[43] A. Conna, J.L.G. Fierro, R. Montafiana and F. Thomas, J. Mol. Catal., 30 (1985) 361.

[44] J. L. G. Fierro and J. A. Pajares, J. Catal., 66 (1980) 222.

[45] S. Brunauer, The Adsorption of Gases and Vapours, Clarendon Press, Oxford, 1945.

[46] E. V. Bezre, B. V. Romanovski, K. V. Topchieva and K. S. Tkonang, Kinet. Katal., 9 (1968) 931.

[47] P. A. Jacobs, H. E. Leeman and J. B. Uytterhoeven, J. Catal., 33 (1974) 17.

[48] J. A. Pajares, J. L. G. Fierro and S. W. Weller, J. Catal., 52 (1978) 521.

[49] J. A. Pajares, J. E. González de Prado, J. L. G. Fierro, L. González Tejuca and S. W. Weller, J. Catal., 44 (1976) 421.

[50] J. L. G. Fierro, M. A. Peña and L. González Tejuca, J. Mater. Sci., 23 (1988) 1018.

[51] M. Crespin and W. K. Hall, J. Catal., 69 (1981) 359.

[52] J. L. G. Fierro, J. M. D. Tascdn and L. Gonzfilez Tejuca, J. Catal., 93 (1985) 83.

[53] M. Crespin, P. Levitz and L. Gatineau, J. Chem. Soc., Faraday Trans. 2, 79 (1983) 1181.

[54] P. Levitz, M. Crespin and L. Gatineau, J. Chem. Soc., Faraday Trans. 2, 79 (1983) 1195.

[55] M. Futai, C. Yonghua and Llhui, React. Kinet. Catal. Lett., 31 (1986) 47.

[56] C. V. Caceres, J. L. G. Fierro, A. Lopez Agudo, M. N. Blanco and H. J. Thomas, J. Catal., 95 (1985) 501.

[57] R. Thomas, E. M. van Oers, V. H. J. de Beer, J. Medema and J. A. Moulijn, J. Catal., 76 (1982) 241.

[58] R. Mariscal, J. Sofia, M. A. Pefia and J. L. G. Fierro, J. Catal., 147 (1994) 535.

[59] D. I. Bradshaw, P. T. Coolen, R. W. Judd and C. Komodromos, Catal. Today, 6 (1990) 427.

[60] G. T. Baronetti, O. A. Scelza, A. A. V. Cortés Corberán and J. L. G. Fierro, Appl. Catal., 61 (1990) 311.

[61] J. M. D. Tascón, A. M. O. Oliván, L. G. Tejuca and A. T. Bell, J. Phys. Chem., 90 (1986) 791.

[62] J. L. G. Fierro, J. M. D. Tascón and L. González Tejuca, J. Catal., 89 (1984) 209.

[63] J. M. D. Tascón, J. L. G. Fierro and L. G. Tejuca, J. Chem. Soc., Faraday Trans. I, 81 (1985) 2399.

[64] E. Niño, A. Lapeña, J. Martinez, J. M. Gutierrez, S. Mendioroz, J. L. G. Fierro and J. A. Pajares, in G. Poncelet, P. Grange and P. A. Jacobs (eds), Preparation of Catalysts III, Elsevier, Amsterdam, 1983, p747.

[65] W. Verhoeven and B. Delmon, Bull. Soc. Chim. France, (1966) 3065.

[66] M. T. Puchot, W. Verhoeven and B. Delmon, Bull. Soc. Chim. France, (1966) 911.

[67] R. Schorpp and I. Hajal, Bull. Soc. Chim. France, (1975) 1965.

[68] W. D. Bond, J. Phys. Chem., 66 (1962) 1573.

[69] L. Wachowski, S. Zielinski and A. Budrewicz, Acta Chim. Acad. Sci. Hung., 106 (1981) 217.

[70] M. Crespin, L. Gatineau, J. Fripiat, H. Nijs, J. Marcos and E. Lombardo, Nouv. J. Chim., 7 (1983) 477.

[71] K. Vidyasagar, A. Relier, J. Gapalakrishnan and C. N. R. Rao, Chem. Commun., (1985) 7.

[72] R. J. H. Voorhoeve, J. P. Remeika and L. E. Trimble, Ann N. Y. Acad. Sci., 272 (1976) 3.

[73] J. L. G. Fierro and L. Gonzfilez Tejuca, J. Catal., 87 (1984) 126.

[74] T. Nakamura, G. Petzow and L. J. Gauckler, Mater. Res. Bull., 14 (1979) 649.

[75] S. B. Patil, A. Bandyopadhyay, D. K. Chakrabarty and H. V. Keer, Thermochim. Acta., 61 (1983) 269.

[76] N. Yamazone, Y. Teraoka and T. Seiyama, Chem. Lett., (1981) 1767.

[77] G. H. Jonker and J. H. van Santen, Physica (Amsterdam), 19 (1953) 120.

[78] M. L. Rojas and J. L. G. Fierro, J. Solid State Chem., 89 (1990) 299.

[79] P. K. Gallagher, D. W. Johnson, Jr., and E. M. Vogel, J. Amer. Ceram. Soc., 60 (1977) 28; E. M. Vogel, D. W. Johnson, Jr., and P. K. Gallagher, J. Amer. Ceram. Soc., 60 (1977) 31.

[80] N. W. Hurst, S. J. Gentry and A. Jones, Catal. Rev. Sci. Eng., 24 (1982) 233.

[81] J. L. G. Fierro and A. M. Olivan, J. Less-Common Metals, 107 (1985) 331.

[82] J. M. López Nieto, J. L. G. Fierro, L. González Tejuca and G. Kremenic, J. Catal., 107 (1987) 325.

[83] C. J. Keattch and D. Dollimore, An Introduction to Thermogravimetry, Heyden, London, 2nd edn., 1975, Chap. 5, and references cited therein.

[84] A. Roman and B. Delmon, Compt. Rend., C 273 (1971) 1310.

[85] J. M. Rojo, J. Sanz, J. A. Soria and J. L. G. Fierro, Z. Physikalische Chemie Neue Folge, 152 (1987) 407.

［86］ J. L. G. Fierro, J. Soria, J. Sanz and J. M. Rojo, J. Solid State Chem., 66 (1987) 154.

［87］ M. Faraldos, M. A. Bañares, J. A. Anderson, Hu Hangchun, I. E. Wachs and J. L. G. Fierro, J. Catal., 160 (1996) 214.

［88］ M. Faraldos, M. A. Bañares, J. A. Anderson and J. L. G. Fierro, in M. M. Bhasin and D. W. Slocum (eds), Methane and Alkane Conversion Chemistry, Plenum Press, New York, 1995, p241.

［89］ R. F. Howe, in Y. Iwasawa (ed.), Tailored Metal Catalysts, Reidel, Dordrecht, 1986.

［90］ J. R. Regalbuto and J. W. Ha, Catal. Lett., 29 (1994) 189.

［91］ R. J. Tilley and B. G. Hyde, J. Phys. Chem. Solids, 31 (1970) 613.

［92］ J. Valyon, M. Henker and K. P. Wendandt, React. Kinet. Catal. Lett., 38 (1989) 265.

［93］ S. W. Weller, Acc. Chem. Res., 16 (1983) 101.

［94］ A. López Agudo, F. J. Gil Llambias, P. Reyes and J. L. G. Fierro, Appl. Catal., 1 (1981) 59.

［95］ J. L. G. Fierro, S. Mendioroz, J. A. Pajares and S. W. Weller, J. Catal., 65 (1980) 263.

［96］ J. L. G. Fierro and J. A. Pajares, in J. Rouquerol and K. S. W. Sing (eds), Adsorption at the Gas-Solid and Liquid-Solid Interface, Elsevier, Amsterdam, 1982, p367.

［97］ J. L. G. Fierro, J. Soria and A. López Agudo, Appl. Catal., 3 (1982) 117.

［98］ L. A. Gambaro and J. L. G. Fierro, React. Kinet. Catal. Lett., 18(3-4) (1981) 495.

［99］ B. S. Parekh and S. W. Weller, J. Catal., 47 (1977) 100.

［100］ M. D. Tascón and L. González Tejuca, Phys. Chem. Neue Folge, 121 (1980) 79.

［101］ M. Ungarish and C. Aharoni, J. Chem. Soc., Faraday Trans. I, 79 (1983) 119.

［102］ L. González Tejuca, C. H. Rochester, J. L. G. Fierro and J. M. D. Tascon, J. Chem. Soc. Faraday Trans. I, 80 (1984) 1089.

［103］ P. H. Emmett, in Catalysis, Vol. 1, Chap. 2, Reinhold, New York, 1954.

［104］ O. Gorriz, V. Cortes and J. L. G. Fierro, Ind. Eng. Chem. Res., 31 (1992)2670.

［105］ P. König and P. Tétényi, Acta Chim. Acad. Sci. Hung., 89 (1976a) 123; 89 (1976b) 137.

［106］ K. Tanabe, Mater. Chem. Phys., 13 (1985) 347.

［107］ S. de Rossi, G. Ferrati, S. Fremiotti, A. Cimino, V. Indovina, Appl. Catal., 81 (1992) 113.

［108］ R. Sh. Mikhail and E. Robens (eds), Microstructure and Thermal Analysis of Solid Surfaces, John Wiley & Sons, Chichester, 1983, p294.

［109］ W. Xie and W. P. Pan, J. Thermal Anal. Calor., 65(3) (2001) 669.

［110］ J. Rouquerol, Thermochim. Acta, 300 (1997) 247.

［111］ R. P. Viswanathan and P. Wilson, Appl. Catal. A: General, 201(1) (2000) 23.

［112］ I. Melian-Cabrera, M. López Granados and J. L. G. Fierro, Phys. Chem. Chem. Phys., 4 (13) (2002) 3122.

［113］ M. Ai and T. Ikawa, J. Catal., 40 (1975) 203.

［114］ H. R. Oswald and A. Reller, Thermochim. Acta, 95 (1985) 311.

［115］ D. Dollimore, Thermal Analysis, Spec. Publ.-R. Soc. Chem., 117 (1992) 238.

［116］ W. W. Wendlandt, Thermal Analysis, John Wiley & Sons, New York, Vol. 19 (1986), p216.

［117］ A. K. Sharma and N. K. Kaushik, Thermochim. Acta, 49 (1981) 385.

［118］　A. Annendariz, B. Coq, D. Tichit, R. Dutartre, and F. Figueras, J. Catal., 173（1998）345.

［119］　M. E. Brown, A. K. Galwey and A. Li Wan Po, Thennochim. Acta, 220（1993）131.

［120］　G. J. Kim and Wha S. Ahn, Appl. Catal., 71（1991）55.

［121］　D. R. Milburn, K. V. R. Chary, R. J. O'Brien and B. H. Davis, Appl. Catal. A: General, 144（1996）133.

［122］　J. R. Sohn, Hae Won Kim, Man Y. Park, Eun Hee Park, J. T. Kim and S. Eun Park, Appl. Catal. A: General, 128（1995）127.

［123］　K. M. Dooley, C. Chang and G. L. Price, Appl. Catal. A: General, 84（1992）17.

［124］　Y. Yongnian, H. Ruili, C. Lin and Z. Jiayu, Appl. Catal. A: General, 101（1993）233.

［125］　P. Kovacheva, K. Arishtirova and N. Davidova, Appl. Catal. A: General, 149（1997）277.

［126］　P. K. Gallagher, D. W. Johnson, Jr. and E. M. Vogel, p113-36 in Catalysis in Organic Syntheses 1976, Edited by P. N. Rylander and H. Greenfield, Academic Press, New York, 1976,

［127］　D. W. Johnson Jr., P. K. Gallagher, E. M. Vogel and F. Schrey, p181-191 in Thermal Analysis, Vol. 3, Edited by I. Buzas, Akademiai Kiado, Budapest, 1975.

［128］　P. K. Gallagher and D. W. Johnson, Jr., Thermochim. Acta, 15（1976）238.

［129］　P. K. Gallagher, D. W. Johnson, Jr., J. P. Remeike, F. Schrey, L. E. Trimble, E. M. Vogel and R. J. H. Voorhoeve, Mater. Res. Bull., 10（1975）529.

［130］　P. K. Gallagher, D. W. Johnson and E. M. Vogel, Mater. Res. Bull., 10（1975）623.

［131］　J. P. Danchot and J. Van Cakenberghe, Nature, Phys. Sci., 246（1973）61.

［132］　U. S. Ozkan, M. W. Kumthekar and G. Karakas, J. Catal., 171（1997）67.

第 5 章

热分析在陶瓷、玻璃和电子材料中的应用

Papatrick K. Gallagher[a], John P. Sanders[b]

a)俄亥俄州立大学化学与材料科学与工程系，美国俄亥俄州哥伦布市，OH，43210（Departments of Chemistry and Materials Science & Engineering，The Ohio State University，Columbus，OH，43210，USA）；克莱姆森大学化学和陶瓷与材料工程系，美国克莱姆森市，SC 29632（Departments of Chemistry and Ceramic & Materials Engineering，Clemson Univ. Clemson，SC，29632，USA）

b)美国国家砖瓦研究中心，克莱姆森大学，克莱姆森研究园区，美国安德森市，SC 29625（National Brick Research Center，Clemson University，100 Clemson Research Park.，Anderson，SC 29625，USA）

5.1 引言

5.1.1 目的与范围

热分析和量热方法在几乎所有材料及其应用的表征中发挥重要作用,对于陶瓷、玻璃和无机电子材料尤其如此。这些材料的合成和应用通常涉及很宽的温度范围,因此,评估这些材料的组成、性质和活性随温度和时间的变化非常重要。本丛书第 1 卷中详细描述了热分析领域所涉及的基本科学原理、仪器和一般方法,在本章中将根据特定应用的需要对这些技术的应用进行拓展性介绍。由热分析或量热研究提供的信息与各种其他技术获得的信息高度互补,并可通过一些分析方法相互组合的方式实现对所研究材料更完整的理解和认识。

"热分析"中的分析具有最广泛的含义,除了传统的化学分析或成分分析之外,还包括此丛书中本卷和其他卷章节中描述的多种物理化学过程。本章着重探讨的主题是与相关材料的合成、相平衡、固态反应性以及物理性质有关的内容,主要包括块状材料以及颗粒或薄膜等细分状态材料的行为。

本章的定位并不是一个详尽的综述,而是更具教程性质,本章中选择了大量实例来说明应用这些方法解决一些科学和技术问题的巨大潜力。

5.1.2 结构

本章中涵盖了一系列技术上非常重要的材料。因此,特别需要对这些材料进行认真的组织处理,使读者能够轻松地阅读内容,同时还要避免内容上的重复。本章的结构主

要按应用类型来分类,而不是按仪器技术或材料的类别来分。本章中一共包括五大主题,分别是成分分析(定性和定量)、物理性质、相平衡、固态反应性和合成。在一些部分中,这些主要类别中的每一类都会被细分为更具体的材料或技术类别,这五个主题的顺序按照最具实用性和最有意义的顺序排列。

5.2　相平衡

5.2.1　相图的绘制

　　本章的应用部分从讨论相平衡开始,对这方面的理解是接下来章节内容的基础。热分析方法在确定相图和详细研究相变中起着重要作用,其中 DTA 或 DSC 经常用于确定相平衡中与固-液转变相关的温度。Judd 和 Pope[1] 对 DTA 的实用性做了专门的介绍。图 5.1(a)是一个简单二元体系的假想相图,在液相区域选择一个点 w,得到降温(时间-

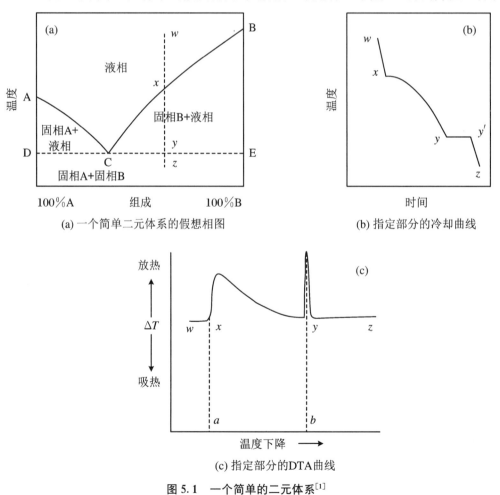

(a) 一个简单二元体系的假想相图　　　　(b) 指定部分的冷却曲线

(c) 指定部分的DTA曲线

图 5.1　一个简单的二元体系[1]

温度)曲线和 DTA 曲线分别如图 5.1(b)、(c)所示。

在确定平衡温度时,必须考虑与过冷和其他亚稳态相关的问题。因此,为确定已经达到的平衡程度,需要同时测量加热和冷却曲线。实际实验有时需要做出折中处理,通常会涉及一系列相同成分的不同样品量和加热或冷却速率变化的实验。一方面,大样品量和更快的加热速率提高了该技术对熔变较小的反应的灵敏度。另一方面,较小的样品量和较慢的速率使反应更接近平衡温度,并且可以更好地提高曲线分辨率。

图 5.2 所示为更复杂体系的相图,研究对象为具有多个共晶点和包晶点以及一致熔融化合物和不一致熔融化合物的假想二元体系。这个实例中的转变是一级热力学转变,忽略了气-固反应可能产生的影响。

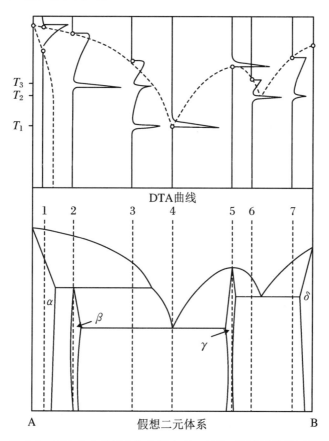

图 5.2 具有多个共晶点和包晶点的二元体系的假想相图以及
在相图的不同部分获得的几条 DTA 曲线[1]

5.2.2 相变的本质

一些体系中有时也会发生高阶相变,尤其在只需要小原子运动的区域。例如,如果图 5.1 或图 5.2 中的液相冷却过程涉及玻璃相的形成,则在再次加热时得到的 DTA 曲线可能类似于图 5.3 中的玻璃形成组分[2]。在这种情况下,高阶玻璃化转变仅涉及比热容的变化 ΔC_p 而不是熔变 ΔH,因此在 DTA 曲线中的玻璃化转变温度 T_g 是台阶而不是峰。在玻璃化转变过程之后为两个固相的放热结晶过程和与这些新形成的结晶相的熔化相关的吸热过程。

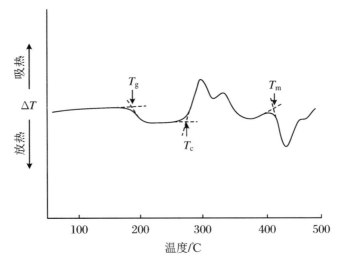

图 5.3   0.5 BeF$_2$-0.3 KF-0.1 CaF$_2$-0.1 AlF$_3$ 玻璃的 DTA 曲线[2]
在流动的 N$_2$ 中以 20 ℃·min^{-1} 的速率加热

该体系不能使产物成核是导致亚稳态的原因。热力学和动力学过程之间的关键相互作用是固态反应性的本质。典型的铁电材料 BaTiO$_3$ 在其成核过程中也表现出有趣的不规则性[3]。Tozaki 等人[3]用 TD-DSC 联用技术研究了与 BaTiO$_3$ 中四方相到立方相转变相关的成核过程的差异。图 5.4 给出了加热和冷却过程的 TD 和 DSC 曲线。如图 5.4(a)所示,加热过程中从四方相转变为立方相,为单一的急剧转变,没有显示出亚稳态的趋势。相反,图 5.4(b)显示了在冷却过程中四方结构成核期间发生的多个步骤。Ba-TiO$_3$ 在室温下以亚稳立方相存在的例子有很多。

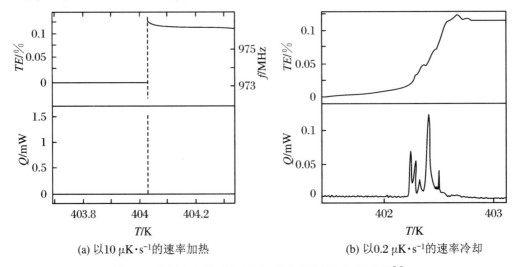

(a) 以10 μK·s^{-1}的速率加热   (b) 以0.2 μK·s^{-1}的速率冷却

图 5.4   单晶 BaTiO$_3$ 沿＜100＞轴的同步 TD-DSC 曲线[3]

尽管 DTA 或 DSC 仍然是确定与相变相关的相应温度的最常见方法,但基于热膨胀、机械性能、电性能等的其他热分析方法也可以用于这类领域。当非化学计量比作为一个因素时,TG 通常用于确定不同气氛下体系的相界。在下面的内容中除了介绍确定平衡相图的过程之外,还将对使用这些方法确定化学组成和研究固态反应性的实例进行介绍。

5.3　成分分析

5.3.1　基于质量变化的方法

5.3.1.1　介绍

有几种技术可以用于研究基于材料或研究系统的实际或表观质量变化,其中热重分析(TG)可用于研究质量的直接变化。热磁测量(TM)不仅可用于确定实际质量的变化,还可用于确定包括基于样品磁性和样品位置磁场梯度强度的变化[4]。基于这些技术的样品的成分分析需要将上述间接信息转换为有意义的分析结果的信息。例如,这样的信息可能是样品中由于 $CaCO_3$ 中的 CO_2 造成的唯一的质量损失,或者样品中 Fe 金属的磁力引起的变化。

另外,可以测量从样品中损失的挥发性物质的量和性质,这可以在产物生成时实时完成,也可以通过收集产物并随后进行分析来完成。这些产物的分析被称为逸出气体分析(简称为 EGA),并可能通过使用多种分析技术来实现[5]。虽然定量信息本身已经足够,但如果将在特定温度范围内产生的特定产物信息与 TG 结果充分结合,即使由定性信息也可能足以实现定量测定。

5.3.1.2　热重法

非化学计量学在确定大多数材料的性质和控制其反应性方面起着至关重要的作用,通常非化学计量的范围很小。但是,当所涉及的阳离子价态多变时,则可以在多种成分中实现非化学计量。显然,化学计量学的这些变化通常涉及与组分损失或增加相关的样品质量变化,例如硫族化合物或卤化物。TG 和 EGA 技术是定量跟踪这些变化的简便易行的方法。

钙钛矿或类钙钛矿材料是可以在很宽化学计量范围内作为单相材料存在的很好的例子。基于铜酸盐的高温超导体系为广泛的化学计量分析提供了一个特别好的例子,对此可以参见本书第 15 章[6]中的相关内容,也可以参阅专门讨论该主题的国际热化学学报的特刊[7]或专门讨论钙钛矿应用的专著[8]。

使用 TG 通过跟踪建立的化学计量点的质量变化来确定非化学计量的准确度由温度和活性组分的分压来决定。本小节描述了两个例子,这些例子说明了化学计量中大偏离和小偏离的现象。

第一个例子与催化研究相关[9]。通过在 H_2 中加热材料 $BaPtO_{3-x}$ 形成已知化学计量比的产物即 $Ba(OH)_2$ 和 Pt，如方程式(1)所示，可以确定化合物 $BaPtO_{3-x}$ 中 x 的值。图 5.5 中给出了这种典型的加热曲线。质量损失在 400 ℃ 附近达到稳定，对应于方程式(1)中水蒸气的挥发，并可由此计算出初始样品中的 x 值。

$$BaPtO_{3-x}(s) + (2-x)H_2(g) \leftrightarrow Ba(OH)_2(s) + Pt(s) + (1-x)H_2O(g) \qquad (1)$$

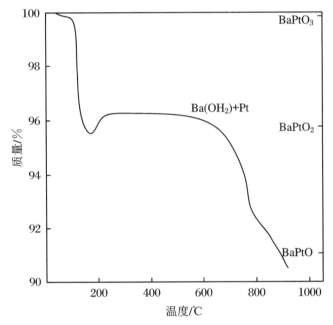

图 5.5　在高氧压下形成的 $BaPtO_3$ 的 TG 曲线[9]
在 H_2 中以 10 ℃·min^{-1} 的速率加热

表 5.1 中总结了在高氧压下常规制备的样品与由 $BaPt(OH)_6$ 前驱体在指定条件下分解得到的样品的对比结果，一种类似的方法已被用于测定铜酸盐半导体中的氧含量[10]。

表 5.1　各种 $BaPtO_x$ 材料的氧气的化学计量[9]

样品	分子式
高压	$BaPtO_{3.02}$
$BaPt(OH)_2/500$ ℃ Q^a	$BaPtO_{2.99}$
$BaPt(OH)_2/600$ ℃ Q	$BaPtO_{2.99}$
$BaPt(OH)_2/700$ ℃ Q	$BaPtO_{2.95}$
$BaPt(OH)_2/800$ ℃ Q	$BaPtO_{2.84}$
$BaPt(OH)_2/900$ ℃ Q	$BaPtO_{2.72}$
$BaPt(OH)_2/1000$ ℃ Q	$BaPtO_{2.38}$
$BaPt(OH)_2/1000$ ℃ SC	$BaPtO_{2.60}$

注：[a] 材料在 O_2 中加热 30 min 并淬火(Q)或随炉缓慢冷却(SC)。

第二个例子为计量比更难测定的研究实例,其非化学计量的量很小,并且这种条件需要高温和精确控制的气氛。商用铁氧体的磁性和电性能高度依赖于化学计量比与理想尖晶石相 M_3O_4 或 $(MO \cdot M_2O_3)$ 的偏离。本部分内容中选择的具体应用实例镍锌铁氧体,可以用通式 $Ni_xZn_yFe_{(1-x-y)}Fe_2O_{4+\gamma}$ 表示[11],γ 的值决定了超过化学计量值 $1-x-y$ 的被氧化的 Fe^{2+} 的量。在第二相赤铁矿 α-Fe_2O_3 出现之前,可以实现的这种氧化的平衡量相当有限。加工过程中的最高温度由烧结条件决定,并且可能接近 1400 ℃,此时确定 γ 值,并控制包括氧气分压 Po_2 在内的冷却程序,以保持期望值 γ。这需要详细了解作为温度和 Po_2 的函数的 γ 平衡条件和亚稳值。由于所涉及的高温和小质量损失,在这样的研究中存在以下困难:

(1) 样品中锌的显著损失,特别是在低 Po_2 下。

(2) 来自载体中 Pt 的显著损失,特别是在高的 Po_2 下。

(3) 区分亚稳态和平衡态。

(4) 准确地校正浮力效应引起的小质量损失。

图 5.6 中给出了通过等温 TG 确定的质量校正值和 γ。亚稳态性由接近平衡的方向来确定,是由于成核和沉淀作用难以形成第二相而生成亚稳态。在溶解过程中则没有这么困难。因此,在这种情况下(区域 II),在形成第二相的实验时间内,反应在更高的 Po_2 和更低的温度一侧达到平衡。在这些条件下,相边界处的斜率有明显的变化,由虚线表示。

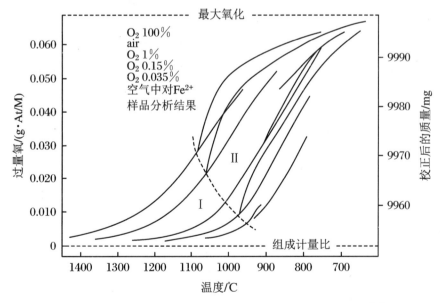

图 5.6　$Ni_{0.685}Zn_{0.177}Fe_{2.138}O_{4+\gamma}$ 的质量随温度和氧分压的变化[11]

如图 5.7 所示,这种研究的结果更容易以同构图的形式得到理解和应用。亚稳态样品的结果在穿过相界时以直线形式继续,而两相之间的平衡值表现出斜率的变化。研究者可以利用这些图来确定与预期的磁性和电性质相关的所需的非化学计量比。

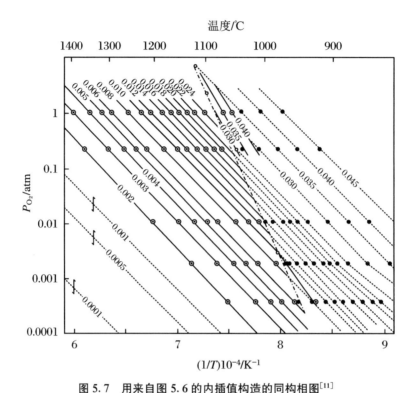

图 5.7　用来自图 5.6 的内插值构造的同构相图[11]

在每条同构线上标注氧过量系数；空心圆和实心圆分别来自图 5.6 中的区域Ⅰ和区域Ⅱ。
星形符号属于相界限；外推得 $\gamma = 0.001$、0.0005 和 0.0001 的等组成线

　　热分析方法在分析薄膜的过程中受到较大限制，主要是由于这类体系存在大量不相关的基体材料，所以信噪比下降。然而，熔融石英光纤上的保护性碳膜的厚度已经足够使用 TG 方法成功进行实验[12]。根据在 O_2 中碳纤维的质量变化，可以得到涂层的质量百分比，由已知的纤维直径和密度可以据此计算厚度。实验中需要非常精确地修正浮力的影响。幸运的是，样品可以在完全相同的条件下非接触地立即重新加热，从原始曲线中减去第二条曲线，可以得到基本完美的浮力校正曲线。图 5.8 是这种分析的一个例子。约 30 mg 样品由许多短切片组成，每个切片约 3 mm。结果表明，100 μg 的质量损失可以有效地作为温度的函数来测量，由此得到的微商曲线也相对平滑。

　　仅由 TG 单独对黏土和页岩进行分析比较复杂，主要是由于杂质或辅助矿物质的存在使质量损失发生重叠或互相冲突。Guggenhiem 和 Koster van Groos[13] 在黏土矿物学会的源黏土项目研究中参考黏土原材料的分析讨论了这种不确定性。对于众所周知的单相材料，TG 对热事件的识别相对简单。但对于天然多相材料，热事件不能有绝对的把握直接进行确定。对于未知多相样品，为了确定由 TGA 观察到的质量损失，有必要参考矿物分解数据表[14-15]。在大多数情况下，文献报道的特征温度来自 DTA 曲线。为了得到更加明确的结果，通常采用一些其他分析技术，如 DSC 或 X 射线衍射，来验证 TG 测量结果，减少分析的不确定性[16]。

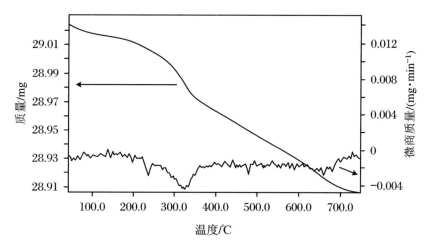

**图 5.8　经过浮力校正后，在氧气中以 10 ℃·min⁻¹ 速率加热的
碳涂层熔融石英纤维的 TG 和 DTG 曲线[12]**

5.3.1.3　逸出气体分析

最近，逸出气体分析(EGA)与 TG 的联用极大地提高了测量黏土和页岩的热性质的能力。EGA 信号提供了额外的信息，使得识别 TG 信号中的热过程更加准确。图 5.9 给出了 TG/EGA(FTIR)联用分析制砖原料的一个例子。对于这种材料，在 EGA 信号中可以明显看出三个重叠的热过程，由于峰重叠而不能用单独的 TG 进行鉴别。在这种情况下，如 Kaisersberger 和 Post[17]描述的那样，逸出气体信号是与大样品量 TG 联用的傅

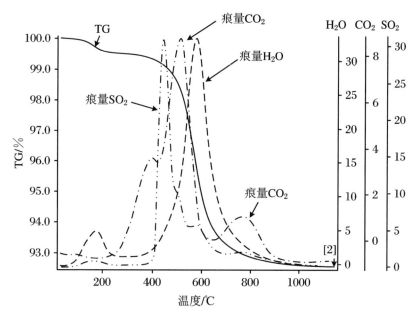

图 5.9　含有黄铁矿的页岩的 TG 和 EGA(FTIR)联用分析曲线

在 20% O₂(体积)的 N₂ 气流中以 10 ℃·min⁻¹ 速率加热脱羟基、炭燃烧

里叶变换红外(FTIR)光谱信号的积分。由于黏土矿物的脱羟基化会产生 H_2O,使用 EGA 信号可以将黄铁矿(痕量 SO_2)和有机杂质的氧化(痕量 CO_2)与预期排放的 H_2O 区分开。在这个例子中,虽然 EGA 数据是定性的,但是可以提供制砖原材料焙烧过程中有价值的信息。

　　TG/EGA 联用数据也可用于检测非常微量的杂质。在许多情况下,逸出气体分析比 TG 分析灵敏度更高。图 5.10 是从原材料检测到 HF 的痕量排放的例子,其中 TG 没有检测到质量损失。这种分析可根据原材料对环境的潜在影响,来对原材料进行选择。Sanders 和 Brosnan[18]讨论了 TG-EGA 联用技术的几种类似应用,用来研究传统陶瓷产品原料对空气污染存在的潜在影响。

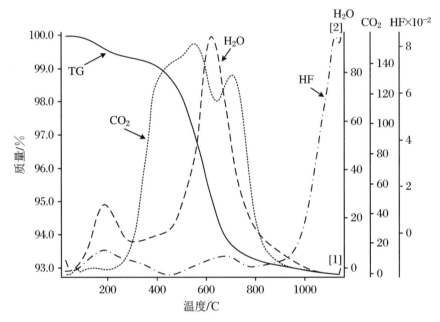

图 5.10　TG 和 EGA(FTIR)联用测定页岩中 HF 逸出过程的曲线
在含 20% O_2(体积)的 N_2 气流中以 10 ℃ · min^{-1} 速率加热

　　研究铜的腐蚀产物是使用 EGA 进行定性分析的一个很好的应用实例。通常不易形成铜腐蚀产物,多个产物的 X 射线衍射曲线由于重叠太多而无法得到明确的解释。图 5.11 中给出了加热至约530 ℃的腐蚀铜样品的质谱图扫描结果[19]。显然,含有硫酸盐、碳酸盐、氢氧化物和氯化物的样品在此温度范围内发生分解,在其他温度下的扫描曲线显示出其他组分的信息。

　　如先前实例中所述,逸出气体分析信号通常提供定性信息,可以补充和验证由其他技术如 TG 或 DSC 所提供的定量信息。然而,脉冲热分析技术是校正逸出气体分析信号以获得定量数据的一种手段[20]。通过将已知体积的脉冲反应气体信号传递到逸出气体分析器来校准 EGA 信号,以量化气体脉冲的峰面积,并可以用其作为参考来量化样品分解峰的面积。该方法最初用于校准质谱仪(MS)联用,但也已成功应用于傅里叶变换红外光谱(FTIR)联用技术中。图 5.12 中给出了脉冲热分析的一个例子,其中使用 SO_2 的脉冲可以确定由黄铁矿的氧化和硫酸盐从天然页岩中分解而产生的 SO_2 的量。

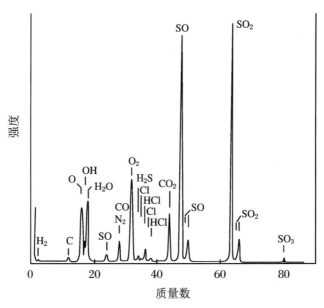

图 5.11 被腐蚀的铜样品在 530 ℃的 MS-EGA 扫描结果

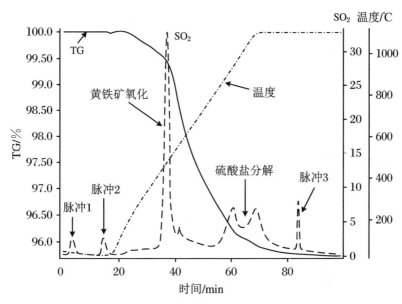

图 5.12 在 N_2 和 O_2 气氛(O_2 占体积 50%)中以 12 ℃·min^{-1} 速率加热，在 1150 ℃停留 30 min 得到的页岩的脉冲热分析曲线

5.3.1.4 热磁学法

通过在受控气氛中的 TG 和 TM 的联用技术已经成功地实现了煤的近似分析,包括其中铁含量的分析。图 5.13 中给出了一种测量水分、挥发物、固定碳、灰分和铁(推定为黄铁矿)的质量百分比的方法[21],与其他方法相比此法相对简单和快速。

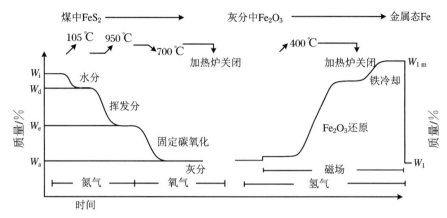

图 5.13 在控制气氛下使用 TG 和 TM 对煤和褐煤进行近似分析

详情请参阅文献[21]

首先确定温度和气氛控制程序,在 N_2 气氛中快速加热至 105 ℃以蒸发水分。在大约 10 min 时,在 N_2 气流中迅速升温至 950 ℃以确定挥发物的含量。当达到恒重时,将样品冷却至 700 ℃,并将气氛换为 O_2 以烧掉固定碳,此时的剩余质量即为灰分含量。随后用 TM 测量已转化为 Fe_2O_3 的煤中黄铁矿的原始含量。实验时施加磁场并将气氛改为 H_2。将灰分加热至 400 ℃,使灰分中的 Fe_2O_3 还原成 Fe。将加热炉冷却至室温,同时仍保持通 H_2 气流以防止氧化,通过磁场作用来确定 Fe 的含量(图 5.14)。

5.3.2 基于转变温度的方法

5.3.2.1 差热分析和差示扫描量热法

大的铌酸锂单晶由熔体中生长而成,这种材料具有有用的光电性质。在光电方面的应用要求晶体基本上具有完美的光学质量并且非常均匀。这种材料中的 Li 具有广泛的非化学计量性,可以用 $Li_{1-x}NbO_{3-0.5x}$ 表示。为了确保晶体的组成在生长过程中不会发生变化,开始阶段使熔体具有一致的组成。需要一个准确的分析方法来精确地确定组成一致的 Li 含量,同时用作后续工具在质量控制中进行应用[22]。幸运的是,该材料具有钙钛矿结构,在非化学计量材料中存在高阶铁电相变,与组成紧密关联。这种高阶相变会导致在转变温度下热容量微小的变化 ΔC_p,可以通过精密的 DTA、DSC 或膨胀实验来检测这种变化。制备一系列已知组成的标准品并用 DTA 测量。图 5.15 显示了相同组成的两个样品的 DTA 曲线,显示了性质、灵敏度和测试可重复性[23]。即使在加热和冷却速率为 20 ℃·min^{-1} 的条件下,转变温度 T_c 在温度上几乎没有滞后。得到的校准曲线如图 5.16 所示。对数据进行二阶方程最小二乘法拟合得到等式(2),其中 C 为 Li_2O 的摩尔百分含量。

$$T_c = 9095.2 - 360.05C + 4.228C^2 \tag{2}$$

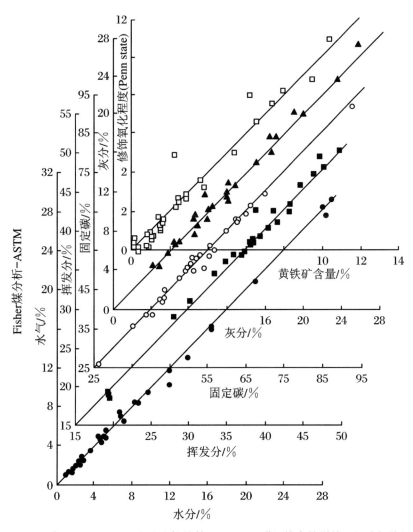

图 5.14 与 ASTM-Fisher 方法比较的基于 TG-TM 联用技术的煤的近似分析结果

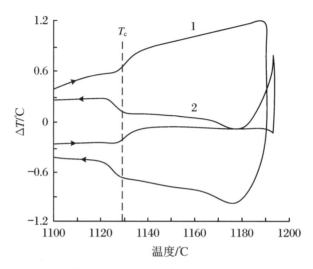

图 5.15　在 N_2 中以 20 ℃·min^{-1} 速率加热的 $Li_{0.969}NbO_{2.985}$ 两个样品的 DTA 曲线

1:164 mg;2:149 mg

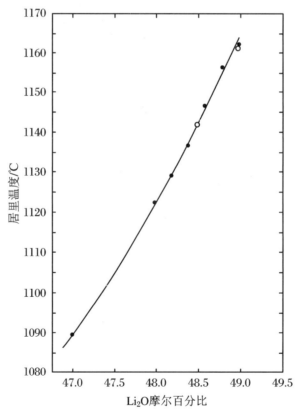

图 5.16　居里温度与 $Li_{1-x}NbO_{3-0.5x}$ 中 Li_2O 的百分摩尔含量的关系

通过从组成明确的熔体中生长出来的晶体来精确确定其一致的组成,可以确定从初始熔体和最终熔体中取出以及来自晶体顶部和底部的样品的 T_c 值以及 Li 在相之间的分布系数,结果如图 5.17 所示。相同组成物的化学计量比与整体或是摩尔百分数为 48.45% 的 Li_2O 的分布系数相一致。在质量控制中可以确定和监测可用于晶体生长的玻璃的 T_c 值。

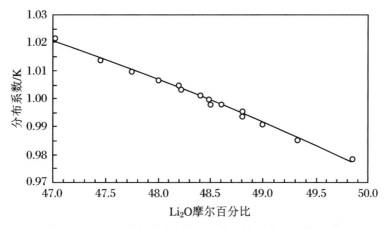

图 5.17　熔体中分布系数与 Li_2O 的百分摩尔含量的关系

印刷电路板上器件之间的互联技术是评价其可靠性的一个重要方面,经常使用的方法取决于铅和锡基焊料的电沉积,在随后的加工中可以很好控制熔融温度。DTA 或 DSC 是一种灵敏且快速的方法,可以测量沉积物相对较小区域的熔点,可以解决与电流密度、不均匀性和其他在沉淀中涉及的变量相关的问题[24,25]。由 DTA 确定的相图如图 5.18 所示。液相线曲线显示了对组成的强烈依赖性,需要有充足的信息确定样品组成在

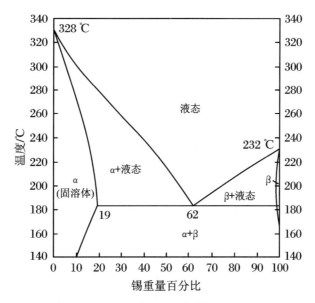

图 5.18　锡-铅系统的相图

共晶组成的位置。

图 5.19 中给出了在不同相图区域的合金的代表性 DTA 曲线。显然共晶组成具有单一的熔点,而另外三条曲线在高温下返回到基线时则显示为液相。这些加热过程中的外推终止温度可用于准确确定样品中的锡/铅比。Kuck[26] 的研究给出了 ±0.4 ℃ 的再现性。根据图 5.18,对于亚共晶合金,其转化为约 ±0.2% 的质量。最近的详细的研究已经解决了与熔融物可能存在的过冷度相关的问题。

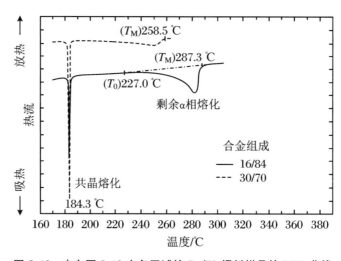

图 5.19　来自图 5.18 中各区域的 Sn/Pb 焊料样品的 DTA 曲线

许多类型的从瓷器到砖的传统陶瓷中都含有结晶二氧化硅作为杂质或其他成分。结晶二氧化硅是指未组合在硅酸盐基质中的二氧化硅部分,其最常见的形式是 α-石英。在约 573 ℃ 处,石英发生从 α 相到 β 相的可逆的晶型转化,并伴随着加热膨胀和降温收缩现象。在图 5.20 中给出了烧结砖体在加热和冷却过程中,发生的与石英晶型转变相关的尺寸变化(TD 或膨胀分析)的示例。如果产品未经过等温冷却处理,则在冷却过程中

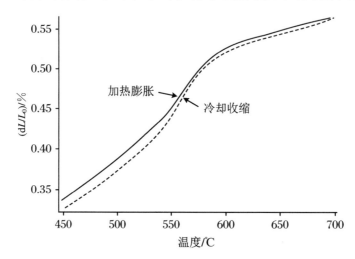

图 5.20　热膨胀(TD)曲线显示的在流动空气中以 5 ℃·min⁻¹ 加热和冷却时的石英转变过程

SiO_2 相转变产生的应力差可能导致陶瓷器件产生裂纹。对于大型致密的陶瓷器件,这种问题比较常见,此时暴露于窑气氛中的器件的外部与其内部的冷却速率不同。因此,精确控制原材料中的石英含量和主体成分至关重要,需要设计特定瓷体的加热方案,以使石英相转变引起的应力最小。

X 射线衍射是测量陶瓷中结晶二氧化硅含量的最常见方法,但其检测限为 1%。当需要更低的检测限时,可以通过量热法测量与石英相转变相关的热量,并可以与原材料样品中的石英含量相对比。石英的相变在加热时为吸热,在降温时为放热。图 5.21 中的 DSC 曲线表明加热过程中吸热[27]。由于 DSC 峰面积与陶瓷中石英的含量成比例,因此可以绘制标准曲线来确定未知样品中石英的含量。通过测量具有已知石英含量的一系列标准样品,可以建立如图 5.22 所示的线性标准曲线,其将峰面积与已知的石英含量相关联。通过适当校准,可以通过将未知样品的峰面积与校准曲线进行比较来测量未知

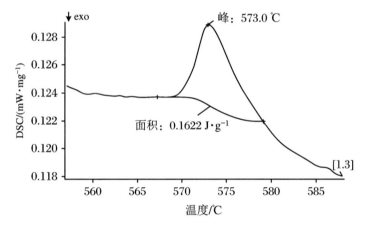

图 5.21 在含 20% 的 O_2(体积)的 N_2 气流中以 20 ℃·min⁻¹ 加热的石英转变的 DSC 曲线

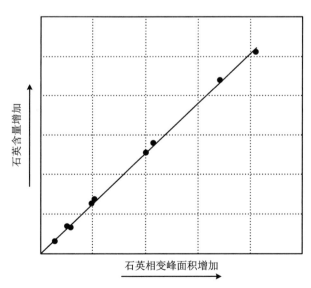

图 5.22 石英标准曲线

样品的石英含量。为了测量微量石英的含量,提高加热速率有助于确定石英相变的DSC峰。

Ortan 公司制备了一种专门用于测量陶瓷原料中石英含量的量热计[28],该仪器采用单个传感器或热电堆。单个传感器相比于传统的 DSC 能够减少基线漂移,但仍然需要使用已知的石英标准样品来确定未知样品中的石英含量。

5.3.2.2   热磁法

磁性转变温度与成分呈平滑单调函数变化关系。热磁法(TM)可用于测量居里温度 T_c,结合校准曲线可以提供磁相的定量组成分析。Haglund[29]在关于 TM 的综述文章中提出了一个很好的例子。细碳化钨分散在钴中,由于其硬度大适用于机械加工,一些 WC 溶解在少量的 Co 黏结相中会改变该相的 T_c 值。在图5.23中给出了随着 WC 含量增大 T_c 明显下降的关系曲线[30]。如图5.24所示,由 TM 测量得到的结果与通过微探针分析测定的结果一致[31]。同样,T_c 值可用于确定 Co-Ni 合金的组成。

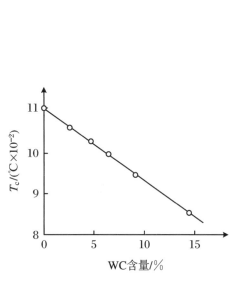

图 5.23   在 WC-Co 合金中的钴黏结相
固溶体的 T_c 图

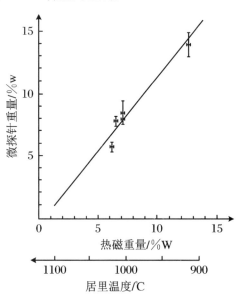

图 5.24   由 TM 测定的 WC-Co 合金中的黏结相的钨
含量与通过微探针分析测定的相关性

5.3.2.3   热发声法

热发声法(TS)是一种在加热材料时测量声发射的技术。对于传统陶瓷,热发声法可用于监测晶体相变,例如石英或方英石相变、分解或玻璃结晶[32]。Lonvik[33]提出一个研究,其中硅酸盐陶瓷中的石英和方英石的相对量是通过比较方英石相变(220 ℃)和石英相变(573 ℃)期间的声发射的大小来确定的。图5.25中给出了这种评价方法的例子。

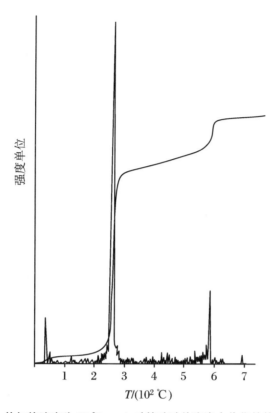

图 5.25 从加热速率为 20 ℃·min⁻¹ 的硅酸盐陶瓷中收集的热发声曲线

5.3.3 X 射线衍射和光谱法

该部分还应该包括热显微镜,在本丛书第 1 卷中,Wiedemann 和 Felder-Casagrande[34]全面介绍了该技术及其应用。

在室温下记录材料的光谱图通常更为方便,因此通常对已经加热并保持在预定温度下的样品进行冷却或是骤冷,以获得该类型数据。然而,这样可能不能完全准确地反映出样品在升温或系统的动态响应下的真实情况。因此,有必要将大多数光谱方法应用于热分析仪器。

X 射线衍射和大多数光谱技术通常涉及能量扫描范围,因此需要一定的检测时间。因此,通常不能获得时间或温度函数的连续曲线,而是在大致相等间隔的时间或温度增量下获取每个特定能量下的数据,或者是可以仅扫描预先设定的能量范围以获得连续曲线。

图 5.26 中给出了在 2θ 有限范围内重复扫描钠钙二氧化硅玻璃随着温度升高的 X 射线衍射图,作为温度函数的三维图给出了各个相的形成和消失。图像表明样品在 1000 ℃ 时仍然保留晶相,最终没有形成均匀液相。

Wendlandt 利用多种光谱学方法研究了许多无机材料[36,37]。利用 Mossbauer 光谱仪已经成功发现含有同位素,最典型的是铁、锡和铕(参见 Gallagher 的综述[38])体系。

大多数应用涉及在室温下或以等温步骤取样。较少的研究中以动态方式使用 Mossbauer 光谱确定 $LaFeO_3$ 的 Neel 温度[29]。图 5.27 中给出了在 10 ℃ · min^{-1} 加热速率下使用 DTA 和在极缓慢的加热及冷却速率下使用 Mossbauer 光谱仪的结果比较,加热和冷却曲线的对应关系表示平衡条件。在 Neel 温度以上约 750 K 左右,内部磁场结构破坏引起了放射性计数率的急剧变化,这种现象与 DTA 结果非常吻合。

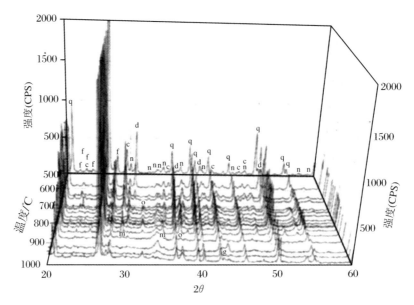

图 5.26　钠钙石英玻璃形成期间的 X 射线衍射曲线
c:方解石,d:白云石,g:氧化镁,m:偏硅酸钠,n:苏打灰,o:氧化钙,q:石英

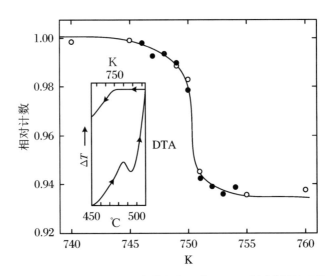

图 5.27　在零速率下 $LaFeO_3$ 的 Mossbauer 光谱和在 10 ℃ · min^{-1}(内插图)下的 DTA 曲线对比[39]

5.4　物理性质

5.4.1　比热容

陶瓷材料的比热容（C_p）是许多应用设计的关键参数。对于结构陶瓷，陶瓷器件的比热容用于计算通过结构构件中的热流；而对于耐火材料，使用比热容来确定通过炉壁的热损失。比热容也用于评估核燃料材料的热传导。比热容是材料的基本热力学性质，可用于估算焓变和熵变。DSC 测量可用于通过加热样品和测量其热流来测得比热容。当将样品放入 DSC 中时，与基材的热容相关的基线中存在吸热偏移。蓝宝石盘通常用于校准测得的比热容，根据 Rudtsch 的研究，这些测量方法的主要局限是量热计的温度滞后和与校准标准相关的数据的质量[41]。图 5.28 中给出了使用这种分析方法分析 UO_2 燃料颗粒的例子，在这个分析中，2600 ℃左右比热容的尖峰以及伴随的基线偏移是由于这种材料中发生了可疑的相变。

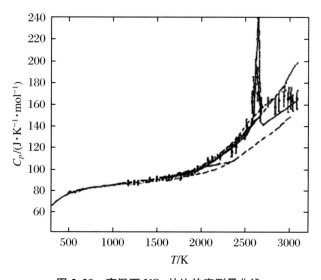

图 5.28　高温下 UO_2 的比热容测量曲线

5.4.2　导热系数和热扩散系数

如同比热容那样，可以根据热导率（λ）和热扩散系数（D）数据来确定材料的热性能。热导率和热扩散系数关系如下：

$$D = \lambda / (\rho C_p)$$

其中 ρ 是样品密度，C_p 是恒压下的热容。可以通过传统的 DSC 测量热导率，也可以通过使用更专业的仪器如热线测量或温度调制 DSC 来测量，而热扩散系数则通常通过激光闪射技术测量。

对于结构和耐火陶瓷,需要低热导率使热损失最小化,而对于电子陶瓷,除去或消散热量的速率是很重要的。Olorunyolemi 等人[45]提出了使用热导率测量技术来评估通过各种制造技术制备的 ZnO 烧结压块的微观结构的方法。在研究中作者发现,基于烧结过程中的导热性,ZnO 颗粒间的颈部生长过程在低温下发生,比多数烧结模型的预测温度要低。也可以使用导热系数来比较纤维状陶瓷绝缘材料的性能[46],在该分析中比较了纤维密度对热导率的影响。图 5.29 中给出了该分析的例子。Collin 和 Rowcliffe 还描述了使用热导率估计陶瓷复合材料的耐热冲击性的方法[47]。

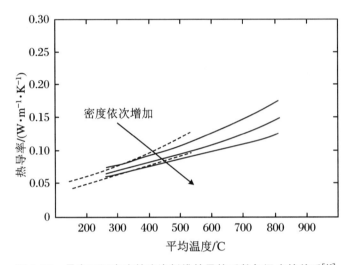

图 5.29　具有不同密度的陶瓷纤维的导热系数与温度的关系[46]

Albers 等人使用激光闪射研究了各种陶瓷材料的热扩散系数[44]。在图 5.30 中给出了这种测量方法的示例。在该示例中,激光脉冲的持续时间变化对测量的热扩散系数没

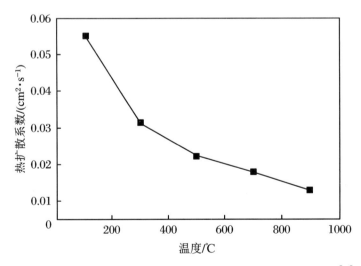

图 5.30　不同激光闪射条件下氧化铝的热扩散系数随温度的变化[44]

有产生明显的影响。在研究不同实验条件对热扩散系数测量的影响时,Albers 等发现该方法是非常稳定的。

5.4.3 热膨胀

在加热时由于原子振动增加,几乎所有材料都会膨胀。对于陶瓷,这种膨胀的大小与陶瓷的存在形式和孔径分布有关。通常使用热膨胀仪(TD)测量热膨胀行为。耐火陶瓷的热膨胀行为与潜在的耐热冲击性有关[48]。对于结构陶瓷,热膨胀系数是膨胀节设计的关键参数。热膨胀仪通常测量线性热膨胀系数(α)即热膨胀曲线斜率。线性热膨胀系数的计算方法如下:

$$\alpha = (L_2 - L_1)/[L_0(T_2 - T_1)] = \Delta L/(L_0 \Delta T)$$

其中 L_0 是原始长度,L_2 是在 T_2 温度时的长度,L_1 是在 T_1 温度时的长度,α 的单位是 K^{-1} 或 $℃^{-1}$。煅烧陶瓷的典型热膨胀曲线如图 5.31 所示,在 40～60 ℃ 范围内计算出的热膨胀系数标识在曲线中。

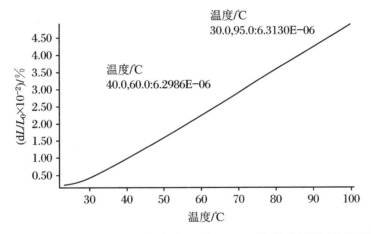

图 5.31　在 40～60 ℃ 的范围内,在流动空气中以 5 ℃·min⁻¹ 加热样品得到的典型热膨胀曲线

图 5.31 中的 TD 曲线表明了样品的线性热膨胀行为,但是对于许多传统的基于硅酸盐的陶瓷情况并非如此。对于硅酸盐,由于与二氧化硅的晶体相变相关的可逆相变,二氧化硅(SiO_2)晶体相的存在导致不连续的热膨胀。常见的相变是在约 573 ℃ 的加热或冷却时的 α-相到 β-相的石英相变,但是在一些已经烧制到 1300 ℃ 以上的硅酸盐陶瓷中的石英开始转变为方英石相,方英石相在 220 ℃ 左右也经历 α 到 β 的相变。方英石和石英的相变都导致样品在加热时突然膨胀和冷却时突然收缩。在图 5.32 中给出了焙烧硅酸盐得到的热膨胀(TD)曲线,其在加热时对于方英石和石英都表现出相变,尺寸变化的程度也与陶瓷中石英或方英石的含量成比例。这些突然的尺寸变化产生应力差,可能导致微观结构中的裂纹变大。

热膨胀分析可用于比较耐火材料中晶体二氧化硅相的相对含量。对于含有石英或方英石的耐火硅酸盐陶瓷材料窑具,由于其尺寸变化与相变有关,在循环加热和冷却过程中容易发生过早失效。

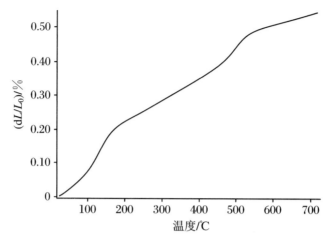

图5.32　焙烧硅酸盐的膨胀曲线,在流动空气中以5℃·min⁻¹速率加热时,显示出方英石和石英的相变

　　在光通信领域,通常需要在各种环境和不同温度下保持各种部件的临界对准状态。后一方面的应用需要了解材料及其支撑件的热膨胀系数。对于与光纤匹配的电光设备尤其如此。令人担心的是,晶体的热膨胀行为可能根据晶体结构沿着不同的轴变化。因此,通过 TD 对单晶的表征必须对样品进行仔细取向。

　　如前所述,铌酸锂显示出广泛的非化学计量性,必须以相同的组成材料来获得大的均匀晶体。在较宽的温度范围内,对于具有明确化学计量组成和贫锂的相同组成的 $Li_{0.969}NbO_{2.9825}$ 这种重要材料,可以准确确定其热膨胀行为[24]。图 5.33 中给出了热膨胀对晶体取向的强烈依赖性,平行于 c 轴的膨胀非常小,过程中出现了最大值。实验中出现了约 10 倍的热膨胀系数变化,因此对 c 轴的依赖性更为明显。

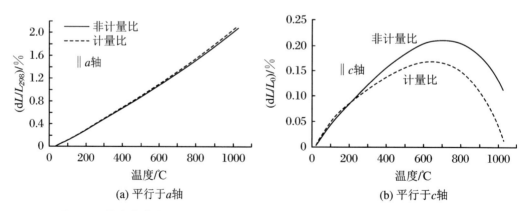

图5.33　具有化学计量比(− −)和非化学计量比(—)单晶铌酸锂的热膨胀曲线[24]

　　晶型转变的顺序决定了热膨胀产生的不规则性的性质。图 5.34(a)中给出了 $LaGaO_3$ 单晶的平行和正交于〈111〉晶轴的一级转变的例子[50],可以明显看到转变中突然出现突变。相比之下,图 5.34(b)显示了 $KTiOAsO_4$ 单晶沿 c 轴的热膨胀,接近 900 ℃ 的高阶相转变在斜率上只出现简单变化而不是突变。玻璃化转变温度是高阶转变的另一个例子,涉及的温度范围更宽并且随着组成的具体热历史而变化。

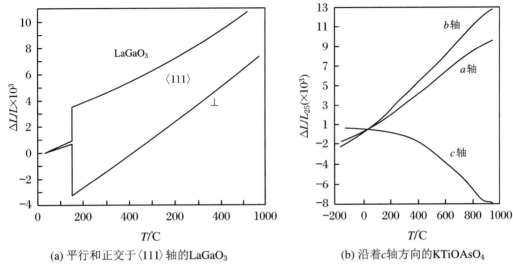

(a) 平行和正交于⟨111⟩轴的LaGaO₃   (b) 沿着c轴方向的KTiOAsO₄

图 5.34　发生相变的单晶的热膨胀曲线[51]

通常做法是以简单的幂级数展开的形式来表示热膨胀数据。作为示例,表 5.2 中给出了对图 5.34(b)中的曲线拟合的系数。除了所列的相应数据之外,还可以在等式范围内得到任何温度下的热膨胀系数。由于晶型转变导致热膨胀曲线不规则变化,因此可以将数据拟合到不同的温度范围以确定膨胀曲线中的任何不连续范围对应的理论值。

表 5.2　对 KTiOAsO₄ 的热膨胀系数的拟合,范围为 − 170~800 ℃

轴	a	b	c	d
$\parallel a$	-1.5420×10^{-3}	2.20972×10^{-6}	1.12511×10^{-8}	-4.6042×10^{-12}
$\parallel b$	-2.5298×10^{-3}	5.98544×10^{-6}	9.66804×10^{-9}	-3.6037×10^{-12}
$\parallel c$	-4.0622×10^{-4}	3.51577×10^{-6}	-5.8902×10^{-9}	-2.1710×10^{-12}

在多晶陶瓷的热膨胀过程中,由于晶粒或微晶通常被认为是随机取向的,因此得到的曲线代表平均膨胀行为。图 5.35 是根据热物性手册中的数据绘制的曲线[52],样品是一种制备合成的硅酸铍 2BeO·SiO₂,实验时进行了几次热处理。在 1560 ℃以上加热的样品已经部分分解成单个氧化物,这种行为在热膨胀的变化中明显反映出来。

5.4.4　比表面积和孔隙度

粉末和多孔材料的比表面积是许多陶瓷材料的重要特征。BET 方法可以确定总表面积,吸附和解吸等温线可以为孔结构的性质提供有价值的参考。有关这些分析的细节可以参阅 Gregg 和 Sing 的专著[53]。图 5.36 中给出了由重量数据确定这种等温线的方法[54]。阶段 A 表示微量天平上的样品在几种温度下真空脱气。然后将所选择的气体(通常为 N₂)以受控步骤放入测量系统中,该系统在气体的沸点恒温,并且在相应的控制步骤达到每一步的平衡后测量吸附气体的质量,该阶段 B 对应于吸附阶段。阶段 C 为气体以逐步方式抽出时的解吸过程,而在每个步骤平衡后测量质量损失。Btichner 和 Robens 计算了所得等温线[54],并举例说明了三种确定每克样品的表面积的数值分析方法。

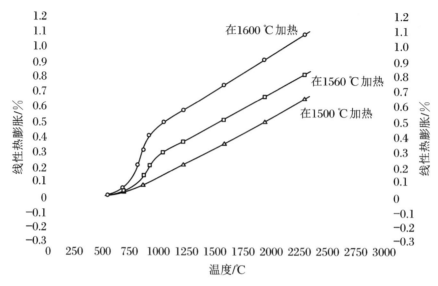

图 5.35　加热到指定温度的多晶铍硅酸盐的热膨胀曲线[52]

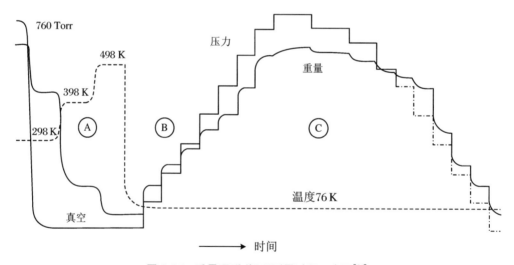

图 5.36　重量吸附/解吸测量过程示意图[54]

5.4.5　电学和磁学性能

理论上,作为温度函数的磁化率和电导率的简单经典测量通常不属于热分析领域。但当这些参数用于确定转变和反应性时,可以认为属于热分析技术的范畴。一个很好的例子是使用 TM 来确定磁性材料的居里温度或 Neel 温度(T_c)。通过比较观察到的磁吸引力损失与确定国际温标的主要标准物的熔点[55],TM 和 DTA 或 DSC 联用为准确测量 T_c 提供了可能。图 5.37 给出了一组同步测量曲线,使用 Pb 和 Zn 的熔点来同时校正

Ni 的 T_c 的实验值。根据观察到的熔点和其标准值之间的差异,可以得到一条简单的线性校正曲线。然后,对观测到的 T_c 值进行适当的修正可以得到 T_c 的真实值。T_c 的值不仅可以用于识别不同的物质,见图 5.38[56],也可用于前面 5.3.1.4 节所述的定量分析。

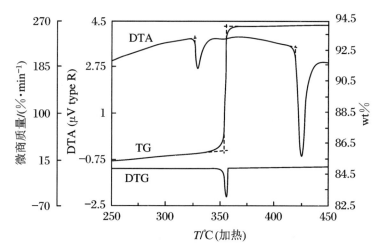

图 5.37　铅、锌和镍的同步 TM-DTA 曲线[32]

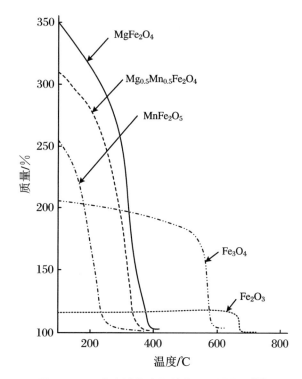

图 5.38　一些含铁化合物的热磁测量曲线[56]

5.5   固态反应性

5.5.1   简介

固态反应的研究在技术上至关重要,一直是许多专著和学术研讨会的主题,例如可以参见文献[57-62]。这类反应的许多复杂性和争议性是众所周知的,对这一主题的讨论超出了本章的范围。然而,由于热分析和量热技术在这一领域发挥的重要作用,在本章中将提供一系列具有代表性的实例来证明这类重要的技术适用于研究该主题的许多方面。本丛书第 1 卷中介绍了关于这些方法相关的热力学[63]和动力学[64]背景。

5.5.2   非均相反应和机理

用 H_2 还原各种氧化物在实践和理论上都是重要的。热分析方法在确定所需条件和理解所涉及的机理方面发挥着重要的作用。但是,由于氢气具有高度易燃和潜在的爆炸性,在研究时一定要格外小心。最近一项有趣的研究是使用 EGA 来跟踪 H_2 的消耗量和产物 H_2O 的逸出过程[65]。在使用氢气以及在固相中有或没有混合碳的情况下,锰铁素体 $MnFe_2O_4$ 被还原。基于电导率的 Ta_2O_5 检测器被设计用于湿度分析,用热导率检测器测量 H_2 浓度的变化。图 5.39 中给出了没有碳的还原过程的 EGA 曲线。显然还原分两步进行。在最初的过程中,大约 260 ℃对应三价铁还原成二价铁;第二阶段开始于 430 ℃左右,最终还原成零价铁。另外一个对照实验用含碳的固体混合物进行实验,并对有和无碳热辅助还原的结果进行了比较。

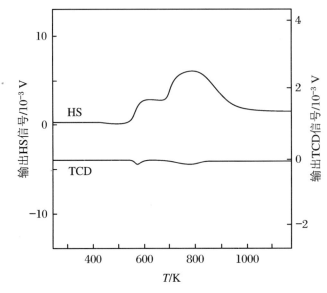

图 5.39   在 He 和 H_2 的混合气流中还原 $MnFe_2O_4$ 过程的水分和 H_2 浓度的 EGA 曲线[65]

Dweck 等[66]已经证明 TG 可以用于比较不同来源的 AlN 氧化为 α-Al₂O₃ 的反应性研究。研究中使用了三个不同来源的 AlN。样品 A 是未涂覆的(未受保护的)商业样品,样品 B 是防水型(经保护处理)商业样品,样品 C 是部分水合样品。这三个样品在空气中加热的 TG 曲线如图 5.40 所示,样品 A 和 B 都显示出与高温氧化相关的理论质量增重。然而,经保护处理的样品则需要更高的温度或更长的时间才能达到完全的质量增重。样品 C 表现出与大量 Al(OH)₃ 分解有关的大量质量损失,从最终氧化后的质量增量可以计算出氢氧化物的量为 47.5%。

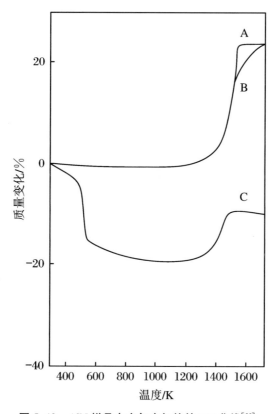

图 5.40　AlN 样品在空气中加热的 TG 曲线[66]

产物层中或非化学计量化合物中氧扩散的实际扩散系数可以通过对这些工艺过程中质量变化速率的详细研究来估算。例如,Mickkelsen 和 Skou[67] 使用 TG 确定了氧在 La₁₋ₓSrₓMnO₃₊δ 体系中的化学扩散系数。氧气分压迅速下降后等温质量变化曲线如图 5.41 所示,该曲线显示了其对氧空位方程的拟合。根据不同温度下的这些数据,可以确定扩散过程的活化能,锶替换量高达 12% 时活化能变化很小。扩散速率和活化能的信息对于这些材料用作燃料电池导体很重要。

用于办公大楼建筑的热钢化玻璃板在较高温度下成型时往往含有亚稳态 α-NiS 掺杂物。玻璃的失效与亚稳态 α-NiS 向室温下更稳定的 β-NiS 转化产生 4% 的体积增加,最终引起断裂这一过程密切相关。系统的 DSC 和等温 DSC 研究可用于重结晶过程,可以预测发生故障的时间,结论与现有办公大楼中的失效观察相符。图 5.42 中给出了一系列

亚稳态 α-NiS 的 DSC 曲线。诱导期为温度的函数,可以由反应初始温度确定,反应初始温度是加热速率的函数,在图 5.43 中将其与在不同温度下等温 DSC 的诱导时间进行比较。结果外推至所处的环境温度,发现与观察到的失效时间一致。

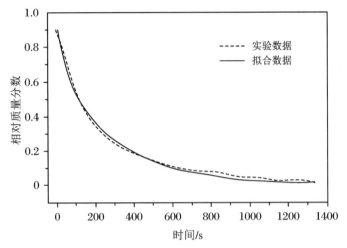

图 5.41　$LaL_{1-x}Sr_xMnO_{3+\delta}$ 体系中 O_2 分压变化后的等温 TG 曲线[67]

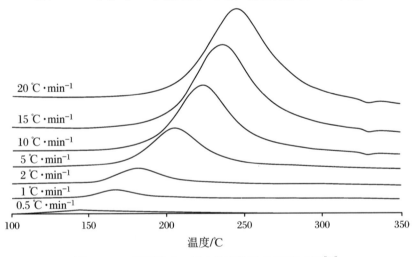

图 5.42　NiS 亚稳态 α 到 β 转变的动态 DSC 曲线[68]

　　TG 早期最广泛的用途之一是研究各种环境下材料的腐蚀或氧化[69]。然而,Charles 开发了一种非常巧妙的改进 TM 技术来研究液相腐蚀[70]。图 5.44(a)中给出了在液体腐蚀介质中含有磁性样品的密封石英小瓶如何悬浮在磁场梯度中的示意图。当磁性样品被消耗(溶解)时,表观重量发生了变化,在实验过程中所有材料仍然包含在石英管反应器中。分析图 5.44(b)所示的表观重量损失随时间的曲线可以确定动力学参数。

　　热台 X 射线衍射分析技术在氧化研究中非常有用。图 5.45 中给出了在铁氧化过程中各种氧化物腐蚀产物的生成过程[71]。磁铁矿最初在 390 ℃ 的扫描中出现。虽然 FeO 可能是直观的初始产物,但其对于磁铁矿和铁金属的歧化是热力学不稳定的。直到所有的金属被消耗完,或直到该膜与下层金属失去接触,才会出现 Fe_2O_3。

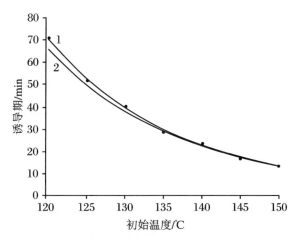

图 5.43 NiS 由 α 转变为 β 的诱导时间与温度的函数关系[68]

曲线 1 基于等温 DSC 测量,曲线 2 基于动态 DSC 测量

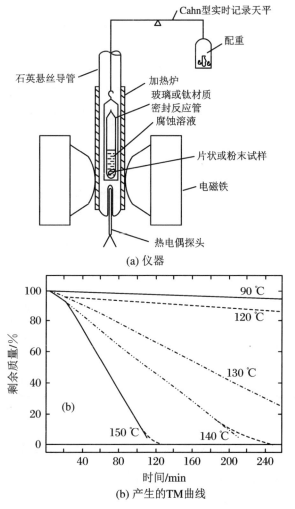

(a) 仪器

(b) 产生的TM曲线

图 5.44 钢的液相腐蚀的 TM 分析[70]

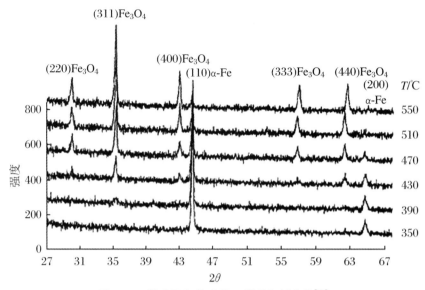

图 5.45 铁表面氧化成膜 X 射线衍射曲线[71]

除了包括速率与温度、气氛和固有缺陷的函数关系的非均相动力学的常规研究,热分析技术还适用于研究不太常规的影响,例如在外部辐射或者电场或磁场作用下的相变研究。Herley 和 Spencer[72] 进行了一项有趣的研究,研究了 UV 辐射对 AlH_3 等温分解的影响。在等温分解过程中,样品受紫外线辐射的影响如图 5.46 所示,光辐射样品后分解速率立即提升并急剧加快。

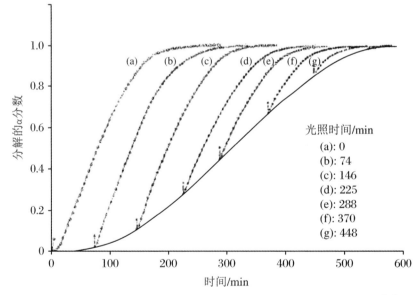

图 5.46 AlH_3 分解的等温 TG 曲线,显示了 UV 辐射对反应速率的影响[72]

Hedvall[73] 在他关于固态反应性的开创性综述工作中,讨论了固态转变对正在进行的化学反应速率的潜在影响,这个速率的不规则过程被称为"海德华效应"。在相变过程中,当化学键发生变化时,原子更具流动性,因此物质应更容易受到与其他材料反应的影响,并且在此期间扩散速率增大。这是一个有争议的观点,例如在 Na_2CO_3-$CaCO_3$ 体系热分解过程中有关这种影响的研究工作有相互矛盾的论文[74-75]。图 5.47 中给出了这种效应的两个例子。典型的例子是在用 H_2 还原 NiO 过程中在相变时观察到了还原速率的增加[60]。图 5.47(b)中 Fe_3O_4 在磁转变过程中氧化速率出现异常变化[76]。图中的这两条线可以用于从最佳拟合动力学模型得出的 Arrhenius 曲线。后一个例子显然比单纯的海德华效应更加复杂。

图 5.47(b)中的异常变化表明,外部磁场可能会影响某些材料的反应速率。例如 Rowe 等的研究工作与参考文献[77]中的不一致。由于 TG 会受到样品上叠加外部磁场梯度的影响,因此 EGA 是此类研究的首选技术。

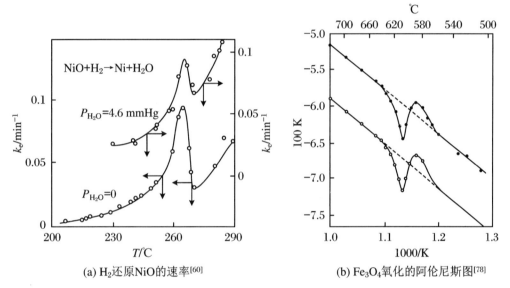

(a) H_2还原NiO的速率[60]   (b) Fe_3O_4氧化的阿伦尼斯图[78]

图 5.47　Hedvall 效应的例子

5.5.3　烧结现象

对于非基于黏土制成的陶瓷产品,通常需要用有机黏合剂进行成型。热分析广泛用于研究黏合剂在烧制过程中的分解机理。分析的过程通常非常简单,只需对黏合剂的量进行逐批比较,测量加热到特定温度的质量损失。还可以在不同的气氛和加热条件下对分解产物进行更复杂的分析,或者做特定条件下分解过程的动力学分析。

在最简单的情况下,通常通过 TG 研究黏合剂的氧化过程。黏合剂可以通过氧化或热解(无氧化)除去,两者都可以通过控制适当的气氛进行 TG 研究[78]。对于这种类型的分析,可以使用陶瓷粉末或陶瓷部件的一部分,这取决于 TG 对样品的实际要求。样品在受控气氛中以受控速率加热,可以观察到产生的质量损失。从这种类型的分析中,可以确定添加到配方中的黏合剂的量,以比较批次间的一致性。另外,还可以确定氧化或分解的开始或氧化或分解的步骤,这对于设计用于除去黏合剂的加热工艺比较有用。图 5.48 中给出了多层电容器聚乙烯醇缩丁醛黏合剂氧化的一个简单例子[79],这个例子研究了加热速率对黏合剂分解的影响。提高加热速率显然阻碍了分解的开始且延缓了烧

结的完成时间。此外,还可以研究气氛对黏合剂去除速率的影响[80]。Liau 等人[81]已经
进行了类似的研究,观察到陶瓷电容器材料和金属电极对黏合剂分解开始的影响。图
5.49 中给出了这项研究的一个例子。从这项研究中可以清楚地看出,陶瓷和金属电极降
低了黏合剂体系的表观分解温度,这表明了在使用热分析数据来开发或改进制造工艺时
研究整个体系的黏合剂分解行为的重要性。对黏合剂单独分解的研究会导致高估黏合
剂分解的开始温度,这类信息为黏合剂清除工艺提供了定量信息。

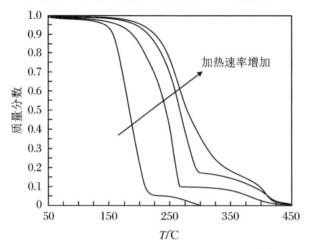

图 5.48 流动空气中黏合剂分解的 TG 分析[79]

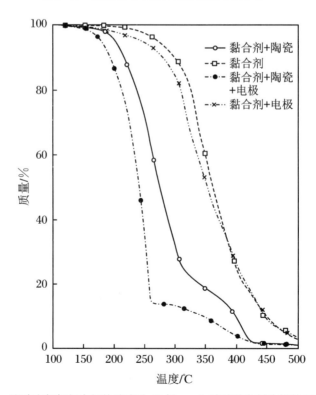

图 5.49 流动空气气氛中加热速率为 10 ℃·min⁻¹ 时黏合剂分解的 TG 曲线[81]

TG/EGA 也可以用于研究黏合剂分解产物[82]。Liau 等人[81]描述了聚乙烯醇缩丁醛黏合剂的分解产物的分布,一种是带有陶瓷电容器材料和金属电极进行测试,一种是不包含。图 5.50 中给出了这两种情况对比的一个例子。向陶瓷黏合剂体系添加的电极材料显著改变了黏合剂分解产物的性质或分布以及发生反应的速率。

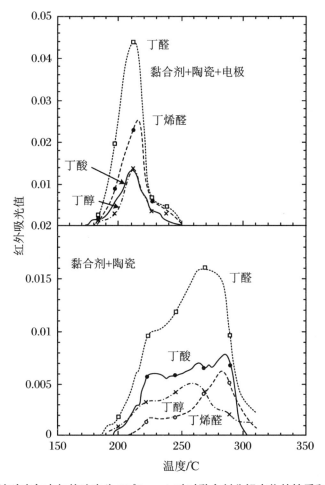

图 5.50　在流动空气中加热速率为 10 ℃·min⁻¹时黏合剂分解产物的性质和分布曲线[81]

对于某些分解产物的逸出气体进行分析时,有些人担心高沸点化合物不能和低沸点化合物一样,通过联用实验同时进行分析。Jackson 和 Rager[83]描述了对传统 TG/FTIR 联用系统进行的改进方法,以改良高沸点化合物的检测性能。与典型的传输系统不同,气体通过 TG,然后通过加热的传输管线输送到 FTIR 的气体池,所采用的系统在负压下运行,可以将气体从 TG 样品室抽到 FTIR 进行分析。负压降低了高沸点化合物的沸点,并改善了通过气体传输管线的流动特性。

还可以通过热分析来研究碳黏结耐火材料中碳质黏结相的氧化过程。碳结合的氧化铝或镁质耐火材料用于炼钢过程的各种领域,包括从浇注管到钢包砖等领域。碳相为耐火材料提供抗热震性,但在预热或使用期间容易受到氧化。黏合剂相的氧化降低了抗热震性并增加了炉渣渗透性。几种如金属 Si 或 B₄C 添加剂用于延缓碳相的氧化[84]。还可以通过 TG 研究碳黏结耐火产品的氧化速率。通常对大块样品进行研究，以模拟砖在使用中的质量传输效应。图 5.51 中给出了一个典型分析的例子，表明增加温度会提高氧化速率。

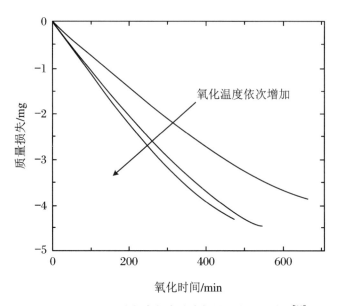

图 5.51　MgO-C 耐火砖中碳质黏合剂相的氧化过程[85]

　　生坯陶瓷体的成功烧结通常取决于液相的暂时存在和快速加热过程中产生的黏流性质。DTA 和 DSC 的实验结果可用于确定相平衡条件，但热膨胀仪（TD）在确定最佳烧结程序方面更有价值。由于 TD 中使用的样品量相对较大，需要非常缓慢的加热速率才能使样品保持均匀的温度。因此，当需要确定平衡条件或性质时，往往需要每分钟几摄氏度的最大加热速率。然而为了模拟陶瓷体的快速烧制，则可以使用 $50\ ℃ \cdot min^{-1}$ 的加热速率。这种玻璃陶瓷片快速加热的例子是 Paganelli 最近的研究工作[86]。在图 5.52 所示的 TD 研究中，陶瓷体以 $50\ ℃ \cdot min^{-1}$ 速率加热并测量收缩和收缩率。除了获得高密度的陶瓷产品之外，设计的烧结程序还应尽可能缩短时间并降低温度，以节约成本。对图 5.52 的分析表明，最大烧结速率出现在约 1230 ℃，并且在收缩曲线的上升趋势中观察到在 1280 ℃左右出现不希望的膨胀现象。约 900 ℃之前的曲线表现出简单的热膨胀。此时玻璃相添加剂会与黏土发生反应，并且一些收缩发生在主要烧结步骤开始温度（约 1100 ℃）前。

　　研究的下一步是在接近最高烧结速率的 1230 ℃的温度附近的多个温度下保温，以相同的速率加热相同的样品，观察到在尽可能短时间内，至少需要 6 min 才能达到最大收缩。在这段时间结束时，收缩率应该接近于零。图 5.53 中给出了 1220 ℃的实验结果，其在 6 min 内达到稳定并且总收缩率略高于 6%。这些研究用各种组分进行，以获得具有最佳性能的烧结产品，同时实现最小的烧制时间和最低的温度。

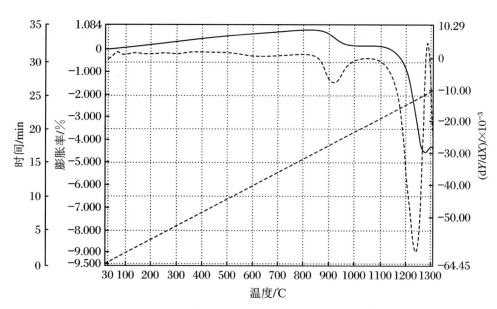

图 5.52 快速烧制的玻璃陶瓷玻璃料的 TD 曲线[86]

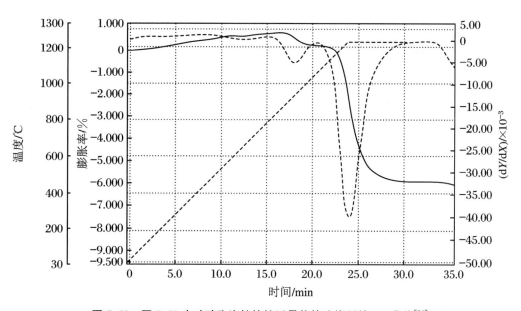

图 5.53 图 5.52 中玻璃陶瓷熔块接近最佳快速烧制的 TD 曲线[86]

除了使用快速烧结程序来节省能源和成本之外,速率反馈控制技术的使用已被证明是一种非常有效的方法。这种技术不仅可以降低成本,而且可以实现更好的烧结产品。这个"速率控制烧结"RCS 的过程最初由 Palmour 和 Johnson[87] 用于制备高密度和细晶粒氧化铝,其一般原理和结果如图 5.54 所示。对于掺杂 Al_2O_3,传统的线性烧结程序如图 5.54(a) 所示,图 5.54(b) 中给出了与此对应的致密化的烧结程序。

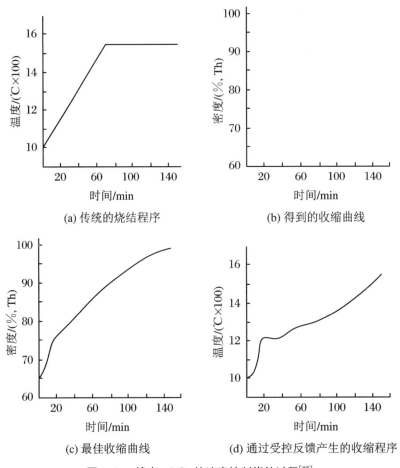

图 5.54　掺杂 Al_2O_3 的速率控制烧结过程[87]

最初的快速致密化封闭了孔隙结构,必须通过在较高温度下更慢的体积扩散过程来消除被堵塞的孔隙。但如果使用来自 TD 测量的反馈来控制致密化过程,则会减缓该初始过程,从而可以在孔结构保持打开的同时去除更大部分的孔隙率。图 5.54(c) 中给出了接近最佳条件的预期收缩曲线,曲线对应的温度程序见图 5.54(d)。图 5.54(a)、(d) 中曲线下面积的积分表示消耗的能量,显然 RCS 工艺涉及显著的节能,并且还产生了更细粒度的优质产品。

氧化硅胶预制件的收缩是制备一些光纤电缆的一个重要应用领域。通过醇盐水解形成的凝胶样品的 TD 曲线表明在固化过程中通常会发生严重的膨胀。图 5.55 中比较了在水解过程中使用不同催化剂制备的样品的 TD 曲线[88]。图中主体玻璃在 800 ℃ 左

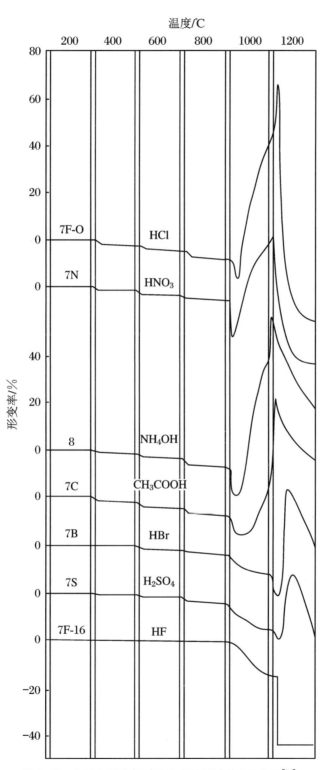

图 5.55　用催化剂水解醇盐制备的硅胶的 TD 曲线[88]

右软化,高于该温度时 OH 基分解放出的水会导致预制件的破坏性膨胀。TD 分析结果清晰地表明,具有相似尺寸和电荷的氟离子可以代替 OH⁻ 离子,并且在抑制膨胀方面有很好的作用。

　　放射热分析,即 ETA 技术也可用于提供关于硅胶的有价值的补充信息[89]。硅胶样品中放射性气体的释放速率取决于在孔隙闭合时孔隙中的扩散和烧结样品的体积扩散过程。图 5.56 中给出了母体核素²²⁸Th[90]掺杂的两个硅胶样品中释放²²⁰Rn 的曲线。样品 1 的初始表面积为样品 2 的两倍。在低于约 350 ℃的温度范围,渗出物通过开放的微孔网络扩散,因此较高比表面积的材料具有较高的渗流速率。在样品 2 中,高于此温度的 OH 基含量形成更多的开放多孔网络,并且放射性气体的渗出速率显著增加。如图 5.55 所示,硅胶在 800 ℃以上开始软化并且开放网络结构塌陷,导致流出速率取决于放射性核素逸出时较慢的体积扩散过程。对于多晶材料烧结也进行了类似的研究[89]。

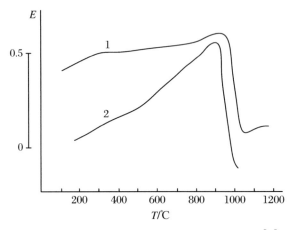

图 5.56　两个硅胶凝胶的放射热分析(ETA)曲线[89]

5.5.4　薄膜

　　热分析在薄膜方面的研究存在很大的挑战[91],主要原因为样品中所关注组分的含量通常很少,稀释剂即基材的量也很大。对于半导体材料,薄膜的加工和性能特别重要。III-V 型半导体的稳定性通常是一个问题。对这种材料的块体样品进行热分解研究比较普遍,然而,分解的最初阶段对于处理薄膜来说是至关重要的。由于质谱技术具有高的灵敏度,MS-EGA 技术在这类研究中十分重要[92]。图 5.57 中给出了 InP 在真空中以 10 ℃·min⁻¹ 的速率加热时从单晶体中析出 P₄ 的过程。数据以几种不同水平的灵敏度显示,因此可以在多个分解阶段确定分解动力学,以百分比分数的形式表示反应进行的程度。P₂ 的质量是 P₄ 蒸气的 MS 裂解模式中最强的峰。

　　根据动力学研究确定的 Arrhenius 参数被用来作图,在适当的温度范围内,以分解分数对时间作图,参见图 5.58。然后,可以确定在给定温度下材料可以承受指定的容差水平的最大时间。

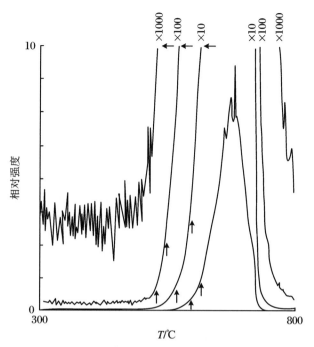

图 5.57　在几个灵敏度水平下的 MS-EGA 曲线,描绘了在真空中
在 10 ℃·min^{-1} 速率下加热的 InP 中 P4 的逸出过程[92]

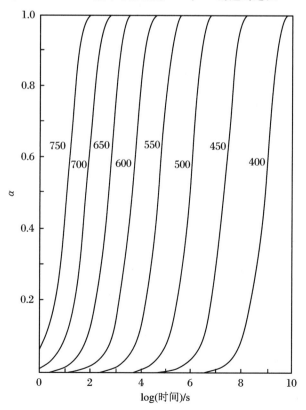

图 5.58　在指定温度下,单晶分解的 InP 分数随时间变化的曲线[92]

在薄膜应用研究中,重要的是要制备稳定的低电阻的电触点。金是最常选用的电极材料。但早期的研究表明,这些接触点在远低于底层 GaAs 基的半导体的稳定性的温度下是不稳定的。使用 MS-EGA 进行的实验表明,As 在非常低的温度下逸出,温度大约为200 ℃,而纯 GaAs 的初始分解温度则约为 620 ℃[93]。研究结果表明 As 的量与 Au 接触的厚度成正比,见图 5.59。这表明 Ga 在低温下与 Au 形成合金,释放单质 As 并使其蒸发,这一现象被微观结果和分析结果证实。

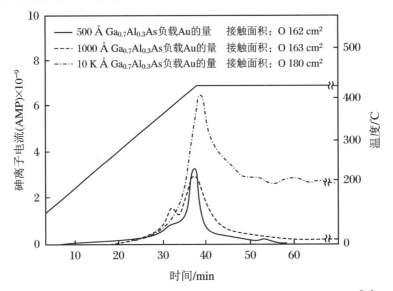

图 5.59 含有 Au 电极的 $Ga_{0.7}Al_{0.3}As$ 样品的逸出气体中 As 的信息[93]

Si 基半导体的常规处理也极其依赖薄膜技术。用 BN 制成的掩模用于 X 射线光刻。这些薄膜对光很不透明,便于对准;但由于这类材料由非常轻的元素组成,因此其对 X 射线相对透明。最初,通过化学气相沉积(CVD)工艺制备的 BN 掩模相对于下面的 Si 晶片高度应变并严重变形(弯曲)。通过使用 MS-EGA 分析,表明这些张力来源于 BN 中被捕获或封闭的 H_2[94]。H_2 的逸出曲线如图 5.60(a)所示。在薄膜中掺入的 H_2 存在着多种键合位置,图 5.60(b)显示 500 ℃退火处理可以去除较不牢固结合的 H_2,这可以让晶圆恢复到原来的平整形状并达到预期的目的。

在通过 CVD 工艺制备薄膜期间掺入气体产物并不少见。然而,在溅射过程中很少出现明显的闭塞现象。溅射 $TaSi_2$ 薄膜是导电的,偶尔用作硅电路的触点。当制作的器件在大约 1000 ℃被封装在保护玻璃层中时,会发生玻璃起泡现象并且在 $TaSi_2$ 接触点失去黏附作用。在这个阶段对应气体的识别可由 MS-EGA[95]完成。图 5.61 表明,意外发现在溅射过程中被堵塞的是 Ar 气,这已经在其他溅射薄膜的研究中得到证实[96]。

如果涉及磁性薄膜材料,还可以使用 TM 增强灵敏度。用这种技术对含 Co 薄膜的氧化和还原过程进行了研究。蓝宝石基底上 75 nm Co 膜在磁场的作用下,在 O_2 中加热,图 5.62 中出现了质量损失台阶。生成非磁性氧化物的质量增加,强磁性的 Co 被消耗时引起的磁力损失受到抑制。当样品冷却后在 H_2 中重新加热,得到图 5.62 中虚线,表明磁性 Co 膜重新生成,曲线又回到磁场中初始的表观重量。

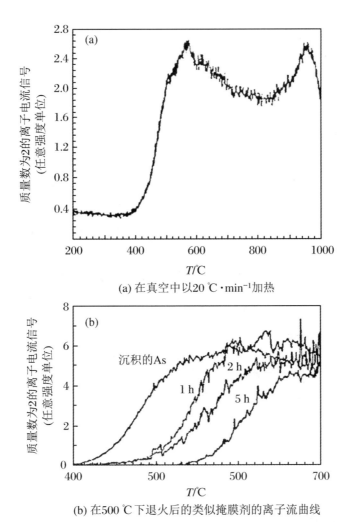

(a) 在真空中以20 ℃·min^{-1}加热

(b) 在500 ℃下退火后的类似掩膜剂的离子流曲线

图 5.60　由 MS-EGA 检测得到的 BN 掩膜剂中 H$_2$ 的离子流曲线[94]

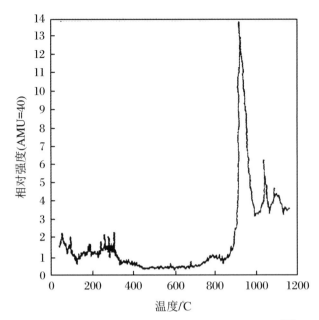

图 5.61 由溅射膜 TaSi₂ 逸出 Ar 的 MS-EGA 曲线[95]

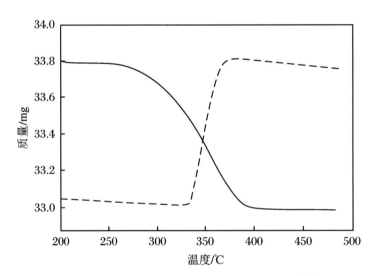

图 5.62 蓝宝石表面负载 75 nm 膜的 TM 曲线[97]
图中实线为在 O₂ 气氛中直接加热得到的,虚线为在 H₂ 气氛中
重新加热重新氧化后的样品得到的曲线

5.5.5 吸附剂

许多传统的陶瓷工艺需要某种气体净化系统来捕获在燃烧过程中从原料中逸出的微量的酸性气体,使用脉冲热分析可以对吸附材料进行评价和比较[98]。脉冲热分析主要是一种校正逸出气体分析信号的方法,但也可以用于研究气-固反应[99]。将已知的标准气体注入热分析仪,并观察联用气体分析仪的检测信号。由于注入了一定量的气体,因此产生的峰值区域可以与未反应气体的数量进行定量相关。为了评估吸附剂的材料,一种标准气体脉冲加入到吸附剂的样品中。然后将 EGA 信号的峰面积与一个空样品池所获得的峰面积进行比较,以确定吸附剂对气体的吸附量。也可以用 TG 由吸附剂的质量变化测定吸附气体的数量。如果标准气体取代一部分吸附剂,那么对 TG 数据的解释就会变得复杂。例如,当氢氧化钙吸附 SO_2 时,H_2O 将按照下面的反应进行转移:

$$Ca(OH)_2 + SO_2(g) + 1/2O_2(g) \longrightarrow CaSO_4 + H_2O(g)$$

此外,脉冲气体通过气体池时通常会产生湍流,从而导致 TG 信号发生扰动。以颗粒状氢氧化钙试剂为例,在 150 ℃ 的情况下进行 SO_2 等温吸附,如图 5.63 所示。

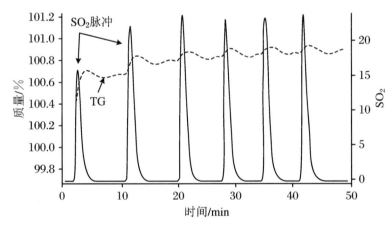

图 5.63 在 150 ℃ 时用粒状氢氧化钙试剂对 SO_2 等温吸附的脉冲热分析曲线

可以向吸附剂提供一系列脉冲,以确定吸附剂可以吸附多少标准气体[100]。当吸附剂接近饱和时,样品脉冲的峰面积接近于通过一个空样品池所获得的峰面积。在饱和状态下,可以对各脉冲过程的标准气体吸附量进行求和,以确定吸附剂对气体的总吸附量。这些信息可以用来比较不同吸附剂的化学或表面性质。

5.5.6 水泥和混凝土

热分析通常用于水泥和混凝土的研究,其可用于研究胶结阶段的形成、水化过程以及对现有或有历史意义的水泥和混凝土的鉴定。在水泥生产中,将石灰(含碳酸钙)和泥质(含黏土)原料在回转窑中混合加热[101],温度范围为 1300～1500 ℃。此过程被称为熔结,在这个过程中会有一系列脱水(黏土矿物脱氢)、脱碳(碳酸钙相分解)、新的硅酸钙和铝酸钙相形成和烧结发生[102],热分析可以用来研究这种熔结的过程。添加剂和杂质在烧结速率和新相的形成过程中起着重要的作用。例如,Chen[102]描述了用 DTA 和 TG 研究回转窑中不良相的形成。Perakki 等人[103]描述了用 DSC 研究烧结助剂的影响。使用 DSC 研究烧结过程中水泥相的形成过程的一个例子见图 5.64,图中对比了两种成分烧结的 DSC 曲线,其中一种加了 2%烧结助剂。DSC 分析通常涉及一种由于黏土在 400~600 ℃之间的脱羟氧化作用而产生的吸热峰,碳酸盐在 800 ℃由于分解作用而产生大量的吸热,在 1200~1350 ℃范围内的放热反应与二钙硅酸盐相(CaO)₂SiO₂ 的形成有关,高于 1300 ℃的最后的吸热与液相的形成有关[103]。在这个例子中(图 5.64),加入烧结助剂有助于降低液体的形成温度,并提高烧结的程度。DSC 也可用于确定水泥原料配方的相对反应性,Kakali[101]使用 DSC 研究了颗粒大小和原料的化学性质对新相的形成和烧结的作用。

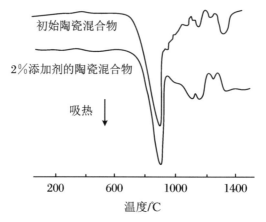

图 5.64　具有不同添加剂的水泥熟料的烧结 DSC 曲线对比[103]
升温速率 15 ℃·min⁻¹,流动氮气中

　　通常运用热分析对水泥配方的水化率进行研究。DTA 在过去是研究水合反应的首选方法,但只能得到定性的信息。目前 TG 被认为是一个定量化更好的工具[104]。图 5.65 给出了一个 TG/DTG 研究混合碳酸钙的硅酸盐水泥水化的例子,图中出现了 3 个质量损失和 DTG 峰[104],其中,第一个 DTG 峰对应于被称为水化硅酸钙的硅酸钙水合物的脱水;第二个 DTG 峰对应于氢氧钙石(氢氧化钙)的脱水;最后一个 DTG 峰对应于混合碳酸钙相的分解。随着水化过程的持续进行,水化硅酸钙相和氢氧钙石相的脱水造成了质量损失的进一步变大。

　　有几项研究描述了如何使用 TG 确定水泥中氢氧钙石和碳酸盐相的含量[105-106]。Tsivilis 等[106]描述了使用 TG 研究与石灰石混合的硅酸盐水泥的水化过程,在研究中利用氢氧化钙[Ca(OH)₂]相脱水导致的质量损失程度来确定水化的总体程度[106]。添加剂的作用也可以通过 TG[107]来研究。在图 5.66 中给出了这类研究的一个例子,利用氢氧化钙脱水导致的质量损失来确定水化的程度[107]。如图 5.66 所示,按固定间隔测量氢氧化钙的数量,以确定水化的速率。由于得到的数据具有定量的性质,TG 是研究水泥水化的首选方法。

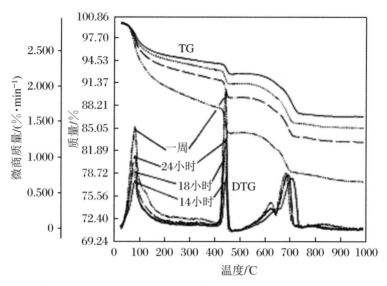

图 5.65   在加热速率为 15 ℃·min^{-1}和流动空气中得到的水泥水化率的 TG/DTG 曲线[104]

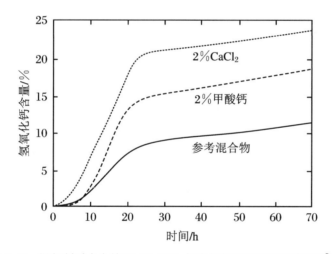

图 5.66   添加剂对水合的$(CaO)_3SiO_2$相中氢氧化钙相形成的影响[107]

　　除了对水泥相的制造和水化的研究外,还可以通过热分析来评价现在水泥相的组成。TG/DTG 以及化学和矿物学 X 射线衍射分析(XRD)可以用来确定历史悠久的混凝土的组成和来源[108-109]。对逸出气体的分析可以更精确地研究 TG 所观察到的质量损失步骤[108]。

5.6 合 成

5.6.1 简介

前面的所有章节均涉及与无机材料合成有关的问题,这些材料都具有理想的组成和结构,传统的陶瓷加工方法主要采用对起始组分的反复混合和研磨以及在相对较高的温度下烧制。在过去的五十年左右的时间里,我们提出了一种新的方法,即从来自溶液中充分混合的成分开始,或者在原子尺度上以单一的前驱体化合物的形式进行控制。将这些前驱体的分解与初始分解产物几乎同时进行的反应相结合,通常可以在非常低的温度或者在较短的时间内得到预期的最终产物。这种方法不仅可以节约能量,而且产物还具有在更广范围的良好性质,例如颗粒大小和反应活性均可控,利于后续的加工,如烧结。另外,这种方法还可以合成需要的亚稳态相。

热分析方法在评价这些现代合成方法和确定最佳工艺参数方面起着重要的作用,本部分内容中列举了几个例子来说明传统制备陶瓷材料的方法和溶液中前驱体化合物的应用。

5.6.2 传统的混合和加热

热分析技术应用于传统陶瓷加工的一个很好的例子是 Speyer 的专题论文[35]中介绍商业钠-石灰-硅玻璃生产的详细案例,其中利用 DTA、TG 和 X 射线衍射技术研究了反应级数及其对反应物粒径的依赖性。图 5.67 中给出了两个不同粒度体系得到的结果。X 射线的峰高数据来自于本章 5.3.3 节图 5.26。如石英中的 α 到 β 转变的相变峰在 DTG 曲线上没有对应的峰。然而,由于碳酸盐分解产生的吸热过程在 DTG 曲线上有相应的峰,研磨产生的应力以及由此产生的更好的颗粒间的接触会影响反应。对实验结果的详细解释参见文献[33]。

在传统方法中,Fe_2O_3 的活性是成功制备铁氧体的一个重要因素。Fe_2O_3 与其他氧化物或碳酸盐混合并反应,形成所需的组分。其中,Fe_2O_3 的反应可以在很大的范围内变化。此外,必须仔细定义反应性,使其与温度状态相关,也就是与其最相关的温度,在该温度下 Fe_2O_3 与特定组分反应[110]。通过 TG 可以研究将不同的铁盐转化为 Fe_2O_3 的过程,可以根据 TG 曲线在最低温度下制备氧化产物。

通过测量氧化物和过量的 Li_2CO_3 反应形成 $LiFeO_2$,可以确定相关的反应活性。图 5.68 中给出了典型的 TG 曲线,列出了不同阶段的质量变化。质量损失 85% 时的温度与制备 Fe_2O_3 样品的温度列于表 5.3 中。很明显,不同氧化物之间的反应性差异很大。然而,所有这些都促进了 Li_2CO_3 的分解,如图 5.68 所示。

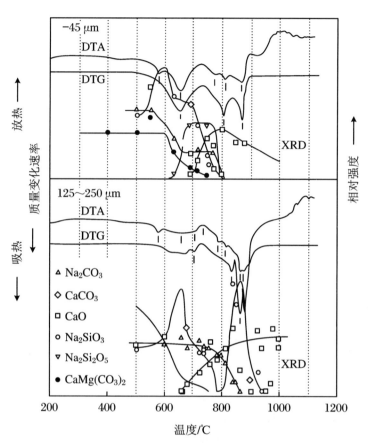

图 5.67　热分析研究钠-石灰-硅酸盐玻璃生成过程的曲线[35]

其中 XRD 曲线上的点是图 5.26 的峰值高度

表 5.3　铁-锂混合物的分解温度

铁盐	铁盐的煅烧温度/℃	Li_2CO_3 85%分解温度/℃
硫酸铁	700	535
硫酸铵铁	660	495
硫酸亚铁	720	580
硫酸亚铁铵	660	490
硝酸铁	390	570
六氰基铁酸铵	670	600
六氰基亚铁酸铵	480	840
草酸铁	325	560
三草酸铁铵	500	560
柠檬酸铁铵	580	800
磁铁矿＋乙二胺四乙酸混合物	525	615
商品氧化铁		670
碳酸锂		950

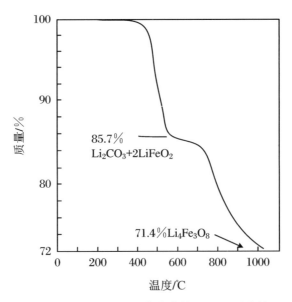

图 5.68　不同来源的 Fe_2O_3 样品与多余的 Li_2CO_3 反应的 TG 曲线

5.6.3　化学前驱体的分解

在这一章中，$BaTiO_3$ 和 $LiNbO_3$ 被用作前驱体，原因是其具有技术意义。对于这些化合物的制备过程，从水溶液阶段开始，热方法在这些合成中发挥着重要的作用。水合化合物 $BaTiO(C_2O_4)_2 \cdot 4H_2O$ 具有特定的 Ba/Ti 比，并且较易从水溶液中析出。图 5.69 中的 TG 曲线表明，这个复杂的草酸盐分解包括多个步骤，直到在大约 800 ℃ 时质量恒定[111]。在此温度下的质量损失量与钛酸钡的形成相对应，X 射线衍射过程证实了这个结果。该产物的成分非常精确，所需的颗粒尺寸可以在随后的煅烧过程中得到控制。

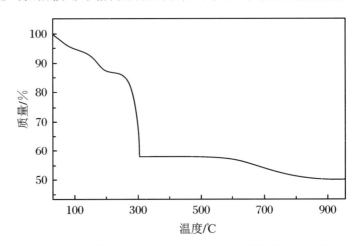

图 5.69　在空气中 $BaTiO(C_2O_4)_2 \cdot 4H_2O$ 分解的 TG 曲线

早期质量损失在约 600 ℃ 出现平台，对应于预期的 $BaCO_3$ 和 TiO_2 的形成，这也通过 X 射线衍射得到了证实。在 800 ℃ 之后发生的反应，大约比混合块体成分的反应低

400 ℃，证明了这一合成方法的价值。

类似的，可以使用 TG、EGA 和 DTA 技术来跟踪用 NH^{4+} 和 Nb 或 Ta 的复合草酸盐与用 $Li_2C_2O_4$ 的冻干含水混合物的转化以产生 $LiNbO_3$ 或 $LiTaO_3$ 相关的反应[112]。氰化物前驱体，如 $M_I[M_{II}(CN)_6] \cdot XH_2O$（其中 M_I 是稀土元素，M_{II} 是 Fe、Co 或 Mn）的分解更为复杂，涉及水解产生 HCN[113-115]。

前面的内容中讨论了溶胶-凝胶处理与光预成型件的热膨胀行为相结合的研究，现在已成为合成许多陶瓷材料的主要方法。以这种方式制备了掺杂的 TiO_2 光阳极，这种材料具有改进掺杂控制得到稳定的锐钛矿相和更好控制阳极最终形状的优点[116]。丁醇钛用所需的金属（Cr 和 Al）有机物掺杂，所得材料用乙酸水解。图 5.70 中给出了所得干

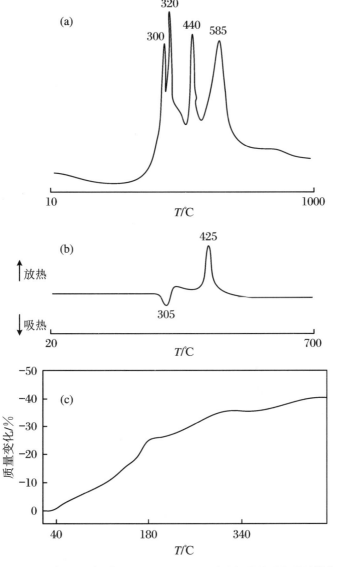

图 5.70 Cr^{3+} 和 Al^{3+} 掺杂的二氧化钛干凝胶分解的热分析曲线[116]

凝胶的一些热分析曲线,其中空气中的 DTA 曲线显示的放热峰对应于放出的有机气体逐步燃烧的放热过程。然而,在惰性气氛中,这些被合并成单一吸热过程。X 射线衍射结果表明最终的放热对应来自非晶或微晶分解产物锐钛矿的结晶,FTIR 光谱和 ESR 光谱进一步确认了该机制。

通常通过将基底反复浸入到合适的前驱体化合物的溶液中,并反复干燥来制备厚膜。最后一步包括将混合物加热到适合将其转化成预定化合物的温度,并将薄膜烧结到所需的密度。图 5.71 中的 TG 和 DTG 曲线表明用于 $PbZr_{62}Ti_{38}O_3$ 和 $NiFe_2O_4$ 干燥的硝酸盐前驱体膜在 300 ℃ 左右分解,并且可以被烧成到更高的温度而不与基底反应[117]。

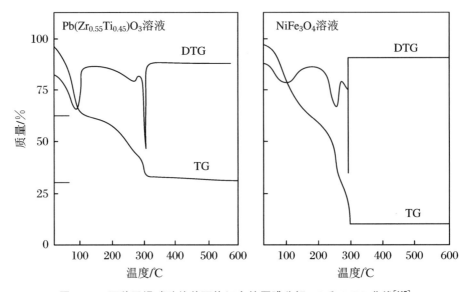

图 5.71　两种干燥硝酸盐前驱体组合的厚膜分解 TG 和 DTG 曲线[117]

5.7　结束语

本章的内容仅仅揭示了热分析和量热在无机材料研究应用中的冰山一角。虽然只是简要地描述了这些例子,但是已经给出了进一步信息的原始来源。作者希望这些例子能为解决一系列技术问题提供基本的了解和可能的指导。

虽然这些技术具有巨大的应用前景,但如果研究人员不关注被监测对象的特性,这些技术也可能会产生误导作用。在大多数情况下,假设必须将表观质量变化、热吸收或释放、尺寸变化等与原子/分子水平上的事件相关联,通常需要使用更多直接技术如 X 射线衍射、显微镜和各种形式的光谱学进行互补研究。由于物理过程(例如无定形到结晶的转变和烧结)中往往伴随化学反应,当解释观察到的热量的释放或吸收过程时需要特别谨慎。

参考文献

［1］ M. I. Pope and M. D. Judd，Differential Thermal Analysis，Heyden & Sons，London，1977，Chap. 6.

［2］ P. K. Gallagher，Characterization of Ceramics（Ed. R. E. Loehman），Butterworth-Heinemann，Boston，1993，Chap. 8.

［3］ K. Tozaki，R. Masuda，S. Matsuda，C. Tokitomo，H. Hayashi，H. Iniba，Y. Yoshimura and T. Kimura，J. Therm. Anal. Cal.，64（2001）331.

［4］ P. K. Gallagher，Handbook of Thermal Analysis and Calorimetry，Vol. 1，Principles and Practice（Ed. M. E. Brown），Elsevier，Amsterdam，1998，Chap. 4.

［5］ J. Mullens，Handbook of Thermal Analysis and Calorimetry，Vol. 1，Principles and Practice（Ed. M. E. Brown），Elsevier，Amsterdam，1998，Chap. 12.

［6］ J. Valo and M. Leskelä，Handbook of Thermal Analysis and Calorimetry，Vol. 2，Applications to Inorganic Materials（Eds M. E. Brown and P. K. Gallagher），Elsevier，Amsterdam，2003，Chap. 15.

［7］ High-Temperature Superconductors（Eds P. K. Gallagher，T. Ozawa and J. Sestak），Thermochim. Acta. 174（1991）.

［8］ B. Raveau，C. Michel and M. Hervieu，Properties and Applications ofPerovskite-Type Oxides（Eds L. G. Tejuca and J. L. G. Fierro），Marcel Dekker，New York，1993，Chap. 4.

［9］ P. K. Gallagher，D. W. Johnson，Jr.，E. M. Vogel，G. K. Wertheim and F. J. Schnettler，J. Solid State Chem.，21（1977）277.

［10］ P. K. Gallagher，Thermochim. Acta，174（1991）85.

［11］ P. Bracconi and P. K. Gallagher，J. Am Ceram. Soc.，62（1979）171.

［12］ P. K. Gallagher，J. Therm. Anal.，38（1992）17.

［13］ S. Guggenheim and A. Koster van Groos，Clays and Clay Minerals，49（2001）433.

［14］ A. Blažek，Thermal Analysis，Van Nostrand Reinhold Company，London，1973，p176.

［15］ R. Grimshaw，The Chemistry and Physics of Clays，reprinted by Techbooks，Fairfax，VA，1971，p967.

［16］ D. Bish and C. Duffy（Eds J. Stucki，D. Bish and F. Mumpton），CMS Workshop Lecture Series，Vol. 3，Thermal Analysis in ClayScience，The Clay Minerals Society，Boulder，CO，1990，p96.

［17］ E. Kaisersberger and E. Post，Thermochim. Acta，295（1997）73.

［18］ D. Brosnan and J. Sanders，2002 Annual-Ziegelindustrie International，Bauverlag，GmBH，Weisbaden，2002，p123.

［19］ K. Nassau，P. K. Gallagher，A. E. Miller and T. E. Graedel，Corrosion Sci.，27（1987）669.

［20］ M. Maciejewski and A. Balker，Thermochiln. Acta，295（1997）95.

［21］ K. Marsanich，F. Barontini，V. Cozzani and L. Petarca，Thermochim. Acta，390（2002）153.

［22］ D. Alymer and M. W. Rowe，Thermochim. Acta，78（1984）81.

［23］ L. O. Svaasand，M. Eriksrud，G. N. Kenode and A. P. Grande，J. Cryst. Growth，72（1974）

230.

[24] P. K. Gallagher and H. M. O'Bryan, J. Am. Ceram. Soc., 68 (1985) 147.

[25] P. K. Gallagher, H. M. O'Bryan and C. D. Brandle, J. Am. Ceram. Soc., 68 (1985) 493.

[26] V. Kuck, Thermochim. Acta, 99 (1986) 233.

[27] A. S. Pedersen, N. Pryds, S. Linderoth, P. H. Larsen and J. Kjoller, J. Therm. Anal. Cal., 64 (2001) 887.

[28] G. Sheffield and J. Schorr, Ceramic Eng. Sci. Proc., 18 (1997) 374.

[29] B. Haglund, J. Therm. Anal., 25 (1982) 21.

[30] T. Fukatsu, J. Japan Soc. Powder Metallurgy, 8 (1961) 183.

[31] U. Oscarson and T. Luks, Sandvik Internal Technical Memo, ALF 41971, (1981).

[32] ICTAC Task Group, J. Therm. Anal. Cal., (2003).

[33] K. Lónvik, Thermochim. Acta, 110 (1987) 253.

[34] H. G. Wiedemann and S. Felder-Casagrande, Handbook of Thermal Analysis and Calorimetry, Vol. 1, Principles and Practice (Ed. M. E. Brown), Elsevier, Amsterdam, 1998, Chap. 10.

[35] R. F. Speyer, Thermal Analysis of Materials, Marcel Dekker, New York, 1994, Chap. 5.3.

[36] W. W. Wendlandt and H. G. Hecht, Reflectance Spectroscopy, Intersience, New York, 1966.

[37] W. W. Wendlandt, Thermal Analysis, 3rd Ed, Wiley & Sons, New York, 1985, Chap. 9.

[38] P. K. Gallagher, Applications of Mössbauer Spectroscopy, Vol. 1 (Ed. R. L. Cohen), Academic Press, New York, 1976, Chap. 7.

[39] P. K. Gallagher and J. B. MacChesney, Syrup. Faraday Soc., 1 (1967) 40.

[40] M. E. Brown, Introduction to Thermal Analysis, Chapman Hall, London, 1988, p35.

[41] S. Rudtsch, Thermochim. Acta, 382 (2002) 17.

[42] T. Matsui, Y. Arita and K. Watanabe, Thermochim. Acta, 352-353(2000) 285.

[43] M. Merzlyakov and C. Schick, Thermochim. Acta, 377 (2001) 183.

[44] A. Albers, T. Restivo, L. Pagano and J. Baldo, Thermochim. Acta, 370 (2001) 111.

[45] T. Olorunyolemi, A. Birnboim, Y. Carmel, O. Wilson, I. Lloyd, S. Smith and R. Campbell, J. Am. Ceram. Soc., 85 (2002) 1249.

[46] W. Miller, Kirk-Othmer Encyclopedia of Chemical Technology, 3rd edition, Vol. 20, John Wiley and Sons, New York, 1982, p65.

[47] M. Collin and D. Rowcliffe, J. Am. Ceram. Soc., 84 (2001) 1334.

[48] D. Hassehnan, J. Am. Ceram. Soc., 52 (1969) 600.

[49] ASTM C372-94, Standard Test Method for Linear Thermal Expansion of Porcelain Enamel and Glaze Frits and Fired Ceramic Whiteware Products by the Dilatometer Method (2001).

[50] H. M. O'Bryan, P. K. Gallagher, G. W. Berkstresser and C. D. Brandle, J. Mater. Res., 5 (1990) 183.

[51] Z. Zhong, P. K. Gallagher, D. L. Loicano and G. M. Loicano, Thermochim. Acta, 234 (1994) 255.

[52] A. Goldsmith, T. E. Waterman and H. J. Hirshhom, Handbook of Thermophysical Properties of Solid Materials, Vol. Ⅲ: Ceramics, Macmillan Co., New York, 1961, p469.

[53] S. J. Gregg and K. S. W. Sing, Adsorption, Surface Area and Porosity, Academic Press, NY,

1967.

[54]　M. Büchner and E. Robens, Prog. Vacuum Microbalance Techniques, Vol. 1 (Eds T. Gast and E. Robens), Heyden & Sons, London, 1972, p333.

[55]　T. J. Quinn, Temperature, 2nd Ed, Academic Press, New York, 1990.

[56]　P. K. Gallagher, K. W. West and S. St. J. Warne, Thermochim. Acta, 50(1981)41.

[57]　Treatise on Solid State Chemistry: Volume 4 Reactivity of Solids (Ed. N. B. Hannay), Plenum Press, New York, 1976.

[58]　H. Schmalzreid, Solid State Reactions, Verlag Chemie, Basel, 1981.

[59]　H. Schmalzreid, Chemical Kinetics of Solids, VCH Publishers, New York, 1995.

[60]　V. V. Boldyerev, M. Bulens and B. Delmon, The Control of the Reactivity of Solids, Elsevier, Amsterdam, 1979.

[61]　Reactivity of Solids: Past, Present, and Future (Ed. V. V. Boldyrev), IUPAC, Oxford, 1996.

[62]　A. K. Galwey and M. E. Brown, Thermal Decomposition of Ionic Solids, Elsevier, Amsterdam, 1999.

[63]　P. J. van Ekeren, Handbook of Thermal Analysis and Calorimetry, Vol. 1, Principles and Practice (Ed. M. E. Brown), Elsevier, Amsterdam, 1998, Chap. 2.

[64]　A. K. Galwey and M. E. Brown, Handbook of Thermal Analysis and Calorimetry, Vol. 1, Principles and Practice (Ed. M. E. Brown), Elsevier, Amsterdam, 1998, Chap. 3.

[65]　T. Hasizume, K. Terayama, T. Shimazaki, H. Itoh, Y. Okuno, J. Therm. Anal. Cal., 693 (2002) 1045.

[66]　J. Dweck, R. S. Aderne and D. J. Shanefield, J. Therm. Anal. Cal., 64 (2001) 1163.

[67]　L. Mikkelsen and E. Skou, J. Therm. Anal. Cal., 64 (2001) 873.

[68]　D. W. Bishop, P. S. Thomas, A. S. Ray and P. Simon, J. Therm. Anal. Cal., 64 (2001) 201.

[69]　U. R. Evans, The Corrosion and oxidation of Metals: Scientific Principles and Practical Applications, St. Martin's Press, New York, 1960.

[70]　R. G. Charles, Thermal Analysis in Metallurgy (Eds R. D. Schull and A. Joshi) TMS, Warrendale, Pa, 1992, p27.

[71]　V. Kolarik, M. Juez-Lorenzo, N. Eisenreich and W. Engle, J. Therm. Anal. Cal., 38 (1992) 649.

[72]　P. Herley and D. Spencer, J. Phys. Chem., 83 (1979) 1701.

[73]　J. A. Hedvall, Chem. Rev., 15 (1934) 139.

[74]　P. K. Gallagher and D. W. Johnson, Jr., J. Phys. Chem., 86 (1982) 295.

[75]　P. D. Garn and T. S. Habash, J. Phys. Chem., 83 (1979) 229.

[76]　P. K. Gallagher, E. M. Gyorgy and H. E. Bair, J. Chem. Phys., 71 (1979) 830.

[77]　M. W. Rowe, P. K. Gallagher and E. M. Gyorgy, J. Chem. Phys., 79 (1983) 3534.

[78]　J. Lewis, Ann. Rev. Mater. Sci., 27 (1997) 147.

[79]　R. Shende and S. Lombardo, J. Am. Ceram. Soc., 854 (2002) 780.

[80]　A. Das, G. Madras, N. Dasgupta and A. Umarji, J. Euro. Ceram. Soc., 23 (2003) 1013.

[81]　L. Liau, B. Peters, D. Krueger, A. Gordon, S. Viswanath and S. Lombardo, J. Am. Ceram. Soc., 83 (2000) 2645.

[82]　E. Post, S. Rahner, H. Möhler and A. Rager, Thermochim. Acta, 263 (1995) 1.

[83] R. Jackson and A. Rager, Thermochim. Acta, 367-368 (2000) 415.

[84] C. F. Chart, B. Argent and W. Lee, J. Am. Ceram. Soc., 81 (1988) 3177.

[85] M. Faghihi-Sani and A. Yamaguchi, Ceram. Int., 28 (2002) 835.

[86] M. Paganelli, Am. Ceram. Soc. Bull., 81 (2002) 25.

[87] H. Palmour and P. P. Johnson, Sintering and Related Phenomena (Eds G. C. Kuczynski, N. A. Hooten and C. F. Gibbon), Gordon &Breach, New York, 1967, p779.

[88] K. Nassau, E. M. Rabinovich, A. E. Miller and P. K. Gallagher, J. Noncryst. Solids, 82 (1986) 78.

[89] V. Balek and M. E. Brown, Handbook of Thermal Analysis and Calorimetry, Vol. 1, Principles and Practice (Ed. M. E. Brown), Elsevier, Amsterdam, 1998, Chap. 9.

[90] V. Balek and I. N. Beckman, Thermochim. Acta, 85 (1985) 15.

[91] P. K. Gallagher, J. Therm. Anal., 38 (1992) 17.

[92] P. K. Gallagher and S. N. G. Chu, J. Phys. Chem., 86 (1982) 3246.

[93] E. Kinsbron, P. K. Gallagher and A. T. English, Solid-State Electronics, 22 (1979) 517.

[94] T. M. Duncan, R. A. Levy, P. K. Gallagher and M. W. Walsh, J. Appl. Phys., 64 (1988) 2990.

[95] R. A. Levy and P. K. Gallagher, J. Electrochem. Soc., 132 (1985) 1986.

[96] M. Hong, E. M. Gyorgy, P. K. Gallagher, S. Nakahara and L. C. Feldman, Appl. Phys. Lett., 48 (1986) 730.

[97] P. K. Gallagher, E. M. Gyorgy, F. Schrey and F. Hellman, Thermochim. Acta, 121 (1987) 231.

[98] F. Eigenmann, M. Maciejewski, A. Baiker, Thermochim. Acta, 359 (2000) 131.

[99] M. Maciejewski, C. Mtiller, W. D. Emmerich and A. Baiker, Thermochim. Acta, 295 (1997) 167.

[100] J. Sanders and D. Brosnan, 2003 Annual-Ziegelindustrie International, Bauverlag, GmBH, Weisbaden, 2003, p47.

[101] G. Kakali, E. Chaniotakis, S. Tsivilis and E. Danassis, J. Therm. Anal., 52 (1998) 871.

[102] H. Chen, Thermal Analysis, Proceedings of the Seventh International Conference on Thermal Analysis, Volume Ⅱ (Ed. Bernard Miller), John Wiley and Sons, New York, 1982, p1303.

[103] M Perraki, T. Perraki, K. Kolovos, S. Tsivilis and G. Kakali, J. Therm. Anal. Cal., 70 (2002) 143.

[104] J. Dweck, P Mauricio Buchler, A. C. Vieira Coelho, F. Cartledge, Thermochim. Acta, 346 (2000) 105.

[105] J. Bhatty, K. Ried, D. Dollimore, G. Gamlen, R. Mangabhai, P. Rogers and T. Shah, Compositional Analysis by Thermogravimetry, ASTM STP 997 (Ed. C. Earnest), American Society for Testing and Materials, Philadelphia, 1998, p204.

[106] S. Tsivilis, G. Kakali, E. Chaniotakis and A. Souvaridou, J. Therm. Anal., 52 (1998) 863.

[107] V. Ramachandran, Thermal Analysis, Proceedings of the Seventh International Conference on Thermal Analysis, Volume II (Ed. BernardMiller), John Wiley and Sons, New York, 1982, p1296.

[108] I. Paama, I Pitkänen, H. Rönkkömäki and P. Perämäki, Thermochim. Acta, 320 (1998) 127.

［109］　I. Paama，I Pitkänen and P. Perämäki，Talanta，51（2000）349.

［110］　P. K. Gallagher，D. W. Johnson，Jr. ，F. Schrey and D.J. Nitti，Am. Cer. Soc. Bull. ，52（1973）842.

［111］　P. K. Gallagher and J. Thomson，J. Am. Ceram. Soc. ，48（1965）644.

［112］　P. K. Gallagher and F. Schrey，Thermochim. Acta，1（1970）465.

第 6 章

黏土的热分析

Katherine S. Meyers, Robert F. Speyer
佐治亚理工学院材料科学与工程学院，美国亚特兰大佐治亚州，30332-0245

6.1　简介

在加热时发生相变是许多天然矿物特别是黏土矿物的特性。结合 DTA、TG 和热膨胀法不仅可以有效鉴别各种陶瓷原料和含有复杂混合物的矿物质，还可以表征加热过程中这些混合物成分之间发生的反应。在本章中将讨论黏土和相关矿物的热行为，并与其原子结构的变化相联系。

6.1.1　黏土制品

未烧制的黏土矿物具有可塑性，通过拉制(手工成型同时旋转)、压制、挤压或粉浆浇铸(稍后讨论)等方法可以使含有黏土矿物质的陶瓷体成形，并且在后续处理、干燥和烧制期间，这些形状保持不变。粗黏土矿床(含有有机成分、辅助矿物、杂质矿物以及黏土矿物)则主要用于制成砖和瓷砖等黏土建筑材料，而高纯度黏土矿床(主要成分是黏土矿物质)主要用于制成白色的陶瓷家具(在烧制后变白)，例如餐具、卫生洁具、电绝缘体和牙科陶瓷等各种瓷器。黏土也是水泥和一些耐火材料的基本成分。当用作纸的涂料和填料时，可以增加纸的表面光泽和不透明度。将黏土添加到橡胶中后，可以增强橡胶的耐磨性。黏土添加到建筑大坝的土壤中，可以降低水的渗透性。某些黏土是水的软化剂，黏土中的钠离子可以与水中的钙离子和镁离子交换。

陶瓷是黏土(如高岭土 $Al_2Si_2O_5(OH)_4$)、长石(如钠长石 $NaAlSiO_3$)和石英(SiO_2)的三元混合物。在加热过程中，黏土内的水为分解产物。在较高温度下，长石矿物中的碱/碱土元素会形成少量的液相(因此长石通常被称为"助熔剂")。通过毛细作用可以将液相分子填充到固体颗粒间的空隙中，并且可以通过液相烧结增加体密度。在烧成温度(～1250 ℃)下，各组分相互反应生成针状晶体型莫来石($Al_6Si_2O_{13}$)。在冷却过程中，液相会以硅酸盐玻璃形式保留下来。因此，烤瓷通常由玻璃相的莫来石和残留的石英晶体组成，形成一种半透明体。随着烧制温度升高会形成更多的液体，而且这些液体中二氧化硅浓度越来越高(石英和黏土颗粒变得更易溶于液相)，并且相应地变得更黏稠。因此，尽管组成和烧成温度有很大的变化，三轴瓷也不会坍塌。相对于长石而言，黏土含量较高时，碱的含量就会很少，因此玻璃相也会很少，导致在烧制产品中可能存在孔隙，这会影响产品的机械性质和介电性质。另一方面，较高的长石含量会致使玻璃相的碱浓度过高,缩小了烧结范围,形成了具有高热膨胀系数的玻璃相,但是这会使烧成的瓷器的抗热震性降低。标准的瓷器组成如表 6.1 所示。

表 6.1　标准的瓷制品组成[1]

瓷制品	高岭土(wt%)	球黏土(wt%)	燧石(wt%)	长石(wt%)
半玻璃制品	28	25	36	11
宾馆用瓷制品	37	8	35	20
硬瓷	46	—	34	20
卫浴洁具	30	10	28	32
地板砖	32	—	10	58
高压绝缘子	15	30	20	35
低压绝缘子	20	25	20	35
牙用瓷制品	5	—	14	81
帕里安瓷	35	—	—	65

注:燧石是一种微晶的或非晶的二氧化硅,宾馆用瓷中添加了 1.5% 的碱土碳酸盐。

6.1.2　黏土的性质

根据晶体结构分类方法,黏土矿物主要分为高岭土、蒙脱石和伊利石(表 6.2)。尽管绿泥石、蛭石和云母不是黏土矿物,但是它们具有与黏土矿物相似的片状结构,而且组成元素通常也与黏土矿物中的元素相似,因此可以作为辅助矿物。

黏土矿床中常见的杂质矿物有石英、长石、白云石($(Ca/Mg)CO_3$)和铁矿石(如褐铁矿 $Fe_2O_3 \cdot nH_2O$),黏土矿床在不同程度上还含有有机物,如褐煤(由化石木形成的不成熟褐煤[2])、蜡、树脂和腐殖酸衍生物。

黏土矿床的物质组成、晶体结构、粒度、形状和表面电荷会影响其流变性质和热力学性质。黏土矿物的晶体结构是由具有特定化学成分的片层堆叠形成的。由于不同的层中含有不同的元素,因此层间的堆叠需要一些空间,此外原子级应力累积在垂直于层的方向上。在许多层中这些应力不能被调节,因此黏土将以细小的板状颗粒形式存在(图6.1),并且这些颗粒具有较窄的尺寸分布。

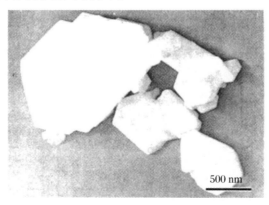

500 nm

图 6.1　黏土颗粒的电子显微镜图像[1]

表 6.2　在黏土矿床中发现的黏土矿物、辅助矿物、无机杂质和有机杂质

黏土矿物	附属矿物	杂质
高岭土矿物	云母	无机杂质
高岭石、珍珠岩、地开石	白云母 $KAl_3Si_3O_{10}(OH)_2$	石英
$Al_2Si_2O_5(OH)_4$	石榴石	SiO_2
埃洛石	$NaAl_3Si_3O_{10}(OH)_2$	长石
$Al_2Si_2O_5(OH)_4 \cdot 2H_2O$ 蒙脱石	珍珠云母	正长石
蒙脱石	$CaAl_4Si_2O_{10}(OH)_2$	$KalSi_3O_8$
$(Al_{1.67},Mg_{0.33})Si_4O_{10}(OH)_2 \cdot nH_2O$	金云母	钠长石
↑→$Na_{0.33}$	$KMg_3AlSi_3O_{10}(OH)_2$	$NaAlSi_3O_8$
绿脱石	锂云母	钙长石
$Fe_{2.22}AlSi_3O_{10}(OH)_2 \cdot nH_2O$—	$KLi_2AlSi_4O_{10}(OH)_2$	$CaAl_2Si_2O_8$
$Fe_{1.67}Mg_{0.33}Si_4O_{10}(OH)_2 \cdot nH_2O$	黑云母	方解石
铝膨润石	$K(Mg,Fe,Mn)_3Si_3AlO_{10}(OH)_2$	$CaCO_3$
$Al_{2.22}(AlSi_3)O_{10}(OH)_2 \cdot nH_2O$	津瓦尔代石	白云石
↑→$Na_{0.33}$	$K(Li,Fe,Al)_3(Si,Al)_4O_{18}(OH)_2$	$Ca,Mg(CO_3)_2$
锂蒙脱石	绿泥石	石膏
$(Li_{0.33}Mg_{2.67})Si_4O_{10}(OH)_2 \cdot nH_2O$	$Mg_5Al_2SiO_{10}(OH)_8$	$CaSO_4 \cdot 2H_2O$
↑→$Na_{0.33}$	奔宁石	氧化钛
皂石	$Mg_5(Al,Fe)(Al,Si)_4O_{10}(OH)_8$	TiO_2
$Mg_3(Al_{0.33}Si_{3.67})O_{10}(OH)_2 \cdot nH_2O$	蛭石	有机杂质
↑→$Na_{0.33}$	$(Mg,Fe)_3(Al,Si)_4O_9(OH)_8 \cdot 3.5H_2O$	褐煤
微晶石		蜡
水白云母		碳质物
$KAl_3Si_3O_{10}(OH)_2$		腐殖酸
↑→H_3O^+		其他衍生物
亚美苏石		
$K(Mg,Fe,Mn)_3Si_3AlO_{10}(OH)_2$		
↑→H_3O^+		
黄铜矿		
海绿石		

　　粒子表面上的原子受到不饱和键的影响,导致粒子表面带电。极性水分子可以在黏土颗粒上形成连续的薄膜,起到屏蔽表面电荷的作用。这些水膜使黏土颗粒易滑动,因此黏土具有可塑性,可以被模制或压制成各种形状。大部分黏土颗粒的平均直径小于 $1\mu m$,这种尺寸的颗粒称为胶体颗粒。由于流体的布朗(随机)运动力大于颗粒的重力,在水中胶体黏土颗粒可以悬浮,即它们不会(或不会很快地)沉降到容器的底部(添加抗絮凝剂,如硅酸钠,可以促进颗粒间的相互排斥,因此颗粒不会聚集和沉降)。黏土基制品是将黏土悬浮液倒入多孔石膏模具中滑动铸造,将模壁附近的颗粒间的水提取到模具中,然后把黏土颗粒压实以符合模具形状。在取走模具后,这种形状保持不变。

6.2　结构–热性能关系

6.2.1　高岭土

6.2.1.1　高岭土矿物的结构

图 6.2 中描绘了高岭土矿物和所有黏土矿物中最丰富的高岭石($Al_2Si_2O_5(OH)_4$)的三斜晶系结构。高岭土矿物结构由具有重复单元"$Si_2O_5^{2-}$"的二氧化硅层和具有重复单元"$Al(OH)_2^+$"的改性三水铝石层交替构成。改性三水铝石层中缺失的羟基(OH^-)被与二氧化硅层有关的氧阴离子所取代。硅原子与氧原子以四面体形式配位，铝离子与羟基以八面体形式配位。含有六个硅原子的硅酸盐环的尺寸与含有六个铝原子的改性三水铝石结构环的尺寸相似，两层可以轻微变形的形式叠加。高岭土矿物薄层由许多双层结构组成——在后面的内容中把双层称为"单元"。这些单元通过氧和羟基离子之间的羟基键合力结合在一起，羟基离子层中的氢原子与邻层中的羟基离子和氧离子交替缔合。

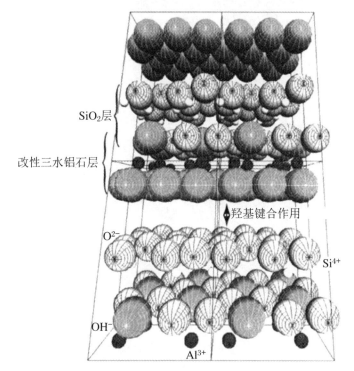

图 6.2　高岭石(一种高岭土矿物)的结构

因为相对于其他原子，氢原子的尺寸较小，所以羟基(OH^-)在结晶学上用单个球体表示。

图中显示出八个三斜晶胞。为了视觉清晰，c 轴(垂直轴)扩大了 2 倍。

此图和所有其他晶体结构图的数据都来自于威科夫[3]

这种键比单元内的键弱得多,单元之间很容易发生解离。

根据双层单元结构形式可以区分高岭土矿物,通过二氧化硅和改性三水铝石层的空间位置,可以描绘该矿物组中的个别矿物质。在珍珠岩中,氧原子排列在每个叠加的二氧化硅层中,形成了单斜系晶胞(接近正交晶系),且每个晶胞中含有六个高岭石单元。地开石属于单斜晶胞,其中氧离子沿着薄片方向对齐时会发生略微弯曲(图 6.3),且每个单元晶胞含有两个高岭石单元。在埃洛石中,与相邻二氧化硅层缔合的氧原子随机偏移,这有助于其以水合形式 $Al_2Si_2O_5(OH)_4 \cdot 2H_2O$ 存在,其中水分子层嵌入在杂乱堆叠的单元之间。水层的存在使相邻单元之间的羟基不能正常缔合,并且与变形相关的应力表现为弯曲的管状颗粒形式[4]。埃洛石晶体的大小与高岭石相似,而堆叠的珍珠岩和地开石的原子应力较低,因此其颗粒较大[5]。

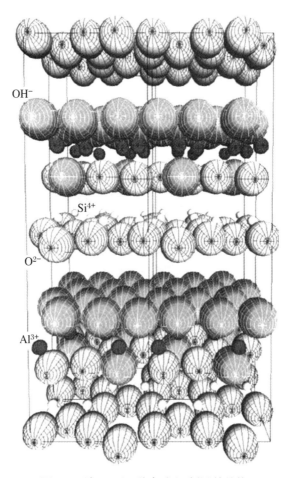

图 6.3 地开石(一种高岭土矿物)的结构
图中显示了四个单斜晶胞。为了视觉清晰,c 轴(垂直轴)扩大了 2 倍

高岭土矿物具有非常低的碱交换容量,即在其单元表面吸附阳离子的最大容量。阳离子吸附在特定矿物的单元表面之间,以响应单元中的电荷缺陷,而这又是由离子取代具有不同化合价的晶格离子引起的。由于高岭土矿物允许很少的晶格取代,因此其具有

非常低的碱交换容量。在高岭石中可以观察到少量的阳离子吸附,这是由于颗粒边缘处存在断裂键(在二氧化硅和改性三水铝石层的终止边缘)。高岭石的粒径越小,碱交换容量越高,这是由于总粒子边缘面积相应增大引起的[1]。

最后一种高岭土矿物是无序高岭石,也可以称为活石。其结构与高岭石相似,但是在层堆叠时具有一定的随机性。由于 Mg^{2+} 阳离子可以取代一些 Al^{3+} 阳离子,因此导致电荷缺陷,这种结构具有比上述高岭土矿物更高的碱交换容量。

6.2.1.2 高岭土矿物的热分析

在加热时,高岭石会经历脱羟基化过程。在约 450~500 ℃时,高岭石开始失去结构水,即改性三水铝石层中的羟基,形成偏高岭石($Al_2O_3 \cdot 2SO_2$)。由图 6.4 中出现的急剧的质量损失和 DTA 吸热峰可以看出,该脱羟基反应的潜热(吸热量)为 42~250 kJ·mol^{-1},该值一般约为 150 kJ·mol^{-1}[7]。偏高岭石在结构上与高岭石相似,但其晶格是破碎的形式,因此在 X 射线衍射的分辨率下不存在长期的原子周期性。在脱羟基化之前,含有这些高岭土矿物的黏土对水很敏感(黏土块可以通过加水而成形),但在脱羟基化之后将变得不再敏感。在~925 ℃时出现放热过程,放热峰的起始温度约为 980 ℃。放热过程表示偏高岭石快速结晶为尖晶石晶体结构($2Al_2O_3 \cdot 3SiO_2$),在该过程中会排斥二氧化硅。这种亚稳态尖晶石可以通过二氧化硅的额外扩散排斥转变为假莫来石($Al_2O_3 \cdot SiO_2$),然后转变为莫来石($3Al_2O_3 \cdot 2SiO_2$),形成硅酸盐玻璃中莫来石针状晶体的微观结构。脱羟基化后的所有转变均为固态的形式,因此没有出现相应的质量变化。当以高纯度的、结晶好的高岭石为原始结构时,在 1250 ℃出现了小的放热峰,这表明莫来石的分解在急剧增加(即莫来石二次放热)。若以无序高岭石作为原始矿物,这种放热过程代表玻璃态二氧化硅相结晶形成方石英的过程[7]。图 6.4 中的膨胀曲线显示

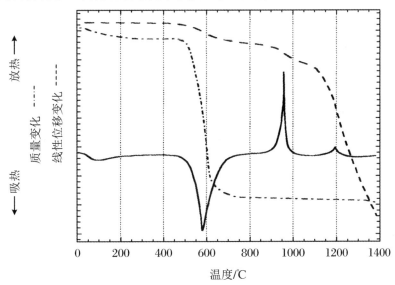

图 6.4 高岭石样品的 DTA、TG 和热膨胀曲线[6]
本书第 1 卷第 6 章讨论了热膨胀法

出与脱羟基和尖晶石形成有关的小收缩。随着晶粒烧结和孔隙率降低,出现了最快速的尺寸变化,这种过程开始于~1100 ℃。这种尺寸变化通过形成能填充空隙的液相方式来实现,而这种液相也可以通过毛细作用力将固体颗粒吸引在一起。

　　从脱羟基吸热信息可以确定高岭石样品的结构排列方式。对于较不稳定的无序高岭石,在580 ℃时会出现吸热峰,比有序高岭石的吸热峰(600 ℃)位置略低,吸热不强并且较宽。二氧化硅和改性三水铝石层之间的键随着离子之间距离的增大而减弱,而用杂质阳离子代替铝离子则可以增大离子的分离距离[8],因此只需较少的热能就可以使结构分离(即较低温度的脱羟基化)。对于一些高岭石样品,在100 ℃就可以看到较小的吸热峰,对应于吸附水的汽化过程。对于大多数高岭石样品,这种吸热峰通常很小,很难被检测到。但对于许多无序高岭石,这种吸热峰较大,这是因为无序高岭石具有更大的碱交换容量,因此具有更高浓度的吸附水。

　　相对于高岭石随温度的变化,珍珠石和地开石表现出相似的行为(图6.5)。但是地开石的脱羟基吸热温度往往高于高岭石和珍珠石,其吸热峰温度约为650 ℃,对应于更高的TG初始质量损失温度。埃洛石的DTA曲线也类似于高岭石的DTA曲线,但总是包含一个起始温度为~50 ℃、峰值为~150 ℃的吸热峰。这个明显的吸热峰对应埃洛石的单元间特征水的随机汽化过程,以及偏埃洛石的形成。偏埃洛石的结构和化学式与高岭石相同。显著的质量损失和收缩与这种层间水的汽化有关。在除去这种低温水之后,埃洛石的热行为(DTA、TG和热膨胀)与高岭石的热行为相同。

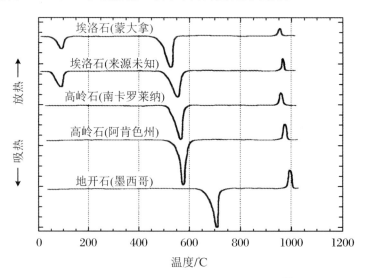

图6.5　各种高岭土矿物样品的DTA曲线[9]

6.2.2　蒙脱石

6.2.2.1　蒙脱石矿物的结构

蒙脱石矿物也属于含水硅铝酸盐,在单元构成中,蒙脱石矿物的结构与高岭土矿物的结构不同。改性三水铝石层夹在两个二氧化硅层之间,构成通式为三层单元形式的 $Al_2Si_4O_{10}(OH)_2$。图 6.6 为叶蜡石的结构示意图,其不同于黏土矿物(通常被用作助熔材料)。通过铝和硅离子的晶格替代,可以从该叶蜡石结构中衍生出蒙脱石矿物结构,由此形成的三层单元非电中性。为了维持相似的半径比(阳离子/阴离子),改性三水铝石层中的一些 Al^{3+} 可以被 Mg^{2+}、Fe^{2+}、Fe^{3+} 或 Li^+ 等阳离子取代,而二氧化硅层中的一些 Si^{4+} 可以被 Al^{3+} 取代。当镁离子取代叶蜡石结构的改性三水铝石层铝环中的一个铝离子时,将会形成化学式为 $Mg_{0.33}Al_{1.67}Si_4O_{10}(OH)_2$ 的矿物质蒙脱石。叶蜡石结构中的不同晶格取代形式形成了其他蒙脱石矿物:绿脱石是一种蒙脱石,其中一些 Al^{3+} 被 Fe^{3+} 取代(从 $Fe_{2.22}AlSi_3O_{10}(OH)_2$ 至 $Fe_{1.67}Mg_{0.33}Si_4O_{10}(OH)_2$ 都是固溶体),而贝得石($Al_{2.22}AlSi_3O_{10}(OH)_2$)是一种高铝蒙脱石[5]。

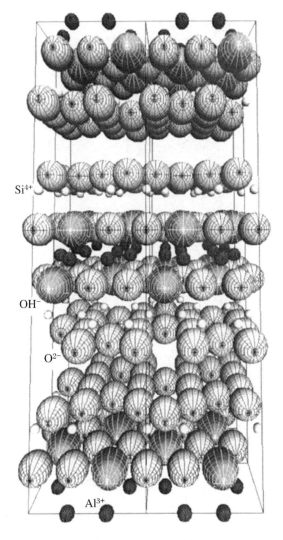

图 6.6 叶蜡石的结构

用阳离子取代叶蜡石结构中的 Al^{3+} 和 Si^{4+} 可得到蒙脱石黏土矿物

也可以由滑石结构中的阳离子取代形成具有相似性质的蒙脱石矿物,即另一种化学式为 $Mg_3Si_4O_{10}(OH)_2$ 的助熔矿物(图 6.7)。除了化学式为 $Mg(OH)_2$ 的水合镁层即水镁石层与两个二氧化硅层形成三层单元而不是三水铝石层与两个二氧化硅层形成三层单元之外,滑石结构与叶蜡石结构非常相似。由滑石结构得到的蒙脱石矿物以及由锂蒙脱石$((Li_{0.33}Mg_{2.67})Si_4O_{10}(OH)_2)$到皂石$(Mg_3(Al_{3.33}Si_{3.67})O_{10}(OH)_2)$都表现出固溶体的性质[5]。

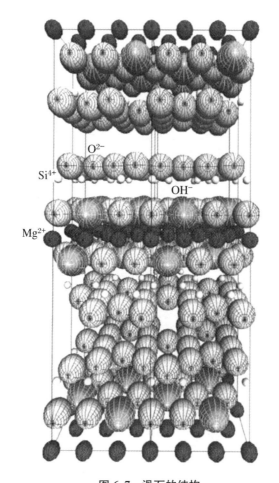

图 6.7　滑石的结构

滑石具有与叶蜡石类似的结构,其中 Mg^{2+} 替代了 Al^{3+},
而且在 Mg^{2+} 片中有额外的 Mg^{2+} 以维持空间电荷中性

为了在蒙脱石中实现电中性的结构形式,可以在相邻的二氧化硅层之间(即单元之间)进行阳离子吸附,这些吸附的阳离子被称为可交换阳离子。这些单元间的阳离子有水合倾向,因此可以将水分子吸引到单元之间。蒙脱石矿物中最常见的可交换阳离子为 Na^+,但 Li^+、K^+、Ca^{2+} 或 Mg^{2+} 也可以作为可交换阳离子。当钠在蒙脱石中充当可交换阳离子时,该矿物被称为钠蒙脱土,化学式为 $Na_{0.33}(Al_{1.67}Mg_{0.33})Si_4O_{10}(OH)_2$。由于可交换阳离子与矿物结合较弱,因此当暴露于水中时,这种阳离子可能会从单元间扩散出来，而水分子则会占据单元间的位置。因此，蒙脱石矿物质也称为蒙脱石，在水中易发生膨胀。蒙脱石以其极好的黏性、可塑性和生坯("绿色")强度而闻名。

通过较弱的单元间键合力可以将蒙脱石矿物与高岭土区分开来。在蒙脱石中，每个相邻的三层单元都以二氧化硅层封端，因此不会发生如高岭土矿物那样的羟基键合作用，而且这些单元由相对较弱的范德华力保持在一起。水分子可以比较容易地将这些弱键合层分开，以至于蒙脱石矿物在暴露于水中时可以观察到膨胀现象。弱键合作用也导致了这些层的预解离，从而可以解释其"肥皂"质地的现象。宏观上，蒙脱石矿物以非常细的板状颗粒形式存在，直径一般小于 50 nm，厚度约为 2 nm，与该方向上的晶胞尺寸接近[7-8]。

6.2.2.2 蒙脱石矿物的热分析

图 6.8 中给出了两种蒙脱石矿物的 DTA 曲线。由于蒙脱石矿物质可以吸附大量的水而出现较明显的吸热峰，峰值为 ~150 ℃，这代表吸附水的损失过程。蒙脱石矿物中吸附水的损失过程通常对应于两个吸热峰（图 6.8 中的蒙脱石 I）：一个吸热峰为表面吸附水的损失，另一个则对应于水合可交换阳离子的水的损失过程[7]。在 ~600 ℃时发生脱羟基引起的吸热反应，生成含有二氧化硅、氧化铝和取代阳离子氧化物的无定形物质。蒙脱石较小的脱羟基化吸热峰面积表明，从蒙脱石中去除结构性羟基所需的热量（~2.1 kJ · mol⁻¹）比高岭石所需的热量（~150 kJ · mol⁻¹）少得多[7]。与失水吸热峰的强

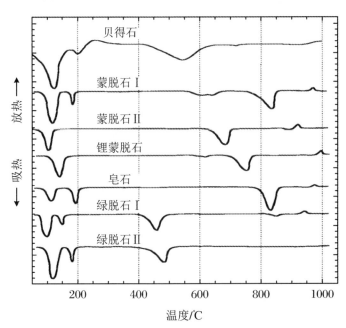

图 6.8 蒙脱石样品的 DTA 曲线
蒙脱石 I 来自加利福尼亚奥泰；蒙脱石 II 来自怀俄明州厄普顿；锂蒙脱石来自加州赫克托；
皂石来自德国 Fichtelgeb；绿脱石 I 来自德国哈茨山；
绿脱石 II 来自华盛顿加菲尔德[9]；贝得石来自不同的地方[11-12]

度相比,在～900 ℃开始的放热峰的强度较小,其对应于由无定形材料向尖晶石结构的转变过程。例如在高岭土矿物中,随着温度的升高,该相随后转变成莫来石和不合格的二氧化硅玻璃,之后在高温下玻璃相可以结晶形成方石英。

在蒙脱石矿物的形成过程中,不同取代的阳离子使其热性能差异很大。贝得石是一种高铝含量的蒙脱石矿物,其脱羟基吸热过程与蒙脱石类似,峰温约为550～600 ℃,但是检测不到其结晶放热过程[11-12](图6.8)。由于 Fe^{3+} 的半径比 Al^{3+} 的半径大,因此在绿脱石中存在铁会使晶格变形,使得脱羟基化吸热峰温度相对于蒙脱石(图6.8)显著降低,吸热峰的温度为400～500 ℃。绿脱石的 DTA 曲线中还出现了一个较小的放热峰,该放热峰的起始温度～370 ℃,对应于 Fe^{2+} 转化为 Fe^{3+} 的氧化过程。罕见的蒙脱石矿物——皂石和锂蒙脱石在比绿脱石更高的温度下会发生脱羟基化过程(图6.8)。放热结晶峰位置的偏移与取代阳离子的类型和数量有关。例如,将镁阳离子引入叶蜡石结构中可能会导致堇青石($Mg_2Al_3(AlSi_5O_{18})$)固溶体和方镁石(MgO)与预期的莫来石和方石英一起结晶。

碱性交换的阳离子会影响蒙脱石矿物的热行为,如图6.9中的 TG 曲线所示,表明在单元之间吸附的可交换阳离子的水合(吸引水分子)程度不同。降低碱金属阳离子的尺寸(如 $K^+ > Na^+ > Li^+$)会产生更大的结合力,从而形成更大的单位间水分子浓度和更大的质量损失。具有碱土(2价正电荷)可交换阳离子(如 Mg^{2+})的样品有更大、更长时间的质量损失,该过程有时可以持续到脱羟基化温度范围内。

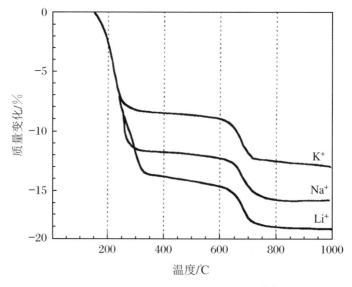

图6.9　钾、钠和锂蒙脱石的 TG 曲线[10]

6.2.3　伊利石和云母矿物

6.2.3.1　伊利石和云母矿物的结构

云母矿物是黏土矿床物中常见的副矿物。与蒙脱土类似,云母是通过阳离子取代叶蜡石或滑石中的铝和硅原子而形成的,在此过程中产生了带电的三层单元结构。

白云母($KAl_3Si_3O_{10}(OH)_2$,图 6.10)也称钾云母,是最常见的云母结构。白云母是由一个铝原子替代叶蜡石单元中四个硅原子中的一个形成的,其结构单元带负电荷。该电荷由两个相邻二氧化硅层之间的不可交换的钾离子平衡,而该钾离子位于这两个相邻二氧化硅层中的氧原子之间并与其化学结合。这些钾离子将三层单元通过离子键力结合在一起,这种作用力不是将蒙脱石矿物结构中的单元结合在一起的较弱的范德华力。

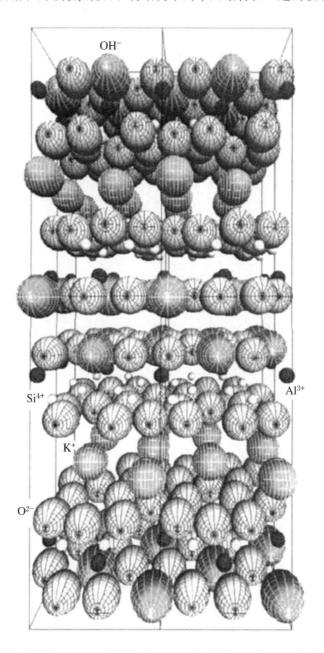

图 6.10 一种云母矿物——白云母($KAl_3Si_3O_{10}(OH)_2$)的晶体结构

用钠代替钾作为电荷平衡阳离子时，云母矿物变成钠文石，其化学式为 $NaAl_3Si_3O_{10}(OH)_2$。当叶蜡石结构中每两个硅原子中的一个被铝原子取代并且带双电荷的钙阳离子将二氧化硅层结合在一起时，将会形成云母矿物——马鞭石，化学式为 $CaAl_4Si_2O_{10}(OH)_2$。衍生自叶蜡石结构的云母被称为双八面体云母。在滑石（$Mg_3Si_4O_{10}(OH)_2$）结构中，电荷平衡阳离子以类似取代的形式和层间键合形成了其他具有助熔性质的云母矿物，即三八面体云母，如金云母（$KMg_3(Si_3Al)O_{10}(OH)_2$）、锂云母（$KAlLi_2Si_4O_{10}(OH)_2$）、黑云母（$K(Mg,Fe,Mn)_3Si_3AlO_{10}(OH)_2$）和铁锂云母（$K(Li,Fe,Al)_3(Si,Al)_4O_{10}(OH)_2$）。虽然由电荷平衡阳离子提供的层间化学键比范德华力强，但其仍比单元内的键弱，这表明云母易于解离。云母一般以大的、薄的片状形式存在，但在黏土矿床中云母颗粒的直径比较小，约为 $0.5\ \mu m$[2]。云母的可塑性和碱交换容量都很低，几乎不会吸水或膨胀。

伊利石矿物由第三类黏土矿物组成。云母矿物结构通过水合氢离子（OH^{3+}）代替部分阳离子（钾、钠或钙）形成了伊利石矿物结构。伊利石矿物，也称为绢云母、沉积云母或含水云母，包括水白云母——类似于白云母的伊利石，和铁贝得石——类似于黑云母的伊利石。由水合氢离子取代了一些钾离子并起电荷平衡的作用，因此其结构之间存在差异。其他伊利石矿物包括钠伊利石——含钠的伊利石和海绿石——含铁的伊利石，其粒径大到 $36\ \mu m$，小到 $0.1\ \mu m$[8]。伊利石几乎没有可塑性，并且和云母一样导致烧制黏土的重构率低，这是因为其碱含量很高，在烧制体中产生了明显的玻璃相体积百分比。

6.2.3.2　伊利石和云母矿物的热分析

图 6.11 中给出了三种云母矿物的 DTA 曲线。云母通常在相对较高的温度下（850～920 ℃）脱羟基，白云母脱羟基的活化能约为 $226\ kJ \cdot mol^{-1}$[5]，比高岭石和蒙脱石的活化能高。在～100 ℃ 时可能存在一个小的吸热峰，代表失去了少量的吸附水。对于含铁

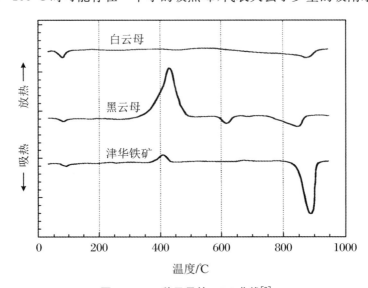

图 6.11　三种云母的 DTA 曲线[9]

的云母,例如黑云母和铁锂云母,在 300~500 ℃之间出现放热峰,这个放热对应于 Fe^{2+} 的氧化。由于铁锂云母含有较少的二价铁,因此放热峰较弱。

在 100~300 ℃时伊利石吸附水脱附引起的吸热峰更强,如图 6.12 为二八面体伊利石的 DTA 曲线。图中的吸热峰包括松散地束缚在颗粒表面上的吸附水和单元之间的吸附水的损失。在第一个吸热峰中,伊利石的峰值温度比云母矿物的峰值温度低,表明伊利石矿物中结构水的损失和脱羟基(500~650 ℃)发生在较宽的温度范围内,该过程通常出现两个或多个不同的吸热峰。如图 6.13 的 TG 曲线所示,加热时虽然伊利石的总含水量(包括吸附水和结构水)比高岭土矿物少,但比云母的多(因为其具有单元间水)。在与云母矿物大致相同的温度下,即 850~940 ℃之间,伊利石将会发生最终脱羟基化反应。

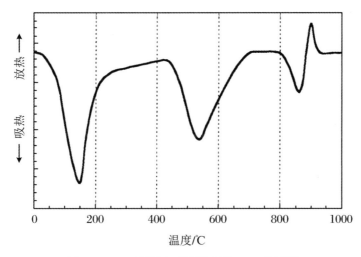

图 6.12　二八面体伊利石样品的 DTA 曲线[5]

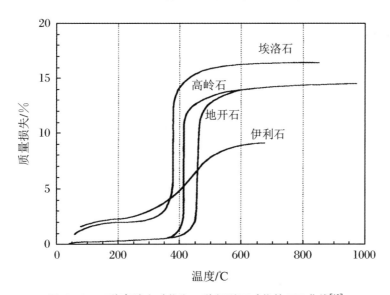

图 6.13　三种高岭土矿物和一种伊利石矿物的 TG 曲线[13]

结晶放热过程通常伴随着解离,如图 6.12 所示,在～900 ℃时形成了 S 形吸热放热特征曲线。在云母矿物的 DTA 曲线中,脱羟基化和分解吸热后的很小的吸热峰代表高温下发生的结构变化(图中未显示),这些现象表明尖晶石可能转变为包括莫来石、刚玉(Al_2O_3)、白榴石($KAlSi_2O_6$)和硅酸盐玻璃在内的相[5,16]。

  图 6.14 中给出了不同组分伊利石的热行为。曲线 A 代表二八面体伊利石最典型的热行为,与图 6.12 所示的曲线一致;曲线 B 和 C 说明了可能由化学成分差异引起的二八面体伊利石的热行为的变化;曲线 D 代表典型的三八面体伊利石的热行为,发生脱羟基化的比例高于二八面体伊利石,脱羟基的温度也较高。由于二八面体伊利石结构所基于的叶蜡石结构比三八面体伊利石所基于的滑石结构具有更低的脱羟基化起始温度(～300 ℃),因此这种效应是合理的(图 6.15)。

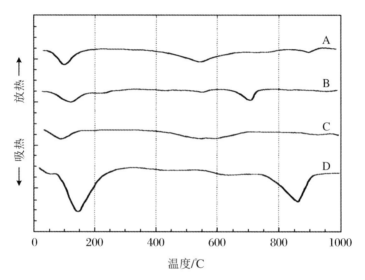

图 6.14 三个二八面体伊利石(A、B 和 C)和一个三八面体伊利石(D)的 DTA 曲线[12]

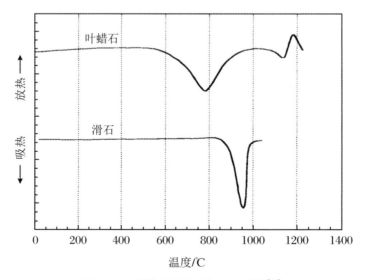

图 6.15 叶蜡石和滑石的 DTA 曲线[12]

6.2.4　绿泥石和蛭石

6.2.4.1　绿泥石和蛭石矿物的结构

尽管绿泥石和蛭石是副矿物(例如云母)而不是黏土矿物(例如高岭土、蒙脱石和伊利石),但其在黏土矿床中一般以片状硅酸盐结构的形式存在。像一些蒙脱石、云母和伊利石一样,大部分绿泥石矿物都来源于滑石结构,其中晶格取代产生负电荷,例如层中四个硅原子之一被铝离子取代。这种结构不像在蒙脱石矿物结构中那样通过碱交换阳离子实现电荷中性,也不像在云母和伊利石矿物结构中那样通过在相邻单元中的阳离子和二氧化硅层之间形成化学离子键实现电荷中性,绿泥石通过插入一层 $Mg_2Al(OH)_6^+$ 获得电荷中性。该层是一种改性的水镁石结构($Mg(OH)_2$),其中三分之一的镁离子被铝离子替代。这种绿泥石结构由改性滑石单元和改性水镁石层交叠组成,其化学式为 $Mg_5Al_2Si_3O_{10}(OH)_8$。当用额外的阳离子取代,例如用铝取代硅和用铁取代镁时,可以形成不同的绿泥石矿物。用铁离子替代铝离子可以形成一系列的绿泥石——叶绿泥石($Mg_5(Al,Fe)(Al,Si)_4O_{10}(OH)_8$)。

除了是水合镁阳离子而不是改性水镁石层为带负电的改性滑石单元提供电荷平衡之外,蛭石的结构与绿泥石矿物的结构类似,其化学式为$(Mg,Fe)_3(Al,Si_4)O_9(OH)_8 \cdot 3.5H_2O$[5]。改性滑石单元之间的区域可以看作与改性滑石单元表面相邻的水分子的上、下层,而可交换的 Mg^{2+}(或其他阳离子)则位于这些层之间[14]。蛭石结构中常用 Fe^{2+} 代替 Mg^{2+} 和用 Al^{3+} 代替 Si^{4+}。蛭石结构能容纳大量的单元间水,因此可以膨胀,但其膨胀程度比蒙脱石的小。剥蚀现象是蛭石的一种特性。在快速加热过程中,结构层因突然释放大量的包含水而发生破裂。这会使蛭石的体积膨胀为原始体积的18~25 倍[15](图 6.16),这使得蛭石可以作为隔热材料[5]。绿泥石和蛭石均为板状薄片,比云母柔软,并且其颗粒直径比高岭土和蒙脱石矿物大。

图 6.16　膨胀蛭石(左)和原始蛭石(右)[15]

绿泥石晶体是绿色的(绿泥石的名字即来源于此)。与浅黄色的蒙脱石和白色的高岭土矿物相比,蛭石的颜色更深(褐色、红色或黑色)。伊利石和云母的颜色覆盖了从浅色到深色的范围。

6.2.4.2 绿泥石和蛭石矿物的热分析

绿泥石矿物的组成范围比较宽,其热特性的范围也相应的比较大(图6.17)。绿泥石的DTA曲线通常会有两个典型的吸热峰,第一个峰对应于500~700℃之间释放出与改性水镁石层有关的羟基的过程,第二个峰对应于在~800℃时释放出改性滑石层中的羟基的过程。第二个吸热峰后面的~900℃的放热峰表明形成了结晶产物,如尖晶石(如$MgAl_2O_4$)和橄榄石(如镁橄榄石Mg_2SiO_4)。在绿泥石中观察不到吸附水损失时的低温吸热现象,除非充分研磨形成弱结合(见下节),在~110℃时才会出现与吸附水汽化有关的吸热峰。增加铁含量会使脱羟基化温度降低,改性水镁石层中增加铝含量也会使脱羟基化温度降低。此外,大量的铝和铁取代会使两个脱羟基吸热峰合并成一个吸热峰。

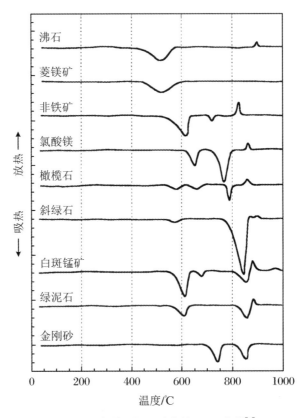

图6.17 各种绿泥石矿物的DTA曲线[9]

如图6.18所示,蛭石的DTA曲线在低温下(0~350℃)显示出一系列吸热峰,这表明在此温度范围内蛭石失去了吸附水并发生了多次高温脱羟基化反应。由于矿物质具有层状结构和大量的单元间水[16],因此其吸附水的损失是分步进行的。在高温下,蛭石的DTA曲线在800~900℃内呈现出S形的吸热/放热曲线,这表明脱羟基化反应在后期会突然变快,最终结晶成顽辉石($MgSiO_3$)等产物。一些蛭石样品在更高的温度下可能会产生额外的吸热现象,证明发生了结构水损失过程[16]。蛭石的组分不同,其脱羟基化对应的吸热曲线的形状和起始温度也不同。例如,当三价铁阳离子过多时会使脱羟基化温度降低。

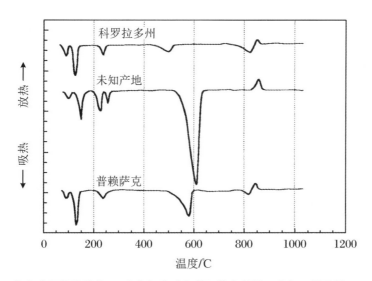

图 6.18 来自法国普赖萨克、一个未知产地和科罗拉多州的三个蛭石样品的 DTA 曲线[9]

如图 6.19 所示，可交换阳离子的类型对蛭石矿物的热行为也有显著影响。当可交

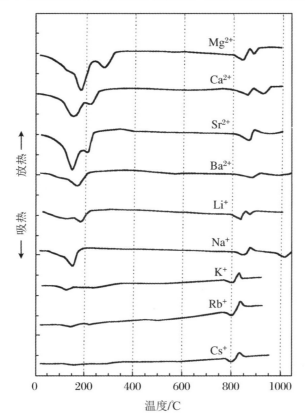

图 6.19 用标记的可交换阳离子饱和的蛭石的 DTA 曲线[17]

Mg^{2+}、Ca^{2+}、Sr^{2+}、Ba^{2+}、Li^+、Na^+ 蛭石样品来自西切斯特的 PA 矿床，

K^+、Rb^+ 和 Cs^+ 蛭石样品来自梅肯郡的北卡罗琳矿床

换阳离子是 Mg^{2+} 时,吸附水通常分三步脱去,得到三个吸热峰,但这些吸热峰通常是重叠在一起的,而不是独立的三个峰。Ca^{2+}、Sr^{2+}、Ba^{2+}、Li^+ 和 Na^+ 阳离子也会产生一系列叠加的脱水效应。对于较大的单价阳离子,如 K^+、Rb^+ 和 Cs^+,其脱水吸热峰强度相对较低。

6.3　仪器的影响

不同的仪器、加热速率和热电偶放置方式以及不同研究人员得到的曲线有所差异,这给矿物热分析数据的分类带来了比较大的困难。在本部分内容中将分析样品的制备、尺寸和环境变化对黏土和副矿物热行为的显著影响。

如图 6.20 所示,随着干磨(通过干式球磨)时间的增加,地开石的脱羟基起始温度以及吸热强度降低。球磨过程中的磨损使粒子表面附近的原子晶格出现非晶化现象。这种结构的能量较高,在较低温度下发生脱羟基化。对于球磨 2 h 的样品,一些颗粒(部分)非晶化,其他颗粒保持不变,产生重叠的吸热效应,对应于无定形(应变)和未应变材料的结构水脱除。较小的颗粒尺寸也有利于降低脱羟基化温度,因为尺寸较小有利于结构水

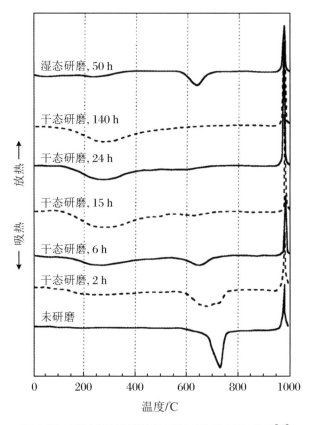

图 6.20　不同程度研磨的地开石试样的 DTA 曲线[18]

逸出时通过较少体积的材料,最终只有较低温度的脱羟基吸热明显(球磨 6 h)。随着研磨超过 15 h,应变区域的浓度继续增加且粒径减小,直到脱羟基吸热完全消失,这表明脱羟基化主要在研磨过程中发生。

随着研磨时间的增加,脱羟基吸热效应逐渐消失,同时在 100~400 ℃温度范围内出现较宽的吸热峰,对应于吸附在表面的水的脱除过程。吸热强度随着研磨时间的增加而增加,造成这种现象的原因一方面是颗粒尺寸变小,比表面积增加,另一个方面为位于结构单元之间水的浓度增大(利用这些位置以屏蔽变形单元中产生的净电荷)。由于这些过程易造成局部变形,使得附着在颗粒表面和单元界面上的水成键的范围相对广泛,这是吸热范围变宽的原因。随着研磨时间的增加,在约 98 ℃时形成尖晶石的放热强度也增加,这是由于脱羟基化导致非晶化颗粒的无序程度增大(在这些区域结晶时有助于释放更多能量)引起的。湿磨导致颗粒尺寸减小但没有非晶化,在 120 ℃左右也产生了一个宽的吸热,这是由于较小的颗粒尺寸增大了表面积,吸水量增加。由于较小的颗粒尺寸利于结构水的逸出,因此湿磨脱羟基化吸热过程也转移至较低的温度。这种研磨过程产生更大范围的粒度分布,因此吸热峰也变宽。由于湿磨地开石的结构与未研磨材料的结构相同,因此在 980 ℃的放热量与未研磨矿物相似。

图 6.21 中给出了蒸汽压对埃洛石脱羟基吸热过程的影响。水蒸气在无盖的容器中更容易扩散,迫使水蒸气更快速地从埃洛石中释放出来,以维持给定温度下的平衡蒸汽压。因此在这种条件下脱羟基化过程比较容易完成,比装在加盖子容器中的样品的吸热峰温度更低。图 6.22 中给出了样品质量对高岭石脱羟基吸热和尖晶石结晶放热的影响,较大的样品量产生更大面积的吸热和放热峰。随着样品质量的增加,脱羟基吸热峰扩大。由于水蒸气从样品各个深度扩散出来需要一定的时间,同时水蒸气从黏土颗粒中扩散的限制使得水蒸气分压增加,从而将样品内部区域的脱羟基化提到更高的温度,相应的脱羟基化吸热峰转移到更高的温度。随着样品质量增加,结晶放热峰变窄。同时由于试样自加热峰,加速了结晶过程。

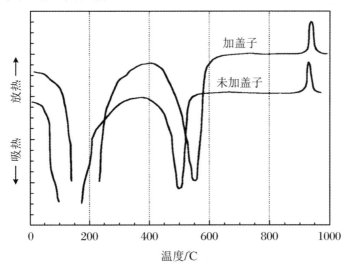

图 6.21 采用加盖和不加盖样品容器的埃洛石的 DTA 曲线[19]

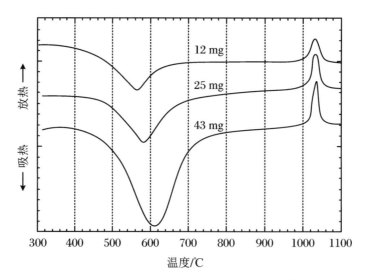

图 6.22　不同质量的高岭石样品的 DTA 曲线[20]

6.4　黏土矿床

6.4.1　简介

在地球的长期演化过程中,火成岩从熔融的岩浆中凝固并受到力的作用而到达地表。陆地的岩石主要是花岗岩(主要是长石,例如正长石 $KAlSi_3O_8$ 和钙长石 $CaAl_2Si_2O_8$,以及一些石英和云母),而在海洋下这些岩石主要是玄武岩(主要是含铁矿物),这部分岩浆大多来自地球中心(辉石:$(Mg,Fe)SiO_3$,橄榄石:$(Mg,Fe)_2SiO_4$,角闪石:$(Ca,Na,K)_{2-3}(Mg,Fe,Al)_5(Si(Al,Si)_2O_{22}(OH,F)_2$,以及小浓度的长石)。黏土矿是由于火成岩热液分解形成的,例如,钾长石通过水解($KAlSi_3O_8 + H_2O \longrightarrow HAlSi_3O_8 + KOH$)、脱硅($HAlSi_3O_8 \longrightarrow HAlSiO_4 + 2SiO_2$)和水合($2HAlSiO_4 + H_2O \longrightarrow Al_2Si_2O_5(OH)_4$)形成高岭石,残留的碳酸钾($K_2CO_3$)和二氧化硅不会改变周围的石英和云母。分解形成的黏土矿在很大程度上取决于大气条件,例如,温暖潮湿的条件有利于形成高岭土矿,而蒙脱石矿则倾向于在较凉爽、干燥的环境中形成。

残余黏土由沉积在其形成位置的黏土矿组成,通常与未分解的母岩混合存在。沉积黏土矿床是由悬浮在水中的杂质土矿物形成的,并在转移到湖底和河底分层沉降点的过程中积聚了大量的杂质、副矿物以及有机物质。由于其形成需要悬浮在水中并通过水运输,因此沉积黏土往往比残余黏土的颗粒更细。通常这种矿物中的杂质具有比高岭土更大的粒径,并且在加工过程中容易除去。

黏土矿物可能只占黏土矿床的 35% 以下,其余为上面描述的副矿以及石英、长石、铁矿石(例如褐铁矿 $Fe_2O_3 \cdot nH_2O$)、方解石($CaCO_3$)、白云石($CaMg(CO_3)_2$ 固溶体)、石膏($CaSO_4 \cdot 2H_2O$)、二氧化钛和有机物(例如褐煤、蜡、含碳物质和腐殖酸衍生物),这些组分的含量和种类决定了黏土沉积物的组成和性质,组分材料的热性质对黏土矿床的复合热行为产生影响。

黏土矿床,简称"黏土",通常根据它们在地球上形成的历史时期进行分类,在传统陶瓷中得到应用的重要黏土类型包括瓷土、球黏土、膨润土、火黏土和砖黏土。在黏土矿中,残余黏土(通常为瓷土)占比较小,大部分是沉积黏土。

6.4.2　瓷土

瓷土(也可称为高岭土)主要是残余黏土,其可被加工提纯(主要由黏土矿组成)。高岭土常用的开采方法是将高功率水或蒸汽射流冲击到天然矿床中,使黏土颗粒和副矿物质被水流携带到坑底,并通过泵将材料转移到沉降池中。在粗黏土和杂质矿物沉淀后,将细黏土和杂质矿物颗粒的残余悬浮液通过水力旋流器或离心机按尺寸大小分离。通常会得到粒度小于 $30~\mu m$ 的材料以及含有 $80\%\sim90\%$ 或更多的矿物混合物的黏土矿,主要杂质是石英和细粒云母[23],这种高纯度的黏土通常可以烧制成非常白的颜色。通过蒸发或压滤除去黏土中的水。与含有更细矿物颗粒的陶土相比,对于较粗颗粒尺寸(相对于沉积高岭土)和较窄的粒径分布瓷土,其可塑性和生坯强度(未焙烧)较低,但也导致其干燥收缩率较小。

沉积型高岭土的特点是颗粒较细,与残余高岭土相比可塑性更强,并且含有更多来自运输过程中遇到的植被的有机物。由于高岭土中的高岭石成分的碱交换能力较低,因此高岭土很容易发生絮凝反应(通过添加剂使颗粒分散在水中,这些添加剂取代了颗粒表面附近溶液中的离子,在颗粒之间形成静电排斥力,阻止它们靠近)。瓷土由于其无机杂质含量低,烧结收缩率高($1300~℃$ 收缩率为 $6\%\sim17\%$),因此很少单独用于制造陶瓷部件[7],需要添加石英和长石。南美洲的多个国家,以及美国、英国、法国、德国、中国和日本等地存在这些矿物的相应矿床。

6.4.3　球黏土

球黏土通常为沉积黏土,其颗粒尺寸比高岭土细,含有大量有机物。由于组成差异较大,因此通常根据其分布位置和地质年代进行区分。高岭石是球黏土中的主要黏土矿物,但在球黏土中发现的更细的高岭石矿物颗粒是无序的高岭石品种,而不是在瓷土中发现的有序高岭石颗粒。此外,球黏土中可能含有少量其他黏土矿物,如蒙脱石和伊利石以及大量的细粒杂质。球黏土中的主要杂质包括石英、云母、二氧化钛(锐钛矿)和硫化铁(包括黄铁矿和白铁矿)。球黏土相对于高岭土粒度更细,杂质含量更高,具有更高的塑性(更多表面粒子吸水,可以促进粒子滑动),从而提高了其可加工性和生坯强度(更细的粒子缠绕在一起),具有较高的干燥收缩率(高达 15%)[24],在不破碎器皿的前提下可能很难将其干燥。另外,由于球黏土含有一定的杂质,其通常无法烧成高岭土那样的白色,而呈现出不透明的白色或奶油色。然而通过杂质成分氧化铁和氧化钛可以提供较长的玻璃化范围(形成液相而没有塌陷的温度范围)进而提高焙烧性能,而有机杂质则通过降低浇注浆料的黏度来改善铸造性能。球黏土比瓷黏土含有更多的可溶性盐(如硫酸钙),由于高岭石的无序形式以及有机物的存在使其具有更高的碱交换容量,这有助于提高黏土的碱交换能力,然而球黏土中很少含有在高岭土中常见的长石。

不同种类的球黏土中杂质含量的变化很大,具有不同的组成和性质。球黏土中的有机成分占 3%～10%,主要由褐煤组成,也会影响黏土性质。黏土的塑性、生坯强度和干燥收缩率会随有机物浓度的提高而增加。在碱性条件下,形成的聚阴离子也有助于黏土的解絮凝作用[2,23](聚阴离子是由多个原子组成的复杂阴离子,吸附在黏土颗粒表面,可以提高电荷密度)。只要可溶性盐的含量不足以干扰解絮凝作用(可溶性盐发挥"拥挤效应",导致黏土絮凝并使解絮凝剂的添加变得无效),球黏土很容易解絮凝[24]。

可以从露天矿坑开采球黏土,就像高岭土一样,也可从地下采矿隧道中获得。球黏土的颗粒尺寸太细,以至于在水中洗涤后不能通过过滤的方式去除杂质。因此,球状黏土可以提取的形式获得,在放置一段时间后(风化或者在自然条件下干燥,粉碎硬黏土以提高黏土的塑性,去除可溶性盐),也可以经旋转粉碎机处理,得到气浮黏土。此外,球黏土颗粒在水中不易分散,必须在充分搅拌的情况下对所用的密实球状黏土块进行渗水处理。球黏土通常不单独用于白瓷,而是与其他黏土和非塑料混合使用。添加球黏土能够增加陶瓷体的可塑性和生坯强度,但是会降低白度和透明度。由于球黏土的助熔剂含量较高,因此其耐火性比高岭土低。

6.4.4 膨润土

以蒙脱石矿作为主要成分的黏土(蒙脱石矿含量至少 75%)称为膨润土。由于蒙脱石矿物的层间水吸附(膨胀)能力强,因此膨润土易膨胀,该特性可用于阻止土壤、岩石和水坝的渗漏[14]。由于蒙脱石的性质,膨润土具有非常高的碱交换容量,钠作为主要的可交换阳离子。蒙脱石矿物的尺寸较细,膨润土具有良好的塑性和生坯强度,但干燥收缩率较高。膨润土中的一些常见副矿物包括石英、方解石、氧化铁、石灰、氧化镁和长石,膨润土是火山玻璃或火山灰风化形成的。

由于膨润土的收缩率大,通常将少量约 1%～2%膨润土加入到白瓷中,以增加瓷体主要成分黏土的可塑性、可加工性以及生坯强度和烧制强度。添加过量的膨润土往往导致陶瓷体由于过度干燥收缩而产生裂纹。少量的膨润土(2%～5%)也可以添加到非塑性材料中,例如用于制造电瓷的氧化钛和用于制造耐火材料的氧化铝中,以使其具有可塑性,而不会显著影响材料的介电常数或耐火度。在英国开采的富勒土为另一种形式的蒙脱石基黏土,其杂质含量高,钙是主要的可交换阳离子。像球黏土一样,可以通过露天采矿和地下采矿两种方法得到蒙脱石基黏土。

6.4.5 火黏土和砖黏土

砖黏土的主要成分为高岭石和绿泥石以及伊利石,为石英和有机质的沉积黏土,大多数砖黏土中含有高浓度的氧化铁和方解石。砖黏土中含有的氧化铁使其可以烧成深红色或棕色(烧成范围为 950～1200 ℃)。其他非白色烧结黏土被称为粗陶器黏土,用于陶瓷砖中,将彩色釉料(含有结晶性颜料颗粒的玻璃)涂于表面。砖黏土中含有助熔剂,不适合作耐火材料。

火黏土以及其他黏土是地球在特定历史时期形成的沉积物(在本例中为石炭纪[8])。

与名称中的含义不一致,很大一部分火黏土不适合作耐火材料,而是主要用于制造卫生洁具、抛光砖和建筑用砖,其主要由结晶不好的高岭石、云母和石英组成。与砖黏土一样,其含有一定量的氧化铁,不适合用于制作白瓷具。用于耐火砖的火黏土中含有较高的氧化铝含量(质量分数高达 40%)和低浓度的助熔剂。熟料(预先烧制的材料)和石英通常被添加到火黏土中,以降低火黏土的烧结收缩性质。这种耐火材料在高达 1600 ℃的温度下仍能保持其机械完整性。

6.4.6 黏土的热分析

黏土矿物的热行为主要包括黏土、副矿物和杂质矿物以及黏土中的有机成分的热分解(在图 6.23 中列出了一些常见的黏土矿物的 DTA 曲线)以及它们之间产生的进一步反应。黏土中的有机物质(通常是褐煤)会发生放热氧化反应,从而在 DTA 曲线上出现宽而强的放热峰。图 6.24 中给出了除去含碳材料前后的球黏土的 DTA 曲线,这些氧化放热峰可能完全掩盖了黏土在 700 ℃ 以下的其他热性质。因此,通常在进行热分析实验之前,利用过氧化氢处理,将黏土中存在的大量有机物除去。

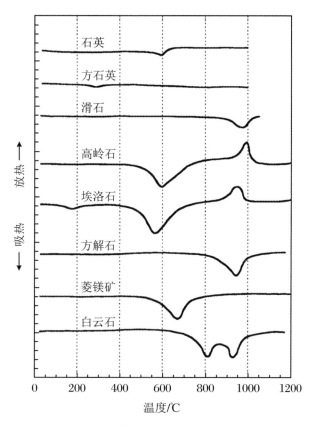

图 6.23 常见黏土矿物以及黏土矿床中常见的其他矿物的 DTA 曲线[25]

图 6.25 中给出了典型瓷土、球黏土和膨润土的热行为差异。高岭土和膨润土中有机成分含量低,不像许多球黏土那样具有宽的低温放热峰,这与含碳物质的损失过程有

关。瓷土在加热过程中的热行为与高岭石类似,高岭石是黏土矿的主要成分。由于高岭土中含有非常少量的吸附水,因此在高岭土的 DTA 曲线中没有观察到球黏土和膨润土 DTA 曲线中出现的除去吸附水引起的吸热峰。这个吸热峰在膨润土的 DTA 曲线中强度最大,表明表面吸附水和单元间水与矿中相当多的蒙脱土有关。另外,黏土的可塑性(变形而不开裂的能力)随着这个吸热峰面积的增加而增加。高岭土的结晶放热峰比其他物质高,这表明该样品中脱羟基后矿物的结晶浓度和结晶热更高。膨润土中存在蒙脱石矿物质,使该黏土的脱羟基吸热在较高的温度下出现。应该注意的是,由于采样中存在的某种黏土和辅助矿物以及它们的相对浓度差异,导致相同类型的黏土矿之间的热行为也可能会有所不同。

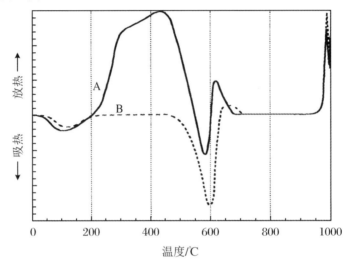

图 6.24　黑球黏土(A)和去除碳质材料后的相同黑球黏土(B)的 DTA 曲线[26]

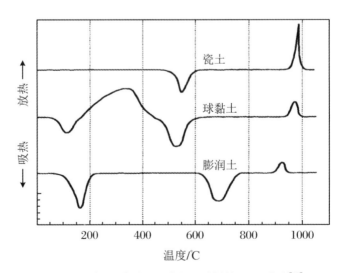

图 6.25　瓷土、球黏土和膨润土试样的 DTA 曲线[23]

在加热到高温时黏土开始形成黏稠液体,主要由二氧化硅和钠、钾、钙、镁的助熔氧化物组成。对于球黏土,由于形成这种共晶液体,可观察到在约 950 ℃ 开始急剧收缩,如图 6.26 所示。从该图还可以看出,在液相形成的温度范围内,含最高比例石英的样品具有较低的收缩率。当石英含量较高时,石英、黏土和助熔材料之间的接触面积较小,从而减少了共晶液相的数量。石英在 573 ℃ 处经历了一个结构转变(α 石英→β 石英),如图 6.26 所示,这种混合物中石英的含量可以通过在该温度范围内测量的膨胀程度得到。不纯的石英在高于 867 ℃ 时发生膨胀转变成鳞石英(在图中与快速烧结收缩叠加到一起)。高云母含量的球黏土样品在液体形成区域显示出快速收缩现象,主要是由于球黏土中存在的大多数来自云母的助熔碱引起的。这些黏土高温烧成的主要产物包括莫来石、玻璃、方石英和石英。

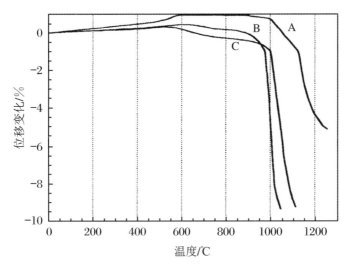

图 6.26　A:含有 31% 高岭土矿物、48% 石英和 17% 云母的球黏土的膨胀曲线;
B:含有 57% 高岭土矿物、10% 石英和 25% 云母的球黏土的膨胀曲线;
C:含有 76% 高岭土矿物、6% 石英和 14% 云母的球黏土的膨胀曲线[5]

6.4.7　定量分析

吸热或放热峰面积与材料用量之间的关系通常用于确定混合物高岭石质量中特定矿物的百分比。图 6.27 表明,在高岭石与氧化铝(热惰性材料)恒体积混合物中,样品质量与脱羟基吸热峰面积之间呈现出线性关系。用于分析黏土样品中相浓度的 DTA 技术被认为是半定量的分析结果。由于成分之间的吸热效应的干扰,导致确定吸热峰面积所采用的基线的准确位置比较困难。另外,来自不同矿物叠加热效应引起的吸热或放热峰重叠[21]均会影响分辨率。然而当使用未知成分纯矿物的不同混合物进行定量分析,在每种矿物中至少存在一种不受其他成分影响的吸热峰时,可获得相当精确的定量结果[5]。

图 6.28 表明脱羟基化吸热峰温度可能与混合物中存在的黏土矿物的量相关,蒙脱石矿物的量与该温度存在近似对数关系。

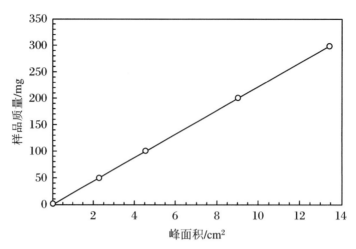

图 6.27　高岭石脱羟基化吸热峰面积与样品质量之间的关系[29]

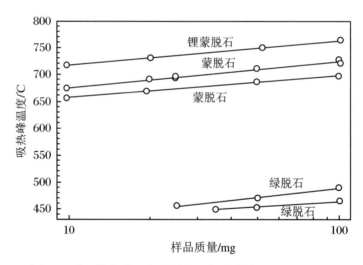

图 6.28　来自不同地区的蒙脱石矿物的样品质量与最高吸热峰温度之间的关系[9]

6.5　总　结

　　黏土的塑性可以使瓷器在烧制前保持特定的形状,因此成为三轴瓷的重要原料。黏土的可塑性来源于其非常细的粒度,由于原子级应力和结构层堆叠产生的周期性范德华力的作用,形成(水合)板状颗粒。瓷器中的石英组分起到填充的作用,而长石是形成共晶液相的助熔剂,可以有效促进热处理过程中的致密化。

　　高岭土、蒙脱石和伊利石可依据晶体结构相似性来区分。高岭土由二氧化硅和改性三水铝石的叠加层组成,这些双层单元被羟基力束缚在相似的单元上。蒙脱石由基于叶蜡石或滑石结构的三层单元组成,其中改性的三水铝石层夹在二氧化硅层之间,产生的晶格阳离子取代(例如 Mg^{2+} 替代 Al^{3+})使单元带负电荷。为了使空间电荷保持电中性,碱金属和碱土金属阳离子被吸附在单元之间。这些可交换的阳离子可以是水合形式,也可以是与水交换的形式,有利于形成单元间高浓度的吸附水。在云母(附属)矿物中,单价阳离子如 K^+ 在单元间形成离子键。在伊利石黏土中,一些单元间阳离子被 H_3O^+ 离子取代。绿泥石副矿是基于改性水镁石层分离的改性滑石单元,蛭石副矿是基于通过水合镁离子分离的改性滑石单元。

高岭土矿物在 500~700 ℃吸热脱羟基(失去结构水),形成无定形偏高岭土,偏高岭土在 900~1000 ℃时放热结晶成尖晶石结构。随着温度升高,发生相转变形成莫来石。高岭土矿在 50~150 ℃时通常没有脱吸附水吸热峰,当呈高度无序状态时例外。蒙脱石矿物具有很强的吸附水脱附吸热峰,这与颗粒表面和单元之间存在水有关。脱羟基吸热峰的温度范围变化很大,吸热强度比高岭土低,结晶放热的温度也有所不同,取决于存在的可交换阳离子所形成的相。

干磨导致黏土矿物样品区域非晶化,降低了样品强度和脱羟基化温度,增加了吸附水的吸热强度。这种吸附水既来自颗粒尺寸减小引起的吸附水增加,也包括为避免非晶化引起的电荷不平衡而引入的单元间水。坩埚加盖后样品的脱羟基吸热向高温移动。由于水蒸气压力的增加,样品量的增加也会使脱羟基吸热过程温度升高,原因是浸入样品中的水蒸气压力有所增加;随着样品尺寸增加,结晶放热变窄并且强度增加,这是由于自加热加速了转变。

黏土矿床可根据其成型时期进行分类。瓷黏土主要成分为高岭土,既是残余黏土(在产地形成的矿)又是沉积黏土(远离产地形成的矿),其在三轴瓷(洁具)中起到增加材料塑性的作用。无序高岭石是球黏土的主要成分,并且比瓷黏土的杂质含量更高,通常将其少量添加到陶瓷成分中以提高未烧制体的可塑性和强度。它们的铁杂质含量和烧成收缩率较高,因此不能作为黏土的主要成分。膨润土的主要成分是蒙脱石,与球黏土相同,其也被用作白瓷成分中的少量黏土添加剂。砖黏土是不纯的黏土,其主要成分是高岭石和绿泥石,其具有高助熔剂和高铁含量,因此不适合用作耐火材料和白瓷材料。含有高浓度氧化铝和低浓度助熔剂的火黏土用于耐火材料,在 1600 ℃时仍能保持结构的完整性。

对于有机物含量较高的黏土矿(例如球黏土),其 DTA 特征峰经常被有机物的燃烧放热峰掩盖。由黏土沉积物和添加剂的热膨胀曲线可以大体确定相对石英的助熔剂的浓度。助熔剂烧结成为液相,促进低温下的快速致密化。由于形成的液相较少,含量较高的石英会使烧结向高温方向移动并减少烧制收缩。另外,基于 DTA 脱羟基吸热峰面积和脱羟基峰温度的变化可以半定量测定沉积物中的黏土量。

参考文献

[1] F. H. Norton, Elements of Ceramics, Addison-Wesley, Reading, MA, 1974.

[2] W. E. Worrall, Clays: Their Nature, Origin, and General Properties, Transatlantic Arts, New York, 1968.

［3］　R. W. G. Wyckoff, Crystal Structures, 2nd Ed. , Volume 4, John Wiley andSons, New York, 1968.

［4］　T. F. Bates, The American Mineralogist, 23（1938）863, cited in R. W. Grimshaw, The Chemistry and Physics of Clays and Allied CeramicMaterials, Ernest Benn Limited, London, 1971.

［5］　R. W. Grimshaw, The Chemistry and Physics of Clays and Allied CeramicMaterials, Ernest Benn Limited, London, 1971.

［6］　J. Hlavac, The Technology of Glass and Ceramics: An Introduction, ElsevierScience, New York, 1983.

［7］　F. H. Norton, Fine Ceramics: Technology and Applications, McGraw-Hill,New York, 1970.

［8］　W. E. Worrall, Clays and Ceramic Raw Materials, John Wiley and Sons,New York, 1975.

［9］　W. Smykatz-Kloss, Differential Thermal Analysis: Applications and Resultsin Mineralogy, Springer-Verlag, New York, 1974.

［10］　R. C. Mielenz, N. C. Schieltz and M. E. King, Effect of ExchangeableCation on X-Ray Diffraction Patterns and Thermal Behavior of aMontmorillonite Clay, p146-173 in Clays and Clay Minerals, Edited by W. O. Milligan, National Academy of Sciences, Washington, D. C. , 1955,cited in R. K. Ware "Thermal Analysis", p273-305 in Characterization ofCeramics, Edited by L. L. Hench and R. W. Gould, Marcel Dekker Inc. , NewYork, 1971.

［11］　A. H. Weir and R. Greene-Kelly, The American Mineralogist, 47（1962）,137-146, cited in R. C. MacKenzie "Simple Phyllosilicates Based onGibbsite-and Brucite-like Sheets", p497-537 in Differential Thermal Analysis. Volume 1: Fundamental Aspects, Edited by R. C. Mackenzie,Academic Press Inc. , New York, 1972.

［12］　R. C. Mackenzie, "Simple Phyllosilicates Based on Gibbsite-and BrucitelikeSheets", p497-537 in Differential Thermal Analysis. Volume 1:Fundamental Aspects, Edited by R. C. Mackenzie, Academic Press Inc. ,New York, 1972.

［13］　P. G. Nutting, "Some Standard Thermal Dehydration Curves of Minerals, U. S. Geological Survey Professional Papers, 197E, 1943, cited in F. H. Norton,Fine Ceramics", Technology and Applications, McGraw-Hill, New York,1970.

［14］　C. S. Hurlbut, Jr. and C. Klein, Manual of Mineralogy, 19th Ed. , John Wileyand Sons, New York, 1977.

［15］　A. Mottana, R. Crespi and G. Liborio, Simon and Schusters Guide to Rocksand Minerals, Simon and Schuster Inc. , New York, 1978.

［16］　A. Blazek, Thermal Analysis, Van Nostrand Reinhold Company, New York,1973.

［17］　G. F. Walker and W. F. Cole, p191-206 in The Differential ThermalInvestigation of Clays, Edited by R. C. Mackenzie, Mineralogical Society,London, 1957, cited in R. C. MacKenzie "Simple Phyllosilicates Based on Gibbsite-and Brucite-like Sheets", p497-537 in Differential ThermalAnalysis. Volume 1 Fundamental Aspects, Edited by R. C. Mackenzie,Academic Press Inc. , New York, 1972.

［18］　R. J. W. McLaughlin, "Effects of Grinding on Dickite", Clay MineralsBulletin, 2, （1955）309-317, cited in P. D. Garn, Thermoanalytical Methodsof Investigation, Academic Press Inc. , New York, 1965.

［19］　P. L. Arens, "A Study of the Differential Thermal Analysis of Clays and Clay Minerals", Excelsiors Foto-Offsets, 1951, cited in P. D. Garn, Thermoanalytical Methods of Investigation, Academic Press, New York, 1965.

[20] A. M. Langer and P. F. Kerr, Du Pont Thermogram, 3 [1] (1966), cited in T. Daniels, Thermal Analysis, John Wiley and Sons, New York, 1973.

[21] W. W. Wendlandt, Thermal Methods of Analysis, John Wiley and Sons, New York, 1974.

[22] R. E. Grim and N. Guven, Bentonites: Geology, Mineralogy, Properties, and Uses, Elsevier Scientific, 1978.

[23] W. Ryan and C. Radford, Whitewares Production, Testing, and QualityControl, Pergamon Press, Oxford, 1987.

[24] W. E. Worrall, Ceramic Raw Materials, Pergamon Press, Oxford, 1982.

[25] V. P. Ivanova et al., Thermal Analysis of Minerals and Rocks, Leningrad, 1974, cited in J. Hlavac, The Technology of Glass and Ceramics: An Introduction, Elsevier Science, New York, 1983.

[26] D. G. Beech and D. A. Holdridge, "Testing Clays for the Pottery Industry", Transactions of the British Ceramic Society, 53 (1954) 103-133, cited in P. D. Garn, Thermoanalytical Methods of Investigation, Academic Press Inc., New York, 1965.

[27] P. S. Keeling, "The Common Clay Minerals as a Continuous Series", in Science of Ceramics, Academic Press, Inc., New York, 1962, cited in P. D. Garn, Thermoanalytical Methods of Investigation, Academic Press Inc., NewYork, 1965.

[28] P. S. Keeling, "The Common Clay Minerals as a Continuous Series", in Science of Ceramics, Academic Press, Inc., New York, 1962, cited in P. D. Garn, Thermoanalytical Methods of Investigation, Academic Press Inc., NewYork, 1965.

[29] G. Rosenthal, "A Study of the Plasticity of Mono-ionic Clays", Science of Ceramics, Academic Press, Inc., New York, 1962, cited in P. D. Garn, Thermoanalytical Methods of Investigation, Academic Press Inc., New York, 1965.

[30] I. Barshad, "Temperature and Heat of Reaction Calibration of the Differential Thermal Analysis Apparatus", American Mineralogist, 37(1952) 667-694, cited in P. D. Garn, Thermoanalytical Methods of Investigation, Academic Press Inc., New York, 1965.

第 7 章

在储能研究中的应用

Takeo Ozawa[a] and Masayuki Kamimoto[b]

a）日本东京（8-6 Josui shinmachi，1-chome，Kodaira，Tokyo 187-0023，Japan）

b）日本先进工业科学技术国家研究院（National Institute of Advanced Industrial Science and Technology，1-1-1 Higashi，Tsukuba，Ibaraki 305-8561，Japan）

7.1　储能：需求与方案

从某种意义上来讲，储能并不是一种新型的技术而是一种古老的技术。几千年前，美索不达米亚人就已经通过飞轮来利用旋转的力量。近年来，先进的储能技术对于人类的重要性正在日益的提高。

一般来说，能量的生产以及供给与能量的消耗同时发生。传统的电力供应就是一个典型的例子。在这个系统中，为了维持高质量的供电，根据消耗量来精确控制发电量，即恒定电压、恒定频率以及避免停电的高可靠性供电。这样高质量的电力供应是现代电子设备、电器等基本的需求。来自化石燃料的能源生产相对比较容易控制，然而对于天然可再生能源情况却不同，例如太阳能以及风能都是不易控制利用的。为了节约能源进行的废物能源回收也是如此。虽然在充电、放电、存储的过程中能量的消耗是不可避免的，但是供能与耗能之间无法匹配的情况依旧对能量存储技术有所要求。其中一个很明显的例子就是再生制动系统。在燃料电池汽车以及混合动力汽车中，电动发动机的制动产生的回收能量储存在双层电容器中，用于汽车的启动和加速。在电气化的铁路中，飞轮也被用于再生制动，成为这项技术的示范性应用。因此，能量存储技术对于保护良好的全球环境和能量资源是必要的，是人类可持续发展的关键性技术之一。

储能技术在另外一个应用领域中也非常实用，即蒸汽蓄能器，该技术将高压蒸汽存储于一个很大的容器中。蒸汽蓄能器被用于在没有锅炉操作人员的情况下进行夜间供热，比如为医院夜间供热。因此，蒸汽储能器在节约劳动力和成本方面是有帮助的。同时，蒸汽蓄能器也被用来在短时间内提供高功率，用一个相对较小的锅炉来满足高功率需求，减少了安装成本。

由于不同形式的能量需要被存储起来用于不同的需求，我们调查了各种各样的储能方案并且列于表 7.1 中。在这些储能方案中，泵水力发电系统现在被大规模的应用。主要来源于核电站的剩余电力，在夜间传输至位于山区的水电站，用于将低处水坝中的水抽至高处水坝，因此电能是以水的势能的形式储存起来的，这些势能在用电高峰的时间将会重新转变回电能。这个过程中的整体转化效率即再生能量与输入能量的比例通常可以达到 70% 甚至更高。在几十年前,铅酸电池被用于达到相同的目的,即电能存储并用于用电高峰。但是现在泵水力发电厂已经取代成本相当高的铅酸电池,成为主要的电能回收存储的设施。然而,泵水力发电厂的建设地点是受到限制的,因此关于其他运行效率类似的储能方案的研究以及发展也正在进行。

表 7.1　不同的能量储存形式

项目名称	输入/输出	能量的储存形式
显热收集	热/热	显热
蒸汽机	热/热	显热
潜热储存	热/热	潜热
热化学储存	热/热	化学能
电化学电池	电/电	化学能
二次燃料电池	电/电	化学能
水分解＆氢燃料电池	电/电	化学能
双层电容器	电/电	电容性的能量
超导电磁储存	电/电	电磁能
飞轮	机械能/机械能＆电/电	转动能
压缩空气的能量	空气/空气	高压
泵水储能	电/电	势能

例如,三种储能方案已经被调查研究了 20 多年,它们是新型先进的二次蓄电池,例如钠硫电池、再生燃料电池(电化学电池中的反应物,例如氧化还原离子通过电力再生并储存于电池外部的罐子中)和超导磁体。前面两种技术已经发展到了商业化的阶段。二次蓄电池可以被用于日常的用电操作,而泵力水发电厂以及再生式燃料电池不仅可以用于日常用电循环,也可以用于长期的能量存储。另一方面,双层电容器和飞轮都适用于短时间内高功率的充放电,因此其被用于再生制动以及其他相似的应用领域。超电磁储能(SEMS)从理论上对短期储能和长期储能都适用,然而强磁场要求相当高的磁体强度作为支撑,这样导致了相当高的成本。因此,在日常的电力循环中大规模地应用该项技术应该是未来的目标。另一方面,微型超电磁储能的稳定电网几乎已经在美国实现了商业化。

热能在总能量消耗中占据很大的一部分,因此热能存储也在诸多的能量存储技术中显得尤为重要,其最重要的应用是在热电联产中。即使对于最先进的燃气涡轮机与蒸汽轮机组成的发电循环,其发电效率也无法高于 50%,超过一半的输入热能被冷却至大约 30 ℃,以提高整体的效率(如热力学卡诺循环)。热能最终被释放到环境中。而在燃料电池中,任何不转变为电能的焓变是指工作温度附近的热量,因此这些废弃的热能以及电化学反应的熵变都可以被体系有效利用,例如空调。据估计,整体能量转换效率达到 80%,电功率效率为 40%。对于传统发电,总体能量效率可以通过提高废热的温度来实现,与此同时牺牲了电功率效率。在这两种情况下,热能储能技术都需要被有效利用,并且它也有利于减少二氧化碳的排放,达到保护全球环境的目的。

从上述的应用可以看出,对于新开发的能量储存技术有诸多的要求。高效率、高可靠性、低成本和低环境影响,还有高能量密度和高功率密度,即存储设备每单位质量或单位体积的再生能量和功率,这些是对能量储存技术基本和共同的要求。

7.2　热能储存技术

目前有三种不同的热能储存方式处于实际使用中或者处在研究和开发阶段,即显热储存技术、潜热储存技术以及热化学储存技术。在这三种技术中,热能被分别通过温度升高储存为显热、熔融或高温晶体中的潜热以及化学反应中的热能。热化学储存技术利用可逆的化学反应来实现。由于化学反应平衡温度可以简单地通过改变压力来改变,因此这项技术具有鲜明的特点,即可以被用作一个化学热泵。除上述三项储存技术以外,以浓缩溶液例如浓硫酸的形式进行储能,也已经被研究过,但是其输出热的温度比较低,并且通常工作材料具有腐蚀性。

显热储存技术已经建立完善并且已经应用了许多年,例如用于钢铁生产的耐火材料炉中,并且在很多领域中都有应用。例如对于电热器具和热水供应,在这两方面低成本的午夜闲置电能都被用于加热热能储存材料,例如砖头、石头以及水。这项技术在被动式太阳能供暖中也有应用,使用地下含水层或土壤进行空气温度调节的蓄热也属于这一类。

显热储存技术已经是一项完善的技术,但是其表现并不像其他方面那么令人满意。显热储存技术的一个缺点是在能量放出时引起的温度降低。从卡诺效率可以看出,低温热能并不像高温热能那么有利用价值,而温度恒定是热能输出时最重要的特点之一,因此由显热储存器中输出的热能质量不高。由于这个原因,这项技术主要用于加热。而这项技术的另一个缺点是能量密度低。

对于热能储存器的设计来说,热容是最重要的特性。传统的量热法较精确和准确,但它需要操作人员的经验和技巧作为支撑,否则易导致不可靠的结果。DSC 是最适合这个目的的一种技术,优势在于它需要更少的技巧并能够提供足够准确的可靠数据。

潜热储存技术相比显热储存技术更具优势,高能量密度和恒温热回收是其显著的技术特点,这项技术最典型的商业化应用是使用冰来进行能量存储。夜间使用低成本电力制冰,然后在白天用冰调节空气温度。水作为基本储能材料,其低成本以及高热容的特点是这项技术能够商业化的关键要素。从这个例子可以看出,潜热储能技术的实现是建立在可利用的廉价的储能材料之上的,并且储能材料应具有在预期温度熔化或相转变以及在熔化或相转变的过程中能放出大量的热的特点。在选择合适的储能材料时,材料的诸多特性都需要被检测,如熔点与熔化热、相转变温度与相转变热、转变的可逆性(例如过冷现象)、热导率、热稳定性以及储能材料与容器材料的兼容性。在热分析技术中,尤其 DSC 与 TG 这两项技术是实现这一目标的强大工具,在这一章后面的内容中将会详细讲述这些例子。另外,设备内部的传热则是潜热储能技术实现的另外一项必不可少的要素。在大多数情况下,设备的功率密度和成本都取决于这个因素。需要一些增加热传导

(主动热传导)的装置,而不是像传统的被动传热方式,以实现这一技术的广泛应用。在下一节将详细说明这些要点。

太阳能以及废热在空气温度调节以及发电领域中得到了日益广泛的应用,体现了上述技术几乎所有的优点。一个特别的方案是将核电站的负荷平均化,将其夜间的输出热能储存起来,再在白天转化成电能以应对用电的高峰。

在热化学储能技术方面,我们可以期望实现更高的能量密度,这个方案的例子是苯与氢的可逆反应形成环己烷和氢合金即金属氢化物,这一技术方案的最重要的方面即是反应的可逆性。如果期望在 1000 次充能放能的循环后仍有 50% 的能量总量的剩余,则一次充能与放能的循环应该有 99.93% 的储能材料能够被恢复。为达到理论上的高能量储存密度,热化学储能技术中的储能材料被要求具有高的反应速率以及高的热传导,尤其是对于固体-气体反应更是如此。利用催化剂来控制反应是控制放能的另外一个研究的方面。当可以实现上述要求时,该项技术依旧可以利用位于管道线路中的储能材料来实现大规模长距离的热能传输。

7.3 潜热储能技术

7.3.1 具有潜热储能装置的应用系统

潜热储能技术有储能密度高等优点,这一优势可以通过在各个应用系统需要的适宜温度熔化或者相转变的潜热储能材料来实现,储能材料的熔化或者相转变温度应处于热源温度与系统要求的温度之间。在日本,用冰进行储能来进行空气温度调节的技术已经被广泛应用以达到平衡发电的目的。尽管大部分其他的设备系统都还处于研发阶段,但是其作为很好的例子证明了在研究和发展潜热储能技术的过程中热分析、量热和热物性测量起着十分重要的作用。潜热储能技术应用系统如下所示:

(1) 太阳能与废热利用系统在空气温度的调节以及过程热的生产中的应用[1]。

(2) 熔融盐潜热储能技术用于核电站压水反应堆(PWR)的峰值覆盖[2]以及熔融碳酸盐(MCFC)的热电联产系统[3]。

(3) 低地球轨道卫星的太阳能动力发电系统[4]。

传统的供暖与热水供应系统要求的环境温度为 30 ℃,而对于空气温度调节的温度要求则是 120 ℃甚至更高。非跟踪型和非集中型的高性能太阳能收集器例如平板反射收集器可以理想的效率在 140 ℃的温度下产热,而那些跟踪型且低集中型的太阳能收集器,例如分段式镜面反射太阳能收集器能够在 200 ℃产热,形成高压蒸汽。

出于安全与成本的考虑,潜热储能技术一般是压水反应堆核电站在恒定功率输出峰值覆盖的选择之一。在非高峰时期从反应器排出的蒸汽温度约为 270 ℃,储存的热能作为潜热可用于在白天的用电高峰期运行的涡轮机,这种温度范围也对熔融碳酸盐热电联产系统有足够的吸引力。近地轨道卫星的传统供能系统是使用大型太阳能光伏电板的光伏电能系统,这种系统会由于空气阻力的原因造成近地轨道卫星高度的逐渐降低。使用布雷顿循环系统(燃气轮机在 900 ℃使用氦-氙气氛)的太阳能动力系统有 30%及以上的能量转化效率,远高于太阳能光伏电能系统。因此这种太阳能动力供能系统只需要更小的镜面区域,使得空气阻力减小。研发的关键性技术则是在微重力条件下的储热器,主要原因为当近地轨道卫星绕地球旋转 90 min 时动力系统需要热能储存器充能 30 min用于逃逸。

7.3.2　潜热储能材料的筛选

首先根据材料的熔化或者转变温度、相变热以及材料成本等特点来筛选潜热储能材料。图 7.1 中给出了潜热储能材料的特点以及其与热能储存系统性能之间的联系。潜热储能系统的一些重要性能主要取决于潜热储能材料的特点,而其他性能则取决于系统和材料的设计。在图中,实线所代表的关系中,储热系统的性能完全被实线所连的储热材料的特点所限制,并且这种限制并不会因为系统设计的改变而被突破。例如,系统的能量密度在潜热储能材料的相变热的限制之下无法通过任何方法来增加,系统运行温度则取决于潜热储能材料的熔化或者转变温度。另一方面,虚线所代表的关系是能够通过改变储能系统来改进系统性能,即使是在相关的储能材料特性并不突出的情况下也具有这种特点。该示例反映了系统的负载和能量密度的情况。而系统的性能不仅仅取决于潜热储能材料的热传导性,也同样取决于潜热储能材料与传热导体之间的热传导方式与传导面积。

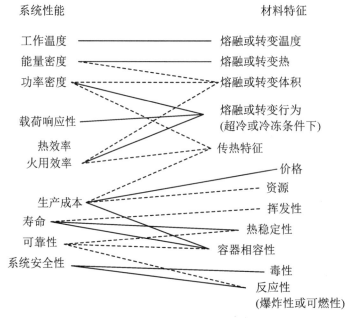

图 7.1　储能系统性能与潜热储能材料特性的关系

从潜热储能材料的成本与相变热的角度来筛选潜热储能材料也是合理的,也以此为依据筛选了很多材料[5]。通常从手册或者相关文献中获得大多数单组分和多组分材料的潜热的数值。当多组分材料的数据无法查阅时,可以通过对熔融熵或转变熵求和来估算,尽管这是一个零阶近似的方法。筛选的结果在图 7.2 中示出。大部分高温下潜热储能材料都是无机材料,只有聚乙烯、季戊四醇以及相关的材料是有机材料。

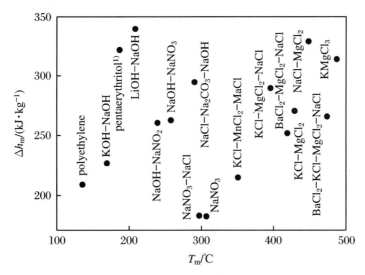

图 7.2　100～500 ℃相变潜热储能材料相变温度和潜热

　　图 7.3 中显示了所筛选的在 600 ℃以上空间科学中应用的潜热储能材料。在筛选这类材料时,材料的成本并不是主要的考虑因素,主要原因在于相比于在地面上的应用,在空间应用中更看重潜热储能材料的高储能密度。

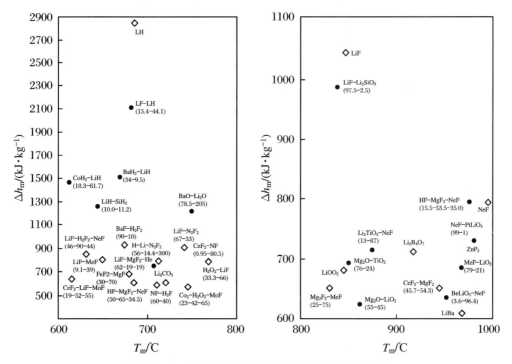

图 7.3　600 ℃以上潜热储能材料的熔化温度和潜热

从图例以及热分析的数据来看(参见本章 7.4 节),可以选择如下的潜热储能材料用于 7.3.1 节提到的应用系统中:

(1) 高密度聚乙烯($T_m = 135\,℃$)、碱金属氢氧化物的共晶盐例如 NaOH-KOH($T_m = 171\,℃$)以及季戊四醇(C(CH$_2$OH)$_4$)($T_m = 188\,℃$)用于空气温度调节系统和过程热生产中的太阳能以及废热处理系统。

(2) 共晶体与化合物、NaOH-NaNO$_3$ 和 NaOH-NaNO$_2$ 用于核反应堆压水峰值覆盖中的熔融盐潜热储能系统以及熔融碳酸盐(MCFC)的热电联产系统。

(3) 氟化锂以及其与碱金属氟化物、碱土金属氟化物的混合物,可以用于近地轨道卫星的太阳能动力系统。

7.3.3　合适的热交换器的选择

为了有效利用每一种潜热储能材料,应选择合适的热交换方法。传统的潜热储能技术的被动热交换器是壳-管型和封装型,形状如图 7.4 所示。在壳体中放入潜热储能材料,通过壳-管型热交换器管内的传热流体的流动进行充能与放能。对于胶囊封装形式,潜热储能材料封装在胶囊中,热传递流体通过壳层流动。为了大幅度地促进热交换效率,已经提出了各种各样的主动热交换方法。

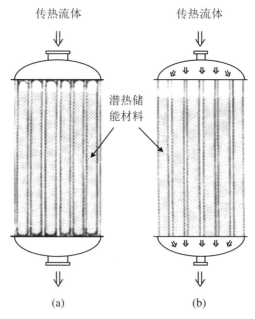

图 7.4　常规被动蓄热式换热器的截面图

对于季戊四醇这种潜热储能材料,Kamimoto 等[7] 提出了一种胶囊型(被动)存储装置和两种主动热交换热存储装置。根据存储系统的建设成本和计算机模拟获得的存储单元的传热特性,从许多候选的潜热储能装置中筛选出了这些装置。经 TG 证实季戊四醇在转变点以上能够升华[8],应在封闭系统中使用。计算机模拟方法及其结果在 7.3.4 节、7.3.6 节和 7.3.7 节中进行描述。众所周知,传统潜热存储单元如胶囊型设备的热提取强烈依赖于储能材料的热传导。季戊四醇通常以粉末状态存在,具有低导热性。通过在粉末中加入传热油(使粉末成为浆液),表观导热性有望得到改善。由于固相转变伴随体积的变化,油也填满了空隙。由于以上这些原因,将季戊四醇的浆液用于胶囊型设备的潜热储能单元。

另外两个存储系统是主动换热潜热存储系统,其横断面视图如图 7.5 所示。Abe 等[9]提出了带浆料搅拌的壳体和盘管储存系统,贮存介质的传热通过浆体的搅拌而得到有效的改善,通过传热线圈进行浆液和传热油之间的热交换。浆液循环系统由存储柱和板式换热器组成。在存储柱中,浆液由搅拌杆搅拌或强制流动。存储介质与传热油之间的热交换在与存储柱分离的板式热交换器上进行。

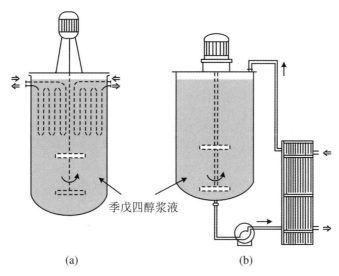

图 7.5　季戊四醇的活性热交换存储单元的截面图[7]
(a)带浆料搅拌的壳-线圈型存储系统;(b)浆料循环系统

在应用中,有时会对潜热储能材料进行改进,以提高性能或降低成本,例如前面介绍的季戊四醇的浆体[7,9]。针对上述浆料搅拌的壳-管型潜热储能系统采用烷基二苯乙烷制备季戊四醇的浆料,这种浆液的最大浓度受浆液黏度的限制。这在转变点温度上显得尤为明显,主要原因为高温阶段高浓度浆液呈现出塑料晶体的状态,50%的质量分数似乎是最大浓度。另一方面,胶囊型设备的最佳浓度应该与主动热交换储能单元不同,浆液在其中的作用不同。在该静态系统中,传热油被填充在季戊四醇颗粒内的空间。浆液的浓度应尽可能高,以增加贮存密度。然而,过高的浓度不能达到在季戊四醇中填充空间的目的。从季戊四醇和烷基二苯醚的体积承受温度的变化来看,其最佳浓度是季戊四醇占75%的质量分数。

采用各种交联方法对高密度聚乙烯进行改性。交联使潜热储能材料(高密度聚乙烯)和传热流体之间可以直接进行热交换。由于交联聚乙烯不会流动或粘在一起,即使在熔融温度以上也是如此[10],交联应限制在表面,以免降低原始材料的潜热储能性能。

LiF 和其共晶是用于低地球轨道卫星的太阳能动力发电系统的候选潜热储能材料,

在微重力条件下使用。为了减小潜热储能设备的实际质量和容器上的机械应力,这个应力来自于熔融导致的体积变化以及在存储材料中增加热传导,研制出了多孔碳化硅或碳与 LiF 的复合材料[11]。壳体-管式换热器最适合于 NaOH 与 $NaNO_3$ 或 $NaNO_2$ 的混合物,在较高的蒸汽压力以及伴随的高温下,需要更厚的胶囊型的外部容器,从而导致更高的成本。

7.3.4 潜热存储系统的传热[7,12]

为了设计热储能系统并对其性能进行评价,通常采用计算机模拟技术。例如,可以根据图 7.6 中所示的简化模型推导出传热方程,用于胶囊型或壳管式潜热储能设备。

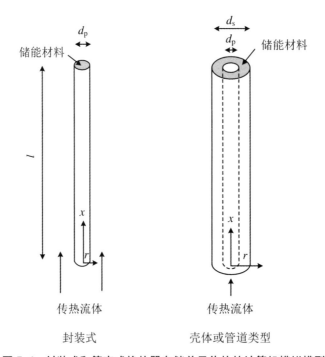

图 7.6 封装式和管壳式换热器存储单元传热的计算机模拟模型

可以通过方程计算导热流体和储热材料在不同点的热历史,但需要下列重要性质的数值:

(1) 储热材料的比热容、储能密度和导热系数。

(2) 潜热储存材料的体积分数和传热面积。

(3) 潜热储存材料的直径(见图 7.6)。

(4) 传热流体的比热容、密度和速度。

(5) 传热流体与储热材料之间的传热系数。

可以用显式有限差分方程进行计算。潜热储存材料的相变热通常包括在靠近相变温度的狭窄温度区间内的热容。

7.3.5 热物理性质测量的必要性

在潜热储能研究的早期阶段就需要获得潜热储能材料的热物理特性,储能材料单元的性能可以通过使用手册、数据库、原始文件等数据进行粗略的评估。当这些数据无法获得时,可以根据各种假设来估算这些属性。然而,为了发展潜热储能技术,需设计存储单元,并对整个系统的性能进行评估。为此,计算机模拟必须足够精确才能描述实际储能材料单元的性能。

从手册中获得的热物理和/或热化学性质的数值通常来自于纯化的试剂级材料。对于多组分材料,如共晶材料,其热容值、潜热,特别是热导率很难得到。因此,简单可靠的测量这些特性的方法是非常有用的。DSC 是研究潜热储存材料的最强大的工具,设备已经商品化,而且 DSC 测量的可靠性和准确性足够高。在下一节的内容中将介绍 DSC 测量的许多例子。

另一个例子是对季戊四醇浆料的热导率的测量。浆料的热容和潜热通常计算为各组分材料的性能参数之和,但浆液的导热系数很难从各组分的值中进行准确估计。采用瞬态热线法测定了季戊四醇浆料的导热系数。瞬态热线装置由一根垂直的金属丝组成,其浸没在液体样品中(如浆料),导线既作为电热元件,又作为电阻温度计。首先应用步进电压测量导线的瞬时温升。理想的导热系数 k 可以由 $k = (q/4\pi)\ln(\mathrm{d}\Delta T/\mathrm{dln}\,t)$ 计算,其中 q 为导线的每单位长度的生成热,ΔT 为瞬态温度的上升,t 为时间,这些测量结果如图 7.7[13] 所示。在转变过程中,热导率发生了有趣的步阶变化。

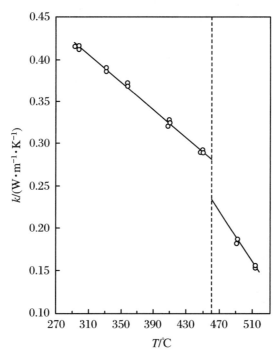

图 7.7　季戊四醇与烷基苯乙烷浆料的热导率随温度的变化关系

7.3.6 计算机模拟用于选择热交换方法的实例

采用表7.2所列的技术参数可以计算出以季戊四醇为潜热储能材料的胶囊型和壳-管型储能设备的排热液出口温度。

表7.2 用于计算机模拟的季戊四醇储存单元参数

	封装型	壳-管型
存储容量	2000 kWh	1000 kWh×2 units
储存柱的直径	2.44 m	1.89 m
存储柱的高度	6.72 m	5.67 m
浆料的质量	24.4 吨	12.2 吨×2
浆液的体积分数	0.90	0.75
管的直径	19.1 mm	19.1 mm
管数	12387	2448
管子的间距	19.2	36.5
传热面积	4 497 m²	749 m²×2
导热油的流速	27.3 吨·h⁻¹	14.7 吨·h⁻¹×2
建设成本(M$)*	0.25445	0.24995

注:规格是在两种热交换器的建造成本几乎相同的条件下确定的。文献中1美元=200日元。

如图7.8所示,壳-管储能单元的热提取速度非常慢[7]。如果降低管的间距,此时浆液的体积分数降低,即可以改善不良的放热特性。然而,由于热传导表面积的增加,从而成本增加且储能密度降低,因此浆液体积分数的降低是不可取的。从实验结果看,季戊四醇一般适用于胶囊型换热器而不是壳-管型。但并不是所有情况都是如此,例如NaOH-NaNO₃(T_m 大约为 250 ℃)[2],壳-管型优于胶囊型设备,较高温度带来较高的蒸汽压力需要更厚的胶囊型设备的外部容器,从而导致更高的成本。

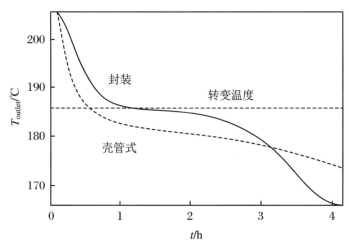

图7.8 用季戊四醇浆料作热存储材料的封装型和壳-管式储热器传热流体出口温度计算

7.3.7 通过计算机模拟进行充能放能实验以及系统性能的评价

虽然图 7.6 中所示的计算机模拟模型相当简单,但充放能实验与使用高密度聚乙烯[12]、NaOH-NaNO₃[14]和 LiF 复合材料[15]作为储能材料单元计算的传热结果一致,用显式有限差分方程进行计算。

计算热传递流体乙二醇的温度历史,并与高密度聚乙烯作为储能单元的原型潜热储能设备的实验数据进行比较。储能柱如图 7.9 所示,许多形状一致的高密度聚乙烯棒,直径 4 mm,长度 450 mm,用铝蜂窝垂直排列在储能柱上。乙二醇传热流体在充能过程中从顶部流入柱,在放能过程中从底部流入。

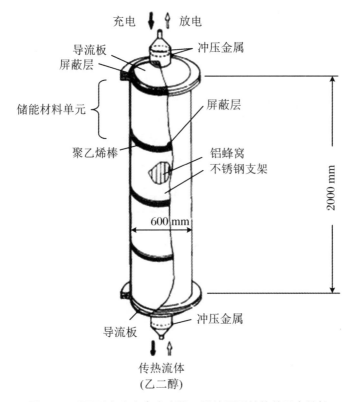

图 7.9 采用形态稳定高密度聚乙烯的原型储热单元存储柱

在能量释放的过程中,高密度聚乙烯的相变热对应在 126~127 ℃之间的热容量。另一方面,由于熔化发生在相当宽的温度范围内,因此在充能过程中可以通过 DSC 测量每 1 K 的表观热容数据。在充放能过程中,固定流速为 600 L·h⁻¹时,存储柱中乙二醇在入口、中部和出口的温度历史如图 7.10 所示。

由于计算机模拟的模型和假设被证实可用于上述所有潜热储能设备,因此计算机模拟技术被应用于各种带有潜热存储单元的热应用系统的模拟,例如在图 7.11 所示的用于酒店的 MCFC 熔融盐热电联产系统中的熔融盐潜热储能系统。MCFC 的阴极排出的高温气体加热锅炉和油热交换器,油被用来为熔融盐的潜热储能设备充能与放能。图 7.12 所示为一个 5000 m² 的酒店典型的高峰(夏天)每小时的用电需求和热量需求。由

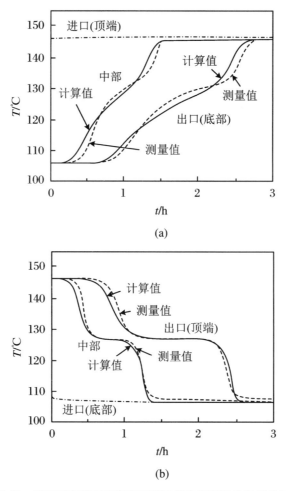

(a)

(b)

**图 7.10 采用形态稳定的高密度聚乙烯在原型潜热存储单元中
计算和测量的乙二醇温度历史的对比**

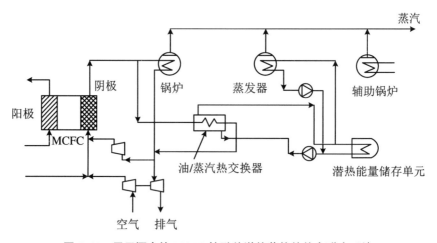

图 7.11 用于酒店的 MCFC 熔融盐潜热蓄热的热电联产系统

于 MCFC 系统的运行,使得电力需求得到满足,并且从电池中产生的热能也显示在实际的热量需求图中。在上午 9 点至下午 4 点之间产生的余热储存在熔融盐储能系统中,储存的热量可以补偿下午 4 点至 8 点之间的热量供应不足。

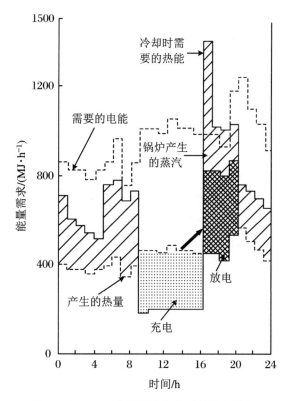

图 7.12　5000 m² 的酒店每小时的热电需求

计算机设计的潜热储能设备的模拟结果如图 7.13 所示。在此模拟中,根据所需的

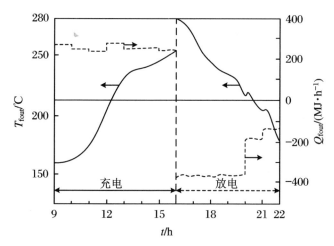

图 7.13　用于酒店的 MCFC 热电联产系统性能的计算机模拟结果

T_{fout}:传热流体的出口温度,Q_{fout}:储能单元的输出热量

热输出和储能设备入口和出口的温差来计算传热流体的流速,从而计算出满足要求的热量输出。计算机设计的储能设备的性能可以满足所需的出口温度和热输出。

7.4　热分析和量热法的应用

7.4.1　实用的蓄热材料和导热流体

为了设计实用的蓄热设备,设备中所用材料的热容是所需的基本数据,对于其他热能储存方法也同样如此。差示扫描量热法(DSC)是测量热容最适合的工具。如图 7.14 所示为 DSC 法测得的烷基二苯基乙烷(一种导热流体)的比热容 c_p,与手册中理论估算值的对比[13],二者间存在 10% 的差异。这个例子清晰地表明对实际使用材料的性能进行测量是很有必要的,后面还会给出其他类似的例子。

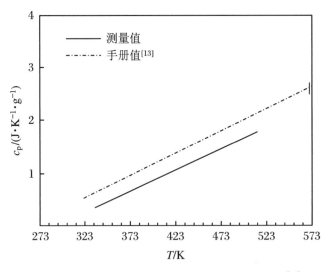

图 7.14　烷基二苯基乙烷(一种导热流体)的比热容[13]

7.4.2　潜热蓄热材料

在空调应用中,水是最理想的工作材料,但其工作温度被限定在 0 ℃。在低于 100 ℃ 的温度范围,一些有机物、气体笼型化合物以及无机盐水合物更为合适,其熔融温度(T_m)和熔融热(Δh_m)数值列于表 7.3[17]。对于盐水合物而言,其熔融热与结晶水的数量成正比[18]。

如前文所述,我们可以根据材料的热力学数据及其价格对 100~1000 ℃ 的材料进行筛选[5]。然而,由于文献中的数据来自纯化后的样品,在实际应用材料时需进行进一步表征,一些必要的数据包括转变和熔融的温度和(或)热量、可逆性、水气和(或)杂质对其热力学行为与稳定性的影响以及与容器材料的相容性。在这些表征中,DSC 和 TG 热分析技术是十分有力的工具,DSC 由于可以测量候选材料的基本特征而成为尤其必要的手段。一些候选材料的典型应用以及其他热分析的应用将在下文中详述,描述将会从低温材料(尿素)开始,直至高温材料(氟化锂)。

表 7.3　在低温区更适合作为潜热储能材料的有机化合物、气体笼型化合物以及无机盐水合物

化合物		$T_m/℃$	$\Delta h_m/kJ \cdot kg^{-1}$
有机化合物	$C_{14} \sim C_{16}$ 石蜡	2～7	152
	$C_{15} \sim C_{16}$ 石蜡	4～10	153
	正癸醇	5～7	206
	C_{14} 石蜡	2～5	165
	C_{16} 石蜡	14～18	201
气体笼型化合物	$SO_2 \cdot 6H_2O$	7	247
	$C_4H_8O \cdot 17H_2O$	4.4	255
	$(CH_3)_3N \cdot 10.25H_2O$	5.9	239
	$(C_4H_9)_4NCH_2 \cdot 32H_2O$	12.5	184
	$(C_4H_9)_4NCH_3CO_2 \cdot 32H_2O$	15.1	201
无机盐水合物	$Na_2SO_4 \cdot 10H_2O/NaCl/NH_4Cl$	13	180
	$CaCl_2 \cdot 6H_2O$	29	180
	$Na_2SO_4 \cdot 10H_2O$	32.4	251
	$Na_2CO_3 \cdot 10H_2O$	32.0	247
	$Na_2HPO_4 \cdot 12H_2O$	36	280
	$Ca(NO_3)_2 \cdot 24H_2O$	43	142
	$Na_2S_2O_3 \cdot 5H_2O$	48.5	200
	$NaCH_3COO \cdot 3H_2O$	58	251
	$Ba(OH)_2 \cdot 8H_2O$	78	293
	$Sr(OH)_2 \cdot 8H_2O$	88	352
	$Mg(NO_3)_2 \cdot 6H_2O$	89	160
	$KAl(SO_4)_2 \cdot 12H_2O$	91	232
	$NH_4Al(SO_4)_2 \cdot 12H_2O$	94	251

注:T_m:熔化温度,Δh_m:熔化热。

7.4.2.1　尿素

在 100～150 ℃ 的工作温度范围内,在根据热力学方法确定的材料中,尿素是唯一获得负面结果的例子[19],尽管其熔融热大且成本低廉。如图 7.15 所示,尿素在 DSC 重复测定熔化-结晶的过程中,表现出很强的过冷趋势,从而会导致热恢复减少。在熔化-结晶循环中熔融热也会降低,这表明材料的热稳定性较差。

接下来用 TG 考察尿素在氮气气氛下的热稳定性,从动力学角度分析在不同加热速率下尿素的失重行为。可以应用 Ozawa-Flynn-Wall 图来估算活化能,如图 7.16 所示。

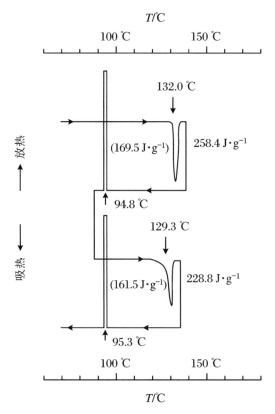

图 7.15 尿素重复加热-冷却过程中的典型 DSC 曲线

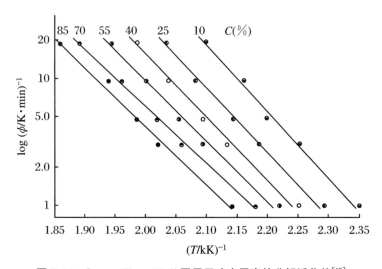

图 7.16 Ozawa-Flynn-Wall 图用于确定尿素热分解活化能[19]
C:转化率,ϕ:加热速率

从图中可以看出不同转化率曲线近似为平行线,证明活化能并不会随转化率的增加而改变,因此可以证明该热分解反应是一个简单反应,仅包含一个基元反应。活化能的值估算为 $85.0\ kJ \cdot mol^{-1}$。进一步的动力学分析用到了约化时间的概念,并可以得到该反应为一级反应的结论,如图 7.17 所示。

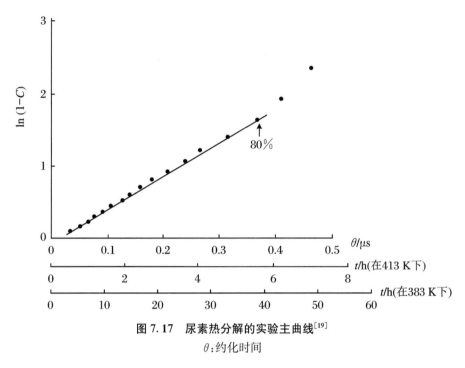

图 7.17　尿素热分解的实验主曲线[19]

θ:约化时间

在两个不同的温度下,可以通过约化时间计算出真实时间,并可以据此来预测尿素在实际应用中的寿命。例如,在 413 K 的温度下,尿素工作约 6 h 即会有 80% 分解;在 383 K 下,达到同样分解率的工作时间约为 40 h。对于实际应用而言,这个时间太短了。

为克服尿素的缺点,可将其与其他材料混合。向尿素中加入正十六烷、正十六烷-1-醇或硬脂酸来形成包合物,并不会影响其过冷的趋势。与碳酸钾和硝酸钠的共晶混合物会增加其过冷趋势,使其即使在室温下也不会结晶。这种过冷趋势在与氯化铵(17 mol%)、氯化钾(9 mol%)和脂肪酸(36 mol%)形成的共晶混合物中更加增强,但其熔化热会降低。由于反应的复杂性,对这些混合物 TG 结果的动力学分析并不成功,但 TG 曲线移到低温区域,表明这些混合物的热稳定性较差。因此,并没有获得理想的结果,尿素并不适合作潜热蓄热材料。

7.4.2.2　定型聚乙烯

由于具有高结晶度的高密度线型聚乙烯熔融热大、价格低,可以用其作为尿素的替代品。尽管尿素在这两方面都更具有优势,但聚乙烯也是不错的第二选择。聚乙烯及其他有机材料的主要缺点是其热导率和热扩散系数较低,这会导致其能量密度较低,且热量恢复会有所减少。对于高分子材料而言,其较高的熔体黏度会降低对流,从而加剧这种缺点。因此,蓄热材料和导热流体之间需要具有较大的热交换界面,这提高了成本。为了克服这个缺点,提出了定型聚乙烯的概念[10]。通过氩等离子体轰击的手段使细聚乙烯棒发生表面层交联,这样即使在熔融态下,聚乙烯也变得相对固定。也可以通过在表面覆盖经过修饰的聚乙烯进行表面交联,即聚乙烯和硅氧烷的共聚,随后引入水气使该表面层交联。通过导热流体在定型聚乙烯棒束间流动,聚乙烯和流体之间的直接热交换得以实现。这样实现主动热交换,能使成本降低,且可提高能量密度。

使用 DSC 可以研究不同导热流体与表面交联的聚乙烯之间的兼容性,经测试的导热流体包括乙二醇、硅油、烷基联苯、烷基二苯基乙烷和 Caloria HT-43(埃克森公司)。将聚乙烯样品和上述导热流体中的一种同时装入 DSC 坩埚,在氮气气氛下密封。然后将样品坩埚置于 150 ℃,使样品保持熔融态几百小时后,可以观察到熔化热和结晶热,以及外推初始温度的变化,结果如图 7.18 所示。

实验发现,表面交联并没有明显改变温度与潜热。除了作为对照的、置于敞口盘中的未处理聚乙烯之外,聚乙烯及其与导热流体形成的混合物都有很好的热稳定性,尤其是潜热的测量值。

在聚乙烯与烷基联苯、烷基二苯基乙烷和 Caloria HT 的混合物中,可以观察到尖锐可逆的 DSC 峰,也可以观察到熔化和结晶温度的降低。在 150 ℃下对导热流体进行长时间相容性测试,而后对其进行显微观测,可以看到流体中有球晶形成。因此,在这些流体中,高分子会溶胀并溶解,从而导致温度降低,但并不会使潜热发生明显改变。与此相反,对于乙二醇和硅油并没有观测到温度变化。此外还观察到表面交联聚乙烯在相容性测试中可以保持形状,而表面未交联的聚乙烯则会发生熔化。因此,表面交联聚乙烯与乙二醇或硅油的组合具有很好的相容性和热稳定性[10],可以在惰性气氛中使用。

这种材料的另一个特性是其熔化和结晶温度区间很宽,这是高分子材料的特性之一。通过 DSC 测量焓变随温度的变化可以代替熔化热和结晶热[21-22],该结果可用于模拟聚乙烯储存设备[12](见图 7.10)。

7.4.2.3 季戊四醇

季戊四醇作为用于 200 ℃ 以下温度范围的候选材料,有一些有趣的特性。季戊四醇的结晶转变热的大小与冰的熔化热相当,而由于季戊四醇已经作为大宗化学品生产,其价格并不昂贵。在转变温度之上,这种球形分子间的氢键断开并绕其晶格格点转动,而不在晶体中移动。因此,在转变温度之上季戊四醇变成了一种可塑性晶体。这种固-固相变是季戊四醇的特性之一。

通过 DSC 可以观察季戊四醇的转变行为。使用小颗粒的样品(低于 2 mg)进行测量,可以得到如图 7.19 所示的结果[8]。在 DSC 曲线中观测到过冷现象,说明成核过程控制该转变。接下来观察细粉状样品在不同冷却速率下的转变行为,结果如图 7.20 所示。

由于曲线中出现了重叠,因此无法对转变进行动力学分析[23],但可估算在实际的放电模型中其过冷温度低于 10 ℃。

文献中描述了水分对于转变热的巨大影响[24]。使用高精度量热仪,在精确控制气氛下,测得其转变温度为 188 ℃,转变热为 322 kJ·kg^{-1}。由于我们的目的是不经纯化直接

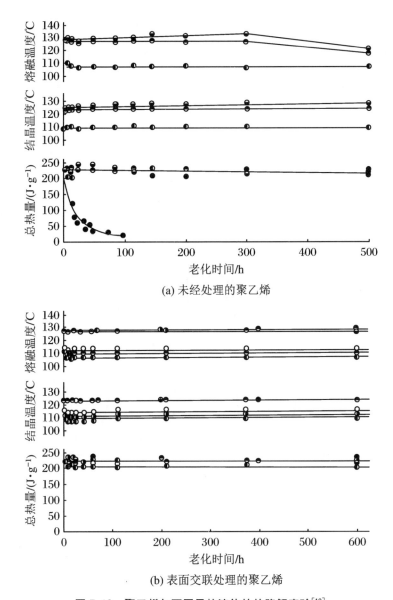

(a) 未经处理的聚乙烯

(b) 表面交联处理的聚乙烯

图 7.18 聚乙烯与不同导热流体的热降解实验[10]

◒:无传热流体的聚乙烯;◓:含有硅油的聚乙烯;◑:含有烷基联苯的聚乙烯;
◐:含有烷基二苯乙烷的聚乙烯;○:含有 Caloria HT 的聚乙烯;⊕:含有乙二醇的聚乙烯;
●:不含传热流体的未老化聚乙烯。

除最后一个样品外,所有的样品都在密封盘里经过老化处理

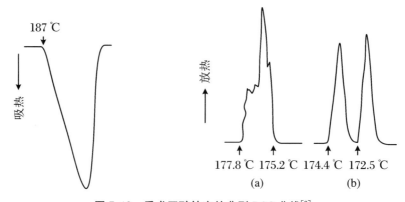

图 7.19 季戊四醇转变的典型 DSC 曲线[8]

加热速率为 1.25 ℃/min,冷却速率为(a) 0.625 ℃/min 和(b) 1.25 ℃/min

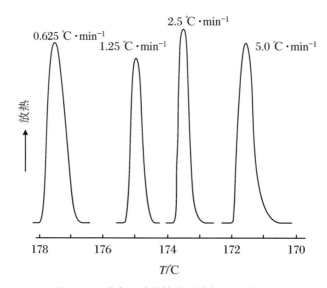

图 7.20 季戊四醇的转变对冷却速率的依赖

使用商品化的材料,因此测量了几种商业产品的转变温度和热量,分别为 186~187 ℃ 以及 287~298 kJ·kg^{-1}[8]。这些实际应用的季戊四醇样品的数据连同前文描述过的过冷趋势都被用在模拟中,实际应用的材料的性质测量也非常重要。DSC 优势明显,可以提供足够精确且可靠的数据。

关于这种材料的另一个问题是其热分解的可能性。在氮气气氛下,用敞口的浅样品盘进行 TG 实验,结果如图 7.21 所示,可以看到即使在塑性晶态也有失重发生。在熔化温度下,并没有看到失重的不连续性,这一结果也经过了与尿素相同的动力学分析[19]。在 Ozawa-Flynn-Wall 图中可以获得一系列平行线,表明活化能恒定为 104.4 kJ·mol^{-1},与图 7.16 类似,失重超过 80%,但对应于零级反应机理。因此,失重过程明显为升华过程,这种材料必须在密封容器中使用。

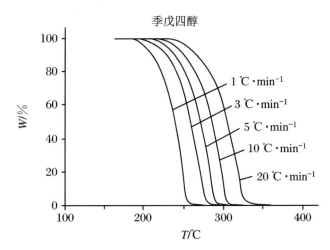

图 7.21　在氮气气氛、敞口浅样品盘及所示加热速率下的季戊四醇 TG 曲线[8]
W:剩余质量%

　　如前文所述,提高这种有机粉末材料的传热对于实际应用是必要的。季戊四醇与应用于聚乙烯的导热流体的兼容性已经被研究。将季戊四醇样品与导热流体共同加入适用于 DSC 的玻璃容器中,并在氮气气氛下进行密封。与聚乙烯相似,混合物在高于转变温度 195~200 ℃下保持 1000 h。季戊四醇与烷基联苯、烷基二苯基乙烷和 Caloria HT 的兼容性很好,即在这些流体中季戊四醇的转变温度和转变热几乎没有变化。

7.4.2.4　碱性氢氧化物及其共晶混合物

　　在 200 ℃附近的温区,碱性氢氧化物的共晶混合物可作为候选材料[5]。假设不同组分的熔化熵具有可加和性,可计算该混合物的熔化热。由于通常只能查到共晶混合物的共晶温度,因此无法获得其熔化热[25-26]。当某一组分的转变温度高于共晶混合物时,其转变熵应加入至共晶混合物的熵变计算中[5]。计算所得的转变热以及稍后获得的 DSC 结果列于表 7.4。在三种混合物中,NaOH-KOH 混合物的可行性最高,主要原因为锂化合物的价格昂贵。

　　在处理这些混合物的过程中,最严重的问题是其低表面张力以及腐蚀性。当将其置于热分析测量的金属池中并保持在熔融状态时,样品会缓慢爬上池壁并溢出。解决方法是使用由聚四氟乙烯(PTFE)制成的样品池,PTFE 的可润湿性低、热稳定性高且耐腐蚀。将一块 PTFE 加工成与常见金属样品池相同尺度的池子。由于 PTFE 的热导率很低,因此 DSC 峰变得很宽,但并不会影响量热的精确度,如图 7.22 所示[21]。因此,这一类材料可用于测量热容和熔化热,但温度必须低于 300 ℃,即 PTFE 的熔化温度。

表 7.4　碱性氢氧化物、硝酸钠及亚硝酸钠的化合物和共晶混合物

混合物	组成/ (mol%)	T_m/℃ (obs)	Δh_m/(kJ·kg^{-1}) (obs)	Δh_m/(kJ·kg^{-1}) (calc)
LiOH-NaOH	30～70	215	290＋58(transition)	339
LiOH-KOH	29～71	227	184	285
NaOH-KOH	50～50	171	213	230
NaNO$_3$·NaOH		271	265	214～251
NaNO$_3$·2NaOH		270	295	222～267
NaOH-NaNO$_3$	81.5～18.5	257	292	225～278
NaOH-NaNO$_3$	59～41	266	278	216～257
NaOH-NaNO$_3$	28～72	247	237	197～226
NaNO$_2$·NaOH		265	313	226～251
NaOH-NaNO$_2$	73～27	237	294	220～261
NaOH-NaNO$_2$	20～80	232	252	205～214

注：T_m：熔融温度，Δh_m：熔化热。

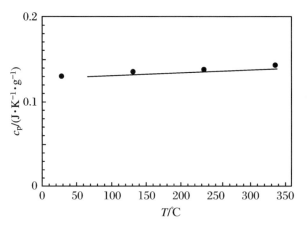

图 7.22　用 PTFE 样品盘进行铂的比热容 DSC 测量（连续直线）[21]
文献数据如点所示

　　碱性氢氧化物的另一个问题是在转变和熔化过程中水的影响[29]。KOH 的 TG-DTA 结果如图 7.23 所示。市售的 KOH 经过反复加热和冷却，如 TG 曲线所示，其中的污染水挥发，且在 DTA 曲线中可以在 100 ℃ 附近观察到吸热峰。水的挥发会使在 KOH 的转变温度处（231 ℃）的吸热峰变得尖锐，对于熔化也能观察到类似的改变。Heine 等人[30] 曾报道过 NaOH 和 KOH 的共晶混合物没有明显的峰。根据上述结果推测，这可能是水分带来的影响。因此，在将材料加入储热设备之前充分脱水是十分必要的。

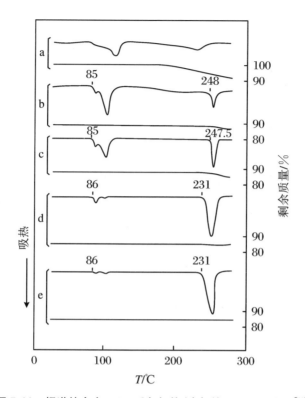

图 7.23 报道的含水 KOH 反复加热/冷却的 TG-DTA 曲线[29]

7.4.2.5 NaOH 与 NaNO₃ 或 NaNO₂ 形成的化合物及共晶混合物

在 230~300 ℃ 的温度范围,可依据计算所得的熔化热选用 NaOH 与 NaNO₃ 或 NaNO₂ 形成的化合物及共晶混合物[5](见表 7.4)。据文献[25,26],在 NaOH 和 NaNO₃ 体系中存在两种化合物,分别为 NaNO₃·NaOH 和 NaNO₃·2NaOH,因此会形成三种共晶混合物,分别为 NaNO₃ 72 mol%-NaOH 28 mol%、NaNO₃ 41 mol%-NaOH 59 mol% 以及 NaNO₃ 18.5 mol%-NaOH 81.5 mol%。曾有一种 NaOH 与 NaNO₂ 形成的等摩尔化合物被报道过,因此存在两种共晶混合物,如 NaNO₂ 27 mol%-NaOH 73 mol% 以及 NaNO₂ 80 mol%-NaOH 20 mol%[25-26]。这些材料很重要,其熔融温度适用于商业核能设备储能,如 PWR。

使用前文提到的 PTFE 样品池[27-28]对上述化合物及混合物进行 DSC 扫描,大多数样品表现出强烈的过冷趋势,结果如图 7.24 所示,从 NaNO₃·2NaOH 的 DSC 降温曲线中可以看到由于结晶而形成的尖锐的放热峰。所有的化合物和混合物的熔化温度(外推起始温度)及熔化热列于表 7.4。另外,也可以得到这些样品的热容值[22,27-28]。其中的一个例子如图 7.25 所示,在 154 ℃ 观察到一个小的吸热峰,归属于化合物 NaNO₃·2NaOH 的转变。

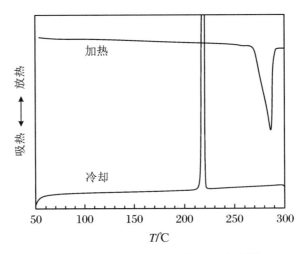

图 7.24　NaNO₃·2NaOH 的 DSC 曲线[28]

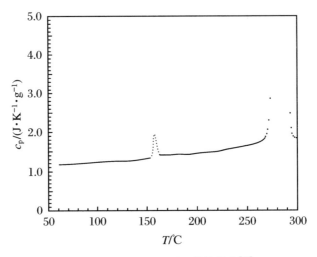

图 7.25　NaNO₃·NaOH 的比热容[28]

　　所有的化合物都有强烈的过冷趋势,一些共晶混合物也表现出相同的趋势。然而,有一种材料具有较低的过冷趋势,且熔化热较大,如 NaNO₃ 18.5 mol%-NaOH 81.5 mol%。基于这个原因,NaNO₂ 27 mol%-NaOH 73 mol% 被作为第二个候选材料。在上述材料的实际应用中,例如对于核能设备使用的都是工业级材料。假设这样的一个存储单元被用于 200 MW 功率输出的设备,则储能 4.2 GWh 需要经过 8 h,需要使用约 60 kt 上述材料。值得指出的是,这些数字大约为 DSC 实验样品用量的 6×10^{12} 倍。

　　在日本,在 NaOH 的生产过程中,汞电极的使用是被禁止的,因其具有污染环境的可能。取而代之的是用石棉分离,再用离子交换膜进行离子交换。因此,可以选用三种商品级 NaOH,根据其中 NaCl 杂质含量的不同,其纯度也各有不同。为了观察杂质的影响,用不同纯度的原料制备 NaNO₃ 18.5 mol%-NaOH 81.5 mol%,并在钢管(实际应用)中进行超过 1000 次的循环加热-冷却过程[30]。样品在高于其熔化温度下保温平均超过

3000 h,其初始温度在 245～257 ℃,熔化热为 253～292 kJ·kg^{-1}。在其 DSC 曲线中,还检测到一些额外的小肩峰,可能来自于三元共晶混合物的生成过程。在循环多次之后,DSC 曲线和初始相比有明显不同。其中的一处不同被认为是钢管对样品造成了污染,另一处不同是由区域提纯效应所致。熔化是从上到下,而结晶过程正好相反。无论如何,尽管这些变化说明了杂质的影响,但通过离子交换膜工艺制备的 NaOH 样品几乎没有变化。这一结果经过 1000 次实验室规模的循环测试得到证实[30]。

7.4.2.6　LiF 及其共晶混合物[11]

Brayton 循环和 Stirling 循环太阳动力发电系统需要熔化温度在 1000 K 附近的储热材料,LiF 及其与 CaF$_2$ 和 MgF$_2$ 形成的共晶混合物成为该温度区间内的备选材料。由于太阳动力发电系统在近地轨道工作,存储单元将应用于微重力条件下。为了减少存储单元的质量密度以及熔化过程中体积变化引起的对容器的机械应力,同时增加存储材料的热导,氟盐和 SiC 或碳形成的复合储存材料更受青睐[11]。

热流 DSC 被用于测量氟化物及其复合材料的潜热。由于在高温下氟盐易在样品皿中蠕升,可以使用密封金皿和开口石墨皿。氟化物如 LiF 的熔点和蒸气压都比较高,被密封在金样品皿内,然后置于氧化铝内衬中,示意图如图 7.26 所示。

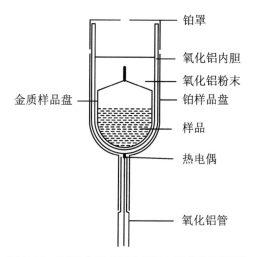

图 7.26　DSC 中的密封金样品皿及其周围配置

金样品皿被一层细氧化铝粉包覆,以使样品的辐射热流均一。用特质的铂盖子盖住铂样品杯,铂盖的使用已被证实有利于提高辐射热流的均一性和测量的可重复性。这种结构的装置的比例常数在 400～1200 ℃ 的温度区间内,几乎不受温度影响,如图 7.27 所示。

不同纯度的样品的熔化温度和熔化热列于表 7.5。尽管熔化温度几乎相同,但熔化热表现出轻微的差异,因此有必要测量应用于存储单元中的真实样品潜热。

从重复熔化-结晶过程获得的 DSC 结果可以证实,不管对于 LiF 还是其与多孔 SiC 形成的复合材料,其熔化温度、结晶温度以及熔化热都是几乎不变的。图 7.28 举例说明了复合材料的测试结果。

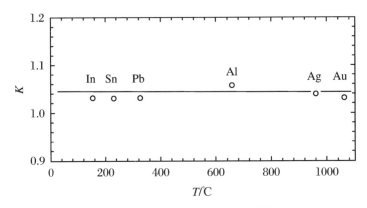

图 7.27　热流 DSC 的比例常数[11]

表 7.5　不同 LiF 试样的熔化温度和熔化热[11]

材料	$T_m/\text{℃}$	$\Delta h_m/(\text{kJ} \cdot \text{kg}^{-1})$
LiF(99.99%),Aldrich	844.8	1015
LiF(99.9%),Rare Metallic	844.4	991
LiF(99.9%),Soekawa	843.5	956

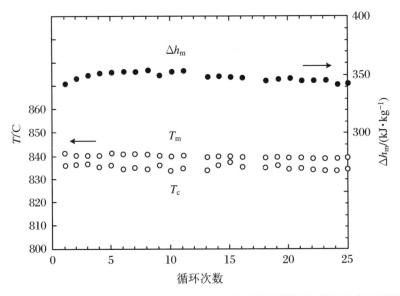

图 7.28　经过多次加热-冷却循环后的 LiF/SiC 复合材料的熔化热、熔化温度及凝固温度

　　所研究氟化物的熔化热列于表 7.6,同时列出的还包括一些文献报道值以及基于熔化熵可加性假设的估算值,熔化温度也列于表中。LiF 和 LiF-CaF$_2$ 以及其复合材料表现出相当高的熔化热。然而,LiF-MgF$_2$ 的熔化热很低,以至于应该将其从应用于太空的潜热蓄热材料中排除。

表 7.6　LiF、LiF-CaF$_2$、LiF-MgF$_2$ 及其与 SiC 形成的复合材料的熔化温度 T_m、
凝固温度 T_c 以及熔化热 Δh_m[11]

材料(mol %)	$T_m/°C$		$T_c/°C$	$\Delta h_m/(kJ \cdot kg^{-1})$		
	测量值	文献值	测量值	测量值	文献值	计算值
LiF(99.99%)	845	848	841	1015	1037	
LiF/SiC	844		837	335		
LiF-CaF$_2$(80.5～19.5)	763	765	774	757	820	656
LiF-CaF$_2$(80.5～19.5)/SiC	762		758	174		
LiF-MgF$_2$(67～33)	730	742	726	490	917	761
LiF-MgF$_2$(70～30)	728	728	735	516	520	770

7.4.3　化学储能材料

可用于热能存储的化学反应及吸附反应的实例列于表 7.7 中。转变温度 T^* 是指标准吉布斯能变为零的温度，可作为筛选储热化学反应的标准。生成焓 ΔH_f 是另一个标准。一个可逆反应的平衡温度可以受压强控制，因此存储后的提取热量的温度可以轻易改变。换言之，化学反应可以被当作热泵处理。

表 7.7　适用于化学储能的化学反应

工作流体	反应	$\Delta H^0/(kJ \cdot (mol 工作流体)^{-1})$	T^*/K
H$_2$O	13X 分子筛	79.4	
	硅胶	46.8	
	MgCl$_2 \cdot 4H_2O \longrightarrow MgCl_2 \cdot 2H_2O + 2H_2O$	68.0	462.0
	CaCl$_2 \cdot 2H_2O \longrightarrow CaCl_2 + 2H_2O$	62.0	490.0
	Mg(OH)$_2 \longrightarrow MgO + H_2O$	81.0	531.0
	Ca(OH)$_2 \longrightarrow CaO + H_2O$	109.0	752.0
NH$_3$	NiCl$_2 \cdot 6NH_3 \longrightarrow NiCl_2 \cdot 2NH_3 + 4NH_3$	60.0	441.0
	CaCl$_2 \cdot 8NH_3 \longrightarrow CaCl_2 \cdot 4NH_3 + 4NH_3$	42.0	303.0
	CaCl$_2 \cdot 4NH_3 \longrightarrow CaCl_2 \cdot 2NH_3 + 2NH_3$	46.0	315.0
	MnCl$_2 \cdot 6NH_3 \longrightarrow MnCl_2 \cdot 2NH_3 + 4NH_3$	50.0	365.0
	FeCl$_2 \cdot 6NH_3 \longrightarrow FeCl_2 \cdot 2NH_3 + 4NH_3$	51.0	388.0
	NH$_4$Cl $\cdot 3NH_3 \longrightarrow NH_4Cl + 3NH_3$	28.0	276.0
H$_2$	MgH$_2 \longrightarrow Mg + H_2$	76.0	560.0
	MgNiH$_4 \longrightarrow MgNi + 2H_2$	64.0	530.0
	LaNi$_5$H$_6 \longrightarrow LaNi_5 + 3H_2$	30.0	273.0
	TiH$_2 \longrightarrow Ti + H_2$	144.0	1100.0
CO$_2$	MgCO$_3 \longrightarrow MgO + CO_2$	117.0	670.0
	CaCO$_3 \longrightarrow CaO + CO_2$	178.0	1110.0
其他	CH$_3$CH(OH)CH$_3 \longrightarrow CH_3COCH_3 + H_2$	54.3	475.0
	CaCl$_3 \cdot 2CH_3OH \longrightarrow CaCl_3 + 2CH_3OH$	51.9	410.0
	C$_6$H$_{12} \longrightarrow C_6H_6 + 3H_2$	207(C$_6$H$_6$)	568.0

注：反应从左到右进行时为吸热，用于充电。ΔH^0：每摩尔工作流体的标准反应焓变；T^*：当标准吉布斯自由能变化为 0 时的特征温度。

图 7.29 展示了使用双反应平衡如不同蒸气压下的金属氢化物的叠加定则,不同金属氢化物的平衡分解压强-温度关系如图 7.30 所示。可以用如下热力学关系估算生成焓:

$$\ln p = \Delta G^0 / RT = \Delta H^0 / RT - \Delta S^{0} / R$$

其中 p 代表压强,T 代表温度,ΔG^0 代表标准吉布斯自由能变,ΔH^0 代表标准焓变,ΔS^0 代表标准熵变,R 是气体常数。对于用硅胶和沸石构建的干燥气体调节系统,其吸附-温

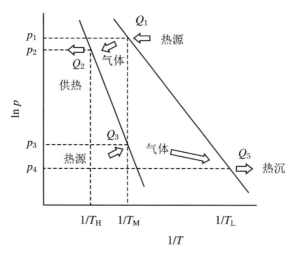

图 7.29　吸附叠加定则

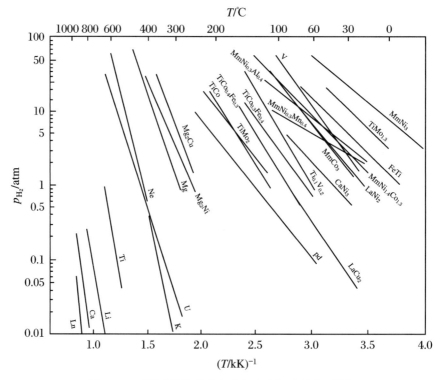

图 7.30　不同金属氢化物解离压力与温度的关系[32]

度图是十分必要的。对蒸气压和吸附的测量以及量热学是化学储能研发的有力工具。

7.4.4　其他应用

热分析及量热技术对于研究电池及其组成材料是十分有用的[33]。随着电池能量和功率密度的提高,其热管理变得越发重要。DSC 被用于研究电解质的热分解[34]、电解质与阴极材料的反应[35]、由阴极材料(如 Li_xCoO_2)[36]相转变所产生的热行为等。对于锂离子电池充放电过程的量热研究也有相关报道[37],热分析及热性能测试将继续作为储能技术研发的有力工具而进一步发展。

作者十分感谢能够获准使用来自 Elsevier、日本化学会、日本制冷及空调工程师学会、日本热物理性质学会、美国机械工程师学会以及美国化学会提供的图表。

参考文献

［1］ M. Kamimoto, Y. Abe, S. Sawata, T. Tani, T. Ozawa, J. Chem. Eng Japan, 19 (1986) 287.

［2］ Y. Abe, M. Kamimoto, Y. Takahashi, R. Sakamoto, K. Kanari, T. Ozawa, Proc. 19th Intersoc. Energy Conv. Eng. Conf., (1984) 1114.

［3］ Y. Abe, K. Kanari, M. Kamimoto, Proc. 23rd Intersoc. Energy Cony. Eng. Conf., (1988) 165.

［4］ Y. Abe, K. Tanaka, O. Nomura, K. Kanari, Y. Takahashi, M. Kalnimoto, Proc. 23rd Intersoc. Energy Conv. Eng. Conf., Vol. 3 (1991) 63.

［5］ T. Ozawa, M. Kamimoto, R. Sakamoto, Y. Takahashi, K. Kanari, Bull. Electrotech. Lab. (Densoken Iho), 43 (1979) 289.

［6］ Y. Takahasshi, R. Sakamoto, Y. Abe, K. Tanaka, M. Kalnimoto, Proc. 2nd Asian Thermophys. Properties Conf., (1989) 567.

［7］ M. Kamilnoto, Y. Abe, K. Kanari, S. Sawata, T. Tani, T. Ozawa, Proc. 21st Intersoc. Energy Conv. Eng. Conf., (1986) 730.

［8］ R. Sakamoto, M. Kamimoto, Y. Takahashi, Y. Abe, K. Kanari, T. Ozawa, Thermochim. Acta, 77 (1984) 241.

［9］ Y. Abe, R. Sakamoto, Y. Takahashi, M. Kamimoto, K. Kanari, T. Ozawa, Proc. 19th Intersoc. Energy Conv. Eng. Conf., Vol. 2 (1984) 1120.

［10］ Y. Takahashi, R. Sakamoto, M. Kamimoto, K. Kanari, T. Ozawa, Thermochim. Acta, 50 (1981) 31.

［11］ Y. Takahashi, A. Negishi, Y. Abe, K. Tanaka, M. Kamimoto, Thermochim. Acta, 183 (1991) 299.

［12］ M. Kamirnoto, Y. Abe, K. Kanari, Y. Takahashi, T. Tani and T. Ozawa, Trans. ASME J. Solar Energy Eng., 108 (1986) 290.

［13］ Y. Takahashi, M. Kamimoto, Y. Abe, Y. Nagasaka, A. Nagashima, NetsuBussei(J. Thermophys. Prop. Jpn.), 2 (1988) 53.

［14］ K. Kanari, Y. Abe, K. Tanaka, Y. Takahashi, R. Sakamoto, M. Kamimoto, T. Ozawa, Kagaku Kogaku Ronbunshu, 17 (1991) 15.

[15] O. Nomura，K. Tanaka，Y. Abe，Y. Takahashi，K. Kanari，M. Kamimoto，Space Power，12 (1993) 229.

[16] M. Kamimoto, Y. Abe, S. Sawata, T. Tani, T. Ozawa, Trans. ASME J. Solar Energy Eng.，108 (1986) 282.

[17] K. Narita and J. Kai, J. Inst. Electr. Eng.，Jpn.（Denki-gakkai Shi）,101 (1981) 15.

[18] K. Narita, J. Kai, H. Kirnura and M. Ikeda, 15th Jpn. Conf. onCalorimetry and Thermal A-nalysis（Kanazawa，1979）.

[19] M. Kamimoto, R. Sakamoto, Y. Takahashi, K. Kanari and T. Ozawa,Thermochim. Acta，74 (1984) 281.

[20] T. Ozawa，Bull. Chem. Soc. Jpn.，38 (1965) 1881.

[21] Y. Takahashi，Thermochim. Acta，88 (1985) 199.

[22] M. Kamimoto, J. Thermophys.，11 (1990) 305.

[23] T. Ozawa，Polymer，12 (1971) 150.

[24] I. Nitta, S. Seki and M. Momotani, Proc. Jpn. Acad.，26 (1950) 25;I. Nitta, S. Seki, M. Mornotani and S. Nakagawa, Proc. Jpn. Acad.,26 (1 950) l l; I. Nitta, T. Watanabe, S. Se-ki and M. Momotani, Proc.Jpn. Acad.，26 (1950) 19; I. Nitta, S. Seki and K. Suzuki, Bull. Chem. Soc. Jpn.，24 (1 951) 63.

[25] E. M. Levin, C. R. Robins and H. F. McMurdie, Phase Diagrams forCeramists, 3rd Edn, A-merican Ceramic Society, Columbus, OH, 1974.

[26] G. J. Janz and R. P. T. Tomkins, Physical Properties Data CornplilationsRelevant to Energy Storage，IV，Molten Salts: Data on Additional Singleand Multi-Component Salt Systems （NSRDS-NBS 6 1, Part IV）, Natl. Bur. Stand.，Washington, DC, 1981.

[27] Y. Takahashi, M. Kamirnoto, Y. Abe, R. Sakamoto, K. Kanari and T. Ozawa, Thermo-chirn. Acta, 121 (1987) 193.

[28] Y. Takahashi, M. Kamimoto, Y. Abe, R. Sakamoto, K. Kanari and T. Ozawa, Thermo-chim. Acta, 123 (1988) 233.

[29] Y. Takahashi，M. Karnimoto, R. Sakainoto, K. Kanari and T. Ozawa,J. Chem. Soc. Jpn.，Chem. and Ind. Chem.（Nippon Kagaku Kaishi）,[6] (1982) 1049.

[30] D. Heine, F. Heess and M. Groll, Proc. 14th Intersoc. Energy Conv. Eng. Conf.，(1984) 1120.

[31] H. Kameyama, Reito（Refrigeration）, 71 (1996) 476.

[32] S. Ono, Y. Ohsumi, Ceramics, 14 (1979) 339.

[33] Special Issue-Calorimetry and Thermal Analysis in Battery Technology,Netsu Sokutei（Calorim-etry and Thermal Analysis）, 30 (2003) 2.

[34] M. A. Gee, F. C. Laman, J. Electrochem. Soc.，140 (1993) L53;T. Kawamura, A. Kimu-ra, M. Egashira, S. Okada, J. Yamaki, J. PowerSources, 104 (2002) 260.

[35] Y. Baba, S. Okada, J.Yamaki, Solid State Ionics, 148 (2002) 311.

[36] Y. Saito, K. Takano, K. Kanari, A. Negishi, K. Nozaki, K. Kato, J. PowerSources, 97-98 (2001) 688.

[37] K. Takano, Y. Saito, K. Kanari, K. Nozaki, K. Kato, A. Negishi, T. Kato,J. Appl. Elec-trochem.，32 (2002) 251.

第 8 章

热分析技术在炸药热稳定性研究中的应用

Jimmie C. Oxley

美国罗德岛大学化学系，美国金斯敦（Chemistry Department，University of Rhode Island，Kingston，RI 02882，USA）

8.1　引言

军用炸药通常且必须是热稳定性特别好的材料。军方希望能够将这些炸药安全地储存数十年，而且当需要使用的时候，炸药可以发挥出全部威力。军用炸药一般是有机化学物质，由于材料性能决定其只含碳（C）、氢（H）、氧（O）和氮（N）。与机械或原子炸药不同，化学爆炸物一经引发会经历剧烈的分解，从而产生大量的热量、气体和物质的快速膨胀。引爆是一种特殊的爆炸形式，其是由伴随冲击压力的热引起的；在发生任何膨胀之前，它释放出足够的能量来维持冲击波，冲击波以超音速（1500～9000 m·s^{-1}）传播到未反应的物质中。为了使体积变化、气体形成和热释放最大化，化学爆炸物应选择高密度、高含氧量和易生成热的物质。一个好的爆炸物必须可以迅速反应并释放能量，形成比原始材料更大的体积，即气体。

引爆与燃烧的速度是不同的。炸药释放的能量并不多，燃料燃烧通常比爆炸产生更多的能量。就功能而言，炸药能量释放的速率（焦耳/秒＝瓦特）和工作流体（气体）的体积更重要。表 8.1 中给出了一些典型的能量释放示例。

表 8.1　一些常见燃料和炸药能量输出示例

	kJ·g^{-1}
石油燃烧	50
煤燃烧	33
木材燃烧	17
引爆炸药	5.4
	$W/(cm^3 \cdot (J \cdot s^{-1} \cdot cm^{-3}))$
乙炔燃烧	10^3
推进剂爆燃	10^6
引爆高爆药	10^{10}

由于引爆速度非常快，外部的氧（如空气中）不会对最初的热反应产生影响。只有当炸药内部有氧时，氧化反应才能足够迅速地支持引爆波。军用炸药通过引入—NO$_2$ 基团来保证内氧供应，如图 8.1 所示。—NO$_2$ 基团可与氧相连（O—NO$_2$），如硝酸酯、硝化甘

油、硝化纤维和季戊四醇四硝酸酯(PETN);或与碳相连(C—NO$_2$),如饱和碳(硝基甲烷)或不饱和碳(三硝基甲苯 TNT 或苦味酸);或与氮相连(N—NO$_2$),如硝铵 RDX(C$_3$H$_6$N$_6$O$_6$)和 HMX(C$_4$H$_8$N$_8$O$_8$)。

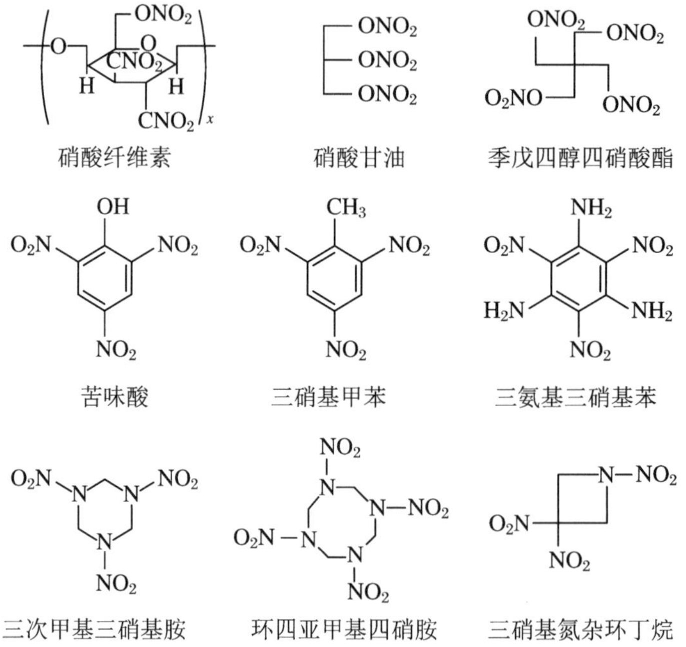

硝酸纤维素 硝酸甘油 季戊四醇四硝酸酯

苦味酸 三硝基甲苯 三氨基三硝基苯

三次甲基三硝基胺 环四亚甲基四硝胺 三硝基氮杂环丁烷

图 8.1 典型的军用炸药

单分子炸药中含有足够的氧是最理想的情况,可以将每一个 H 都转化为 H$_2$O 及每一个 C 都转化为 CO 或 CO$_2$,如 RDX 和 HMX。然而,许多炸药是缺氧的,如 TNT(C$_5$H$_7$N$_3$O$_6$)。TNT 虽然含氧不足,不是像 RDX 和 HMX 那样的"强力"炸药,但其依旧是一种非常好的炸药。

RDX　　　C$_3$H$_6$N$_6$O$_6$ $\longrightarrow$ 3N$_2$ + 3H$_2$O + 3CO

TNT　　　C$_7$H$_5$N$_3$O$_6$ $\longrightarrow$ 1.5N$_2$ + 2.5H$_2$O + 3.5CO + 3.5C

商业炸药通常是氧化剂和燃料的混合物,硝酸铵(AN)是常用的氧化剂。与军用材料相比,这些混合物的爆速不高,但其也是可以起爆的;其关键在于氧化物(AN)和燃料的均匀混合,如在合成 ANFO(硝酸铵/燃料油)中,燃料可以浸入 AN。

NO$_2$ 官能团常见于单分子爆炸物中,其中的氮可以转化为氮气,而氧气则能促进碳和氢的气化。虽不需要,但 NO$_2$ 携带氧同样重要,因为这使得 X—NO$_2$ 键的断裂从能量上看有利。一般来说,X—NO$_2$ 键提供一个"触发"键来引发反应。但是,其他官能团也有可以作为触发键的。过氧化物就是非常典型的例子,O—O 键就提供了一个潜在触发键。事实上,这种键比 C—N 或 N—N 键更弱(表 8.2),因此过氧化物分子降解能量低。过氧化物分子较容易分解这一特性可以被利用在各种化学合成中。然而,O—O 键可提供氧,有利于发生快速的自氧化作用和爆炸。对于普通工业用的过氧化物,每分子中只含有一个 O—O,这就使得其没有足够的氧来气化分子中大部分的 C 和 H 原子。

表 8.2　一些键能和活化能

化合物	触发键	键能	$E_a/(\text{kcal} \cdot \text{mol}^{-1})$
硝基芳烃	C—NO$_2$	73	70
硝胺	N—NO$_2$	39	47
硝酸酯	O—NO$_2$	53	40
近氧化物	CO—OC	34	35

这些过氧化物通常不被认为是炸药,即使有些如过氧化二丁酯(C_4H_9—O—O—C_4H_9)据报道有 30% 的 TNT 当量。TATP 和 HMTD 显示了过氧化物易分解的特性,但每个分子也含有 3 个 O—O 键,这就使得其爆炸性要高于商业制造中通常使用的过氧化物:TATP 可以达到 88% 的 TNT 当量,而 HMTD 则为 60%。这些过氧化物的危险性并不在于其爆炸强度,而在于容易发生反应(由于含有过氧化氢触发键)以及恐怖分子很容易获得并合成。

在讨论 TNT 当量时,有几点需要考虑:(1) 如果一种材料是低能量的(如过氧化二丁酯),则这种材料可以大量储存或运输。五千吨 TNT 当量为 20% 的材料可以引发相当于 1 千吨 TNT 当量的爆炸。(2)"TNT 当量"是通过各种测试来评估的,不同测试得到的结果不一定平行。事实上,许多炸药设计者从未使用过"TNT 当量"这个术语。对爆炸性能的评估取决于最终目标,国防部和能源部一般都想要破碎或粉碎金属。就这一目标而言,冲击波带来的压力冲击是非常重要的,其性能用爆轰压力或速度来测量。对采矿业而言,目标是移动山脉,举升动作很重要(表 8.3),为了达到这个目的,热爆气体膨胀所产生的功必须达到最大值,用于此目标的炸药的引爆速度可能比军事炸药要慢。对于复合炸药即燃料和氧化剂的均匀混合物(如 ANFO),如果其气体和温度的输出很高,并能产生大量的 $P\Delta V$(膨胀)功,则可以实现这一目标。

表 8.3　两种不同类型爆炸的性能

应用	军事	采矿
任务	粉碎 爆破	举起、移动岩石 推倒墙
名称	破坏效力	威力(不准确) 强度,冲击波
因素	引爆速率 引爆压力	爆破热、气体体积/重量
评估指标	破碎机测试 Cu 引爆速率和压力	弹道发动机 特劳兹或铅块 水下爆破 气缸测试
控制	无法预测释放率	调整 CHNO 可预估热和气体释放

炸药的热稳定性决定着其储存寿命、临界尺寸和临界温度。评估新合成炸药的稳定

性时,第一步是实验室分析。由于这种分析要在规模扩大之前进行,因此可用的材料数量有限。此外,这种材料应该具有爆炸性,则少量实验是明智的预防措施。检查一种稳定性不明确的混合物的常用安全方法是在抹刀的末端放上一点(5 mg),然后将其放在火焰中,取相同量于铁砧和两磅重锤之间。暴力反应是一个严重的问题,但是识别不同寻常的暴力的能力来自于对其他爆炸物的经验。这些测试相当于一个"封底"的计算。在此基础上,讨论了一些更有特色的分析技术。但是由于每一种方法都有其自身的不足,应该用另一种方法加以确认结果;此外,实验室规模的结果一定要得到大规模试验结果的证实。

8.2 热稳定性测试

8.2.1 引言

热稳定性评估测试可以通过多种方式进行分类,即(a) 样本尺寸;(b) 产物的量化;(c) 评估的模式。(a) 实验室规模的热危害测试可以分为微型、小型和中等规模的测试技术。微量测试样品质量少于 5 mg,可用于包括 DSC(差示扫描量热法)、DTA(差热分析)、TG(热重)和一些经典的等温热分析技术。小型规模测试所用的样品质量为 40 mg ~5 g,适用于包括 Henkin[1]、ODTX(一维时间爆炸测试)[2]、真空稳定性[3]、CRT(化学反应测试)[4]、ARC(加速量热法)、RSST(FAI)和 RC1(梅特勒)等分析技术。中等规模的测试样品质量约为 30~1000 g,包括克南测试[5]、SCB(小型爆燃炸弹)、1 公升爆燃和多种密封爆燃测试。(b) 许多此类测试仅在比较材料的相对稳定性时才有用,如两种不同的硝化纤维。这样的测试不能提供足够的信息来推测不同情况下的结果。在比较材料时常用的测试有 Abel、Taliani、"65.5 ℃"、真空稳定性、CRT 以及爆燃测试。定量的测试包括 DSC、DTA、TG 和 Henkin。当这些测试被用于量化热稳定性(即确定阿仑尼乌斯参数)时,结果可以外推至实验温度以外的温度区。(c) 测试可以根据稳定性评估的模式进行分类。对于炸药的放热分解,以硝酸铵(AN)为例[6]:$NH_4NO_3 \rightarrow N_2O + N_2 + 2H_2O + 300$ cal·g^{-1}。有很多评估 AN 稳定性的方法。一方面,可以监测热量的产生,也可以观察产生灾难性事件所需的时间或温度,如器皿损坏。虽然监测灾难发生的时间确实利用了分解产物的积累,但是一般不能进行量化。另一方面,有几种可以监测热量释放的商业仪器(DSC、DTA、量热仪),可以监测实时的热流(cal·s^{-1})。另外,在实验时只能加入少量的炸药,因此需要商业化的仪器更灵敏,也更昂贵,同时对于操作人员的要求也更高。如果监测分解产物的形成,则可以通过分析累积的产物来弥补少量样品的不足。气体的形成速率可以通过红外光谱(只能监测一氧化二氮,氮气无红外活性)或气体测压法(测量所有气体的总体积)来量化。在 200~400 ℃的温度范围内,AN 变化会导致一氧化二氮和氮的相对比例变化,但是每摩尔硝酸铵所产生的气体总含量仍为 1 mol[6]。动力学能够量化之前要确定产物生成的变化。测量 AN 热稳定性最直接的方法是测量其减少与时间和温度的函数关系,可以通过用离子色谱法检测硝酸根或胺根离子浓度来实现。与预期一致,最后一种方法给出了最可靠的热稳定性和产率的测定方法,并可以外推到其他范围,但这种方法通常操作最麻烦。

8.2.2 气体监测测试

Abel 测试(1875)是为了评价硝酸酯的热稳定性而开发的,主要用于硝化纤维素、硝化甘油和亚硝甘醇,这个测试认为硝酸酯分解过程中会释放 NO_2。当 1 g 样品在 180 °F 被加热时,记录将淀粉/碘纸从白色变为蓝色的时间。该测试只适用于对比分解过程中产生二氧化氮的炸药,而且只能用于比较类似的材料,如两批硝化纤维的相对热稳定性,结果也不能进行外推。在 Abel 测试之后,人们设计了一系列的观察分解气体形成的对比测试,例如 Taliani 测试(1904)[7]、真空稳定性测试以及火炮推进剂监测项目(65.5 ℃测试)。Taliani 和 65.5 ℃测试均使用恒定体积测试容器并观察产生的压力变化。真空稳定测试[7]将 5 g 双基推进剂样品在 90 ℃、基础推进剂在 100 ℃、高爆炸物在 200 ℃下保温 40 h,实验时将样品管直接连接在水银压力计上进行实时测量。这些测试的现代版本为化学反应性测试,即在一个密封的金属管中,一个样品在 120 ℃下加热 22 h,然后通过气相色谱法定性定量分析产生的气体。需要注意,这些测试都只是在相似样品比较的情况下才适用。表 8.4 中列出了在不同条件下分解过程中产生气体量的差异[8]。例如,在 220 ℃加热 22 h 后,1 mol 的二硝酰胺铵(ADN)产生了 2 mol 的气体,1 mol 的环四亚甲基四硝胺(HMX)产生了 4 mol 的气体。然而,ADN 不是更稳定的化合物,240 ℃下测得其速率常数是 $0.4\ s^{-1}$,而 HMX 则为 $7 \times 10^5\ s^{-1}$。

8.2.3 事件发生时间测试

洛斯阿拉斯国家实验室(LANL)的雷罗杰斯发明了许多用于评估高能材料热稳定性的技术,修正了 Henkin/McGill 的爆炸时间测试方法[1],并将结果与由差示扫描量热法(DSC)测定的活化参数所预测的临界温度相关联。改良后的 Henkin 测试方法使用 40 mg 的样品密封于铝管(空的商业爆破帽中),样品的密封装置是松动的,可以使慢慢积聚的气体逸出,并记录样品的深度。然而,如果样品在伍德合金浴中加热产生气体过快就会发生密封盖破裂。根据测量破裂的时间(通常是由耳朵判断)可以在不同的温度下由"Go/No Go"测定临界温度。使用雷罗杰斯的 Arrhenius 值来计算速率常数[9],结果表明当其分解速度为 $10^{-2} \sim 10^{-3}\ s^{-1}$ 级数时,典型的爆炸是"Go"Henkin 结果。

劳伦斯-弗莫尔国家实验室的科学家们开发了 ODTX[2]测试方法来测定热稳定性和分解动力学。在 1500 atm 的压力下加热铁砧,2.2 g 炸药的球形电荷(1.27 cm 直径)被限制在 O 圈之间;在不同的温度下测量限制失效的时间,可以得到动力学参数。为了满足安全测试标准,设计了各种各样的爆燃试验,有些可能会被修改以得到动力学数据。在联合国的橙皮书[5]中,在第一项测试计划中列出了两项爆燃测试,即 Koenen 测试和 SCB 测试。在 Koenen 测试中,在钢瓶(24.2 mm 直径)中装满 60 mm 高的炸药。管子是密封的,孔口除外;在测试过程中,孔口的直径从 20 mm 到 1 mm 不等。用四个丙烷烧嘴加热管子,记录从开始加热到反应明显发生所需要时间。在随后的测试中,孔口的尺寸不断减小,直到加热反应变成爆炸,这是由管片碎片的数量决定的。超过两个碎片则认

表 8.4 不同温度和时间 1 mol 组分产生气体量[5]

时间	120 22	120 72	120 h*	220 561	220 22	220 72	220 h*	320 550	320 22	320 72	320 h*	320 >416	# NO$_2$	m.p. /℃	DSC /℃	速率常数/s⁻¹ 240℃	速率常数/s⁻¹ 320℃	Eact (kcal·mole)	log A/ (s⁻¹)
NG	2.54	3.2			3.55	3.50			3.98	4			3	13					
EGDN	0	2.17			2.3	2.3			2.74	2.75			2	−23					
PETN	0	0	120		5.04	5.19			6.32	6.3			4	143	210	2.0E−01	3.68E+01	39.4	16.1
NC	0	0	360		0	0	360		0.001	0.001	360			none	220				
AND	1.25	1.45		2.53	2.13	2.2	46		2.4	2.3			2	94	189	3.7E−01	5.2E+01	37.3	15.5
AN	0	0			0.88	0.9	46		0.89	0.9		0.96	1	169	328	3.0E−05	5.71E−03	30.4	9.04
AP	0	0			0.87	0.9	47		1.25	1.25				**	340	2.00E−05	1.6E−03	20.5	4.68
RDX	0	0	240		2.92	3.9			3.84	3.9		4.8	3	204	285	1.70E−02	2.3E+00	37.8	14.3
HMX	0	0	240		4.33	4.3			4.24	5.4		8.39	4	280	244	7.13E−05	7.8E−02	52.8	18.4
TNAZ	0	0			3.01	3			3.46	3.77		4.44	3	101	278	4.60E−03	1.4E+00	43.7	16.3
DMN	0	0	560		0.57	0.57		0.8			48	1	1	57	292	1.00E−03	1.7E−01	38.0	13.2
NTO	0	0			2.13	2.2			2.4	2.3		2.42	1	none	267	1.00E−04	2.7E+00	78.5	29.4
PA	0	0	120		3.47	3.64			3.89	4.09		4.62	3	124	332	1.0E−05	7.3E−02	44.3	15.2
TNT	0	0	120		1.83	2.18			2.68	3.23		3.27	3	80	328	2.3E−05	2.55E−03	38.1	11.6
TNX	0	0	120		1.01	1.66			2.13	2.22		2.45	3	187	351	8.1E−06	1.31E−03	41.5	12.6
TNM	0	0	170		0	0			1.77	1.92		2.16	3	240	388	4.8E−06	4.63E−04	36.6	10.3
TNA	0	0			0.25	0.50		3.03	3.21	3.41			3	192	387	1.8E−06	8.48E−04	48.0	14.7
DATB	0	0			0.24	0.24			3.19	3.45		3.98	3	286	360	3.40E−06	2.73E−03	47.9	15.3
TATB	0	0	170		0	0		1.3	3.23	3.40		3.84	3	449	397	1.6E−07	1.06E−04	46.8	13.1

注：h* 表示加热时得到的与前一列数值无明显差别所需的最长时间；** 表示 AP 不发生熔融，在 240℃时出现了一个吸热的相变；DSC 的加热速率为 20℃·min⁻¹。

为是爆炸性的反应,任何在 1 mm 或更大的孔口管中发生爆炸反应的产物即可认为是爆炸组分。这个测试主要用于运输目的的材料分类,小规模的爆燃炸弹(SCB)测试方法测定了缓慢加热时的稳定性。炸药装在一个小钢瓶中(如 400 cm³),而圆筒的末端用盘子盖住。当样品以控制的速度(如从 25 ℃ 到 400 ℃,每分钟升 3 ℃)加热时,在容器壁上的热电偶可以检测自热过程。当结果不好时,可能发生气缸破裂或破碎,或盖子被戳破或变形。

爆炸时间可以用来计算动力学参数,这个时间指的是在发生灾难性事件之前炸药可以在高于临界温度下存在的时间,有时可以由绝热模型计算(误差较大)。$t = (CRT^2 / AQE)\exp(E/RT)$,其中 t 是时间,E 是活化能,A 是指前因子,C 是热容,Q 是反应热,T 是开尔文温度[10-11]。通过这个方程和实验测量的诱导时间可以计算出 E 值。但是,这种爆炸时间模型基于零阶动力学,即不允许耗尽含能材料,预测的时间非常短。

如果分解过程涉及诱导时间(如材料熔融伴随着分解或自催化分解),则这种求解模型所得结果不准确。如果反应温度足够低并发生在样品中心,则爆炸时间可能取决于几何结构(参见下面的讨论)。在这种情况下,炸药保持受热状态,爆炸发生前温度最高的区域即为爆炸发生的中心。然而,在高温下反应可能很快在表面发生,内部温度并不高;此时,几何形状不重要。

8.2.4 热分析技术

有许多测量热量释放的仪器,最简单的是带有温度计的保温热水瓶,最复杂的是量热计。实验室中常用的检测爆炸物的三种热分析仪分别是热重分析仪(TGA)、差热分析仪(DTA)和差示扫描量热仪(DSC),这些仪器可实现恒定温度(等温过程)或不断升温(程序加热,即温度以恒定速率升高)方式来加热样品。在简单的比较稳定性研究中,如果两个样品以相同的速率加热,则发生质量损失(TGA)或放热(DTA 或 DSC)温度最低的样品热稳定性是最差的。质量损失通常是由于样品分解产生气体引起的,但也可能是由水的损失或样品的升华造成的。结合逸出气体分析结果,TGA 可以进行更多的定量分析。DTA 和 DSC 用于检测加热时样品与参比物之间的热流差。热流(正或负)常常伴随着融化、晶体相变和化学反应,DSC 和 DTA 的实验结果通常没有明显的区别(在本丛书的第 1 卷中详细描述了原理上的差异)。DTA 测量参比物与样品之间的温度差,并给出了计算的热流;DSC 测量实际的热流差并给出计算的温差。DTA 可以通过改造实现高温,但是炸药很少能存在于 400 ℃ 以上。DSC 和 DTA 都可以在程序控温或等温模式下操作,最常用的控温方式是以预定速率对样品和参比物进行升温。通过跟踪基线的偏离得到放热峰,放热峰的方向向上或向下是由制造商或用户设定的。当程序升温速率(β)减小时,最大放热位置会向较低温度移动。这意味着为使不同样品响应曲线具有可比性,必须以相同的加热速率升温,也可以通过改变程序升温速率来获得活化能。

8.2.5 动力学方面

基于 DSC 的 ASTM(美国测试和材料学会)E698-79 方法[12] 和 Kissinger 方法[13] 的假设是,尽管放热最大值的温度随加热速率变化,但无论扫描速率如何,在最高峰值处分解材料的比例仍然是相同的。在 ASTM 方法中,以加热速率($\log \beta$)对 $1/T$ 作图,得到一条斜率为 $-E/(2.19R)$ 的直线,其中 T 为开尔文温度,E 为 Arrhenius 活化能(J·mol^{-1}),R 为气体常数($8.32\,\mathrm{J} \cdot \mathrm{mol}^{-1} \cdot \mathrm{K}^{-1}$),$2.19$ 是以 10 为底和以 e 为底的对数之间的转换系数。指前因子(A)可以由 $[\beta * E * e^{E/RT}]/RT^2$ 计算得到,通过商业软件可以完成上述计算。在 Kissinger 方法中,$\ln \beta/T^2$ - $1/T$ 作图,斜率为 $-E/R$。

　　这两种常用的方法都基于单一温度扫描得到的数据。同时使用相似的假设,即分解速率等于热量的产生速率,DSC 曲线下的面积与总热量的变化成正比。Borchardt 和 Daniels[14] 的方法是在不同的温度下由 DSC 曲线计算速率常数(k),即由基线到曲线下的面积的比值,代表未分解的物质。这些不同温度下的 k 值被用在典型的 Arrhenius 分析中。Rogers 和 Morris[15] 的方法是 ln(基线的偏移量)-$1/T$ 作图,斜率为 $-E/R$。由这些方法不一定得到相同的活化能,但是 E 和 A 值趋向于成对的补偿效果(即高 E 伴随着高 A),如表 8.5 所示[16]。

表 8.5　叠氮基三苯甲烷的分解动力学参数[17]

方法	$E/(\mathrm{kcal} \cdot \mathrm{mol}^{-1})$	A/s^{-1}
ASTM E698-79	37.1	14.3
Kissinger	37.3	14.3
Borchardt/Daniels	40.7	17.1
Rogers/Morris	37.4	14.3

　　单速率扫描方法有很多问题。通常假设发生的反应是零级反应,但实际并不是。此外,与吸热过程不同,炸药分解产生的放热量差异很大(曲线下的积分面积),这可能是由于热释放速度超级快以至于仪器很难精准监测。质量从 $0.38 \sim 0.70\,\mathrm{mg}$ 的 25 个硝酸铵(AN)样品的 DSC 实验($20\,^{\circ}\mathrm{C} \cdot \mathrm{min}^{-1}$)结果表明,热释放量($350\,\mathrm{cal} \cdot \mathrm{g}^{-1}$)的变化率为 13%,而最大峰值($318\,^{\circ}\mathrm{C}$)的变化率则为 7%;对 28 个 AN 乳液状样品的实验中也发现了类似的结果,即放热变化率为 13%($737\,\mathrm{g} \cdot \mathrm{mol}^{-1}$)和峰值最大变化率为 $2\% \sim 1\%$($297\,^{\circ}\mathrm{C}$ 和 $384\,^{\circ}\mathrm{C}$)[17]。当然,多途径分解的反应通过程序扫描无法得到较好的结果。AN 也是如此,即使它在 DSC 曲线上只有单一放热峰。

　　R. N. Rogers(LANL)是最早广泛使用 DSC 分析来研究炸药稳定性的人之一。他没有推荐任何编程方法,包括以他的名字命名的方法。他发表的一篇论文中阐述了变速扫描方法的相关问题,表明峰值最大处分解比例为定值的假设是错误的[18]。Rogers 更倾向于用等温 DSC 扫描来确定分解的动力学,其方法是将样品和参比物升温到预先确定的值,进行等温。当样品达到指定温度,会开始分解并释放热量。对于大多数的分解,分解速率是未反应样品浓度(x)的函数。因此,最高的分解速率发生在反应的开始阶段。随着分解的进行,速率会降低,反应物逐渐减少。分解的速率、反应物浓度随时间的减少($-\mathrm{d}x/\mathrm{d}t$)等于速率常数(k)与反应物的浓度(x)n 次幂的乘积,n 是反应级数。

$$-\mathrm{d}x/\mathrm{d}t = kx^n$$

$$\ln(-\mathrm{d}x/\mathrm{d}t) = n(\ln x) + \ln k$$

对于一级反应:

$$\ln x = -kt - C \quad (C \text{ 是常数})$$

由于一级反应的速率($-\mathrm{d}x/\mathrm{d}t$)与未反应的 x 成正比,等式可以整理为

$$\ln(-\mathrm{d}x/\mathrm{d}t) = -kt - C$$

假设分解速率的自然对数与 DSC 曲线基线的信号偏差成正比,则可以绘制出一条斜率为 $-k$ 的直线。等温测定的活化能(E)需要由一系列温度下的速率常数(k)求得。

对于第一、二级分解反应,反应以最大速率开始(浓度最大),随着反应物的消耗,反应速率减慢。然而,许多情况是没有办法判断反应级数或者分解是自催化发生的。自催化反应不是以最大速率开始,相反,有一个诱导期。在这个周期中,速率增加到最大,然后反应速率正常衰减。假设在诱导期间分解产物会催化进一步分解。等温 DSC 扫描显示,不仅在自催化反应中,在接近固体熔点温度保温也能观察到分解速率逐渐增至最大值。如果是后者,则当检测到的温度高于样品熔点 20~30 ℃时,表观诱导期就会消失。

DSC 等温实验有几个难点。第一个是使样品升高到一个稳定的较高温度途中会发生分解。DSC 曲线的初始部分必须被忽略,整个体系开始还没有平衡,且有一个巨大的起始瞬态。实验时必须尽量使这个区域最小化。其次,该技术要求操作者知道真正的基线的位置,以便测量相对基线的偏移量。由于反应物和产物的热容变化而引起的基线的变化也要考虑。除此之外,当反应接近完成时,曲线会缓慢地返回基线。很难确定反应完成或者真正的最终基线,反应终点评估错误将导致计算的 Arrhenius 参数有很大的误差。当 Rogers 意识到升华导致基线不准时,他对 RDX 的一系列 Arrhenius 参数进行了修正[19]。

8.2.6 量热法

近年来,实验室中广泛使用 ARC(加速量热仪)检测易发生热分解的样品。ARC 的用途在于绝热状态下的样品的热分解仅仅是由其自热导致的,同时记录过程中时间-温度-压力关系。然而在实验中,固体样品无法实现真正的绝热,数据分析起来也比较复杂。研究人员一般使用这种仪器来获得动力学参数,并进行热稳定性比较实验。但 ARC 需要相对较大的样品量(1~5 g),而且动力学参数也无法直接得出[20]。

虽然 DSC、DTA 和 ARC 是常用的方法,但测量热生成量的技术并不局限于这几种。可以使用不同复杂度的量热计,仪器越灵敏,与分解相关的放热反应的可检测温度就越低(一般价格与仪器灵敏度成正比)。表 8.6 中比较了不同方法测量一种含能材料放热分解的温度($E = 20 \text{ kcal} \cdot \text{mol}^{-1}$ 或 $82 \text{ kJ} \cdot \text{mol}^{-1}$;$Z = 10^{-8} \text{ s}^{-1}$;零级反应)。从表中可以看出,DTA、DSC 和 Henkin 方法的灵敏度相对较低[20]。只有当分解速率非常快($10^{-2} \sim 10^{-3} \text{ s}^{-1}$)时,由这些方法才能测到有放热反应发生。ARC 和 C80(Setaram 公司)是更复杂和昂贵的量热仪,分别可以检测到分解速率为 10^{-4} s^{-1} 和 10^{-5} s^{-1} 的热分解过程。随着样品量的增加(见下面的讨论)或者量热仪灵敏度提高,可以检测到更低反应速率的热分解反应(即在较低的温度下分解)。

除了受仪器的量热灵敏度限制外,大多数量热仪的结果会受样品和仪器的热常数以及多个热变换过程影响而变得复杂。此外,许多热分析技术都使用动态加热模式(即温度不断上升)。尽管动态加热可以节省实验时间,但其使得结果更复杂,有时无法根据结

果推断出真实的情况。计算活化能的有效温度是完全未知的,所有这些复杂的情况都可以通过加热炉或恒温浴(水、油或金属)来规避。浴经过预热后,样品被快速浸泡到浴中。速率常数必须在多个温度(尽可能宽的温度范围)下测量。在给定温度的(等温过程)实验中,通过观察产物的形成或反应物的消耗表征反应过程,其为时间的函数。由于产物组成可能在较宽的温度范围内发生变化,因此监测反应物的消耗通常更为直接、准确,由此对化合物进行有针对性的分析。在参考文献[21-23]中可以找到关于普通炸药的气相或液相色谱分析的实验条件。

表 8.6　不同仪器检测热分解的速率常数和温度

(假设零级反应, $E = 82\ kJ \cdot mol^{-1}$, $A = 10^8\ s^{-1}$)

仪器	速率常数 k/s^{-1}	$T/^{\circ}C$
DTA	8×10^{-3}	160
Henkin	6×10^{-3}	155
DXC	3×10^{-3}	140
ARC	2×10^{-4}	100
C80	7×10^{-6}	60
1 Litire	2×10^{-6}	46
微量热仪	1×10^{-7}	20

8.2.7　验证动力学数据

当将小规模实验中获得的动力学数据用来预测大量材料储存的热稳定性时,出现了一些问题。首先,Arrhenius 图在较宽的温度范围内不是线性的,因此高温的动力学数据可能不适用于正常的储存温度范围。此外,少量的样本不能很好地代表材料的整体性质。在预测大规模体系时,应谨慎使用从小规模测试中获得的动力学参数。为了确定是否存在规模差异,从小规模实验中确定的动力学参数必须在中等规模的样本上进行验证,一致性较好就可以证实微尺度动力学的有效性。

8.2.8　热失控

热稳定性取决于分解反应产生的热量和向周围环境散失的热量之间是否能保持平衡。当由分解产生的自热速率超过了热量散失速率时,就会发生自我维持(失控)反应。"临界温度"指的是特定大小和形状的特定材料突然产生自热时的表面最低恒定温度。当含能材料的温度保持在其临界温度以下时,不会发生失控的自热反应(但不是说其不分解)。含能样品的热安全性取决于分解反应产生的热量和向周围环境的热量散失之间是否能保持平衡。流入和流出含能材料的热流取决于材料的热导率、产热反应的反应速率(动力学)、样品的大小和形状、热容、相变能量以及反应能。由于临界温度取决于热逸出速率,因此样品的比表面积很重要。比表面积小意味着产生的热量不能轻易地从样品中逸出,导致临界温度(T_c)很低。然而,比表面积小的样品在最初受到外部加热时需要更长的时间贯穿内部,因此比表面积小的样品等待反应发生的时间较长。若样品尺寸增加,则其比表面积减小。因此,随着样品尺寸的增加,临界温度会降低,而爆炸时间则随着样品尺寸增加而增加。除了尺寸(数量)外,样品的几何形状也影响其比表面积(表8.7)。对于具有相同半径的几何形状,无限大平板形状的比表面积是最小的,球体是最大的,无限大圆柱居于两者之间。因此,无限大平板形状的临界温度最低,球体最高。

表 8.7 几何结构参数

形状	体积 V	表面积 S	S/V 的比值	T_c	事件发生时间
球	$4\pi r^3/3$	$4\pi r^2$	$3/r$	高	短
圆柱	$d\pi r^2$	$2d\pi r$	$2/r$	中等	中等
平板	$2d^2 r$	$2d^2 + 4dr$	$1/r^*$	低	长

$*$:r 为半径或最小尺寸的一半。

所有这些热流影响因素可以通过以下两种公式来建模。

Frank-Kamenetskii 公式可以用于描述样品中的热传递[24]。假设材料静止且非常黏稠,不利于热对流和热散失。

$$E/T_c = R\ln(r^2 \rho QAE)/(T_c^2 \kappa sR) \tag{1}$$

这里的 r 是半径(cm),s 是无单位的形状因子(无限平板状为 0.88,无限圆柱状为 2.00,球体为 3.32),R 是气体常数(cal·mol^{-1}K^{-1}),ρ 是密度(g·cm^{-3}),κ 是热导率(cal·cm^{-1}·s^{-1}·deg^{-1}),Q 是分解热(cal·g^{-1}),E 是活化能(cal·mol^{-1}),A 是指前因子(s^{-1}),T_c 是临界温度(K)。Frank-Kamenetskii 模型只认可一种热传导的方式,预测了最坏的情况。Semenov 方程也进行了类似的计算(这里 V 是体积,S 是表面积,a 是样品热流系数),但其允许样品搅拌以及传导来散热。

$$E/T_c = R\ln(V\rho QAE)/(T_c^2 SaR) \tag{2}$$

在方程(1)和(2)中,T_c 出现在等式的两边,必须迭代求解。简单的数学分析表明,活化能对临界温度具有最显著的影响。由上面讨论的定量方法所求得的活化能值在 20~40 kcal·mol^{-1} 之间,而指前因子的数量级为 10^{13}~10^{16} s^{-1}。

由实验室得到的动力学参数进行放大实验时,可以用 1 L(较为合理的量)的炸药样品。使用圆底烧瓶,并将其浸泡在一个透明的恒温容器中,例如在一个罐中倒入低黏度的硅油,则可以肉眼观察这个反应。虽然这种方式具有很多优点,但这意味着容器不能被紧密密封,必须提供一个小通风口,以确保所观察到的事件是热失控,而不是压力破裂。但是在这种情况下,挥发性样品会气化而不是分解,因此这些样品必须密封在恒压容器内。也就是说,这类容器中的反应无法进行目视监测;容器和样品均由热电偶监控,且在可能的情况下样品中至少应该有两个热电偶,一个在中间,一个在边缘。如果看不到过程,那么也可以通过放置在合适位置的热电偶来监测样品高度。实验时样品等温加热,直到其发生热失控,记录反应发生的时间。同时在两个温度下完成"GO/NO GO"实验,监测临界温度。如果测试结果与预测的临界温度相符,则在毫克范围和更高温度下确定的动力学参数可以用来预测储存温度下的大货量的安全性。表 8.8 中给出了此类实验的例子。

表 8.8　实验速率常数、阿伦尼乌斯参数、临界温度的预测值和实验值

	最大放热峰值 (20°·min^{-1})	DSC平均放热量 /(cal·g^{-1})	E_a/(kcal·mol^{-1})	A /s^{-1}	温度范围 /℃	计算 k /s^{-1} at 240C	观测 k /s^{-1} at 240C	摩尔气体	预测 T_c	测量 T_c	样品量
NG	211	500						4.0			
PETN	215	800	39.4	1.3E+16		2.1E-01	2.0E-01	6.3			
RDX	253	900	37.8	2.0E+14	200~250	1.6E-02	1.7E-02	3.9			
TNAZ	275	750	46.6	3.6E+17	160~260	5.0E-03	4.6E-03	3.8			
NTO	267	500	78.5	2.5E+29	220~280	9.1E-05	9.4E-05	2.3			
HMX	277	1000	52.9	2.5E+18	230~270	7.1E-05	7.1E-05	5.4			
TNT	320	600	41.5	2.6E+13	240~280	5.43E-05	1.1E-05	3.2			
NH_4NO_2	107	700	27.2	1.2E+14	54~120	3.1E+01 (200C)	200C		36	30~35	20 g
ADN，$NH_4N(NH_2)_2$	189	430	37.3	2.8E+15	140~200	1.6E-02	1.7E-02	2.5			
HAN，NH_3OHNO_3	214	600	38.8	3.6E+17	88~125	4.4E-01		1.3	114	110	25 g
HAN，LP XM46	214	600	38.8	3.6E+17	88~125	4.4E-01		1.3	80	75	3.5 L
HA，NH_2OH	233	900	33.2	2.4E+14	45~85	1.1E-01			91	110~113	0.5 L
硝基纤维素	217	670	42.7	5.9E+17	140~200	1.1E-02	1.3E-02				
三过氧化三丙酮(TATP)	229	800	36.3	3.8E+13	150~225	6.3E-04	4.7E-04				
RDX	257	900	37.8	2.0E+14	200~250	6.8E-04	7.5E-04	3.9			
TNAZ	275	750	46.6	3.6E+17	160~260	1.0E-04	1.3E-04	3.8			
AN，NH_4NO_3	328	350	26.8	1.6E+07	200~290	6.6E-06	9.3E-06	1.0			
AP，NH_4ClO_4	360	450	21.2	3.4E+04	215~385	5.5E-06		1.2			
AN乳液	321/364	800	49.2	9.1E+15	210~370	1.7E-07		1.0	202	190~207	1 L

注：T_c 为临界温度。

8.3　总结

许多实验室的热分析实验是专门为含能材料设计的,许多方法只对比较相似化合物的热稳定性有用,而且大多数方法都是监测产物形成——气体形成(累积)或产热量(实时)。气体监测技术包括真空稳定性、Abel、Koenen、CRT、Henkin、ODTX、SCB 和 TGA。它们中的许多方法可在固定的温度下得到动力学速率常数,但这不是常见的应用;事实上,大多数方法都是在动态加热模式下使用的。随着新的热分析技术的发展,我们有理由相信这些方法将被应用于含能材料分析中,唯一的限制是其仅适用于极小的样品尺寸。

参考文献

［1］ H. Henkin and R. McGill, Ind. Eng. Chem., 44 (1952) 1391.

［2］ E. Catalano, R. McGuire, E. Lee, E. Wrenn, D. Ornellas and J. Walton, Sixth Int. Symposium on Detonation, Aug. 1976, p214-222.

［3］ MIL-STD-286B, Method 403.1.3, 1975.

［4］ D. W. Prokosch and F. Garcia, DoD Explosives Safety Seminar, Miami, USA, August 16-18, 1994.

［5］ Recommendations on the Transport of Dangerous Goods Tests and Criteria, 1 st edn, United Nations, New York, 1986.

［6］ K. R. Brower, J. C. Oxley, M. P. Tewari, J. Phys. Chem., 93 (1989) 4029.

［7］ MIL-STD-286B, method 406.1.2.

［8］ J. C. Oxley, J. L. Smith, E. Rogers and X. Dong, J. Energetic Materials, 18 (2000) 97.

［9］ R. N. Rogers, Thermochim. Acta, 11 (1975) 131.

［10］ C. L. Mader, Numerical Modeling of Detonation, U. Calif. Press, Berkeley, 1979, 145.

［11］ J. Zinn and R. N. Rogers, J. Phys. Chem., 66 (1962) 2646.

［12］ ASTM Method E 698-79 (re-approved 1993) Standard Test Method for Arrhenius Kinetic Constants for Thermally Unstable Materials, 1995, Annual Book of ASTM Standards, Vol. 14.02, Philadelphia, USA, 1995.

［13］ H. E. Kissinger, J. Res. Nat. Bur. Standards, 57 (1956) 217; Anal. Chem., 29 (1957) 1702.

［14］ H. J. Borchardt, J. Inorg. Nucl. Chem., 12 (1960) 252; H.J. Borchardt and F. Daniels, J. Am. Chem. Soc., 79 (1957) 41.

［15］ R. N. Rogers and E. D. Morris, Jr., Anal. Chem., 38 (1966) 412.

［16］ T. B. Brill, P.E. Gongwer, G. K. Williams, J. Phys. Chem., 98 (1994) 2242.

［17］ J. C. Oxley, RCEM Semi-annual Technical Report, Dec. 1986; Apr. 1990.

［18］ R. N. Rogers and L. C. Smith, Thermochim. Acta, 1 (1970) 1.

［19］ R. N. Rogers, Thermochim. Acta, 9 (1974) 444.

[20]　T. C. Hofelich and R. C. Thomas, The Use/Misuse of the 100 Degree Rulein the Interpreta-
tion of Thermal Hazard Tests; T. C. Hofelich, The Use of Calorimetry for Studying the Early
Part of Potential Thermal Runaway Reactions, Int. Symp. on Runaway Reactions, Center for
Chem. Process Safety of Am. Inst. Chem. Eng. , Boston, Mar. 7-9, 1989.

[21]　J. Yinon and S. Zitrin, The Analysis of Explosives, Pergamon,Oxford, 1981.

[22]　B. McCord and E. C. Bender, Chromatography of Explosives (Ed. A. Beveridge), Taylor &
Francis, Gunpowder Square, London, 1998.

[23]　J. C. Oxley, J. L. Smith, E. Resende, E. Pearce and T. Chamberlain,J. Forensic Sci. , 48
(2003) 1.

[24]　F. Frank-Kamenetskii, Diffusion and Heat Transfer in Chemical Kinetics,Plenum Press, New
York, 1969.

[25]　N. N. Semenov, Chemical Kinetics and Chain Reactions, Oxford University Press, London,
1935.

第 9 章

热分析技术在化石燃料中的应用

Mustafa Versan Kok
中东科技大学石油天然气工程系，06531，土耳其安卡拉（Department of Petroleum and Natural Gas Engineering，Middle East Technical University，06531，Ankara-Turkey）

9.1　引言

　　近年来，应用热分析技术研究化石燃料热解-燃烧现象和动力学得到了科研工作者的广泛认可，在工业领域和经济领域也具有重大意义。热分析技术广泛应用于化石燃料的各项评估，例如耐洗刷性评估、利用率、废物和最终产品评价、石化性能以及关于自发燃烧的环境研究。因此，化石燃料研究已成为现代热分析应用的一个领域。在过去的三十多年内，热分析在多个方向实现突破，得到了全面的认可。新方法和技术不断发展，通过多种技术联用可以来确定相同条件下的多个参数。本章的目的是总体介绍各种热分析的应用以及这些技术在化石燃料科技中发挥的重要作用。

9.2　化石燃料的应用

9.2.1　煤炭样品的 DSC、TG/DTG、TG-MS-FTIR 和 DTA 研究

　　许多碳氢化合物置于极热环境中会发生永久性的变化，这种变化的程度取决于分子结构和反应环境。热解是煤炭燃烧、炭化和气化时会发生的一个基本过程。在热解的初始阶段，低分子量物质先被精馏分离。随着温度的升高，加之更大分子的逐步蒸发，导致蒸发的速率不断增大，化合物的裂解也可能产生具有挥发性的碎片。热解动力学的研究对于理解反应过程的机理和数学模型至关重要，通过热分析手段可以得出相关的动力学参数，这些参数也可以应用于煤炭的表征。

　　另一方面，只要氧气和燃料发生接触燃料的燃烧就可以被引发，温度、燃料的组成和氧气的参与决定了这一反应的特性。煤炭的燃烧数据包含水分和挥发物损失、固定碳的氧化、热量的产生等许多特性，但是细节中的一些差异也表现在特征性燃烧数据中。在 $200\sim350\ ℃$ 的温度范围，所有的煤炭由于酚类结构的分解开始失去少量的热解水，由于羧基和羰基官能团的分解产生碳氧化物。在 $350\ ℃$ 左右，随着二氧化碳和氢的释放，煤炭最先发生主要的炭化过程。随着温度进一步提高，生成甲烷和其他低分子量脂肪族化

合物,同时伴随着水、一氧化碳和烷基芳香烃的生成[1]。土耳其贝帕札里(Beypazari)褐煤在氮气和空气中的热重曲线[2]分别如图9.1、图9.2所示。

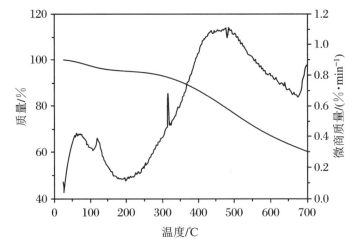

图 9.1　贝帕札里褐煤在氮气中 10 ℃·min⁻¹ 加热速率下的 TG/DTG 曲线

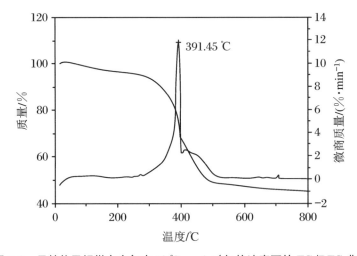

图 9.2　贝帕札里褐煤在空气中 10 ℃·min⁻¹ 加热速率下的 TG/DTG 曲线

　　差热分析是历史上首个用于研究煤炭样品的热分析方法。为了研究热现象和煤炭等级之间的关系并探究炭化过程各阶段的特征,对煤炭样品开展了大量的热分析工作。Rai 和 Tran[3]对未催化转化的煤和已催化转化的煤进行了动力学研究。在他们的动力学模型中,表观活化能与煤热解的程度之间存在着线性关系。在炭的加氢气化过程中,表观活化能对转化率呈二次指数关系。获得的热解步骤的反应级数约为 0.3,加氢气化步骤的反应级数约为 0.67。Mahajan 和 Tomita[4]报道了在 5.6 MPa 的氢气气氛和高达 580 ℃ 的温度环境下,12 个不同等级的煤炭的差示扫描量热(DSC)曲线。研究结果表明,对于无烟煤到沥青煤,不同等级的煤炭在热解过程中的热效应都是吸热的。仅在亚烟煤和褐煤中观察到放热效应,净热效应与煤炭等级有较强的关联。

Ciuryla 和 Weimar[5]对四种不同的煤炭和对应的炭黑分别进行了热分析表征(TG/DTG),获得了热解的基本信息以及这些材料的煤炭和炭黑的活性。为了系统地确定每种煤炭的质量损失与温度间的关系,在不同测试环境下将煤炭置于氦气气氛中并以 40 ℃·min⁻¹ 和 160 ℃·min⁻¹的速率加热,将生成的炭黑置于空气中加热,加热温度区间为 20~1000 ℃。测试结果显示,所有煤炭的脱挥发分最大速率对应的温度均随加热速率的增大而升高。

在两个线性加热区间内,Collett 和 Rund[6]研究了四个样品伴随裂解过程发生的质量损失(TG/DTG)。通过改变加热速率的方法分析所有样品的数据,表明表观活化能随着加热速率的增大而增大。Ratcliffe 和 Pap[7]研究了褐煤和不同等级的煤炭样品的活性。在所有被研究的煤炭样品中,反应发生都可以分成两个阶段。初始阶段发生很快,主要由煤炭的脱挥发分速率控制。第二个阶段限制了整体的速率,受煤炭的表面特性控制。Gold[8]证实了放热过程的发生与被研究的煤炭样品在塑性区附近生成的挥发性物质有关(TG/DTG),加热速率、样品质量与粒子尺寸对放热峰对应温度与峰强有较大影响。

Cumming[9]依据在流动空气中恒速加热的 TG/DTG 测试结果得出的加权平均表观活化能,开发了一种描述固体燃料如褐煤、沥青煤和石油焦的活性和燃烧性的方法。他提议将平均表观活化能作为一种方法,由燃烧数据曲线上的所有温度得出。Smith 和 Neavel[10]在一个大气压力和 25~900 ℃温度区间的条件下进行了煤炭的燃烧测试(TG/DTG),作为煤炭表征流程的一部分,选择了 66 种富镜煤素而含少量无机杂质的煤炭进行测试。速率数据的 Arrihenius 图中包括四个特征燃烧区间,计算得出的表观活化能的数量级符合描述燃烧区间对应的化学反应控制以及扩散控制过程。Smith 等[11]研究了褐煤和黑煤等不同煤炭的燃烧过程(TG/DTG),发现其中半数种类的煤炭的燃烧温度与其浓度线性相关。Cumming 和 Mclaughlin[12]利用 TG/DTG 测试了一系列样品,得到了具有显著不同性能的总共 14 种煤炭样品的近似分析结果,他们也进行了燃烧和挥发分释放测试。他们认为挥发分测试可以在焦化和气化而非燃烧领域得到应用,而且可能成为煤炭分辨系统的基础。

Rosenvald 和 Dubow[13]利用 DSC 分析了 21 种沥青煤的热解,在 DSC 曲线上区分出 3 个吸热活性区间。其中第一个峰(25~150 ℃)对应于水分损耗,在 400~450 ℃区间内第二个很宽的吸热峰对应于有机物质的脱挥发分,高于 550 ℃处的吸热峰可能对应于热解阶段后的裂解和焦化过程。

Butler 和 Soulard[14]利用 DSC 研究了沥青煤和次烟煤在 25~325 ℃温度区间内的比热(c_p),获得的数值与文献中玻璃和石墨的比热吻合较好,比热与这些材料的减少无关。煤炭样品的比热与筛孔尺寸、温度、等级、含水量以及煤炭粉末的湿筛状态有关。

Elder[15]开发了一种自动近似分析固体化石燃料和相关物质的方法(TG/DTG)。这一方法可以测试不同等级的煤炭、生物质材料和泥盆纪油页岩,测试技术简易,能够在无法使用传统的美国材料与试验学会(ASTM)方法时作为一种备选方法。

Richardson[16]利用 DSC 测试了一系列煤炭、焦炭和煤灰的比热,发现当挥发分物质含量在 0~10%质量分数的区间内,比热会随着它的升高而急剧升高,在高质量分数区间内仅有缓慢的升高。Elder 和 Harris[17] 通过 DSC 研究了肯塔基州沥青煤在惰性气氛下和三个不同加热速率下热解的热学特性，确定了煤炭的比热，干煤的比热在 $1.21\sim$ $1.47\ \mathrm{J \cdot g^{-1} \cdot K^{-1}}$ 的范围内。在 $300\sim550\ ℃$ 范围内，初期的碳化过程、可塑态的形成以及第二阶段的气化过程带来了主要的质量损失，由此形成焦炭，放热热流达到稳定。

Seragaldin 和 Pan[18] 建立了活化能和反应热之间的线性关系（TG/DTG），研究了在三种不同气氛（氮气、CO_2 和空气）下碱金属盐对于煤炭分解的影响，结果表明催化剂对煤炭转化和 CH_4、CO_2 和 CO 的生成的催化效果与观测到的活化能变化有关。Morgan 和 Robertson[19] 利用 TG/DTG 测定煤炭燃烧，提出 Arrhenius 图中得出的动力学参数不能轻易地同具体的一个燃烧阶段相对应，但是燃烧的一些特征与煤质之间存在明显的联系，由高温氧化速率推测出的未燃烧碳损失与热重曲线的特征温度存在关联性。这一结果指出，燃烧实验能够基于煤炭的燃烧性能，提供了一种高效的煤炭评级方法。

Patel 等[20] 利用 TG/DTG 在一定氧浓度范围（5%～20%）和 $325\sim650\ ℃$ 的温度范围内测量了褐煤炭的燃烧速率。化学速率控制的区间内活化能为 $120\ \mathrm{kJ \cdot mol^{-1}}$，$430\ ℃$ 时转变为薄层扩散控制。Arrhenius 图中无明显的孔隙扩散控制区，热解条件对于活化能有显著影响。Janikowski 等[21] 利用 TG/DTG 在氩气和氢气气氛下分析了 10 种不同的煤炭（包括四种褐煤、四种次烟煤和两种沥青煤）。当煤炭在惰性气氛下被加热到 500 ℃时，会产生 30.8%～43.7% 的质量损失。他们发现了两个化学活性增强的温度区间，一个在 $75\sim118\ ℃$，另一个在 $375\sim415\ ℃$。Morris[22] 对于低灰分煤炭进行了热解实验，当终止温度未达到矿物质中碳酸盐的分解温度时，氢气和甲烷的产量是与粒子尺寸、终止温度相关的函数，CO 和 CO_2 的产量是与粒子尺寸相关的函数。Alula 等[23] 利用 TG 和 DSC 表征了低温和高温煤焦油和石油沥青以及它们的分解产物，确定出质量损失最大速率对应的温度，并且讨论了这一温度随比热和玻璃化转变温度的变化。

Starzewski 和 Zielenkiewich[24] 利用 DSC 探究了惰性气体氦气和氩气对于煤炭热力学性质的影响，研究对象为高挥发分的沥青煤和无烟煤。氦气会显著影响煤炭的热容，这一现象在高挥发分沥青煤中尤为突出。

Crelling 等[25] 利用 DTA 确定了一系列煤炭中分离的单一煤成分的燃烧性质，并试图基于煤炭的组成和等级预测不同煤炭的整体燃烧行为。研究结果表明，煤炭的等级不同，其活性和燃烧数据参数也明显不同。Alonso 等[26] 通过热分析手段研究了大量煤焦油和石油沥青的热解。苊烯是一种用来检验热分析测试结果的标准化合物。DTA 的放热峰和吸热峰对应于不同种类的现象，如脱挥发分、聚合、凝结和裂解。煤焦油沥青黏合剂普遍存在吸热现象。

Coil 等[27] 通过研究三种不同的煤的热分解反应（TG/DTG），建立了一个动态热解模型，提出一种利用微分过程和低加热速率下的实验数据确定动力学参数的简单方法，这种方法也能用来确定获得单峰所需的最小加热速率。

Haykiri 等[28] 探究了一些化石燃料在热处理过程中的行为，在氮气气氛下对泥炭、褐煤、沥青煤、无烟煤、油页岩和沥青岩进行了 DTA 和 TG 测试，并讨论了实验结果。研究结果表明，随着挥发性物质与活性物质比例的提高，最大质量损失速率对应的温度降低。Morris[29] 在室温到 $900\ ℃$ 的温度区间内对 $38\sim2360\ \mu m$ 粒径范围内低灰分煤炭进行了热解测试(TG/DTG),建立起氢气、一氧化碳和甲烷生成速率与粒子尺寸和温度的经验关系式。实验结果表明,焦油的沉积过程是速率控制步骤,生成速率由多个复杂反应控制,其中可能发生了甲醇化和焦油的二次裂解过程。

Mianowski 和 Radko[30] 利用 TG/DTG 发展了一种测试煤炭热解动力学参数的方法。对于 12 种不同等级的煤炭样品,280~580 ℃温度范围的热解属于一级反应过程,其表观活化能为 78~151 kJ·mol⁻¹,同时也探究了煤炭样品的等温动力学效应。

Solomon 和 Serai[31] 使用最常用的技术(溶胀比)研究了煤炭的交联反应,以测定热解和液化过程中的交联密度变化。在 0.5~100 ℃·min⁻¹ 的加热速率下测得的热解数据表明,交联过程与煤炭的等级有关,褐煤的交联温度低于烟煤。

Richardson[32] 在热解条件下利用 DSC 测试了 25~750 ℃温度范围一系列煤、焦炭和煤灰的比热。在 0~10% 的质量分数区间内,比热随着挥发分含量的增大而急剧增大,在更高的质量分数区间内则增加很小。并给出了煤炭比热与挥发分组分和温度的一般方程,能够简单准确评估 325 ℃以下的焓变。

Warne[33] 讨论了热分析在地球科学,特别是在煤炭及其组分、产品评估领域的应用。越来越多的热分析技术得到应用,包括热磁法(TM)、高温差示扫描量热法和宽温区质子磁共振分析法(PMRTA)。除了常规的热分析技术之外,"同步热分析"和"可变气氛热分析"(其中加热炉气氛条件可以预先选择、调控,每次热分析过程能够快速切换)也是特别有价值的技术。

Nosyrev 等[34] 使用 TG 研究了烟煤经过一些化学处理后,结构修饰对于热力学行为的影响。同时,结合红外光谱得到的结构信息以及热机械分析表征出的流变性质对测试结果进行了讨论。

Kok[35] 利用 TG/DTG、高压热重法(HPTG)和燃烧测试方法研究了褐煤的热力学行为,并利用不同的模型获得动力学参数得到了不同结果。Kok 等[36-37] 在室温到 900 ℃温度范围内空气气氛下,通过 TG/DTG 实验研究了粒子尺寸对于煤炭样品燃烧性质的影响。测试了 12 种不同粒级的样品,假设反应为一级反应,利用 Arrhenius 型反应模型对数据进行分析,得到了样品的动力学参数,讨论了实验结果。

Huang 等[38] 利用 TG/DTG 研究了从褐煤到无烟煤等一系列不同等级的煤炭。挥发分生成的 DTG 峰与特定组分反射率显著相关,因此可以作为一种无需利用耗时的岩相分析仪器便能判断煤化程度(煤炭等级)的便捷方法。岩石评价方法得到的温度峰与特定组分反射率呈正相关,TG 也能够进行煤炭成分的近似分析。

Liu 等[39] 利用 TG/DTG 技术探究了煤尘的燃烧行为。通过等温数据能够得到反应分数 α,成核和长大机理是煤尘燃烧反应的速率控制步骤,建立了煤尘燃烧反应的动力学方程。Pranda 等[40] 利用 TG/DTA 在空气中进行了燃烧实验,得到了着火点和动力学数据。粉煤灰碳也用碳酸盐和氢氧化物处理。样品经过处理,其着火点随着碱金属盐浓度的增大而降低。样品在浸渍过后,其燃烧表观活化能降低。

Kok[41] 利用 TG/DTG 研究了 12 种不同粒级褐煤中粒子尺寸对于氧化机理的影响。将数据归一化为无量纲数,通过尺寸-时间图表示不同氧化的过程。在更高的温度下,褐煤表现出线性行为,这一结果证实了化学反应是速率控制步骤的猜想。

Boiko[42]讨论了固体燃料的热分析联用技术,研究了以下过程:水分蒸发、挥发性产物的释放以及非挥发分燃渣与空气中氧气的反应,工作结果能够用于煤炭处理过程的数学模拟。

Benfell 等[43]利用 TG/DTG 表征了等级和煤组分的变化对于煤炭燃烧行为的影响。对于暗色富惰煤素和亮色富镜质体煤炭,其碳燃烧温度随着等级提高而提高。暗煤的最大燃烧速率低于对应的亮煤,而且两者之间的差异也会随等级发生变化。

Ceylan 等[44]通过 TG、DTA 和 DSC 测试了在惰性和空气气氛下原始、去矿物质或氧化褐煤的非等温热解动力学。质量损失数据表明,褐煤的热解特性和一般动力学机理取决于温度。质量损失速率显示存在两个基本阶段,在 300~650 ℃ 的温度区间内产生主要的质量损失过程,根据 DTA 和 DSC 数据给出的总体反应级数和活化能数值相近。

Zoller 等[45]利用 TG 和光致电离质谱(TG-PI-MS)研究了不同等级煤炭在热解过程中生成的挥发分物质,TG 测试产生的逸出气体成分体现出与煤炭等级对应的几个重要变化趋势,原煤、提取物质和溶剂提取后剩余的煤渣对应的质谱十分相近。分析结果表明,挥发分如煤本身由一定范围分子量的化合物组成,但其具有相似的分子结构。

Pitkanen 等[46]将 FTIR 光谱与 TG 联用,研究了煤炭、泥煤、木片和树皮等不同的燃料。实验时,TG 分析仪中生成的气体通过一个加热的聚四氟乙烯管进入 FTIR 分析仪。得到的光谱图和 TG 曲线表明,生成的气体主要是二氧化碳和水,也会产生少量的其他气体如一氧化碳、甲烷、乙烷、甲醇、乙醇、甲酸、乙酸和甲醛。

Takanohashi 等[47]利用 DSC 研究了不同提取率煤炭的提取残留物。对于提取率低于 30% 质量分数对应的残留物,在 300 ℃ 左右存在一个与粗煤相似的吸热峰。在第二次和第三次扫描中这个吸热峰消失,表明这个峰对应于煤炭中的不可逆结构变化。通过煤炭提取、膨胀和结构变化间的关系分析这些吸热峰产生的原因。

Garcia 等[48]测试了在室温环境下风化过的三种煤炭的非等温氧化焓。尽管总氧化焓随着氧化度的增大而降低,但是这种降低趋势并非一贯不变。氧化的起始温度随着氧化度的增加而一直增大,同时也随着煤炭等级的增大而增大。因此,起始温度被认为是一种更能体现煤炭氧化程度的指标。

Ozbas 等[49]报道了褐煤在清洗过程前后的燃烧特性。对四种不同粒级的样品进行 TG/DTG 测试,得到的曲线表明存在三个反应区间,即煤中水分的挥发、初始反应区域和褐煤中矿物质的分解。Guldogan 等[50]利用 TG/DTG 测定了不同加热速率下褐煤的热解动力学。尽管不同加热速率下存在一些差异,但是计算得到的挥发分产量占样品整体的质量分数相同,均为 40.7%。在更高的加热速率下,计算得到的活化能(~24.8 kJ·mol^{-1})更低。

Mayoral 等[51]报道了通过 TG/DTG 技术对煤炭和生物质进行单一近似分析的方法,以实现实验的优化,加热速率、最终温度、保温时间、气流速率和样品尺寸都是可控变量,可以通过测定一系列煤炭的挥发分比例确定这种方法的相对精度。

Kok[52]利用 TG/DTG 分析了 17 种褐煤样品的燃烧曲线,测定了峰温、燃尽温度、含水量、灰、挥发分、固定碳以及样品的热值。Iordanidis 等[53]对 7 种褐煤样品进行了 TG/

DTA 测试,选取的样品能够体现整个沉积层中褐煤矿床的垂直分布,样品的燃烧数据结合近似分析以及量热数据可以更好地确定褐煤结构、理解整个煤化过程。从这些数据可以区分出 7 个热效应,近似分析和量热分析以及 DTA 和 TG 数据之间都存在好的相关性。Alonso 等[54]利用 TG/DTG 测试了一组不同等级以及煤素质成分的 11 个煤炭试样,探究了其热解和燃烧行为。研究表明,煤炭的热解曲线与对应燃烧数据的个体特征完全不符,低品质煤的热解和燃烧过程的初始温度之间存在显著差异,仅存在相近或者更高镜质体反射率的煤炭时才变得相似。

Varhegyi 等[55]讨论了动力学数据最小二乘法处理过程中处理非统计误差的几种手段,并通过评估一种褐煤的氧化热重实验得以应用。

Xie 和 Pan[56]用逸出气体分析技术对材料进行热分析表征,讨论了 TG/FTIR、TG/MS 和热解/GC-MS 系统及其在几种材料中的应用,包括分析改性黏土、聚合物和煤炭混料的降解机理。

Avid 等[57]利用热重研究了温度、加热速率($10 \sim 50 \, ℃ \cdot min^{-1}$)以及载气($N_2$ 和 CO_2)对于煤炭非等温热解的影响,利用固定床反应器研究了煤炭的热解温度和加热速率对于产物产率和产气组分的影响,生成的气体产物主要包括 H_2、CH_4、C_2H_2、C_2H_4、C_2H_6、C_3H_6 和 C_3H_8,此外还有少量其他气体。

Altun 等[58]研究了粒子尺寸和加热速率对于沥青矿燃烧性质的影响,在 3 种不同粒径组分和 5 种加热速率下进行了 TG/DTG 测试,样品的加权平均活化能约为 $47.5 \, kJ \cdot mol^{-1}$。随着粒子尺寸的减小和加热速率的提高,样品燃烧的活化能提高。

Lizella 和 de las Hears[59]从许多不同加热速率($5 \, K \cdot min^{-1}$、$15 \, K \cdot min^{-1}$ 和 $25 \, K \cdot min^{-1}$)下记录的 TG 曲线,根据油生成的最高温度(T_{max})得出低品质煤炭的动力学参数,并将这些结果与那些从单一 TG 曲线 T_{max} 附近通过非线性最小二乘法得到的动力学参数进行对比,最终提出了一种比较不同加热速率下临近油生成最高温度(T_{max})处的动力学参数的方法,得到了近似的动力学数值。对于选择的这些煤炭样品,这一方法是正确的。

Altun 等[60]利用两种不同的动力学模型研究了粒径和加热速率对于沥青矿热解过程的影响。在初始脱挥发分和随后的热解气化过程中,较低的加热速率和粗粒径组分有利于沥青矿裂解和提升反应效率。

9.2.2 原油样品的 DSC、TG/DTG、DTA 和 TG-GC-FTIR 研究

在原油的热解过程中,造成质量损失过程主要有两个不同的机理。总体而言,从室温到 400 ℃ 左右主要是第一种精馏机理,400~600 ℃ 对应于第二种减黏裂化和热裂解机理。另一方面,燃烧时高达 350 ℃ 的反应是由于低温氧化(LTO)引起的,低温氧化反应主要生成少量的二氧化碳和一些可能的酸、醛、酮、过氧化物。根据原油的种类和产地,第二个反应在 350~475 ℃ 发生,开始生成大量的二氧化碳,这一过程称为燃料沉积(FD)。由曲线可以推断,最后一个反应在 475~600 ℃ 之间进行。原油在有氧环境下加热时会放出大量热量,这一反应称为高温氧化(HTO)[61]。B. Raman 产地的原油在氮气和空气中的热重曲线[2]分别如图 9.3 和图 9.4 所示。

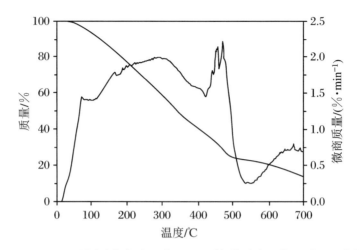

图 9.3 Raman 原油在氮气中 10 ℃·min⁻¹ 加热速率下的 TG/DTG 曲线

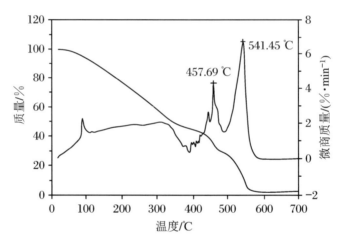

图 9.4 Raman 原油在空气中 10 ℃·min⁻¹ 加热速率下的 TG/DTG 曲线

DTA 是最早用于原油表征的热分析技术。为了研究样品的热力学行为与动力学规律之间的联系,开展了大量的原油热分析工作。另外,对不同金属添加剂对于原油燃烧性质的影响也进行了研究。Burger 和 Sahuquet[62] 利用 DTA 阐释了金属添加剂的催化作用,探究了油和多孔介质的性质影响燃油燃烧的规律。DTA 曲线中存在 3 个连续的氧化区间,分别为低温部分氧化、原油组分的燃烧以及焦炭的燃烧。Bae[63] 利用 TG/DTG 研究了许多原油的热氧化行为和燃料形成性质。结果表明,原油可以根据其氧化性质进行分类,但是黏度、组分或是原油密度都不能与原油的热氧化性质建立起完全的联系。Drici 和 Vossoughi[64] 利用 DSC 和 TG/DTG 研究了是否存在金属氧化物条件下原油的燃烧过程,钒、镍和铁的氧化物具有相似的促进吸热反应的性质。当体系比表面积很大时,如在硅介质表面,表面反应占主导地位,反应不受少量存在的金属氧化物影响。Vossoughi[65] 利用 TG/DTG 和 DSC 技术研究了黏土比表面积对于选取的原油样品燃烧过程的影响。结果表明,燃烧反应的活化能显著降低,且与添加物的化学成分无关。

而且,固相的比表面积显著影响原油的低温氧化以及可能的焦炭沉积过程。Yoshiki 和 Philips[66]利用 DTA 定性地测试了阿萨巴斯卡(Athabasca)沥青的热氧化和热裂解反应,分析了低温氧化和高温裂解的反应动力学,研究了气氛、压力、加热速率和载体材料对于沥青热力学反应的影响。研究表明,低的加热速率(2.8 ℃·min⁻¹)有利于低温氧化加成和裂变反应。Verkocy 和 Kamal[67]利用热重和高压差示扫描量热法(PDSC)对从初级、汽驱和火驱采油井岩心上收集的 Saskatchewan 重油进行了研究,估算了热解、低温氧化和燃烧的动力学和热化学数据,这些数据均与加热速率非线性相关。Kamal 和 Verkocy[68]利用 TG/DTG 和 DSC 测试了两个 Lloydminster 区域的重油岩心、提取油和矿物质。氮气和空气气氛下,两个 Lloydminster 地区岩心和提取油的 TG/DTG 和 DSC 曲线至少存在 3 组化学反应,分别发生在 3 个温度区间。区间 1 内的反应主要是汽化、精馏、热解以及低温氧化(LTO)过程,区间 2 内是矿物质的精馏和热蚀变、低温氧化以及燃烧过程,区间 3 和 4 内主要是热解、焦化、聚合、矿物质分解和燃烧过程。

Ranjar 和 Pusch[69]利用 TG/DTG 和 DSC 研究了以轻羟、树脂和沥青为主的油组分对于油的热解动力学和燃料的燃烧动力学的影响,油的胶体组分以及热解中间体的转移和传热特性也会显著影响燃料的形成和成分。Ali 和 Saleem[70]在 350 ℃ 和 520 ℃ 下利用热重和热解-气相色谱分析测试了阿拉伯(Arabian)原油中沉淀出的沥青烯。在高温热解条件下(520 ℃),98%～100%的沥青烯转化为对应产物。在温和条件下,所有沥青烯转化为甲烷和其他正构烷烃,表明这些沥青烯边缘具有热不稳定性的烷基基团。在沥青烯的热解过程中,氮的质量损失率一直很低(1%～6%),而氧和硫的质量损失率则分别为 58%～74% 和 10%～29%。

Ranjbar[71]研究了贮油岩组分对于多孔介质中原油的热解和燃烧行为的影响。为了研究黏土对于燃料量和其活性的影响,进行了热解和燃烧测试。结果表明,基质中的黏土矿物质能够增强热解过程中燃料的沉积,同时催化燃料的氧化过程。Kok 和 Okandan[72]利用 DSC 研究了原油-褐煤混合物的燃烧性能,同时也研究了加热速率的影响。随着加热速率提高,反应温度和热流速率也更高。在 20～660 ℃ 的温度区间内测试了样品的比热,在达到分解温度前,比热随着温度的不断升高而连续增大,计算得到的活化能在 66～131 kJ·mol⁻¹ 范围内。

Kok[73]表征了两种重原油的热解和燃烧性质。对于在空气中的燃烧过程,三个不同的反应区间分别对应于低温氧化、燃料沉积和高温氧化。此外,利用 DSC-TG/DTG 曲线可以测定原油的热值和反应参数,通过 DSC 和 DTG 曲线获得高温氧化区的动力学数据。随着原油的 API 比重减小,活化能不断增大。

Kopsch[74]利用 DSC 确定了石油沥青烯的玻璃化转变温度,根据这些温度能够在沥青烯的热解温度区间内计算出沥青烯的假定熔点。高分子的玻璃化转变是一个具有对应活化能的动力学控制过程,研究的石油沥青烯的玻璃化转变温度与熔点间存在关联。

Lukyaa 等[75]利用高压差示扫描量热(PDSC)技术研究了北海(North Sea)原油-沙混合物燃烧过程中沙粒尺寸、压力和氧分压对于产热的影响。结果表明,减小沙粒尺寸、增大压力能提高低温氧化的起始温度有利于燃料的存储。

Kok 等[76]使用 PDSC 获得了原油、沙和石灰岩两种不同化学组成的复合材料的燃烧性质的信息。制备原油和沙/石灰岩的混合物，使复相中原油的质量分数为10%。PDSC曲线存在两个明显的转变阶段，分别为液态烃类的燃烧和焦炭的燃烧过程。这一研究的动力学部分仅与焦炭燃烧相关，使用了两个不同的动力学模型进行了分析并对结果进行了讨论。Kok 和 Karacan[77]也利用 DSC 和 TG/DTG 给出了六种原油的热解行为和动力学研究结果，热解过程中存在两个伴随质量损失的温度区间。室温到400℃的第一个区间为蒸馏，400～600℃的第二个区间为减黏裂化和热裂解。随着原油密度的增加，裂解的活化能增加，裂解活化能也大致随沥青烯含量而变化。

DiLala 和 Kosinski[78]利用 TG-FTIR 提出了一种低温处理废旧润滑油的新方法。过程中有质量损失和产气的主要阶段在650℃以上，因此残余样品的加热速率设为5℃·min^{-1}收集相关信息，理解并解释了废油从初始的液态到最终的固态灰状的转变。Laux 等[79]利用 TG 研究了三种加热速率下常压分解残渣、真空残渣、减黏裂化残渣、残渣中的软沥青组分、常压残渣和真空残渣的混合物、真空残渣经超临界萃取后的残渣以及分散剂混合的残渣。胶体分散相的成分及其稳定性对残渣的性能有显著影响，特别是蒸发焓。通过确定絮凝点研究了残渣的稳定性。考虑到复杂混合物的胶体特性，TG 是一个确定原油残渣处理过程重要参数的有效方法。Goncalves 等[80]利用 TG-DTA/GC/MS 研究了原油提取出的沥青烯的热行为，这一方法包括利用 TG/DTG 研究一定条件下沥青烯热分解的动力学，利用 TG 和 DTA-GC/MS 表征挥发组分并利用 GC/MS 表征回收的挥发分。此外，将生成的焦炭选择性氧化分解为小分子进行了研究。

Kok 和 Iscan[81]利用 DSC 研究了有无金属氯化物条件下原油的燃烧过程。当加入少量金属添加物后，表面反应占主导地位，催化剂对于反应的影响不是很明显。研究的所有样品都存在三个不同的反应区间，分别为低温氧化、燃料沉积和高温氧化。Kok 和 Keskin[82]也利用 TG/DTG 研究了三种原油空气中的燃烧特性和动力学，研究的原油样品中也存在三个明显的反应区。据此，他们开发出一个自动处理数据以估测反应参数的电脑程序。

9.2.3 DSC、TG/DTG、DTA 以及 TG-MS-FTIR 在油页岩领域中的应用

当油页岩在惰性气氛中加热时，存在两种主要的导致质量损失的机制。第一种是蒸馏，第二种是减黏裂化和热裂化。高品质油页岩的热解起始温度低于低品质油页岩。由于油页岩中有机质类型和含量的差异，在空气中进行的热重分析与惰性气氛相比，机理完全不同。门根（Mengen）油页岩在氮气和空气中的热重曲线[2]分别如图9.5和图9.6所示。

TG/DTG 已被广泛用于测定油页岩样品的挥发分脱除特性和动力学。许多研究人员研究了加热速率和最终热解温度对油页岩分解的影响。Shih 和 Sohn[83]用 TG 在不同加热速率下测定了格林河（Green River）油页岩的热解动力学参数，采用了四种不同的方法进行动力学分析，得到的结果一致。他们还用 TG 研究了油页岩炭的氧化动力学，认为扩散和传质效应没有影响。Rejashwar[84]通过 TG 研究了格林河（Green River）油页岩的油母质的热动力学，评估了影响动力学数据的因素，如样品几何形状、加热速率

和气氛等,通过 Arrhenius 法、积分法和差减微分法分析了质量损失数据。

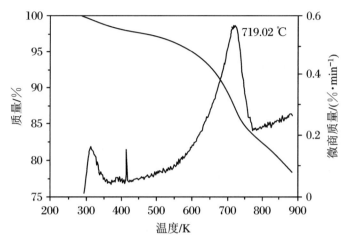

图 9.5　在氮气中以 10 ℃·min⁻¹ 的加热速率加热时,门根油页岩的 TG/DTG 曲线

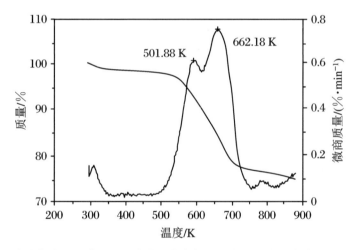

图 9.6　在空气中以 10 ℃·min⁻¹ 的加热速率加热时,门根油页岩的 TG/DTG 曲线

　　Sweeney[85]在 25～1150 ℃ 的温度范围内获得了东加勒比地区的云母土/黏土的 DTA 曲线。在氮气氛围下获得的曲线用于鉴定黏土矿物,结果与 X 射线晶体学技术结果相符。另外,在氮气气氛下原始土壤的 DTA 曲线与有机成分已被降解的黏土的 DTA 曲线十分相似。Earnest[86]用 TG 和 DTG 分析了格林河(Green River)油页岩在动态氮气气氛中的热力学行为,并将其与干馏过程中的热行为进行了比较。结果表明,热解起始温度和最高热解率下的温度与油页岩样本的有机煤素质组成有关。Thakur 和 Nuttall[87]通过等温和非等温热重研究了摩洛哥油页岩的热解动力学,表明热分解涉及以沥青为中间体的两个连续反应,两个反应均遵循一级反应动力学。在所使用的三个模型中,Anthony-Howard 模型[88]的偏差较小,数据拟合结果更好。Skala 等人[89]研究了非等温条件下油页岩的热解动力学。将数据代入到多步动力学模型中,根据油页岩样品的

特定性质调整模型参数,并将模拟的 TG、DTG 和 DSC 曲线与实验获得的曲线进行对比,结果表明这一方法可用于模拟含有相同类型油母质的其他油页岩的热解。

Skala 和 Sokic[90]根据油母质分解的一个简单的一级动力学方程推导出油页岩热解分析中常用的动力学表达式。结果表明,通过等温 TG 的数据可以获得活化能的最大值,而由非等温和等温 TG 的组合数据则可以给出最小值。在所研究的样品中,随着油页岩中链烷烃结构含量增加,活化能也随之增加。Burnham[91]介绍了化学动力学如何影响不同类型油页岩的工艺设计与操作,还介绍了有机质热解的动力学方法。他还简要回顾了开放环境、高压条件以及含水环境中不同的热解结果,说明在开放环境下的热解形成挥发性产物所需的热解程度与在含水环境中生成排出油相所需的程度相似。

Lillack 和 Schwochau[92]对未成熟油页岩样品进行了离子等温热解实验,通过动力学模型评估实验曲线获得更多的动力学参数。Fainberg 和 Hetsroni[93]在二级实验室反应单元中研究了以色列油页岩产品的二次热解。由初级热解产生的气体和油蒸气被送到 650~820 ℃的转化炉中进行二次热解。以油母质为基础的油产率从热解温度为 500 ℃时的 35.3%下降到 820 ℃时的 15.4%,而产气率则从 10.7%增加到了 25.5%。由于氢气、甲烷、乙烯和一氧化碳的产量随着温度的升高而增加,而烷烃的产量减少,因此二次热解可以使初级页岩油的组成进一步简化。

Kok 和 Pamir[94]用 DSC 通过 ASTM 方法测定了油页岩样品的燃烧动力学参数。在较高的加热速率下,反应温度较高,反应热也较高。随着加热速率的增加,特征峰转移到了更高的温度。活化能的值在 132~185 kJ·mol^{-1}的范围内。Lisboa 和 Watkinson[95]用 TG 来研究油页岩的热解和燃烧动力学,研究了气体流速、气体纯度、气体性质、颗粒大小和样品量等参数对反应速率的影响。Jaber 和 Probert[96-97]用 TG 研究了两种油页岩样品,研究的参数是最终反应温度、粒度以及加热速率。用积分法分析质量损失数据从而测得热解气化动力学数据,所研究样品的气化和热解符合一级反应动力学。随着颗粒尺寸的减小,活化能略有下降。

Kok 等人[98]使用高压差示扫描量热法(PDSC)获得了有关油页岩在不同压力(100~400 psi)下热解和燃烧的信息。在燃烧实验中,在低温氧化(LTO)和高温氧化(HTO)两个反应区域中各有一个峰,而不同压力下的油页岩样品的热解都显示出放热效应。他们还分析了动力学数据并讨论了结果。

Karabakan 和 Yurum[99]研究了油页岩的矿物质以及空气的扩散对氧化反应中有机物质转化的影响,通过动力学分析发现总反应级数为准一级。在相同的加热速率下,氧化反应活化能的数值发生了改变,反应速率取决于气体通过扩散进入反应区的速率,氧气向有机基质中的扩散是控制氧化反应速率的主要阻力。

Gersten 等人[100]在氩气气氛下用 TG/DTG 研究了聚丙烯、油页岩和两者 1∶3 混合物的热分解行为。在 30~900 ℃的温度范围内进行了三个不同加热速率实验,结果表明加热速率为决定因素,并且混合物中的聚丙烯在油页岩的降解过程中起催化作用。

Berkovich 等人[101]提出了分析油页岩热特性的新技术,这种方法使用化学和物理手段分离油页岩、油母质以及黏土矿物中的独特组分。在 25~500 ℃范围内用调制温度 DSC 测量油母质组分和黏土矿物组分的热容和热焓变化,还测定了油母质脱水和热解的焓数据。

Williams 和 Ahmad[102] 利用非等温热重和等温热重技术分析了油页岩样品的热解。主要质量损失区域在 200~620 ℃ 之间,为烃类油气释放。而在较高温度下,则由碳酸盐分解导致了明显质量损失,所研究的油页岩样品在提高加热速率后反应温度更高。使用 Coats 和 Redfern 方法分析动力学数据,发现活化能和加热速率之间没有明确的关系。

Kok 和 Pamir[103] 研发了一个通用的计算机程序,可用于使用 TG/DTG 来确定油页岩样品热解和燃烧的动力学参数。通过五种不同的方法确定活化能,然后根据方法的准确性和解释对这五种方法进行对比。

Williams 和 Ahmad[104] 研究了两种油页岩在热重分析仪和固定床反应器中的热解行为,以确定温度和加热速率对样品热解的影响。对于在 TG/DTG 中分析的油页岩样品,增加升温速率会导致反应温度升高。主要质量损失区域在 20~620 ℃ 之间,为烃油和气体释放过程。在较高温度下,碳酸盐分解导致质量损失。

Torrente 和 Galan[105] 使用 TG/DTG 研究了油页岩的热分解动力学,油页岩的热分解速率可以用一级反应动力学来描述。不同的颗粒尺寸下都没有观察到传质阻力和传热阻力。

Jaber 和 Mohsen[106] 使用 TG/DTG 在 70~150 ℃ 温度范围内研究了来自不同矿床的两种油页岩的干燥动力学。干燥过程的临界温度为 120 ℃,超过该温度后,干燥速率下降并趋近于零。

Li 等人[107] 使用 TG/DTG 研究了油页岩油母质的热解,并应用一级反应模型成功模拟了质量损失数据,所得到的大部分油页岩的活化能在 160~170 kJ·mol^{-1} 之间。

Khraisha 和 Shabib[108] 使用 TG/DTG 和 DSC 来研究油页岩。质量损失数据表明,页岩油热解的主要质量损失发生在 175~450 ℃ 范围内,DSC 数据表明这是一个吸热过程。可以用一级反应来描述样品热解,测得的活化能在 21~30 kJ·mol^{-1} 之间。Barkia 等人[109] 使用 TG 和 DTA 研究了油页岩燃烧的有机质产生和动力学。TG 和 DTA 都表明有机物的燃烧分两步进行,并得到了相同的活化能数值。第一步的活化能为 103 kJ·mol^{-1},而第二步的值在 118~148 kJ·mol^{-1} 的范围内。Li 和 Yue[110] 利用热重分析仪在恒定升温速率(5 ℃·min^{-1})下对油页岩样品的热解进行实验,进一步研究了动力学参数之间的关系并得到了相关方程,这些关系方程可以为理解热解机理、研究油页岩油母质的化学结构提供重要信息。

9.3 结论

本章的分析结果表明,热力学方法在化石燃料研究中的应用越来越广泛,热分析技术已经成功应用于研究这些化石燃料与氮气以及其他气体如空气和氧气的相互作用。在确定这些燃料的热解、燃烧、分解特性、发热效应、动力学、近似分析以及这些燃料的利用和价值等性质变化方面,使用这些技术具有相当大的意义[111]。

参考文献

［1］ K. Rajeshwar，Thermochim. Acta，63（1983）97.

［2］ M. V. Kok，Ph. D. Thesis，Dept. of Petroleum Eng. ，Middle East Tech. Univ.（1990）49.

［3］ C. Rai and D. Q. Tran，Fuel，58（1977）603.

［4］ O. P. Mahajan and A. Tomita，Fuel，56（1977）33.

［5］ V. T. Ciuryla and R. F. Welmer，Fuel，58（1979）748.

［6］ G. W. Collett and B. Rund，Thermochim. Acta，41（1980）153.

［7］ C. T. Ratcliffe and G. Pap，Fuel，59（1980）244.

［8］ P. I. Gold，Thermochim. Acta，42（1980）135.

［9］ J. W. Cumming，Fuel，63（1980）1436.

［10］ S. E. Smith and R. C. Neavel，Fuel，60（1981）458.

［11］ S. E. Smith，R. C. Neavel and E. J. Hippo，Fuel，60（1981）458.

［12］ J. W. Cumming and J. Mclaughlin，Thermochim. Acta，57（1982）253.

［13］ R. J. Rosenvold and J. B. Dubow，Thermochim. Acta，53（1982）321.

［14］ E. I. Butler and M. R. Soulard，Fuel，61（1982）437.

［15］ J. P. Elder，Fuel，62（1983）580.

［16］ M. J. Richardson，Fuel，72（1983）1047.

［17］ J. P. Elder and M. B. Harris，Fuel，63（1984）262.

［18］ M. A. Seragaldin and W. Pan，Thermochim. Acta，76（1984）145.

［19］ P. A. Morgan and S. D. Robertson，Fuel，65（1986）1546.

［20］ M. M. Patel，D. T. Grow and B. C. Young，Fuel，67（1988）165.

［21］ S. K. Janikowski and V. I. Stenberg，Fuel，68（1989）95.

［22］ R. M. Morris，Fuel，69（1990）776.

［23］ M. Alula，D. Cagniant and J. C. Laver，Fuel，65（1990）177.

［24］ P. Starzewski and W. Zielenkiewic，Thermochim. Acta，160（1990）215.

［25］ J. C. Crelling，E. J. Hippo，A. Woerner and D. P. West，Fuel，71（1992）151.

［26］ A. M. Alonso，J. Bermego，M. Gruda and M. D. Tason，Fuel，71（1992）611.

［27］ T. Coil，J. F. Perale and J. Arnaldos，Thermochim. Acta，196（1992）53.

［28］ H. Haykiri，S. Kucukbayrak and G. Okten，Fuel Sci. Tech. Int. ，11（1993）1611.

［29］ R. M. Morris，J. Anal. Appl. Pyrolysis，27（1993）97.

［30］ A. Mianowski and T. Radko，Fuel，72（1993）1537.

［31］ P. R. Solomon and M. A. Serai，Fuel，72（1993）589.

［32］ M. J. Richardson，Fuel，72（1993）1047.

［33］ S. St. J. Warne，Thermochim. Acta，272（1996）1.

［34］ I. E. Nosyrey，D. Cagniant，D. Gruber and B. Fixari，Analusis，25（1997）313.

［35］ M. V. Kok，J. Therm. Anal. ，49（1997）617.

［36］ M. V. Kok，E. Ozbas，C. Hicyilmaz and O. Karacan，Thermochim. Acta，302（1997）125.

[37] M. V. Kok, E. Ozbas, O. Karacan and C. Hicyilmaz, J. Anal. Appl. Pyrolysis, 45 (1998) 103.

[38] H. Huang, S. J. Wang, K. Y. Wang, M. T. Klein, W. H. Calkins and A. Davis, Energy and Fuels, 13, (1999) 396.

[39] J. Liu, D. He, L. Xu, H. Yang and Q. Wang, J. Therm. Anal. Cal., 58 (1999) 447.

[40] P. Pranda, K. Prandova and V. Hlavacek, Fuel Processing Technology, 61 (1999) 211.

[41] M. V. Kok, Thermochim. Acta, 336 (1999) 121.

[42] E. A. Boiko, Thermochim. Acta, 348 (1-2) (1999) 97.

[43] K. E. Benfell, B. B. Beamish, P. J. Crosdela and K. A. Rodgers, Fuel Processing Technology, 60 (1999) 1.

[44] K. Ceylan, H. Karaca and Y. Onal, Fuel, 78 (1999) 1109.

[45] D. L. Zoller, M. V. Johnston, J. Tomic, X. G. Wang and W. H. Calkins, Energy and Fuels, 13 (1999) 1097.

[46] I. Pitkenan, J. Huttunen, H. Halttunen and R. Vesterien, J. Therm. Anal. Cal., 56 (3) (1999) 1253.

[47] T. Takanohashi, Y. Terao, M. Iino, Y. S. Yun and E. M. Suuberg, Energy andFuels, 13 (2) (1999) 506.

[48] P. Garcia, P. J. Hall and F. Mondragon, Thermochim. Acta, 336(1999) 41.

[49] K. E. Ozbas, C. Hicyilmaz and M. V. Kok, Fuel Processing Technology, 64 (2000) 211.

[50] Y. Guldogan, T. O. Bozdemir and T. Durusoy, Energy Sources, 22 (2002) 305.

[51] M. C. Mayoral, M. T. Izquierdo, J. M. Andreas and B. Rubio, Thermochim. Acta, 370 (2001) 91.

[52] M. V. Kok, J. Therm. Anal. Cal., 64 (2001) 1319.

[53] A. Iordanidis, A. Georgakopoulos, K. Markova, A. Filippidis and A. Fournaraki, Thermochim. Acta, 371 (2001) 137.

[54] M. J. G. Alonso, A. G. Borrego, D. Alvarez, W. Kalkreuth and R. Menendez, Fuel, 80 (3) (2001) 1857.

[55] G. Varhegyi, P. Szabo, E. Jakab and F. Till, J. Anal. Appl. Pyrolysis, 57 (2001) 203.

[56] W. Xie and W. P. Pan, J. Therm. Anal. Cal., 65 (2001) 669.

[57] B. Avid, B. Purevsuren, M. Born, J. Dugarjav, Y. Davaajav, A. Tuvshinjargal, J. Therm. Anal. Cal., 68 (2002) 877.

[58] N. E. Altun, M. V. Kok and C. Hicyilmaz, Energy & Fuels, 16 (2002) 785.

[59] M. A. Lizella and F. X. C. de lass Hears, Energy & Fuels, 16 (2002) 1444.

[60] N. E. Altun, C. Hicyilmaz and M. V. Kok, J. Anal. Appl. Pyrolysis, 67 (2003) 378.

[61] S. Vossoughi and G. W. Bartlett, Soc. Pet. Eng. AIME, 11073 (1982) 1.

[62] J. C. Burger and B. C. Sahuquet, Soc. Pet. Eng. AIME, (1972) 410.

[63] J. H. Bae, Soc. Pet. Eng. AIME, (1977) 211.

[64] D. Drici and S. Vossoughi, SPE Reservoir Eng., (1977) 591.

[65] S. Vossoughi. J. Therm. Anal., 27 (1983) 17.

[66] K. S. Yoshiki and C. R. Phillips, Fuel, 64 (1985) 1591.

［67］ J. Verkocy and N. J. Kamal, J. Can. Pet. Technol. , (1986) 47.

［68］ N. J. Kamal and J. Verkocy, SPE Reservoir Eng. , (1986) 329.

［69］ M. Ranjbar and G. Pusch, J. Anal. Appl. Pyrolysis, 20 (1991) 185.

［70］ M. F. Ahmed and M. Saleem, Fuel Sci. Tech. Int. , 9 (1991) 461.

［71］ M. Ranjbar, J. Anal. Appl. Pyrolysis, 27 (1993) 87.

［72］ M. V. Kok and E. Okandan, Fuel, 71 (1992) 1499.

［73］ M. V. Kok, Thermochim. Acta, 214 (1993) 315.

［74］ H. Kopsch, Thermochim. Acta, 235 (1994) 271.

［75］ A. B. A. Lukyaa, R. Hughes, A. Millington and D. Price, Trans. Inst. Chem. Eng. , 72 (1994) 163.

［76］ M. V. Kok, J. Sztatisz and G. Pokol, Energy and Fuels, 11 (1997) 1137.

［77］ M. V. Kok and O. Karacan, J. Therm. Anal. Cal. , 52 (1998) 781.

［78］ S. Di Lalla and J. A. Kosinski, J. Air & Waste Management Assoc. , 49 (1999) 925.

［79］ H. Laux, T. Butz and I. Rahimian, Oil and Gas Science and Tech. ,55 (2000) 315.

［80］ M. L. A. Goncalves, M. A. G. Teixeira, R. C. L. Pereira, R. L. P. Mercury and J. R. Matos, J. Therm. Anal. Cal. , 64 (2001) 697.

［81］ M. V. Kok and A. G. Iscan, J. Therm. Anal. Cal. , 64 (2001) 1311.

［82］ M. V. Kok and C. Keskin, Thermochim. Acta, 369 (2001) 143.

［83］ S. M. Shih and H. Y. Sohn, Ind. Eng. Chem. Process Des. Dev. ,19 (1980) 420.

［84］ K. Rejashwar, Thermochim. Acta, 45 (1981) 253.

［85］ M. Sweeney, Thermochim. Acta, 48 (1981) 295.

［86］ C. M. Earnest, Thermochim. Acta, 58 (1982) 271.

［87］ D. S. Thakur and H. E. Nuttall, Ind. Eng. Chem. Res. , 26 (1987) 1351.

［88］ A. A. Zabaniotou, A. A. Lappas and N. Kousidis, J. Anal. Appl. Pyrolysis, 21-3 (1991) 293.

［89］ D. Skala, H. Kopsch, M. Sokik, H. I. Neum and A. Boucnovic, Fuel, 65 (1990) 490.

［90］ D. Skala and M. Sokic, J. Therm. Anal. Cal. , 38 (1992) 729.

［91］ A. Burnham, in C. Snape (Ed.), NATO ASI Composition, Geochemistryand Conversion of Oil Shale, Akcay, Turkey, 1993. URCL-IC-1 14129.

［92］ H. Lillack and K. Schwochau, J. Anal. Appl. Pyrolysis, 28 (1994) 121.

［93］ V. G. Fainberg and G. Hetsroni, Energy & Fuels, 11 (1997) 915.

［94］ M. V. Kok and M. R. Pamir, J. Therm. Anal. Cal. , 53 (1998) 567.

［95］ A. C. L. Lisboa and A. P. Watkinson, Powder Technology, 101 (1999) 151.

［96］ J. O. Jaber and S. D. Probert, Applied Energy, 63 (1999) 269.

［97］ J. O. Jaber and S. D. Probert, Fuel Processing Technology,63 (2000) 57.

［98］ M. V. Kok, J. Sztatisz and G. Pokol, J. Therm. Anal. Cal. , 56 (1999) 939.

［99］ A. Karabakan and Y. Yurum, Fuel, 79 (2000) 785.

［100］ J. Gersten, V. Fainberg, G. Hetsroni and Y. Shindler, Fuel, 79 (2000) 1679.

［101］ A. J. Berkovich, J. H. Levy, S. J. Schmidt and B. R. Young, Thermochim. Acta, 57 (2000)4.

[102] P. T. Williams and N. Ahmad, Applied Energy, 66 (2000) 113.

[103] M. V. Kok and M. R. Pamir, J. Anal. Appl. Pyrolysis, 55 (2000) 185.

[104] P. T. Williams and N. Ahmad, Fuel, 78 (2000) 653.

[105] M. C. Torrento and M. A. Galan, Fuel, 80 (2001) 327.

[106] J. O. Jabber and M. S. Mohsen, Oil Shale, 18 (2001) 47.

[107] S. Y. Li, Z. You, J. L. Quan and S. H. Guo, Oil Shale, 18 (2001) 307.

[108] Y. H. Khraisha and I. M. Shabib, Enery Conversion and Management, 43 (2002) 229.

[109] H. Barkia, L. Belkbir and S. A. A. Jayaweera, J. Therm. Anal. Cal., 71 (2003) 97.

[110] S. Y. Li and C. T. Yue, Fuel, 82 (2003) 337.

[111] M. V. Kok, J. Therm. Anal. Cal., 68 (2002) 1061.

第 10 章

在常见无机化合物和配位化合物中的应用

Hans-Joachim Seifert

德国布劳恩菲尔斯 Auf der Höh 7, D-35619（Auf der Höh 7, D-35619, Braunfels, Germany）

10.1　引言

本章主要介绍热分析(TA)在无机化学物和配位化合物研究中的应用,量热法可以作为热分析测量结果的补充。本章涉及的研究对象主要为固体,也包括几个液体的实例,不涉及气体样品,因为气体已经超出了热分析的研究范围。为了更好地说明所用的方法,本章也列举了作者对过渡金属和稀土元素卤化物研究中的一些例子。

10.2　化学物质和方法

10.2.1　二元化合物

二元化合物 $A_\alpha B_\beta$ 由两种元素组成。如果 $A_\alpha B_\beta$ 是固体,则 A 主要为金属或半金属元素,B 可能是卤族、氧、硫、氮、磷、碳等元素。其性质由键的特征决定,而键则由 A 和 B 之间的电负性差异来决定。如果电负性差异很大,则形成盐类化合物,如卤化物、氧化物,这类化合物由离子组成。如果电负性差异中等,则形成的键介于离子-共价-金属之间,例如硫化物、碳化物等,通常具有高的熔点。当电负性差异很小时,化合物分别为:(1) 分子体系(气体、液体或低熔点固体,如 CO_2、CS_2、$SbCl_3$);(2) 聚合物(例如 P-S-化合物);(3) 金属间相(如 Zintl 相),这种化合物在本章中将不做介绍。

10.2.2　配合物和二元化合物

配合物 $[BC_z]^n$ 中 B 为中心粒子(或多中心配合物中的粒子),C 是单齿配体,z 是中心粒子的配位数(CN)。如果 C 是离子,一般是阴离子,那么 B 是阳离子,则 n 是电荷的差值,A 用来补偿电荷。对于阴离子配合物,平衡电荷的离子通常是碱金属离子 A^+ 或是鎓离子,特别是铵离子。如果配合物非常稳定,则它们的形成反应为

$$BX_m + zC \longrightarrow [BC_z]X_m \quad (C \text{ 是分子的阳离子配合物})$$

或

$$BC_m + nAC \longrightarrow [BC_{m+n}]A_n \quad (C \text{ 为阴离子配合物的单电荷阴离子})$$

不是平衡反应。在这种情况下,将化合物视为二元化合物比较合理,例如含氧酸盐中的硫酸盐、硝酸盐、碳酸盐、醋酸盐等。

复盐(双氧化物、双卤化物等)仅存在于晶格中,通常位于紧密堆积的阴离子骨架中,空隙被两种不同的阳离子 A^{m+} 和 B^{n+} 所占据。复盐的一个例子是 $NaMnCl_3$,在 Cl^- 紧密堆积排列形成的八面体空隙中,1/3 被 Na^+ 离子占据,1/3 被 Mn^{2+} 离子占据,剩下的 1/3 是空的。因此材料为电中性,其形成反应是

$$NaCl + MnCl_2 \longrightarrow NaMnCl_3$$

一个重要的问题是,$Na_x MnCl_{x+2}$ 化合物在 $NaCl/MnCl_2$ 的二元体系中的含量。因此,相图与三元化合物领域密切相关。

10.2.3　测量特性和测量方法

本丛书第 1 卷和第 4 卷中分别给出了热分析和量热方法的详细说明,这里仅给出一个简短的讨论,以便于理解应用特定方法来解决特定化合物或体系的原因。

热力学函数焓变 $(\Delta H_T - \Delta H_0)$ 和比热容 C_p 是可以用量热法和 DSC 测量的主要热力学性质(这里的 DSC 包括定量 DTA)。在量热方法中,绝热量热法和滴落量热法主要用于这种测量。通常认为,DSC 的使用温度范围为 0 到 600~800 ℃,具体取决于设备;绝热量热法适用于中低温,滴落量热法则适用于中高温。DSC 的优点是:(1) 测量时间短;(2) 连续的温度变化;(3) 仅需要少量物质(mg)。但是,量热法测定的 C_p 通常比由 DSC 获得的 C_p 的准确度高 10 倍。另外,反应量热法(例如在氧气或氟气中的燃烧量热法)和溶液量热法对于确定化合物的生成焓十分重要。

DTA 应用的另一个领域是确定相图。如果将纯化合物视为单组分体系,则可能发生固-固相变或固-液相变。由固-液相变可以确定熔点和凝固点温度,固-固相变可以是晶型改变或发生了固体分解或生成的反应。这种反应多要通过高温 X 射线衍射(HT-XRD)来证实。通过 DSC 或量热测量,还可以获得相变焓对温度的依赖性。根据 $H/T = S$,也可以计算相变熵。

为了确定二元体系 A/B 的相图,必须测量焓对 $C_{mol}(A) = 1 - C_{mol}(B)$ 的依赖性。除了考虑单组分体系中的反应之外,还必须确定液相线、共熔和转熔的温度及组成,有时还应包括混晶区。

比热即单位质量的热容,通常简称为"比热",是单位质量的材料可以使其温度以无穷小的速率升高的热量除以温度的变化。因此可以定义为单位质量发生单位温度的变化时需要的热量。

恒压下的热容 $C_p = (\delta H/\delta T)_p$。当发生一级相变如熔化或晶体结构重构时,比热容会变得非常大,这些转变被认为是在一个固定的温度下突然发生。由于在实验上无法实现无穷小的温度上升速率,因此 C_p 的所有测量结果实际上是测量一个温度区间内的平

均热容。根据定义,平均 C_p 是焓增量($H_{T_2} - H_{T_1}$)除以温度变化的结果。两个温度下的焓函数可以由下式给出:

$$H_{T_2} - H_{T_1} = \int_{T_1}^{T_2} C_p \mathrm{d}T + \sum \Delta_{\mathrm{tr}} H$$

其中 $\Delta_{\mathrm{tr}} H$ 是($T_2 - T_1$)范围内的相变焓。为了得到相关的熵变($S_{T_2} - S_{T_1}$),必须用 $\Delta_{\mathrm{tr}} H / T$ 代替 $\Delta_{\mathrm{tr}} H$,用 C_p / T 代替 C_p。由于在温度接近绝对零度时,熵通常接近于零,因此熵的绝对值可通过量热法进行测量。

10.3　无机化合物体系的热力学性质

10.3.1　文献中的热力学数据及其来源

Barin 汇编的两卷热化学数据("纯化学物质的热化学数据",1989,VCH-Verlag Weinheirn(ISBN 3-527-27812-5)和 VCH Publishers,New York(ISBN 0-89573-866-X))包括最全的表格,以 100 ℃ 为间隔列举了 2372 种纯物质的热力学性质与温度的函数关系。这些物质主要是无机物,还包括约 100 种有机化合物和 91 种单质(和气态电子)。Barin 主要依靠 CODATA 和 JANAF 可提供的精确评估数据。对于另外一些物质的数据,他采用多种获取途径,包括美国矿务局公报、国家统计局 Wagman 等人的表格以及 Landold-Börnstein 的汇编(总计超过一百篇参考文献)。为了使读者对各种化合物的范围有较准确的了解,本章中以钡为例,包括 42 种物质,其中 10 种是气体(如 $BaCl$、$BaCl_2$),二元化合物包括卤化物、BaO、BaO_2、BaS、$BaTe$、BaH_2、BaC_2、Ba_3N_2、Ba_2Sn、$Ba(OH)_2$ 以及硝酸钡、硫酸钡、铬酸钡、钼酸钡、碳酸钡、砷酸钡,还有硅酸盐和与 Al、Ti、Zr、Hf 和 U 形成的双氧化物。

在表 10.1 中列出了 $BaCO_3$ 的数据,两种晶相的转变温度为 1079 K,变为液相时的温度(m. p)为 1241 K。

确定热化学函数的 T 依赖性所需的基本物理量是比热容。对于凝聚相而言,比热容可通过量热法来确定。结果通常用下面的温度函数来描述:

$$C_p(T) = a + bT + cT^2 + dT^3 + eT^2 + fT^3$$

相变存在不连续性。对于 λ-相变,必须对这个多项式的温度范围严格限制以保证其有效性。

由于不能确定焓的绝对值,因此采用了标准生成焓的概念。$\Delta_{\mathrm{f}} H^0(298.15)$ 是标准状态下物质在 298.15 K(和标准压力)下的生成焓。对于这种情况,纯物质的生成焓假设为零,焓函数可以表示如下:

$$H(T) = \Delta_{\mathrm{f}} H^0(298.15) + \int_{298.15}^{T} C_p \mathrm{d}T$$

当有相变发生时,必须将温度范围分开并引入相变焓。熵的表达式由下式给出:

表 10.1 BaCO₃ 的热力学数据

相	T/K	C_p /(J·K⁻¹·mol⁻¹)	S /(J·K⁻¹·mol⁻¹)	$-(G-H_{298.15})/T$ /(J·K⁻¹·mol⁻¹)	H /(kJ·mol⁻¹)	$H-H_{298.15}$ /(kJ·mol⁻¹)	G /(kJ·mol⁻¹)	ΔH_f /(kJ·mol⁻¹)	ΔG_f /(kJ·mol⁻¹)	$\log K_f$
SOL-A	298.15	85.353	112.131	112.131	-1216.289	0.000	-1249.721	-1216.289	-1137.653	199.312
	300.00	85.687	112.660	112.133	-1216.131	0.158	-1249.929	-1216.280	-1137.165	197.998
	400.00	98.409	139.246	115.672	-1206.859	9.430	-1262.558	-1215.489	-1110.904	145.069
	500.00	106.577	162.125	122.729	-1196.591	19.898	-1277.654	-1214.947	-1084.834	113.332
	600.00	113.341	182.166	130.999	-1185.589	30.700	-1294.888	-1215.091	-1058.799	92.177
	700.00	119.558	200.109	139.612	-1173.941	42.348	-1314.017	-1213.920	-1032.847	77.072
	800.00	125.526	216.465	148.210	-1161.685	54.604	-1334.857	-1212.808	-1007.052	65.754
	900.00	131.369	231.588	156.645	-1148.840	67.449	-1357.269	-1211.195	-981.423	56.960
	1000.00	137.143	245.729	164.853	-1135.414	80.875	-1381.142	-1209.148	-956.000	49.936
	1079.00	141.675	256.327	171.166	-1124.400	91.889	-1400.977	-1215.133	-935.471	45.286
			16.274		17.560					
SOL-B	1079.00	154.808	272.601	171.166	-1106.840	109.449	-1400.977	-1197.573	-935.471	45.286
	1100.00	154.808	275.585	173.131	-1103.589	112.700	-1406.733	-1196.781	-930.377	44.180
	1200.00	154.808	289.055	180.238	-1088.108	128.181	-1434.974	-1193.013	-906.325	39.451
	1241.00	154.808	294.256	185.853	-1081.761	134.528	-1446.933	-1191.476	-896.556	37.737
			2.522		3.130					
SOL-C	1241.00	158.992	296.778	185.853	-1078.631	137.658	-1446.933	-1188.346	-896.556	37.737
	1300.00	158.992	304.163	191.056	-1069.251	147.038	-1464.662	-1185.897	-882.741	35.469
	1400.00	158.992	315.945	199.561	-1053.351	152.938	-1495.675	-1181.805	-859.576	32.071

注：数据来自 Barin. Thermochemical Data of Pure Substances, 1989, VCH-Vertag, Weinheim。

$$S(T) = S^0(298.15) + \int_{298.15}^{T} (C_p/T)\mathrm{d}T + \sum (\Delta_{\mathrm{tr}}H/T)$$

标准熵可以用下式表示：

$$S^0(298.15) = S^0(T=0) + \int_{0}^{298.18} (C_p/T)\mathrm{d}T$$

热力学第三定律规定完美晶体的 $S^0(T=0)=0$。

利用吉布斯-亥姆霍兹方程：$G\text{-}H\text{-}TS$、吉布斯自由能函数 $[G\text{-}H(298.15)]/T$ 和焓函数 $[H\text{-}H(298.15)]$ 可以直接计算吉布斯能 $G(T)$，表 10.1 中所列的最后三列，即 ΔH_{f}、ΔG_{f} 和 $\log K$ 与在温度 T 下形成的化合物有关。

请注意，这些表格并未指出数据的准确性以及低于 298.15 K 的 $C_p(T)$ 和 $H(T)$ 的值，特别是在绝对零度附近的值并未列出。对于这些数据，必须使用标准 JANAF 表格或原始文献等。

10.3.2 绝热量热法

在绝热实验方法中，样品应尽可能避免与环境进行热交换，尽可能重现余热交换，然后将测量的热量提供给样品，测量温度变化。通常通过电加热方式提供热量。

待研究的样品通常密封在一个容器中（适当的量热仪），样品的热容即为填充样品后容器的热容与空容器热容之间的差值，两次测量中的误差将被抵消。在较高温度下，需要使用量热仪外部的辐射罩。通常，绝热热容量热仪采用间歇加热方式得到小的温度范围内 C_p 的平均值，也可以采用连续加热方式得到 $C_p\text{-}T$ 曲线。经典实例是 Sommers 和 Westrum 在 1976~1977 年对镧系元素氯化物 $LnCl_3$ 的热容和肖特基异常现象的研究[1]。镀金铜量热计的内部容积为 92 cm³，质量为 61 g，装入约 80 g 样品并用 He 气氛密封，用经 NBS 标样校准过的铂电阻温度计测量温度。对于 $LaCl_3$，分别测量了四组 $T\text{-}C_p$ 值。从这些值中，减去空量热计得到的 C_p 值（表 10.2(a)），然后利用这些数值进行回归曲线拟合得到幂级数并推导得到全温度区间内的热力学函数（表 10.2(b)，5~100 K）。在图 10.1 中，给出了 $LaCl_3$、Pr_3 和 $NdCl_3$ 的 $C_p\text{-}T$ 曲线。

1993 年，Westrum 等人[2]测量了 6~310 K 范围内 $CaSn_2F_6$ 的热容和热力学性质。结果出现滞后现象，但是两次冷却样品至 $T<150$ K 后获得了可再现的热容。使用相同的方法，Bartolomd 等人[3]检测到化合物 NH_4MgF_3 的一级相变发生在 (107.5 ± 1.0) K 处，并由 XRD 表征。在异常范围内，记录到了绝热护罩比样品架温度更高的加热曲线。

1983 年，Atake 和 Chihara 研究组详细研究了 Rb_2ZnCl_4 在 4~350 K 温度区间内出现的几个不同类型相变。

表 10.2 LaCl₃ 的实验数据(a)和推导出的热力学函数(b)

(a)

T/K	$C_p/(\text{cal}_{th}\cdot K^{-1}\cdot mol^{-1})$	T/K	$C_p/(\text{cal}_{th}\cdot K^{-1}\cdot mol^{-1})$	T/K	$C_p/(\text{cal}_{th}\cdot K^{-1}\cdot mol^{-1})$	T/K	$C_p/(\text{cal}_{th}\cdot K^{-1}\cdot mol^{-1})$
					LaCl₃		
I		II		63.18	9.450	13.03	0.332
98.56	15.26	230.42	22.30	68.63	10.53	14.30	0.440
107.11	16.23	240.21	22.51	74.68	11.64	15.63	0.565
116.22	17.14	249.92	22.68	81.31	12.82	17.06	0.692
126.18	18.02	259.73	22.83	88.50	13.98	18.58	0.839
136.44	18.78	269.64	23.01	96.28	14.98	20.16	1.008
146.34	19.39	279.71	23.20	104.09	15.89	22.03	1.232
155.96	19.90	289.95	23.29			24.36	1.550
165.35	20.34	300.11	23.48	IV		26.85	1.920
174.96	20.74	310.21	23.58	5.63	0.017	29.64	2.379
185.09	21.10	320.28	23.61	6.18	0.024	33.10	3.005
195.38	21.41	330.29	23.76	6.87	0.039	36.78	3.723
205.53	21.68	340.28	23.81	7.53	0.054	40.44	4.486
215.56	21.95	347.26	23.79	8.30	0.083	42.74	4.978
225.49	22.19			9.24	0.064	45.54	5.589
235.33	22.39	III		10.05	0.153	50.18	6.611
		54.64	7.602	10.78	0.193	54.38	7.530
		58.56	8.458	11.83	0.248	58.96	8.541

(b)

T/K	$C_p/(\text{cal}_{th}\cdot K^{-1}\cdot mol^{-1})$	$S^0(T)-S^0(0)/(\text{cal}_{th}\cdot K^{-1}\cdot mol^{-1})$	$H^0(T)-H^0(0)/(\text{cal}_{th}\cdot mol^{-1})$	$-\{G^0(T)-H^0(0)\}/T/(\text{cal}_{th}\cdot K^{-1}\cdot mol^{-1})$
		LaCl₃		
5	0.011	(0.005)	(0.017)	(0.001)
10	0.150	0.042	0.326	0.010
15	0.496	0.163	1.866	0.038
20	0.996	0.370	5.538	0.094
25	1.640	0.659	12.066	0.177
30	2.438	1.026	22.199	0.286
35	3.371	1.471	36.675	0.423
40	4.395	1.987	56.06	0.586
45	5.469	2.566	80.71	0.773
50	6.571	3.199	110.80	0.984
60	8.767	4.593	187.57	1.467
70	10.795	6.100	285.57	2.020
80	12.584	7.661	402.67	2.627
90	14.123	9.234	536.4	3.274
100	15.43	10.792	684.4	3.948

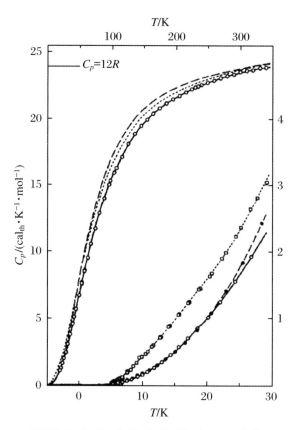

图 10.1　LaCl₃、PrCl₃ 和 NdCl₃ 的 C_p-T 曲线

10.3.3　差示扫描量热法(DSC)

大多数知名量热学家认为 DSC 获取的热力学数据的可靠性不高。Mraw[5] 在对 DSC 测量的热容精度进行研究时批判性地讨论了这种观点。在 100~800 K 范围将黄铁矿作为实验样品,使用 Perkin-Elmer 的 DSC-2 与计算机连接,样品和参比都使用可密封的金盘。在一天内测量了三组数据:空-空坩埚作为基线,蓝宝石-空坩埚用于校准,黄铁矿-空坩埚用于测定热容。为保持基线尽可能低的波动,在 4 min 内扫描了 10 K 的温度间隔。在打开炉盖换下一个样品盘前每间隔 100~150 K 运行 10~15 次。样品质量约为 40 mg,精确度为 0.01 mg。当低于 270 K 时,用液氮作冷却剂,$(0.1He + 0.9N_2)$ 用作吹扫气。在 250~470 K 时,吹扫气是 N_2;高于 460 K 时,吹扫气是 Ar。

为了处理结果,使用了两种实验方法,即"扫描法"和"焓法"。

扫描法:按顺序依次完成一系列的空坩埚、坩埚＋蓝宝石、坩埚＋黄铁矿的实验,总是以 10 K 的间隔步进实验。对于每个步骤,DSC 信号线 S 通过在初始温度和最终温度的平均值与差值之间插值来计算:

$$D(蓝宝石) = S(蓝宝石) - S(空锅)$$
$$D(黄铁矿) = S(黄铁矿) - S(空锅)$$

则

C_p(黄铁矿)$/C_p$(蓝宝石)＝(m(蓝宝石)D(黄铁矿))/(m(黄铁矿)D(蓝宝石))

熵法测量的程序与扫描法相同。对于每一步,实际扫描和虚拟基线之间的区域为焓 ΔH,加热样品的温度变化为 ΔT,在实验的温度范围内:$C_p = \Delta H / \Delta T$。因此,该方法更接近于经典量热法。

对这两种方法所得到的 C_p-T 曲线进行平滑处理以确定 C_p 的最佳值,实验值和平滑值之间的平均百分比偏差分别为扫描方法的 $\pm 0.8\%$ 和熵方法的 $\pm 0.6\%$。Gronvold 和 Westrum[6] 用绝热量热法测量的 C_p 值偏差分别为 $\pm 1.0\%$ 和 $\pm 0.7\%$。考虑到 C_p 的绝对值,以上任何一种方法的精度在大多数温度范围内都约为 1%,而在最低和最高温度下通常在 2% 以内。优先选用熵方法,原因为该方法消除了扫描期间无法达到平衡和样品温度滞后的不足。

测量结果的准确性取决于校准结果,包括温度和焓或热容[7]。GEFTA/ICTAC 工作组对此提出了建议[8]。以对镧系元素的氯化物的测量作为一个例子。Gaune-Escard 等人[9] 测定了 $LnCl_3$($Ln = La$、Nd、Gd 和 Dy)在 300 K 到熔点间的 C_p 值。他们对熵方法加以改变,进行了两次相关的实验:第一次使用两个空容器;第二次使用相同容器,一个装有样品。记录两个容器间的热通量随温度的变化,两条曲线间的面积与温度升高所需的热量成正比。加热步进间隔为 5 K,加热速率为 $1.5\ \text{K} \cdot \text{min}^{-1}$。为了使其达到平衡,在每个步骤之后等温延迟 400 s。所得到的 $LaCl_3$ C_p 值由线性回归给出,为:$C_p / (\text{J} \cdot \text{mol}^{-1} \cdot \text{K}^{-1}) = 82.51 + 3.816 \times 10^{-2} T/\text{K}$,标准误差为 2.01。这一结果与其他研究者的结果一致。

DSC 测量为一种连续扫描方法,因此非常适用于测定相变的温度和焓。Blachnik[10] 研究了在 173~500 K 范围内氯化烷基铵盐的相变,加热速率为 $5\ \text{K} \cdot \text{min}^{-1}$,样品质量为 50 mg。例如,$[(C_2H_5)NH_3]_2ZnCl_2$ 分别在 239 K 和 257 K 时表现出相变,焓分别为 2.75 K 和 1.18 $\text{kJ} \cdot \text{mol}^{-1}$。相变温度的误差为 ± 2 K,相变焓的误差为 $\pm 5\%$。用 SETARAM 的高温型扫描量热计(加热速率 $2\ \text{K} \cdot \text{min}^{-1}$)测量 Na_3FSO_4[11] 的熔化焓,并使用 Guttman 和 Flynn 的方法[12] 计算反应焓。参比物质为 NaCl,其熔融焓用于校准。在 $T = 1060$ K 时,$\Delta_{\text{fus}}H^0(Na_3FSO_4) = (69 \pm 4)\ \text{kJ} \cdot \text{mol}^{-1}$。

DSC 方法的第二个优点是只需要少量的样品。举两个例子:(1) $TlCdF_3$ 和 $RbCaF_3$ 分别在 187 K 和 198 K 发生相变,在 150~240 K 范围内测量单晶的热容与 T 的函数关系[13]。(2) 在 240~360 K 范围内测量利用 Bridgman 方法生长的 Rb_2CoCl_4 单晶($m = 44.33$ mg)的热容。在 293 K 时,在 C_p-T 曲线上出现了明显的峰,并在低温侧具有拖尾现象,表明为二阶相变,因此可以给出确定的焓值[14]。

低温 DSC 测量的极限约为 150 K,而正常的绝热量热计可以测量低至约 5 K。为了获得 5~1100 K 的完整热力学数据,需要应用这两种方法进行大量的研究。在 Bartolome[15] 对 $CsCrCl_3$ 和 $RbCrCl_3$ 的研究中,使用绝热量热仪在 6~340 K 间测量了大量样品(约 27 g)的热容。在 $T < 30$ K 时精度优于 4%,在 $T > 30$ K 时精度优于 0.2%。298 K 时的摩尔热容 $C_p/R(CsCrCl_3) = 15.38$,$C_p/R(RbCrCl_3) = 15.76$,这两种物质分别在 171.1 K 和 193.3 K 发生一阶相变。在这个范围,除了热脉冲测量,还记录了加热和冷却模式下连续测量的扫描曲线,300~500 K 的 DSC 测量精度为 3%。在图 10.2 中,C_p-T 曲线的范围为 200~500 K,在约 400 K 发生二阶相变,对应于不同相的晶体结构变化。

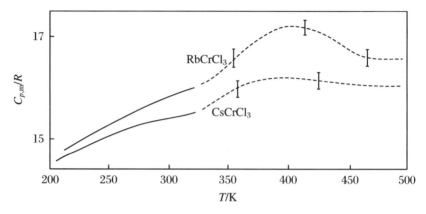

图 10.2　CsCrCl$_3$ 和 RbCrCl$_3$ 的 C_p-T 曲线

10.3.4　滴落量热法

测量热容和焓的第三种方法是应用高温下的滴落量热法。在滴落量热法中,将样品在炉中加热至所需温度 T,然后滴入温度为 T_0(接近室温)的已知热容的热量计中。由量热计得到的热效应可以确定样品在温度 T 和 T_0 之间的平均热容(或焓增量)。根据这些($H_T - H_{T_0}$)值,可以通过 H-T 的积分得到 C_p 值。

绝热量热法在高温下无法正常工作,滴落量热法更适合极高温度下的实验。但其主要缺点是:(1) 要根据焓的大幅度增量得到热容;(2) 样品可能由于大的温度差异非常迅速地冷却而无法达到平衡。

滴落量热法的主要方法是铜块量热法。与使用冰或二苯醚熔化时的体积变化的等温滴落量热法相反,铜块量热法不是完全等温的。此时,由铜块中接收池的温度升高确定样品的平均热容量。1941 年,Southard[16] 提出了高温滴落热量计的原型,他测量了硅石、硅灰石(CaSiO$_3$)和 ThO$_2$ 在环境温度和 1500 ℃ 之间的热量。将测得的焓差($H_T - H_{298.1}$)拟合成的多项式为:($H_T - H_{T_0}$) = $aT + bT^2 + c/T - d$。对于二氧化硅、硅灰石和 ThO$_2$,拟合曲线与测量值之间的标准偏差分别为 0.4%、0.25% 和 0.5%,温度的精确度优于 1 K。1958 年,Margrave 和 Grimly[17] 建立的铜块热量计可在高达 1400 K 下测量 NBS-Al$_2$O$_3$ 和 NaFeO$_2$ 的焓。通过电校准,发现氧化铝的误差为 0.42%,铁酸钠的误差为 0.3%。

Dworkin 和 Bredig[18] 使用这种方法测量了碱金属、碱土金属和稀土金属卤化物的熔化热。该方法需要在高于和低于盐熔点的足够宽的温度范围内测量焓,并外推至熔点。固相线和液相线在熔点处的差异是由于盐熔化使铜块的温度升高引起的。由此可以计算 $\Delta_{fus}H^0$。量热计的热当量用 20 g Al$_2$O$_3$ 样品在 400~800 ℃ 的温度范围内测定。通过 9 次实验测定结果可以得到 0.22% 的误差范围,$\Delta_{fus}H^0$ 值的准确度约为 1%。必须特别注意固态相变。例如,对于 $SrBr_2$,在 570~645 ℃ 和高于熔点 657 ℃ 的范围内测量 5 个点,发现在 918 K(645 ℃)存在一个相变过程。

Flengas 等人[19]描述了用于测量高达 1000 ℃ 的相变焓、熔化焓的双铝块量热计。测量时使用热电堆测量温升,并用蓝宝石进行校准。用简单多项式拟合测量的焓:$(H_T - H_{298}) = a_0 + a_1 T + a_2 T^2$,因此 $C_p = a_1 + 2a_2 T$。例如,对于 KCl,在熔点下(25~770 ℃)测量 8 个点,在 790~1030 ℃ 测量 10 个点,精度约为 0.5%,熔化焓为(26.15 ± 0.46) kJ·mol^{-1}(Dworkin 和 Bredig[18]的实验结果为(26.53 ± 0.50) kJ·mol^{-1})。对于 Ag_2S,共测量了 31 个值,其熔化焓为(7.87 ± 0.59) kJ·mol^{-1},176 ℃ 下 $\alpha - \beta$ 相变焓为(3.9 ± 2.1) kJ·mol^{-1}。$\Delta_{fus} H^0(Ag_2S)$ 的文献值范围为 3.8~15.1 kJ·mol^{-1}。

Holm 等人[20]已经测量了一些镁的三元氯化物的热容与熔化焓,实验时样品被提升到炉子上方的银质量热计中以达到平衡。量热仪被银屏包围,在准绝热条件下通过电加热使温度维持在 30~50 ℃ 之间。但是他们忽略了 $KMgCl_3$ 在 297 ℃ 和 Rb_2MgCl_4 在 415 ℃ 时的固态转变,由此得到的 Rb_2MgCl_4 的焓函数在 380 ℃ 和熔化温度 467 ℃ 之间为非线性温度依赖性关系。

Mochinaga 等人[21]通过 DSC 测得 $KMgCl_3$ 和 K_2MgCl_4 的熔化焓分别为 33 kJ·mol^{-1} 和 37 kJ·mol^{-1}。这些值与 Holm 测出的值(43.10 kJ·mol^{-1} 和 44.98 kJ·mol^{-1})之间的差别很大。

一般建议使用几种方法对同一种物质进行测量。例如,Kleykamp[22]测定了 Li_2SO_4 的热力学数据,Li_2SO_4 是具有两个固态相变的化合物。使用等温滴落量热法在 363~1300 K 之间获得焓值。将约 100 mg 样品从 25 ℃ 滴入预热的高温量热计的工作室中,通过这种"反向滴落"过程,可以防止来自二级相变的动力学过程的误差。通过将样品以 2 K·min^{-1} 的升温速率从室温加热至约 800 ℃ 来测定相变温度和过剩热容的积分。在冷却模式下,用 250 mg 样品以 0.5 K·min^{-1} 的降温速率测量熔化焓。结果为:$(H_T^0 - H_{298}^0)/(J·mol^{-1}) = 17156 + 73.694T + 0.103210T^2 - 4163.115T$;$C_{p,298}/(J·K^{-1}·mol^{-1}) = 182.1 ± 5.4$;$\Delta_{fus} H^0(1531 K)/(K·J·mol^{-1}) = 53 ± 4$。二级相变的临界温度分别为 938 K 和 996 K。$(H_T - H_{298}) - T$ 曲线的斜率分别为 0.90 kJ·mol^{-1} 和 0.63 kJ·mol^{-1}。

Gmelin 等人[23]对聚磷化物$(Ag_6M_4P_{12})Ge_6$(M 可以是 Ge、Sn)进行了深入的研究。在 2 K < T < 100 K 的温度范围内,用自动绝热量热计测定比热容。用锗电阻测量温度,校准物质为铜。每种物质测量了 550 多个实验数据点,平滑后的 C_p 数据总误差小于 0.8%。100~310 K 时,在 DSC 量热计中以蓝宝石为标准测量 3~4 g 的样品,C_p 的误差小于 1.5%。在封闭石英安瓿中进行 DTA 测量(100 mg 样品,加热速率 10 K·min^{-1}),结果表明,当 M = P 时,在(1026 ± 10) K 时熔化,在约 823 K 时 Sn 化合物分解。在真空热重实验中,P 化合物在 723 K 开始分解。用热重-质谱联用技术在 Knudsen 条件下测量热分解过程。通过 X 射线衍射实验证实固体分解产物。为了解释粉末衍射图,用单晶测定起始簇化合物的结构。该论文是一个多方法研究的绝佳例子。

几个研究小组研究了碱金属-四氟硼酸盐的热力学性质。Marano 和 Shuster[24]使用 DTA 研究化合物 ABF_4(A:Li-Cs)的相变。各化合物相变温度分别为:$LiBF_4$ 是(111 ±

4) ℃；NaBF$_4$ 是 (243 ± 3) ℃；KBF$_4$ 是 (279 ± 1) ℃；RbBF$_4$ 是 (249 ± 2) ℃；CsBF$_4$ 是 (168 ± 2) ℃。Dworkin 和 Bredig[25] 通过滴落量热法在 $298\sim1000$ K 的温度范围内测量 A 为 Na 到 Cs 的化合物的焓函数，从 $(H_T-H_{T_0})$-T 曲线得出相变的焓和熵。Dworkin[26] 在 111 ℃（384 K）没有发现 LiBF$_4$ 的相变，与 Cantor 等人[27] 测量密度对温度的依赖关系的结果一致。Gavrichev 等人[28] 在低温范围（$10\sim340$ K）下通过绝热量热法测量热容，发现在 301 K（28 ℃）处存在一个异常的尖峰，相变焓为 (3.01 ± 0.05) kJ·mol^{-1}，结果与由核磁共振观测到 F^{19} 偶极矩的温度依赖性一致[29]；后来他们[30] 使用 DSC 在 $283\sim423$ K 范围内研究了 LiBF$_4$ 及其一水、三水合物的行为，发现在 380 K 观察到的效应与 LiBF$_4$·H$_2$O 的熔化有关。Dworkin[26] 认为在准备上述 DTA 测量样品时，研磨具有强烈吸湿性的 LiBF$_4$ 会形成一水合物，而 LiBF$_4$ 的确切晶体结构尚不清楚。Gavrichev 等人还进行了对其他碱金属氟硼酸盐[31] 的低温测量以及 KBF$_4$ 的 DSC 测量[30]。这些论文的价值在于说明了误差的来源不仅仅是测量仪器，还包括化合物的化学性质。

10.3.5　反应量热

10.3.5.1　生成焓

比热或单位质量的热容通常是一个单一化合物或一个单组分体系的特征值（出于实际的考虑，一些混合物的热容往往也会被测量）。另外一个重要的热力学函数是生成焓 $\Delta_f H^0$，这是在标准状态下由单质反应生成化合物的反应焓变，主要由两种量热法测定，即燃烧量热法和溶解量热法。

10.3.5.2　燃烧量热法

燃烧量热法的发展主要是为了满足测量燃料的燃烧焓以及精确地获得化合物的生成焓的需求。测量精度可达到 0.1%，甚至优于 0.01%。

主要有两种方法：氧弹式量热法和氟弹式量热法。氧弹式量热法是用于测定有机材料生成焓的著名经典方法，校准标准物质是苯甲酸。许多无机物也可以通过用 O$_2$ 来氧化进行研究。举个例子，在氧气流中用 Calvet 型双量热仪[32] 对 Mo$_6$S$_{8-y}$（$7.8\leqslant(8-y)<8.0$）的 $\Delta_f H^0$ 进行测量。Mo$_6$S$_{8-y}$ 的 Chevrel 相团簇的燃烧生成了 6MoO$_3$ 和气相 SO$_2$ 和 SO$_3$ 的混合物。SO$_2$/SO$_3$ 的值是通过对 SO$_2$ 的定量分析确定的，从而可以得到反应方程式，再从中得到燃烧焓。反应物以及生成的 MoO$_3$ 的纯度，可以通过 X 射线衍射图监测。样品的质量为 (20 ± 0.01) mg。在开始实验前，燃烧实验的最佳实验条件是通过 TG-DTA 在 $630\sim873$ K 下试验得到的。最佳的实验条件是 773 K，反应气体的流速为 2 μL·s^{-1}，测量时间为 1 h。在较低的温度下，通过 XRD 可以发现没有反应的硫化物。在较高的温度下（在氩气气氛中），生成了 MoS$_2$。采用将 Nb 氧化为 Nb$_2$O$_5$ 的方法进行校正。对于每种 y 值为 $0\sim0.2$ 的组分进行四次测量，其测量精度为 0.4%$\sim$1.2%。用 MALT-2k MoO$_3$、SO$_2$ 和 SO$_3$ 在 773 K 的 $\Delta_f H^0$ 值计算 Mo(s) 和 S$_2$(g) 的生成焓。标准生成焓是用同样的仪器，滴落量热法在 $298\sim773$ K 下测量不同组分簇的热容得到的。最后 $-\Delta_f H^0$ 的值从 Mo$_6$S$_{7.8}$ 的 1254 kJ·mol^{-1}、Mo$_6$S$_{7.9}$ 的 404 kJ·mol^{-1} 到 Mo$_6$S$_8$ 的 973 kJ

·mol^{-1}。最小值为 Mo$_6$S$_{7.91}$,对应最大的燃烧热值。在氧气中燃烧的误差可能来源于氧化不完全(比如金属碎片表面氧化层会阻碍金属内部进一步氧化),或者对于许多过渡金属氧化物,特别是对于许多的金属氢化物、硼化物和硅化物,反应产物的化学计量比无法很好地确定。对此,氟弹式量热法很占优势,因为氟元素处于较高的氧化态,通常是具有挥发性的,因此能较好地符合化学计量比。这样测量的精度通常为 0.01% 或者更好。因此,石英的燃烧热为 (-911.07 ± 1.4) kJ·mol^{-1}。

恒体积反应池由 Pyrex 玻璃制成,对于较高的温度,使用金属镍或铜镍合金。O'Hare 和 Hope[33] 根据以下方程,通过测量燃烧焓确定了 WTe$_2$ 的生成焓:

$$WTe_2(s) + 9F_2(g) \Longrightarrow WF_6(g) + 2TeF_6(g)$$

他们使用之前得到的 WF$_6$(g) 值进行对比,还测量了 Te(s) 燃烧生成 TeF$_6$(g) 的燃烧焓。对高压氟气使用了不锈钢装置。由于 WTe$_2$ 自身无法在氟气中完全反应,因此将一种钨盘与硫黄保险丝连在一起用作助燃剂。量热系统通过苯甲酸在氧气中的燃烧进行校准。对钨和硫添加剂进行校正后的摩尔燃烧焓 $\Delta_c H^0$(WTe$_2$) $= (-4445 \pm 1.1)$ kJ·mol^{-1}。最终计算得到在 298.15 K 的温度下 W 和 2Te 生成晶态 WTe$_2$ 的反应生成焓为 (-38 ± 5) kJ·mol^{-1}。

10.3.5.3 溶解量热法

在溶解量热法中,测量的是样品溶于某种合适溶剂的溶解热。这里所指的溶解焓 $\Delta_{sol} H^0$ 是在放热过程中产生的。对于吸热反应,电能施加于量热计以保持总体温度的上升。大多数溶解量热器的设计相对比较简单,通常通过搅拌以达到热平衡和化学平衡。很重要的一点,搅拌桨在单位时间内会产生定量的热。进行电子校准时,水溶液中的反应为 KCl 的溶解,或者用盐酸中和三羟甲基氨基甲烷或者氢氧化钠溶液。溶解量热法中测量得到的热量通常远远小于燃烧量热法,不确定度约为 0.1%。

最简单的量热装置是基于玻璃杜瓦瓶实现的,将杜瓦瓶浸入恒温水浴中。为了在较短的时间内使量热计和周围环境之间达到热平衡,可以用薄壁金属罐作为热量计,用抽真空的外部金属罐代替玻璃杜瓦瓶。在最佳条件下,绝热型溶解量热计的精度可达 $\pm 0.01\%$。将夹套温度控制在与热量计自身相同的水平。在更常见的等温装置中,夹套温度是恒定的。也就是说,可以将其当作有热量泄漏的绝热量热计。

以镧系元素氯化物为例简述水溶液中溶解焓测量的主要特点。美国的 Fitzgibbon 和 Holley 以及瑞典的 Wadö 独立获得了 La 和 La$_2$O$_3$ 在相同的溶液量热仪中的数据,并发表了他们的结果[34]。反应池的体积约为 450 mL,量热仪的环境温度波动恒定在 ± 0.001 K;选择样品的质量(约 10^{-2} mg),使温度变化约为 1 K,误差保持在 $\pm 10^{-4}$ K。从样品管破裂到体系达到平衡的平均时间是 10 min。根据测定的高纯度样品(La 98.810%,La$_2$O$_3$ 99.882%)来校正测量的溶解热。溶剂为饱和的 1 mol·L^{-1} 盐酸溶液。通过逸出的 H$_2$O 进行校正。

可以通过表 10.3 所示的循环计算得到 La$_2$O$_3$ 的生成焓 $\Delta_f H^0$(La$_2$O$_3$),表中的 ΔH_3 是从文献中获得的水的生成焓(3H$_2$(g) $+$ 1.5O$_2$(g) $\Longrightarrow$ 3H$_2$O(l))。在上述提到的两个研究[34]中,ΔH_1 和 ΔH_2 的结果比较一致:$\Delta H_1 = (-1441.0 \pm 2.7)$ kJ·mol^{-1},$\Delta H_2 =$

(-474.0 ± 0.4) kJ · mol^{-1}。

表 10.3　La$_2$O$_3$ 生成焓的热力学循环

$$2La(S) + 6HCl(aq) \xrightarrow{(\Delta H_1)} 2LaCl_3(aq) + 3H_2(g)$$

$$(\Delta_f H) \downarrow + 1.5O_2(g) \qquad\qquad + 1.5O_2(g) \downarrow (\Delta H_3)$$

$$La_2O_3(s) + 6HCl(aq) \xrightarrow[(\Delta H_2)]{} 2LaCl_3(aq) + 3H_2O$$

因此，$\Delta_f H^0(La_2O_3) = \Delta H_1 + \Delta H_3 - \Delta H_2 = (-1794 \pm 3)$ kJ · mol^{-1}。这个值与 Huber 和 Holley[34] 测得的燃烧热(-1793 ± 1) kJ · mol^{-1}一致。

Cordfunke 等人[36]测定了 LaCl$_3$ 在浓度为 1.006 mol · L^{-1} 的盐酸溶液中的溶解焓为 $\Delta_{sol} H^0(LaCl_3) = (-126.39 \pm 0.52)$ kJ · mol^{-1}，HCl 水溶液（1 mol · L^{-1}）的生成焓和 LaCl$_3$ 的生成焓可以通过类似 La$_2$O$_3$ 的循环计算得到，$\Delta_f H^0(LaCl_3) = (-1072.22 \pm 1.44)$ kJ · mol^{-1}。Oppermann 等人[37]进行了相似的测量，结果发现生成焓 $\Delta_f H^0(LaCl_3) = (-1081.6 \pm 3.3)$ kJ · mol^{-1}。对于 LaI$_3$ 的生成焓，获得的值相差更大，为 25 kJ · mol^{-1}。这些差异可能与以下事实有关：Cordfunke 在 1 mol · L^{-1} HCl 中进行实验，Oppermann 在 4 mol · L^{-1} HCl 中进行实验，然而他们测量得到的 $\Delta_{sol} H^0(La_2O_3)$ 几乎相同，分别为 -474 kJ · mol^{-1} 和 -473 kJ · mol^{-1}。

在纯水中 LaCl$_3$ 的溶解焓为 -137.8 kJ · mol^{-1}，该值随着 HCl 的浓度上升而下降，原因是形成了复合物 $[La(H_2O)_xCl_y]^{(y-3)-}$。针对纯水中的复合物，当确定水合阳离子和阴离子的焓增量时，则必须使用具有非络合阴离子的盐，如 ClO$_4^-$。但是关于 LnCl$_3$ 水溶液的状态还存在一些不确定因素。根据 Spedding 等人的研究[38]，Ln^{3+} 离子在水溶液中与 H$_2$O 的配位数，对于 La^{3+} 到 Nd^{3+} 是 9，对于 Gd^{3+} 到 Er^{3+} 是 8。在 Pm^{3+}、Sm^{3+} 和 Eu^{3+} 这些组合中，存在"取代平衡"。通过对 LnCl$_3$ 溶液的比重进行测量计算，从偏摩尔体积数据中得出了结论。

LaCl$_3$ 生成焓的测定，没有必要知道水合离子的结构，在相同的给定条件下，例如，浓度和其他成分如 HCl 一定是相同的。也有一些例外体系，例如，强还原剂或氧化剂样品。

溶液中 V^{3+} 容易被氧化成 V^{4+}，因此 Vasilkova 和 Perfilova[39] 使用 KOH 和 H$_2$O$_2$ 作为 M$_3$VCl$_6$ 和 M$_3$V$_2$Cl$_9$（M = Na、K、Rb）的氧化溶剂。通过 MCl 和 VCl$_3$ 在相同介质中的溶解焓，可以从 MCl 和 VCl$_3$ 获得三元氯化物的生成焓。例如，对于含有二价 Ti 的 M$_x$-TiCl$_{(2+x)}$[40]，FeCl$_3$ 溶液常被用作氧化介质。

已经测量得到了许多二价和三价金属的三元氯化物的溶解焓，例如 K$_2$PrCl$_5$[41]。如图 10.3 所示，可由以下等式得到 2 KCl(s) + PeCl$_3$ ══ K$_2$PrCl$_5$(s) 反应的 $\Delta_f H^0$ 值：

$$\Delta_f H^0(K_2PrCl_5) = 2\Delta_{sol} H^0(KCl) + \Delta_{sol} H^0(PrCl_3) - \Delta_{sol} H^0(K_2PrCl_5)$$

结果是 -34 kJ · mol^{-1}。如第二个循环所示，该值也是三元氯化物和二元母体化合物之间晶格焓的差异。与 KCl（-702 kJ · mol^{-1}）和 PrCl$_3$（-4340 kJ · mol^{-1}）的晶格焓相比，34.0 kJ · mol^{-1} 是非常小的值。

通常二价和三价金属无水氯化物的溶解焓以及三元氯化物的溶解焓是放热的，与预期的生成焓相比，有 2 个数量级的差别。为了避免这个问题，Papatheodorou[42] 使用了 455 ℃

的 LiCl-KCl 共熔体作为溶剂。例如,CsCl 的摩尔溶解焓是 $6.11\ kJ \cdot mol^{-1}$,$MnCl_2$ 的摩尔溶解焓是 $11.5\ kJ \cdot mol^{-1}$,$CsMnCl_3$ 的摩尔溶解焓是 $-58.9\ kJ \cdot mol^{-1}$,由此,可以得到 $\Delta_f H^0 (CsMnCl_3) = -41.2\ kJ \cdot mol^{-1}$。在每个实验中,使用大约 6 g 的共熔体和 0.3 mmol 的样品盐。

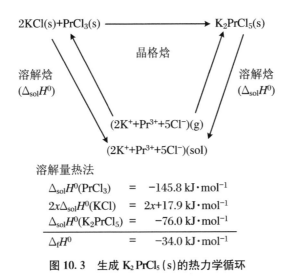

$$\Delta_{sol}H^0(PrCl_3) = -145.8\ kJ \cdot mol^{-1}$$
$$2x\Delta_{sol}H^0(KCl) = 2x+17.9\ kJ \cdot mol^{-1}$$
$$\Delta_{sol}H^0(K_2PrCl_5) = -76.0\ kJ \cdot mol^{-1}$$
$$\Delta_f H^0 = -34.0\ kJ \cdot mol^{-1}$$

图 10.3   生成 $K_2PrCl_5(s)$ 的热力学循环

10.3.5.4 反滴定反应量热法

Kleppa[43] 曾描述过一种双高温反应量热器,这种量热器可以检测低至 0.04 J 的反应热效应。仪器由两个几乎完全一样的量热单元组成。在每个单元中,量热器本身与双层铝夹套之间的温度差会使得由 96 对热电偶组成的热电堆产生电动势。两个热电堆通过串联反向连接。一个单元被用作样品,另一个单元用作参比。如果在一个单元中有反应发生,吸收或者放出的热会产生电动势。将电动势-时间曲线进行积分可以得到对应反应的反应热 ΔH。通过电或者金 25～450 ℃ 的"反向滴定"完成校准。在 346 ℃ 和 448 ℃ 下,测量液态硝酸钠和硝酸钾的混合热。

Papatheodorou 和 Kleppa[44] 使用这种量热器测量了 $Cs_3NiCl_5(s) \longrightarrow CsNiCl_5(s) + 2CsCl(s)$ 的分解焓。Cs_3NiCl_5 在 417 ℃ 以下才保持稳定,因此他们滴定了从室温升温至 445 ℃ 的混合物($2CsCl$ 和 $CsNiCl_3$),获得了三种化合物的热容之和,还可以得到由 $2CsCl$ 和 $CsNiCl_3$ 生成 Cs_3NiCl_5 的生成焓。然后,$CsCl$、$CsNiCl_3$ 和亚稳态的 Cs_3NiCl_5 的热容均通过淬灭确定。最终,他们得到了 Cs_3NiCl_5 在 445 ℃ 下的分解焓 $\Delta_f H^0 (Cs_3NiCl_5) = -33\ kJ \cdot mol^{-1}$。

Cristol 等人[45] 通过反向滴定法测定了在 857 K 下 $\{(1-x)(CdCl_2 + xKCl)\}$ 在整个组分范围内熔化的偏摩尔过量焓,并且测量了 $KCl(s) + CdCl_2(s) \Longrightarrow KCdCl_3(s)$ 的反应焓变,通过(1) 对三种组分的滴定,(2) $KCl + CdCl_2$ 的 1:1 混合物到 $KCl/CdCl_2$ 熔融物的滴定。

Kleppa 和 Guo[46] 使用单台差示微分量热仪测量了反应:$MO(s, 298\ K) + WO_3(s, 298\ K) = MWO_4(s, 1473\ K)$($M = Mg, Ca, Sr, Ba$)的焓变,通过对组分以及化学计量比

的颗粒状混合物（MO + WO$_3$）进行反滴定，发现 MgWO$_4$ 的摩尔生成焓为（-1518.3 ± 4.8）kJ·mol^{-1}，NBS 的值为 1532.6 kJ·mol^{-1}。

10.3.6 结论

从量热法的发展过程中，可以发现三个重要的趋势：

（1）通过绝热量热法在 $T = 0$ K 附近进行 C_p 的测量，例如，Bartholomé[47] 描述了在 1 K 以下测量钙钛矿 NdMO$_3$ 的 C_p。

（2）Navrotsky[48] 大致总结了在 1300 K 以上用滴落量势法测焓增量。

（3）通过应用现代电子和计算机技术改进所有量热分支设备，例如，Blachnik[49] 描述了一种改进的异巴豆醇滴定量热计。

Wunderlich 小组[50] 报道了 DSC 的最新发展，他们将含有蓝宝石样品的第三个坩埚添加到包含参比坩埚和样品坩埚的测量室中，从而改装了商用 DSC，让所需的值在一次实验中就可获得。

近年来更重要的是温度调制式差示扫描量热法（TMDSC）的发展。其主要应用领域是聚合物和玻璃，其中需要考虑平衡和非平衡过程。在未来这种技术会应用于无机固体如金属氧化物和盐的 C_p 测量。期待在准等温测量中能有相当大的进步，实验时基础加热速率设定为零，唯一的温度变化是由调制引起的。

使用量热法可以测量焓 ΔH、热容 $\mathrm{d}\Delta H/\mathrm{d}T$ 和熵 $\Delta S = \int C_p \mathrm{d}\ln T$。吉布斯自由能 ΔG 可以通过热力学第二定律获得（$\Delta G = \Delta H - T\Delta S$），或通过测量压力和电动势直接获得。

压力测量方法的一个例子是测定反应：CsCl(s) + CaCl$_2$(s) $=$ CsCaCl$_3$(s)[51] 的 $\Delta_r G^0$。CsCl 的压力比 CaCl$_2$ 和 CsCaCl$_3$ 的压力大得多，并且在 600~900 ℃ 的 Knudsen 室中测量，此时体系处于固态。$\Delta G^0 = -RT\ln a(\mathrm{CsCl})$，$a(\mathrm{CsCl}) = p(\mathrm{CsCl})/p^0(\mathrm{CsCl})$，其中 $p^0(\mathrm{CsCl})$ 是反应 CsCl(s) $=$ CsCl(g) 的平衡压力。由于 $\ln a$ 对 $1/T$ 的依赖性是线性的，因此可由回归直接给出 ΔH 和 ΔS。但是，所得结果的误差范围比量热测量的误差范围大十倍。

固体电解质原电池方面的一个例子是，Karkhanavala 等人[52] 对金属二氟化物 NiF$_2$、FeF$_2$ 和 CoF$_2$ 的 ΔG 值进行了测量。对于 Pt/Fe、FeF$_2$/CaF$_2$/NiF$_2$、Ni/Pt 型的电池，其中 CaF$_2$ 单晶起到 F$^-$ 导电固体电解质的作用，在 850~1050 K 温度范围内的 Ar 气氛中使用。由所测量的线性依赖于温度 T 的电动势的值可以获得反应：Fe + NiF$_2$ $\longrightarrow$ Ni + FeF$_2$ 的 ΔG^0。结合这些结果和从文献获得的 $\Delta_f G^0(\mathrm{NiF}_2)$，能够计算其他氟化物的吉布斯生成能。

其他获得化学反应热力学函数的方法，如温度滴定和焓滴定法，都超出了本章讨论的内容范围。

10.4　相图

10.4.1　介绍

二元体系在恒定压力下的相图是用单相和双相区域相界线表示的,其相界是温度和浓度的函数。假设处于化学平衡状态,相区域是最小吉布斯自由能区,并且相位的共存由吉布斯相律控制。绘制相图意味着测量出所有相边界。一般来说,这不是通过测量 ΔG 对 T(或 c)的依赖关系,而是通过 DTA 测量加热和冷却曲线来完成的。因此,是利用了相变反应的焓,而相变反应的焓与热容与吉布斯能量 ΔG 有关。

不幸的是,焓 ΔH 无法告诉我们发生的反应的种类。因此,通常通过其他额外方法来验证 DTA 的结果,最有效的方法是 X 射线晶体学实验。通常,将淬火或正常冷却样品的粉末图案与纯化合物进行比较。新的、额外的衍射峰说明存在新化合物。然而,更好的方法是尝试通过索引每个衍射峰来解出新化合物的结构。这并非在所有情况下都是可行的。进一步的发展是应用高温 X 射线技术,其他偶尔应用的方法有高温显微学、电学性能或显微硬度的测量以及合金的金相方法。

单一化合物的相图是一维的——固体-固体相转变在一定的温度范围,熔点温度是单个点。但是,如果化合物 AB 在各温度下不稳定,则会生成二元体系。如果化合物在高温下不稳定,则在加热时就会发生分解:$AB_n \longrightarrow A + nB$;如果它在低温下不稳定,则会有 $A + nB \longrightarrow AB_n$。在更高的一个维度上,二元体系可能会变成三元体系。

在本部分内容中介绍由作者课题组研究的碱金属氯化物/镧系元素(Ⅲ)-氯化物体系来说明确定相图的问题。这些体系都通过均匀熔化达到平衡。另外,对这些体系进行处理,存在具有非常高熔点的化合物,因此体系必须通过退火达到平衡。最后,给出关于三元体系的一些观点。

10.4.2　含有液相的二元体系

10.4.2.1　固-液转变

在图 10.4 中,给出了除了混合晶体形成以外二元体系中的所有固-液转变和相关的 ΔT。

为了避免过冷,液相线曲线(表 10.4)的数值一般取自加热实验,T_1 对应于熔化过程的"峰值温度"。但是,对于该化合物,正确的熔化温度 T_Y 取自"外推起点"。因此,突然改变计算方法所得到的结果是正弦曲线。换句话说,熔融物质附近的液体温度太高。可以通过从冷却曲线中获取起始温度的方法来避免这种误差,通常使用足够大的样品量来防止过冷造成的误差。

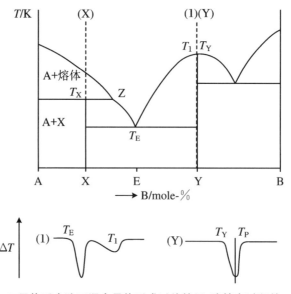

图 10.4　二元体系中除了混合晶体形成以外的固-液转变过程的 ΔT 曲线

表 10.4　靠近 KSr_2Br_5 生成加热曲线的液相线温度[54]

$SrBr_2$ mol%	60.0	63.2	66.6	70.2	73.2
			(584 ℃)(T_p)		
		582 ℃			
	580 ℃			581 ℃	
					580 ℃
			(576 ℃)(T_Y)		
			KSr_2Br_5		

注：T_P = 熔融峰值温度；T_Y = 起始温度。

　　熔融不一致的化合物会产生另一个误差：在熔体冷却过程中，X 会形成固体沉淀。剩余的熔体会在 B 中富集，从而在 T_E 温度下发现"错误的"共熔现象。可以通过对熔融体在 T_X 温度以下进行短暂的退火处理，来避免这个会导致化合物组成不正确的错误。

10.4.2.2　固-固转变

　　在准二元体系中，例如 RbCl/LaCl₃[54] 和 CsCl/NdCl₃[55]（图 10.5）的相图显示了所讨论的假定体系的所有特征。另外，可以找到所有类型的固体反应：晶体学修饰（CsCl、$RbLa_2Cl_7$、Cs_3NdCl_6）之间的转变、高温化合物（Rb_3LaCl_6、$RbLa_2Cl_7$）的形成和化合物（Cs_2NdCl_5）受热分解的过程。

　　从结构的角度来看，固态反应可以分为重构或非重构（位移型、有序-无序转换）两种类型。在第二类中，晶格中离子的拓扑结构得到保持：离子从它们的原始位置稍稍偏移，此过程的活化能相当小。这同样适用于加热和冷却曲线之间的滞后过程。重构意味着拓扑结构发生了巨大变化：离子必须迁移到不同的地点，因此活化能会升高。

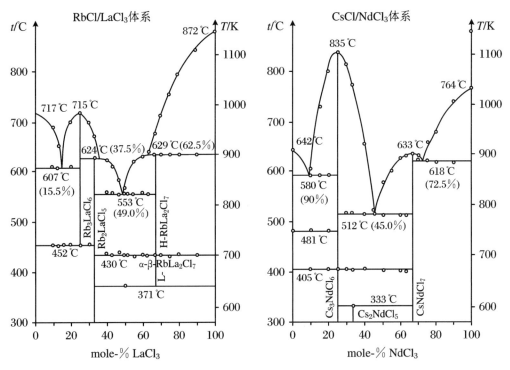

图 10.5 RbCl/LaCl₃ 准二元体系[55a]和 CsCl/NdCl₃ 准二元体系[55b]的相图

固态反应,例如固态化合物的形成或分解,可以被认为是一种特殊的重构过程。一个例子是化合物 Rb_3LaCl_6,其在高于 444 ℃ 的温度下保持稳定。如图 10.6 所示,从加热曲线得到的反应温度过高,从冷却曲线得到的反应温度过低。当结果外推到加热速率为零时,仍然存在滞后。

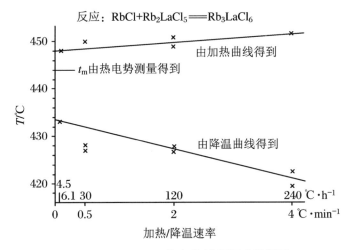

图 10.6 Rb_3LaCl_6 的生成/分解温度的滞后

DTA(和 DSC)信号受到有限的热传递的影响。由此产生的误差的大小取决于加热速率、设备细节以及样品的质量、几何形状和热导率,并且可以通过理论计算(参见相关的热分析教科书)进行校正。考虑到这些修正,通常希望从加热和冷却实验中获得的温度是相同的,即滞后 $\Delta T = T_{heat} - T_{cool}$ 应为零。但在很多情况下都存在着相当大的滞后。大的滞后效应起源于动态位阻,并且通常可以通过淬火在环境温度下获得处于亚稳态的高温相。在足够高的温度下加热这种亚稳态体系产生放热效应,可以产生足够的活化能以使体系转化为"符合热力学定律的"状态。亚稳 Rb_3LaCl_6 化合物在约 260 ℃ 分解成 $(RbCl + Rb_2LaCl_5)$。在较低温度下,动态位阻可能变得比较强烈,以至于在 DTA 测量的时间尺度上根本不会发生反应,人们通常可以通过退火几天、几周甚至几个月来确保这一点。使用加热曲线时,反应温度只能测量一次。重复测量只能在第二次退火过程后进行。例如,在 $CsCl/NdCl_3$ 体系中,化合物 Cs_2NdCl_5 在低于约 300 ℃ 的温度下稳定,并且即使在 250 ℃ 下将正确组成的淬火熔体退火两个月后也不形成亚稳态。加入适量的水后,反应在两天内进行。DTA 加热曲线和 X 射线衍射曲线显示,分解发生在 333 ℃。

最糟糕的是退火完全不起作用的情况。例如,$KMnCl_3$ 在高温下结晶为立方钙钛矿结构。在 386 ℃ 和 300 ℃ 发生位移型相变,并且在室温下为具有轻微变形的八面体结构的 $GdFeO_3$ 型结构。Horowitz 等人[56]报道了稳定的室温修饰与结晶 NH_4CdCl_3-结构。他们的论文中写道:"将这些材料在真空和密封的玻璃安瓿瓶中储存 3～4 年后进行 X 射线检测,结果发现这些材料部分转变为新的相。"(一种制备室温相更好的方法是将水合物 $KMnCl_3 \cdot 2H_2O$ 在 90 ℃ 下脱水)该相揭示了加热曲线在 267 ℃ 的热效应,由 DSC 测量得到转变焓为 4.60 kJ/mol。

10.4.3　原电池固体电解质

滞后产生的相关问题是显而易见的,如果要测量反应焓,则必须发生反应。不需要调整平衡的方法不会受到任何动力学障碍的干扰。这种情况是在原电池中实现的:体系在非平衡状态下测量的电动势 E 通过公式 $\Delta G = -nFE$(n 为传输电荷,F 为法拉第常数)与化学能 ΔG 相关,如果确实发生反应,反应的吉布斯能会释放(在无电流状态下测量)。这种测量有两个优点:(1) ΔG 是确定化合物稳定性的真正热力学函数,而不是焓 ΔH;(2) 电动势是强度性质,与样品质量无关。固态反应类型的原电池:$nACl + MCl_x \Longrightarrow A_nMCl_{(n+x)}$,已经被研制出来[57],由氯电极和碱金属离子传导隔膜的烧结玻璃组成。反应池($RbCl + Rb_2LaCl_5 \Longrightarrow Rb_3LaCl_6$)的设置(图 10.7(a))是:

(C + Cl₂)/RbCl(s)/Rb⁺- 离子传导隔膜 /Rb₂LaCl₅(+ Rb₃LaCl₆)/(C + Cl₂)

阳极和阴极是在氯气气氛中的石墨盘,电解质是 $RbCl$ 和 Rb_2LaCl_5 颗粒(与一些 Rb_3LaCl_6 混合以产生可逆电池)。在几个温度循环中逐步测量电动势的温度依赖性,证明大约在 300 ℃ 以下是呈线性的关系,因此得到的电动势与 T 值可以进行线性回归分析,得到一个方程,将其与 $(-nF)$ 相乘后与 Gibbs-Helmholtz 方程相同,即 $\Delta G = \Delta H - T\Delta S$。

发生 A→B 相变的条件是:$\Delta G_A = \Delta G_B$。这个条件能从 E-T 线的交点中找到。通常,如果这些化合物的生成反应的吉布斯能 $\Delta_{syn} G^0$ 为负,则化合物相对于相图中相邻两个化合物是稳定的。在形成(或分解)的温度下,$\Delta_{syn} G^0$ 必须为零。如图 10.7(b)所示,当

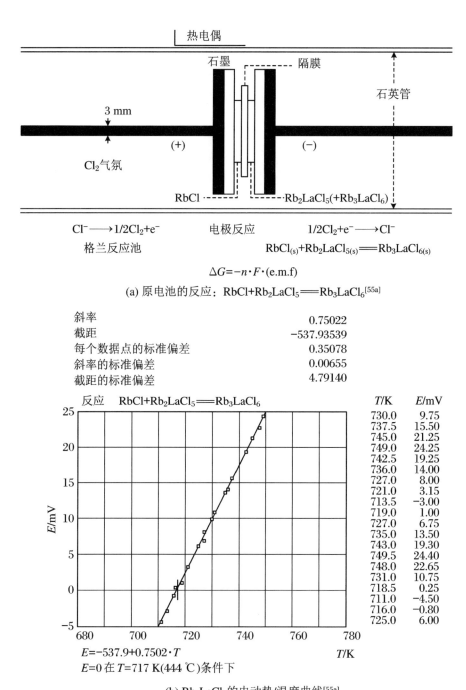

$Cl^- \longrightarrow 1/2Cl_2 + e^-$ 　　电极反应　　$1/2Cl_2 + e^- \longrightarrow Cl^-$
格兰反应池　　　　　　　　$RbCl_{(s)} + Rb_2LaCl_{5(s)} = Rb_3LaCl_{6(s)}$

$$\Delta G = -n \cdot F \cdot (e.m.f)$$

(a) 原电池的反应：$RbCl + Rb_2LaCl_5 = Rb_3LaCl_6$[55a]

斜率	0.75022
截距	-537.93539
每个数据点的标准偏差	0.35078
斜率的标准偏差	0.00655
截距的标准偏差	4.79140

反应　$RbCl + Rb_2LaCl_5 = Rb_3LaCl_6$

T/K	E/mV
730.0	9.75
737.5	15.50
745.0	21.25
749.0	24.25
742.5	19.25
736.0	14.00
727.0	8.00
721.0	3.15
713.5	-3.00
719.0	1.00
727.0	6.75
735.0	13.50
743.0	19.30
749.5	24.40
748.0	22.65
731.0	10.75
718.5	0.25
711.0	-4.50
716.0	-0.80
725.0	6.00

$E = -537.9 + 0.7502 \cdot T$
$E = 0$ 在 $T = 717\ K\,(444\ ℃)$ 条件下

(b) Rb_3LaCl_6 的电动势/温度曲线[55a]

图 10.7

冷却至<444℃时,Rb_3LaCl_6不会立即分解,但会保持亚稳态,以负电动势所示,对应于正ΔG。因此,也可以通过这种电动势测量来检测亚稳状态。

建议使用以下方法阐明相图的分析过程:

(1) 使用差热分析(DTA)来确定准二元体系AX/MX_n→三元化合物的相图及其组成。

(2) 使用 X 射线衍射确实化合物的晶体结构。

(3) 使用溶液量热法来确定二元化合物生成焓($\Delta_f H^0$)和来自相图中相邻化合物的生成反应的焓($\Delta_{syn} H^0$)。

(4) 使用电动势的测量值作为$f(T)$来确定反应的吉布斯能($\Delta_r G^0$)和熵变($\Delta_r S^0$)。

作为一个应用实例,对 $RbCl/LaCl_3$ 体系[55a]进行了更详细的讨论。为了避免化合物 Rb_2LaCl_5 和 $RbLa_2Cl_7$ 在不熔化的情况下的分离效应,$LaCl_3$ 的组成范围在 25~33.3 mol% 和 66.6~100 mol% 内淬火的熔体必须在约 600℃ 退火,该程序避免了在 553℃ "错误"的共晶效应和两种化合物的异常 X 射线图案。为了证明这些化合物在该(和环境)温度下不稳定,Rb_3LaCl_6 的退火温度在大约 440℃,对于 $RbLa_2Cl_7$ 应在大约 350℃。淬火之后,可以获得处于亚稳态的这些化合物的 X 射线图。所有化合物的 X 射线图谱可根据已知的结构类型和所获得的晶胞参数进行索引。仅 Rb_2LaCl_5 和(淬火)$RbLa_2Cl_7$ 可测溶解焓,淬火后的 Rb_3LaCl_6 样品中含有一些来自初始分解的 RbCl 和 Rb_2LaCl_5。在 350~400℃ 温度范围内对所有化合物进行电动势测量,对于含化合物 $LaCl_3$ 最少的,测到了 450℃。通过 RbCl 以及体系中生成的少量的富 $LaCl_3$ 化合物,得到了 $\Delta_r G^0 = \Delta_r H^0 - T\Delta_r S^0$ 关系。通过分析这些结果,获得了 $\Delta_f G^0$ 的吉布斯-亥姆霍兹关系,从而得到了 $\Delta_{syn} G^0$ 关系。对于 Rb_3LaCl_6,$\Delta_r G^0 = \Delta_{syn} G^0$(反应 $RbCl + Rb_2LaCl_5 = Rb_3LaCl_6$),$\Delta_{syn} G^0 / kJ \cdot mol^{-1} = 50.4 - 0.0703 T/K$。通过设定 $\Delta_{syn} G^0 = 0$,获得了生成温度为 717 K(444℃)。强吸热反应(+50.4 kJ/mol)表明 RbCl 和 Rb_2LaCl_5 的化合反应降低了晶格焓,在 717 K 通过足够大的熵增量($\Delta_{syn} S^0 = 70.3$ J·K^{-1}·mol^{-1})进行补偿。

如果形成混合晶体或存在固溶体,则测量变得更加困难,主要是由于在液相线和固相线之间连续发生固体产物和剩余的熔体之间的反应。混合晶体的完全形成导致类似于液体混合物如液态空气的蒸发曲线。对于非理想溶液,则存在最大值或最小值。这种体系对于合金非常普遍。对于无机化合物,一个例子是 $KCl/RbCl$ 体系,其中离子半径 r(K^+)和 r(Rb^+)没有很大差异。立方晶胞的晶胞参数随组成(Vegard 线)而线性变化。类似的,Al_2O_3 和 Cr_2O_3 在大约 950℃ 以上可混溶,但在较低温度下具有较宽的互溶隙。

10.4.4　三组分体系

三角形相图 ABC 被用于表示组成:双组分体系 AB、AC 和 BC 分别位于三个区域。如果没有形成三元化合物,则只能存在三元共晶和包晶。三元化合物 $A_aB_bC_c$ 的存在会使情况变得更加复杂。一个例子是具有三元化合物 $Cs_2NaLaCl_6$ 的 $CsCl-NaCl-LaCl_3$ 体系[58]。第一步借助淬火后样品的 X 射线照片,将整个三角形细分为较小的"兼容性三角形",如果需要,退火样品位于较小三角形的侧面。此时,可以确定这些点的相组成。然后对合理切割的样品进行 DTA 测量。假定在 ABC 体系中存在一个二元化合物 BC。连接 A-BC 是准二元体系,并且在该线上的任何组合可以完全由 A 和 BC 单独的形式表示。整个体系可以再分为两个子体系即 AB(BC)和 A(BC)C。

10.4.5　相图的计算

为了计算平衡线,必须考虑分离最小吉布斯能相的线。使用合理的近似,可以由实验测定的熔化焓和混合焓进行这种计算。已经有报道描述了该过程在简单二元体系中的大量应用(参见文献[59]和 Elsevier 出版的 CALPHAD/*Computer Coupling of Phase Diagrams and Thermochemistry* 期刊)。

10.4.6　高熔点化合物体系

如果组成化合物的熔点对于仪器参数来说太高,或者如果化合物在熔融之前会分解,那么通过 DTA 和其他技术来测样品的平衡态时必须通过退火来实现。一般将称重后的化合物混合,并在玛瑙研钵或球磨机中彻底研磨,然后将材料压成颗粒并暴露于适当的加热程序,将退火的粒料再次研磨并重新加热直到反应完成。每个过程均用 X 射线衍射追踪反应。如果需要,材料可以在最后一次退火后进行淬火处理。这个过程通常被称为"陶瓷合成"工艺。固-固反应的温度可以从 DTA 加热曲线或通过使用高温 XRD 确定。由于试样中存在温度梯度,动态方法的初始温度比静态(等温)方法略高。例如,Pillai 和 Ravindran[60]研究了由 PbO 和 TiO_2 形成 $PbTiO_3$ 的实验。加热速率为 $10\ K \cdot min^{-1}$,在 848～1020 K 的温度范围内存在放热反应。在 $5\ K \cdot min^{-1}$ 时,在 833～983 K 间发现了较小的 DTA 峰。在随后的冷却曲线中,发现 $PbTiO_3$ 的铁电转变温度为 783 K。由于 MoO_3 在 700 ℃ 左右具有强挥发性,PbO 和 MoO_3 的类似反应必须在密闭容器中进行。通过使用 PbO_2 代替 PbO,可以分别在 405 ℃ 和 430 ℃ 制备 $PbMoO_4$ 和 Pb_2MoO_5,而不是 650 ℃ 和 760 ℃。这个温度下降取决于在 370 ℃ 处 Pb_3O_4 中间体的形成。Eissa 等人[61]通过热重法由选定组分的分解曲线构建了三元体系 PbO_2-Pb-MO_3 的相图。

下一步利用"前驱体"制备三元化合物。例如,如果可以从水溶液制备双碳酸盐 $M_1M_2(CO_3)_2 \cdot xH_2O$,则这些化合物可热分解成双氧化物 $M_1M_2O_2$。同时,可以通过 DTA 寻找反应参数。均一样品的进一步处理取决于研究人员的目的。通过在 DTA/DSC 装置中加热,可以检测到固-固或固-液反应。通过测量不同组成的样品,可以构建体系可达到的温度的相图。形成的化合物可以通过其 X 射线图案进行辨别。一个例子是在温度区间 1400～1822 K(图 10.8[62])内构建二元体系 Sc_2O_3/ScF_3 的相图。

实验时,使 Sc_2O_3-ScF_3 混合物均匀化,将重约 100 mg 的样品封装在密封的 Pt 坩埚中。为了达到平衡目的,每种密封混合物在 1800 K 下退火 3 h,然后以 $8\ K \cdot min^{-1}$ 的速率进行加热/冷却循环。Sc_2O_3、ScOF 和 ScF_3 化合物通过其 X 射线图案来辨别。非化学计量的高温相 $ScO_{1.12}F_{0.76}$ 在(1419 ± 3)K 形成。ScOF 在(1460 ± 3)K 分解为非淬火相和 ScF_3,ScF_3 共晶在(1627 ± 3)K 熔化。纯 ScF_3 在(1822 ± 3)K 时熔化,并且没有任何固相转变。对优势结构感兴趣的研究人员通常只对其期望得到的化合物进行测量。

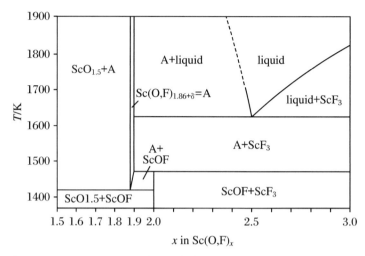

图 10.8　1400～1822 K 温度区间内的 Sc_2O_3/ScF_3 二元体系实验相图

如前所述,体系平衡发生在那些具有最小吉布斯自由能 ΔG 的区域。吉布斯生成能可以用固体电解质的原电池进行测量。Weppner[63] 使用这种电池在恒定温度下进行电动势测量,还通过将源电极中适当离子通过离子传导隔膜转移到样品中(库仑滴定法)来改变样品的组成。他们使用这种技术来研究三元体系 Cu/Ge/O 中的 Cu-CuO-GeO₂ 区域。

只要压力对于所用的压力计来说足够高,还可以对反应体系的平衡压力进行测量。当总压主要仅由一种组分(p_c)引起时可以获得较好的结果,则关系式:$\Delta_r G^0 = -RT\ln(p_c/p_0)$ 是有效的。Oppermann 等人[64] 在三元系 Bi/Se/O 的部分体系 Bi_2O_3-Bi_2O_2Se-Bi_2Se_3-Se 中使用"膜压力计"测量总压力。测量的"气压图",p/T 用于构建相图。测量结果表明,三元区域 $Bi_2Se_3/Bi_2O_2Se/Se$ 的气压图可以归结于二元体系 $Bi_2Se_3/$Se,其中总压力主要是由 Se 引起的。

10.5　热重分析技术

10.5.1　引言

热重分析是一种测量待测样品的质量增加或者减少与温度、时间或者气氛的变化的关系的方法(见本丛书第 1 卷第 4 章),可以获得材料在真空或惰性气氛下的稳定性信息,或者在空气、氢气和其他的气体条件下的反应信息,已经对聚合物和其他有机材料(见本丛书第 3 卷)及工业样品(见本卷其他章节)的热降解进行了大量的研究。TG 结果可用于特定反应步骤的动力学分析(见本丛书第 1 卷第 3 章)。

TG 在无机化学中的应用实例包括煅烧、纯度测定、吸附和解吸、重量分析、热稳定性、表面积、去溶剂化、催化活性、氧化还原稳定性、脱水/吸水性、升华和气化及固态反应。

在下一节中,将对简单无机物和复杂化合物的分解反应进行讨论。由于在本卷的另一章中对水合物进行了讨论,因此在本章中不进行介绍。另外,还将介绍热重分析技术在一些固-固反应和前驱体中应用的例子。

10.5.2 分解反应

10.5.2.1 实验方法

对于一个分解反应,$A(s) \Longleftrightarrow B(s) + C(g)$,气体成分的平衡压力、饱和压力、$p_s(c)$直接取决于反应温度。像所有的平衡量一样,其变化取决于反应的动力学过程。

热重实验通常在非平衡状态下进行。正常的程序是在流量为 $5 \sim 10 \ L \cdot h^{-1}$ 的气流中加热大约 10 mg 的样品,加热速率为 $2 \sim 10 \ K \cdot min^{-1}$。典型的 TG 曲线及其对应的 DTG 曲线,如图 10.9 所示。

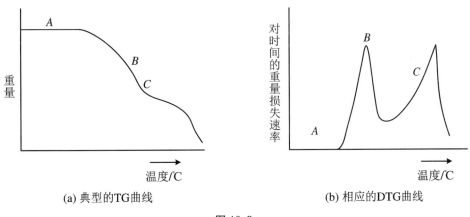

（a）典型的TG曲线　　　　　　　　　　（b）相应的DTG曲线

图 10.9

所有的现代 TG 仪器都可以直接提供质量变化的速率 dm/dt,对 TG 曲线进行微分计算可得到一条 DTG 曲线。如图 10.9(b)所示,A 区为平台,$dm/dt = 0$;B 代表最大质量损失速率,在 DTG 曲线中对应于峰值温度;C 代表与($-dm/dt$)最小值对应的拐点,表明一个中间物,在非常低的加热速率下,这个区域可能会变为一个平台。

TG 可以与 DTA 结合,然后三条曲线可以同时记录(图 10.11)。一般来说,质量轴(纵坐标)比温度轴更好确定。

在非等温反应的 DTG 曲线单个台阶中,有两个特征温度,即初始温度 T_i 和峰值温度 T_p。T_i 被定义为累积质量变化达到一个特定热天平检出限的最低温度。然而,尽管这个特定温度可能是在给定的实验条件下用特定仪器可以观察到质量变化开始的最低温度,但是其不是绝对分解温度。在这个温度之下,反应速率变成了零。峰值温度是最大反应速率时的温度,也经常被很多作者当作分解温度。然而,峰值温度取决于给定的实验条件,例如加热速率、样品支架和加热炉的结构、坩埚的大小和形状,还取决于样品的数量、体积、粒径、堆积密度和热导率。更加详细的实验条件往往难以直接定义和复制,尤其是在快速加热和样品的质量很大的情况下,特征温度移向更高的范围。

样品周围的气氛对反应有很强的影响。显然,相比惰性气体或真空,在空气条件下,加热会产生其他反应。因此,所用的惰性气体中不应该含有氧气。如果不采取这样的预防措施,往往会导致在解释实验结果时出现严重错误。通常,在 TG 中生成的气体分解产物被所用的气流带走。因此,样品处于一个开放体系,由天平持续监测其质量变化。TG 曲线随着气体流量的增加逐渐趋向低温,在真空条件下,温度达到最低。

TG 测量对无机化学制备具有重要意义。对于期望的产物,如果其在一个长的温度平台存在,则这个温度可以作为分解温度。在这个温度下,反应完全。也就是说,所有的初始产物都分解了,但是如果存在进一步的分解步骤,则这个过程还没有开始。如果两个分解步骤之间有一个拐点存在,情况就会完全不同。对于此种情况,无法给出具体的初始温度。必须考虑到拐点温度也取决于实验条件,例如,在静态空气、流动气体或真空中制备所需的产物。

Liptay 在他关于过渡金属卤化物的胺配合物的稳定性的研究中应用了一种可以较好地制备中间体的方法[65]。在 DTG 曲线的帮助下,这个"冻结"的方法可以把想要的中间产物很容易地分离出来。DTG 曲线最小值对应的温度下,炉温迅速降低。更准确地说,当达到预期的质量损失时,可以从 TG 曲线上得到温度。

为了获得几克的目标产物,需要一个特定的热天平。例如,可测试 100 g 左右样品的热重设备已经研制成功[66]。Macro STA 419 可以实现 TG/DTA 与 EGA(MS/GC-MS)联用。

得到一个均匀的中间产物的理想的方法是在平衡条件下工作,也就是等温、可逆的条件,在一个有一定的生成气体分压的气氛下,将测量系统加热到一定的温度,或者在封闭系统中工作。差热分析仪实现了平衡条件下的改进,如论文中所述,F. Paulik 在 *Special Trends in Thermal Analysis*(Wiley,New York,1995)中使用了迷宫式坩埚。这些坩埚由六个紧密配合的上下部分组成。样品放置在坩埚的最深处,当零件组装在一起时,一个狭长的通道系统建立在壁之间。释放的气体产物被惰性的气氛气体排出,以至于分解发生在近似等压条件下的自生成的气氛中。另一步为了实现准平衡条件是在分解反应开始时通过自动停止加热过程来建立准恒温条件,即当质量损失的速率 dm/dt 达到一个预设的比 0 高的值的时候。如果分解反应完成,dm/dt 再一次变成 0,加热程序继续。这个过程叫作 Q‐TG。图 10.10 演示了这种方法在不同的坩埚中研究水的蒸发得到的曲线。

解决分解台阶重叠问题的最好的方案是由 Rouquerol 提出的可控速率热分析(CRTA)技术(见本丛书第 1 卷第 4 章)。通过控制自产生的气流来改变加热速率。在这种技术中,源于反应速率、温度、逸出气体的分压的样品的梯度同样可控,这会提高灵敏度和分辨率。这种技术第一次被用来分析 $CoSO_4 \cdot H_2O/Ca(OH)_2$ 或者 $Al(OH)_3/Mg(OH)_2$ 的混合物[67]。CRTA 也是测定热分解动力学的一种强有力的方法[68]。Rouquerol[71] 把 CRTA 与相似的方法进行了比较,如 Paulik-Paulik-Q-TG、速率控制烧结法[69]和 Sorensen 的逐步等温分析法[70]。

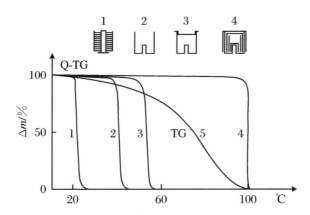

图 10.10 在不同的样品坩埚中 H_2O 蒸发的 TG 和 Q-TG 曲线
(F. Paulik, Special Trends in Thermal Analysis, Wiley, New York, 1995)

从 TG 曲线来看，可以根据质量损失阶段来确定反应化学计量。例如，对白云石的分解：$CaMg(CO_3)_2(s) \longrightarrow (CaCO_3 + MgO)(s) + CO_2(g) \longrightarrow CaO(s) + MgO(s) + CO_2(g)$，可以计算每一阶段由 CO_2 引起的质量损失，并与实验得到的质量损失相比较。同样，对于水合物 $MX_n \cdot mH_2O$ 的逐步脱水，如果只有 H_2O 逸出，而且像 $MCl_3 \cdot H_2O$ $\longrightarrow MOCl + 2HCl$ 的水解作用不会出现的情况下可以确定 m 的值。Petzold 和 Naumann[72] 用一个自动的热气体滴定系统来描述 $AlCl_3 \cdot 6H_2O$ 水解的最终产物是 Al_2O_3、H_2O 和 HCl，这可以由 TG 和逸出气体分析（EGA）联用来实现。还可以采用更多有力的技术，如气相色谱分析（GC）、质谱分析（MS）、傅里叶变换红外光谱（FTIR）（见本丛书第 1 卷第 12 章）。EGA 对于复杂的分解反应至关重要，包括固体残渣与气体的反应。例如当使用空气时和氧气的反应，或者与最初产生的气体的次级反应。对反应的完整描述需要对固体残渣进行鉴定，可以通过 XRD、红外光谱和微观显微镜进行分析。

10.5.2.2　简单无机化合物分解的例子

最常分析的简单无机化合物是 $CaCO_3$、$CaC_2O_4 \cdot 2H_2O$ 和 $CuSO_4 \cdot 5H_2O$，可以对其进行定性、半定量及动力学研究，其他一些已经被广泛研究过分解反应的物质包括硝酸盐、氢氧化物、甲酸盐、氢化物、硫化物和硫酸盐。具有不稳定的配体的配位化合物也被广泛研究过。275 种物质的结果被 Liptay 收集在 *Atlas of Thermoanalytical Curves*（Vol. 1-5，Akad. Kiado，Budapest，1975）中。图 10.11 是 $[Ni(NH_3)_6]Br_2$ 的热分解曲线。另外，已经提到的 Paulik（1995）的专题著作中也收录了大量的 TG 曲线。

Gallagher 和 Kociba[73] 用现代多种方法——TG、EGA（MS）、DSC、调制 DSC、膨胀法、HT-XRD（每 10 ℃ 等温）研究了 $CaC_2O_4 \cdot H_2O$ 的分解。研究证实 $CaC_2O_4 \cdot H_2O$ 分解分成三步，如图 10.12 所示。然而，工作的重点是对 $CaC_2O_4 \cdot H_2O$ 有序无序相变——从空间组 $P2_1/n$ 到 $I2/m$ 的研究。MTDSC 发现这个非一阶转变在约 70 ℃ 开始，在 83 ℃ 出现最大峰值。然而，传统的 DSC 发现 65 ℃ 到 80 ℃ 之间的转变温度取决于加热速率。从干燥 N_2 气氛下的敞口坩埚改为水蒸气饱和的 N_2 气氛下的封闭坩埚时，脱水步骤的起点从 100 ℃ 变成 150 ℃ 以上。草酸钙的分解是 TG 在分析化学中的一个应用的例子：$CaC_2O_4 \cdot H_2O$ 是重量分析法中钙沉淀物的最好的形式。TG 结果显示在不同温度下沉淀物的形式可能是 CaC_2O_4 或者 $CaCO_3$。

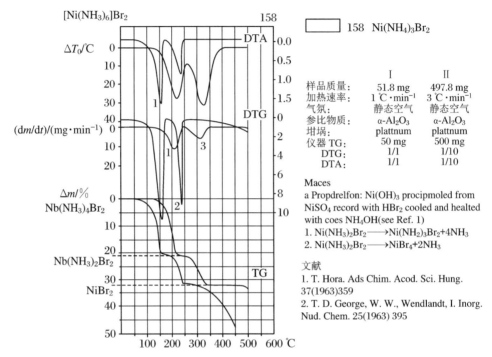

	I	II
样品质量：	51.8 mg	497.8 mg
加热速率：	1 ℃·min⁻¹	3 ℃·min⁻¹
气氛：	静态空气	静态空气
参比物质：	α-Al₂O₃	α-Al₂O₃
坩埚：	plattnum	plattnum
仪器 TG：	50 mg	500 mg
DTG：	1/1	1/10
DTA：	1/1	1/10

Maces

a Propdrelfon: $Ni(OH)_3$ procipmoled from $NiSO_4$ record with HBr_2 cooled and healted with coes NH_4OH(see Ref. 1)

1. $Ni(NH_3)_2Br_2 \longrightarrow Ni(NH_2)_3Br_2 + 4NH_3$
2. $Ni(NH_3)_2Br_2 \longrightarrow NiBr_4 + 2NH_3$

文献
1. T. Hora. Ads Chim. Acod. Sci. Hung. 37(1963)359
2. T. D. George, W. W., Wendlandt, I. Inorg. Nud. Chem. 25(1963) 395

图 10.11　$[Ni(NH_3)_6]Br_2$ 的 TG/DTG/DTA 曲线

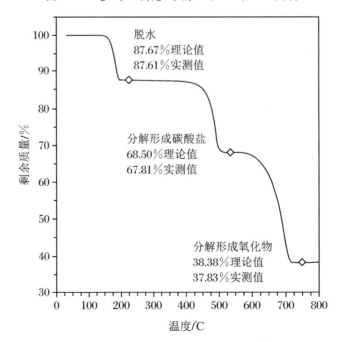

图 10.12　$CaC_2O_4 \cdot H_2O$ 的 TG 曲线[73]

较重的碱土化合物,如 $SrC_2O_4 \cdot H_2O$[74]和 $BaC_2O_4 \cdot H_2O$[75],会发生类似的分解。分解温度由 EGA(MS)结果确定,这种方法在 TG/DTG 曲线还没有任何变化之前可以检测到逸出气体出现的阶段。Sorensen[76]等利用步阶等温分析研究 $BaC_2O_4 \cdot 0.5H_2O$ 的分解过程,发现中间产物 $BaCO_3$ 三步分解成 BaO,在 960~1020 ℃ 温度范围内形成两个 BaO 碳酸盐,但是没有用 XRD 鉴定固体中间产物。也可以制备得到发生类似分解的酸性草酸盐,然而这种无水化合物除了产生 $H_2O + CO + CO_2$ 之外还有甲酸,所有的固体中间产物都可以通过 XRD 鉴定。Mg[77]和 Be[78]的草酸盐表现出不同的性质。脱水之后,无水化合物直接分解成氧化物。Be 水合草酸盐变成氧化物的最后一步可能从一水合物开始。

复合草酸盐例如钾-镧元素-草酸盐[78]以相似的路径分解:先脱水,再生成 CO_2(在空气中为放热效应)。残留物对于 Ln = La - Ho 为 K_2CO_3 + 羰基碳酸盐和 $Ln_2O_2CO_3$,当 Ln = Er - Yb 时,为 K_2CO_3 + Ln_2O_3。

从基础无机化学的角度来看,热重研究内容分为三部分:(1) 初始反应物的制备和鉴定;(2) 分解步骤的测定;(3) 产生的气体、固体中间物和最终残渣的鉴定。一般来说,TG-DTG/DTA(DSC)被同时用来测定分解步骤。在某些情况下,可以单独从 Δm 推导化学反应计量比;另外一般用 EGA 鉴定生成气体;如果固体中间物是晶体,则需用 XRD 表征。然而,通常会形成无定形的中间物或者产物。对于这些物质,通常用红外光谱进行检测。

10.5.2.3　配位化合物分解的实例

简单化合物的实验条件同样也适用于复合物,然而配体的性能也需要加以考虑。其可以与残留物发生反应,如果是有机配体,则可以作为还原剂,还与大的有机配体反应产生裂解,在惰性气氛下或者在空气中通常生成不同的产物。因此有必要研究有机分子本身的热性质。

作为一个例子,1963 年,Liptay 及其合作者开始用差热分析仪研究过渡金属与取代芳香胺复合物。1963 年他们的第一篇文章研究了金属邻氨基苯甲酸盐和金属硫氰酸盐的吡啶配合物的热性质。由空气气氛下的 TG-DTG/DTA 实验可以得到分解的中间产物,可据此推断可能样品组分。在 1969~1970 年,复合物 $M(py)_4X$(M = Ni、Co 或其他二价金属,X = SCN⁻ 或卤离子)[65,81]分解的中间产物用之前介绍的冷冻的方法分离。除了化合物 $M(py)_2X_2$ 之外,其他中间物 $Ni(py)Cl_2$ 和 $Ni(py)_{2/3}Cl_2$ 已经被发现并被红外、紫外光谱和磁学测量表征。不同金属分解温度的差异可以用配位场理论来解释。1986 年,Wadsten 在文章中[82]用 XRD 表征中间物晶体粉末,采用了反复试验法但是没有计算强度。1992 年,他与其他人一起[83]开发出一种新的气固化学吸附法来制备三元混合 Co-甲基吡啶复合物,用冷冻法制备中间产物。$[Co(\beta\text{-pic})_2]Cl_2$ 和 α-甲基吡啶蒸气在真空干燥器内反应几天后,制备得到 $[Co(\beta\text{-pic})_2(\alpha\text{-pic})_2]Cl_2$ 复合体。1993 年,第一次用单晶技术实现了对 $[Zn(1,2-乙二醇)]_2SO_4$ 螯合物的完整结构测定[84]。一年后,用 Rietveld 方法对 Co-二甲基吡啶-复合物 $[CoL_4]X_2$(X = Br)的粉末衍射图样进行了结构表征[85]。用分子轨道(SINDO1)理论计算得到的键长和键角与 X 射线分析的实验数据高度一致[86]。

制备单晶中间物的方法的研究十分有必要,其将有利于解析化合物,如 $Ni_3L_2Cl_6$ 的结构[87]。

对于含有较复杂的有机或生物化学配体的复合物,很难找到关于其在惰性气氛下的分解反应的文献。空气下反应的特征是有机质氧化引起的,存在放热峰。Dranca 等[88]发现在空气和氩气中,在 99 ℃ 时 Co(II)-d-酒石酸水合物失去结晶水。在氩气气氛下,有机部分主要发生吸热反应,分解出现在 380 ℃,最终变成 Co 金属。在空气气氛下,在 395 ℃ 生成 Co_3O_4。但是,放热效应也会出现在惰性气氛下。例如,在 30~300 ℃ 范围内,$Mg_2[Ti_2(O_2)_4] \cdot 4H_2O$ 出现三步分解反应[89],生成 $Mg_2[Ti_2O_4(OH)_4] + 2O_2 + 4H_2O$。DSC 曲线表明在 190 ℃ 出现的强吸热脱水过程与一个更小的放热效应重叠,表明羟基氧化物比脱水过氧化物更稳定。两个其他的放热效应分别在 320 ℃ 和 490 ℃:① → $Mg_2[Ti_2O_5(OH)_2] + H_2O$ 和 ② → $2MgTiO_3 + H_2O$。对于这两个反应,$2OH^-$ 变成水引起的吸热效应被氧化物键的放热重组补偿。两个中间物都是非晶;通过退火形成结晶 $MgTiO_3$(2 h,650 ℃)。

10.5.3 前驱体

在 10.4.6 节中,介绍了用陶瓷方法制备复合氧化物的过程。合适比例的二元氧化物混合物在反应温度下焙烧,然后进行连续研磨和退火。这种传统的合成方法的缺点可能是长时间的煅烧和烧结导致微观组成不均一,颗粒大小和形状的不均匀性以及重复性较差。因此发展了湿化学方法,初始体系是控制金属组分的溶液。用于焙烧的固体前驱体是与目标氧化物相同金属计量比的固体中间物,通过冷冻干燥、喷雾干燥、溶胶-凝胶技术或者氢氧化物、醇盐、重盐/复合物(拥有热降解配体例如碳酸盐、硝酸盐、有机离子或化合物)共沉淀。

通常使用二羧酸配体,比如以草酸、酒石酸等作为配体。Inagaki 等[90]发现在尖晶石 $Li_2Mn_2O_4$ 的合成中,Li-Mn-丙二酸复合体是最合适的前驱体,主要是因为它在空气中有最低的分解温度,为 260 ℃,TG 测量与 EGA、FTIR 和 XRD 结合研究其热分解机理。Rojo 等[91]也使用重丙二酸酯作为配体,用 $M[Cu(mal)_2] \cdot nH_2O$(M = Ca、Sr、Ba)来制备氧代铜酸盐(II)、$MCuO_2$。利用 TG-DSC/DTA 在空气中的实验发现,热分解反应包括如下连续步骤:吸热脱水、配体热解得到碱土金属碳酸盐和 CuO 的混合物。这些碳酸盐脱 CO_2 的温度,从 Ca 到 Ba 由 660 ℃ 升高到 >800 ℃。用 XRD 来鉴定生成的 $MCuO_2$,最终晶粒大小用 SEM 来分析。基于 XRD、SEM-EDX 和 TG 测试,Mullens 等[92]比较了通过共沉淀和机械混合得到的具有相同 Ca/Sr 比例的 Ca/Sr 草酸盐。共沉淀是固熔体 $Ca_xSr_{1-x}C_2O_4 \cdot yH_2O$,通过 $SrC_2O_4 \cdot 2.5H_2O$ 晶格中 Sr^{2+} 被 Ca^{2+} 取代形成的,可以用 XRD 图谱证明。TG/DTA 和 XRD 实验表明,脱水共沉淀分解成 $CaCO_3$ 和 $SrCO_3$ 的混合物。最终分解成分离的氧化物,与机械混合物是一样的。对于其他体系,由前驱体的固熔体可以得到最终氧化物相的固熔体。

对于其他的化学体系,前驱体也很重要。在 10.4.3 节中给出了从 $KMnCl_3 \cdot 2H_2O$ 制备正交晶体 $KMnCl_3$ 的例子。可以用 $FeAlF_5 \cdot 7H_2O$ 为前驱体得到纯的产物,即三元氟化物 $FeAlF_5$。通过使用 TG,在近等压条件下发现与 $Fe_2F_5 \cdot 2H_2O$ 结构相同的中间产物 FeAlF$_5$·2H$_2$O 生成[93]。

在前面的 10.4 节中介绍了监测两金属氧化物形成三元相反应进度的方法。如果其中一个反应物是前驱体，比如碳酸盐或硝酸盐，则反应进度也可以用 TG 测量释放的 CO$_2$ 或 NO$_x$ 引起的质量损失来得到。然而，反应物也可能是挥发物。因此，反应 ZrO$_2$ + 3TeO$_2$ 生成 ZrTe$_3$O$_8$ 出现在 1000 ℃。从 TG 发现[94] TeO$_2$ 在 800 ℃ 开始挥发，然而 ZrTe$_3$O$_8$ 在更高的温度下开始分解产生 TeO$_2$。用 2 K·min^{-1} 的加热速率得到的 DTA 曲线表明，TeO$_2$ 在 732 ℃ 的熔化峰不存在。因此，最合适的合成方法是在 900 ℃ 用 XRD 证明 ZrTe$_3$O$_8$ 的纯度。对于 HfFe$_3$O$_8$ 可以得到类似的结果。Nb-NbBr$_5$（图 10.13）体系的情况更复杂[95]。利用 DTA 在一个密闭石英容器中进行实验，发现在 257 ℃ 熔化之后 NbBr$_5$ 立刻和 Nb 反应放热生成 NbBr$_4$，还伴随着一个吸热可逆的歧化反应：2NbBr$_4$ ⟶ NbBr$_3$ + NbBr$_5$。在开放的容器中第二次加热，反应发生在 388 ℃，在 TG 曲线中也有相应的变化。从 578～700 ℃，出现了一个由混合物（NbBr$_{2.67}$ = Nb$_6$Br$_{16}$ 和 NbBr$_3$）的生成引起的单调的质量损失，最终在约 700 ℃ 分解生成结构未知的产物。这个反应机制可以用总压力测试证明。

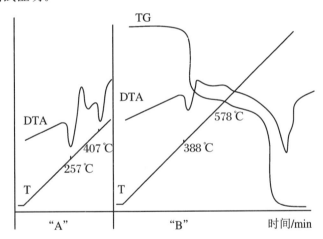

图 10.13　NbBr$_5$ 被 Nb 还原的 TG 和 DTA 曲线（摩尔比 1∶4）

另外一组反应，可以用有反应气氛的 TG 研究。例如，样品被 H$_2$ 或 CO 还原或者被 O$_2$ 氧化。空气中的 TG 实验属于这类反应。例如，可以用热天平监测 Nd$_4$PdO$_7$ 分别与 CO、空气发生还原和再氧化反应的过程[96]。在 CO/He 混合物中，在 380～600 ℃（加热速率为 10 ℃·min^{-1}）范围，化合物被一步还原成 Nd$_2$O$_3$ 和 Pd。空气下 260～600 ℃ 范围的再氧化反应出现两个重叠的步骤。在约 1185 ℃，Nd$_4$PdO$_7$ 开始分解成 Nd$_2$O$_3$ 和 Pd。生成的固相用 XRD 表征，用 SEM 和 TEM 表征其形貌。类似的反应可以用 H$_2$ 完成，然而，通常还可以用另一种监测方法，将在下一节中介绍。

10.5.4　与热重相关的多种分析方法

10.5.4.1　程序升温还原（TPR）

对于用 H$_2$ 的还原反应，反应消耗的 H$_2$ 可以用热导池检测。TPR 曲线与 TG 曲线的质量损失曲线基本一致。因此，AlVMoO$_7$ 相可以用 10% H$_2$ 气流还原，以 10 K·min^{-1} 加热速率加热到 1100 ℃[97]。结果同时用 XRD、红外光谱和 SEM 来验证，还可以与 V$_2$O$_5$ 和 MoO$_3$ 的还原行为进行比较。(V$_{1-x}$Al$_x$)$_2$O$_3$ 固熔体被发现是由在 500～600 ℃ 之间存在的中间物 Al$_2$(MoO$_4$)$_3$ 在约 600 ℃ 时转变得到的。

10.5.4.2　沸点测定

Paulik 等[98] 用他们的近等压、近等温技术来测量 100～1000 mg 样品在"迷宫"式坩埚中沸腾的平衡温度(见图 10.10)，这种结构形式的样品架可以保证坩埚里的空气在实验最初阶段被蒸汽赶走。之后，Goodrum 和 Siegel[99] 在一个热天平里用由激光打孔的密封坩埚进行标准加热条件下的实验。沸腾过程的开始温度根据测量切线而确定，实验时将环境压力控制在 20 mmHg 以下。

10.5.4.3　水平实验传输[100]

在水平式加热炉进行的反应，其他非挥发性固体通过反应性气相以温度梯度迁移，起溶剂作用。最著名的是在红外加热的情况下发生简化的反应：W(s) + nI$_2$(g) ⟶ WI$_{2n}$(g)。放热反应导致反应迁移到较高温度区域，吸热反应的方向相反。由于碘化钨的形成是放热的，因此固体 W 从冷区转移到热区。实验大多在置于双区管式炉的温度梯度中的封闭硅石管中进行。实验结束后，可以根据回收沉积固体的质量和总时间确定传输速率(假设在实验过程中恒定)。在"水平传输实验"(见图 10.14)中，可以在蒸汽相的晶体生长过程中实时测量质量变化。如图所示，样品安瓿位于天平的水平横梁上，根据杠杆原理计算质量变化。运输速率的变化可用于动力学和反应机理的研究，也可结合温度变化进行热力学计算，也用于测定分压和升华过程[101]。

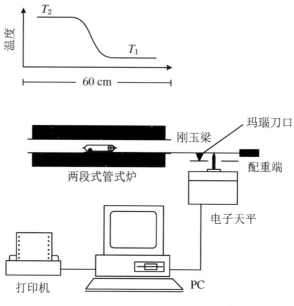

图 10.14　水平式热重分析仪示意图[100]

10.6 热机械分析法

10.6.1 引言

热机械分析(TMA)技术用于测量扭转或负载下样品的体积或长度随温度的变化。如果在测量过程中施加的应力或样品的尺寸随时间而变化,该技术被称为"动态热机械分析",通常缩写为 DMTA 或 DMA。本丛书第 1 卷第 6 章详细介绍了用于这些技术的理论和设备。K. P. Menard 完成了一本很好的介绍 DMTA 的书,书名为《动态热机械分析:实用教程》(CRC Press,Boca Raton,USA,1999)。这种测量的重要性在于将实验与样品机械行为直接联系。应力不仅可以是压缩和张力,还可以是弯曲或扭转形式,从而可以得到体积、剪切和拉伸应力的模量。因此,DMTA 是检查宏观材料例如柔性、线性聚合物的性能的非常重要的方法。一般来说,很难从其微观起源理解所测量的宏观量。只有当压力变为零时,才能充分做到这一点。实验中仅测量长度(或体积)对温度的依赖性,即热膨胀性质,这种热分析技术为"热膨胀法"。在下面的章节中对用于无机化合物的热膨胀的测量进行介绍。

10.6.2 热膨胀

所有固体物质在加热或冷却时尺寸会发生可逆变化,称为热膨胀,这些效应是组成物质的原子或分子的热运动的结果。在理想气体中,粒子之间没有相互作用。但在(晶体)固体中,原子或离子占据(晶格)结构中的某些位点,吸引力和排斥力处于平衡状态。颗粒在平衡位置的运动依赖于温度振动。由于排斥力和吸引力不是对称的,因此随着温度的升高,振动中心移动以增加原子间距离从而发生了固体膨胀。这种膨胀对于立方晶体是各向同性的,对于所有其他晶体体系则是各向异性的。变形也有可能是由键角随温度的变化引起的。在复杂固体上的某个方向上还可能存在收缩。为了描述在给定温度下的整体变形,引入热膨胀系数(线性或体积)的概念:$(\alpha_L)_T = (dL/dT)/L$ 和 $(\alpha_V)_T = (dV/dT)/V$。通常这些系数在较大的温度范围内几乎是恒定的,因此可以使用具有 ΔL、ΔV 和 ΔT 的平均系数而不是微分。对各向同性材料,$(\alpha_V)_T = 3(\alpha_L)_T$。对于各向异性晶体,需要分别确定每个晶轴的线性膨胀系数。对于无机化合物体系,已经发现热膨胀、结合力和几何结构之间的相关性,但是在推导通用理论时存在太多的异常现象,特别重要的是样品中的缺陷(晶格缺陷或聚集体的孔隙率)对样品膨胀的影响。最简单的情况即各向同性晶体聚集体,每个晶粒可以在所有方向上均匀地膨胀,而在它们之间没有出现任何差别较大的运动行为。在冷却时,聚集体返回其原始位置和形状,并且热膨胀曲线不显示任何滞后现象。然而,在许多其他情况下,在热处理过程中晶粒相互的取向会改变或晶格缺陷的数量会减少。实验过程中,热膨胀曲线会出现滞后或峰值。热膨胀曲线和 X 射线方法结果之间的差异也很明显,这种影响可以通过研究几个加热-冷却循环的不可逆性来理解。

10.6.3　测量热膨胀性质的实验方法

测量长度变化的最基本的方法是用显微镜直接观察样品。如果样品块的一面可以抛光,则可以通过使用激光的干涉来测量 ΔL,这是灵敏度最高的方法,也可以使用取决于长度变化的电特性来测量。然而,使用最广泛的膨胀计是推杆式膨胀计。长度变化通过推杆传送到放大器设备,例如炉外的线性可变差动变压器(LVDT),这样的系统也可以用于微分膨胀计。

在与膨胀仪联用的方法中,与 DTA 的组合是特别重要的。最完整的组合是 Paulik 的工作,Paulik[102] 在衍射图中引入了一个简单的膨胀测量装置。另一个组合是由 Duclot 和 Deportes[103] 推出的将推杆膨胀计与电导率测量装置结合起来。Balek[104] 开发了一种多功能设备,可以实现 DTA、膨胀测量和放射热分析(ETA)。(在 ETA 中,惰性放射性气体被包覆在固体中。测量样品在加热时气体的释放速率,由此可以检测内表面的变化。本丛书第 1 卷第 9 章给出了 ETA 的更多细节。)

10.6.4　高温 X 射线衍射

这项技术是结构测定的一个分支,可以测量样品的晶体结构(通常是粉末)以获得在给定温度下晶胞的尺寸。材料必须是结晶的状态,并且 X 射线图案必须能够被检索。通过记录不同温度下的 X 射线图案,可以计算晶格参数的热变化。主要问题是测量足够大衍射角的图案所需的时间。Austin 等人[105] 在 1940 年比较了 X 射线和光学干涉仪方法研究方解石的线性热膨胀的行为。对于干涉测量,从四个不同方向测量从单晶切割的小块,X 射线衍射则直接测量晶体粉末,测量温度为 50 ℃ 到 300 ℃。两组测量结果在准确度范围内一致。

Bayer 和 Wiedemann[106] 使用加热衍射仪(Philips,MRC 炉)和 Lenne-Guinier 技术研究铁板钛矿的热膨胀和铂族金属氧化物的热特征[107]。在第二篇论文中,他们用 X 射线高温衍射仪在逐步增加的温度(图 10.15(a))下等温测量了 PdO、RuO_2、IrO_2 的热膨胀及其热分解,并通过 TG/DTA 连续测量其热行为。由变化的晶格参数计算膨胀系数(图 10.15(b))。

在 Lenne 技术中,样品在加热系统上被压实,为薄层或网状。如果样品暴露于周围的空气中,可能会有吸湿性问题。Simon-Guierier 技术[108] 的改进是将样品密封在薄石英安瓿中。一个应用实例是对 Na_3GdCl_6 的热膨胀和相变的研究[109]。20 世纪 70 年代引入位置敏感比例计数器[110] 后可以得到时间和温度分辨 X 射线衍射结果。该技术可以在连续或逐步加热样品的同时每天大约测量 200 个角度色散衍射图案,用于研究相变或动力学。图 10.16 给出了由 Engel 等人[111] 测量的 NH_4NO_3 在 $-70\sim140$ ℃ 范围内的五个相转变,用 Rietveld 精修评估不同相的晶体结构。该文和其他论文[112] 描述的其他例子是镍和铁的非等温腐蚀以及 NH_4NO_3 与氧化铜的等温反应。

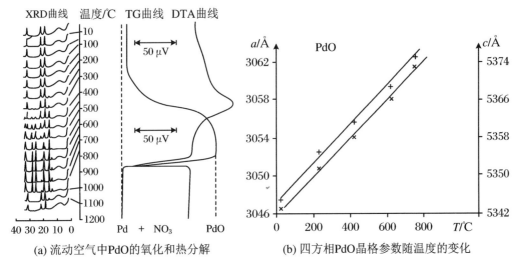

(a) 流动空气中PdO的氧化和热分解   (b) 四方相PdO晶格参数随温度的变化

图 10.15

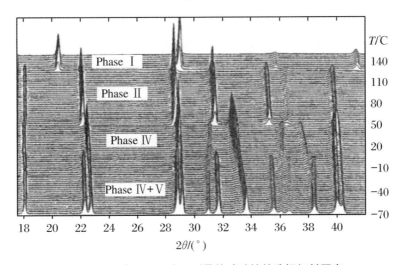

图 10.16   在不同温度下测量的硝酸铵的选择衍射图案

比使用普通 X 射线成本更高的是使用中子散射或同步辐射技术,这扩大了研究的领域。Aranda[113]介绍了几个应用实例,其中包括热膨胀及其在二阶相变、磁转变和质构测定的朗道理论中的应用。最近,DSC 和时间分辨同步加速器 XRD 的联用技术逐渐发展起来[114]。

参考文献

〔1〕 J. A. Sommers and E. F. Westrum, J. Chem. Thermodyn., 8 (1976) 1115;9 (1977) 1.

〔2〕 J. E. Callanan, R. D. Weir and E. F. Westrum, J. Chem. Thermodyn., 25 (1993) 209.

〔3〕 E. Palacios, R. Navarro, R. Burriel, J. Bartolomé and D. Gonzales, J. Chem. Thermodyn.,

18（1986）1089.

［4］ T. Atake，K. Nomoto，B. K. Chaudhuri and H. Chihara, J. Chem. Thermodyn.，15 (1983) 339.

［5］ S. C. Mraw and D. F. Naas, J. Chem. Thermodyn.，11 (1979) 567.

［6］ F. Gronvold and E. F. Westrum, Inorg. Chem.，1 (1961) 36; J. Chem. Thermodyn.，8 (1976) 1039.

［7］ J. E. Callanan and S. A. Sullivan, Rev. Sci. Instr.，51 (1986) 2584.

［8］ S. M. Sarge, E. Gmelin, G. W. H. Höhne, H. K. Cammenga, W. Hemminger and W. Eysel, Thermochim. Acta, 247 (1974) 129.

［9］ M. Gaune-Escard，A. Bogacz，L. Rycerz and W. Szczepaniak, J. Alloys Comp.，235 (1996) 176.

［10］ R. Blachnik and C. Siethoff, Thermochim. Acta, 278 (1996) 39.

［11］ K. Adamkovicova, P. Fellner, L. Kosa, P. Lazor, I. Nerad and I. Proks, Thermochim. Acta, 191 (1991) 57.

［12］ C. M. Guttman and J. H. Flynn, Anal. Chem.，45 (1973) 408.

［13］ M. Chabin, F. Giletta and C. Ridou, Phys. Stat. Sol. (a)，48 (1978) 67.

［14］ P. Vanek, B. Brezina, M. Havrankova and J. Biros, Phys. Stat. Sol. (a)，95 (1986) K 101.

［15］ J. Garcia, J. Bartolomd, D. Gonzales, R. Navarro and W. J. Crama, J. Chem. Thermodyn.，15 (1983) 1109.

［16］ J. C. Southard, J. Amer. Chem. Soc.，61 (1941) 3142.

［17］ J. L. Margrave and R. T. Grimley, J. Phys. Chem.，62 (1958) 1436.

［18］ A. S. Dworkin and M. A. Bredig, J. Phys. Chem.，64 (1960) 269; 67 (1963) 2499.

［19］ W. T. Thompson and S. N. Flengas, Canad. J. Chem.，42 (1971) 1550.

［20］ J. L. Holm, B. J. Holm and F. Gronvold, J. Chem. Thermodyn.，5(1973)97.

［21］ T. Hattori, K. Igarashi and J. Mochinaga, Bull. Chem. Soc. Japan.，54 (1981) 1883.

［22］ H. Kleykamp, Thermochim. Acta, 287 (1996) 191.

［23］ E. Gmelin, W. Hönle, C. Mensing, H. G. V. Schnering and K. Tentschev, J. Thermal Anal.，35 (1989) 2509.

［24］ R. T. Marano and E. R. Shuster, Thermochim. Acta, 1 (1970) 521.

［25］ A. S. Dworkin and M. A. Bredig, J. Chem. Eng. Data, 15 (1970) 505.

［26］ A. S. Dworkin, J. Chem. Eng. Data, 17 (1972) 289.

［27］ S. Cantor, D. P. McDermott and L. U. Gilpatrick, J. Chem. Phys.，52 (1970) 4600.

［28］ V. E. Gorbunov, K. S. Gavrichev, G. A. Totrova, L. N. Golushina, V. N. Plakhotnik, V. B. Tulchinskii and Y. B. Kovtun, Z. Neorg. Khim.，38(1993)217.

［29］ E. C. Reynhardt and J. A. J. Lourens, J. Chem. Phys.，80 (1984) 6240.

［30］ K. S. Gavrichev, G. A. Sharpataya and V. E. Gorbunov, Thermochim. Acta, 282/283 (1996) 225.

［31］ K. S. Gavrichev and V. E. Gorbunov, Z. Neorg. Khim.，41 (1996) 2105.

［32］ H. Hinode, Y. Ohira and M. Wakihara, Thermochim. Acta, 282/283 (1996) 331.

［33］ P. A. G. O'Hare and G. A. Hope, J. Chem. Thermodyn.，24 (1992) 639.

［34］ G. C. Fitzgibbon, C. E. Holley and I. Wadso, J. Phys. Chem.，69(1965)2464.

［35］ E. J. Huber and C. E. Holley, J. Amer. Chem. Soc.，75 (1953) 3594.

［36］ E. H. P. Cordfunke and A. S. Booij, J. Chem. Thermodyn., 21 (1995) 897.

［37］ H. Oppermann, A. Morgenstem and S. Ehrlich, Z. Naturforsch.,52b (1997) 1062.

［38］ F. H. Spedding, M. J. Pikal and B. O. Ayers, J. Phys. Chem.,70 (1960) 2440.

［39］ L. V. Vasilkova and I. L. Perfilova, Z. Neorg. Khim., 10 (1965) 1248.

［40］ D. V. Korolkov and V. O. Zakharzhevskaya, Z. Neorg. Khim.,12 (1967) 1561.

［41］ H. J. Seifert, J. Sandrock and J. Uebach, Z. anorg, allg. Chem.,555 (1987) 143.

［42］ G. N. Papatheodorou, J. Inorg. Nucl. Chem., 35 (1973) 465.

［43］ O. J. Kleppa, J. Phys. Chem., 64 (1960) 1937.

［44］ G. N. Papatheodorou and O. J. Kleppa, Inorg. Chem., 9 (1970) 406.

［45］ B. Cristol, J. Houriez and D. Balesdent, J. Chem. Thermodyn., 13 (1981) 937; 16 (1984) 1191.

［46］ Q. Guo and O. J. Kleppa, Thermochim. Acta, 288 (1996) 53.

［47］ J. Bartolomé and F. Bartolomé, Phase Trans., 64 (1997) 57.

［48］ A. Navrotsky, Phys. Chem. Miner., 24 (1997) 222.

［49］ R. Blachnik, J. Besser, P. Wallbrecht and K. Dreyer, Thermochim. Acta,271(1996) 85.

［50］ Y. Jin and B. Wunderlich, J. Thermal Anal., 36 (1990) 765.

［51］ P. D. Kleinschmidt and K.M. Axler, High Temp. Sci., 28 (1990) 127.

［52］ G. Chattopadhyay, M. O. Karkhanavala and M. S. Chandrasekharaiah,J. Electrochem. Soc., 122 (1975) 325.

［53］ A. Gaumann, Chimica, 20 (1966) 82.

［54］ H. J. Seifert and G. Thiel, Thermochim. Acta, 100 (1986) 81.

［55a］ H. J. Seifert, H. Fink and J. Uebach, J. Thermal Anal., 33 (1988) 625.

［55b］ H. J. Seifert, H. Fink and G. Thiel, J. Less-Common Metals,110 (1985) 139.

［55c］ H. J. Seifert, Thermochim. Acta, 114 (1987) 67.

［56］ A. Horowitz, M. Amit, J. Makovsky, L. Bendor and Z. H. Kalman,J. Solid State Chem., 43 (1982) 107.

［57］ H. J. Seifert and G. Thiel, J. Chem. Thermodyn., 14 (1982) 1159.

［58］ G. Friedrich and H.J. Seifert, J. Thermal Anal., 41 (1994) 725.

［59］ M. Gaune-Escard and J. P. Bros, Thermochim. Acta, 31 (1979) 323.

［60］ C. G. S. Pillai and P. V. Ravindran, Thermochim. Acta, 278 (1996) 109.

［61］ M. A. Eissa, M. A. A. Elmasry and S. S. Younis, Thermochim. Acta, 288 (1996) 169.

［62］ T. Petzel, F. Schneider and B. Hormann, Thermochim. Acta ,276 (1996) 1.

［63］ W. Weppner, Chen Li-Chuan and W. Piekarcyk, Z. Naturforsch., 35a (1980) 381.

［64］ H. Oppermann, H. Gobel and U. Petasch, J. Thermal Anal.,47 (1996) 595.

［65］ G. Liptay, K. Burger, E. Papp and S. Szebeni, J. Inorg. Nucl. Chem., 31 (1969) 2359.

［66］ A.G. Matuschek,H. Utschick, C. Namendorf, G. Brauer and A. Kettrup, J. Thermal A-nal., 47 (1996) 623.

［67］ J. Rouquerol, Bull. Soc. Chim. Fr., (1964) 31.

［68］ A. Ortega, Thermochim. Acta, 22.8. (1997) 205.

［69］ H. Palmer, D. R. Johnson and G. C. Kuscynski, Sintering and RelatedPhenomena, Gordon and Breach, New York, 1967, p779.

［70］ O. T. Sørensen, J. Thermal Anal., 13 (1978) 429.

[71]　J. Rouquerol，Thermochim. Acta，144（1989）209.

[72]　D. Petzold and R. Naumann，J. Thermal Anal.，20（1981）71.

[73]　K. Kociba and P. K. Gallagher，Thermochim. Acta，282/283（1996）277.

[74]　E. Knaepen，J. Mullens，J. Yperman and L. C. van Poucke，Thermochim. Acta，284（1996）213.

[75]　A. S. Bhatti and D. Dollimore，Thermochim. Acta，78（1984）63.

[76]　F. Chen，O. T. Sørensen，G. Meng and D. Peng，J. Thermal Anal.，53（1998）397.

[77]　D. Dollimore，G. R. Heal and J. Mason，Thermochim. Acta，30（1978）307.

[78]　D. Dollimore and J. L. Koniczay，Thermochim. Acta，318（1998）155.

[79]　O. Gencova and J. Siftar，J. Thermal Anal.，48（1997）321,877.

[80]　L. Erdey and G. Liptay，Period. Polytechn.，7（1963）185,223.

[81]　G. Liptay，K. Burger，E. Moscari-Fulüp and J. Porubszky，J. Thermal Anal.，2（1970）25.

[82]　G. Liptay，T. Wadsten and A. Borbely-Kuszmann，J. Thermal Anal.,31（1986）845.

[83]　G. Liptay，G. Kennessey，L. Bihatsi，T. Wadsten and J. Mink,J. Thermal Anal.，38（1992）899.

[84]　I. Labadi，L. Parkanyi，G. Kenessey and G. Liptay，J. Cryst. Spectrosc. Res.，23（1993）333.

[85]　J. Kansikas，M. Leskela，G. Kennessey，P. E. Werner and G. Liptay，Acta. Chem. Scand.，48（1994）951.

[86]　L. Hiltunen，L. Niinistö，G. Kennessey，G. M. Keseru and G. Liptay，ActaChem. Scand.，48（1994）456.

[87]　A. L. Nelwamondo，D. J. Eve，G. M. Watkins and M. E. Brown,Thermochim. Acta，318（1998）165.

[88]　I. Dranca，T. Lupascu，V. Sofransky，V. Popa and M. Vass,J. Thermal Anal.，46（1996）1403.

[89]　V. Parvanova and M. Maneva，Thermochim. Acta，279（1996）137.

[90]　T. Tsumura，S. Kishi，H. Konno，A. Shimizu and M. Inagaki,Thermochim. Acta，218（1996）135.

[91]　M. Insausti，I. G. de Muro，L. Lorente，T. Rojo，E. H. Bocanegra and I. M. Arriortua，Thermochim. Acta，287（1996）81.

[92]　E. Knaepen，M. K. van Bael，I. Schildermans，R. Nouwen，J. D'Haen，M. D'Olieslager，C. Quaeyhaegens，D. Franco，J. Yperman，J. Mullens and L. C. Van Poucke，Thermochim. Acta，318（1998）143.

[93]　U. Bentrup，Thermochim. Acta，284（1996）397.

[94]　R. Mishra，M. S. Samant，A. S. Kerkar and S. R. Dharwadkar，Thermochim. Acta，273（1996）85.

[95]　O. I. Vlaskinfi，A. S. Ismailovich and V. I. Tsirelnikov，J. Thermal Anal.，46（1996）85.

[96]　M. Andersson，K. Jannson and M. Nygren，Thermochim. Acta，318（1998）83.

[97]　I. L. Botto and M. B. Vasallo，Thermochim. Acta，279（1996）205.

[98]　F. Paulik，S. Gal and K. M. Szeczenyi，J. Thermal Anal.，42（1994）425.

[99]　J. W. Goodrum and E. M. Siegel，J. Thermal Anal.，46（1996）1251.

[100]　M. Lenz and R. Gruehn，Chem. Rev.，97（1997）2967.

[101] A. Hackert and V. Plies, Z. anorg, allg. Chem. , 624 (1998) 74.

[102] F. Paulik and J. Paulik, Special Trends in Thermal Analysis, Wiley, New York, 1995, p28-39.

[103] M. Duclot and C. Deportes, J. Thermal Anal. , 1 (1969) 329.

[104] V. Balek, J. Mater. Sci. , 4 (1969) 919.

[105] J. B. Austin, H. Saini, J. Weigle and R. H. H. Pierce, Phys. Rev. ,57 (1940) 931.

[106] G. Bayer, J. Less-common Metals, 24 (1971) 129.

[107] G. Bayer and H. G. Wiedemann, Archiwum Hutnictwa, 22 (1977) 3.

[108] A. Simon, J. Appl. Cryst. , 3 (1970) 11.

[109] G. Meyer, P. Ax, T. Schleid and M. Irmler, Z. anorg, allg. Chem. ,554 (1987) 25.

[110] S. K. Byram and R. A. Sparks, Advances in X-ray Analysis,20 (1977) 529.

[111] W. Engel, N. Eisenreich, M. Herrmann and V. Kolarik, J. Thermal Anal. ,49 (1997) 1025.

[112] W. Engel, N. Eisenreich, M. Alonso and V. Kolarik, J. Thermal Anal. ,40 (1993) 1017.

[113] M. A. G. Aranda, Anal. Quimica, Int. Edn, 94 (1998) 107.

[114] G. Keller, F. Lavigne, L. Forte, K. Andrieux, M. Dahim, C. Loisel, M. Ollivon, C. Borgaux and P. Lesieur, J. Thermal Anal. , 51 (1998) 783.

第 11 章

热分析方法在地球科学中的应用

Werner Smykatz-kloss[a] , Klaus Heide[b] and Wolfgang Klinke[a]

a)卡尔斯鲁厄大学矿物与地球化学研究所，德国卡尔斯鲁厄 D-76128（Institute for Mineralogy and Geochemistry，University of Karlsruhe，D-76128，Karlsruhe，Germany）

b)耶拿大学地球科学研究所，德国耶拿 Burgweg 11，D-07749（Institute for Geosciences，University of Jena，Burgweg 11，D-07749，Jena，Germany）

11.1 简介

Le Chatelie 在 1887 年[1]指出，地球科学是热分析的重要应用领域之一。R. C. Mackenzie[2]概述了 Le Chatelier 获得的几种黏土矿物的加热速率曲线（图 11.1）。在接下来的几个世纪里，研究人员主要利用差热分析（DTA）技术，其次是热重分析（TG）和热膨胀法（TD）分别通过检测热量、质量和长度随温度的变化关系来测定矿物材料的性质。所获得的实验数据可以在一些手册、教科书和评论文章中找到，例如文献[3-38]以及热分析期刊（TCA，JTAC）或特别会议和研讨会（如 ICTA、ICTAC、ESTAC、NATAS）的许多专题论文中。

图 11.1 Robert Cameron 和 Hilda Mackenzie，
（1990 年 Berghausen/Karlsruhe，
由 A. M. Abdel Rehim 拍摄）

地球科学的热分析研究的高峰期在 1950 年到 1975 年之间。之后，热分析方法的应用越来越多地转向物理和高分子化学、材料科学和冶金学。地球科学家的研究兴趣随后转移到联用技术（高压 DTA、逸出气体分析、TA 质谱、高温显微镜以及热声测定）或定量改进的方法（量热法以及色谱法等）。现代装置和设备的应用为地球科学中热分析的应用开辟了新的领域，例如环境研究、晶体学和岩石学研究以及应用和技术矿物学。

国际热分析与量热学联合会（ICTAC）投入了大量精力推广新的热分析技术及其在地球科学中的应用，并改进了现代地球科学领域中已有的方法。在 W. Smykatz-Kloss 的倡议下，1988 年该组织中成立了地球科学委员会。这个委员会通过几次会议和出版两本专门书籍来推广研究成果，从而推动了热分析技术在地球科学中的应用[39-40]。

热分析在地球科学中最重要的应用领域仍然是关于黏土的研究,即微晶尺寸<0.002 mm 的矿物。这是因为许多黏土矿物及其配合物(如有机黏土)以及氢氧化物和碳酸盐均表现出难以用常规固态方法(X 射线分析和光学显微镜)表征的紊乱和无序结构。在热分析研究中,黏土矿物的脱水、脱羟基化或相转变通常在定性上和(半)定量上得到很好的表征。测定黏土矿物结构的缺陷特性时无需特殊制备样品以及样品质量可以在较宽范围(10 μg~1000 g)变化是热分析的另一些优点。

岩石学和应用矿物学的相变和相图关系及其热力学和动力学的研究也是重要的研究领域,其中包括熔化温度的确定、与气体逸度相关的高压和高温矿物反应以及取决于固熔体或晶体化学取代物的晶体化学组成的热力学数据[41-50]。在"非黏土"类矿物中,含水合物或 OH 基的硅酸盐、硫酸盐、钒酸盐、磷酸盐、硼酸盐和氢氧化物均可以通过其脱水、脱羟基化或分解行为来表征。许多矿物在加热或冷却过程中表现出可逆的或不可逆的相变特征。定性和定量测定矿物质含量的另一标准为是否发生氧化效应,尤其是含 Fe^{2+}、Mn^{2+}、Pb^{2+} 或 S^{2-} 和含碳矿物、岩石或土壤。

热分析研究的一个特殊领域是岩石和土壤碳酸盐的鉴定和定量,吸热分解效应和分解速率对 CO_2 分压的依赖性在许多情况下远远低于 X 射线分析对碳酸盐矿物的分析和测定的检测限。后一种效应可在严格的标准化条件下进行分析,例如 PA 曲线(Proben-mengen-Abhangigkeit[24-25,50-54])、可变气氛下的分析[52,55-57]以及在高真空和氧化条件下的研究[58]。

在土壤和沉积物中,许多矿物质表现出高度的结构紊乱。利用标准化的 DTA、EGA-MS 或 DSC 通常能够表征这种紊乱程度,并且通过这种方法可以将其与地层环境和古气候条件联系起来[59-62]。另外,热分析方法已被广泛应用于控制工艺过程或表征原材料。在环境科学中,最近已经使用了热分析法来表征废物处理场所或农业区域(屏障)黏土稳定性的下降过程[63-65]。

岩石快速热解(Rock-Eval-Pyrolysis)[66-67]分析仪是一种被广泛用于表征近代和古土壤沉积物以及土壤中有机物质的装置。在最近的研究中,该装置通过与质谱联用来检测逸出气体[68]。

11.2 矿物的鉴定与测定

11.2.1 简介

矿物、岩石和土壤的热效应研究包括吸热效应(脱水、脱羟基、分解、熔化、相变)和放热效应(氧化、再结晶),根据实验结果结合矿物的成因、物理和技术特性以及与环境因素的相互作用可以对矿物进行定性和定量分析。

有关热分析的方法、设备和原理的详细信息,请参阅引用的文献。Heide[29]以及 Cunningham 和 Wilburn[69]很好地总结了热分析理论,DTA 仪器、技术和主要方法由

Mackenzie 和 Mitchell[70-71] 综述,Redfern[72] 对"补偿法"和不同的热分析方法研究的现象做了简短而清晰的概述。在地球科学中主要应用了差热分析(DTA)、热重(TG)和差示扫描量热(DSC)三种方法。在技术矿物学和材料科学(陶瓷、玻璃技术)中,热膨胀仪(TD)也是重要的方法[30]。关于这些技术的改进、联用和相对复杂的方法通常只用于特殊的研究(见本章 11.5 节和 11.6 节)。

在应用中,可以使用一系列参考材料和标准物质(金属、合金、矿物和玻璃[20,29,35,73-79] 或参见本丛书的第 1 卷)对热分析仪器进行校准。

用于鉴定和表征矿物及其性质的方法主要是通过研究其脱水和脱羟基化、结构分解(脱碳)、固态相变、熔化和氧化来进行。在特殊情况下,可能会有其他效应(例如磁转变、升华、烧结、失透、玻璃化转变)。为了比较不同研究者的数据并实现定量和可重复性的结果,所有的研究(DTA、DSC、TG、TD 等的运行和制备)应在严格标准化的制备和分析条件下进行[24,80]。一些特殊类型的材料需要特定技术的样品制备和特殊设计的仪器设备(样品架、热电偶、加热炉)。在地球科学领域,特别是含有 S、P 或卤化物的样品应该小心分析,因为这些样品可能会污染设备的金属部件,尤其是一些磷酸盐和硫化物体系。

11.2.2 脱水和脱羟基

11.2.2.1 简单的水合物、氯化物、硫酸盐、磷酸盐、砷酸盐、钒酸盐、硼酸盐

矿物中不同类型的水结合强度决定水合或 OH 结构的脱水行为。通常条件下,水可以简单地吸附在样品表面上。物质越细,吸附越强。水可通过四种不同的方式结合:

(1)无论是在膨胀黏土矿物层间还是在埃洛石层间都可形成层间水。

(2)可能有大量的结晶水,按化学计量关系结合在矿物结构中,占据结构的不同位置(如石膏和其他硫酸盐、富含水的氯化物)。

(3)遍布在体积庞大的结构中,并填充一些孔或囊泡(沸石水)。

(4)以 OH 基形式存在,如所有水解产物(例如氢氧化物、云母、黏土矿物)和其他含 OH 基的硅酸盐(如角闪石或水合物)。

包括多价阳离子(Fe、Mn……)在内的水解产物的脱羟基过程可能会导致特殊的热效应。并且作为热分析技术的一个优势(与 X 射线分析相比),可以方便地研究含 H_2O 的无定形矿物(例如水铝英石、蛋白石……)在转变成晶体时显示出的放热效应。

1. 氯化物

富含水的盐,如光辉石($MgCl_2 \cdot 6H_2O$)、光卤石($KMgCl_3 \cdot 6H_2O$)、速激石($CaMg_2Cl_6 \cdot 12H_2O$)和红土矿($KMg[Cl/SO_4] \cdot 3H_2O$),表现出多个吸热效应(表11.1),如水合脱水、水解、分解沸腾和熔融反应,在水解反应过程中:$X-Cl+H_2O \rightarrow X-OH+HCl$,会生成无机酸,例如,HCl 在水氯镁石、钙镁石和水滑石的热分解中析出[81],添加剂的影响通常会降低吸热峰的温度[82],图 11.2 所示为一些补充的卤化物(氯化物和氟化物)的 DTA 曲线。

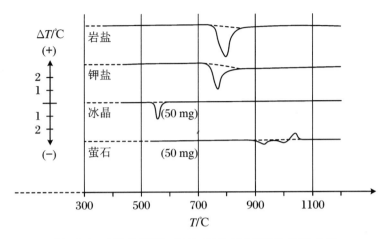

图 11.2 卤化物(岩盐、钾盐、萤石、冰晶石)的 DTA 曲线

表 11.1 富水卤化物的热力学数据

矿物分子式	吸热反应(℃,±1℃)							
$MgCl_2 \cdot 6H_2O$ 水氯镁石	118 (m)		130 (b)	155~185 (b. hy)		232 (deh)		298 (deh,hy)
$KMgCl_3 \cdot 6H_2O$ 光卤石	160~165 (m)			190 (b)		230 (deh,hy)		425 (m)
$CaMg_2Cl_6 \cdot 12H_2O$ 溢晶石	117 (tr)	190	250 302 (deh)	391	515	535 690 (dec)	771	
$KMgSO_4Cl \cdot 3H_2O$ 钾盐镁矾	160 (deh)		277 (deh,hy)		425 (tr)		490~540 (dec)	

注:m:熔融;b:沸腾;deh:脱水;hy:水解;dec:分解;tr:结构转变。

2. 硫酸盐

水合硫酸盐的热行为有时相当复杂[13,18,82-87],会产生吸热效应如解离、脱水、脱羟基化、分解、结构转化、熔化、沸腾,以及放热效应,涉及从亚稳态(无定形)到稳定(中间)反应产物的转变、重结晶或氧化(表 11.2)[24,82,85-86]。对于这些硫酸盐的脱水过程,由于在失水过程中有中间反应产物形成,其结果不能简单解释。Heide[85-86]得出结论,通过热分析方法对水合硫酸盐进行相分析的实验结果对于结构研究是非常有用的。

在特殊情况下,在加热过程中结晶水合硫酸盐如 $Na_2SO_4 \cdot 10H_2O$ 在 32.4 ℃熔化,随着温度升高,水合物熔体失水越来越多。这导致平衡转移,新的硫酸盐(含有较少的水)将从过饱和的"溶液"中沉淀出来,出现较多的亚稳态组分的转变和重组。因此,在较高温度下发生的热效应不能追溯到起始物质,而只能追溯到中间亚稳态反应产物[83]。一个典型的例子是水合硫酸镁的脱水过程[18,24,86-87]:

表 11.2　水合硫酸盐的热力学数据(℃,±1 ℃)

矿物分子式	吸热反应	放热峰位置	文献
$Na_2SO_4 \cdot 10H_2O$ 芒硝	32、102、240、884(熔融)		[82]
$CaSO_4 \cdot 2H_2O$ 石膏	120、180、>1000(分解)、1195(熔融)	380	[18]
$FeSO_4 \cdot 7H_2O$ 橄榄石	83、110、130、310、735(分解)		[24]
$MgSO_4 \cdot 7H_2O$ 泻利盐	46~93、128~152、258、273、800~1200(分解)		[85]
$MgSO_4 \cdot 4H_2O$ 星辉石	340、800~1200(分解)		[18]
$MgSO_4 \cdot H_2O$ 镁石	350~380、80~1200(分解)		[93]
$ZnSO_4 \cdot 7H_2O$ 皓矾	34~45、80~120、234~305、700~1000(分解)		[85]
$NiSO_4 \cdot 7H_2O$ 碧镍石	40、87~106、117、123~143、374、407~472、800、870(分解)		[85]
$CuSO_4 \cdot 5H_2O$ 辉石	95、120、320、820		[18]
$Al_2(SO_4)_3 \cdot 18H_2O$ 毛矾石	130、140、320、800、820		[84]
$K_2Mg(SO_4)_2 \cdot 6H_2O$ 苦橄黄长岩	82、129、180~214、560(分解)、738(熔融)、842(熔融)	330	[85]
$K_2Mg(SO_4)_2 \cdot 4H_2O$ 菱镁矿	140、180、560(分解)、738(熔融)、842(熔融)	330	[85]
$K_2MgCa_2(SO_4) \cdot 2H_2O$ 杂卤石	310~355、890(熔融)	510	[27]
$Na_2Mg(SO_4)_2 \cdot 2H_2O$ 钠镁矾	269~280、668(熔融)、704(熔融)		[85]
$Na_2Mg(SO_4)_2 \cdot 4H_2O$ 白钠镁矾	140、260~290、668(熔融)、704(熔融)		[85]

$$MgSO_4 \cdot 7H_2O \longrightarrow (52\,°C) \longrightarrow MgSO_4 \cdot 6H_2O \longrightarrow (94\,°C)$$

七水硫酸镁　　　　　　　　　六水镁钒

$$\longrightarrow MgSO_4 \cdot 5H_2O \longrightarrow (106\,°C) \longrightarrow MgSO_4 \cdot 4H_2O \longrightarrow (117\,°C)$$

五水泻利盐　　　　　　　　　四水泻利盐

$$\longrightarrow MgSO_4 \cdot 3H_2O \longrightarrow (138\,°C) \longrightarrow MgSO_4 \cdot 2H_2O \longrightarrow (164\,°C、184\,°C)$$

无定形　　　　　　　　　　　无定形

$$\longrightarrow MgSO_4 \cdot 1.5H_2O \longrightarrow (340\,°C) \longrightarrow MgSO_4$$

无定形　　　　　　　　　　　结晶

因此硫酸镁的 DTA 曲线中显示出 8 个吸热效应,部分热效应重叠(图 11.3)。具有 $3H_2O$、$2H_2O$、$1.5H_2O$ 和 $0.5H_2O$ 的非晶相在自然界中不存在。硫酸钠、芒硝也表现出类似的性质。在高真空条件下,通过放热反应可以观察到结晶硬石膏转性。这种"多步"脱水[86]的例子有多种矿石,如镁铝石 $MgAl_2(SO_4)_4 \cdot 22H_2O$[88-89]、皓矾 $ZnSO_4 \cdot 7H_2O$[18,24,87]、水绿矾 $FeSO_4 \cdot 7H_2O$(它转变成四合水铁矾 $FeSO_4 \cdot 4H_2O$,最终变成水铁矾 $FeSO_4 \cdot H_2O$[18,90])、白垩石 $CuSO_4 \cdot 5H_2O$[91]、红沸石(白钠镁矾)$Na_2Mg(SO_4)_2 \cdot 4H_2O$[18,24,92]、软钾镁矾 $K_2Mg(SO_4)_2 \cdot 6H_2O$[85]、红土 $KMg(Cl/SO_4) \cdot 3H_2O$[18,93]、芒硝 $Na_2SO_4 \cdot 10H_2O$、毛矾石 $Al_2(SO_4)_3 \cdot 18H_2O$[84]、菱镁铁矾 $MgFe_3[(SO_4)(OH)_3] \cdot 18H_2O$[84]、石榴石 $Na_{12}Mg_7(SO_4)_{13} \cdot 15H_2O$[92,94] 和叶绿矾 $MgFe_4[OH/(SO_4)_3]_2 \cdot 18H_2O$[84],也表现出类似的性质。比较有意义的现象是,大部分显示出多步脱水行为的硫酸盐(和氯化物)都是含镁矿物(表 11.2)。

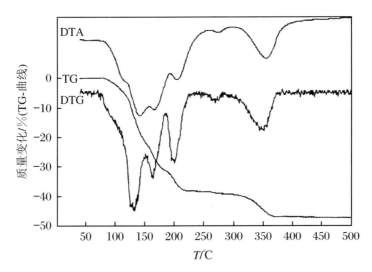

图 11.3　在 40～500 °C 范围 $MgSO_4 \cdot 7H_2O$ 的 TG、DTG、DTA 曲线

含 Ca 的硫酸盐石膏 $CaSO_4 \cdot 2H_2O$ 分两步脱水,包括中间产物半水合物(顺系矿石 $CaSO_4 \cdot 0.5H_2O$),并转化成无定形的"可溶"的无水石膏,在 380 °C 进一步转化并放热,变成改性晶体硬石膏[24,82]。在标准大气压下,在 1000 °C 以上发生 $CaSO_4$ 分解为 CaO 和 SO_3 的反应。最常见的矿物石膏已被许多热分析研究者分析[13,46,82,86,95]。Smykatz-Kloss[24,51] 测定了沉积物和土壤中的石膏形成(例如使用 PA 曲线法)。Strydom 和 Potgieter[96] 比较了天然石膏和磷石膏在研磨时的脱水行为。

不含结晶水的同型化合物黄钾铁矾 $KFe_3[(SO_4)_2(OH)_6]$ 和明矾石 $KAl_3[(SO_4)_2(OH)_6]$ 及其固熔体产物(黄铁矿[82])在 450 ℃ 和大约 540 ℃[18,24,97] 发生脱羟基作用。黄钾铁矾中在 Fe 端处脱羟基和分解的温度都较低。黄钾铁矾、明矾石系列固熔体的确切组成可以通过脱羟基化的温度（"端官能团"温度在 550～450 ℃ 之间）和最大分解温度来确定。一些含 OH 基的硫酸盐在 710 ℃（黄钾铁矾）和 850 ℃（菱沸石）附近发生脱 OH 基和分解，见表 11.3。

表 11.3　一些含 OH 基的硫酸盐的脱羟基和分解温度

矿物分子式	摩尔比 SO_4/OH	脱水过程	放热过程	分解反应	文献
$PbCu[SO_4(OH)_2] \cdot 5H_2O$ 青铅矿	1:2	360		800～850	[18]
$Al_2[SO_4(OH)_4] \cdot 7H_2O$ 矾土石	1:4	250		800	[18]
$KFe_3[(SO_4)_2(OH)_6]$ 黄钾铁矾	1:3	215、450		710	[577]
$KAl_3[(SO_4)_2(OH)_5]$ 明矾石	1:3	500～700 520～560 537	725 715	700～900 720～760 795	[578] [579] [24]
$MgFe_3[(SO_4)_4(OH)_3] \cdot 18H_2O$ 菱镁铁矾	4:3	450、540		790	[84]
$Fe[SO_4OH] \cdot 5H_2O$ 纤铁矾	1:1	530		750	[84]
$MgFe_4[(SO_4)_3OH]_2 \cdot 18H_2O$ 叶绿矾	3:1	540、740		810	[84]

脱水后的硫酸盐分解温度和氧硫酸盐的形成取决于矿物的晶体化学性质。三种同型七水硫酸盐（几乎相同大小的阳离子 Fe^{2+}、Zn^{2+}、Mg^{2+}）的比较研究表明，水绿矾硫酸盐的分解温度最低，而 Mg 矿物的分解温度最高，这个结果对于几种同型结构和固熔体是非常典型的。铁矿物（硫酸盐、蒙脱石、绿泥石、橄榄石）一般不如镁矿物稳定。这也适用于 Fe-Ⅲ 矿物和 Al^{3+} 矿物（表 11.4）。与同构明矾石相比，硫酸钾矾土的脱羟基和分解温度更低，而分解过程的强度趋于相似（比较云母章节）。含水量不同导致不同的脱水效应（表 11.2），而脱水产物的硫酸盐分解温度则不受原含水量的影响（图 11.4 和图 11.5）。

表 11.4　富水磷酸盐、砷酸盐、钒酸盐的 DTA 数据（℃，±1 ℃）

矿物分子式	脱水过程	OH	放热过程	分解、熔融过程	文献
$(Mn,Mg)_2(Mn,Fe)_8[(OH)_5(PO_4)_2] \cdot 15H_2O$ 角硼镁石	$120\sim250$	350			[102]
$H_6(K,NH_4)_3(PO_4)_2 \cdot 18H_2O$ 塔拉纳基石	$130\sim200$		530		[18]
$Ni_3[AsO_4]_2 \cdot 8H_2O$ 安娜伯格石	153、195、266		714	965(d)	[18]
$Co_3[AsO_4]_2 \cdot 8H_2O$ 钴华	105、235、301		655、690	877、904(d)	[18]
$Mg_3[AsO_4]_2 \cdot 8H_2O$ 砷镁石	116、258、330			1030(d)	[18]
$Cu[UO_2/PO_4] \cdot 12H_2O$ 铜铀云母	100、143、175、272				[18]
$NH_4Mg(PO_4) \cdot 6H_2O$ 鸟粪石	116、182		332、465、665		[24]
$Fe_3[PO_4]_2 \cdot 8H_2O$ 蓝铁矿	$230\sim260$、330、400		560、675、810		[594]
$Cu_9Ca_2[(OH)_{10}(AsO_4)_4] \cdot 9H_2O$ 铜泡石	110、170、350		599		[18]
$Na(Cu,Ca)_5[Cl/(AsO_4)_3] \cdot 5H_2O$ 薰衣草石	160、450、530		302、630		[18]
$Ca[UO_2/PO_4]_2 \cdot 15H_2O$ 钙铀云母	92、141、216				[18]
$FeAl_2[OH/PO_4]_2 \cdot 6H_2O$ 准星云母	190、295		660		[18]
$(Fe^{II},Fe^{III})Al_2[(OOH)/PO_4]_2 \cdot 8H_2O$ 硅藻土	185、220、255	293	840		[18]
$MnFe_2[OH/PO_4]_2 \cdot 8H_2O$ 斜磷锰矿	$130\sim150$、$270\sim290$	410	660、750		[18]
$MnFe_2[OH/PO_4]_2 \cdot 8H_2O$ 纤磷锰铁矿	180、260、305	407	680、840		[18]
$Al_3[(OH)_3(PO_4)_2] \cdot 5H_2O$ 银星石	240、305		650	802	[18]
$Al_3[(OH)_3(PO_4)_2] \cdot 9H_2O$ 白水磷铝石	255		640		[18]

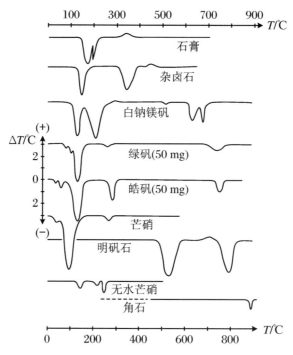

图 11.4　硫酸盐(前文提到)、石膏、多卤化物、白钠镁矾、绿矾、
皓矾、芒硝、明矾石、芒硝和角石的 DTA 曲线

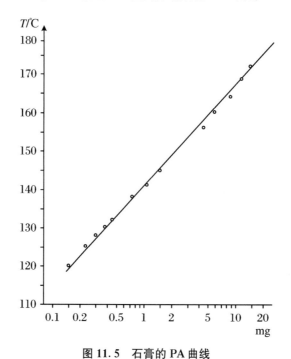

图 11.5　石膏的 PA 曲线

曲线是在严格标准化的条件下制备样品和分析得到的(如文献[24]中所述)。

样品量为 100 mg(石膏 + 惰性材料)

3. 磷酸盐及其相关矿物

该组矿物质通常有类似的特征晶体结构，例如四面体阴离子基团（PO_4^{3-}、AsO_4^{3-}、VO_4^{3-}、MoO_4^{4-}、CrO_4^{2-}）。几种磷酸盐、砷酸盐等不仅含有羟基，还含有丰富的水（表11.4）。这些矿物中的大多数在 780～860 ℃之间分解或熔化，而一些矿物（如磷酸盐、维生素和鸟粪石、砷酸盐、赤藓糖醇）也表现出放热效应。Li-Al 磷灰石必须非常小心地加热。在 800 ℃熔化开始时，熔盐形成非常坚硬和致密的产物，很难从坩埚中取出[24]。Kostov[18]、Berennyi[98]（泌尿系结石、透钙磷石和鸟粪石）和 Smykatz-Kloss[24]发表了常见磷酸盐的 DTA 曲线（包括维生素、鸟粪石、勃起岩、红色土和黑色泥岩的 PA 曲线）。Kostov[18]报道了一些稀有矿物的数据，例如绿松石、钙铀云母、铜铀云母、元铜铀云母（表11.5）。一些非常稀有的矿物质的热数据可以在专门的论文中找到，例如钒酸钠[99]、三糖酸[100]、斜方辉石、伯曼石[101-102]、钒酸钙金云母石[103]、含 OH 的磷酸铝镁矿[104]、Al-磷酸盐磷铝石[105]、蓝铁矿[106]以及 Ca-Fe 磷酸钙磷酸盐[107]。

表 11.5　缺水和无水磷酸盐、砷酸盐、钒酸盐的 DTA 数据（℃，±1 ℃）

矿物分子式	脱水过程	脱 OH/CO_3	放热过程	分解、熔融过程	文献
$MgH[PO_4] \cdot 3H_2O$ 硼磷镁石	130～200		600		[496]
$CaH[AsO_4] \cdot 1H_2O$ 砷钙石	105～135、207		671	856（m）	[24]
$Cu[UO_2/PO_4]_2 \cdot 1H_2O$ 偏铜铀云母	143、181、263				[18]
$Ca_5[(F,CO_3)(PO_4)_3]$ 磷钙土		700			[595]
$Ca_2Fe(PO_4)_2 \cdot 4H_2O$ 三斜磷钙铁矿	130		235、269		[107]
$CaH[PO_4] \cdot 2H_2O$ 透钙磷石	180～400				[98]
$LiAl[(F,OH)/PO_4]$ 锂磷铝石		733		802	[24]
$Al[VO_4] \cdot 3H_2O$ 石榴石	100、290				[18]
$Fe_5[(OH)_9(VO_4)_2] \cdot 3H_2O$ 鲁萨科维特石	190、280	500	535、610	840	[18]
$CuAl_6[(OH)_8(PO_4)_4] \cdot 4H_2O$ 绿松石	390		780		[18]
$Al_2[(OH)_3(PO_4)]$ 光彩石		730	960		[18]

续表

矿物分子式	脱水过程	脱 OH/CO$_3$	放热过程	分解、熔融过程	文献
Fe[PO$_4$] 元红磷铁矿			625、850	740	[18]
Fe[AsO$_4$]·2H$_2$O 臭葱石	320		110、450、550、850		[18]
Al[PO$_4$]·2H$_2$O 磷铝石	150、220		740		[105]
Fe[PO$_4$]·2H$_2$O 红磷铁石	110、290		625、850	740	[18]
Zn$_2$[OH/AsO$_4$] 水砷锌矿		600	1000	1040	[18]
Cu$_2$[OH/AsO$_4$] 橄榄铜矿		630	670	9800	[18]

　　含铝的磷酸盐,例如光彩石、银星石、绿松石、银辉石和博利瓦尔石均显示出类似的热效应,例如在 200~1000 ℃脱羟基化并分解(表 11.5)。其热行为与 Al 硫酸盐(如与表 11.4 中的毛矾石、明矾石相比)非常相似。氟通常结合在晶体结构中,例如银星石。在加热过程中,来自水解反应的氟和 HF 逸出(图 11.6)。这一类中大量的矿物质(磷酸盐、砷酸盐、钒酸盐、钼酸盐、铬酸盐)需要进一步研究。一些磷酸盐和砷酸盐的 DTA 曲线如图 11.7 所示。

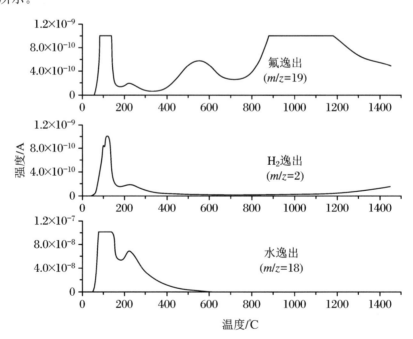

图 11.6　银星石的真空分解 MS 曲线

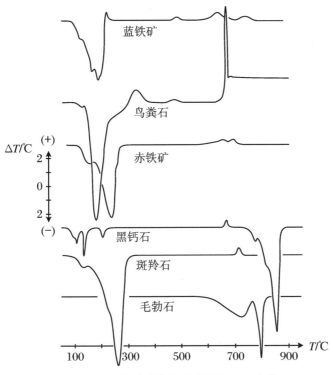

图 11.7　一些磷酸盐和砷酸盐的 DTA 曲线

含 Al 和 Fe 的磷酸盐(砷酸盐)的放热效应(除 Fe^{2+}-Fe^{3+} 氧化之外)反映了硬石膏结构的再结晶过程。显然,这个放热峰的温度取决于原始含水量(这可能造成了一些晶体结构紊乱),而不是 OH 的掺入过程。对于铝磷酸盐,峰值温度从 960 ℃(不含水的蓝云石)降至 530 ℃(含 $18H_2O$,磷钾铝石),见表 11.5。图 11.8 所示为蓝云石的 PA 曲线。

4. 硼酸盐

硼 酸 盐 矿 物 的 晶 体 结 构 非 常 不 稳 定,因 此 其 热 力 学 行 为 非 常 不 同 (图 11.9)[24,50,82-83,102,108-113]。在沉积作用下(例如在安第斯盐滩或莫哈韦沙漠中),水中会富含各种各样的硼酸盐,常见的如矿物硼砂、钾长石、硬硼酸钙石或硼钠长石(表 11.6)以及大量稀有矿物质(如金刚石、七水硼砂、水合钙镁砷硼酸盐、三方硼镁石、多水硼镁石、板硼钙石、硼钾镁石、白硼钙石,相关研究结果见文献[82,108-111])。

硼镁石的 DTA 曲线已由 Heide 发表[83]。最近,利用 TG[114] 研究了榴石、钠硼钙石和斜锆石的脱水动力学。ChenRuoyn 等[115] 报道了一些硼钠钙石的动力学数据。分解温度反映了晶体结构性质,并且随着每个晶胞中硼原子数目的增加而增加。

就热转变而言,几种水合硼酸盐在加热过程中表现出非常黏稠的玻璃态。在 DTA 曲线中,玻璃化转变表现为小的吸热效应。由熔体的结晶可以观察到一个或几个放热效应[113,116]。硼酸盐的高温行为受硼的蒸发控制。硼砂的分解包括两个步骤:首先脱水形成 $NaBO_3$,然后生成 B_2O_3 蒸发(图 11.10)。已经通过 DTA/TGA-MS 和热致变色技术同时研究了具有复合阴离子硼酸盐 $Mg[Cl/B_7O_{13}]$ 以及 Fe 和 Mn 混合晶体(绿泥石和绿松石)的硼酸盐的多晶型转变和分解[117]。

表 11.6　硼石的 DTA 数据(℃,±1 ℃)

矿物分子式	脱水过程	相变过程	脱水过程	放热过程	分解、熔融过程	文献
$Na_2[B_4O_5(OH)_4]\cdot8H_2O$ 硼砂	75~135、135~220			580	740(m)、700~1300	[596]
$Na_2[B_4O_5(OH)_4]\cdot3H_2O$ 四水硼砂	70~135、135~220			580	740(m)、700~1300	[596]
$Na_4[B_{10}O_{17}]\cdot7H_2O$ 七水硼砂	280、575			680	790	[109]
$NaCa[B_5O_9]\cdot5H_2O$ 钠硼解石 I	145、182、405			745		[109]
$NaCa[B_5O_9]\cdot5H_2O$ 钠硼解石 II	45~150、150~220		600	615~770		[24]
$Ca[B_2BO_4(OH)_3]$ 硬硼酸钙石 I	315、343、371、387		405	782	640	[24]
$Ca[B_2BO_4(OH)_3]$ 硬硼酸钙石 II	320~380		410		710~770(d)	[24]
$Ca_2[B_6O_{11}]\cdot13H_2O$ 板硼钙石	95、100~130、395				740(d)	[82]
$Ca_5[B_{12}O_{23}]\cdot9H_2O$ 白硼钙石	270、405				840	[82]
$CaMg[B_6O_{11}]\cdot6H_2O$ 水方硼石	315~325			800~890	890	[93]
$Mg_3[Cl/B_7O_{13}]$ 方硼石		265		625	800~1000(d)	[117]
$(Fe,Mg)_3[Cl/B_7O_{13}]$ 铁方硼石		338			800(d)	[117]
$Mg_2[B_6O_{11}]\cdot15H_2O$ 多水硼镁石	140				780	[82]
$Mg[B_2O_4]\cdot4H_2O$ 柱硼镁石	290~326			800	730~760	[82]
$KMg_2[B_{11}O_{19}]\cdot9H_2O$ 钾硼铁矿	275			625~675	750、815	[82]
$Mg[BO_2OH]$ 硼镁石			662	700		[83]

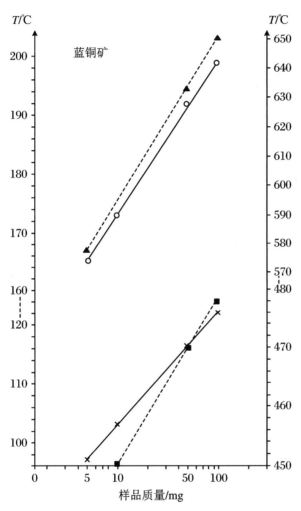

图 11.8   磷酸铁蓝铜矿的 PA 曲线

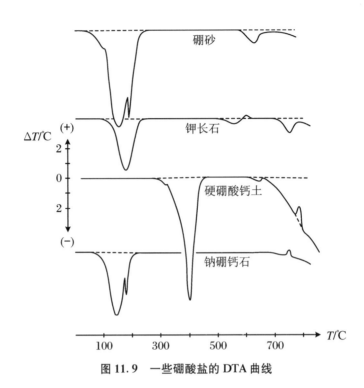

图 11.9　一些硼酸盐的 DTA 曲线

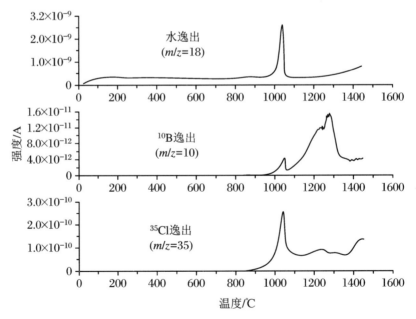

图 11.10　硼砂的真空分解 MS 曲线

11.2.2.2　简单的氢氧化物

氢氧化物的脱羟基化温度在 170 ℃（硼酸）到 590 ℃（氢氧钙石）之间[118]。图 11.11 中给出了一些氢氧化物的 DTA 曲线，图 11.12 中给出了一些 PA 曲线。对于斜方沸石 $B(OH)_3$，脱羟基化过程与原硼酸（H_3BO_3）的蒸发和偏硼酸（HBO_2）的形成过程重叠[119]。对形成相同类型的晶体结构的矿物质，脱羟基化温度似乎随着阳离子尺寸的减小而增加。

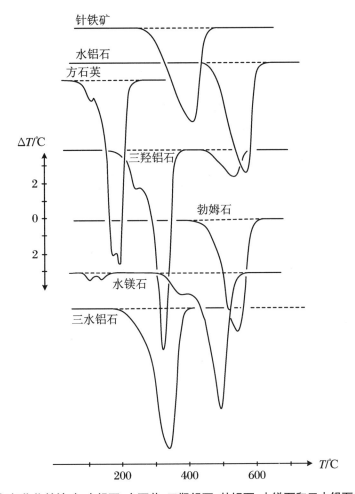

图 11.11　氢氧化物针铁矿、水铝石、方石英、三羟铝石、勃姆石、水镁石和三水铝石的 DTA 曲线

由于其中的 OH 基和水（参见表 11.7）的影响，阳离子 Mg^{2+} 形成几种部分含 OH 基和 H_2O 的矿物，表现出中等分解温度。Paulik[120] 详细讨论了水镁石 $Mg(OH)_2$ 的分解，并发现在分解的最后阶段形成氢。如图 11.13 所示，在高真空条件下，分解在 800 ℃ 左右完成。图 11.14 和图 11.15 中给出了针铁矿 FeOOH 以及 Al-氢氧化物三水铝石和水铝石组成的土壤铝土矿的 TG/MS 表征结果。

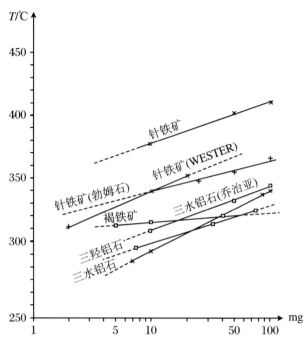

图 11.12　针铁矿、褐铁矿、三水铝石和三羟铝石氢氧化物的 PA 曲线
图中分析了三种不同的针铁矿样品

表 11.7　氢氧化物的 DTA 数据(℃，±1 ℃)

矿物分子式	吸热过程(ΔT)	放热过程(ΔT)
α-FeOOH 针铁矿	411(5.4)	
α-(Fe,Al)OOH Al-针铁矿(30 mol%Al;合成)	372(3.4)	
γ-FeOOH 纤铁矿	345(4.6)	470(5.2)
γ-Al(OH)₃ 三水铝石(水铝石)	340(8.2)	
γ-AlOOH 勃姆石	545(6.3)	
γ-AlOOH 勃姆石(来自三水铝石的老化)	526(2.2)	
α-AlOOH 水铝石	572(6.2)	
α-Al(OH)₃ 三羟铝石	325(11.0)	

续表

矿物分子式	吸热过程(ΔT)	放热过程(ΔT)
γ-MnOOH 水锰矿	370(4.4)	
Mg(OH)$_2$ 水镁石	98(0.35) 135(0.3) 374(0.2) 493(7.5)	
B(OH)$_3$ 天然硼酸	102(0.5) 172 190(10.0)	
(Fe$_2$O$_3$ · H$_2$O) 褐铁矿	340(3.7)	423(5.0) 475(5.5)

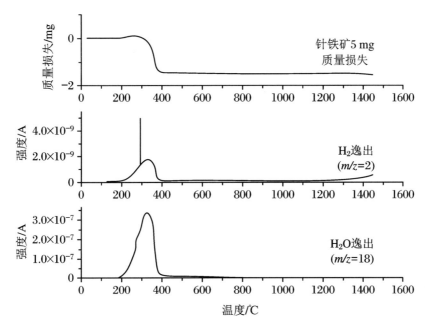

图 11.13　水镁石的真空分解实验曲线

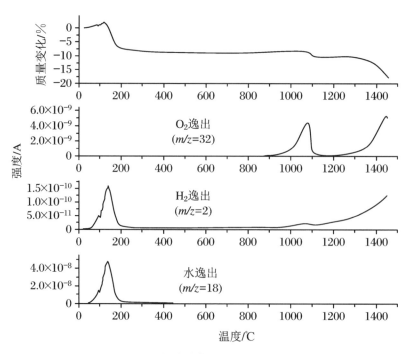

图 11. 14　针铁矿真空分解的实验曲线

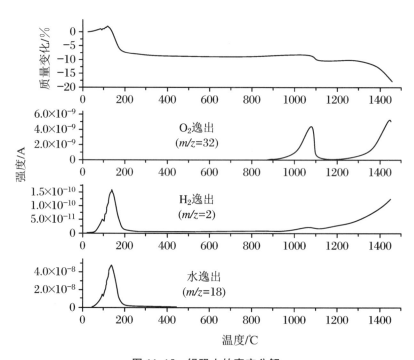

图 11. 15　铝矾土的真空分解

三水铝石和勃姆石的混合物样品的实验曲线

锰(3＋、4＋)形成含 OH 的矿物(和氧化物)的数量最多,主要在外循环中由风化和氧化过程引起。因此,许多学者研究了 Mn(氢)氧化物的热行为[10,24,91,121-125]。另一个原因是,通过 X 射线技术不容易区分和识别极精细的和(通常)严重无序的含矿物(锰氧化物、氢氧化物、锰亚胺)沉积物。

Mackenzie[10,126]、Kelly[127]、Smykatz-Kloss[24]、Keller[128] 以及 Cornell 和 Schwert-mann[129] 发表了关于氢氧化铁热行为的详细实验细节(见图 11.14)。Mackenzie[10]、Smykatz-Kloss[24]、Korneva[130]、Foldvari[91]、Bangoura[131] 和 Mendelovici[132] 等人已经发表了关于铝-氢氧化物和铝土矿的详细信息(见图 11.15)。对于锰酸盐的研究,可以参见 Giovanoli[133] 和 Kim[134] 发表的论文。

11.2.2.3 黏土和黏土矿物

所有的黏土矿物都包含 OH,这意味着其为真正的水解产物,颗粒尺寸通常在 $2~\mu m$ 以下。很多黏土矿物也包含水,是最常见的沉淀物。在普遍使用 X 射线技术之前,热分析手段通常被用于确定和表征黏土及黏土矿物[3-4,8,17,51,135-174]。热分析之后被应用于研究黏土,例如晶体化学或晶体物理性质的测定[24,28,49,54,175-183],包括动力学和热力学研究[184-186]。

一些热学方法已经成功用于黏土矿物混合物[24,146,187,188]、沉积岩(例如页岩[189-190])、湖底沉积物[144,191]、土壤[8,159]、高岭土[24,61,165,176]、膨润土[136] 以及重要的非晶或结晶度差的黏土矿物(例如水铝英石[24,192-193]、无序高岭石[24,54,61,91]、蒙脱土[10,24-25,91,162,177-178,180,194-195]、柯绿泥石[24,155,171]、钠板石[166]、羟硅铝石[171]的规则混合层以及不规则间层[24,157,171,196])等方面的研究。不同种类的黏土矿物是矿物学热分析(TA)研究的主要领域,主要通过 DTA 方法进行。大量的研究给出了结晶物理(包括结构的)以及结晶化学性质,为黏土以及沉淀物的地质学和岩石成因表征提供了帮助,并使其能够作为多种技术和工业原材料应用(见"应用矿物学"的章节)。

不含水分子的高岭土矿由于脱羟基化在 530～590 ℃ 显示出强吸热峰(地开石可达 700 ℃)(图 11.16),并在 940～1000 ℃ 有较小的放热效应,反映出尖晶石相的结晶作用[24-25,51,54,139-143,198-204]。在脱羟基化之后结晶结构的分解继续进行且在 DTA 曲线中无法检出。峰值温度、强度和吸热效应的峰形强烈依赖于矿物的无序程度。这一点对所有水解产物矿物(氢氧化物、含 OH 硅酸盐,见文献[24,59,61])都成立,晶体结构越不固定越无序,峰温度和强度越低,而(脱羟基化、分解)效应则越宽。因此结晶学 b-轴上高度无序的高岭石("耐火黏土矿物")在 535 ℃ 脱羟基化,而来自 Murfreesboro 和 Arkansas 的高度有序的样品在 580 ℃ 脱羟基化(表 11.8)。对于水热的(非常有序的)地开石,这种吸热效应则在 700 ℃ 才开始。来自 Keokuk 的高岭石脱羟基化温度在高度有序的高岭石和地开石之间,与一些珍珠陶土相似。

很多研究者利用高岭土矿石这种脱羟基化行为和无序程度的内在联系作为表征结构无序性的可靠方法。Sand 和 Bates[199] 以及 van der Marel[158] 测量了脱羟基化效应的峰面积,Carthew[200] 利用了峰面积对峰强度的关系,Smykatz-Kloss[61] 利用了峰温度对峰强度的关系,Smykatz-Kloss[24] 和 Foldvari[54] 利用 PA 曲线(PA = "Probenmengen-Abhangigkeit")进行了研究。基于标准化的脱羟基化温度,高岭土矿石可以分为:

 Ⅰ. 极其无序(脱羟基化温度<530 ℃);

 Ⅱ. 高度无序(脱羟基化温度 530～555 ℃);

 Ⅲ. 轻微无序(脱羟基化温度 555～575 ℃);

 Ⅳ. 高度有序(脱羟基化温度>575 ℃)。

 更详细的分类方法请参见文献[24,61]。

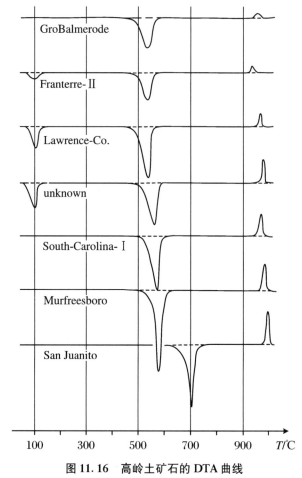

图 11.16　高岭土矿石的 DTA 曲线

最下方的曲线表示地开石。结构有序程度自上至下逐渐增加

 蛇纹石族的三八面体双层硅酸盐结构已被 Cailere[137]、Midgely[205]、Cailere 和 Henin[206]、Naumann 和 Dresher[207](石棉)、Pusztazeri[208]、Basta 和 Kader[209]、Mackenzie[10]、Saito 等人[210](叶蛇纹石)以及 Smykatz-Kloss[24]研究。不同种类的蛇纹石(例如叶蛇纹石、利蛇纹石、石棉)的 DTA 曲线之间相差不大(图 11.17),这些硅酸盐的热学行为和镁绿泥石相似[24]。Fe^{2+} 含量降低了蛇纹石(绿泥石、蒙脱土,见文献[24])的脱羟基化温度。高岭石和蛇纹石的铁相似物例如两层硅酸盐磁绿泥石,只显示出吸热脱羟基化效应(峰位于 520～550 ℃,见文献[10]),但没有放热效应。

表 11.8　一些高岭土矿石的 DTA 数据（℃，±1 ℃）

矿物名称及取样地	吸热反应（△T）	放热反应（△T）
高岭石 Mesa Alta, N. Mexico	581(3.9)	1005(1.3)
高岭石 Mesa Alta, N. Mexico	580(3.2)	983(2.1)
高岭石 Murfreesboro, Arkansas	578(6.1)	983(2.0)
高岭石 South-Carolina	575(4.1)	970(1.5)
高岭石 South-Carolina	573(3.5)	970(1.6)
高岭石 Macon, Georgia	569(4.0)	994(1.2)
埃洛石 unknown	567(3.3)	983(1.8)
埃洛石 Djebel Debar, Algerie	555(6.2)	990(0.8)
耐火黏土-矿物 Franterre, France	543(2.0)	943(0.5)
耐火黏土-矿物 Franterre, France	550(3.2)	963(0.5)
耐火黏土-矿物 North Germany	540(2.3)	965(0.3)
埃洛石-黏土 Lawrence, Mo.	543(3.7)	975(1.0)
地开石 San Juanito, Mexico	708(4.6)	999(2.5)

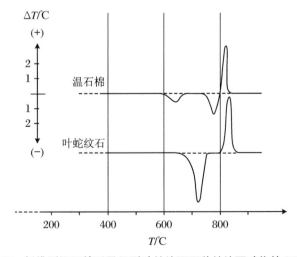

图 11.17　纤维型温石棉以及层型叶蛇纹石两种蛇纹石矿物的 DTA 曲线

最简单的三层硅酸盐为三八面体滑石 $Mg_3(OH)_2Si_4O_{10}$ 以及只在变质岩中存在的二八面体叶蜡石 $Al_2(OH)_2Si_4O_{10}$。含铝矿物(例如叶蜡石)的脱羟基化和分解较 Mg 型三八面体矿物低 100 摄氏度以上(图 11.18 和图 11.19)。滑石和叶蜡石的 DTA 曲线由 Grim 和 Rowland[141-142]、Schuller[170]、Mackenzie[211] 和 Smykatz-Kloss[24] 的研究得到。对于含 F 层状硅酸盐的分解行为,研究者对鱼眼石 $KCa_4[F/(Si_4O_{10})_2] \cdot 8H_2O$ 的分解行为特别感兴趣。如图 11.20 所示,其脱羟基化是一个复杂的水解反应并伴随 HF 的形成。

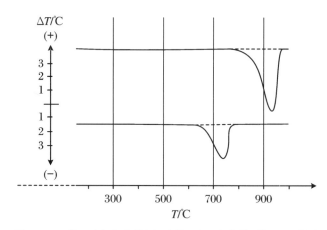

图 11.18 滑石(上方曲线)和叶蜡石(下方曲线)的 DTA 曲线

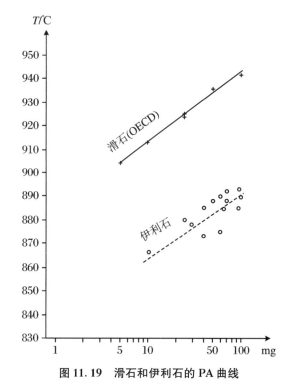

图 11.19 滑石和伊利石的 PA 曲线

其中伊利石呈现的散点是由晶体物理无序性以及三种分析样品[24]的微小化学组成差异引起的

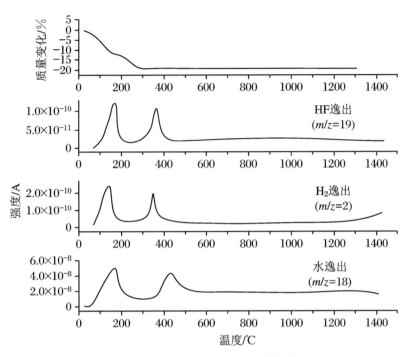

图 11.20 鱼眼石真空分解实验曲线

如图 11.21 所示为不同类型云母的 DTA 曲线,主要包括白云母、黑云母、铁锂云母、

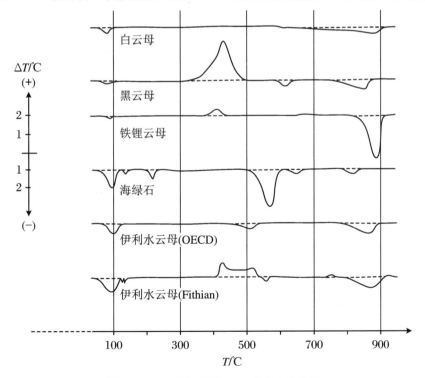

图 11.21 一些云母的 DTA 曲线实验曲线

海绿石、伊利石,400℃左右的放热效应反映出部分二价铁的存在(黑云母、铁锂云母、费西安伊利石)。云母的热学行为强烈依赖其晶相结构。与沉积岩和土壤中云母相比,源自火成岩或变质岩的云母结构高度有序,其脱羟基化和分解温度更高(例如伊利石、海绿石,见文献[24,158,179,211-212])。云母的脱羟基化发生在 700～1050℃范围之间。当温度高于 1000℃时,样品开始烧结。如黑云母的热脱附实验曲线所示,水和氟首先逸出(图 11.22)。该吸热效应随着 Ti 含量的增加移至更高温度[213],可以此检测黑云母中 Ti 含量。相同条件下,白云母的热分解在 800℃达到最大值(图 11.23),水和 HF 同时逸出。表 11.9 中给出了一些云母和其他非膨胀三层硅酸盐的 DTA 数据。

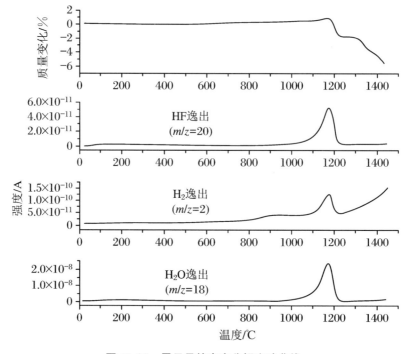

图 11.22　黑云母的真空分解实验曲线

　　伊利石和海绿石、“不完整的”或水化云母比白云母、黑云母、铁锂云母、钠云母或金云母中含较多的硅和较少的四面体铝和层间阳离子。火成岩、变质岩以及结构有序的云母的 DTA 曲线已由 Hunziker[213]、Schwander 等人[214]、Mackenzie[211]、Hansen[215]以及Smykatz-Kloss[24]研究(见表 11.9)。含 Fe^{2+} 的云母(例如黑云母、铁锂云母、三八面体伊利石和海绿石)在 400～500℃之间表现出额外的放热效应(由于 Fe^{2+} 氧化[24])。Grim 和 Rowland[141-143]、Cuthbert[144]、Grim 和 Bradley[148]、Weaver[216]、Kautz[217]、Smykatz-Kloss[51]、Ball[218]和 Mackenzie[10]的论文研究了沉积岩的 DTA 曲线。Mackenzie 和 Milne[219]观察到研磨后吸热效应及其温度明显降低。Smykatz-Kloss 和 Althaus[62]就表征结构无序度对 DTA 曲线和红外及 X 射线法进行了比较,研究发现 DTA 方法比 Kubler 提出的广泛应用的测量基底 XRD 干扰半高宽表征“伊利石结晶度”方法更为灵敏。沉积云母(伊利石、海绿石)不同的热学行为可能源于许多研究的沉积云母样品其实是云母和蒙脱石(蒙皂石、膨润土)或绿泥石的混合物。

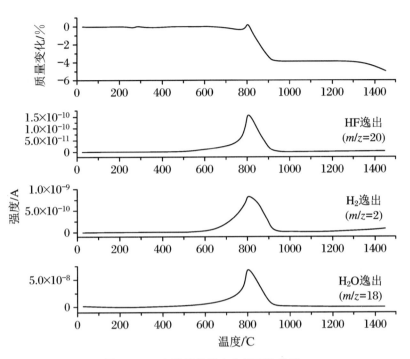

图 11.23 白云母的真空分解实验曲线

表 11.9 一些非膨胀三层硅酸盐的 DTA 数据($℃,±1℃$)

矿物分子式	脱水过程	脱羟基反应 (ΔT)	放热反应 (ΔT)
$Al_2[(OH)_2Si_4O_{10}]$ 叶蜡石		745(2.4)	
$Mg_3[(OH)_2Si_4O_{10}]$ OECD 滑石		942(3.0)	
$Mg_3[(OH)_2Si_4O_{10}]$ Greiner/Tyrol 滑石		940(4.6)	
$Mg_3[(OH)_2Si_4O_{10}]$ 白滑石		940(2.7)	
$Mg_3[(OH)_2Si_4O_{10}]$ 斑点滑石		937(2.8)	
$KAl_2[(OH)_2AlSi_3O_{10}]$ 绢云母	83	887(broad)	
$K(Mg,Fe)_3[(OH)_2AlSi_3O_{10}]$ 黑云母	90	862(0.4)	435(2.2)
$K(Fe,Li,Al)_3[(OH)_2AlSi_3O_{10}]$ 铁锂云母	90	891(2.5)	415(0.4)
di-octahedral OECD 伊利水云母	107	864(0.6)	

续表

矿物分子式	脱水过程	脱羟基反应（ΔT）	放热反应（ΔT）
di-octahedral 0.6～2 μm Fithian 伊利水云母	100～150	870(0.5)	426(0.8)
di-octahedral 0.6 μm 以下 Fithian 伊利水云母	98～135	878(0.5)	510(0.6) 925(0.1)
di-tri-octahedral，Fe-bearing 海绿石Ⅰ	98～220	822(0.2)	
di-tri-octahedral，Fe-bearing 海绿石Ⅱ	85～255	810(0.2)	

当非常复杂的氟硅酸盐——紫硅碱钙石 $K(Ca,Na)_2[(OH、F)/Si_4O_{10}]\cdot H_2O$ 分解时，可以观察到 HF 的形成（图 11.24）。在 800～950 ℃释放的 CO_2 反映出晶体结构中一些碳酸根阴离子取代了 OH。

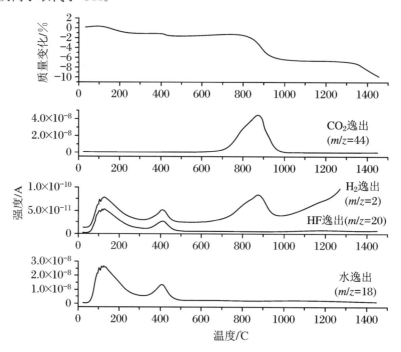

图 11.24 紫硅碱钙石的真空分解实验曲线

绿泥石中间含有一个八面体层的三层硅酸盐，其晶体化学组成变化很大。所有的转变都在具有八面体层（Zn、Li、Mn、Ni、Cr）和四面体层（Al、Cr、Fe^{3+}）额外取代的三八面体云母-绿泥石 $Mg_6[(OH)_8Si_4O_{10}]$、鳞绿泥石 $Fe_6[(OH)_8Si_4O_{10}]$、二八面体 Al-绿泥石（须藤石）$Al_4[(OH)_8Si_4O_{10}]$ 中存在。

DTA 非常适用于对绿泥石矿物进行分类[24]。脱羟基化和分解温度随 Mg 的含量增加而增加，不含 Mg 的绿泥石（如含铁和铝绿泥石）在近 500 ℃分解，而纯 Mg-绿泥石则在 860 ℃开始分解（表 11.11，图 11.25）。放热效应对应的温度随 Fe 含量的增加而降低，

920 ℃对应于纯 Mg-绿泥石,810 ℃对应于鳞绿泥石(Fe-绿泥石)(图 11.26)。纯(无 Mg)Fe-绿泥石未表现出放热效应。绿泥石的 DTA 曲线可参见 Orcel 等人[151]、Brindley[152]、Phillips[156]、Caillere 和 Henin[206]、Lapham[223]、Eckardt[224]、Albee[163]、Ross[226] 和 Chen[227]、Borst 和 Katz(Cr-绿泥石)[228]、Mackenzie[10]、Cerny 等人[174]、Smykatz-Kloss(锂绿泥石)[24]的文章。绿泥石的分解过程分为两步并伴随 H_2 释放,CO_2 显然经常存在于结构中。Cr-绿泥石(铬绿泥石)表现出最高的脱羟基化温度(858 ℃,图 11.26,表 11.11 和表 11.12),而 Fe-绿泥石(鳞绿泥石)则有最低的脱羟基化温度。

表 11.10　绿泥石的 DTA 数据(℃,±1 ℃)

矿物名称及取样地	脱水过程 (ΔT)	分解反应 (ΔT)	放热过程 (ΔT)
褐煤、奥地利 SunK/Trieben	624(1.1)	864(2.6)	878(0.2) 913(0.15)
褐煤、奥地利 Styria 州 Kaintaleck	613(1.5) 677(0.3)	853(0.7)	881(0.6) 922(0.1)
褐煤、俄罗斯乌拉尔地区	628(1.0)	837(0.5)	905(0.1)
亚氯酸镁、奥地利 Neuberg	630(5.5)	845(0.6)	874(1.8) 925(0.1)
橄榄石、美国 Chaffee 公司	581(0.2) 650(0.2)	791(1.0)	860(0.3)
斜绿泥石、奥地利齐勒河谷	580(0.1)	847(3.2)	872(0.1) 900(0.05)
氯酸镁、奥地利 Kaareck	656(0.8)	773(1.9)	865(0.3)
铁绿泥石、德国 Nassau	618(1.2)	721(0.3)	828(0.8)
钙镁铁矿(Cr[6])	744(1.0)	859(0.9)	
铬斜绿泥石(Cr[4])	604(0.4) 639(0.6)	801(0.2)	828(0.2)
假苏云石、奥地利克恩顿州		607(2.2)	828(1.2)
亚氯酸铁、阿尔卑斯山卡纳利亚		541(2.0)	
铁绿泥石、捷克共和国		526(0.6)	
苏云铁矿、德国萨克森州 Schmiedefeld		539(1.9)	
铬铁矿、法国洛林		523(0.6)	
绿泥石、德国杠塞尔多夫		498(0.8)	898(0.3)
磷绿铁矿、德国巴伐利亚州 Marktred-witz	614(2.1)	827(0.5)	848(0.8)
磷绿铁矿(>6 μm $\varnothing$)、德国巴伐利亚州 Marktredwitz	617(2.2)	833(0.9)	855(0.8)
磷绿铁矿(<6 μm $\varnothing$)、德国巴伐利亚州 Marktredwitz	614(2.2)	833(1.2)	853(1.0)
磷绿铁矿(>2 μm $\varnothing$)、德国巴伐利亚州 Marktredwitz	610(1.7)	833(0.8)	850(0.7)
磷绿铁矿(<2 μm $\varnothing$)、德国巴伐利亚州 Marktredwitz	616(1.75)	827(0.5)	847(0.7)

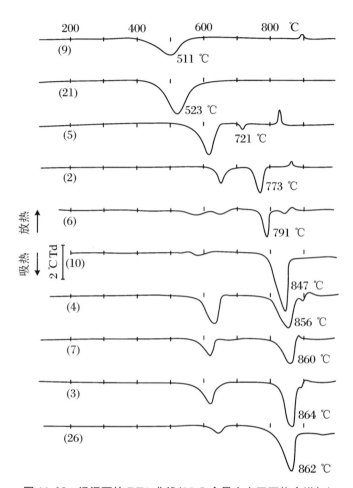

图 11.25　绿泥石的 DTA 曲线（MgO 含量由上至下依次增加）

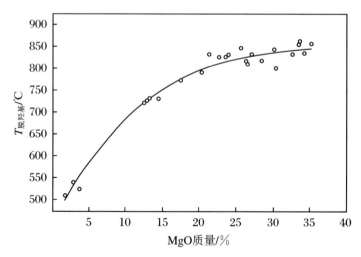

图 11.26　绿泥石的分解温度与 MgO 含量之间的关系

表 11.11 绿泥石化学组成、分解温度和放热峰温度的相互关系[24]

矿物来源	质量% MgO	质量% Fe₂O₃	脱羟基过程	放热峰温度	α-值	分类
褐煤 ural, Russia	34.2	2.25	837			斜绿泥石
褐煤 Karnten, Austria	33.6	2.54	864	881	17	斜绿泥石
褐煤 Sunk, Austria	33.5	2.4	856	837	22	斜绿泥石
褐煤 Neuberg, Austria	30.1	1.05	845	874	29	斜绿泥石
镁硅钙石 Zillertal, Alps	25.7	10.2	847	872	25	斜绿泥石
砂岩 (8.7% Cr₂O₃)	35.12		858			铬绿泥石
叶绿化石 Rimpfischwang, Switzerland	28.4	5.6	820	836	16	
叶绿化石 Rimpfischwang, Switzerland	28.4	6.75	818	832	14	
叶绿化石 Rimpfischwang, Switzerland	26.6	8	809	827	18	叶绿泥石
叶绿化石 Rimpfischwang, Switzerland	26.45	7.9	817	833	16	叶绿泥石
叶绿化石 Marktredwitz, Germany	27.1	5	832	852	20	叶绿泥石
叶绿化石 Marktredwitz, Germany	23.9	11.15	833	850	17	叶绿泥石
叶绿化石 Marktredwitz, Germany	23.5	11.95	827	847	20	叶绿泥石
叶绿化石 Marktredwitz, Germany	22.6	12.7	833	853	20	叶绿泥石
叶绿化石 Marktredwitz, Germany	22.55	10.8	827	847	20	叶绿泥石
叶绿化石 Marktredwitz, Germany	21.3	14.7	833	855	22	叶绿泥石
铬斜绿泥石 (5.0%, Cr₂O₃)	30.4	14.9	801	828	27	铬绿泥石
氯铅矿 Chaffee Co., USA	20.25	11.6	791	860	69	青石棉

续表

矿物来源	质量% MgO	质量% Fe_2O_3	脱羟基过程	放热峰温度	α-值	分类
氯铅矿 Kaareck,Austria	17.4	25.85	773	865	92	青石棉
假苏云区 Maltatal	14.35	28.6	731	828	97	铁-镁亚氯酸盐
铁绿泥 Al-286	13.12	26.15	730	827	97	铁-镁亚氯酸盐
铁绿泥 Al-288	12.8	26.7	725	828	103	铁-镁亚氯酸盐
铁绿泥 Nassau,Gemany	12.5	25.6	721	828	107	亚氯酸铁盐
图林根石 Scmiedefeld,Gemany	2.75	49.7	539			亚氯酸铁盐
铁绿泥石 Canaglia,Sardinia	2.84	41.5	541	805	264	亚氯酸铝盐
亚氯酸锂盐 Czech Republic	3.7	9.5	526			亚氯酸铝盐
细鳞云母 Cornberg,Germany	1.6	2.3	511	898	387	亚氯酸铝盐

表 11.12　绿泥石分类[24]

类别(样品编号)	MgO (质量%)	Fe_2O_3 (质量%)	脱羟基温度 /℃	∅	放热效应 /℃	a-值 /℃
滑石-绿泥石(5)	35~30	<2.5	864~837	852	881~874	17~29
络⁶绿泥石(1)	35	—	858	858	—	—
叶绿泥石(10)	28.5~21	5~15	833~809	825	855~827	14~22
叶绿泥石(2)	20.5~17.5	12~26	790~770	782	865~860	69~92
铁-镁-绿泥石(4)	14.5~12.5	26~29	730~720	727	828	97~107
铁-绿泥石(2)	<3	>40	541~539	540	805	264
铝-绿泥石(2)	3.5~1.5	2.5~10	526~511	518	898	387

Lapham[223]的研究证明 DTA 非常适合用来区分两种 Cr-绿泥石(铬斜绿泥石和铬绿泥石)。铬斜绿泥石中 Cr 位于[SiO_4]四面体中,脱羟基化和分解温度比铬绿泥石(Cr 位于八面体层中)低一百多度。除 Cr-绿泥石中的铬斜绿泥石外,已研究的其他有序的绿泥石脱羟基化/分解温度都和 MgO 含量密切相关(文献[24],图 11.26 和表 11.11)。一种具有质量分数为 0.22%Cr_2O_3、38.5% Fe_2O_3 及 5.25%MgO 的 Cr-鳞绿泥石于 590 ℃ 展示出强脱羟基化/分解峰并和这种相互关系(图 11.26)吻合得很好。表 11.12 为基于热学和化学数据的绿泥石分类。

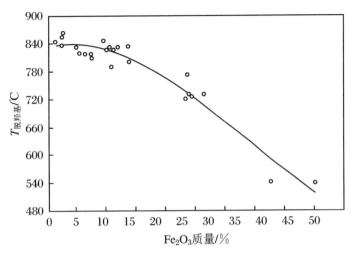

图 11.27 绿泥石分解温度和 Fe_2O_3 含量的关系

沉积的绿泥石比相同化学组成的火成的或变质的晶体物种脱羟基化温度低 100 ℃，主要原因是其结构更为无序[24]。这意味着 MgO 含量与脱羟基化温度间的这种相关性只对结构有序的绿泥石适用，例如变质岩和火成岩中。Smykatz-Kloss[25]提出了"a-值"概念（即最后一个分解峰和随后的放热峰之间的温度差，见表 11.11），这个值和 MgO 含量之间具有明确的定量联系（图 11.28）。MgO 含量越大，a-值越小。

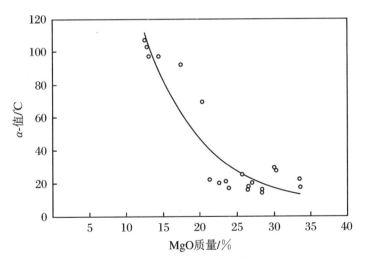

图 11.28 绿泥石"a-值"（最后一个分解峰和下一个放热峰之间的
温度间隔，表 11.11）对应 MgO 含量的曲线

蒙皂土和蛭石族膨胀黏土矿物展示出相似的热学行为。由于脱层间水在 250 ℃ 之前发生吸热反应，在 450 ℃（含 Fe）到 860 ℃（含 Mg）之间由于脱羟基过程而吸热，840 ℃ 左右（蛭石）及 920~1000 ℃ 之间（蒙皂土）有放热效应（这一点可能在某些富 Fe 矿物例如绿脱石、水蛭石中不出现）。某些富 Mg 蒙皂土和蛭石在放热峰前一点表现出小的吸热

效应[24]。膨胀黏土矿物的 DTA 曲线已被 Orcel 和 Caillere[136]、Grim 和 Rowland[141-143]、Grim[146]、Barshad[147]、Kulp 和 Kerr[229,230]、Faust[153]（对锌蒙脱土）、Mackenzie[8,160,211]、Bassett[161]（对 Cu-蛭石）、Grim 和 Kulbicki[162]、Nemecz[232]、Takeuchi 等人[233]、Boss[168]（对蛭石）、Wilson 等人[169]（对皂石）、Smykatz-Kloss[24]、Earnest[177,178,180]、Stepkowska 和 Jefferies[181]、Stepkowska 等人[182]、Sun Kon 等人[184]、Mekhamer 等人[186]研究，并发表了这些矿物的热力学性质。

膨润土（火山灰的蚀变产物蒙脱石）的分解过程出现在 550～600 ℃ 之间，在连续脱水的同时逸出氢。

和绿泥石相似，蒙皂石在两个双八面体 Al 元（Al-member）（例如贝得石、蒙脱石）、两个 Fe 元（绿脱石、富铬绿脱石，后者包含一些额外的 Cr）、三八面体 Mg 元（皂石、锌蒙脱石、锂蒙脱石）之间具有固溶体性质。纯端元矿物在自然中存在，但大多数天然皂石为固溶体。就膨胀黏土矿物中的一族——蛭石而言，超过 95% 为三八面体 Mg-矿物。只有在特殊的位置和不寻常的环境中才存在 Mg 被 Fe^{2+}（水蛭石）、Al（部分）或极少数情况下 Cu 取代的矿物类型[161]。

DTA 已被证明非常适合表征蒙皂土，蛭石相对差一些[24,177-178,180,234]。不同类型蒙皂土表现出非常不同的脱羟基化温度，例如 Fe-蒙皂土为 450～520 ℃、Al-蒙皂土为 670～730 ℃、Mg-蒙皂土为 770～860 ℃（表 11.13，图 11.29），这表明八面体阳离子决定了脱羟基化温度。对于两种或更多种不同的八面体阳离子，DTA 曲线中会显示出两个或多个羟基化效应。放热效应的温度似乎不受蒙皂土的晶体化学组成的影响（除了富 Fe 蒙皂土外，它不出现放热效应）。

表 11.13　膨胀黏土矿物的 DTA 数据（℃，±1 ℃）

矿物产地	八面体阳离子	脱水过程	脱羟基/分解过程	放热峰温度	文献
Upton 蒙脱石	Al、Mg	118	702	936	[24]
OECD 蒙脱石	Al、Mg	132、190	674、880	1000	[24]
德国 Hesse 蒙脱石	Al、Mg	145、200	725	947	[24]
亚利桑那 Chambers 蒙脱石	Al、Mg	160、220	665、860	990	[180]
Otay 霰石	Al、Mg	135、197	632、653、855	986	[24]
贝得石	Al	140、205	560		[197]
德国 Harz 绿脱石	$Fe^{Ⅲ}$、$Fe Ⅱ$	110、160	470、860	950	[24]
Garfield 绿脱石	$Fe^{Ⅲ}$、$Fe Ⅱ$	126、188	493		[24]
德国 Hoher Hagen 绿脱石	$Fe^{Ⅲ}$、$Fe Ⅱ$	140	505、780		[126]
Ural 火山石	$Fe^{Ⅲ}$、$Cr^{Ⅲ}$	190、220	480	810	
德国 Fichtelgebirge 皂石	Mg	127、204	842	985	[24]
德国 Fichtelgebirge 皂石 Ⅱ	Mg、$Fe^{Ⅱ}$	175、266	600、775、818		[284]
德国 Fichtelgebirge 皂石 Ⅲ	Mg	136、251	858		[284]
锂蒙脱石	Mg、Li	110、162	728	828	[222]
加利福尼亚 S. Bernardino 锂蒙脱石	Mg、Li	110	750、835		[178]

矿物产地	八面体阳离子	脱水过程	脱羟基/分解过程	放热峰温度	文献
锌蒙脱石	Mg、Zn、Al	178、286	582、734	833、978	[153]
硅镁石	Mg、Zn	152	628、812、862	429	[153]
科罗拉多蛭石	Mg、Al	90、125	503、826	851	[24]
科罗拉多蛭石Ⅱ	Mg、Al	180、280	585、860	880	[24]
Prayssac 蛭石	Mg、Al	95、133、240	500、818	845	[24]
未知来源蛭石		100、151、228、263	610	865	[24]
德国 Swabia 尖晶石	Mg、Al	140、220	640、810	825	[155]
德国 Hesse 尖晶石	Mg、Al	110	600、825	845	[24]
累托石	Al、Mg	140、220	600、950	1030	[171]
托苏来石	Al	130、220	610、860	920	[171]
绿泥石/绿土	Mg、Al	115、146	635、665、830	875	[171]
绿泥石/绿土	Al、Mg	98、202	533、557、680、763	808、897	[171]

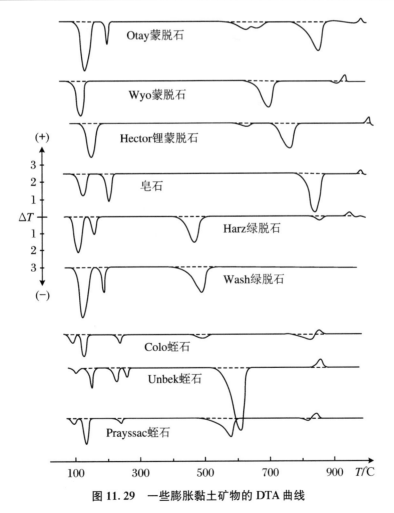

图 11.29　一些膨胀黏土矿物的 DTA 曲线

基于来自加利福尼亚 Otay 的蒙皂土"奥泰石"的脱羟基化行为,这种矿物不应被定性为"蒙脱石"(文献中经常这样定性),而应更清晰地归类于单独的一族(三-二-八面体,文献[24])。

蛭石的脱水过程通常会经历几个步骤[24,211,234],分别来自一些和内表面相互接触的定向排布的水层和层间空间中心的水。

层状黏土是一个非常大的应用领域,热分析对该领域的重要性如下所述。这种有机黏土的组分之一为膨胀层状硅酸盐(蒙脱石、锂蒙脱石、蛭石)。但是这些插层产物的性质主要由有机分子的类型和尺寸决定,这些分子在插入层间空间之后会部分脱离,在剩余的层之间形成较大的孔洞。膨胀黏土矿物的应用,特别是有机蒙皂土(有机蛭石)以及层状黏土,已经在化工的诸多领域中被报道(见文献[64,434,435])。

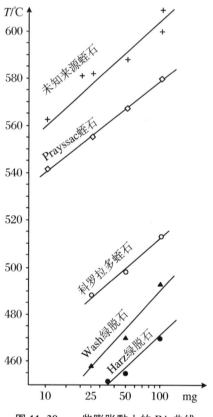

图 11.30　一些膨胀黏土的 PA 曲线

近年来,类似高岭石族双层硅酸盐的密实或致密结构也被用于制备插层产物[185,453,457],这些产物的热学行为与有机蒙皂土非常相似。

自然界中最常见的黏土矿物类型是间层状矿物(混合层)。只有少数规则间层有明确的组分比例关系(1:1,2:1),例如柯绿泥石(绿泥石/蛭石或绿泥石/蒙皂土,比例1:1)、累托石(伊利石/蒙脱石,1:1)、绿泥间滑石、云间蒙石或绿泥间蒙石(铝绿泥石/蒙脱石,1:1)。这些规则间层的热学性质有时依组分性质(例如柯绿泥石[24,155]或累托石[166])相似,但是在另一些情况下则与其组分性质大不相同。

非规则混合层是土壤和新沉淀物最常见的矿物类型,对其准确测定需要复杂的多种研究方法联合在一起。热分析有时能起到重要作用,但只是其他方法的一个补充,例如X射线衍射、红外光谱、热膨胀和其他加热技术[24,171]。混合层的 DTA 曲线见图 11.31。

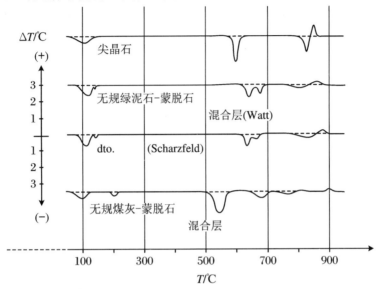

图 11.31 膨胀黏土矿物的 DTA 曲线

无定形 Al-(-Fe-)硅酸盐、水铝英石和硅铁石在 110～140 ℃ 之间脱水(文献[24,192-193,235-236],表 11.14)。对于高岭土矿物,其在 880～1000 ℃ 表现出放热效应,表明形成了 Al-尖晶石,这种效应的温度强烈依赖于矿物的 Fe 含量(文献[24],表 11.14)。一些水铝英石在 400～500 ℃ 之间有小的吸热(脱羟基化)效应,表明开始发生晶体排列,例如开始形成低有序的埃洛石[235]。高度结晶的埃洛石显示出相似的热学行为(表 11.14,图11.16 和图 11.33,见文献[24,199,204])。

表 11.14 无定形和无序二八面体二层硅酸盐的 DTA 数据

矿物来源	矿物/分子式	脱水温度	ΔT	脱羟基温度	ΔT	放热峰温度	ΔT
水铝英石	$SiO_2/Al_2O_3 = 1/2$	112	1.6			960	0.6
含铁水铝英石	$SiO_2/Al_2O_3/Fe_2O_3 = 1/1.5/0.2$	116	1.8			923	0.2
硅铁石	$SiO_2/Al_2O_3/Fe_2O_3 = 1/1.3/0.4$	109	1.5			890	0.1
合成 1 号硅铁石	$SiO_2/Al_2O_3/Fe_2O_3 = 1/1.3/0.4$	129		427		920	
德国无序高岭石	$Al_2[(OH)_4Si_2O_5]$			540	2.3	965	0.3
弗兰特尔无序高岭石	$Al_2[(OH)_4Si_2O_5]$			543	2.0	943	0.5
弗兰特尔无序高岭石 II	$Al_2[(OH)_4Si_2O_5]$			550	3.2	963	0.5
埃洛石(产地:科罗拉多劳伦斯)	$Al_2[(OH)_4Si_2O_5] \cdot 2H_2O$	120	4.5	543	0.7	975	1.0

续表

矿物来源	矿物/分子式	脱水温度	ΔT	脱羟基温度	ΔT	放热峰温度	ΔT
埃洛石（产地:阿尔及利亚 Djebel Debar)	$Al_2[(OH)_4Si_2O_5]\cdot 2H_2O$	125	4.0	555	6.2	990	0.8
埃洛石Ⅱ（产地:阿尔及利亚 Djebel Debar)	$Al_2[(OH)_4Si_2O_5]\cdot 2H_2O$	122	4.0	567	3.3	983	1.8
高岭石（产地:乔治亚）	$Al_2[(OH)_4Si_2O_5]$			569	3.3	994	1.2
高岭石（产地:南卡罗纳）	$Al_2[(OH)_4Si_2O_5]$			573	3.5	970	1.6
高岭石（产地:南卡罗纳Ⅱ）	$Al_2[(OH)_4Si_2O_5]$			575	4.1	970	1.5
Murfreesboro 高岭石	$Al_2[(OH)_4Si_2O_5]$			578	6.1	983	2.0
Mesa Alta/N-Mexico 高岭石	$Al_2[(OH)_4Si_2O_5]$			580	3.2	983	2.1
Mesa Alta/N-Mexico 高岭石	$Al_2[(OH)_4Si_2O_5]$			581	3.9	1005	1.3
Keokuk 高岭石	$Al_2[(OH)_4Si_2O_5]$			680		1000	
墨西哥地开石	$Al_2[(OH)_4Si_2O_5]$			708	4.6	999	2.5

注:表中除前两种矿物外,其他数据来自文献[24];℃,±0.1;Ni 坩埚,100 mg,10 K·min^{-1}。

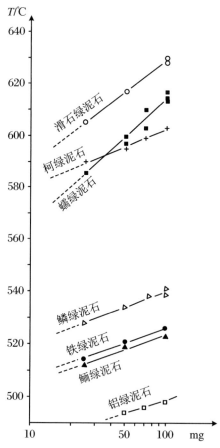

图 11.32 绿泥石和柯绿泥石的 PA 曲线

在应用中还需要讨论一些不属于层状硅酸盐的黏土矿物,例如 Mg-硅酸盐坡缕石(凹凸棒石)$(Mg、Al、Fe)_2[OH/Si_4O_{10}] \cdot 2H_2O + 2H_2O$、海泡石("土耳其海泡石")$(Mg、Fe)_4[(OH)_2Si_6O_{15}] \cdot 2H_2O + 2H_2O$、纤钠海泡石 $Na_2Mg_3[(OH)_2Si_6O_{15}] \cdot 2H_2O + 2H_2O$。两种水在 DTA 中被很好地区分开[24]。坡缕石和蛭石的热学行为相似(图 11.17,表 11.15)。(Fe-)海泡石中的 Fe^{2+} 引起强放热效应(图 11.34,图 11.35)。图 11.33 中给出了两种高岭土矿石的 PA 曲线。

表 11.15 坡缕石和海泡石的 DTA 数据(文献[24];$\pm 1°$;ΔT:℃,± 0.1)

矿物产地	脱水(ΔT)	脱羟基(ΔT)	放热峰值温度	ΔT
OECD 坡缕石	108(1.0)、139(0.3)、285(0.2)	478(2.5)、706(0.4)、808(0.1)	910	0.5
佛罗里达 Midway/坡缕石	160(0.8)、285(0.2)、316(0.1)	482、509(3.0)、853(0.2)	880	0.6
西班牙 Granada 海泡石	99、113(1.0)	630(0.2)、800(0.6)	824	0.2
土耳其 Eskisehir 海泡石	100(0.4、broad)	550(0.4)、745(0.2)	840	1.0
土耳其 Eskisehir 海泡石 Ⅱ	80(0.2、broad)	577(0.4)、756(0.25)	835	0.8
土耳其 Eskisehir 含铁海泡石	128(1.6)、387(0.5)	506(3.0)	840	3.0

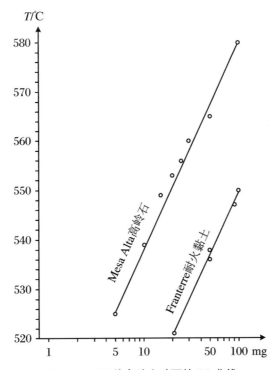

图 11.33 两种高岭土矿石的 PA 曲线

图中一种为高度有序的矿物(Mesa Alta),另一种为高度无序的矿物(Franterre)

表 11.16 一些层状硅酸盐的脱羟基化/分解温度(℃, ±1 ℃)

矿物	Fe-(OH)	Al-(OH)	Mg-(OH)
绿脱石	480		
铁蛭石	503		
磁绿泥石	523		
拟苏云石	540		
海绿石	550		
双八面体伊利石		550	
高岭石		580	
蒙脱石		675~710	
叶蜡石		745	
蛇纹石			722~775
蛭石			825
尖晶石			826
黑云母			862
滑石绿泥石			864
滑石			942

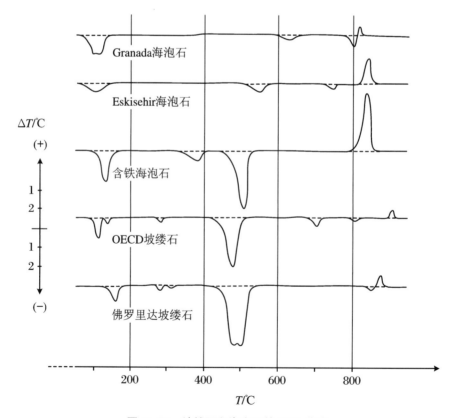

图 11.34 坡缕石和海泡石的 DTA 曲线

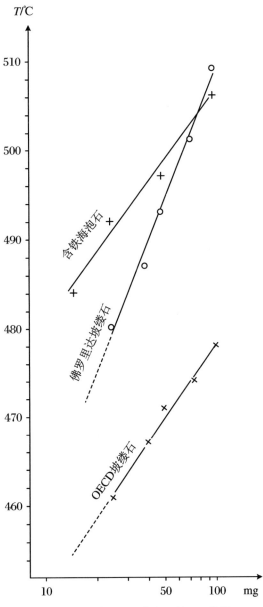

图 11. 35 坡缕石和海泡石的 PA 曲线

这些矿物的 DTA 曲线已由 Kulp 和 Kerr[230]、Kerr 等人[237]、Caillère 和 Henin[206]、Siddiqui[238]、Echle[239]、Hayashi 等人[240]、Imai 等人[241]、Müller-Vonmoos 和 Schindler[242]、Smykatz-Kloss[24]、Rouquerol 等人[49]（CRTA 曲线）以及 Vivaldi 和 Hach-Ali[172]研究。

脱羟基化温度反映了八面体阳离子和 OH 基的成键强度。结构无序性降低了成键强度，进而降低了脱羟基化温度，这可能是束缚在 Fe 上的(OH)基团在相对低温下脱离的原因。两种铁离子(Fe^{2+}、Fe^{3+})在尺寸和物理化学性质方面存在差异，这影响了配位形式并增加了结构内的无序性。蒙皂石、绿泥石和其他黏土矿物的脱羟基化温度顺序显而易见为：T_{max}(脱羟基)(Fe^{2+}、Fe^{3+})＜T_{max}(脱羟基)(Al)＜T_{max}(脱羟基)(Mg)。

"a-值"(表 11.12)适用于表征 Mg-矿物和 Fe-矿物。

在温度＞700 ℃时 OH 基从包含羟基的更复杂结构部分释放，含 OH 基链、环或多岛状硅酸盐矿物脱羟基温度超过 950 ℃，例如角闪石(图 11.36，图 11.37)、祖母绿[24,243](图 11.38)、符山石[244](见 11.2.2.5 节)。

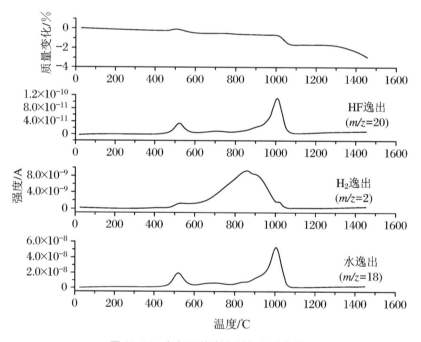

图 11.36　角闪石的真空脱气实验曲线

11.2.2.4　沸石

这一类的矿物形成本体框架结构并具有能够容纳水和其他交换阳离子(主要是 Ca^{2+} 和 Na^+)的中空孔道，天然沸石的热学行为已由 Gottardi 和 Galli 研究[245]。加热会使其中的水释放，而结构不分解。大多数沸石在低于 400 ℃时失水(表 11.17，图 11.39)，而钠沸石族矿物(钠沸石、钙沸石、镁沸石)、红浊沸石和菱沸石则在 400~600 ℃ 之间部分失水，表明相比孔道中的水，这部分水与沸石结构结合更强。更多细节可参见 11.2.3.2 节。

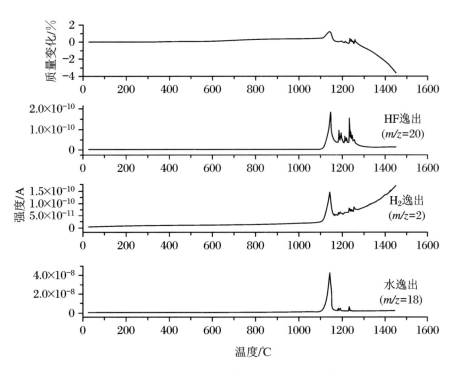

图 11.37　玄武角闪石的真空脱气实验曲线

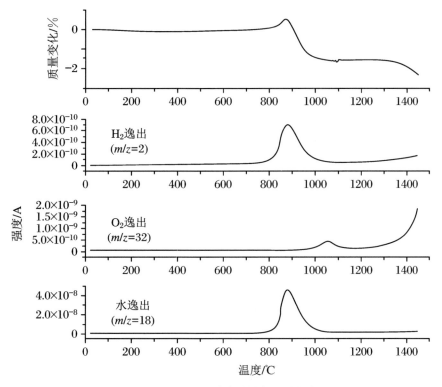

图 11.38　祖母绿的真空脱气实验曲线

表 11.17　沸石的 DTA 数据(文献[24],除 1&2;℃,±1℃)

矿物名称及取样地	组成/分子式	脱水/分解反应	放热峰值温度
未知产地绿脱石	$Na_2[Al_2Si_3O_{10}]\cdot 2H_2O$	350	
德国 Kaiserstuhl 绿脱石	$Na_2[Al_2Si_3O_{10}]\cdot 2H_2O$	125、190、370、531	
冰岛 Berufjord 钟乳石	$Ca[Al_2Si_3O_{10}]\cdot 3H_2O$	268、465、550、645	
意大利 Vesuvius 钙锰矿	$NaCa_2[Al_2(Al,Si)Si_2O_{10}]\cdot 6H_2O$	208、371、425、477、544	889
意大利 Caporciano 浊沸石	$Ca[AlSi_2O_6]_2\cdot 4H_2O$	215、357、493、557、870	
奥地利 Tyrol Fassa 片沸石	$Ca[Al_2Si_7O_{18}]\cdot 6H_2O$	97、176、470	392、787、887
冰岛 Theigerhorn 辉沸石	$Ca[Al_2Si_7O_{18}]\cdot 7H_2O$	100、204、288	510
巴西 Minas Gerais 片沸石	$Ca[Al_2Si_7O_{18}]\cdot 7H_2O$	200、276、850	481
意大利罗马水钙沸石	$Ca[Al_2Si_2O_8]\cdot 4H_2O$	201、326、745	
Tchechia Aussig 菱沸石	$(Ca,Na_2)[Al_2Si_4O_{12}]\cdot 6H_2O$	108、176、321、495、520	650、882
Silesia 菱沸石	$(Ca,Na_2)[Al_2Si_4O_{12}]\cdot 6H_2O$	183、323、495、520	889
德国 Idar-Oberstein 菱沸石	$(Ca,Na_2)[Al_2Si_4O_{12}]\cdot 6H_2O$	178、312	763、886
巴西 Minas Gerais 菱沸石	$(Ca,Na_2)[Al_2Si_4O_{12}]\cdot 6H_2O$	120、172、350、581	700

　　沸石是具有大的结构性孔道的框架硅酸盐,在～500℃(含钠物种如钠沸石、镁沸石或菱沸石)到 900℃(Ca-沸石、辉沸石、片沸石、红浊沸石,在表 11.17、图 11.39 和文献[24]中进行了比较)之间分解。一些沸石的 DTA 曲线中含有＞700℃的放热效应,这表明转变(例如钠沸石到霞石,菱沸石到斜长石[246])不是从一个结晶结构到另一个结晶结构的相变,而是原来的晶体结构发生分解再进行重构。由脱水行为、分解以及放热重构效应信息可以有效区分和确定沸石矿物的类型[24]。图 11.40 中给出了一些沸石的 PA 曲线。

　　很多关于沸石的文献中互相矛盾的结果主要源于相同结构类型的晶体化学变化(钠沸石[247,248]、斜发沸石[249,250]、Na-辉沸石[251,252]、片沸石[253]、来自橙玄玻璃凝灰的沸石[254]、来自高山岩脉的纤维质沸石[255]、斜发沸石[24,25,256],由 DSC 曲线[204]和联用方法[257]研究氮气中分解的八面沸石[258]和方沸石[259])。因此对菱沸石、镁沸石、辉沸石等体系,Na/Ca 比可能变化较大,Na 占主导,表现出相对低的分解温度(吸热)(例如＜500℃),Ca 占主导则对应相对高的分解温度(例如＞500℃)[24]。

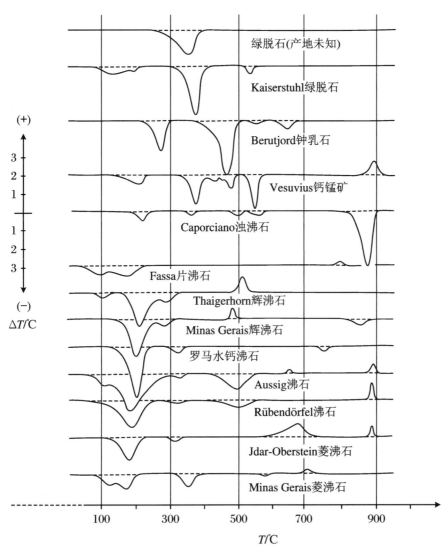

(+)

3
2
1

1
2
3

(−)
$\Delta T/^{\circ}C$

绿脱石(产地未知)

Kaiserstuhl绿脱石

Berutjord钟乳石

Vesuvius钙锰矿

Caporciano浊沸石

Fassa片沸石

Thaigerhorn辉沸石

Minas Gerais辉沸石

罗马水钙沸石

Aussig沸石

Rübendörfel沸石

Jdar-Oberstein菱沸石

Minas Gerais菱沸石

100   300   500   700   900

$T/^{\circ}C$

图 11.39 沸石的 DTA 曲线

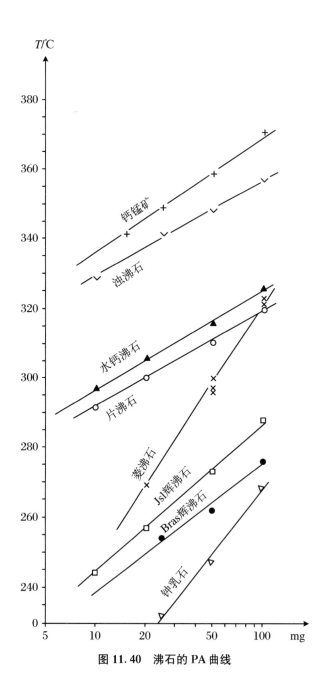

图 11.40　沸石的 PA 曲线

11.2.2.5 其他矿物

许多简单或复杂的盐矿物中包含结构水,这类矿物主要为氯化物如水氯镁石或光卤石、硫酸盐、磷酸盐、钒酸盐、砷酸盐和硼酸盐(参见 11.2.1.1 节)。含水盐矿物的脱水发生在相对低温下,例如<200 ℃。有关蒸发岩的详细研究可参见文献[18,82]。

水铝英石族的无定形硅铝酸盐(水铝英石、硅铁石)、蛋白石族的改性硅胶(蛋白石A、蛋白石 CT)、极其无序的含水 Cu-(硅孔雀石)和 Zn-硅酸盐(异极矿)(图 11.41)在几百摄氏度的温度范围内脱水[24]。

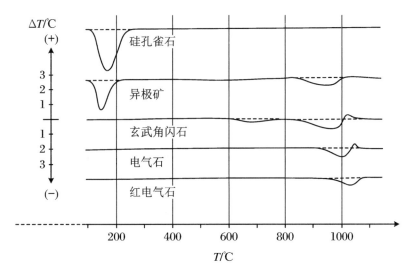

图 11.41 硅孔雀石、异极矿、玄武角闪石、电气石、红电气石的 DTA 曲线

一些不同于黏土和沸石的硅酸盐矿物含有 OH 基,由于键能高进而表现出非常高的脱羟基化温度(例如>900 ℃)。绿席石[213,260,261]、符山石、碧玺[24,244,260]和角闪石(图 11.36 和图 11.37)[24,262-264]在 950 ℃以上脱羟基。DTA 非常适用于对这些硅酸盐进行定性分析。Freeman[243]发现角闪石脱羟基化温度(950～1200 ℃)随 Mg 含量增加而增加,与 11.2.2.3 节中绿泥石相似。Peters[264]将(OH)的释放和绿泥石中 Fe 含量联系起来。Geiger 等人[266]的研究结果表明堇青石($Mg_2Al_3[AlSi_5O_{18}]$)中挥发性组分含量依赖于其来源(图 11.42)。通常通过逸出气体分析可以发现,脱羟基化与复杂组分的液体或气体如 HF、H_2、烃类的脱气相关。

11.2.3 分解

11.2.3.1 碳酸盐

水解产物(例如黏土矿物、硅铝酸盐)在其脱羟基化之后分解。脱羟基化这种吸热过程通常覆盖了很宽的温度区间,在 DTA 曲线中很难看出。与这种缓慢的"弱的"过程相比,碳酸盐矿物分解过程显得更加自发且剧烈,通常在 $\Delta T = 5\sim10$ ℃温度区间内完成(100 mg,10 ℃·min^{-1};刚玉坩埚)。分解反应产生氧化物和 CO_2,脱碳过程非常适合作

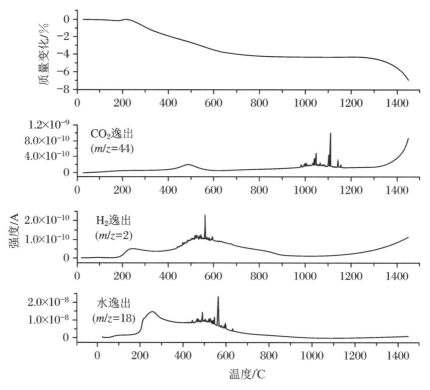

图 11.42 董青石的真空分解实验曲线

为表征和确定矿物物种的标准。

如前所述,碳酸盐的分解反应强烈依赖于 p_{CO_2}[14,267],图 11.43 证明了矿物方解石($CaCO_3$)满足这种相关性。正如 Smykatz-Kloss[24-25,51,268] 以及之后的 Warne[52] 和 Foldvari[54] 概括的那样,利用碳酸盐分解(峰)温度和 CO_2 分压的相互依赖关系,在标准条件下进行 DTA 分析,可以用于(半)定量矿物质测定。其 PA 曲线结果(发表于文献[24-25]中)即分解温度 vs 矿物脱气量,可能对准确测定碳酸盐的量有帮助,该方法主要适用于少量碳酸盐(例如 100 mg 标准样品中<30 mg),对更大量的碳酸盐(例如>50 mg)的测量误差增加。

必须强调的一点是,这种利用 PA 曲线(半)定量测量碳酸盐的方法需要高度标准化的制样和分析条件[24,269]。样品(例如黏土)中碳酸盐的数量越少,实际分解温度越接近真实热力学分解温度,该温度在 DTA 和 DSC 曲线中表示为吸热效应的起始温度。通常很难非常准确地确定这个起始温度,但是可以准确地测定峰值温度。因此,实际上在可控的高度标准的分析条件下测得的分解(脱羟基化、相变、氧化)的峰值温度更为合理。Smykatz-Kloss 分解[24]引入了"标准分解温度"这一概念,该概念指的是在 100 mg 样品中 1 mg 碳酸盐分解的温度。标准分解温度似乎与热力学分解温度非常接近。表 11.18 比较了一些碳酸盐矿物在标准化分析条件下 100 mg 样品的分解标准温度(1 mg)。在图 11.43(横坐标为 log 标度)中给出了分解温度连接线对应特定脱气反应的 PA 曲线。

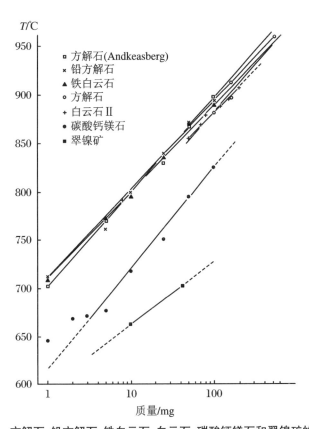

图 11.43　方解石、铅方解石、铁白云石、白云石、碳酸钙镁石和翠镍矿的 PA 曲线

表 11.18　碳酸盐的分解温度,包括标准分析条件下[24] 100 mg 的 T_{dec} 和"标准分解温度"（例如 1 mg）的 T_{dec}（从 PA 曲线外推获得,见文献[24];℃, ±1 ℃）

矿物名称	分子式	T_{dec}(100 mg)	T_{dec}(1 mg)
苏打石	$NaHCO_3$	170	128
白铅矿	$PbCO_3$	350、427	298、343
菱锌矿石	$ZnCO_3$	499	432
碳酸钙镁石	$CaMg_3(CO_3)_4$	568、613、826	489、540、647
致密菱镁石	$MgCO_3$	625	527
疏松菱镁石	$MgCO_3$	643	541
白云石	$CaMg(CO_3)_2$	807、901	753
铅酸方解石	$(Ca,Pb)CO_3$	890	710
方解石 I	$CaCO_3$	895	712
方解石 II	$CaCO_3$	898	702
菱锶矿 I	$SrCO_3$	1148	905
菱锶矿 II	$SrCO_3$	1151	910
菱锶矿 III	$SrCO_3$	1151	910
菱钡镁石	$BaMg(CO_3)_2$	810、1174	925
毒重石	$BaCO_3$	1195	940
孔雀石	$Cu_2[(OH)_2/CO_3]$	366	305

续表

矿物名称	分子式	T_{dec}(100 mg)	T_{dec}(1 mg)
蓝铜矿	$Cu_3[(OH)_2/(CO_3)_2]$	390	336
水锌矿 I	$Zn_5[(OH)_3CO_3]_2$	267	254
水锌矿 II	$Zn_5[(OH)_3CO_3]_2$	278	262
绿铜锌矿	$(Zn,Cu)_5[(OH)_3CO_3]_2$	405	365
氟碳铈矿	$Ce[F/CO_3]$	500	459
氟碳钙铈矿	$Ce_2Ca[F_2/(CO_3)_3]$	570	489
角铅矿	$Pb[Cl_2/CO_3]$	500	412
水菱镁矿	$Mg_5[OH(CO_3)_2]_2 \cdot 4H_2O$	521、566	387、504
水纤菱镁矿	$Mg_2[(OH)_2CO_3] \cdot 3H_2O$	538	240
红菱铁镁矿	$Mg_6Fe[(OH)_{13}CO_3] \cdot 4H_2O$	477	337、414
翠镍矿	$Ni_3[(OH)_4CO_3] \cdot 4H_2O$	728	426
水单硫铁矿	$Mg_6Al_2[(OH)_4CO_3] \cdot 4H_2O$	464	210、247
水碳镁石	$MgCO_3 \cdot 3H_2O$	530、687	376、392
苏打矿	$Na_2CO_3 \cdot 3H_2O$	118、126	95、108
天然碱矿石	$Na_3H(CO_3)_2 \cdot 2H_2O$	142	100、126
斜钠钙石	$Na_2Ca(CO_3)_2 \cdot 5H_2O$	803	723

　　天然样品中碳酸盐的含量也可以通过热重联用气体探测装置定量测定，利用气体分析仪将矿物分解释放的 CO_2 从相同温度范围内释放的水中分离。这种方法可以测定 ppm 到 100% 量级的碳酸盐含量，无需特别制样。

　　碳酸盐的分解温度遵循以下阳离子顺序及其尺寸关系：

Na＜Pb、Cu＜Ni、Zn＜Ce、Ca/Ce、Ca/Mg₃＜Fe＜Mg＜Na/Ca、Ca＜Ca/Mg＜Sr＜Ba/Mg＜Ba

　　碳酸盐矿物是矿物学中热学研究的主要对象之一。至 1970 年近 350 例碳酸盐的 DTA 研究已被发表[16,270]，此后又有额外的数百篇文献被发表。关于最重要的碳酸盐矿物的 DTA 行为的研究已由 Cuthbert 和 Rowland[271]、Beck[272]、Spotts[273]、Foldvari-Vogl[12]、Smykatz-Kloss[24-25,274]、Kostov[18] 以及 Webb 和 Kriiger[270] 完成。单个碳酸盐矿物的 DTA 数据已由 Caillere（水菱镁矿[276]）、Faust（碳钙镁石[277]）、Webb 和 Heystek（蓝铜矿、孔雀石、菱锌矿[118]）、Warne 和 Bayliss（白铅石[278]）、Ross 和 Kodama（水镁铝石[279]）以及 Chao（碳硅碱钙石[280]）发表。

　　被研究最多的碳酸盐矿物是具有白云石结构（Ca-Mg-Fe-Mn 碳酸盐，包括白云石、铁白云石、锰白云石）的矿物，白云石本身为大量研究的对象[24-25,46,57,270,272,274,281-299]。其热力学特征基于杂质、结晶化学组成或无序环境而发生巨大变化（例如原白雪岩[300]），NaCl 掺杂会使分解温度降低 30 ℃ 左右[292,301]。引入 Fe^{2+} 和 Mn^{2+} 会产生额外的吸热效应[24-25,286,302-304]。Mn-碳酸盐、菱锰矿、Mn-方解石、Mn-白云石、Mn-铁白云石、镁锰方解石，具有不同的 DTA 数据[24,282,305-310]，但差异最大的是 Fe^{2+}-碳酸盐、菱铁矿和铁白云石[274,282-283,307,311-317]。DTA 曲线只显示一个吸热或放热峰，有时出现两个完全分离峰或部分交叠。作者通过对一对菱铁矿和铁白云石进行研究，证明这些差异是由加热速率引起的。在低加热速率下(例如<10 K・min^{-1}),DTA 曲线中只出现放热效应(Fe^{2+} → Fe^{3+} 的氧化)[24,318]。这是一个显著的例子,证明需要标准化的分析条件。

在大量有关碳酸盐 DTA/TG 和 MS 的出版物中也提及了一些关于稀有矿物的研究,例如对于钡霞石、BaCa$(CO_3)_2$[270]、铅矾石和含 Pb 矾石[274]、菱锶矿和碳酸钡矿、Sr-CO$_3$ 和 BaCO$_3$[24-25,268,270-271,274,289,304]、白铅铝矿 PbAl$_2(CO_3)_2(OH)_4$・$2H_2O$[282]、角铅矿 Pb$_2$[Cl$_2$/CO$_3$][24,282]、菱铀矿 UO$_2$CO$_3$[24,270]、碳酸钙镁石 CaMg$_3(CO_3)_4$[24,270,277]、水纤菱镁矿 Mg$_2$[(OH)$_2$CO$_3$]・$3H_2O$[24,282,319]、水菱镁矿和次碳酸镁铁矿及水滑石(分别为 Mg$_5$[OH/(CO$_3$)$_2$]$_2$・$4H_2O$,Mg$_6$Fe^{3+}[(OH)$_{13}$CO$_3$]・$4H_2O$,Mg$_6$Al$_2$[(OH)$_{16}$CO$_3$]・$4H_2O$)[24,275-276,282,320]、多水菱镁矿和磷铜铁矿(分别对应 MgCO$_3$・$5H_2O$ 和 Mg$_6$Fe$_2$[(OH)$_{16}$|CO$_3$])[282]、铁菱镁矿(Mg,Fe)(CO$_3$)[24,270]、翠镍矿 Ni$_3$[(OH)$_4$|CO$_3$]・$4H_2O$[24]、陨石和菱铀矿(分别为 NaCa$_3$[UO$_2$|(CO$_3$)$_3$|SO$_4$|F]・10 H_2O 和 Ca$_2$Cu[(UO$_2$)$_2$(CO$_3$)$_5$])[24,270]、片钠铝石 NaAl[(OH)$_2$|CO$_3$][270]、斜钠钙石和钙水碱(分别为 CaNa$_2$[CO$_3$]$_2$・$5H_2O$ 和~$2H_2O$)[24,270]、氟碳铈矿和氟菱钙铈矿(Ce[F|CO$_3$]和 Ce$_2$Ca[F$_2$|(CO$_3$)$_3$])[24]、铝水钙石 CaAl$_2$[(OH)$_4$|(CO$_3$)$_2$]・$3H_2O$[274]、水锌矿 Zn$_5$[(OH)$_3$|CO$_3$]$_2$[24]、碳钾铀矿和 K-Ca-铀酰(二氧铀根)-碳酸盐[321]的研究。图 11.43~图 11.49 中分别给出了几种碳酸盐的 DTA、PA 和真空分解曲线图。

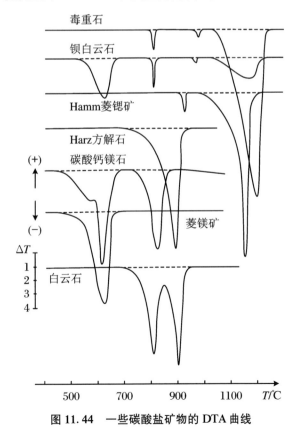

图 11.44 一些碳酸盐矿物的 DTA 曲线

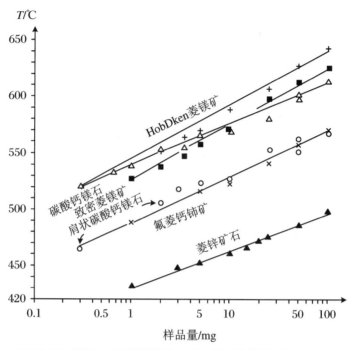

图 11.45　菱镁矿、碳酸钙镁石、氟菱钙铈矿和菱锌矿的 PA 曲线

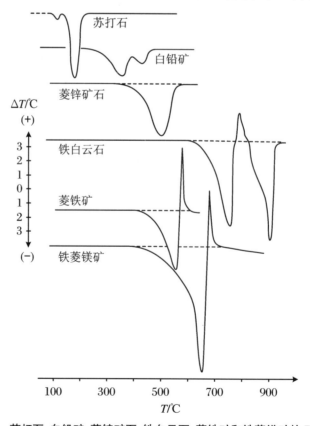

图 11.46　苏打石、白铅矿、菱锌矿石、铁白云石、菱铁矿和铁菱镁矿的 DTA 曲线

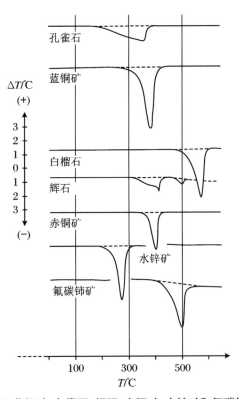

图 11.47 孔雀石、蓝铜矿、白榴石、辉石、赤铜矿、水锌矿和氟碳铈矿的 DTA 曲线

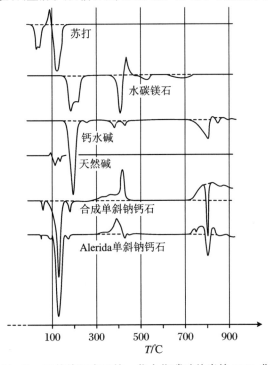

图 11.48 无其他阴离子的一些水化碳酸盐岩的 DTA 曲线

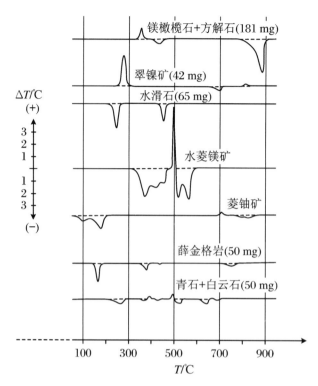

图 11.49　含其他阴离子的一些水合碳酸盐的 DTA 曲线

11.2.3.2　硅酸盐

在过去的几年中,研究者对"无水"矿物质的挥发性物质的兴趣显著增加。这些挥发物的含量很低,但是这种低含量的矿物比较常见。石榴石、橄榄石、辉石、黄玉和长石都是结构中含有挥发性物质的潜在矿物质。此外,铁的不同价态对于氧逸度因子是一个重要的因素。可以在赤铁矿的高真空转变中观察到由 $Fe^{3+} \to Fe^{2+}$ 价态还原产生挥发性氧:

$$3Fe_2O_3 \longrightarrow 2Fe_3O_4 + \frac{1}{2}O_2$$

黏土矿物在脱氢后分解,但一般来说分解不是自发进行的,通常比较缓慢且难以检测。因此,脱羟基的高岭土仍然由晶体组成(但严重无序)连续转化为二氧化硅和氧化铝的非晶氧化物的元高岭石晶体组成(但严重无序),这种分解在 DTA 中无法检测到。

沸石的热行为见 11.2.2.4 节。

11.2.4　相转变

理论上矿物相变引起的热量变化往往比脱水或分解反应中发生的热量变化小得多。例如,低-高石英转变的 ΔH 是 753 J·mol^{-1},单向性霰石转化为方解石的 ΔH 为 1632 J·mol^{-1},而水解物脱水的 ΔH 值在 83~146 kJ·mol^{-1} 之间,碳酸盐的分解焓远大于 167 kJ·mol^{-1}。

由于 DTA 的误差较大（文献［323］和引用的手册），因此推荐采用 DSC 测量化学反应的熔值，而不是 DTA。尽管如此，DTA 仍经常被地球科学家用于测定相变。例如，可以用于快速确定硫化物的相变（11.2.4.3 节），用于含 SiO_2 岩石的岩石成分信息（11.2.4.4 节）以及矿物晶体化学成分的分析。

11.2.4.1　熔融

纯金属的熔融可用作温度校准。银（熔点为 961.78 ℃）或金（熔点为 1064.18 ℃）是最准确可靠的。镓（29.8 ℃）、铟（156.6 ℃）、锡（213.9 ℃）、铋（271.0 ℃）、铅（327.4 ℃）、锌（419.5 ℃）、铝（660.3 ℃）、铜（1084.6 ℃）也可能被使用[324]。

氯化物和（Na-）K-Ca-Mg 硫酸盐显示了较宽的熔融过程[82-83,85,87,92]（表 11.19）。一些硼酸盐、砷酸盐和磷酸盐（如磷铝石 $LiAl(F、OH)PO_4$[24]）显示熔融温度超过 700 ℃。

表 11.19　氯化物、氟化物和硫酸盐的熔化温度[82,87]

矿物名称	分子式	熔融温度/℃
芒硝	$Na_2SO_4 \cdot 10H_2O$	32.4
钠镁光卤石	$KMgCl_3 \cdot 6H_2O$	42.5
钠镁矾	$Na_{12}Mg_7(SO_4)_{13} \cdot 15H_2O$	668（共晶）
白钠鲜矾	$Na_2Mg(SO_4)_2 \cdot 4H_2O$	704（液相）
钾镁矾	$K_2Mg(SO_4)_2 \cdot 4H_2O$	738（共晶）
苦橄黄长岩	$K_2Mg(SO_4)_2 \cdot 6H_2O$	842（液相）
钾盐	KCl	775
岩盐	$NaCl$	800
冰晶石	Na_3AlF_6	1000
钠镁矾	$Na_6Mg(SO_4)_4$	800
钾石膏	$K_2Ca(SO_4)_2 \cdot H_2O$	875
杂卤石	$KMgCa(SO_4)_2 \cdot 2H_2O$	880
无水芒硝	Na_2SO_4	884
无水钾镁矾	$K_2Mg_2(SO_4)_3$	945
方晶石	$K_3Na(SO_4)_2$	940
芒硝	$Na_2Ca(SO_4)_2$	944
长晶石	$K_2Ca_5(SO_4)_6 \cdot H_2O$	1044
硅藻土	$(MgSO_4 \cdot H_2O)$	1124
泻利盐	$(MgSO_4 \cdot 7H_2O)$	1124

硅酸盐一般在较高的温度下熔化（表 11.20）。在丰富的常见矿物体系中，Na_2O-Al_2O_3-SiO_2、K_2O-（MgO、CaO）-SiO_2-Al_2O_3 这些矿物质的熔融温度，以及形成的固熔体、不一致熔融或共晶体系的常见行为在矿物学的教科书中有所描述（例如文献[325]）。

表 11.20　一些硅酸盐的熔融温度(1 hPa)

矿物名称	分子式	熔融温度/℃	备注
正长石	$K[AlSi_3O_8]$	1150	
钠长石	$Na[AlSi_3O_8]$	1118	斜长岩
钙长石	$Ca[Al_2Si_2O_8]$	1553	斜长岩
透辉石	$CaMg(Si_2O_5)$	1391.5	辉石
锂辉石	$LiAl[Si_2O_6]$	1410	辉石
顽辉石	$Mg_2[Si_2O_6]$	1557	辉石
白榴石	$KAl[Si_2O_6]$	1686	
假硅灰石	$Ca_3[Si_2O_9]$	1540	
三斜霞石	$Na[AlSiO_4]$	1526	
镁橄榄石	$Mg_2[SiO_4]$	1890	橄榄石
铁橄榄石	$Fe_2[SiO_4]$	1205	橄榄石
枪晶石	$Ca_4[(F,OH)_2/Si_2O_7]$	1405	文献[326]
青金石	$(Na,Ca)_8[Al_6Si_6O_{24}]$	1320	文献[327]

11.2.4.2　硫酸盐和碳酸盐

大多数碱金属硫酸盐和碳酸盐都存在相转变。Berg[82]报告了在 240 ℃（无水芒硝、芒硝）和 580 ℃（K-Mg 硫酸盐）之间的相变温度（表 11.21）。他指出，添加剂没有显著的影响，但取代有很大的影响，这可能是由于 387～488 ℃ 单向性霰石变换为方解石时的数据差异导致的。Passe-Coutrin[328]报道珊瑚中的霰石的转变温度（290 ℃，见表 11.22）比无机霰石基质的矿物（450 ℃）要低得多，目前对该转变温度很低的原因尚不清楚，可能也会有一些制样习惯的影响（例如纤维、豆状样品）。

表 11.21　一些硫酸盐和碳酸盐的相变温度(加热；℃，±1 ℃)

矿物名称	分子式	转变温度/℃	文献
芒硝	$Na_2[SO_4] \cdot 10H_2O$	240	[82]
钾盐镁矾	$KMg[SO_4|Cl] \cdot 3H_2O$	425	[82]
钾芒硝	$K_3Na[SO_4]_2$	437	[82]
钾石膏	$K_2Ca[SO_4]_2$	560	[82]
钾镁矾	$K_2Ca[SO_4]_2 \cdot 1H_2O$	580	[82]
苦橄黄长岩	$K_2Ca[SO_4]_2 \cdot 4H_2O$	580	[82]
铅矾	$K_2Ca[SO_4]_2 \cdot 6H_2O$	895	[17,24]
天然碱	$Pb[SO_4]$	170	[282]
苏打	$Na_3H[CO_3]_2 \cdot 2H_2O$	355、485	[270]
片钠铝石	$Na_2[CO_3] \cdot 10H_2O$	436	[282]
方解石	$CaCO_3$	470	[597]

表 11.22　Ca-Sr-Ba-碳酸盐的相变温度(加热;℃,±0.5 ℃)

矿物(产地、类别)	分子式	转变温度/℃	文献
文石(来源于珊瑚)	$CaCO_3$	290	[328]
文石(来源于珊瑚间的无机基质)	$CaCO_3$	450	[328]
文石(来源于 10 个样品的混合物)	$CaCO_3$	387~488	[598]
文石(来源于瑞士 Opalinus marl)	$CaCO_3$	410	[187]
文石(来源于阿拉贡 8 个透明双晶)	$CaCO_3$	447~456	[24、274]
文石(来源于卡尔斯巴德/波西米亚的豆岩)	$CaCO_3$	390	[24]
文石(来源于卡尔斯巴德/波西米亚的纤维状样品)	$CaCO_3$	387	[24]
文石(未知产地)	$CaCO_3$	450	[270]
文石(未知产地)	$CaCO_3$	430	[27]
钙钛矿(来源于波兰塔诺维茨)	$(Ca,Pb)CO_3$	447	[274]
菱锶矿(来源于苏格兰斯特朗蒂安湖)	$SrCO_3$	890~895,912~930	[268]
菱锶矿(来源未知)	$SrCO_3$	930	[282]
菱锶矿(来源未知)	$SrCO_3$	900	[270]
菱锶矿(来源未知)	$SrCO_3$	928.2~932.9(±0.2)	[599]
碳酸钙钡矿(来源未知)	$BaCa(CO_3)_2$	900	[268]
菱钡镁石(来源未知)	$BaMg(CO_3)_2$	810~813,980~982	[268]
毒重石(来源未知)	$BaCO_3$	981	[268]

纯的硫酸钠、芒硝和无水芒硝在加热过程中表现出较强的相变峰,包括 5 个过程(文献[329],表 11.23)。Wiedemann 和 Smykatz-Kloss[330] 将这些转变的 DTA/TG 数据与(含水的)地球化学和晶体光学研究相关联,并发现了水含量对相变温度的显著影响,例如无水芒硝试样(无水 Na_2SO_4,图 11.50[330,304])中十水芒硝($Na_2SO_4 \cdot 10H_2O$)含量的影响。

表 11.23　无水芒硝 Na_2SO_4 的相变温度(加热;℃,±1 ℃)

转变温度		文献
212	236、242~250	[477]
215	236~252	[330]
215	245	[27]
220、230	235~255	[602]
227	243	[23]
	240	[82、600]
	245	[24、28、601]
	270	[18]

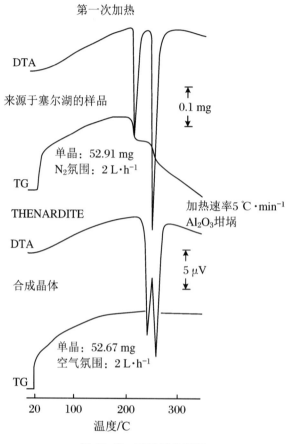

图 11.50　硫酸钠的相变

11.2.4.3　硫族化合物

硫族化合物(硫化物、砷化物、锑化物、铋化物、碲化物等)最显著的热效应是在氧化气氛(空气、氧气)中加热时的强烈氧化作用引起的。但由于样品在加热过程中会产生有毒气体产物(SO_2、SO_3 等),因此研究时样品中只含极少量硫化物。黄铁矿或其他硫化物的杂质(<1%[304,332,333])能够用 DTA 或 DSC 的方法在土壤或陶瓷原料中测定。强烈的氧化作用("焙烧")在几百摄氏度之后发生[24,334],可以方便地检测到相变温度,结合硫化物的晶体化学成分之间已知的相互依赖关系,可以确定取代物或杂质[24,304,336]。

可以使用陶瓷或玻璃材质的薄圆柱体包裹的坩埚和样品容器来防止设备的金属部件(坩埚、样品架、热电偶)和腐蚀性气体反应产物的直接接触。

在实际应用中,硫化物和砷化物的 DTA 曲线已经被 Kracek[340]、Hiller 和 Probsthain[337,341]、Sabatier[342]、Kopp 和 Kerr[338,343-344]、Asensio 和 Sabatier[345]、Levy[346]、Kullerud[347]、Dunne 和 Kerr[339,348]、Paulik 等[332]、Maurel[349]、Smykatz-Kloss[24-25,51]、Cabri[350]、Kostov[18]、Bollin[351]、Blazek[23]、Wilson 和 Mikhail[352]、Hurst 等[353]、Abdel Rehim[334]、Schomburg[354]、Balasz 等[355-356]、Dunn[357-358]、Chamberlain 和 Dunn[359] 等

研究。

Cu-Fe-S 和 Ag-Cu-S 体系已经被广泛研究[336,340,350-351,361-369]，表 11.24 中给出了 Smykatz-Kloss 和 Hausmann 确定的 Cu-Ag 硫化物的相变数据[336]。

表 11.24　Cu-(Fe-)Ag 硫化物的相变温度[336]（一些纯的 Cu-、Ag 硫化物数据来自文献[367]；加热）

组成	转变温度	$\Delta H/(kJ \cdot mol^{-1})$	物相（XRD）
Cu_2S	91～106	辉铜矿	
Cu_2S	106	2.08	辉铜矿
$Cu_{1.95}Fe_{0.05}S$	109	1.41	辉铜矿
$Cu_{1.9}Fe_{0.1}S$	106、115	0.83	辉铜矿
$Cu_{1.85}Fe_{0.15}S$	105.5、120	0.46	辉铜矿
$Cu_{1.81}Fe_{0.19}S$	106、116	0.38	辉铜矿＋未知相
$Cu_{1.8}Fe_{0.2}S$	126.5、145	1.43	未知相
$Cu_{1.75}Fe_{0.25}S$	127、144	0.99	未知相
$Cu_{1.7}Fe_{0.3}S$	127、142	0.75	未知相
$Cu_{1.78}S$	74、79.5、90	1.52	蓝辉铜矿
$Cu_{1.68}Fe_{0.1}S$	79	0.92	蓝辉铜矿
$Cu_{1.58}Fe_{0.2}S$	79.5	0.08	蓝辉铜矿
Cu_5FeS_4	218	0.39	蓝辉铜矿
$Cu_{0.45}Ag_{1.55}S$	112～117		斑铜矿
$Cu_{0.5}Ag_{1.5}S$	119	2.63	斑铜矿
Ag_2S	174.5～176.5	1.9～3.15	螺状铜银矿/辉银矿

Cabri[370]、Yund 和 Kullerud[350] 以及 Smykatz-Kloss 和 Hausmann[336] 研究了在其结构中加入一定数量铁元素的 Cu-Ag 硫化物的热行为，由此产生的相变温度明显低于那些无铁的矿物。辉铜矿（Cu_2S，106 ℃）、蓝辉铜矿（$Cu_{1.78}S$，74～90 ℃）、硫铜银矿（$CuAgS$，82～94 ℃）、辉铜银矿（$Cu_{0.5}Ag_{1.5}S$，119 ℃）和硫银矿（Ag_2S，176 ℃）的相转变温度降低，并且晶体的化学缺陷也会在较小的程度上降低其转变温度。随着机械处理的增加（如磨削引起的物理紊乱）和结构中铁成分的增加（导致化学紊乱），相变的强度（ΔT）和焓变（ΔH）降低。在合成含铜硫化物中加入超过 6.5% 质量比的铁元素后，形成了一个新的未知的物相（$Cu_{1.8-1.7}Fe_{0.2-0.3}S$），其 X 射线结构和热特性与已知的 Cu-Fe 硫化物（表 11.24，图 11.51 和图 11.52[336]）具有强烈的差异。

天然含银硫化物的相变温度在（174.5±0.7）℃ 和（177.8±0.7）℃[336,340] 之间变化，这主要是由于 Ag 或 S 的过剩引起的。Kracek[340] 和 Jensen[363] 发现了一种富银的样品相变温度在（176.3±0.5）℃，而富硫的螺状硫银矿相变温度则在（177.8±0.7）℃，并且升降温曲线有明显滞后。在冷却过程中，转变温度推迟了近 10 ℃。

合成 Cu-(Fe-)S 样品的相变信息（表 11.24）显示，随着铁成分的增加，ΔT 和 ΔH 明显减少，表明未知的相 $Cu_{2-x}Fe_xS$（$x = 0.3～0.2$）不同于辉铜矿或蓝辉铜矿的行为。

在 Cu-Ag-S 体系中，硫铜银矿 $CuAgS$ 中 Cu/Ag 比例为 1∶1（表 11.24）。对于较高

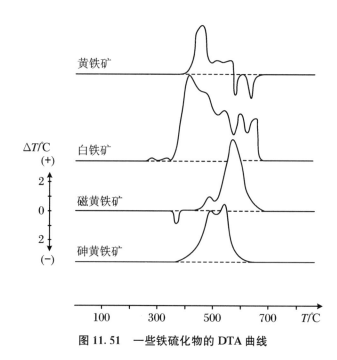

图 11.51　一些铁硫化物的 DTA 曲线

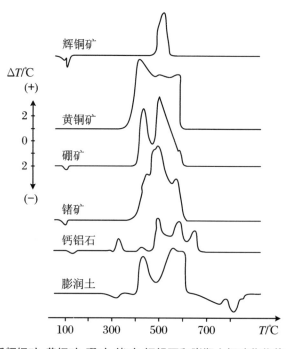

图 11.52　包括辉铜矿、黄铜矿、硼矿、锗矿、钙铝石和膨润土铜硫化物体系的 DTA 曲线

的比例,例如在富含 Cu 样品中,出现蓝辉铜矿＋钙镁石相。在较低的比例下,例如在富含
Ag 的样品中,钙镁石相很快消失,而且麦角石($Cu_{0.8}Ag_{1.2}S$)出现(表 11.24)。在非常低
的 Cu/Ag 比例下,出现麦角石＋辉铜银矿($Cu_{0.45}Ag_{1.55}S$)。Skinner[367] 发现只有一个效
应,即钙镁石相从正交(低)向六角形(高)形式的转变。Smykatz-Kloss 和 Hausmann[336]
研究发现这个转变分两步进行。据报道,(93.3 ± 0.7) ℃[367] 的转变温度与 Smykatz-
Kloss 和 Hausmann[336] 观测到的第二个峰((92.5 ± 1) ℃)相吻合,而第一个吸热效应
($Cu_{1.25}Ag_{0.75}S$)似乎是由相关的蓝辉铜矿的转变引起的(表 11.24)。

Smykatz-Kloss 和 Hausmann[336] 研究了不同 Ag/S 比和掺入少量铁的合成硫银矿,
结果表明含铁和无铁的均匀的硫银矿呈现出双重效应(表 11.24)。

Bollin[351] 也观察到了这种双重效应,而 Kracek[340] 只发现了一种自发的、密集的和
可逆的效应。

Smykatz-Kloss 和 Hausmann[336] 的研究结果解释了 Cu-Fe-和 Cu-Ag (Fe)硫化物与
文献中存在的有争议的相变数据。转变熔 ΔH 和温度差 ΔT 的差异是由晶体化学紊乱
引起的。

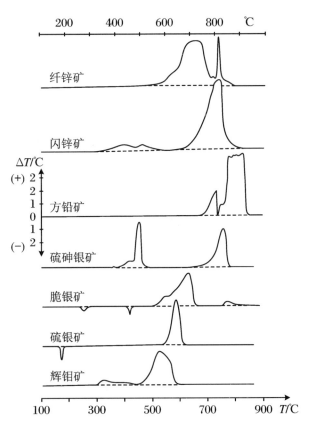

图 11.53　包括纤锌矿、闪锌矿、方铅矿、硫砷银矿、脆银矿、
硫银矿和辉钼矿硫化物体系的 DTA 曲线

如 Smykatz-Kloss 和 Hausmann[336] 以及其他几位研究者所述,铁是硫化物(原始无

铁)中最常见的替代物。因此,在铜硫化物结构中掺入铁会降低这些矿物的相变温度
(图 11.54)。

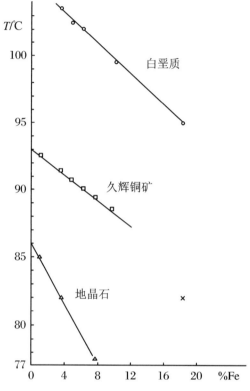

图 11.54 铜硫化物转变温度对铁含量的依赖性

类似的相变过程也会发生在许多其他的硫代化合物中,如硫醇、铁酸盐、硅藻土、硫
铜银矿和辉铜银矿(表 11.24)。表 11.25 中给出了硫和一些硫化物的相变温度,包括一
个碲化物(碲银矿)和一个硒化物(硒铜铅镍矿)的数据。

表 11.25 一些硫族化合物的相变温度

矿物名称	组成	温度(℃,±1℃)	文献
钙铝石	$2PbS \times Cu_2S \times Sb_2S_3$	137	[24]
砷黝铜矿	$Cu_3AsS_{3.25}$	319	[24]
硫矿	S	96	[24]
石榴石	Ni_3S_2	342	[24]
斯蒂芬石	$5Ag_2S \times Sb_2S_3$	270、451	[24]
磁黄铁矿	Fe_9S_8	348、370	[24,366]
黑铁矿	Ag_2Te	160	[24,366]
钙镁石	Ni_3CuSe_8	380	[24,366]
科维莱特石	CuS	370	[349]
斑铜矿	Cu_5FeS_4	228	[336]

硫族化合物的氧化发生在 350~990 ℃ 之间[18,23-24,334,352,366]，大多数以一种宽范围且强的"燃烧反应"形式存在(图 11.52 和图 11.53)。铁和铜铁硫化物在 700 ℃ 以下分解，类似于含银硫化物[24-25]。只有一些 Pb 和 Zn 硫化物在高温下氧化，例如纤锌矿、闪锌矿[24]的氧化温度大约在 800~900 ℃。硫族化合物的氧化行为对仪器的微小变化和用于分析的制备条件十分敏感。这意味着氧化行为不是矿物测定的一个非常可靠的参数，而在惰性气氛例如氮气[357]中加热的结果(表 11.26)会更可靠。

表 11.26　一些含铁硫化物在氮气中的分解温度[357]

矿物名称	组成	N_2 气氛下的分解温度
磁黄铁矿	Fe_9S_8	515
堇青石	$(N_i,Fe)_3S_4$	545
正辉锰矿	$(Ni,Fe)_9S_8$	610
黄铁矿	FeS_2	645
黄铜矿	$CuFeS_2$	800

11.2.4.4　二氧化硅矿物质

第一个关于二氧化硅矿物的热研究源于石英 SiO_2[1]，这种非常常见的矿物的晶型转变引起了一代又一代的矿物学家的关注。Tuttle[371]发表了他的研究结果，转变可以相差 2 ℃ 来源于"教科书值"(573 ℃，热力学平衡存在两种形态，α 石英和 β 石英)，并且这个可变的温度可以被作为一个地质温度计，与 Fenner 提出的建议一致[372]。Keith 和 Tuttle[373]发现这个相变温度(573±1) ℃ 对于 260 种研究的样品中的 95% 有效，但其余偏差最高达 160 ℃。Fieldes[374]测量某些新西兰样品发现，其转变温度在 550~560 ℃ 之间，Nagasawa[375]观察到 DTA 曲线形状的显著差异(转变温度也是如此)，而 Faust[322]则推荐以石英转变作为温度标准。高度有序的结晶样品确实可以作为标准或参比材料[24-25]。自 1970 年以来，573 ℃ 的"标准温度"的偏差已被广泛应用于岩石学或技术领域(见 11.4.2 节)。在 1970 年之前，Dawson 和 Wilburn 已发表相关研究论文[376]。最近，Smykatz-Kloss 和 Klinke[377]更新了研究结果。SiO_2-多晶的转变是一种结构重组，但石英的转变只产生了微小的原子位置变化，没有破坏任何原子键。非常令人惊讶的是，对于简单的转变机理是关于基本性质的不确定性，如文献中的热力学状态方程。Bachheimer[378]首次发现在 1.4 K 温度范围转变存在一个中间相，这一相的特征是周期与石英晶格不相称的调制结构。正如 Dolino[379]所言："现在很明显，转变温度变化的主要原因是在石英结构中加入了化学杂质，或者是取代基，也可能是间质。"

Fenner[372]发现了鳞石英的 $\alpha \leftrightarrow \beta_1 \leftrightarrow \beta_2$ 转变温度在 117 ℃(转变热 $\Delta H = 1.80$ J·g^{-1})和 163 ℃($\Delta H = 0.96$ J·g^{-1})。对于另一个多晶方石英，$\alpha \leftrightarrow \beta$ 转变在 200~260 ℃ 之间($\Delta H = 18.41$ J·g^{-1})。

无定形矿物、蛋白石-A 和蛋白石-C、$SiO_2 \cdot nH_2O$ 的脱水温度在 65~300 ℃ 之间[24,380-381]，依赖于其结构状态，例如乳白石的含水率。

根据 Faust[322]的研究结果，石英 $\alpha \leftrightarrow \beta$ 的转变热相当低(例如 13.0 J·g^{-1})。因此，一

些作者(例如文献[382-384])对未知土壤或沉积物样品中石英含量的定量测定具有较大的不确定性和误差[376]。

最近的研究工作中已经用一些相当复杂的 TA 方法,例如 a.c.量热法[323,385]和放射热分析(ETA)[386]研究了二氧化硅多晶转变效应来测量转变热,研究磨削和粒径的影响(微二氧化硅[387])或表征燃烧过程[388]。

对于二氧化硅多晶高低转变在岩石成因或技术问题方面的应用,详细综述见11.4.2节。

11.2.4.5　其他矿物质

其他一些(主要是稀有的)矿物的转变温度也被用作温度校准。因此,硅多晶(方石英、鳞石英、石英)的 $\alpha \leftrightarrow \beta$ 转变经常用作针对添加硝酸盐或硫酸盐的标准物质,如硝酸钾((127.8±0.3)℃)、冰晶石(Na_3AlF_6,(572.6±0.5)℃)或 K_2SO_4(583.5 ℃)的转变温度[24-25,47,267,377,389-390]。Font 和 Muntasell[391]在高达150 MPa 热压研究中使用了 KNO_3。

Kulp 和 Perfetti[121]、Mackenzie[8]研究了 Fe-Al-Mn 氧化物的相变。软锰矿β-MnO_2 在 690 ℃ 发生了转变,黑锰矿 Mn_3O_4 在 750 ℃ 发生转变。Pei Jane Huang 等[392]通过热拉曼光谱结合 TGA/DTA 的方法研究了 Ti-干凝胶的热行为,在 382 ℃(无定形→锐钛矿)和 573 ℃(锐钛矿→金红石)中发现了两个不同的相变。

青金石矿物和琉璃存在两种多晶态(如正交和立方),在 489 ℃ 出现相变[327]。

11.2.5　磁转变

11.2.5.1　氧化物

铁氧化物的磁性是地球科学研究矿物和岩石特性的重要参数。为了量化磁性,采用磁矩(m)作为标准,可以从测量的摩尔磁化率 χ 得到:

$$\chi = \frac{Nm^2}{3KT} \rightarrow m = 2.83\sqrt{\chi T}$$

χ 的温度变化由居里-维斯定律描述:

$$\chi_M = \frac{C_M}{T - T_C}$$

这些性质在地质学、地球物理学和土壤科学以及考古、生物(从磁性细菌中提取的生物磁铁矿)和材料科学古地磁研究中都有所涉及[129]。

C_M 和 T_C 分别是居里常数和居里温度,T 是实际温度。随着温度 T 的升高,磁化率 χ_M 降低,氧化铁发生相变。许多仪器[393]可以直接测量磁化率随温度的变化。

典型铁磁氧化铁包括磁铁矿($T_C = 850$ K)、磁赤铁矿(T_C 为 820~980 K)和铁氧体(T_N 为 440~460 K)(T_N 为奈尔温度,反铁磁性物质的转变温度)。磁铁矿的磁化强度随温度升高而降低,在约 580 ℃(磁铁矿居里温度)时达到最低,并在冷却过程中恢复到初始磁化强度[394]。

磁转变与 C_P-T 函数中所谓的"λ-异常"有关。在 C_P 曲线上最大值表征居里温度,这一转变作为热天平温度校准的参考材料[395]。

针铁矿（α-FeOOH）在 80 ℃ 和 120 ℃ 之间存在磁转变。磁赤铁矿（γ-Fe$_2$O$_3$）的磁转变很难确定，转变成赤铁矿（α-Fe$_2$O$_3$）的过程发生在超过 400 ℃ 时。磁赤铁矿的磁转变应该超过 580 ℃，也有文献报道该温度高达 675 ℃[394]。在 Fe-Ti-O 体系中，固熔体的情况进一步复杂化。在高温下赤铁矿和钛铁矿形成了连续的固溶体，在低温下存在较大的混相间隙[129]。接近 60% 的钛铁矿和 40% 的赤铁矿在 Fe$_2$O$_3$ 和 FeTiO$_3$ 之间的磁化过程中有一个最大值，居里温度随着 TiO$_2$ 含量的增加而降低[394]。

钛磁铁矿是一种接近磁铁矿的状态，在空气中加热至居里温度（$T_C \approx 280$ ℃）以上会在 470 ℃ 左右出现次级转变[394]。

一般在惰性气氛（N$_2$）中用差热分析方法测定磁铁矿的居里温度（Fe^{II} Fe$_2^{III}$ O$_4$）[24,396]。在空气中，Fe^{II} 的强（放热）氧化作用将掩盖小的吸热磁转变，必须在冷却过程中测量。纯磁铁矿居里温度为 (580 ± 2) ℃[397]。Al^{3+}、Cr^{3+}、Ti^{4+}、Mg^{2+}、Ni^{2+}、Ca^{2+}、Mn^{2+} 以及其他在天然磁铁矿中常见的离子取代 Fe^{II} 或 Fe^{III} 会使居里温度从 100% 质量的 Fe$_3$O$_4$ 的 580 ℃ 降低为包含 80% 质量的 Fe$_3$O$_4$ 磁铁矿的 450 ℃，60% 质量的 Fe$_3$O$_4$ 的居里温度则为 300～350 ℃（剩余组成为 TiO$_2$、Cr$_2$O$_3$、MgO 等）[398]。

铁磁性矿物包括（钛-）磁铁矿、镁铁矿、黄铁矿、一些赤铁矿和钛铁矿。赤铁矿的 DTA 曲线上在 680 ℃ 有一个小的吸热峰，说明磁性有微小变化。对于钛赤铁矿，居里温度降低到 600～660 ℃[399]。奈尔温度（反铁磁性物质失去其反铁磁性的温度）一般低于 -50 ℃（钨锰铁矿固溶体，例如文献[400]；橄榄石，例如文献[401]）。

居里温度和奈尔温度通常是用 DTA 以外的方法来测量的，但是对于磁石，通过 DTA 测量（在 N$_2$ 中）可以区分和表征天然的（钛）磁体，例如基鲁纳铁矿和三次玄武岩中磁铁矿的居里温度在 490～580 ℃ 之间[24]。

图 11.55 中给出了一些磁石的居里温度和它们的化学成分的关系。Schmidt 和

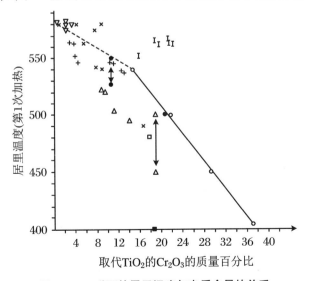

图 11.55 磁石的居里温度与杂质含量的关系

Vermaas[397]的数据以及 Smykatz-Kloss[24]的数据通过 DTA 得到,上面提到的其他居里温度来自不同的方法。

在一些地方,天然的钛磁体的居里温度超过 100 ℃,不满足上述图中的关系,Lewis[402]得出的结论是:天然磁石的居里温度对化学组成没有依赖性。所有位于标记线左边的值都只有一部分的取代基与磁性结构相结合。通过补充 TiO_2(Cr_2O_3)的数量,加上所有这些元素取代铁元素的量,所有的值都在直线上或非常接近。Vincent[398]测得的直线右侧的 6 个值对应于自然生长的磁铁矿和钛铁尖晶石(Fe_2TiO_4),这意味着高 TiO_2 含量(15%~22%质量比)不位于磁铁矿结构中(只有当取代基位于磁铁矿结构中,钛含量才会影响居里温度)。在这种情况下,化学分析结果表明磁铁矿不纯,没有真正的磁结构,或只有很少的 TiO_2 单元。修正后的值(即图 11.56 减去 TiO_2 含量的值)全部落在图 11.56 中的虚线上。这种校正是有效的,可以从这些相互生长的热行为(回火)中看出。Vincent[398]通过将样品加热到 950 ℃,使这种相互生长物均匀化,在这个温度下只有一个相重结晶。在缓慢的加热过程中,居里温度持续降低,直到 450~500 ℃ 达到完全均一相。这是一种钛磁铁矿,其结构中含 20%~22%质量比的 TiO_2[398]。

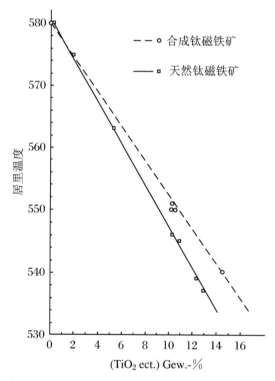

图 11.56 合成和天然铁磁性氧化物的居里温度对其中钛和铬含量的依赖关系

一个磁赤铁矿样品的研究结果表明这种立方 Fe_2O_3 的居里温度为(640±5)℃,此值位于纯磁铁矿的居里温度(580 ℃)和 DTA 信号不明显的一些赤铁矿居里温度(680 ℃)之间。因此,可以使用 DTA 区分立方晶型的氧化铁、磁铁矿和磁赤铁矿。

11.2.5.2 硫化物

在岩石学系统中,一种具有磁性的化合物磁黄铁矿 Fe_7S_8 和 $Fe_{1-x}S$ 在 310 ℃[394] 时出现磁转变。在加热磁黄铁矿后可以在冷却曲线上观察到磁黄铁矿的分解和磁铁矿的形成。立方硫化铁、灰岩在 270～300 ℃[394] 之间有一个磁转变。在第三级和第四级沉积物中已经发现这种矿物与特殊的藻类。

11.2.6 放热作用、氧化和热解

有机材料的热解在燃料技术和土木工程领域有大量应用(例如文献[403-404])。在地球科学中,勘探、能源资源(如原油、油砂、油页岩、煤、沥青)以及对这些资源的开采和质量控制,几个世纪以来已经引起了矿物学家、地质学家和地球化学家以及热分析专家的关注[405-421]。Warne[56,422-429] 和他的同事 Dubrawski[46,430] 使用 DTA、DSC 和热磁法发表了几项关于区域岩石学、特征和沥青、煤、油页岩的可能应用相关的研究结果。Lonvik 等[566] 对油页岩使用热超声法(TS)进行了研究,Balek[386] 对波西米亚两种煤的特性进行了热分析(ETA)研究。

关于有机材料氧化行为的研究(除了在煤和油页岩研究中)也引起了黏土科学家关于有机分子和膨胀黏土矿物(蒙脱石、蛭石、混合层)相互关系的兴趣,黏土矿物在有机溶剂中膨胀[180,431],有机分子可被吸附在黏土矿物上[64,43,2-448],也可占据黏土矿层之间的夹层空间,形成夹层或有机-黏土复合体[64,449-452]。已发现数百种有机-黏土复合物和夹层化合物,并合成了柱状黏土。在技术矿物学、储能、催化、应用物理化学、化学工程和材料科学等领域,形成了一个重要的跨学科研究和应用领域。

膨胀黏土矿物主要形成这些有机黏土复合物,但 Weiss[453] 的研究描述了非膨胀夹层,即无水的高岭石与简单的有机化合物的夹层类型。一些作者已经制备了非膨胀矿物质的有机黏土复合物如高岭石(含氨基酸)[454-456]、滑石和叶蜡石(含硬脂酸)[457]、海泡石、坡缕石[172,436,452] 以及最近的含水镁碳酸盐矿物(含苯酚)[458]。

所有的作者都提到了用热分析方法来研究有机黏土,包括一些有机黏土被用作药物-黏土复合物,这些样品基于蒙脱石[452] 或海泡石[459]。

热分析方法也被用来研究土壤或沉积物中的生物成分,如纤维素或褐煤,其热解的差异可以用于实现这些组分的分离。

热分析也被应用于环境研究中测定煤或原材料[411,422-429] 中的硫化物或其他危险物质,也可以应用于纯度测定[304] 和废物处置,还可以用于土壤中杀虫剂或除草剂的检测[63-65,444,460-461]。

有机化合物的氧化分两步进行,分别在 300～400 ℃ 之间以及 450～600 ℃ 之间有两个较大的放热效应,主要来自烃类的焦化以及最终炭化物的热解(C 氧化成 CO_2)[64]。

对于植物茎秆的主要成分形成的褐煤和纤维素,可以通过热控制热解的方法从有机聚合物来自于纤维素羰基碎片($m/z=39,42,43,55,97,114$)和来自于褐煤芳香甲氧基苯酸碎片($m/z=65,77,91,151,154,164,168$ 和 194)来表征。

Balek[462] 利用放射热分析(ETA)技术来表征膨润土与有机化合物相互作用时的形

态变化，Yariv[444,460] 和 Busnot[463] 通过 DTA 确定了在诺曼底海岸地区的腐殖质的来源，Stout[464] 鉴定了罗马尼亚琥珀并重建了它的岩石遗传史，例如对前琥珀酸的改变。

硫族化合物（硫化物、砷化物、碲化物等）的氧化过程类似，分两步或多步进行，类似于加热过程和中间化合物的复杂形成过程，参见有关硫族化合物的章节和文献[18,24,357,359,465]。

在地球化学中，由于土壤或沉积环境氧化还原条件的变化，由于 Mn^{2+}、Pb^{2+} 和 Fe^{2+} 矿物的氧化行为的影响，还需要对锰、铅和铁的碳酸盐、氧化物或氢氧化物进行分析。碳酸盐矿物、菱铁矿、铈、红斑岩或铁白云石表现出自发的和巨大的放热氧化作用，会与吸热分解效应部分重叠，使过程的解释变得相当复杂[18,24,52,122,125,167,283,293,295,311-312,314-316,424,427,467]，所使用的加热速率决定了含铁碳酸盐的曲线形状和分解/氧化温度的准确性[318]。

11.3　热力学、动力学和相图关系

11.3.1　前言

动态热分析方法经常用于研究天然化合物、矿物、岩石和淤泥转化过程中的相变（结晶、熔融）和非等温动力学[29,471-472]。挑战在于对热分析信号中的复杂信息的分析。对于不同的热分析方法，得到的结果之间差别很大。例如，TG 曲线中的信号在质量变化方面是明确的，但对分析逸出气体的化学本质无能为力。动态热分析方法像"指纹"一样，可以得到关于矿物的反应温度的信息以及关于物理性质变化的数据。例如吸放热及具体热量或者质量、晶体结构、尺寸、颜色的变化等[473]，这反过来提供了在不同的物理和化学条件下单一或混合化合物的热力学稳定性的数据。这些研究还可以得到用于计算非均相体系平衡条件或者造岩矿物的晶胞膨胀参数等的热力学数据[474-476]。

11.3.2　相关系研究——相图

物理参数的测量可以用于表征取决于温度的相位关系。通过同步 X 射线衍射、DTA/DSC/TG 和热光学显微镜的组合，可以测定固体、二元或多元体系的温度影响。在分析天然矿物和岩石时，必须考虑到一些细节，如少量其他矿物或流体掺入可能大幅度改变热分析结果。在实验室条件下以及在自然条件下（例如在 Wadi Natrun 中），从高于 32℃ 的水溶液中结晶形成 Na_2SO_4（V 型），其低温改性的相变在加热和随后的冷却过程中不同[330,477]：

$$Na_2SO_4(V) \xrightarrow{212℃} Na_2SO_4(III) \xrightarrow{242\sim250℃} Na_2SO_4(I)$$

$$Na_2SO_4(III) \xrightarrow{215\sim230℃} Na_2SO_4(II)$$

研究表明，相 V 不代表在加热和冷却过程中的平衡状态，有时会观察到在 242～250℃ 之间 III-I 相变的分裂，目前还不知道这种分裂的原因。此外，天然芒硝的失重曲线表明，在相变过程中有少量的 CO_2 和水逸出[330]。

该例证明了痕量化合物对相变动力学的影响。对天然材料相变过程的解释通常忽略了这种现象，但 DTA/DSC 和 TG-MS 实验表明存在动力学阻碍作用，并且有助于解释关于相变结构关系的 X 射线或光谱数据。在许多情况下，通过 DTA/DSC 和 TG 测量也可以观察到样品制备的影响。例如 Heide 研究的结晶水合物[85]或 Bayer 和 Wiedemann 对 CaCO$_3$ 的改性研究[478]。

在许多与地球科学有关的体系中，热分析方法可用于在相图中建立多组分相关系。例如，Sestak[479]和 Heide[29]在关于地球科学方面详细讨论了构建多元相图的可能性和困难。

11.3.3 岩石学体系的热力学性质的测定

作为温度函数的很多热容测量技术现在可用于研究岩石学上有趣的相。在 298 K 以上的温度下，通过滴落量热法[480]或者差示扫描量热法得到热容。数值会参考一个标准物质，如刚玉。为了测量矿物的"高温"$c_p(T)$ 函数，动态温度热流量热法已成为一种常用技术。可用少量样品（约 10 mg）进行测量，不需要特殊的样品制备条件。由这种技术获得的 c_p 数据的精确度不高于 ±1%，但是测量可以达到 1400 ℃[481]。高温热容量通常由多项式来计算：$c_p = a + bT + cT^2 + T^{1/2}$。

在岩石学应用中，外推高温热容数据会导致相当大的问题。因此，使用热流量热计的高温量热法来测量高温热容，尽管其精确度明显低于双微量热计类型的反应量热计[480]。

热重分析法是研究成矿物质均匀性的有用工具。具有完美铝硅酸盐骨架的长石在熔点以下加热时不应分解。据报道，加热天然长石的质量损失大约为 0.01%～0.20%，来自晶格缺陷造成的水分损失[482]。岩浆或岩浆后形成的岩石中获得的石英和正长石的热重质量损失曲线不同[483]。微观的和亚微观的流体掺入可能导致伴随质量损失和脱气效应的固体爆裂，并且经常通过声信号。例如，可以在石英或者高岭石中检测到这种差异[484-485]。长石替代品如高岭石或云母，可以通过热重定量测定极小的量（<0.1%）。钠长石和各种斜长石在 700～900 ℃ 范围内的 DTA 曲线明显的吸热峰来自杂质的热效应。对于斜长石，可能用长石的结构变化来解释这些效应[486-487]。

11.3.4 动力学

许多固相反应通过异质成核过程在已有缺陷处发生。复杂自然体系中异质成核的理论尚未得到很好的发展，成核速率和核生长速度取决于转化机理[488]。

在重构转化中，速率是温度的函数。在等温条件下，转化部分的体积随时间增加。重构转化包括一级或二级原子配位的变化。对于所谓的"一阶"固-固转变，热力学参数的变化与从气相或液相相转变伴随的变化类似。矿物中的多晶型重构转变（如文石到方解石）通常非常缓慢，并且在实验室条件下这种转变以高亚稳定性或者相当大程度的过热或冷却为特征[489]。在大量的密集的变量图（焓、熵、体积和温度）上，一阶相变在转变温度时是不连续的。二阶相变遵循 Ehrenfest 热力学分类方法[490]。H、S 和 V 的曲线图上有个尖峰，而 c_p（比热）、α（膨胀系数）或 β（压缩系数）曲线图上是不连续的。λ 转变或有序-无序转变现象表明,如果反应速率比转变动力学慢,则会出现问题。一些转变被描述为"混合"转变。相变的分类有时可能取决于所使用的分析技术。

位移转变的速率完全由在特定转变体积下的特定温度决定,这意味着在等温条件下体积不会随着时间改变。石英是地壳中最丰富的矿物之一,其多晶现象是这类看起来简单相变的复杂性的一个例子(参见 11.2.4.4 节)。自从 Le Chatelier[1] 发现二氧化硅的相变以来,二氧化硅的低压相变一直是许多研究的主题,人们试图确定其基本性质(如热力学状态方程)。直到 1980 年,在 α 相(高温改性)和 β 相(低温改性)之间的 846 K 下,温度范围为 1.4 K 的中间相才被发现[379]。

β-α 相转变的问题是由之前实验中温度控制精度不高造成的,该中间相的特征在于具有与石英晶格周期不相称的周期结构。

固-固相转变的一个特例是转动转变,这种转变是由特定的温度控制的,其将分子的振动转化为自由转动。

更多的机制是有序-无序相转变、拐点相转变(固-固或液-液相分离)和冻结亚稳态固相转变(例如玻璃化转变)。

过冷熔体或固态中的结晶过程主要与成核频率(速率)J 及(线性)核生长速率 R 相关,成核理论假定在非平衡态。然而,成核所需的超出平衡态的程度一般是未知的。成核动力学分析表明,成核过程通常具有非稳态转变特征[491]。如果体系处于可能成核(即"结晶")的状态(例如过冷熔体),则必须经过时间 τ 才能形成亚临界团簇的稳态。不同作者从理论和实验结果上推导出成核动力学方程[491],Zeldovich 提出的基本关系如下:

$$I(t) = I_{ss}\exp\left(\frac{\tau}{t}\right)$$

其中 I_{ss} 为稳态成核速率,τ 为非稳态成核时间,t 为时间。

在 t 时刻的核的数量 $N(t)$(临界团簇)由动力学成核方程给出:

$$N(t) = \int_0^t I(t)\mathrm{d}t$$

在核生长至显微镜可见尺寸之后,可通过实验测定临界团簇数("核",$N(t)$)。

成核动力学由两个动力学参数决定,即非稳态成核时间 τ 和稳态成核速率 I_{ss}。一般来说,实验在非平衡态进行。正如 Carlson[492] 观察到的结果,在 1 bar 下文石-方解石的转变中,在很短时间内形成大量的核。当反应至体积变化很大时,反应物相在产物相生长过程中发生应变,产物相发生断裂[493]。

在固态反应中,均相成核是在没有预先存在内表面优势的情况下发生的成核,是从属于发生在体相或表面的晶界处、位错或其他缺陷的异相成核的,这是由形成临界晶核所需的能量与相界面相关的能量造成的。在自然条件下,固态下的均相成核不太可能。对于异相成核,成核速率由相界面的函数 $f(\Theta)$ 决定:

$$\frac{\mathrm{d}N}{\mathrm{d}t} = A'\exp\left(\frac{-\Delta G^* f(\Theta)}{kT}\right)\exp\left(\frac{-Q}{kT}\right)$$

$$\Delta G^* = \frac{16\pi}{3}\frac{\sigma^3}{(\Delta G_0)^2} \approx \frac{1}{(T_m - T)^2} \quad \text{(球形核)}$$

其中 Q 为生长的动力学能垒,即扩散"活化能";σ 为单位面积的界面能;ΔG_0 为单位体积产物自由能变化;k 为玻尔兹曼常数;T 为温度;t 为时间;T_m 为熔化温度。

多相固-固反应中的成核速率受热流量、扩散速率以及化学反应平衡常数的变化所控制。

核形成之后,核的生长速率 R 由温度和三个最慢的过程控制:

(1) 体相的热导率,决定了来自反应吸收或释放能量的局部热容量。

(2) 核的扩散速率。

(3) 界面处熔融或形成速率[494]。

脱水和脱碳反应是与地球科学有关的典型的异相过程,热力学过程由产物相和纯反应物相之间吉布斯能变化描述[495]。在地质研究中,计算通常只能通过几个简化的假设实现,更精确评估所需的热力学数据无法得到。

当产物的表面成核和生长占主导时尤其如此,得到的结果很难与晶粒边界的核化和体相的生长区分开来。由于表面自由能和界面自由能不同,因此晶粒表面和晶界上的成核速率和生长速率可能存在着数量级的差异。对于地质样品的固态转变,体积变化通常很大。例如,对于文石到方解石的转变,在 1 bar 压力下体积差为 +8.15%,而石英到方石英的转变的 $\Delta V = +13.7\%$[488]。从文石形成方解石会经历转变应变,相应地在文石中形成同样的层状应变[493]。另外,其他因素如粒径或显微结构的发展也可控制反应速率。例如,如果成核发生在晶界或晶间缺陷处,多晶型转变可能不同[488]。通过机械研磨可以产生非常大的剪切应力,并且反应速率可以提高几个数量级。在这样的摩擦化学条件下,在室温下研磨制备样品期间可能发生转变。此外,向干燥体系中加入水可能会使反应速率加快 8~10 个数量级,并且应变能的贡献可能被完全抵消。

完整的转变过程可以通过经验速率方程来描述,该方程将实验观察到的转变材料量与温度和时间相关联。如果实验条件发生了改变,则这些经验速率方程可能也要发生实质性的改变。因此,模型机理可能会发生变化,并不一定恰好运用到地质过程中。然而,这些实验确实说明了相变的不同。当转变速率从热流控制机理变为扩散控制生长机理时,可以观察到特征现象,例如导致样品体积的变化。样品的体积或填充密度可以控制相变的速率和机理。

与地球科学有关的例子是石膏或白云石的转变。在加热过程中石膏转变形成烧石膏,最后形成 γ-无水石膏:

$$CaSO_4 \cdot 2H_2O(s) \longrightarrow CaSO_4 \cdot \frac{1}{2}H_2O(s) + 1\frac{1}{2}H_2O(g)$$

Heide 证明烧石膏改性的形成不能用石膏的晶体结构来解释,主要原因为两个水分子在结构中的原子位置是完全相等的。分解过程分一步或两步进行,损失等同的 H_2O 转化为硬石膏。相比于样品中水的扩散速率,热传递占主导地位,则脱水是一步过程。如果水的扩散速率降低,则可能发生分解产物的二次水合,形成烧石膏。

$$CaSO_4 \cdot 2H_2O(s) \longrightarrow \gamma\text{-}CaSO_4(s) + 2H_2O(g)$$

$$CaSO_4 \cdot \frac{1}{2}H_2O(s) + 1\frac{1}{2}H_2O(g)$$

$$\downarrow$$

$$\gamma\text{-}CaSO_4(s) + \frac{1}{2}H_2O(g)$$

可以通过控制热处理的外部条件来控制烧石膏的形成。反应速率的振荡源于样品的体积和几何形状与挥发性化合物在分解的固体中的扩散速率之间不同的关系[117],通过实验可以确定关于不同相的转变的条件动力学开关,这对解释观察到的工业和地球科学方面的热行为很重要[29]。

在白云石分解过程中也出现了同样的情况。极大值在 800 ℃ 和 900 ℃ 左右的双峰常被用来作为检测碳质岩石和泥质石灰岩中的白云岩的指纹图谱[24-25],单从晶体结构本身无法解释分解速率的分裂。分解也可能主要发生一步反应:

$$CaMg(CO_3)_2(s) \longrightarrow CaMgO_2(s) + 2CO_2(g)$$

如果二氧化碳的扩散受到反应产物密度所限,则二次碳化会导致方解石的形成,在较高温度下发生再次分解:

$$CaMg(CO_3)_2(s) \longrightarrow CaOMgO(s) + CO_2(trapped) + CO_2(g)$$

$$\downarrow$$

$$CaCO_3(s) + MgO(s)$$

$$\downarrow$$

$$CaO(s) + CO_2(g) + MgO(s)$$

这些观察结果使我们在解释实验反应动力学结果时应考虑不同的方面:

最重要的是物理模型的可能性和实现性,从单个实验无法得出一个结论。在进行解释时,不仅应依据相转变分析数据,例如热重分析法或差示扫描量热法的实验数据,也必须考虑材料的晶体结构方面的影响。

另外,应比较不同可能模型的数值,特别对于单一或偶合化学反应[497]。

对于结晶水合物,由连续的一级反应组成多步分解:

$$A \longrightarrow B + 挥发物 \longrightarrow C + 挥发物$$

预期反应速率有两个极大值,由形成的挥发物和中间体(B)的化学计量数决定,中间体(B)仅在特定的实验条件下形成。该过程由加热速率、分解速率、分解固体中挥发物的扩散速率的相互关系和样品体积控制。

天然物质的特征依赖于其成因,包括其挥发性物质的微量含量。例如,含微量碳酸盐的高岭石会在脱羟基过程中分解,这意味着 TG 曲线是不同温度范围内不同化学反应的叠加。这样的现象可以用不同反应间隔的 TG 逐步分析来检测[117],或通过特定气体检测进行挥发物选择性分析,例如质谱法。表 11.27 中总结了与地球科学有关的反应速率方程。在上述领域可应用这些方程。

表 11.27　成核和生长的速率方程

速率方程	理论模型	地质反应中的应用
均相成核 $$\frac{\mathrm{d}N}{\mathrm{d}t} = kN_0$$	静态成核	目前在地质反应中尚无应用
异相成核 $$\frac{\mathrm{d}N}{\mathrm{d}t} = A'\exp\left(\frac{-\Delta G^* f(\Theta)}{kT}\right)\exp\left(\frac{-E_{\mathrm{dif}}}{kT}\right)$$	界面成核,接触角 $f(\Theta)$ 在 $0°\sim90°$ 之间	
晶体生长 $$\frac{\mathrm{d}\alpha}{\mathrm{d}t} = K_1(1-\alpha)^n$$	$n=1$,一级 $n=1/3, 1/2$ 界面控制	文石→方解石 橄榄石→尖晶石
$$\frac{\mathrm{d}\alpha}{\mathrm{d}t} = K_2\alpha^{-n}$$	$n=2/3, 1/2$ 扩散控制	石英 + 方镁石→ 镁橄榄石
$$\frac{\mathrm{d}\alpha}{\mathrm{d}t} = K_3\left[1-(1-\alpha)\right]^{1/3}(1-\alpha)^{2/3}$$	粉末反应 Jander 方程	脱水 脱碳
$$\frac{\mathrm{d}\alpha}{\mathrm{d}t} = K_4(1-\alpha)\left[-\ln(1-\alpha)\right]^n$$	Avrami-MehI-Johnson 方程 $n=3$　球体 $n=2$　平面 $n=1$　线形	文石→方解石
$$\frac{\mathrm{d}\alpha}{\mathrm{d}t} = K_5$$	平面层生长的速率常数	水滑石→方镁石 + H_2O
$$\frac{\mathrm{d}\alpha}{\mathrm{d}t} = K_6\alpha$$	经验指数方程	

11.4　结构无序性对热效应的影响

11.4.1　水解物和碳酸盐

晶体结构的无序性可能是由化学或物理效应引起的。化学取代和杂质可能是热行为发生变化的原因[304]。物理无序可能是由任意类型的晶格缺陷引起的,这会造成与"正常"晶体几何形状和结构有序性(肖特基和弗兰克尔型缺陷)的偏离并降低晶格能。研磨或其他类型的机械处理会导致矿物出现物理无序[219,286,498-499],最终可能出现完全非晶化[113,500]。通常,热效应随着无序度增加而降低。降低表现在峰值温度、强度(ΔT)和峰面积上,直到这种效应完全消失[499]。

在土壤和沉积物中自生的矿物质在化学和物理无序性方面表现出很大的差异。Kelly[127]和 Kühnel[59]描述了几种针铁矿,如 α-FeOOH。由于"结晶度"(对应于无序的程度)的不同,其在 450～350 ℃ 之间脱羟基。Smykatz-Kloss[24] 发现脱羟基化温度从 410 ℃ 降低到 370 ℃(取决于 Fe^{3+} 中掺入的 Al^{3+} 的量)。Kulp 和 Trites[501]、Mackenzie[59]、Kelly[127] 和 Smykatz-Kloss[24] 观察到加热针铁矿或纤铁矿(γ-FeOOH)时产生的放热效应,所有研究者都发现放热效应只发生在水解产物无序的矿物中。PA 曲线清楚地揭示了针铁矿和黏土矿物的脱羟基作用的温度和曲线形状的差异[24-25,54,61]。

物理无序性的不同程度可以通过 X 射线衍射图[220] 或 DTA 测量[62] 来评价。对于一些表现出不同程度物理无序性的高岭土矿物,由其 DTA 曲线可以得到以下结果(图 11.16)。这是在严格的标准化条件下进行分析的[24,61]。

随着无序程度的降低:

(1) 对于结晶差的"无序高岭土"类型,脱羟基作用峰值温度发生在 520 ℃,对于有序的二重高岭土而言,峰值温度>700 ℃。

(2) 这种效应的强度(ΔT)不断增加。

(3) 放热效应(>920 ℃)的峰值温度和 ΔT 也增加。

根据高岭土矿物的无序程度,Smykatz-Kloss[24] 将其分为四类(参见 11.2.2.3 节)。

Balek 和 Murat[502] 用 ETA 技术测量了高岭土矿物的无序程度,Frost[185] 利用 DTA/TG 和拉曼光谱观察到高岭石/二甲基亚砜络合物脱嵌后的无序高岭石结构。

其他黏土矿物(绿土、蛭石、伊利石、绿泥石等)显示出类似的行为。Kubler[220] 通过 X 射线衍射法建立了测量"伊利石结晶度"(= 沉淀云母的无序度)的方法。Smykatz-Kloss 和 Althaus[61] 表明 DTA 和 IR 技术比 X 射线技术更合适,其中 X 射线数据受晶粒尺寸效应的干扰。

很多矿物质都存在化学无序性,这是由取代、固体溶入和风化造成的。在黏土矿物中,四面体和八面体取代(Al 取代 Si,Mg 与 Fe 取代 Al)的影响比较显著。例如,绿土通常与贝得石($Al^{[VI]}$)、绿脱石($Fe^{2+,3+[VI]}$)和皂石($Mg^{[VI]}$)等形成固溶体。脱羟基化温度从 Mg 型(约 850 ℃)至 Al 型(约 700 ℃)和 Fe 型(约 500 ℃)逐渐下降,反映了从皂石/锂蒙脱石到贝得石/蒙脱石到绿脱石的晶体结构有序性的不断下降。皂石/锂蒙脱石具有最大的八面体阳离子(Mg),而贝得石/蒙脱石在八面体位点具有较小的阳离子 Al^{3+},绿脱石包括两种类型的铁离子即 Fe^{2+} 和 Fe^{3+},因此产生额外的无序效应。

一个典型的蒙脱石样品的 DTA 曲线包括四个吸热效应,其中一个效应在 150～200 ℃ 之间,反映了层间水的脱水,三个效应接近上述描述的温度,证明为一种固溶体。

化学取代可以降低碳酸盐的分解温度、硫化物的相变温度或磁铁矿的居里温度。在白云石 $CaMg(CO_3)_2$ 中,Mg 被 Fe^{2+} 或 Mn^{2+} 部分取代会产生第三个或第四个吸热效应(相对于 $FeCO_3$ 和 $MnCO_3$),发生在比 $MgCO_3$ 分解温度更低的温度下。越来越多的铁和锰掺入到白云石结构中,这意味着随着化学无序性的增加,$FeCO_3$ 在更低的温度下发生分解[24](图 11.57)。

在方解石结构中,Mg 掺入 Ca 中降低了结构的稳定性,Mg 掺入量的增加导致 Mg-方解石分解温度的降低(表 11.28)以及主 X 射线反射发生偏移。

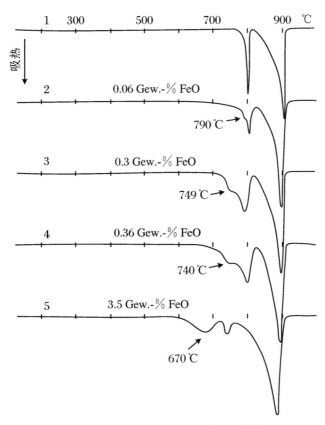

图 11.57　一些含 Fe 白云石的 DTA 曲线

掺入的 FeO 质量(从上至下)分别为 0.06%、0.3%、0.36% 和 3.5%

表 11.28　Mg-方解石中 MgO 含量和分解温度(样品量为 150 mg)

样品及来源	MgO/mol%	分解温度/ (℃;±0.5 ℃)	$d_{(1014)}$/Å
纯方解石,来自哈茨山/德国	0.00	925	3.035
Mg-方解石	5.90	898	3.018
方解石,来自 Encrinus liliformis, Bermudas	8.65	893	3.005
方解石藻泥,来自 Gaybu	18.10	889	2.974
方解石,来自圣维森特	19.00	889	2.972
方解石,来自比奥科岛	21.00	887	2.966

注:样品由哥廷根 C. W. Correns 教授慷慨提供。

文石的结构即 $CaCO_3$ 的斜方晶系形式在 Ca 的位置可以容纳除 Ca^{2+}(离子半径为 1.0 Å)之外的大的二价阳离子,例如 Sr^{2+}(离子半径为 1.27 Å)、Ba^{2+}(1.43 Å)或 Pb^{2+}(1.32 Å)。这些离子取代 Ca 的量超过 0.3% 会在 $CaCO_3$ 分解效应之前引起一个小的吸热肩峰,在其之后引起一个或两个尖锐的小峰(图 11.58)[24,274],分别来自文石中 $PbCO_3$、

SrCO$_3$ 和 CaCO$_3$ 的分解。

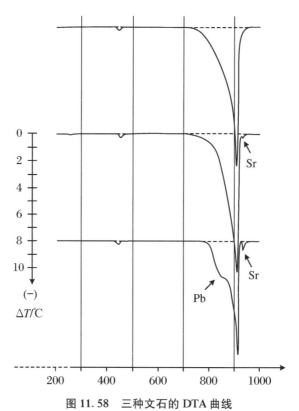

图 11.58　三种文石的 DTA 曲线

在 400 ℃之后不久的小吸热效应代表了文石到方解石的单向相变，
在 CaCO$_3$ 分解之前和之后的小的吸热反映出少量结构掺杂如 Pb（"铅文石"）和 Sr

11.4.2　硅矿石

非常常见的矿物如石英 SiO$_2$ 会出现两种变形，低（β）石英和高（α）石英（参见 11.2.4.4 节）。在 573 ℃（1 atm）热力学平衡下，发生可逆转变效应即 λ-相变，产生 3.1 cal • g^{-1}（= 12.98 J • g$^{-1[322]}$）的反应热。Tuttle[371] 发表的研究结果认为这种转变与"教科书数值"相差高达 2 ℃，他按照 Fenner[372] 提出的建议，认为这种微量变化的温度可用作地质温度计，有序和结晶良好的石英晶体的高低转变通常发生在 573 ℃。Berkelhame[382] 发现，对于粗糙粒度和细小粒度不同形状的石英，所出现效应是不同的。Nagasawa[375] 研究了日本的 20 种矿脉石英晶体，报道了不同形状对转变效应[377] 和转变温度（表 11.29）的显著影响。Tuttle 和 Keith[504] 发现沉积岩和火成岩石英晶体的转变温度相差接近 40 ℃（表 11.29）。十五年后（几乎同时在几个地方），地球科学家开始主要通过 DTA（差热分析法）测量来自各种岩石和土壤的数百种石英晶体的转变[24,389,390,505-512]。沉积物和土壤中的微晶和一些自生石英晶体的效应更加明显。这种转变效应范围宽，强度弱，在 500～570 ℃之间加热时经常出现一系列平坦的重叠吸热过程，在冷却时出现相应的放热过程[205,375,382,384,389,390,513-515]。

表 11.29　不同的石英转变温度(差热分析法测试,T_i,℃ ± 偏差)

(a)最小值	(b)最大值	样品		文献
1.9 ℃的变化				[371]
502±3	572.2±0.3	(a)壳灰岩孔洞	(b)砂岩	[531][2]
518±2	574±1	(a)绿玉髓,西里西亚(微晶石英)	(b)玛瑙,法尔兹	[390]
525±5	545±5	矿脉晶体,苏格兰		[512][1]
532±2	575±0.5	(a)石板结石	(b)火成岩	[389]
532±3	575±0.5	矿脉石英晶体,黑森林		[390]
538	575	(a)沉积岩	(b)花岗岩	[504]
553±2.5	573±2.5	(a)变质石英岩	(b)结晶花岗岩	[509]
563	574	日本矿脉石英		[375]
565±2	574±0.5	(a)自生石灰岩	(b)热液脉	[507]
567.6±0.3	572.4±0.3	(a)花岗岩	(b)水晶石	[525]
569.6±0.35	572.4±0.35	新西兰地热田的石英		[527]
570	574.8	(a)石英岩晶簇	(b)角闪岩	[508]
571.3±0.2	574±0.2	角页岩和花岗岩的接触晕		[510]

注:[1] 由挪威特隆赫姆的 K. Lenvik 博士提供的热发声法测量;[2]差示扫描量热法测试。

Smykatz-Kloss 和 Klinke[377]回顾了石英晶相转变的研究及其在岩石学问题上应用研究的最新进展,讨论了影响转变效应的主要因素。几位作者发现并讨论了这个问题,例如制备因素、仪器因素以及材料固有因素,讨论了最佳和可重复测量的要求。除了研磨之外,样品颗粒尺寸和填充密度、样品排列、参比材料、气体吸附、炉内气氛、热电偶、坩埚或加热速率等因素均会产生影响(参见文献[24,28,219,389-390,498-499,511,516-523]),转变温度变化被证明主要是晶体的化学组成和晶体的物理性质引起的[304,371,373,389,508-510,524-527]。

石英属于非常纯净的矿物质,杂质总质量不超过 0.3%[528]。杂质主要有少量的水(流体包裹),流体中溶解有离子(Na^+、Mg^{2+}、Ca^{2+}、Cl^-、SO_4^{2-}、HCO_3^-),以及代替 Si^{4+} 的极少量阳离子(主要是 Al^{3+}、Fe^{3+}、Na^+、Li^+、H^+、Ti^{4+})。

对于石英转变行为的变化,晶体物理因素似乎比化学杂质的影响更大[219,304,382,390,498-499,511,517,523,525,527,529]。机械处理(例如粉碎或研磨)会削弱晶格中的结合力,降低结构转变所需的能量。通过机械处理或通过辐射(X 射线、γ 射线)供应的能量使(石英)晶体结构部分无序,相比有序部分而言,无序部分的结构转变(例如高-低转变)发生得稍微早一些,表现在 DTA(或 DSC、TG)曲线上即为转变效应峰变得更宽更平。在许多无序样品以及人为粉碎晶体中可观察到这种情况[60,390,499,515-516]。随着研磨时间(或强度)的增加,转变效应越来越小,最终完全消失[219,499]。材料的结晶度逐渐减小且颗粒尺寸减小意味着由于表面积增大而无序性增加[529]。

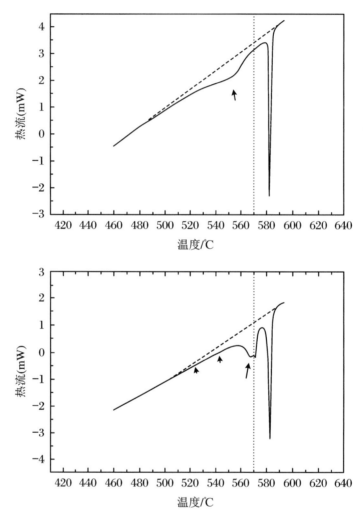

图 11.59　石灰岩(上图)和砂岩(下图)两种微晶石英晶体加内标物
(K_2SO_4,尖吸热峰)的 DSC 曲线

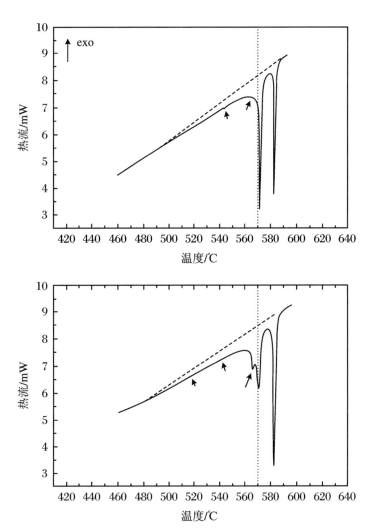

图 11.60　石灰岩孔洞中两种石英晶体的 DSC 曲线
箭头指向样本的无序部分(参考文献[531])

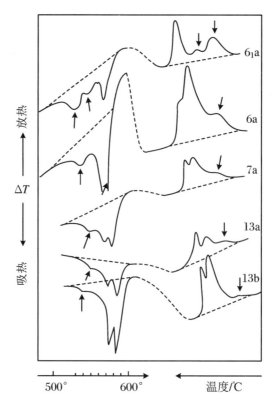

图 11.61　五种微晶石英样品加 K_2SO_4（内标物，584 ℃）的 DTA 曲线

左：加热曲线；右：冷却曲线。箭头对应于无序部分

　　所有产生任何形式压力（应力或应变）的过程都会导致天然晶体中物理方面的无序。应力可能始于岩石或岩石碎块运输过程中的同生过程，并将在成岩过程（例如压力溶解现象）、风化和变质作用下继续产生应力。然而，（石英）晶体的变质作用与结构无序之间的相互依赖性更为复杂。变质过程可能涉及重结晶和逆转变，可能会对结构产生影响并改变石英原始的（或至少是之前的）结晶特征和无序程度及其转变特征。这已经被广泛研究，例如在文献[24,389-390,508-510,523,527,530]中。

　　存在位移转变（可逆高-低转变）的矿物的无序度可以通过加热时转变温度与冷却时转变温度之间的滞后程度来测量（图 11.62）[24,60]。随着无序度的增加，滞后效应越来越大。Smykatz-Kloss 和 Schultz[60]研究了合成的方英石的转变行为。有序的方英石（四方二氧化硅）在（270±2）℃转变为高温型状态。随着合成温度的升高，方英石转变性质的变化如下（图 11.62）[60]：

　　（1）转变效应的特征从低强度（"域"）的几个小而宽的、重叠的吸热峰变为单个明显的峰。

　　（2）效应越来越明显。

　　（3）转变温度从 100～150 ℃（合成温度 300 ℃）增加至（243.5±0.5）℃（合成温度 600 ℃）。

　　但是有序排列的方英石的转变温度（例如 270 ℃，见上）没有达到。

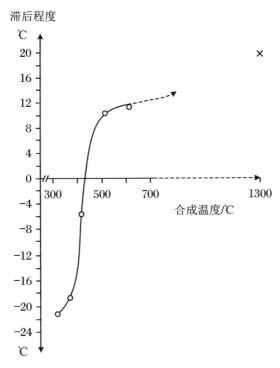

图 11.62　方英石的滞后和合成温度之间的相互依赖性

同时,X 射线衍射图显示晶体结构有序度逐渐提高,低温合成以及相应的低温形成意味着生长晶体的结构无序程度更高。形成温度越低,石英晶体的缺陷特征就越大。低温下晶体生长会掺入其他的粒子(固体包裹体)、溶液和其他的离子,因此与高温环境中形成的晶体(如火成岩或变质岩)相比,低温形成的(即低能量)物相具有更高的无序度。因此,在低温环境中形成的石英晶体(例如沉积岩和土壤中的自生物,存在于一些低温矿脉中)表现出较弱的转变效应(与火成岩晶体相比)和较低的转变温度,(远)低于 570 ℃[24,60,373,375,377,389-390,504,510,515,530-531]。

石英转变温度的最佳测定条件意味着对材料固有因素(主要是晶体化学方面和晶体物理方面的无序性)的真实描述要求制备和分析条件尽可能标准化[24,377,389,510,523,525,527,530-531]。Rodgers 和 Howett 对确定石英晶体精确转变温度的实验程序进行了深入研究,最终得出的结论为"目前的结果再一次强调了对热分析中使用的严格程序进行标准化的需要,尤其在记录的数据将在不同样品、操作人员、仪器和实验室之间进行比较时"[523](参见 11.2.4.4 节)。

在标准化的 DTA(差热分析法)实验中,对于有序石英晶体的转变温度测定的准确度和再现性为 ±0.3~0.5 ℃[24,389]。对于无序的(微晶)晶体,准确度为 ±2~3 ℃[390]。使用内标物质可以显著改善这些数值[24,390,510,525]。这个结论适用于那些转变效应和转变温度在相同温度范围内的物质,例如矿物冰晶石 Na_3AlF_6(转变温度为 562.7 ℃),特别是 K_2SO_4(转变温度为 583.5 ℃[77])。应用这些内标物测得的精度分别为 ±0.35 ℃[523]、±0.3 ℃[24,525,531] 和 ±0.2 ℃[510]。

以上提到的大多数转变效应研究都使用了 DTA。对于特别的目的和不同的方法，热发声法(TS)或差示扫描量热法(DSC)都可能适用。TS 曲线可以比 DTA 更好地解决重叠效应，但温度测量的精确度可能较低[512,532]。DSC 非常准确和灵敏，并且对重叠效应显示出良好的分辨率[531]。

石英表征(测量转变温度)的方法可用于成岩目的的研究[24,245,373,375,377,389-390,505-510,523,525,527,530-531]。以下给出的一些例子可以说明该方法的应用。

(1) 沉积岩和火成岩石英晶体之间起源的差异。

Nagasawa[375]是第一位提到"高温矿床"和"低温矿床"转变行为差异的地质学家，他研究了日本的 21 个矿脉石英晶体，发现这些晶体的 DTA 曲线在形状上表现出很大的变化，并把这归因于不同石英组分的混合。"来自高温矿床的石英 DTA 曲线比较简单，来自低温矿床的石英 DTA 曲线宽而平。"大约 15 年后，Smykatz-Kloss[507]研究了德国石灰岩中自生的石英晶体，发现 Suttrop(Westfalia)地区露出地面的石灰岩石英晶体的转变温度高于 571 ℃，而来自 Dietlingen(Badenia)地区露出地面的石灰岩石英晶体的转变温度则低于 571 ℃。另外，光学研究表明，Suttrop 地区的晶体(为无水石膏和硫化物的包裹体)可能由水热法形成，而 Dietlingen 地区的晶体则来自沉积孔隙溶液的真正自生地层。从 300 多个石英晶体的研究结果可以看出，571 ℃(±0.3 ℃)是热液(火成)地层和(某些)沉积地层之间的"真正边界"[24-25,390,507]。Lisk[527]研究了新西兰 Broadlands-Ohaaki 地热田的石英晶体，发现了类似的关系，即"热液岩层的数值略高于原生石英"，这些差异与地热水对初级沉积岩的渗透有关。"这些数据可能反映了相对渗透率与初级渗透率较高区域的区别，这些区域对应于石英具有较高转变温度。"Smykatz-Kloss 和 Klinke[377,531]在低温下发现了宽的转变效应，在相同样品的 DSC 曲线中之后出现了更尖锐的效应和高温特征，反映了原生(火成)石英的成岩变化。

(2) 接触变质岩带。

Giret[510]研究了来自花岗岩和花岗岩周围接触变质岩带的石英晶体。在高度标准化的差热分析实验(以 K_2SO_4 作为内标物)中，精度达到了 ±0.2 ℃——这是所有引用文献中报道的最高精度。他们发现角页岩(直接与花岗岩接触)比露出地面好几米的主岩表现出更高的石英转变温度。显然，花岗岩的结晶热导致周围岩石的重结晶，将其转化为接触变质角岩层，从而提高了石英的转变温度。

(3) 局部变质岩。

高度重结晶石英的转变行为似乎比沉积岩或火成岩的转变行为复杂得多[24,389,506,508-509,530]，数据显示这些岩石的复杂压力-温度历史，逆向过程可能包含了较高等级的影响[24,530]。Rodgers 和 Howett[530]对这些复杂的相互关系做了很好的说明，他们指出："逐渐变质的绿片岩相岩石中的石英晶体随着矿物学等级的增加，其 T_i 略有下降，但这种模式被逆向变质作用混淆了。"此外，他们还研究了变质岩石中的石英晶体，发现矿脉石英晶体的转变温度较低。Kresten[508-509]在对瑞典 Vastervik 地区变质岩的研究中发现石英转变温度直接与地层温度和 H_2O 分压成正比，间接与总压成正比。对于混合岩和伴生岩石，转变温度在 553～573 ℃ 之间，并观察到石英的转变温度随着变质程度顺序不断增加：变质沉积岩→变质沉积＋"花岗岩块"→异离新火岩体→同素异形的新火岩体,结合重结晶过程解释了 T_i 随着混合岩化的增加而增加。

(4)硅结砾岩。

硅结砾岩属于硬壳,并且是(α)真正的土壤结构,由硅质主岩(原生泥土)顶部振荡的土壤水原位形成,或者(β)是异地地层,来自碱性滩涂的沉积物或风化溶液。在矿物学上,它们由各种微晶硅矿物(蛋白石-A、蛋白石-CT、玉髓 = 微晶纤维石英)组成。表 11.30 展示了开普省原生泥质最新发现的种类和来自红玉髓地层的二叠系硅藻泥,显示出低转变温度(严重无序),但两种异源性样品显示出高转变温度的特征。

表 11.30　来自硅结砾岩的微晶石英转变数据

样品及来源	类型	加热时转变温度 T_i	$\Delta T /$ ℃	滞后(T_i(加热), $-T_i$(冷却))
FG-4,来自格雷堡/开普省	原位	500 ± 5	0.15	-55
掺 Fe 硅结砾岩,来自 Makanas-kop/格拉罕镇	原位	547 ± 5	0.12	-6
PLK-II,来自里弗斯代尔	异源	571.5 ± 0.5	0.32	$+2.5$
卡拉硅结砾岩,来自西澳大利亚	异源	571.0 ± 0.5	0.20	$+1$
红玉髓,来自德国黑森林自施兰贝格	化石硬壳(二叠系)	520 ± 5 540 ± 5	0.03 0.05	n.d.

Tuttle[371]建议使用高低温石英转变作为地质温度计,而 Kresten[508-509]推荐的地质温度计和气压计的方法都显得过于乐观。不管怎样,在许多情况下石英转变行为(例如转变温度、加热和冷却之间数值的滞后性、转变效应的形状)已被证明是岩石学解释和岩石成因表征的合适工具。为此,DTA 和 DSC 实验必须高度标准化,以避免制备或仪器因素对转变特征的影响。

11.5　热分析技术在矿物学中的应用

热分析人员参与了矿物学的许多技术和应用领域,如水泥、玻璃和陶瓷工业的原材料测试,从事质量控制和矿物加工或从事矿物、合金和其他技术型化合物的合成。最近热方法也被用于环境研究。

11.5.1　质量控制

近五十年来,黏土作为砖或陶瓷的原材料一直是热力学研究的热门领域,后来主要研究了高岭土和膨胀黏土(膨润土、蛭石黏土)。例如,用于钻井泥浆,作为废物处理的屏障黏土以及许多其他目的(见 11.2.3 节)。Bangoura[131]将 DTA/TG 应用于几内亚的铝土矿床的质量表征,Piga[562]使用 TG 进行高岭石-明矾石矿石的质量控制。

黏土和煤通常含有少量的硫化物,主要是黄铁矿,这会降低原材料的质量并在燃烧的时候污染空气和环境。因此许多科学家使用热分析法控制原材料的质量和纯度,

Warne[56,422][296]、Warne 和 French[167]、Aylmer 和 Rowe[411]、Warne 和 Dubrawski[296]、Schomburg[354]及 Bonamartini Corrado[333]使用 DTA、DSC 和可变气氛 DTA 测定了油页岩、黏土和煤中的硫化物和含碳杂质,Gallagher 和 Warne[317]、Warne[424]使用热磁测定法测定了铁矿物质,Dunn[536]测定了水泥中的硫杂质,Dubrawski 和 Warne[57]通过 DSC 和改变气氛的方法研究了铁碳酸盐。最近,Strydom 和 Potgieter[96]比较了磷石膏与天然石膏,评估了这种工业副产品的可能应用。

许多热分析研究在玻璃形成过程中涵盖了原料的相互作用,涉及熔化条件的优化[537-538]、蒸发[539]、成核[540]或气体量[541]。

11.5.2 矿物加工和合成

高岭石/方解石混合物[541-542]的气态反应产物和黏土矿物/氟化铵[334,543]之间的相互作用已被研究,热学方法应用在材料控制和金属与矿石加工的一个主要领域是焙烧硫化物[18,24,334,351,357,359,543]。Abdel Rehim[334]分析了氧化(焙烧)硫化物以获得金属氧化物的热过程,他详细描述了焙烧方铅矿(PbS)、闪锌矿(ZnS)、黄铜矿($CuFeS_2$)和辉钼矿(MoS_2)的机理。

早在 1951 年,Mackenzie[544]就使用 DTA 来研究工业粉尘,后来 Mackenzie 和 Meldau[545]概述了 DTA 在工业上的应用,尤其与粉尘相关的研究。

TG/DTA 也用于煅烧沸石催化剂[258]和 CWA 法测定云母煅烧过程中焊剂中的水分[546]。

Charsley 和 Warrington[547]、Abdel Rehim[334,543]阐释了热分析法在矿物技术各个领域的重要应用,包括矿物的工业化学处理和制造耐火材料、陶瓷、玻璃、水泥和金属。Abdel Rehim 报道了隐泥岩、刚玉、硫铝矿、白钨矿、莫来石、斜辉石和来自矿渣的钙钛矿的合成,并给出了 DTA/DTG 在玻璃和陶瓷行业应用的例子,强调了在工业过程中烧结技术的适用性、黄玉和刚玉形成机理的热分析控制。

Eysel[47]把 DTA 和 DSC 应用于碱金属硫酸盐的相关研究和硅酸钙/锗酸盐体系的相关研究,Stoch[50]、Waclawska[113,500]通过 TG 和 DSC 研究了研磨的硬硼酸盐和碳酸钙的非晶化和随后的重构过程,Dubrawski[548]通过 DTA 研究了钢铁制造的副产品,例如高炉渣。Klimesh[549]合成了水石榴石。

Kleykamp[550]和他的同事用热分析法(主要是 DTA)表征储存放射性废料的合金,例如用于研究体系 Rh-Te、Pd-Te、Ru-Te 和假二元 Li_2O-SiO_2 体系[551-554]。

TA 技术也用于表征古代陶瓷技术[555]以及控制高温超导体的形成和性能[556-557]。

11.5.3 环境研究

腐蚀性液体或气体污染环境、损害建筑物和动植物。热分析法适用于表征岩石风化的程度[300]、建筑材料腐蚀程度、岩石和建筑物表面的盐雾[558-559]以及检测原材料中的危险杂质(参见 11.5.1 节)。DTA、DSC、EGA 或 ETA 可以检测土壤中的农药残留情况[63,461,560]。热分析方法可能有助于分析和控制城市固体废物[561]、赤泥-氧化铝生产的副产物[562]以及废物和污水污泥处理的气体释放[563]。

11.6 特殊的热分析方法和研究

对于地球科学、化学和材料科学的热力学研究,DTA、TG 和 DSC 是三种主要的热分析方法。因此,热分析手册主要介绍了这些方法(以及它们的一阶求导:DDTA、DTG、DDSC)[3-17,20,23-27,29,34-35,43]。量热法和使用高压设备的方法,如 DTA 与压力实验[564-565]的组合技术已被应用于物理(地理)化学和实验岩石学,用于测定热力学和动力学参数[29,35]。为了确定真正的热力学数据,请参考 Saxena[44]、Chatterjee[481] 或 Navrotsky[593] 的相关文献以及本章 11.3 节的内容。

具体的地球科学问题的研究需要特殊的综合热方法[72]。Pauliks 开发了衍生图谱将 TG 和 DTA 以及 Q-TG(准热重量法)[567-570]结合使用。几位匈牙利热分析学家将这种方法应用于地球科学问题[54,91,173,571-572]。DTA 和逸出气体的结合分析(通过气相色谱或质谱分析气体)对流体和气体矿物夹杂物的测定具有重要意义[473,573-575]。最近,Carleer 等人[188]将热重质谱(TG-MS)用于研究黏土混合物,Starck[546]、Yariv[461]将热重/红外光谱(CWA,CSA)分别用于表征焊剂和有机黏土复合物。

Warne 及其同事在 DTA 和 DSC 中改变气氛研究了碳酸盐、油页岩和黏土[52,56-57,167,353,425]。Cebulak 等人[576]通过氧活性热分析测量煤油。Rouquerol 等将控制速率热分析(CRTA)引入地球科学,研究复杂的铀酰化合物[49,587]。Balek 等人将放射性示踪剂用于表征热分析过程和反应产物(ETA)[386,462,502,560,580]。在技术和应用矿物学领域,热膨胀法(TD 或 DTD)已被广泛用于确定温度相关的体积或长度变化[30,175,183,354,581]。热光学方法(例如 DTA 和显微镜的组合)已被用于固态反应的研究[582-583],Wiedemann 和 Smykatz-Kloss[330]使用这种方法观察了在 Na_2SO_4 相变研究中的"相变初始阶段"。Carrecas 和 Alonso Perez 等人通过热介电法研究黏土矿物学。Lonvik 及其同事使用了热传声法和发声法[484,532,566],这种方法对于解决重叠效应(在 DTA、DSC 中)非常有用,例如可用于相变研究[532]。该方法可以识别石英的第三种结构变化,发生在小于 1 ℃的温度范围内(参见 11.3 节)[379]。

Gallagher、Warne 等人应用热磁法来测量含 Fe 矿物[33,317,588]。结合热和发光技术(热释光,TL)可确定岩石的近期的年代[589-591],对于时间跨度长达 50 万年的无有机碳的疏松沉积物,可以追溯沙漠或沙漠土壤的年代[590]。

Smykatz-Kloss 和 Heide[592]、Navrotsky[593]概述了热分析和高温量热测定的新方向。固体材料相变的研究在地球科学、岩石学和晶体学领域变得很重要,一个特刊(Phase Tronsitions)关注了这些研究。除了上文已经提到的文献(11.2.4 节和 11.2.5 节),最近也有一些关于矿物岩石、岩土材料和工艺热表征的相关综述。

(1)碱土碳酸盐[597-599]、硫酸钠[600-602]、硅酸盐(例如辉石[603-605]和骨架硅酸盐[606])相变行为研究。最近,Ba-Sr-Al 钡霞石硅酸盐和相关结构的硅酸盐由于其可用于矿物学,使研究者产生了巨大的兴趣,例如可以应用于高温陶瓷技术的超导体[607-611]。

(2)自从 Gallagher 和 Warne[33,317,588]、Cremer[612]、Vincent 等人[398]、Chevallier 等

人[399]的研究应用于铁、铬和钛氧化物的(抗)铁磁研究之后,Bocquet 及其同事测量了针铁矿的奈尔温度及其对物理性质的依赖性(例如粒度[613-614]),Schuette 等人表征了氧化和还原蒙脱石的磁性[615]。

(3) 二氧化硅的几个相变阶段已被深入研究。石英转变的重要性在 11.2.4.4 节已经阐明。除了 11.2.4.4 节中提到的文献,Coe、Paterson 和 Dove 等人在石英转变方面的研究[616-617]和一些关于方石英和鳞石英的热化学和热物理性质包括相转变的相关论文[618-621]已经发表,研究主要通过现代的技术手段完成(例如高温 NMR)。两种高压多晶型 SiO_2、柯石英和石英晶体的转变数据和新发现的 SiO_2 相的表征最近已有相关报道[622-623]。

热分析法的另一个重要应用领域是技术和工艺应用矿物学,包括表征(矿物、黏土、矿石、岩石)矿床[624-631]和研究特殊的黏土矿物特性(主要包括膨胀黏土或嵌入结构[632-633])。因此,热分析法适用于石灰石煅烧加工[634]和工业废料[635-637]的加工控制。技术应用的一个特殊领域是在"危险"环境中,例如可用于研究固体的爆炸行为[638]或核研究[639]。

最近几十年来,动力学和热力学研究日益壮大[44,481,593]。在矿物学中,除了岩石学的应用之外,Criado 等人的研究主要使用 CRTA 技术[640-643],还包括上面已提及的 Heide 和他的同事的研究[48,81,86,319-320,539,644-646]。

另外,热分析法还被用于"艺术领域",例如艺术品保存[647]、考古学[648]以及表征宝石、水晶或树脂[649-650]。

11.7　前景

如前所述,热分析法未来在地球科学上的应用主要表现在:地球科学应用和技术领域;物理(地理)化学领域[592]。物理(地理)化学的应用又包括晶体学领域(相变、相位关系)及热力学和动力学的广泛领域。后者已经发展到广泛的岩石学研究领域,因此在本章中无法完整概括,只能简单提及热力学和动力学的相关内容。有关岩石量热学的专题论文和手册是矿物热力学和动力学数据的来源[44,488,481,593]。

在应用和技术矿物学中,热分析方法对于原材料的表征具有重要意义,例如黏土、铝土矿、碳酸盐、矿石、盐、煤和其他碳氢化合物以及陶器、陶瓷、玻璃和水泥工业。可以分析这些材料的性质和适用性,也可以用于能源资源的研究。越来越多的关于有机-黏土相互作用的研究导致应用领域的大量增加(黏土-有机夹层、柱状黏土),这将在工业领域应用到越来越多的技术过程。

热分析法在土壤和环境研究中的应用越来越多。对动植物与人类赖以生存条件的必要保护都需要致力于环境研究,防止土壤、水域、农作物、森林和物种受到危险或有毒材料的污染,并通过常规或特定的热分析方法检测所用材料(混凝土、膨胀黏土、塑料衬管)以及污水和废气产生过程。

参考文献

［1］ H. Le Chatelier, Bull. Soc. Franc. Minéral. Cryst., 10 (1887) 204-211.

［2］ R. C. Mackenzie, Thermal Analysis in the Geosciences (Eds W. Smykatz-Kloss and S. St. J. Warne), Springer-Verlag, Berlin, 1991, p2-15.

［3］ S. Speil, L. H. Berkelhamer, J. Pask and B. Davies, Differential thermal analysis of clays and aluminous minerals, US Bureau of Mines, Techn. Paper, 664 (1945).

［4］ P. L. Arens, A study of the differential thermal analysis of clays and clay minerals, Diss. Univ. Wageningen, S'Gravenhage, 1951.

［5］ H. Lehmann, S. S. Das and H. H. Paetsch, Die Differentialthermoanalyse, Tonind. -Ztg., Keram. Rundschau, 1. Beiheft, 1953.

［6］ P. D. Garn, Thermoanalytical Methods of Investigations, AcademicPress, New York, 1965.

［7］ E. Deeg, Ber. Dt. Keram. Ges., 33 (1956) 321-329.

［8］ R. C. Mackenzie (Ed.), The Differential Thermal Analysis of Clays, Mineralogical Society, London, 1957.

［9］ R. C. Mackenzie (Compiler), Scifax Differential Thermal Analysis Data Index, Macmillan, London, 1962.

［10］ R. C. Mackenzie (Ed.), Differential Thermal Analysis, Vol. 1, Fundamental Aspects, Academic Press, London, 1970.

［11］ R. C. Mackenzie (Ed.), Differential Thermal Analysis, Vol. 2, Application, Academic Press, London, 1972.

［12］ M. Földvari-Vogl, Acta Geol. Budapest, 5 (1958) 3-102.

［13］ L. G. Berg, Introduction to Thermal Analysis, Akad. Nauk SSSR, Moscow, 1961 (in Russian).

［14］ C. Duval, Inorganic Thermogravimetric Analysis, 2nd edition, Elsevier, Amsterdam, 1963.

［15］ W. W. Wendlandt, Thermal Methods of Analysis, Wiley and Sons, New York, 1964.

［16］ W. J. Smothers and Y. Chiang, Handbook of Differential ThermalAnalysis, Chemical Publ. Co., New York, 1966.

［17］ R. J. W. Mc Laughlin, Physical Methods in Determinative Mineralogy (Ed. J. Zussman), Academic Press, London, 1967.

［18］ I. Kostov, Mineralogy, Oliver and Boyd, London, 1968.

［19］ C. Keattch, An Introduction to Thermogravimetry, Heyden and Sons, London, 1969.

［20］ D. Schultze, Differentialthermoanalyse, Verlag Chemie, Weinheim, 1969.

［21］ G. Liptay, (1971/1973-1985), Atlas of Thermoanalytical Curves, Vol. 1-5, Akad. Kiado, Budapest.

［22］ G. Liptay (1977/1973-1985), Atlas of Thermoanalytical Curves, Vol. 1-5, Akad. Kiado, Budapest.

［23］ A. Blazek, Thermal Analysis, Van Nostrand Reinhold, London, 1972.

［24］ W. Smykatz-Kloss, Differential Thermal Analysis. Application and Results in Mineralogy,

Springer-Verlag, Berlin, 1974.

[25]　W. Smykatz-Kloss, J. Therm. Anal., 23 (1982) 15-44.

[26]　C. Keattch and D. Dollimore, Introduction to Thermogravimetry, 2nd ed, Heyden and Sons, London, 1975.

[27]　D. N. Todor, Thermal Analysis of Minerals, Abacus Press, TunbridgeWells, UK, 1976.

[28]　K. Heide, Dynamische thermische Analysenmethoden, VEB Dt. Verlagfor Grundstoff-Ind., Leipzig, 1979.

[29]　K. Heide, Dynamische thermische Analysenmethoden, 2. Auflage, VEBDeutscher Verlag f. Grundstoff-Industrie, Leipzig, 1982.

[30]　J. Schomburg and M. Störr, Dilatometerkurvenatlas der Tonmineralrohstoffe, Akademie-Verlag, Berlin, 1984.

[31]　C. M. Earnest, Anal. Chem., 56 (1984) 1471 A.

[32]　C. M. Earnest (Ed.), Compositional Analysis by Thermogravimetry, ASTM Spec. Techn. Publ.997, 1988.

[33]　S. St. J. Warne and P. K. Gallagher, Thermochim. Acta, 110(1984) 269-279.

[34]　M. E. Brown, Introduction to Thermal Analysis, Chapman and Hall, London, 1988.

[35]　W. Hemminger and H. K. Cammenga, Methoden der thermischen Analyse, Springer-Verlag, Heidelberg, 1989.

[36]　E. Charsley, Advances in Thermal Analysis, Academic Press, London, 1990.

[37]　J. W. Stucki and D. L. Bish (Eds), Thermal Analysis in Clay Science, The Clay Minerals Group, Boulder/Colorado, 1990.

[38]　G. W. Brindley and J. Lemaitre, Chemistry of Clays and Clay Minerals. (Ed. A. C. D. Newnham), Mineral. Soc., London, 1987, p319-370.

[39]　W. Smykatz-Kloss and S. St. J. Warne (Eds), Thermal Analysis in the Geosciences, Lecture Notes in Earth Sciences, Vol.38, Springer-Verlag, Berlin, 1991.

[40]　W. Smykatz-Kloss (Ed.), Special Issue in honour of the 75th birthday of R. C. Mackenzie, J. Therm. Anal., Vol.48, number 1.

[41]　Y. Tsuzuki and K. Nagasawa, J. Earth Sci., Nagoya Univ. (Japan), 5 (1957) 153-182.

[42]　H. E. Kissinger, Anal. Chem., 29 (1957) 1702-1706.

[43]　D. Dollimore, The State and Art of Thermal Analysis (Eds O. Menis, H. L. Rook and P. D. Garn), Proc. Workshop NBS, Maryland, 1980, p1-31

[44]　S. K. Saxena, N. Chatterjee, Y. Fei and G. Shen, Thermodynamic Dataon Oxides and Silicates, Springer-Verlag, Berlin, 1993.

[45]　W. Smykatz-Kloss, G. Istrate, H. Hötzl, H. Kössl and S. Wohnlich, Chem. d. Erde, 44 (1985) 67-77.

[46]　J. V. Dubrawski, Thermal Analysis in the Geosciences (Eds W. Smykatz-Kloss and S. St. J. Warne), Springer-Verlag, Berlin, 1991, p16-59.

[47]　W. Eysel, Thermal Analysis in the Geosciences (Eds W. Smykatz-Kloss and S. St. J. Warne), Springer-Verlag, Berlin, 1991, p152-170.

[48]　K. Heide, Thermal Analysis in the Geosciences (Eds W. Smykatz-Kloss and S. St. J. Warne), Springer-Verlag, Berlin, 1991, p172-185.

[49]　J. Rouquerol, S. Bordère and F. Rouquerol, Thermal Analysisin the Geosciences (Eds W.

Smykatz-Kloss and S. St. J. Warne), Springer-Verlag, Berlin, 1991 p134-151.

[50] L. Stoch, Thermal Analysis in the Geosciences (Eds W. Smykatz-Kloss and S. St. J. Warne), Springer-Verlag, Berlin, 1991, p118-133.

[51] W. Smykatz-Kloss, Contrib. Mineral. Petrol., 13 (1966) 207-231.

[52] S. St. J. Warne, D. J. Morgan and A. E. Milodowski, Thermochim. Acta, 51 (1981) 105-111.

[53] M. Palomba and R. Porcu, J. Therm. Anal., 34 (1988) 711-722.

[54] M. Földvari, J. Therm. Anal., 48 (1997) 107-119.

[55] S. St. J. Warne, Nature (London), 269 (1977) 678.

[56] S. St. J. Warne, Thermal Analysis in the Geosciences (Eds W. Smykatz-Kloss and S. St. J. Warne), Springer-Verlag, Berlin, 1991, p62-83.

[57] J. V. Dubrawski and S. St. J. Warne, Thermochim. Acta, 135(1988) 225-230.

[58] Th. Stelzner and K. Heide, Evolved gas-analysis, A technique to studycosmic alteration of chondrites, in M. E. Zolensky, A. N. Krot and E. R. D. Scott, LPI Tech. Rep. 97-02, 1, Lunar and Planetary Institute, Houston, 1997, p71.

[59] R. A. Kuehnel, D. van Hilten and H. J. Roorda, The crystallinity ofminerals in alteration profiles, Delft Progress Report, Series E, Geoscience, Vol.1, (1974) 1-32.

[60] W. Smykatz-Kloss and R. Schultz, Contrib. Mineral. Petrol., 45 (1974) 15-25.

[61] W. Smykatz-Kloss, Proc. Intern. Clay Conf. Mexico-City (Ed. S. W. Bailey), 1975, p429-438.

[62] W. Smykatz-Kloss and E. Althaus, Bull. Group Franc. Argiles XXVI, (1975) 319-325.

[63] W. Smykatz-Kloss, A. Heil, L. Kaeding and E. Roller, Thermal Analysis in the Geosciences (Eds W. Smykatz-Kloss and S. St. J. Warne), Springer-Verlag, Berlin, 1991, p352-367.

[64] S. Yariv, Thermal Analysis in the Geosciences (Eds W. Smykatz-Kloss and S. St. J. Warne), Springer-Verlag, Berlin, 1991, p328-351.

[65] E. Roller, Bodenmineralogische Untersuchungen und Herbizid-Bentonit-Kontaktversuche zum Erosionsverhalten des Löß und des Keupermergelsim Weiherbachtal (Kraichgau), Diss. Fac. Bio-Geosciences, Univ. Karlsruhe, 1993.

[66] S. D. Killops and V. J. Killops, An Introduction to Organic Geochemistry, Longman, London, 1993.

[67] S. D. Killops and V. J. Killops, An Introduction to Organic Geochemistry, Longman, London, 1997.

[68] C. M. Schmidt and K. Heide, J. Thermal. Anal. Cal., 64 (2001) 1297-1302.

[69] A. D. Cunningham and F. W. Wilburn, Differential Thermal Analysis (Ed. R. C. Mackenzie), Vol.1 (1970) 32-62.

[70] R. C. Mackenzie and B. D. Mitchell, Differential Thermal Analysis (Ed. R. C. Mackenzie), Vol.1, Academic Press, London/New York, 1970, p63-99, 101-122.

[71] R. C. Mackenzie and B. D. Mitchell, Differential Thermal Analysis (Ed. R. C. Mackenzie), Vol.2, Academic Press, London/New York, 1972, p267-297.

[72] J. P. Redfern, Differential Thermal Analysis (Ed. R. C. Mackenzie), Vol.1, Academic Press, London/New York, 1970, p123-158.

[73] W. Lugscheider, Ber. Bunsen-Ges., 71 (1960) 228-235.

[74] H. G. Wiedemann and A. van Tets, Z. Anal. Chemie, 233 (1968) 161-175.

[75] H. G. McAdie, Thermal analysis, Proceedings 3rd ICTA Davos 1971 (Ed. H. G. Wiedemann).

[76] K. H. Breuer and W. Eysel, Thermochim. Acta, 57 (1982) 317-329.

[77] W. Eysel and K. H. Breuer, Analytical Calorimetry (Eds J. F. Johnsonand P. S. Gill), Plenum, New York, 1984, p67-80.

[78] J. V. Dubrawsk and S. St. J. Warne, Thermochim. Acta, 104 (1986) 77-83.

[79] H. K. Cammenga, W. Eysel, E. Gmelin, W. IIelnminger, G. W. H. Höhne and S. M. Sarge, Die Temperaturkalibrierung dynamischer Kalorimeter. II Kalibriersubstanzen, PTB-Mitt., 102/1 (1992) 13-18.

[80] G. Lombardi, For Better Thermal Analysis, ICTA-Publication, 1974.

[81] K. Heide and H. J. Eichhorn, J. Thermal. Anal., 7 (1975) 397-409.

[82] L. G. Berg, Differential Thermal Analysis (Ed. R. C. Mackenzie), Vol.1, Academic Press, London/New York, 1970, p343-361.

[83] K. Heide, Chemie der Erde, 22 (1962) 180-221.

[84] Cz. August, Thermal Analysis in the Geosciences (Eds W. Smykatz-Kloss and S. St. J. Warne), Springer-Verlag, Berlin, 1991, p102-114.

[85] K. Heide, Chemie der Erde, 24 (1965) 94-111.

[86] K. Heide, J. Therm. Anal., 1 (1969) 183-194.

[87] K. Heide, Chemie der Erde, 24 (1965) 279-302.

[88] R. Brousse and H. Guérin, Bull. Soc. Frang. Minéral. Cryst., 88 (1965) 704-705.

[89] H. P. Jenni, Schweiz. Mineral. Petrogr. Mitt., 50 (1970) 276-290.

[90] R. Brousse, G. Gasse-Fournier and F. Lebouteiller, Bull. Soc. Franc. Minéral. Cryst., 89 (1966) 348-352.

[91] M. Földvari, Thermal Analysis in the Geosciences (Eds W. Smykatz-Kloss and S. St. J. Warne), Springer-Verlag, Berlin, 1991, p84-100.

[92] K. Heide, Chemie der Erde, 25 (1966) 237-252.

[93] I. N. Lepeshkov and N. K. Semendyaeva, Thermal Analysis, Proc. 4th ICTA, Budapest (Ed. I. Buzas), Heyden & Son, London, Vol.2 (1975) 677-683.

[94] R. von Hodenberg, R. Kühn and F. Rosskopf, Kali und Steinsalz, 5 (1969) 178-189.

[95] R. Piece, Schweiz. Mineral. Petrogr. Mitt., 41 (1961) 303-310.

[96] C. A. Strydom and J. H. Potgieter, Thermochim. Acta, 332 (1999) 89-98.

[97] G. Lombardi, Thermal Analysis, Proc. 2nd ICTA, Academic Press, NewYork, 1969, Vol.2, p1269-1289.

[98] M. Berennyi, Technik der Harnsteinanalyse (Ed. H. J. Schneider), VEB G. Thieme Verlag, Leipzig, 1974, p46.

[99] D. M. Hausen, Am. Mineralogist, 47 (1962) 637-648.

[100] M. de Abeledo, V. Angelelli, M. de Benyacas and C. Gordillo, Am. Mineralogist, 53 (1968) 1-8.

[101] C. S. Jr. Hurlbut and L. F. Aristarain, Am. Mineralogist, 53 (1968) 1799-1815.

[102] C. S. Jr. Hurlbut and L. F. Aristarain, Am. Mineralogist, 53 (1968) 416-431.

[103] F. Cesbron and J. Fritsche, Bull. Soc. Franc. Mindral. Cryst., 92 (1969) 196-202.

[104] L. van Wambeke, Mineral. Mag., 38 (1971) 418-423.

[105] H. Zwahr, J. Schomburg and D. Schmidt, Chem. der Erde, 37 (1978) 165-171.

[106] R. L. Frost, M. L. Weier, W. Martens, J. Th. Kloprogge and Zheding, Thermochim. Acta, (2003).

[107] S. G. Eekhout, R. Vochta, N. M. Blaton, E. de Grave, J. Janssens and H. Desseyn, Thermochim. Acta, 320 (1998) 223-230.

[108] C. S. Hurlbut Jr. and L. F. Aristarain, Am. Mineralogist, 52(1967) 326-335.

[109] C. S. Hurlbut Jr. and L. F. Aristarain, Am. Mineralogist, 52 (1967) 1048-1059.

[110] L. F. Aristarain and C. S. Hurlbut Jr., Am. Mineralogist, 52 (1967) 935-945.

[111] L. F. Aristarain and C. S. Hurlbut Jr., Am. Mineralogist, 52 (1967) 1776-1784.

[112] L. F. Aristarain and C. S. Hurlbut Jr., Am. Mineralogist, 53 (1968) 1815-1827.

[113] I. Waclawska, J. Therm. Anal., 48 (1997) 145-154.

[114] Y. Erdogan, Y. Zeybel and A. Demirbas, Thermochim. Acta, 326 (1999) 99-103.

[115] Chen Ruoyu, Li Jun, Xia Shuping and Gao Shiyang, Thermochim. Acta, 306 (1997) 1-5.

[116] E. Hartung and K. Heide, Krist. and Techn., 13 (1978) 57-60.

[117] K. Heide, H. Franke and H. P. Brückner, Chemie der Erde, 39 (1980) 201-232.

[118] T. L. Webb and H. Heystek, Differential Thermal Investigation of Clays (Ed. R. C. Mackenzie), 1957, p329-363.

[119] K. Heide, E. Hartung and H. G. Schmidt, Glastechn. Bet., 59 (1986) 59-63.

[120] J. Paulik and F. Paulik, Simultaneous thermoanalytical examination bymeans of the derivatograph, Wilson's Comprehensive Analyt. Chem., Vol. XII (Ed. W. W. Wendlandt), Elsevier, Amsterdam, 1981, p277.

[121] J. L. Kulp and J. N. Perfetti, Mineral. Mag., 29 (1950) 239-251.

[122] J. V. Dubrawski and J. Ostwald, N. Jb. Mineral. Mh., 9 (1987) 406-418.

[123] J. Ostwald and J. V. Dubrawski, N. Jb. Mineral. Abb., 157 (1987) 19-34.

[124] J. Ostwald and J. V. Dubrawski, Mineral. Mag., 51 (1987) 463-466.

[125] D. J. Morgan, A. E. Milodowski, S. St. J. Warne and S. B. Warrington, Thermochim. Acta, 135 (1988) 273-277.

[126] R. C. Mackenzie, Problems of Clay and Laterite Genesis, Am. Inst. Mining Ing., New York, 1952, p65-75.

[127] W. C. Kelly, Am. Mineralogist, 41 (1956) 353-355.

[128] P. Keller, N. Jb. Min. Mh., (1976) 115-127.

[129] R. M. Corneli and U. Schwertmann, The Iron Oxides, VCH-Verlag, Weinheim, (1996) 154ff.

[130] T. A. Korneva, T. S. Yusupov, L. G. Lukjanova and G. M. Gusev, Thermal Analysis, Proc. 4th ICTA, Budapest (Ed. I. Buzas), Heyden, London, 1975, Vol. 2, 659-666.

[131] M. Bangoura, Vergleichendc mineralogisch-geochemischeUntersuchungen an einigen Bauxit-Vorkommen Guineas, Diss. Fac. Bio-Geosciences, Univ. Karlsruhe, 1993.

[132] E. Mendelovici, J. Therm. Anal., 49 (1997) 1385-1397.

[133] R. Giovanoli, Chemie der Erde, 44 (1985) 227-244.

[134] S. J. Kim, Fortschr. Miner., 52 (1975) 361-368.

[135] J. Orcel, Bull. Soc. Franc. Minéral. Cryst., 50 (1927) 75-456.

[136] J. Orcel and S. Caillère, Compt. Rend., (1933) 774-777.

[137] S. Caillère, Bull. Soc. Franc. Minéral. Cryst., 59 (1936) 163-326.

[138] S. B. Hendricks and L. T. Alexander, Soil Sci., 48 (1939) 257-271.

[139] F. H. Norton, J. Am. Ceram. Soc., 22 (1939) 54-63.

[140] M. H. Creer, J. B. Hardy, H. P. Roaksby and J. E. Still, Clay Minerals, 9 (1971)19-34.

[141] R. E. Grim and R. A. Rowland, Am. Mineralogist, 27 (1942) 756-761.

[142] R. E. Grim and R. A. Rowland, Am. Mineralogist, 27 (1942) 801-808.

[143] R. E. Grim and R. A. Rowland, J. Am. Ceram. Soc. 27 (1944) 5-23.

[144] F. L. Cuthbert, Am. Mineralogist, 29 (1944) 378-388.

[145] C. S. Ross and S. B. Hendricks, Minerals of the montrnorillonite group, US Geol. Survey Prof. Paper 205b, (1945) 23-79.

[146] R. E. Grim, Am. Mineralogist, 32 (1947) 493-501.

[147] I. Barshad, Am. Mineralogist, 33 (1948) 655-678.

[148] R. E. Grim and W. F. Bradley, Am. Mineralogist, 33 (1948) 50-59.

[149] R. E. Grim, R. S. Dick and W. F. Bradley, Bull. Geol. Soc. Am., 66 (1949) 1785.

[150] P. Murray and J. White, Trans. Brit. Ceram. Soc., 48 (1949) 187-200.

[151] J. Orcel, S. Caillère and S. Hénin, Mineral. Mag., 29 (1951) 329-340.

[152] G. W. Brindley, Mineral. Mag., 29 (1951) 502-522.

[153] G. T. Faust, Am. Mineralogist, 36 (1951) 795-822.

[154] J. W. Earley, I. H. Milne and W. J. McVeagh, Am. Mineralogist, 38 (1953) 770-773.

[155] F. Lippmann, Heidelberger Beitr. Mineral. Petrogr., 4 (1954) 130-134.

[156] W. R. Phillips, Mineral. Mag., 33 (1954) 404-414.

[157] W. F. Cole, Nature (London), 175 (1955) 384-385.

[158] H. W. van der Marel, Am. Mineralogist, 41 (1956) 222-244.

[159] R. C. Mackenzie, Agrochimica, 1 (1956) 1-22.

[160] R. C. Mackenzie, Clay Miner. Bull., 3 (1958) 276-286.

[161] W. A. Bassett, Am. Mineralogist, 43 (1958) 1112-1133.

[162] R. E. Grim and G. Kulbicki, Am. Mineralogist, 46 (1961) 1329-1369.

[163] A. L. Albee, Am. Mineralogist, 47 (1962) 851-870.

[164] T. Sudo, S. Shimoda, S. Nishigaki and M. Aoki, Clay Minerals, 7 (1966) 33-42.

[165] W. D. Keller, E. E. Pickett and A. L. Reesman, Proc. Intern. Clay Conf. Jerusalem, 1966, p75-85.

[166] H. Kodama, Am. Mineralogist, 51 (1966) 1035-1055.

[167] S. St. J. Warne and D. H. French, Thermochim. Acta, 79 (1984) 131-137.

[168] B. D. Boss, Am. Mineralogist, 52 (1967) 293-298.

[169] M. J. Wilson, D. C. Bain and W. A. Mitchell, Clay Miner., 7 (1968) 343-349.

[170] K. H. Schüller, N. Jb. Mineral. Mh., (1968) 363-376.

[171] T. Sudo and S. Shimoda, Differential Thermal Analysis (Ed. R. C. Mackenzie), Vol.1, Academic Press, London/New York, 1970, p539-551.

[172] J. L. M. Vivaldi and P. F. Hach-Ali, Differential Thermal Analysis (Ed. R. C. Mackenzie), Vol.1, Academic Press, London/New York, 1970, p553-573.

[173] G. Bidlo, Period. Polytechn. Hung. Civil Eng., 15 (1971) I-11.

［174］ P. Černy, P. Povondra and J. Stanek, Lithos, 4 (1971) 7-15.

［175］ J. Schomburg, Chemie der Erde, 35 (1976) 192-198.

［176］ L. Stoch, E. Rybicka and K. Gorniak, Mineralogia Polonica, 10 (1979) 63-77.

［177］ C. M. Earnest, Thermochim. Acta, 63 (1983) 277-289.

［178］ C. M. Earnest, Thermochim. Acta, 63 (1983) 291-296.

［179］ C. M. Earnest, Thermal Analysis in the Geosciences (Eds W. Smykatz-Kloss and S. St. J. Warne), Springer-Verlag, Berlin, 1991, p270-286.

［180］ C. M. Earnest, Thermal Analysis in the Geosciences (Eds W. Smykatz-Kloss and S. St. J. Warne), Springer-Verlag, Berlin, 1991, p288-312.

［181］ E. T. Stepkowska and S. A. Jefferies, Thermochim. Acta, 114 (1987) 179-186.

［182］ E. T. Stepkowska, Z. Sulek, J. L. Perez-Rodriguez, C. Maqueda and A. Justo, Thermal Analysis in the Geosciences (Eds W. Smykatz-Kloss and S. St. J. Warne), Springer-Verlag, Berlin, 1991, p246-269.

［183］ J. Schomburg and H. Zwahr, J. Therm. Anal., 48 (1997) 135-139.

［184］ M. R. Sun Kon, S. Mendioroz and M. I. Guijarro, Thermochim. Acta, 323 (1998) 145-157.

［185］ R. L. Frost, J. Kristo, L. E. Horvath and J. T. Kloprogge, Thermochim. Acta, 327 (1999) 155-166.

［186］ W. K. Mekhamer and F. F. Assaad, Thermochim. Acta, 334 (1999) 33-38.

［187］ Tj. Peters, Schweiz. Mineral. Petrogr. Mitt., 42 (1962) 359-380.

［188］ R. Carleer, G. Reggers, M. Ruysen and J. Mullens, Thermochim. Acta, 323 (1998) 169-178.

［189］ A. Langier-Kuzniarowa, Thermal Analysis in the Geosciences (Eds W. Smykatz-Kloss and S. St. J. Warne), Springer-Verlag, Berlin, 1991, p314-326.

［190］ A. Langier-Kuzniarowa, J. Inczedy, J. Kristof, F. Paulik, J. Paulik and M. Arnold, J. Thermal Anal., 36 (1990) 67-84.

［191］ F. Stengele and W. Smykatz-Kloss, J. Thermal Anal., 51 (1998) 219-230.

［192］ T. Sudo and M. Nakamura, Am. Mineralogist, 37 (1952) 618.

［193］ J. White, Clay Minerals Bull., 2 (1953) 5-6.

［194］ W. F. Bradley and R. E. Grim, Am. Mineralogist, 36 (1951) 182-201.

［195］ R. C. Mackenzie, Acta Univ. Carol Geol., Suppl., 1 (1961) 11-21.

［196］ R. Greene-Kelly, Trans Faraday Soc., 51 (1955) 412-430.

［197］ A. H. Weir and R. Greene-Kelly, Am. Mineralogist, 47 (1962) 137.

［198］ P. F. Kerr and J. L. Kulp, Am. Mineralogist, 33 (1948) 387-419.

［199］ L. B. Sand and T. B. Bates, Arn. Mineralogist, 38 (1953) 271-278.

［200］ A. R. Carthew, Am. Mineralogist, 40 (1955) 107-117.

［201］ F. Hofmann and Tj. Peters, Schweiz. Mineral. Petrogr. Mitt., 42 (1962) 349-358.

［202］ S. Caillère and I. Rodriguez, Bull. Soc. Franc. Min6ral. Cryst., 90 (1967) 246-251.

［203］ A. M. Langer and P. F. Kerr, Am. Mineralogist, 52 (1967) 508-523.

［204］ H. Minato, Thermochim. Acta, 135 (1988) 279-283.

［205］ H. G. Midgley, Mineral. Mag., 29 (1951) 526-530.

［206］ S. Caillère and S. Henin, The Differential Thermal Investigation of Clays (Ed. R. C. Mackenzie), 1957, p231-247.

[207] A. W. Naumann and W. H. Dresher, Am. Mineralogist, 51 (1966)1200-1211.

[208] L. Pusztaszeri, Schweiz. Mineral. Petrogr. Mitt. , 49 (1969) 425-466.

[209] E. Z. Basta and Z. A. Kader, Mineral. Mag. , 37 (1969) 394-408.

[210] M. Saito, S. Kakitani and Y. Umegaki, J. Sci. Hiroshima Univ. Series C (Geology and Min-
eralogy), 6 (1972) 331-342.

[211] R. C. Mackenzie, Differential Thermal Analysis (Ed. R. C. Mackenzie), Vol. 1, Academic
Press, London/New York, 1970, p497-537.

[212] J. Konta, Izv. Akad. Nauk SSSR, Ser. Geol. , (1956) 109-113.

[213] J. C. Hunziker, Schweiz. Mineral. Petrogr. Mitt. , 46 (1966) 473-552.

[214] H. Schwander, J. Hunziker and W. Stern, Schweiz. Mineral. Petrogr. Mitt. , 48 (1968)
357-390.

[215] J. W. Hansen, Schweiz. Mineral. Petrogr. Mitt. , 52 (1972) 109-153.

[216] Ch. E. Weaver, Am. Mineralogist, 38 (1953) 279-289.

[217] K. Kautz, Beitr. Mineral. Petrogr. , 9 (1964) 423-461.

[218] D. F. Ball, Clay Minerals, 7 (1968) 363-366.

[219] R. C. Mackenzie and A. Milne, Mineral. Mag. , 30 (1953) 178-185.

[220] B. Kubler, Coll. Et. Tectoniques, A la Baconni6re, (1966) 105-122.

[221] G. W. Brindley, Progr. Ceram. Sci. , 3 (1963) 3-55.

[222] G. T. Faust, J. C. Hathaway and G. Millo, Am. Mineralogist, 44 (1959) 342-370.

[223] D. L. Lapham, Am. Mineralogist, 43 (1958) 921-956.

[224] F. J. Eckardt, Geol. Jb. , 75 (1958) 437-474.

[225] A. Weiss, G. Koch and U. Hofmann, Ber. deut. Keram. Gesellschaft. , 31 (1954) 301-305.

[226] G. J. Ross, Can. Mineralogist, 9 (1968) 522-530.

[227] P. Y. Chen, . Acta Geol. Taiwanica, 13 (1969) 9-19.

[228] R. L. Borst and J. L. Katz, Am. Mineralogist, 55 (1970) 1359-1373.

[229] J. L. Kulp and P. F. Kerr, Am. Mineralogist, 33 (1948) 387-420.

[230] J. L. Kulp and P. F. Kerr, Am. Mineralogist, 34 (1949) 839-845.

[231] A. Weiss, G. Koch and U. Hofmann, Ber. Dr. Keram. Ges. , 32 (1955) 12-17.

[232] E. Nemecz, Acta Geol. Hung. , (1962) 365-388.

[233] T. Takeuchi, I. Takahashi and H. Abe, Sci. Rep. Tohuku Univ. , Sendai, Japan, 9 (1966)
371-484.

[234] R. C. Mackenzie, The Differential Thermal Investigation of Clays (Ed. R. C. Mackenzie),
1957, p299-328.

[235] F. V. Chukrov, S. I. Berkhin, L. P. Ermilova, V. A. Moleva and E. S. Rudnitskaya, In-
tern. Clay Conf. Stockholm, 1963, p19-28.

[236] A. S. Campbell, B. D. Mitchell and J. M. Bracewell, Clay Minerals, 7 (1968) 451-454.

[237] P. F. Kerr, J. L. Kulp and P. K. Harnilton, Differential thermal analysis ofreference clay
specimens, API Project 49, Columbia Univ. NY, 1949, p40.

[238] M. K. H. Siddiqui, Clay Minerals, 7 (1967) 120-123.

[239] W. Echle, Contrib. Mineral. Petrol. , 14 (1967) 86-101.

[240] H. Hayashi, K. Korshi and H. Sakabe, Proc. Int. Clay Conf. Tokyo, Vol. 1, (1969)
903-913.

[241] N. Imai, R. Otsuka, H. Kashide and H. Hayashi, Proc. Int. Clay Conf. Tokyo, Vol. 1, (1969) 99-108.

[242] M. Müller-Vonmoos and C. Schindler, Schweiz. Mineral. Petrogr. Mitt., 53 (1973) 395-403.

[243] A. G. Freeman, Mineral. Mag., 35 (1966) 953-957.

[244] Tj. Peters, Schweiz. Mineral. Petrogr. Mitt., 41 (1961) 325-334.

[245] G. Gottardi and E. Galli, Minerals and Rocks, Vol. 18, Springer-Verlag, Heidelberg, 1985.

[246] E. Pecsiné-Donath, Földt. Közl., Tonmin, 93 (1963) 32-39.

[247] M. Koizumi, Mineral. J. (Japan), 1 (1953) 36-47.

[248] C. J. Peng, Am. Mineralogist, 40 (1955) 834-856.

[249] M. Koizumi and R. Roy, J. Geol., 68 (1960) 41-53.

[250] B. Mason and L. B. Sand, Am. Mineralogist, 45 (1960) 341-350.

[251] M. H. Grange, Compt. Rend., 259 (1964) 3277-3280.

[252] K. Harada and K. Tomita, Am. Mineralogist, 52 (1967) 1438-1450.

[253] A. B. Merkle and M. Slaughter, Am. Mineralogist, 53 (1968) 1120-1138.

[254] A. Iijima and K. Harada, Am. Mineralogist, 54 (1969) 182-197.

[255] H. R. Keusen and H. Bürki, Schweiz. Mineral. Petrogr. Mitt., 49 (1961) 577-584.

[256] H. Minato, H. Namba and N. Ito, Jap. Hyogo Univ. of Teacher Educ. Rep., (1984) 101-112.

[257] B. Ullrich, P. Adolphi, J. Schomburg and H. Zwahr, Chemie der Erde, 48 (1988) 245-253.

[258] V. Zholobenko, A. Garforth and J. Dwyer, Thermochim. Acta, 294 (1997) 39-44.

[259] M. De'Gennaro, P. Cappellotti, A. Langella, A. Perrotta and C. Scarpatti, Contrib. Mineral. Petrol., 139 (2000) 17-35.

[260] F. P. Glaser, Differential Thermal Analysis (Ed. R. C. Mackenzie), Vol. 1, Academic Press, London/New York, 1970, p575-608.

[261] A. F. Korschinskii, Izd. Akad. Nauk SSR, Moscow, (1958) 97-113(in Russian).

[262] M. Wittels, Am. Mineralogist, 37 (1952) 28-36.

[263] L. van der Plas and Th. Htigi, Schweiz. Mineral. Petrogr. Mitt., 41 (1961) 371-393.

[264] Tj. Peters, Schweiz. Mineral. Petrogr. Mitt., 43 (1963) 529-685.

[265] W. Heflik and W. Zabinski, Mineral. Mug., 37 (1969) 241-243.

[266] C. A. Geiger, N. S. Rahmoun and K. Heide, Eur. J. Mineralogy, 13 (2001) 60.

[267] D. Dollimore, Differential Thermal Analysis (Ed. R. C. Mackenzie), Vol. 1, Academic Press, London/New York, 1970, p396-426, 427-446.

[268] W. Smykatz-Kloss, Contrib. Mineral. Petrol., 16 (1967) 279-283.

[269] Yong Wang and W. J. Thompson, Thermochim. Acta, 255 (1995) 383-390.

[270] T. L. Webb and J. E. Krfiger, Differential Thermal Analysis (Ed. R. C. Mackenzie), Vol. 1, Academic Press, London/New York, 1970, Vol. I, p303-341.

[271] F. L. Cuthbert and R. A. Rowland, Am. Mineralogist, 32 (1947) 111-116.

[272] C. W. Beck, Am. Mineralogist, 35 (1950) 985-1013.

[273] J. H. Spotts, X-ray studies and d. t. a, of some coastal limestones andassociated carbonates of W-Australia, Thesis, Univ. of W-Australia, Perth, 1952.

[274] W. Smykatz-Kloss, Beitr. Mineral. Petrogr., 9 (1964) 481-502.

[275] S. Caillère, Bull. Soc. Franc. Min6ral. Cryst., 60 (1943) 55-70.

[276] S. Caillère, Bull. Soc. Franc. Min6ral. Cryst., 66 (1943) 494-502.

[277] G. T. Faust, Am. Mineralogist, 38 (1953) 4-24.

[278] S. St. J. Warne and P. Bayliss, Am. Mineralogist, 47 (1962) 1011-1023.

[279] G. J. Ross and H. Kodama, Am. Mineralogist, 52 (1967) 1036-1047.

[280] G. Y. Chao, Am. Mineralogist, 56 (1971) 1855.

[281] G. T. Faust, Econ. Geol., 39 (1944) 142-151.

[283] J. L. Kulp, P. Kent and P. F. Kerr, Am. Mineralogist, 36 (1951) 643.

[284] R. C. Mackenzie, Mineral. Mag., 31 (1957) 672-680.

[285] D. L. Grat, Am. Mineralogist, 37 (1952) 1-27.

[286] W. F. Bradley, J. F. Burst and D. L. Grat, Am. Mineralogist, 38 (1953) 207-217.

[287] M. Földvari-Vogl and V. Koblenc, Acta Geol. tlung., 3 (1955) 15-25.

[288] Y. Sanada and K. Miyazawa, Gypsum Lime, 17 (1955) 20-22.

[289] T. L. Webb, Thesis, Univ. of Pretoria, South Africa, 1958.

[290] P. de Souza Santos and P. Santini, Ceramica, Sao Paulo, 4 (1958) 9-25.

[291] J. W. Smith, D. R. Johnson and M. Mtiller-Vonmoos, Thermochinl. Acta, 8 (1974) 45-56.

[292] K. Wieczorek-Ciurowa, J. Paulik and F. Paulik, Thermochim. Acta, 38 (1980) 157.

[293] K. lwafuchi, C. Watanabe and R. Otsuka, Thermochim. Acta, 60 (1983) 361-381.

[294] R. Otsuka, Thermochim. Acta, 100 (1986) 69-80.

[295] S. St. J. Warne and J. V. Dubrawski, Thermochim. Acta, 121 (1987) 39-49.

[296] S. St. J. Warne and J. V. Dubrawski, J. Therm. Anal., 35 (1989) 219-242.

[297] J. V. Dubrawski and S. St. J. Warne, Mineral. Mag., 52 (1988) 627-635.

[298] A. E. Milodowski, D. J. Morgan and S. St. J. Warne, Thermochim Acta, 152 (1989) 279-297.

[299] R. M. McIntosh, J. H. Sharp and F. W. Wilburn, Thermochim. Acta, 165 (1990) 281-296.

[300] W. Smykatz-Kloss and J. Goebelbecker, Progress in Hydrogeochemistry (Eds G. Matthess, F. Frimmel, P. Hirsch, H. D. Schulz and E. Usdowski), 1992, p184-189.

[301] D. L. Grat, Am_ Mineralogist, 37 (1951) 1-27.

[302] R. A. Rowland and C. W. Beck, Am. Mineralogist, 37 (1952) 76-82.

[303] R. A. W. Haul and H. Heystek, Am. Mineralogist, 37 (1952) 166-179.

[304] W. Smykatz-Kloss, Purity Determinations by Thermal Methods, ASTM STP 838 (Eds R. L. Blaine and C. K. Schoft), Am. Soc. for Testing and Materials, 1984, p121-137.

[305] J. L. Kulp, H. D. Wright and R. J. Holmes, Am. Mineralogist, 34 (1949) 195-219.

[306] C. Frondel and L. H. Bauer, Am. Mineralogist, 40 (1955) 748-760.

[307] H. E. Kissinger, H. F. McMurdie and B. S. Simpson, J. Am. Ceram. Soc. 39 (1956) 168-172.

[308] A. Otsuka, J. Chem. Soc. Japan, 60 (1957) 1507-1509.

[309] Z. Trdlicka, Acta Univ. Carolina (Prag), Geologica, (1964) 159-167.

[310] A. Tsuesue, Am. Mineralogist, 52 (1967) 1751-1761.

[311] A. J. Frederickson, Am. Mineralogist, 33 (1948) 372-375.

[312] R. A. Rowland and E. C. Jonas, Am. Mineralogist, 34 (1949) 550-558.

[313] S. Guigné, Pupl. Serv. Carte Géol. Alger., 5 (1955) 43-56.

[314] H. A. Stalder, Schweiz. Mineral. Petrogr. Mitt., 44 (1964) 187-399.

[315] Z. Trdlicka, Acta Univ. Carolina (Prag), Geologica, (1966) 129-136.

[316] D. R. Dasgupta, Mineral. Mag., 36 (1967) 138-141.

[317] P. K. Gallagher and S. St. J. Warne, Thermochim. Acta, 43 (1981) 253-267.

[318] K. Emmerich and W. Smykatz-Kloss, Clay Minerals, 37 (2002) 575-582.

[319] K. Heide and W. Höland, Proc. 6. IBAUSIL Weimar, Vol. 3, (1976) 266-271

[320] W. Höland and K. Heide, Thermochim. Acta, 15 (1976) 287-294

[321] K. Walenta, Schweiz. Mineral. Petrogr. Mitt., 52 (1972) 93-108.

[322] G. T. Faust, Am. Mineralogist, 33 (1948) 337-345.

[323] I. Hatta, Thermochim. Acta, 305/306 (1997) 27-34.

[324] L. Michalski, K. Eckersdorf, J. Kucharski and J. McGhee, TemperatureMeasurements, J. Wiley, New York, 2001.

[325] C. W. Correns, Einffihrung in die Mineralogie, 2. Aufl., Springer-Verlag, Heidelberg, 1968.

[326] A. van Valkenburg and G. F. Rynders, Am. Mineralogist, 43 (1958) 1197-1202.

[327] I. Hassan, Am. Mineralogist, 85 (2000) 1383-1389.

[328] N. Passe-Coutrin, Ph. N'Guyen, R. Pelmard, A. Ouensanga and C. Bouchon, Thermochim. Acta, 265 (1995) 135-140.

[329] W. Eysel, Proc. 3rd ICTA, Vol. 2, Birkhauer-Basel, 1972, p179-192.

[330] H. G. Wiedemann and W. Smykatz-Kloss, Thermochim. Acta, 50 (1981) 17-29.

[331] K. Kobayashi and Y. Saito, Thermochim. Acta, 53 (1982) 299-307.

[332] F. Paulik, S. Gal and L. Erdey, Anal. Chim. Acta, 29 (1963) 381-394.

[333] A. Bonamartini Corrado, C. Leonelli, T. Manfredini, L. Pennisi and M. Romagnioli, Thermochim. Acta, 287 (1996) 101-109.

[334] A. M. Abdel Rehim, Thermal Analysis in the Geosciences (Eds W. Smykatz-Kloss and S. St. J. Warne), Springer-Verlag, Berlin, 1991, p188-222.

[335] R. Sadanaga and S. Sueno, Mineral. J. (Japan), 5 (1967) 124-148.

[336] W. Smykatz-Kloss and K. Hausmann, J. Therm. Anal., 39 (1993) 1209-1232.

[337] J. E. Hiller and K. Probsthain, Erzmetall, 8 (1955) 257-267.

[338] O. C. Kopp and P. F. Kerr, Am. Mineralogist, 42 (1957) 445-454.

[339] J. A. Dunne and P. F. Kerr, Am. Mineralogist, 45 (1960) 881-883.

[340] F. C. Kracek, Am. Geophys. Union Trans., 27 (1946) 364-373.

[341] J. E. Hiller and K. Probsthain, Z. Kristallogr., 108 (1956) 108-129.

[342] G. Sabatier, Bull. Soc. Franc. Min6ral. Cryst., 79 (1956) 172-174.

[343] O. C. Kopp and P. F. Kerr, Am. Mineralogist, 43 (1958) 732-748.

[344] O. C. Kopp and P. F. Kerr, Am. Mineralogist, 43 (1958) 1079-1097.

[345] J. Asensio and G. Sabatier, Bull. Soc. Franc. Minéal. Cryst., 81 (1958) 12-15.

[346] C. Lévy, Bull. Soc. Franc. Minéral. Cryst., 81 (1958) 29-34.

[347] G. Kullerud, Differential Thermal Analysis, Carnegie Inst. Wash. Yearbook, 58 (1959) 161-163.

[348] J. A. Dunne and P. F. Kerr, Am. Mineralogist, 46 (1961) 1-11.

[349] C. Maurel, Bull. Soc. Franc. Minéral. Cryst., 87 (1964) 377-385.

[350] L. J. Cabri, Econ. Geol., 62 (1967) 910-925.

[351] E. M. Bollin, Differential Thermal Analysis (Ed. R. C. Mackenzie), Vol. 1, Academic Press, London/New York, 1970, p193-234.

[352] L. J. Wilson and S. Mikhail, Thermochim. Acta, 156 (1989) 107-115.

[353] H. J. Hurst, J. H. Levy and S. St. J. Warne, Reactivity of Solids, 8 (1990) 159-168.

[354] J. Schomburg, Thermal Analysis in the Geosciences (Eds W. Smykatz-Kloss and S. St. J. Warne), Springer-Verlag, Berlin, 1991, p224-232.

[355] P. BaIasz, H. J. Huhn and H. Heegn, Thermochim. Acta, 194 (1992) 189-195.

[356] P. Balasz, E. Post and Z. Bastl, Thermochim. Acta, 200 (1992) 371-377.

[357] J. G. Dunn, Thermochimica Acta, 300 (1997) 127-139.

[358] J. G. Dunn, Thermochimica Acta, 324 (1998) 59-66.

[359] A. C. Chamberlain and J. G. Dunn, Thermochim. Acta, 318 (1999) 101-113.

[360] W. F. Cole and D. N. Crook, Am. Mineralogist, 51 (1966) 499-502.

[361] E. Posnjak, E. T. Allen and It. E. Merwin, Econ. Geol., 10 (1915)491-535.

[362] M. J. Buerger and N. W. Buerger, Am. Mineralogist, 44 (1944) 55-65.

[363] E. Jensen, Avh. norske Vidensk. Akad., Oslo, Math., Nat. KI., 6 (1947) 1-14.

[364] G. Kullerud, Carnegie Inst. Wash. Yearbook, 1958, p215f.

[365] S. Djurle, Acta Chem. Scand., 12 (1958) 1415-1426.

[366] J. A. Dunne and P. F. Kerr, Am. Mineralogist, 46 (1961) 1-11.

[367] B. J. Skinner, Econ. Geol., 61 (1966) 1-26.

[368] E. Roseboom, Jr, Econ. Geol., 61 (1966) 641-672.

[369] R. W. Potter, Econ. Geol., 72 (1977) 1524.

[370] R. A. Yund and G. Kullerud, J. Petrol., 7 (1966)454f.

[371] O. F. Tuttle, Am. Mineralogist, 34 (1949) 723-730.

[372] C. N. Fenner, Am. J. Sci. 4th Ser., 36 (1913) 331-384.

[373] M. L. Keith and O. F. Tuttle, Bowen Vol., Am. J. Sci., (1952) 208-280.

[374] M. Fieldes, Nature (London), 170 (1952) 366-367.

[375] K. Nagasawa, J. Earth Sci., Nagoya Univ. (Japan), 1 (1953) 156-176.

[376] J. B. Dawson and F. W. Wilburn, Differential Thermal Analysis (Ed. R. C. Mackenzie), Vol. 1, Academic Press, London/New York, 1970, p477-495.

[377] W. Smykatz-Kloss and W. Klinke, J. Therm. Anal., 48 (1997) 19-38.

[378] J. P. Bachheimer, J. Phys. Lett., 41L (1980) 342-348.

[379] G. Dolino, Adv. Phys. Geochem., Vol 7, Structural and magnetic phasetransitions in minerals (Eds S. Ghose, J. M. D. Coey and E. Salje), Springer-Verlag, Berlin, 1988, p17-38.

[380] J. Konta, Sb. ustrd. Ust. geol., 19 (1952) 137-152.

[381] T. Sudo, Sci. Rep. Tokyo Kyoiku Daig., C5 (1956) 39-55.

[382] L. H. Berkelhamer, Rep. Invest. U. S. Bur. Mines, No.3763, (1944).

[383] R. W. Grimshaw, Clay Min. Bulletin, 2 (1953) 2-7.

[384] O. W. Floerke, Schweiz. Mineral. Petrogr. Mitt., 41 (1961) 311-324.

[385] H. Yao and I. Hatta, Thermochim. Acta, 266 (1995) 301-308.

[386] V. Balek, J. Fusek, J. Kriz and M. Murat, Thermochim. Acta, 262 (1995) 209-214.

[387] M. Bruno and J. L. Hohn, Thermochim. Acta, 318 (1998) 125-129.

[388] R. J. Hand, S. J. Stevens and J. H. Sharp, Thermochim. Acta, 318 (1998) 115-123.

[389] W. Smykatz-Kloss, Contrib. Mineral. Petrol., 26 (1970) 20-41.

[390] W. Smykatz-Kloss, Contrib. Mineral. Petrol., 36 (1972) 1-18.

[391] J. Font and J. Muntasell, Thermochim. Acta, 293 (1997) 167-170.

[392] Pei Jane Huang, Hua Chang, Chuin Tih Yeh and Ching Wen Tsai, Thermochim. Acta, 297 (1997) 85-92.

[393] W. W. Wendlandt, Thermal Methods of Analysis, 2nd edition, Wileyand Sons, New York, 1974.

[394] H. Ch. Soffel, Paläomagnetismus und Archäomagnetismus, Springer-Verlag, Heidelberg-Berlin, 1991.

[395] P. D. Garn, O. Menis and H. G. Wiedemann, Thermal Analysis, Vol. 1, Proc. 6th ICTA, 1980, p201-205.

[396] S. L. Blum, A. E. Paladino and L. G. Rubin, Am. Ceram. Soc. Bull., 36 (1957) 175-176.

[397] E. R. Schmidt and F. H. S. Vermaas, Am. Mineralogist, 40 (1955) 422-440.

[398] E. A. Vincent, J. B. Wright, R. Chevallier and S. Mathieu, Mineral. Mag., 31 (1957) 624-655.

[399] R. Chevallier, J. Bolfa and S. Mathieu, Bull. Soc. Franc. Mindral. Cryst., 78 (1955) 307-346.

[400] H. Weitzel, N. J. Mineralogie, Abh., 113 (1970) 13-28.

[401] E. J. Duff, J. Chem. Soc. A, (1968) 2072-2074.

[402] J. F. Lewis, Am. Mineralogist, 55 (1970) 793-807.

[403] A. A. Agroskin, E. I. Goncharev, L. A. Makeev and V. P. Yakunin, Coke and Chem. USSR, 5 (1970) 7-11.

[404] G. J. Lawson, Differential Thermal Analysis (Ed. R. C. Mackenzie), Vol. 1, Academic Press, London/New York, 1970, p705-726.

[405] O. P. Mahajan, A. Tomita and P. L. Walker, Jr., Fuel, 55 (11976) 63-69.

[406] P. C. Crawford, D. L. Ornellas, R. C. Lure and P. L. Johnson, Thermochim. Acta, 34 (1979) 239-243.

[407] P. Cardillo, Riv. Combast., 34 (1980) 129-137.

[408] P. I. Gold, Thermochim. Acta, 42 (1980) 135-152.

[409] R. J. Rosenvold, J. B. DuBow and K. Rajeshwar, Thermochim. Acta, 53 (1982) 321-332.

[410] C. R. Phillips, R. Luymes and T. M. Halahel, Fuel, 61 (1982) 639-649.

[411] D. M. Aylmer and M. W. Rowe, Thermochinl. Acta, 78 (1984) 81-92.

[412] C. M. Earnest, Analytical Calorimetry (Eds J. F. Johnson and P. S. Gill), Plenum Press, New York, 1984, p343-359.

[413] C. M. Earnest, Thermal Analysis of Clays, Minerals and Coal, Perkin-Elmer Corp., Norwalk, 1984.

[414] J. P. Elder and M. B. Harris, Fuel, 63 (1984) 262-267.

[415] R. Hefta, H. Schobert and W. Kube, Fuel, 65 (1986) 1196-1202.

[416] J. W. Cumming and J. McLaughlin, Thermochim. Acta, 57 (1982) 253-272.

[417] M. Levy and R. Kramer, Thermochim. Acta, 134 (1988) 327-331.

[418] H. G. Wiedemann, R. Riesen, A. Boller and G. Bayer, Compositional Analysis by Thermo-

gravimetry (Ed. C. M. Earnest)，ASTM STP 997，1988，p227-244.

[419]　J. W. Cumming, Thennochim. Acta, 155 (1989) 151-161.

[420]　J. H. Patterson, Fuel, 73 (1994) 321-327.

[421]　M. V. Kök, Thermochim. Acta, 336 (1999) 121-125.

[422]　S. St. J. Warne, Analytical Methods for Coal and Coal Products. III (Ed. C. Karr, Jr.)，1979, p447-477.

[423]　V. Balek, G. Matuschek, A. Kettrup and I. Sykorova, Thermochimica. Acta, 263 (1995) 141-157.

[424]　S. St. J. Warne, Thermochim. Acta, 86 (1985) 337-342.

[425]　S. St. J. Warne, Thermochim. Acta, 109 (1986) 243-252.

[426]　S. St. J. Warne, Thermochim. Acta, 110 (1987) 501-511.

[427]　S. St. J. Warne and J. V. Dubrawski, J. Therm. Anal. , 33 (1988) 435-400.

[428]　J. V. Dubrawski and S. St. J. Warne, Fuel, 66 (1987) 1733-1736.

[429]　S. St. J. Warne, Thermochim. Acta, 272 (1996) 1-9.

[430]　J. V. Dubrawski, Thermochim. Acta, 120 (1987) 257-260.

[431]　T. R. Jones, Clay Minerals, 18 (1983) 399-410.

[432]　W. Bodenheimer, L. Heller and S. Yariv, Clay Minerals, 6 (1966) 167ff.

[433]　C. Chi Chou and J. L. McAtee, Jr. , Clays and Clay Minerals, 17(1969) 339.

[434]　B. K. G. Theng, The Chemistry of Clay Organic Reactions, A. Hilger, London, 1974.

[435]　G. Lagaly, Phil. Trans. R. Soc. London A 311, (1984) 315-332.

[436]　S. Yariv and L. Heller-Kallai, Chem. Geol. , 45 (1984) 313-327.

[437]　S. Yariv, Thermochim. Acta, 88 (1985) 49-68.

[438]　S. Yariv, Int. J. Trop. Agric. , 6 (1988) 1-19.

[439]　S. Yariv, D. Ovadyahu, A. Nasser, U. Shual and N. Lahav, Thermochim. Acta, 207 (1992) 103-113.

[440]　L. Heller-Kallai, S. Yariv and I. Friedman, J. Therm. Anal. , 31 (1986) 95-106.

[441]　M. Störr and H. H. Murray, Clays and Clay Minerals, 34 (1986) 689.

[442]　U. Shuali, S. Yariv, M. Steinberg, M. Mfiller-Vonmoos, G. Kahr and A. Rub, Thermochim. Acta, 135 (1988) 291.

[443]　U. Shuali, M. Steinberg, S. Yariv, M. Miiller-Vonmoos, G. Kahr and A. Rub, Clay Minerals, 25 (1990) 107-119.

[444]　S. Yariv, L. Heller-Kallai and Y. Deutsch, Chem. Geol. , 68 (1988) 199ff.

[445]　S. Yariv, M. Mtiller-Vonmoos, G. Kahr and A. Rub, J. Therm. Anal. , 35 (1989) 1997-2008.

[446]　A. Langier-Kuzniarowa, Thermochim. Acta, 148 (1989) 413.

[447]　F. Paulik, J. Paulik, M. Arnold, J. Inczedy, J. Kristof and A. Langier-Kuzniarowa, J. Thermal Anal. , 35 (1989) 1849.

[448]　M. F. Brigatti, C. Lugli, S. Montorsi and L. Poppi, Clays and Clay Minerals, 47 (1999) 664-671.

[449]　M. Müller-Vonmoos, G. Kahr and A. Rub, Thermochim. Acta, 20 (1977) 387-393.

[450]　E. Morillo, J. L. Perez-Rodriguez and C. Maqueda, Clay Minerals, 26 (1991) 269-279.

[451]　W. T. Reichle, S. Y. Kang and D. S. Everhardt, J. Catal. , 101 (1986) 352-359.

[452] C. del Hoyo, V. Rives and M. A. Vicente, Thermochim. Acta, 286 (1996) 89-103.

[453] A. Weiss, R. Thielepape, W. Göring, W. Ritter and H. Schaffer, Proc. Intern. Clay Cone Stockholm (Eds I. Rosenquist and P. Graaff-Peterson), Pergamon Press, Oxford, 1963, p287-305.

[454] M. Gabor, L. Pöppl, U. Izvekov and H. Beyer, Thermochim. Acta, 148 (1989) 431-438.

[455] M. Gabor, M. Toth, J. Kristof and G. Komaromi-Hills, Clays and Clay Minerals, 43 (1995) 223-228.

[456] M. Sato, Clays and Clay Minerals, 47 (1999) 793-802.

[457] C. H. Horte, Chr. Becker, G. Kranz, E. Schiller and J. Wiegmann, J. Therm. Anal., 33 (1988) 401-406.

[458] J. Cornejo, R. Cells, I. Pavlovic, M. A. Ulibarri and M. Hermosiu, ClayMinerals, 35 (2000) 771-779.

[459] C. del Hoyo, V. Rives and M. A. Vicente, Thermochim. Acta, 286 (1996) 89-103.

[460] S. Yariv, L. Heller, Y. Deutsch and W. Bodenheimer, Thermal Analysis, Proc. 3rd ICTA, Davos, Birkhäuser-Verlag, Basel, Vol.3, 1971, 663ff.

[461] S. Yariv, Thermochim. Acta, 274 (1996) 1-35.

[462] V. Balek, L. Kelnar, K. Györova and W. Smykatz-Kloss, Applied ClaySci., 7 (1992) 179-184.

[463] A. Busnot, F. Busnot, J. F. Le Querier and J. Yazbeck, Thermochim. Acta, 254 (1995) 319-330.

[464] E. C. Stout, C. W. Beck and K. B. Anderson, Phys. Chem. Miner., 27 (2000) 666-678.

[465] J. G. Dunn and V. L. Howes, Thermochim. Acta, 282 (1995) 305-316.

[466] A. P. Dhupe and A. N. Gokaran, Int. J. Miner. Process., 20 (1990) 209-220.

[467] P. Bayliss and S. St. J. Warne, Am. Mineralogist, 57 (1972) 960-966.

[468] F. Rey, V. Forner and J. M. Rojo, J. Chem. Soc. Faraday Trans., 88 (1992) 2233-2238.

[469] L. Stoch, J. Therm. Anal., 48 (1997) 121-133.

[470] V. Balek, J. Therm. Anal., 35 (1989) 405-427.

[471] Z. Chvoj, J. Sestak and A. Triska, Kinetic Phase Diagrams, Elsevier, Amsterdam, 1991.

[472] E. T. Stepkowska, S. Yariv, J. L. Perez-Rodriquez, C. Maqueda, A. Justo, A. Ruiz-Condé and P. Sanchez-Soto, J. Therm. Anal., 49 (1997)1449-1466.

[473] K. Heide, K. Gerth, G. Btichel and E. Hartmann, J. Therm. Anal., 48 (1997) 73-81.

[474] C. T. Prewitt, The Physics and Chemistry of Minerals and Rocks, Wileyand Sons, 1976, p433-442.

[475] G. A. Merkel and J. G. Blencoe, Adv. Phys. Geochemistry 2, Springer-Verlag, 1982, p247.

[476] V. I. Babushkin, G. M. Matreyev and O. P. Mchedloy-Petrossyan, Thermodynamics of Silicates, Springer-Verlag, Berlin, 1985.

[477] H. G. Wiedemann, W. Smykatz-Kloss and W. Eysel, Thermal Analysis, Proc. 6th ICTA, Vol.2, Birkhäuser, Basel, 1980, p347-352.

[478] G. Bayer and H. G. Wiedemann, Angew. chem. Thermodynamik u. Thermoanalytik, Exper. Suppl., Vol.37, Birkhäiuser-Verlag, Basel, 1979, p9-22.

[479] J. Sestak, V. Satava and W. W. Wendlandt, Thermochim. Acta, 7 (1973) 333-356.

[480] O. J. Kleppa, The Physics and Chemistry of Minerals and Rocks, Wiley and Sons, 1974, p369-387.

[481] N. D. Chatterjee, Applied Mineralogy Thermodynamics, Springer-Verlag, Berlin, 1991.

[482] J. V. Smith, Feldspar Minerals, Vol.1, Springer-Verlag, Berlin, 1974, p591.

[483] E. Nemecz, Acta Geol. Acad. Hungary, 6 (1959) 119-151.

[484] K. Lønvik, Thermal Analysis, Proc.4ᵗʰ ICTA, Vol.3, Budapest, 1974, p1089-1105.

[485] J. Binde, J. L. Holm, J. Lindemann and K. Lønvik, Thermal Analysis, Proc. 6ᵗʰ ICTA, Beyruth, 1980, Vol.2, Birkhäuser-Verlag, Basel, p313-318.

[486] A. Köhler and P. Wieden, N. Jb. Mineral., Monat., 12 (1954) 249-252.

[487] R. J. Kirkpatrick, Rev. Mineralogy, 8 (1981) 321-398.

[488] D. C. Rubie and A. B. Thompson, Adv. Phys. Geochemistry, 4, Springer-Verlag, Berlin, 1985, p27-89.

[489] A. B. Thompson and E. H. Perkins, Adv. Phys. Geochemisry, 1, Springer-Verlag, Berlin, 1981, p35-62.

[490] P. Ehrenfest, Proc. Acad. Sci. Amsterdam, 36 (1933) 153ff.

[491] I. Gutzow and J. Schmelzer, The Vitreous State, Thermodynamics, Structure, Rheology and Crystallization, Springer-Verlag, Berlin, 1995.

[492] W. D. Carlson, J. Geol., 91 (1983) 55-71.

[493] W. D. Carlson and J. L. Rosenfeld, J. Geol., 89 (1981) 615-638.

[494] J. Ridley and A. B. Thompson, Mineral. Mag., 50 (1986) 375-384.

[495] T. J. B. Holland, Adv. in Phys. Geochemistry, 1 (1980) 19-34.

[496] K. Heide, Der Harnstein (Eds E. Hinzsch and H. J. Schneider), VEB Fischer-Verlag, Jena, 1973, p157-181.

[497] G. Kluge, H. Eichhorn, K. Heide and M. Fritsche, Thermochim. Acta, 60 (1983) 303-318.

[498] H. Hofmann and A. Rothe, Z. Anorg. Allgem. Chemie, 357 (1968) 196-201.

[499] G. S. M. Moore, J. Therm. Anal., 40 (1993) 115-120.

[500] I. Waclawska, J. Therm. Anal., 48 (1997) 155-161.

[501] J. L. Kulp and A. F. Trites, Am. Mineralogist, 36 (1951) 23-44.

[502] V. Balek and M. Murat, Thermochim. Acta, 282 (1995) 385-397.

[503] G. Sabatier, Bull. SOC. F ranc. Mineral. Cryst., 80 (1957) 444-449.

[504] O. F. Tuttle and M. L. Keith, Geol. Magazine, 41 (1954) 61-72.

[505] Ye. Panov, L. G. Muratov and B. K. Kasatov, Dokl. Akad. Nauk SSR, 175 (1967) 1359-1362.

[506] J. Lameyre, C. Lévy and J. Mergoil, Bull. SOC. Franc. Mineral. Cryst., 91 (1968) 172-181.

[507] W. Smykatz-Kloss, N. Jb. Mineral. Mh., (1969) 563-567.

[508] P. Kresten, Stockh. Contrib. Geol., 23 (1971) 91-121.

[509] P. Kresten, Linseis J., 1 (1971) 6-8.

[510] A. Giret, J. Lameyre, C. Levy and C. R. Marion, C. R. Acad. Sci. Paris, f., 275 (1972) 161-164.

[511] G. S. Moore and H. E. Rose, Nature (London), 242 (1973) 187-190.

[512] R. H. S. Robertson, Scott. J. Sci., 1 (1973) 175-182.

［513］ W. A. Kneller, H. F. Kriege, E. L. Saxer, J. T. Wilbrand and T. J. Rohrbacher, Res. Found. Univ. Toledo/Ohio, Aggr. Res. Group Geol. Dept., 1968.

［514］ S. St. J. Warne, J. Inst. Fuel (Australia), (1970) 240-242.

［515］ P. Buurman and L. Van der Plas, Geol. Mijnbouw, 50 (1971) 9-28.

［516］ G. S. Moore, Phase Transitions, 7 (1986) 25f.

［517］ G. S. Moore, Thermochim. Acta, 126 (1988) 365f.

［518］ A. J. Gude, IIIrd and R. A. Sheppard, Am. Mineralogist, 57 (1972) 1053-1065.

［519］ W. W. Wendlandt, Thermal Methods of Analysis, 3rd edition, Wiley andSons, New York, 1984.

［520］ W. Klement Jr. and L. H. Cohen, J. Geophys. Res., 73 (1968) 2249-2259.

［521］ U. Steinike, D. C. Uecker, K. Sigrist, W. Plötner and T. Köhler, Cryst. Res. Technol., 22 (1987) 1255f.

［522］ W. Dodd and K. H. Tonge, Thermal Methods, Wiley and Sons, Chichester, 1987.

［523］ M. Lisk, P. R. L. Browne and K. A. Rodgers, N. Jb. Mineral. Mh., (1991)538f.

［524］ G. Sabatier and J. Wyart, Compt. Rend., 239 (1954) 1053f.

［525］ K. A. Rodgers and N. M. Howett, Thermochiin. Acta, 87 (1985) 363-655.

［526］ J. C. Newton-Howes and R. J. Fleming, Phys. Chem. Minerals, 17 (1990) 27-33.

［527］ M. Lisk, K. A. Rodgers and P. R. L. Browne, Thermochim. Acta, 175 (1991) 293f.

［528］ H. U. Bambauer, Schweiz. Mineral. Petrogr. Mitt., 41 (1961) 335-369.

［529］ O. W. Flörke, Chemie der Erde, 22 (1962) 91-110.

［530］ K. A. Rodgers and N. M. Howett, N. Jb. Mineral. Abh., 159 (1988) 1-21.

［531］ W. Smykatz-Kloss and W. Klinke, J. Therm. Anal., 42 (1994) 85-97.

［532］ K. Lønvik and W. Smykatz-Kloss, Thermochim. Acta, 72 (1984) 159-163.

［533］ R. E. Grim and W. D. Johns, Jr., J. Am. Ceram. Soc., 34 (1951) 71-76.

［534］ L. Piga, Thermochim. Acta, 265 (1995) 177-187.

［535］ M. V. Kök, J. Therm. Anal., 49 (1997) 617-625.

［536］ J. Dunn, K. Oliver, G. Nguyen and L. D. Stills, Proc. 9th Austr. Syrup. Anal. Chem. Sydney, 1 (1987) 88-91.

［537］ E. Hartung and K. Heide, Silikattechnik, 35 (1984) 343-345.

［538］ W. Höland and K. Heide, Silikattechnik, 32 (1981) 344-345.

［539］ K. Heide, J. Therm. Anal., 35 (1989) 305-318.

［540］ K. Heide, G. Völksch and Chr. Hanay, J. Therm. Anal., 40 (1993) 171-180.

［541］ L. Heller-Kallai and R. C. Mackenzie, Clay Minerals, 22 (1987) 349-350.

［542］ R. C. Mackenzie, L. Heller-Kallai, A. A. Rahman and H. M. Moir, Clay Minerals, 23 (1988) 191-203.

［543］ A. M. Abdel Rehim, J. Therm. Anal., 48 (1997) 177-202.

［544］ R. C. Mackenzie, Tonindustr. Zeitg., 75 (1951) 334-340.

［545］ R. C. Mackenzie and R. Meldau, Differential Thermal Analysis (Ed. R. C. Mackenzie), Vol. 2, Academic Press, London, New York, 1972, p555-564.

［546］ S. Starck in Thermal Analysis, the Geosciences (Eds W. Smykatz-Kloss and S. St. J. Warne), Springer-Verlag, Berlin, 1991, p234-242.

［547］ E. L. Charsley and S. B. Warrington, Compositional Analysis by Thermogravimetry (Ed. C.

M. Earnest), ASTM Spec. Techn. Publ. 997, (1988) 145-253.

[548] J. V. Dubrawski, J. Therm. Anal., 48 (1997) 63-72.

[549] D. S. Klimesh and A. Ray, Thermochim. Acta, 316 (1998) 149-154.

[550] H. Kleykamp, J. Phase Equilibria, 16 (1995) 107-108.

[551] M. Kelm, A. Görtzen, H. Kleykamp and H. Pentinghaus, J. Less Common Metals, 166 (1990) 125-133.

[552] Zh. Ding, H. Kleykamp and F. Thtimmler, J. Nucl. Materials, 171 (1990)134-138.

[553] S. Bernath, H. Kleykamp and W. Smykatz-Kloss, J. Nucl. Materials, 209 (1994) 128-131.

[554] S. Claus, H. Kleykamp and W. Smykatz-Kloss, J. Nucl. Materials, 230 (1996) 8-11.

[555] A. Moropoulou, A. Bakolas and K. Bisbikou, Thermochim. Acta, 269/270 (1995) 743-753.

[556] J. Plewa, H. Altenburg and J. Hauck, Thermochim. Acta, 255 (1995) 177-190.

[557] U. Wiesner, W. Bieger and G. Krabbes, Thermochim. Acta, 290 (1996) 115-121.

[558] W. Smykatz-Kloss, Thermal Analysis, Proc. 6th ICTA, 1980, p301-306.

[559] L. Die, M. Mauro and G. Bitossi, Thermochim. Acta, 317 (1998) 133-140.

[560] V. Balek and J. Tölgyessy, Emanation Thermal Analysis, Elsevier, Amsterdam, 1984.

[561] A. N. Garcia, A. Marcilla and R. Font, Thermochim. Acta, 254(1995) 277-304.

[562] L. Piga, F. Pochetti and L. Stoppa, Thermochim. Acta, 254(1995) 337-345.

[563] J. A. Conseca, A. Marcilla, R. Moral, J. Moreno-Casellas and A. Perez-Espinosa, Thermochim. Acta, 313 (1998) 63-73.

[564] P. J. Wyllie and E. J. Raynor, Am. Mineralogist, 50 (1965) 2077-2082.

[565] B. Turner, High Pressure, 5 (1973) 273-277.

[566] K. Lønvik, K. Rajeshwar and J. B. Dubow, Thermochim. Acta, 42 (1980) 11-19.

[567] F. Paulik, J. Paulik and L. Erdey, Talanta, 13 (1966) 1405-1430.

[568] F. Paulik, J. Paulik and L. Erdey, Mikrochim. Acta, (Wien), (1966) 886-893.

[569] F. Paulik, J. Paulik and L. Erdey, Mikrochim. Acta, (Wien), (1966) 893-902.

[570] F. Paulik and J. Paulik, J. Therm. Anal., 5 (1973) 253-270.

[571] J. Kristof, J. Inczedy, J. Paulik and F. Paulik, J. Therm. Anal., 37 (1991) 111-120.

[572] M. Földvari, F. Paulik and J. Paulik, J. Therm. Anal., 33 (1988) 121-132.

[573] C. B. Murphy, J. A. Hill and G. P. Schacher, Anal. Chem., 32 (1960) 1374.

[574] H. G. Langer and R. S. Gohlke, Anal. Chem., 35 (1963) 1301-1302.

[575] A. J. Parsons, S. D. J. Inglethorpe, D. J. Morgan and A. C. Dunharn, J. Therm. Anal., 48 (1997) 49-62.

[576] S. Cebulak, A. Karczewska, A. Mazurek and A. Langier-Kuzniarowa, J. Therm. Anal., 48 (1997) 163-175.

[577] V. Karoleva, G. Georgiev and N. Spasov, Thermal Anal., Proc. 4th ICTA, Budapest, Vol. 2, 1975, p601-610.

[578] E. Pekenc and J. H. Sharp, Thermal Anal., Proc. 4th ICTA, Budapest, Vol. 2, 1975, p585-600.

[579] S. Tsutsumi and R. Otsuka, Thermal Anal., Proc 5th ICTA, Kyoto, 1977, p456-459.

[580] Z. Malek, V. Balek, D. Garfunkel-Shweky and S. Yariv, J. Therm. Anal., 48 (1997) 83-92.

[581] J. Schomburg and K. F. Landgraf, 7th Conf. Clay Min. and Petrology, Karlovy Vary Proc.,

1976，p139-150.

[582] K. Heide, Thermal Analysis, Proc. 3rd ICTA, Vol 2, Birkhauser Verlag, 1972, p523-536.

[583] H. J. Dichtl and F. Jeglitsch, Radex-Rundschau, H. 314 (1967) 716-722.

[584] M. Carreras, R. Roque-Malherbe and C. de las Pozas, J. Therm. Anal., 32 (1987) 1271-1276.

[585] J. A. Alonso Perez, R. Roque-Malherbe, C. R. Gonzalez-Gonzalez and C. de las Pozas, J. Therm. Anal., 34 (1988) 865-870.

[586] B. Zeldovrich, J. Exper. Theoret. Physik, 12 (1943) 525 (in Russian).

[587] F. J. Gotor, M. Macias, A. Ortega and J. M. Criado, Int. J. Chem. Kinet., 30 (1998) 647-655.

[588] S. St. J. Warne, H. J. Hurst and W. I. Stuart, Thermal Anal. Abstr., 17 (1988) 1-6.

[589] M. J. Aitken, Thermoluminescence Dating, Academic Press, London, 1985.

[590] L. Zöller, Catena, 41 (2000) 229-235.

[591] S. St. J. Warne, J. Therm. Anal., 48 (1997) 39-47.

[592] W. Smykatz-Kloss and K. Heide, J. Therm. Anal., 33 (1988) 1253-1257.

[593] A. Navrotsky, Phys. Chem. Mineral., 24 (1997) 222-241.

[594] W. Kleber, W. Wilde and M. Frenzel, Chemie der Erde, 24 (1965) 77-93.

[595] R. O. Niedermeyer and J. Schomburg, Chemie der Erde, 43 (1984) 139-148.

[596] E. Hartung, Grundlagenuntersuchungen zum Zersetzungs-und Verdampfungsverhalten in den Systemen $Na_2O-B_2O_3$ und $Na_2O-B_2O_3-SiO_2$, Diss. Univ. Jena, 1981.

[597] J. Peric, M. Vucak, R. Krstulovic, J. Brecevic and D. Kralj, Thermochim. Acta, 277 (1996) 175-186.

[598] G. T. Faust, Am. Mineralogist, 35 (1950) 207-225.

[599] S. A. Robbins, R. G. Rupard, B. J. Weddle, T. R. Maull and P. K. Gallagher, Thermochim. Acta, 269/270 (1995) 43-49.

[600] F. C. Kracek, J. Phys. Chem., 33 (1929) 1281-1308.

[601] F. M. Nakhla and W. Smykatz-Kloss, FPME Journal, Tripoli (Libya), 1(1978)33-38.

[602] W. Eysel, Amer. Mineralogist, 58 (1973)736-747.

[603] R. G. Schwab, Fortschr. Mineralogie, 46(1969)188-273.

[604] R. G. Schwab and H. Jablonski, Fortschr. Mineral., 50 (1973)223-263.

[605] T. Arlt and R. J. Angel, Phys. Chem. Miner., 27(2000)719-731.

[606] K. D. Hammonds, M. T. Dove, A. P. Giddy, V. Heine and B. Winkler, Am. Mineralogist., 81(1996)1057-1079.

[607] W. F. Müller, Phys. Chem. Mineral., 1 (1977)71-82.

[608] A. T. Maiorova, S. N. Mudretsova, M. L. Kovba, Yu. Ya. Skolis, M. V. Gorbatcheva, G. N. Maso and L. A. Khramtsova, Thermochim. Acta, 269/270(1995)101-107.

[609] A. Kremenovic, P. Norby, R. Dimitrijevic and V. Dondur, Phase transitions, 68(1997)587-605.

[610] Y. Tabira, R. L. Withers, Y. Takéuchi and F. Marumo, Phys. Chem. Mineral., 27(2000) 194-202.

[611] R. L. Withers, Y. Tabira, J. A. Valgoma, M. Aroyo and M. T. Dove, Phys. Chem. Miner., 27(2000)747-756.

[612] V. Cremer, N. Jb. Mineralogie Abh. 111 (1969)184-205.

[613] S. Bocquet and A. J. Hill, Phys. Chem. Mineral., 22 (1995)524-528.

[614] S. Bocquet and S. J. Kennedy, J. Magn. Mat., 109 (1992)260-264.

[615] R. Schuette, B. A. Goodman and J. W. Stucki, Phys. Chem. Mineral., 27(2000)251-257.

[616] R. S. Coe and M. S. Paterson, J. Geophys. Res., 74(1969)4921-4948.

[617] M. T. Dove, M. Gambhir and V. Heine, Phys. Chem. Mineral., 26(1999)344-353.

[618] D. R. Peacor, Z. Kristallogr., 138(1973)274-298.

[619] D. M. Hatch and S. Ghose, Phys. Chem. Mineral., 17(1991)554-562.

[620] D. R. Spearing, I. Farnan and J. F. Stebbins, Phys. Chem. Miner., 19(1992)307-321.

[621] S. J. Stevens, R. J. Hand and J. H. Sharp, J. Therm. Anal., 49(1997)1409-1415.

[622] J. Liu, L. Topor, J. Zhang, A. Navrotsky and R. C. Liebermann, Phys. Chem. Mineral., 23 (1996)11-16.

[623] I. Petrovic, P. J. Heaney and A. Navrotsky, Phys. Chem. Miner., 23(1996)119-126.

[624] J. A. Bain and D. J. Morgan, Clay Minerals, 8(1969)171-192.

[625] R. C. Mackenzie and S. Caillere, Soil Components, Vol. 2 (Ed. J. E. Gieseking), Springer, New York, 1975, p529-571.

[626] D. M. Price, J. Therm. Anal., 49(1997)953-959.

[627] K. Rajeshwar, Thermochim. Acta, 63 (1983) 97-112.

[628] E. Bonaccorsi, P. Comodi and S. Merlino, Phys. Chem. Miner., 22 (1995) 367-374.

[629] M. V. Kök and E. Okandan, J. Thermal. Anal., 46 (1996) 1657-1669.

[630] M. V. Kök, Energy Sources, 24 (2002) 899-906.

[631] W. Smykatz-Kloss and J. Goebelbecker, Ingenieurgeologische Probleme im Grenzbereich zwischen Locker-und Festgesteinen (Ed. K. H. Heitfeld), Springer-Verlag, Heidelberg, 1985, p163-173.

[632] K. Emmerich, F. T. Madsen and G. Kahr, Clays and Clay Minerals, 47 (1999) 591-604.

[633] J. Kristof, M. Toth, M. Gabor, P. Szabo and R. L. Frost, J. Therm. Anal., 49 (1997) 1441-1448.

[634] S. Felder-Casagrande, H. G. Wiedemann and A. Reller, J. Therm. Anal., 49 (1997) 971-978.

[635] C. A. Strydom, E. M. Groenewald and J. H. Potgieter, J. Therm. Anal., 49 (1997) 1501-1510.

[636] H. Li, X. Z. Shen, B. Sisk, W. Orndorff, D. Li, W. P. Pan and J. T. Riley, J. Therm. Anal., 49 (1997) 943-951.

[637] E. T. Stepkowska, J. L. Perez-Rodriquez, A. Justo, P. Sanchez-Soto, A. Aviles and J. M. Bijen, Thermochim. Acta, 214 (1993) 97-102.

[638] L. Stoch, J. Therm. Anal., 37 (1991) 1415-1429.

[639] V. Venugopal, Proc. 12 th Nat. Symp., "Thermans 2000", Indian Thermal Anal. Soc., Mumbay, India, 2000, p1-10.

[640] J. M. Criado, J. Morales and V. Rives, J. Therm. Anal., 14 (1978) 221-228.

[641] J. M. Criado, Thermochim. Acta, 28 (1979) 307-312.

[642] J. M. Criado, F. Rouquerol and J. Rouquerol, Thermochim. Acta, 38 (1980) 109-115.

[643] J. M. Criado and A. Ortega, Thermochim. Acta, 195 (1992) 163-167.

［644］ K. Heide，Chemie der Erde，27（1968）353-368.

［645］ K. Heide，W. Höland，H. Gölker，K. Seyfarth，B. Müller and R. Sauer，Thermochim. Acta，13（1975）365-378.

［646］ K. Heide，G. Kluge and V. Hlawatsch，Thermochim. Acta，36（1980）151-160.

［647］ M. Odlyha，J. J. Boon，O. van den Brink and M. Bacci，J. Therm. Anal.，49(1997) 1571-1584.

［648］ E. Franceschi，A. del Lucchese，D. Palazzi and G. Rossi，J. Therm. Anal.，49（1997）1593-1600.

［649］ I. Petrov and W. Berdesinski，Z. Dt. Gemmolog. Ges.24，H.2，（1975）73-80.

［650］ K. A. Rodgers and S. Currie，Thermochim. Acta，326(1999)143-149.

第 12 章

热分析在结晶水合物脱水研究中的应用

Andrew K. Galwey*

罗德斯大学化学系，南非格雷厄姆市 6140(Department of Chemistry, Rhodes University, Grahamstown, 6140 South Africa)

*现已退休，家庭住址：北爱尔兰贝尔法斯特，邓默里 ViewFort 公园 918, BT17 9JY (NOW RETIRED HOME ADDRESS：918, Viewfort Park, Dunmurry, Belfast, BT17 9JY, Northern Ireland)

12.1　引言

12.1.1　结晶水合物

作为结晶水合物的典型特征,本节讨论的范围是反应物中的固体状态的水,这种水不同于游离 H_2O 分子。最常见的变化表现在加热过程中是否脱水释放出一定比例或全部的组分 H_2O,这些反应过程可以用热分析方法广泛研究。在加热过程中释放的水常常立刻挥发,然而当挥发过程不易进行时,液状的冷凝水可能足以溶解盐,这种效应类似于融化。一些高度水合化合物的该过程通常标注为熔化/分解温度。结晶水合物脱水相关的文献内容十分广泛且各文献之间存在着较大的差异。水合盐被认为是用于固态反应物和这些化学反应的基础动力学和机理研究的反应物,并一直在多个学科中有许多详细的研究。许多水合物以较大单晶的形式制备得到,这种形式存在着一些缺陷,在晶体裂解时暴露的平坦的表面特别适用于显微镜观察特征结构变化,经常伴随着脱水过程。

研究许多种结晶水合物的热脱水有助于理解水合物的特性以及热脱水过程中的分解特征。实际上,这些概念和特征模型在解释出现在固态的其他类型的行为时具有一定的价值[1-2]。但是,现有的分类标准依然存在问题,分类标准可能把系统命名引入到较宽范围的速率过程中。最近一篇综述[3]解决了有关脱水化合物的系统命名标准的难题。但是,没有详细的理论对此进行评价,因此研究报告中对盐的研究结论可能不适用于其他物质。

脱水研究主要集中在从晶体中消除水的反应的化学基础研究,包括动力学的表征以及与动力学相互作用的速率过程的机理研究。通过参考水合物结构和类型的范围(12.1.2 节),很方便地通过主题范围引入覆盖度的概念。随后的 12.1.3 节中引用了最近的文献中的一些相关理论研究[1-2],12.1.4 节是大部分脱水的吸热和可逆特性,12.1.5

节中列举了相关文献,接下来是本节主要的内容(12.1.6 节)和热量测定结果(12.1.7 节)。12.2 节中回顾了与热分析相关的实验方法。12.3 节介绍了一些具有代表性应用范围的化合物的脱水,利用多种脱水机理来解释这些反应许多不同的特征。本节主要涉及动力学行为的特殊方面和所提出的反应机理,重点是基础研究扩展理论以及理解化学基础和控制反应。12.4 节中主要讨论一些典型的水分解反应,脱水通常与主要的组成相关。12.5 节是有关脱水特殊性以及不同特征的检测。12.6 节主要是总结和评论,包括对学科目前状况的简要考虑以及未来可能取得进展的一些方向。

12.1.2　水合物的结构和类型

绝大多数无机盐都含有结晶水,水合物包括可结合的所有阴离子和所有阳离子。一般包含单个、多个甚至分数形式的 H_2O 分子,例如 $Li_2SO_4 \cdot H_2O$、$CaSO_3 \cdot 1/2H_2O$、高度水合的化合物如明矾、$M^+ M^{3+} (SO_4)_2 \cdot 12H_2O$、$MgCl_2 \cdot 12H_2O$ 以及许多的硫酸盐、卤化物、硝酸盐等。Wells[4] 指出无机物水合物"形成了极其庞大的一组化合物"。对于水合物的大体结构,感兴趣的读者可以阅读相关文献进行深入了解。水合状态的 H_2O 分子通过以下所列举的形式保留了四面体结构:(1) 水作为阳离子配体(减少有效离子电荷)可与其他晶体成分通过氢键结合。(2) 水可以作为稳定晶格组件的结构(组装)存在,其中氢键做出了重要贡献。在两种情况下均存在水分子的形式。例如,在七水合硫酸镍中可能存在这种情况,表示为 $[Ni(OH_2)_6] \cdot H_2O \cdot SO_4$。配位水的失去可以伴随着产生阳离子的"替代"作用,与阴离子或配体连接并通过双核配合物盐的形成进行共享。

已知水合物的数量远大于上面所述的种类,这是因为许多阳离子/阴离子组合起来可以形成两种或更多稳定含有不同化学计量比的 H_2O 分子结构的结晶化合物。有时它看起来是一系列脱水中间体,随着原水合物脱水,水的比例逐渐降低。$MgSO_4 \cdot xH_2O$ 从 $x = 7$ 经过 $x = 6$、4、2、1,最后脱水[6]得到 $x = 0$,成为无水盐。当有足够的水蒸气压力存在时,$MgSO_4 \cdot 2.5H_2O$ 会受其他因素的干扰。$NiSO_4 \cdot 7H_2O$ 的脱水过程取决于反应条件,其中几种水合物是已知的[7],$NiSO_4 \cdot xH_2O$,其中 $x = 7$、6、4、2 和 1(及 0)。通过逐步脱水,可被当作连续反应进行基础的动力学和热力学机理研究。

水存在于许多有机酸的金属盐中,例如乙酸盐、草酸盐、酒石酸盐等,其中的水合程度不同。相当多的有机酸盐可以形成结晶水合物,例如 $(COOH)_2 \cdot 2H_2O$,更重要的实际应用常见于有机化合物,包括具有药物活性的金属盐。结晶水对这些化合物的稳定性以及每种化合物的安全储存时间("保质期")有非常重要的影响。失水后的水合物的性质发生明显的变化,可能是由于产物中残留的 H_2O 与药物接触引起的,分解的活性物质溶解在液态水中。

结晶水合物中作为阳离子配体的水意味着物质可以分类为"配位化合物",包括众所周知的 H_2O 与其他配体的化合物。"毫无疑问,水合物主要由配合物组成"[2](p494)。导致配体失去的过程在化学上类似于其他配位化合物的分解,也包括一些失水过程。配体去除后可能会有剩余配体和阴离子之间键的重排,通常包括再结晶。

晶体形式的固体中不一定含有分子 H_2O,但可以通过热反应在晶体部分分解之前形成水合物。以这种方式反应的化合物主要包括金属氢氧化物和许多天然存在的矿物质、层状硅铝酸盐,还包括一些含有延伸的平面羟基阵列形式阴离子的物质,例如白云母、黑云母等。因此固体含有水和氢氧根离子,例如 $Ba(OH)_2 \cdot 8H_2O$、蒙脱石黏土等。尽管对这些化合物的研究严格来说超出了目前标题的范围,12.4 节中仍给出了这些脱水的显著特征。这些体系中水的控制和逸出机制可能与结晶水合物脱水有特征相同。

以上水合盐类型包括了大多数可能的反应物,在未来的研究中还会出现其他的化合物。因此,在这一领域的研究中,选择反应物预期得到很高的产率和巨大的价值是一个挑战。许多早期的研究都关注相对有限的一组水合物,其中大部分已在发表过的文章中进行了描述[1-2],例如 $CuSO_4 \cdot 5H_2O$、明矾等,这是一些可以作为典型例子的反应物。最近有关氢化盐的脱水研究工作日益增多,在 12.3 节中列出了一些相关的实例。

结晶水合物的除水过程不能被认为是单一的可识别的反应类型,化学步骤可能不同。其中的 H_2O 分子可以在一定范围强度和立体化学的各种结合情况下进行调整。从这些环境下消除 H_2O 往往需要在晶体内部相邻结构之间再分配,通常会形成不同的产物相和重结晶。与脱水相比,已经含有 H_2O 分子的反应物和水是晶体内反应的产物,例如通过羟基可以提供机理信息。这可以用于反应类型分类和分析反应机制。因此,脱水不能被视为一组简单的速率过程,这是因为其不具有明显的共同机制或者任何其他可识别的化学特征。尽管如此,文献中经常讨论在这个“简单的分组”中的脱水,包含一系列的各种速率过程。

另外两种脱水的化学性质具有广泛的应用,在分析和实验测量的解释过程中需要加以考虑。

水解:在加热时,H_2O 可能从水合物的晶格位点中释放出来,与固体的其他组分反应。例如,$MgCl_2 \cdot 2H_2O$ 中只有一半的组分水是释放的[8],另一半 H_2O 分子反应形成 $2HCl$ 和残留物产物 MgO。

作为前驱体反应的脱水,水的释放往往是一个前驱体在反应物的制备过程中用于研究其他晶体物质的分解步骤,可能是另一种固态分解机制。例如,草酸镍中发生的反应 $NiC_2O_4 \cdot 2H_2O$(制备的反应物)$\rightarrow NiC_2O_4 \rightarrow Ni + 2CO_2$[9]。在讨论和解释后续过程时,必须记住,在前驱体 H_2O 的逸出过程中,最初形式的固体大多会经历一系列结构变化,包括晶体结构、纹理、缺陷数量和分布变化等。

12.1.3 脱水理论[1-2]

12.1.3.1 成核和核的生长

许多脱水的开始阶段,在非常接近晶体表面形成固体产物颗粒,这个过程被称为成核。随后的反应优先在邻近的反应物与产物接触的较薄区域内发生,称为活性界面,即通过持续的反应促进核边界的化学变化,并向前推进引起未反应的晶体生长,导致产物相微晶聚集体尺寸的增加,即核生长。在化学活性界面区,反应物转化为产物,在没有组分交换的情况下进行。活性界面上键的重新分配可能会导致组分原子的一些位移,或者引起分子的一些位移,通常包括重结晶。界面中通过每个有核反应物的颗粒的组合使反应完成。

通过成核和生长模型(n + g)进行的反应的动力学和机理研究,需要考虑两个互补的方面:反应物几何形状和界面化学组成。在对特定的反应机理进行解释时,必须将得到的结论与这两者之间进行关联。用于描述速率的表达式所识别的反应的特征在此被称为动力学模型。在本书中使用机制指的是化学反应步骤的顺序、键合重新分布、反应物通过该步骤转换为产物。

12.1.3.2 反应几何形状

在一组活性表面位点开始发生反应并随后生长成核,反应界面向未反应的物质推进,意味着一个等温过程的相对速率的渐进变化,如反应的进展,由变化过程中的面积变化决定反应物微晶内接触区[1-2],普遍认为整体的反应速率与参与反应的活性界面面积成正比。因此动力学特性可以定量地与界面几何的系统变化相关联。动力学行为通常可以用产物生成时间的表达式形式表示,基本上不同于基于速率方程在浓度方面的推导过程,这与均相动力学的方法相似。

已经发现 n + g 反应模型适用于很多脱水反应,但不是唯一的模型。本书第 1 卷[1]、专论[2]以及其他几本论著[10-12]中已经给出了速率方程的一般推导过程,在此不做重复介绍。

已经通过实验确立用于成核步骤的几个速率方程。这些方程可以与通常恒定的核生长速率结合,通过界面推进给出定量表达时间产率的等温 n + g 速率过程关系的方程。在所有以几何为基础的方程式中,增长表达式中必须包括维数界面前进的尺寸和原子核的形状。这些表达式被广泛用于动力学分析固体的分解并提供统一的表述方法。测量的产率-时间数据表明特定的脱水过程是这些速率方程的合理性很好的表现,其中一个速率方程通过几何模型进行了证实。通常可以显微镜检查证实已分解的反应物进行到何种程度,可以直接观察各个核的生长特征。这些速率方程 $g(a) = kt$ 已经广泛应用在脱水的动力学研究中,表 12.1 中总结了固体状态及已被广泛接受的方程式[1-2,10-12]并用于下文。

在文献[13]中第一次使用"脱水"这一术语,Cumming 在 1910 年使用这个术语来描述 $CuSO_4 \cdot 5H_2O$ 的脱水。随后的水解反应研究有助于 n + g 模型的发展和应用。因为可以制备合适的反应物晶体并且这些速率过程是结晶水合物的脱水过程,可以继续进一步了解反应控制和合成机制界面反应。然而,最近的研究表明,化学变化并不一定是在薄膜界面前进过程中完成的[15]。正如上述理论中的假设,动力学模型推导是基础。脱水过程和产物相重结晶不一定总是在空间和时间上重合[16]。此外,在最初的失水阶段,所有晶体表面都可以发生反应,特别是在早期阶段。由于这个以及其他原因[3,17],在脱水的初始阶段的时间测量与预测几何模型显微的观察结果不一致。

表 12.1 固态动力学分析中的动力学表达式[1-2,10-12]

(表中的表达式来自文献[1]中的表 2,用于下文中)

代码	方程式名称	$kt =$
A2、A3 或 A4	Avrami-Erofeev ($n = 2$、3 或 4)	$[-\ln(1-\alpha)]^{1/n}$
B2	Prount-Tompkins	$\ln[\alpha(1-\alpha)]$
R2 或 R3	几何收缩 ($n = 2$ 或 3)	$1-(1-\alpha)^{1/n}$
D1 或 D3	扩散控制 (1 或 3 dimensions)	α^2 or $[1-(1-\alpha)^{1/3}]^2$
F0、F1 或 F2	反应级数 (零级、一级或二级)	常数、$-\ln(1-\alpha)$ or $(1-\alpha)^{-1}$

除了上述的表 12.1(A2、A3 和 A4、B1)中的 n + g 模型外,还存在其他形式的方程式,其中包括快速且致密的成核过程,在反应条件开始后不久完成。在此过程中产物早已出现在所有晶面上。随后这些反应界面的推进导致反应减速,主要是通过 R3 或 R2 收缩几何模型进行表示,反应方程通常为一级反应,即 F1[18]。对于那些反应物拥有稳定、连贯和耐用的结构的体系,水的去除过程中可能不会伴随着再结晶,可以控制的 H_2O 分子从晶体向外扩散迁移产物,有效地形成了一个可渗透的保护层(D1 或 D3)[19]。

12.1.3.3 界面化学

讨论在反应界面内进行的化学变化时必须考虑到脱水反应的吸热特性,这个过程往往是可逆的[3,20]。这两个特性都可以显著影响测量的反应速率以及动力学分析和数据解释。

对在一个薄的、晶间的界面中进行化学变化机制的表征有非常大的实验困难。这些内部反应首先发生在前进区域表明反应性增加,但对于增加的原因一般不了解。在分子水平上,主要研究工作集中在接触界面(作为反应物-产物)结构或参与这类反应的界面转变方面。转变材料层可能有几个分子层厚度而且无序结构出现的重要中间体的总数量很小。

反应物和产物晶体的机械分离过程可能会破坏中间体或损害其结构或纹理。在表征和测量方面存在很多问题,产物可能结晶不好、含金属或不透明,可以通过光学方法或共振技术采集分析数据。动力学控制的这些晶体间的特殊区域可能不同于那些被认为是适用于气相或液相反应中的各个分子之间的反应。例如,局限在两个晶体相间的物质可能经历无限数量的重复的碰撞/振动,主要原因是因为其不能扩散分开("超笼"效应)。此外,分子间或分子内相互作用能够有效地促进产物形成,发生在固定化反应物组内。

通过反应物转化为产物的过程可以表征键的变化顺序,需要灵敏的技术探测反应区域。对于脱水过程而言,这可能不涉及基本化学键的断裂,但需要氢键或配位键的重新组合。显微镜可以提供有关形貌的信息,但不能用于分子水平。尽管原子力显微镜可以为进一步的研究做出贡献,衍射技术可通过在反应界面小体积穿越过程来确定具体晶体结构,这种技术看起来很有前景,却不是广泛可用的方法[15]。检测连续反应物和产物晶体之间的拓扑关系,再次通过衍射或光谱方法进行探测,可以给出在决定界面特性方面有价值的信息,通过有价值的确定界面属性的信息来确定在整个反应区存在的顺序。由于晶体结构不完善,因此这两种技术在实际应用中还存在着一定的困难。

作为这些实验问题的计算结果,最频繁用于讨论界面反应机制的信息是 Arrhenius 参数的大小,即活化能 E_a 和指前因子 A。通常假定这些参数对于固态反应的均相动力学具有相同的重要性,用于解释给出的能垒测量以及衡量标准限速步骤发生的频率。不同的能量分配理论适用于不同于晶体中反应的那些可以自由移动的气体或液体。这个根本问题已经被提出[21],在此不再重复。最近有文章讨论了 Arrhenius 参数的意义,文献中表观量值随所用计算方法和动力学模型而变化[22-24]。记录所需的最少信息需要表征特定速率过程的反应性,这对于研究动力学三因子,即 A、E_a 和 $g(a) = kt$ 是至关重要的。

12.1.3.4　Polanyi-Wigner 方程和界面反应机制

Polanyi-Wigner(P-W)方程[20,25]是通过将绝对反应速率理论应用到固态脱水中推导出来的。在这种方法中,水的释放速率通过在反应界面的振动激发来确定。计算的 $CuSO_4$ · $5H_2O$ 脱水的 A 值[26]与理论预测值大致一致(大约 10^{13} s^{-1})。通过将计算值与理论值比较,得出结论[20]:对于许多其他脱水过程而言,E_a 的大小接近反应焓,与 A 值及振动频率有关。通常认为这两种标准的反应都是正常的,而那些得到的明显较大的 A 和 E_a 值则是异常的[20]。这种判断基于 P-W 模型适用于所有这些反应的前提。但其不能被人们普遍接受,主要是由于界面反应机制的不确定性,包括控制和识别所谓异常行为的许多例子[27]。然而最近文献中较少出现与 P-W 预测的比较,因为这种方法尚未成功提供精确机制和控制界面反应,在实验确定的 Arrhenius 参数是否可以用于确定化学步骤的速率时存在问题,下面将更详细地讨论这一点[22-24]。

所有类型的化学变化参与以下三种脱水反应中的至少一种:(1)水必须通过反应物结构或反应物结构内的氢键断裂以及金属-OH_2 配位键的解离。(2)水必须离开反应物相。如果释放的 H_2O 分子在表面产生,这可能会立即发生,也可能发生在裂纹附近或者在从晶体体相扩散迁移到脱附位点的过程中。如果脱附受阻可能会存在于固体中,吸附到剩余部分上或重新吸收到残留物中。(3)脱水的残余固体可能变细或形成类似沸石的产物,也可能重结晶形成不同的晶格结构。

P-W 模型认为这三个过程都可能同时发生在单分子层中。但是许多固体的脱水不涉及重结晶步骤。此外,有强有力的证据表明在其他一些反应中也存在水的消除步骤[15-16,28]。结构重组和水消除步骤可以是在空间和时间的分离过程。界面过程比在不同的反应物之间的变化更复杂。

化学过程开始之前发生的脱水步骤(成核)可能与随后在推进界面中的那些过程不同。在反应物相中形成产物可能是困难的[2,10-12],但在晶体产物形成之后变得容易。

12.1.3.5　结晶反应的物理模型

近年来,在许多研究者逐渐认识到应用 Arrhenius 方程解释结晶反应的机理的理论局限性之后，L'vov 开发了一种物理模型。由该模型可以解释由 Hortz 和 Langmuin 提出的对温度的指数依赖关系。相关的背景资料和这种方法的一般应用可查阅与结晶[29]以及脱水[30]特别相关的文章。与此相关的不确定性主要涉及化学控制和决定固态脱水的因素。实际上对于其他结晶反应还需要更多其他特征的典型值替代表示这些速率过程。引用的文章[29-30]中以新颖的视角应用了经典的模型，该模型已经成功地识别了之前无法识别的反应模式，并为未来提供了有意义的应用前景。

12.1.4　脱水过程中的吸热与可逆反应

12.1.4.1　自冷却

在很多早期的脱水研究工作中，将由水的吸热过程、反应物的自冷却降温至低于周围环境的温度（以及所测量的值）所产生的影响纳入了数据分析之中。然而，最近的报道往往侧重于这种影响速率控制的因素方面。Watelle 和她的同事的研究工作[31]对认识和理解活性界面附近反应物冷却过程的反应速率的影响做出了重要贡献。最近的其他研究文章讨论了由脱水引起的自冷却过程的重要性，并可能引起人们关注这些（甚至是其他）吸热过程中常常被忽视甚至被遗忘的过程。

12.1.4.2　可逆性

产物的生成量可以用当前水的蒸气压 $p(H_2O)$ 表示。反应的直接环境对可逆脱水的（正向反应）总解离速率的影响大小并不总是已知的。在许多已发表的动力学研究工作中，反向"可逆"吸水反应的贡献可能已被严重低估。此外，哪一种或多少种脱水过程对 $p(H_2O)$ 的速率敏感以及这种影响的大小程度也都还未知。

Flanagan 等人[33]证明了由水的存在引起的大的动力学效应对 $NiC_2O_4 \cdot 2H_2O$ 脱水的 E_a 的表观测量值的影响程度。他们的实验技术经过精心设计，以尽量减少反应区内的 $p(H_2O)$。在保持温度为 358～397 K 的区间内在低压下测定产物 H_2O 从少量的（总是少于 3 mg）精细研磨呈铺展状态的反应物样品中的释放速率。通过测量反应物质量以得到反应速率，最终将质量降至 0.2 mg，通过外推至质量为零来消除放出的水对反应速率的影响。从这些数据可以计算出 E_a 的值是 130 kJ·mol^{-1}，这比以前报道的几个数值要大得多，并且 A 的数值也不符合 P-W 方程的预测结果，表明这是一个"异常"反应[20]。在非常低的压力下脱水速率比之前较高温度下在空气或氮气中的脱水速率高三个数量级（×10^3），这阻碍了 H_2O 的去除过程。此外，在小的 $p(H_2O) = 5$ Pa 的情况下，脱水速率显著降低（在 383 K 时仅为 0.04）。

这是一个非常重要的结果，但似乎没有得到应有的认可和关注。虽然这种特殊的脱水方式可能是非典型的，但这并未得到证实。令人担忧的是，这种行为模式的脱水速率对 $p(H_2O)$ 的强烈依赖性可能是普遍的甚至是更为广泛存在的。似乎没有进一步的拓展或建立这项工作的普遍性。在有代表性的脱水选择性的相似研究结果出现之前，必须保留关于与所报告的动力学结果（A、E_a 和速率方程 $g(\alpha) = kt$）的大小相关的重要性的疑问，逆反应过程的数据对最终测量结果的影响程度无法准确评估，这在脱水的动力学和机理研究中仍然是一个重要但仍未解决的问题。

在对其他可逆(和吸热)分解的速率测量中出现了相当明显的不确定性,并且这种现象可能同样适用于对脱水过程的讨论,与 $CaCO_3$ 分解过程的分析方法相同[34]。另外,在非常低压力下测量的反应的 E_a 值显著大于在一些 CO_2 存在的情况下或抑制产物 CO_2 逸出的惰性气体存在下所测得的结果。该反应的动力学特性随程序变量($p(CO_2)$、粒径等因素)而变化,并且在不同的实验条件下 $CaCO_3$ 分解的 $\ln A$ 和 E_a 值之间存在着动力学补偿效应。这里提到的这些动力学行为模式强调了研究参与确定可逆反应动力学特征的所有速率控制的范围和作用的必要性。如果没有合适的确定的(动力学)证据,则不能假定测量到的 A 和 E_a 值的大小直接与过渡态理论中所设想的类型的界面步骤有关。因此,脱水速率研究中最重要的是应该通过实验确定(ⅰ)反应是否可逆,(ⅱ)速率对主要反应条件(特别是 $p(H_2O)$)的变化是否敏感。反应条件必须始终得到全面的定义和说明。

12.1.4.3 Smith-Topley(S-T)行为

许多水合物表现出如图 12.1 中所示的脱水速率随 $p(H_2O)$ 的(等温)变化的特征 S-T 模式。在真空中,水分的损失速率很快。随着 $p(H_2O)$ 的增加,脱水速率迅速降低到最小值,此后速率通常更缓慢地上升到最大值。最后,反应在接近平衡解离压力的时候脱水速率降低。Garner[20] 解释了这种行为模式,他认为在低 $p(H_2O)$ 下产物的表面会吸附水,这阻止了水分通过大部分发生有序化的产物固体(可能是沸石)中的精细通道逸出的过程。在较高的 $p(H_2O)$ 值下,吸附保留的水促进残余物中的结构变化(重结晶),从而有助于挥发性产物通过更宽的通道逸出。

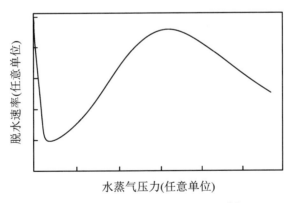

图 12.1　Smith-Topley 效应示意图[1]
参见文献[12]第 125 页和文献[2]第 224 页;表明形成的挥发性水蒸气产物
(通常是结晶水合物的脱水)的压力与可逆反应速率的变化关系

Bertrand 等人[31] 对五种不同硫酸盐水合物的脱水的 S-T 行为进行了详细的比较和定量研究,这五种化合物分别是 $Li_2SO_4 \cdot H_2O$、$MgSO_4 \cdot 4H_2O$、$CuSO_4 \cdot 5H_2O$、$CuSO_4 \cdot 3H_2O$ 和 $Na_2B_4O_5(OH)_4 \cdot 8H_2O$。他们认为十分有必要重新评估之前对 S-T 行为的解释,结果表明,这些化学上不同的反应物具有非常相似的 S-T 曲线的特征趋势。所谓的异常脱水速率下降发生在 $p(H_2O)$-温度值相对明确的范围内。另外,他们证明了在液体蒸发期间发生了类似的 S-T 型效应。因此,可以认为热量(反应物温度)和产物气体(H_2O)的运动是相互关联的。由此得出,之所以出现 S-T 模式(图 12.1),是由于在非均相吸热反应过程中反应界面内没有保持热平衡。观察到的反应速率变化的模式是在界面处发生不可逆条件的直接结果,其中温度和化学势之间的关系出现协同性。对于吸热分解过程,可以进一步得出 E_a 的表观大小随反应离开平衡和存在的热梯度而变化的结论[31]。

随后,L'vov[32]指出上述研究"没有得到多少认可"。在计算机模拟温度和层间脱水速率的关系曲线中,以 $p(H_2O)$ 的变化作为函数来描述 $Li_2SO_4 \cdot H_2O$ 的脱水情况,通过这些分析,可以证实样品确实发生了自冷却。这样可以有效解释 S-T 效应的主要特征。

从上述结果和讨论得出,在脱水的动力学研究中总是需要定义主要实验条件,包括任何抑制 H_2O 逸出的惰性气体和确定反应速率对实验条件(反应物质量、粒度等)的敏感性[31-35]。目前许多研究并不总是能够提供这样的信息,这一结论同样适用于本章内容中引用的很多论文。

12.1.5　脱水反应的文献

12.1.5.1　文献的范围

目前有大量关于结晶水合物脱水的文献。近年来更多的原创性研究文章继续在这一领域出现,与本章标题内容相关的文献总数估计超过一千篇(全面的引用清单预计会比这次的综述更长)。在检索到的 1981 年的文章中[38],确定有 34 个直接与脱水有关的问题,讨论了约 100 个涉及失水或其他结晶水合物脱水的反应。在 1994～1995 年期间,学术期刊 *Thermochimica Acta* 上发表了 30 多篇关于脱水的文章。然而,目前对于这些信息的总体评价却非常少。一些研究者可能会因为任何全面的研究中要考虑的文章总数以致难以寻找相关工作以及缺乏任何分类方案而感到苦恼。

有一本专著将固体分解(包括脱水)作为一个独特的学科领域,甚至作为一门学科来看待,具有极大的影响力,这本书是由 W. E. Garner 主编的于 1955 年出版[39]的《固体化学》。这项工作有助于确定不同固体反应的行为模式理论。Garner 在他自己的综述文章中将这种固态分解归类为吸热(第 12.8 部分,其中一半以上涉及脱水[20])或放热(第 12.9 部分)。这些是用于此类研究的少数几个分类标准。第 12.8 部分[20]介绍了 n + g 反应模型,包括理想的显微照片,并考虑了阿仑尼乌兹参数的重要性。Jacobs 和 Tompkins[10]所著书中的第 7 章提供了基于几何的速率表达式的形式和详细的推导,其中一些动力学模型通常用于热分析中速率数据的解释。该书仍然是固体化学发展过程中的典型工作,并在文献索引中保持着重要的地位。

Young[11]分别讨论了一组选定的脱水反应,主要是无机反应,重点讨论了这些反应中产物相的作用。Brown 等人[12]关于脱水方面的研究是固态反应的重要组成部分(另见文献[1-2,40])。Makatun 和 Shchegrov[41]对水合盐中水的结构状态进行了综述,并考虑了水分在脱水过程中的具体作用。Lyakhov 和 Boldyrev[42]综述了固体脱水的动力学相关的理论和机理方面，包括自冷却的作用、与 $p(H_2O)$ 相关的气氛的影响、由残余产物逸出的 H_2O 的阻抗以及形成不稳定或液态中间体的情况。Tanaka[43] 介绍了水合物的热分析研究和固态反应动力学相关研究。

在实际应用中，经常可以在文献中找到比较有限的脱水情况的进一步研究。然而，这个科学问题缺乏近期的、权威的、全面和批判性的比较研究，从中可能发现能够用来对反应特征的行为趋势进行分类的信息。在没有可以对可用信息进行系统排序的标准的情况下，必须单独呈现每种盐的结果。因此，目前的研究尚不能确定所得结果与其他脱水情况之间的关系。这种缺乏任何反应性的一般理论必须被认为是一个阻碍整体进步的因素[29]。

12.1.5.2　脱水的分类

多种水合物脱去 H_2O 分子的相似行为表明这些反应可以被认为属于同一类型。在这类明显相关的速率过程中，有可能识别出共同的特征或趋势，从而可以了解对反应性的控制和决定反应机理的因素。这种结果可能适用于更广泛的结晶反应的理论。然而，在这个方面的研究进展很缓慢。

尽管一些脱水通常被认为是复盐分解的子步骤，但是涉及水合物失水的反应通常作为一个类别出现，例如文献[2,11-12]。Garner[20] 在 1955 年比较了一组预先设定的但有限的脱水组合的动力学结果，从而确保这些脱水组合能够被进行仔细的速率测量。后续的研究已经积累了一系列的动力学数据，用于更广范围的水合物。在没有关于这个问题的理论框架的情况下，这些框架中的许多研究工作实际为彼此无关的个别报告，并没有对该主题的深入研究做出贡献。为了解决这个问题，本书作者提出了一种分类方案[3]，这种方案根据反应界面的不同质地特性来区分不同的反应类型。在最初的论文中详细介绍了标准，包括许多具体反应的讨论，并引用了适当的例子。在本章中只给出六种主要区分的反应类型（水生成类型分别简称为 WET 1~6）的简要描述。

WET 1：脱水过程中晶体结构不变。

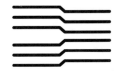

动力学速率控制：晶体内扩散或解吸。没有几何因素。

实例：沸石的脱水、$UO_2(NO_3)_2 \cdot 6H_2O$ 的脱水。

WET 2：拓扑反应，脱水导致晶体间距减小，但没有开裂。

动力学速率控制：扩散以及几何因素（有时不存在这种因素）。

实例：蛭石、白云母、伊利石等的脱水。

WET 3：界面反应，无论结晶产物是否与反应物结构发生交互作用，破裂作用可以确保水在前进界面处释放。直接的产物可能不会发生重结晶，或者仅在延迟后形成结晶产物,可能发生在远离活跃的前进反应界面的区域中。以上这些是结晶水合物中最常遇到的脱水机理。

　　动力学速率控制:界面反应和几何速率控制(不是扩散)。

　　实例:$Li_2SO_4 \cdot H_2O$、$CuSO_4 \cdot 5H_2O$、明矾等的脱水。

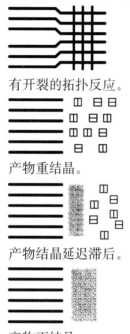

有开裂的拓扑反应。

产物重结晶。

产物结晶延迟滞后。

产物不结晶。

　　WET 4:均匀的晶体内脱水。

　　动力学速率控制:随反应而变化。

　　实例:硬硼酸盐(爆炸物)、氢氧化钡草酸盐水合物、$Ca(OH)_2$ 的脱水。

　　WET 5:脱水过程中伴随着熔化和不透水层的形成。

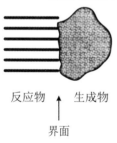

反应物　↑　生成物

界面

　　动力学速率控制:关于固体和熔化都起作用的反应动力学情况知之甚少。

　　实例:2-氨基嘧啶[$CuCl_3(H_2O)$]、海藻糖二水合物的脱水。

　　WET 6:反应物完全熔化的脱水过程。

　　动力学速率控制:尚没有充分研究,但推测反应是作为均相反应或通过从液面蒸发进行。

　　实例:酒石酸锂钾水合物的脱水。

　　引用的文献和讨论在文献[3]中给出。另外,许多脱水过程中伴随着次级反应(可能受到反应条件影响),其中一些包括水解反应。

晶体溶解作用:作者认为,通过提供明确的路径可以查阅到与固态分解相关的文章,使用设定的特定索引术语(关键词、主题标签等)可以有效地减少文献检索工作。这个主题领域的范围是其从业者所熟知的,但相关出版物并不能有效地通过常规搜索方法容易或全面地满足要求。"脱水""分解"和"固体"这些词在引用的很多文章的标题中都没有出现,而且这些标签非常不具体。因此,建议术语"晶体溶解"用于特定和专门标记在固体反应物中进行的所有分解(包括脱水)研究[2,38]。这个术语还可以使研究人员明确在反应中所关心的进程是否是在固态下进行,或者说熔体形成是否是该机理的重要特征。

12.1.6 当前的综述

本分册的标题中"热分析"在这里被广泛解释为使用所有可用的热分析技术对脱水过程的研究,旨在增加对结晶水合物受热发生化学变化的机理和控制的理解。然而,除了文献[3]之外,对于一般的固体反应来说,近年来在确定分类标准和提供有助于对观察到的反应性模式进行分类的理论方面的进展不大。由于未发现存在着较多的共同特征,因此参考文献[3]中提出的 WET 1~6 分类方法被用作系统呈现结果的基础。其他的总结工作是反应界面的概念和速率分析中使用的一组特征动力学模型,表 12.1 和文献[1-2]没有为观察到的行为分类提供合适的标准。下面描述的代表性的脱水过程可以用来说明这种多样性和进展,可以通过已经认识到的不同反应类型的范围和已经被详细研究的某些反应的反应机理来说明。由于不同的研究人员使用了不同的实验方法和反应条件,并且专注于这些化学变化的不同方面,因此不同类型的已知水合物的研究范围并不是完全相同的。

在加热时,很多高度水合的化合物明显地发生了熔化,之后亲水盐溶解在从晶体结构中释放的液体 H_2O 中。例如,对于几种明矾($M^+ M^{3+}$(SO_4)·$12H_2O$)化合物而言,可以得到其熔点以及当形成低水合物时损失的水分子的数量。反应发生的变化、失水或熔化取决于当时的反应条件。在真空中,产物水立即蒸发,并且这种反应表现为典型的成核和生长过程。(然而,目前认为暂时保留在明矾生长核[44]中的水通过促进产物相重结晶而参与反应)。相反,在阻止或限制 H_2O 释放的条件下加热较大形状的反应物样品时,如果溶剂仅可以缓慢地逸出,则有可能发生盐的熔化/溶解过程,随后得到的产物很可能是较低水合物的结晶。各种类型的中间过程都是可能的,包括不均匀性的产物形成,例如局部熔化或在反应物微晶的细粉聚集体内出现较高的 $p(H_2O)$ 值的现象(可能局部不均匀)。很小的 $p(H_2O)$ 值甚至也能显著影响至少某一些脱水反应的速率(例如文献[33])。其他类型的行为包括完成脱水前的熔化,参见文献[45-46]。这种类型的速率过程(不含溶剂的液体/熔体的水分损失)只是少数详细的动力学研究的主题,本章中不过分强调这种行为的影响。然而,在解释水合物的热反应时,尤其对于大尺寸样品,在封闭的容器中或存在空气或其他限制 H_2O 逸出的惰性气体时,不应忽视液相介入的可能性。

以下所列举的代表性脱水反应的例子旨在说明包括一些最详细和可靠的动力学和机理情况,其中逆向过程(吸水)的贡献可以忽略不计。但是,这并不适用于所有情况。在合理的范围内进行全面的主题报道是不切实际的。这里和文献[3]中引用的报告旨在提供一系列不同脱水反应的反应化学的见解。控制特定反应物释放水的速率变化往往不容易实现,通常必须从间接证据推断。动力学性质对主要条件的敏感性有时会出乎意料变大,对于这组表面上看起来如此简单的速率过程而言,这一点并不总是显而易见的。由于这个原因,在有价值的研究工作中应该详细提及反应条件,并且应该包括对动力学数据是否受程序变量影响进行积极的研究[35]。脱水常常是吸热的过程,并且经常是可逆的[20]。因此速率常常受到热或水扩散的影响(参见上面的 S-T 效应和文献[31-32]),这可能是由反应界面内可能形成的非平衡条件造成的。

12.1.7　量热法

测量反应过程中焓变的热分析方法(最常用的方法是 DTA 和 DSC)的广泛应用提高了在脱水过程中(以及其他反应)获得量热数据的准确性和便利性。然而,这类技术偶尔有例外[47-48]。对于焓变的测量和解释主要是针对材料的动力学行为研究,这种方法在实际应用中存在着一定的局限性,原因在于速率数据的解释和分析方法存在不确定性[23-24],这些不适用于量热值的确定。不过,这两种方法在描述人们感兴趣的化学变化时可以是互补的。

量热法在脱水研究中的具体应用是通过测定脱水初级产物的重结晶的焓变值来实现的。通过在真空中除水形成的残余相可以是混乱的状态并且通常为较细碎的状态,应用中由结构重组导致的焓变可以提供关于构成活性反应界面的产物的材料的质地和晶体性质的信息。Young[49]引用了较早文献中的一些研究报告,其中包括 G. B. Frost 的著作。

12.2　实验部分

12.2.1　概述

对于先前从未研究过的结晶水合物的热分析和动力学研究,可以方便地通过非等温测量开始,从而确定反应发生的次序和发生各种变化的温度区间。热分析测量结果在逐步检测水分损失[6]和(使用焓测量)相变(包括熔化)方面特别有参考价值。需要首先证明进行动力学分析的任何反应是指唯一的单一速率过程,这一点尤为重要。重叠的速率过程不应被视为动力学分析中的假单一反应,这种解释得到的结论是毫无意义的,并往往会起到误导作用。本卷主要关注的是经常用于研究反应动力学的热分析方法。关于这些方法的进一步的信息可以在本系列丛书第 1 卷原理和实践[50]以及其他实验技术[51]中找到,其中一些实验技术可用于阐明脱水的化学过程。

12.2.2　反应的化学计量关系

结晶反应研究中应包括确认原始反应物和最终产物的组成和结构,准确表征每种化学反应过程的化学计量数。在实际应用中,基于有限分析证据所得到的假设(例如仅有质量损失)可能不可靠并且会降低结果的价值。反应存在并发或二次过程的可能性,主要包括水以外的物种的参与以及水解[8]等情况,都需要做好充分的研究。

12.2.3 反应动力学

12.2.3.1 引言

动力学数据可以通过测量任何参数随时间的变化而获得,所述参数可以与特定脱水步骤的程度定量相关(通常表示为反应分数 α,参见表 12.1 和文献[1-2])。最常用的参数包括质量损失、$p(H_2O)$变化(具体参见文献[52])和热量吸收信息。从动力学数据来推导过程的几何形式通常是在微观观察的支持下解释,这些观测还可以提供关于成核过程和生长过程各自速率的信息。有关界面结构特征的信息可以从衍射测量[15]中获得,特别是对于存在拓扑结构[53-55]的情况。对固态反应的控制情况和机理的最深入的了解可以通过对几种不同实验技术的补充使用和假想来实现。

动力学数据既可以从反应物温度保持恒定的测量值中获得,也可以根据预先设定的程序变化来获得,其中温度控制程序通常是一个恒定的加热速率。用于分析这些测量值(温度、时间、α)的原理可以在很多出版物中找到(例如文献[1-2,12,51]),在此不再重复介绍。为了充分说明包括反应性动力学研究的结果,需要得到包括阿仑尼乌兹参数和动力学模型(A、E_a 和 $g(\alpha) = kt$)在内的结果。

研究已经证实[56],A 和 E_a 的最精确值应该从等温测量获得,而更可靠的动力学模型是从升温实验中推导出来的。非等温数据的动力学分析传统上依赖于近似处理的等温动力学模型[23-24],从而简化由于动力学模型和阿仑尼乌兹方程结合在一起所产生的积分困难问题。然而,正如 Flynn[57]指出的那样,由于可以根据期望的精确的值来进行计算,因此,现在有可能避免使用不精确的近似值来计算温度积分。

12.2.3.2 热重分析技术(TG 和 DTG)

在等温和升温的条件下,质量损失的测量结果已广泛用于脱水动力学研究[51,58-59]。其中一项重要的实验工作是研究样品在真空环境中的脱水[33,59-60]或在选定的恒定 $p(H_2O)$值下完成这类研究[31,61]。TG 和 DSC 的联用技术也已被成功应用于这类研究中[62]。热重分析方法不适用于不涉及质量损失/增加的变化,例如,反应物熔化过程无法用热重方法研究。

12.2.3.3 产生气体的压力的测量

目前通过监测在恒定体积的装置中随时间变化的 $p(H_2O)$的变化来测量等温脱水动力学,例如对明矾[17]和 $Li_2SO_4 \cdot H_2O$[18]脱水的测量。在 $p(H_2O)$低于约 $0.3p_e$时(p_e为平衡解离压力),明矾的脱水速率基本上不受 $p(H_2O)$影响。当 $p(H_2O)$高于此值时,明矾的脱水速率与$[p_e\text{-}p(H_2O)]$的大小成比例[17]。尽管玻璃仪器的壁上可能会有明显的吸附水现象,但这些反应的 $p(H_2O)$的最终值与 H_2O 的产生量成正比[52]。

12.2.3.4 差示扫描量热法(DSC)

该实验技术基于这样的假设,即在吸热过程中吸热反应与化学变化速率成正比。通常不能直接满足动力学测量的这个要求。通过确定样品保持恒定温度或在程序升温时所需的热量,可以用来测量反应的动力学特性[50-51]。在 DSC 中,消除样品和同时被加热的惰性标准物质之间的任何温差所需的热量的数值用于确定反应速率。将该技术应用于包括脱水在内的吸热反应时遇到的主要问题为,低压下反应物若非热的良导体,其内部会形成不均匀的温度分布(包括自冷却)。气体的存在会增加热导率,但也可能通过阻碍 H_2O 的逸出来影响观察到的动力学行为。DSC 和 TG 的联用技术可用于丰富样品的可用信息,例如,采用联用技术之后仪器可以用来区分固体样品中的游离水和结合水[63]。但使用这种联用方法比较难以区分结晶水和吸附在沸石或包合物体系内的水。

12.2.4 衍射法

能够研究反应过程中晶体内部变化的一种功能强大但尚未广泛使用的实验方法是同步辐射衍射法,即对样品经短而强的同步辐射光照后获得的衍射数据进行分析的方法[15]。可以通过穿过活性反应物-产物界面的连续序列位点处的小反应物体积中的晶格间距来检测反应界面附近的结构变化。对 $Li_2SO_4 \cdot H_2O$ 脱水的研究结果表明,反应区的厚度约为 150 μm。

X 射线衍射或其他衍射测量结果可用于确认原始反应物的结构并且可以确定残留产物中存在的相[64]。可以在反应温度下进行测量,以避免样品冷却过程中发生进一步的相变[65]。

这种技术也可以用来检测反应物和产物之间的拓扑关系[53-55]。这些信息,包括结构特征保留的维数[53-54],对于反应机理研究和界面特性的测定非常有用。

12.2.5 显微镜分析

在实验过程中,直接观察样品伴随脱水的可见结构变化,最初可以用于确定形状变化的原理[13,20,66],这些原理是广泛用于结晶反应速率分析的动力学模型的基础[1-2,10-12]。Garner[20]利用光学显微镜来观察发育成核和生长反应的模型。这种实验方法在确认动力学数据的解释中仍然保持其重要性,虽然它并不总是适用。通常采用直接检测以及对部分反应表面进行结构修饰的测量方法,实际上是获得基本动力学数据的最令人满意的方法:可以获得成核速率、原子核的配置和形状、界面进展速率等。显微镜也已经观察到部分脱水材料暴露于水蒸气时发生的表面再纹理化(即桔皮模型)[44,67]。

扫描电子显微镜实验可以提供更高的放大倍数,从而可以观察样品表面更大的纹理细节和形貌。然而,这种技术只能直接应用于足够稳定的反应物,以承受真空室中电子束的加热作用。对于某些反应物,可以通过制备对照样品来避开这些问题[68],这些对照品保留了表面的纹理特征和裂纹结构甚至可以观察界面部分[69]。透射电子显微镜[70]在检测大多数固体时发挥的作用有限。

在对样品施加相对较小的应力的条件下,通过原子力显微镜可以得到迄今为止最详细的揭示反应区结构的结果,该仪器在结晶研究中的潜在价值尚待证明和进一步探索。

用于显微镜检测的样品通常在热反应之后获得,在检测之前需要进行冷却处理。包括可能的再结晶和任何熔化成分的凝固,必须在观察到的纹理的解释中考虑温度变化的影响。

12.2.6　评论

在以上内容中仅提供了一些通常用于研究脱水的主要技术的最简单的概述,参见文献[1,51]。在许多引用的参考文献中给出了更详细的信息,包括可能需要研究特定反应物或这些反应的特定方面的实验改进等方面。由于已经采用了许多专门的方法,通常结合上面提到的那些包括光谱(其可以提供关于结合或存在的成分的信息)、表面积(结构性质)、逸出气体分析(质谱、气相色谱等)、光声光谱(浅层水合[17])等方法来进行实验测定。

通过利用现在可用的高度自动化的数据收集和分析仪器(TG、DSC 等),一些最近的研究文章报告了 α-时间图的数据与所列举的每个速率方程的一致性以及计算的表观值 A 和 E_a(显示出令人惊讶的大范围变化)。

该方法仅测量所选反应物的有效反应性水平。在缺乏验证和补充观测的情况下,这是早期工作的一部分,这种"仅用于动力学分析"的研究对加深对脱水的详细化学过程的了解以及反应控制或机理的理解的贡献有限[23-24]。

12.3　结晶水合物的脱水

12.3.1　概述

在以下这些有代表性脱水反应的简短描述中,一些反应的 E_a 值为平均值,并给出了精确度为 ±1 kJ·mol^{-1} 的量级,这可能比重复性研究中可以达到的结果要好。类似的,一些反应的温度范围已经被平均并且数值在 ±1 K 的量级上。在下面的一些子标题内容中提到了选定的相关反应,以拓宽应用范围。

本部分研究工作的主要目的是研究从结晶水合物中损失组分水的情况,水分的损失通常发生在推进的活性界面上,从而使产物 H_2O 直接挥发。除非另有说明,这种脱水过程可以归类为 WET 3[3]。对于某些报道的反应,没有足够的信息可以充分表征机理或界面性质。

反应模型 WET 3 最初源于区分一组早期的核函数,基于所观察到的产物结构变化结果,一般建议用于结晶反应,其中两种类型[71]涉及脱水过程:Flux-fluid 成核模型适用于明矾的情况[44,71];Flux-filigree 成核模型适用于一水合硫酸锂的情况[71-72]。Koga 和 Tanaka 在最近的综述[73]中指出:"固体反应,例如固体的热脱水和分解动力学的物理几何方法"提供了最有价值和最新的文献研究结果。目前关于观察界面发展、功能和形貌(微观检查)与动力学发展的关系是以权威分析和识别的方法进行研究的。这一主题目前取得的成就进展引人关注,并描述了未解决的问题,与目前情况相关的许多理论都包含在这篇重要的综述工作中。

12.3.2 一水合硫酸锂

$Li_2SO_4 \cdot H_2O$ 进行一步吸热脱水反应。通常在 $340 \sim 400$ K[18]之间完成动态测量,并且反应速率受反应条件比如颗粒尺寸、水蒸气分压等的影响导致反应呈现出可逆性(至少部分可逆)的特征。测量的 α-时间数据满足 R1、R2 和 F1 方程,文献报道的 E_a 的大小在 $60 \sim 120$ kJ·mol^{-1},ln(A/s)数值在 $10 \sim 30$ 之间(有几个稍微偏大的数值),在 ln(A/s)中发现了补偿效应[18,36]。尽管已有一些学者对此反应动力学进行了研究,但是很少有在高真空环境下进行的研究工作,需要采用高真空来防止 $Li_2SO_4 \cdot H_2O$ 重新发生吸水过程[33]。然而,有一项这样的研究,在真空(约 10^{-4} Pa)条件下,采用石英晶体微天平在 $333 \sim 363$ K 温度范围内测量低 α 条件下 H_2O 从单晶中脱出的恒定速率。研究报告中显示 E_a 是 106 kJ·mol^{-1}。

采用 $Li_2SO_4 \cdot H_2O$ 的脱水作为标准过程的建议[75]还未完成,这个标准可以将不同实验室测得的动力学结果之间进行定量对比。起初认为 $Li_2SO_4 \cdot H_2O$ 是一种合适的反应物,因为反应物 $Li_2SO_4 \cdot H_2O$ 和反应本身都有明确的定义,容易制备和研究,而且脱水反应温度低等。然而,后来不同研究者采用不同技术报道的动力学结果都不尽相同,而且实验结果不能再现。这项倡议可能要基于一些已经发表的动力学研究,例如文献[18]。

对于 $Li_2SO_4 \cdot H_2O$ 脱水反应过程,Boldyre 等人[15]阐述了用衍射技术研究反应机理的意义。他们指出脱水反应不是在单分子界面层进行,而是在大约 150 μm 的厚度层以内发生水蒸气的系统变化。

可以将 $Li_2SO_4 \cdot H_2O$ 和 $HCOOLi \cdot H_2O$ 的脱水反应机理进行有趣的对比[76],尽管这两种反应物具有相同的水分子的亚点阵,但是脱水过程却截然不同,$Li_2SO_4 \cdot H_2O$ 和 $HCOOLi \cdot H_2O$ 脱水反应的 E_a 值分别是 87 kJ·mol^{-1} 和 146 kJ·mol^{-1}。继续使用同步辐射衍射分析技术,得到的衍射数据显示,两种物质的脱水反应过程中都会出现亚稳态的中间相。对于 $Li_2SO_4 \cdot H_2O$,它和中间产物之间结晶的差异比较小。相反,在反应物 $HCOOLi \cdot H_2O$ 及其中间产物和最终无水产物之间有显著的结构变化,而且第二次转变过程缓慢。由此可以得出重要的结论,晶体的动力学反应特征主要由结构重整过程控制。

Tanaka 和 Koga 报道了有关 $Li_2SO_4 \cdot H_2O$ 脱水反应的几项研究结果[72,77]。用显微镜可以观察到部分反应的晶体的开裂部位,结果显示脱水反应首先在表面或接近表面处发生快速且密集的成核过程,接着形成连贯且清晰的界面,覆盖原来的表面,随后反应进一步向内部发展。这种现象与等温条件下的产物-时间动力学测量结果一致,包括早期短暂的加速过程,整个反应是一个减速过程。测量得到的几组 α-时间数据最初阶段符合 A2 和 A3 方程。但是大部分的反应阶段能很好地满足减速 R2 和 R3 方程,报道的 E_a 值的大小主要取决于反应条件,数值通常在 $80 \sim 130$ kJ·mol^{-1}。

Huang 和 Gallagher[78]用升温 TG 和 DSC 分别在干燥 N_2 和具有一定水蒸气气氛下

对比了晶体、粉末和片状形式的 $Li_2SO_4 \cdot H_2O$ 的脱水反应。TG 结果显示由于扩散效应水的出现影响了反应速率，特别是在低 α 时影响了粉末 $Li_2SO_4 \cdot H_2O$ 脱水反应的速率。这两个实验测得的 Arrhenius 参数大小几乎相同，水的存在稍微改变了一些 E_a 的数值。随着 α 的增大，E_a 的值有明显的减小，并且出现了动力学补偿效应。

Brown 等人[18]报道了进一步基于水蒸气分压测量、TG 和 DSC 技术的反应动力学的研究结果，也发现了这种补偿效应。和前人研究一致的是，反应初期在所有晶粒表面进行了快速且密集的成核过程。随后反应向晶粒内部发展，反应速率显著下降。然而，E_a 的值并不一致，基于此实验数据估计的 E_a 的值在 $80\sim100$ kJ $\cdot$ mol^{-1}。E_a 值的这种不确定性是因为反应速率依赖反应条件，这也证实了用 $Li_2SO_4 \cdot H_2O$ 作为动力学研究标准的困难程度。

对脱水反应的反应动力学参数进行全面的研究后，L'vov[30]解释了由游离蒸发机制产生的变化，系统研究了水蒸气对测量反应速率的影响。

12.3.3　硫酸镁水合物

Lallemant 和 Watelle-Marion[6]提出 $MgSO_4 \cdot 7H_2O$ 逐步脱水过程中存在几个特征速率过程，在一定的水蒸气分压下，用 XRD、DTA 和 TG 在缓慢升温速率下（低于 7 K $\cdot$ h^{-1}）检测 $MgSO_4 \cdot 7H_2O$ 粉末样品（15 mg，颗粒尺寸 $20\sim30$ μm），在 $280\sim400$ K 范围，水蒸气分压从 0.1 kPa 升高到 0.5 kPa，脱水过程经历一系列中间相 $MgSO_4 \cdot xH_2O$，x 等于 7，6，4，2，1，最后 500 K 以上时得到无水 $MgSO_4$。当水蒸气分压大于 7 kPa 时，可以再次检测到一系列的水合物，但是会出现另外一个中间产物 $MgSO_4 \cdot 2.5H_2O$，其具有与二水合物不同的结构（β），相图给出了以上几种水合物各自存在的温度范围。然而，反应过程并不是完全可逆的，这是因为在水蒸气存在的冷却过程中，六水合物结构发生变化，导致低水合物出现。

Boldyre[79]研究了 $MgSO_4 \cdot 7H_2O$ 在 323 K 的空气中不同晶面的脱水情况。检测了不同性质的五个晶体，五个晶体{111}面和{110}面的相对面积各不相同，在{111}面界面向晶粒内部推进的速率远大于{110}面。

当用红外激光器辐照时，$MgSO_4 \cdot 7H_2O$ 的脱水反应则一步完成[80]。

$MgSeO_4 \cdot 7H_2O$ 的脱水是逐步脱水过程[81]，即 $MgSeO_4 \cdot H_2O$(363 K)→$MgSeO_4 \cdot 5H_2O$(403 K)→$MgSeO_4 \cdot 2H_2O$(528 K)→$MgSeO_4 \cdot H_2O$(603 K)→$MgSeO_4$。

12.3.4　二水合硫酸钙

Ball 等[82-83]报道了 $CaSO_4 \cdot 2H_2O$ 的脱水以及联合反应过程，反应产物如下所示：

$$CaSO_4 \cdot \frac{1}{2}H_2O$$

$$\downarrow\uparrow \qquad \downarrow\uparrow$$

$$CaSO_4 \cdot 2H_2O \rightarrow CaSO_4（六边形结构）\rightarrow CaSO_4（四边形结构）$$

将 α 相和 β 相的半水化合物，即 α-0.67H$_2$O 和 β-0.5H$_2$O，看作两种不同的水合物。这些反应的机理和动力学过程复杂且依赖反应条件。例如，在温度 383 K 以下，$CaSO_4 \cdot$

$2H_2O$ 脱水过程受成核和晶界推移控制。然而当温度高于 383 K 时,反应速率则由扩散过程控制。类似的,α 半水化合物的脱水过程受温度低于 383 K 时的反应条件控制,而 β 半水化合物的脱水过程则受扩散过程控制。计算得到的 E_a 值的范围从 40 kJ·mol^{-1} 增大到 120 kJ·mol^{-1},因此,反应机理包括水蒸气分压的影响还没有明确的判断结果。另外,通过检测固体产物表面形貌和孔径分布,发现在反应过程中还出现了重新吸水过程。半水化合物的脱水过程具有非常重要的商业价值,还需要进一步研究[84-85]。

在 425 K 和低压条件下 $CaSO_4$·$2H_2O$ 脱水生成 γ-$CaSO_4$。使用层状结构的单晶体在 324~371 K 的温度范围内研究了此降速反应,沿{010}晶向的界面推进过程由 H_2O 穿过固体产物层扩散迁移过程控制。相反,沿{001}晶向的界面推进过程则由化学反应过程控制(E_a = 82 kJ·mol^{-1})。

Paulik 等[86]注意到反应条件对脱水速率变化的影响。查阅有关 $CaSO_4$·$2H_2O$ 脱水反应的文献,发现在此反应中仍存在着尚未解决的争议。至今没有证实在 311 K 或 366 K 可能出现的熔体,在热力学上预测会出现这种现象,但是温度在 400 K 才会生成半水化合物,并且在 440 K 以上才会生成无水 $CaSO_4$ 化合物。

Na_2SO_4·$5CaSO_4$·$3H_2O$ 发生一步脱水反应($-3H_2O$)。在 450~490 K 温度范围内研究此缓慢进行的脱水过程,由于是一维扩散过程,因此该过程比较符合抛物线方程。真空条件下 E_a 约为 75 kJ·mol^{-1},随着水蒸气分压增加到 2.6 kPa 时,E_a 增加到 159 kJ·mol^{-1}。

12.3.5　硫酸锆水合物($5.5H_2O$)

$Zr(SO_4)_2$·$5.5H_2O$ 的脱水过程由四步组成,逐步脱掉 0.5、3 和 1 分子 H_2O[88]。研究者强调务必确保用于动力学分析的数据来自只有一个单一速率的过程,还指出反应熵应包括相变过程产生的熵变,还应注意防范易吸水反应物的结构变化。

12.3.6　硫酸铜五水合物

相比任何成核生长过程,$CuSO_4$·$5H_2O$ 的脱水反应具有最长的研究历史。早期的研究中强调在低压下测量单晶失水率的动力学过程,单晶所有表面通过消耗 $CuSO_4$·H_2O 而成核(在分析时首先建立跨越所有表面的活性界面,这样降低了早期动力学研究中解释该反应为加速反应的不确定度)。奇怪的现象是脱水产物的表面层厚度对脱水反应的速率影响很小,Yang 对此反应的早期研究写了一篇综述(见文献[11]79~80 页)。

在相对完美的晶体表面,脱水反应初期成核数目与时间的线性相关性增强。由于不同的反应界面优先沿一定的晶向推进,因此,在九种不同的晶面上会形成不同形状的核[89]。P-W 模型[25]为该反应提供了一个合理的理论解释[20]。从脱水反应速率中计算出的 A 值的大小和预期的大小在同一个数量级。

Zagray 等人[90]的研究中得出如下结论:当水蒸气分压($p(H_2O)$)小于 1 Pa 时,脱水成核形状为由一水合物组成的星形或 X 形,且 XRD 分析是无定型化合物。在 323 K 下当水蒸气分压大于 100 Pa 时,成核是椭圆形状,组成是结晶的三水化合物。在相同的水蒸气分压下,X 形状的核逐渐变成圆形,并且由无定型化合物变成结晶型的一水化合物。

在真空中加热至 373 K 时，产物变成标准的一水化合物状态。

Ng 等[91]报道了在 320～336 K 的温度范围内等温条件下研究由 $CuSO_4 \cdot 5H_2O$ 脱水至 $CuSO_4 \cdot 3H_2O$ 的行为。得到的 S 形曲线很好地满足了 A1.5 方程，且 $E_a = 104$ kJ·mol^{-1}。三水化合物脱水至一水化合物的数据满足 A2 方程，$E_a = 134$ kJ·mol^{-1}。两个过程的 E_a 值都接近反应焓变，这种现象可能证实了逆向过程显著参与动力学测量过程[34]。此测量过程中使用的样品量较大（约 2 g）。

Boldyre 等[15]使用同步辐射源得到的衍射数据确定在 $CuSO_4 \cdot 5H_2O$ 脱水反应（$-4H_2O$）过程中界面上存在亚稳态的中间相，中间相结构是反应物结构的扭曲变形结果。Okhotnikov 和 Ltakhov[59]选用同一个反应过程来研究石英晶体微天平的响应特征。在 260.6～286.2 K 的温度范围内，低压下以恒定的失重速率在新建立的界面上发生脱水反应。确定反应的 E_a 值为 74 kJ·mol^{-1}，和之前报道的 76 kJ·mol^{-1}[92]在本质上是一致的。

在研究中还可以开发动态装置来描述脱水反应步骤，证实了 $CuSO_4 \cdot 5H_2O$ 在 331～338 K 之间脱去 1 分子水，在 348 K 时脱去 1.5 分子水，在 358 K 时脱去 0.5 分子水，在 488～513 K 之间脱去 1 分子水（还有 1 分子水的脱出没有进行解释）。

500 K 下在一定气流速率中对 $CuSO_4 \cdot 5H_2O$ 的脱水反应进行对比研究[94]，研究表明等温测量结果符合 D3 方程。但是在非等温条件下，反应速率数据却符合 n＋g 模型。测得 E_a 值约为 200 kJ·mol^{-1}。这些不一致的速率特征主要是由于发生了吸水反应，吸水反应在动态条件下影响较小。主要原因是水蒸气的分压随着温度升高而增大，始终保持平衡。研究结果表明，为了得到可靠的数据，必须使用少量的反应物，且必须在空气流通的敞开系统中进行实验。

12.3.7　硫酸镍六水合物

在低压下（小于 0.1 Pa）用显微镜观察 $NiSO_4 \cdot 6H_2O$ 晶体{001}面脱水过程（最终产物是 $NiSO_4 \cdot H_2O$），研究[95]发现在反应初期阶段脱水区域的数目并没有增加（瞬时成核[12]）。通过轻微反应表面和晶体轻微腐蚀解理面的对比，很难确定成核过程是只发生在位错处还是也发生在点缺陷或杂质等缺陷部位。在 300～316 K 的温度范围内，通过对单晶和粉末样品的真空热重分析和显微镜观察的结果，得到 E_a 值约为 70 kJ·mol^{-1}，这和质子迁移控制界面推移速率的观点一致。在整个反应过程中，单晶脱水的 α-时间关系满足 A2 方程，粉末样品的脱水速率大约是单晶样品脱水速率的 8 倍。

Guarini 等人[16]证实了盐脱水过程的动力学行为，并指出脱水反应不是一个简单的 n＋g 过程。他们的研究工作区别了脱水反应的三个过程，即反应过程、水迁移过程和产物结晶过程。其中，产物结晶过程是最慢的一步。晶体样品在 N_2 中的脱水则完全不同，例如会产生大量气泡。这是由于水蒸气在脱水盐下表面层的驻留，而脱水盐是一种弹性且不透水的材料。光声技术证实了反应物表面最初确实会有水分丢失现象[97]。

Koga 和 Tanaka[7]在选定的反应条件下对比研究了 $NiSO_4 \cdot 6H_2O$ 的脱水反应，在研究过程中同时使用了 TG-DSC、TG-DTA、XRD、FTIR 和显微镜等分析手段。在真空条件下，$NiSO_4 \cdot 6H_2O$ 直接脱去 $5H_2O$ 生成一水化合物。产物-时间关系符合 A2 方程，并且随着粉末样品颗粒尺寸的减小,反应 E_a 值从 94 kJ·mol^{-1} 增加到 110 kJ·mol^{-1}。然而在静态的空气中,反应状况则变得更加复杂。脱水过程经历三水化合物和二水化合物两个中间产物状态,整个过程通过两个界面的推移进行。脱水反应自身生成的水又参与反应,这一现象与在一些非等温反应开始出现液相的现象相一致。他们的这项研究说明了等温和非等温这种互补的实验方法在解释固相反应动力学和反应机理方面的重要性,这种研究方法对于那些会通过多种途径反应以及对反应条件敏感的反应过程尤为有用。

$NiSO_4·6H_2O$ 的上述脱水行为可能会与之前 Sinha 等人[98]用等温和非等温方法(5 K·min^{-1})测量的 $NiSO_4·6H_2O$ 的脱水模式进行对比。然而,在这项研究工作中,既没有给出确定的反应气氛,也没有给出反应物的质量。为方便起见,下面用水分子代表相应的水合物,总结出脱水反应化学计量和温度的表达式:

等温(453 K):$6H_2O \rightarrow 4H_2O \rightarrow H_2O$;

等温(582 K):$6H_2O \rightarrow H_2O \rightarrow$ 无水化合物;

动态:$6H_2O(416 K) \rightarrow 5H_2O(435 K) \rightarrow 3H_2O(503 K) \rightarrow H_2O(613 K) \rightarrow$ 无水化合物;

(其他动态升温研究[99]:$7H_2O(403 K) \rightarrow 6H_2O(463 K) \rightarrow 3H_2O(483 K) \rightarrow H_2O(653 K) \rightarrow$ 无水化合物。)

以上这些反应温度和反应化学计量数与在真空条件下的研究结果差别较大,真空环境下,六水化合物直接脱水成一水化合物(在 0.1 Pa 的压力下和 308~323 K 的环境下,低于这个温度范围,会保留一些水形成 $NiSO_4·1.5H_2O$)[95],这种现象已经被低温 TG 实验所证实[7]。然而,在静止空气中反应时(与上面研究所用反应条件相近[98-99]),当升温速率为 8 K·min^{-1} 时,发现三个质量减少过程,分别对应于在 390 K 下脱去 $2H_2O$、440 K 下脱去 $3H_2O$ 和 615 K 下脱去 $1H_2O$ 的过程。用 XRD 检测反应剩余的水合物,包括下面的混合物(反应开始后,通常会出现两到三种甚至多种水合物的混合物):

420 K:$4H_2O + 2H_2O + 6H_2O$

470 K:$4H_2O + 2H_2O + H_2O$

520 K:$2H_2O + H_2O$

因此,较高温度下的反应可能是由于水蒸气平衡在大块样品上的位移导致的化学变化,比如蒸发和脱水过程。当水蒸气分压增大到一定值时,就会发生这些反应。因此,如果没有确定的表征结果表明一种相的存在(例如用 XRD),则用 TG 或者 DSC 和 DTA 的实验结果来确定脱水反应的化学计量都是不可靠的。考虑到一些研究工作还没有明确反应条件,例如没有说明反应气氛和反应物的量等,这时仅使用 TG 或者 DSC 和 DTA 的实验结果来确定脱水反应的化学计量比的难度更大。(文献[98]中也包括了 $MnSO_4·4H_2O$ 和 $CoSO_4·7H_2O$,预计这两种物质的脱水反应包含平衡位移和脱水两个过程,当然这种推测需要更进一步和更加细致的研究来证实。)

12.3.8　明矾

早期 Garner 和他的同事[20,66,100-101]对明矾脱水过程进行了研究,他们不仅提供了对这些化学反应的深刻理解,还对 n + g 界面反应机理的进一步发展做出了贡献。他们提出的一些概念为基于几何形状假设的反应速率方程的推导奠定了基础(上面的表 12.1 和文献[1-2]提供了结晶溶解反应动力学的统一特征)。为突破光学显微镜的限制,用电子显微镜观察了明矾原子核的形状和纹理,并用 XRD 确定反应产物的结构来研究沸石在明矾脱水反应中起到的作用。研究结果表明水蒸气可促使产物再结晶,随之而来的裂纹扩展能够减弱残留固相对水蒸气逸出的阻碍。

文献[20]中还表明了不同反应物成核动力学的差异,甚至在单晶不同晶面上的成核动力学也存在着差异,研究还揭示了不同水蒸气分压下成核动力学的差异。$KAl(SO_4)_2 \cdot 12H_2O$ 脱水时,反应一开始很快成核[100],并且在后来的过程中也没有发现成核现象(瞬间成核[12])。相反,在 $KCr(SO_4)_2 \cdot 12H_2O$ 脱水反应[20]的初期,以恒定的速率均匀成核(线性成核)。一旦成核完成[13],界面推移将以恒定的速率开始推进。

以上这些结果在显微镜观察明矾脱水成核生长的动力学研究中重复出现[44],结果表明明矾脱水的温度为 290~305 K,压力低于 10^{-2} Pa。$KAl(SO_4)_2 \cdot 12H_2O(-10H_2O)$ 和 $KCr(SO_4)_2 \cdot 12H_2O(-6H_2O)$ 脱水时,其界面线性推移的活化能 E_a 分别为 108 kJ·mol^{-1} 和 70 kJ·mol^{-1}。单核的初始生长速率有时大于也有时小于恒定生长速率,后来单核的生长速率和晶面上所有核的生长速率趋于一致[44]。

显微镜观察结果表明,$KAl(SO_4)_2 \cdot 12H_2O$ 平整的解理面经过特殊修饰后变得较为松散,暴露在水蒸气下能看到原来平整的解理面变成"橘皮似的纹理"。但是 $KCr(SO_4)_2 \cdot 12H_2O$ 经过相同的处理后,其解理面没有发现类似的改变,但是重复进行修饰处理后,沿晶体的{101}晶向的成核速率大大增加[101]。这种不同的脱水模式的原因是真空中各晶面初始失水行为不同,但是这些脱水行为仅限制在很薄的表面层内[44]。暴露在水蒸气气氛下进行一系列的处理会使脱水的表面层发生重构或者产生应力,研究认为这种行为是重新成核的第一步,进一步处理使得反应深入至表面层以下。在反应初期,表面容易发生失水,但是进一步的脱水反应很难发生,需要重新进行成核过程并伴随疏水性表面的开裂来形成产物相颗粒。脱水反应容易发生在产物和反应物接触的表面[102]。

在晶核生长过程(n+g 反应)中,出人意料的现象是最容易发生脱水反应的是晶体内反应物-生成物接触界面。通常认为从内部晶核失水应该比从外表面失水慢。然而,水蒸气能促进疏水部分重新成核,进一步使反应继续进行并且产生水逸出通道[44]。研究认为重新成核在这里所起的作用来源于一种特殊结构,这种结构能够吸收足够多的水,有利于产物在活性界面重新进行成核,从而促进反应进行,并且减少由于脱水产物积累形成障碍层对反应造成的阻碍效应。以上解释了 n+g 反应模型中一些例外的结果。

已经有一系列的证据[17]证实了在反应残留的固体内部存在(至少暂时存在)着大量的水分,由明矾在水蒸气存在的条件下脱水反应测得的 Arrhenius 参数与之前在真空条件下测得的结果近似[17]。这个结果与由于暂时存储于固体中的水(包括水蒸气)参与反应并促进反应继续进行的本质是一致的。然而,水存在条件下实验测得的速率特征和用显微镜观察到的三维 n+g 反应模型所预期的动力学行为不一致,这是因为水存在条件下的实验数据满足 A2 方程。考虑到来自各个表面初始失水过程所产生的贡献和一些吸附在产物上的水分这些因素,可以解释上面所提到的两者之间的差异。在较大的水蒸气分压下,脱水反应在水蒸气和反应物-产物固体之间达到的平衡符合"一级反应"的特征。

12.3.9 半水合硫酸钙

$CaSO_4 \cdot 1/2H_2O$ 的脱水产物无水化合物的结构取决于半水化合物的性质以及反应条件[103],包括水蒸气分压。一项对此反应的累积动力学的研究结果表明,在 573~673 K 的温度范围内,反应的 S 形曲线符合 A2 方程,反应活化能 E_a 为 173 kJ·mol^{-1}($\ln(A/s)=$ 24.9)[104]。对于脱水反应的成核过程而言,573~673 K 是一个相对较高的温度。$CaSO_4 \cdot$ $1/2H_2O$ 和 $Ca(OH)_2$ 的脱水反应和动力学参数有非常接近的一致性[105]。这种现象可能是由相同的化学变化控制着水分从两个反应物中释放引起的,发生的化学变化可能包括 H_2O 和 Ca^{2+} 之间的反应或者羟基的参与过程。

12.3.10 五水合硫代硫酸钠

分别用显微镜和动力学方法研究 $Na_2S_2O_3 \cdot 5H_2O$ 晶裂的{010}、{001}和{111}晶面上的脱水反应[106]。研究结果表明,再成核过程发生在已经脱水的材料中,并且再成核过程受晶体的完整度影响。在剧烈的脱水条件下,在反应初期表面会形成一层很薄的无水化合物层。随后,在 $Na_2S_2O_3/Na_2S_2O_3 \cdot 5H_2O$ 界面形成 $Na_2S_2O_3 \cdot 2H_2O$ 中间产物,中间产物同时分别与 $Na_2S_2O_3$ 和 $Na_2S_2O_3 \cdot 5H_2O$ 形成活性界面,然后活性界面逐步向外和向内推进。当所有外表面都被部分水合作用后形成 $Na_2S_2O_3 \cdot 2H_2O$,无水化合物再一次成核,并且 $Na_2S_2O_3/Na_2S_2O_3 \cdot 5H_2O$ 界面反应向内部推移。用热分析进行等温动力学测量,结果显示五水化合物到二水化合物的脱水过程满足 A2 方程,并且很多脱水形成无水盐的反应过程都能用 A2 方程很好地描述。然而,这些研究并没有确定可靠的 Arrhenius 参数。

12.3.11 二水合氯化钡

有一些研究涉及 $BaCl_2 \cdot 2H_2O$ 脱水反应。Guarini 和 Spinicci[107] 的研究结果表明,在干燥 N_2 气氛下,$BaCl_2 \cdot 2H_2O$ 在 335 K 和 370 K 时发生了两次连续的失水反应,并形成 $BaCl_2 \cdot H_2O$ 中间产物。在这两个反应过程初期都出现了加速的阶段,然后反应开始减速,之后的反应满足 R2 方程。用显微镜观察证实在反应初期确实出现了 n+g 过程。通过升温 DSC 手段测得反应活化能为 97 kJ·mol^{-1},该数值比等温下晶体与粉末反应物的活化能(约 70 kJ·mol^{-1})要大。

显微观察法可以用来研究 $BaCl_2 \cdot 2H_2O \rightarrow BaCl_2 \cdot H_2O$ 界面推移速率,Osterheld 和 Bloom[108] 发现,在 334 K 以下,活化能 E_a 为 145 kJ·mol^{-1},并且当温度升高时,活化能将低于此值。Osterheld 和 Bloom 还讨论了伴随脱水反应发生的一些拓扑关系和结晶变化过程。

Lumpkin 和 Perlmntter[109] 确定了 $BaCl_2 \cdot 2H_2O$ 脱水反应是一个 n+g 过程。反应速率对水蒸气分压及其瞬间变化很敏感,这种现象可能是因为产物水在很小的反应物颗粒之间扩散导致水蒸气分压梯度改变的结果。随着质量和 α 的变化,反应活化能发生明显变化,其数值从 92 kJ·mol^{-1} 变化到 150 kJ·mol^{-1}。

12.3.12　其他水合卤化物

与硫酸盐的水合物相比,含水卤化物脱水的相关研究较少,并且没有那么系统。这里通过一些从文献中找到的例子来进一步说明卤化物脱水反应的特征。

在常压的 N_2 气氛下,$MgCl_2 \cdot 2H_2O$ 的化学计量比脱水反应如下[8]:

$$MgCl_2 \cdot 2H_2O \longrightarrow MgO + 2HCl + H_2O$$

该反应的速率过程可以用 R2 方程很好地进行描述。当温度在 623～803 K 之间时,在 N_2 和水蒸气分压为 1 kPa 的气氛下,反应的活化能分别为 110 kJ $\cdot$ mol^{-1} 和 75 kJ $\cdot$ mol^{-1}。

镧系元素的氯化物容易形成六水和七水合物。用流化床的方法确定它们的化学计量的脱水量,通入足量的 HCl 可以抑制其水解作用。有关这类的实验结果及结果讨论发表在一篇有关脱水步骤的文章中[110]。

Gunter 等人[111]用 X 射线衍射方法揭示了 $Rb_2MnF_5 \cdot H_2O$ 的晶体结构,包括 [MnF_6]配位八面体、八面体之间共顶连接、Rb^+ 和水分子位于八面体与八面体之间的空隙中。脱水反应具有拓扑学特征,并且在扫描电镜下观察还发现,随着脱水反应的进行,晶体发生了平行开裂现象。

在 360 K 和 N_2 气氛下,$CuCl_2 \cdot 2H_2O$ 可发生直接脱水反应生成无水化合物[112]。在 N_2 气氛下,使用升温 TG 法研究 $K_2CuCl \cdot 2H_2O$[113]的脱水反应过程,发现该反应动力学符合收缩动力学模型。在发生部分反应后,用显微镜观察晶体截面,发现反应界面向晶体内部推移,可以看到界面推移过程包括三个阶段:(1) 表面成核,随后反应的界面向内部推移;(2) 在反应物内部靠近反应界面的地方任意成核生长;(3) 产物再结晶过程,此过程有利于水分释放。反应活化能 E_a 的大小一般在 80～130 kJ $\cdot$ mol^{-1} 范围,且反应活化能随着加热速率、晶粒尺寸以及反应进度的变化而变化。

12.3.13　一水合高氯酸钠和六水合高氯酸镁

$NaClO_4 \cdot H_2O$ 的脱水包括两个不可逆过程[114]:333 K 时脱去 0.2 分子 H_2O,420 K 时脱去 0.8 分子 H_2O。一个 $NaClO_4 \cdot H_2O$ 晶胞中包含八个 $NaClO_4 \cdot H_2O$ 分子,因此在复杂的 $NaClO_4 \cdot H_2O$ 晶体结构中,水存在不同的相应结构,由此造成脱水过程中其计量比出现了小数的形式。在 $Mg(ClO_4)_2 \cdot 6H_2O$ 脱水步骤中还伴随着熔化过程(遵循 WET 5 或 WET 6 机制)[114]。在温度 420 K 以上脱去 2 分子 H_2O 并发生部分熔化,在 463 K 时完全熔化。第二步脱水过程中,仍然脱去 2 分子 H_2O,但是由于部分三水化合物的介入,在 520～550 K 之间会生成一些二水化合物并且伴随熔化过程。温度达到 670 K 时,脱水过程完全结束。

12.3.14　一水合碳酸钠

在 N_2 气氛下用 TG 研究 $Na_2CO_3 \cdot H_2O$ 在 336～400 K 温度区间的脱水过程,通过显微镜观察,得到的 α-时间曲线呈 S 形,因此该脱水反应是一个 n + g 过程[115]。成核过程发生在晶体缺陷处,可能发生在溶液内部的位置。在 N_2 气氛下反应速率数据符合 A2 方程,反应活化能为 71.5 kJ $\cdot$ mol^{-1}。脱水反应速率随着水蒸气分压的增加而降低,在低温下这种变化趋势更加明显。目前被广泛接受用来修正该速率降低的因素,包括可逆反应的贡献,可逆反应的焓变是 13.8 kJ·mol^{-1}。通过计算得到的速率常数 k/s 如下式所示,计算的该速率常数可以很好地反映实验观察到的结果:

$$k/s = \left[2.2 \times 10^7 \exp(-71500/RT)\right] - \left[3.1 \times 10^6 \cdot p(H_2O) \cdot \exp(-3800/RT)\right]$$

12.3.15　四水合硝酸钙

Ca(NO$_3$)$_2$·4H$_2$O 在空气中的脱水过程不是一种连续化学反应过程[116],而是一种物理过程,包括不同步熔融过程及随后发生水的沸腾现象,最终在干燥条件下形成坚硬的外壳。

12.3.16　六水合硝酸铀酰

UO$_2$(NO$_3$)$_2$·6H$_2$O 的脱水过程与其他化合物不同,有可能是一种独一无二的过程。由于很少有文献报道这种低温下的反应,所以该反应的机理还不是很明确。在 213~243 K 的真空条件下研究了 UO$_2$(NO$_3$)$_2$·6H$_2$O 等温脱水(−3H$_2$O)动力学[117],研究结果表明,整个脱水过程中,脱水速率几乎保持恒定不变,因此由零级反应速率常数可以得到反应活化能为 46 kJ·mol^{-1}。反应残余的产物是一种晶体(但不是沸石),并且反应过程没有出现反应界面推移。脱水反应速率和水蒸气分压之间呈线性关系。出现这种特殊的动力学特征的原因是水分从晶面上蒸发,同时形成的空位可以在部分脱水的晶体中快速移动。H$_2$O 在这种结构中的自扩散系数很大[117]。尽管失水过程中通常不会发生晶体学上的变化,但是脱水过程不发生界面推移的反应方式,UO$_2$(NO$_3$)$_2$·6H$_2$O 化合物似乎是唯一一个已知的以这种方式脱水的物质。

12.3.17　一水合亚硝酸钡

Ba(NO$_2$)$_2$·H$_2$O 的脱水反应是逐步完成的[118],从 373 K 开始发生反应形成半水化合物 Ba(NO$_2$)$_2$·1/3H$_2$O(425 K),最后在 457 K 以上脱水而形成无水化合物。

12.3.18　一些含水的高锰酸盐(Sr、Cd 和 Ca)

三种相对稳定的含水高锰酸盐(Sr、Cd、Ca)仅在高于室温下发生脱水反应[119]。主要原因是单晶脱水的动力学特征不可有效地重复进行,因此当在 N$_2$ 气氛下用 TG 研究其脱水速率时,需要用粉末样品进行测试。

Sr(MnO$_4$)$_2$·3H$_2$O 在第一步脱水过程中脱去 2 分子的 H$_2$O,在 323~373 K 的温度区间的活化能 E_a 为 27 kJ·mol^{-1}。第二步脱去 1 分子的 H$_2$O 形成无水化合物,这步反应较慢,反应活化能为 57 kJ·mol^{-1}。

Cd(MnO$_4$)$_2$·6H$_2$O 的失水过程分成两步,每步失去 3 分子的 H$_2$O。在 303~333 K 温度区间研究其脱水反应,反应活化能较低,两步反应的活化能分别是 5 kJ·mol^{-1} 和 60 kJ·mol^{-1}。

研究发现 Ca(MnO$_4$)$_2$·6H$_2$O 的脱水过程无法重复,因此不能对其脱水过程进行动力学研究。有一些证据表明脱水反应经过两步完成,即第一次脱去 2 分子 H$_2$O,第二次脱去 4 分子 H_2O。

12.3.19 二水合钨酸钠

当温度在 373 K 以下时，$Na_2WO_4 \cdot 2H_2O$ 直接脱水形成无水化合物，用 DSC 结合显微镜观察法可以测量其反应速率[120]。当反应开始时，发生独立成核且成核无规分布，然后在已经脱水的表面层发生再结晶，使得脱除的水分逸出。在反应初期，很快建立界面推移过程，α 值约为 0.03。随后反应开始减速，满足 A2 方程。反应的动力学特征包括 Arrhenius 参数，不同的样品制备过程会使其发生明显变化。

12.3.20 一些碱金属和碱土金属磷酸盐水合物

(1) 三水合磷酸钠和三水合磷酸钾：通过之前对 $Na_5P_3O_{10} \cdot 6H_2O$ 和 $K_5P_3O_{10} \cdot 4H_2O$ 脱水动力学的研究，Prodan 和 Lesnikovich[121] 针对晶体界面增殖和粉末反应颗粒提出一种分区模型。根据分区模型，横跨反应区域的界面会出现一系列的水合物，其中的含水量由颗粒中心向外逐渐减少，水合物中的每个相与周围相之间的接触位都是活跃的推移界面。分区模型在描述多步反应上的价值及其应用被广泛关注，钠盐化合物的脱水反应过程需要经历四个步骤。

(2) 三水合磷酸氢镁：将 $MgHPO_4 \cdot 3H_2O$ 加热到 435 K 时，其红外光谱会发生变化。主要原因是加热增加其质子迁移速率，导致氢键断裂，这些效应引起质子迁移并朝着易接纳质子的位点移动[122]。失水过程通常伴随着水合物结构扭曲，包括 $PO_4{}^{3-}$ 对称性的变化。在 393～523 K 之间，用升温 DSC 研究 $MgHPO_4 \cdot 3H_2O$ 的脱水过程，发现脱水一步完成，反应活化能 E_a 为 146 kJ·mol^{-1}。

(3) 二水合磷酸氢钙：在 409～537 K 的温度区间内，在 N_2 气氛下用等温 TG 法研究 $CaHPO_4 \cdot 2H_2O$ 脱去 1 分子水的过程，该脱水反应是一种扩散控制过程[123]。在 478 K 以下时，反应活化能为 190 kJ·mol^{-1}，并且反应速率与水蒸气分压无关。当温度高于 478 K 时，反应活化能的大小与水蒸气分压有关。对于该二水化合物反应物，存在两种不同键强的 H_2O，说明形成了一水化合物。

(4) 二水合磷酸二氢钙：两种水合物（$Ca(H_2PO_4)_2 \cdot 2H_2O + Ca(H_2PO_4)_2 \cdot H_2O$）（摩尔比 1：1）混合物，在 363～433 K 范围，混合物的脱水过程包括结晶水和沸石水的脱去过程，活化能约为 83 kJ·mol^{-1}[124]。随计算方法的不同，Arrhenius 参数的大小也明显不同。当温度高于 540 K 时，随着阴离子聚集会进一步有水分释放出来。

系统研究了含两种阳离子的磷酸氢盐的一系列脱水过程[125]，例如 $Zn_{0.5}Mg_{0.5}(H_2PO_4)_2 \cdot 2H_2O$[125]，还进一步研究了其他类似的阳离子对磷酸氢盐及其混合物的脱水过程，包括 Zn+Ca、Co+Mg 和 Mn+Mg 等阳离子对及其混合物。

12.3.21 甲酸和乙酸水合金属盐

简单有机酸的水合盐（包括广泛研究的羧酸盐）的脱水在动力学和机理上明显类似于无机水合盐的脱水反应，目前似乎没有可以用来区分这两组反应物的特征。因此，在本章中选择性地给出了这些代表性的反应以尽可能覆盖更多类型的过程。

二水甲酸锰

显微镜观察结果显示[126]，二水甲酸锰在真空条件下脱水时反应物-产物界面以恒定速率从{011}面向内推移。通过等温 TG 和显微测量结果可以获得相似的 E_a 值，为 77 kJ·mol^{-1}。这说明可以将质子运动速率作为相对界面运动的速率。

四水合甲酸铜

四水合物脱水后产生的无水固体 $Cu(HCOO)_2$ 与通过直接制备路线[127]获得的经修饰的结晶是不同的。由于这种脱水比较彻底，因此可以通过反应物和产物之间的取向关系来确定无水产物的晶体结构。脱水后，甲酸铜层中的二维结构元素基本不变，但叠加方式发生了变化。反应中 H_2O 的损失明显导致平行于基面的晶体分裂。

二水合甲酸锌

在真空中由 $Zn(HCOO)_2 \cdot 2H_2O$ 脱水得到的无水产物是无定形的状态，但在水蒸气中脱水得到的结构是结晶的状态。当温度从 370 K 升至 400 K 时，结晶产物形成所需的 $p(H_2O)$ 的值从 80 Pa 线性增加至 1 kPa。脱水速率起初随着 $p(H_2O)$ 的升高而增加，之后在较高的值开始下降，这是由于产物重结晶形成的更宽的通道致使 H_2O 易逃逸，随后由于逆反应的产生，在高 $p(H_2O)$ 值下脱水速率降低（这与 Smith-Topley 现象的一个解释相一致[129]）。对 $P(H_2O)$ 为 1.6 kPa 的空气中的脱水反应进行 TG 动力学研究，确定了 $E_a = -99$ kJ·mol^{-1} 的二维收缩界面过程（R2）。

稀土甲酸盐二水合物

在 TG-DTA 升温实验中研究了 Dy、Ho、Er、Tm、Yb 和 Lu 甲酸盐二水合物的脱水反应[130]，通过界面反应机理计算所得 E_a 值在 108~142 kJ·mol^{-1} 范围内。由于 Ln-OH$_2$ 键的静态吸附强度，反应焓随着离子半径的倒数线性增加。

乙酸铜

在 353~406 K 的温度范围内，用 TG 研究了 $Cu(CH_3COO)_2 \cdot H_2O$ 的脱水过程[131]。当温度在 371 K 以下时，反应通过成核和生长过程进行，根据 A2 方程，计算得到 $E_a = 154$ kJ·mol^{-1}、$A = 8.5 \times 10^{17}$ s^{-1}。当温度在 371 K 以上时，采用收缩界面方程（R2）计算得到 $E = 76$ kJ·mol^{-1}、$A = 1.6 \times 10^7$ s^{-1}。另外，显微镜观察结果证实在两个温度区间内的微观结构变化不同（另见文献[73]）。$CaCu(CH_3COO)_4 \cdot 6H_2O$ 的脱水过程也很复杂[132]，速率控制过程也随着温度的变化而变化。

二水合乙酸锌

在 333~361 K 之间和流动 N_2 条件下用等温 TG 研究[58,73]二水合乙酸锌一步脱水形成无机盐（-2H$_2$O）。反应从反应物晶体的边缘开始，随后逐渐向内扩散形成一个界面。E_a 的表观值由单晶体的 165 kJ·mol^{-1} 降低至细粉的 75 kJ·mol^{-1}。

12.3.22 水合金属草酸盐

文献中已经报道了在 $NiC_2O_4 \cdot 2H_2O$ 脱水过程中得到的动力学参数对反应条件的灵敏性[33]。

在流动的 N_2 气氛下,在 420～495 K 之间用 TG 研究了草酸镁二水合物[133]的失水过程,主要过程是首先快速建立一个二维相对界面(R2),其 E_a 为 111 kJ·mol^{-1}。仔细分析最短加速过程可得,在最低温度下反应的最早阶段可以计算成核过程脱水动力学参数,此过程 E_a 为 430 kJ·mol^{-1}。已经用 TG[134]在 N_2 中研究了 Co、Ni 和 Fe(II)草酸盐二水合物的脱水以及混合的 Fe-Cu、Co-Cu 和 Ni-Cu 草酸盐水合物的脱水过程。对于单一草酸盐和混合草酸盐体系,脱水反应通常发生在 400～450 K 之间,动力学行为一般是相似的且符合 R2、R3 或 F1 方程,绝大多数反应的 E_a 值在 80～90 kJ·mol^{-1} 之间。

Mutin 等[135]使用 TG、DTA、X 射线衍射和显微镜等互补测量方法详细地测定了草酸氢钡二水合物-水蒸气体系的相图,研究发现水被包裹在二水合物内稳定的 Ba^{2+} 和 $C_2O_4^{2-}$ 离子阵列之间的线性晶内通道中,从而保持了晶体的相干性。脱水过程遵循晶体内扩散 H_2O 迁移到表面且没有晶体重构的机制(WET 4B[3])。

12.3.23　柠檬酸钠二水合物

Tanaka 等人[136]发现在 420～440 K 之间柠檬酸钠二水合物单晶可以比相对更稳定的粉末更快速地脱水,原因是增强的成核作用导致较大晶体内的应变以及促进反应的一些水的保留。对于单晶脱水过程,$E_a = 203$ kJ·mol^{-1},$A = 1.0 \times 10^{22}$ s^{-1},速率数据符合 A3 或 A4 方程。而对于粉末体系,$E_a = 294$ kJ·mol^{-1},$A = 1.3 \times 10^{32}$ s^{-1},反应更符合 F1 方程。

12.3.24　酒石酸锂钾水合物

文献[45-46,102]中对比研究了分别含有外消旋(d-,dl-)和内消旋(meso)形式的酒石酸根阴离子的 $LiKC_4H_4O_6$ 结晶水合物的脱水过程,这三种盐由相同离子组分以不同的立体化学结构排列而成。外消旋(dl)一水合物[45]和内消旋二水合物[46]的脱水伴随着熔化过程,并用于从未添加额外溶剂(H_2O)的熔融反应物中释放水的动力学研究,这两种盐的脱水机制均被归于 WET 5[3]。

d-$LiKC_4H_4O_6$·H_2O[102]单晶的水分损失过程主要通过成核和生长反应(WET 3[3])进行。在出现生长核之前,所有晶体外表面的初始脱水都受扩散控制和限制。无水产物的连续生成几乎完全消除了成核的诱导期,这种无水产物提供用于重结晶脱水反应物以形成相应的无水产物晶种。这种促进产物形成的方法似乎在核生长过程中保持在界面上(在约 400 K 反应温度下,对于重结晶促进剂的水保留和吸附均不太有利(例如文献[44]))。可以得出结论[102],直到成核作用产生结晶的无水产物,水合物表面的扩散水脱水程度受到限制,其在脱水核相对边界处不断地产生重结晶,形成的通道允许 H_2O 逸出。相对界面是在活性核边界处由水合反应物表面的扩散水分损失控制的,通过在与核内产物接触时连续再生作用而促进的重构。

12.3.25　含有 H_2O 和其他配体的配位化合物

这类配位化合物中的水通过配位键与阳离子(通常为过渡金属离子)形成配体。这样的 H_2O 配体与其他晶体成分相比有更大的倾向形成氢键,因此增加了稳定性。在上文中已经提到了这类盐的脱水实例,例如明矾的脱水过程。还有其他类型的配位化合物,这类化合物中存在一个或多个 H_2O 配体(每个阳离子)以及完成配位键的其他基团。这些化合物的热反应在这里是一个可以全面综述的更加广泛的话题,下面给出的例子中包括脱水引起的化学变化的代表类型,这些反应可以称作"结晶水合物的脱水过程",尤其是针对那些在每个阳离子上含有单个 H_2O 配体的反应物。

在加热时,这些配位化合物中一部分脱去 H_2O 形成双核物质,如以下实例[137-138]所示:

$$[Co(NH_3)_5H_2O][Co(CN)_5Cl]\ (8\ h, 400\ K) \longrightarrow [(NH_3)_5CoNCCo(CN)_4Cl]$$

$$[Co(NH_3)_5H_2O][Fe(CN)_6]\ (380\ K) \longrightarrow [(NH_3)_3Co(NH_2)_2(NC)Fe(CN)_3]$$

在与这种特殊类型的固态反应有关的少数机理讨论中,House[139]确定了在晶体内相互作用过程中形成的过渡态中产生一个点缺陷。考虑到 E_a 的大小和反应熵,可以得出这样的结论:

$$[Cr(NH_3)_5H_2O]X_3 \longrightarrow [Cr(NH_3)_5X]X_2 + H_2O(X\ 表示卤离子)$$

通过 Frenkel 型缺陷进行反应,并通过脱去 H_2O 分子的 S_N1 机制进行脱水。

LeMay 和 Babich[140]之后指出,由于反应条件的不可控性,所测量的这些反应的活化参数的数值可能不可靠。通过程序变量的影响产生的控制可能大于结构在确定反应速率方面的影响,目前已经完成了对于这些反应中的一些等转化率动力学行为的研究工作[36-37]。

他们提出的这个机制[139]已经应用于含有一些水的很多配位化合物反应(Ribas 等[141-142])的研究工作以及 $COCl_2 \cdot 6H_2O$ 的脱水研究[143]。在 S_N1 机制中,过程的 E_a 由晶场和晶格分量决定[137]。对于这一类型的反应,"单位晶胞自由空间"有助于控制脱附水分的化学步骤的重要参数。如果反应位置处有足够的空间,则从配位层中脱除的 H_2O 分子可容纳最小的晶格畸变,并且 E_a 将变低。

12.3.26　测量动力学特性的重复性

House 等人的研究工作中[144-145]强调了在一系列不同的反应条件下进行几组重复速率测量的必要性。通过若干组重复实验的可重复的动力学分析,可以得到较为可靠的结论,如以下两个实例所示。对于 $(NH_4)_2C_2O_4 \cdot H_2O$[144]的一系列脱水实验研究工作,在不同的反应条件下用 TG 在 N_2 中分别进行等温和升温实验。每组至少进行了四次重复实验。通过对 $328 \sim 348$ K 之间的速率测定,对代表性的数据(28 个实验中的 22 个)进行分析可以得出,最佳拟合方程为 R2 方程,并且 A1.5 或 A2 方程为"次最佳拟合"方程。另外,可以发现从数据与动力学模型的精确对应中难以推断出其机理。得到的 E_a 值为 $73\ kJ \cdot mol^{-1}$,其与非等温测量的动力学分析结果相差 $138\ kJ \cdot mol^{-1}$。

从约 375 K 下 $K_4[Ni(NO_2)_6] \cdot 0.75H_2O$ 脱水的多次动力学测量结果来看,最常见的"最佳拟合"数据是 A1.5 或 A2 方程。

12.4 其他脱水过程

12.4.1 引言

在实际应用中,包括碱金属氢氧化物、层状硅酸盐、酸性磷酸盐等在内的多种结晶固体含有反应形成 H_2O 分子并在加热时通过羟基、羧基等的反应释放出水。虽然不能认为这些反应物是结晶水合物,但是其中一些反应的机理与上文讨论的脱水比较类似。因此,为了尽可能覆盖本章中所讨论的水合物的种类,在以下的内容中将介绍这些相关过程,对这些相似性过程的了解可能会增加对所有脱水的化学认识。其中一些(可能)相关的反应在这里也做了简要描述,以更突出该主题的全面性特点。

12.4.2 碱金属氢氧化物

氢氧化镁的脱水被认为是一种成核和生长过程,其中由于在形成 MgO 产物时发生的大体积减少($\times 0.45$)而产生的晶体应变会导致晶体开裂。发生这种转变时,$Mg(OH)_2$ 中的六方密堆积阴离子转化为立方密堆积的 MgO,逐渐扭曲,使得 {111} 产物间距与反应物的 {001} 间距匹配。由小晶体组成的样品的反应过程满足 F1 方程,且其 $E_a = 125\ kJ \cdot mol^{-1}$。

Brett 等人完成了描述金属氢氧化物脱水的重要综述[147],其中包括一些反应模型的讨论。根据均相理论,在每个颗粒体中,邻近的羟基通过质子转移产生 H_2O,并在扩散到晶体表面之后逸出水。这种不均匀的反应机制表现出与成核和生长表征相同的特征[146]。吸附区域是 Mg^{2+} 扩散到其上的区域,随后转化为 MgO,而脱附区域则失去阳离子并形成 H_2O,该过程伴随着应变和颗粒分解。使用 NMR[25] 研究 Mg[148] 的工作可以检测到在反应物结构内开始生长的 MgO 小颗粒,并且可以通过 X 射线衍射鉴定随后聚结形成的较大晶粒。

对氢氧化钙慢速脱水的动力学研究[105]表明反应速率对程序变量较为灵敏,特别是反应物的致密度和性质。表观 Arrhenius 参数的大小随反应条件而变化,并表现出动力学补偿效应。由此可以得出这样的结论,脱水反应和产物重结晶过程在空间和时间上是独立的。Chaix-Pluchery 和 Niepce[149]确定了前驱体预反应满足这种机制,通过这种反应将反应物转化为可能发生脱水的形式,在研究中还描述了从产生几种 Al_2O_3 结构的各种氢氧化铝中脱除水的反应[147]。同样有很多关于氢氧化铁脱水的研究,其中至少有一些过程涉及拓扑异构[150]。$Cd(OH)_2$ 的脱水过程是一个成核和生长过程,但是并不总是二级反应过程[151]。Rao[152]已经认识到脱羟基形成的新型材料伴随着结构相关但同时存在不同的氧化物。此外,还有很多关于混合氢氧化物(碱性盐)如 $Cu(OH)F$ 等的热反应的研究[153-155]。

12.4.3 含有氢氧化物的层状矿物

这里所述的内容是为了研究含氢氧化物矿物层状结构的脱水的一些相似性以及诸

如甲酸铜四水合物[127]和硫酸钙二水合物[60]等结晶水合物的拓扑脱水过程。许多层状矿物的脱水通过扩散控制的 H_2O 损失过程来进行，H_2O 可能在已存在或产生的扩展和相对稳定的离子或共价结构内（属于 WET 2 机制）。若固体产物在失水过程中弹性和应力不足，则在相对界面处不会出现再结晶过程或破裂现象。该产物几乎不受反应物改性的影响，因此可保持与其反应物相的全面接触。一些天然存在的硅酸盐（包括由强共价键组成的阴离子结构）的脱水过程已经显示出通过层之间的扩散控制逸出而失去 H_2O 的特征。例如，在白云母脱氢氧根的过程中就是这种情况，在真空中 $E_a = 225\ kJ \cdot mol^{-1}$。Okhotni-kov 等已论述了该理论[156]。

12.5　脱水过程的一些其他特征

12.5.1　剧烈脱水过程

由 Stoch[157]综述的这种较少见的反应类型（WET 4A）可能是反应物具有相当大的三维稳定性的结果。由于具有牢固的内聚结构没有发生成核和裂化，并且在本章 12.4.2 节中描述的结构单元之间不存在晶体内用于 H_2O 扩散逸出的通道或平面，有效地防止了水的扩散逸出。在具有这些特殊晶体特征的极少数固体中，由羟基相互作用形成的 H_2O 分子保留在晶体内，损失量相对较小。在特征温度下，结合水的压力变得足够大，可以有效地避免结构发生剧烈分解。例如，硬硼酸钙石 $Ca_2B_6O_8(OH)_2 \cdot 2H_2O$ 在 648 K 剧烈地释放 H_2O，生成了经 X 射线分析为无定形结构的残留物，并保留一定比例的仅在较高温度下释放的水。对蛭石矿物迅速加热导致结构剥落，产生膨胀现象，产物具有较好的绝热性能。

12.5.2　玻璃态形成和多态转变

在上文中已经提到，无水或低水合产物可能不会在脱水界面附近重结晶。在很多盐中，结构排序过程可能会延迟或根本不会发生，此外，该现象会受到主要条件的影响。在一些脱水中另外的可能性是该产物可能产生并保持在一个或多个玻璃化形态。这种现象在药物制剂中具有相当重要的实际应用，其中所得到的混合物的性质可能会受到颗粒或微晶的具体形式、结构和性质的影响。海藻糖二水合物的脱水过程引起了特别的关注，因为在脱水过程中会产生几种不同的无水多晶型物，即玻璃态和结晶态[158]。毫无疑问，无水产物形成过程的复杂性和对化学条件依赖性的特点正在受到研究者的重点关注。Descamps 和同事们的报告中还回顾了所发现的一些问题，并提供了相关的文献资料[158]。这里提到这个受关注的话题是为了有效地评估这些发展中的观点在研究界面性质和产物结构（包括可能的不同非晶相的干涉）以及超越结晶水合物的更大范围的脱水时的相关性。通过研究这一新型方法，可以支持这一研究方法在研究界面性质和产物结构方面的相关性，包括可能由不同的非晶相干涉和跨度更宽的结晶水合物的脱水过程的研究。

12.5.3　定向反应趋势

如果相对于反应物以一个或多个晶体等效取向形成固体产物,并且如果该反应可以通过反应物晶体的整个体积进行,则反应显示出定向趋势性的特征[53-55,159]。得到的产物保留了在整个界面不连续处反应物的一些有序性和晶格取向特性,这种结构表明在反应区域反应物组分的比例仅经历了小的变化。这种研究中考虑到了明显不受干扰的结构特征,可以提供关于所涉及的化学过程的机械信息以及可以作为排除引入无序的过程的处理方法。Oswald[53-54,159]已经讨论了所发现的定向趋势的类型,例如 $MoO_3 \cdot 2H_2O(\rightarrow MoO_3 \cdot H_2O \rightarrow MoO_3)$、$Mg_2(OH)_2CO_3 \cdot 3H_2O$、$KVO_3 \cdot H_2O$ 以及 $Co_3(OH)_2(SO_4)_2 \cdot 2H_2O$ 的脱水。

12.5.4　表面反应

显微镜观察结果表明,一些结晶水合物如 $KAl(SO_4)_2 \cdot 12H_2O$ 经过脱水后暴露于水蒸气中,表面将经过改性形成"橙皮状"结构[44,47]。铬明矾没有发生类似的结构重组现象,但其表面活性增强,这种现象由脱水条件恢复后形成的核数量大量增加可以看出[20,44]。这些反应行为模式可以归因于最初的水分损失和之后的一些水合作用都在晶体表面允许的应变材料的最大厚度内发生。形成这类产物的重结晶过程被定义为在启动和维持反应以及成核和生长过程的脱水过程中的控制步骤[102]。这种水能够促进部分脱水盐的结构重整,解释了在活性和前进核边界处表面反应性的增强[44]。随后,Guarini和 Dei[67]证明了 11 种不同水合盐形成"橙皮状"结构的普遍现象。之后的工作[160]用热分析方法研究了这些反应[47],重点关注老化过程中的变化。

表面脱水时采用连贯的、半渗透的或不可渗透但柔性的边界层可防止释放的水逸出,这样可以解释在适当的条件下 $NiSO_4 \cdot 6H_2O$ 脱水形成的泡状膨胀现象[96]。在铜的两种配位化合物的脱水过程中出现了一些不同的现象[161]。嘧啶复合盐粉末在 413 K 以下可以稳定地失水。相反,当温度上升到 373 K 时,晶体中的反应开始发生,在 393 K(WET 5[3])重新凝固之前,反应物颗粒突然出现爆裂形成液态产物。这是由几乎不透水的浅表皮破坏和不同于表面的晶体内结构引起的,这种作用使高硬度的硬硼酸盐突然破坏[157]。

在脱水(和其他结晶反应)开始过程中表面层内发生的包括应变在内的改变可能会使位错位置与生长核位置(在脱水条件下形成)在显微镜下与比较匹配的裂面相关联[95]。如果需要提出与这种成核现象相应的理论,那么需要优先考虑扩大研究范围,更详细地描述表面的初始化学反应。

12.5.5　反应物脱水

对高温结晶反应(包括阴离子分解或其他热过程)的研究通常使用原来制备的水合物反应物。在加热时,通常在初始步骤中迅速失去组分水,可以在达到反应温度之前完成。当使用含有制冷剂收集器的设备时,可能不会检测到(甚至不考虑)这类产物。TG实验表明,结晶水的初始损失有时可以迅速地完成,以至于其不与待研究的反应重叠(除了可能略微延长加热时间之外)。

需要注意的是,许多脱水的结构和形态的变化都可以在很重要的方面改变反应物的结构,晶格、粒度、表面积、晶面露出形式、应变类型、缺陷的浓度和分布(等)都可能被彻底地改变。反应温度过高使重构过程中产生的一部分晶体缺陷能够通过退火去除。然而,脱水或重结晶对新形成的反应物的影响同样不容忽视。对于水合物而言,上述类型的变化是制备(通常为无水)反应物的前驱体的过程。

所讨论的这个主题已经超出了本章节的范围,因此只是强调对于水合物发生的上述类型的变化是制备(通常为无水)反应物的步骤。为说明这些步骤的重要性,以下内容中给出了两个例子:

(1) 草酸钴分解的动力学特征[162]随着之前的脱水温度而显著变化。在 420 K 下脱去水分得到多孔反应物,而在 470 K 下形成的无水盐则具有较低的表面积。

(2) 草酸镍二水合物[163]的脱水过程发生在与阴离子($C_4O_4^{2-}$)分解相似的温度范围,在 470~540 K 同时获得可靠的分解步骤的动力学数据遇到了相当大的困难。

12.6　结果与讨论

近期相关文献中提供了相当多的数据,表明脱水化学的研究受到了持续且较为广泛的关注。除了固态化学相关方面的研究之外,一些研究关注于易制备的许多水合无机盐的较大的且相对完美的晶体作为脱水研究的极佳反应物。这种类型的热反应动力学和显微镜研究的相互作用对成核、生长以及实际上所有的界面反应模型都有重要的促进作用[1-3,10-12,51,73]。这些研究对键再分配优先发生在反应物-产物界面或其附近的化学变化的相对界面内有深入的了解,由此导致了一系列著名的基于几何的动力学表达式发展[1-2,10-12,51]。这些结果受到广泛认可,并作为这一领域的重要统一特征。

然而,基于固态反应控制和机理(例如 P-W 模型)发展的理论尚未完全实现早期(显然是快速地)提出的一些理论预测。现在看来,正如最初所假设的那样,结晶水合物的脱水可能不被单个化学步骤所控制或者完全遵循相关的理论描述,这些均基于与当时成功推进的适用于均相过程理论概念相似的理论。当前比较明显的问题是,结晶反应中的化学反应比最初所认识的更难以表征。反应的可逆性或吸热性可以是速率控制,或者至少在用于动力学测量的一些反应条件下速率影响,这些对程序变量[35]灵敏的性质已被认为是出现 Smith-Topley 现象的原因[31-32]。同样,由于可逆性,总体的动力学特征并不总是与已知的成核速率和生长速率一致[3,17]。进一步来看,Polanyi-Wigner 方程[11,20,25-27]不可以再作为界面反应速率的定量表示形式,其机理可能比简单的一步模型更加复杂。然而,能够认识到界面化学所固有的困难以及现有理论的不足本身就是一种进步。目前有许多关于脱水的研究,尽管可利用的理论存在缺陷和不足,但是对这些反应的研究仍在继续。

对于很多脱水过程,还没有统一的标准来评价关于论文中提到的 Arrhenius 参数大小的可靠性及其意义。在不了解 A 和 E_a 对反应条件的灵敏性的前提下,这些值不能作为假定的确定步骤速率的度量[33-36]。由于不同条件下水蒸气的性质不相同,需要完成进一步的工作,以确定每个脱水条件对实验环境的敏感程度,例如,$NiC_2O_4 \cdot 2H_2O$ 脱水速率受 $p(H_2O)$ 的强烈影响[33],而明矾的脱水似乎对晶体外部水分敏感性较弱[17,44],$NiSO_4 \cdot 6H_2O$ 的脱水受反应条件的影响较为显著[7,95-99]。在研究中已经强调了为获得数据可重复性进行补充和复制的必要性[144-145],尽管通常没有考虑这些因素。除了这些可逆性的影响外,自冷(或加热)过程也对脱水率产生显著的影响[31-32]。

对于与特定过程正相关的测量,必须使用理论上可行的反应模型和计算方法[23,24]说明动力学数据。对速率特征的充分描述需要参见"动力学三因子",即动力学模型($g(\alpha) = kt$)以及 Arrhenius 参数等。动力学模型的形式应该用单位(时间$^{-1}$)表示速率常数,并采取符合通用化学定义的术语的一致用法。此外,动力学分析要求数据来自多个等温动力学实验,包括足够的温度范围。当使用非等温方法时,必须含有足够多的不同加热速率。任何一种类型的单一实验都不能完全地表征反应速率过程[164]。

有时在精确的指定条件下进行反应,通过经验获得的动力学结果通常具有相当大的实际价值,可用于制备或生产中。然而,为了获得反应化学的数据,包括机理、反应性控制和个别程序变量的影响[35],需要进行更全面的测量和确定性的研究。作者认为,这一领域以及所有结晶反应的进展,都因缺乏能够对不同类型现象进行分类的公认标准以及认识到相关类型的反应物之间反应活性变化的趋势而受到负面的影响,这种不规范现象[3]可通过当前可用的理论固有的局限性来确定。结果是每个反应物的现象往往被单独说明,因此不同速率过程之间的化学关系并不总是全面的和相对的研究结果。目前尚不清楚这种情况是否是这些经过深入研究的反应缺少关键性评论的原因。

研究得到的众多不同水合盐的脱水行为模式和动力学特性差异很大的原因,在于未将这些差异系统化并将报告的行为模式表示为普遍适用的理论[3,73,165]。作为在各种不同的保留结构的结晶水合物中提供的 H_2O,其具有不同的键合强度。主要包括几种类型和连接的组合,即作为配体通过氢键配位或作为"空间填充物"。加热固体产生的水可以(来自合适的反应物)选择性地从羟基或酸基团产生。因此,可以从低于环境的温度 213 K[117]到高达 650 K[104]的范围研究结晶水合物的脱水。而且,如上述几个例子所示,通过一系列连续且不同的化学计量的脱水过程可以逐步进行水分析。与每个步骤对应的可能的产物重结晶可以与脱水同时发生、延迟或根本不发生。Petit 和 Coquerel[165]详细讨论了晶格重组在研究脱水反应机理和其他固态过程中的作用,论文中提供了一个组织结构图,将结构、物理和化学特征相互关联,以控制在结晶水合物中脱水和由此产生的变化。所描述的统一模型可用于对比可能的分子晶体脱水机理。

在本章中,我们强调了使用补充实验来补充和确认结论(仅)涉及结晶水合物脱水的速率研究(实际上可以是所有的结晶反应)的重要性。反应化学计量学的分析结果以及每个目标产物的化学变化是单一速率过程的证明,对所有基础动力学研究有着不可或缺的贡献。可以通过显微镜观察来证实动力学数据的解释,推断出相对界面的几何学结论(并且有时可能更直接且可靠地获得)。得到的动力学参数 A 和 E_a 可以提供界面化学有关的解释,包括反应性的控制和目标反应的机理,可通过使用各种技术(显微镜、X 射线衍射、光谱等)从最广泛的相关互补实验中获得一致信息进行核对而增加动力学结论的可靠性。

我们认为,对更多文献的批判性和比较性的研究是对这一课题进行深入研究时所缺乏的科学基础和理论框架方面的工作,在之后的研究更可能是对已有的研究进行排序,而不是对新型反应物进行额外的动力学研究。可以认为对于结晶反应的研究是一个独立的学科,在化学和机理学认识方面提出了比普遍认可的更大的理论挑战。尽管如此,仍然有足够多的研究来进行更加有意义的工作,以扩大和系统化(最重要的)已经存在的实质性基础的信息。

致谢

特别感谢迈克尔·布朗教授在我们共同合作多年的过程中给予的激励,对本章所涉及的主题我们进行了充分的讨论[166],感谢他在本书出版时提供的建设性和慷慨的帮助。

参考文献

[1] A. K. Galwey and M. E. Brown, Handbook of Thermal Analysis andCalorimetry, Vol. 1 (Ed. M. E. Brown), Elsevier, Amsterdam, 1998, Chap. 3.

[2] A. K. Galwey and M. E. Brown, Thermal Decomposition of Solids, Elsevier, Amsterdam, 1999.

[3] A. K. Galwey, Thermochim. Acta, 355 (2000) 181.

[4] A. F. Wells, Structural Inorganic Chemistry, 4th Edn, Clarendon, Oxford, 1975, p537-569.

[5] R. W. G. Wyckoff, Crystal Structures, 2nd Edn, Vol. 3, Interscience, New York, 1965, p529-926.

[6] M. Lallemant and G. Watelle-Marion, C. R. Acad. Sci. Paris, C264 (1967) 2030; C265 (1967) 627; C272 (1971) 642.

[7] N. Koga and H. Tanaka, J. Phys. Chem., 98 (1994) 10521.

[8] A. K. Galwey and G. M. Laverty, Thermochim. Acta, 138 (1989) 115.

[9] P. W. M. Jacobs and A. R. Tariq Kureishy, Trans. Faraday Soc., 58 (1962)551; React. Solids, Elsevier, Amsterdam, 1961, p353.

[10] P. W. M. Jacobs and F. C. Tompkins, Chemistry of the Solid State (Ed. W. E. Garner), Butterworths, London, 1955, Chap. 7.

[11] D. A. Young, Decomposition of Solids, Pergamon, Oxford, 1966.

[12] M. E. Brown, D. Dollimore and A. K. Galwey, Comprehensive ChemicalKinetics, Vol. 22, Elsevier, Amsterdam, 1980.

[13] A. K. Galwey and G. M. Laverty, Solid State Ionics, 38 (1990) 155.

[14] A. C. Cumming, J. Chem. Soc., 97 (1910) 593.

[15] V. V. Boldyrev, Y. A. Gaponov, N. Z. Lyakhov, A. A. Politov, B. P. Tolochko, T. P. Shakhtshneider and M. A. Sheromov, Nucl. Inst. Methods Phys. Res., A261 (1987) 192.

[16] G. G. T. Guarini, J. Thermal Anal., 41 (1994) 287.

[17] A. K. Galwey and G. G. T. Guarini, Proc. R. Soc. (London), A441 (1993)313.

[18] M. E. Brown, A. K. Galwey and A. Li Wan Po, Thermochim. Acta, 203(1992) 221; 220 (1993) 131.

[19] H. Kodama and J. E. Brydon, Trans. Faraday Soc., 64 (1968) 3112.

[20] W. E. Garner, Chemistry of the Solid State (Ed. W. E. Garner), Butterworths, London, 1955, Chap. 8.

[21] A. K. Galwey and M. E. Brown, Proc. R. Soc. (London), A450 (1995) 501.

[22] M. E. Brown and A. K. Galwey, Thermochim. Acta, 387 (2002) 173.

[23] A. K. Galwey, Thermochim. Acta, 397 (2003) 249.

[24] A. K. Galwey, Thermochim. Acta, 399 (2003) 1.

[25] M. Polanyi and E. Wigner, Z. Phys. Chem., A139 (1928) 439.

[26] B. Topley, Proc. R. Soc. (London), A136 (1932) 413.

[27] A. K. Galwey, Thermochim. Acta, 242 (1994) 259.

[28] M. E. Brown, A. K. Galwey and G. G. T. Guarini, J. Thermal Anal., 49 (1997) 1135.

[29] B. V. L'vov, Thermochim. Acta, 373 (2001) 97.

[30] B. V. L'vov, Thermochim. Acta, 315 (1998) 145.

[31] G. Bertrand, M. Lallemant, A. Mokhlisse and G. Watelle-Marion, J. Inorg. Nucl. Chem., 36 (1974) 1303; 40 (1978) 819; see also :Phys. Chem. Liq., 6 (1977) 215; J. Thermal A-nal., 13 (1978) 525;Thermochim. Acta, 38 (1980) 67.

[32] B. V. L'vov, A. V. Novichikhin and A. O. Dyakov, Thermochim. Acta, 315 (1998) 169.

[33] T. B. Flanagan, J. W. Simons and P. M. Fichte, Chem. Commun., (1971)370.

[34] D. Beruto and A. W. Searcy, J. Chem. Soc., Faraday Trans. I, 70 (1974)2145.

[35] F. H. Wilburn, J. H. Sharp, D. M. Tinsley and R. M. Mclntosh, J. ThermalAnal., 37 (1991) 2003, 2021.

[36] A. K. Galwey and M. E. Brown, Thermochim. Acta, 300 (1997) 107.

[37] A. K. Galwey, Adv. Catal., 26 (1977) 247.

[38] N. J. Cart and A. K. Galwey, Thermochim. Acta, 79 (1984) 323.

[39] W. E. Garner (Ed.), Chemistry of the Solid State, Butterworths, London, 1955.

[40] A. K. Galwey, J. Thermal Anal., 38 (1992) 99.

[41] V. N. Makatun and L. N. Shchegrov, Russ. Chem. Rev., 41 (1972) 905.

[42] N. Z. Lyakhov and V. V. Boldyrev, Russ. Chem. Rev., 41 (1972) 919.

[43] H. Tanaka, Thermochim. Acta, 267 (1995) 29.

[44] A. K. Galwey, R. Spinicci and G. G. T. Guarini, Proc. R. Soc. (London), A378 (1981) 477.

[45] S. D. Bhattamisra, G. M. Laverty, N. A. Baranov, V. B. Okhotnikov and A. K. Galwey, Phil. Trans. R. Soc. (London), A341 (1992) 479.

[46] A. K. Galwey, G. M. Laverty, V. B. Okhotnikov and J. O'Neill, J. ThermalAnal., 38 (1992) 421.

[47] L. Dei, G. G. T. Guarini and S. Piccini, J. Thermal Anal., 29 (1984) 755.

[48] M. A. Mohamed, A. K. Galwey and S. Halawy, Thermochim. Acta, 323(1998) 27.

[49] D. A. Young, Decomposition of Solids, Pergamon, Oxford, 1966, Chap. 3.

[50] M. E. Brown (Ed.), Handbook of Thermal Analysis and Calorimetry, Vol. 1, Elsevier, Amsterdam, 1998.

[51] M. E. Brown, Introduction to Thermal Analysis, Chapman and Hall, London, 1988; 2nd Ed. , Kluwer, Dordrecht, 2001.

[52] M. G. Burnett, A. K. Galwey and C. Lawther, J. Chem. Soc. , FaradayTrans. , 92 (1996) 4301.

[53] H. R. Oswald, Proc. 6th Int. Conf. on Thermal Analysis (Ed. W. Hemminger), Birkhatiser, Basel, 1 (1981) 1.

[54] J. R. Gtinter and H. R. Oswald, Bull. Inst. Res. Koyoto Univ. , 53 (1975)249.

[55] V. V. Boldyrev, React. Solids, 8 (1990) 231.

[56] S. V. Vyazovkin and A. I. Lesnikovich, J. Thermal Anal. , 35 (1989) 2169.

[57] J. H. Flynn, Thermochim. Acta, 300 (1997) 83.

[58] N. Koga and H. Tanaka, Thermochim. Acta, 303 (1997) 69.

[59] V. B. Okhotnikov and N. Z. Lyakhov, J. Solid State Chem. , 53 (1984) 161.

[60] V. B. Okhotnikov, S. E. Petrov, B. I. Yakobson and N. Z. Lyakhov, React. Solids, 2 (1987) 359.

[61] M. C. Ball, Thermochim. Acta, 24 (1978) 190.

[62] H. Tanaka and N. Koga, J. Phys. Chem. , 92 (1988) 7023.

[63] D. E. Brown and M. J. Hardy, Thermochim. Acta, 90 (1985) 149.

[64] E. Dubler and H. R. Oswald, Helv. Chim. Acta, 54 (1971) 1621, 1628.

[65] N. Gérard, Bull. Soc. Chim. Fr. , (1970) 103.

[66] J. A. Couper and W. E. Garner, Proc. R. Soc. (London), A174 (1940) 487.

[67] G. G. T. Guarini and L. Dei, J. Chem. Soc. , Faraday Trans. I, 79 (1983)1599.

[68] A. K. Galwey, R. Reed and G. G. T. Guarini, Nature, London, 283 (1980)52.

[69] A. K. Galwey and M. A. Mohamed, Thermochim. Acta, 121 (1987) 97.

[70] M. E. Brown, B. Delmon, A. K. Galwey and M. J. McGinn, J. Chim. Phys. , 75 (1978) 147.

[71] A. K. Galwey, Thermochim. Acta, 96 (1985) 259.

[72] A. K. Galwey, N. Koga and H. Tanaka, J. Chem. Soc. , Faraday Trans. , 86(1990) 531.

[73] N. Koga and H. Tanaka, Thermochim. Acta, 388 (2002) 41.

[74] V. B. Okhotnikov, N. A. Simakova and B. I. Kidyarov, React. Kinet. Catal. Lett. , 39 (1989) 345.

[75] M. E. Brown, R. M. Flynn and J. H. Flynn, Thermochim. Acta, 256 (1995)477.

[76] Yu. A. Gapanov, B. I. Kidyarov, N. A. Kirdyashkina and N. Z. Lyakhov, J. Thermal Anal. , 33 (1988) 547.

[77] H. Tanaka and N. Koga, J. Phys. Chem. , 93 (1989) 7793; J. ThermalAnal. , 36 (1990) 2601; Thermochim. Acta, 183 (1991) 125.

[78] J. Huang and P. K. Gallagher, Thermochim. Acta, 192 (1991) 35.

[79] V. V. Boldyrev, Bull. Soc. Chim. Fr. , (1969) 1054.

[80] C. Popescu, V. Jianu, R. Alexandrescu, I. N. Mihalescu, I. Morjan and M. L. Pascu, Thermochim. Acta, 129 (1988) 269.

[81] D. Stoilova and V. Koleva, Thermochim. Acta, 255 (1995) 33.

[82] M. C. Ball and L. S. Norwood, J. Chem. Soc. A, (1969) 1633; (1970)1476; J. Chem. Soc., Faraday Trans. I, 69 (1973) 169; 73 (1977) 932; 74(1978) 1477; React. of Solids, Chapman and Hall, London, 1972, p717.

[83] M. C. Ball and R. G. Urie, J. Chem. Soc. A, (1970) 528.

[84] K. Fugii and W. Kondo, J. Chem. Soc., Dalton Trans., (1986) 729.

[85] I. V. Melikhov, V. N. Rudin and L. I. Vorob'eva, Mendeleev Commun., (1991)33.

[86] F. Paulik, J. Paulik and M. Arnold, Thermochim. Acta, 200 (1992) 195.

[87] M. C. Ball, Thermochim. Acta, 24 (1978) 190.

[88] C. A. Strydom and G. Pretorius, Thermochim. Acta, 223 (1993) 223.

[89] W. E. Garner and M. G. Tanner, J. Chem. Soc., (1930) 47; N. F. H. Bright and W. E. Garner, J. Chem. Soc., (1934) 1872; W. E. Garner and H. V. Pike, J. Chem. Soc., (1937) 1565.

[90] A. I. Zagray, V. V. Zyryanov, N. Z. Lyakhov, A. P. Chupakhin and V. V. Boldyrev, Thermochim. Acta, 29 (1979) 115.

[91] W-L. Ng, C-C. Ho and S-K. Ng, J. Inorg. Nucl. Chem., 34 (1978) 459.

[92] M. L. Smith and B. Topley, Proc. R. Soc. (London), A134 (1932) 224.

[93] S. El-Houte, M. El-Sayed and O. T. Sorensen, Thermochim. Acta, 138 (1989) 107.

[94] P. V. Ravindran, J. Rangarajan and A. K. Sundaram, Thermochim. Acta, 147(1989) 331.

[95] J. M. Thomas and G. D. Renshaw, J. Chem. Soc. A, (1969) 2749, 2753, 2756.

[96] G. G. T. Guarini and M. Rustici, React. Solids, 2 (1987) 381.

[97] G. G. T. Guarini and A. Magnani, React. Solids, 6 (1988) 277.

[98] S. G. Sinha, N. D. Deshpande and D. A. Deshpande, Thermochim. Acta, 113(1987) 95; 144(1989) 83; 156(1989) 1.

[99] P. N. Nandi, D. A. Deshpande and V. G. Kher, Thermochim. Acta, 32 (1979) 143.

[100] G. P. Acock, W. E. Garner, J. Milsted and H. J. Willavoys, Proc. R. Soc. (London), A189 (1947) 508.

[101] W. E. Garner and T. J. Jennings, Proc. R. Soc. (London), 1224 (1954) 460.

[102] A. K. Galwey, G. M. Laverty, N. A. Baranov and V. B. Okhotnikov, Phil. Trans. R. Soc. (London), A347 (1994)139, 157.

[103] A. Cohen and M. Zangen, Thermochim. Acta, 133 (1988) 251.

[104] D. C. Anderson and A. K. Galwey, Canad. J. Chem., 70 (1992) 2468.

[105] A. K. Galwey and G. M. Laverty, Thermochim. Acta, 228 (1993) 359.

[106] G. G. T. Guarini and S. Piccini, J. Chem. Soc., Faraday Trans. I, 84(1988)331.

[107] G. G. T. Guarini and R. Spinicci, J. Thermal Anal., 4 (1972) 435.

[108] R. K. Osterheld and P. R. Bloom, J. Phys. Chem., 82 (1978) 1591.

[109] J. A. Lumpkin and D. D. Perlmutter, Thermochim. Acta, 249 (1995) 335;202 (1992) 151.

[110] Vu Van Hong and J. Sundström, Thermochim. Acta, 307 (1997) 37.

[111] J. R. Gfinter, J-P. Matthieu and H. R. Oswald, Helv. Chim. Acta, 61 (1978) 328, 336.

[112] M. A. Mohamed and S. A. Halawy, J. Thermal Anal., 41 (1994) 147.

[113] H. Tanaka and N. Koga, J. Phys. Chem., 92 (1988) 7023; Thermochim. Acta, 163 (1990) 295.

[114] D. J. Devlin and P. J. Herley, Thermochim. Acta, 104 (1986) 159; React. Solids, 3 (1987)

75.

[115] M. C. Ball, C. M. Snelling and A. N. Strachan, J. Chem. Soc., FaradayTrans. I, 81 (1985) 1761.

[116] J. Paulik, F. Paulik and M. Arnold, J. Thermal Anal., 27 (1983) 409, 419.

[117] M. L. Franklin and T. B. Flanagan, J. Phys. Chem., 75 (1971) 1272; J. Chem. Soc., Dalton Trans., (1972) 192.

[118] H. Kawaji, K. Saito, T. Atake and Y. Saito, Thermochim. Acta, 127(1988) 201.

[119] K. R. Sakurai, D. A. Schaeffer and P. J. Herley, Thermochim. Acta, 26(1978) 311.

[120] G. G. T. Guarini and L. Dei, Thermochim. Acta, 250 (1995) 85.

[121] E. A. Prodan and L. A. Lesnikovich, Thermochim. Acta, 203 (1992) 269.

[122] N. Petranovic, U. Mioc and D. Minic, Thermochim. Acta, 116(1987) 131, 137.

[123] M. C. Ball and M. J. Casson, J. Chem. Soc., Dalton Trans., (1973) 34.

[124] T. C. Viamakis, P. J. Pomonis and A. T. Sdoukos, Thermochim. Acta, 173 (1990) 101.

[125] M. Trojan and D. Brandova, Thermochim. Acta, 157 (1990) 1, 11; 159 (1990) 1, 13; 161 (1990) 11.

[126] T. A. Clarke and J. M. Thomas, J. Chem. Soc. A, (1969) 2227, 2230.

[127] J. R. Gfinter, J. Solid State Chem., 35 (1980) 43.

[128] Y. Masuda and K. Nagagata, Thermochim. Acta, 155 (1989) 255; 161 (1990) 55.

[129] Y. Masuda and Y. Ito, J. Thermal Anal., 38 (1992) 1793.

[130] Y. Masuda, Thermochim. Acta, 60 (1983) 203.

[131] M. C. Ball and L. Portwood, J. Thermal Anal., 41 (1994) 347.

[132] Y. Masuda, S. Shirotori, K. Minigawa, P. K. Gallagher and Z. Zhong, Thermochim. Acta, 282/283 (1996) 43.

[133] Y. Masuda, K. Iwata, R. Ito and Y. Ito, J. Phys. Chem., 91 (1987) 6543.

[134] A. Coetzee, M. E. Brown, D. J. Eve and C. A. Strydom, J. Thermal Anal., 41 (1994) 357.

[135] J-C. Mutin, G. Watelle-Marion, Y. Dusausoy and J. Protas, Bull. Soc. Chim. Fr., (1972) 4498 (see also: (1969) 58).

[136] H. Tanaka, Y. Yabuta and N. Koga, React. Solids, 2 (1986) 169.

[137] J. Casabo, T. Flor, F. Texidor and J. Ribas, Inorg. Chem., 25 (1986) 3166.

[138] J. E. House and F. M. Tahir, Polyhedron, 10 (1987) 1929.

[139] J. E. House, Thermochim. Acta, 38 (1980) 59.

[140] H. E. LeMay and M. W. Babich, Thermochim. Acta, 48 (1981) 147.

[141] M. Corbella and J. Ribas, Inorg. Chem., 25 (1986) 4390; 26 (1987) 3589; (see also: 23 (1984) 2236).

[142] J. Ribas, A. Escuer and M. Monfort, Thermochim. Acta, 76 (1984) 201; 103 (1986) 353.

[143] J. Ribas, A. Escuer, M. Serra and R. Vicente, Thermochim. Acta, 102 (1986) 125.

[144] J. E. House and R. P. Ralston, Thermochim. Acta, 214 (1993) 255.

[145] J. E. House, J. K. Muehling and C. C. Williams, Therlnochim. Acta, 222 (1993) 53.

[146] R. S. Gordon and W. D. Kingery, J. Amer. Ceram. Soc., 49 (1966) 654; 50(1967) 8.

[147] N. H. Brett, K. J. D. MacKenzie and J. H. Sharp, Q. Rev. Chem. Soc., 24 (1970) 185.

[148] K. J. D. MacKenzie and R. H. Meinhold, Thermochim. Acta, 230(1993)339.

[149] O. Chaix-Pluchery and J. C. Niepce, React. Solids, 5 (1988) 69.

[150] R. M. Cornell, S. Mann and A. J. Skarnulis, J. Chem. Soc., FaradayTrans. I, 79 (1983) 2679.

[151] J. C. Niepce and G. Watelle-Marion, C. R. Acad. Sci. Paris, C269 (1969) 683; C270 (1970) 298.

[152] C. N. R. Rao, Proc. Indian Nat. Sci. Acad., A52 (1986) 699.

[153] M. C. Ball and R. F. M. Coultard, J. Chem. Soc. A, (1968) 1417.

[154] P. Ramamurthy and E. A. Secco, Canad. J. Chem., 47 (1969) 2181, 3915;48 (1970) 1619, 2617, 3510.

[155] K. Beckenkamp and H. D. Lutz, Thermochim. Acta, 258 (1995) 189.

[156] B. Okhotnikov, I. P. Babicheva, A. V. Musicantov and T. N. Aleksandrova, React. Solids, 7 (1989) 273.

[157] L. Stoch, J. Thermal Anal., 37 (1991) 1415.

[158] J. F. Willart, A. De Gusseme, S. Hereon, M. Descamps, F. Leveiller and A. Rameau, J. Phys. Chem. B, 106 (2002) 3365; Solid State Commun., 119(2001)501.

[159] H. R. Oswald and J. R. Gfinter, React. Solids, Proc. 10th Int. Conf., (1984) 101.

[160] G. G. T. Guarini and L. Dei, Thermochim. Acta, 269/270 (1995) 79.

[161] T. Manfredi, G. G. Pellicani, A. B. Corradi, L. P. Battaglia, G. G. T. Guarini, J. G. Giusti, G. Port, R. D. Willett and D. X. West, Inorg. Chem., 29 (1990) 2221.

[162] D. Broadbent, D. Dollimore and J. Dollimore, J. Chem. Soc. A, (1966) 1491.

[163] A. K. Galwey and M. E. Brown, J. Chem. Soc., Faraday Trans. I, 78 (1982) 411.

[164] F. J. Gotor, J. M. Criado, J. Malek and N. Koga, J. Phys. Chem. A, 104 (2000) 10777.

[165] S. Petit and G. Coquerel, Chem. Mater., 8 (1996) 2247.

[166] S. Vyazovkin and T. Ozawa (Eds), Thermochim. Acta, 388 (2002) 1-460.

第 13 章

热分析在冶金领域中的应用

Shaheer A. Mikhail[①] 和 A. Hubert Webster[②]
之前地址：加拿大安大略省渥太华加拿大自然资源部 CANMET（CANMET, Department of Natural Resources Canada, Ottawa, Ontario, Canada）

13.1　引言

热分析在科学和工程等领域的应用是一个广受关注的主题，特别从 20 世纪 60 年代初期热分析时代开始以来，其一直是人们关注的焦点。随着新技术的不断发展，通过现代计算机采集数据、操作和显示技术的快速发展，越来越多的热分析应用被不断研究和报道。在过去的几年里，热分析在水泥化学[1]、黏土和矿物质[2]、聚合材料[3-4]、药物[5] 和其他常用领域[6-7]的应用不断涌现，热分析技术也广泛应用于冶金领域中并已经发表了大量出版物（在过去四十年里有数千篇论文发表），这些出版物涵盖了腐蚀、凝固/显微组织、冶炼、烧结、烘焙、催化、粉末冶金、薄膜、复合材料等领域。然而，考虑到实际原因，本章中仅选择了一些使用热分析作为主要技术或重要的补充技术的文献来进行介绍，以涵盖近年来最受关注的冶金主题。在这些广泛应用的热分析技术中，热重分析（TG）、差热分析（DTA）和差示扫描量热法（DSC）被认为是冶金学中最常用的方法。在本丛书第 1 卷中详细讨论了这些技术和其他技术的原理、操作和商业可用性。因此，本章的内容仅涉及样品或容器形状、特殊仪器配置或特殊实验条件等具体的细节信息。

13.2　平衡相图

13.2.1　概述

体系的不同状态或反应物与反应产物之间的物质平衡关系通常表示为温度和组成相关的相图。在一元和二元金属体系中，通常记录与时间相关的样品温度的数据得到冷却和加热曲线，以确定平衡相边界的变化并最终构建相图，有些领域仍然在使用这种方

---

① 当前地址：加拿大安大略省渥太华 Meadowbank Drive 14，K2G-0N9（14 Meadowbank Drive, Ottawa, Ontario K2G-0N9, Canada）。

② 当前地址：加拿大安大略省渥太华 Checkers Road 1198，K2C-2S7，加拿大（1198 Checkers Road, Ottawa, Ontario K2C-2S7, Canada）。

法。在 50 年代到 60 年代,热分析技术如 DTA 由于其突出的灵敏度、准确性、多功能性和便利性,在很大程度上取代了冷却/加热曲线。Gutt 和 Majumdar[8]、Wunderlich 和 Brown[9] 充分讨论了使用热分析作为主要技术来确定简单和复杂相图的一般原则和方法。

13.2.2 相变、共晶、平衡线和表面

Shull[10] 开发出了一套结合 DTA、透射电镜、光学显微镜和 XRD 分析相变类型和温度的方法。例如对于熔化、蒸发和同素异形结构变化之类的一级相变,其特征在于自由能相对于温度的一阶导数 $\partial G/\partial T$ 呈现不连续性(熵也是如此)。在二级相变中,自由能的二阶导数是不连续的,并且热容 C_p 在转变温度下具有最大值。因此,可以对 DTA 曲线上在转变之前、期间和之后的不同阶段(ΔT vs T)基于以下的热传递模型进行处理,如图 13.1 所示。

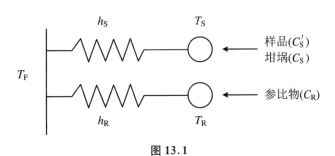

图 13.1

其中 T_F、T_S、T_R 分别代表加热炉、样品和参比物的温度,C_S、C_S'、C_R 分别代表坩埚、样品和参比物的热容,h_S 是加热炉和坩埚中样品间的热导率,h_R 是加热炉和参比物间的热导率,$T_R = T_0 + \beta t$(β 为加热速率)。

下面对样品和坩埚之间没有热滞后的理想情况和有限热导率的非理想情况进行讨论。对于理想情况,第一个偏离基线的峰值应为无扩散的平衡转变温度,不存在动力学势垒的影响。对于在样品和坩埚之间有限热导的情况,在峰值开始之前会有滞后。因此,建议采用不同的加热速率和外推到零加热速率时得到的转变起始温度。无论是通过加热还是冷却实验,这个转变最好是从包含组分变化的单相区转变开始。

以 Ti-Al 体系为例。之前认为 α-Ti 的稳定性范围为 Al 的含量为 25%,后被修正为 45%。该合金体系的 DTA 曲线如图 13.2 所示,低铝合金 $Ti_{81}Al_{19}$ 存在两次吸热效应,分别发生了 α→Ti_3Al 和 α→β 相(已知为纯钛)转变,得到 $Ti_{77}Al_{23}$ 和 $Ti_{75}Al_{25}$。此外,由图中可以看到,含 45% Al 的合金升温至 1125 ℃ 左右发生共析反应:α→Ti_3Al + γ。

作者指出,在适当的条件下,DTA 是一种强大的技术,可用于确定一级相变和二级相变存在和相应的特征温度,最好可以用透射电镜、光学显微镜和 XRD 等补充技术来确定转变的本质。

钛铝合金因具有密度低、高温强度优异、抗蠕变和耐腐蚀等特性,为航空航天和汽车应用中首选的材料。研究发现,添入适当比例的 Mn、V 和 Cr 可以改变合金的微观结构,显著改善室温延展性差的应用缺陷。Butler 和 McCartney[11] 在流动的超高纯氩气中以 $10\ K\cdot min^{-1}$ 的加热和冷却速率研究了三元体系 Ti-Al-Mn 的相图并通过扫描电子显微

镜观察不同组分合金的微观结构,测试了四种不同 Mn 含量(5、10、20、30 at.%)的钛铝合金,其中 Ti：Al = 1.14。结果表明存在 γ-TiAl、α₂-Ti₃Al 和残余 Mn₂Ti,证明了在液相＋残余相与液相＋α、液相＋β 和液相＋γ-TiAl 相之间存在断层。高温 DTA 被认为是确定固态相转变和熔融过程的有力工具。

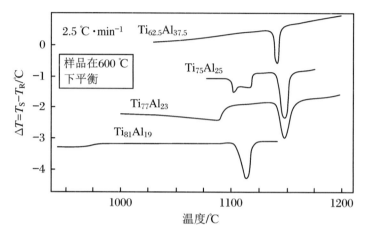

图 13.2 样品和参照物之间的温差(<T)随参比温度的变化[10]
Ti-Al 样品的 Al 含量均少于 40at%,最初在 600 ℃平衡 3 周

由于过热或过冷现象的存在,通常难以直接从 DTA 获得准确的固相-固相平衡转变温度。Zhu 等人[12]已经开发了一个 DTA 实验方法,可以通过处理相位图中相区边界来确定这一温度。在该方法中,通过使用不同的加热速率确定起始转变温度,然后用外推法计算平衡转变温度 T_0,使用以下等式[13-14]:

$$T = C \left[\beta T \cdot \exp(Q_b/RT) \right]^{1/3} + T_0 \tag{1}$$

其中 Q_b 为晶格扩散活化能,β 为加热速率(K·min⁻¹),C 为常数,T_0 为加热过程中的起始温度。

$$T = C'\beta^{1/3} + T_0 \tag{2}$$

其中 C' 为常数。

以上等式用于确定纯钛金属 α/β 的转变温度。由方程(1)给出的结果为 1155.3 K,而由方程(2)给出的结果则为 1155.6 K,说明了简化后的方程(2)的有效性和准确性。使用方程(2)外推后得到的曲线如图 13.3 所示。作者还讨论了晶界扩散、成核、应变能、新相表面能和金属样品温度不均匀性等因素的影响。

Seetharaman 等人[15]使用 DTA 和低氧电位 EMF 研究了 K-Fe-O 三元体系的 FeO-K₂O 区域。在高炉炼铁中,三元体系与碱金属的循环及其与氧化铁的相互作用特别重要。另外,研究 K-Fe-O 三元化合物的热稳定性对于其在液态金属冷却剂中的腐蚀作用也具有重要意义。在 DTA 测量中,液相线和固相线温度一般通过冷却和加热来确定。将样品加入至 Pt-Pt10%Rh 坩埚中,密封以避免样品挥发损失。结果发现,由于 K⁺ 和 Fe²⁺ 的离子尺寸差异很大,因此钾的溶解度可以忽略不计。通过实验可以确定金属铁的 α→γ 相转变发生在 914 ℃。因化合物 K₂Fe₂O₄ 的存在导致的其他相变温度分别为 577 ℃

和 720 ℃。在研究中还同时报道了这种化合物的另一个可能转变温度在 1145 ℃,在加热下检测到这个过程。由此提出了在 K/(K + Fe) = 0.255 的比例下存在 1170 ℃附近的共晶反应。

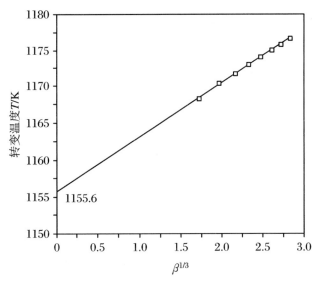

图 13.3　使用等式(2)确定纯 Ti 的平衡 α/β 转变温度[12]

　　Cu-In-Pb 系合金越来越受到关注,其原因为铅-铟焊料的优越性能以及这些焊料替代微电子封装中使用的常规铅-锡焊料的应用潜力,这些优良的性质包括较高的热机械疲劳性和较低的液相线(流动)温度。与 Pb/In 焊料一起,铜通常用作接合焊盘和轨道电路中的金属试剂。Bolcavage 等人[16]使用高达 400 ℃的 DSC 和更高温度的 DTA 以及电子探针微区分析(EPMA)技术确定了三元体系中的等温线和重要性,并解释了界面处金属间相互作用力影响接头的强度和可靠性的原因。众所周知,DSC 在较低温度下具有更好的灵敏度。图 13.4(a)为三元合金(15%Cu-75%In-10%Pb)的 DSC 加热曲线,由图可以看到该合金有两个反应或相变。图 13.4(b)中相同合金的 DTA 加热曲线表明,该合金的液相线位于约 543 ℃。作者发现没有三元金属间化合物生成的迹象,可能是由铜低温下在铅铟溶液中的溶解度很小引起的。后期的实验结果证实了猜想,因为铜几乎不溶于铅或铟。

　　过渡金属碳化物为生产中特别重要的材料,其包括一系列具有高硬度的特种钢和优异耐磨性的合金。在 Fe-C-V 体系中,含有碳化物形成元素如钒的铁合金是 Kesri 和 Durand-Charre 研究的目标[17]。相对于铁而言,钒是对碳具有更高亲和力的几种元素之一,因此在固化期间碳化钒先于 Fe_3C 形成。在确定了三元系富铁区域的固液平衡之后,利用光学显微镜、透射电子显微镜和电子显微探针分析作为补充技术,用差热分析技术分析了在冷却过程中发生的转变机理。Durand-Charre 等人[18]之前开发了一种改进的 DTA 技术,即淬火 DTA。在该技术中,在差热分析仪的控制条件下可以监测凝固过程,然后在某一时刻将样品淬火,保留微观结构从而进一步表征该状态。含有 2.25%C 和 5.85%V 的铁基合金(合金 A)的 DTA 冷却曲线如图 13.5 所示。实验时得到的不同的

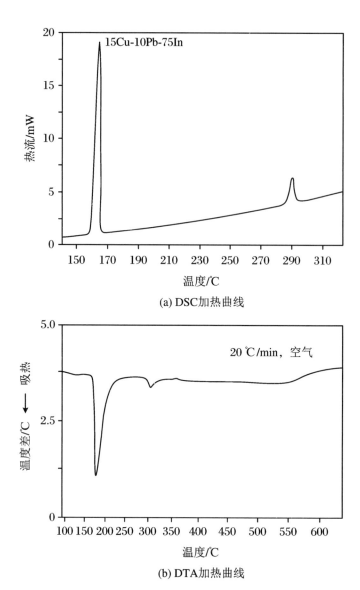

(a) DSC加热曲线

(b) DTA加热曲线

图 13.4　组成为 15%Cu-75%In-10%Pb 的合金的热分析曲线[16]

吸热峰与以下因素有关：（1）初级奥氏体形成；（2）VC-A 共晶；（3）$VC_{0.89}$ 向 V_6C_5 的有序向无序转变；（4）$VC_{0.89}$ 向 V_8C_7 的相变；（5）生成珠光体。通过实验可以确定几种其他合金的固相组成和转变温度。在体系的富铁区中发现了两个不变点：δ-铁素体、奥氏体、VC 碳化物和液体围成的伪包晶点以及奥氏体、VC、V_3C 碳化物和液体围成的三元共晶点，实验还研究了添加元素如 Si、Ni、Mo 和 Cr 对 Fe-C-V 体系的影响。

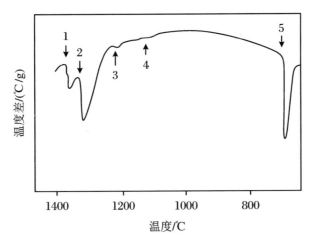

图 13.5　合金 A(2.25%C,5.85%V,余量 Fe) 在冷却过程中的 DTA 曲线[17]

　　Richter 和 Ipser[19] 首次尝试确定 Pt-Se 体系中的相位关系，使用 DTA、金相显微镜和 XRD 技术构建完整的二元相图。在 DTA 实验中，将不同组成的样品真空密封在二氧化硅容器中，并以相对较慢的速率加热（0.2～2 K·min^{-1}）。液相线曲线在 35at.%～42at.% 之间以及 45at.%～66.7at.% 之间确定为 Se，图 13.6 中的虚线用于表示推测的阶段。图 13.6 表明和验证了 Pt_5Se_4 和 $PtSe_2$ 两相的存在，这在早期的文献中已有报道。

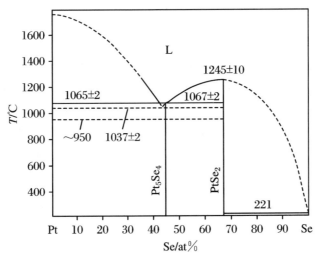

图 13.6　根据 Richter 和 Isper 的结果得到的铂-硒相图[19]

由于 Sn-Pb 合金在微焊接领域中普遍应用,因此 Sn-Pb 相图以及液相线在电子等工业领域显得尤其重要。Kuck[20] 使用 DSC 测量所研究合金的组成并重建相图。样品在氮气气氛中发生了熔融,然后以 5 ℃·min⁻¹ 冷却,冷却结晶的开始温度(T_c)和加热熔化的结束温度(T_v)分别标定为液相线温度(T_M)。在加热时开始熔化的温度标定为固相线温度(T_O)。在实验中更难以确定固溶体,因此通过外推熔融共晶热量来确定共晶温度下的固溶极限,并得到合金组成图。液相线温度用于测定合金组成。通过 ΔH(固溶体)/ΔH(共晶)的比例,可以将过共晶合金与亚共晶合金区分开来。图 13.7 为体系中两种 Sn-Pb 合金的 DSC 曲线,通过 182.5 ℃ 的共晶温度和 62% 质量的 Sn 可以绘制 Pb/Sn 相图。作者认为,当需要确定合金组成时,热分析比常规的化学分析、原子吸收或 X 射线荧光技术显得更为可靠和实用。

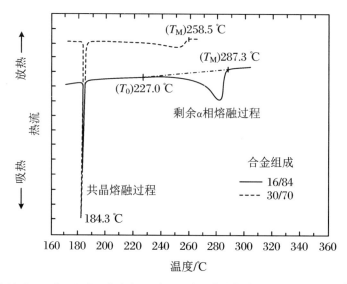

图 13.7　16/84 Sn/Pb 合金与 30/70 Sn/Pb 合金熔点的 DSC 曲线对比[20]

Lienert 等人[21] 采用 DTA 和显微镜研究了 Hastelloy B-2(Ni + 27.7% 质量的 Mo、1.0Fe)和 Hastelloy W(Ni + 23.6 Mo、6.3 Fe、5.3 Cr)在焊接过程中的凝固行为,这些耐腐蚀合金常用于航空航天和化学加工业。在氩气气氛中使用 DTA 测定这些合金中的高温相变和凝固过程,并以钨作为参比材料。加热时,检测到 Hastelloy B-2 的固相线和液相线温度分别为 1376 ℃ 和 1431 ℃,Hastelloy W 的则为 1333 ℃ 和 1396 ℃。在冷却时,B-2 在 1277 ℃ 显示出非常小的峰,Hastelloy W 在 1290~1250 ℃ 显示出与次要成分凝固相关的两个小峰。焊接试验显示 W 比 B-2 存在更长的熔合区裂纹,微结构观察显示在 Hastelloy W 焊缝中存在较少的枝晶间物质。另外,研究发现富含 Mo 和贫 Ni 的枝晶间物质的热裂纹与冷却时检测到的低温 DTA 峰相关。

由于贵金属的成本高,铜/磷基钎焊料逐渐取代了银基钎料。然而,由于实际操作条件的原因,为了降低其工作(熔化)温度,仍然需要向钎焊合金中添加少量的银或锡(有时两者)。Takemoto 等[22] 使用 DTA(冷却)、光学显微镜、电子探针微区分析和 XRD 研究了三元体系 Cu-Ag-P 和 Cu-Sn-P。在 Cu-Ag-P 体系中,铜主相表面的液相线温度随银含量的增加而降低,微小的银含量变化仍会产生较为明显的影响;发现含有 1%Ag 的合金以二元共晶结构即 Cu + Cu₃P 固化,而含有 2%Ag 的合金以 Cu + Ag + Cu₃P 三元共晶结构固化。在 Cu-Sn-P 体系中,在低磷含量下,锡的添加使主相表面由铜固溶体改变为 Cu₃P,表明在该区域锡与磷类似,具有相似的初级沉淀相。

自 60 年代以来,三元体系 Pb-Sn-Se 尤其是(Pb,Sn)Se 固溶体引起了半导体和光学领域研究人员的关注,尤其是在红外检测方面更是如此。Dal Corso 等人[23] 使用 DTA、DSC、光学显微镜、电子显微镜和 XRD 研究了子体系 PbSe-SnSe-Se。通过将二元化合物 PbSe、SnSe 和 SnSe₂ 长时间混合、熔融和退火制备出几种三元合金。图 13.8 是二元体系 PbSe-SnSe 的相图,表明含有两种固溶体,即 α(富含 PbSe)和 γ(富含 SnSe)以及一个 γ₁-γ₂SnSe 相变。在 870 ℃的恒温条件下,测得的溶解度极限分别为 59 mol% 和 76 mol% SnSe。在他们的研究中还测定了等含量的 PbSe-SnSe₂ 体系,发现含有五个两相区域和六个三相区域,并且存在 220 ℃(共晶)、540 ℃(单晶)和 589 ℃(包晶)的水平特征线。最后,确定了与子体系 PbSe-SnSe-Se 中的共晶、单晶和包晶反应相关的区域,确定了 75 mol% SnSe 处发生的共晶反应,并提供了新的解释。

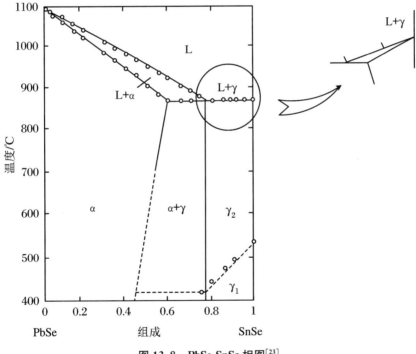

图 13.8　PbSe-SnSe 相图[23]

随着先进磁性材料的发展,Fe-Co-Gd 体系成为几个具有重要意义的过渡金属/稀土体系之一。Atiq 等人[24] 使用 XRD 和电子探针微区分析研究其组成和晶体结构,并用 DTA 来确定相变,在该体系中 Gd 的含量高达 33at.%。在密封的真空二氧化硅管中制备了几种三元合金,并在 1323 K 温度下退火 14 天。三种三元化合物分别为(Fe$_{1-x}$Co$_x$)$_{17}$Gd₂、(Fe$_{1-x}$Co$_x$)₃Gd 和(Fe$_{1-x}$Co$_x$)₂Gd(其中 0<x<1,具有完全相互固溶的溶解度),三种二元化合物分别为 Fe₂₃Gd₆、Co₅Gd 和 Co₇Gd₂,在三元体系中钴和铁的固溶度有限。

13.2.3 确定相图

如前一节所述,DTA 和 DSC 在确定平衡相图所需的相变、共晶温度、液相线温度和其他特征信息方面非常有用。在本节中将介绍一些涉及热分析的最新确定相图的方法,并说明这些方法在二元和三元体系中的应用。当前对稀土合金的研究越来越多,主要原因在于其在小浓度下对金属基体的特性会产生显著的影响。Saccone 等人[25]使用 DTA (加热和冷却速率为 8~10 ℃ · min^{-1})、XRD、金相显微镜和电子探针微区分析研究了 Pr-Mn 体系。在 DTA 实验中,由于样品与氧化铝会发生反应,因此用钽或钼坩埚盛放样品和参比物质,所得的 Pr-Mn 相图如图 13.9 所示。发现在 660 ℃时含 25% Mn 的合金会发生共晶反应。Pr_6Mn_{23} 具有稳定的下限(650 ℃),在 790 ℃下包晶分解,形成亚稳态 $PrMn_2$,但其在退火时会发生分解。根据相图上绘制的点,Pr_6Mn_{23} 的包晶在加热时主要产生热效应。在相图的 Mn 侧观察到在 600 ℃时的热效应,这种过程仅在冷却时才能检测到,可以归因于 Mn 中缓慢的 α→β 转变(平衡转变温度 710 ℃)。在 740 ℃时亚稳态 $PrMn_2$ 包晶分解产生热效应,这种效应在退火温度低于 740 ℃时消失。

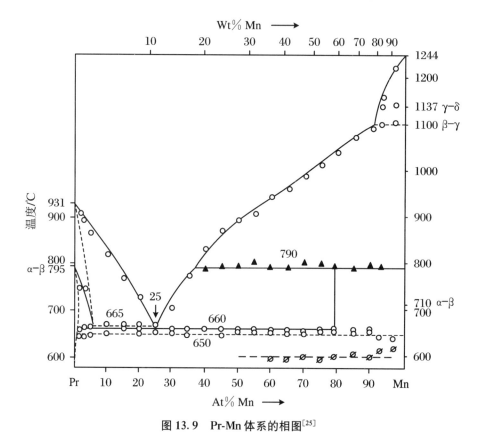

图 13.9 Pr-Mn 体系的相图[25]

▲:主要在加热过程中观察到的热效应; O:在加热和冷却时观察到的热效应(平均值);
∅:只有在冷却时才观察到的热效应(这可能与 α/β Mn 转变的快慢速率有关)

Terzieff 和 Ipsen[26]使用 DTA、XRD 和磁化率测量构建了 V-Te 体系的相图。由于碲化钒具有磁性,该体系引起了广泛关注。对于 DTA 测量,将样品在特殊设计的石英容器中真空密封。在 1150~1350 K 的温度范围内对化学计量组成为 V_3Te_4 的样品进行磁化率测量。基于 56at.%~63at.%Te 组成范围内的磁化率测量出现了明显的热效应和明显的不连续性,作者提出单斜晶 V_3Te_4 大约在 1180 K 出现高温改性。

Lässer 和 Schober[27] 采用差热分析作为主要技术,以放射显影技术为补充测定了钒-氚相图。钒基合金在许多高温应用中具有重要意义,为在聚变反应堆中可能的结构材料。在组成范围 $0 < x < 0.8(x = [T]/[V])$ 和温度范围 100 K < T < 473 K 下研究该体系。将样品在低于大气压的压力下密封在铝坩埚中,以避免氚泄漏的危险。转变温度都是通过加热来确定的,将所得到的 V-T 相图与之前确定的 V-D 和 V-H 相图进行比较。

Katsuyama 等人[28] 研究了 Cr-Se 和 Fe-Se 的二元相图。在 $CrSe_x$ 和 $FeSe_x$ 的组成范围中,$1.0 \leqslant x \leqslant 1.4$,并且在室温至 1000 ℃ 的温度范围内使用 DTA 进行实验。将样品在真空下密封在石英安瓿中,并采用 20~30 ℃·min^{-1} 的加热(或冷却)速率。XRD 用于识别不同阶段的组分。结果发现两种体系在研究的组成范围内非常相似。在两个体系的上述区域,相变过程为 $M_7Se_4 \rightarrow M_3Se_4 \rightarrow CdI_2$ 型结构(M 为 Cr 或 Fe)比较明显。该过程可由在加热时发生的金属空位的无序转变来解释。

Dubost 等人[29] 使用 DSC、光学显微镜、SEM 和 XRD 确定了 Al-Li-Mg 三元相图。在该体系中,富含镁的区域在铸造应用领域、富锂区域在电化学应用、富含铝的区域在航空应用中都特别重要。该三元体系中的平衡金属间相确定如下:

(1) δ-AlLi、立方晶体、一致熔融;

(2) Al_2LiMg、立方晶体、不一致熔融;

(3) Mg_7Al_{12}、立方晶体;

(4) Al_3Mg_2、立方晶体、一致熔融。

在三元相图的富铝侧确定了以下不可逆反应:

$$液相 + δ\text{-}AlLi \rightarrow α\text{-}Al + Al_2LiMg \qquad 包晶反应发生在 528 ℃$$
$$液相 + Al_2LiMg \rightarrow α\text{-}Al + Mg_{17}Al_{12} \qquad 包晶反应发生在 485 ℃$$
$$液相 \rightarrow α\text{-}Al + Al_3Mg_2 + Mg_{17}Al_{12} \qquad 共晶反应发生在 447 ℃$$

考虑到不同阶段之间的相互作用,文献中也进行了基于二进制系统可用数据的理论计算,发现与实验中确定的三元体系的单变量线具有良好一致性。

Palenzona 和 Manfrinetti[30] 使用 DTA、金相显微镜、XRD 和电子显微镜研究了二元体系 Sc-Sn 和 Sc-Pb 的锡和铅富集区(>30%)。钪是一种具有较高熔点(1541 ℃)的反应性稀土元素。在 DTA 实验中,使用钽材质的样品容器,加热/冷却速率为 10 ℃·min^{-1} 或 20 ℃·min^{-1}。两个体系之间存在明显相似性,图 13.10 和图 13.11 分别表明,Sc_5Sn_3 和 Sc_5Pb_3 分别在 1800 ℃ 和 1700 ℃ 下熔融,且分别在 1455 ℃ 和 1290 ℃ 通过包晶反应形成 Sc_6Sn_5 和 Sc_6Pb_5 相。然而,在 Sc-Sn 体系中,发现了两个中间相,即 $ScSn_2$ 和 ScSn,两者分别在 895 ℃ 和 945 ℃ 生成。在本研究之前,Sc_5Sn_3 和 Sc_5Pb_3 是这些体系已知的唯一相。

Hassam 等人[31] 使用等压量热法、DSC 和 DTA 确定了 Ag-Au-Ge 体系中的平衡相图。通过测定几种合金,确定了二元和三元相图。三种不同组成的二元体系的平衡温度

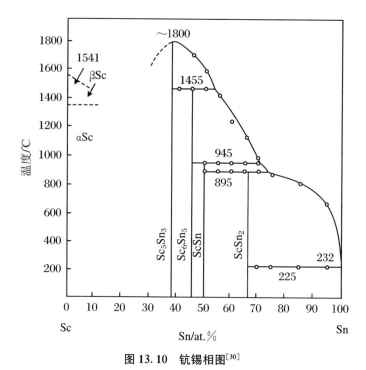

图 13.10　钪锡相图[30]

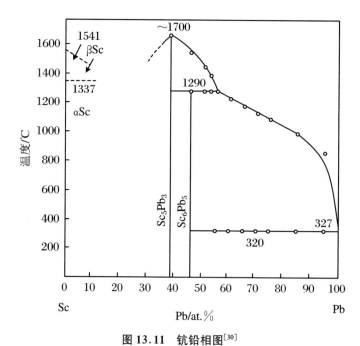

图 13.11　钪铅相图[30]

和热力学函数也用于计算三元体系。只有在液相线附近得到的实验值与计算值才一致。

Saccone 等人[32]使用 DTA、金相显微镜、电子探针微区分析和 XRD 技术首次确定了 Y-Tl 的相图。在 DTA 中,将样品加入钽坩埚中,用氩气密封,使用 2~10 ℃·min⁻¹ 的加热/冷却速率,检测到含 20at.%Tl 在 1085 ℃、含 99.5at.% Tl 在 303 ℃ 分别发生共晶反应。确定了五个金属间相,即 Y_5Tl_3、Y_5Tl_{3+x}、YTl、Y_3Tl_5 和 YTl_3。第一个相在 1470 ℃熔化生成,第二个相被认为是通过包晶或分解反应在 1180 ℃形成,其他三个相分别在 1220 ℃、980 ℃ 和 880 ℃生成。还确定了在 235 ℃时发生了 Tl 的 α/β 相转变。作者发现难以通过 DTA 以任何程度的精确度确定狭窄的固溶体区域。

过去几年在使用过渡金属稀土合金如 CoSm 和 FeNdB 生产永磁体方面取得了重大进展。为了获得更多关于后一种体系的信息,Faudot 等[33]使用 DTA、金相显微镜和 XRD 测定二元组成体系 Fe-Nd,确定了一种熔融不一致的化合物 $Fe_{17}Nd_2$。发现在约 1210 ℃发生包晶反应:$Fe_{17}Nd_2$→液体 + Feγ;而含 76.5at.%的 Nd 则在(684±0.5)℃时发生共晶反应:$Fe_{17}Nd_2$ + α-Nd→液体。检测到 Fe 在 Nd(约 0.12at.%)中非常有限的固溶度,发现纯钕的 α/β 多态性转变过程发生在 856 ℃。图 13.12 中给出了纯钕的 DTA 曲线,图 13.13 是其二元相图。

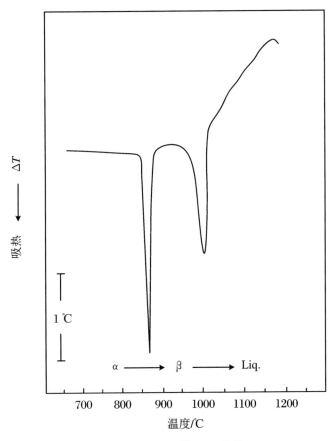

图 13.12   纯 Nd 的 DTA 曲线

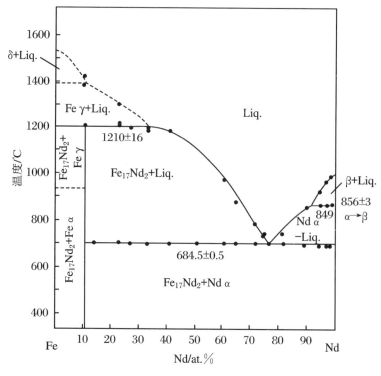

图 13.13 Fe-Nd 二元相图

Nosek 等人[34] 使用 DTA 首次研究了三元体系 Zn-Ga-Hg,加热/冷却速率为 $2\,^{\circ}C \cdot min^{-1}$。室温下的 XRD 用于鉴定不同的产物。在氩气氛围下密封的特殊玻璃安瓿中制备三元合金,在 $70 \sim 450\,^{\circ}C$ 温度范围内进行 DTA 测量。由于含镓合金对过冷的敏感性,因此在加热和冷却两个过程中均需记录相关的热数据。所绘制的三元相图不含三元金属间化合物。然而,其包含有限的固溶区域以及以下四个非变量平衡:

L1→L2 + Zn + Ga   在 21 ℃ 发生的偏析反应

Zn + L→γ + Ga   在 1 ℃ 发生的包晶反应

γ + L→β + Ga   在 −10 ℃ 发生的包晶反应

Ga + L→β + Hg   在 −41 ℃ 发生的包晶反应

其中 γ 和 β 是体系中富含 Hg 的中间相。

13.2.4 验证和评估相图

有据可查的热分析结果可用于后续工作,用于准确评估相图,在本节中将列举几个例子,有时需要额外的热分析实验来验证以前所制作的相图。

Ni-Pr 相图由 Pan 和 Nash[35] 评估,主要基于 Vogel[36]、Pan 和 Cheng[37] 使用 DTA 和 XRD 的早期工作,确定了 7 种金属间化合物 Pr_3Ni、Pr_7Ni_3、$PrNi$、$PrNi_2$、$PrNi_3$、Pr_2Ni_7 和 $PrNi_5$ 的存在。除了 Ni 和 Pr 的熔点以及后者的同素异形转变之外,该体系还表现出五个共晶和三个包晶反应以及四个一致熔融的过程。

Venkatraman 和 Neumann[38] 使用 DTA 和 XRD 对铬-锇相图进行了评估,主要基于 Svechnikov 等人[39] 的早期工作。由于 CrOs 合金有趣的磁性能和电性能,该体系具有显著的重要性。结果表明在大约 25at.% 和 33at.%Os 处出现了大量的完全固溶和两个中间相,即 Cr₃Os 和 Cr₂Os。前一阶段的 Cr₃Os 早先被确定为超导体[40-41]。

Foltyn 和 Peterson[42] 用 DTA 作为主要技术,金相显微镜、XRD 和电子探针分析作为补充技术,对 Pb-Pu 体系的早期工作[43-45] 进行了评价。该体系的二元相图由作者重建,并确认了 Pu_3Pb、Pu_5Pb_3、Pu_5Pb_4、Pu_4Pb_5(暂定)、$PuPb_2$ 和 $PuPb_3$ 六种金属间化合物的存在。还指出了 68.8at.% 的 Pb 在 1129 ℃ 时有共晶的存在,而且发生四种包晶分解反应:Pu_3Pb 在 896 ℃ 分解,Pu_5Pb_3 在大于 1300 ℃ 分解,Pu_4Pb_5 在 1185 ℃ 分解以及 $PuPb_2$ 在 1129 ℃ 分解,并使用六种钚的同素异形体在环境温度和熔点(640 ℃)之间进行了实验。

Kim 等人[46] 使用 DTA、XRD、电子探针显微分析和反射光显微镜重新研究了复杂的 Pd-Te 二元体系。对于 DTA 测量,将起始材料的混合物在二氧化硅容器中真空密封,并以 6 ℃·min⁻¹ 或 12 ℃·min⁻¹ 的速率加热至目标温度。所有的转变过程都通过加热来确定。检测并验证了八个相:$Pd_{17}Te_4$(或"Pd_4Te")、$Pd_{20}Te_7$、Pd_8Te_3、Pd_7Te_3、Pd_9Te_4、Pd_3Te_2、$PdTe$ 和 $PdTe_2$。发现 Te 在 Pd 中的固溶度在 700 ℃ 时约为 13.5at%,在 800 ℃ 时约为 14.8at%,在 1000 ℃ 时约为 10.8at%。确定了在 770 ℃ 下 $Pd_{17}Te_4$ 的包晶分解反应以及在 720 ℃ 时含 23.5at.% 的 Te 发生的 $Pd_{17}Te_4$ 和 $Pd_{20}Te_7$ 之间的共晶反应。发现 Pd_8Te_3 相在 900 ℃ 完全熔融,在 270~680 ℃ 发生多晶型转变。Pd_7Te_3(新报道的相)分别在 470 ℃、595 ℃ 和 830 ℃ 处出现热效应,对应于两种多晶型转变和熔化。发现 Pd_9Te_4 在 605 ℃ 以不互溶的方式熔化,在 462 ℃ 可能发生了相变。Pd_3Te_2 在 462 ℃(多晶型转变)和 504 ℃ 处出现吸热效应。含 39at.%Te 在 498 ℃ 时检测到了 Pd_9Te_4 和 Pd_3Te_2 之间的共晶。$PdTe$ 和 $PdTe_2$ 的存在也被证实,Pd 在 Te 中没有固溶度。另外,发现 DTA 在确定这个复杂的体系和解决早期文献中冲突的数据方面发挥了举足轻重的作用。

13.3　与非平衡相转变相关的研究

13.3.1　引言

Cantor 综述了 DSC 在高级凝固处理冶金研究中的重要应用[47]。

固相组分分数与温度关系:是指通过凝固冷却得到的固相组分分数与温度的 DSC 曲线可以综合给出凝固的潜热。另外,也可以用 DSC 曲线来估算金属凝固率随温度的变化。这些数据可用于模拟喷射成型过程,其中金属雾化进入气体流,最后沉积在收集器上。颗粒速度、颗粒温度和固相分数的结果与雾化器的轴向距离有关。还可以模拟在挤压铸造过程中的热损失和凝固[48]。

异质成核:是指将 10~100 nm 液滴嵌入固体基质组成的合金中,在 DSC 检测过程中冷却的液滴可以成核。研究结果表明,铝基体中颗粒的过冷度约为 56 ℃。人们将异质成核作为一种模型进行了讨论,研究证实了添加剂的影响,其可以促进成核,从而实现晶粒细化(较小的晶粒尺寸)[49]。

非晶态合金的晶化:是指可以用 DSC 研究熔体非晶合金的晶化过程。铁-硅-硼是一种非晶合金,可用作低损耗变压器磁芯。当以一系列速率对其进行加热时,记录放热结晶峰,该结晶峰可以由等温 DSC 扫描得到。所得结果可以用约翰逊-梅尔-阿弗拉密(Johnson-Mehl-Avrami)方程处理:

$$f = 1 - \exp[-(kt)^n]$$

其中 f 为退火时间 t 后的结晶分数,k 为速率常数。对铁-硅-硼合金而言,指数 n 为 4,对应于体积成核和线性三维生长过程。对于铁-铬-钼-硼合金而言,指数 n 为 3,对应于已有核的线性三维生长[50]。许多处理非平衡相变的热分析应用大致可分为以下四个方面。在文献中发现了许多其他相关的研究方向,目前的分类方式只是为了证明该学科的应用领域广泛以及热分析技术在该领域的多功能性特点。

13.3.2 快速扩散型相变——马氏体

当某些合金相,如钢的奥氏体相,非常迅速地冷却到某一温度区间时,会从奥氏体合金转变为亚稳态,合金可能发生扩散型转变,变成一个新的相——马氏体相;在这个转变过程中涉及晶体结构中原子位置的变化以及晶格畸变。在加热过程中,这个转变是可逆的,合金可以完全返回到马氏体相变之前的微观结构和晶体结构状态(前提是合金没有分解成更稳定的相)。最近已经证明,对于某些经历马氏体转变的合金,如镍钛合金,可以在机械应力下诱发形成马氏体微片,以调整变形的方向,从而使形状发生宏观变化。在转变为奥氏体的温度时,继续对合金进行加热,合金试样可以恢复到原来的微观结构,宏观扭曲的样品将恢复到原来的形状。这种现象被称为形状记忆效应,是目前很多人研究的课题。由于马氏体的形成和逆向转变涉及焓的巨大变化,可以用 DTA 或 DSC 快速地检测这一转变过程的热效应。

具有特殊力学性能的形状记忆合金的快速凝固导致形成不同微观结构,而这一现象的产生取决于冷却速率。Donner[51] 使用 DSC 和其他的技术来确定马氏体转变的起始温度以及经熔融纺丝技术的快速凝固过程中铁-锰-硅及铜-铝-镍合金的相变机制。铁-锰-硅合金的起始温度和奈耳温度随着冷却速率的增加而降低。相变行为的改变以及合金的形状记忆效应和力学性能的变化是由于快速降温导致的内部的应力和缺陷密度所引起的,残余的奥氏体(不完全的马氏体相变)也会随着冷却速率的增加而增加。对于铜-铝-镍合金而言,冷却速率对均匀的微观结构的一致性没有产生显著的影响。

DSC 在生产难控制的镍钛合金的转变中起着重要作用。Johnson 等人[52] 使用 DSC 测定和比较了真空电弧重熔/雾化和高温退火制备的镍钛粉末的马氏体/奥氏体转变温度。镍和钛粉末混合物在 900 ℃ 的等压热处理后进行热分析测量,图 13.14 为 $Ni_{55}Ti_{45}$ 的加热和冷却曲线。A_s 和 A_f 分别表示在加热过程中奥氏体开始和结束的温度,M_s 和 M_f 分别表示在冷却过程中马氏体开始和结束的温度。使用粉末冶金工艺淬火后混合不同成分,结果发现宏观偏析被消除而微观偏析急剧减少,这都是凝固过程中"正常"的现象,是该过程的固有特性。宏观偏析导致转变以缓慢过程完成,而微观偏析导致 $\Delta T_{A_s\text{-}A_f}$

值变大。转化温度与共混比之间呈线性关系。在研究中也进行了 DSC 实验来评价材料的热稳定性,包括将样品冷却到 M_f 以下及重复加热的过程,发现在转变温度中发生了分裂。DSC 在控制 NiTi 转变的生产中起到了重要的作用。

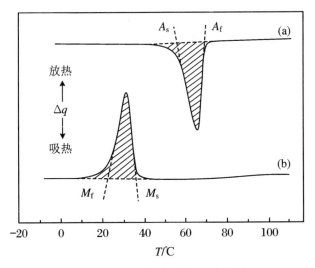

图 13.14　NiTi 的典型 DSC 曲线[52]
(a) 加热曲线,(b) 冷却曲线

Mari 和 Dunand[53]利用 DSC 的冷却和加热过程研究了含过量钛的 NiTi(向其中加入 TiC 后加热加压形成的组分)的奥氏体/马氏体相变。在 $-10\sim170$ ℃ 之间进行热循环,确定第一个和第一百个循环的冷却/加热曲线。实验中检测到两个子峰,一个是冷却峰,另一个是加热峰。四个转化温度即 M_s、M_f、A_s 和 A_f 均随着循环次数的增加而降低,并且除了 M_s 之外的其他三个转化温度都随着 TiC 相的加入而降低。随着循环和第二相的存在,相变热随之降低。从图 13.15 中可以看出,在加热/冷却速率为 3 ℃·min^{-1}

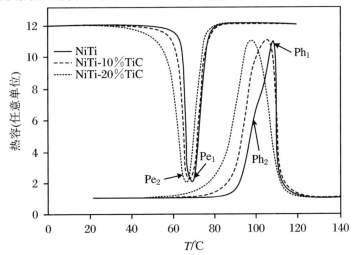

图 13.15　NiTi 和 TiC 混合物的 DSC 曲线[53]
加热/冷却循环中,加热/冷却速率为 3 ℃·min^{-1}

时,TiC 添加量对一个热循环后的相变温度产生了不同程度影响。产生这种结果的原因可能是在冷却过程中晶体由面心立方 B_2 相转变成了菱形 R 相,从而导致了两个不同的马氏体相(M_1 和 M_2);在加热时,这些菱形 R 相转变成面心立方 B_2 相的温度范围有稍微不同。循环次数和第二相的影响均由于内部不匹配的应力引起,转变焓的变化是由于弹性储能和一些未发生相变的 B_2 奥氏体相造成的。

13.3.3　金属和合金中的常见转变

在合金体系中,合金元素在主要成分中的固溶度有限,合金金属的溶解度通常随温度的降低而下降。如果在高温下退火,则在快速淬火的条件下形成均匀的固溶体,而在较低的温度下均匀的固溶体以亚稳的过饱和态形式存在。在某些合金体系中,亚稳的固溶体在退火或老化时,在中等温度下开始向更稳定的状态转变。在这种转变过程中,当体系接近平衡时,合金的机械强度通常会大幅度增加,最后下降。这种时效硬化现象具有重要的实际意义,对用于结构应用的铝合金尤其如此。在老化过程中产生的热效应可以用 DSC 来检测。

Al-Cu 合金中析出顺序为:固溶体→吉尼尔-普雷斯顿(Guinier-Preston)区(I)→θ''→θ'→θ,其中 θ 相为四方的 $CuAl_2$。当形成吉尼尔-普雷斯顿区(I)时,电导率(σ)比超冷固溶体低,然而当形成 θ' 和 θ 相时,σ 会增加。Garcia Cordovilla 和 Louis[54] 采用 DSC 研究了 AA-2011 合金(元素的质量分数为:铜 5.4%、铁 0.31%、硅 0.12%、铅 0.35%、铋 0.44%,其余成分为铝)的沉淀硬化过程,实验载气为干燥的氮气,纯铝作为参比。测定了样品在适当温度下的电导率和维氏硬度(VH)。所有的样品均在 525 ℃下热处理 5 h 后,从 25~420 ℃进行不同温度下的水淬火。DSC 曲线的峰如图 13.16 所示,分别为:

A:GP 区的形成,放热,小于 100 ℃;

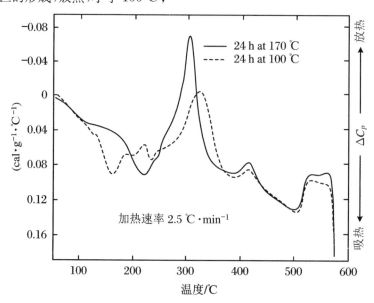

图 13.16　AA-2011 铝合金样品在两个不同温度下老化 24 h 后的 DSC 曲线[54]

B：GP 区的溶解，吸热，约 190 ℃；

C：恢复 θ' 相，吸热，约 220 ℃；

D：形成 θ' 相，放热，约 300 ℃；

E：θ 相沉淀，放热，约 420 ℃；

F：θ 相溶解，吸热，升温到 500 ℃。

随着加热速率的增加，一些峰出现了变化，部分峰没有出现，这取决于特定时间下的热处理方法。出现重叠峰的原因可能为在同一时间发生了多个反应。样品在 400 ℃ 退火 6 h 后冷却，接近平衡时仅仅 θ 相发生了溶解（F）。只有淬火的样品才会出现 A、B、D、E 和 F 峰。样品在 170 ℃ 老化的第一个吸热峰是 θ' 相的溶解（C）引起的，而样品在 25 ℃ 和 100 ℃ 老化的第一个吸收峰对应于 GP 区的溶解过程（B），如图 13.16 所示。样品在这些温度下老化时，在 300 ℃ 以上的曲线都很相似，例如峰（D）、（E）和（F）。样品在 250 ℃ 老化 5 h 的曲线中只出现了（E）和（F）峰，表明 θ' 相已经完全溶解。

用 Kissinger 方法计算了在不同升温速率下反应（E）和（D）的活化能。电导率和硬度的变化与 DSC 结果一致，可用于确定与每个峰相关的过程的性质。含铜相在固溶体中的溶解降低了电导率，反之则会增加电导率。相干相（GP 区，θ'' 和 θ'）的形成增加了硬度，反之则会降低硬度。在 DSC 实验过程中合金的冷处理加速了 θ' 相的形成，降低了（C）峰的温度。图中在 125 ℃ 左右出现了铅铋共晶的很小的尖锐的吸热峰，这些元素的添加改善了合金的切削加工性。

Shenoy 和 Howe[55] 使用 DSC 方法研究了 Weldalite(TM) 型和 RX 818 合金的行为。Al-Li 合金是 Weldalite(TM) 型合金的代表，常用作机身材料。RX 818 合金（元素质量分数为：铜 3.6%、锂 0.9%、镁 0.4%、银 0.4%、锆 0.13%，主成分为铝）主要的增强相为 T_1（Al_2CuLi），还有少量的 S′ 相（Al_2CuMg）和 δ' 相（Al_3Li）；θ' 相（$CuAl_2$）也会出现但不参与增强相的形成。该合金在特定温度处理方法下处理（即溶液淬火、冷却、在 160 ℃ 老化 16 h）。进一步在 107 ℃、135 ℃ 和 163 ℃ 下等温 2500 h。DSC 实验在氮气环境下进行，加热速率分别为 5 ℃ · min^{-1}、10 ℃ · min^{-1} 和 20 ℃ · min^{-1}，以铝为参比。对不同温度淬火样品进行 TEM 研究，确定了以下峰的归属：

90 ℃——吸热，δ' 相的溶解；

135 ℃——吸热，GP 区的溶解；

160~280 ℃——吸热，T_1 相的溶解；

280~300 ℃——放热、θ' 相的沉淀（可能与 T_1 相的溶解重合）；

300~400 ℃——θ 和 Ag/Mg 相的沉淀或溶解。

T_1 峰的大小和温度取决于样品的热处理条件。从 T_1 峰的面积可以估算 T_1 相的体积分数，随着热处理温度的升高，体积分数增加。当热处理温度达到 135 ℃ 时，体积分数下降。另外，可以从 T_1 峰的 $\Delta C_p\text{-}T$ 形状来估算粒径大小，一般来说颗粒越小的 T_1 相的溶解温度越低。在所有实验温度下进行热处理时，都出现了 T_1 相颗粒粗化的现象。根据 T_1 相的体积分数和粒径分布以及 θ 相的析出率，可以合理地计算出拉伸强度的变化。用 Kissinger 图可以估算出 T_1 相的溶解活化能。

Robino 和 Cieslak[56] 研究了与焊接相关的温度范围内商业含硼不锈钢的冶金性能

的特性。由于其优良的力学性能和中子吸收能力,某些含硼合金钢是核工业中结构材料的首选材料(除了目前在热中子屏蔽中的应用)。DTA 曲线可以用来确定在惰性气氛中的固相线和液相线温度,可以作为确定硼浓度的主要技术手段。并且可以通过热行为来确定凝固体的微观结构和机械性能。

图 13.17 是商业型不锈钢(304B2A)的 DTA 加热/冷却曲线,其中硼的含量为 0.68%。第一个偏离基线的点(温度 1)对应于合金的初始熔化以及硼化物与周围奥氏体反应形成了共晶状液体,温度 2 对应于硼化物的完全熔化结束,温度 3 和 4 分别对应奥氏体的初始熔化和完全熔化。在冷却循环中,温度 5 表示新生奥氏体的初始过冷凝固,在温度 6 时结束,温度 7 和 8 分别表示共晶硼化物/奥氏体成分开始凝固和完全凝固。温度 1 和 4 被认为是加热过程的固相和液相转变温度,而温度 5 和 8 则分别表示冷却过程中液相和固相转变温度,可以用显微镜检测到共晶的存在。退火后,冲击能吸收减少,硼化物颗粒尺寸适度增加。

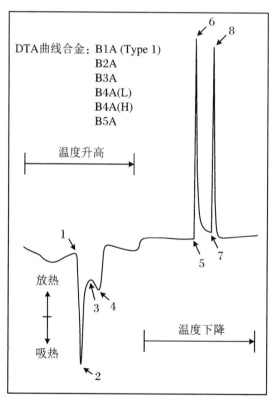

图 13.17　处理的 304B2A 不锈钢合金的 DTA 曲线[56]
该曲线代表合金 B1A 到 B5A 的转变

Fischmeister 等人[57]使用 DTA 研究了铌合金的凝固和高速钢的显微组织结构。高速钢的特点是块状结构且具有很宽的凝固区间,显微结构中主要的碳化物是 MC 和 M_6C。凝固过程中有三个温度区域:一个温度表示开始出现共晶,一个是表示共晶的最大形成率的温度,一个是固相线温度。在固化反应过程中得到的大部分高速钢的碳含量为 0.8%～1.2%，凝固过程如下：(1) δ铁素体的结晶；(2) 铁素体和液相向奥氏体的包晶转变；(3) 残枝晶熔体结晶凝固为共晶莱氏体(γ + M₂C,M₆C 或 MC)；(4) 残余铁素体的枝晶核向奥氏体和碳化物转变。通过 DTA 对凝固过程和所得结构的认识，可以得到含铌高速钢加工原理。

Cieslak 和 Savage[58]利用 DTA 研究了固溶体组成变量的影响，该变量影响奥氏体不锈钢铸造合金焊件(CN-7M)在熔化区的热裂纹现象。像其他奥氏体钢和镍基合金一样，研究发现 CN-7M 合金在铸造和焊接过程中容易产生热裂纹现象。分别对液相线和固相线温度以及各成分的凝固温度范围进行了测定，检测条件为在氩气环境下将样品加热到熔融温度 50 ℃以上，然后在 6 ℃•min⁻¹下冷却凝固，其中有不到 1%的块状材料由于形成了薄膜共晶而变得非常难以检测。与容易焊接的不锈钢材料相比，该合金的凝固温度范围比较狭窄，热裂纹产生的原因可能与凝固过程中在晶界上 S、P、Si 等元素的偏析有关。

Laird 和 Doĝan[59]利用 DTA 与电子显微镜技术研究了耐磨高铬白口铸铁的凝固过程，凝固方式对碳化物相尺寸和形貌有很大的影响，从而影响了合金的力学性能。主要对三个成分，即亚共晶、共晶和过共晶进行了研究。样品在氩气气氛下以 5 ℃•min⁻¹的加热速率加热到高于液相线温度 50 ℃，平衡 5 min 后以 5 ℃•min⁻¹的速率冷却到 700 ℃。在凝固过程中发生的反应可以表示为

$$L \rightarrow M_7C_3 + \gamma Fe \qquad\qquad 共晶$$
$$L \rightarrow \gamma Fe, L \rightarrow M_7C_3 + \gamma Fe \qquad\qquad 亚共晶$$
$$L \rightarrow M_7C_3, L \rightarrow M_7C_3 + \gamma Fe \qquad\qquad 过共晶$$

图 13.18 为质量分数为 26%的铬合金的 DTA 冷却曲线，可以用来研究其凝固过程，

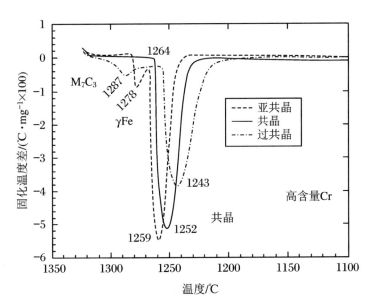

图 13.18　三种不同含碳量的高铬(质量分数 26%)白口铸铁试样的 DTA 曲线[59]

降温速率为 5 ℃•min⁻¹

从图中可以看出在 1287 ℃ 时为过共晶的初步形成阶段,1278 ℃ 为亚共晶的初步形成阶段,1264 ℃ 为共晶的初步形成阶段。与其他合金相比,M_7C_3 共晶凝固开始和结束的温度比较低,并且凝固区间比较宽,这样更有利于成核和生长过程。为了解释凝固速率对合金成分的宏观和微观结构的形成作用,作者提出了凝固机制。另外,也提出了力学性能与结构之间的相关性。

Hui 等人[60]应用 DTA 研究了五种不同类型铸铁——压实石墨(CG)、灰色硼、高磷、硼磷铸铁在凝固过程中的热效应。研究确定了共晶凝固的模式,该过程与机械性能有关。根据冷却曲线和差热分析曲线讨论了各种参数的变化,结果表明热效应与合金的微观结构、抗拉强度以及化学成分有关。在 DTA 实验中,使用了直径 40 mm、高 100 mm 的大样品容器。对 CG 铸铁而言,参数 ΔT_E(共晶阻滞最高温度与共晶过冷最低温度的差)和 dT_2/dt(共晶凝固过程中过冷后最大凝固速率随温度升高的变化)随着致密的石墨组织中石墨球化率的增加而增大,这两个参数越大表明共晶凝固速率越快。对于灰铸铁而言,t_4(从共晶凝固开始出现到最大升温点的时间)与 t_1(共晶凝固的总时间)的比值随着晶种(FeSi、CaSi 或 BaSiCa)添加量的增加而增大,晶种可以诱导成核和减少过冷度。对于硼铸铁而言,从其显微结构中可以看出碳化硼分布均匀,其热效应主要来自于奥氏体/碳化硼共晶的形成过程。高磷铸铁的热效应主要是来自于 Fe_3P-αFe-Fe_3C 的三元共晶的形成以及石墨奥氏体共晶后面的 Fe_3P-αFe 二元共晶的产生。硼磷铸铁的热效应与碳化硼和磷共晶有关,并且会影响合金的力学性能。作者在文中得出的结论为 DTA 可以用来预测和控制致密石墨铸铁的石墨形态,快速评估灰铸铁的晶种效果和抗拉强度,可以预测硼或高磷铸铁显微组织中碳化物的含量。

Lendvai 等人[61]利用 DSC 在快速冷却条件下研究和比较了铝铁合金冷铸锭的凝固行为,作者对含铁质量分数为 1.8% 的铝铁合金进行了研究。在平衡凝固条件下(缓慢冷却)制备的合金具有两个吸热峰:第一个峰大约在 655 ℃,对应于 Al(Fe)-Al_3 共晶的熔化;另一个峰在 660 ℃ 左右,对应于 Al-Fe 固溶体(铁的质量分数小于等于 0.05%)的熔化。共晶点出现在 645.7 ℃,铁的质量分数为 1.7%。熔融峰可用来确定不同铝/铁混合物的熔解热,可以通过外推法确定纯铝的熔点,并与文献值进行比较。对于在各种快速冷却速率下制备的样品,在 652 ℃ 左右出现了一个额外的吸热峰,对应于亚稳共晶 Al(Fe)-Al_6Fe 的熔化过程。通过在 600 ℃ 以上短时间退火,亚稳相 Al_6Fe 几乎完全消失,被平衡相 Al_3Fe 取代。

浇铸金属的设计以及连续铸造工艺设计过程都需要用到凝固热数据。Sarangi 等人[62]利用 DTA 研究了铅铋、锌铝和铅碲共晶的熔融(凝固)热。DTA 仪先通过纯金属的熔融进行校准,来确定 $A = k \cdot \Delta H$ 中的 k 值,式中的 A 是 DTA 的峰面积,ΔH 是熔变。常数 k 可以认为与 $M/2K_m$ 相等,其中 M 是样品的质量,K_m 为样品与热电偶之间的介质的热导率。k 与 T(温度)的图分为两条直线,一条为三个较低熔点金属,另一条为高熔点金属。在 400 ℃ 左右出现的间断可能是辐射热损失引起的。根据文献中的数值计算得到的铅铋和锌铝的热力学数据与实验得到的热力学数据一致,误差分别是 8% 和 3%。

13.3.4 急速冷却的金属和合金

自 70 年代初以来,冶金领域得到了快速的发展,促进了与急速冷却(淬火)金属和合金有关的各种研究的发展,这些研究领域主要包括凝固处理技术、结构表征、性能测量、非晶材料和微晶材料的应用等[63]。

快速淬火的金属熔体转化为非晶(玻璃)纳米晶或微晶结构时,允许掺入更多的金属间化合物相,这样对合金的最终性能有很明显的有利影响。如果使用传统的缓慢的凝固过程,这些相会析出。通过淬火工艺可生产具有优异性能和理想特性的合金(如特殊应用),如具有高比强度、低密度、耐高温性能、强耐腐蚀性和抗应力腐蚀开裂性和韧性[64-65]。

Güntherodt[66]研究了由快速淬火生产的金属、介质玻璃和金属玻璃的主要性能,并指出了与材料相关特性的一些应用。例如,金属玻璃的优异的磁性能使其在配电变压器、电动机、低压电源、柔性磁屏蔽、传感器和换能器等方面得到应用,其机械性能使得其可用作增强纤维用于塑料、橡胶、水泥等,电性能使得其可用于电阻、加热线、电阻温度计等,化学性质使得其可用于耐腐蚀合金、催化等。其较软的性质和硬磁性行为,使得纳米和微晶合金具有优异的磁、机械和化学性能,并且具有细小的晶粒尺寸、高弹性模量、高强度、超弹性、高催化活性,使其可用作小磁芯损耗软磁材料、永磁体,从而制造较轻的电气设备等。

目前已经开发了几种快速淬火技术,用于生产不同形状和尺寸及不同用途的产品。其特点是冷却速率大于 10^4 K·s^{-1},而常规冶金中的淬火速率则仅为 10^2 K·s^{-1}。在熔融纺丝、扩散和雾化等工艺中也采用了这一技术[66-67]。

根据定义,这一领域的研究在很大程度上涉及在非平衡态下的亚稳体系。在转变到更稳定的状态时,物质可能释放出较大的自由能。此外,当材料被加热到或高于结晶温度时,非晶金属和合金的性质将发生剧烈的变化。因此,对结晶过程的清楚了解是解释结晶对材料性能影响的必要条件。一般的热分析技术特别是差示扫描量热法已被证明是非常宝贵的研究方法,也是非常必要的技术手段。通过检测和定量分析亚稳态/稳态的转变、磁性转变、活化能、热容量等性质,有助于理解快速淬火金属和合金的结构、行为和性质。

Jingtang 等人[68]利用差示扫描量热法、XRD、扫描电镜和居里温度测量等方法对 Fe-Si-B、Ni-P 和非晶硒进行了研究。根据淬火速率的变化,研究了快速淬火非晶合金(带状的形式)的结构和性能变化。在临界冷却速率下,研究了三种材料的微晶化过程。用 DSC 测定了结晶温度和结晶焓。如图 13.19 所示,非晶硒的晶化表现为放热峰,峰值温度为 455.9 K。从图中可以看出,在随后的熔化过程中出现了两个阶段,对应于硒晶体中存在的两个稳定相。结果表明,非晶态金属/合金的物理性质受亚稳结构相关的化学和拓扑短程有序性的影响,而其力学性能与结构缺陷密切相关。

Hertz 和 Notin[69]的研究结果表明 DSC 可以用来检测不可逆过程并可以帮助解释其机理。涉及很多实例,包括液态 Mg_5Ga_2 冷却凝固形成非晶态合金的过程以及加热非晶态合金 Ni-P、Cr-Si 钢、Fe-Al、Pb-Ca 和 Au-Cu 的过程。不考虑淬火空位和结构硬化等的影响,在加热过程中的放热效应与结晶现象有关。预退火非晶合金对热效应强度的影响非常显著。在一定温度下退火时间越长,则在加热过程中产生的热效应越小。

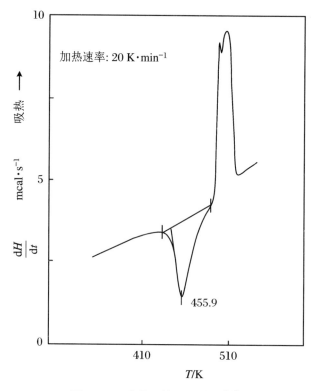

图 13.19 非晶硒的 DSC 曲线[68]

结构弛豫是非晶合金经过热处理后产生的焓释放过程以及合金物理、机械、磁性、电学等性能变化的现象。Noh 等人[70]用差示扫描量热法研究了两种非晶合金的焓松弛现象,其中一种为金属-非金属合金 $(Fe_{0.5}Co_{0.5})_{83}P_{17}$,另一种为金属-金属合金 $(Fe_{0.5}Co_{0.5})_{90}Zr_{10}$。以薄带(20 μm 厚)的熔纺工艺制备了上述合金,并用 DSC 实验对合金样品在不同晶化温度以下进行不同时长的退火处理。退火温度对焓松弛温度的影响不显著。研究发现,两种合金的退火时间的自然对数与焓变(ΔH)之间呈线性关系。金属-非金属合金的 ΔH 比较大,表明更容易发生这种合金的热焓松弛。对于金属-金属合金而言,这种合金具有原子堆积密度较高的原子结构,具有较低的松弛焓和较高的活化能。

淬火金属玻璃的结构弛豫现象影响了许多物理和力学性能。Fouquet 等人[71]通过熔融纺丝法制备样品,用差示扫描量热仪在氩气气氛下研究了不同厚度的金属玻璃 $Fe_{75}Cr_4C_{10.5}P_{8.5}Si_2$ 在不同淬火速率下形成的金属玻璃带,并检测了其结构弛豫现象。

另外,还可以测定居里温度、杨氏模量和弯曲(脆化)性能。图 13.20 为 27.5 μm 厚度样品的 DSC 曲线。从图中可以看出结构弛豫效应的温度范围为 250~400 ℃,在 454 ℃和 485 ℃出现了两个尖锐的结晶(放热)峰,测定的结晶焓为(3.8±0.3) kJ·mol^{-1}。淬火速率影响弛豫程度,但不影响结晶焓。根据 DSC 和其他检测方法,作者提出了"缺陷"概念,可以用来解释金属玻璃在结构弛豫过程中的行为。这一过程涉及两个阶段,第一个阶段消除了导致局部平衡的结构中的"非平衡"缺陷,第二个阶段在整个非晶基体中是原子重排和短程有序的平衡缺陷的重新分布过程。

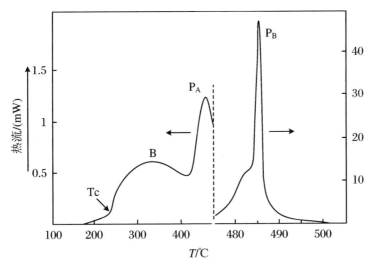

图 13.20　$Fe_{75}Cr_4C_{10.5}P_{8.5}Si_2$ 样品的淬火 DSC 曲线[71]
加热速率 5 ℃ · min^{-1}

　　铁基非晶合金易发生脆化现象。Yamasaki 等人[72]运用 DSC、XRD 和韧性弯曲实验研究了两种中间合金 Fe-B-Si 和 Fe-B-Si-X（X 为 Cr 或 Ti）的合金成分对回火脆性的影响。在氩气下熔化制备了非晶合金,然后在钢轮上熔融纺丝。Fe-B-Si 的脆化敏感性随着非金属(B 和 Si)含量的增加明显增强,而 Fe-B-Si-X 的脆化敏感性则随 Ti、Cr 的含量增加而增强。图 13.21 中的 DSC 测试结果表明,随着脆化时间缩短结晶峰温度升高,呈现出不同的脆化和结晶动力学特征。直到结晶的成分接近共晶时,该合金仍然保持韧性。

　　非晶合金的结构弛豫可能在一定程度上导致延展性的严重缺失,这种行为一般发生在具有体心立方结构的纯结晶形成或具有高金属含量的合金中。Wu 和 Spaepen[73]利用差示扫描量热法测量结构弛豫中的转变焓,研究了 $Fe_{79.3}B_{16.4}Si_{4.0}C_{0.3}$ 非晶合金的韧脆转变过程。退火温度和退火时间均能明显影响韧脆转变的起始温度(T_{BD}),T_{BD} 可以很好地表征金属玻璃的脆性。从图 13.22 可以看出,T_{BD} 逐渐变化表明脆化过程的连续变化特征,与其他物理性质相似,是由结构弛豫引起的。

　　Graydon[74]等人用差示扫描量热法研究了组成对金属玻璃形成和热稳定性的影响,研究了向 Ni-B 非晶合金中添加钼和钴元素后对其结构、热稳定性、玻璃化转变及结晶性的影响。研究发现这种金属-非金属非晶合金具有一定的性能,可用作电解水中的电极材料。$Ni_{72}Mo_xCo_{8-x}B_{20}(0 < x < 8)$ 合金体系中的钼有助于进一步提高其电催化性能,在生产稳定耐蚀玻璃方面具有很大的应用潜力,该合金采用真空感应熔炼和真空熔纺的方法制备。用 DSC 法测定了材料在氩气气氛下的热性质变化,并结合 DSC 结晶峰面积得到了结晶焓。根据在结晶峰前的基线斜率的不连续性可以确定玻璃化转变温度,用

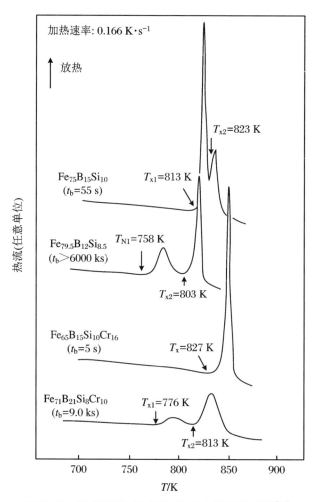

图 13.21 Fe-B-Si 和 Fe-B-Si-Cr 合金的 DSC 曲线[72]

t_b 表示在 623 K 时的脆化时间

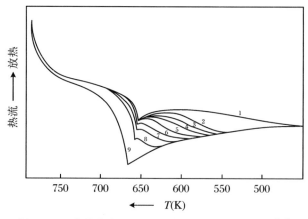

图 13.22 非晶合金 Fe$_{79.3}$B$_{16.4}$Si$_{4.0}$C$_{0.3}$ 的 DSC 曲线[73]

退火时间直到温度为 281 ℃，退火速率为 40 ℃·min^{-1}。其中第一条为淬冷玻璃的 DSC 曲线

XRD 对合金的结晶性或非晶性进行了验证。DSC 结果表明结晶温度、焓和活化能随钼含量的增加而增加,进一步表明该四元玻璃的热稳定性随钼含量的增加而提高。根据 DSC 曲线和 Johnson Mehl Avrami 方程可以得到成核和晶体生长机制,方程如下:

$$f = 1 - \exp[-(kt)^n]$$

其中 f 为与时间相关的转化分数,k 是速率常数,n 为 Avrami 指数,反映成核速率和生长形态的特征。基于 DSC 研究结果,作者认为 $Ni_{72}(MoCo)_8B_{20}$ 合金仅在钼的存在下才产生非晶薄带。

Myung 等人[75]应用 DSC、透射电子显微镜和 X 射线衍射方法研究了非晶合金 $Pd_{77.5}Cu_6Si_{16.5}$ 分别在不添加和添加碳化钨作为成核材料时的结晶行为,采用感应搅拌和熔融纺丝的方法制备了金属基复合材料。在合成过程中,微米级碳化钨颗粒在合金中呈现分散分布状态。在 DSC 实验前,淬火试样分别在 230 ℃ 和 330 ℃ 进行预退火。随着碳化钨加入量的增加,结晶活化能下降。碳化钨也提高了反应动力学和结晶速率。从图 13.23 中可以看出,得出上述结论的依据主要是不同碳化钨含量的复合材料的预退火和

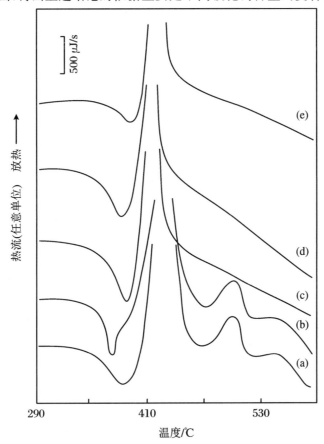

图 13.23 非晶金属基复合材料 WC-$Pd_{77.5}Cu_6Si_{16.5}$ 的 DSC 曲线[75]
加热速率为 $10\,℃ \cdot min^{-1}$。(a) 非预退火条件下,合金中 WC 质量分数为 0%。
从 (b)~(e) 分别为 WC 的质量分数为 0%、2%、6% 和 8% 的 $Pd_{77.5}Cu_6Si_{16.5}$
在 330 ℃ 退火 10 min 后的 DSC 曲线

未预退火的 DSC 放热峰之间存在差异。研究认为,碳化钨分散颗粒(晶种)在早期阶段将结晶机制从成核转变为核生长,从而加速了转变过程。

Myung 等人[76]利用 DSC、XRD 和热机械分析等手段研究了分散的碳化钨颗粒对非晶态 $Ni_{73}Si_{10}B_{17}$ 金属基复合材料的结晶特性和黏性流动特性的影响。热机械分析用于在不同条件下的黏度测量,例如施加的应力、加热速率和预退火处理。WC/非晶态 $Ni_{73}Si_{10}B_{17}$ 合金样品通过感应搅拌和熔融纺丝方法制备。作者发现,相对于单独检测的非晶合金,分散的碳化物易引起更高的结晶速率。随着复合材料中 WC 体积分数的增加,结晶熔将降低(如 DSC 放热曲线所示),活化能(非退火样品)保持线性增加,黏度将进一步降低。

Radinski 和 Calka[77]利用 DSC、XRD、激光脉冲结晶和金相学研究了皮秒激光退火对 Pd-Si 非晶金属带的影响。皮秒激光退火引发的淬火速率为 10^{11} K · s^{-1},可以去除结晶的表面核(微晶)并大幅度减少结晶的块状核。DSC 用于测量与结晶速率成比例的结晶熔。利用 Johnson-Mehl-Avrami 关系计算结晶速率,发现实验数据和计算的数据以结晶速率对温度作图的形式来表示比较方便。作者认为,皮秒退火会引起金属表面显著受热,导致表面晶粒"沸腾"。随后的快速淬火过程可以维持表面的无定形性质。与通过常规淬火技术生产的金属玻璃相比,该处理方法导致金属玻璃的稳定性显著提高。

以 Fe_3Al 为基础的金属间合金具有理想的高温性能,如耐腐蚀性(特别是在氧化和硫化环境中)、强度和延展性。然而,其低温延展性很差,这是由于大气湿度与 Al 之间的相互作用而形成 Al_2O_3 和原子态的氢导致氢脆现象引起的。Fe_3Al 的室温有序的 bcc 结构在高温下变得更加无序,似乎促进了氢的扩散,因此导致了低延展性。Johansson[78]等人利用差示扫描量热法研究了合金元素 Cr、Mo、Nb、Zr、Ti、Si、Mn 和 B 对有序相变温度以及延展性的影响。通过在氩气中高温下雾化粉末状混合物来制备合金,在加热和冷却过程中测定转变温度。另外,他们还研究了合金的拉伸性能和热硬度。结果表明,Ti 和 Si 对转变温度的影响显著,而 Nb 和 Mo 的影响适中,Cr、Zr 和 Mn 的影响可以忽略不计。最终可以形成高度伸长的结构,具有最小的横向晶粒边界以及抑制 bcc 有序结构,氢扩散最小化等原因导致了合金的延展性较差。

Fe-Cu-Nb-Si-B 型纳米晶合金具有优异的软磁性能、高饱和磁化强度、高磁导率、小磁致收缩和低铁损等优点。Leu[79]等人利用差示扫描量热法、热磁学分析(TM)、XRD 和透射电子显微镜研究了 $Fe_{73.5}Cu_1Nb_3Si_{13.5}B_9$ 合金的磁相变。DSC 检测居里转变时熔的变化,而 TM 则显示了铁磁/顺磁转变过程的表观质量变化。通过熔融纺丝形成具有无定形结构的条带来制备合金以形成纳米晶体结构,然后在 550 ℃ 下退火 1 h。由淬火非晶合金的 DSC 曲线(图 13.24)上的弱吸热峰可以确定其居里温度,并且可以将纳米晶体结构的成核和金属间化合物 Fe-Nb-B 相的形成过程分别归属于两个主要的放热峰。然而,无法确定纳米晶体结构的居里转变,主要是因为该过程与大的成核峰部分重叠。另一方面,在图 13.25 中,在非晶态合金的居里转变时检测到尖锐且明显的表观重量损失。在形成纳米晶体铁磁结构期间出现表观重量增加,随后在居里转变处纳米晶体结构出现了重量损失,并且最终由于形成铁磁性金属间相而导致重量增加。对退火材料进行了

TM 研究,发现无定形材料的居里转变和向纳米晶材料的转变过程已经消失。

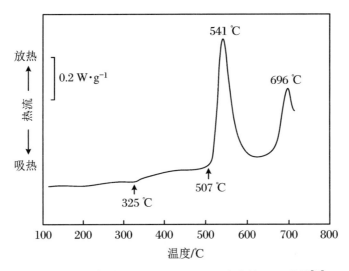

图 13. 24　无定形 $Fe_{73.5}Cu_1Nb_3Si_{13.5}B_9$ 合金的 DSC 曲线[79]

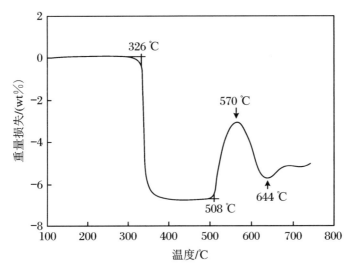

图 13. 25　非磁性 $Fe_{73.5}Cu_1Nb_3Si_{13.5}B_9$ 合金在磁场下的 TGA 曲线(热磁测定法)[79]

　　Ladiwala[80]等人使用 DSC 研究了 $Cu_{60}Zr_{40}$ 非晶合金在不同加热速率下的结晶行为和比热,可以更好地帮助理解对某些性能有重大影响的结晶现象,例如金属玻璃的比热。Cu-Zr 合金通过熔融纺丝以约 $10^6 K \cdot s^{-1}$ 的冷却速率制备。由 DSC 确定材料发生的双重玻璃化转变现象和两级结晶。第一个玻璃化转变温度随着加热速率而增加,而第二个玻璃化转变温度则与加热速率无关。第一个结晶峰与非晶玻璃的部分结晶有关,并且发现该过程在更高的加热速率下发生在更高的温度。第二次放热反应(结晶)与剩余的无定形基体的结晶相关,形成了平衡态的结晶相。当处于更高的加热速率时,这种转变几乎消失。研究还发现随着升温速率的增加,测得的结晶焓增加而比热降低。

Amiya 等人[81]使用差示扫描量热法和 XRD 研究了 Ti 基非晶合金的热行为,发现这些非晶态合金在工程应用中比具有相同化学组成的晶态合金性能更优异。非晶态合金 $Ti_{50}Zr_{10}Cu_{40}$ 和 $Ti_{50}Zr_{10}Ni_{20}Cu_{20}$ 首先通过电弧熔炼,然后进行高压氩气雾化来制备。另外,还通过 DSC 测量了结晶热和粒度对非晶合金结晶的影响。发现 Zr(>10%)的存在对于抑制(延迟)结晶是非常有效的,并且可以形成单一的非晶相,因此较容易形成玻璃态。在 Ti-Zr-Ni-Cu 体系中,三元合金 $Ti_{50}Zr_{10}Cu_{40}$ 除了在结晶之前的较宽的过冷温度范围之外具有最大的形成玻璃态的能力,这是由结晶相沉淀的组成元素较难进行长程重新分布以及这些元素的原子尺寸的巨大差异引起的。

Merry 和 Reiss[82]选择差热分析作为研究液态金属成核机理和速率的可靠方法。金属锡以悬浮在油中的液滴形式存在,由 Rasmussen 和 Loper[83]以及 Perepezko 等人[84-85]早期提出的方法制备得到。通过 DTA 确定冷却曲线,并基于模拟和描述 DTA 曲线的 13 个不同参数确定精心设计的理论方程。通过用不同的值代入理论方程中的各种参数,能够确定每个参数对凝固峰形状的影响。研究发现,较高的冷却速率可将峰值转移至较低的温度,而液滴尺寸分布、冷却期间高达 0.1 K 的温度波动以及成核机理(均相、非均相-表面或非均相-体相)对 DTA 曲线的形状影响很小。作者的结论是可以用数学方程和理论推导的 DTA 峰模拟和匹配实际凝固峰的方式来描述过冷熔体中的成核现象。这项研究基于 Rasmussen 和 Loper[86]早期的工作,主要利用 DTA 和 DSC 测定锡/铋体系中的过冷范围(图 13.26)和成核速率,证明了通过单个恒定冷却速率 DSC 实验所确定的成核速率与温度有关。

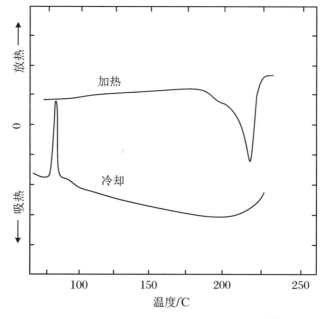

图 13.26 90%锡-10%铋合金的 DTA 曲线[86]

在 OS-124 间苯二甲酸存在下通过二叔丁基过氧化形成乳液;加热时固相线反应开始于 183 ℃;
熔点 219 ℃,冷却结晶温度 83 ℃,峰值过冷度 136 ℃;过冷区间是 11 ℃

Kumpmann 等人[87]制备了超细晶 Cu、Ag、AgCu、AgAu 和 Pd,通过在 He 减压下蒸发,接着在液氮冷却容器中冷凝并固化,通过 DSC 和透射电子显微镜检测。刚刚制备后的 Cu 的 DSC 显示在约 100 ℃ 出现放热峰,当材料在室温下储存 5 天后该峰消失,而在 −20 ℃ 下储存则不会出现这种情况。制备后的 Ag 在 125 ℃ 和 225 ℃ 显示两个峰,在储存 1 个月后温度较低的峰消失。透射电镜结果显示,出现该过程可能是由于在室温下出现了异常晶粒生长。Ag 颗粒表面的氧化增加了其热稳定性,但在 Ag_2O 的分解温度约 250 ℃ 时晶粒生长仍然不正常。由 Kissinger's 方法测定活化能,每单位面积粉末的反应熔约为 $0.5 \, J \cdot m^{-2}$。对于 Ag-Cu 合金,放热反应在 70 ℃ 左右开始,在 320 ℃ 时达到峰值,Ag 和 Cu 分离成两相,只观察到了正常的晶粒生长过程。

13.3.5　机械研磨的合金

如前所述,非晶态合金传统上可以通过不同的快速淬火技术合成出带状、薄片状、丝状等形式。然而,由于这些技术的限制,大量生产这些材料的成本昂贵并且耗时。此外,制备用于某些应用的非常细的无定形金属粉末(如具有优异性能的颜料和复合材料)主要通过切割、研磨或通过熔融纺丝或溅射淬火产生的材料来完成。在寻找可以替代的、更方便和更经济的方法来制造非晶材料特别是粉末时,人们认识到金属和合金的长时间机械研磨可以将颗粒尺寸减小到微米和纳米微晶范围,并且在许多情况下最终使其变成非晶态。另外,通过混合元素粉末或合金可以合成二元、三元和更复杂的相。这种机械合金化过程通常在惰性气氛下于高能球磨机上进行,以避免材料过热和氧化后导致意外的化学和物理变化。对于表征和研究这些无定形微米和纳米晶粉末的行为,热分析技术特别是差示扫描量热法被认为是最有用的互补技术。当与显微镜和 X 射线衍射一起进行分析时,材料的不可逆的无定形/结晶转变在 DSC 曲线上表现为放热效应,可通过监测它来研究不同实验因素及合成过程对材料的影响。

Omuro 等人[88]使用 DSC、XRD 和电阻率测量研究了过渡元素即 Cr、Mo 和 Co 对机械合金化的金属-准金属材料(Fe-C)的非晶化的影响。使用粒度范围为 $63\sim149 \, \mu m$ 的纯晶体元素粉末作为起始材料,以制备 $Fe_{83-x}M_xC_{17}$(M = Cr、Mo 或 Co,$0<x<35$)的混合物。在处于氩气下的球磨机中进行机械研磨/合金化。结果表明,即使在 720 ks 的研磨之后,单独的 $Fe_{83}C_{17}$ 粉末也未发生非晶化。然而,随着高碳化形成元素 Cr 或 Mo 加入,非晶化和合金化明显增强。即使在相对较小的 Mo 浓度($x = 3$)下也可检测到这种效应,并且对于这两种元素而言,影响都随着浓度的增加而增加。而对于低碳化形成元素 Co 在 720 ks 的研磨之后的影响则不明显。DSC 分析表明,$Fe_{48}Cr_{35}C_{17}$ 和 $Fe_{48}Mo_{35}C_{17}$ 分别在 788 K 和 912 K 呈现明显的放热效应(图 13.27),对应着无定形机械研磨产品的结晶过程,验证了该过程的有效性。

Hellstem 和 Schultz[89]研究了通过机械研磨(合金化)制备高温 Zr 基合金的无定形粉末的过程。在这项工作中,无定形过渡金属 Zr 合金即 $Ni_{68}Zr_{32}$、$CO_{55}Zr_{45}$、$Fe_{40}Zr_{60}$ 和 $Cu_{60}Zr_{40}$ 通过球磨机中的纯晶体元素粉末制备。使用光学显微镜、扫描电子显微镜和 XRD 定期检测产物,并通过 DSC 测定它们的结晶温度。对于上述合金,结晶温度分别为 820 K、825 K、790 K 和 804 K。似乎通过涉及粉末颗粒内的结构细化并伴随固态反应的机制发生机械合金化,作者提出机械合金化可能是用于制备无定形粉末的熔融纺丝、蒸发或溅射技术的更方便的替代方案,前提是两种原料具有足够的延展性。

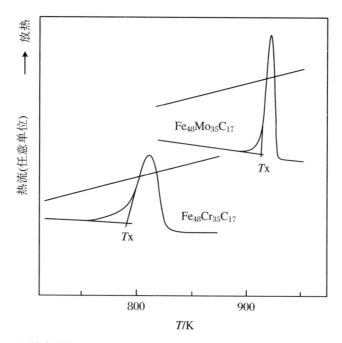

图 13. 27　机械合金化 200 h 后 $Fe_{48}Cr_{35}C_{17}$ 和 $Fe_{48}Mo_{35}C_{17}$ 合金样品的 DSC 曲线[88]

已知 Fe 基非晶合金具有非常好的软磁特性,Surifiach 等人[90] 在氩气中通过高能球磨制备了两种金属-准金属合金 $Fe_{40}Ni_{40}B_6P_{14}$ 和 $Fe_{40}Ni_{40}Si_6P_{14}$,并用 DSC、XRD 和扫描电子显微镜等检测了影响非晶化过程的各种因素。他们使用多晶元素 Fe、Ni、P、B 和 Si 以及 Fe-B 和 Fe-P 作为制备过程中的前驱体,并且通过熔融纺丝成带状以制备另一批合金样品。经历了不同研磨时间后的粉末用 DSC 检测得到相应的结晶焓,如图 13. 28 所示。当这些元素的前驱体研磨 35 h 后,两种材料均表现出完全非晶化状态。由化合物前驱体制备的粉末在研磨相同的时间之后显示出一些结晶度,进一步研磨数小时后可能会引起合金的部分结晶现象。DSC 实验也显示结晶发生在两个阶段,并且具有不可逆的放热效应。可以通过 DSC 测定所产生的总焓来计算在研磨过程中形成的无定形亚稳相的量。结果表明,非晶粉末的结晶的温度、焓和活化能比相同合金的液态淬火带低。除了研磨时间之外,还发现初始前驱体和研磨条件影响非晶化即机械合金化结果。

Oleszak 等人[91] 使用机械研磨法从纯晶态 Fe(-100 目)、Ni(-100 目)和 W(-250 目)金属粉末合成 Fe-Ni 和 Fe-W 合金,目标是得到二元组成 Fe-60at. %Ni 和 Fe-33.3at. % W。利用 XRD 和 DSC 研究在动态氩气气氛下在球磨机中所进行的过程。定时停止研磨过程,以检查产物确定合金化程度。对于 Fe-60at. %的 Ni 粉末,在 100 h 后粒径达到 10 nm,结果表明平均粉末微晶尺寸随着研磨时间的增加而减小。在达到该研磨时间之后,纳米晶体 r(Fe,Ni)也明显形成了固溶体。DSC 用于监测转变温度、在两种粉末之间的相互作用期间释放的热量以及 Fe 在 Ni 中溶解形成固溶体的过程。对于 Fe-33.

3at.%W 粉末,在研磨过程中 Fe(W) 和 W(Fe) 经延伸形成明显固溶体。经过 100 h 的研磨之后,开始形成平衡状态的金属间化合物 Fe_2W。在 220 h 后,仍然存在 Fe_2W、Fe(W) 和 W(Fe) 三相。

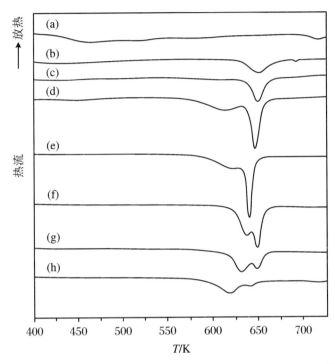

图 13.28　通过机械合金化制备的 $Fe_{40}Ni_{40}B_6P_{14}$ 粉末的 DSC 曲线[90]
(a) 3 h,(b) 10 h,(c) 20 h,(d) 30 h,(e) 35 h,(f) 92 h,(g) 132 h,(h) 156 h;
加热速率 40 K·min^{-1}

　　Kaneko 等人[92]进行了铝粉与金属氧化物 CuO、Fe_2O_3、SiO_2 和 MgO 的机械合金化,其发生铝热反应形成 Al_2O_3 的研究,该反应增加了铝基粉末冶金材料的机械强度。在甲醇存在下,于高能球磨机内在氩气氛围中进行 Al($\sim$20 μm) 和氧化物($\sim$30 μm)粉末(Al,10at.%氧化物)混合物的机械研磨,粉末随后经历了冷压、真空脱气和热挤压等过程。用 DSC、XRD 和 SEM 研究机械研磨过程中的固态反应过程。加工混合物的DSC 曲线(图 13.29)表明在铝发生熔融之前没有峰,只在含 CuO 混合物的 Al-$CuAl_2$ 共晶熔化温度下出现了第二个吸热峰。结果表明,铝热反应发生在铜和铁氧化物中,分别形成 $CuAl_2$ 和 $FeAl_3$。在这两种情况下,最终形成了无定形的 Al_2O_3。然而,与 SiO_2 或MgO 之间没有发生铝热反应。拉伸强度测量结果也证实,铝热反应导致所研究的粉末冶金材料的机械强度增加。

　　Tsai[93]通过动态和等温 DSC 以及热磁分析技术研究了无定形金属-准金属粉末$Fe_{87}Cr_2P_{13}B_7$ 的热磁行为,通过使用熔融纺丝进行淬火获得该粉末后经过非晶合金的高能球磨最终制备得到所需的结构。在研磨之前还研究了淬火合金的状态,淬火合金的动态 DSC 结果表明仅有一个结晶峰。然而,该粉末在较低温度下显示出新的结晶峰,表明在研磨时形成了新的相。图 13.30 中显示了淬火合金和粉末的动态 DSC 曲线。由 DSC 测得的两种材料的结晶焓相同,均为 100 J·g^{-1}。随着研磨时间(机械变形)的增加,高温峰的强度减小,低温峰的强度增加,后面的峰也出现在较低的温度下。结果表明,淬火后的材料在研磨过程中逐渐转变为新材料。另外,XRD 实验表明新相也是无定形的。除了较低的结晶温度之外,还发现新的亚稳态材料具有较低的结晶活化能,因此热稳定性较差,等温 DSC 证实了这两种材料的热行为。作者认为,新材料结晶的产生是通过直接

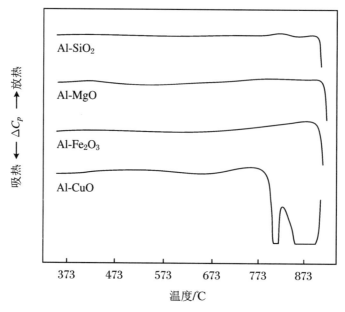

图 13.29　铝金属-金属氧化物粉末混合物的 DSC 曲线[92]

加热速率 10.2 K·min^{-1}

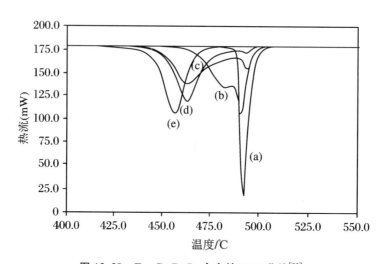

图 13.30　Fe$_{87}$Cr$_2$P$_{13}$B$_7$ 合金的 DSC 曲线[93]

(a) 淬火,(b) 研磨 30 min,(c) 研磨 60 min,(d) 研磨 120 min,(e) 研磨 180 min

的晶粒生长与预先存在的成核机制完成的，而材料淬火的发生则主要通过成核和晶粒生长机制完成。球磨过程会引起材料变形并在淬火材料中引入缺陷，热磁测量结果显示球磨引起居里温度升高，原因可能是新亚稳态材料中 Fe-Fe 缔合作用的增加。

DSC 也用于研究通过机械合金化（研磨）形成无序纳米结晶 Ni-Al 和 Ni-Ge 金属间化合物。Aoki 等人[94]用高能行星式球磨机在氩气氛围中由粉末制备无序纳米晶 Ni$_3$Al 和 Ni$_3$Ge，通过 DSC 和 XRD 监测这些合金在不同研磨时间后的形成和排列。对于研磨时间较短的粉末，DSC 曲线中出现了三个放热峰，这些峰对应于无序 Ni$_3$Al 相的形成、Ni$_3$Al 相有序化排列和 NiAl 相的形成过程。对于研磨时间更长的粉末而言，只出现了与 Ni$_3$Al 相有序化排列对应的一个峰，表明合金化发生在研磨过程中。从 DSC 峰面积计算得到的 Ni$_3$Al 有序转变（包括晶粒生长）的焓变为 5.4 kJ·mol^{-1}，活化能为 160 kJ·mol^{-1}。在 Ni$_3$Ge 体系中也发现了类似的形成和有序转变过程，Ni$_3$Ge 有序转变过程的焓变和活化能分别为 7.9 kJ·mol^{-1} 和 140 kJ·mol^{-1}。

Kasai 等人[95]研究了混合研磨（机械研磨）对石墨还原赤铁矿和冶金焦炭还原铁矿的影响，使用行星式球磨机进行混合研磨。在不同条件下的氩气中进行 TG/DTA 研究，同时借助 XRD 和表面积测量。结果表明，混合研磨可显著提高石墨还原赤铁矿的能力。

在还原反应过程中产生的金属铁可能充当石墨与 CO$_2$ 反应生成 CO 的催化剂的作用，CO 根据以下固-气反应实现还原作用：

$$Fe_xO_y + CO \longrightarrow Fe_xO_{y-1} + CO_2$$

图 13.31 中的 TG/DTA 结果表明，对于使用较长时间混合研磨制备的样品，在较低温度下发生氧化铁的还原反应，伴随着相对应的质量损失和相关的吸热峰。而由焦炭还原铁矿石的反应不受混合研磨的影响，这是由其中存在的脉石矿物和杂质所致。

Yang 和 Bakker[96-97]使用差示扫描量热法、XRD 和透射电子显微镜研究了通过机械研磨制备的过渡金属组合 FeV、CrFe、CoCr 和 NiV 的 σ 相中发生的相变。σ 相为部分无序的体心立方结构。对于 σ-FeV，在研磨 120 h 后，DSC 曲线中显示出了两个放热峰。第一个放热峰与晶粒生长和原子排布恢复的重叠效应有关，第二个与 b.c.c 结构恢复原始 σ 相有关。对于 σ-NiV，研磨 240 h 后，得到对应于结晶（820 ℃，3.34 kJ·mol^{-1}）和晶粒生长（928 ℃，0.17 kJ·mol^{-1}）过程的两个放热峰。作者认为，机械研磨诱导产生了三种类型的亚稳相，即畸变的 bcc 固溶体（FeV 和 CrFe）、纳米晶 σ 相（CoCr）和非晶相（NiV）。

虽然 Fe-C 和 Fe-C-Si 体系在黑色冶金领域最基础，但高碳合金在直接熔炼制备中遇到的问题仍难以解决。因此，Tanaka 等人[98]用机械研磨法制备这些合金并用 DSC、XRD、TEM 和 Mossbauer 光谱学来监控这些过程。DSC 可以用来确定无定形相的结晶过程，并确定不同组合物对这些相形成和行为的影响。图 13.32 中的放热效应来源于研磨过程中形成的无定形硅化物和碳化物的结晶。证实了高碳铁相 Fe$_7$C$_3$ 的形成，也验证了通过添加 Si 可抑制碳化物的形成以及在高硅区中单一的非晶三元相的形成过程。

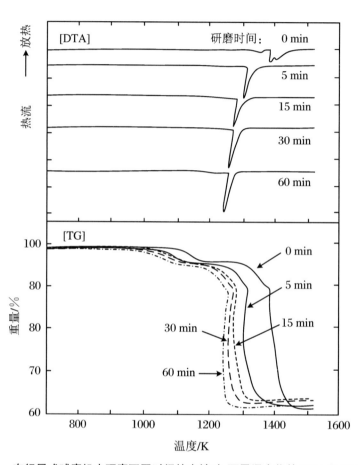

图 13.31　在行星式球磨机中研磨不同时间的赤铁矿-石墨混合物的 DTA 和 TG 曲线[95]

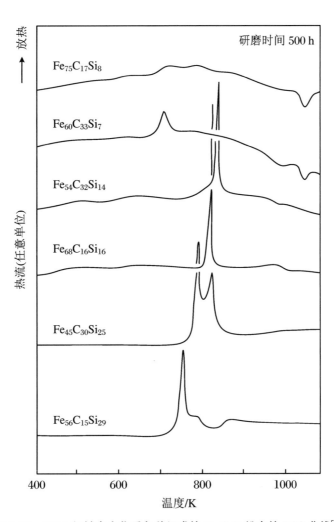

图 13. 32　500 h 机械合金化后各种组成的 Fe-C-Si 粉末的 DSC 曲线[95]

13.4　氧化和腐蚀过程

13.4.1　引言

研究金属和合金在空气中氧化的能力对于确定它们能否在高温下使用特别重要,热重分析是用于研究含氧气体气氛中金属和合金氧化过程的主要技术之一。热重分析技术(参见本丛书第1卷第4章)也用于研究金属和合金对腐蚀性的气体(如含硫氧化物、氯气或硫化氢气体)的承受能力。这些气体通常存在于电厂锅炉的含有大量硫杂质的燃煤的燃烧产物中,在各种化学工厂处理的气体中也会出现。

大多数情况下,等温热重分析法(而非连续加热热重法)用于高温氧化和金属腐蚀的研究,这主要是因为通过这种技术通常更容易解释所涉及反应的动力学和机理,另外一个原因是许多合金在实际应用环境中会经历长时间高温腐蚀。Grabke[99]的一篇文章总结了金属高温腐蚀研究所需的特定技术和预防措施。

待研究材料通常是矩形[100-101]或圆形[102-103],厚度约为 1 mm 或 2 mm,边长或直径为 10~20 mm 的扁平薄片。对于金属和合金,这种形状的材料通常比较容易制备,且反应界面的面积方便计算并保持大致恒定。然而,在某些情况下可能需要考虑界面面积的减小[104]。样品的表面层应通过诸如碳化硅的研磨剂抛光除去,然后通过例如超声波清洗的方法除去残留的研磨粉末,样品表面的有机膜用不含非挥发性杂质的有机溶剂(如丙酮或酒精)清洗[99,101,105]。冷加工处理后的样品可能会得到与退火样品不同的结果,原因是参与形成氧化物表面层的合金元素的晶界扩散可能会受合金的条件影响。

通常由微量天平确定样品质量的变化,样品通过铂丝或石英丝悬挂在天平上。在高温下,在强还原条件下应避免使用石英丝,以免形成挥发性 SiO,而在 1450 ℃ 以上氧化气氛中铂会失重,因此应避免用铂丝。

当对氧化实验结果进行定量处理来确定表面反应的动力学时,有必要使反应开始时的不确定因素最小化。Grabke[99]探讨了开始实验的四种方法:(a)炉子可以垂直移动,加热炉可以在样品的外围加热,开始反应时炉子升起,以使样品处于加热区域;(b)样品在反应管中炉子上方加热,将样品放入炉子的加热区域以开始反应;(c)样品在反应管中真空或惰性气氛中加热,在样品达到所需温度后引入用于研究的气氛;(d)将样品通过其外围的加热炉加热,以实现尽可能快的加热。Grabke 推荐采用研究方法(a)或(b)。如果使用方法(c),应确定惰性气氛中的低浓度杂质不反应且不能在样品上形成显著的表面层。

当使用腐蚀性气体时,例如含有氯气的气体混合物,天平系统中的金属部件应受到保护。可以用惰性气体流过天平室,并从悬挂样品的悬丝孔出来,以使腐蚀性气体不会进入天平室。如果反应气体从样品上方流动,则可以使混合后的气氛气体从反应管顶部附近离开。如果反应气体从样品管顶部进入,底部流出,则需要根据惰性保护气体的流量来校正反应气体混合物中组分的浓度。

在本丛书第 1 卷第 4 章中介绍了适用于热重分析的一般程序和注意事项。尽管热重分析实验提供了质量随时间或温度变化的数据，但需要其他辅助技术来充分阐明氧化和腐蚀反应产物的性质。这些技术包括 X 射线衍射(XRD)研究以确定产物层中的不同晶相，光学显微镜和扫描电子显微镜(SEM)以确定产物层的形态，并通过能量色散 X 射线分析(EDAX)或电子探针微量分析等原位分析技术来确定表面产物层中各种元素的分布。

13.4.2　氧化反应的动力学

在描述氧化和腐蚀反应的特定例子之前，先简要回顾可能会用到的反应动力学类型。事实上，氧化和腐蚀反应等温热重分析技术的主要应用为动力学分析提供了定量数据。

作为金属氧化动力学的一个例子，当在金属或合金的表面上形成致密和黏附的产物层并且反应速率由通过该层的扩散控制时。根据菲克第一定律：

$$J = -D(dc/dx)$$

式中，J 为扩散物质通过产物层的通量，D 为扩散系数，c 为扩散物质的浓度，x 为通过产物层的距离。

对于发生在平滑表面上的反应，单位面积的通量 J 保持恒定，并假设 D 也恒定不变，则有

$$J \cdot x = -D \cdot \Delta c$$

其中 x 为产物层的厚度，Δc 是气体/层界面处和层/基底界面处扩散物质的浓度之间的差值。如果反应性扩散物质的浓度在气体/层界面处和在基底/层界面处保持恒定，则可假定 Δc 保持不变；也就是说，在这两个界面达到平衡，并且在产物层之外没有明显的浓度梯度。于是，产物层的生长速率与反应性扩散物质的通量的绝对值之间成比例关系，如下式所示：

$$|J| = k_1 \cdot (dx/dt)$$

于是有

$$k_1 \cdot (dx/dt) \cdot x = D \cdot \Delta c$$
$$x \cdot dx = (D \cdot \Delta c/k_1) \cdot dt$$

积分上式，有

$$x^2(2D \cdot \Delta c/k_1) \cdot t = k_p \cdot t$$

假设当时间 $t = 0$ 时，$x = 0$。

这个方程式的形式被称为"抛物线速率方程"，并且 k_p 通常被称为抛物线速率常数。应该指出，这个"表达式"不仅是产物层生长的扩散机制的函数，而且也是这种类型研究中所用样品的平面几何形状的函数。由边缘效应引起的误差通常可以忽略。

除了其必须参与形成产物层的反应之外，在推导关于扩散物质性质的抛物线方程时没有做出任何假设。在某些情况下，这是一种阳离子通过致密氧化层从金属/层界面扩散并伴随着补偿电荷传导的过程，最终到达气体/层界面，氧气在这里被还原成氧离子，与阳离子结合形成更多的氧化物。Wagner[106] 已经提出了这种氧化反应的理论处理

方法。

另一个简单的情况是气态反应物与金属之间的反应,速率控制着金属的消耗和反应产物的生成速率。假设在反应中对反应物的供应没有受到阻碍,在面积不变的平面上的反应速率可用下式表示:

$$-(\mathrm{d}m/\mathrm{d}t) = k_2$$

其中 m 为每单位面积的金属质量;k_2 为常数,其取决于反应气体的浓度。积分后,有

$$\Delta m = -k_2 \cdot t$$

如果反应的产物是挥发性的,则可以由这个方程给出样品质量的变化。如果形成非常多孔的产物层,其不会对快速扩散产生阻碍,质量净增加量将与 Δm 成比例,从而可以得到以下的线性速率方程:

$$\Delta m = K_2 \cdot t$$

其中 Δm 为样品质量净增加量,K_2 为常数。

对数形式的反应动力学表达式可以用于处理氧化和腐蚀研究的结果:

$$\mathrm{d}x/\mathrm{d}t = k_4 \exp\{-k_3 x\}$$

积分后,有

$$x = K_3 \ln(K_4 t + K_5)$$

其中 $K_3 = 1/k_3$,$K_4 = k_3 k_4$。当在金属表面上形成非常薄的氧化物膜时,这种对数形式的表达式主要用于处理氧化初始阶段的结果。实际上,抛物线形式的动力学表达式不会在反应开始时应用。主要原因为当膜厚度为零时,零时间的反应速率将是无限大的。

反对数形式的表达式被用于形成薄氧化膜的过程,如下式所示:

$$1/x = K_6 - K_7 \cdot \ln t$$

实验数据通常可以经验性地用幂律方程进行拟合:

$$\Delta m = a \cdot t^n$$

当指数 $n = 0.5$ 时,这种形式等价于抛物线定律。抛物线和线性这两个速率表达式分别代表理想情况。通常观察到的为中间情况,或者由于其他因素而使动力学过程变得复杂,例如产物层的剥落、液相的形成或反应产物的部分挥发等因素。在很多情况下,这些过程非常复杂,以至于无法对热重分析结果进行合理的数学分析。Kofstad[107]、Hauffe[108] 和 Fromhold[109] 分别讨论了金属和合金氧化和腐蚀的不同机制及相关理论。

13.4.3　非合金金属的氧化

非合金金属与氧气在高温下的反应可能代表了最简单的体系类型,但即使这样也会有许多因素可能导致等温热重分析结果的解释变得更加复杂。抛物线形式的动力学方程通常被认为代表氧化的"正常"过程,并且已经观察到铜[110]和镍[111]的反应符合该方程。

在 900~1050 ℃ 范围内和压力从 5×10^{-3} 到 0.8 个大气压的氧气中对铜的氧化反应的研究中,Mrowec 和 Stoldosa[112] 在一个测量系统中使用了螺旋钨弹簧微量天平,该测量系统可以在所需压力下引入氧气之前抽出。实验前检查改变气体流量的效果,并且在流量足够的范围进行实验,以不影响结果。作者对样品的有效表面积的变化进行了修正。当氧气压力低于 CuO 的解离压力时,Cu_2O 形成致密的黏附膜,氧化膜厚度可达

0.17 mm。可以用以下公式表示动力学结果：
$$(\Delta m / A)^2 = k_p'' \cdot t + C$$
其中 Δm 为样品质量增加，A 为表面积，t 为时间，如图 13.33 所示。然后可以确定抛物线形式表达式的速率常数 k_p''。

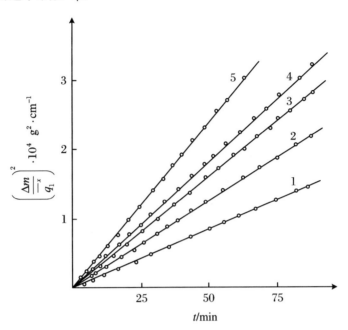

图 13.33　在不同温度下，$P_{O_2} = 2.6 \times 10^{-2}$ atm 时铜氧化的抛物线动力学图[112]

曲线 1～5 分别对应于 900 ℃、950 ℃、980 ℃、1000 ℃ 和 1050 ℃

从结果来看，在不同氧气压力 P_{O_2} 下的关系满足以下关系式：
$$k_p'' = \text{const.} (P_{O_2})^{1/3.9}$$

从 $\log k_p''$ 对 $1/T$ 的曲线中，可以得到形成单相 Cu_2O 层的活化能。相反，当氧气压力高于 CuO 的解离压力时，发现 k_p'' 与氧气压力无关。在这种情况下，存在具有较厚的 Cu_2O 内层和较薄的 CuO 外层的双面膜。通过 Cu_2O 层的氧势能由 Cu/Cu_2O 和 Cu_2O/CuO 之间的平衡控制，并且由于通过较厚 Cu_2O 层的扩散控制膜生长，膜生长速率与外部氧气的压力无关。

Hsu 和 Yurek[113] 使用热重分析研究了在 600～800 ℃ 范围内对应于 0.001～1 atm 氧分压的 Ar-O₂ 混合物中钴氧化动力学。在经历了最初的非抛物线阶段之后，动力学过程遵循抛物线规律，如 $(\Delta m / A)^2$ 相对于时间的曲线所示，从中可以获得重量抛物线速率常数 K_p 的值，并具有很好的重现性。使用两种不同的区域精炼得到的钴作为研究对象。形成两相黏附层状物，其中靠近金属的为 CoO 层，更外层的为 Co_3O_4 层。动力学结果的理论处理以及氧化层的显微结构表征表明氧化速率受阳离子扩散控制，晶格扩散过程在较大晶粒 CoO 中占主导，但在较细晶粒 Co_3O_4 中具有明显的晶界扩散过程。

Herchl 等人[114] 在 500～800 ℃ 的温度范围内和 400 torr 的氧气压力下，使用 Cahn RG 微量天平研究了在镍的不同晶面上的氧化速率。结果发现，在面心立方镍的不同晶面上氧化速率不同,速率按(100)>(110)>(111)的顺序递减。得到的近似抛物线图中的不连续性归因于多晶氧化产物层的起泡和开裂现象。

如果在氩气中退火一段时间后铜或镍的氧化过程中断,则当氧化重新开始时,由热重分析确定的氧化速率变慢[115],这种下降可以归因于在退火期间氧化物-气体界面处的氧分压下降导致整个氧化物层的阳离子空位梯度降低。这表明,即使在形成保护性氧化层的相当简单的情况下,除层增厚以外的现象也会影响氧化速率。

Caplan 等人[116]研究了非合金铁在氧气压力为 10~760 torr、500 ℃时的氧化,可以观察到冷处理样品和退火样品的行为之间存在着很大的差异。对于退火的样品,氧化引起的质量增加速率较慢,这归因于由于空位从外表面扩散而在氧化表层和金属表面之间形成了空隙。氧化表层由 Fe_3O_4(内层)和 α-Fe_2O_3(外层)组成。冷处理样品的氧化速率更快是由于金属基材和氧化层之间的接触更好。但随着暴露时间的增加氧化速率降低,这是由冷加工试样中的晶粒生长和再结晶过程引起的。作者提出了表观抛物线速率常数的概念,定义为 $2m \cdot dm/dt$,为时间的函数,氧化速率取决于铁中存在的杂质[117]。Jansson 和 Vanneberg[118]也发现,铁氧化速率受试样制备方法的显著影响。在 625 ℃时,氧化表层包含一层维氏体,$Fe_{1-x}O$ 介于金属 Fe 和 Fe_3O_4 之间(维氏体在 560 ℃以下不稳定)。

在一个更高的温度 800 ℃和更低的氧气压力 2.5×10^{-3}~3.0×10^{-1} torr 下进行的铁氧化的热重分析研究中,Goursat 和 Smeltzer[119]观察到了不同的行为模式。氧化通常始于质量增加速率增加的阶段,在此期间铁素体晶粒在铁表面成核,并在表面均匀生长成为较厚的一层。随后是线性氧化过程,其速率与氧气压力成正比。该阶段的速率控制机制似乎是在维氏体表面上氧的非解离吸附。最后遵循抛物线动力学机制,其中 k_p 与氧气压力无关。在维氏体的外表面上存在一层薄的磁铁矿,因此铁层的生长速率直接与 $Fe/Fe_{1-x}O$ 和 $Fe_{1-x}O/Fe_3O_4$ 界面上氧的活度建立的铁空位浓度相关。这些关于铁氧化的研究说明看似简单的体系中可能也比较复杂。

Voitovich 等人[120]研究了杂质对锆高温氧化的影响,发现工业级 Zr 在 900~1300 ℃温度范围内氧化的速率快于通过碘化法精炼得到的更纯 Zr 的过程。通过热重分析研究了氧化反应的动力学,其中一些结果如图 13.34 所示。在较高温度下,首先遵循抛物线速率定律,但随着"分离"腐蚀开始,后来遵循线性动力学定律。当高于 α-β 转变温度 862 ℃时,通常存在 β-Zr 相,但是氧扩散到金属基材中的过程稳定了 α 相。在较低温度的 600~700 ℃范围,在热重分析研究中没有观察到从抛物线到线性动力学的转变。

在 1 atm 氧气压力下和 600~800 ℃温度范围内,钛发生氧化反应的热重分析结果表明,在开始的一段时间内遵循伪抛物线动力学,但在质量随时间增加的曲线部分斜率具有周期性不连续性[121],随后观察到线性动力学关系。对氧化表层的研究表明存在由短裂纹分隔的层,其阻碍了氧和钛的扩散并改变了氧化速率。在氧化表层和金属之间形成连续裂纹并在氧化表层中形成孔隙导致最终遵循线性反应动力学关系。在另一项使用热重分析法在 695 ℃、$P_{O_2} = 105$ torr 的条件下研究钛氧化的研究中,Bertrand 等人[122]在氧化曲线中发现了一系列类似于抛物线的过程。在较高的温度 840 ℃和 965 ℃下,氧化曲线的斜率开始下降,但随着氧化的进行氧化速率又开始增加。研究结果还发现了在氧化层上有层状空穴的复杂层状结构,非致密氧化物鳞片的形成导致在钛氧化期间观察到复杂的动力学过程。

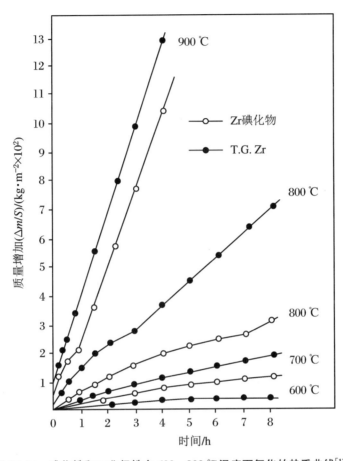

图 13.34　碘化锆和工业级锆在 600～900 ℃温度下氧化的热重曲线[120]

Keller 和 Douglass[123] 用热重分析法研究了空气中温度范围在 700～1000 ℃钒氧化的过程,并使用悬挂在试样下的陶瓷坩埚来收集可能脱落的任何液体氧化物。形成熔化的 V_2O_5(熔点 670 ℃)符合预期,但仍然可以准确测量增加的总质量。质量的增加与时间之间呈线性关系,结果与不受保护的产物层阻碍的界面反应一致。然而,在不同的条件下,特别是在较低的氧气压力 13.3 Pa 和 133 Pa 下,钒只会氧化成 VO_2 而不是 V_2O_5,Yamawaki 等人[124] 发现其遵循抛物线速率定律。

可以在 600～1000 ℃温度范围内通过热重分析实验得到铑在空气中的氧化过程,可用于研究汽车催化转化器中铑催化剂的降解[125]。在温度范围的低温段观察到的质量增加过程满足对数形式的动力学关系。然后,随着温度增加经过一个转变区,动力学变化遵循以下形式的幂定律:

$$\Delta m = k_p \cdot t^n$$

其中 Δm 是质量增量,t 为时间,k_p 和 n 在该实验条件下为常数。然而,在 1000 ℃时发现在最初的质量增加后样品开始失重,然后降到了初始质量以下。这归因于氧化铑的挥发过程,并且当试验完成后检查试样时没有在较低的氧化温度下形成氧化层。

13.4.4　合金的氧化

合金的氧化可能涉及多种非合金金属氧化中不存在的复杂因素,这些因素包括低贵金属合金成分的选择性氧化,涉及不同成分的复合氧化物的形成以及两种或更多种合金成分的复合氧化物相的形成过程。氧化反应的动力学一般会受到这些因素的影响,因此热重实验的解释需要通过金相学、X 射线衍射和原位微量分析方法检查氧化物的尺度。对于许多合金,特别重要的是存在可以形成保护性氧化物层的成分,例如 Cr_2O_3 和 Al_2O_3。

Narita 等人[126]在 1000～1200 ℃ 的温度范围内,氧分压为 10～10^5 Pa 的氧氮混合气体中,采用热重分析法研究了钴和锰的二元合金的氧化过程。除了在反应的早期阶段之外,反应遵循抛物线速率法则,$(\Delta m)^2$ 对 t 作图得到的曲线如图 13.35 所示,其中 Δm

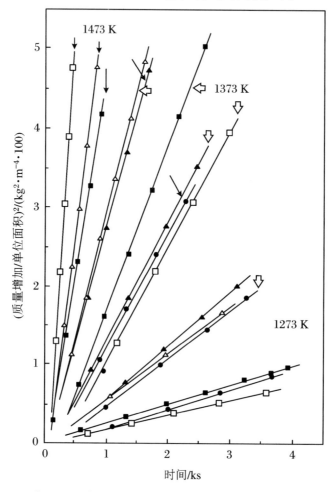

图 13.35　在 P_{O_2} = 10^5 Pa,1273 K、1373 K(空心箭头)和 1473 K(实心箭头)
温度下钴锰合金氧化的抛物线动力学曲线[126]
同时列出了含量为 23.0%Mn(空心方形)、17.0%Mn(实心方形)、6.0%Mn(空心三角形)、
3.2%Mn(实心三角形)和非合金 Co(实心圆)的合金结果

为质量变化，t 为时间。对于低 Mn 含量(0.23%或3.2%Mn)合金，由这些曲线的斜率确定的 k_p 值随着 Mn 含量的增加而增加，并且氧化层仅由一层氧化物(Co,Mn)O 组成。当锰含量大于6%时，随着合金中锰含量的进一步增加，k_p 的值先达到最大值然后下降，氧化层中发现尖晶石相 $(Co,Mn)_3O_4$ 以及单氧化物相存在。

Cabrera 和 Maple[127] 采用热重法在 800~1000 ℃ 的温度范围内和 1 atm O_2 压力下对一定量的 CoFe 和 $CoFe_3$ 的合金混合物的氧化进行研究。实验时将 50 mg 颗粒状合金样品加入至微量天平悬挂的小石英坩埚中，而不是通常用于研究金属氧化的箔或片状样品。据报道 CoFe 混合物氧化过程显示抛物线动力学特征，而 $CoFe_3$ 混合物的氧化过程更符合直接对数定律。

Raman 等人[128] 研究了一种含 2.5%Cr-1%Mo 低合金钢，晶粒尺寸对该材料在 550 ℃ 空气中抗氧化性的影响。在热重分析中，所有样品的实验结果均遵循抛物线动力学过程。退火样品在 950~1250 ℃ 温度范围内通过晶粒生长获得了不同的晶粒尺寸，氧化速率随着晶粒尺寸的增加而减小，这归因于较小的晶界区域，由此导致缩短的晶界边界和减少的扩散路径。

在某些合金体系中可以观察到内部氧化的现象。当形成非常稳定氧化物的元素与更贵金属形成合金时，可以发生这种情况。与可氧化合金组分的扩散速率相比，氧可以通过该金属快速扩散。在这种情况下，溶解氧与可氧化组分反应，在合金相中形成分散的氧化物沉淀。Charrin 等人[129] 用热重分析法研究了含少量 Mg(约 0.5%)的银在 600 ℃ 下的氧化过程。短暂的初始阶段中没有遵循抛物线规律，随后为一段抛物线动力学。最后，氧/镁比值达到最大值，该数值在某些情况下可能会上升到 1.5，远高于 MgO 的化学计量比 1.0。据推测，Mg 和 O 的团簇由过量的氧气形成，并且这些团簇最终聚结成 MgO 颗粒。随着氧气的释放，质量有所损失。Takada 等人[130] 使用热重在 500~900 ℃ 的温度范围内研究了 Ag-2.2%Al 合金粉末样品的氧化结果。在该体系中，也发现 O/Al 比值可能升高到化学计量值 1.5 以上。在更高的温度下，该比值将回落到 1.5。但在较低的温度下，该比值仍有可能保持在 1.5 以上。

不锈钢是最重要的抗氧化合金类型之一，热重分析对于表征其抗氧化性具有重要意义。Botella 等人[131] 研究了在 700 ℃ 下 AISI 304 型不锈钢(18%Cr-8%Ni)的氧化过程，并用锰替代了大部分镍(17%Cr-2.6%Ni-11.5%Mn)。使用热重分析仪在 700 ℃ 合成空气中氧化的 20 mm×10 mm 的样品，结果用幂律方程表示。n 的值对于 AISI 304 为 0.65，对于低镍合金为 0.31，如图 13.36 所示，热重曲线图与抛物线动力学曲线($n=0.5$)形状大致相似。两种合金都会产生相关氧化表层，304 不锈钢的氧化层的主要成分是 Cr_2O_3，而 $(Cr,Mn)_2O_3$ 是低 Ni 高 Mn 合金的氧化层的主要成分。在氧化层的外表面上发现了一些含铁丰富的结点，这些结点似乎是由氧化渗透到金属相中而形成的。在低镍合金上这些结点的数量更多，作者提出这可能表明在长时间暴露于氧化气氛下时，抗氧化性较低，热重结果显示在暴露约 80 h 后出现明显的氧化。

Croll 和 Wallwork[132] 使用热重分析仪在 200 torr 压力的静态氧气中在 1000 ℃ 下研究了一系列含铬量高达 30% 的铁-铬-镍合金的氧化过程。热重分析结果以 log[质量增加(mg·cm^{-2})]与 log[氧化时间(h)]的关系曲线表示，时间长达 100 h。曲线的斜率接近 0.5,因此动力学大致呈抛物线形式。具有最低 Cr 含量(<1%)的合金显示出最高的氧化速率。Cr 含量低于 10% 的合金发生了内部氧化过程,在氧化表层下合金相的晶界处析出 Cr_2O_3。具有最高铬含量(20%~30%)的合金显示出最低的氧化速率,并且主要氧化物相为 Cr_2O_3。当铬含量最高时,观察到了抛物线动力学的负偏差,这是由于 CrO_3 的挥发引起的。

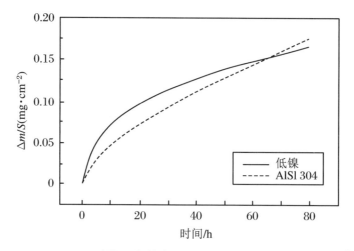

图 13.36　AISI 304 不锈钢和低镍合金在 973 K 空气中氧化的热重曲线[131]

　　Douglass 和 Rizzo-Assuncao[133] 研究了 Fe-19.6%Cr-15.1%Mn 不锈钢在空气中 700~1000 ℃温度范围内的氧化过程,发现质量增加-时间的变化曲线具有抛物线特征,但存在一些偏差。在某些情况下,最初发生的较轻质量损失归因于锰的挥发。在所有的氧化表层中都存在相当多的尖晶石相(Fe,Cr,Mn)$_3O_4$ 以及 Cr_2O_3,研究结果发现其氧化速率比 Fe-9.5%Cr-17%Mn 合金慢得多,因为后者具有较低的铬含量并且在氧化表层中没有形成 Cr_2O_3。

　　铝金属的氧化铝层的形成可以提供显著的抗氧化性,否则其将是非常活泼的金属。Al_2O_3 的这种特性可用于通过添加铝来改善合金的抗氧化性。Lambertin 和 Beranger[102] 研究了添加高达 6% 质量分数铝的铁铬合金的高温氧化过程,具有约 4% 铝的 Fe-20%Cr 合金在 800~1100 ℃温度范围内在大气压力下与氧气反应时显示抛物线动力学特征,如图 13.37 中质量增加相对于(时间)$^{\frac{1}{2}}$ 的曲线图所示。这种合金的氧化产物层为 α-Al_2O_3。但是在仅含有 2% 的铝合金中,观察到三种更小的尺度,分别为外部 Fe_2O_3 层、Cr_2O_3 中间层和 Al_2O_3 内层。后一种合金的热重结果显示出快速的初始氧化过程,随后速率大大降低。这些观察结果表明最初快速形成铁和铬的氧化物,然后在内部界面形成沉淀 Al_2O_3。

　　用于制造金属与陶瓷之间接头的钎焊合金必须能够承受高温下的氧化条件,因此在这种条件下通常选择使用陶瓷材料。Ag/Cu 比值为 60/40 的银铜合金,接近体系中的共晶组成,已被用作钎焊材料,通常添加几个百分比的钛以改善材料的润湿性并因此改善它在氧化物陶瓷上的黏附性。Xian 及其同事[134-135] 发现,在 873 K 的空气中进行的热重分析表明,无论共晶合金中是否含有 5% 的钛均呈现出氧化动力学的抛物线特征。添加少量的 Cr、Ni 或 Y 对抛物线速率常数只有很小的影响,但添加 5at% 的铝会产生一种合金,氧化速率在 20 h 后可以忽略不计。通过 XRD 和 EDAX 检测可以确定,不含铝的合金的氧化膜由 CuO 外层和较薄的 Cu_2O 内层组成。向合金中加入铝,形成了 $CuAl_2O_4$ 的内部附着保护层。这些合金的熔化温度是钎焊合金的重要特性,可以由 DTA 测定。另外,还研究了应用于陶瓷基材的 Ag-Cu-Ti 钎焊合金层的氧化行为[136]。在 400~700 ℃ 的温度范围内,在 Ar-O_2 混合气中观察到动力学抛物线特征。实验中还取得了特殊的研究结果,应用于部分稳定的氧化锆的合金的氧化速率高于应用于氧化铝的相同合金的速率。这种差异是由氧气通过氧化锆传输引起的,在合金和氧化锆基底之间观察到一层 TiO 即可佐证这一观点。

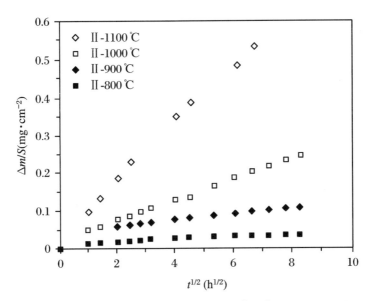

图 13.37　在 1 atm P_{O_2} 下 800~1100 ℃ 温度范围内 Fe-20%Cr-4%Al
合金氧化的抛物线动力学曲线[102]

由硬质碳化钨颗粒嵌入金属基体组成的合金广泛用于切削工具。在使用过程中,这些合金或金属陶瓷的温度变得非常高。Voitovich 等人[137] 报道了在 500~800 ℃ 温度范围内,WC-16%Co、WC-8%Co-8%Ni 和 WC-16%Ni 在空气中氧化的等温热重分析研究结果。对于这些合金,可能会形成 CO 和 CO_2 气态产物,从而导致待测样品的质量损失。实际上在 500 ℃ 和 600 ℃ 下观察到了质量损失,该过程对应于如下反应:$WC + 0.5O_2$ ══ $1/2W_2C + 0.5CO_2$ 和 $WC + O_2$ ══ $W + CO_2$。在 800 ℃ 时,质量增加速率基本不变,而在中等温度范围观察到了更复杂的动力学过程。通过扫描电子显微镜和 X 射线衍射技术研究氧化产物,结果表明在 WC-Co 上形成了 $CoWO_4$,在耐氧化性差的 WC-Ni 上形成了 WO_3 以及较少量的 NiO 和 $NiWO_4$。热重分析结果还表明,合金比单独的碳化钨更耐氧化。

可通过"表面硬化"来提高钢的表面硬度和耐磨性,将钢在氨气和氢气中处理以形成氮化表面。Coates 等人[138]对氮化的 Fe-2.3%Cr 和 Fe-5%Mo 合金的氧化过程进行了热重分析。经处理的合金中氮化铁颗粒可能为形成黏附性更好的细粒氧化物结构提供了成核位点,但这并不总是与增加的抗氧化性相关。

13.4.5　除氧分子以外的气体氧化

金属和合金可以被含氧气体如水蒸气或二氧化碳氧化,形成表面氧化层。如果金属氧化物是唯一的反应产物,则热重分析结果可能与分子氧的氧化结果相同。例如,在 750～1010 ℃的温度范围内研究了金属钛在水蒸气和氢气混合气氛中的氧化过程[139]。当以质量变化对时间作图时,曲线的初始部分是抛物线形,但后来成为线性。通过光学显微镜测量氧化层的厚度,发现这些测量值与质量变化过程相关。这些相关性表明,一些氧通过扩散进入 α-Ti 的固溶体中,由此导致了初始的抛物线动力学特征。随着反应的进行,同时形成由 Ti-O 固溶体沉淀形成的 TiO_x 层与 TiO_2 的外层。线性反应动力学特征似乎是由 TiO_2 在 TiO_x-TiO_2 界面处的形成引起的。在 950 ℃进行的一系列实验表明,随着气体混合物中水蒸气含量从 3%增加到 57%,钛的氧化速率增加。

Bredesen 和 Kofstad[140-142]在 1000～1200 ℃范围和 0.1～1 atm 的总压力下研究了非合金铁与不同混合比例 CO_2/CO 气体混合物的反应过程,实验中确保气体流速足够快以不影响热重分析结果。在温和的氧化条件下(低温、低总压力和气相中低摩尔分数的 CO_2),观察到涉及成核和初始成膜的慢反应阶段。这段时间之后是膜线性生长阶段,在此期间假定速率由表面反应控制,吸附和生长位点的数量保持恒定。通过维氏体薄膜的扩散过程相对较快但并非速率控制。在更苛刻的条件下(1200 ℃),成膜的初始阶段太短而不能观察到,但是存在线性规模生长的阶段。在此阶段的速率不依赖于氧化表层厚度,但是该速率随着 P_{CO_2} 增加而变大,表明 CO_2 的吸附是速率控制。线性增长之后是一段抛物线式的增长过程,这表明随着膜变厚,扩散已经变成了速率控制。然而,对 P_{CO_2} 和气体混合物的组成变化的依赖性表明维氏体表面与气相不平衡。尽管在平衡条件下其会保持稳定,但在这些尺度中没有发现磁铁矿(Fe_3O_4)。

Mayer 和 Smeltzer 在 1000 ℃下使用 CO_2/CO 气氛通过热重分析法研究了一系列铁锰合金中氧化物形成的动力学[143]。(质量增加/单位面积)^2 相对于时间的曲线在经历了初始非线性阶段之后通常变成线性。从这些曲线得出的抛物线速率常数随着气相中的 CO_2/CO 比率增加而变大,并随着合金中 Mn 含量的增加而减小。X 射线衍射结果表明它们是致密的(Fe,Mn)O。

模拟燃烧气氛是将 6.55%CO_2、18.84%H_2O 和 3.75%O_2 与氮气混合组成,用于研究含少量硅和铝的低合金钢的氧化[105]。试样在 1050 ℃下进行 3 h 的重复的热重测试,以便更清楚地分析合金组成变化。氧化反应的动力学基本上呈抛物线特征,尽管在反应开始时存在短时间的线性动力学特征。通过电子探针分析和 XRD 确定的氧化产物为 FeO、Fe_3O_4、Fe_2O_3 和 $FeSiO_4$,当合金中含有铝时偶尔存在 $FeAl_2O_4$。

13.4.6　在腐蚀性气体中发生的氧化和腐蚀

在硫化物或氯化物存在的情况下,金属和合金的高温腐蚀速率通常会大大加快。因此,许多研究以确定结构合金在类似于化学加工厂和燃烧含硫燃料发电厂的类似环境中的耐受性作为目标。在含有诸如 SO_2、SO_3、Cl_2 或 HCl 气体的气氛中,金属表面上的反应产物除了各种金属氧化物之外还可能包括硫酸盐、硫化物或氯化物。

Holt 和 Kofstad[100] 在温度范围 $500 \sim 800\,^\circ\!C$ 和氧气加 $4\% SO_2$ 的气体混合物中通过热重法研究了铁的高温腐蚀行为。热重分析仪中的样品被倒转的铂罩环绕,Pt 用作催化剂以确保 SO_2/SO_3 的平衡比,质量变化基本上满足抛物线动力学特征。随着温度升高,抛物线速率常数随温度升高直到 $640\,^\circ\!C$,随后速率常数突然下降一个数量级,然后随着温度升高它又继续升高,如图 13.38 所示。X 射线光电子能谱、X 射线衍射和扫描电子显微镜的测量结果表明,在 $640\,^\circ\!C$ 以下形成硫酸铁(III),并且与 Fe_2O_3 一起构成氧化表层的外层。靠近金属层的为维氏体($Fe_{1-y}O$)、$Fe_{1-x}S$ 和一些磁铁矿。在较高温度下,氧化表层由 $Fe_{1-y}O/Fe_3O_4/Fe_2O_3$ 组成,类似于铁与氧单独反应形成的表面氧化表层。主要的相为维氏体,在氧化层金属界面附近只有很少量的 $Fe_{1-x}S$ 存在,在 $640\,^\circ\!C$ 以上没有发现硫酸铁(III),$640\,^\circ\!C$ 反应速率的突然变化是由 $Fe_{1-x}S$ 中铁的扩散速率高于 $Fe_{1-y}O$ 引起的。

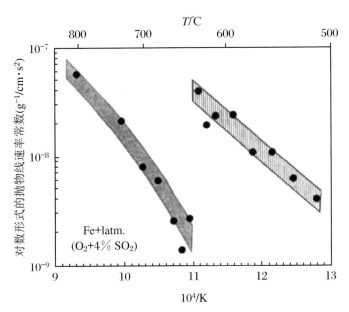

图 13.38　$O_2 + 4\% SO_2$ 中铁腐蚀的抛物线速率常数与绝对温度倒数的函数关系[100]
注意在 $640\,^\circ\!C$ 左右的不连续性

当高温下的气氛气体中存在氯或氯化物时,可能形成挥发性金属氯化物,这将导致质量损失,并且会使热重实验结果的解释复杂化。在 1200 K 时,Maloney 和 McNallan[103] 研究了在 $50\% O_2$ 和最多 $6\% Cl_2$ 的气氛中钴金属的氧化过程,发现 $COCl_2$ 的挥发是反应机理中的重要过程。他们解释热重研究的结果是基于通过 O_2 反应形成 CoO 表面层满足抛物线动力学以及同时通过以下反应除去 CoO:

$$CoO(s) + Cl_2(g) = CoCl_2(g) + 0.5\,O_2(g)$$

由此提出了一种平衡速率方程形式:

$$dx/dt = K_p/2x - K_s$$

其中 K_s 是氧化层厚度减小过程的线性速率常数，K_p 的值由无氯环境下 Co 的氧化速率确定，K_s 由 Cl_2 与 CoO 的反应速率确定，K_s 的值取决于气体的流量和 Cl_2 的分压。在 $O_2 + y\%Cl_2 + Ar$ 中的计算和实验结果对于 $y > 0.1\%$ 至 $y = 3\%$ 的范围十分一致，后者的组成质量随着时间几乎线性减少。在较低的温度下，900~1100 K 范围内的结果更复杂，并且在 1000 K 下观察到了比根据上述机制计算得到的更高的质量增加速率。

如果是合金而不是纯金属参与含氯气氛的反应，则会进一步增加反应的复杂性。Kim 和 McNallan[144]研究了铁铬合金分别在含有 0.25% 和 1% Cl_2 的 50% O_2 气氛中的高温腐蚀行为，得到的结果相当复杂。由于金属氯化物或氯氧化物的挥发，在 1000 K 下 1% 的 Cl_2 中所研究的三种合金即 1%、5% 和 20% Cr 均在热重实验的 2 h 期间出现了明显的质量损失。在其他条件下，热重分析实验显示质量增加，但通常情况下，质量-时间曲线的形状变得很复杂，可能是质量增加和损失同时进行的结果。用光学显微镜和扫描电子显微镜表征腐蚀产物，通常发现在氯的环境中形成了多孔氧化物层。除了具有 0.25% Cl_2 的 20% Cr 合金外，在 1000 K 以上的温度下形成了致密且具有较强保护作用的氧化物层。在较低的温度 900 K 和 1000 K 下，在多孔氧化物层和金属之间发现了 $FeCl_2$。形成的氧化表层通常具有 Cr-Fe 氧化物的内层和氧化铁的外层，并且在 1000 K 以上的氧化表层含有比较多的孔，由此导致腐蚀加速。

为了更接近实际应用条件，Spiegel 和 Grabke[145]使用包含 5% O_2、500 ppm HCl 和 250~1000 ppm SO_2 的 He 气氛进行了实验，以模拟垃圾焚烧的气氛。在进行了初始预氧化处理后，含有 2.25% Cr-1% Mo 的锅炉钢管样品用于 500 ℃ 下的热重分析研究，当气氛中含有 HCl 时，比在仅含有 5% O_2 的气氛中样品质量增加速率明显提高，但 SO_2 似乎对速率的影响不大。当 HCl 和 SO_2 同时存在时，SO_2 的存在实际上降低了单独用 HCl 观察到的质量增加速率。单独使用 HCl 时，在有缺陷的 Fe_3O_4/Fe_2O_3 层中发现了 $FeCl_2$。仅使用 SO_2 时，未发现含硫的相。在同时存在 HCl 和 SO_2 的情况下，在氧化层上同时形成了 $FeCl_2$ 和 FeS_2，在此基础上作者提出了一个机制来解释不同的钢铁反应率。

13.4.7　存在盐沉积物时的腐蚀

在电厂燃烧含硫或氯的煤或其他燃料时，可能形成钙、钠、钾的硫酸盐或氯化物。含有这些盐的灰分可能会沉积在锅炉管中，并且在气态燃烧产物中含有硫氧化物或氯气时将会导致非常严重的腐蚀。热重分析已成为研究在这种条件下发生的复杂反应的有用技术，可以使用水平式微量天平进行实验，将固体（如松散的飞灰）加到金属片的上表面[146]，或者可以使用垂直炉体结构形式的热重分析仪，将盐的饱和水溶液加到加热的金属表面[147]以形成黏附沉积物。

Grabke 等人[146]通过热重分析法研究了在 500 ℃ 和 5% 或 13.3% O_2 的 He 气氛下，与氯化钠表面沉积物和垃圾焚烧厂飞灰沉积物接触的 2.25% Cr-1% Mo 钢的氧化过程。沉积物中的氯化物与预氧化的钢的表面氧化铁反应，在氧化表层/金属界面上形成 $FeCl_2$，反应可能涉及以下反应机理：

$$2NaCl + Fe_2O_3 + 0.5O_2 \Longrightarrow Na_2Fe_2O_4 + Cl_2$$

氯明显地渗透了氧化表层,然后与金属/氧化表层界面处的铁发生反应形成了 $FeCl_2$,其中一部分挥发充分扩散至氧化表层与气氛界面发生氧化,形成多孔氧化铁:

$$2FeCl_2(g) + 1.5O_2 \Longrightarrow Fe_2O_3 + 2Cl_2$$

含有混合的氯化钠和氯化钾以及硫酸盐的飞灰表面沉积物也加速了腐蚀过程,如图 13.39 所示。向气氛中加入 SO_2 后研究飞灰沉积在钢的样品上所产生的影响,也单独使用了飞灰进行实验作为对比。由于焦硫酸盐的形成,加入单独的飞灰使得质量增加,并且由此得到的热重曲线可以结合钢样品加飞灰的曲线图估计由于钢的腐蚀而引起的净质量变化。向气氛中加入 HCl 进行类似实验表明,出现质量损失过程对应于如下的反应:

$$(K,Na)_2Ca_2(SO_4)_3 + 2HCl \Longrightarrow 2(K,Na)Cl + 2CaSO_4 + SO_2 + H_2O + 0.5O_2$$

500 ppm 的 HCl 产生的腐蚀远大于 500 ppm 的 SO_2 产生的腐蚀。但是,SO_2 的存在减轻了 HCl 对腐蚀速率的增强作用。

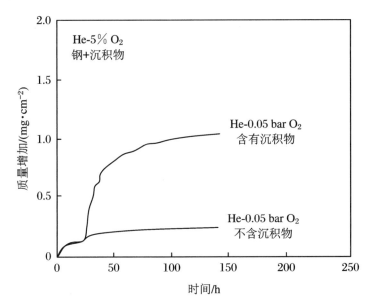

图 13.39 在 500 ℃ 下 He-5%O_2 中 2.25%Cr-1%Mo 钢在没有飞灰沉积物和 24 h 沉积飞灰的情况下反应的热重曲线[146]

Ahila 等人[147]研究了 2.25%Cr-1%Mo 钢的热腐蚀过程,其中 K_2SO_4 和 KCl 的混合物被施加到钢样品的表面,温度范围为 550~750 ℃ 的结果证实了氯化物和硫酸盐表面沉积物对腐蚀速率的增强作用,这项研究的一个特点是使用了由不同技术焊接的接头切割合金样品。

实验中通常选择使用镍合金,原因是其具有良好的高温机械性能和耐腐蚀性。被称为 IN-738 的镍基合金已被用于燃气轮机中,在此应用背景的基础上,深入研究了预氧化的合金样品表面沉积 Na_2SO_4 后暴露于 975 ℃ 的空气中所发生的变化[148]。IN-738 是含 16.0%Cr、8.5%Co、3.4%Al、3.4%Ti 和少量 Mo、W、Ta、Nb、Zr、C 的镍基合金,合金在氧气中没有 Na$_2$SO$_4$ 的情况下预氧化,并形成了 Cr$_2$O$_3$-TiO$_2$ 表面层,遵循抛物线动力学特征。用 Na$_2$SO$_4$ 包覆的预氧化合金的热重分析结果表明诱导期约为 55 h,接着是急剧性氧化引起的质量增加,该过程持续进行到约第 75 h,然后氧化过程减速,直到第 100 h 停止,如图 13.40 所示。通过监测 SO$_2$ 的消耗进度、对表面涂层中可溶性化合物的化学分析以及通过产物层的部分的电子微探针分析来研究所涉及的反应的性质,通过热重分析和其他分析方法分别研究了涉及复杂腐蚀过程的几种反应。这些反应包括 Na$_2$SO$_4$ 和 Na$_2$CrO$_4$ 的蒸发以及以下形式的反应:

$$Cr_2O_3 + 2Na_2SO_4(l) + 1.5O_2 \Longrightarrow 2Na_2CrO_4(l) + 2SO_3(g)$$

$$nTiO_2 + Na_2SO_4(l) \Longrightarrow Na_2O(TiO_2)_n + SO_3(g)$$

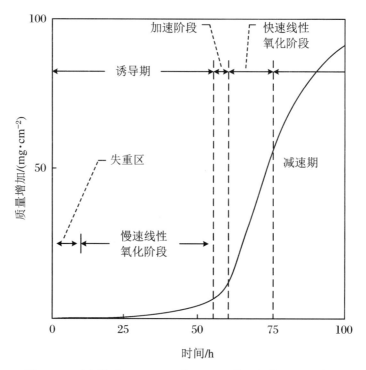

图 13.40　表面负载 3 mg·cm^{-2} Na$_2$SO$_4$ 的预氧化 IN-738 合金
在 975 ℃流动氧气中腐蚀的热重曲线[148]
快速急剧性氧化效应是显而易见的

　　这些反应伴随着合金的持续氧化,导致了在诱导期间质量增加和损失过程同时进行。显然,快速腐蚀期间涉及作为助熔剂的熔化和钼酸盐、钨酸盐形成过程。

　　正如在关于合金氧化的章节中所讨论的那样,在合金中加入铝时,可以通过形成氧化铝层来提高抗氧化性。因此,在存在盐沉积物的情况下,含铝合金的耐热腐蚀性受到关注。用热重分析法研究了在 650 ℃及 O$_2$ + 0.5%或 1%SO$_2$/SO$_3$ 气氛下 Fe、Fe-5%Al 和 Fe-10%Al 与 Na$_2$SO$_4$ 表面沉积物的腐蚀情况[101]。通过使 O$_2$-SO$_2$ 气体混合物流经含有 Pt 或 Rh 的蜂窝陶瓷的方式来建立 SO$_2$/SO$_3$ 平衡。Na$_2$SO$_4$ 沉积物加速了铁和铁铝合金的腐蚀过程。随着合金中铝浓度的增加,腐蚀速率降低。而随着 SO$_2$/SO$_3$ 浓度的增加,腐蚀速率增加。通过 X 射线衍射、扫描电子显微镜和电子探针微量分析检测腐蚀产物,结果表明,在 Na_2SO_4 存在下,铁的氧化表层由三层组成,分别为疏松的 Fe_2O_3 外层、Na 和 Fe 硫酸盐层以及 Fe 氧化物和硫化物的内部致密层。在 Fe-Al 合金中,外部两层与铁上形成的那些物质相似,而内部致密层则由两个更薄的层组成,上面一层为氧化铁,内部一层为富含铝的氧化物和硫化物。可能的机制涉及氧(可能为 $S_2O_2^{2-}$)通过一定量熔融的 Na-Fe 硫酸盐向内扩散以及在气体/熔体界面氧化成 Fe_2O_3 的 Fe^{2+} 过程向外扩散,硫化物的形成是由于金属/腐蚀产物界面处的低氧势引起的。

基于铁铝合金(Fe_3Al)的合金已被用于制造流化床燃烧系统、燃气轮机和煤气化过程中。在 SO_2 和如碱金属硫酸盐熔盐存在下的耐腐蚀性对于这些应用比较重要。分别用热重法研究了 Fe_3Al-2%Cr 和 Fe_3Al-5%Cr 合金和表面沉积了 Na_2SO_4-Li_2SO_4 低共熔混合物的合金在含有 1%SO_2 的空气气氛下的氧化行为[149]。在没有盐沉积的情况下,在 605~1000 ℃的温度范围内,质量增加速率相对较慢,而对于 Fe_3Al-2%Cr,随着盐沉积的增加,质量增加的速率大幅度增加,在 1000 ℃放置约 7 h 后时发生急剧性腐蚀。然而,Fe_3Al-5%Cr 在 1000 ℃时质量增加速率小于在 605 ℃和 800 ℃。因此,这些合金不适用于可能发生盐沉积的环境,并且一些对比试验结果表明不锈钢 310(18at.%Cr)和 321(23at.%Cr)具有更好的耐腐蚀性。

13.4.8 还原气氛中硫化物的形成

在前几节中所考虑的大多数体系都是在氧化性的气氛条件下,其中氧的分压较大。但是,在某些应用中,如煤气化过程,常涉及硫化氢含量较高的还原性气氛,需要选择耐腐蚀的建筑材料。一般来说,由于金属离子在硫化物中的扩散速率高于氧化物,因此金属硫化物的表面层无法像金属氧化物层那样可以提供更多的保护,以防止进一步的反应。

在 H_2S-H_2-H_2O-Ar 气氛下,在 700~800 ℃温度范围对含 28at.%Al 和不同含量的 Cr 的 Fe_3Al 合金进行了热重分析[150]。Fe-28at.%Al 比 Fe-25%Cr-20%Ni 和 Fe-18%Cr-6Al 合金具有更高的耐蚀性。在 Fe_3Al 合金中加入铬可以提高其延展性,如图 13.41 所示,在合金中添加 2at.%Cr 会对其抗硫化气氛产生不利的影响。当 Fe_3Al 合金中 Cr 含量分别为 4 at.%和 10 at.%时,涂层由 Fe 和 Cr 硫化物组成,在金属/涂层界面含有 Al_2S_3。Nb 或 Zr 的存在降低了合金的腐蚀速率。结果表明,4%Cr 的负面影响也可以通过将 Al 含量提高到 40%来抵消。预氧化处理则使 5%Cr 合金在硫化气氛中的腐蚀速率降低了约 75%,而预氧化的 2%Cr 合金在 800 ℃时则无明显质量增加[151]。预氧化形成了保护层 Al_2O_3,而没有预氧化的合金表面则形成了非保护性的 Fe 和 Cr 硫化物。

在 520~800 ℃[152]温度范围内,研究了铁和合金 Fe-41%Ni 在 H_2S-H_2-N_2 气氛中的热重变化过程。在某些条件下,反应初期出现了明显的抛物线动力学偏差。使用 S_2 分压进行平衡计算:

$$H_2S(g) \Longrightarrow H_2 + \frac{1}{2}S_2$$

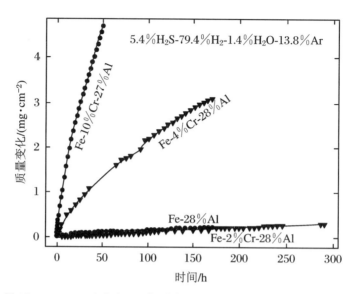

图 13.41 Fe₃Al 合金在 800 ℃时在 H₂S-H₂-H₂O 气氛下的热重曲线，
显示了大于 2%Cr 的不利影响[150]

结果表明，在 P_{S_2} 为常数时，反应速率随 P_{H_2S} 的增加而增加，因此在气体/金属硫化物界面处不能达到气态反应物之间的平衡。如果通过产物层的扩散是影响总反应速率的唯一过程，则可以推测 H_2S 的缓慢吸附和表面解离影响了反应的总速率，并且会导致抛物线动力学方程的偏差。在相同条件下，Fe-Ni 合金的硫化速率快于铁的硫化速率。在反应过程中晶须生长，其原因是晶须尖端 H_2S 解离的催化作用。

为了解释高温腐蚀反应的机理，即使在尚未达到固-气两相之间的完全平衡的条件下，了解气氛和固体硫化物之间可能存在的平衡往往是有用的。在有利的情况下，在气固反应产物的扩散足够快时，可以使用等温热重测量。用 H_2-H_2S-Ar 混合气体对已知成分的铁镍合金样品进行了热重分析实验，并根据试样的质量变化和初始质量测定了平衡条件下试样的硫含量[153]。为了从不同的方向达到平衡，分别进行了硫化和脱硫实验。根据热重分析结果，在 700～850 ℃下建立了 Fe-Ni-S 三元相图的等温曲线。

13.4.9 表面处理以提高耐蚀性

可以通过在表面涂覆一层比金属基体更耐环境气体的薄材料来提高金属的耐高温腐蚀性能。然而，有效应用表面层必须具有抗剥落的能力。

用有机电解液电沉积的方法可以在不锈钢上沉积一层较薄的铝，然后在 600 ℃氧化，最终可以得到氧化铝的保护层[154]。在 1000～1100 ℃空气中进行的等温热重氧化实验表明，氧化铝涂层样品的氧化速率比不具有涂层的样品慢。在热循环试验(在 1000 ℃保持 15 min 和在室温下保持 5 min)中，涂层型 446 不锈钢试样可承受 1000 次循环，但涂层 321 不锈钢试样在 700 次循环后失效，表现为脱落造成的质量损失现象。304 不锈钢试样在 200 次循环后失效。与不锈钢 446 相比，不锈钢 304 和 321 在热循环下表现出的较低的稳定性是由合金与氧化铝涂层之间的热膨胀系数的较大差异引起的。

另一种在钢表面涂铝的方法是通过包埋渗实现的。钢被包装在铝粉和 NH_4Cl 混合物中,加热到 $500\sim800$ ℃。在此处理过程中,在 Fe-17% Cr 钢上形成（Fe,Cr）Al_3 层。$800\sim1000$ ℃ 等温热重氧化实验表明,初始阶段质量增加较快,随后氧化速率降低[102],表面产物层为 α-Al_2O_3。此外,在热重分析测试过程中发现,在 H_2S-H_2-H_2O-Ar 气氛中,电镀铝增加了 Fe-28at.% Al-5at.%Cr 样品的耐腐蚀性[155]。

氧化锆涂层已经应用于金属中以提高其抗氧化性。通过射频磁控溅射将 CaO 稳定的氧化锆膜沉积在铁上[156]。在 500 ℃ 空气中的热重测试表明,涂覆样品的质量增加速率比未处理的铁慢得多。采用 X 射线衍射、扫描电镜和俄歇电子能谱等手段对氧化锆层进行了研究,结果表明在氧化锆层和 Fe 之间的界面处形成了 Fe_2O_3 和 Fe_3O_4。通过将含有 Zr 和 Ce 的有机溶液在真空中进行热分解,可以将 CeO_2 稳定的氧化锆涂层涂在铁和 304 不锈钢上[157]。这些材料的热重分析研究结果表明,与未处理的金属样品相比,涂覆材料在空气中的氧化速率显著降低。

13.4.10 非等温研究

除了金属和合金的等温热重研究工作之外,还存在一些使用连续加热方法的研究工作。使用这种技术后,所得到的结果将取决于加热的速率。Kitheri 等人[158]在空气中以一系列不同的加热速率（β）从 $1\sim20$ K·min^{-1} 加热,研究了镍粉、钽箔和海绵锆的氧化反应。在一定条件下,对于已知金属的反应进度（α）,其结果符合 Urbanovici 和 Segal 方程:

$$1/T_r = A + B\log\beta$$

其中 T_r 是达到转化率 α 的反应温度,A 和 B 是通过拟合数据得到的常数。当 B 值总是负值时,到达某一反应进度的反应温度随着加热速率的增加而增加。

Bereznai 和 Wurtz[159]使用非等温热重分析法研究了锆包覆核反应堆燃料元件加工过程中合金细颗粒在空气中发生自燃的可能性,发现在约 850 ℃ 温度下 α（hcp）固溶体发生了非常快速的氧化开始转变为 β（bcc）,这种突然和暂时的反应速率增加归因于合金中的相变过程。如果不是通过非等温热重实验研究,则很难检测到这种现象。

当不需要定量结果时,非等温研究可能比较有用。Wakasa 和 Yamaki[160]在空气气氛中通过 DTA 和 TG 对镍、铬、铜、镍-铬和镍-铜合金粉末进行了检测。DTA 结果显示了开始氧化的温度范围,但在加热到 900 ℃ 时需要用非等温热重法测定其相对氧化速率。作者发现镍、铜、铬分别增重 29%、28%、11%,镍-14.5%铬合金的质量增加不明显,镍-7.7%铜合金粉末的质量只增加了 1.5%。粉末金属可以提供较高的比表面积,但一般不是很精确,因此质量变化较大,得到定量分析结果较困难。

采用非等温方法研究了金属与硫酸钙的热腐蚀反应。可在流化床燃烧系统中加入石灰石,以捕获由含硫煤燃烧形成的二氧化硫,从而阻止这种污染物的排放。用差热分析和热重分析研究了 $CaSO_4$ 与 Cr、Ni、Co、Fe 和某些工业合金在氩气中的反应,以确定这些材料对 $CaSO_4$ 的敏感性[161]。铬在约 $800\sim1200$ ℃ 的温度范围内发生了吸热反应,并且伴随着质量损失。X 射线衍射结果显示反应产物为 $CaCr_2O_4$、Cr_2O_3 和 CaO,但没有硫化铬。Co、Ni 和 Fe 显示出具有金属硫化物存在特征的 DTA 峰。这些结果表明,Cr

是最抗 $CaSO_4$ 腐蚀的金属。在所研究的商品化合金中,304 不锈钢(18%Cr、8%Ni)显示出对 $CaSO_4$ 的最佳抗腐蚀性。

用热重法[162]研究了硝酸镧与含铬不锈钢表面氧化铬的反应。这一反应之所以令人感兴趣,是因为稀土元素的存在可以改善钢表面形成的氧化膜的保护性能。从 DTG 曲线可以得到最大质量损失速率的温度区域。用 X 射线衍射监测各相的生成,表明 La$(NO_3)_3$·$6H_2O$ 主要分三阶段分解,最终与氧化铬形成钙钛矿 $LaCrO_3$。

13.4.11 金属液相腐蚀的研究

虽然热分析方法对于研究金属和合金的高温气体腐蚀几乎是必不可少的,但其对液相腐蚀研究的适用性却有限,在这方面有一些应用实例。

Charles[163]应用热磁分析法研究了金属和合金发生的液相腐蚀,其中一个例子是乙二胺四乙酸(EDTA)水溶液对铁的腐蚀。在所需温度下,将密封在非铁磁性容器中的铁箔样品溶液放置在不均匀的磁场中,通过微量天平测量记录容器上的力随时间的变化。铁磁性铁被溶液腐蚀后,这种力降低。结果表明,在 5% 氨化 EDTA 溶液中,在 90~150 ℃范围内,在初始诱导期后铁的腐蚀遵循线性动力学规律。另一个应用热磁法的例子是研究 304 型不锈钢(一种奥氏体钢,成分为 Fe-18%Cr-8%Ni)的腐蚀。对该体系在到 620 ℃的一系列加热和冷却循环中进行了非等温实验研究。样品的磁化增加表明形成了 Fe-Ni 磁性合金,而通过形成 $NaCrO_2$ 除去铬。高于居里温度值磁化强度消失现象表明,磁性相是合金而不是未合金化的铁或镍。

在研究液态钠对铂的腐蚀时,需要测定铂在钠中的溶解度[164]。通过将铂粉(5~20 at.%)和钠混合物密封在不锈钢中进行差热分析实验,可以确定液相线温度。在通过真空蒸馏除去钠后,坩埚中的残留物主要为铂和 $NaPt_2$ 化合物。

13.5 提炼冶金

13.5.1 简介

提炼冶金是冶金领域的一个大分支,涉及矿物和精矿的处理,以回收所含的金属。这些材料通常具有热活性,因此在过去的 50 年中是热分析的主要研究对象[165]。在同样的背景下,Mackenzie[166]也研究了金属碳酸盐、氧化物、氢氧化物、氯酸盐和含氧盐的热反应。传统热分析技术的进步、新技术的发展以及单独和组合补充技术的使用使其得到了更广泛的应用,Ray 和 Wilburn[167]报道了 DTA 在氧化还原反应、高炉矿渣、硫化物和硫酸盐中的硫、煤的分级以及原料的标准化和控制方面的研究应用。

Mosia 等人[168]使用 TG/DTA 研究了锰精矿高温冶金提取锰过程中氧化锰的物理化学转变。在空气中,700 ℃ MnO_2 分解形成 β-Mn_2O_3,在 990 ℃发生晶型转变。在氩气中,反应发生在较低的温度,在氧气中则在稍高的温度下进行。另一种类型的锰精矿在370 ℃时 MnO(OH)分解为 α-Mn_2O_3,后者在 990 ℃分解。在混合碳酸盐浓缩物中,Mn-

CO_3 和 $CaCO_3$ 分别在 600 ℃ 和 850 ℃ 分解。结合铁基合金工艺,研究了锰矿与烟煤和焦炭的反应。$MnO(OH)$ 在 360 ℃ 发生分解,MnO_2 随之分解并且发生煤的氧化。在 820 ℃ 左右发生了硅烷的分解、Mn_3O_4 的还原和煤的气化反应。作者发现,在不同的气氛中进行的热分析有助于确定精矿及其反应产物的热性质,从而可以确定这些精矿冶炼的最佳工艺参数。

高岭石黏土矿物被认为是铝土矿的可能替代物,可作为氧化铝生产铝金属的来源。文献[169-170]提出的方法之一是用硫酸铵高温处理黏土矿物来提取硫酸铝,再将其转化为氢氧化物,最后经煅烧生成氧化铝。Byer 等人[171] 使用 TG 和 DTA 同时检测了高岭石和其他矿物在空气中与 $(NH_4)_2SO_4$ 的反应。发现与高岭石的反应在约 230 ℃ 开始,形成了 $(NH_4)_3Al(SO_4)_3$,在 250 ℃ 以上分解成 $(NH_4)Al(SO_4)_2$。后者的复盐逐渐变成了 $Al_2(SO_4)_3$,而 $Al_2(SO_4)_3$ 又在约 650 ℃ 分解成 Al_2O_3。其他含铁、镁、钛的硅酸盐和氧化物矿物也与硫酸盐发生反应,反应的程度和产物分别取决于反应温度和硫酸盐的加入量。

Sen 等人[172] 使用差热分析和其他技术来研究处理低品位复杂的非硫化矿石,即用红土生产金属精矿,所研究的红土矿石主要由针铁矿、铬铁矿、赤铁矿、磁铁矿、黄铁矿和黄铜矿以及石英、利蛇纹石、绿泥石等非金属矿物组成。在空气中进行 DTA 测量,该材料的脱羟基反应在 600 ℃ 左右出现吸热峰。在较高温度下的放热峰表示无序的含金属的针铁矿的结晶过程。通过应用热分析和矿物学技术可以对复杂矿石的性质有更多的了解,深入了解金属萃取的处理方法。

Weissenbom 等人[173] 用热重法研究了淀粉在赤铁矿和高岭石上的选择性吸附行为。近几年来,淀粉被成功地用作赤铁矿的选择性絮凝剂,建立了一种测定矿物颗粒表面多糖吸附量的热重法。在 250~375 ℃ 范围内,将由吸附的多糖热解产生的质量损失与制备的标准淀粉和赤铁矿或高岭石混合物的质量损失进行比较以确定吸附多糖的量。通过计算淀粉在赤铁矿和高岭石上的饱和吸附密度,发现赤铁矿对淀粉的吸附能力较大,这是由赤铁矿颗粒上吸附位点的浓度较高所致。

由于 SO_2 排放对环境产生的负面影响,人们不断地努力寻找硫铁矿焙烧工艺的替代品,用于提取有色金属。Mikhail 和 Webster[174] 用动态等温热重法和差热分析技术研究了方铅矿(PBS)以氯化铅形式萃取铅的氯化反应,研究中采用了一种专门为处理腐蚀性气氛而设计的反应装置。氯气与方铅矿的反应可表示如下:

$$PbS + Cl_2 \Longrightarrow PbCl_2 + S$$

反应开始于相对较低的温度,终止于 500 ℃ 以下。在等温实验中,测定了反应速率与 Cl_2 的流量、分压、样品粒径以及温度之间的关系。该反应是由固相扩散速率决定的,扩散层为在单个硫化物颗粒表面反应初期形成的 $PbCl_2$ 层(收缩核模型动力学)。在图 13.42 中给出了以扩散模型表示的反应分数(R)与时间在不同温度下的关系,反应活化能为 113 kJ·mol^{-1}。图 13.43 中显示了部分与氯反应的方铅矿颗粒的显微照片。

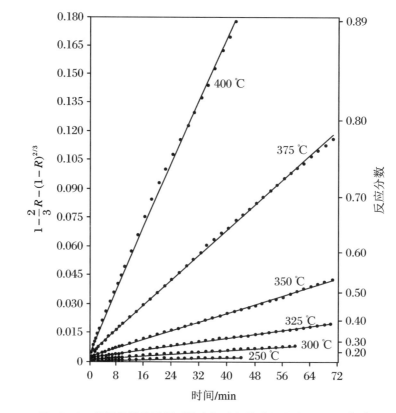

图 13.42　根据扩散模型得到的方铅矿氯化动力学的热重结果[174]

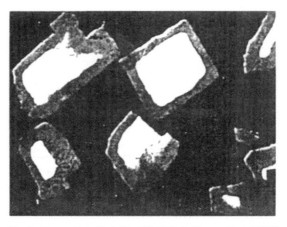

图 13.43　60%氯化方铅矿样品抛光截面显微照片[174]

13.5.2 还原

金属氧化物的还原是许多冶金过程中金属生产的基础。Ryzhonkov[175] 用非等温热重法和气体分析法研究了碳对铁/氧化镍和铁/氧化铬混合物的固态还原过程。通过利用质量和 $CO/(CO+CO_2)$ 比值的变化,测定碳还原不同氧化物 FeO、NiO、Fe_2O_3、Cr_2O_3 以及 $FeO+NiO$ 和 $Fe_2O_3+Cr_2O_3$ 混合物的还原速率和程度。研究发现,混合物中氧化物的相对含量和氧化物之间的相互作用对促进或延缓还原过程起着重要作用。在 Fe_2O_3/Cr_2O_3 体系中,Fe/Cr 尖晶石的形成阻碍了还原过程的进行。

采用热重分析和差热分析,对用高温冶金法生产锌、铅的过程中碳的反应性进行了评估。Carter 等人[176] 采用 $5\,℃\cdot min^{-1}$ 的升温速率,研究了石墨和非石墨化炭、焦炭和煤焦在不同实验条件下的氧化反应。在 $600\sim900\,℃$ 的温度范围内,发现粒径较大的焦炭样品在静态空气中发生了氧化,出现了较宽的双放热峰。在流动的空气中,氧化发生在较低的温度范围内,但产生了类似的放热峰。这种分裂峰的现象与焦炭的粒度有关,并被解释为氧化动力学的变化,在高温下可能变成扩散控制。

Igiehon 等人[177] 也使用热重法研究了在石灰存在下 PbS 在金属铅生产中的碳热还原作用,主要采用石墨和煤。作者更早期对一系列金属硫化物进行了研究,一般反应如下:

$$MS + C + CaO = M + CaS + CO$$

用 X 射线衍射和电子显微镜鉴定反应产物,特别是反应中间相。人们认为,这种反应可能分两个阶段进行。首先是 PbS 与 CaO 之间发生的交换反应,然后是产物 PbO 与碳的还原反应。然而,人们发现第一步反应是根据以下方式进行的:

$$7PbS(s) + 6CaO(s) = PbSO_4 \cdot 2PbO(s) + 4Pb(l) + 6CaS(s)$$

$$PbSO_4 \cdot 2PbO(s) + 2PbS(s) = 5Pb(l) + 3SO_2(g)$$

建议采用碳还原 PbS 的方法,以碱性硫酸铅为中间产物进行还原。作者认为,在大于 $800\,℃$ 和存在 CaO 的情况下,煤还原 PbS 容易产生金属铅,中间产物为 $PbSO_4 \cdot 2PbO(s)$。在小于 $800\,℃$ 的情况下进行反应,可以最大限度地减少 PbS 的挥发损失。

Rao 和 EI-Rahaiby[178] 还用热重法研究了从 PbS 中回收铅而不产生 SO_2 的方法。在由立式加热炉和安斯沃思(Ainsworth)天平组成的 TG 装置中,在氧化铝坩埚中 PbS-4CaO-4C 混合物在氮气气氛下进行等温反应,用气相色谱/质谱联用仪进行了气体分析,添加 2.5 wt%的以下材料:Li_2CO_3、Na_2CO_3、K_2CO_3、Rb_2CO_3、Na_2SO_4、NaF 和三元共晶 $(Li,Na,K)_2CO_3$ 作为催化剂。

α(反应进度)与时间的关系图表明,在 α 为 $0.2\sim0.8$ 的范围内曲线斜率(速率)为定值。测定了非催化反应和催化反应的速率系数 K_u 和 K_c。对于 $1068\sim1255$ K 的非催化反应,$E_a = 295\,kJ\cdot mol^{-1}$。所有催化剂都提高了反应速率,其作用大小顺序为:$Li_2CO_3$ $>Rb_2CO_3>$三组分催化剂 $= NaF = K_2CO_3>Na_2CO_3>Na_2SO_4$。对于三组分混合物,$E_a = 237\,kJ\cdot mol^{-1}$。在逸出气体中只检出 CO 和 CO_2,没有 SO_2,反应产物中来自 CaS 中的 S 含量经化学测定与计算值一致。在某些情况下,回收的元素铅的含量略低。非催化反应似乎是通过气体中间体进行的:

$$PbS + CO =\!=\!= Pb + COS$$

$$COS + CaO =\!=\!= CaS + CO_2$$

$$C + CO_2 =\!=\!= 2CO$$

Mitchell 和 Parker[179]研究了在熔渣形成前温度 973～1273 K 的加热炉中锡和铁的氧化物还原生成锡的反应机理。以氮气气氛下的热重实验为主要技术，采用一种特殊的弯曲臂梁的热天平技术进行实验。随着温度的升高，SnO_2 与 C 的还原速率增加，并且 C/SnO_2 摩尔比增加也会导致反应速率增加，可以增加至 3/1。还原反应伴随着 CO 气体的产生，CO 气体又与 SnO_2 反应生成液态金属和 CO_2。此外，还研究了 Fe_2O_3 的还原过程，发现其还原速率明显慢于 SnO_2。Fe_2O_3 的还原速率也随着 C/Fe_2O_3 摩尔比的增加而增加，一直持续到 5/1。对于这两种金属氧化物，碳氧化是反应速率的控制步骤。在一定范围内，碳含量越高，则还原速率越高。

有色金属焙烧法提取铜、镍的电解冶炼过程受前面焙烧阶段的脱硫程度、焦炭添加量、气体氛围和石灰添加量的影响。Celmer 等人[180]采用热重法和气相色谱法研究这些变量对镍铜焙烧前不同程度去除硫的影响。实验在氮气或空气中进行，升温速率为 5 ℃·min^{-1}。在 900 ℃以下，发生了固-固和固-气反应。在此温度以上，同时存在固相、液相和气相。在氮气中，高于 700 ℃时发现随着焦炭添加量的增加，质量损失速率迅速增加，这是由硫酸盐的分解或还原引起的。大量的质量损失主要归因于还原反应中 CO 到 CO_2 的逸出。

在空气中，在 350～900 ℃的温度范围内出现大量的质量损失和 SO_2 逸出过程，在 700～830 ℃范围内发生了硫酸盐的分解过程，并且由于在还原温度之前焦炭耗尽而几乎没有发生还原反应。石灰加入后与逸出的硫氧化物发生反应形成 $CaSO_4$ 而增强了还原反应，其中在焦炭存在下转化为 CaS。在石灰存在下，可能发生如下反应：

$$MeS + CaO + \frac{1}{2}C =\!=\!= Me + CaS + \frac{1}{2}CO_2$$

$$MeS + CaO + CO =\!=\!= Me + CaS + CO_2$$

结果表明，在氮气气氛下进行的实验与电炉冶炼的条件密切相关，高温冶炼反应受焦炭供应的限制，预焙烧阶段的高硫脱除对环境有利。

在过去的三十年中，大型油砂矿床被用来开采沥青。这一过程产生的尾矿流中含有大量有价值的矿物，如 TiO_2 和 ZrO_2。

Mikhail 等人[181]利用 TG/DTA/FTIR 和热磁分析技术研究了尾矿在惰性气氛、氧化气氛和还原气氛中的热磁行为，可以据此确定作为重矿物萃取工艺的一部分去除沥青的最佳条件。图 13.44 中显示了在空气中加热精矿时的 TG/DTA/FTIR 曲线。主要质量损失（TG）发生在 350～650 ℃范围内，并且伴随着放热反应（DTA）和 SO_2、CO_2、CO 以及 H_2O（FTIR）的变化过程，这些产物是由沥青的燃烧、菱铁矿的分解以及材料中黄铁矿的氧化所致。热磁分析结果表明，在还原气氛中，由于金属铁或磁铁矿的形成且精矿具有磁性，因此可以解释后续由磁选处理精矿的可能性。

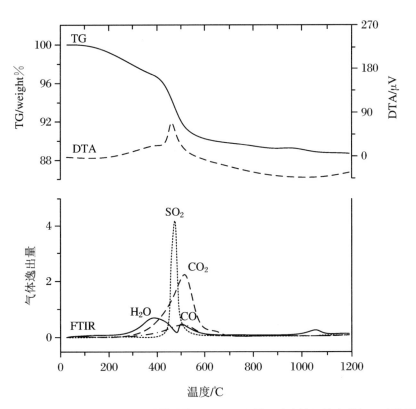

图 13.44　空气中加热油砂尾矿浮选精矿的 TG、DTA 和傅里叶变换红外光谱(FTIR)结果[181]

13.5.3　干燥

焙烧、干燥和煅烧过程通常是金属萃取过程中矿石和精矿冶金预处理的一个组成部分,这些过程是金属硫化物在高温下(低于金属粉末的熔点)氧化的过程,可以作为金属萃取的预处理。其他类型的焙烧方式,如还原、氯化和硫化等在实际应用中经常采用,最常见的是氧化焙烧过程,为高度放热的反应。干燥是通过蒸发去除物质中的物理吸附水的过程,而煅烧则是指通过加热去除以水合物、碳酸盐等形式存在的化学结合水、二氧化碳或其他气体的过程。这两个过程都高度吸热。由于焙烧、干燥和煅烧过程涉及不同程度的焓变和质量变化,因此它们是热分析研究的最好应用领域。

Udupa 等人[182-184]在一系列研究中讨论了使用碳、CO 或 H_2 作为还原剂和氧化钙或碳酸钠作为脱硫剂的黄铜矿($CuFeS_2$)的还原焙烧过程,试图协助有色金属冶炼厂寻找可能减少二氧化硫排放的新金属萃取工艺,分别采用热重法、光学显微镜、扫描电镜、电子探针分析、XRD 等手段对其进行了研究。结果表明,当加热至 1000 ℃时,在任何脱硫剂的存在下,在 H_2 气氛中可完全还原黄铜矿为 Cu 和 Fe。图 13.45 中显示了使用两种不同脱硫剂在不同还原气氛中的黄铜矿的 TG 曲线。样品中铜的含量约为 2%,铁的含量约为 3%。经过 1 h 还原焙烧后,两种金属从硫化物中还原出来。据报道,用碳或 CO 可以完全还原成 Cu,但只能部分还原氧化铁。还有人指出,固硫是使硫以硫化钙或硫化钠的形式存在,取决于脱硫剂的性质。黄铜矿的有关反应如下：

$$CuFeS_2 + 2CaO + 2H_2 = Cu + Fe + 2CaS + 2H_2O$$

$$CuFeS_2 + 2CaO + CO = Cu + FeO + 2CaS + CO_2$$

$$CuFeS_2 + 2CaO + C = Cu + FeO + 2CaS + CO$$

$$CuFeS_2 + 2Na_2CO_3 + 2H_2 = Cu + Fe + 2Na_2S + 2CO_2 + 2H_2O$$

$$CuFeS_2 + 2Na_2CO_3 + CO = Cu + FeO + 2Na_2S + 3CO_2$$

$$CuFeS_2 + 2Na_2CO_3 + C = Cu + FeO + 2Na_2S + 2CO_2 + CO$$

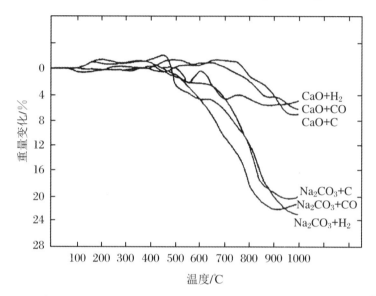

图 13.45　在三种不同还原剂和两种不同脱硫剂存在下黄铜矿还原的 TG 曲线[183]

通过使用还原剂和脱硫剂的同一组合来考察辉铜矿、磁黄铁矿和镍黄铁矿，得到了类似的结果，所有被检测的矿物都很容易被还原成金属。对黄铜矿而言，还原剂和脱硫剂最有效的组合是 CO 和 CaO(1000 ℃以上)。对辉铜矿、磁黄铁矿和镍黄铁矿而言，还原剂和脱硫剂最有效的组合是 H_2 和 CaO。作者认为，热重法为评估还原焙烧反应提供了一种快速有效的技术。

Dimitrov 和 Boyanov[185] 利用热重分析法、XRD、化学和气体分析、Mössbauer 光谱法和电阻率技术研究了硫化矿物，如闪锌矿(ZnS)、铁闪锌矿($Zn(Fe)S$)、辉铜矿(Cu_2S)、黄铜矿($CuFeS_2$)、黄铁矿(FeS_2)以及锌、铜、铜/锌、铁硫化物精矿的氧化焙烧过程。针对不同材料确定了焙烧的温度范围和超过该范围的部分熔化可能发生的温度，这对于流化床反应器的操作比较关键。研究发现铁和铜的硫化物焙烧的温度范围明显低于铅和锌的温度范围。

用热重分析、差热分析、XRD、Mössbauer 谱、流化床电阻率测量、气体分析和电子探针分析等手段对硫化矿物和精矿的氧化焙烧进行了进一步的研究，用 20～50 μg 样品在 8 ℃·min^{-1} 的加热速率下进行了 TG 和 DTA 测试。根据 DTA 峰、SO_2 逸出曲线和流化床电阻率测量结果，可以确定硫化矿物和精矿中几个特征变化的起始温度，即金属硫化物的初始氧化和强烈氧化、精矿中最易氧化的硫化物的氧化以及精矿中主要硫化物的初始氧化和强烈氧化,并对硫化矿物和精矿进行测定。此外,还确定了完全脱硫的最低温度、流化床焙烧的最高温度以及部分熔融和颗粒团聚干扰流态化的最低温度,可以解释不同材料特征温度的差异并阐明了其在焙烧过程中的意义。

在从硫化矿中提取铜、锌、铅的高温冶金萃取过程中,精矿的预处理采用高温焙烧工艺,除去大部分水并将原料转化为硫酸盐或氧化物,供进一步加工。Ajersch 和 Benlyamani[187] 采用等温热重法,对液体和固体硫化物中硫的脱除反应和反应次序进行了研究。对于液体硫化物,Cu_2S 和 FeS 的反应顺序不同。对于 Cu_2S,硫的去除导致了质量的损失,铜金属的氧化引起质量的明显增加,如图 13.46 所示。对于 FeS 而言,硫化物的氧化和 Fe-S-O 溶液的形成导致质量增加,而硫的氧化和 SO_2 的释放则导致质量损失。

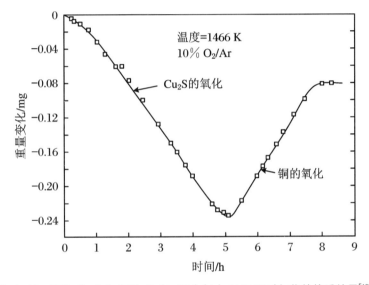

图 13.46　液体 Cu_2S 在 10% O_2/Ar 混合气中 1466 K 时氧化的热重结果[187]

在氧化反应中,固体硫化物与 O_2 反应生成氧化物、氧硫化物或硫酸盐:

$$MS(s) + kO_2(g) \Longrightarrow Product(s) + SO_2(g)$$

其中 k 是化学计量系数。在 ZnS 的氧化中,反应速率随温度的升高而降低,归因于硫化物颗粒的烧结增加过程。XRD 分析结果表明,ZnO 是最终产物。固态 FeS 的氧化过程类似于液体 FeS 的氧化趋势。反应产物在质量增加阶段为 Fe_3O_4,在质量损失阶段为 Fe_2O_3。在 PbS 的氧化过程中,硫酸盐或氧硫酸盐的形成导致了质量增加。PbS 的氧化温度明显低于其他硫化物。

Penev 等人[188]采用非等温热重法和差热分析法研究了氯化铵在空气中与黄铜矿、闪锌矿、方铅矿等硫化有色矿物的反应。氯化铵用于复杂硫化矿氯化焙烧,从这些矿石中提取有色金属和贵金属。与黄铜矿一起,在 400 ℃ 以上形成的主要产物为 CuCl 和 Fe_2O_3。CuCl 在 500 ℃ 时与氧反应生成 CuO,而在 700 ℃ 以上开始形成铁酸铜。在较低的温度范围内,$ZnCl_2$ 和 $PbCl_2$ 是闪锌矿和方铅矿与 NH_4Cl 相互作用的主要组分,产生的气体主要是 NH_3、SO_2 和 H_2O。

13.5.4 金属化合物的反应

关于使用热分析技术研究与冶金学直接或间接相关的反应已在许多文献中得到了应用,目前已报道的反应主要包括氧化、还原或惰性气氛中的固-固反应、固-气反应、与催化相关的反应、分解反应、合成反应等。

Donald 和 Pickles[189] 采用惰性气氛的热重法研究了含铁粉的块状合成铁酸锌 Zn-Fe_2O_4 的还原过程。涉及铁酸锌的反应,特别是在还原环境中的反应,对于冶炼工业来说是研究重点。在生产钢铁时,会产生大量含有高达 30%锌的危险电弧炉粉尘。这种锌的四分之一到二分之一是非常稳定的铁素体尖晶石形式,这使得其处理和再循环变得复杂。圆柱形煤饼形式的混合物装在铬合金吊篮中并悬浮在热天平中。整体反应如下表示:

$$ZnO \cdot Fe_2O_3(s) + 2Fe(s) = Zn(g) + 4FeO(s)$$

此反应在 888 ℃ 以上有利于进行,而在不存在铁的情况下,在 1227 ℃ 时铁酸锌发生分解。更高的铁添加量、更高的温度、更小的铁酸锌粒径、添加石灰和氯化钠促进了还原反应的发生,在反应最初阶段,化学活化能在 178.1 kJ·mol^{-1}。在后期阶段,在块状样品的外表面形成了反应产物,并且锌蒸气通过产物层扩散而发生进一步反应。

根据之前关于用铁还原合成铁酸锌的研究结果[189],Donald 和 Pickles[190] 开始研究在氩气中用铁粉还原工业电弧炉粉尘,实验中使用了相同的技术、程序和样品。粉尘中含有约 25%的铁酸锌、21%的氧化锌和 6%的金属锌,较高铁添加量、温度和细粒度促进了合成铁素体所显示的还原反应。在 1000 ℃ 以上,发现在电弧炉烧结过程中,体系内存在锌分压造成反应延迟。研究发现添加 CaO 可防止烧结,并通过提高灰尘的熔化温度来促进还原。通过添加 NaCl 破坏反应界面上形成的致密产物层,也增强了还原反应。在此基础上提出了与合成铁氧体相同的反应机理。

Schur 等人[191] 研究了制备金属氢化物的金属-氢反应的机理,实验中使用了等温热重分析方法。利用 25～30 μm 厚的薄片样品和原子氢消除了表面和扩散过程的反应速率限制因素。氢化反应在石英-螺旋微量天平的测量室中进行。在等温条件下通过热重法监测 Ti、Zr 和 Nb 箔的加氢量并测定动力学曲线,阐明由特定金属的氢饱和度引起的各种结构转变。

Kapilashrami 等人[192] 使用等温热重分析技术在 923～1573 K 温度范围内研究了氢气还原合成钛铁矿($FeTiO_3$)的实验。在对铁进行初步分离处理后,钛金属通常以氧化物形式自钛铁矿矿石中提取出来。结果表明,在 1186 K 以下可根据以下反应将钛铁矿直接还原成铁和 TiO_2:

$$FeTiO_3(s) + H_2(g) = Fe(s) + TiO_2(s) + H_2O(g)$$

基于还原初始阶段的反应速率,得到的活化能为 108 kJ·mol^{-1}。有人提出,在反应的后期阶段,铁通过 TiO_2 产物层的扩散过程为速率控制步骤。在 1186 K 以上,随着 TiO_2 还原为 Ti_3O_5 和 H_2O,反应进一步进行。基于这些结果,建议在约 1073 K 通过氢预处理钛铁矿,以用于从 TiO_2 中分离金属铁。

碱金属碳酸盐对钛铁矿($FeTiO_3$)还原的催化作用由 Barnes 和 Pickles[193] 利用热重

分析进行了实验。将粉碎的钛铁矿矿石压片并在空气中烧结,过程中伴随着一些钛铁矿的氧化:

$$2FeTiO_3 + 0.5O_2 \longrightarrow Fe_2TiO_5 + TiO_2$$

烧结的块状样品悬挂在连接到提供连续质量测量的传感器上,在垂直形式的加热炉中被 CO 还原。向钛铁矿中添加碱金属碳酸盐来提高还原成铁的速率,但也增加了逆向 Boudouard 反应的碳沉积速率,导致了质量损失时间曲线出现最大值:

$$2CO \longrightarrow C + CO_2$$

在 800~950 ℃ 范围的较低温度下,碳沉积现象更加明显。在 700~880 ℃ 范围的烧结温度的升高,提高了 950 ℃ 时的还原速率(含 5% 的碳酸钾)。氧化和烧结温度的升高破坏了钛铁矿晶粒,碱金属碳酸盐对还原速率的影响顺序为:碳酸钾>碳酸钠>碳酸锂。

钛和铝细粉反应合成 TiAl_3 是典型的自蔓延高温合成(SHS)反应。Wang 等人[194] 使用差示扫描量热法研究了各种参数对高于铝熔点的高放热反应动力学的影响。将粉末压成薄片,在氩气氛中进行实验。等温 DSC 用于确定温度范围为 690~740 ℃ 的反应动力学,非等温 DSC(图 13.47)用于检测较高温度的反应,由此提出了两种机制。在较低的温度范围内,反应以 149 kJ·mol^{-1} 的活化能的速率进行。在 740~900 ℃,可以得到二级反应速率对反应进度的数据,活化能为 517 kJ·mol^{-1}。研究了样品薄片的厚度和生坯密度以及加热速率的影响。

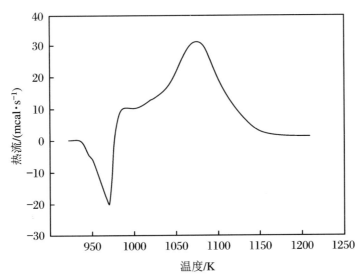

图 13.47　钛和铝粉形成 TiAl_3 的非等温 DSC 曲线[194]

加热速率为 30 K·min^{-1},粒度<45 μm

Upadhya[195] 使用同步 TG-DTA 检测了直接还原铁(DRI)颗粒的重复氧化现象和机理,DRI 是铁精矿直接还原或固态还原的产物。在临界空气流速值以上时,气体界面层扩散为反应速率控制步骤。结果表明,在低于 220 ℃ 时发生了可忽略的氧化过程。对于氧化失控反应(自燃),具有显著的非线性质量增加过程,发生在 230 ℃ 左右。SEM 和 XRD 表明在 DRI 颗粒的外部存在 Fe_2O_3 和 Fe_3O_4,在内部存在 FeO,结果发现水分的存在会显著影响氧化速率。在水蒸气饱和的空气环境中,氧化百分比比在干燥空气中高约 50%。提出了一种动力学模型,该模型涉及通过氧化物产物封闭晶粒之间的内部孔隙。该机理描述了高度多孔固体的氧化过程,其中初始反应速率受可用表面积(在孔壁上)以及随后的扩散控制。

Szabó 等人[196] 通过热重分析和差热分析研究了镁和铝金属及其合金在 MgO 和 Al_2O_3 存在下的氮化反应,实验时将金属(或合金)填料形式的样品在氮气中以 10 ℃·min^{-1}的加热速率加热至完成氮化反应。镁与氮气的反应温度在其熔点(645 ℃)以下,铝在其熔点(660 ℃)时开始反应,合金在明显高于熔点(445 ℃)时开始反应。向各金属和合金中加入 MgO 显著促进了氮化,反应初始温度和完成温度都明显降低,这种现象在合金中最为明显,反应温度降低至约 350 ℃。MgO 的催化效应归因于 Mg_3N_2 保护层的破坏,因此,氮与反应物表面的接触面积增加。

Dollimore[197]对使用热分析研究不同环境中金属草酸盐分解做了大量的文献综述(包括 106 篇参考文献)。在最初的脱水(吸热)步骤之后,提出了四种主要的简单草酸盐分解的通用途径(吸热)。第一条路线是分解成氧化物,如下(图 13.48):

$$ZnC_2O_4 = ZnO + CO + CO_2$$

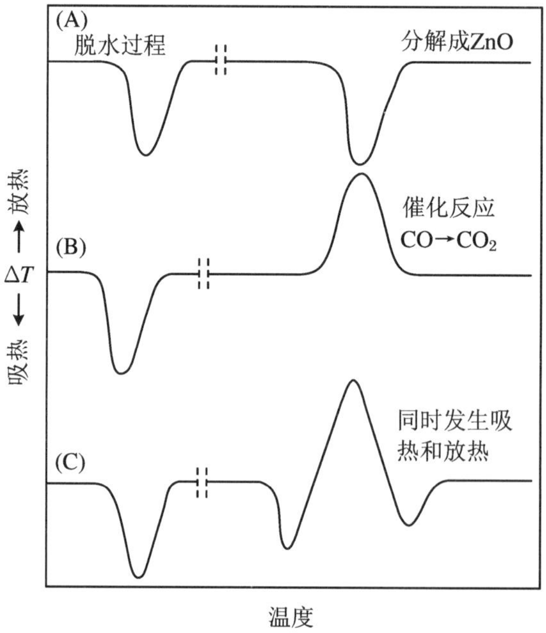

图 13.48　各种气氛下草酸锌二水合物分解的 DTA 曲线[197]
(A) 在氮气中,(B) 在氧气或空气中,(C) 在氧气或空气中 DTA 图更复杂。
示意图,不显示相应的刻度

在空气中,由 ZnO 催化 CO 发生放热反应生成 CO_2,反应包括 Mg、Al、Cr(Ⅲ)、Mn(Ⅱ)、Fe(Ⅲ)和 Fe(Ⅱ)。对于 Fe(Ⅱ),取决于实验条件,也可能生成金属。

第二条路线是按照如下的形式直接进行分解形成金属(图 13.49):

$$NiC_2O_4 = Ni + 2CO_2$$

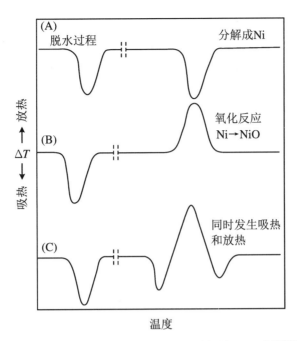

图 13.49 各种气氛下草酸镍二水合物分解的 DTA 曲线[197]
(A) 在氮气中,(B) 在氧气或空气中,(C) 在氧气或空气中 DTA 图更复杂。
示意图,不显示相应的刻度

在空气中,Ni 反应(剧烈放热)形成 NiO,反应涉及类别包括 Co、Cd、Sb、Pb、Sn、Bi 和 Ag 等金属,其中 Sn 和 Bi 生成金属和氧化物的混合物。

第三种途径是分解成碳酸盐的形式,如下所示:

$$CaC_2O_4 =\!\!=\!\!= CaCO_3 + CO$$

在空气中,由 CaO 催化的 CO 反应放热产生 CO_2,反应包括 Li、Na、K、Sr 和 Ba。

第四种途径是在惰性气氛中分解成氧化物和一些碳,特别是报道了 Ce(Ⅲ)、Th(Ⅳ)、Pr 和 La 稀土草酸盐。作者指出,已经报告的金属清单不完整,因此不同的实验条件和材料历史可能导致不同的反应路线。为了解释不同的分解行为,作者提出了涉及碳/氧和金属/氧键断裂的机制以及其他动力学和热力学分析时应考虑的因素。

Dollimore[198] 也使用热分析技术来证明可由含氧盐如甲酸盐、乙酸盐、柠檬酸盐、硬脂酸盐等的分解而产生远低于其熔化温度的高活性金属和合金(非常高的表面积),不包括草酸盐。例如,可以在惰性气氛中通过甲酸盐分解的两个并行反应制备镍催化剂,反应式如下:

$$Ni(COOH)_2 =\!\!=\!\!= Ni + H_2O + CO + CO_2$$

和

$$Ni(COOH)_2 =\!\!=\!\!= Ni + H_2 + 2CO_2$$

在空气中,Ni 金属容易氧化形成氧化物。惰性气氛中甲酸分解的反应通常可以用下式表示:

$$M(COOH)_2 =\!\!=\!\!= M + H_2O + CO + CO_2$$

$$M(COOH)_2 \rule[0.5ex]{2em}{0.5pt} M + H_2 + 2CO_2$$

$$M(COOH)_2 \rule[0.5ex]{2em}{0.5pt} MO + H_2O + 2CO$$

$$M(COOH)_2 \rule[0.5ex]{2em}{0.5pt} MO + CO + H_2 + CO_2$$

对于醋酸盐分解,反应可以表示如下:

$$M(CH_3COO)_2 \rule[0.5ex]{2em}{0.5pt} M + CH_3COOH + CO_2 + C + H_2$$

$$M(CH_3COO)_2 \rule[0.5ex]{2em}{0.5pt} MO + (CH_3)_2CO + CO_2$$

考虑到结构化学和表面化学方面的因素,通过分解产生表面积明显增加的高活性金属粉末。在加热或在特定温度下保持长时间等温时,粉末经历烧结过程,其中涉及粒度增加(增长)并且表面积减小等过程,这些直接关系到影响其从氧化物生成金属粉末的动力学因素。

在冶金和陶瓷行业,铁氧体的形成具有重大意义。Riga 等人[199]研究了碱金属碳酸盐与氧化铁形成铁氧体的反应来模拟氧化铁金属表面的高温反应。惰性气氛中的热重分析是主要实验技术,结果表明更容易与分解前发生熔融的碳酸盐如 Li_2CO_3 和 Na_2CO_3 形成铁酸盐。发现钙和镁的碳酸盐反应性较差,反应的产物主要是磁铁矿。在检测到的碳酸盐中,与氧化铁的反应性顺序为 $Li_2CO_3 > Na_2CO_3 > BaCO_3 > CaCO_3 > MgCO_3$。在 TG 结果的基础上,提出了反应机制。

DTA、TG 和高温 XRD 可用于研究沉淀钼酸铵热分解生成 MoO_3 反应,用于 Mo 金属的还原合成[200]。DTA 和 TG 实验在空气中以 $5\ ℃·min^{-1}$ 进行,在各种温度下检测到吸热和质量损失过程,并与以下反应有关:

$$110\ ℃ \rule[0.5ex]{1em}{0.5pt} (NH_4)_6Mo_7O_{24}·4H_2O \longrightarrow (NH_4)_4Mo_5O_{17} + NH_3 + H_2O$$

$$220\ ℃ \rule[0.5ex]{1em}{0.5pt} (NH_4)_4Mo_5O_{17} \longrightarrow (NH_4)_2Mo_4O_{13} + NH_3 + H_2O$$

$$290\ ℃ \rule[0.5ex]{1em}{0.5pt} (NH_4)_2Mo_4O_{13} \longrightarrow (NH_4)_2Mo_{14}O_{43} + NH_3 + H_2O$$

$$(NH_4)_2Mo_{14}O_{43} \longrightarrow (NH_4)_2Mo_{22}O_{67} + NH_3 + H_2O$$

$$(NH_4)_2Mo_{22}O_{67} \longrightarrow MoO_3 + NH_3 + H_2O$$

假设样品为单一组分时,从质量损失的前两个台阶,可以确定沉淀混合物中化合物 $(NH_4)_6Mo_7O_{24}·4H_2O$、$(NH_4)_4Mo_5O_{17}$ 和 $(NH_4)_2Mo_4O_{13}$ 的含量。XRD 表明 $(NH_4)_2Mo_4O_{13}$ 以两种结晶形式存在。

来自埃及发电站的含 7.8% Ni 的锅炉飞灰用水和 HCl/HNO₃ 反应过滤,回收镍[201]。随着温度的升高,水过滤效率出现最大值,但酸滤效率随着温度的升高而增加。经溶液纯化后,镍可以以草酸盐或乙酸盐的形式进行回收。用浆料分阶段浸渍高岭土,并通过在氢气中热分解该材料形成催化剂。使用差热分析进行实验,醋酸盐分解温度为 653 K,草酸盐为 693 K,氢氧化镍为 1173 K。在温度为 573 K 时,裂解天然气 + 催化剂蒸气还原催化活性达到最大值。

13.6　其他应用

可以在文献中找到许多其他的热分析应用领域。一些比较常见的是金属基复合材料、粉末冶金和薄膜,在本节中仅讨论这三个领域的代表性研究结果。

13.6.1　金属基复合材料

金属基复合材料是一个相对较新的冶金领域,其发展非常迅速。在过去二十年中,具有特殊物理、机械、电气、磁性和化学特性的金属基非晶和晶体复合材料的发展吸引了大批工业界和学术界的科学家和工程师的关注。这个冶金领域比传统合金具有更广的范围和更大的机会,由于其利用了快速淬火、固溶处理和时效等技术,因此可以在金属晶格中加入少量的金属和非金属成分,实现某些应用所需的特定性能,例如硬度、延展性、耐腐蚀性和机械加工性。引起人们极大兴趣的金属基复合材料包括以铝、铜、钛、镍和铁为基础的复合材料,通常以元素、氧化物或碳化物形式添加 Cu、Al、Si、Mn、Cr、Mg、Ni、P、Co、Ti、Fe、C、Be 等。热分析技术已被广泛用于探索这些材料在高温下的稳定性和行为,为性质研究提供相应的热处理方案。差示扫描量热法和动态力学分析是该领域最常用的热分析技术。

Friend 等人[202]使用动态热机械分析(DMA)来区分不同金属基复合材料的界面结合强度,并研究了在这些复合材料中退火(在 550 ℃ 惰性气氛中 5 h)对界面结合的影响。检测了三种复合材料,分别为:硼铝材料,其具有非常强的界面结合,但暴露于高温会导致拉伸强度下降;硼纤维铝材料,其结合碳化硅涂层的硼纤维后可以保持高温强度;碳化硅铝材料,具有较弱的界面结合作用的富碳涂层。对样品施加正弦剪切应变,在不同的频率、应变和温度下进行 DMA 实验。结果表明,DMA 是检测界面结合强度以及退火时复合材料阻尼的微小变化的最佳且十分灵敏的技术。阻尼是黏弹性或非弹性变化过程中的能量耗散过程,复合材料阻尼的变化是由于退火时形成的"界面"引起的,对应于纤维-基体非均质界面区域,这个界面大大影响了复合材料的结构完整性。

由于铝基金属基复合材料密度低,热性能和机械性能优异,因此其仍然是航空航天领域的研究热点。Hebert 和 Karmazsin[203]使用 DSC、TG 和 XRD 来表征 SiC 增强的 Al/Cu/Mg 合金。混合坯料通过粉末冶金法制备,采用精心制作的热处理工艺。通过 DSC 检测 SiC 晶须和金属基复合材料之间的吸热相互作用发生在 412 ℃,如图 13.50 所示,没有观察到质量变化。吸热峰的强度被用作 SiC 和复合材料之间界面处结合程度的指标,建议使用 DSC 来评估制造过程中复合材料的强化程度。

Kim 等人[204]使用差示扫描量热法以及宏观硬度测量和 TEM 研究了用粉末冶金技术处理的 SiC 增强的 Al-Cu 合金的析出特性和时效硬化行为,研究了未增强处理和用 5%~15%SiC 晶须增强的 Al-4 wt%Cu 合金。该金属基体复合材料的时效硬化是通过沉淀形成的亚稳相 θ' 和 θ'' 引起的,对应于 DSC 曲线上 458 K 和 523 K 处的两个放热效应。DSC 测量结果表明,通过加入 SiC 晶须明显延缓了这些相的析出以及时效硬化过程,硬化的程度也随着晶须的存在而降低。

像 SiC 晶须一样,碳化硅颗粒可以用来增强铝基复合材料的强度。SiC 颗粒似乎增强了整个基体强度。Das 等人[205]使用 DSC 和 DMA 研究了基于 6061 铝合金的一系列颗粒增强铝金属基复合材料(PMMC)的微观结构和物理特性,研究中采用了制备好的和热处理过的样品。通过 DSC 发现,对应于微相沉淀的放热反应在 SiC 增强材料的较高温度下发生。DMA 结果表明,在所有温度下,20 vol%的 SiC/6061 增强复合材料具有最高的储能模量。而与单独使用 6061 相比,在所有样品中发现其模量最低。DSC 和 DMA 一起使用可以识别与所有研究材料相关的最大阻尼特性的阶段和变化。

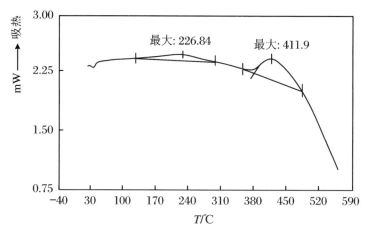

图 13.50　标准化 Al/SiC 样品的 DSC 曲线[203]
加热速率 20 ℃·min⁻¹

　　Elomari 等人[206]使用动态热机械分析研究了预应变对 Al₂O₃/Al 金属基复合材料弹性模量和阻尼性能的影响,发现这种类型的陶瓷颗粒增强复合材料与常规未增强的铝合金相比具有高强度、刚度、耐磨性和低热膨胀系数以及高导热性等优良性能。然而,在冷变形加工过程中的高应力下,这些增强材料的机械性能可能会下降。研究人员发现,随着预应变增加,弹性模量显著下降(特别是在体积分数为 20%Al₂O₃ 的复合材料中),见图 13.51。这是由在颗粒断裂位点存在空隙引起的,这种现象降低了 Al₂O₃ 颗粒的增强效应,同时形成对弹性模量有不利影响的缺陷结构。发现阻尼随着 Al₂O₃ 微粒含量的增加而增加,体积分数为 20%Al₂O₃ 的阻尼也随着塑性应变的增加而增加,图像分析被用作本研究的补充技术。

　　White 等人[207]研究了多层金属复合材料中的固态非晶化反应,讨论了有利于形成非晶态金属相的条件。通过轧制得到 Ni 和 Ti 或 Zr 的层间箔,折叠并再轧成所需的还原程度(变形),形成扩散对。通过 DSC、XRD 和电子衍射研究轧制材料。为了跟踪 DSC 中的非晶化反应,将样品密封在铝盘中并以恒定速率加热,以确定随温度变化的热流曲线。发现放热行为在高达 850 K 下出现,低于 620 K 的那些过程被认为是由非晶合金的形成引起的。高于约 620 K 的第一个峰被认为是非晶相的结晶,随后是剩余的非合金金属的反应。发现 Zr 比 Ti 更容易形成非晶合金,这是由于在 Zr 中 Ni 的扩散速度比 Ti 中的更快。

　　制备具有 WC 微米级颗粒(2%～12%)的 Pd-Cu-Si 合金(7.5at.%Pd、6at.%Cu、16.5at.%Si),并通过熔融纺丝[75]、冷却以形成无定形金属-基体复合材料。利用 DSC、TEM 和 XRD 等方法测定了活化能和 Avrami 指数等结晶特征参数与 WC 体积分数的函数关系。DSC 显示了在约 380 ℃的玻璃化转变附近的吸热峰和在 410～420 ℃大的放

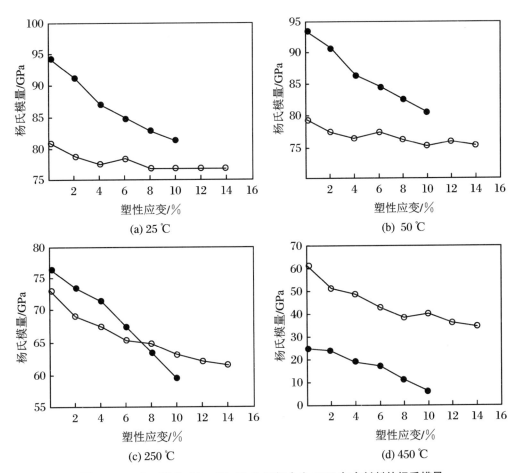

**图 13.51　10 vol%和 20 vol% Al_2O_3 和铝合金 6061 复合材料的杨氏模量
在不同温度下随塑性应变的变化关系[206]**

热结晶峰。在 0%和 2%WC 的情况下,在较高温度下发生两次较小的放热过程。XRD
表明在 330 ℃下晶体 WC 和在 330 ℃退火 5 h 的非晶合金逐步结晶,结晶的活化能由
Kissinger 方法[208]估计,根据以下形式的 Ozawa 方程估算 Avrami 因子 n 值[209]:

$$[d\{\log(-\ln(1-x))\}/d\log\beta]_T = -n$$

其中 β 为加热速率,x 为结晶的分数。E_a 和 n 作为%WC 和退火时间的函数作图。随
着 WC 体积分数的增加,发现结晶的活化能下降,而 n 则增加。作者推测,WC-颗粒分散
体通过预退火 WC-无定形-$Pd_{77.5}Cu_6Si_{16.5}$ 金属-基体复合材料导致决定速率的结晶机制
从成核变为生长机制。图 13.23 中显示了具有不同比例的 WC 的复合材料(预退火和未
预退火)的放热结晶峰 DSC 曲线。

　　Myung 等人[76]通过 DSC、TMA 和 XRD 研究了 WC-无定形-$Ni_{73}Si_{10}B_{17}$ 金属基复合
材料在连续加热条件下的结晶和黏性行为。在 10 K·min^{-1} 的加热速率下获得的 DSC
结果显示,随着 WC 体积分数的增加,玻璃化转变温度降低。对于 6%和 10%WC 材料,
放热结晶峰移动到略低的温度(791～789 K)。随着 WC 含量的增加,结晶焓降低。由不

同加热速率下的结果估算活化能(E_a)和 Avrami 指数(n)的值。与作者研究的早期体系[75]不同，随着未退火样品 WC 体积分数的增加，E_a 增加的同时 n 减小。通过 DSC 峰值可以确定结晶分数与温度的关系。随着 WC 的存在，金属基复合材料的黏度降低。

Konopka 和 Braszcznski[210]使用冷却曲线确定了添加和不添加石墨的 $Cu_{90}Pb_5Ti_5$ 合金的凝固速率。石墨/Cu-Pb-Ti 复合材料被用作轴承材料，并且可以通过铸造制得。在薄壁金属模具中完成复合材料的凝固，通过 $T = f(t)$ 和 $dT/dt = f'(t)$ 温度监测。凝固方程可以表示为如下形式：

$$-(\alpha\theta/R\rho c) + (\beta/c) = d\theta/dt \quad \text{或者} \quad U_{TG} + U_{TZ} = U_T$$

其中 α 为整体传热系数，R 为铸件的特征尺寸，c 为比热，ρ 为密度，$\theta = T - T_0$，$T =$ 热沉的温度。$U_T(dT/dt)$ 为冷却曲线的斜率，U_{TG} 通过计算可以表示为 θ 的函数，然后通过 U_{TZ} 的差值得到 $\beta = dL/dt$，其中 L 是凝固潜热，β 对时间作图以给出凝固动力学的图。另外，还绘制了凝固的部分($c/L\int U_{TZ}dt$)与时间 t 的关系。与合金相比，复合材料的初始结晶稍快一些，这是由于石墨的成核作用引起的。

13.6.2　粉末冶金

烧结作为粉末冶金领域的基础，采用的方法主要为使细粉在明显低于整个粉末熔点的温度下加热到初始熔化，以形成用于进一步加工或成品的致密团块。除了反应应烧结之外，这是一个物理过程，其中粉末的自由能降低，通常伴随着可测量的热效应。像焙烧、干燥和煅烧一样，烧结过程中涉及焓变，因此其可以很好地通过热分析进行研究。

粉末冶金加工被用于不同行业，以生产工具、电子、汽车应用等材料。Kieback 等人[211]研究了粉末原料的烧结过程，这些粉末与润滑剂或黏合剂混合，使用热重分析、差热分析和膨胀测量来研究在烧结和材料运输过程中发生的化学、微观结构和尺寸变化。他共研究了两种粉末混合物，即 WC-Co 和 Fe-Si（或 Fe-FeSi）。在前一体系中，热分析结果表明，烧结发生在共晶温度以上（存在持久液相），导致粉末混合物的压实增强现象。在后一种体系中，证实了金属间化合物的形成以及在 1250 ℃ 以上的瞬间液相烧结。图 13.52 显示了通过差热分析法测定的 Fe-Si 和 Fe-FeSi 粉末在加热/烧结过程中发生的热效应。热处理技术在解释材料输送机制和确定烧结最佳条件的机制方面非常有用。

在使用粉末冶金技术生产某些高温材料期间，样品在烧结过程中发生了显著的体积变化。Hfidrich 等人[212]使用热膨胀测量法（一种传统的热分析技术）来监测在加热时样品的尺寸变化。尺寸变化随时间（或温度）的一阶导数有助于检测微小变化并提高重叠的转变过程的分辨率，如图 13.53 所示。这个实例证明了膨胀测量法在磁体工业制造中的实用性。用于生产磁体的钡和锶铁氧体团块的煅烧包括将原坯放置在窑中以使它们彼此接触的方式，通过这种装置发现尽管最终收缩明显，但其抗磁性明显较高。热膨胀测量结果表明，在高温收缩导致结构损坏之前，样品块表现出低温膨胀现象。通过将窑中的样品块间隔开，可以有效解决这个问题。同一作者[213]发现 TG/DTA 技术在同时测定预烧结挤出金属粉末压块中石蜡黏结剂释放的温度和速率方面非常有用。如果黏合剂释放太快（伴随脱气）或高于某个温度，则在烧结过程中经常出现裂纹。

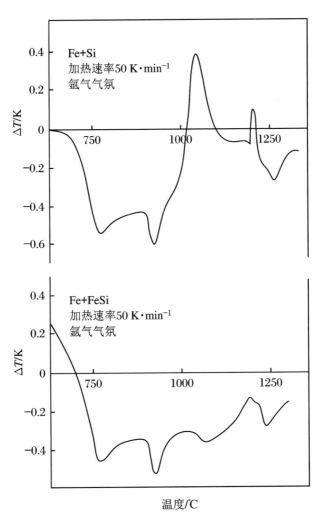

图 13.52　记录加热 Fe + Si 和 Fe + FeSi 粉末混合物所得到的热效应 DTA 曲线[211]

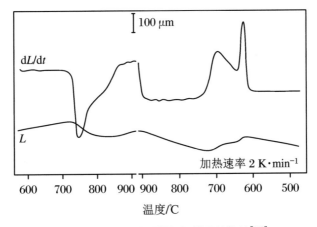

图 13.53　膨胀计测量钢粉样品的烧结[212]

　　研究发现在金属粉末中添加某些元素会影响其烧结行为,并最终影响其机械性能、耐腐蚀性和高温氧化。在一项研究中,Wang[214]研究了 304L 不锈钢粉末,使用差热分析(H₂)和金相分析法测量在添加硅的过程中发生的微观结构变化。在之前的研究工作中,已由实验证实了 70%Ni-30%Si 粉的共晶熔化(965 ℃),加入硅(3% 和 4%)的不锈钢粉末的共晶熔化发生在 960 ℃。随着硅加入量的增加而导致一个吸热熔融峰强度增加,峰值温度与 Ni-Si 混合物的温度非常接近,表明镍从钢基体扩散到硅颗粒中,这种现象也由金相观察得到了证实。氢气、氩气和真空烧结过程中的体积变化也可用膨胀法测定,结果表明在不同的气氛中有不同的烧结行为,发现在真空中的烧结效果最好,得到的体积收缩率最高为 24%。

　　German[215]研究了在反应烧结制备高温材料过程中燃烧合成形成的金属间化合物。在这个过程中,元素粉末(通常是金属)被混合在一起并被加热到高温以开始烧结过程。由于金属间化合物的形成,在此过程中又会释放大量的热量,释放的热量足以提高反应速率并导致瞬态液相的形成。该液相迅速扩散以填充固体颗粒之间的空隙,导致粉末压块的烧结和致密化。作者使用 DTA 和膨胀测量法来研究铝化镍粉末生坯的反应烧结行为。在 DTA 图上(图 13.54),显著的放热效应在 880 K 时较为明显,表明从初始粉末形成 Ni₃Al。通过膨胀计在相同的温度下检测到压坯的相应致密化现象(约 12% 收缩率),这种合成进行的程度可以通过再加热烧结体来验证。在 DTA 曲线上只出现 1600 K 以上的 Ni₃Al 吸热熔融峰,DTA 对于确定在远低于烧结温度的温度下压坯的预退火的效果也非常有用。研究了粉末成分和均匀性、加热速率、粒度、粒径比、生坯密度、脱气程序等几个其他参数,以确定其对反应烧结过程的影响。

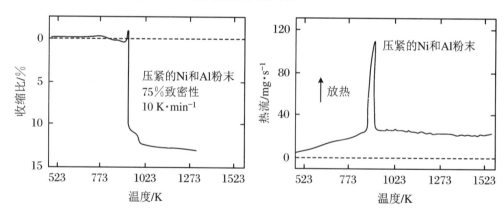

图 13.54　以恒定速率加热的压实混合镍和铝粉末的膨胀测量和 DTA[215]
快速致密化对应于放热反应温度

　　Pumpyanskaya 等人使用高温 DTA,将粉末冶金(PM)制成的高速工具钢与铸钢进行比较。结果表明,PM 钢和铸钢具有相同的居里温度和相转变温度(α→γ),但在奥氏体化过程中 PM 钢中碳化物溶解的温度范围比铸钢低得多,PM 钢的 $M_{23}C_6$ 碳化物溶解在 950~1050 ℃ 范围内,铸钢的 M_6C 和 MC 碳化物溶解发生在 970~1100 ℃ 范围,具体为 1140 ℃(PM)和 1190 ℃(铸造),碳化物在较低温度溶解是由于 PM 钢中碳化物的较细颗粒尺寸引起的。

研究结果表明,PM 钢淬火前的退火温度可能会低于铸钢,这种结论是在淬火和退火样品上测定冲击强度、弯曲强度和硬度基础上得到的。

13.6.3 薄膜

热分析在金属和陶瓷薄膜研究和技术领域也非常有价值,由这类技术得到可测信号所需的样品可能在毫米(或更小)尺寸范围内。通常几微米厚的均匀薄膜可以通过在低压惰性气氛中物理气相沉积(PVD)技术例如溅射在金属或陶瓷基底上得到。该技术已被用于许多应用领域,例如光学和电子器件的制造、氧传感器、集成电路的缓冲层和保护膜。研究结果表明,DSC 可以用来得到关于薄膜中非晶化反应的热力学和动力学数据。例如,Highmore 等人[217]使用恒定加热速率的 DSC 实验研究多层 Ni/Zr 薄膜中的固态非晶化和随后的结晶过程,这些薄膜是通过磁控溅射制备的。图 13.55 中显示了平均组成为 $Ni_{67}Zr_{33}$ 的样品在氩气中以 40 ℃ · min^{-1} 速率加热的两个主要放热峰。第一个宽峰归因于两个多晶元素反应形成均匀的非晶合金,而第二个峰则是非晶合金的结晶引起的。可以确定非晶化反应过程中 Ni 和 Zr 相互扩散的活化能和指前因子以及结晶活化能,结果表明非晶化可能仅通过一个元素的运动而发生,而结晶则可能需要两个元素同时运动。

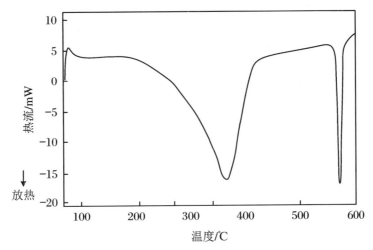

图 13.55　在 40 ℃ · min^{-1} 的条件下,将调制波长为 63 nm 的 $Ni_{67}Zr_{33}$ 多层膜从
70 ℃ 加热到 600 ℃ 时的 DSC 曲线[217]

Spaepen 和 Thompson[218]综述了应用 DSC 技术研究离子注入非晶硅的外延再生长过程,结果表明由固态反应形成非晶态金属(如 Ni-Zr),形成的金属间化合物在金属多层膜(例如 Nb/Al 体系中的 $NbAl_3$)中,可以观察到 Ni/非晶硅多层中的转变以及通过观察晶粒生长鉴定微晶结构(例如在 Al-Mn 和 Al-Fe 体系中)。最后一个例子证明了等温 DSC 可以用来区分“真正的无定形”材料和微晶材料,第一种材料同时经历了成核和晶粒生长,而后者则仅经历了晶粒生长的过程,得到了不同的 DSC 曲线。在所研究的体系中,不同几何形状的样品被用于 DSC 测量以得到较明显的 DSC 信号。在一些情况下,可

以检测基底上的薄膜,或几种基质堆叠在一起,或在基底的两边沉积薄膜。

Al 或用过渡金属作中间层的 Al-Cu 合金作为精细器件互连的薄膜具有可观前景。Ball 和 Todd[219] 使用 DSC 和 XRD 测定了过渡金属铝化物金属间化合物薄膜对的温度和相序形成以及活化能,对 Al/Cr、Al-4wt.% Cu/Cr、Al/Ti、Al-4wt.% Cu/Ti、Al/Zr、Al-4wt.% Cu/Zr、Al/Nb 和 Al-4wt.% Cu/Nb 二元体系分别进行了研究。结果表明,金属间化合物(铝化物)的形成在 300 ℃ 以上开始,并且形成的第一金属间相为富铝金属间化合物。DSC 峰值温度表明金属间化合物的形成随着铜的添加和加热速率的增加而增加。活化能数据还表明,铜的加入阻碍了金属间化合物的生长并使细条中的空穴蔓延最小化,表明可以通过防止切断互连的空穴聚结来改善多层结构中的电迁移阻力,Zr 和 Ti 对于提高 Al-Cu 薄膜的多层导体中的电迁移电阻是最有效的。

Cotts 等人[220] 使用 DSC 和 XRD 技术研究了 Ni 和 Zr 金属的多层薄膜扩散对中的固态反应。在溅射得到的多层薄膜中的起始结晶的金属之间发生固态反应,形成无定形合金。在这种情况下,$Ni_{68}Zr_{32}$ 产生很大的混合热,在 DSC 上呈现出强放热信号峰。随后得到的 DSC 放热峰来自合金的结晶过程,表明非晶态薄膜合金似乎具有与块状液态淬火合金相当的高度均匀性。由 DSC 测量可以得到非晶化过程中释放的焓为 35 kJ·mol^{-1},为 $Ni_{68}Zr_{32}$ 非晶相的生成焓。这个数值基本上与层厚度无关,如图 13.56 所示。因此,两种混合几何形状金属也具有相似的现象。由 DSC 测量可以获得关于多层薄膜结构中非晶合金形成的性质和动力学的详细信息。

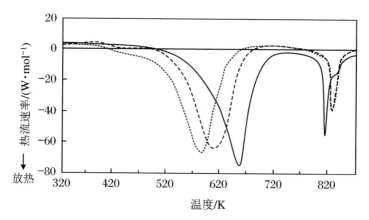

图 13.56　具有不同层厚度的 Ni 和 Zr(平均化学计量为 $Ni_{68}Zr_{32}$)的
等厚层的溅射多层薄膜的 DSC 曲线[220]
短虚线,300 Å;长虚线,450 Å;实线,1000 Å。加热速率 10 K·min^{-1}

参考文献

[1]　V. S. Ramachandran, Differential Thermal Analysis in Cement Chemistry, Chemical Publishing Company, Inc., New York, 1969.

［2］ R. C. Mackenzie，Differential Thermal Analysis，Academic Press，Londonand New York，Vol 1，1970 and Vol. 2，1972.

［3］ E. I. Turi，Thermal Characterization of Polymeric Materials，Academic Press，New York，2nd Edn，1997.

［4］ B. Wunderlich，Thermal Analysis，Academic Press，Inc.，New York，1990.

［5］ J. L. Ford and P. Timmins，Pharmaceutical Thermal Analysis，Ellis Harwood，Chichester UK，1989.

［6］ W. Wendlandt，Thermal Methods of Analysis，Second Edition，John Wiley & Sons，New York，1974.

［7］ W. W. Wendlandt，Thermal Analysis，Third Edition，John Wiley & Sons，New York，1986.

［8］ W. Gutt and A. J. Majumdar，in R. C. Mackenzie（ed），Differential Thermal Analysis，Academic Press，London and New York，Vol. 2，1972，p79-117.

［9］ M. E. Brown，Introduction to Thermal Analysis，Kluwer，Dordrecht，2nd Edn，2001.

［10］ R. D. Shull，in R. D. Shull and A. Joshi（eds），Thermal Analysis in Metallurgy，The Minerals，Metals & Materials Society，Warrendale PA，1992，p95-119.

［11］ C. J. Butler and D. G. McCartney，in Y-W Kim，R. Wagner and M. Yamaguchi（eds），Gamma TitaniumAluminides，The Minerals，Metals &Materials Society，Warrendale PA，1995，p491-497.

［12］ Y. T. Zhu，J. H. Devletian and A. Manthiram，J. Phase Equilibria，15(1994) 37.

［13］ Y. T. Zhu and J. H. Devletian，Metall. Trans. A，22 (1991) 1993.

［14］ Y. T. Zhu and J. H. Devletian，Metall. Trans. A，23 (1992) 451.

［15］ S. Seetharaman，R. Eichler and A. Hultin，Scand. J. Metall.，21 (1992) 86.

［16］ A. Bolcavage，C. R. Kao，Y. A. Chang and A. D. Romig Jr.，in J. E. Morral，R. S. Schiffman，S. M. Merchant（eds），Experimental Methods of PhaseDiagram Determination，The Minerals，Metals & Materials Society，Warrendale PA，1994，p21-30.

［17］ R. Kesri and M. Durand-Charre，Mater. Sci. Tech.，4 (1988) 692.

［18］ M. Durand-Charre，N. Valignat and F. Durand，Mém. Étud. Sci. Rev. Métall.，76 (1979) 51.

［19］ K. W. Richter and H. Isper，J. Phase Equilib.，15 (1994) 165.

［20］ V. J. Kuck，Thermochim. Acta，99 (1986) 233.

［21］ T. J. Lienert，C. V. Robino，C. R. Hills and M. J. Cieslak，in R. A. Pattersonand K. W. Mahin（eds），Weldability of Materials. Proceedings of theMaterials Weldability Symposium，Detroit，Michigan，October 1990，ASM，Materials Park，OH，p159-165.

［22］ T. Takemoto，I. Okamoto and J. Matsumura，Report II，Transactions ofJWRI（Japan Welding Research Institute），16 (1987) 73.

［23］ S. Dal Corso，B. Liautard and J. C. Tedenac，J. Phase Equilib.，16 (1995)308.

［24］ S. Atiq，R. D. Rawlings and D. R. F. West，J. Mater. Sci. Lett.，9 (1990) 518.

［25］ A. Saccone，S. Delfino and R. Ferro，J. Less-Common Met.，108 (1985) 89.

［26］ P. Terzieff and H. Ipsen，J. Less-Common Met.，119 (1986) 1.

［27］ R. Lässer and T. Schober，J. Less-Common Met.，130 (1987) 453.

［28］ S. Katsuyama，Y. Ueda and K. Kosuge，Mater. Res. Bull.，25 (1990) 913.

［29］ B. Dubost，Ph. Bompard and I. Ansara，Mém. Étud. Sci. Rev. Métall.，83(1986) 437.

[30] A. Palenzona and P. Manfrinetti, J. Alloys Compd., 220 (1995) 157.

[31] S. Hassam, M. Gambino, M. Gaune-Ecard, J. P. Bros and J. Ågren, Metall. Trans. A, 19A (1988) 409.

[32] A. Saccone, S. Delfino, G. Cacciamani and R. Ferro, J. Less-CommonMet., 154 (1989) 99.

[33] F. Faudot, M. Harmelin and J. Bigot, Thermochim. Acta, 147 (1989) 205.

[34] M. V. Nosek, N. M. Atomanova and Z. D. Abisheva, Izvestiya Akademii Nauk SSSR. Metally, No. 4, (1987) 198.

[35] Y. Y. Pan and P. Nash, Bull. Alloy Phase Diagrams, 10 (1989) 253.

[36] R. Vogel, Z. Metallkd., 38 (1947) 97.

[37] Y. Y. Pan and C. S. Cheng, Chinese Nat. Syrup. Phase Diagrams, Kumming, Sept. 21-23; 1984.

[38] M. Venkatraman and J. P. Neumann, Bull. Alloy Phase Diagrams, 11(1990) 8.

[39] V. N. Svechnikov, G. P. Dmitrieva, G. F. Kobzenko and A. K. Shurin, Dokl. Akad. Nauk SSSR, 158 (1964) 668.

[40] R. D. Blaugher, R. E. Hein, J. E. Cox and R. M. Waterstrat, J. Low Temp. Phys., 1 (1969) 539.

[41] R. Fluekiger, A. Paoli and J. Muller, Solid State Commun., 14 (1974) 443.

[42] E. M. Foltyn and D. E. Peterson, Bull. Alloy Phase Diagrams, 9 (1988) 267.

[43] D. H. Wood, E. M. Cramer, P. L. Wallace and W. J. Ramsay, J. Nucl. Mater., 32 (1969) 193.

[44] R. F. Nikerson, USAEC (US. Atomic Energy Commission) Rep. UCRL-50509, 1968.

[45] R. F. Nickerson, J. Nucl. Mater., 32 (1969) 208.

[46] W. S. Kim, G. Y. Chao and L. J. Cabri, J. Less-Common Met., 162(1990) 61.

[47] B. Cantor, J. Therm. Anal., 42 (1994) 647.

[48] P. S. Grant, P. P. Maher and B. Cantor, Mater. Sci. Eng., A 179/A 180(1994) 72.

[49] D. L. Zhang, K. Chattopadhyay and B. Cantor, J. Mater. Sci., 26 (1991)1531.

[50] W. Gao and B. Cantor, Acta Metall., 36 (1988) 2293.

[51] P. Donner, J. Physique IV, 1 (1991), Colloque C4, C4-355.

[52] W. A. Johnson, J. A. Domingue and S. H. Reichman, J. Physique, 43 (1982), Colloque C4, C4-285.

[53] D. Mari and D. C. Dunand, Metall. Mater. Trans. A., 26A (1995) 2833.

[54] C. García Cordovilla and E. Louis, J. Mater. Sci., 19 (1984) 279.

[55] R. N. Shenoy and J. M. Howe, Scripta Metall. Mater., 33 (1995) 651.

[56] C. V. Robino and M. J. Cieslak, Metall. Mater. Trans., 26A (1995) 1673.

[57] H. F. Fischmeister, R. Riedl and S. Karagöz, Metall. Trans., 20A (1989)2133.

[58] M. J. Cieslak and W. F. Savage, Weld. J., 64 [5] (1985) 119-s.

[59] G. Laird II and Ö. N. Doğan, Int. J. Cast Metals Res., 9 (1996) 83.

[60] D. Hui, Y. Jingxiang, K. G. Davis, Trans. Amer. Foundrymen's Society, 39(1985)917.

[61] J. Lendvai, G. Honyek, Zs. Rajkovits, T. Ungár, I. Kovács and T. Túrmezey, Aluminium (Duesseldorf), 62 (1986) 363.

[62] B. Sarangi, A. Sarangi, S. Misra and H. S. Ray, Thermochim. Acta, 196(1992)45.

[63] H. Warlimont, in S. Steeb and H. Warlimont (eds), Rapidly QuenchedMetals, Elsevier Sci-

ence Publishers B. V., Vol. 1, 1985, p. xlv.

[64] N. J. Grant, in S. Steeb and H. Warlimont (eds), Rapidly Quenched Metals, Elsevier Science Publishers B. V., Vol. 1, 1985, p3-24.

[65] R. Pickens, in S. Steeb and H. Warlimont (eds), Rapidly Quenched Metals, Elsevier Science Publishers B. V., Vol. 2, 1985, p1711-1714 (and 4 pages in the Errata Section).

[66] H. J. Gfinterodt, in S. Steeb and H. Warlimont (eds), Rapidly QuenchedMetals, Elsevier Science Publishers B. V., Vol. 2, 1985, p1591-1598.

[67] W. A. Heinemann, in S. Steeb and H. Warlimont (eds), Rapidly QuenchedMetals, Elsevier Science Publishers B. V., Vol. 1, 1985, p27-34.

[68] W. Jingtang, P. Dexing, S. Qihong and D. Bingzhe, Mater. Sci. Eng., 98(1988) 535.

[69] J. Hertz and M. Notin, Thermochim. Acta, 133 (1988) 311.

[70] T. H. Noh, A. Inoue, H. Fujimori, T. Masumoto and I. K. Kang, J. Non-Crystalline Solids, 110 (1989) 190.

[71] F. J. Fouquet, J. P. Allemand, J. Perez and B. de Guillebon, Z. Phys. Chem. Neue Folge, 157 (1988) 295.

[72] T. Yamasaki, M. Takahashi and Y. Ogino, in S. Steeb and H. Warlimont(eds), Rapidly Quenched Metals, Elsevier Science Publishers B. V., Vol. 2, 1985, 1381.

[73] T. W. Wu and F. Spaepen, Phil. Mag. B, 61 (1990) 739.

[74] J. W. Graydon, S. J. Thorpe and D. W. Kirk, Acta Metall. Mater., 43 (1995)1363.

[75] W. N. Myung, S-J. Yang, H. Kimura and T. Masumoto, Mater. Sci. Eng., 97 (1988) 259.

[76] N. Myung, S-J. Yang, H-G. Kim, J-B. Lee and T. Masumoto, Mater. Sci. Eng. A, 133 (1991) 513.

[77] A. P. Radinski and A. Calka, Phys. Rev. Lett., 57 (1986) 3081.

[78] P. Johansson, B. Uhrenius, A. Wilson and U. Stalberg, Powder Metall., 39 (1996) 53.

[79] M. S. Leu, W. K. Wang and S. C. Jang, Mater. Sci. Eng., A18 l/A182(1994) 997.

[80] G. D. Ladiwala, N. S. Saxena, S. R. Joshi, A. Pratap and M. P. Saksena, Mater. Sci. Eng., A181/A182 (1994) 1427.

[81] K. Amiya, N. Nishiyama, A. Inoue and T. Masumoto, Mater. Sci. Eng., A179/1180 (1994) 692.

[82] G. A. Merry and H. Reiss, Acta Metall., 32 (1984) 1447.

[83] D. H. Rasmussen and C. R. Loper, Acta Metall., 23 (1975) 1215.

[84] J. H. Perepezko and D. H. Rasmussen, A. I. A. A. Papers, No. 79-0030, 1979, 9 pp.

[85] J. H. Perepezko, C. Gallop and D. H. Rasmussen, in Proc. 3rd. Eur., Symp. on Material Sciences in Space, ESA SP-142, 1979, p375-383.

[86] D. H. Rasmussen and C. R. Loper, Acta Metall., 24 (1976) 117.

[87] A. Kumpmann, B. Günther, H. D. Kunze, Mater. Sci. Eng., A168 (1993)165.

[88] A K. Omuro, H. Miura and H. Ogawa, Mater. Sci. Eng., A181/A182(1994) 1281.

[89] E. Hellstern and L. Schultz, Appl. Phys. Lett., 48 (1986) 124.

[90] S. Suriñach, J. J. Suñol and M. D. Baró, Mater. Sci. Eng., A 181/A182(1994) 1285.

[91] D. Oleszak, M. Jachimowicz and H. Matyja, Mater. Sci. Forum, 179-181(1995) 215.

[92] J. Kaneko, D. G. Kim and M. Sugamata, in J. J. de Barbadillo, F. H. Froes and R. Schwarz (eds), Proceedings of the 2nd International Conference onStructural Applications of

Mechanical Alloying, Vancouver BC, Canada, 20-22 September, 1993, ASM International, Materials Park OH, c 1993, p261-268.

[93] C-L. Tsai, Mater. Sci. Eng., A181/A182 (1994) 986.

[94] K. Aoki, X. M. Wang, A. Memezawa and T. Masumoto, Mater. Sci. Eng., A181/A182 (1994) 390.

[95] E. Kasai, K. Mae and F. Saito, ISIJ International, 35 (1995) 1444.

[96] H. Yang and H. Bakker, Mater. Sci. Forum, 150/151 (1994) 109.

[97] H. Yang and H. Bakker, Mater. Sci. Eng., A181/A182 (1994) 1207.

[98] T. Tanaka, S. Nasu, K. Nakagawa, K. N. Ishihara and P. H. Shingu, MaterSci. Forum, 88/90 (1992) 269.

[99] H. J. Grabke, in H. J. Grabke and D. B. Meadowcroft (eds), A Working PartyReport on Guidelines for Methods of Testing and Research in High Temperature Corrosion, European Federation of Corrosion PublicationsNumber 14, The Institute of Materials, London, 1995, p52-61.

[100] A. Holt and P. Kofstad, Mater. Sci. Eng., A120 (1989) 101.

[101] L. Shi, Y. Zhang and S. Shih, Corros. Sci., 33 (1992) 1427.

[102] M. Lambertin and G. Beranger, in J. D. Embury (ed), High-TemperatureOxidation and Sulphidation Piocesses, Proceedings of Symposium, Hamilton ON, Canada, August 1990, Pergamon Press, New York, 1990, p93-100.

[103] M. J. Maloney and M. J. McNallan, Metall. Trans. B, 16B (1985) 751.

[104] S. Mrowec and S. Stoklosa, Oxid. Met., 8 (1974) 379.

[105] Y. N. Chang, Brit. Corros. J., 30 (1995) 320.

[106] C. Wagner, in Atom Movements, American Society for Metals, Cleveland, Ohio, 1951, p153-173.

[107] P. Kofstad, High-Temperature Oxidation of Metals, Wiley, New York, 1966.

[108] K. Hauffe, Oxidation of Metals, Plenum Press, New York, 1965.

[109] A. T. Fromhold, Theory of Metal Oxidation, North-Holland, Amsterdam, 1975.

[110] C. Zhou and W. W. Smeltzer, in J. D. Embury (ed.), InternationalSymposium on High Temperature Oxidation and Sulfidation Processes, Metallurgical Society of the CIM, Pergamon Press, New York, 1990, p43-54.

[111] E. A. Gulbransen and E. F. Andrew, J. Electrochem. Soc., 104 (1957) 451.

[112] S. Mrowec and A. Stoklosa, Oxid. Met., 3 (1971) 291.

[113] H. S. Hsu and G. J. Yurek, Oxid. Met., 17 (1982) 55.

[114] R. Herchl, N. N. Khoi, T. Homma and W. W. Smeltzer, Oxid. Met., 4(1972) 35.

[115] G. C. Wood and F. H. Scott, Oxid. Met., 14 (1980) 187.

[116] D. Caplan, M. J. Graham and M. Cohen, Corros. Sci., 10 (1970) 1.

[117] D. Caplan, G. I. Sproule and R. J. Hussey, Corros. Sci., 10 (1970) 9.

[118] L. Jansson and N. G. Vanneberg, Oxid. Met., 3 (1971) 453.

[119] A. G. Goursat and W. W. Smeltzer, J. Electrochem. Soc., 120 (1973) 390.

[120] V. B. Voitovich, V. A. Lavrenko, R. F. Voitovich and E. I. Golovko, Oxid. Met., 42 (1994) 223.

[121] T. E. Lopes Gomes and A. M. Huntz, Oxid. Met., 14 (1980) 249.

[122] G. Bertrand, K. Jarraya and J. M. Chaix, Oxid. Met., 21 (1983) 1.

[123] J. G. Keller and D. L. Douglass, Oxid. Met., 36 (1991) 439.

[124] M. Yamawaki, T. Igarashi, T. Yoneoka and M. Kanno, J. Jap. Inst. Met., 44 (1980) 425.

[125] L. A. Carol and G. S. Mann, Oxid. Met., 34 (1990) 1.

[126] T. Narita, I. Ishikawa, S. Karasawa and K. Nishida, Oxid. Met., 27 (1987) 267.

[127] A. L. Cabrera and M. B. Maple, Oxid. Met., 32 (1989) 207.

[128] R. K. Singh Raman, A. S. Khanna, R. K. Tiwari and J. B. Gnanamoorthy, Oxid. Metal., 37 (1992) 1.

[129] L. Charrin, A. Combe and J. Cabane, Oxid. Met., 37 (1992) 65.

[130] T. Takada, Y. Tomii, N. Yoshida, M. Sasaki and M. Koiwa, Oxid. Met., 37 (1992) 13.

[131] J. Botella, C. Merino and E. Otero, Oxid. Met., 49 (1998) 297.

[132] J. E. Croll and G. R. Wallwork, Oxid. Met., 4 (1972) 121.

[133] D. L. Douglass and F. Rizzo-Assuncao, Oxid. Met., 29 (1988) 271.

[134] Xian Aiping, Si Zhongyao, Zhou Longjiang, Shen Jianian and Li Tiefan, in Corrosion Control-Proceedings of 7th APCCC, Vol. 1, AcademicPublishers, Beijing, 1991, p160-165.

[135] A. P. Xian, Z. Y. Si, L. J. Zhou, J. N. Shen and T. F. Li, Mater. Lett., 12(1991)84.

[136] A. J. Moorhead and H. E. Kim, J. Mater. Sci., 26 (1991) 4067.

[137] V. B. Voitovich, V. V. Sverdel, R. F. Voitovich and E. I. Golovko, Int. J. Refract. Met. Hard Mater., 14 (1996) 289.

[138] D. J. Coates, B. Mortimer and A. Hendry, Corros. Sci., 22 (1982) 951.

[139] F. Nardou, P. Raynaud and M. Billy, J. chim. phys., 81 (1984) 271.

[140] R. Bredesen and P. Kofstad, Oxid. Met., 34 (1990) 361.

[141] R. Bredesen and P. Kofstad, Oxid. Met., 35 (1991) 107.

[142] R. Bredesen and P. Kofstad, Oxid. Met., 36 (1991) 27.

[143] P. Mayer and W. W. Smeltzer, J. Electrochem. Soc., 119 (1972) 626.

[144] A. S. Kim and M. J. McNallan, Corrosion, 46 (1990) 746.

[145] M. Spiegel and H. J. Grabke, in J. M. Costa and A. D. Mercer (eds), Progress in the Understanding and Prevention of Corrosion, Vol. 1, The Institute of Materials, London, 1993, p758-764.

[146] H. J. Grabke, E. Reese and M. Spiegel, Corros. Sci., 37 (1995) 1023.

[147] S. Ahila, S. R. Iyer and V. M. Radhakrishnan, Trans. Indian Inst. Met., 47(1994) 169.

[148] G. C. Fryburg, K. J. Kohl and C. A. Steams, J. Electrochem. Soc., 131 (1984) 2985.

[149] W. H. Lee and R. Y. Lin, in R. R. Judkins and D. N. Braski (eds), Proceedings of the 4th Annual Conference on Fossil Energy Materials, (DE91 001158) NTIS, Springfield VA, 1990, p475-487.

[150] J. H. DeVan, in T. Grobstein and J. Doychak (eds), Oxidation of High-Temperature Intermetallics, The Minerals, Metals & Materials Society, 1989, p107-115.

[151] J. H. DeVan, in R. R. Judkins and D. N. Braski (eds), Proceedings of the 4thAnnual Conference on Fossil Energy Materials, (DE91 001158) NTIS, Springfield VA, 1990, p299-310.

[152] D. J. Young and J. P. Orchard, Can. Metall. Quart., 30 (1991) 227.

[153] K. C. Hsieh, M. Y. Kao and Y. A. Chang, Oxid. Met., 27 (1987) 123.

[154] G. A. Capuano, A. Dang, U. Bemabai and F. Felli, Oxid. Met., 39 (1993) 263.

[155] J. H. DeVan, Environmental effects on iron aluminides, Oak Ridge National Laboratory Report No. CONF-9105184-9; NITIS Accession No. DE91014576/XAB. Paper presented at the 5th Annual Conference on Fossil Energy Materials, Oak Ridge TN, USA, May 1991, 10 pp.

[156] A. Tomasi, P. Scardi and F. Marchetti, in M. J. Hampden-Smith, W. G. Klemperer and C. J. Brinker (eds), Better ceramics through chemistry V, Proceedings of Symposium held April 27-May 1, 1992, San Francisco CA, Materials Research Society Symposium Proceedings, Vol. 271, Materials Research Society, Pittsburgh PA, 1992, p477-483.

[157] R. di Maggio, P. Scardi and A. Tomasi, in B. J. J. Zelinski, C. J. Brinker, D. E. Clark and D. R. Ulrich (eds), Better Ceramics Through Chemistry IV, Proceedings of Symposium held in San Francisco CA, April 1990, Materials Research Society Symposium Proceedings Vol. 180, Materials Research Society, Pittsburgh PA, 1990, p481-484.

[158] M. U. Kitheri, P. S. Murti and G. Seenivasan, Thermochim. Acta, 232(1994) 129.

[159] T. Bereznai and R. Würtz, J. Nucl. Mater., 152 (1988) 323.

[160] K. Wakasa and M. Yamaki, J. Mater. Sci., 23 (1988) 1459.

[161] P. J. Ficalora, Hot-corrosion reactions of calcium sulfate with Cr, Ni, Co, Fe and several alloys, Oak Ridge National Laboratory, Tennessee, Report No. ORNL/TM-8735, DE83 013715, 1983, 39 pp.

[162] M. I. Ruiz, A. Heredia, J. Botella and J. A. Odriozola, J. Mater. Sci., 30(1995) 5146.

[163] R. G. Charles, in R. D. Shull and A. Joshi (eds), Thermal Analysis in Metallurgy, The Minerals, Metals & Materials Society, Warrendale PA, 1992, p27-46.

[164] H. U. Borgstedt and N. P. Bhat, J. Less-Common Met., 161 (1990) L1.

[165] R. C. Mackenzie (ed.), Differential Thermal Analysis, Vol. 2: Applications, Academic Press, London, 1972.

[166] R. C. Mackenzie (ed.), Differential Thermal Analysis, Vol. 1: FundamentalAspects, Academic Press, London, 1970.

[167] H. S. Ray and F. W. Wilbum, Trans. Indian Inst. Met., 35 (1982) 537.

[168] D. V. Moisa, L. K. Svanidze, T. N. Zagu and T. I. Sigua, in B. Miller (ed.), Proceedings of the 7th International Conference on Thermal Analysis, Kingston ON, Canada, Vol. 2, Wiley, New York, 1982, p1419-1425.

[169] R. E. Grim, Applied Clay Mineralogy, McGraw-Hill, New York, 1962, p335-345.

[170] Ullmanns Encyklopädie der technischen Chemie, Bd. 3, Urban &Schwarzenberg, Miinchen & Berlin, 1969, 3. Auflage, p400-406.

[171] G. Bayer, G. Kahr and M. Muller-Vonmoos, Clay Minerals, 17 (1982) 271.

[172] R. Sen, B. Yarer, D. J. Spottiswood and F. D. Schowengerdt, in W. C. Park, D. M. Hausen and R. D. Hagni (eds), Procedings of the SecondInternational Congress on Applied Mineralogy in the Minerals Industry, Metallurgical Society of AIME, Warrendale, PA, c 1985, p441-466.

[173] P. K. Weissenborn, L. J. Warren and J. G. Dunn, Colloids Surfaces A:Physicochem. Eng. Aspects, 99 (1995) 29.

[174] S. A. Mikhail and A. H. Webster, Can. Metall. Quart., 21 (1982) 261.

[175] D. I. Ryzhonkov, Scand. J. Metall., 11 (1982) 135.

[176] M. A. Carter, D. R. Glasson and S. A. A. Jayaweera, Thermochim. Acta, 51(1981)25.

[177] U. O. Igiehon, S. Heathcote, B. S. Terry and P. Grieveson, Trans. Inst. Min. Metall. C, 101 (1992)C159.

[178] Y. K. Rao and S. K. El-Rahaiby, Metall. Trans. B, 16B (1985) 465.

[179] A. R. Mitchell and R. H. Parker, Miner. Eng., 1 (1988) 53.

[180] R. S. Celmer, G. H. Kaiura and J. M. Toguri, Can. Metall. Quart., 26 (1987) 277.

[181] S. A. Mikhail, A. M. Turcotte and C. A. Hamer, Thermochim. Acta, 273(1966) 103.

[182] A. R. Udupa, K. A. Smith and J. J. Moore, in W. C. Park, D. M. Hausen and R. D. Hagni (eds), Proceedings of the Second International Congress on Applied Mineralogy in the Minerals Industry, Metallurgical Society of AIME, Warrendale, PA, c 1985, p757-770.

[183] A. R. Udupa, K. A. Smith and J. J. Moore, in H. Y. Sohn, D. B. George and A. D. Zunkel (eds), Advances in Sulfide Smelting, Proceedings of the 1983 International Sulfide Smelting Symposium and the 1983 Extractiveand Process Metallurgy Meeting of the Metallurgical Society of AIME, San Francisco, California, November 6-9, 1983, Vol. 1, p317-328.

[184] A. R. Udupa, K. A. Smith and J. J. Moore, Trans. Inst. Min. Metall. C, 93(1984) C99.

[185] R. Dimitrov and B. Boyanov, in D. Dollimore (ed.), Proceedings of the 2nd European Symposium on Thermal Analysis, Heyden, London, 1981, p340-343.

[186] R. Dimitrov and B. Boyanov, Thermochim. Acta, 64 (1983) 27.

[187] F. Ajersch and M. Benlyamani, Thermochim. Acta, 143 (1989) 221.

[188] P. Penev, A. Boteva and V. Angelova, Fizykochemiczne Problemy Mineralurgii, 22 (1990) 173.

[189] J. R. Donald and C. A. Pickles, in P. B. Queneau and R. D. Peterson (eds), Proceedings of The Third International Symposium on Recycling of Metals and Engineering Materials, Minerals, Metals and MaterialsSociety, Warrendale, PA, 1995, p603-621.

[190] J. R. Donald and C. A. Pickles, Can. Metall. Quart., 35 (1996) 255.

[191] D. V. Schur, V. A. Lavrenko, V. M. Adejev and I. E. Kirjakova, Int. J. Hydrogen Energy, 19 (1994) 265

[192] A. Kapilashrami, I. Arvanitidis and D. Sichen, High Temp. Mater. Processes, 15 (1996) 73.

[193] C. Barnes and C. A. Pickles, High Temp. Technol., 6 (1988) 196.

[194] X. Wang, H. Y. Sohn and M. E. Schlesinger, Mater. Sci. Eng., A186 (1994) 151.

[195] K. Upadhya, J. Metals, 36[10] (1984) 39.

[196] Z. G. Szabó, S. Perczel and M. G bor, Thermochim. Acta, 64 (1983) 167.

[197] D. Dollimore, Thermochim. Acta, 117 (1987) 331.

[198] D. Dollimore, Thermochim. Acta, 177 (1991) 59.

[199] A. Riga, G. Patterson and R. Kombrekke, Thermochim. Acta, 226(1993)353.

[200] Z. Yin, X. Li, Q. Zhao, S. Chen, G. Liu and S. Wang, Trans. NonferrousMetall. Soc. China, 4 (1994) 46.

[201] M. A. Rabah and M. A. Barakat, Hydrometallurgy, 32 (1993) 99.

[202] R. D. Friend, J. M. Kennedy and D. D. Edie, in R. B. Bhagat (ed.), Proceedings of the Damping of Multiphase Inorganic MaterialsSymposium, ASM Materials Week, Chicago IL, 2-5 November 1992, ASM International, Materials Park OH, c 1993, p123-135.

[203] J. P. Hébert and E. Karmazsin, J. Therm. Anal., 36 (1992) 989.

[204] T. S. Kim, T. H. Kim, K. H. Oh and H. I. Lee, J. Mater. Sci., 27 (1992) 2599.

[205] T. Das, S. Bandyopadhyay and S. Blairs, J. Mater. Sci., 29 (1994) 5680.

[206] S. Elomari, R. Boukhili, M. D. Skibo and J. Masounave, J. Mater. Sci., 30(1995) 3037.

[207] B. E. White Jr., M. E. Patt and E. J. Cotts, Phys. Rev. B, 42 (1990) 11, 017.

[208] H. E. Kissinger, J. Res. Nat. Bur. Stand., 57 (1956) 217.

[209] T. Ozawa, J. Therm. Anal., 2 (1970) 301.

[210] Z. Konopka and J. Braszcznski, in R. Pichoir and P. Costa (eds), The 3rdEuropean Conference on Advanced Materials and Processes, Paris, June1993, J. Physique IV, Colloque C7, Suppl, ment au J. Physique II, Vol. 3, 1993, p1825-1828.

[211] B. F. Kieback, G. Leitner and K. Pischang, J. Therm. Anal., 33 (1988) 559.

[212] W. Hädrich, E. Kaiserberger and W. D. Emmerich, Ceram. Forum Int. (CFI), 63 (1986) 413.

[213] W. Hädrich, E. Kaiserberger and W. D. Emmerich, Ceram. Forum Int. (CFI), 63 (1986) 494.

[214] W. F. Wang, Powder Metall., 35 (1992) 281.

[215] R. M. German, in R. D. Shull and A. Joshi (eds), Thermal Analysis in Metallurgy, The Minerals, Metals and Materials Society, Warrendale, PA1992, p205-231.

[216] T. A. Pumpyanskaya, N. I. Sel'minskikh, D. A. Pumpyanskii, L. N. Andreyanova and V. I. Deryabina, Met. Sci. Heat Treatment (Russia), 33(1991) 608.

[217] R. J. Highmore, J. E. Evetts, A. L. Greer and R. E. Somekh, Appl. Phys. Lett., 50 (1987) 566.

[218] F. Spaepen and C. V. Thompson, Appl. Surf. Sci., 38 (1989) 1.

[219] R. K. Ball and A. G. Todd, Thin Solid Films, 149 (1987) 269.

[220] E. J. Cotts, W. J. Meng and W. L. Johnson, Phys. Rev. Lett., 57 (1986)2295.

第 14 章

在烟火材料研究中的应用

E. L Charsley[a] , P.G. Laye[a] , and M.E. Brown[b]
a)赫德斯菲尔德大学应用科学学院热研究中心，哈德斯菲尔德 HD1 3DH，英国（Centre for Thermal Studies, School of Applied Sciences, University of Huddersfield, Huddersfield HD1 3DH, UK）
b)罗德斯大学化学系，格雷厄姆，南非 6140（Chemistry Department, Rhodes University, Grahamstown, 6140 South Africa）

14.1　引言

烟火技术在各种民用和军事领域有着广泛的应用，尽管其广为人知的名称是烟花，通过名称并不能判断其应用领域的多样性[①]。令人难以置信的是目前我们仍然难以提供一个简洁的烟火定义。在一些定义中，参照的标准是在计时设备中使用的烟火，或者产生烟雾或光的信息，或者作为热源时的用途等方面。在这个背景下，在本章中我们将把烟火定义为即使在没有空气的情况下也能够自动维持燃烧的固体燃料和氧化剂的混合物。这个定义的优点是把注意力集中于燃烧本身，而这正是烟火的关键化学过程所在。实际上，这一过程是热分析研究的核心。虽然这样的研究对于我们理解这些过程会产生有利的促进作用，但是烟火的热分析仍然是一个相对较小且特殊的应用领域。

烟火技术与炸药和推进剂一起构成了高能材料的三重奏，这些材料之间的区别与燃烧过程的性质有关。在烟火技术中，它是通过爆燃（即层间的传播）发生的，与燃烧导致爆炸和伴随着冲击波的炸药完全相反。固体推进剂和烟火技术间的区别并不明显，其也会产生气态燃烧产物。这里更多的差异是剧烈程度和使用方式：在推进剂中气体产生特别强大的逸出，这是其在推进装置中应用的基础。

传统烟火是由燃料和氧化剂以细粉的形式制成的。燃料包括金属，如铝、镁和铁，还有非金属，如硅、碳、硫和一些有机化合物。氧化剂不仅包括氧化物、过氧化物和含氧酸盐，还可以包括各种添加剂以促进特定的性能，这对于烟火制造或应用来说是很重要的。最近的进展是双金属合金烟火的发展以及树脂黏合和聚合物材料的使用。

热分析研究的最终目标是理解燃烧过程，已经得到广泛使用的热分析技术包括差热分析（DTA）、差示扫描量热法（DSC）、调制温度 DSC（MTDSC）、热重分析法（TG）、逸出

---

① 例如，可参阅文献：A. P. Hardt Pyrotechnics, Pyrotechnica Publications, Post Falls ID, USA, 2001, 以及：Kirk-Othmer Encyclopydia of Chemical Technology, Vol 19, 3rd Edn, (Eds M. Grayson and D. Eckroth), Wiley, New York, USA, 1982, p484-499。

气体分析(EGA)、热台显微镜和各种同步技术。其中 DTA 和 DSC 已被证明是最具应用价值的一类技术,应用最为广泛。除了它们在烟火反应研究中的应用之外,其在烟火混合物的热性能测量中还得到了应用。在目前情况下,TG 主要用于研究金属燃料的空气氧化和氧化剂的热分解。可通过控温程序保持预设的质量变化速率的样品控制 TG[①] 来将高反应燃料中存在的点火风险降至最低。其他已经得到应用的热分析技术是燃烧量热法、微量热法和温度曲线分析。

燃料和氧化剂的品种繁多,意味着在燃烧过程中一些成分是固体状态,而其他一些组分则变成了熔体、发生蒸发或分解而生成气态产物。发生这类反应的机理可以覆盖固相-固相、固相-液相、固相-气相甚至液相-气相和液相-液相反应的广泛领域。烟火燃烧的一个特殊应用是高温材料的自蔓延合成,其中对固体产物本身的关注颇多[②]。虽然这项技术对蔓延过程的理论做出了显著贡献,但并没有形成一个独立的新型热分析体系。

热分析研究可能对无烟烟火材料的化学过程的理解产生较大的影响。

术语"无烟"通常指在 1 g 烟火混合物燃烧期间气体逸出量少于 10 cm^3。无烟烟火可以被设计成具有可重复的燃烧时间,并且这种方式可以被用作定时或延迟装置。根据其性质,可以借助于温度分布分析结果进行研究,该理论只能应用于非气态体系中。

1987 年 Laye 和 Charsley[1]发表了一篇包括对早期总结的参考的烟火技术热分析的综述。最近 Charsley 等人[2]发表了如何使用热分析和量热法来研究反应活性、反应机制和老化的综述。Charsley 等人[3]也评估了 MTDSC 在烟火体系研究中的作用。Brown[4]提供了应用热分析和温度曲线分析技术来研究各种二元烟火技术最新的应用,其目的是确定影响燃烧性能的因素。Le Parlouer 和 Chan[5]讨论了关于爆炸物、推进剂和烟火特性研究中使用 Calvet 型 DSC 的实例。热分析技术在烟火危害评估中的应用一直是 Lightfoot 等人综合评述的主题[6],该主题在本章 14.4 节"热危害评估、兼容性测试和生命周期预测"中做了进一步的讨论。

14.2　实验技术

目前在烟火热分析中使用的大部分实验方案可以追溯到日本[7]和美国[8-9]的研究人员所进行的早期工作,主要研究了各种组分及其各种混合物的热行为。这里所关心的是烟火技术本身的热分析,而不是组成的热分析,尽管这些实验在解释结果中起着重要的作用。烟火反应产物性质的鉴定是热分析研究的重要组成部分。光学显微镜和扫描电子显微镜、红外光谱、X 射线衍射和质谱等分析技术已经被用于这种鉴定。

---

① 样品控制技术在 M. Reding 的"Handbook of Thermal Analysis and Calorimetry,Vol. 1,Principles and Practice,(Ed. M. E. Brown),Elsevier,Netherlands,1998,p423-443"一文中进行了综述。

② 例如可参阅"A. G. Merzhanov in 'Combustion and Plasma Synthesis of High-Temperature Materials' (Eds Z. A. Munir and J. B. Holt),VCH Publishers,New York,1990,p1-53"。

　　设计烟火热分析实验时需要考虑很多因素。为消除空气氧化对燃料的影响,实验应在惰性气氛中进行。在实际应用中希望确定空气对反应机理的影响,但是这样的研究应该先在惰性气氛下进行实验。事实证明,仅在空气中对样品进行研究往往无法得到理想的结果。现实情况是,更多实验的结果主要是描述燃料在空气中的氧化过程。氮气和氩气常用来保持惰性气氛,但在选择氮气时要小心,因为它会在高温下与一些燃料发生反应。气体净化剂可以用来除去气流中的水气和氧气。通常在样品旁的小坩埚中放入锆或钛粉以除去剩余的氧气。

　　有必要区分在燃烧和非燃烧条件下进行的实验。在前者中,样品发生了燃烧反应,在 DTA/DSC 曲线上显示出尖锐的放热峰。通过实验可以研究影响燃烧的各种因素。在非燃烧的条件下,放热过程可能被分成几个峰。在这里 DTA 和 DSC 是最有力的研究手段,从中可以识别各个反应阶段。通常可以分离中间产物并进行单独的实验,以确认反应阶段的性质。然而,当将非燃烧实验的结果应用于燃烧过程时,需要考虑截然不同的热环境。非燃烧实验通常是用小样品(≤10 mg)和缓慢升温速率(≤5 ℃·min⁻¹)进行,但精确条件取决于烟火混合物的性质和设备的设计。因此,在报告结果时必须给出完整的实验条件。烟火技术的高度反应特性意味着在实验设计中必须小心谨慎。之前已经提到在惰性气氛中进行样品实验的必要性。为了使烟火样品及其反应产物与坩埚之间的反应最小化,坩埚材料的选择是非常重要的。派热克斯玻璃、石英和铂材质的坩埚被广泛使用,具体的选择主要取决于烟火的反应性和实验的温度范围。铂在高温下会与硼、多种金属燃料(包括熔融的镁和铝)以及各种反应产物发生反应。含有硝酸盐、亚硝酸盐和重铬酸盐之类的样品进行实验时经常采用高个的坩埚,主要原因是这些样品在加热时容易发泡或蠕变。

　　在制备和处理烟火混合物时,必须采取适当的防护措施。有些混合物对摩擦或放电敏感,存在着明显的意外燃烧的危险。另外,吸入可能有毒的细粉状材料也是有危险的。通常可以通过细筛子刷涂混合组分物的方法来制备小的烟火样品。在燃烧条件下进行产气量高的烟火的热分析实验可能导致产物广泛扩散,可能导致设备损坏。在现代设备中这种损害的可能性仍然存在,但仪器的高灵敏度使得小样本的使用成为可能,降低了这种潜在危险。

14.3　专业仪器和实验

14.3.1　引言

　　在大多数情况下,已经使用商业设备开展热分析研究。这部分内容主要讨论一些专门的仪器和技术,目前这些仪器和技术已经被用来满足烟火研究所需要的特殊要求。还包括其他热分析技术的简要介绍,虽然没有专门的仪器可用,但以下这些仪器在烟火研究中发挥了重要作用。

　　早期的综述中描述了 Gordon 和 Campbell[8-9] 开发的著名的 DTA 设备[10],其被广泛应用于皮卡汀尼兵工厂的早期工作中，其使用大样品（1～5 g）的做法现在并不常见。早先的综述中也提到了由 Campbell 和 Beardell[10] 开发的 DTA 装置，其中样品保持恒定的体积，并且可以将非常小的样品（50～200 μg）以高达 10^6℃·min^{-1} 的升温速率进行加热，这与点燃样品时的升温速率相似[11]。

14.3.2 高温 DSC 测量

Charsley 等人描述了高温 DSC 装置（图 14.1）[12]。这种装置是在早期的 DTA 设备的基础上开发的，旨在避免对 DTA 头的损坏，从而可以实现在不需要频繁校准的情况下对烟火的燃烧温度进行常规测量[13]。DSC 的头部包含一个镍硅热流板。通过使用较高的结构形式的石英坩埚来装载样品，并加上盖子，使对热流板的污染最小化。光电池用于检测那些在燃烧时从坩埚中喷出的烟火的产物，这些产物容易导致温度上升异常。

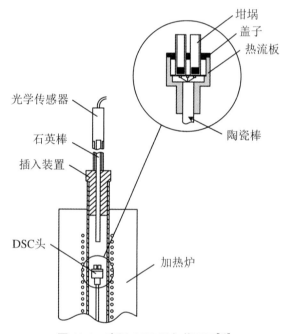

图 14.1　高温 DSC 设备截面图[12]

通过降低在样品上方的预热炉，可以使加热速率比传统的 DSC 更快[12]。通过所得到的温度-时间曲线可以确定燃烧时间、燃烧温度和燃烧时的加热速率。图 14.2 显示了烟火材料 Mg-$NaNO_3$-异戊二烯的燃烧测量实例[13]。加热速率曲线（HR）在 477℃ 的快速上升和光电池检测系统（PDS）信号的逐步增加表明燃烧开始。加热速率曲线也显示在约 370℃ 时存在预点燃放热现象。增加样品质量引起的燃烧与低温的放热现象相一致，这被认为是由硝酸钠与异戊二烯黏合剂反应引起的。

Boddington 等人[14] 已经描述了如何使用 DTA 设备来测量燃烧时间以获得化学活化能信息。实验过程与上述类似。实验时，将 DTA 头预先加热，升高炉子加入样品，然后立即降低加热炉。作者讨论了该方法的理论,并给出了二元混合物 B-MoO₃、Mg-KClO₄ 和 C-KNO₃ 的结果。

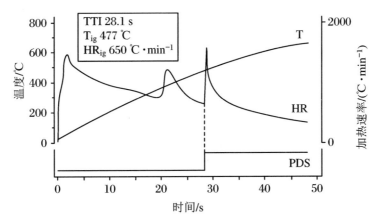

图 14.2   Mg-NaNO₃-异戊二烯(44∶44∶12)混合物的燃烧

14.3.3   热扩散系数的测量

Boddington 等人描述了用于测量烟火的热扩散系数的装置[15]。图 14.3 中给出了改进的 DTA 头。样品呈直径 15 mm 的圆柱体形式,热电偶压在圆柱体表面中心位置。圆柱体由可调节的精细石英针支撑,以容纳不同长度的圆柱体。当环境温度随时间线性

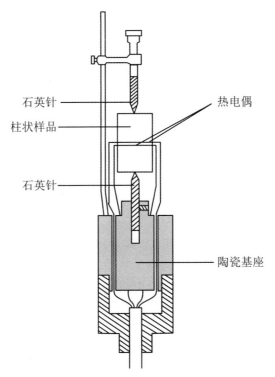

图 14.3   改进的 DTA 头用于测量烟火混合物的热扩散系数[15]

增加或突然从一个常数值增加到另一个数值时,可以测量两个热电偶之间的温差。该方法的理论得到发展,在 W 和 $K_2Cr_2O_7$ 的二元混合物中的结果得到报道。

　　Brassy 等人[16]基于 Miller 的设计[17]研制的装置(图 14.4)已经进行了类似的测量。作者将实验的温度范围扩展到反应放热的开始阶段,除了热扩散率外,还能够得出相关的动力学参数(化学活化能和指前因子)。W、$K_2Cr_2O_7$ 和 $KClO_4$ 三元混合物[16]以及 Zr 和 $PbCrO_4$ 的二元混合物[18]在氧气气氛中的测量结果都已见报道。Miller[17]报道了铝热反应 $3Cu_2O + 2Al \Longrightarrow 6Cu + Al_2O_3$ 的动力学参数。Brassy 等人[19]也讨论了 Zr-Pb-CrO_4 反应的燃烧机理。Gillard 等[20]通过迭代方法研究了 $Mg\text{-}NaNO_3$ 的热力学性系,获得动力学参数,从中可以获得自燃温度。

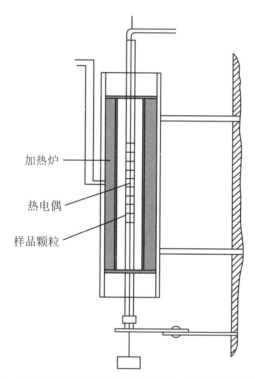

　　加热炉

　　热电偶

　　样品颗粒

图 14.4　测量烟火混合物的动力学参数和热扩散系数的装置[16]

14.3.4　导热系数测量

　　测量热扩散系数的方法的实际缺点在于需要使用大量的样品,这些烟火混合物对仪器本身有潜在的危害。Boddington 等人的文献[21]中描述了一种用于测量热导率的改进的 DSC 头,该装置使用 5 mm 直径和 5~8 mm 长的圆柱形小样品,该装置基于 Brennan 等人最初设计的装置[22]。导热系数的测量为热扩散系数的测量提供了另一种途径,两者之间存在着如下的关系:

$$D = K/\rho c$$

其中 D 是热扩散系数,K、ρ 和 c 分别是样品的热导率、密度和热容。在后来的出版物中对该方法的理论进行了讨论[23]并报告了一系列 $W\text{-}K_2Cr_2O_7$ 混合物的结果。Hindle[24]

采用一个相似的方法测量了 Mg-Sr(NO₃)₂-氯化橡胶黏合剂的热导率,并将其结果与通过差示扫描量热法得到的热容值结合,获得热扩散系数。

14.3.5　热显微镜法

Charsley 和他的同事们介绍了热台显微镜和 ciné 摄影技术在烟火技术中的发展和应用[25-26]。目前,该设备已经进行了改进[27],以便可以实现反射光强度测量和视频记录,并能够连续显示温度。热显微镜的使用并不普遍,但其可以在这样的小领域中得到应用,并可以得到有意义的结果。热显微镜的特殊价值在于提供的额外信息,可以解释其他热分析技术的结果。

14.3.6　热磁学法

最近有意义的工作是含铁烟火的热磁学研究[28],其与确定了 Fe 和 BaO₂ 之间预点燃放热的 Spice 和 Staveley 的开创性工作[29]直接相关。最近的工作中阐明了如何结合热磁法、TG 和 DTA 来解释 Fe 与氧化剂 BaO₂、SrO₂ 和 KMnO₄ 之间发生的介于固体和气体之间的反应机理。

14.3.7　调制温度 DSC(MTDSC)

这里所介绍的这项技术在烟火方面的应用仍然是专业化的,很少有相应的出版物。Charsley 等人[2-3]已经探索了这种技术的巨大潜力。对多种烟火进行了初步实验,这些烟火材料主要包括 B-K₂Cr₂O₇、苯甲酸钾-KClO₄、Zr-KClO₄-硝化纤维素和 Zr/Ni 合金-KClO₄-硝化纤维素。结果表明,MTDSC 对于区分在常规 DSC 中被强放热反应掩蔽的那些熔融过程具有显著的作用。图 14.5 中给出了 Zr/Ni 合金-KClO₄-硝化纤维素的总热流曲线和可逆热流曲线。可逆信号显示了对应于由未反应的 KClO₄ 和反应产物 KCl 形成的共晶熔化的吸热峰。由于转变过程迅速,作者们讨论了控制参数的选择,参考仪

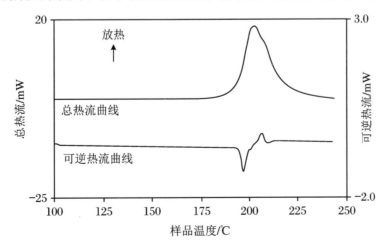

图 14.5　50%的 Zr/Ni 合金-49%的 KClO₄-1%硝化纤维的 MTDSC 曲线[3]
样品质量:5 mg;加热速率:3 ℃·min⁻¹;振幅:0.1 ℃;周期:30 s;氩气气氛

器制造商的建议。

14.3.8　温度曲线分析

虽然温度曲线分析不是严格的热分析技术,但这种技术在烟火反应动力学研究中对 DTA 和 DSC 的补充起到了重要作用。从温度曲线分析可获得通过其他手段很难获得的信息。这个实验原则上很简单:圆柱形式的烟火一端点燃,用精细的热电偶记录整个燃烧区域的温度-时间曲线。该方法由 Hill 和其同事提出[30-31],理论由 Boddington 等人详细阐述[32-33]。Brown 和其同事[34-41] 已经使用它研究了大量的烟火,以获得有关燃烧动力学的信息。早期,Nakahara 和 Hikita[42] 记录了 Fe/Si-Pb$_3$O$_4$ 燃烧的温度曲线,作为 Fe/Si 的压制密度和粒度的函数。Jakubko[43] 对 Si-Pb$_3$O$_4$ 的燃烧动力学进行了详细的研究。温度曲线的分析基于层间燃烧理论,并且忽略质量传输。正因为如此,这种技术才完全适用于无烟烟火。结果将在本章下一节的“动力学”标题下讨论。

高温测量已经被认为是将温度范围扩展到热电偶所能达到的范围之外的一种可能手段[44-46],但有许多实际的限制。在燃烧过程中,样品的辐射系数发生了变化,再加上可用的设备的响应时间和空间分辨率的不足,由此造成了相当大的问题。对温度变化的完整分析需要了解热扩散系数相关的信息。正是这一点以及其在燃烧速率的理论预测中的重要性促进了已经讨论过的测量热扩散系数的研究。

14.3.9　燃烧量热法

使用燃烧量热法来测量烟火反应的放热是常规的研究方法,而放热量则是烟火体系设计需考虑的重要参数。与热分析实验相关的许多条件同样适用于燃烧量热法。除非目的是研究空气对放热效应的影响,否则应在惰性气体中对样品进行测量。利用组分的放热变化来获得关于燃烧反应的化学计量的信息。燃烧量热法提供了一种将早期烟火分类的方法,根据燃烧反应的化学计量数信息[47],将其分为 1 级或 2 级。具有绝热操作的燃烧量热计在商业上是可行的,而且其测量简单速度快等优势,使其得到了广泛的应用。实验时,原则上只需要进行两次温度测量,一次在样品点火之前,一次在点火之后。对于微弱燃烧反应的混合物,可能需要使用更高反应活性的混合物来点燃样品。

14.3.10　微量量热法

这里使用术语“微量量热法”来表示测量极低热量的技术。与常规量热仪几乎完全是不同类型的商品化设备。微量量热仪在烟火技术上的应用远不及热分析的应用。从样品实验的角度来看,这项技术不如热分析方便,实验通常需要持续数天甚至数月。然而,微量量热法比热分析法具有更高的灵敏度。目前已经发展成为一种可以用来研究各种材料热潜在危险的成熟技术。微量量热法在材料储存寿命预测中起着重要的作用,其还可以被用来研究燃料的腐蚀和保护涂层的效果评价。其高灵敏度使在实际存储条件下监测样品的缓慢变化成为可能。本章主要关注的是热分析而不是微量量热法的应用。然而,在标题“热危害评估、兼容性测试和生命时间预测”下,将对烟火的微量量热研究进行介绍。

14.4 典型应用

14.4.1 引言

在表 14.1 中列出了许多通过热分析对烟火材料进行研究的实例。该表是对参考文献[1]中列出的表格的更新，但并不是最详尽的列表。其中包括烟火的主要类别"火炬、烟雾、点火器、热源和延迟"中的例子。在目前的讨论中，主要集中在自上篇综述以来出版的应用例子，但是也将提到以前发表的较为有意义的工作。

表 14.1　热分析技术研究烟火材料的应用实例

烟火材料	参考文献	烟火材料	参考文献
Al：—		Si：—	
$KClO_3$、$KClO_4$	[114]	PbO、Pb_3O_4	[7、73-77]
$KClO_4$、$Ba(NO_3)_2$	[115]	$K_2Cr_2O_7$	[121]
$KClO_4$、AlF_3	[98]	KNO_3	[137]
硝酸盐氧化物	[65-67、116]	Sb_2O_3、Fe_2O_3、KNO_3、SnO_2	[37-39、84、138]
PTEE	[117]	Pb_3O_4、Fe_2O_3	[139]
Al/Mg、PTEE	[117]	Ta：—	
B：—		PbO、Pb_3O_4	[140]
Bi_2O_3	[118]	$PbCrO_4$	[141]
PbO、Pb_3O_4	[112、119]	$KClO_4$	[142]
Pb_3O_4、Cr_2O_3	[111]	$K_2Cr_2O_7$	[143]
KNO_3	[111-120]	Ti：—	
Si、KNO_3	[13]	MnO_3	[80]
MoO_3	[79]	TiN、BaO_2	[144]
$K_2Cr_2O_7$、$Na_2Cr_2O_7$	[104、121]	$KClO_4$、$BaCrO_4$	[145]
Si、$K_2Cr_2O_7$	[105、121]	$KClO_4$、$KClO_3$、KIO_4、$RbCrO_4$	[99]
$NaNO_3$、氟化物	[116]	KNO_3	[64、146]
KNO_3，添加剂	[122]	$NaNO_3$、$Sr(NO_3)_2$、异丁橡胶	[147-148]
B(cont)：—		Ti(cont)：—	
KNO_3、黏结剂	[123]	$NaNO_3$、$Sr(NO_3)_2$、黏合剂	[127、149-150]
$KClO_4$、硝化纤维	[124]	V：—	
Fe：—		MoO_3	[80]
MoO_3	[80]	W：—	
Fe/Si、Pb_3O_4	[7]	$K_2Cr_2O_7$	[106]
Fe/Si、MnO_2	[28]	$KClO_4$、$BaCrO_4$	[10、151-152]
$KMnO_4$、BaO_2、SrO_2	[28]	Zn：—	

烟火材料	参考文献	烟火材料	参考文献
Mg：-		$KClO_4$、六氯苯	[8]
BaO_2、阿拉伯树脂	[13、86]	TNT、六氯苯	[153]
BaO_2、树脂酸钙	[125]	Pb、Ba、Sr 氧化物、$KMNO_4$	[41、85]
LiO_3、$NaNO_3$	[126]	Zr：-	
$NaNO_3$、$Sr(NO_3)_2$、黏合剂	[127-129]	KNO_3	[64、146]
$KClO_3$、氟化物	[130]	铬酸盐	[154]
$KClO_4$，掺杂物	[97]	Zr(cont)：-	
KNO_3	[63]	$KClO_4$	[155]
KNO_3、酚醛树脂	[96]	Fe_2O_3、SiO_2	[10]
Mg(cont)：-		MoO_3	[81-82]
$NaNO_3$	[68-69、126]	$KClO_4$、硝化纤维	[87-89、91]
$NaNO_3$、氟化物	[116]	Zr/Ni、$KClO_4$、硝化纤维	[90]
PTEE	[50、117、131]	$Bi(OH)CrO_4$	[156]
Mn：-		其他混合物：-	
$KClO_4$、$BaCrO_4$	[132]	ZnO、$CaSi_3$、六氯己烷	[95]
BaO_2、SrO_2	[35-36、83]	苯甲酸钾、$KClO_4$	[157-158]
Mo：-		$KClO_3$、乳糖、染料	[92、94]
BaO_2、SrO_2	[35-36、83、133]	$Ba(ClO_3)_2$、$KClO_4$、禾木树脂	[153]
$KClO_4$、$BiCrO_4$	[134]	硅铝明、六氯己烷	[159]
Ni：-		C、S、KNO_3	[72、159-162]
$KClO_4$、HTPB	135		
Sb：-			
$KMnO_4$	[10、136]		

　　由于其复杂的化学性或商业重要性,许多之前的综述中讨论的烟火技术仍会继续研究。近年来越来越重要的应用领域是热危害评估、兼容性测试、寿命预测以及不太敏感和环保的烟火体系的设计。热分析只提供较短时间的实验中的有用信息。在热安全风险评估中,热分析通常被用作快速筛选技术,然后再进行更灵敏但更费时的微量热实验。

14.4.2　热安全风险评估、兼容性测试和寿命预测

　　Lightfoot 等人的综述[6]中讨论了关于热分析技术在安全风险评估中的应用,包括DSC、TG、加速量热(ARC①)、微量量热和 TG-DTA。对于每种技术都有实验方面的指导和信息的描述。研究者评论说,没有一种技术是没有局限性的,采用多种技术组合通常是最好的方法。

---

　　①　在本章中,缩写 ARC 表示加速量热技术,但其也是一种用于热安全风险评估的商品化仪器绝热自加速量热技术的表示形式。

热分析:在一些其他出版物中具有不同程度的通用性描述。Johnson[48]讨论了 DTA 和 DSC 技术在烟火储存过程中热降解、可靠性和安全性影响研究中的应用,重点关注了含有四种烟火的火炬装置,其中三种分别为红磷-清漆-黏合剂、B-PbO$_2$-黏合剂和 KClO$_4$-木炭-糊精-黏合剂。Miyake 等[49]报道了对烟花自燃研究的结果。其使用三种烟火混合物:Al-KClO$_4$、Al-KNO$_3$-S 和 KClO$_4$-S-CuSO$_4$·5H$_2$O 作为烟火模型。Miyake 等人[50]也报道了 Mg-PTFE 的燃烧和安全评估结果。毫不奇怪,在关于汽车安全气囊使用的产生气体的烟火的发展和安全方面已经有了许多工作发表。Mendenhall 和 Reid[51]完成了包括 MTDSC 在内的不同热分析技术的应用比较,但是未揭示烟火的特性。Neutz 等人[52]已经研究了复合胺作为新型燃气发电机燃料的潜力。在商业软件中使用 DSC 和 TG 数据来确定相应的分解模型,并由此获得反应步骤的动力学参数。

Yoshidu 等人[53]已应用"密封池"DSC 研究了 36 种可燃混合物氯酸盐、高氯酸盐、亚硝酸盐和硝酸盐与金属和非金属燃料的反应性,密封池(坩埚)的使用避免了导致出现偏差的升华或气化造成的材料损失的因素。混合物的组成对应于理论氧平衡条件。作者评估了起始温度和反应热,并使用 DSC 信号导数($\mathrm{d}^2\Delta q/\mathrm{d}t^2$)作为反应加速的速率测量值。这些参数与可燃性和震动敏感性相关。Ohtsuka 等人[54]报道了使用密封池-DSC、微型-DSC 和 ARC 评估含能材料的研究工作。与更传统的 DSC 相比,微量 DSC 的样品尺寸更大、灵敏度更高,使其成为测量"自加速"分解温度的有用技术。Arai 等人[55]也使用单密封池 DSC 方法研究了在产生气体的烟火中 NH$_4$NO$_3$ 的使用效果。

热分析的一个新颖应用是预测冲击响应行为。Lee 和 Finnegan[56]使用 TG-DTA 来研究自燃熵和冲击起始阶段所需能量的等价性。自燃熵和自燃温度是由 DSC 测量的热容获得的,自燃温度被定义为观察到显著的放热反应的温度。所研究的烟火材料是 KClO$_4$-Mg/Al 合金-树脂酸钙、Ti-Teflon 和 Fe$_2$O$_3$-Al-Teflon,作者的结论是,对于 KCl-Mg/Al 合金-树脂酸钙和 Ti-Teflon 而言,自燃熵和冲击起始所需的能量之间存在着合理的对应关系。但是在实际应用中进行这种比较时应格外小心。

微量量热法:在过去的十年中,微量量热法在烟火技术中的应用变得更加突出。以下通过典型的例子来说明其独特的作用。第一个例子是在 Paulsson[57]和 Li 等人[58]的工作中对稳定性和兼容性测试的应用。Paulsson 研究了在推进剂系统中使用 B-KNO$_3$ 作为点火剂,结果表明由于点火剂不稳定发生氮氧化,同时推进剂稳定剂的消耗量增加。图 14.6 中给出了 B-KNO$_3$ 和 B-KNO$_3$-0.1%二苯胺的热流曲线。在混合物中加入稳定剂会使热流峰值延迟大约 3.5 天。Li 等人[58]发现 B-KNO$_3$ 与 Cr/Mo 钢不相容,传统的真空储存测试并没有得到明显的结果。在此基础上得出的结论是,微量量热法比传统试验更可靠。Berger 等人[59]结合 DSC、TG-DSC 和微量热仪研究了 B-KNO$_3$ 的稳定性。作者提出了一个动力学模型,从中可以根据在 60 ℃储存时的加速老化时间来模拟 10 ℃储存条件。

其他例子是烟火混合物中 Si 和 Zr 老化的微量热法研究。Shortridge 和 Hubble[60]报道了两种三元烟火剂 Si-KNO$_3$-Viton 黏合剂和 Si-Pb$_3$O$_4$-Viton 的结果。Si-KNO$_3$-氟化橡胶在 35～70 ℃的温度范围内易与潮湿的空气发生明显的老化反应,而 Si-Pb$_3$O$_4$-Viton 黏合剂似乎基本不受影响。Si-KNO$_3$-Viton 黏合剂在环境方面的优势明显,但是如果要避免降解，则需要谨慎地控制制造工艺和储存条件。Lagerkvist 和 Elmqvist[61]研究了 Zr 烟火剂的老化，并得出结论认为微量热仪可以很好地用于质量检验和评估烟火材料的储存寿命，这一点在推进剂的应用上已经证明是有价值的。Cournil 和 Ramangala-hy[62]采用了各种各样的技术包括热释光和用于化学分析的电子能谱（ESCA）进行表面表征（一种补充宏观尺度热分析），研究了烟火材料 Zr-PbCrO₄ 的老化。作者的结论是在 Zr 表面上形成氧化层造成了老化。最后一个例子中，微量热法和 DSC 的结合使用证明了烟火中的低温老化反应可以直接影响高温放热。Charsley 等人[63]在微量热仪中老化 Mg-KNO₃ 样品并持续了 4～28 天，使用 MTDSC 确定在未老化的样品中在约 KNO₃ 的熔化温度下开始的预燃反应在老化的样品中不存在。通过高温 DSC 测量得到的老化样品的着火温度高于未老化的样品。

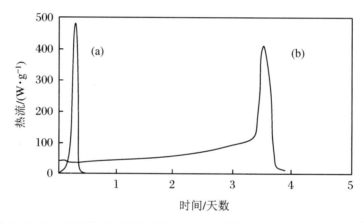

图 14.6　(a) B-KNO₃ 和(b) B-KNO₃-0.1%二苯胺在 77 ℃下的热流曲线[57]

14.4.3　反应机理

毫无疑问，这是热分析应用最广泛的领域。这里使用的术语"反应机理"是指在烟火分解中发生反应的阶段。在本部分将用一些例子说明热分析的应用，并阐明将不同热分析技术与物质的化学分析相结合所具有的优势。获得各单独反应阶段的信息是在非点火的情况下进行的，这一点非常重要。发表的工作大多集中在"反应机理""烟火"和"动力学"这些主题领域，这是因为大多数研究包含来自不止一个领域的主题。类似的，下面的标题也只强调实验技术方面。

TG、DTA、DSC：这些技术实质上是所有热分析研究的核心内容。Miyata 和 Kub-ota[64]在 Ti-KNO₃ 和 Zr-KNO₃ 反应中的研究提供了一个该方法实用的例证。该工作延续了许多作者长期的研究，反映了碱金属和碱土金属的硝酸盐可以作为氧化剂广泛应用于点火器、骤燃和热源中。在先前的综述中已经介绍了大多数的早期工作[1]，包括 Rosina 和 Pelhan 的对三元热源 Al-KNO₃-NaF、Al-KNO₃-CaF₂、Al-KNO₃-NaF 和 Al-NaNO₃-CaF₂ 的广泛研究[65-66]。在这些研究中，大量使用了 X 射线衍射技术对中间产物和最终产物进行分析。这项研究是对先前 Al 和 NaNO₃、Ba(NO₃)₂、NaF、CaF₂ 以及 Na₃AlF₆ 的二元和三元混合物一系列研究的后续工作[67]。

Miyata 和 Kubota[64]将 TG 和 DTA 联用,揭示了 Ti-KNO$_3$ 和 Zr-KNO$_3$ 体系的差异对其着火和燃烧特性的影响。图 14.7 中给出了 KNO$_3$ 以及两种烟火混合材料的 TG 和 DTA 曲线。

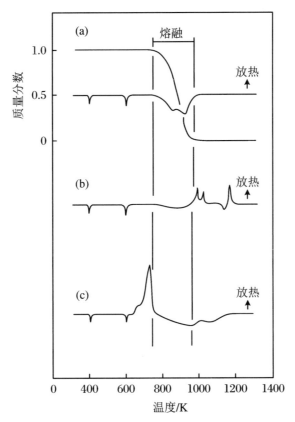

图 14. 7　KNO$_3$ (a)和两种烟火混合物 Ti-KNO$_3$ (b)和 Zr-KNO$_3$ (c)的 TG 和 DTA 曲线[64]
样品质量为 5 mg;氩气气氛

作者总结了氧化剂的分解过程:

$$2KNO_3 = 2KNO_2 + O_2$$
$$4KNO_2 = 2K_2O + 4KO + O_2$$

其在 339 ℃熔化后,于 447~697 ℃范围发生以上的分解反应。两种烟火的 TG 和 DTA 曲线的对比结果显示,在 Ti-KNO$_3$ 体系中 Ti 与 KNO$_3$ 分解产生的气体发生反应。而在 Zr-KNO$_3$ 体系中,则是 Zr 与固体 KNO$_3$ 反应。这种机理上的差异引起了燃烧特性上的差异:Ti-KNO$_3$ 的燃烧速率对气压非常敏感,而对于 Zr-KNO$_3$ 而言,其敏感性则小很多。从 DTA 曲线中得到的两种烟火的活化能完全不同:Ti-KNO$_3$ 的活化能是 200 kJ·mol^{-1},而 Zr-KNO$_3$ 则为 105 kJ·mol^{-1}。

Singh 和 Rao[68]使用 DTA 研究了 Mg-NaNO$_3$ 烟火中粒度对燃烧行为的影响。在此之前,Bond 和 Jacobs[69]从自加热研究中得出着火的关键步骤是 NaNO$_3$ 分解为 NaNO$_2$ 以及同时发生的 Mg 氧化。在 Singh 和 Rao 的工作中[68]对 DTA 曲线形状的细节分析得出了一个更加复杂的状态,KNO₃ 的分解产物包括在与镁产生的凝聚相中反应的较细形状的氧化剂(50 μm)以及粗糙的 KNO₃ 反应转变成的蒸气相。这些差异反映在着火和燃烧特性上,对压力的低敏感性与凝聚相中氧化剂的分解有关。

在 Dawe 和 Cliff 的工作[70]中列出了热分析在新型体系中所起的作用,他们评估了二硝酰胺钠(NaDN)和二硝酰胺钾(KDN)氧化剂作为含硼火炬组分中金属硝酸盐和铵盐的替代品的可能性。NaDN 的 TG-DTA 曲线如图 14.8 所示。在 97 ℃ 处有一个熔化吸热峰,之后在 156 ℃ 处有一个大的放热峰,在约 210 ℃ 处有一小宽放热峰,总的质量损失是 38.1%。作者发现其质量损失与预计的 N₂O 的损失和 NaNO₃ 的形成密切相关。使用 X 射线衍射确认唯一的晶体相是 NaNO₃,KDN 的分解模式比 NaDN 要复杂得多。

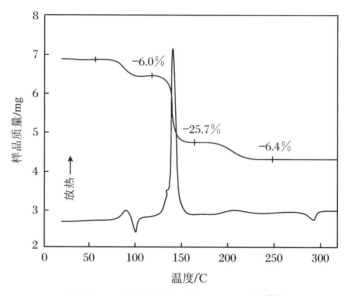

图 14.8 二硝酰胺钠的 TG 和 DTA 曲线[70]

早些时候,Tompa 等人[71]利用 TG、DSC、MTDSC 和介电分析(DEA)对二硝酰铵盐、六亚甲基四胺、钠和钾的二硝酰胺盐进行了研究。作者使用 MTDSC 证实了盐中存在的低温转变,并报道了转变温度下的 DEA 的 tan δ 值与 DSC 峰最大值对应的分解速率成线性关系。其分解温度随阳离子的碱性的增加而增加,而最大峰值的反应速率和分解焓则随之降低。

两个在之前的基础上进一步研究的例子是对含有 Pb₃O₄ 的黑色粉末和烟火的研究。黑色粉末长期以来一直是热分析研究的焦点,争论的焦点在于预着火反应的确切性质。Brow[72]报道了一项强调实验设计重要性的研究。在传统的 DTA 实验中,未能观察到硫和 KNO₃ 的明显反应,由此得出结论为硫通过蒸发途径损失,这个过程发生在硫的液-液转变温度和 KNO₃ 的熔化温度处。但是,通过使用预热炉或者高加热速率可以观测到硫与熔融的 KNO₃ 发生反应的过程,这个反应使得硫的损失量出现大量降低。这个反应被称作预着火反应,可以导致木炭与熔融 KNO₃ 之间发生一个高温反应,引起燃烧蔓延。

早期的热分析研究的烟火是含铅氧化物。Nakahara 研究的对象是 Si 以及 Fe/Si 与

Pb_3O_4 的混合物[7]。Rees 与他的合作者[73-75]和 Matsumoto 等人[76]研究的目的是弄清楚烟火反应的机理。Jakubko 和 Cernoskova[77]利用 DTA 研究了真空密封在石英坩埚中的 $Si-Pb_3O_4$ 样品。图 14.9 中给出了一系列组分的 DTA 曲线。所有的曲线中都出现了三个放热峰。作者得出以下的结论:(1)第一个峰对应于 Pb_3O_4 中的氧离子扩散至表面的 Si 层使得 Si 氧化的过程,该过程随着表面的 SiO_2 的积累而受到阻碍。(2)第二个峰从约 480 ℃ 开始,是三个放热峰中最大的峰(除了 5% 的 Si 混合物之外),对应于主要反应。作者同意 Kazraji 和 Rees 得到的关于 Al 的结论[73],这是 Pb_3O_4 的分解过程,同时 Si 主要通过与 PbO 发生反应进行氧化。(3)最后一个峰为硅酸盐的形成引起的。Sulacsik[78]使用热分析对 Fe/Si 和 MnO_2 之间的反应进行了研究。

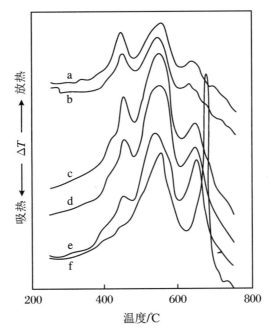

图 14.9　一系列浓度的 Si(a:55%,b:45%,c:35%,d:25%,e:15%,f:5%)
和 Pb_3O_4 的混合物的 DTA 曲线[77]
样品质量 20 mg;加热速率 20 ℃ · min^{-1}

TG、DTA、X 射线衍射:X 射线衍射已经被证实是表征热分析反应中所产生的固态反应中间体和最终产物的有力手段。在 Rosina 和 Pelhan 关于三元热源体系的研究中[65-67]涉及了 X 射线衍射的应用。这种技术在解释 MoO_3 和 B 的反应中获得了巨大的成功,可以用来解释 DTA 曲线出现的五个分辨率相当差的重叠放热峰[79]。利用 X 射线技术对反应过程中各阶段的中间体进行分析,可以提出如下的反应机理:

$$2B + 3MoO_3 = B_2O_3 + 3MoO_2$$
$$2B + 12MoO_3 = B_2O_3 + 4MoO_2$$
$$2B + Mo_4O_{11} = B_2O_3 + 4MoO_2$$
$$4B + 3MoO_2 = 2B_2O_3 + 3Mo$$

MoO_3 连续失氧变为 Mo 的过程与早期 Kirshenbaum 和 Beardell[80]在研究 MoO_3

与 Ti、Zr、V 以及 Fe 的二元混合物时利用 X 射线与 TG-DTA 联用技术观测到的结果相近。Zr-MoO₃ 的 DTA 曲线存在两个彼此重叠的放热峰，分别对应于 MoO₃ 失氧变为 MoO_2，最终变成 Mo 单质的过程。作者利用了一些方法对反应动力学进行了研究[81]，并得出由 Freeman 和 Carroll 方程[82]给出的结果与实验一致性最好的结论。作者采取了巧妙的策略对重叠峰进行分解，即通过减去从 Zr 和 MoO_2 的反应单独记录的第二个峰获得第一个峰值。两个反应过程的活化能都是 272 kJ・mol^{-1}。

Brown 和他的合作者报道了关于二元和三元烟火的全面研究的项目。对于大多数不含气体的物质，X 射线衍射和红外光谱被广泛用于表征烟火反应中的中间体和最终产物。这个项目主要研究了三组烟火材料，即 Mn 或 Mo 与 BaO_2 或 SrO_2[35-36,83]；Si 与 Fe_2O_3、SnO_2、Sb_2O_3 以及 KNO_3[37-39,84]；Zn 与 PbO、PbO_2、Pb_3O_4、BaO_2、SrO_2 以及 $KMnO_4$[41,85]。使用 TG、DTA 和 DSC 可研究氧化剂的分解和非点燃条件下的烟火反应，使用燃烧量热法可以测定烟火反应中的放热量。

Brown[2]发表的综述中总结了大部分这些工作。在温度低于熔化温度的情况下，此时的温度低于标志着晶格成分具有相当大的相对流动性的经验 Tamman 温度时，燃料可以较好地发生氧化。依据燃料和氧化物的热力学和化学性质的差异，可以分别对可能提出的不同机理进行讨论。作者探究了燃烧性能（燃烧速率、放热量、最大升高温度）和热力学性能（导热系数、热扩散系数、热容量）之间的关系。通过热分析和温度曲线分析仪器可以获得活化能和指前因子，这方面的内容将在"动力学"部分内容中进行讨论（14.4.5 节）。

TG、DTA、质谱：对于产物多气的烟火材料来说，通过对逸出气体的研究可以提供一个与对固体产物的 X 射线衍射研究平行的结果。质谱与 TG-DTA 联用可用于黏合剂在烟火中作用的研究。黏合剂是自然存在的有机物或者合成的聚合物，其可作为制造过程中的辅助添加剂，通常对烟火的点火和燃烧有着显著的影响。Barton 等人[86]使用高温 DTA 对烟火的燃烧温度进行了研究，报道了在 50%Ti-50%NaNO₃ 中加入 6%的亚麻籽油，其燃烧温度会降低 400 ℃。

Zr-KClO₄ 和 Zr/Ni 合金-KClO₄ 烟火是同时使用 TG-DTA-质谱、DSC、MTDSC 和热显微镜进行深入研究的对象[87-91]。烟火被用作引发剂，可加入硝化棉以改善其处理特性。在 Zr 和 KClO₄ 二元混合物的 DTA 曲线中，在 306 ℃处有一吸热峰，之后则出现一个较宽的放热峰，这是由 KClO₄ 中的固态相变引起的。其中的放热峰归因于反应：$2Zr + KClO_4 \Longrightarrow 2ZrO_2 + KCl$，该反应主要在固态中发生。第二个吸热峰出现在 506 ℃，其对应于 KClO₄ 和 KCl 混合物的熔化。未发生反应的 KClO₄ 可被 KCl 和 ZrO_2 催化分解。

研究结果发现，加入硝化棉可以改变 DTA 曲线的形状。同时联用的 TG-DTA-质谱和热显微技术表明，硝化棉在 200 ℃同时发生熔化和分解，并放出 CO、CO_2、H_2O 和 NO。在三元混合物中，几乎观察不到对应于 200 ℃的分解放热峰，但是监测到了预计放出的气体 CO_2，其主要反应发生速率比未混有硝化棉的反应速率要快得多。图 14.10 中给出了三元混合物产生 O_2 和 CO_2 过程的 TG、DTA 和 EGA 曲线。产生 O_2 过程的曲线表明未反应的 KClO₄ 在稍后的一个反应过程中分解。专用离子电极被用于追踪在 Zr-KClO₄-硝化棉和 Zr/Ni 合金-KClO₄-硝化棉中 KClO₄ 的消耗量和 KCl 的生成量，其结果可以与由 DSC 所得到的对应于 KClO$_4$ 的固态转化的吸热峰相对比。在图 14.11 中，用两种方法对 Zr/Ni 合金-KClO$_4$-硝化棉测定的结果十分一致，表明可以用 DSC 测定获得反应进程。

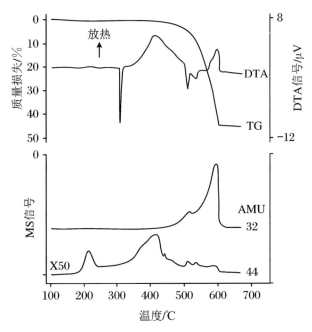

图 14.10   10%Zr-89%KClO$_4$-1%硝化棉的 TG、DTA 和 EGA 曲线[87]

样品质量 10 mg；加热速率 10 ℃·min^{-1}；氦气氛围

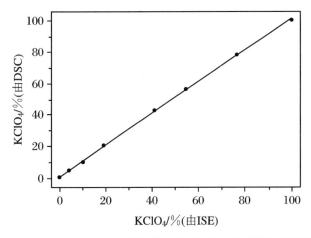

图 14.11   对于 50%Zr/Ni-49%KClO$_4$-1%硝化棉体系，使用 DSC 测定的 KClO$_4$ 反应的百分含量
与使用专用离子电极测定的 KClO$_4$ 反应的百分含量之间的关系[90]

TG、DTA、FTIR、质谱：对烟火材料形成的烟雾的研究代表着另一个 EGA 发挥重要作用的领域。烟雾大多是有机物，也有一种蒸发烟雾，这种烟雾是由燃料和氧化剂的标准混合物加热蒸发产生的染色剂所形成的。例如，有一种乳糖和 KClO$_3$ 混合物，该混合物被 Scanes[92] 通过 DTA 以及 TG 和质谱进行了研究。Krein[93] 研究了一系列染色剂的热化学性质,以期能够定量描述烟雾的生成能,其目的是为了能够将染色剂分散,同时不发生明显的分解反应。

在最近发表的一篇文章中,Abdel-Qader 等人[94]对基于乳糖和 $KClO_3$ 的产烟烟火材料的热力学性质进行了研究,该烟火材料中包含一种橘黄色的蒽醌染色剂、黏合剂以及作为冷却剂的 $NaHCO_3$。作者使用了多种分析技术联用的热分析方法,包括 DSC、TG、TG-FTIR-质谱以及 ARC。在氩气氛围下,烟火材料产生的烟雾 DTA 结果表明,分别在起始温度为 190 ℃ 和 300 ℃ 处有两个放热峰。在 190 ℃ 处的放热峰与部分 $KClO_3$ 和乳糖的快速反应有关,其容易由液相中的氧化剂部分引发,这个反应所产生的热量用于染色剂的蒸发。第二个放热峰可能是由乳糖-$KClO_3$ 中的反应引起的,这些反应主要包括乳糖的分解、残余的染色剂或黏合剂的分解产生的含碳残余物氧化过程,将会产生大量热量而引起了该峰。

图 14.12 中给出了 FTIR 的结果,表征了 CO、CO_2 和 H_2O 这些主要气体生成物。在 700 ℃ 以上时,CO 比 CO_2 更容易生成。当温度高于 500 ℃ 时,会产生少量醋酸、甲酸、HNO_3 和 NH_3。含氮小分子的存在意味着染色剂发生了分解。在空气环境中,其分解历程更加复杂。作者还提到了获取具有代表性的样品比较困难,并且在对白色烟雾的研究中,1970 年 Jarvis[95]选择性地将组分分别加入坩埚中可以获得更具有代表性的样品。

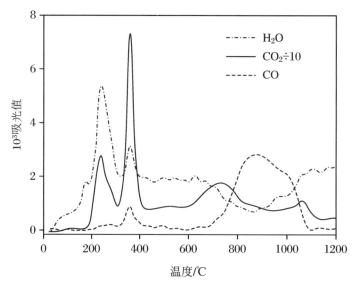

图 14.12　基于乳糖和 $KClO_3$ 的烟雾型烟火的 FTIR 结果[94]

样品质量 1.0 g;加热速率 20 ℃·min^{-1};氩气氛围

14.4.4　点燃

本部分主要关注热分析方法在研究影响点燃过程因素中的作用,这是与烟火材料的实际应用相关研究的关键领域。大多数对于反应机理的研究最终都会试图对点燃过程提出一个合理的解释,以便对点燃过程中的各部分反应进行参考,还可以对烟火反应中黏合剂的作用以及由添加黏合剂引起的点火温度大幅度下降进行参考。Redkar 等人[96]

使用 DTA 对黏合剂在 Mg-KNO$_3$-酚醛树脂燃烧中的作用进行研究,这项研究构成了对 Mg-KNO$_3$-酚醛树脂黏合剂和黑色粉末的详细对比研究的部分内容。研究结果表明,在 Mg-KNO$_3$ 中添加黏合剂时,由于黏合剂和氧化剂之间发生放热反应,点火温度会降低 43 ℃。

Freeman 等人[97]使用 DTA 和 TG 对 Mg-KClO$_4$ 的点燃过程进行研究,主要关注了对足够高的加热速率的要求和对氧化剂中少量掺杂剂存在的点火温度的敏感性。Freeman 和 Anderson[98]研究了在 Al 和 KClO$_4$ 燃烧中加入 AlF$_3$ 的影响,结果表明 KClO$_4$ 和 AlF$_3$ 形成了一个复杂的氟化物 AlF$_3$・KF,同时放出 O$_2$ 和 Cl$_2$。他们还设计了一个巧妙的实验以展示气体在促进点燃中所起的作用。实验时在样品管中放置 KClO$_4$ 和 AlF$_3$ 的混合物,然后铺上一层 Al$_2$O$_3$ 混合物以及另一层 Al。通过热电偶测得的温度,表明 Al 的点燃发生在 500 ℃的吸热过程,对应于混合物中复杂氟化物的形成过程。在没有 AlF$_3$ 的情况下,将观察不到点燃过程。

Collins[99]在一项著名的研究中,使用 DTA 对次氢化物 TiH$_{0.15}$ 与氧化剂 KClO$_4$、RbClO$_4$、KIO$_4$ 和 KClO$_3$ 的点燃反应进行了研究。混合物的 DTA 曲线显示,在 550 ℃处发生了点燃。使用 TG 和 DSC 对该过程进行了深入的研究。将 TiH$_{0.15}$-KClO$_4$ 加热至 450 ℃之后,保持恒温。在加热过程中,形成氧化放热峰,再回到基线。但是当样品温度进一步提高时,会再次形成氧化放热峰。这表明由于表面可参与反应的 Ti 消耗,氧化速率将降低,而不是直接完成大量反应。使用俄歇能谱进行表面反应实验研究,可以看作对热分析实验的补充。这个研究非常有趣,因为尝试预测热分析仪对点燃烟火的响应[100-102]。

Erickson 等人[100]对含 Ti 烟火的点燃反应进行了研究。俄歇能谱被用于检测恒温氧化的 Ti 单晶的深度剖面。在热分析实验条件下,通常认为与气-固接触面相邻的 TiO$_2$ 层的生长引发了点燃过程。热分析仪的理论模型被纳入了 TiO$_2$ 生长的动力学方案中,使用与热电偶相连的电加热元件对样品的热量损失进行评估。

最近,Beck 和 Brown[103]开展了对烟火点燃响应的 DTA 有限元模拟研究,模拟所使用的参数与通过比较模拟与标准实验结果所使用的实际设备有关。

在对 B-K$_2$Cr$_2$O$_7$ 的研究中,DTA 所记录的峰与点燃反应之间的关系十分一致[104-105]。当混合物中包含有 4%B 时产生了两个放热峰,其中第一个峰对应于 K$_2$CrO$_7$ 失氧变为 K$_2$CrO$_4$,第二个峰对应于过量的 B 与 K$_2$CrO$_4$ 的反应。如果不存在第二个放热反应,则混合物不会发生燃烧蔓延过程。Si 的增加对第一个放热峰未表现出影响,但是产生了一个更高温度下的放热峰。因此,含有 4%B 的三元混合物可以蔓延燃烧。在 W 和 K$_2$Cr$_2$O$_7$ 之间存在着一个两阶段的反应历程,可能是 K$_2$Cr$_2$O$_7$ 的熔化引发了点燃进程。Boddington 等人[107]尝试使用 DTA 和 DSC 去研究加热速率对热失控的影响,所建立的一个简单的分析模型解释了所得曲线的形状,但是得到的动力学参数值让人难以理解。

14.4.5 动力学

自之前的一篇综述[1]开始,使用热分析进行化学动力学测定所发表的文章数目稳定增长,Kissinger[108]、Ozawa[109]以及 Borchardt 和 Daniels[110]的方法已经被证实为在分析中最受欢迎的方法。在本丛书第 1 卷第 3 章中介绍了动力学分析方法的更多背景知识。动力学结果中与机理相关的确切意义很少能被彻底研究清楚,其目的是获得反应速率的一个数学表达式。即使这样,对于所得到结果之间的比较也能提供一些有用的启示。Whelan 等人[111-112] 报道了 B-KNO$_3$、B-Pb$_3$O$_4$、B-PbO 和 B-Pb$_3$O$_4$-Cr$_2$O$_3$ 的动力学分析结果,作者主要关注 B-Pb$_3$O$_4$(434 kJ·mol^{-1})和 B-PbO(435 kJ·mol^{-1})活化能之间的相似性,这意味着其有着共同的反应步骤,还报道了来自峰面积测量的放热值。

必须牢记,分析过程中所使用的实验数据应该是在未点燃条件下进行实验所获得的,动力学参数与烟火反应的蔓延性之间的关联并不明显。在对 Zr-PbCrO$_4$ 的反应机理的讨论中,除 Arrhenius 温度依赖性的一阶分解项外,Brassy 等人[19] 还引入了与扩散相关的表达项。Yu Snegirev 和 Taylor[113] 讨论了烟火混合物的动力学参数的确定方法,使用 45%Si-55%Pb$_3$O$_4$ 作为一个示例。作者从实验中得到的活化能值为 200 kJ·mol^{-1},在该实验中,样品通过一个恒温的加热面被点燃。

与通过热分析获得的活化能的范围形成鲜明的对比,由温度曲线分析所得的结果的变化幅度降低了一个数量级。Boddington 等人[33] 报道了 W-K$_2$Cr$_2$O$_7$ 和 W-K$_2$Cr$_2$O$_7$-Cr$_2$O$_3$ 混合物的值分别在 9.4~15.1 kJ·mol^{-1} 之间和 7.2~13.3 kJ·mol^{-1} 之间,这些值的数量级与之前 Hill[31] 所获得的 Fe-KMnO$_4$ 的结果相近。Jakubko[43] 得到 45%Si-55%Pb$_3$O$_4$ 的值为 9.7 kJ·mol^{-1}(所使用的分析方法见文献[32-33])。动力学参数被用在简单燃烧模型中以预测组分、放热和环境温度对燃烧速率的影响。

Brown 和他的同事[35-39,41,83-85] 发表的大量工作可以给我们提供参考。作者使用了热分析方法和温度曲线分析法,基于简单速率理论提出了反应起点的假设:dα/dt = $k(1-\alpha)^n$,这里 $k = A\exp(-E/RT)$。α 是参与反应的分数,n 是反应的级数,A 是指前因子,E 是活化能。作者使用了 Borchardt 和 Daniels[110] 的方法来分析热分析曲线。只有少数烟火材料从热力学分析和温度曲线分析中获得的动力学参数相差甚远,两个这样的烟火材料分别是 40%Si-60%Sb$_2$O$_3$ 和 40%Mn-60%SrO$_2$。对于前者,由热分析给出的活化能值是 339 kJ·mol^{-1},而由温度曲线分析给出的活化能是 13.3 kJ·mol^{-1}。对于 40%Mn-60%SrO$_2$ 而言,两个方法得到的活化能结果差异更大:由热分析得到的活化能为 434 kJ·mol^{-1},由温度曲线分析得到的活化能则为 13.9 kJ·mol^{-1}。

热分析和温度分布分析获得结果之间的差异在更为复杂的动力学模型中得到了折中处理,此模型将分别由两方法得到的结果结合在一起。这在图 14.13 中得到说明,图中给出了 40%Mn-60%SrO$_2$ 烟火从热分析中得到的速率常数(曲线 a)、温度分布分析中得到的速率常数(曲线 b)以及两者结合的速率常数(曲线 c)。在高温下,由温度分布分析获得的低活化能与燃烧速率的低温度依赖性一致。将热分析和温度分布分析相结合提供了一个动力学表达式,该表达式可用于模拟在稳态和低温瞬态变化中的燃烧过程。

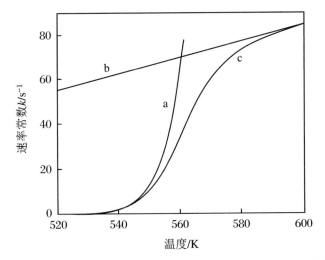

图 14.13　40%Mn-60%SrO₂ 烟火的速率常数对温度的依赖性[36]
a:热分析获得的动力学数据;b:温度分布分析获得的动力学数据;c:结合速率常数

14.5　结论

热分析技术已经被证实是研究烟火体系最有成效的方法之一。早期的综述中总结了直至 1987 年的文献[1]。尽管本章中更多地强调了最近的研究进展,但这不意味着是对之前综述的更新,而是为了指出热分析方法的多样性以及可以通过热分析研究获得的信息。近几年,热分析开始在安全风险评估、兼容性测试和寿命预测中扮演着日益重要的角色。热分析提供了快速的研究方法,其与微量量热法在更为深入的研究中发挥着关键作用。

热分析技术被应用在常规烟火研究中。其更为广泛的应用领域是关于反应机理的研究,以期能够深入地了解组分的反应进程,这对整个烟火反应过程都有着重要的贡献。在这种情况下,对热分析实验的解释通常与包括 X 射线衍射、质谱和红外光谱在内的分析技术组合起来使用。可以用于确认反应行为模式、在表面上发生的最为明显的反应、相继发生的体相反应、燃料被氧化连续减少的过程,表面光谱技术的研究可以帮助在微观水平理解反应机理。

燃烧过程其本身对烟火混合物在实际设备中的应用十分重要。热分析被用于测定点火温度,并研究影响其点燃进程的因素。对于大多数的烟火而言,热分析结果可以研究其组分的熔化或蒸发,这对燃烧蔓延过程的开始十分重要。温度分布分析法是在燃烧过程中可以直接获得化学动力学的几个方法之一,将使用这个方法获得的结果与使用热分析获得的结果相比较,可以得到一个对动力学更加完备的描述,这种方法可以用于模拟燃烧进程。

燃烧量热法是测定烟火反应中放热量的标准方法,其结果可用来探究反应的化学计量关系，并计算绝热燃烧温度。DTA 和 DSC 的峰面积可以作为测量放热的另一途径，但其局限于无烟气体系，并且很少使用。这些方法可以提供一个估算各反应阶段对热效应贡献的方法，同时可以借助与相变有关的峰面积追踪特定组分的消耗。

　　几乎所有的热分析实验都是使用商业设备完成的，但是也有少量特制的仪器在继续发挥着较大的作用。尽管热分析技术是常规的应用，但这不意味着已经解决了所有的问题。另外，与各种组分混合物和中间产物有关的实验步骤的设计方法都对实验者提出了挑战。

参考文献

［1］ P. G. Laye and E. L. Charsley, Thermochim. Acta, 120 (1987) 325.

［2］ E. L. Charsley, T. T. Griffiths and B. Berger, Proc. 24th Int. Pyrotech. Seminar, IIT Research Institute, Chicago, USA, 1998, p133.

［3］ E. L. Charsley, J. J. Rooney, H. A. Walker, T. T. Griffiths, T. A. Vine and B. Berger, Proc. 24th Int. Pyrotech. Seminar, IIT Research Institute, Chicago, USA, 1998, p147.

［4］ M. E. Brown, J. Therm. Anal. Cal., 65 (2001) 323.

［5］ P. Le Parlouer and I Chan, Proc. 29th NATAS Conf. on Thermal Analysis, St. Louis, Missouri, USA, 2001, p710.

［6］ P. D. Lightfoot, R. C. Fouchard, A. M. Turcotte, Q. S. M. Kwok and D. E. G. Jones, J. Pyrotechnics, No. 14 (2001) 15.

［7］ S. Nakahara, Kogyo Kayaku Kyokai-Shi, 22 (1961) 259.

［8］ S. Gordon and C. Campbell, Proc 5th Syrup. on Combustion, Reinhold, New York, USA, 1955, p277.

［9］ S. Gordon and C. Campbell, Anal. Chem., 27 (1955) 1102.

［10］ C. Campbell and A. J. Beardell, Thermochim. Acta, 8 (1974) 27.

［11］ A. J. Beardell, J. Staley and C. Campbell, Thermochim. Acta, 14 (1976)169.

［12］ E. L. Charsley, S. B. Warrington, T. T. Griffiths, A. J. Brammer and J. J. Rooney, Proc. 26th Int. ICT Conf., Fraunhofer-Institut für Chemische Technologie, Karlsruhe, Germany, 1995, p23/1.

［13］ E. L. Charsley, C. T. Cox, M. R. Ottaway, T. J. Barton and J. M. Jenkins, Thermochim. Acta, 52 (1982) 321.

［14］ T. Boddington, A. Cottrell, P. G. Laye and M. Singh, Thermochim. Acta, 106 (1986) 253.

［15］ T. Boddington, P. G. Laye and J. Tipping, Combust. Flame, 50 (1983) 139.

［16］ C. Brassy, M. Rejman, M. Roux and A. Espagnacq, Proc. 12th Int. Pyrotech. Seminar, Groupe de Travail de Pyrotechnie Spatiale, France, 1987, p351.

［17］ G. D. Miller, Thermochim. Acta, 34 (1979) 357.

［18］ F. Marlin, M. Roux, C. Brassy and A. Espagnacq, Propellants, Explosives, Pyrotechnics, 19 (1994) 113.

［19］ C. Brassy, F. Marlin and M. Roux, Propellants, Explosives, Pyrotechnics, 19 (1994) 165.

［20］ P. Gillard, M. Roux, B. Bayard and M. Regis, Proc. 5th Congrès International de Pyrotechnie du Groupe de Travail, France, 1993, p525.

[21] T. Boddington, P. G. Laye, J. Tipping and J. F. Griffiths, Proc. 6th Symp. Chem. Problems connected with Stabil. of Explos., Sektionen för Detonikoch Förbränning, Sweden, 1982, p149.

[22] W. P. Brennan, B. Miller and J. C. Whitwell, J. Appl. Polym. Sci., 12 (1968)1800.

[23] T. Boddington and P. G. Laye, Thermochim. Acta, 115 (1987) 345.

[24] M. R Hindle, Proc. 14th Int. Pyrotech. Seminar, RARDE, UK, 1989, p251.

[25] E. L. Charsley and A. C. F. Kamp, in Thermal Analysis, Vol. 1 (Ed. H. G. Wiedemann), Birkhauser Verlag, Basel, Switzerland, 1972, p499.

[26] E. L. Charsley and D. E. Tolhurst, The Microscope, 23 (1975) 227.

[27] B. Berger, A. J. Brammer and E. L. Charsley, Thermochim. Acta, 269/270 (1995) 639.

[28] M. E. Brown, M. J. Tribelhorn and M. G. Blenkinsop, J. Therm. Anal., 40 (1993) 1123.

[29] J. E. Spice and L. A. K. Staveley, J. Soc. Chem. Ind., 68 (1949) 313.

[30] R. A. W. Hill, L. E. Sutton, R. B. Temple and A. White, Research, 3 (1950) 569.

[31] R. A. W. Hill, Proc. Roy. Soc. (London), A 226 (1954) 455.

[32] T. Boddington, P. G. Laye, J. R. G. Pude and J. Tipping, Combust. Flame, 47 (1982) 235.

[33] T. Boddington, P. G. Laye, J. Tipping and D. Whalley, Combust. Flame, 63 (1986) 359.

[34] M. W. Beck and M. E. Brown, Combust. Flame, 65 (1986) 263.

[35] R. L. Drennan and M. E. Brown, Thermochim. Acta, 208 (1992) 223.

[36] R. L. Drennan and M. E. Brown, Thermochim. Acta, 208 (1992) 247.

[37] R. A. Rugunanan and M. E. Brown, Combust. Sci. Technol., 95 (1994) 61.

[38] R. A. Rugunanan and M. E. Brown, Combust. Sci. Technol., 95 (1994) 85.

[39] R. A. Rugunanan and M. E. Brown, Combust. Sci. Technol., 95 (1994) 117.

[40] M. J. Tribelhorn, M. G. Blenkinsop and M. E. Brown, Thermochim. Acta, 256 (1995) 291.

[41] M. J. Tribelhorn, D. S. Venables and M. E. Brown, Thermochim. Acta, 256 (1995) 309.

[42] S. Nakahara and T. Hikita, Kogyo Kayaku Kyokai-Shi, 20 (1959) 275.

[43] J. Jakubko, Combust. Sci. Technol., 146 (1999) 37.

[44] T. Boddington, A. Cottrell and P. G. Laye, Combust. Flame, 79 (1990)234.

[45] R. A. Rugunanan and M. E. Brown, J. Therm. Anal., 37 (1991) 2125.

[46] J. A. C. Goodfield and G. J. Rees, Fuel, 60 (1981) 151.

[47] J. E. Spice and L. A. K. Staveley, J. Soc. Chem. Ind., 68 (1949) 348.

[48] D. C. Johnson, Proc. 22nd Int. Pyrotech. Seminar, IIT Research Institute, Chicago, USA, 1996, p227.

[49] A. Miyake, T. Aochi, N. Oshino and T. Ogawa, Proc. 22nd Int. Pyrotech. Seminar, IIT Research Institute, Chicago, USA, 1996, p325.

[50] A. Miyake, K. Kitoh, T. Ogawa, M. Watanabe, N. Kazama and S. Tsuji, Proc. 19th Int. Pyrotech. Seminar, IIT Research Institute, Chicago, USA, 1994, p124.

[51] I. V. Mendenhall and S. F. Reid, Thermochim. Acta, 272 (1996) 221.

[52] J. Neutz, J. Kerth, H. Ebeling and H. Schuppler, Proc. 33rd Int. ICT Conf., Fraunhofer-Institut for Chemische Technologie, Karlsruhe, Germany, 2002, p152/1.

[53] T. Yoshida, T. Akiba, H. Endow, K. Aoki, K. Hara and J. Peng, Proc. 9thSyrup. Chem. Problems connected with Stabil. of Explos., Sektionen förDetonik och Förbränning, Sweden,

1992，p87.

[54] Y. Ohtsuka，M. Matsuo，S. Kaneko and T. Yoshida，Proc. 20th Int. Pyrotech. Seminar，IIT Research Institute，Chicago，USA，1994，p779.

[55] M. Arai，N. Nakazato，Y. Wada，T. Harada and M. Tamura，Proc. 28th Int. Pyrotech. Seminar，Weapons Systems Division，DESTO，Australia，2001，p25.

[56] I. Lee and S. A. Finnegan，J. Therm. Anal.，50 (1997) 707.

[57] L-E Paulsson，Proc. 10th Syrup. Chem. Probl. Connected Stabil. Explos.，Sektionen för Detonik och Förbränning，Sweden，1995，p211.

[58] Qinglian Li，Pu Yao，Liuxia Wang and Weidong Zhang，Thermochim. Acta，253 (1995) 213.

[59] B. Berger，H Brechbühl and W. de Klerk，Proc. 29th Int. Pyrotech. Seminar，IIT Research Institute，Chicago，USA，2002，p443.

[60] R. G. Shortridge and B. R. Hubble，Proc. 18th Int. Pyrotech. Seminar，IITResearch Institute，Chicago，USA，1992，p847.

[61] P. E. Lagerkvist and C. J. Elmqvist，Proc. 9th Int. Pyrotech. Seminar，IIT Research Institute，Chicago，USA，1984，p323.

[62] M. Cournil and J. Ramangalahy，J. Therm. Anal.，35 (1989) 175.

[63] E. L. Charsley，T. T. Griffiths，S. J. Goodall，P. G. Laye and J. J. Rooney，Proc. 29th NATAS，St. Louis，USA，2001，p697.

[64] K. Miyata and N. Kubota，Propellants Explosives，Pyrotechnics，21 (1996) 29.

[65] A. Rosina and C. Pelhan，J. Therm. Anal.，11 (1977) 29.

[66] A. Rosina and C. Pelhan，J. Therm. Anal.，17 (1979) 371.

[67] C. Pelhan and N. Majcen，Giesserei-Forschung，23 (1971) 29.

[68] H. Singh and R. B. Rao，Combust. Sci. Technol.，81 (1992) 233.

[69] B. D. Bond and P. W. M. Jacobs，Combust. Flame，10 (1966) 349.

[70] J. R. Dawe and M. D. Cliff，Proc. 24th Int. Pyrotech. Seminar，IPS，USA，1998，p789.

[71] A. S. Tompa，R. F. Boswell，P. Skahan and C. Gotzmer，J. Therm. Anal.，49(1997) 1161.

[72] M. E. Brown and R. A. Rugunanan，Thermochim. Acta，134 (1988) 413.

[73] S. S. Al-Kazraji and G. J. Rees，Combust. Flame，31 (1978) 105.

[74] S. S. Al-Kazraji and G. J. Rees，J. Therm. Anal.，16 (1979) 35.

[75] A. Z. Moghaddan and G. J. Rees，Fuel，60 (1981) 629.

[76] M. Matsumoto，J. Yoshimura，T. Nagaishi and S. Yoshinaga，KogyoKayaku Kyokai-Shi，40 (1979) 283.

[77] J. Jakubko and E. Cernogkovfi，J. Therm. Anal.，50 (1997) 511.

[78] L. Sulacsik，J. Therm. Anal.，5 (1973) 33.

[79] E. L. Charsley and M. R. Ottaway，in Proc. 8th Int. Symp. on Reactivity ofSolids (Eds J. Wood，O. Lindqvist and N. G. Vannerberg)，Plenum，Newyork，USA，1977，p737.

[80] A. D. Kirshenbaum and A. J. Beardell，Thermochim. Acta，4 (1972) 239.

[81] A. J. Beardell and A. D. Kirshenbaum，Thermochim. Acta，8 (1974) 35.

[82] E. S. Freeman and B. Carroll，J. Phys. Chem.，62 (1958) 394.

[83] R. L. Drennan and M. E. Brown，Thermochim. Acta，208 (1992) 201.

[84] R. A. Rugunanan and M. E. Brown，Combust. Sci. Technol.，95 (1994) 101.

［85］ M. J. Tribelhorn, D. S. Venables and M. E. Brown, Thermochim. Acta, 269/270（1995）
649.

［86］ T. J. Barton, N. Williams, E. L. Charsley, J. A. Rumsey and M. R. Ottaway, Proc. 8th
Int. Pyrotech. Seminar, IIT Research Institute, Chicago, USA, 1982, p99.

［87］ B. Berger, E. L. Charsley and S. B. Warrington, Propellants, Explosives. Pyrotechnics, 20
（1995）266.

［88］ B. Berger, E. L. Charsley, J. J. Rooney and S. B. Warrington, Thermochim. Acta, 255
（1995）227.

［89］ B. Berger, A. J. Brammer and E. L. Charsley, Thermochim. Acta, 269/270(1995) 639.

［90］ B. Berger, E. L. Charsley, J. J. Rooney and S. B. Warrington, Thermochim. Acta, 269/270
（1995）687.

［91］ B. Berger, E. L. Charsley, J. J. Rooney and S. B. Warrington, Proc. 26th Int. ICT Conf. ,
Fraunhofer-Institut für Chemische Technologie, Karlsruhe, Germany, 1995, p80/1.

［92］ F. S. Scanes, Combust. Flame, 23（1974）363.

［93］ G. Krein, Thermochim. Acta, 81（1984）29.

［94］ Z. Abdel-Qader, Q. S. M. Kwok, R. C. Fouchard, P. D. Lightfoot and D. E. G. Jones, J.
Pyrotechnics, in press, 2003.

［95］ A. Jarvis, Combust. Flame, 14（1970）313.

［96］ A. S. Redkar, V. A. Mujumdar and S. N. Singh, Defence Sci. J. , 46（1996）41.

［97］ E. S. Freeman, V. D. Hogan and D. A. Anderson, Combust. Flame, 9（1965）19.

［98］ E. S. Freeman and D. A. Anderson, Combust. Flame, 10（1966）337.

［99］ L. W. Collins, Combust. Flame, 41（1981）325.

［100］ K. L. Erickson, J. W. Rogers and S. J. Ward, Proc. 11 th Int. Pyrotech. Seminar, IIT Re-
search Institute, Chicago, USA, 1986, p679.

［101］ J. W. Rogers Jr and K. L. Erickson, Proc. 12th Int. Pyrotech. Seminar, Groupe de Travail
de Pyrotechnie Spatiale, France, 1987, p407.

［102］ K. L. Erickson, J. W. Rogers Jr and R. D. Skocypec, Proc. 12th Int. Pyrotech. Seminar,
Groupe de Travail de Pyrotechnie Spatiale, France, 1987, p49.

［103］ M. W. Beck and M. E. Brown, J. Chem. Soc. , Faraday Trans. , 87（1991）711.

［104］ E. L. Charsley, T. Boddington, J. R. Gentle and P. G. Laye, Thermochim. Acta, 22
（1987）175.

［105］ E. L. Charsley, Chieh-Hua Chen, T. Boddington, P. G. Laye and J. R. G. Pude, Thermo-
chim Acta, 35（1980）141.

［106］ E. L. Charsley, M. C. Ford, D. E. Tolhurst, S Baird-Parker, T. Boddington and P. G.
Laye, Thermochim. Acta, 25（1978）131.

［107］ T. Boddington, Feng Hongtu, P. G. Laye, M. Nawaz and D. C. Nelson, Thermochim. Ac-
ta, 170（1990）81.

［108］ H. E. Kissinger, J. Res. Nat. Bur. Stand. , 57（1956）217.

［109］ T. Ozawa, Bull. Chem. Soc. （Japan）, 38（1965）1881.

［110］ H. J. Borchardt and F. Daniels, J. Amer. Chem. Soc. , 79（1957）41.

［111］ D. J. Whelan, M. Maksacheff and L. V. de Yong, Proc. 16th Int. ICT Conf. , Fraunhofer-

Institut für Chemische Technologie, Karlsruhe, Germany, 1985, p55/1.

[112] D. J. Whelan, M. Maksacheff and L. V. de Yong, Proc. 11 th Int. Pyrotech. Seminar, IIT Research Institute, Chicago, USA, 1986, p595.

[113] A. Yu Snegirev and V. A. Taylor, Fizika Goreniyai Vzryva, 27 (1999) 79.

[114] N. Nakamura, Y. Hara and H. Osada, Kogyo Kayaku Kyokai-Shi, 44 (1983) 15.

[115] V. D. Hogan, S. Gordon and C. Campbell, Anal. Chem., 29 (1957) 306.

[116] V. E. Zarko, V. N. Simonenko, A. B. Kiskin, S. V. Larionov and Z. A. Savelyeva, Proc. 32nd Int. ICT Conf., Fraunhofer-Institut für ChemischeTechnologie, Karlsruhe, Germany, 2001, p57/1.

[117] S. Cudzilo and W. A. Trzcinski, , Proc. 29th Int. ICT Conf., Fraunhofer-Institut für Chemische Technologie, Karlsruhe, Germany, 1998, p151/1.

[118] N. Davies, T. T. Griffiths, E. L. Charsley and J. A. Rumsey, Proc. 16th Int. ICT Conf., Fraunhofer-Institut für Chemische Technologie, Karlsruhe, Germany, 1985, p15/1.

[119] J. A. C. Goodfield and G. J. Rees, Fuel 61 (1982) 843.

[120] P. Barnes, T. T. Griffiths, E. L. Charsley, J. A. Hider and S. B. Warrington, Proc. 11 th Int. Pyrotech. Seminar, IIT Research Institute, Chicago, USA, 1986, p27.

[121] S. L. Howlett and F. G. J. May, Thermochim. Acta, 9 (1974) 213.

[122] M. A. Benmahamed, A Mouloud and N. Ikene, Proc. 21 st Int. ICT Conf., Fraunhofer-Institut für Chemische Technologie, Karlsruhe, Germany, 2000, p85/1.

[123] V. S. Bhingarkar, P. P. Sane and R. G. Sarawadekar, Defence Sci. J., 47 (1997) 365.

[124] B. Berger, A. J. Brammer, E. L. Charsley, J. J. Rooney and S. B. Warrington. J. Therm. Anal., 49 (1997) 1327.

[125] V. D. Hogan and S. Gordon, J. Phys. Chem., 61 (1957) 1401.

[126] E. S. Freeman and S. Gordon, J. Phys. Chem., 60 (1956) 867.

[127] T. J. Barton, T. T. Griffiths, E. L. Charsley and J. A. Rumsey, Proc. 8th Int. Pyrotech. Seminar, IIT Research Institute, Chicago, USA, 1982, p83.

[128] T. J. Barton, T. T. Griffiths, E. L. Charsley and J. A. Rumsey, Proc. 9th Int. Pyrotech. Seminar, IIT Research Institute, Chicago, USA, 1984, p743.

[129] T. T. Griffiths, E. L. Charsley and J. A. Hider, Proc. 13th Int. Pyrotech. Seminar, IIT Research Institute, Chicago, USA, 1988, p393.

[130] C. Campbell and F. R. Taylor, in Thermal analysis, Vol. 2, InorganicMaterials and Physical Chemistry (Eds. R. F. Schwenker and P. D. Garn), Academic Press, New York, USA, 1969, p811.

[131] T. T. Griffiths, J. Robertson, P. G. Hall and R. T. Williams, Proc. 16th Int. ICT Conf., Fraunhofer-Institut für Chemische Technologie, Karlsruhe, Germany, 1985, p19/1.

[132] T. Nagaishi, F. Shinchi, M. Matsumoto and S. Yoshinaga, Kogyo KayakuKyokai-Shi, 44 (1983) 21.

[133] S. Yoshinaga, K. Watanabe, M. Matsumoto and T. Nagaishi, KyushuSangyo Daigaku Kogakubu Kenkyu Hokoku, 21 (1984) 47.

[134] R. G. Sarawadekar, R. Daniel and S. Jayaraman, Proc. 26th Int. ICT Conf., Fraunhofer-Institut für Chemische Technologie, Karlsruhe, Germany, 1995, p56/1.

[135] R. Daniel and H. Singh, Proc. 23rd Int. Pyrotech. Seminar, IIT ResearchInstitute, Chicago, USA, 1997, p131.

[136] M. W. Beck and M. E. Brown, Thermochim. Acta, 65 (1983) 197.

[137] G. Krishnamoham, E. M. Kurian and K. R. K. Rao, Proc. 8th Int. Pyrotech. Seminar, IIT Research Institute, Chicago, USA, 1982, p404.

[138] R. A. Rugunanan and M. E. Brown, J. Therm. Anal., 37 (1991) 1193.

[139] S. R. Yoganarasimhan and O. S. Josyulu, Defence Sci. J., 37 (1987) 73.

[140] S. R. Yoganarasimhan, N. S. Bankar, S. B. Kulkarni and R. G. Sarawadekar, J. Therm. Anal., 21 (1981) 283.

[141] R. G. Sarawadekar, A. R. Menon and N. S. Bankar, Thermochim. Acta., 70 (1983) 133.

[142] R. G. Sarawadekar and N. S. Bankar, Proc. 8th Int. Pyrotech. Seminar, IITResearch Institute, Chicago, USA, 1982, p574.

[143] U. C. Durgapal and A. R. Menon, Proc. 15th Int. Pyrotech Seminar, IITResearch Institute, Chicago, USA, 1990, p221.

[144] M. Matsumoto, F. Shinchi, T. Nagaishi and S. Yoshinaga, Kogyo KayakuKyokai-Shi, 44 (1983) 218.

[145] T. Nagaishi, S. Okamoto, M. Matsumoto and S. Yoshinaga, Kogyo KayakuKyokai-Shi, 38 (1977) 271.

[146] K. Miyata and N. Kubota, Proc. 20th Int. Pyrotech Seminar, IIT ResearchInstitute, Chicago, USA, 1994, p729.

[147] E. L. Charsley, S. B. Warrington, P. Emmott, T. T. Griffiths and J. Queay, J. Therm. Anal., 38 (1992) 641.

[148] P. Emmott, T. T. Griffiths, J. Queay E. L. Charsley and S. B. Warrington, Proc. 16th Int. Pyrotech Seminar, IIT Research Institute, Chicago, USA, 1991, p937.

[149] T. J. Barton, T. T. Griffiths, E. L. Charsley and J. A. Rumsey, Proc. 16th Int. ICT Conf., Fraunhofer-Institut für Chemische Technologie, Karlsruhe, Germany, 1985, p20/1.

[150] T. J. Barton, T. T. Griffiths, E. L. Charsley and J. A. Rumsey, Proc. 9th Int. Pyrotech. Seminar, IIT Research Institute, Chicago, USA, 1984, p723.

[151] T. Nagaishi, S. Okamoto, T. Kaneda, M. Matsumoto and S. Yoshinaga, Kogyo Kayaku Kyokai-Shi, 38 (1977) 65.

[152] H. Nakamura, T. Yamato, Y. Hara and Osada, Kogyo Kayaku Kyokai-Shi, 40 (1979) 31.

[153] G. Krien, Explosivstoffe, 13 (1965) 205.

[154] R. Daniels, R. G. Sarawadekar and U. C. Durgapal, Proc. 26th Int. ICTConf., Fraunhofer-Institut für Chemische Technologie, Karlsruhe, Germany, 1995, p48/1.

[155] U. C. Durgapal, A. S. Dixit and R. G. Sarawadekar, Proc. 13th Int. PyrotechSeminar, IIT Research Institute, Chicago, USA, 1988, p209.

[156] R. G. Sarawadekar, N. B. Swarge, B. K. Athawale, S. Jayaraman and J. P. Agrawal, Proc. 27th Int. Pyrotech Seminar, IPSUSA Inc., Chicago, USA, 2000, p151.

[157] E. L. Charsley, J. J. Rooney and S. B. Warrington, T. T. Griffiths and T. A. Vine, Proc. 27th Int. Pyrotech Seminar, IPSUSA Inc., Chicago, USA, 2000, p382.

[158] K. Ishikawa, M. Koga, M. Matsumoto, T. Tsuru and S. Yoshinaga, Proc. 4th Int. Seminar

on Propellants, Explosives and Pyrotechnics (Eds. Chen, Lang and Feng, Changen) China
Science and Technology Press, Beijing, China, 2001, p629.

[159] F. R. Hartley, S. G. Murray and M. R. Williams, Propellants ExplosivesPyrotechnics, 9
(1984) 205.

[160] C. Campbell and G. Weingarten, Trans. Faraday Soc., 55 (1959) 2221. 161. A. D. Kirsh-
enbaum, Thermochim. Acta, 18 (1977) 113.

[162] E. L. Charsley, S. B. Warrington, J. Robertson and P. N. A. Seth, Proc. 9thInt. Pyrotech
Seminar, IIT Research Institute, Chicago, USA, 1984, p759.

第 15 章

热分析在高温超导体研究中的应用

J. Valo M. Leskelä
芬兰赫尔辛基大学化学系无机化学实验室，P. O. Box 55，FIN-00014（Laboratory of Inorganic Chemistry，Department of Chemistry，P. O. Box 55，FIN-00014 University of Helsinki，FINLAND）

15.1 简介

1986 年，在 La-Ba-Cu-O 体系中首次发现了高温超导现象[1]，此后迅速掀起了研究氧化物超导体的热潮。随后很快在 $YBa_2Cu_3O_{7-\delta}$[Y-123；$n(Y):n(Ba):n(Cu)=1:2:3$][2]体系中发现了液氮温度下的超导现象。另外，Bi-Sr-Ca-Cu-O[3]、Tl-Ba-Ca-Cu-O[4-5]和 Hg-Ba-Ca-Cu-O[6-7]体系也出现了在 100 K 下的超导现象。目前，这些氧化物体系已经得到了广泛的研究，而且各种体系形式也得到了较为深入的表征。

对于高温超导化合物（HTSC），对其的研究方法主要集中于研究新相和已知相的性质以此深入对超导现象以及它存在的环境的理解。近年来，关于高质量薄膜的制备和材料的实际应用方面的研究越来越受到人们的重视。

在这一章中将介绍热分析（TA）技术在 HTSC 中的应用[8]。首先介绍了主体样品的研究，然后介绍了挥发性前驱体在薄膜制备中的应用。

关于 HTSC 超导相最重要的研究方向主要集中在所使用的前驱体的热解、超导相的形成、样品的热稳定性以及氧化学计量分析等方面。这些实际应用的例子主要来自 Y-Ba-Cu-O 和 Bi-Sr-Ca-Cu-O 体系以及少数 Tl-基和 Hg-基的超导体。在一些研究中也讨论了在 La-Sr-Cu-O、Pb-Sr-Y-Ca-Cu-O、Ru-Sr-Gd-Cu-O 和 Nd-Ce-Cu-O 体系中的氧非化学计量问题。热分析方法甚至可以用来确定超导转变温度，但在文献中关于这方面的研究工作较少。

在研究中用化学气相沉积法制备的高温超导体薄膜前驱体大多是 β-二酮酸酯，值得特别关注的是 Y、Ba、Cu 等类型的前驱体。由于碱土金属前驱体的挥发问题难以处理，因此这些问题值得重视。热分析方法主要应用于热稳定性、挥发性以及气相中成分研究。

本章中只讨论与热分析技术相关的研究，不包括通过酸溶液量热法[9-11]或者氧化物熔体溶液量热法[12]制备高温超导体的热化学和热动力学研究。

15.2 热分析技术

热分析技术为研究铜超导体提供了广泛的应用领域,许多不同的热分析技术在这类研究中得到广泛的应用(表15.1)。高温超导体可以通过很多合成路线合成,通常以粉末、单晶和薄膜的形式存在。诸如热重(TG)、差热分析(DTA)、逸出气体分析(EGA)之类的热分析技术都可以对高温超导体的合成和性质研究提供大量的有用信息[13]。例如,通过气体逸出和质量、热量的变化信息可以研究产物的生成和结晶过程。高温X射线衍射(XRD)技术可以对在退火过程中形成的阶段进行原位测试,而热膨胀法(TD)则可用于研究烧结和裂纹的形成过程。高温超导体材料形成的动力学过程是另一个可以用热分析技术研究的过程。在研究铜酸盐半导体的初始阶段,差热分析成为研究单晶生长过程的相图的一种很好的工具[14]。另外,差热分析也用于研究玻璃形成过程中的熔融以及分解过程。差示扫描量热分析可以用于研究铜酸盐超导体的热动力学[11,15],但是由于高温条件下的测量问题,目前有关这类研究很少。

表15.1 用于研究高温超导体的热分析技术[13]

应用目的	技术名称
形成工艺和动力学	TG、DTA、EGA、ETA、XRD、MO
晶型转变	DTA、DSC、TD
熔融和玻璃态形成	DTA、DSC、MO
烧结和裂纹形成	TD
薄膜形成过程(膨胀系数匹配值)	TD
挥发性和蒸气压(MOCVD)	TG、EGA
CVD前驱体熔融	DSC
相图	DTA、XRD
晶体生长	DTA
氧含量	TG(TRR)、EGA
非计量特性	TG、EGA、TD
临界温度	TE、TM、DSC
热力学	DSC

注:TG—热重分析法;DTA—差热分析;EGA—逸出气体分析;TTA—放射热分析;XRD—X射线衍射法;MO—显微观察法;DSC—差示扫描热量法;TD—热膨胀法;TPR—程序升温还原法;TE—热电法;TM—热磁学法;MOCVD—金属有机化学气相沉积法。

TG的蒸气压力测量和逸出气体分析或检测(EGD)技术在超导薄膜的制造过程中发挥重要作用,尤其对于CVD法制备薄膜的过程。相反,TD在研究薄膜和基底的热膨胀系数差异中十分有用。

对氧的化学计量研究是热分析的最重要应用之一,这是因为氧含量与超导性[17]密切相关。氧化还原反应的程度决定了超导体的含氧量[18-19]。首先使用热重分析技术研究氧化物超导体的非化学计量学,程序升温还原技术也已经被用于含氧量的测定[14,20]。当量热仪可以在低温下工作时,差示扫描量热分析可以用于测定超导体的性质[13,21]。另外,也可以用热磁学法(TM)研究超导体的转变温度(T_c^{onset})[22-23]。

在 300 ℃ 以上,超导体和环境之间可以发生氧交换。超导体与环境气体的反应会在表面或在晶界产生不理想的产物,这是限制临界温度值的重要因素。很多超导体与 CO_2 和 H_2O 反应,在超导体表面形成绝缘层,破坏了超导特性。通常使用热分析法研究超导体和周围环境气体的反应。

15.3　高 T_c 超导体

图 15.1A 是层状铜酸盐的结构图,在表 15.2 中更详细地列出了特定的高温超导体(HTSC)和相关的铜酸盐的结构。在铜酸盐结构中,二维的 $Cu-O_2$ 平面与(ⅰ)碱土金属(AE)或者稀有金属(RE)原子片(或者隔层的萤石型 $RE-O_2$ 层,在图 15.1A 中没有给出),(ⅱ)岩盐型 AE-O 或者 RE-O 平面,(ⅲ)通过例如储存电荷层 Cu-O、Pb-O、$Ru-O_2$、Bi-O、T1-O 或者 $Hg-O_8$ 建立平面[24-26]。到现在已经发现了超过一百多种不同的铜酸盐高温超导体[27]。可以认为铜酸盐的超导性与电荷从储电层转移到 $Cu-O_2$ 平面有关[24-25]。大多数高温超导体是 p 型半导体,其中载流子是正荷电的空穴。在同系列的铜酸盐相中,T_c 随着 $Cu-O_2$ 平面在无数多层单元中连续堆积的数目 n 的变化而变化,并且其主要取决于载流子的浓度,即在 $Cu-O_2$ 平面的过量电荷的数目(图 15.1B)。

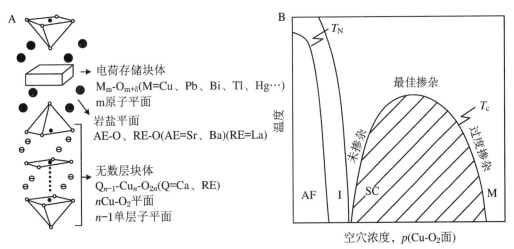

图 15.1　(A)层状铜酸盐相的晶体结构示意图[37-38];
(B)p 型铜酸盐超导体的相图[39]

其中 SC 为超导性,AF 为反铁磁性,I 为绝缘性,M 为金属性,T_c 为超导转变温度,T_N 为奈尔温度

$La_{2-x}Ba_xCuO_{4+\delta}$ 是第一个被报道的高温超导化合物[1]。$La_{2-x}Ba_xCuO_{4+\delta}$(La-214 或者 0201;请参阅表 15.2 中的四位数命名系统的详细信息)由双 La-O 原子层和 $Cu-O_2$

平面组成[27]。[La-O]层具有正电荷,并且可以作为[La-O-Cu-O₂]的空穴供体[28-29]。用 Ba^{2+} 离子部分替代 La^{3+} 离子后可以增加 $Cu-O_2$ 平面中 Cu 的氧化态,由此使材料变成超导体。同样,在 $Pb_2Sr_2(Y,Ca)Cu_3O_{8+\delta}$(Pb-2213 或 Pb、Cu-3212)的情况下,当 Ca^{2+} 离子取代含阳离子的平面中的一些 Y^{3+} 离子时,可以得到具有超导性的无限层块体化合物。获得合适的超导性条件的另一种方式是增加氧含量,如在三钙钛矿 $YBa_2Cu_3O_{7-b}$(Y-123 或 Cu-1212)中,电荷储存层中 Cu-O 链中氧的含量决定着超导现象的存在。在 $Y_2Ba_4Cu_{6+l}O_{14+l}$ 类化合物中,除了 Y-123($l=0$)外,还存在另外两个超导相($l=1$、2),其中的基本构架是锥形 $Cu-O_2$ 层和单或双 Cu-O 链。在两个 $Cu-O_2$ 平面之间存在裸露的 Y 原子片,并且在 Cu-O 链和 $Cu-O_2$ 平面之间存在 Ba-O 平面。钌基铜酸盐 $RuSr_2Gd-Cu_2O_{8-\delta}$(Ru-1212)与 Y-123 同构,其中电荷储存层中的 Y、Ba 和 Cu-O 链分别被 Gd、Sr 和 $Ru-O_2$ 片替代[30-34]。Ru 原子与氧原子形成八面体配位结构。起初,块体物质的超导性并不能明确地归因于 Ru-1212 相[30]。最近的研究在 Ru-1212 中发现了超导和磁性的共存现象[35]。Ru-1212 在 $T_M \approx 133$ K 时表现出磁转变(T_M 为磁转变温度),但其 T_c 在 15~40 K 范围内强烈依赖于合成方法[35]。

表 15.2　典型的高 T_c 超导体的大致转变温度

化合物		T_c/K
$(La,Sr)_2CuO_4$	La-214 或 0201	35
$(Nd,Ce)_2CuO_4$	Nd-214 或 0021	20
$YBa_2Cu_3O_{7-\delta}$	Y-123 或 Cu-1212	90
$YBa_2Cu_4O_8$	Y-124 或 Cu-2212	80
$Y_2Ba_4Cu_7O_{15-\delta}$	Y-247	90
$RuSr_2GdCu_2O_{8-\delta}$	Ru-1212	35
$Pb_2Sr_2(Y,Ca)Cu_3O_8$	Pb-2213 或 Pb、Cu-3212	80
$Bi_2Sr_2CuO_6$	Bi-2201	10
$Bi_2Sr_2CaCu_2O_8$	Bi-2212	80
$Bi_2Sr_2Ca_2Cu_3O_{10}$	Bi-2223	105
$Tl_2Ba_2CuO_6$	Tl-2201	80
$Tl_2Ba_2CaCu_2O_8$	Tl-2212	105
$Tl_2Ba_2Ca_2Cu_3O_{10}$	Tl-2223	125
$Tl_2Ba_2Ca_3Cu_4O_{12}$	Tl-2234	100
$TlBa_2CuO_5$	Tl-1201	10
$TlBa_2CaCu_2O_7$	Tl-1212	80
$TlBa_2Ca_2Cu_3O_9$	Tl-1223	110
$TlBa_2Ca_3Cu_4O_{11}$	Tl-1234	120
$HgBa_2CuO_4$	Hg-1201	90
$HgBa_2CaCu_2O_6$	Hg-1212	120
$HgBa_2Ca_2Cu_3O_8$	Hg-1223	135

在 Bi 基超导体 $Bi_2Sr_2Ca_{n-l}Cu_nO_{2n+4+\delta}$($n=1\sim3$)中,双 Bi-O 层是电荷储存

层[25,28]。在连续堆叠的 $Cu\text{-}O_2$ 平面之间是裸露的 Ca 原子片。以 $TlBa_2Ca$、Cu_2O_3 和 $Tl_2Ba_2Ca_{n-1}Cu_{2n+4+\delta}$（$n=1{\sim}3$）表示的基于 Tl 元素的超导体具有单层和双 Tl-O 层作为电荷储存层。在同系列的 $HgBa_2Ca_{n-1}Cu_nO_{2n+2+\delta}$（$n=1{\sim}3$）中，$Hg\text{-}O_\delta$ 平面上氧的化学计量在超导电性中起着至关重要的作用。目前，在环境压力下，超导铜酸盐相 $Hg\text{-}Ba_2Ca_2Cu_3O_{8+\delta}$ 的 T_c（135 K）是目前已知的最高温度（表 15.2）[36]。

Nd$_{2-x}$Ce$_x$CuO$_{4+\delta}$（Nd-214 或 0021）为载流子是电子的电子掺杂体系的一个例子。该结构由 $[(Nd,Ce\text{-}O_2)\text{-}Nd,Ce]$ 萤石型片段和 $Cu\text{-}O_2$ 平面组成[27]，$[Nd、Ce\text{-}O_2]$ 层具有负电荷并且可以作为带正电的 $[Nd,Ce\text{-}Cu\text{-}O_2]$ 块的电子供体[28-29]，这种类型的物质被称为 n 型超导体。

以下列出了一些四位数命名超导体系的例子（可参阅文献[25,28]）。

La-214：0201 表示电荷储存层的数量是 0，岩盐型 RE-O 平面数是 2，裸露 RE 原子层数为 0，$Cu\text{-}O_2$ 平面数为 1。

Y-123：Cu-1212 = $CuBaYCu_2O_{7-\delta}$ 表示电荷储存层数 = 1，$Cu\text{-}O_{1-b}$ 是钙钛矿型，岩盐型 AE-O 平面数 = 2，裸露 RE 原子层数 = 1，$Cu\text{-}O_2$ 平面数 = 2。

Pb-2213：Pb，Cu-3212 = $Pb_2CuSr(Y,Ca)Cu_2O_8$ 表示电荷储存层数 = 3，$Pb\text{-}O$、$Cu\text{-}O_b$ 和 $Pb\text{-}O$ 全部都是钙钛矿型，岩盐层 AE-O 平面数 = 2，裸露 RE 原子层数 = 1，$Cu\text{-}O_2$ 平面数 = 2。

Nd-214：0021 表示储电层的数量 = 0，岩盐型 RE-O 平面数 = 0，萤石型平面数 = 2，$Cu\text{-}O_2$ 平面数 = 1。

在这一章节中所采用的命名方法基于元素之间的摩尔比，而不是其在 HTSC 晶格中的位置。

15.4　热分析研究超导体的性质

15.4.1　在 T_c 时比热异常现象的研究

通过 AC 量热法可以更精确地分析整个超导转变过程，由此得到的 T_c 值比用电阻率和交流磁化率分析得到的数值更加准确[41]。从正常状态到超导状态的相变过程中比热值会出现异常的变化，并且异常的 $\Delta C_p/T_c$ 值可以有效地反映有利于超导电性的电子密度。当使用适用于低温测量的设备时，也可以通过 DSC 测量这种热效应[42]。由比热曲线还可以得到有关样品质量的信息[41]。性能较好的 $YBa_2Cu_3O_{7-\delta}$（Y-123）超导体的比热-温度曲线表现出明显的跃变，且其 $\Delta C_p/T_c$ 大于 40 mJ·mol^{-1}·K^{-2}。也可以通过 DTA 测量 T_c 附近的比热不连续性[43]。在这种情况下，当采用低加热速率时（0.1 ℃·min^{-1}），比热异常现象变得更加清晰。

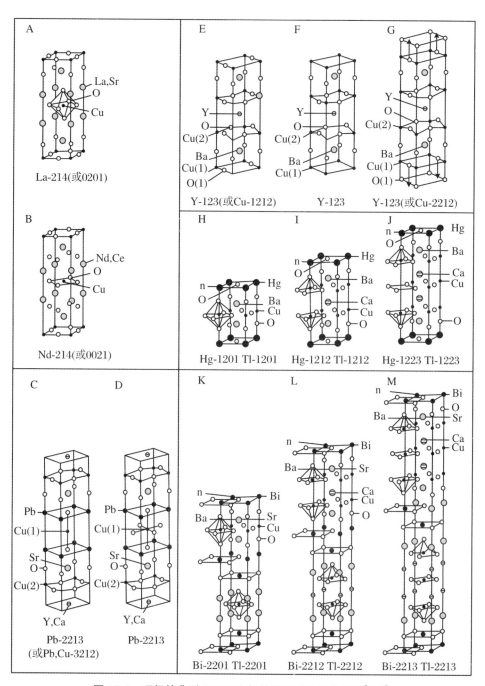

图 15.2 理想的典型 HTSC 和相关的铜酸盐晶体结构[24,40]

(A) $(La,Sr)_2CuO_4$; (B) $(Nd,Ce)_2CuO_4$; (C) $Pb_2Sr_2(Y,Ca)Cu_3O_8$; (D) $Pb_2Sr_2(Y,Ca)CU_3O_{10}$;

(E) $YBa_2Cu_3O_7$; (F) $YBa_2Cu_3O_6$; (G) $YBa_2Cu_4O_8$;

(H)~(J) $HgBa_2Ca_{n-1}Cu_nO_{2n+2}$, $n=1$~3 或 $T1Ba_2Ca_{n-1}1Cu_nO_{2n+3}$, $n=1$~3;

(K)~(M) $Bi_2Sr_2Ca_{n-1}Cu_nO_{2n+4}$, $n=1$~3 或 $T1_2Ba_2Ca_{n-1}Cu_nO_{2n+4}$, $n=1$~3。

初始结构是(C)~(F)、(H)~(M)

15.4.2 T_c^{onset} 的测定

通常用超导量子磁测量系统(SQUID)测量 T_c，在实际应用中也可以通过热磁法测定 T_c 值[22-23]。该类测量主要通过改变零和某个恒定值之间的磁场作为温度升高的函数来进行。在转变过程中，样品在磁场中的重量迅速增加到恒定值。对应于样品在 T_c 以上不再是完全抗磁性的，而是轻微顺磁性的。另外，可以通过热磁法很容易地观察到样品中存在的顺磁性杂质。

15.5 块状 HTSC 合成条件的研究

15.5.1 简介

目前已经通过热分析开展了对 HTSC 材料合成的研究，以阐明通过各种途径合成的最佳温度条件，并描述在不同气氛中合成不同类型材料所涉及的过程[13,21]。热分析方法也可以被用于研究初始材料(即前驱体)和合成的超导体的特性之间的关系，并监测合成目标产物的反应。最后，氧解吸和吸附的热分析研究对于确定合成后需要的热处理条件以获得所需的氧化学计量比具有重要作用[13,21,44]。

大多数热分析研究都涉及 RE-123 化合物(RE＝稀土元素)，这是因为这些化合物是第一批临界温度高于液氮温度的化合物。由于通过热分析技术可以观察到由不同起始原料形成 Y-123 的反应[13]，因此 Y-123 是用于研究反应动力学的合适材料。对于 Bi、Ti 或 Hg 的超导体而言，这些化合物的低熔化温度和相对较慢的反应动力学性质，使得该类反应不能在常规的加热速率下通过热分析进行研究。用于制备 HTSC 材料的条件会影响所获得的氧含量，并且在许多情况下目标产物还涉及挥发性氧化物，例如 Tl_2O_3、PbO_2 和 HgO[45]。因此，通过 TG-DTA 监测 HTSC 材料的理化特性意味着对应于一系列的测量。

15.5.2 通过固态反应合成 $YBa_2Cu_3O_{7-\delta}$

通过固态反应合成 HTSC 涉及组分氧化物或碳酸盐的混合、煅烧、压实和烧结过程。尽管在实际应用中还发展了许多其他合成路线，但固态反应是用于制备 Y-123 的最广泛使用的方法。将化学计量比的 Y_2O_3、$BaCO_3$ 和 CuO 的粉末混合物煅烧，以分解 $BaCO_3$[46]，该混合物在稍低于 Y-123 熔点的温度下反应。$BaCO_3$ 的分解反应似乎是合成中的速率控制步骤，并且需要相对较高的煅烧温度(分解完全需要 930 ℃)。根据此过程报道的 TG-DTA 数据，在约 750 ℃逐渐发生质量损失[13]，这种质量损失主要是由于钙钛矿形成过程中 $BaCO_3$ 产生 CO_2 引起的，部分是由合成超导体的氧损失造成的，在 810 ℃出现了吸热峰。由于 DTA 测量的灵敏度足以检测 Y-123 产物中含量超过 1%的碳[13,47-48]，因此其可用于评估合成样品的质量[13,47-48]。通过固态反应由 Y_2O_3、$BaCO_3$ 和 CuO 制备 Y-123 可以由 TG-DTA 进行非等温研究[49]，Y-123 的合成过程中将形成各种中间体产物,即 $Y_2Cu_2O_5$、$BaCuO_2$ 和 Y_2BaCuO_5。与 Y-123 形成有关的吸热过程发生在 $940\sim$ $960\ ℃$ 附近。Y-123 的形成受扩散控制[50]。

很难在空气中制备出特定的化学计量比和斜方晶系 $LaBa_2Cu_3O_{7-\delta}$ 化合物,但根据 TG-EGA(逸出气体分析)测量结果可以在 $950\ ℃$ 以下通过 $BaCO_3$ 的分解在较低的 O_2 分压下制得目标产物[51]。

15.5.3　通过共沉淀和溶胶-凝胶方法合成 Y-123 和 Y-124

15.5.3.1　简介

如果需要在相对较低的温度下获得非常纯净和化学成分均匀的粉末化合物,通常需要通过湿化学法进行合成,这些方法包括碳酸盐、草酸盐或柠檬酸盐的金属离子的共沉淀以及有机酸盐的热解和溶胶凝胶法[46]。虽然通过氧化物和碳酸盐的固态反应合成 Y-123 很容易,但在没有助熔剂的情况下,仍无法通过这种途径合成 $YBa_2Cu_4O_8$(Y-124)[23]。Y-124 可以用湿化学法广泛地制备[52],在 $800\ ℃$ 的流动氧气气氛下获得超导 Y-124 相。

15.5.3.2　共沉淀法草酸盐制备 Y-123 和 Y-124

由于挥发性 CO 燃烧成为 CO_2,草酸盐的热分解反应是放热的过程[13],所得到的 TG 曲线是单个草酸盐分解曲线的总和[46]。根据得到的 Ozawa 图[14],可以计算出草酸盐形成 Y-123 钙钛矿的活化能(E_a)为 $263\ kJ\cdot mol^{-1}$。用加热速率 β 的对数($\log\beta$)相对于在特定质量损失($m\%$)[53]所对应的温度倒数($1/T$)作图,可以得到 Ozawa 图。对应于不同质量损失阶段所获得的图是线性的关系,可以从直线的斜率估计活化能。

在空气中,CuC_2O_4 在 $230\sim260\ ℃$ 左右分解为 CuO[46,54]。在 $300\sim550\ ℃$ 温度范围内,草酸钇通过 $Y_2(CO_3)_3$ 发生分解成 Y_2O_3。草酸钡在约 $500\ ℃$ 时转化为 $BaCO_3$,$BaCO_3$ 在 $750\sim800\ ℃$ 开始分解成 BaO。在氧气气氛中进行 Y-124 合成时,草酸盐前驱体在 $300\sim550\ ℃$ 左右发生了一步分解,在合成过程中形成 $BaCO_3$ 并在约 $700\ ℃$[56] 开始分解。质谱 EGA 研究结果表明,在 $BaCO_3$ 反应的最后阶段形成了钙钛矿并逸出 CO_2[14]。

15.5.3.3　由乙酸盐-酒石酸盐前驱体制备 Y-124

在氧气气氛下研究通过共沉淀法制备 Y-124 所用的单独的醋酸盐和酒石酸盐前驱体的分解过程[57]。根据单独的含金属阳离子乙酸盐和酒石酸盐沉淀物的 TG 数据,可以推断前驱体凝胶由 $Y_3(OH)(C_4H_4O_6)_4(H_2O)_x$ 或 $Y_3(CH_3COO)(C_4H_4O_6)_4(H_2O)_x$ $(x=4\sim8)$、$Ba(C_4H_4O_6)$ 和 $Cu_2(C_4H_4O_6)(H_2O)_4$ 或 $Cu_2(OH)_2(C_4H_4O_6)(H_2O)_2$ 组成。对于 Y-Ba-Cu 三元凝胶体系,酒石酸配体趋向于与铜形成络合物,并且钡离子可能形成了凝胶状产物,由此形成了不同的物质。在加热过程中,乙酸酯-酒石酸盐前驱体经由中间态物质例如 $BaCO_3$ 在 $200\ ℃$ 以上发生最终分解。

15.5.3.4 通过溶胶-凝胶方法制备 Y-123

均相 Y-Ba-Cu 醇盐溶液的制备相当困难,主要是因为铜醇盐只能微溶于普通有机溶剂中[46]。获得单相 Y-123 产物时,需要通过 Y、Ba 和 Cu 醇盐的均相醇溶液的部分水解,以控制制备过程中的凝聚过程。在 TG-DTA 曲线中,空气气氛中分别在 200～300 ℃ 和 400～500 ℃ 观察到的两个放热峰归因于通过 Y、Ba 和 Cu 醇盐的部分水解获得的凝胶粉末的有机基团的分解和氧化[46]。在合成过程中,使用溶于 2-乙氧基乙醇的 $Cu(OC_2H_4OC_2H_5)_2$ 作为 Cu 源。在 200～500 ℃ 之间观察到质量逐渐减少,在 600 ℃ 以上有微小的质量损失。对于在不加水的情况下制备的样品,由于在热解过程中形成的 $BaCO_3$ 的分解而在 800 ℃ 以上观察到较大的质量损失。

15.5.4 RE-123 熔体的形成

如 TG-DTA 所示(图 15.3 和图 15.4),纯 Y-123 的包晶熔化发生在 1020 ℃(方程(1))。次生相的存在导致吸热过程移向了更低的温度,并在温度范围 900～990 ℃[48,58] 时产生额外的热效应。如方程(2)～(4)[59-60] 中所示,杂质或添加剂与 Y-123 发生了反应。可以根据液相形成这种形式的单变量,将反应分为三种类型:(m)单一化合物的完全熔化或部分熔化反应,(e)共晶反应,即其中发生了若干组分的反应以产生均匀熔体,(p)包晶反应,即其中几种化合物发生反应产生另一固相并熔化[59]。

$$YBa_2Cu_3O_{7-\delta} \rightleftharpoons Y_2BaCuO_5 + 液态产物 + O_2 \quad (1020 ℃) \tag{1}$$

$$YBa_2Cu_3O_{7-\delta} + BaCuO_2 + CuO \rightleftharpoons 液态产物 + O_2 \quad (899 ℃) \tag{2}$$

$$YBa_2Cu_3O_{7-\delta} + CuO \rightleftharpoons Y_2BaCuO_5 + 液态产物 + O_2 \quad (940 ℃) \tag{3}$$

$$YBa_2Cu_3O_{7-\delta} + BaCuO_2 \rightleftharpoons YBa_4Cu_3O_{8.5} + 液态产物 + O_2 \quad (991 ℃) \tag{4}$$

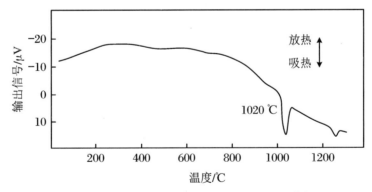

图 15.3　$YBa_2Cu_3O_{7-\delta}$ 在空气中的 DTA 曲线[58]

加热速率 10 ℃·min^{-1}。在 $T=1020$ ℃ 发生反应式(1),
在 $T=1247$ ℃ 发生反应:$Y_2BaCuO_5 +$ 液体 $\rightleftharpoons Y_2O_3 +$ 液体

当在相同条件下对相同样品重复进行实验时,所得到的 DTA 和 DSC 曲线应该相同[61]。如果情况并非如此,则一定是测量本身影响了结果。例如,基于尚未达到平衡的状态而提出的相图。

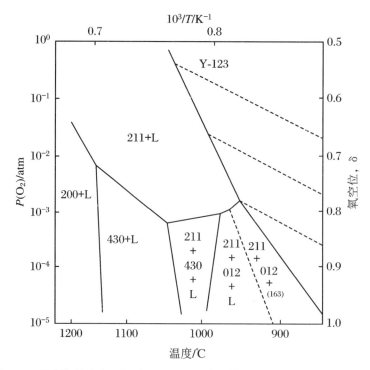

图 15.4 缓慢加热速率下通过 TG-DTA 观察到的 $YBa_2Cu_3O_{7-\delta}$ 的稳定范围和

对 T 和 $P(O_2)$ 的依赖性以及后续反应[59]

Y-123 = $YBa_2Cu_3O_{7-b}$,211 = Y_2BaCuO_5,012 = $BaCu_2O_2$,

430 = $Y_4Ba_3O_9$,200 = Y_2O_3,163 = $YBa_6Cu_3O_{10.5}$,L = 液体

在 $YBa_{2-y}Sr_yCu_3O_{7-\delta}$ 系列（$y=0\sim0.4$）的化合物中，包晶温度 T_p（方程(1)）随 Sr 掺杂浓度的增加而升高[62]。在热膨胀（TD）测量结果中，在 930～950 ℃范围观察到致密化速率的增加。如 DTA 实验中的吸热峰所示（方程(3)），这种致密化是由于形成了液相。在 T_p 之后，颗粒的尺寸继续减小。

$Nd_{1-x}Ba_{2-x}Cu_3O_{7-\delta}$ 化合物体系引起了人们极大的兴趣，主要是由于 Nd 可以在较大的范围内取代 Ba 的位置，即 $x=0.0\sim0.6$ 或者最高达到 0.9[63-64]。由于 Nd-123 具有较宽的固化范围和较高的包晶分解温度，因此在实际应用中 Nd-123 成为 Y-123 的一个有趣替代品（表 15.3）[63,65]。RE 元素离子半径的增加会提高初始熔化温度[47,66]。根据 XRD 和 DTA 测量结果，$Nd_{1+x}Ba_{2-x}Cu_3O_\delta$ 的固溶体极限介于 $x=0.0$ 和 $x=0.9$ 之间[64]。在 O_2 气氛下固溶体在 850～1050 ℃发生最大变化。在 800 ℃时，温度降低导致固溶体范围突然变窄至 $x=0.1$。当 $Nd_{1+x}Ba_{2-x}Cu_3O_\delta$ 中用 Nd 置换 Ba 时，氧含量也增加到 7%以上[67]。然而，氧含量随着 x 的增加而减小。

熔体加工制备的块状 Y-123 具有最佳的超导性能[48]。Y-123 的熔体加工由两个步骤组成，其可以通过以下机理来描述[48]："Y-123 前驱体 + 添加剂(i) → Y_2BaCuO_5 + 液体(ii) → Y-123 + 其他相"，这种机理主要基于 Y-123 的包晶分解或形成反应（方程(1)）[59]。当 Y-123 前驱体的粉末混合物被加热到 1000～1100 ℃时，包晶 Y_2BaCuO_5（Y-

211)形成液相,然后在温度梯度下冷却成固液混合物,由此驱动 Y-123 晶粒的包晶生长并最终形成其他相。由于包晶反应的不完全性,导致这个过程非常耗时。一些 Y-211 颗粒通常被包裹在 Y-123 相中,熔体生长方法包括 MTG(熔体-织构生长)、QMG(淬火和熔体生长)和 MPMG(熔体粉末熔体生长)方法[68]。

表 15.3　经处理的 Y-、Sm-和 Nd-123 复合材料[63]

粉体组成	添加量 mol/mol 123	T_c/K 粉体	$T_p/℃$	熔体结构组成	T_c/K 熔体结构
Y-123		92($\Delta T=1$)	1020	$Y_{0.98}Ba_{1.95}Cu_{3.9}O_8$	92($\Delta T=2$)
$Y_{0.5}Sm_{0.5}$-123	$0.40Y_2O_3+$ $0.40Sm_2O_3$			$Y_{0.42}Sm_{0.56}Ba_{1.89}Cu_{3.0}O_8$	91($\Delta T=2.4$)
Sm-123			1061		
$Y_{0.5}Nd_{0.5}$-123		91($\Delta T=5$)	1049	$Y_{0.44}Nd_{0.63}Ba_{1.90}Cu_{3.0}O_8$	92($\Delta T=1$)
$Y_{0.5}Nd_{0.5}$-123	$0.25Y_2O_3+$ $0.125Nd$-422			$Y_{0.36}Nd_{0.71}Ba_{1.90}Cu_{3.0}O_8$	92($\Delta T=1.5$)
$Nd_{1-x}Ba_{2-x}$-123, $x<0.05$		89($\Delta T=6$)	1086	$Nd_{1.12}Ba_{1.78}Cu_{3.0}O_8$	88($\Delta T=2$)

注:以下包晶反应发生在包晶温度 T_p[63,68]:

$$YBa_2Cu_3O_{7-b} \rightleftharpoons Y\text{-}211 + 液体 + O_2$$

$$SmBa_2Cu_3O_{7-b} \rightleftharpoons Sm\text{-}211 + 液体 + O_2$$

$$NdBa_2Cu_3O_{7-b} \rightleftharpoons Nd_4Ba_2Cu_2O_{10} + 液体 + O_2$$

$Nd_4Ba_2Cu_2O_{10}$(Nd-422)具有四方晶体结构,而 Y-211 是斜方晶系的[68]。

前驱体的纯度、组成和粒度等因素均会影响在熔体加工过程中所获得的材料的性质[48],因此,作为杂质形式存在的碳改变了混合物的反应性,并增加了样品的孔隙度。加热速率对在加热过程中形成的相有影响,在加热过程中防止 Y-123 形成可能会对熔体加工产生有利的影响。当通过固态反应在加热期间不形成 Y-123 时,处理后没有出现 Y-211 晶体。在 Y-123 相中,包晶熔融后产生的 Y-211 颗粒往往大于由固态反应形成的 Y-211 颗粒。当其周期性生长时,也会出现更少的 Y-211 晶体。当使用 Y_2O_3、$BaCuO_2$ 和 CuO 作为 Y-123 前驱体时,在熔融处理的 Y-123 样品中会产生均匀分布的 Y-211 夹杂物[48]。

复合材料通常由几个相组成,DTA 已用于测量熔融织构 Y-、Sm-和 Nd-123 复合材料的加工过程中的分解温度。随着 Y 取代化合物中的 Sm 或 Nd,温度出现了系统的升高(表 15.3)[63]。非超导相可作为固定的中心位置,这可以增加料的临界电流密度 J_c。对于磁场 H,其中 $H_{C1}<H<H_{C2}$(H_{C1} 和 H_{C2} 是上、下临界磁场),超导体处于混合状态,正常状态的材料管出现在超导体中[69]。通常称这种管状结构为涡旋,涡旋可以通过固定中心固定在相应的位置。

15.5.5　RE-123 单晶的生长

在 Ba-Cu-O 熔体中,其溶解度在生长温度非常低,并且在 Y-123 包晶温度附近的液相线的斜率比较陡峭,由此导致制备大体积的 Y-123 单晶变得困难[70]。Y-123(图 15.5)的主要结晶区受到反应(2)~(4)的熔体组成的限制。反应(2)是共晶,反应(3)和(4)是包晶[59]。

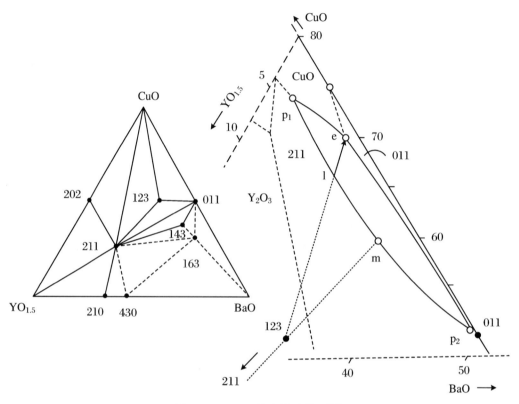

图 15.5 Y-123 的主结晶范围[59]

路径 l~e = 最适合晶体生长,p = 包晶反应,e = 共晶反应,m = 熔化反应,p_1 = 等式(3),p_2 = 等式(4),e = 等式(2),m = 等式(1)。插图显示了 $YO_{1.5}$-Ba O-CuO 在空气中 890 ℃[59]的伪三元相图中存在的相。202 = $Y_2Cu_2O_5$,011 = $BaCuO_2$,430 = $Y_4Ba_3O_5$,其仅在 977 ℃,210 = Y_2BaO_4,211 = Y_2BaCuO_5,123 = $YBa_2Cu_3O_{6+\delta}$,143 = $YBa_4Cu_3O_{8..5}$,163 = $YBa_6Cu_3O_{10.5}$

通过助熔剂法很难获得较大的 Y-123 单晶,目前已经提出了特殊的富溶质液晶-提拉(SRL-CP)法[70]。在此方法中,$3BaCuO_2 \cdot 2CuO$ 溶液的温度梯度保持不变,以使 Y-211 可以在坩埚底部作为溶质的 Y 源存在。提高晶体生长速率的方法主要包括:(ⅰ) 使用较高的氧分压,(ⅱ) 选择在溶液中加入有较高溶解度的 RE 元素,(ⅲ) 使用包含几种 RE 元素的 RE-123 晶体。Sm 和 Nd 在包晶温度 T_p 附近具有最大的溶解度和最小的液相线斜率。研究表明,氧控制熔体生长法(OCMG)适用于生产高 T_c 的 Nd-123 和 Sm-123 大块超导体,这表明低 $p(O_2)$ 是生产 RE-123 超导体的一个有效的可控制参数[70]。在低 $p(O_2)$ 条件下,可以通过顶部种子溶液生长(TSSG)、游离溶剂漂浮区(TSFZ)和流量生长(FG)方法[71],合成得到 Nd-123 单晶。据报道,通过 TSSG 方法生长的 Nd-123 单晶在大约 95 K(AT = 0.5 K)处有明显的超导转变[71]。

单晶的标准退火程序如下：在 $p(O_2) = 1$ atm、约 500 ℃ 下等温 100～200 h，然后骤冷至室温温度[72]。这种晶体的 T_c 一般在 90 K 以上，可以通过在较高温度下在增加的 $p(O_2)$ 下退火来实现相同的氧含量。在高压条件下，氧气的扩散常数较大，导致晶体的氧化过程所需要的时间减少。Y-123 晶体在氩气气氛中 840 ℃ 退火得到氧含量少的 $YBa_2Cu_3O_6$ 晶体[73]，$YBa_2Cu_3O_6$ 在 Ar 气氛下 864 ℃ 分解，该退火温度 T_c 可以从 DTA 的结果方便地确定。

15.5.6　Bi、Pb-Sr-Ca-Cu-O 超导体的研究

Bi_2O_3、PbO、$SrCO_3$、$CaCO_3$ 和 CuO 常被用作固态反应的初始材料来获得铋基材料[13,74]，其中 Bi 和 Pb 氧化物挥发接近煅烧温度[75]，需要在合成中降低精心确定的前驱体煅烧温度，以缩短反应时间。基于 Bi 的 HTSC 由于其复杂的多体组成，只能在较窄的温度范围内保持稳定。TG-DTA 结果显示在 780 ℃[75-76] 以上温度时发生了相形成和分解反应，生成物的形成反应以及熔化和分解过程发生在 N_2 气氛中的温度低于 O_2 气氛下[76-77]，Bi 材料中的 Ca 含量增加导致其熔点降低。铋和铊超导体主要形成于铋分解的阶段[13]。因此，首先形成 $Bi_2Sr_2CaCu_2O_{8+\delta}$（Bi-2212），之后再分解成（Bi、Pb）$_2Sr_2Ca_2Cu_3O_{10+\delta}$（Bi、Pb-2223），Bi(Pb)-2212 通过相对较长的退火程序最终转化为 Bi、Pb-2223[75]。

当 Bi_2O_3-SrO-CaO-CuO 体系中有大量氧化物存在时，Bi-2212 相在很宽的温度范围内具有热力学稳定性[78]。Bi-2223 相只在很窄的温度范围内稳定，并且存在于少数组分形成的平衡相。即使是很小的化学计量或温度变化也可以导致不同的组成相，从而显著影响制备的材料中 Bi-2223 的体积分数。在加工线状和管状材料时必须要考虑到这些因素。考虑到 Bi、Pb-2223 相又与 Bi(Pb)-2212 平衡，在体系中可能存在 Bi_2O_3-PbO-SrO-CaO-CuO、Ca_2CuO_3、$Sr_{14}Cu_{24}O_{41}$、CuO、Ca_2PbO_4、$Pb_4Sr_5CuO_{10}$ 时，可能含有多达 40 个相区围绕 Bi、Pb-2223，化学计量比变化的范围很窄[78]。可以通过配备有光学装置的高温 XRD 技术对这些相进行表征，用显微镜直接观察熔融和凝固过程。另外，可以通过 TG-DTA 或 DSC 来确定相变温度[79-83]。在图 15.6 中给出了 850 ℃ 空气中的 Bi、Pb-2223 相单相区域的示意图。

在对从混合金属氧化物和碳酸盐粉末形成 Bi、Pb-2223 的研究中，TG-DTA 曲线表明在 400 ℃ 时 $CuCO_3$ 发生分解。当达到 820 ℃ 后，$CaCO_3$ 和 $SrCO_3$ 继续分解，其中开始形成超导相[84]。通过对不同的铅含量时 Bi、Pb-2223 相形成过程的研究，发现当铅含量增加时在 700～880 ℃ 之间的吸热峰温度向低温移动[85]，在铅含量最低和最高（每组成单元 0～0.6 mol）时最后一个吸热峰的温度向下移动了 15 ℃。

Bi、Pb-2223 煅烧粉末的 DTA 结果显示在 850 ℃ 左右有明显的吸热现象，这是由 Bi(Pb)-2212 转变为 Bi、Pb-2223 引起的[74,86]。这种现象表明吸热效应是由以下两个反应产生的：(ⅰ) Bi(Pb)-2212、Ca_2PbO_4 和 CuO 相的类共晶部分熔融和 (ⅱ) 从 Bi(Pb)-2212 和液体形成 Bi、Pb-2223 相。这些研究结果表明，Ca_2PbO_4 促进了 Bi、Pb-2223 的形成。大量的 Ca_2PbO_4 会导致更多的液体形成和扩散速率增强。Bi、Pb-2223 样品在冷却过程中的 DSC 曲线表明，固化温度在不同的气氛下发生了变化[81]。在氧气气氛中结晶

的温度高于空气或氩气中的温度。随着冷却速率的升高,放热峰移向较低的温度。

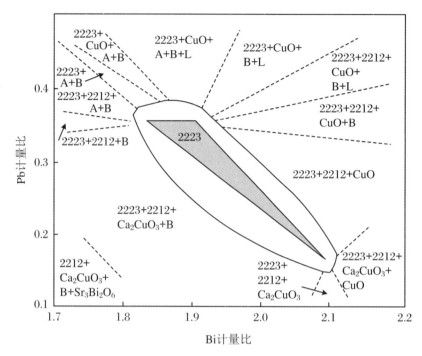

图 15.6 在 850 ℃时 Bi、Pb-2223 相的包含部分周边二相的单相区域的平角相图[78]

图中没有包括存在于单相区域周围的椭圆区域的两相和三相平衡。2223 =
Bi、Pb-2223,2122 = Bi(Pb)-2212,A = Pb$_4$Sr$_5$CuO$_0$,B = Sr$_{14}$Cu$_{24}$O$_{41-B}$,L = 液体

银涂层的 Bi-2212 棒中的一个严重问题是在加工过程中从材料中会释放氧气[87]。根据 TG 测量 Bi$_2$Sr$_2$CaCu$_2$Ag$_x$O$_\alpha$ 样品煅烧的过程,可以通过银掺杂抑制氧的释放[87]。Ag 掺杂的 Bi-2212 材料的熔点随着 $p(O_2)$ 的降低和 Ag 掺杂的增加而降低。随着 $p(O_2)$ 从 0.2 atm 降低到 0.0 atm,Bi$_2$Sr$_2$CaCu$_2$Ag$_{0.2}$O$_\alpha$ 的熔点从 880 ℃下降 40 ℃。当在接近熔点的温度下煅烧时,粉末可以释放出更少的氧。DTA 研究结果给出了制备 Bi、Pb-2223/Ag 胶带的最佳合成温度的信息[74]。实验发现,获得高临界电流密度的理想烧结温度比 DTA 中第一个吸热峰的起始温度高 3～4 ℃。通过空气中的原位中子衍射(ND)测量证实了 Bi、Pb-2212 在带 Ag-涂层的材料内形成 Bi、Pb-2223[88]。铅在 800 ℃时从 Bi、Pb-2212 扩散出去,从而形成富 Pb 相如 Ca$_2$PbO$_4$ 和 Pb$_3$(Bi、Sr)$_3$Ca$_2$CuO$_\alpha$。当温度为 800 ℃以上时铅扩散到 Bi-2212 中,Bi、Pb-2212 在 820～835 ℃之间开始转变为 Bi、Pb-2223。

在无铅 Bi-2223 的 DTA 曲线中,在有效的烧结温度范围 870～880 ℃出现了两个相距仅 10 ℃的吸热峰[89]。Bi-2212 和 Bi-2223 的分解温度非常接近,以至于 Bi-2223 稳定区域内的 Bi-2212 很难生成大量的液体[90]。

15.5.7 共沉淀方法合成 Bi、Pb-Sr-Ca-Cu-O 超导体

有许多文献报道过利用热分析方法分析有关 Bi 基的超导体合成研究,这些超导体

用固相反应法、共沉淀法或者溶胶凝胶法合成制备[13]。

以金属草酸盐作为反应底物,在合成过程中得到的 TG 曲线如图 15.7 所示[91]。最开始是草酸铜分解为氧化铜,接着是草酸铋和草酸铅分解为氧化铋和氧化铅,随后是草酸钙和草酸锶依次分解为相应的碳酸盐。在 400 ℃ 以上时,碳酸钙和碳酸锶开始分解为氧化钙和氧化锶,氧化钙和氧化锶进一步形成 Ca_2PbO_4 的形式。在 DTA 曲线(图 15.7插图)中,草酸盐的分解表现为放热峰的形式,表明为氧化过程。在 400 ℃ 附近的放热峰是由于残留的金属草酸盐热解为金属碳酸盐和金属氧化物引起的[92],在更高温度下出现的复杂吸热反应峰可能与中间产物的形成或者相转变有关[93]。在约 860 ℃ 时,复合物开始熔融。

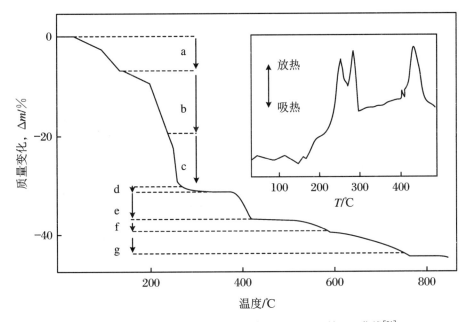

图 15.7　空气中草酸盐共沉淀法制备 Bi、Pb-2223 的 TG 曲线[91]

加热速率为 $0.2\ ℃\cdot min^{-1}$。

a. 脱水,b:$CuC_2O_4 + 0.5O_2 \longrightarrow CuO + 2CO_2$,

c:$Bi_2(C_2O_4)_3 + 1.5O_2 \longrightarrow Bi_2O_3 + 6CO_2$,d:$PbC_2O_4 \longrightarrow PbO + 2CO_2$,

e:$CaC_2O_4 \longrightarrow CaCO_3 + CO$ 和 $SrC_2O_4 \longrightarrow SrCO_3 + CO$,

f:$CaCO_3 \longrightarrow CaO + CO_2$ 和 $2CaO + PbO + 0.5O_2 \longrightarrow CaPbO_4$,

g:$SrCO_3 \longrightarrow SrO + CO_2$。

插图为 DTA 曲线,加热速率为 $2\ ℃\cdot min^{-1}$

用 TG 法研究空气中用金属草酸盐合成 Bi、Pb-2223 相的结果表明,TG 曲线在一开始出现了缓慢的质量损失,随后在 200～550 ℃ 温度区间内出现了两个剧烈的质量损失过程[94-95]。第一处质量损失在 DTA 曲线中表现为 230 ℃ 的吸热峰和 250 ℃ 的放热峰,分别对应于脱水和凝胶态的聚合形式的草酸盐及其他金属有机物的分解。在 370 ℃ 和490 ℃ 两处的吸热峰对应于残留有机物的分解和在热解中生成的碳酸盐的分解过程。在470～590 ℃ 之间形成 $Bi_2Sr_2CuO_{6+\delta}$ 结晶相(Bi-2201),对应于 TG 曲线上出现一个缓慢的质量损失过程。在 750 ℃ 之前生成 Ca_2PbO_4，DTA 曲线在 790 ℃ 附近的吸热峰归属于 Bi-2210 相的生成。在 840 ℃ 附近的吸热峰可能是源于 Bi、Pb-2223 相的形成，在 860 ℃ 处出现的吸热峰可能是由于 Bi、Pb-2223 的熔融。

15.5.8　Bi、Pb-Sr-Ca-Cu-O 玻璃陶瓷的合成

传统的固相反应法制备的 Pb-Sr-Ca-Cu-O 陶瓷材料的烧结性差，密度小[96]。利用玻璃-陶瓷方法[97]制备有许多优势，例如均匀性好、相分离减少、固体溶解度增加和更利于成型等[96]。玻璃陶瓷的制备研究主要集中在优化起始反应物和加工条件来优化材料所满足的需求条件。最常用的合成方法是在熔融温度（1100～1400 ℃）以上搅拌 Bi_2O_3、Pb_3O_4、PbO、$SrCO_3$、$CaCO_3$ 和 CuO 混合粉末。在一个双辊装置中形成玻璃态，随后在金属板上淬火[96]。由于无定形材料是热力学亚稳态，因此只会在高温下发生结晶[98]。无定形材料的结晶是多形态的，可以形成一个相并且不改变化学计量比。然而，在许多情况下，结晶是伴随着复杂化合物的分解和多相同时沉积（共结晶）的过程[98]。

DSC 和 TG-DTA 在表征晶化过程中有着重要的作用[96]，通过从各种加热引起的质量和热效应变化行为可以确定玻璃化转变温度和结晶温度[96]。根据不同热分析方法获得的信息，可以确定最优化的热处理条件。

通过加热无定形粉末制备得到的 Bi-(Pb)-Sr-Ca-Cu-O 晶体的最初结晶相态是 Bi-2201（图 15.8A），最后形成的相是 Bi、Pb-2201[96]。Bi-2201 相在空气中的结晶从 430 ℃ 开始，在 750 ℃ 完成（图 15.8B）。在 830～850 ℃ 附近，Bi、Pb-2223 相开始析出。Bi-2212 相在介于这两个温度范围内形成。

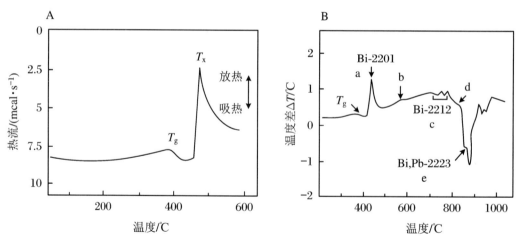

图 15.8　(A) Ar 气氛下 $Bi_{1.5}Pb_{0.5}Sr_2Ca_2Cu_0O_\sigma$ 玻璃的 DSC 曲线；

(B) $Bi_{1.84}Pb_{0.34}Sr_{1.91}Ca_{2.03}Cu_{3.06}O_\sigma$ 玻璃在空气气氛下的 DTA 曲线[101]

加热速率 40 ℃·min^{-1}。T_g 玻璃化转变温度 392 ℃，T_c 结晶温度 473 ℃。

a：CaO、Cu_2O 和 Bi-2201 开始结晶，b：生成 Ca_2PbO_4、CuO，

c：Bi-2201 + CaO + CuO→Bi-2212，d：Ca_2PbO_4→CaO + PbO + 液体，

e：Bi(Pb)-2212 + CaO + CuO→Bi、Pb-2223

在 Bi-2212 相的熔融-淬火 DTA 曲线中,吸热效应来自玻璃化转变($T_g = 435\ ℃$),放热峰是 $Bi_2Sr_3CuO_\sigma$(Bi-2201)($T_x = 486\ ℃$)的晶化造成的[99]。在 Cu(Ⅱ)被消耗之前,一直存在 Bi-2201[96]。此后,开始形成 $Bi_2Sr_{3-y}Ca_yO_\sigma$($y \approx 1$)和 Cu_2O,在 780 ℃ 附近形成的液体的量和 Cu_2O 的数量有关。在 Cu(Ⅰ)到 Cu(Ⅱ)的氧化过程中,通常伴随着 Bi-2212 相的形成。Bi-2212 样品的冷却 DTA 曲线在 920 ℃、862 ℃ 和 735 ℃ 处分别出现了放热峰[100],其中 860 ℃ 和 735 ℃ 附近的放热峰分别对应于 Bi-2212 和 Bi-2201 相的结晶。

如果在部分熔融相中含有 Ca_2PbO_4,则有利于 Bi-2212 相和 Bi、Pb-2223 相的形成[96]。有研究表明,含 Pb 的 Bi-2223 相的玻璃化转变温度 T_g 可以降低到 400 ℃(图 15.8),Pb 的存在使玻璃化温度的范围变大。Pb 含量的变大会增加 Bi、Pb-2223 相的体积分数,但是过量的 Pb 会降低中间体的生成温度,例如会形成 $SrPbO_4$。

研究人员通过非等温 DSC 实验,并应用改进的 Avrami-Kissinger 方程来测定 Bi-(Pb)-Sr-Ca-Cu-O 玻璃在结晶温度 T_c 下的活化能 E_a[101,102]。在这些改进的分析方法中,以 $\ln(T_t^2/\beta)$ 对 $1/T_t$ 作图,其中 β 表示加热速率,T_t 表示 DSC 曲线中结晶峰的峰值温度[101],或者以 $\ln[\beta/(T_t - T_0)]$ 对 $1/T_t$ 作图,其中 T_0 表示 DSC 测量的起始温度[102-103]。选取峰值温度的依据是假定结晶速率在 T_t 处最大。通过拟合曲线的斜率计算得到 E_a。Bi-2212 相结晶过程的活化能 E_a 约 395 kJ·mol^{-1}[102],$Bi_{1.5}Pb_{0.5}Sr_2Ca_2Cu_3O_\sigma$ 玻璃的 E_a 约 292 kJ·mol^{-1}[101]。

15.5.9 Tl 基超导体的制备

可利用 Tl_2O_3 粉末和 Ba-Ca-Cu-O 前驱体作为原料制备 Tl 基高温超导体[104-105]。利用前驱体基质可以减少反应时间,降低反应温度从而减少铊(Tl)氧化物的挥发(方程(5～7))[106]。反应物料被包裹在 Au 箔中,合成时用约 900 ℃ 加热同时不断地通入氧气,也可以在密闭的石英玻璃管中进行。在较高的压力下,反应温度升高。

$$Tl_2O_3(s) \longrightarrow 0.5Tl_4O_3(s,l) + 0.75O_2(g) \quad p(O_2) = 1\ atm, T = 800\ ℃ \quad (5)$$

$$Tl_2O_3(s) \longrightarrow Tl_2O(g) + O_2(g) \quad\quad\quad\quad\quad\quad\quad\quad\quad\quad\quad (6)$$

$$Tl_4O_3(s) \longrightarrow 2Tl_2O(g) + 0.5O_2(g) \quad\quad\quad\quad\quad\quad\quad\quad\quad\quad (7)$$

通过 DTA 测量结果,可以确定 $Tl_2Ba_2O_5$ 的熔点为 1100 ℃,是合适的制备正交和四方 $Tl_2Ba_2CuO_{6+\delta}$ 材料的前驱体[45,107]。

一种制备含有挥发组分的材料的方法是在合适的温度下氧化相应的合金[45]。在氧气氛围下加热 $TlBa_2Ca_3Cu_4$ 合金,可以在低至 300 ℃ 的温度下制备得到相应的氧化物[45]。虽然在 TG-DTA 测试中并没有完全形成超导体相,但是实验表明在 600 ℃ 下有后续反应发生。在室温下,$Tl_2Ba_2CaCu_2$ 合金在氧气气氛下的放热氧化反应就已经开始,当温度达到 350 ℃ 时会由于释放氧气而出现一个吸热反应,随后又出现一个放热氧化反应[108]。在约 780 ℃ 下,氧化铊会挥发。

(Tl、Bi、Pb)(Ba、Sr)$_2$Ca$_2$Cu$_3$O$_{9-\delta}$(Tl、Bi、Pb-1223)的生成过程会与(Tl、Pb)(Ba、Sr)$_2$CaCu$_2$O$_\sigma$ 竞争,该反应可以看作反应的势垒[45]。TG-DTA 研究结果表明,加热到 900 ℃ 时有利于反应越过反应势垒,但是在 $p(O_2) = 1\ atm$ 的条件下,Tl、Bi、Pb-1223 会发生分解[45]。

15.5.10　Hg 基超导体的制备

Hg 基材料通常用 HgO 和 Ba-Ca-Cu-O 前驱体混合压制成球的方法来制备[109-110]。反应在石英管中进行,在升到反应温度(800 ℃)前,需要进行通气然后密闭处理。在合成过程中最关键的问题是 HgO 在 500 ℃ 以上会分解(式(8))并产生高的 Hg 蒸气压,同时在 550 ℃ 以上也很容易形成 $CaHgO_2$。

$$2HgO(s) \longrightarrow 2Hg(g) + O_2(g) \tag{8}$$

也可以通过高温高压方法来制备 Hg 基超导体[111]。$HgBa_2Ca_{n-1}Cu_nO_{2n+2+\delta}$ 化合物会发生包晶熔融,但在常压下会在熔融前发生分解[112]。在生长单晶时,可以通过在达到熔融温度前利用高压力的静态 Ar 气氛封装样品的方法来避免样品在包晶熔融前发生分解。使用 PbO 或 $BaCO_2 \cdot CuO$ 助熔剂能使包晶的分解温度降低。在 10000 个大气压的 Ar 条件下,它在 1020~1070 ℃ 下发生结晶。

有研究者研究了在不同的气氛(流动的 O_2、Ar 或真空)下退火处理凝胶前驱体制备得到的 $HgBa_2CaCu_2O_{6+\delta}$(Hg-1212)[113],凝胶是通过在 Ba、Ca 和 Cu 的醋酸盐溶液中加入酒石酸制备得到的。该凝胶对于水和 CO_2 都十分敏感,真空处理得到的 Hg-1212 材料的性能最佳。由于空气下的 TG 曲线在 350 ℃ 附近有质量的增加,因此前驱体中 Cu 在化合物中的价态一定是 +1 价。

有文献报道了用 DTA 方法研究一种用前驱体 BaO-CaO-CuO 高压合成 $HgBa_2Ca_2Cu_3O_{8+\delta}$(Hg-1223)的工作[114]。化学组成为 $Ba_2Ca_2Cu_3O_{7+\delta}$ 的粉体的 DTA 曲线中出现了 2 个吸热峰,一个在大约 850 ℃,另一个在约 910 ℃。在 865 ℃ 的流动氧气氛围下煅烧该前驱体粉体得到的 Hg-1223 样品纯度很高。在充分煅烧的前驱体中,主要存在的相是 $BaCuO_2$ 和 Ca_2CuO_3。

利用静态重量法(SWT)制备的 Hg-1201 可以确定 Hg(g)在气相中的质量[115],利用 $Ba_2CuO_{3+\delta}$ 和 HgO 在密封的石英管中可以制备得到 Hg-1201。当将初始混合物加热到 800 ℃ 时,在 600 ℃ 以下蒸气的质量增加。在 600 ℃ 以上,质量的减少是由于 Hg(g)或 HgO(g)和 $Ba_2CuO_{3+\delta}$ 发生反应生成 Hg-1201 引起的。在测量蒸气质量时,升降温过程中保持氧气分压一定,在恒温过程中则增加或减少氧气的分压。$p(Hg)$ 和 $p(HgO)$ 的数值可以由理想气体方程和 Hg(g)与(O_2)反应生成 HgO(g)的反应平衡常数计算得到。Hg-1201 和 $BaHgO_2$ 的稳定范围都依赖于 $p(O_2)$[116]。当 $p(O_2) = 0.2$ atm、$p(Hg) = 7$ atm、$T = 850$ ℃ 时,只有 Hg-1201 稳定存在。而当 $p(O_2) = 0.8$ atm 时,Hg-1201 和 $BaHgO_2$ 同时存在并且达到气相平衡。在更低的氧分压下,可以在更宽的温度区间内合成 Hg-1201。

热压分析法(TBA)可以用于测量在合成 Hg-1223 和 $CaHgO_2$ 时石英管中的气体总压[117-118]。TBA 结果表明,合成 Hg-1223 相的温度区间比 $CaHgO_2$ 更低,因此合成超导结构相变得更加容易。通过实时监控体系的温度和压力可以研究影响高温合成 Hg-1223 的因素。例如,通过改变加热和冷却速率可以研究 Re 掺杂或前驱体中的氧含量的影响等[119-120]。

15.6 高温超导体块材的热分析表征

15.6.1 简介

$REBa_2Cu_3O_{7-\delta}$ 和 $Pb_2Sr_2RE_{1-x}AE_xCu_3O_{8+\delta}$（AE＝Ca）具有不同的氧组分含量，这些氧含量会影响其超导性能[121-122]。同样，在 Bi、Tl 和 Hg 基超导材料体系 $[Bi_2Sr_2CaCu_2O_{8+\delta}$（Bi-2212）、$Tl_2Ba_2CuO_{6+\delta}$（Tl-2201）和 $HgBa_2CuO_{4+\delta}$（Hg-1201）]中，T_c 会随着氧含量的变化而发生突然的改变[45,123-124]。

15.6.2 $La_{2-x}Sr_xCuO_{4-\delta}$

首次在 $La_{2-x}Sr_xCuO_{4-\delta}$ 体系中发现异常的导电现象：在 1 个大气压下，从室温加热到 150 ℃时会出现电导率急剧减少，而在 150～380 ℃又开始增加[125]。从 TG 曲线的质量增减判断，这种现象是由于氧的插入和抽离造成的。

只有很少一部分的碱土金属化合物 $La_{2-x}AE_xCuO_{4-\delta}$（AE＝Ca、Sr、Ba）存在超导现象[126]。在 $La_{1.85}Sr_{0.15}Cu_{0.98}$ 中可以达到最高的 T_c 为 37 K。图 15.9 中给出了用 TG 法测量的 $La_2CuO_{4-\delta}$ 体系的不同 O 和 Sr 化学计量数。

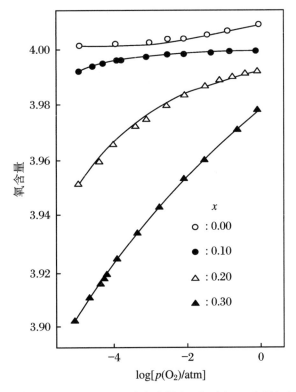

图 15.9 900 ℃下 $La_{2-x}Sr_xCuO_{4-\delta}$ 中氧含量和 $p(O_2)$ 与 Sr 含量（x）关系图[127]

15.6.3　YBa$_2$Cu$_3$O$_{7-\delta}$

15.6.3.1　Y-123 中氧的化学计量数

YBa$_2$Cu$_3$O$_{7-\delta}$ 中氧的化学计量数随着不同的合成条件而变化很大($0<\delta<1$)。在高温条件下,会形成非超导的 Y-123 四方相。在空气中冷却时,氧会进入到晶体结构中,形成正交的超导结构相($T_c = 90$ K)。在流动的氧气氛围中约 440 ℃ 退火时达到氧含量的最高值 $\delta = 0.04$,即稍稍偏离化学计量值。

用 TG 可以研究 Y-123 的氧插入和抽离过程以及氧气的扩散系数(D)。D 在很大程度上依赖于 $p(O_2)$,但同时也依赖于非化学计量的氧[129-131]。氧气在斜方晶系中的扩散速度比在四方晶系中更快[129]。Y-123 中氧的富集是一个受激过程,空气中斜方结构的 E_a 约为 74 kJ·mol^{-1},而四方结构的 E_a 只有约 31 kJ·mol^{-1}[129]。当温度从 500 ℃ 升到 650 ℃ 时,斜方结构物质的氧气脱附活化能从 184 kJ·mol^{-1} 增加到 290 kJ·mol^{-1}[132]。在 650 ～800 ℃ 时,四方结构的 E_a 出现了微弱的增加。E_a 是通过 DTG(即微商热重法)计算得到的。500 ℃ 下,Y-123($\delta = 0.1$)的化学扩散系数理论值约为 1×10^{-10} cm^2·s^{-1}[133],该值比不烧结的样品大 2～3 个数量级[134]。文献报道的化学扩散系数的变化范围都很大,其与温度相关的 Arrhenius 图呈现近似线性的关系[134-135]。

用区间熔融法制备的样品都具有特定的结构,其对氧气的吸附机理可以分成化学反应和扩散两部分,相应的活化能 E_a 分别为 105 kJ·mol^{-1} 和 68 kJ·mol^{-1}[136]。纯氧气氛是 Y-123 晶体最佳的吸氧环境。在 450 ℃ 下,氧含量能够最快地达到最大值(图 15.10)。

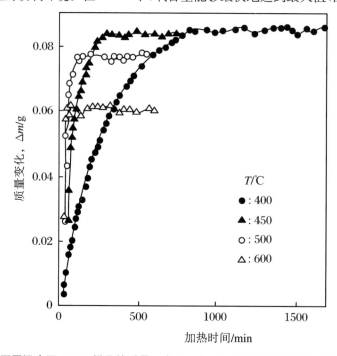

图 15.10　在不同温度下 Y-123 样品的质量改变 Δm 与加热时间的关系图($p(O_2) = 1$ atm)[136]

有研究表明，氧气分子在斜方 Y-123 中的扩散速率比在 Y-123 外的扩散要快[44]。在 400 ℃下，在 O_2 和 1%O_2/Ar 气氛下观察到的晶体内、外氧气扩散速率不同的现象被认为是实验条件造成的。在更低的温度(<325 ℃)下，利用移动边界原理可以解释晶体内、外扩散的差异。根据移动边界原理，晶体外的氧气分子扩散速率变慢是由贫氧表面层的存在而形成扩散势垒造成的。

如图 15.11A 所示，当加热和冷却循环的条件相同时，在氧气气氛下，化学计量数接近的 Y-123 的氧气释放和吸收过程是可逆的[121]。而在一个氧空位 $\delta = 0.82$(碘还原滴定确定)的 Y-123 中(图 15.11B)，在约 200 ℃时会出现质量增加，即 O_2 进入体系在 360 ℃时氧气的增加和损失达到平衡($\delta = 0.12$)[121]，随后会出现连续的质量损失。总体的质量减少是由氧气的损失引起的。最后，在 900 ℃下，含氧空位的 Y-123 相中的 δ 为 0.89[121]。在冷却的过程中，氧的化学计量数会下降，最终 δ 为 0.14。DSC 测试表明，氧的释放过程是一个吸热过程，而氧的吸收则是一个放热反应[15,137]。在氧气气氛下，也有稍有不同的结果报道，例如，在 530 ℃才发生质量增加，氧气的损失发生在 630 ℃以上[75]。

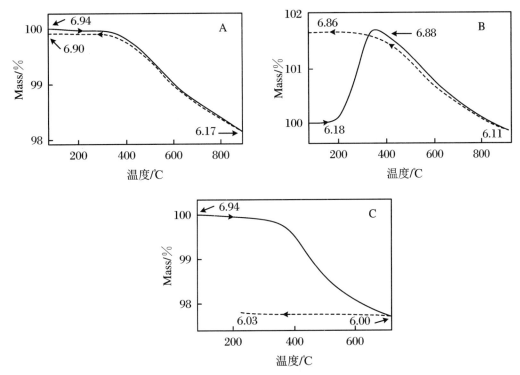

图 15.11 不同 Y-123 材料在不同气氛下的氧气的吸收和释放曲线[121]
(A)接近化学计量比的 $YBa_2Cu_3O_{7-\delta}$，加热冷却速率 2 ℃·min^{-1}。
(B)贫氧的 Y-123，加热冷却速率 1 ℃·min^{-1}。
(C)接近化学计量比的 Y-123 在 N_2 气氛下，加热速率 2 ℃·min^{-1}，冷却速率 20 ℃·min^{-1}

与 O_2 条件下一样，在 N_2 气氛下，TG 曲线在 350 ℃开始出现一个很快的质量损失过程，但是到 750 ℃时，化合物的 δ 就已经达到 1.0(图 15.11C)[121]。从 TG 曲线上看，从 δ

$=0$ 到 $\delta=1$ 的过程中的质量损失为 2.4%[45]。在冷却过程中,化合物的质量维持不变[121]。当冷却气氛富含氧气时,该样品的氧化学计量数又会继续增加[128]。

根据 Van't Hoff 图(图 15.12)可以确定高温超导材料氧化过程中的焓变值[138]。Van't Hoff 图是以氧分压的对数 $[\log p(O_2)]$ 对温度的倒数 $(1/T)$ 作图的形式表示的[12,138]。对于给定的 δ,利用 $R\ln[p(O_2)]$(R 是气体常数)对 $1/T$ 作图得到的直线可以确定 $\Delta H_{O_2}(\delta)$,利用 $RT\ln[p(O_2)]$ 对 T 作图可以得到 $\Delta S_{O_2}(\delta)$[12,139-140]。$\Delta H_{O_2}(\delta)$ 和 $\Delta S_{O_2}(\delta)$ 分别对应于 1 mol O_2 溶于贫氧材料中的焓变和熵变[140]。从 Van't Hoff 图的斜率可以看出,斜方和四方 Y-123 材料的氧化过程中的摩尔焓变值分别是 $-225\ kJ\cdot mol^{-1}$ 和 $-200\ kJ\cdot mol^{-1}$[15,141]。应用氧空位模型可以模拟 Y-123 在释放氧而形成氧空位过程中 ΔH 和 ΔS 与 $p(O_2)$ 的关系[44]。该方程将 Y-123 中的氧含量和温度与 $p(O_2)$ 联系在一起。

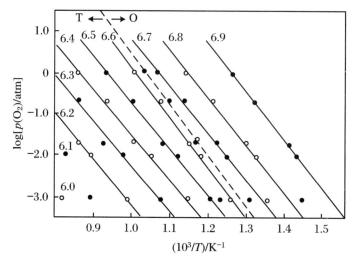

图 15.12　$YBa_2Cu_3O_{7-\delta}$ 的 $\log p(O_2)$ 与温度倒数的关系图[15]
虚线为 O-T 转变线

15.6.3.2　Y-123 中的 O-T 转变

由 TG 分析结果可知,在从斜方相(O)到四方相(T)的转变过程中,随着 $p(O_2)$ 从 10^{-4} atm 增加到 1 atm,Y-123 的 δ 值是连续变化的[142],这表明 O-T 转变过程是高于一级的反应。TG 实验可以提供除质量变化外的更多信息:即使该体系没达到平衡态,斜率的改变也暗示着相转变[143]。O-T 转变在 TG 曲线上表现为一个明显的转折点或者 TG 曲线斜率的改变(图 15.11A),或者在 DTG 曲线上出现最大值或最小值[47,144]。从斜方相到四方相的结构转变的转折点是由热诱导引起的,但也受 $p(O_2)$ 的影响(图 15.12)[138,145],这一点可以用原位 XRD 实验证明[146]。另外,加热和冷却速率也会影响相转变点。通过 TG 分析可知,在 Y-123 的 O-T 转变过程中,δ 并不是一个恒定值。但是相边界的斜率 $d\delta/dT\approx-4.7\times10^{-4}\ K^{-1}$[144],在 550~700 ℃ 范围内,$\delta$ 值可以用近似线性的方程 $\delta_{O-T}=0.848-4.83\times10^{-4}\ T$[134,147] 表示。高温 XRD 数据表明,在空气中加热完全氧化的粉体时在 600 ℃ 会发生平滑的 O-T 相转变[145,148]。原位中子衍射（PND）结果表明，在纯氧条件下 700 ℃ 时会发生 O-T 相转变，在加热过程中从一维的 CuO 链上丢失了氧原子[149-150]。在转变点，氧空位的计量值 δ 接近 0.5[149]。向四方相的转变是热诱导脱氧和 CuO 链中剩余氧原子的混杂共同作用的结果[134,149]。在纯氧气氛下加热时，四方相的贫氧 Y-123 材料（$\delta = 0.74$）在 390 ℃ 时能转变成斜方相材料[151]。

在 O-T 转变过程中，Y-123 的长度和体积的变化可以反映在热膨胀效应上[138]。在恒温条件下，其长度会随着气氛的改变而改变。高密度的多晶样品的体积变化会导致微裂纹的产生，从而为气体的渗入提供更多的表面积，进而提高氧化速率。但是，这些裂纹会影响材料的超导性能。

当四方相的 Y-123（$\delta = 0.8$）样品在 N_2 气氛下加热或冷却时，材料会发生近似恒定的热膨胀变化[152]。热膨胀系数（CTE）约为 10.7×10^{-6} ℃$^{-1}$。在空气气氛下加热时，四方相（$\delta \approx 0$）的样品起始的 CTE 为 12.9×10^{-6} ℃$^{-1}$，但在 450～650 ℃ 范围内，CTE 的值会变得很大。

15.6.3.3 RE-123 系列的 O-T 转变

从表 15.4 中的 DSC 和 TG 数据可以看出，在 RE-123 系列化合物中，转变温度倾向于随着 RE 离子半径的减少而增大，相转变点处的氧缺陷也随着转变温度的增大而增大[153]。利用 DSC 方法可以测定 La-123 的 T-O 转变温度，而测定其他 RE-123 化合物则利用 TG 方法。在 La-123 体系中，氧脱附的吸热信号比 O-T 转变过程的不连续比热变化更加明显，因此在相转变温度对应的冷却 DSC 曲线上会出现一个明显的异常变化[154]。

表 15.4　氧气气氛下 RE-123 系列的 O-T 转变温度[153-154]

元素	转变温度	氧空位
La	485	
Nd	566	0.140
Sm	615	0.157
Eu	633	0.178
Gd	641	0.171
Dy	672	0.284
Ho	691	0.255
Y	686	0.318
Er	699	0.201
Tm	706	0.300
Yb	681	0.193

注：La-123：冷却过程中用 DSC 测量；Nd-123、Yb-123：用 TG 测量；Yb-123 含杂质，起始的 δ 未确定。

15.6.3.4 逸出气体分析

在加热时可以用质谱技术测定从 Y-123 中逸出的 O_2 和 CO_2 气体[51]。CO_2 源于未反应的 $BaCO_3$,在合成中 $BaCO_3$ 作为反应物或者生成物存在。TG 或 DTG 曲线在 350 ℃附近的质量损失是由样品中 O_2 的释放过程引起的。样品的 EGA 曲线表明,在 Ar 气氛下,在 350 ℃出现 O_2,约在 540 ℃出现 CO_2。最大的 O_2 释放量出现在 530 ℃,CO_2 的最大逸出量出现在 800 ℃。

15.6.3.5 Y-123 的微结构改变

通过放射热分析法(ETA)能够获取超导体在氧气或氢气气氛下加热时微结构改变的信息,这种微结构的变化尺度可以达到纳米尺度[155]。

^{220}Rn 原子可以插入至 Y-123 粉体表面下约 80 nm 深度的位置,其处于结构的缺陷位置,作为扩散的通道或者势阱[155]。在氧气气氛下,ETA 曲线的起始温度在 385 ℃,表明 Y-123 确实发生了微结构的改变。氡原子释放速率的快速增加表明 Rn 原子有多种扩散途径。在约 700 ℃时,发生了 O-T 相转变,氡原子的释放速率也突然下降。在氢气的 ETA 曲线中,^{220}Rn 释放速率在约 500 ℃时开始减小。结合 TG 数据($\delta = 1$),可认为这是由结构发生分解造成的。ETA 曲线上约 400 ℃的峰归属于 O-T 转变。

15.6.3.6 氧同位素交换

首次发现同位素对摩尔质量的影响会改变超导体的转变温度[156]。由于超导体的性质受氧同位素的影响,而这种影响往往比较微小,因此需要对所研究的样品进行仔细的表征[128]。可以通过在 $^{18}O_2$ 中氧化相应金属得到含有高浓度 ^{18}O 的 Y-123 样品[44,17],可以通过 TG 法来确定样品的氧同位素含量。在空气气氛下,同位素交换在 300~470 ℃的温度范围内发生。

在 Nd-123 体系中,含 ^{16}O 的固体氧化物和富含 ^{18}O 同位素的气体之间的反应可以采用动态加热法来研究[158]。由于吸附的 H_2O 和 CO_2 分子会影响氧同位素交换的测量,因此需要在 300 ℃下加热样品予以去除。样品中的同位素在实验温度下会发生扩散和氧交换过程,在 400~500 ℃达到最快的交换速率。交换反应可以近似看作多相的反应。在交换反应过程中,一些 ^{16}O 原子(固体中)会在相界面上和 $^{18}O_2$ 分子反应生成 $^{16}O^{18}O$ 和 ^{18}O(固体)。通过四极质谱分析可以检测到 $^{16}O^{18}O$ 分子和释放的 $^{16}O_2$ 分子。

15.6.3.7 对水或 CO_2 的敏感性

高温超导体材料和 CO_2 及水的热化学反应活性会影响材料的长期稳定性[75]。Y-123 会和水以及自由的氧气分子发生反应[138]。把材料长期暴露在高湿度的环境下会降低其电性能,这可能是由于发生了还原以及形成了绝缘的氢氧化物[18]。在加热过程中水和材料反应生成氢氧化物,会在 TG 曲线上出现质量增加现象,而当氢氧化物不稳定分解时,TG 曲线会出现质量减少[138]。

尽管气氛中 CO_2 的含量很少(0.01%),但这也会改变 Y-123 样品的 TG 曲线[18]。

CO_2 在一定程度上能够溶入到 Y-123 的晶格中,从而发生反应形成不是超导体的氧化碳酸盐 $YBa_2Cu_{3-z}(CO_3)_zO_{6-3z/2+\delta}$ ($z \approx 0.2$)[134]。在高 CO_2 浓度气氛下测量的 TG 曲线表明,Y-123 在高温下会分解,会重新生成 $BaCO_3$[18]。如果 $p(CO_2)$ 很低,则 $BaCO_3$ 会重新发生反应,再生成 Y-123 材料。TG 曲线的质量增加表明,在纯 CO_2 气氛下,Y-123 在 800 ℃时全部分解成 $BaCO_3$。

15.6.4 $YBa_2Cu_4O_8$ 的热稳定性

通过 TG 法可以测定 $YBa_2Cu_4O_8$(Y-124)中是否含有 Y-123 或 $Y_2Ba_4Cu_7O_{15-\delta}$(Y-247)杂质进而测定其纯度。在纯氧气氛下,Y-123 在约 400 ℃时会开始损失氧,而 Y-247 则在 500 ℃时开始损失氧。Y-124 会在 800 ℃以上分解成 $YBa_2Cu_3O_{6+\delta}$ 和 CuO[159-160]。通过 $p(O_2)=1$ atm 条件下的 DTA 测量发现,Y-124 在分解成 Y-123 相时会经由 Y-247 相[161]。Y-124 的双 Cu-O 链中的氧原子比 Y-123 的单 Cu-O 链中的氧原子结合得更加紧密[52]。因此,在惰性气氛下,在加热到 670 ℃时 Y-124 也能稳定存在(图 15.13)。

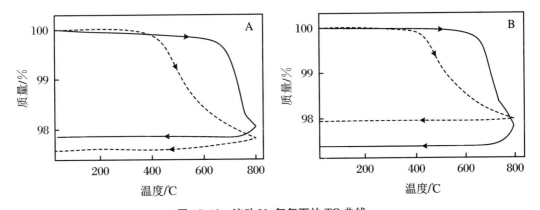

图 15.13 流动 N_2 气氛下的 TG 曲线

加热/冷却速率为 5 ℃·min^{-1}。

(A) $Y_{0.5}Sm_{0.5}-124$(—)和 $Y_{0.5}Sm_{0.5}-123$(− −)对比;

(B) $Y_{0.5}Nd_{0.5}-124$(—)和 $Y_{0.5}Nd_{0.5}-123$(− −)对比

15.6.5 $Pb_2Sr_2(Y,Ca)Cu_3O_{8+\delta}$

在高温超导材料中,氧含量变化最大的材料是 $Pb_2Sr_2RE_{1-x}AE_xCu_3O_{8+\delta}$(AE = 碱土金属)[18]。$Pb_2Sr_2Y_{1-x}Ca_xCu_3O_{8+\delta}$(Pb-2213)在约 80 K 时变成超导体,而 Ca^{2+} 则会被 Y^{3+} 所取代[122,162]。在这种情况下,多余的正电荷会氧化 $Cu-O_2$ 位面的 Cu^{2+},但并不是预想的在[(Pb-O)(Cu-O_δ)(Pb-O)]片段中 Pb^{2+} 到 Pb^{4+} 或 Cu^+ 到 Cu^{2+} 的形式。当化学式中氧的个数为 8 时,材料具有最理想的超导性能,此时材料为斜方相。当材料退火后,[(Pb-O)(Cu-O_δ)(Pb-O)]片段中的部分氧会被取代,从而形成四方结构相半导体。

Pb-2213 在氧气氛围下在 450 ℃热处理时,氧气会被取代。在 20 h 之后,TG 曲线显示质量增加,相应的 δ 为 1.9[122]。相反,如果同样的样品在 N_2 气氛下 500 ℃热处理,材料会损失氧气,同时 $\delta \approx 0$。氧气的摄入会抑制材料的超导结构转变,而在 N_2 下同样的温度加热处理则能够恢复材料的超导结构。在含 O_2 的气氛下,贫氧材料在 $300 \sim 600\ ^\circ\text{C}$ 范围内能够可逆地被氧化(图 15.14A)[162]。氧含量只会在这两个极限值范围内达到饱和[27]。当温度高于 $630\ ^\circ\text{C}$ 时,样品会发生氧化分解,其程度取决于 $p(O_2)$ 和相应的取代基[162]。同时 Pb 会被氧化,形成的第二相也具有钙钛矿结构。在低 $p(O_2)$ 下,O-T 结构转变发生在 $750\ ^\circ\text{C}$ 附近。

在 O_2 气氛下,Pb-2213 从 $300\ ^\circ\text{C}$ 开始出现各向异性膨胀现象[138,152],分别在 $550\ ^\circ\text{C}$ 和 $700\ ^\circ\text{C}$ 下出现两个方向膨胀的最大值为约 1.4%。通过比较热膨胀和 TG 曲线可知,氧含量的增加或减少伴随着长度的增加或减少。在 $550\ ^\circ\text{C}$ 的恒温条件下,气氛中的氧含量增加,Pb-2213 发生膨胀,但是 Y-123 发生了收缩(图 15.14B)。

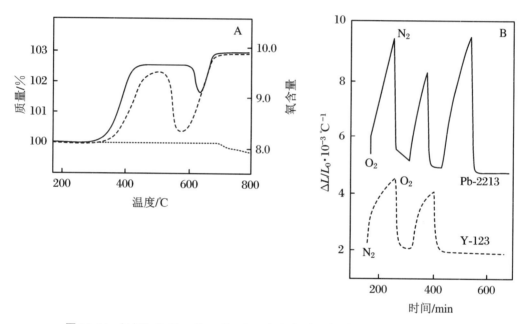

图 15.14 (A) $\text{Pb}_2\text{Sr}_2\text{Y}_{0.60}\text{Ca}_{0.40}\text{Cu}_3\text{O}_{8.08}$ 在 O_2 (—)、$p(O_2) = 60\ \text{ppm}$,Ar(− −),N_2 (·)气氛下的 TG 曲线,加热速率 $2\ ^\circ\text{C} \cdot \text{min}^{-1}$;(B) $\text{Pb}_2\text{Sr}_2\text{YCu}_3\text{O}_8$ (—) 和 $\text{YBa}_2\text{Cu}_3\text{O}_{7-\delta}$ (− −)在 O_2 和 N_2 气氛下的等温膨胀曲线,$T = 550\ ^\circ\text{C}$[152]

15.6.6 Bi-、Tl-和 Hg-基超导体

15.6.6.1 Bi 基体系

含 Bi、Tl 和 Hg 的高温超导材料的氧气损失量要比 Y-123 小,因此这些材料的低温质量损失要更小。Bi 基材料的非化学计量氧取决于双 Bi-O 层中的氧空位含量[76]。在对这类材料进行热处理时,当温度接近熔点时这些材料会有很小的氧质量损失。如果加热过程发生在氧气存在的条件下,则这个过程是可逆的。

在空气中制备的 Bi-2212 材料加热到 $850\ ^\circ\text{C}$ 时,相应的质量损失为 0.17%,对应于化学式中 0.1 mol 的氧损失[22]。当冷却至室温时,只有 0.07% 的质量增加。在经历此热处理循环后,T_c^{onset} 从 68 K 增加到 77 K。当在 Ar 中冷却 Bi-2212 样品时,质量损失为 0.16%,相应的 T_c^{onset} 为 95 K。这个实验表明,改变退火条件能够改变样品的临界温度,降低气氛中 $p(O_2)$ 能够使 Bi-2212 样品的 T_c 升高[165]。在 Ar 气氛下,T_c 为 89 K 的 Bi-2212 的 T-O 转变温度为 600 ℃[166]。

Knudsen 质谱分析结果表明,真空条件下 $Bi_{1.9}Pb_{0.35}Sr_{2.0}Ca_{2.2}Cu_{3.0}O_{10.2}$ 的氧气损失过程发生在 650~700 ℃ 范围[167],每摩尔分子化合物氧气的释放量为 1.6 mol,在气相中也检测到了这种产物。$(Bi,Pb)_2Sr_2Ca_2Cu_3O_{10+\delta}$ 达到最高转变温度的最佳 δ 在 0.14~0.29[168]。

15.6.6.2 Tl 基体系

$Tl_2Ba_2CuO_{6+\delta}$(Tl-2201)的晶体结构以斜方和四方相形式共存,这两相都是超导结构[107],其临界温度在 0~90 K 间变化。在氧气气氛下退火处理四方 Tl-2201 样品可以实现 T-O 转变[45,169]。氧含量能够在之前的 0.3% 增长的基础上继续增加 0.15%,该过程的活化能 $E_a = 78$ kJ·mol^{-1}。在低 $p(O_2)$ 气氛下,铊原子在 480 ℃ 时就开始释放出来[45,107]。

在 $TlBa_2Ca_2Cu_3O_\sigma$ 加热过程中从 900 ℃ 开始损失铊氧化物[171]。在氧气氛下,$Tl_{0.6}Pb_{0.4}$-$Ba_{0.4}Sr_{1.6}Ca_2Cu_3O_\sigma$ 的 DTA 曲线在 991 ℃ 会出现一个很大的放热峰,对应于包晶 $(Tl、Pb)(Ba、Sr)_2Ca_2Cu_3O_\sigma$ 分解为 (Tl、Pb)(Ba、Sr)-1212 和 Ba-Sr-Ca-Cu 的混合氧化物的过程,如 TG 曲线(图 15.15)所示,在包晶分解前就已经开始损失铊氧化物。

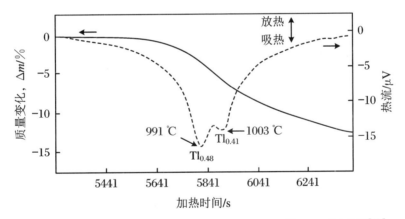

图 15.15 氧气气氛下 $Tl_{0.6}Pb_{0.4}$-$Ba_{0.4}Sr_{1.6}Ca_2Cu_3O_\sigma$ 的 TG-DTA 曲线[171]

15.6.6.3 Hg 基体系

在一般的合成条件下,由 800 ℃ 加热封闭管得到的 $HgBa_2CuO_{4+\delta}$(Hg-1201)中 Hg 的含量会比化学计量值稍小一些[172]。通过三温度静态热重法(SWT)可以测量在给定的 $p(O_2)$ 和 $p(Hg)$ 气氛下 $Hg_{1-x}Ba_2CuO_{4+\delta}$ 中 Hg 的含量。可以用 CoO/Co_3O_4 或 Mn_2O_3/MnO_2 来调节密闭硅管中的 $p(O_2)$。在固定的 $p(O_2)$ 下,用 Hg-1201/$Ba_2CuO_{4+\delta}$ 来控制 $p(Hg)$。从 $p(O_2)$-$p(Hg)$-T 图中 $p(O_2)$-$p(Hg)$ 和 $p(Hg)$-T 的交点可以计算得出 Hg-

1201 的最大 Hg 含量为 0.84,实验过程中的各参数分别为 $p(O_2)=0.42$ atm,$p(Hg)=4.5$ atm,$T=800$ ℃。在同样的 $p(O_2)$ 和 $p(Hg)$ 条件下,降低温度可以使 Hg 的含量增加到接近于化学计量比(650 ℃时的值为 0.94)。

通过用 TG-DTA 研究氧气气氛下 Hg-1201 和其前驱体 $Ba_2CuO_{3+\delta}$ 在 20~1100 ℃的温度范围的行为[173],发现在 240~706 ℃间会释放出来 $Hg_\gamma O_\delta$,在 706~822 ℃汞和氧会被释放出来。所得到的 TG 曲线与 $Ba_2CuO_{3+\delta}$ 的曲线相符,最后产物为 $Ba_2CuO_{3.1}$[173]。在 Hg-1201 中,T_c 和 δ 呈现出钟形的抛物线关系[174]。可以用 TG 法来测定这些 Hg-1201 样品中氧的非化学计量数。

在惰性气氛下,$HgBa_2CaCu_2O_{6+\delta}$(Hg-1212)在 350 ℃时开始释放氧气[109]。由质谱分析结果可知,TG 曲线中在该温度以下的质量损失是由于晶界上 Hg 的挥发引起的(图15.16)。DTA 曲线中,600 ℃以上的放热峰归属于材料的热分解。

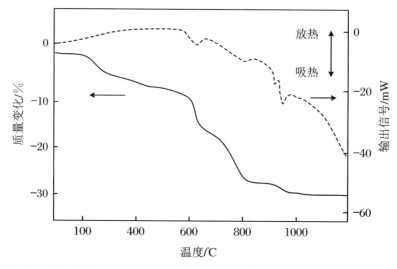

图 15.16 Ar 气氛下 $HgBa_2CaCu_2O_{6+\delta}$ 的 TG-DTA 曲线(加热速率 5 ℃ · min^{-1})[109]

如果 $HgBa_2Ca_{n-1}Cu_nO_\sigma$ 样品预先进行了热处理,则最大的氧负载量取决于 n 和 $p(O_2)$[175]。当 $p(O_2)=1$ atm,$n=1$ 增加到 $n=3$ 时,氧的起始负载温度会从 220 ℃增加到 290 ℃。$p(O_2)$ 的减少似乎提高了 O_2 的最佳负载温度。当 $p(O_2)$ 减少时,负载氧的含量也会随之减少。当 $p(O_2)=1$ atm 时,Hg-1201、Hg-1212 和 Hg-1223 中不可逆的 Hg 损失分别发生在 420 ℃、480 ℃和 510 ℃[175]。利用 Van't Hoff 图可以确定在不同 $p(O_2)$ 条件下 Hg-1201 和 Hg-1223 的分解平衡条件,在不同 $p(O_2)$ 下得到的 TG 曲线也稍有不同[176]。当 $p(O_2)=1$ atm 时,计算得到的 Hg-1201、Hg-1212 和 Hg-1223 的分解温度分别为 376 ℃、396 ℃和 440 ℃[176]。当 $p(O_2)=0.2$ atm 时,Hg-1223 的分解温度只有406 ℃。从 TG 曲线可以判断,$Hg_{0.92}Ba_{2.05}Cu_{1.03}O_\sigma$ 的氧含量在 4.04~4.11 范围变化,而$Hg_{0.75}Ba_{2.07}Ca_{2.07}Cu_{3.11}O_\sigma$ 的氧含量在 8.13~8.21 范围变化,其含量取决于 $p(O_2)$。

通过在氧气气氛下退火处理烧结得到的 Hg-1223 粉体,能够使 T_c^{onset} 从 117 K 上升到 133 K[177]。类似的现象在单晶 Hg-1223 中也存在:TG 曲线表明,在 300 ℃下,在流动的氧气氛中退火 72 h 得到的晶体是热力学稳定的，其 T_c 从 115 K 上升到 135 K[178]。在 550 ℃ 出现的线性质量减少可能是由 Hg-1223 的分解引起的[179]。通过替换铊原子可以提高 Hg-1223 相的热力学稳定性：$Hg_{0.5}Tl_{0.5}Ba_2(Ca_{1-y}Sr_y)_2Cu_3O_{8+\delta}$（Hg、Tl-1223）粉末在 500 ℃ 氩气和氧气的气氛下都是稳定的[180]。

15.6.7　$RuSr_2GdCu_2O_{8-\delta}$

研究发现，制备过程似乎对 $RuSr_2GdCu_2O_{8-\delta}$（Ru-1212）的超导性能影响很大[32]。磁性和超导性能的表现在部分实验结果上是相互矛盾的。从磁化率数据可得，抗磁转变只有在零场冷却（ZFC）时发生，此时超导和磁性共存[181]。利用高温固相反应法可以合成 Ru-1212 样品，即在氧气气氛下，在 1000 ℃ 以上把金属氧化物和碳酸盐混合加热，随后在 1000 ℃ 以上退火处理[32]。Ru-1212 样品中典型的杂质是磁性材料 $SrRuO_3$[181-182]。为了尽量减少 $SrRuO_3$ 的含量，常用 Sr_2GdRuO_6 作为前驱体制备 Ru-1212[183]。在流动的氧气气氛下，Sr_2GdRuO_6 与 CuO 反应生成 Ru-1212 的反应动力学是 DTA 分析中的一个研究方向[183]。基于 1000～1100 ℃ 的第一个吸热峰，将从 XRD 数据分析获得的 E_a 值与由 DTA 测量值估算的 E_a 值进行比较，Ru-1212 的形成反应与扩散机理有关。

研究结果表明，在 Ru-1212 的 TG 曲线中的质量损失小，在流动的氧气气氛中加热至 1000 ℃ 的质量损失约为 0.5%[184]。根据高温 XRD 测量结果，Ru-1212 在 1050 ℃ 左右的氧气气氛中开始分解[184]。DTA 曲线在 1050 ℃ 和 1118 ℃ 处出现两个吸热峰。第一个吸热峰较弱，与 Ru-1212 的分解相关，另一个峰与化合物的熔融过程不一致。

合成得到的 Ru-1212 材料的氧含量略低于化学计量值[34]。在氩气气氛中加热 Ru-1212 样品（$\delta = 0.07$）时，在加热过程中观察到由于氧释放而引起的质量损失过程，氧含量降低至 7.80。

15.6.8　$Nd_{2-x}Ce_xCuO_{4-\delta}$

在稀土元素掺杂很小（0.14～0.18）时[185]，$RE_{2-x}Ce_xCuO_{4-\delta}$（RE = Nd、Sm、Pr、Eu）表现出超导性能。制备的样品直到在高温下进行额外的热处理（还原步骤），并且氧气压力稍微降低（10^{-6}～10^{-3}）时才具有超导性能。在还原步骤中少量的氧被除去，每分子中氧的失重量在 0.01 和 0.05 之间变化。然而，还原和氧化过程不是完全可逆的，并且一些材料的分解过程是获得充分还原的超导性状态必要的条件[18]。$Nd_{2-x}Ce_xCuO_{4-\delta}$ 中通常含有游离的未反应的 CuO 作为杂质相，在空气中，约 1000 ℃ 下 CuO 被还原成 Cu_2O，这可以通过 TG 进行检测[186]。在 1030 ℃ 附近，Cu_2O-$Nd_2CuO_{4-\delta}$ 混合物熔化。

15.7　使用热重分析控制氧含量

在确定了 Y-123 中的氧含量后，可以在 TG 实验中检测由温度和氧气压力的变化而产生的氧化学计量数的变化[18]。通过等温 TG 实验获得最准确的数据，其中每个台阶之后的样品质量应达到恒定。当在实验过程中记录加热和冷却曲线时,可以从两个角度分别获得相同的质量。Van't Hoff 图可用于预测在 HTSC 中获得特定氧含量所需的条件(图 15.12)[138],这种方法的主要困难之一是必须达到平衡状态。Y-123 的氧化动力学的研究结果可用于预测获得具有所需氧含量和均匀氧分布的样品所需的条件[44]。

在流动的氧气氛中,由热天平进行退火可以测定掺入到 $Pb_2Ba_2EuCu_3O_{8+\delta}$ 中氧的量[128]。研究结果表明,氧气负载的最佳温度范围约为 350 ℃。最终制备的材料的氧化学计量确定为 $\delta = 0.16$(库仑滴定)。在氧气气氛中退火后,产物中氧化学计量为 9.79。用同样的方法还可以制备 $Pb_2Sr_2Eu_{0.75}Ca_{0.25}Cu_3O_{8+\delta}$ 样品[187]。对于氧掺入的过程而言,E_a 仅为 50 kJ·mol^{-1},但是除去氧过程中的 E_a 为 150 kJ·mol^{-1}。

如果需要制备含有氧空位材料,则需要在已知的平衡温度的流动惰性气氛中对氧饱和材料进行后退火处理[128]。用来自氧饱和样品的温度控制耗氧(TCOD)的方法,通过在各个固定温度下在氩气气氛中退火获得缺氧 $Yb_{1-x}Ca_x(Ba_{0.8}Sr_{0.2})_2Cu_3O_{7-\delta}$ 样品($x = 0 \sim 0.35, \delta = 0 \sim 1$)(图 15.17)[188-190]。为了建立平衡,在实验过程中使用恒温加热阶段。TCOD 方法也可以用于制备缺氧 $Yb(Ba_{1-y}Sr_y)_2Cu_3O_{7-\delta}$ 样品($y = 0 \sim 0.4, \delta \approx 0.4$)[191]。

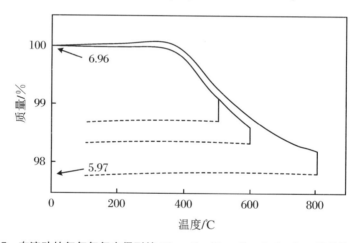

图 15.17 在流动的氩气气氛中得到的 $Yb_{1-x}Ca_x(Ba_{0.8}Sr_{0.2})_2Cu_3O_{7-\delta}$ 样品的 TG 曲线

15.8 使用 TG 测量绝对氧含量

15.8.1 TG 还原法

利用 TG 还原法可以通过在还原气氛下的热处理中检测总质量损失来计算样品中氧元素的含量[18,143]。由于在 TG 中的质量损失不大,因此必须减去在相同条件下获得的空白基线,以使浮力和空气对流力的影响最小化[18],测量结果的准确性依赖于不存在或者相对少量的第二相和挥发性杂质。该方法受限于金属的不稳定性,其准确性可能会受到难以确定的最终产物以及还原反应的结束点的影响[44,192]。

15.8.2　YBa$_2$Cu$_3$O$_{7-\delta}$和YBa$_2$Cu$_4$O$_{8-\delta}$的氧含量

Y-123 中的绝对氧含量可以通过测量已知物质 Y$_2$O$_3$、BaCO$_3$ 和 CuO 混合过程中的质量损失或通过在氢气气氛中将 Y-123 还原成 Y$_2$O$_3$、BaO 和金属 Cu 这些混合物过程中的质量损失来获得[193]。如果有与样品相同的金属组成并具有已知氧化学计量的标准参考样品可用,则样品中未知的氧含量也可以从惰性气氛下 TG 实验得到样品的质量损失。从这些可能性来看,优先选用这种还原方法。

氢是最常用的还原剂。在氢气气氛中,Y-123(和 RE-123)可在低温下形成亚稳态的含氢相(见方程(9))[194-195]。但在较高的温度下,化合物分解成稳定的反应产物,形成金属铜、碱土金属和稀土氧化物[195]。

$$YBa_2Cu_3O_{7-\delta} + \gamma H_2 \longrightarrow YBa_2Cu_3O_{7-\delta}H_{2\gamma} \tag{9}$$

在还原性的氢气/氩气气氛中加热 Y-123 样品时,可以在 950 ℃下选择性还原成金属状态(见方程(10))的铜[196]。钇和钡二元氧化物的还原温度保持在高达至少 1000 ℃[197]。实验时,必须在 950 ℃下测定质量损失。在冷却过程中,由于 BaO 与水分或二氧化碳的反应,样品的质量逐渐增加,最终会形成 Ba(OH)$_2$ 或 BaCO$_3$[196,198]。总质量损失可能在 6.15% 和 8.41% 之间变化,对应于 δ 值从 1.0 到 0.0[128]。在氧空位值中,δ 的实验误差在 0.01~0.02。

$$2YBa_2Cu_3O_{7-\delta} + (7 - 2\delta)H_2 \longrightarrow Y_2O_3 + 4BaO + 6Cu + (7 - 2\delta)H_2O \tag{10}$$

Y-123 还原过程中的质量损失是逐步完成的(图 15.18A)[128,196],可以判断这种还原是由 Cu-O 链中氧原子的损失引起的[128]。在 350~500 ℃温度范围内的质量损失与化合物最初的非化学计量氧(氧含量高于 6)相关,而在高于 500 ℃温度下的变化则在很大程度上与非化学计量氧无关。Y-123 的 TG 曲线在 800 ℃左右的最后一个失重平台对应于 Cu$_2$O 和 2Cu 的形成过程[128]。有时通过 TG 还原方法得到的氧含量比使用的各种滴定方法稍高一些[196,198],结果的差异可能是由于存在未反应的 BaCO$_3$,其在还原过程中分解而增加质量损失[196]。

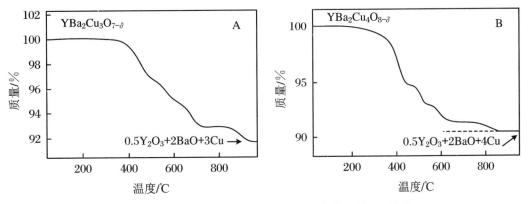

图 15.18　加热速率 5 ℃·min^{-1}、氢还原条件下的 TG 曲线:
(A) YBa$_2$Cu$_3$O$_{7-\delta}$[196];(B) YBa$_2$Cu$_4$O$_{8-\delta}$[199]

氢还原法也用于测定 $YBa_2Cu_4O_{8-\delta}$(Y-124)中氧含量[55,199]，在实验过程中 Y-124 也逐渐发生还原反应(图 15.18B)。在 950 ℃下，化学计量氧可以通过以下的等式(11)计算得到：

$$2YBa_2Cu_4O_{8-\delta} + (9-2\delta)H_2 \longrightarrow Y_2O_3 + 4BaO + 8Cu + (9-2\delta)H_2O \quad (11)$$

氢还原方法测得的 Y-124 样品氧含量值($\delta = 7.98$)比碘量($\delta = 7.95$)或库仑滴定($\delta = 7.93$)法得到的值略高[199]。

15.8.3　其他铜酸盐中的含氧量

在实际应用中，还可以根据还原过程来计算 $La_2CuO_{4-\delta}$、$RuSr_2GdCu_2O_{8-\delta}$ 和 $Nd_2CuO_{4-\delta}$的含氧量[34,126,185,200]。实验过程中，可以测定的 900 ℃下的 $La_{2-x}AE_xCuO_{4-\delta}$($AE = Ba$、$Sr$、$Ca$)的还原产物是碱土金属氧化物、$La_2O_3$ 和 Cu[126]。基于 TG 还原曲线可以计算 $RuSr_2GdCu_2O_{8-\delta}$样品中的氧含量，结果显示在 550 ℃发生分解[34]，产物是 Ru、Cu、SrO 和 Gd_2O_3。在干燥氢气气氛，1100 ℃下，$Nd_{2-x}Ce_xCuO_{4-\delta}$的分解产物是 Nd_2O_3、Ce_2O_3 和 Cu[185]。在制备具有特定氧含量的 $Nd_{2-x}Ce_xCuO_{4-\delta}$样品时，可以通过在给定值降低氧气压力并从合成温度淬火的方法。

当金属容易挥发时，氧含量的测定变得更复杂。还原方法也用于测定含有 Bi 或 Pb 的铜盐中的氧含量，例如 $Bi_2Sr_2CaCu_2O_{8+\delta}$ 和 $Pb_2Sr_2YCu_3O_{8+\delta}$。在数据处理时，应注意避免热处理过程中的金属损失[162,201-202]。产生金属铋、铅和铜的铋和铅基铜酸盐的还原反应在 400~600 ℃完成，特征温度随加热速率而变化[162,202]。在 TG 曲线中出现的这些温度之外的额外质量损失是由于 Bi 或 Pb 的蒸发引起的[128,162]。

15.9　用于 HTSC 薄膜沉积的挥发性前驱体

15.9.1　HTSC 薄膜沉积

早期在 HTSC 研究中的第一个应用出现在电子领域(SQUIDs、Josephson 器件、微波器件、互连线)和薄膜形式。因此，HTSC 薄膜沉积技术已经得到了广泛的研究[203]。物理气相沉积(PVD)技术，即溅射、蒸发和激光烧蚀是 20 世纪 80 年代后期最广泛使用的方法，而化学气相沉积和涂膜热分解等化学方法后来才得到应用[13,204-206]。可以通过 PVD 方法生长优异的 HTSC 薄膜特别是 Y-123 材料。然而，PVD 方法具有高真空的缺点，限于视距沉积并且无法实现大规模沉积。通过化学方法能够克服这些局限。化学气相沉积适用于制备沉积 HTSC 膜，可应用于较宽范围的氧分压中[207]。由于这种方法为化学方法而不是热活化方式，因此沉积的温度可以很低，并且最终可以沉积在复杂形状的基底上。

15.9.2　化学气相沉积

在化学气相沉积过程中，膜组分的挥发性前驱体同时或以连续脉冲的方式被引入至反应器(脉冲化学气相沉积法称为原子层沉积(ALD)[208])中,在经历化学反应、热分解或光分解之后,在基板上形成膜[209]。化学气相沉积中的关键要求是挥发性前驱体应具有以下特性:(ⅰ)蒸气压力足够高,较容易挥发;(ⅱ)具有足够高的热稳定性,并且在到达基板表面之前不会分解;(ⅲ)在所选择的条件下反应并形成所需的固体膜材料;(ⅳ)反应副产物保持气态且容易从反应器中除去。化学气相沉积需要稳定的前驱体气体保持恒定流动以保证膜的均匀生长,因此优先选择在室温下为气态或液态的前驱体。

由于前驱体的化学过程研究比较困难,HTSC 材料的化学气相沉积研究主要集中在 Y-Ba-Cu 氧化物上。目前很难找到其他如 Bi、Pb、Tl 及 Hg 类的具有挥发性、热稳定性和充分反应性的前驱体。

15.9.3　β-二酮前驱体的热分析研究

15.9.3.1　前驱体

对于 HTSC 膜的化学气相沉积生长过程,必须有足够多的如 Cu、AE 和 RE 以及 Bi、Tl、Pb 和 Hg 挥发性化合物。挥发性是稀土和碱土金属的一个问题,这类物质是正电性的,不能在适当的温度($<400\ ℃$)下形成挥发性的简单无机化合物。因此,对这些金属的挥发性前驱体的有机金属化合物进行了广泛的研究[210-212]。研究最多的化合物是 β-二酮化物,特别是 thd 复合物(thd 代表 2,2,6,6-四甲基-3,5-庚二酮或 2,2,6,6-四甲基庚烷-3,5-二酮)[204],其较早用于金属的气相色谱分离中[213-214]。近来,$Cu(thd)_2$ 作为 Cu 金属膜的前驱体而受到广泛关注[215]。

目前还研究出了用于碱土金属的另一种类型的配体体系。在这些配合物中,聚乙二醇单元以共价方式连接到非氟化的 β-酮亚胺骨架上[216-217]。尽管这些复合物的热稳定性并不是很好,但其为单分子状态,适用于化学气相沉积过程。在 20 世纪 90 年代,前驱体已经得到了进一步的发展。最近已经研发了五种新的配体,其具备良好的挥发性和稳定性,比如 2,2,5,25,28,28-六甲基-9,12,15,18,21-五氧杂-4,25-二烯-6,24-二亚氨基-3,27-五十八烷酸钡(Ⅱ)$Ba[(dhd)_2CAP-5]$(其中 dhd 代表 2,2-二甲基-3,5-己二酸)[218]。

碱土金属醇盐的热稳定性通常较差[219-221]。在简单的含钡醇盐中,叔丁醇盐在剧烈条件下($270\ ℃$、$<10^{-5}$ 托)下显示出一些挥发性[222]。在芳香基化合物$[AE_2(O-2,4,6-{}^tBu_3C_6H_2)_4]$($240\ ℃$、$10^{-4}$ 托)和授体官能化醇$[AE_2\{OC(CH_2O^iPr)_2{}^tBu\}_4]$($150\sim185\ ℃$、$10^{-2}$ 托)中显示出了更好的效果[221,223]。由烷基甲硅烷基酰胺形成的另一组 AE 配合物具有一定的挥发性,其容易形成二聚体,但路易斯碱则形成单体络合物的形式[224-225]。η^2-配位的吡唑配体与钙形成挥发性络合物[226]。

最近,碱土金属的环戊二烯基(Cp)化合物作为挥发性化合物得到了关注,已经合成了几种不同的取代化合物并对其进行了结构表征[227,230]。已经表征和研究了各种 Cp 化合物(五甲基、三异丙基、三叔丁基、不同的 N-和 O-官能化化合物),特别是作为 ALD 的前驱体化合物[231-232]。吡咯基配合物是挥发性 η^5-键合的 AE 复合物的另一个实例[233]。

研究的其他前驱体是有机金属如三苯基铋、环戊二烯基铊、四甲基铅和各种单金属和双金属醇盐。醇盐的主要问题是其热稳定性有限[219-221]。混合金属络合物、双金属或三金属络合物将具有较大的吸引力,目前在一定程度上对其进行了研究。然而,它们的挥发性和热稳定性通常比较有限。在 Y-Ba、Ba-Cu、Y-Cu 体系中混合 1,1,1,3,3,3-六氟-2-丙醇的配体络合物时,获得了最佳结果,即在 150～170 ℃ (10⁻³ 托)范围内具有一定的挥发性,并已得到应用[234]。其他比较感兴趣的双金属混合配体配合物是铜和稀土与 thd 和 salen 配体的复合物[235]。

15.9.3.2 热重法

前驱体的热稳定性是一个问题,尤其在研究 β-二酮复合物时更是如此,目前已经有工作通过 TG 测量来确定其在挥发期间是否发生了部分分解。当在真空或氮气气氛中加热时,铜和 RE β-二酮配合物通常在小的温度范围内完全挥发,但是 AE 配合物特别是钡配合物的复合物往往会发生分解(图 15.19)[236]。

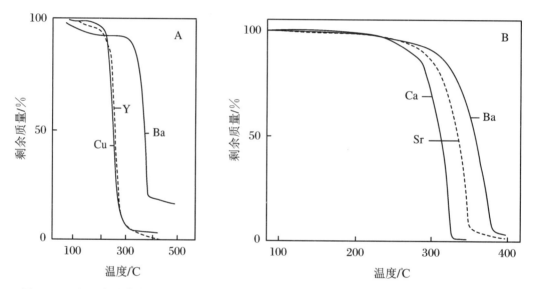

图 15.19 (A) 在流动的氩气气氛中 Cu、Y 和 Ba 的配合物的 TG 曲线,加热速率为 20 ℃ · min⁻¹;
(B) 在氩气气氛中测定 Ca、Sr 和 Ba 配合物得到的 TG 曲线,加热速率为 10 ℃ · min⁻¹

化合物的升华温度可能受 β-二酮配体中取代基的影响,其中烃基对挥发性的影响顺序为:异丁基>叔丁基>环戊基＝氢>环己基>苯基。在 β-二酮乙酸铜存在的情况下,1-苯基-4,4-二甲基戊烷-1,3-二酮酸铜的升华温度比铜 2,2,6-三甲基庚烷-3,5-二酮酸的升华温度高约 150 ℃[236]。氟取代后反过来会明显降低升华温度,也会影响反应的完整性。例如,1,1,1-三氟戊烷-2,4-二酮酸可在 120 ℃ 开始升华(图 15.20)[237]。

也可以通过将游离的 β-二酮配体引入至升华的气氛中,例如,引入载气来提高升华的程度,这种效应已经在 HTSC 薄膜需要的几种 β-二酮配合物中得以实现[236]。升华温度也取决于气氛,在真空下的升华温度比常压氮气或氩气下要低得多。如果前驱体的化学气相沉淀生长在真空中进行,则应优先使用在真空中的 TG 研究结果[239]。

RE β-二酮复合物的挥发性通常良好,其随着 RE 离子的离子半径的降低而增加。挥发性也与升华分子的摩尔质量成反比,但在稀土元素存在的情况下,这种关系并不是特别明显。这是因为随着离子半径下降，β-二酮配合物的结构通常从二聚体变为单体，这一点在物质的挥发性中有所反映。对于铜络合物而言，如上所述，在 β-二酮配体中存在游离配体和取代基时对升华的影响也适用于 RE 复合物。

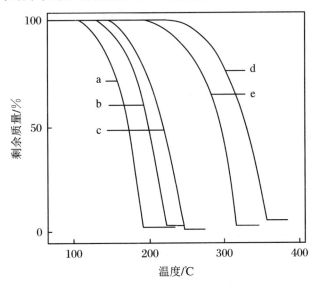

图 15.20   不同配位的铜 β-二酮的 TG 曲线
(a) 1,1,1-三氟戊烷-2,4-二酮酸,(b) 2,2-二甲基-3,5-二酮化物,(c) 2,2,6,6-四甲基庚烷-3,5-二酮(thd),
(d) 2,2-二甲基-5-苯基戊烷-3,5-二酮化物,(e) 2,2-二甲基-5-环己基戊-3,5-二酮

在碱土金属系列化合物中，β-二酮配合物的挥发性随原子序数的增加而降低，其中钡络合物的挥发性最低。动态氩气气氛中的 TG 测量结果表明，钡络合物的分解残余物的质量最大。对于钙络合物而言，其分解残余物的质量最小[240]。在"Ba(thd)₂"存在的情况下，其中的残留物多达 15%～20%（图 15.19 和图 15.21）[241]。

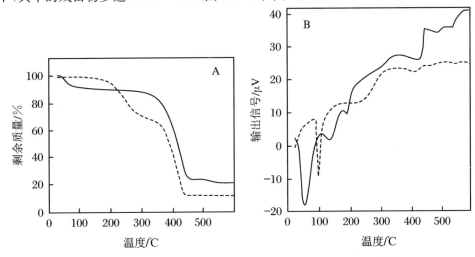

图 15.21   在流动的氩气气氛中记录的(A)TG 和(B)DTA 曲线
"Ba(thd)₂"(—)和[Ba(th)₂(四甘醇二甲醚)](－－)样品,加热速率为 10 ℃·min⁻¹

由于不饱和配位（AEL$_2$），锶和钡的配合物对合成条件高度敏感。如果存在水分，则其中的水或羟基配体易发生配位（例如[Ba$_5$(thd)$_9$(H$_2$O)(OH)]$^{[238]}$）。在干燥条件下，溶剂（例如[Ba(thd)$_2$Et$_2$O]$_2$$^{[242]}$）通过配位消除配位不饱和度。如果使用非极性溶剂，则通过低聚（例如[Ba$_4$(thd)$_8$]$^{[243]}$）除去。低聚物络合物具有有限的挥发性，因此在单体络合物中优先使用。锶和钡的 β-二酮配合物可以通过使用加合物配体如聚醚（四甘醇二甲醚$^{[241,244]}$）或胺$^{[245-246]}$来单体化。这种稳定的加成反应形成的复合物不仅具有更好的挥发性，而且能够更好地储存和处理。复合物在室温下和空气中的降解是一个问题$^{[247]}$。然而，这种加合络合物的 TG 曲线显示，加热后中性配体不保持完整，但通常首先被除去，分别出现 β-二酮复合物的挥发分（图 15.21）$^{[205,241,248-249]}$。

通过氟取代可以改善钡的 β-二酮配合物的挥发性$^{[205,210,250]}$，氟的尺寸较小，更容易增加其挥发性。在 TG 测量中，含氟络合物显示出优异的挥发性，特别是当其中含有中性配体时更是如此$^{[251]}$。例如，[Ba(hfa)$_2$(四甘醇二甲醚)]（hfa = 1,1,1,5,5,5-六氟戊烷-2,4-二酮）的 TG 曲线中出现了单次挥发过程，其中近 100% 的质量在 160~350 ℃ 之间变化$^{[252]}$。含氟前驱体的一个问题是在膜生长中形成 BaF$_2$$^{[250]}$，HTSC 中的痕量的氟可能对超导性能有害，一部分氟可以通过高温水蒸气处理来除去$^{[253]}$。

对包覆的钡的双（β-酮亚胺）聚醚配合物例如 Ba[(dhd)$_2$CAP-5] 的研究表明，其在 100 ℃（10^{-5}托）下升华，含有可忽略的残余物$^{[218]}$。在 TG 中，相同的复合物在 220 ℃ 之前的质量损失大于 80%，对应于分解的起始温度。Cp 环中的取代基强烈影响锶和钡的化合物的热行为。对于三异丙基和三叔丁基取代的 Cp 化合物，在流动的氮气气氛中，在 110~220 ℃ 可以看到完全升华现象，TG 曲线中显示出较高的挥发性（残留物少于 20%）。所有的其他化合物在 TG 测量中均发生了分解$^{[232]}$。

15.9.3.3　差示扫描量热法

通常由差示扫描量热法测定挥发性前驱体的熔融温度。Cu(thd)$_2$ 的熔点为 198 ℃，而稀土配合物的熔点则在 160~230 ℃ 之间变化$^{[212]}$。已经报道了"Ba(thd)$_2$"和"Sr(thd)$_2$"具有明显不同的熔点，这是因为不同的制备方法得到了具有不同熔点的低聚物。Ca(thd)$_2$ 似乎更容易重复合成，其熔点在 223~225 ℃$^{[212-213]}$。在配体结构中，AE 前驱体的熔点不会因氟取代而出现降低，而 RE 配合物的熔点则可以降低。通过添加中性配体，碱土金属 β-二酮配合物的熔点显著降低。例如，[Ba(thd)$_2$(三羟甲基膦酰)]在 77~79 ℃ 发生熔融$^{[254]}$，而[Ba(hfa)$_2$(五乙二醇甲基乙基醚)]$^{[255]}$ 则在 40 ℃ 下熔融。低熔点使这些复合物容易吸收化学气相沉积的液体前驱体。

已经可以从 DSC 曲线估计升华焓，但从蒸气压蒸发研究中可以更方便地得出焓值$^{[236,256]}$，文献中给出的值在 30%~60% 之间变化$^{[257]}$。

15.9.3.4　测量蒸气压和蒸发速率

已经测量了许多金属的 β-二酮配合物的蒸气压，包括一些用于 HTSC 的材料。应用常规的技术，通过使用步顿式管真空计或汞压力计进行直接蒸气压测定$^{[256]}$，或通过克努森池法测量$^{[258]}$，但也可采用 TG 方法测量$^{[16]}$。克努森池法也适用于 TG 实验，并已用于

β-二酮复合物(图 15.22)的研究中[259]。在该方法中,复合物通过渗透池的孔挥发,通过保持恒定温度的热重实验来记录稳定的质量损失率。根据质量损失率、孔径半径和温度估算蒸气压。测量中也采用了逐步加热系统和氩气流[260]。当在氩气载气流中样品蒸气饱和时,可以从质量损失、载气流速和加热时间计算出几种络合物的蒸气压。

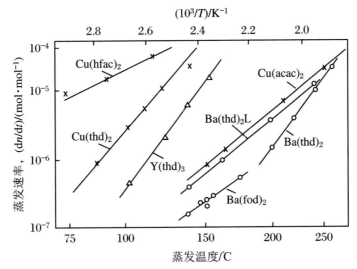

图 15.22　典型的化学气相沉积前驱体的摩尔蒸发速率和温度的函数关系

hfa = 1,1,1,5,5,5-六氟戊烷-2,4-二酮,thd = 2,2,6,6-四甲基-3,5-二酮,
fod = 1,1,1,2,2,3,3-七氟-7,7-二甲基辛烷-4,6-二酮,acac = 戊烷-2,4-二酮

　　前驱体和任何挥发性杂质的分解将显著影响 β-二酮的蒸气压测量,而在 Ba(thd)$_2$ 存在的情况下,只能从温度较高的产物中测量得到蒸气压力[261]。然而,Y、Ba 和 Cu 的螯合物具有足够高的蒸气压力以满足 HTSC 膜的 MO 化学气相沉积生长[262]。

　　使用热重分析技术可以确定在低于熔点的恒定温度下的质量损失率,可以研究前驱体的蒸发速率。研究表明,thd 复合物的蒸发速率随着有效表面积的减小以及样品上方区域扩散距离的增加而减小[263]。含有中性配体的配合物的蒸发速率高于非加成复合物(图 15.23)[264]。

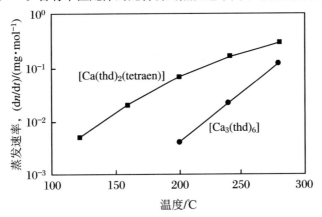

图 15.23　[Ca$_3$(thd)$_6$] 和 [Ca(thd)$_2$(tetraen)] 的蒸发速率和温度的函数关系

thd = 2,2,6,6-四甲基-3,5-二酮,tetraen = 四乙烯五胺

15.9.3.5 与质谱联用的 TG 技术

已经通过与质谱(MS)联用的 TG 技术对存在于气相中的 β-二酮复合物的种类进行了研究。然而,在 MS 研究中使用的仪器通常是具有电子电离的和样品加热系统常规高分辨质谱仪。

在结晶状态下,单体的 Cu 和 RE 复合物的阳离子质谱通常表现出单体物质如 $Cu(thd)_2$、$Cu(thd)$、$Y(thd)_3$、$Y(thd)_2$、含有部分分解的配体的金属离子物质,当然还包括配体的片段[238,240,266-267]。低聚物经常出现在谱图中,但其可能是由质谱仪源中的离子—分子间相互作用而引起的,并且可以通过压力峰值强度的变化来识别。阳离子谱显示出比阴离子谱更多的低聚物,证明阴离子谱中的低聚物真实存在,并且不是通过离子—分子反应形成的[238]。

β-二酮的碱土金属化合物阳离子质谱也显示出了低聚物,谱图中最强的峰通常是 $AE_2L_3^+$[213,240]的峰,但是在钡存在的情况下检测到了较大的低聚物。阴离子谱也显示出钡四聚体和五聚体的存在[238]。中性配体的络合物的质谱显示,加成物配体可以在一定程度上保持完整[248-249,251]。

β-酮酰胺钡和 Cp 配合物的质谱研究升华的结果,与 TG 研究一致。TG 显示高挥发性和完全升华的单分子复合物在质谱中显示分子峰[218,232]。在 TG 曲线中可以看出存在于固态碱土 Cp 化合物中的溶剂分子的释放过程,可以用质谱验证。

15.9.4 化学气相沉积生长

HTSC 薄膜的化学气相沉积过程偏向于原位沉积,膜具有超导性,在合成时可以充分利用化学气相沉积优于 PVD 方法的特点。最常见的化学气相沉积方法依赖于前驱体进入沉积区的连续流动过程。前驱体的蒸发温度随着实验装置而变化(例如,在 $Cu(thd)_2$ 存在时,温度在 80~150 ℃;在 $Y(thd)_3$ 存在时,温度在 90~170 ℃;在 "$Ba(thd)_2$"存在时,温度在 180~280 ℃)。当根据所需的 HTSC 相的稳定性标准将氧分压与沉积温度相匹配时,可获得最佳性质的膜。当衬底温度在 300~850 ℃ 之间变化,尤其在高于 500 ℃ 的温度下时,β-二酮复合物的热稳定性才具有类似的性质。在文献报道的大多数实例中,沉积的膜不具超导性质,而是需要沉积后退火,并且在冷却期间,膜必须暴露于比沉积中使用的氧气压力高得多的氧气压力下。薄膜中的优选取向是垂直于衬底表面的 c 轴,并且需要使用特定的单晶衬底(例如(100)取向的 MgO、Sr-TiO_3)[204-205]。衬底和薄膜材料的热膨胀系数的差异也是重要的因素,因为其决定了裂纹形成程度。通常,HTSC 的热膨胀系数应大于常规用作基板的陶瓷[268]。因此,推荐使用具有相对较大热膨胀系数(即 MgO 和 $SrTiO_3$、YSZ、RE 铝酸盐和没食子酸盐)的基材用于膜沉积[268-269]。

化学气相沉积制备的 HTSC 薄膜的性能与 PVD 沉积膜相当。大多数化学气相沉积 HTSC 薄膜的研究主要采用 Y-123,但是使用 Bi 和 Tl 基材料[204]也取得了良好的效果,尽管其制备过程比 Y-123 更难。目前还没有发现理想的碱土金属前驱体,需要更多的研究来更好地了解薄膜生长过程中前驱体在底物上发生的表面反应。

热力学计算已被用于寻找合适的沉积条件,例如用于优化工艺参数和表征在 Y-123 和 Bi-2212 薄膜的化学气相沉积生长中的持续反应[270]。通常需要计算基于吉布斯能 ΔG 的最小化条件[270-271]。计算时需要输入的参数包括物质的温度、总压力、起始物料的量和报告的热力学数据,而输出值由体系的平衡组成和各种热力学函数例如 ΔG 组成。结果以化学气相沉积稳定性图的形式表示,可以定性地表明临界沉积参数对 MO 化学气相沉积在生长过程中的稳定区域的影响。

由于 HTSC 材料的化学气相沉淀是相当困难的,因此通常在沉积 Sr 或 Ba 钛酸盐时测试新的碱土前驱体。这些钙钛矿的沉积更容易,但是获得正确的化学计量比和良好的结晶度是有挑战性的。已经报道了在 825 ℃ 的基底温度下用化学气相沉积法从 Ba$[(dhd)_2CAP-5]$ 和 Ti$(thd)_2(OiPr)_2$ 生长成 $BaTiO_3$ 的较好的研究结果[218],在用于氧化物形成的化学气相沉积过程中检测到了五甲基五胺化合物[272]。在这些实验中,氧气条件下的反应活性太高,但是与 N_2O 相比,可以实现氧化膜的受控生长。在 ALD 中,将前驱体逐步地引入反应器中,Cp 化合物可以与其同时使用以形成氧化物。结晶 Sr 和 Ba 钛酸盐膜可以在 325 ℃ 的低温下发生沉积[273]。

15.10 总结

热分析技术为高温超导体的研究提供了一类重要而有效的工具。对于块状超导体,可以为其制备过程的每个阶段提供宝贵的信息。对于使用化学气相沉积方法的薄膜生长过程而言,由热分析技术提供的关于挥发性前驱体的热行为的信息对于理解和控制膜生长过程是有价值的。

对于块状材料,最重要的热分析研究工作主要包括:(ⅰ)合成中使用的前驱体的分解反应;(ⅱ)形成高结晶温度相的过程;(ⅲ)这些相在周围气氛中的热稳定性;(ⅳ)热循环对影响超导性能氧化学计量的影响;(ⅴ)由于挥发而导致金属阳离子中出现的非化学计量。在这些研究中使用的最重要的热分析技术是 TG 和 DTA。在化学气相沉积生长中用作原料的挥发性前驱体的热行为和可能分解的研究中,除了 TG 之外使用的典型热分析技术还有 DSC 和 EGA。

通过热分析方法可以提供更广泛的可能性来研究 HTSC 的形成和表征超导性质。通过现在很少用于大块加工或薄膜生长中原位形成相的高温 XRD 实验可以提供关于形成反应的信息,因此可以用于确定合成特殊化合物的最佳条件。改进的高温 DSC 是在高温下获得热力学数据的直接方法,配备有冷却系统的 DSC 可以反过来提供一种在低温下确定超导相变过程的理想方法。由于没有发现用于薄膜的理想的挥发性钡前驱体,因此必须进一步研究。另外,改进的 TG-EGA 方法将是可靠地检测气相中参与表面反应存在物质的重要步骤。

致谢

我们感谢 K. Ahonen 博士对本章内容中语言的润色及拉西夫人绘制图片的工作。此外,还要感谢日本横滨东京工业大学材料与结构实验室 Karppinen 教授的合作。感谢 T. Hanninen 参与讨论。

感谢英国布里斯托尔 BS1 6BE 的迪拜大厦物理出版社允许我们使用图 15.2 中 HTSC 和铜酸盐的(C)～(F)和(H)～(M)结构图。结构转载自超导科学与技术 8 (1995); M. Karppinen,A. Fukuoka,L. Niinistö and H. Yamauchi,Determination of oxygen content and metal valences in oxide superconductors by chemical methods,1-15.

参考文献

[1] J. G. Bednorz and K. A. Müller, Z. Phys. B, 64 (1986) 189.

[2] M. K. Wu, J. R. Ashburn, C. J. Torng, P. H. Hor, R. L. Meng, L. Gao, Z. J. Huang, Y. Q. Wang and C. W. Chu, Phys. Rev. Lett., 58 (1987) 908.

[3] H. Maeda, Y. Tanaka, M. Fukutomi and T. Asano, Jpn. J. Appl. Phys., 27(1988) L209.

[4] Z. Z. Sheng and A. M. Hermann, Nature, 332 (1988) 55.

[5] Z. Z. Sheng and A. M. Hermann, Nature, 332 (1988) 138.

[6] S. N. Putilin, E. V. Antipov, O. Chmaissem and M. Marezio, Nature 362, (1993) 226.

[7] S. N. Putilin, E. V. Antipov and M. Marezio, Physica C, 212 (1993) 266.

[8] For better Thermal Analysis and Calorimetry, 3rd Ed., J. O. Hill (ed.), International Confederation for Thermal Analysis, 1991, p7, 11.

[9] V. B. Lazarev, K. S. Gavrichev, V. E. Gorbunov, J. H. Greenberg, P. Z. Slutskii, Ju. G. Nadtochii and I. S. Shaplygin, Thermochim. Acta, 174 (1991) 27.

[10] L. R. Morss, D. C. Sonnenberger and R. J. Thorn, Inorg. Chem., 27 (1988)2106.

[11] V. A. Alyoshin, D. A. Mikhailova, E. V. Antipov, A. S. Monayenkova, A. A. Popova, L. A. Tiphlova and J. Karpinski, J. Alloys Compd., 284 (1999) 108, and references therein.

[12] Z. Zhou and A. Navrotsky, J. Mater. Res., 7 (1992) 2920.

[13] M. Kamimoto, Thermochim. Acta, 174 (1991) 153.

[14] T. Ozawa, Thermochim. Acta, 133 (1988) 11.

[15] P. K. Gallagher, Adv. Ceram. Mater., 2 (1987) 632.

[16] A. Niskanen, T. Hatanpää, M. Ritala and M. Leskelä, J. Therm. Anal. Cal., 64(2001) 955.

[17] P. Strobel, J. J. Capponi, C. Chaillout, M. Marezio and J. L. Tholence, Nature, 327 (1987) 306.

[18] P. K. Gallagher, Thermochim. Acta, 174 (1991) 85.

[19] M. Marezio, Acta Cryst. A, 47 (1991) 640.

[20] W. J. Weber, L. R. Pederson, J. M. Prince, K. C. Davis, G. J. Exarhos, G. D. Maupin, J. T. Prater, W. S. Frydrych, I. A. Aksay, B. L. Thiel and M. Sarikaya, Adv. Ceram. Mater., 2 (1987) 471.

[21] W. P. Brennan, M. P. DiVito, R. F. Culmo and C. J. Williams, Nature, 330(1987) 89.

[22] J. Zhao and M. S. Seehra, Physica C, 159 (1989) 639.

[23] J. Valo, R. Matero, M. Leskelä, M. Karppinen, L. Niinistö and J. Lindén, J. Mater. Chem., 5 (1995) 875.

[24] M. Karppinen, A. Fukuoka, L. Niinistö and H. Yamauchi, Supercond. Sci. Technol., 8 (1995) 1.

[25] C. Park and R. L. Snyder, J. Am. Ceram. Soc., 78 (1995) 3171.

[26] F. Izumi and E. Takayama-Muromachi, in D. Shi (ed.), High-TemperatureSuperconducting Materials Science and Engineering, Elsevier Science Ltd, Oxford (1995) p81.

[27] M. Karppinen and H. Yamauchi, Mater. Sci. Eng., 26 (1999) 51.

[28] H. Yamauchi and M. Karppinen, Superlattices Microstruct. A, 21 (1997) 127.

[29] T. Wada, A. Ichinose, H. Yamauchi and S. Tanaka, J. Ceram. Soc. Jpn., Int. Ed., 99 (1991) 420.

[30] L. Bauernfeind, W. Widder and H. F. Braun, Physica C, 254 (1995) 151.

[31] K. B. Tang, Y. T. Qian, L. Yang, Y. D. Zhao and Y. H. Zhang, Physica C, 282-287 (1997) 947.

[32] C. Artini, M. M. Carnasciali, G. A. Costa, M. Ferretti, M. R. Cimberle, M. Putti and R. Masini, Physica C, 377 (2002) 431.

[33] O. Chmaissem, J. D. Jorgensen, H. Shaked, P. Dollar and J. L. Tallon, Phys. Rev. B, 61 (2000) 6401.

[34] M. Matvejeff, V. P. S. Awana, L. Y. Jang, R. S. Liu, H. Yamauchi and M. Karppinen, submitted to Physica C (2002), Los Alamos National Laboratory, Preprint Archive, Condensed Matter (2002), 1-15, arXiv:cond-mat/0211100.

[35] C. Bernhard, J. L. Tallon, C. Niedermayer, Th. Blasius, A. Golnik, E. Brficher, R. K. Kremer, D. R. Noakes, C. E. Stronach and E. J. Ansaldo, Phys. Rev. B, 59(1999) 14099, and references therein.

[36] K. Izawa, A. Tokiwa-Yamamoto, M. Itoh, S. Adachi and H. Yamauchi, Physica C, 222 (1994) 33.

[37] H. Yamauchi, T. Tamura, X. J. Wu, S. Adachi and S. Tanaka, Jpn. J. Appl. Phys., 34 (1995) L349.

[38] H. Yamauchi, M. Karppinen and S. Tanaka, Physica C, 263 (1996) 146.

[39] M. Cyrot and D. Pavuna, Introduction to Superconductivity and High-T_c Materials, World Scientific Publishing Co. Pte. Ltd., Singapore, 1992, p172.

[40] Structures (A) and (B): Y. Tokura, Solid State Physics (Kotai Butsuri) 25(1990) 618 (in Japanese).

[41] A. Kishi, R. Kato, T. Azumi, H. Okamoto, A. Maesono, M. Ishikawa, I. Hattaand A. Ikushima, Thermochim. Acta, 133 (1988) 39.

[42] A. Dworkin and H. Szwarc, High Temp. High Pressures, 21 (1989) 195.

[43] A. Schilling and O. Jeandupeux, Phys. Rev. B, 52 (1995) 9714.

[44] K. Conder, Mater. Sci. Eng. R32 (2001) 41.

[45] J. L. Jorda, J. Therm. Anal., 48 (1997) 585.

[46] S. I. Hirano and T. Hayashi, Thermochim. Acta, 174 (1991) 169.

[47] D. Noël and L. Parent, Thermochim. Acta, 147 (1989) 109.

[48] J. Plewa, A. DiBenedetto, H. Altenburg, G. Eßer, O. Kugeler and G. J. Schmitz, J. Therm. Anal., 48 (1997) 1011.

[49] N. L. Wu and Y. C. Chang, Thermochim. Acta, 203 (1992) 339.

[50] A. M. Gadalla and T. Hegg, Thermochim. Acta, 145 (1989) 149.

[51] T. Wada, H. Yamauchi and S. Tanaka, J. Am. Ceram. Soc., 75 (1992) 1705.

[52] J. Valo and M. Leskelä, in A. Narlikar (ed.), Stud. High Temp. Supercond., Vol. 25, Nova Science Publishers, Inc., New York 1997, p135.

[53] A. Negishi, Y. Takahashi, R. Sakamoto, M. Kamimoto and T. Ozawa, Thermochim. Acta, 132 (1988) 15.

[54] P. Kumar, V. Pillai and D. O. Shah, Solid State Commun., 85 (1993) 373.

[55] J. Mullens, A. Vos, A. De Backer, D. Franco, J. Yperman and L. C. VanPoucke, J. Therm. Anal., 40 (1993) 303.

[56] A. Vos, J. Mullens, R. Carleer, J. Yperman, J. Vanhees and L. C. Van Poucke, Bull. Soc. Chim. Belg., 101 (1992) 187.

[57] A. Kareiva, M. Karppinen and L. Niinistö, J. Mater. Chem., 4 (1994) 1267.

[58] J. Plewa, H. Altenburg and J. Hauck, Thermochim. Acta, 255 (1995) 177.

[59] G. Krabbes, W. Bieger, P. Schätzle and U. Wiesner, Curr. Top. Cryst. GrowthRes., 2 (1995) 359.

[60] T. Aselage and K. Keefer, J. Mater. Res., 3 (1988) 1279.

[61] A. Erb, T. Biernath and G. Müller-Vogt, J. Cryst. Growth, 132 (1993) 389.

[62] E. A. Oliber, E. R. Benavidez, G. Requena, J. E. Fiscina, C. J. R. González Oliver, Physica C, 384 (2003) 247.

[63] P. Schfitzle, W. Bieger, U. Wiesner, P. Verges and G. Krabbes, Supercond. Sci. Technol., 9 (1996) 869, and references therein.

[64] E. A. Goodilin, N. N. Oleynikov, E. V. Antipov, R. V. Shpanchenko, G. Yu. Popov, V. G. Balakirev and Yu. D. Tretyakov, Physica C, 272 (1996) 65.

[65] L. Dimesso, M. Marchetta, G. Calestani, A. Migliori and R. Masini, Supercond. Sci. Technol., 10 (1997) 347, and references therein.

[66] M. Muralidhar, H. S. Chauhan, T. Saitoh, K. Kamada, K. Segawa and M. Murakami, Supercond. Sci. Technol., 10 (1997) 663.

[67] E. Goodilin, M. Limonov, A. Panfilov, N. Khasanova, A. Oka, S. Tajima andY. Shiohara, Physica C, 300 (1998) 250.

[68] X. Yao, K. Furuya, Y. Nakamura, J. Wen, A. Endoh, M. Sumida and Y. Shiohara, J. Mater. Res., 10 (1995) 3003, and references therein.

[69] G. Burns, High Temperature Superconductivity, Academic Press, Inc., SanDiego, CA 1992, p160-164.

[70] X. Yao and Y. Shiohara, Supercond. Sci. Technol., 10 (1997) 249.

[71] X. Yao, M. Kambara, T. Umeda and Y. Shiohara, Jpn. J. Appl. Phys., 36(1997) L400, and references therein.

[72] A. Erb, J. Y. Genoud, F. Marti, M. Däumling, E. Walker and R. Flükiger, J. Low Temp. Phys., 105 (1996) 1033.

[73] W. J. Jang, H. Mori, M. Watahiki, S. Tajima, N. Koshizuka and S. Tanaka, J. Solid State Chem., 130 (1997) 42.

[74] A. Jeremie, G. Grasso and R. Flükiger, J. Therm. Anal., 48 (1997) 635.

[75] A. Reller, J. Therm. Anal., 36 (1990) 1989.

[76] A. Reller, Pure Appl. Chem., 61 (1989) 1331.

[77] A. J. Bourdillon, N. X. Tan and C. L. Ong, J. Mater. Sci. Lett., 15 (1996) 439.

[78] P. Majewski, Supercond. Sci. Technol., 10 (1997) 453.

[79] A. Sebaoun, P. Satre, M. Mansori and A. L'Honore, J. Therm. Anal., 48(1997) 971.

[80] G. M. Zorn, R. Hornung, H. E. Göbel, B. Seebacher, H. W. Neumüller and G. Tomandl, Supercond. Sci. Technol., 8 (1995) 234.

[81] H. Zhang, F. Ritter, T. Frieling, B. Kindler and W. Assmus, J. Appl. Phys., 77 (1995) 3704.

[82] T. Suzuki, K. Yumoto, M. Mamiya, M. Hasegawa and H. Takei, Physica C, 301 (1998)173.

[83] T. Suzuki, K. Yumoto, M. Mamiya, M. Hasegawa and H. Takei, Physica C, 307 (1998) 1.

[84] M. M. A. Sekkina and K. M. Elsabawy, Physica C, 377 (2002) 254.

[85] M. Mizuno, H. Endo, J. Tsuchiya, N. Kijima, A. Sumiyama and Y. Oguri, Jpn. J. Appl. Phys., 27 (1988) L1225.

[86] Y. T. Huang, C. Y. Shei, W. N. Wang, C. K. Chiang and W. H. Lee, Physica C, 169 (1990) 76, and references therein.

[87] T. Kanai and T. Kamo, Supercond. Sci. Technol., 6 (1993) 510.

[88] E. Giannini, E. Bellingeri, R. Passerini and R. Flükiger, Physica C, 315(1999) 185.

[89] T. Hatano, K. Aota, S. Ikeda, K. Nakamura and K. Ogawa, Jpn. J. Appl. Phys., 27 (1988) L2055.

[90] J. C. Grivel and R. Flükiger, Supercond. Sci. Technol., 11 (1998) 288.

[91] J. C. Grivel, F. Kubel and I. Flfikiger, J. Therm. Anal., 48 (1997) 665.

[92] F. H. Chen, H. S. Koo and T. Y. Tseng, J. Mater. Sci., 25 (1990) 3338.

[93] G. Marbach, S. Stotz, M. Klee and J. W. C. De Vries, Physica C, 161 (1989)111.

[94] Q. Xu, L. Bi, D. Peng, G. Meng, G. Zhou, Z. Mao, C. Fan and Y. Zhang, Supercond. Sci. Technol., 3 (1990) 564.

[95] G. V. Rama Rao, U. V. Varadaraju, S. Venkadesan and S. L. Mannan, J. Solid State Chem., 126 (1996) 55.

[96] W. Wong-Ng and S. W. Freiman, Appl. Supercond., 2 (1994) 163.

[97] T. Komatsu, R. Sato, K. Imai, K. Matusita and T. Yamashita, Jpn. J. Appl. Phys., 27 (1988) L550.

[98] D. Shi, M. Tang, M. S. Boley, M. Hash, K. Vandervoort, H. Claus and Y. N. Lwin, Phys. Rev. B, 40 (1989) 2247.

[99] T. Komatsu and K. Matusita, Thermochim. Acta, 174 (1991) 131.

[100] Y. Oka, N. Yamamoto, H. Kitaguchi, K. Oda and J. Takada, Jpn. J. Appl. Phys., 28

(1989) L213.

[101] N. P. Bansal, J. Appl. Phys., 68 (1990) 1143.

[102] D. P. Matheis, S. T. Misture and R. L. Snyder, Physica C, 207 (1993) 134.

[103] T. Komatsu, R. Sato, Y. Kuken and K. Matusita, J. Am. Ceram. Soc., 76(1993) 2795.

[104] R. S. Liu, J. M. Liang, S. F. Wu, Y. T. Huang, P. T. Wu and L. J. Chen, Physica C, 159 (1989) 385.

[105] A. Iyo, Y. Ishiura, Y. Tanaka, P. Badica, K. Tokiwa, T. Watanabe and H. Ihara, Physica C, 370 (2002) 205.

[106] W. L. Holstein, J. Phys. Chem., 97 (1993) 4224.

[107] C. Opagiste, G. Triscone, M. Couach, T. K. Jondo, J. L. Jorda, A. Junod, A. F. Khoder and J. Muller, Physica C, 213 (1993) 17.

[108] H. U. Schuster and J. Wittrock, J. Therm. Anal., 39 (1993) 1397.

[109] Q. Xu, T. B. Tang and Z. Chen, Supercond. Sci. Technol., 7 (1994) 828.

[110] C. W. Chu, J. Supercond., 7 (1994) 1.

[111] J. J. Capponi, J. L. Tholence, C. Chaillout, M. Marezio, P. Bordet, J. Chenavas, S. M. Loureiro, E. V. Antipov, E. Kopnine, M. F. Gorius, M. Nunez-Regueiro, B. Souletie, P. Radaelli and F. Gerhards, Physica C, 235-240 (1994) 146.

[112] J. Karpinski, H. Schwer, K. Conser, J. Löhle, R. Molinski, A. Morawski, Ch. Rossel, D. Zech and J. Hofer, in P. Klamut and B. W. Veal (eds.), LectureNotes in Physics Ser., Vol. 475, Springer-Verlag GmbH, Germany 1996, p83.

[113] A. Kareiva and I. Bryntse, J. Mater. Chem., 5 (1995) 885.

[114] Q. M. Lin, Z. H. He, Y. Y. Sun, L. Gao, Y. Y. Xue and C. W. Chu, Physica C, 254 (1995) 207.

[115] V. A. Alyoshin, D. A. Mikhailova and E. V. Antipov, Physica C, 271 (1996)197.

[116] D. A. Mikhailova, V. A. Alyoshin, E. V. Antipov and J. Karpinski, J. Solid State Chem., 146 (1999) 151.

[117] A. G. Cunha, M. T. D. Orlando, F. G. Emmerich and E. Baggio-Saitovitch, Physica C, 341-348 (2000) 2469.

[118] A. G. Cunha, A. Sin, X. Granados, A. Calleja, M. T. D. Orlando, S. Piñol, X. Obradors, F. G. Emmerich and E. Baggio-Saitovitch, Supercond. Sci. Technol., 13 (2000) 1549.

[119] A. Sin, A. G. Cunha, A. Calleja, M. T. D. Orlando, F. G. Emmerich, E. Baggio-Saitovich, S. Pifiol, J. M. Chimenos and X. Obradors, Physica C, 306 (1998)34.

[120] A. G. Cunha, M. T. D. Orlando, K. M. B. Alves, L. G. Martinez, F. G. Emmerich and E. Baggio-Saitovitch, Physica C, 356 (2001) 97.

[121] A. Manthiram, J. S. Swinnea, Z. T. Sui, H. Steinfink and J. B. Goodenough, J. Am. Chem. Soc., 109 (1987) 6667.

[122] M. Marezio, A. Santoro, J. J. Capponi, E. A. Hewat, R. J. Cava and F. Beech, Physica C, 169 (1990) 401.

[123] C. Namgung, J. T. S. Irvine, J. H. Binks, E. E. Lachowski and A. R. West, Supercond. Sci. Technol., 2 (1989) 181.

[124] A. Fukuoka, A. Tokiwa-Yamamoto, M. Itoh, R. Usami, S. Adachi, H. Yamauchi and K. Tanabe, Physica C, 265 (1996) 13.

[125] C. Michel and B. Raveau, Rev. Chim. Miner., 21 (1984) 407.

[126] K. Oh-ishi, M. Kikuchi, Y. Syono, N. Kobayashi, T. Sasaoka, T. Matsuhira, Y. Muto and H. Yamauchi, Jpn. J. Appl. Phys., 27 (1988) L1449.

[127] H. Kanai, J. Mizusaki, H. Tagawa, S. Hoshiyama, K. Hirano, K. Fujita, M. Tezuka and T. Hashimoto, J. Solid State Chem., 131 (1997) 150.

[128] M. Karppinen, L. Niinistö and H. Yamauchi, J. Therm. Anal., 48 (1997) 1123.

[129] S. Chernyaev, L. Rudnitsky and A. Mozhaev, J. Therm. Anal., 48 (1997) 941.

[130] J. L. Routbort and S. J. Rothman, J. Appl. Phys., 76 (1994) 5615.

[131] K. Kishio, K. Suzuki, T. Hasegawa, T. Yamamoto, K. Kitazawa and K. Fueki, J. Solid State Chem., 82 (1989) 192.

[132] Z. Zhu, D. Yang, Y. Guo, Q. Liu, Z. Gao and X. Hu, Physica C, 383 (2002) 169.

[133] T. B. Tang and W. Lo, Physica C, 174 (1991) 463.

[134] P. Karen and A. Kjekshus, J. Therm. Anal., 48 (1997) 1143.

[135] J. S. Lee and H. I. Yoo, J. Electrochem. Soc., 142 (1995) 1169.

[136] Z. G. Fan, Y. X. Zhuang, G. Yang, R. Shao and G. F. Zhang, J. AlloysCompd., 200 (1993) 33.

[137] S. T. Lin, J. Y. Jih and K. F. Pai, J. Mater. Sci., 25 (1990) 1037.

[138] P. K. Gallagher, Thermochim. Acta, 148 (1989) 229.

[139] H. Ishizuka, Y. Idemoto and K. Fueki, Physica C, 204 (1992) 55.

[140] K. Fueki, Y. Idemoto and H. Ishizuka, Physica C, 166 (1990) 261.

[141] T. B. Lindemer, J. F. Hunley, J. E. Gates, A. L. Sutton Jr., J. Brynestad, C. R. Hubbard and P. K. Gallagher, J. Am. Ceram. Soc., 72 (1989) 1775.

[142] K. Kishio, J. Shimoyama, T. Hasegawa, K. Kitazawa and K. Fueki, Jpn. J. Appl. Phys., 26 (1987) L1228.

[143] A. J. Jacobson, J. M. Newsam, D. C. Johnston, J. P. Stokes, S. Bhattacharya, J. T. Lewandowski, D. P. Goshorn, M. J. Higgins and M. S. Alvarez, in C. N. R. Rao (ed.), Chemistry of Oxide Superconductors, the Alden Press, Oxford, 1988, p43.

[144] Y. Kubo, Y. Nakabayashi, J. Tabuchi, T. Yoshitake, A. Ochi, K. Utsumi, H. Igarashi and M. Yonezawa, Jpn. J. Appl. Phys., 26 (1987) L1888.

[145] M. O. Eatough, D. S. Ginley, B. Morosin and E. L. Venturini, Appl. Phys. Lett., 51 (1987) 367.

[146] J. Mizusaki, H. Tagawa, K. Hayakawa and K. Hirano, J. Am. Ceram. Soc., 78 (1995) 1781.

[147] P. Meuffels, R. Naeven and H. Wenzl, Physica C, 161 (1989) 539.

[148] H. M. O'Bryan and P. K. Gallagher, Adv. Ceram. Mater., 2 (1987) 640.

[149] J. D. Jorgensen, M. A. Beno, D. G. Hinks, L. Soderholm, K. J. Volin, R. L. Hitterman, J. D. Grace, I. K. Schuller, C. U. Segre, K. Zhang and M. S. Kleefisch, Phys. Rev. B, 36 (1987) 3608.

[150] A. W. Hewat, J. J. Capponi, C. Chaillout, M. Marezio and E. A. Hewat, SolidState Commun., 64 (1987) 301.

[151] A. Kulpa, A. C. D. Chaklader, G. Roemer, D. L. I. Williams and W. N. Hardy, Supercond. Sci. Technol., 3 (1990) 483.

[152]　H. M. O'Bryan, Thermochim. Acta, 174 (1991) 223.

[153]　Y. Nakabayashi, Y. Kubo, T. Manako, J. Tabuchi, A. Ochi, K. Utsumi, H. Igarashi and M. Yonezawa, Jpn. J. Appl. Phys., 27 (1988) L64.

[154]　T. Wada, N. Suzuki, A. Maeda, T. Yabe, K. Uchinokura, S. Uchida and S. Tanaka, Phys. Rev. B, 39 (1989) 9126.

[155]　V. Balek and P. K. Gallagher, Thermochim. Acta, 186 (1991) 63.

[156]　Reference 69, p135.

[157]　K. Conder, Ch. Krüger, E. Kaldis, G. Burri and L. Rinderer, Mater. Res. Bull., 30 (1995) 491.

[158]　E. Kemnitz, A. A. Galkin, T. Olesch, S. Scheurell, A. P. Mozhaev and G. N. Mazo, J. Therm. Anal., 48 (1997) 997.

[159]　D. E. Morris, N. G. Asmar, J. H. Nickel, R. L. Sid, J. Y. T. Wei and J. E. Post, Physica C, 159 (1989).

[160]　J. Karpinski, S. Rusiecki, E. Kaldis, B. Bucher and E. Jilek, Physica C, 160(1989) 449.

[161]　T. Wada, N. Suzuki, A. Ichinose, Y. Yaegashi, H. Yamauchi and S. Tanaka, Appl. Phys. Lett., 57 (1990) 81.

[162]　P. K. Gallagher, H. M. O'Bryan, R. J. Cava, A. C. W. P. James, D. W. Murphy, W. W. Rhodes, J. J. Krajewski, W. F. Peck and J. V. Waszczak, Chem. Mater., 1 (1989) 277.

[163]　J. Valo and M. Leskelä, unpublished material.

[164]　J. Valo, M. Leskelä, B. C. Hauback, H. Fjellvåg, S. M. Koo and K. V. Rao, Int. J. Inorg. Mater., 2 (2000) 269.

[165]　H. M. O'Bryan, W. W. Rhodes and P. K. Gallagher, Chem. Mater., 2 (1990)421.

[166]　H. Zhang, Q. R. Feng, Y. Zhao, F. Ritter, W. Sun, T. Frieling and W. Assmus, Solid State Commun., 95 (1995) 601.

[167]　P. G. Wahlbeck, D. L. Myers and K. V. Salazar, Physica C, 252 (1995) 147.

[168]　Z. X. Zhao and G. C. Che, Appl. Supercond., 2 (1994) 227.

[169]　J. L. Jorda, T. K. Jondo, R. Abraham, M. T. Cohen-Adad, C. Opagiste, M. Couach, A. F. Khoder and G. Triscone, J. Alloys Compd, 215 (1994) 135.

[170]　J. L. Jorda, T. K. Jondo, R. Abraham, M. T. Cohen-Adad, C. Opagiste, M. Couach, A. Khoder and F. Sibieude, Physica C, 205 (1993) 177.

[171]　K. Lebbou, S. Trosset, R. Abraham, M. T. Cohen-Adad, M. Ciszek and W. Y. Liang, Physica C, 304 (1998) 21.

[172]　V. A. Alyoshin, D. A. Mikhailova, E. B. Rudnyi and E. V. Antipov, Physica C, 383 (2002) 59.

[173]　A. F. Maiorova, S. N. Mudretsova, M. L. Kovba, Yu. Ya. Skolis, M. V. Gorbatcheva, G. N. Maso and L. A. Khramtsova, Thermochim. Acta, 269-270(1995) 101.

[174]　Q. Xiong, Y. Y. Xue, Y. Cao, F. Chen, Y. Y. Sun, J. Gibson, C. W. Chu, L. M. Liu and A. Jacobson, Phys. Rev. B, 50 (1994) 10346.

[175]　A. Tokiwa-Yamamoto, A. Fukuoka, M. Itoh, S. Adachi, H. Yamauchi and K. Tanabe, Physica C, 269 (1996) 354.

[176]　T. Tsuchiya, K. Fueki and T. Koyama, Physica C, 298 (1998) 49.

[177] A. Schilling, M. Cantoni, J. D. Guo and H. R. Ott, Nature, 363 (1993) 56.

[178] A. Bertinotti, D. Colson, J. Hammann, J. F. Marucco, D. Luzet, A. Pinateland V. Viallet, Physica C, 250 (1995) 213.

[179] D. Colson, A. Bertinotti, J. Hammann, J. F. Marucco and A. Pinatel, PhysicaC, 233 (1994) 231.

[180] N. H. Hur, N. H. Kim, K. W. Lee, Y. K. Park and J. C. Park, Mater. Res. Bull., 29 (1994) 959.

[181] V. P. S. Awana, S. Ichihara, M. Karppinen and H. Yamuchi, Physica C, 378-381 (2002) 249.

[182] G. Gao, S. McCall, M. Shepard, J. E. Crow and R. P. Guertin, Phys. Rev. B, 56 (1997) 321.

[183] C. Shaou, H. F. Braun and T. P. Papageorgiou, J. Alloys Compd., 351 (2003)7.

[184] N. D. Zhigadlo, P. Odier, J. C. Marty, P. Bordet and A. Sulpice, Physica C, (2003), in press.

[185] F. Prado, A. Caneiro and A. Serquis, J. Therm. Anal., 48 (1997) 1027, and references therein.

[186] H. R. Amrani Idrissi, G. Peraudeau, R. Berjoan, S. Pifñol, J. Fontcuberta and X. Obradors, Supercond. Sci. Technol., 9 (1996) 805.

[187] T. Karlemo, M. Karppinen, L. Niinistö, J. Lindön and M. Lippmaa, Physica C, 292 (1997) 225.

[188] K. Fujinami, M. Karppinen and H. Yamauchi, Physica C, 300 (1998) 17.

[189] T. Nakane, K. Fujinami, M. Karppinen and H. Yamauchi, Supercond. Sci. Technol., 12 (1999) 242.

[190] M. Karppinen and H. Yamauchi, in A. Narlikar (ed.), Stud. High Temp. Supercond., Vol. 37, Nova Science Publishers, Inc., New York 2001, p109.

[191] T. Nakane, Y. Yasukawa, E. S. Otabe, T. Matsushita, M. Karppinen and H. Yamauchi, Physica C, 338 (2000) 25.

[192] A. Q. Pham, A. Maignan, M. Hervieu, C. Michel, J. Provost and B. Raveau, Physica C, 191 (1992) 77.

[193] H. Vlaeminck, H. H. Goossens, R. Mouton, S. Hoste and G. Van der Kelen, J. Mater. Chem., 1 (1991) 863.

[194] H. Lütgemeier, S. Schmenn, H. Schone, Yu. Baikov, I. Felner, S. Goren and C. Korn, J. Alloys Compd., 219 (1995) 29.

[195] J. Hauck, B. Bischof, K. Mika, E. Janning, H. Libutzki and J. Plewa, Physica C, 212 (1993) 435.

[196] M. Karppinen and L. Niinistö, Supercond. Sci. Technol., 4 (1991) 334.

[197] P. K. Gallagher, H. M. O'Bryan, S. A. Sunshine and D. W. Murphy, Mater. Res. Bull., 22 (1987) 995.

[198] D. C. Harris and T. A. Hewston, J. Solid State Chem., 69 (1987) 182.

[199] J. Valo, Studies on preparation and substitution of $YBa_2Cu_4O_8$, PhD thesis, University of Helsinki, Yliopistopaino, Helsinki (1999).

[200] N. Nguyen, J. Choisnet, M. Hervieu and B. Raveau, J. Solid State Chem., 39(1981) 120.

[201] P. Krihnaraj, M. Lelovic, N. G. Eror and U. Balachandran, Physica C, 234(1994) 318.

[202] M. Karppinen, O. Antson, P. Baulés, T. Karlemo, T. Katila, J. Lindén, M. Lippmaa, L. Niinistö, C. Roucau, I. Tittonen and K. Ullakko, Supercond. Sci. Technol., 5 (1992) 476.

[203] M. Leskelä, J. K. Truman, C. H. Mueller and P. H. Holloway, J. Vac. Sci. Technol. A, 7 (1989) 3147.

[204] M. Leskelä, H. Mölsä and L. Niinistö, Supercond. Sci. Technol., 6 (1993)627.

[205] I. M. Watson, Chem. Vap. Deposition, 3 (1997) 9.

[206] D. L. Schulz and T. J. Marks, in W. S. Rees (ed.), CVD of Nonmetals, VCHVerlafsgesellschaft, Weinheim 1996, p39.

[207] J. Zhao, C. S. Chern, Y. Q. Li, D. W. Noh, P. E. Norris, P. Zawadski, B. Kear and B. Gallois, J. Cryst. Growth, 107 (1991) 699.

[208] M. Leskelä and L. Niinistö, in T. Suntola and M. Simpson (eds.), AtomicLayer Epitaxy, Blackie and Sons, Glasgow 1990, p1.

[209] H. O. Pierson, Handbook of Chemical Vapor Deposition. Principles, Technology and Applications, Noyes Publications, Park Ridge, N. J. 1992, p26.

[210] S. C. Thompson, D. J. Cole-Hamilton, D. D. Gilliland, M. L. Hitchman and J. C. Barnes, Adv. Mater. Opt. Electron., 1 (1992) 81.

[211] D. J. Otway, B. Obi and W. S. Rees, J. Alloys Compd., 251 (1997) 254.

[212] M. Tiitta and L. Niinistö, Chem. Vap. Deposition, 3 (1997) 167.

[213] J. E. Schwarberg, R. E. Sievers and R. W. Moshier, Anal. Chem., 42 (1970)1828.

[214] G. Guiochon and C. Pommier, Gas Chromatography in Inorganics and Organometallics, Ann Arbor Science Publishers, Ann Arbor 1978, p205.

[215] G. S. Girolami, P. M. Jeffries and L. H. Dubois, J. Am. Chem. Soc., 115 (1993)1015.

[216] D. L. Schulz, B. J. Hinds, D. A. Neumayer, C. L. Stern and T. J. Marks, Chem. Mater., 5 (1993) 1605.

[217] D. L. Schulz, B. J. Hinds, C. L. Stern and T. J. Marks, Inorg. Chem., 32 (1993)249.

[218] D. B. Studebaker, D. A. Neumayer, B. J. Hinds, C. L. Stern and T. J. Marks, Inorg. Chem, 39 (2000) 3148.

[219] L. G. Hubert-Pfalzgraf, New J. Chem., 19 (1995) 727.

[220] F. Labrize, L. G. Hubert-Pfalzgraf, J. C. Daran, S. Halut and P. Tobaly, Polyhedron, 15 (1996) 2707.

[221] W. A. Herrmann, N. W. Huber and O. Runte, Angew. Chem. Int. Ed. Engl., 34(1995) 2187.

[222] A. P. Purdy, C. F. George and J. H. Callahan, Inorg. Chem., 30 (1991) 2812.

[223] S. R. Drake, D. J. Otway, M. B. Hursthouse and K. M. A. Malik, Polyhedron, 11(1992) 1995.

[224] M. Westerhause, Inorg. Chem., 30 (1991) 96.

[225] B. A. Vaarstra, J. C. Huffman, W. E. Streib and K. G. Caulton, Inorg. Chem., 30(1991) 21.

[226] D. Pfeiffer, M. J. Heeg and C. H. Winter, Inorg. Chem., 39 (2000) 2377.

[227] D. J. Burkey, R. A. Williams and T. P. Hanusa, Organometallics, 12 (1993)1331.

[228] T. P. Hanusa, Polyhedron, 9 (1990) 1345.

[229] H. Sizmann, T. Dezember and M. Ruck, Angew. Chem. Int. Ed., 37 (1998) 3114.

[230] F. Weber, H. Sitzmann, M. Schultz, C. D. Sofield and R. A. Andersen, Organometallics, 21 (2002) 3139.

[231] J. Ihanus, T. Hänninen, T. Hatanpää, T. Aaltonen, I. Mutikainen, T. Sajavaara, J. Keinonen, M. Ritala and M. Leskelä, Chem. Mater., 14 (2002) 1937.

[232] T. Hatanpää, T. Hänninen, J. Ihanus, J. Kansikas, I. Mutikainen, M. Vehkamäki, M. Ritala and M. Leskelä, Proceed. Electrochem. Soc., (2003), in press.

[233] H. Schumann, J. Gottfriedsen and J. Demtschuk, Chem. Comm., (1999) 2091.

[234] F. Labrize, L. G. Hubert-Pfalzgraf, J. C. Daran, S. Halut and P. Tobaly, Polyhedron, 15 (1996) 2707.

[235] A. N. Gleizes, F. Senocq, M. Julve, J. L. Sanz, N. Kuzmina, S. Troyanov, I. Malkerova, A. Alikhanyan, M. Ryazanov, A. Rogachev and E. Deblovskaya, J. Phys. IV Fr., 9 (1999) Pr8-943.

[236] T. Ozawa, Thermochim. Acta, 174 (1991) 185.

[237] E. W. Berg and N. M. Herrera, Anal. Chim. Acta., 60 (1972) 117.

[238] S. B. Turnipseed, R. M. Barkley and R. E. Sievers, Inorg. Chem., 30 (1991)1164.

[239] B. J. Hinds, D. B. Studebaker, J. Chen, R. J. McNeely, B. Han, J. L. Schindler, T. P. Hogan, C. R. Kannewurf and T. J. Marks, J. Phys., IV, (1995) C5-391.

[240] M. Leskelä, L. Niinistö, E. Nykänen, P. Soininen and M. Tiitta, Thermochim. Acta, 175 (1991) 91.

[241] I. M. Watson, M. P. Atwood and S. Haq, Supercond. Sci. Technol., 7 (1994)672.

[242] G. Rossetto, A. Polo, F. Benetollo, M. Porchia and P. Zanella, Polyhedron, 11 (1992) 979.

[243] S. R. Drake, M. B. Hursthouse, K. M. A. Malik and D. J. Otway, J. Chem. Soc., Dalton Trans., (1993) 2883.

[244] R. Gardiner, D. W. Brown, P. S. Kirlin and A. L. Rheingold, Chem. Mater., 3(1991) 1053.

[245] T. Kimura, H. Yamauchi, H. Machida, H. Kokubun and M. Yamada, Jpn. J. Appl. Phys., 33 (1994) 5119.

[246] T. Hänninen, M. Leskelä, I. Mutikainen, G. Härkönen and K. Vasama, Chem. Mater., to be published.

[247] T. Hashimoto, H. Koinuma, M. Nakabayashi, T. Shiraishi, Y. Suemune and T. Yamamoto, J. Mater. Res., 7 (1992) 1336.

[248] S. R. Drake, M. B. Hursthouse, K. M. Abdul Malik and S. A. S. Miller, Inorg. Chem., 32 (1993) 4653.

[249] S. R. Drake, S. A. S. Miller, M. B. Hursthouse and K. M. Abdul Malik, Polyhedron, 12 (1993) 1621.

[250] H. Sato and S. Sugawara, Inorg. Chem., 32 (1993) 1941.

[251] K. Timmer, K. I. M. A. Spee, A. Mackor, H. A. Meinema, A. L. Spek and P. vander Sluis, Inorg. Chim. Acta, 190 (1991) 109.

[252] G. Maladrino, F. Castelli and I. L. Fragala, Inorg. Chim. Acta, 224 (1994) 203.

[253] J. Zhao, K. H. Dahmen, H. O. Marcy, L. M. Tonge, T. J. Marks, B. W. Wessels and C.

R. Kannewurf, Appl. Phys. Lett. , 53 (1988) 1750.

[254] S. R. Drake, S. A. S. Miller and D. J. Williams, Inorg. Chem. , 32 (1993) 3227.

[255] T. J. Marks, J. A. Belot, C. J. Reedy, R. J. McNeely, D. B. Studebaker, D. A. Neumayer and C. L. Stern, J. Alloys Compd. , 251 (1997) 243.

[256] W. R. Wolf, R. E. Sievers and G. H. Brown, Inorg. Chem. , 11 (1972) 1995.

[257] S. H. Shamlian, M. L. Hitchman, S. L. Cook and B. C. Richards, J. Mater. Chem. , 4 (1994) 81.

[258] R. Amano, A. Sato and S. Suzuki, Bull. Chem. Soc. Jpn. , 54 (1981) 1368.

[259] H. R. Brunner and B. J. Curtis, J. Therm. Anal. , 15 (1973) 1111.

[260] N. Matsubara and T. Kuwamoto, Inorg. Chem. , 24 (1985) 2697.

[261] P. Tobaly and G. Lanchec, J. Chem. Thermodyn. , 25 (1993) 503.

[262] E. Waffenschmidt, J. Musolf, M. Heuken and K. Heime, J. Supercond. , 5(1992) 119.

[263] K. Chou and G. Tsai, Thermochim. Acta, 240 (1994) 129.

[264] T. Hänninen, I. Mutikainen, V. Saanila, M. Ritala, M. Leskelä and J. C. Hanson, Chem. Mater. , 9 (1997) 1234.

[265] E. Schmaderer, R. Huber, H. Oetzmann and G. Wahl, Appl. Surf. Sci. , 46(1990) 53.

[266] A. F. Bykov, P. P. Semyannikov and K. I. Igumenov, Thermochim. Acta, 38(1992) 1463.

[267] A. F. Bykov, P. P. Semyannikov and K. I. Igumenov, Thermochim. Acta, 38(1992) 1477.

[268] T. Hashimoto, K. Fueki, A. Kishi, T. Azumi and H. Koinuma, Jpn. J. Appl. Phys. , 27 (1988) L214.

[269] H. M. O'Bryan, P. K. Gallagher, G. W. Berkstresser and C. D. Brandle, J. Mater. Res, 5 (1990) 183.

[270] A. Hårsta, J. Therm. Anal. , 48 (1997) 1093.

[271] C. Vahlas and T. M. Besmann, J. Am. Ceram. Soc. , 75 (1992) 2679.

[272] Y. Tasaki, R. Sakamoto, Y. Ogawa, S. Yoshizawa, J. Ishiai and S. Akase, Jpn. J. Appl. Phys. , 33 (1994) 5400.

[273] M. Vehkamäki, T. Hänninen, M. Ritala, M. Leskelä, T. Sajavaara, E. Rauhala and J. Keinonen, Chem. Vap. Deposition, 7 (2001) 75.

参加本卷编写的作者及其单位信息一览

Brown M. E.   Chemistry Dept, Rhodes University, Grahamstown, 6140 South Africa.

Charsley E. L.   Centre for Thermal Studies, School of Applied Sciences, University of Huddersfield, Huddersfield HD1 3DH, UK.

Fierro J. L. G.   Consejo Superior de Investigaciones Cientificas, Instituto de Catalisis y Petroleoquimica, Camino de Valdelatas, s/n Campus Universidad Aut _ 6noma, Cantoblaneo 28049, Madrid, Spain.

Gallagher P. K.   Emeritus Professor, Departments of Chemistry and Materials Science & Engineering, The Ohio State University, Columbus, OH, 43210, U.S.A.
Current address: 409 South Way Court, Salem, South Carolina 29676-4625, U.S.A.

Galwey A.K.   Retired from the School of Chemistry, Queen's Univerity, Belfast, Northern Ireland.
Current address: 18 Viewfort Park, Dunmurry, Belfast, BT17 9JY, Northern Ireland.

Heide Klaus   Institute for Geosciences, University of Jena, Burgweg 11, D-07749, Jena, Germany.

Kamimoto Masayuki   National Institute of Advaneed Industrial Scienee and Tech no logy, 1-1-1 Higashi, Tsukuba, Ibaraki 305-8561. Japan.

Klinke Wolfgang   Institute lor Min era logy and Geochemistry, University of Karlsruhe, D-76128, Karlsruhe, Germany.

Kok Mustafa V.   Dept, of Petroleum and Natural Gas Engineering, Middle East Technical University (METU), 06531, Ankara, Turkey.

Laye P. G.   Centre for Thermal Studies, School of Applied Sciences, University of Huddersfield, Huddersfield HDI 3DH, U. K.

Leskelä M.   Laboratory of Inorganic Chemistry, Department of Chemistrj, University of Helsinki, PO Box 55, Helsinki, Finland, HN-00014.

Llewellyn P.   Materiaux Divises Revetemenls Electroceramiques (MADIREL UMR6121), CNRS, Universite de Provence, 26 rue du 141

	R. I. A. , 13003 Marseille, France.
Meyers K. F.	School of Materials Science and Engineering, Georgia Institute of Technology, Atlanta, Georgia, 30332, U. S. A.
Mikhail S. A.	Formerly: CANMET, Department of Natural Resources Canada, Ottawa, Ontario, Canada. Current address: 14 Meadowbank Drive, Ottawa, Ontario K2G-0N9, Canada.
Odlyha M.	School of Biological and Chemical Sciences, liirkbeck College, University of London, Gordon House, 29 Gordon Square, London WC1H OPP, U. K.
Oxley J.	Chemistry Department, University of Rhode Island, Kingston, R02882, U. S. A.
Ozawa Takeo	18-6 Josui shinmachi, 1 -chomc, Kodaira, Tokyo 187-0023, Japan.
Pawelec B.	Consejo Superior de Investigaciones Cientiflcas, Instituto de Catalisis y Petroleoquimica, Camino de Valdelatas, s/n Campus Universidad Autónoma, Cantoblanco 28049, Madrid, Spain.
Phang P.	1104 East Main Street, Louisville, OH 44641, U. S. A.
Sanders J. P.	National Brick Research Center, Clemson University, 100 Clemson Research Park. , Anderson, SC 29625, U. S. A.
Seifert H-J.	Auf der Hoh 7, D-35619, Braunfels, Germany.
Smykatz-Kloss W.	Institute tor Mineralogy and Geochemistry University of Karlsruhe, D-7612& Karlsruhe, Germany.
Speyer R. F.	School of Materials Science and Engineering, Georgia Institute of Technology, Atlania, Georgia, 30332, U. S. A.
Vaio J.	Laboratory of lnorganic Chemistry, Department of Chemistry, University of Helsinki, PO Box 55, Helsinki, Finland, FIN-00014.
Webster A. H.	Formerly: CANMET, Department of Natural Resources Canada. Ottawa, Ontario, Canada. Current address: 1198 Checkers Road. Ottawa. Ontario K2C-2S7, Canada.

致 谢

本卷主编由衷感谢 David Maree 博士、Emmanuel Lamprecht 先生和 Kevin Lobb 先生在编写期间所遇到的许多问题中所提供的重要帮助。各章的作者们感谢下面列出的出版商在复制相关的图表材料中所提供的许可和支持。

第1章
图 1.3 经 Elsevier 许可,转载自文献[2]。
图 1.4 经 Elsevier 许可,转载自文献[4]。
图 1.5 经 Wiley 许可,转载自文献[5]。
图 1.6 经美国化学会许可,转载自文献[6]。
图 1.8 经美国化学会许可,转载自文献[16]。
图 1.13 经 Elsevier 许可,转载自文献[24]。
图 1.20 经法国化学协会许可,转载自文献[44]。
图 1.22 经 IUPAC 许可,转载自文献[49]。
图 1.23 经纽约工程基金会许可,转载自文献[51]。
图 1.24 经 Wiley 和 Elsevier 许可,转载自文献[5]和[52]。
图 1.26 经美国矿物学学会许可,转载自文献[54]。
图 1.28 经美国化学会许可,转载自文献[57]。
图 1.29 经美国化学会许可,转载自文献[58]。
图 1.31 经美国化学会许可,转载自文献[61]。
图 1.32 经日本经讲谈社有限公司许可,转载自文献[63]。
图 1.33 经 CNRS 出版公司许可,转载自文献[66]。

第2章
图 2.1 经 Kluwer 出版社许可,转载自文献[33]。
图 2.4 经 Elsevier 许可,转载自文献[57]。
图 2.5 和图 2.13 经伦敦泰特美术馆许可复制。
图 2.8、图 2.9、图 2.10 和图 2.11 经伦敦大英博物馆许可复制。
图 2.12 经伦敦国际历史与艺术作品保护协会(IIC)许可,转载自文献[67]。
图 2.16 经哥本哈根自然保护学院许可复制。
图 2.17 和图 2.19 经伦敦 Archetype 出版公司许可,转载自文献[25]。
图 2.23 和图 2.24 经 Kluwer 出版社许可,转载自文献[85]。
图 2.26 经曼彻斯特大学科技学院(MODHT 项目) A. Haacke 许可复制。

第 3 章

图 3.1 经 Elsevier 许可,转载自文献[1]。

图 3.2 经 Elsevier 许可,转载自文献[22]。

图 3.3、图 3.4、图 3.5、图 3.6 经 Kluwer 出版社许可,转载自文献[28]。

图 3.7 经 Elsevier 许可,转载自文献[32]。

图 3.8 经英国皇家化学学会许可,转载自文献[29]。

图 3.9 和图 3.10 经 Elsevier 许可,转载自文献[55]。

第 4 章

图 4.1 经 Elsevier 许可,转载自文献[10]。

图 4.2 经 Elsevier 许可,转载自文献[13]。

图 4.3 经 Elsevier 许可,转载自文献[14]。

图 4.4 经 Elsevier 许可,转载自文献[15]。

图 4.5 经 Elsevier 许可,转载自文献[16]。

图 4.6 经 Elsevier 许可,转载自文献[18]。

图 4.7 经 Elsevier 许可,转载自文献[27]。

图 4.8、图 4.9、图 4.10 经 Elsevier 许可,转载自文献[32]。

图 4.11 经 Elsevier 许可,转载自文献[43]。

图 4.12 经 Kluwer 出版社许可,转载自文献[50]。

图 4.13 经 Elsevier 许可,转载自文献[58]。

图 4.14 经 Elsevier 许可,转载自文献[64]。

图 4.15(a)经 Elsevier 许可,转载自文献[52]。

图 4.15(b)经 Elsevier 许可,转载自文献[62]。

图 4.15(c)经英国皇家化学学会许可,转载自文献[63]。

图 4.16 经日本化学学会许可,转载自文献[76]。

图 4.17 经 Elsevier 许可,转载自文献[78]。

图 4.19 经 Elsevier 许可,转载自文献[82]。

图 4.18、图 4.20 和图 4.21 经 Elsevier 许可,转载自文献[81]。

图 4.22 经 Elsevier 许可,转载自文献[52]。

图 4.24 经 Elsevier 许可,转载自文献[85]。

图 4.25 经 Elsevier 许可,转载自文献[87]。

图 4.23、图 4.26、图 4.27 和图 4.28 经 Elsevier 许可,转载自文献[62]。

图 4.29 经美国化学会许可,转载自文献[104]。

图 4.30 经 Elsevier 许可,转载自文献[13]。

图 4.31 经 Elsevier 许可,转载自文献[122]。

图 4.32 经 Kluwer 出版社许可,转载自文献[127]。

图 4.33 经 Elsevier 许可,转载自文献[132]。

第 5 章

图 5.1 和图 5.2 经 Wiley 许可,转载自文献[1]。

图 5.3 经 Butterworth-Heinemann 许可,转载自文献[2]。

图 5.4 经 Kluwer 出版社许可,转载自文献[3]。

图 5.5 经 Elsevier 许可,转载自文献[9]。

图 5.6 和图 5.7 经美国陶瓷学会许可,转载自文献[11]。

图 5.8 经 Kluwer 出版社许可,转载自文献[12]。

图 5.9 和图 5.10 经 Elsevier 许可,转载自文献[17]。

图 5.11 经国际腐蚀理事会许可,转载自文献[19]。

图 5.13 和图 5.14 经 Elsevier 许可,转载自文献[22]。

图 5.15 经美国陶瓷学会许可,转载自文献[24]。

图 5.16 和图 5.17 经美国陶瓷学会许可,转载自文献[25]。

图 5.18 和图 5.19 经 Elsevier 许可,转载自文献[26]。

图 5.23 经 Kluwer 出版社许可,转载自文献[30]。

图 5.24 经 Kluwer 出版社许可,转载自文献[31]。

图 5.25 经 Elsevier 许可,转载自文献[33]。

图 5.26 和图 5.67 经 Marcel Dekker 出版社许可,转载自文献[35]。

图 5.27 经伦敦皇家化学学会许可,转载自文献[39]。

图 5.28 经 Elsevier 许可,转载自文献[42]。

图 5.29 经 Wiley 许可,转载自文献[46]。

图 5.30 经 Elsevier 许可,转载自文献[44]。

图 5.33 经美国陶瓷学会许可,转载自文献[24]。

图 5.34 经 Elsevier 许可,转载自文献[51]。

图 5.35 经 Macmillan 出版公司许可,转载自文献[52]。

图 5.36 经 Wiley 许可,转载自文献[54]。

图 5.37 经 Kluwer 出版社许可,转载自文献[32]。

图 5.38 经 Elsevier 许可,转载自文献[56]。

图 5.39 经 Kluwer 出版社许可,转载自文献[65]。

图 5.40 经 Kluwer 出版社许可,转载自文献[66]。

图 5.41 经 Kluwer 出版社许可,转载自文献[67]。

图 5.42 和图 5.43 经 Kluwer 出版社许可,转载自文献[68]。

图 5.44 经 TMS 学会许可,转载自文献[70]。

图 5.45 经 Kluwer 出版社许可,转载自文献[71]。

图 5.46 经美国化学会许可,转载自文献[72]。

图 5.47 经 Elsevier 和美国物理学会许可,转载自文献[60]和[76]。

图 5.48 经美国陶瓷学会许可,转载自文献[79]。

图 5.49 和图 5.50 经美国陶瓷协会许可,转载自文献[81]。

图 5.51 经 Elsevier 许可,转载自文献[85]。

图 5.52 和图 5.53 经美国陶瓷协会许可,转载自文献[86]。

图 5.54 经 Gordon & Breach 出版社许可,转载自文献[87]。

图 5.55 经 Elsevier 许可,转载自文献[88]。

图 5.56 经 Elsevier 许可,转载自文献[89]。

图 5.57 和图 5.58 经美国化学会许可,转载自文献[92]。

图 5.59 经 Elsevier 许可,转载自文献[93]。

图 5.60 经美国物理学会许可,转载自文献[94]。

图 5.61 经电化学学会许可,转载自文献[95]。

图 5.62 经 Elsevier 许可,转载自文献[97]。

图 5.63 经国家砖石研究所许可,转载自文献[100]。

图 5.64 经 Kluwer 出版社许可,转载自文献[103]。

图 5.65 经 Elsevier 许可,转载自文献[104]。

图 5.66 经 Wiley 许可,转载自文献[107]。

图 5.68 经美国陶瓷学会许可,转载自文献[110]。

图 5.69 经美国陶瓷学会许可,转载自文献[111]。

图 5.70 经美国材料研究学会许可,转载自文献[116]。

图 5.71 经材料研究学会许可,摘自文献[117]。

第 6 章

图 6.16 经纽约 Simon & Schuster 公司许可,转载自文献[15]。

第 7 章

图 7.5、图 7.8 和表 7.2 经美国化学会许可,转载自文献[7]。

图 7.7 和图 7.14 经日本热物理性质学会许可,转载自文献[13]。

图 7.9 经美国机械工程师学会许可,转载自文献[16]。

图 7.10 经美国机械工程师学会许可,转载自文献[12]。

图 7.11、图 7.12、图 7.13 经美国机械工程师学会许可,转载自文献[3]。

图 7.15、图 7.16 和图 7.17 经 Elsevier 许可,转载自文献[19]。

图 7.18 经 Elsevier 许可,转载自文献[10]。

图 7.19、图 7.20 和图 7.21 经 Elsevier 许可,转载自文献[8]。

图 7.22 经 Elsevier 许可,转载自文献[21]。

图 7.23 经日本化学会许可,转载自文献[29]。

图 7.24 和图 7.25 经 Elsevier 许可,转载自文献[28]。

图 7.26、图 7.27 和图 7.28 以及表 7.5 和表 7.6 经 Elsevier 许可,转载自文献[11]。

表 7.7 经日本制冷空调工程师学会许可,转载自文献[31]。

第 9 章

图 9.1 至图 9.4 转载自中东技术大学博士论文,并得到认可。

图 9.5 和图 9.6 转载自中东技术大学硕士论文,并得到认可。

第 10 章

表 10.1 BaCO$_3$ 的热力学性质摘自 I. Barin《纯物质的热化学数据》(1989 年),经魏因海姆 VCH-Verlag 出版社,Weinheim 许可。

表 10.2 经 Elsevier 许可,转载自文献[1]。

图 10.5 经 Elsevier 许可,转载自文献[55b]。

图 10.6 经 Elsevier 许可,转载自文献[55c]。

图 10.7 经 Kluwer 出版社许可,转载自文献[55a]。

图 10.8 经 Elsevier 许可,转载自文献[62]。

图 10.10 转载自 F. Paulik, *Special Trends in Thermal Analysis*, Wiley, New York,1995,并经许可。

图 10.11 转载自 G. Liptay, *Thermoanalytical Curves Atlas*, Vol. 1-5, Akad, Kiado,Budapest,1975,并经许可。

图 10.12 经 Elsevier 许可,转载自文献[73]。

图 10.13 经 Kluwer 出版社许可,转载自文献[95]。

图 10.14 经 Chemical Reviews 许可,转载自文献[100]。

图 10.15(a)和图 10.15(b)经 Archiwum Hutnictwa 公司许可,转载自文献[107]。

图 10.16 经 Kluwer 出版社许可,转载自文献[111]。

第 11 章

所有的 DTA 曲线和 PA 曲线均由 Springer 公司从 W. Smykatz-Kloss 的书中复制,出自《矿物与岩石》丛书第 11 卷《矿物学》中“差热分析——应用和结果”,出版于 1974 年。

图 11.50 经 Elsevier 许可,转载自文献[330]。

第 12 章

图 12.1 经 Elsevier 许可,转载自文献[1]。

图表 WET 1 至 WET 5 经 Elsevier 许可,转载自文献[3]。

第 13 章

图 13.1 经美国矿物、金属和材料协会许可,转载自文献[10]。

图 13.2 经 ASM 国际公司许可,转载自文献[12]。

图 13.3、图 13.4 经美国矿物、金属和材料协会许可,转载自文献[16]。

图 13.5 经美国金属学会许可,转载自文献[17]。

图 13.6 经 ASM 国际公司许可,转载自文献[19]。

图 13.7 经 Elsevier 许可,转载自文献[20]。

图 13.8 经国际公司许可,转载自文献[23]。

图 13.9 经 Elsevier 许可,转载自文献[25]。

图 13.10、图 13.11 经 Elsevier 许可,转载自文献[30]。

图 13.12、图 13.13 经 Elsevier 许可,转载自文献[33]。

图 13.14 经法国物理研究所许可,转载自文献[52]。

图 13.15 经美国矿物、金属和材料协会许可,转载自文献[53]。

图 13.16 经 Kluwer 科学出版公司许可,转载自文献[54]。

图 13.17 经美国矿物、金属和材料协会许可,转载自文献[56]。

图 13.18 经美国铸造研发中心许可,转载自文献[59]。

图 13.19 经 Elsevier 许可,转载自文献[68]。

图 13.20 经 R. Olderbourg Verlag 许可,转载自文献[71]。

图 13.21 经作者 T. Yamasaki 许可,转载自文献[72]。

图 13.22 经《哲学杂志》许可,转载自文献[73]。

图 13.23 经 Elsevier 许可,转载自文献[75]。

图 13.24、图 13.25 经 Elsevier 许可,转载自文献[79]。

图 13.26 经 Elsevier 许可,转载自文献[86]。

图 13.27 经 Elsevier 许可,转载自文献[88]。

图 13.28 经 Elsevier 许可,转载自文献[90]。

图 13.29 经 ASM 国际公司许可,转载自文献[92]。

图 13.30 经 Elsevier 许可,转载自文献[93]。

图 13.31 经 ISIJ 许可,转载自文献[95]。

图 13.32 经普莱南出版公司许可,转载自文献[98]。

图 13.33 经普莱南出版公司许可,转载自文献[112]。

图 13.34 经普莱南出版公司许可,转载自文献[120]。

图 13.35 经普莱南出版公司许可,转载自文献[126]。

图 13.36 经普莱南出版公司许可,转载自文献[131]。

图 13.37 经 Elsevier 许可,转载自文献[102]。

图 13.38 经 Elsevier 许可,转载自文献[100]。

图 13.39 经 Elsevier 许可,转载自文献[146]。

图 13.40 经美国电化学学会许可,转载自文献[148]。

图 13.41 经美国矿物、金属和材料协会许可,转载自文献[150]。

图 13.42、图 13.43 经加拿大矿业和冶金学会许可,转载自文献[174]。

图 13.44 经 Elsevier 许可,转载自文献[181]。

图 13.45 经 AIME 冶金学会许可,转载自文献[183]。

图 13.46 经 Elsevier 许可,转载自文献[187]。

图 13.47 经 Elsevier 许可,转载自文献[194]。

图 13.48、图 13.49 经 Elsevier 许可,转载自文献[197]。

图 13.50 经 John Wiley & Sons 公司许可,转载自文献[203]。

图 13.51 经 Kluer Academic 出版社许可,转载自文献[206]。

图 13.52 经 John Wiley & Sons 公司许可,转载自文献[211]。

图 13.53 经国际陶瓷论坛(Ceram Forum International)许可,转载自文献[212]。

图 13.54 经美国矿物、金属和材料协会许可,转载自文献[215]。

图 13.55 经美国物理学会许可,转载自文献[217]。

图 13.56 经美国物理学会许可,转载自文献[220]。

第 14 章

图 14.1 和图 14.2 经德国卡尔斯鲁厄的弗劳恩霍夫化学技术研究所许可,转载自文献[12]。

图 14.3 经 Elsevier 许可,转载自文献[15]。

图 14.4 经国际烟火学会许可,转载自文献[16]。

图 14.5 经国际烟火学会许可,转载自文献[3]。

图 14.6 经瑞典 Sektionen för Detonikoch Förbränning 许可,转载自文献[57]。

图 14.7 经《推进剂、炸药、烟火》期刊许可,转载自文献[64]。

图 14.8 经国际烟火学会许可,转载自文献[70]。

图 14.9 经 Kluwer 出版社许可,转载自文献[77]。

图 14.10 经《推进剂、炸药、烟火》期刊许可,转载自文献[87]。

图 14.11 经 Elsevier 许可,转载自文献[90]。

图 14.12 经《烟火学报》许可,转载自文献[94]。

图 14.13 经 Elsevier 许可,转载自文献[36]。

第 15 章

图 15.1A 经日本应用物理杂志许可,转载自文献[37,38]。

图 15.8B 转载自文献[96],图 15.10 转载自文献[136],图 15.14B 转载自文献[152],图 15.15 转载自文献[171],图 15.17 转载自文献[188],图 15.20 转载自文献[236],均经 Elsevier 许可

图 15.1B 经世界科学出版公司许可,转载自文献[39]。

图 15.2A 和图 15.2B 经日本东京 Agne Gijutsu 中心许可,转载自文献[40]。

图 15.2C、F、H、M 转载自文献[24],图 15.6 转载自文献[78],图 15.16 转载自文献[109],图 15.18A 摘自文献[196],均获得英国布里斯托尔物理研究所许可。

图 15.4 和图 15.5 经印度特里凡特朗的《晶体生长当前研究主题》许可,转载自文献[59]。

图 15.7 经英国奇切斯特 John Wiley & Sons 有限公司许可,转载自文献[91]。

图 15.9 经美国佛罗里达奥兰多学术出版社许可,转载自文献[127]。

图 15.11A、C 转载自文献[121],图 15.14A 转载自文献[162],图 15.19A 转载自文献[238],图 15.19B 转载自文献[213],均获得美国化学会许可。

图 15.12 经美国陶瓷学会许可,转载自文献[15]。